History of Acridology in China

中国蝗虫学史

ZHONGGUO HUANGCHONG SHI

刘举鹏等 ◎ 著

云南出版集团公司
云南教育出版社

图书在版编目（CIP）数据

中国蝗虫学史 / 刘举鹏等著. —昆明：云南教育出版社，2017.9
ISBN 978-7-5599-0265-8

Ⅰ.①中… Ⅱ.①刘… Ⅲ.①蝗科—研究-中国 Ⅳ.①Q969.26

中国版本图书馆 CIP 数据核字（2017）第 289056 号

中国蝗虫学史
ZHONGGUO HUANGCHONGXUE SHI

刘举鹏等 著

出 版 人：胡 平
项目策划：尚 语 杨云宝
项目执行：杨 颖
责任编辑：尚 语 杨 颖 赵 宇 余 俞
编辑助理：柴 锐 郑怡然
装帧设计：向 炜
责任印制：赵宏斌

出版发行：云南出版集团公司·云南教育出版社
　　　　　地址：云南省昆明市环城西路609号　邮政编码：650034
　　　　　http://www.yneph.com
　　　　　E-mail：sy5166@qq.com
　　　　　电话：0871-64136376（营销部）　64110651（编辑部）

印　　刷：云南出版印刷（集团）有限责任公司
　　　　　云 南 新 华 印 刷 一 厂
版　　次：2017年9月第1版
印　　次：2017年9月第1次印刷
开　　本：889mm×1194mm　1/16
字　　数：1156千
印　　张：56.75
书　　号：ISBN 978-7-5599-0265-8
定　　价：280.00元

版权所有　侵权必究

序

在人类历史的进程中，许多人都希望在社会科学和自然科学之间建立起一座桥梁，科学史的研究就是这样一座桥梁。科学史有两层意思：第一层是指对过去实际发生的事情的述说，第二层则是指这些事情背后起支配作用的社会因素。科学史是人类文明史的一个有机组成部分，凡是有文明的地方就有科学史。科学史的研究对于认识科学发展的规律和推动社会进步都具有重要的意义。

中国是一个文明古国，在数千年的历史中，产生和积累了大量的科学和技术知识。李约瑟的巨著《中国的科学与文明》就试图用西方的哲学梳理出中国古代科技的成就和脉络。生物学史在科学史研究中始终占有非常重要的地位。我国著名动物学家陈桢先生早期撰写的《生物学史》，对中国古代生物学作了一番梳理；张孟闻先生于1945年发表了《中国生物分类学史论述》。有关中国昆虫学史的研究著作首推邹树文先生的《中国昆虫学史》和周尧先生的《中国昆虫学史》。纵观中国的昆虫学史，有两个基本特征：其一是主要介绍中国古代昆虫学的成就，其二是主要内容集中在养蚕史、养蜂史、治蝗史以及其他重要经济昆虫的应用等方面。尽管蝗虫作为国际昆虫学研究的模式已有两百多年的历史，但蝗虫学作为一门分支学科，其诞生似应以1966年尤瓦洛夫（Uvarov B. P.）的专著 Locusts and Grasshoppers（《蝗和草蜢》）的出版为标志。一个学科的建立，总是先有长期的观察和知识的积累，然后才有专门知识的系统化。我国几千年来对蝗虫高度重视，可能是世界上最早建立治蝗机构、任命治蝗官员、记录蝗虫发生和防治的国家。刘举鹏先生以蝗虫为对象，在浩如烟海的文献中广泛收集和分析中国古代和近现代蝗虫学研究的历史，撰写成《中国蝗虫学史》一书，这实为珍贵。就我自己的知识而言，此前国内外也未有类似的著作发表。

蝗 Locust 和草蜢 Grasshopper 统称为蝗虫，是一类重要的昆虫类群，全世界有一万多种。它们作为生态系统中的重要组成部分，对维持生态系统的物质循环和能量流动起着重要的作用。个别蝗种有时因种群爆发而成为重要的农业害虫，如飞蝗蝗灾在中国历史上就与水灾和旱灾并称为三大自然灾害。蝗虫还是研究基础生物学和生态学的重要模式动物，许多科学上的重要发现都是依托蝗虫的研究得出来的。因此，研究蝗虫学的发展历史，有利于人类总结知识，正确认识蝗虫，从而达到保护、利用和控制的目的。刘举鹏先生的《中国蝗虫学史》给我们展现了一幅时间悠长、内容丰富、风格独特的历史画卷。书中总结的我们祖先对蝗虫的认识和控制技术，在今天仍有重要的科学价值，仍能给人以重要的启示。通过此书与古人对话，一种崇高的民族自豪感油然而生。在拜读文稿的过程中，我更惊奇地发现，刘举鹏先生对现代蝗虫研究的进展也了如指掌，书中对现代蝗虫学研究进展多有涉猎，而且提出了他自己的见解。

刘举鹏先生是我的老师，他在退休之后仍耕耘不断，写出如此力作，实属不易。他的这种不断进取和坚韧不拔的精神值得我们学习。作为一名蝗虫学者，我非常高兴地向广大读者推荐此书。为此书作序，实不敢当，匆匆写下此文，仅为读书心得和体会。

中国科学院院士

中国科学院动物研究所所长

2015 年 1 月 12 日于北京

前　言

　　蝗虫广泛分布于南极洲外的世界各大洲，有一万余种，它们中的一些种类如飞蝗、沙漠蝗等均是世界性的大害虫，它们所造成的灾害，与水灾、旱灾并称为人类的三大自然灾害。明代徐光启在《除蝗疏》中指出："水旱为灾，尚多幸免之处，惟旱极而蝗，数千里间草木皆尽，或牛马毛幡帜皆尽，其害尤惨，过于水旱也。"蝗灾期间最悲惨的景象莫过于人相食。《后汉书·献帝本纪》记载："夏五月，蝗。是岁饥，江淮间人相食。"文中描述人相食的场景不忍笔录。在我国历史上，蝗灾甚至对朝代的更迭起过推波助澜的作用，王莽新朝的溃败，明朝的灭亡，均处于历史上特大蝗灾连续发生的年代。这是偶然巧合，还是有其内在的联系，令人深思。

　　由于蝗灾后果严重，古代开明的统治者还算重视，一些学者不仅对其作了系统的记载，而且还进行过卓有成效的研究，取得了不少成果。周尧对甲骨文"蝗"字的发现，将文献记载蝗虫的时间向前推进到了周代；甲骨文"秋"字的演变，也将以火治蝗的时间推进到了周代。《诗经》是记载飞蝗生物学最早的文献，它对亚洲飞蝗的飞翔、发音、聚集、繁殖等均进行了科学的观察，并记载了亚洲飞蝗的群居型现象。东汉王充《论衡》首次提到了挖沟治蝗的方法和蝗虫发生的状况，并提到群居型飞蝗体色的变化。南宋董煟《救荒活民书》在"除蝗条令"项下所列捕蝗法较为系统地提出了用飞蝗生物学习性捕捉飞蝗的方法，并载明应注意的事项，这应是世界上最早的治蝗手册。书中还记载了我国古代的两部治蝗法规。徐光启《除蝗疏》为《钦奉明旨条画屯田疏》中的第三部分，后又被收入《农政全书》，对蝗虫的生物学特性、如何防治蝗虫以及蝗虫的发生规律等均有详尽的记述。徐光启提出"幽涿以南，长淮以北，青兖以西，梁宋以东"区域为蝗虫的主要发生地，这与近代亚洲飞蝗成灾范围基本一致。他又指出："洇泽者，蝗之原本也，欲除蝗，图之此其地矣。"这与当今改造蝗区的战略思想完全一致。《除蝗疏》是古代论述蝗虫最为全面、最为系统的一部专著，它为清代众多治蝗专著的撰写奠定了基础。清代陈芳生《捕蝗考》、陈仅《捕蝗汇编》、顾彦《治蝗全法》、李炜《捕除蝗螭要法三种》、陈崇砥《治蝗书》等，虽各有千秋，但大多转录于《除蝗疏》。除上述文献外，还有更多记载蝗虫的文献资料散落在浩瀚的各种古籍中。我之所以能将这些文献收集齐全，是因为我参加了《中华大典·生物学典·动物分典》的编纂；我之所以能参加《中华大典·生物学典·动物分典》的编纂，是因为黄复生的推荐，王祖望的邀请。他们学识渊博，为了支持我撰著《中国蝗虫学史》，还参加了此书"蝗虫与诗歌"和"涉蝗人物小传"两章内容的撰写，这给我完成《中国蝗虫学史》的撰著增添了极大的信心。商秀清是《中国蝗虫学史》的重要作者之一。我由于身患帕金森疾病，手写稿有时连我自己都不能认读，她却能将这样的手稿输入电脑。她还承担了《中国蝗虫学史》第一章至第七章部分内容的撰写任务。

本书以蝗虫名称和物种考证开篇。此考证的完成，为以物种分别记述蝗灾提供了依据。本书将蝗灾分为飞蝗蝗灾和跳蝗（即土蝗或蚱蜢）蝗灾两部分。本书仅以飞蝗为对象，以飞蝗蝗灾记述为依据，制作飞蝗蝗灾发生动态图，并对相关问题诸如飞蝗的发生动态、成因、发展趋势、蝗区、飞蝗亚种的探讨等进行分析研究，提出了飞蝗三亚种各有自己的蝗区类型的见解。我国历史上对蝗灾的记载极为详细，这些材料十分珍贵，它不仅展示了我国历史上蝗灾发生的具体时间和地点，同时还蕴藏着飞蝗成灾的规律。通过相关资料的分析，我认为蝗灾的暴虐与气候变冷密切相关。本书抄录或转述我国历史蝗灾的记载尽其所有，内容系统而广泛，希望后来者应用新的手段、新的思维开展研究，揭示蝗灾暴发的规律。除此之外，本书对蝗灾的治理也从多角度进行了总结。其中对蝗虫的天敌不仅进行了系统的记述，而且还进行了考证。其他内容在此就不一一列举。

本书的重点是对我国古代（1911年以前）蝗虫的研究成果进行较为全面的总结，而对近代蝗虫的研究成果仅在有关章节略加叙述。包括上述内容的《中国蝗虫学史》涉及多种学科，我之所以能将此专著完成，完全得益于我的导师夏凯龄、陈永林两位教授的培养和吴燕如（考证昆虫）、黄永昭（考证两栖爬行）、童墉昌、卢汰春（考证鸟类）等教授的帮助，在此深表谢意。本书中的飞蝗蝗灾发生动态图由沈慧绘制，对她的帮助也深表谢意。本书的问世与陈永林教授和康乐院士的大力支持密不可分。让我更为感动的是，本书的一些学术观点与他们并不完全相同，但他们还为本书申报国家出版基金资助写下了热情洋溢的推荐语，他们的这种学术大家风范非常值得敬佩。在撰著本书的过程中，古汉语、古地理对我来说是一大障碍，如今困境虽已摆脱，但限于本人学术水平及经验的不足，本书的缺点难以避免，希望广大读者批评指正。

本书得到中国科学院战略先导科技专项（A类）资助，课题号：XDA5080700。

刘举鹏
2014年9月20日

目 录

第一章 蝗虫名称及物种考证 / 1

    第一节 蝗虫名称考证 / 1

    第二节 蝗虫物种考证 / 9

    第三节 当今蝗虫分类研究简述 / 15

第二章 蝗灾记述 / 23

    第一节 飞蝗蝗灾的记述 / 24

    第二节 跳蝗蝗灾的记述 / 536

第三章 飞蝗蝗灾的分布和飞蝗亚种的探讨 / 545

    第一节 飞蝗蝗灾的分布 / 545

    第二节 飞蝗蝗区和飞蝗亚种 / 668

    第三节 飞蝗亚种的探讨 / 672

第四章 飞蝗蝗灾的发生动态及其成因与对策 / 679

    第一节 飞蝗蝗灾在不同历史阶段的发生动态 / 679

    第二节 飞蝗蝗灾与明清小冰期的关系 / 720

    第三节 飞蝗蝗灾的成因 / 726

    第四节 应对飞蝗蝗灾的对策 / 731

第五章 蝗虫的形态结构及生物学 / 733

    第一节 蝗虫的形态结构 / 733

    第二节 飞蝗的生物学 / 754

第六章　蝗灾的治理 / 765

　第一节　治蝗律令 / 765

　第二节　治蝗的组织与宣传 / 772

　第三节　飞蝗灾害的调查与测报 / 777

　第四节　治理蝗灾的方法 / 785

　第五节　蝗虫的天敌及其利用 / 815

　第六节　当今治蝗成就简述 / 830

第七章　蝗虫在自然生态系统中的地位与作用 / 832

第八章　蝗虫与文学 / 837

　第一节　先秦时期有关蝗虫的诗篇 / 837

　第二节　唐代有关蝗虫的诗篇 / 839

　第三节　宋代有关蝗虫的诗篇 / 840

　第四节　元代有关蝗虫的诗篇 / 849

　第五节　明代有关蝗虫的诗赋 / 851

　第六节　清代有关蝗虫的诗篇 / 855

第九章　涉蝗人物小传 / 867

参考文献 / 893

第一章 蝗虫名称及物种考证

蝗虫乃当今蝗总科 Acridoidea 所有物种的统称。在编著《中国动物志·蝗总科》时，夏凯龄依据蝗虫的形态特征将我国隶属于蝗总科的蝗虫分为 8 个科，而将原属于蝗总科的菱蝗和短角蝗从中分出，称之为蚱和蜢，而独立成为蚱总科 Tetrigoidea 和蜢总科 Eumastacoidea。自此，原本属于蝗虫的菱蝗和短角蝗就脱离了蝗虫范畴。现将古代蝗虫名称的变迁及所涉及的一些物种考证叙述如下。

第一节 蝗虫名称考证

蝗虫这一名称，在我国历史长河中，究竟是从何时开始出现的？陈永林在其编著的《中国主要蝗虫及蝗灾的生态学治理》一书中指出蝗虫一词始于《史记》，其根据为《史记·秦始皇本纪》中有始皇四年"十月庚寅，蝗虫从东方来，蔽天，天下疫"的记载。此记载所述的是公元前 243 年的史实，但记录下这一史实亦即蝗虫一词的时间应在西汉武帝时。笔者在《中国蝗虫名称变迁考》一文中指出蝗虫一词应始于《礼记·月令》，依据为《礼记·月令》中"孟夏……行春令，则蝗虫为灾"、"仲冬……行春令，则蝗虫为败"的记载。清代李嘉端在为《捕除蝗蝻要法三种》一书作跋时写道："蝗之名始见于《月令》，去蝗之术，则《大田》之诗已先之矣。"为弄清蝗虫一词始于何时，《史记》、《礼记》成书谁先谁后，就成为首先要解决的问题。《史记》成书于汉初，这没有争议，但《礼记·月令》成书于何时，尚无定论。邹树文认为："《礼记·月令》为王莽、刘歆伪托周公姬旦所作。清顾彦辑《治蝗全法·蝗蝻字考》曰：蝗于《诗》及《春秋》、《尔雅》……曰螽，而不曰蝗。其曰蝗者，皆秦汉以后之称。"按此，则《史记》成书早于《礼记》，陈永林的论断合理。但王云五、王梦鸥等认为："从历史上看来，现存于《礼记》中的文辞，在西汉时代，即已常常被人引述，显然那是很早就有的典籍了。"西汉初期，刘安《淮南子》就将蝗虫作为螽蝗而引述。按此，《礼记》早于《史记》而为先秦时期的著作，那么蝗虫作为螽蝗一词在先秦时已出现则更有道理。蝗虫在此应指蝗总科之物种，一般主指飞蝗 *Locusta migratoria*。

如此重要的害虫，其记载绝不可能仅始见于《礼记·月令》。那么，此前历史上的重大虫灾，有哪些灾害是由蝗虫造成的呢？它又是以何种名称出现的呢？古籍文献中经常出现而又与重大灾害相关的螣、螽、蝝以及后期才出现的蚱蜢等名称是否就是指蝗虫？现论述如下。

"螣"这一名称，首次出现于《诗经·小雅·大田》："去其螟螣，及其蟊贼，无害我田稚，田祖有神，秉畀炎火。"此诗中之螣，是否就是蝗虫？对此，不同学者有不同解释。东晋郭璞注《尔雅》曰："食苗叶，螣。"大多数学者也认为螣应指众多食叶害虫，这当然也包括食叶的蝗虫。《礼记·月令》曰："仲夏……行春令，则五谷晚熟，百螣时起。"由此可知，螣绝非一种虫。还有学者认为螣就是蝗。三国吴陆玑《毛诗草木鸟兽虫鱼疏》曰："螣，蝗也。"当今学者高明乾等《诗经动物释诂》一书中指出阜螽、螣为中华稻蝗 Oxya chinensis。而我们认为螣应指众多食叶害虫，当然包括蝗虫在内。在历史的长河中，飞蝗所造成的灾害严重而频繁，史家对此不能不记录在册，螣则理应主指飞蝗。中华稻蝗虽为重要害虫，但绝不是最主要的害虫，与飞蝗相比，其成灾次数与严重程度相差甚远。飞蝗尚不能等同于螣，何况中华稻蝗？至于邱静子《诗经虫鱼意象研究》引刘向《洪范五行传论》"视之不明，时则有蠃虫之孽，谓螟、螣之类；听之不明，时则有介虫之孽，谓螽、蚩、蝝之类"，并由此得出螣非蝗，而应为鞘翅目之负泥虫的结论，实为欠妥。刘向在论述昆虫时本身就矛盾百出，难以自圆其说。邱氏所引文献已属不妥，其论证也就不可能正确。更有甚者，则是将螟、螣、蟊、贼均视为蝗虫。旧说有云："螟、螣、蟊、贼一种虫也，如言寇、贼、奸、宄，内外言之耳，故犍为文学曰此四种虫皆蝗也。"遗憾的是清代陈梦雷等编《古今图书集成》也持这一观点，将螟、螣、蟊、贼、蝝、蝮蜪、蟓、蟅、蟥虫等均列为蝗虫的同物异名。古籍文献中，除螣字外，尚有许多螣的同音同义异体字，如蟘、䗖、蟜、螣等。又因螣与蟓通用，清代段玉裁《说文解字注》曰："蟓，今作螣，假借字也。"而蟓又有许多同音同义异体字，如蚕、蚍、蠽、蝨等。西汉扬雄《方言》曰："蟒，宋魏之间谓之蚍，南楚之外谓之蟘蟒，或谓之蟒，或谓之鑑。"上述诸多字所代表的物种，就是螣所代表的物种，它们应是同物异名。根据上述文献推定，《诗经》中所指螣，在指蝗虫时则应主指飞蝗，因为只有飞蝗才能引起人们的重视。而《礼记·月令》中所指之螣，在指蝗虫时则应主指飞蝗以外的其他非迁飞性蝗虫，因在此文中已有主指飞蝗的记述。在此以后的文献中，螣或其同物异名就较少出现，以其名记载蝗灾也属罕见。如有记载，也是指飞蝗外的非迁飞性蝗虫所造成的灾害。

"螽"这一名称，首次以记述蝗灾而出现在《春秋》中。螽是否就是蝗虫呢？这必须从《诗经》中的螽斯说起。

《诗经·周南·螽斯》曰："螽斯羽，诜诜兮。宜尔子孙，振振兮。螽斯羽，薨薨兮。宜尔子孙，绳绳兮。螽斯羽，揖揖兮。宜尔子孙，蛰蛰兮。"此诗不仅记载了螽斯这一名称，而且对它的生物学特性也作了真实而生动的记述。螽斯这一名称，从此开始，一直沿用至今。

1956年，蔡邦华《昆虫分类学》仍使用螽斯这一名称。2003年，郑乐怡主编的《昆虫分类学》则使用螽蟖这一名称，但它们均指 Tettigonidea。在此期间，是使用"螽斯"还是"螽蟖"则因人而异。蟖以蜇的形式出现在郭璞注《方言》的注释中，其释文云"蜇"，本文又作"蜇"，但它始终没有与螽相连，以螽斯的名称出现，而是与蜇通用，解释蜇螽。《诗经》中的螽斯，是否也与当今螽斯（或螽蟖）一样，同指 Tettigonidea 呢？当今学者高明乾等在《诗经动物释诂》一书中认定《诗经》中的螽斯就是当今所指的螽斯，并指认为绿螽斯 Holochloranawae。笔者在《中国蝗虫名称变迁考》一文中虽未明确指出《诗经》中的螽斯就是当今的螽斯（或螽蟖），但意即如此。笔者在参与编纂《中华大典·生物学典·动物分典》昆虫纲总部时曾明确指出："《诗经》中的螽斯即当今之 Tettigonidea。" 这是犯了只看字的表面而未深究实质的错误。经对《诗经·周南·螽斯》一诗作深入思考，并对与此相关的文献进行分析、对比、研究后，我们认为《诗经》中的螽斯并非当今所指之螽斯，而应是当今蝗虫中的飞蝗。现对此论证如下：

《毛诗注疏》对《诗经》中"螽斯"的注释为："诜诜，众多也；薨薨，群飞声。"清代王鸿绪等《诗经传说汇纂》指出"薨薨，群飞声"，并引王安石语曰"薨薨，言其飞之众；揖揖，言其聚之众"，又引吕大临语曰"螽斯将化其羽，比次而起；已化而齐飞有声；既飞复敛而聚。厉言众多之状，其变化如此也"。清代郝懿行《诗问》曰："螽斯，蝗属，一生九十九子。……瑞玉曰：诜诜，羽未成而比聚之貌；振振，舒翼欲飞。……薨薨，羽成群飞声；绳绳，不绝也。……揖揖，敛羽下集貌；蛰蛰，安息也……"就连纯文学作品对《诗经》中的螽斯也有着上述内容的描述。明代程大约《螽斯羽赋》曰："何薨薨兮？群飞繁缩纷兮，于翚蔽云天兮，拱晖宜绳绳兮。……何揖揖兮？敛羽回萦积兮，群聚鸣长风兮，吸宝云宜蛰蛰兮……"当今《诗经今注今释》、《诗经动物释诂》等著作，对《诗经》中的螽斯也有类似的注释，但稍有不足。由上面的论述可归纳出《诗经》中的螽斯的生物学特性：繁殖力强，子孙众多；羽化未成，聚集；羽化初期，舒翼欲飞；羽化而成，群飞蔽天，声响薨薨；飞翔一段时间则下集，复敛羽而聚集。由此不难看出，《诗经》中螽斯的这些生物学特性，当今螽斯（或螽蟖）均不具备，而这些生物学特性在迁飞性飞蝗中却均具备。

《诗经》除首次记载了螽斯名称外，还记载了斯螽。《豳风·七月》曰："五月斯螽动股。六月莎鸡振羽。七月在野，八月在宇，九月在户，十月蟋蟀入我床下……"诗中的蟋蟀属蟋蟀科 Grallidae，莎鸡属当今螽斯中的纺织娘 Necopodaelongata。鸟类中也有称莎鸡者，在此不作论证。《诗经》中的斯螽当属直翅目 Orthoptera 蝗总科 Acridoidea 之物种，因后足股节同前翅摩擦发音是蝗虫的重要特征之一，也是区分蝗虫与当今螽斯（或螽蟖）的重要特征之一。《诗说解颐字义》曰："斯螽盖蟋蟀初生之名，与螽斯不同。螽斯之螽，蝗也。斯，语辞。而螽斯别为一名。……今螽斯之螽，不闻其以股相切作声，而有奇音，其别为一种可知矣。"

螽斯、斯螽非一物，在宋代就有此说。严粲《诗缉》曰："螽斯，蝗也，蚱也，即阜螽，非《七月》所谓斯螽。蜙螽、蝑蜙别是一种。毛传误以为螽斯为蜙蝑，孔氏因之，遂以螽斯、斯螽为一物。斯，语助，犹鹭斯、鹿斯也。"明代张自烈《正字通》对此提出疑问，严氏既知"斯"为语助词，则安知螽斯之非蜙螽，而断然谓螽斯与斯螽为二物呢？《正字通》曰："蜙螽、蜙蝑，注即舂黍，长而青，五月中以股相切作声。蜙，音斯。《诗》'螽斯羽'、'五月斯螽动股'是也。"清代郝懿行《尔雅义疏》曰："《诗》'螽斯'、'斯螽'，毛传并云蜙蝑是一物也，斯与蜙声义同。"《毛诗集解》曰："或言螽斯，或言斯螽，其义一也。……螽斯、斯螽又称蜙螽。"我们认为《正字通》等的论述是有其道理的。《诗说解颐字义》以今螽斯之螽不闻以其股相切作声而否定螽斯、斯螽为一物，是站不住脚的，不闻不等于没有。《诗经》中的"螽斯"已论证为飞蝗，而飞蝗发音正是股羽相切的结果。由此可知，《诗经》中的"螽斯"、"斯螽"与《尔雅》中的"蜙螽"应为同物异名，均应为蝗虫。再根据对螽斯的论证，这三个不同的名称均应指蝗虫中的迁飞性飞蝗。这样也就解答了《诗经》、《尔雅》这两大早期典籍均无历史上重大害虫——蝗虫记载的疑问。

"斯"为语助词，"螽斯"、"斯螽"去掉"斯"，就剩下"螽"字。"螽"字从冬。冬，终也，至冬而终，故为螽也。螽以蝗的同物异名，在公元前707年出现。蝗、螽是不分的。许慎曰："蝗，螽也。"又曰："螽，蝗也。"蔡邕曰："螽，蝗也。"《汉书·五行志》曰：于春秋则名螽，于汉则名蝗。但在汉代之后，许多古籍文献仍将蝗称为螽。在近代，螽、蝗是有严格区分的。

古籍文献中所记述的螽斯、斯螽、蜙螽是指蝗虫，并应主指飞蝗，并非今日所指之螽斯，前已论证。"螽"字源于"螽斯"，古代作为造成灾害的螽，其出现频率仅次于蝗，而它所造成的灾害实为蝗灾，而且应指飞蝗所造成的灾害。这从《春秋·文公三年》中"雨螽于宋"（公元前624年秋）的记载就可以得到证明，因为在我国中原地区，只有飞蝗才会出现"雨螽"这种现象，此记载与秦王政四年（公元前243年）"蝗虫从东方来，蔽天"的记载何其相似。但在汉代之后，"蝗"字替代了"螽"字，从此"螽"字就很少出现了。在国外，古代螽、蝗也是难分难解、纠缠不清的，这从螽斯科原拉丁文学名为 Locustidae 即可看出，他们是先以飞蝗之名 Locusta 作为科名的，后发现不妥，才改为当今之学名，即 Tettigoniidae。不过，他们是先将螽作为蝗，而不同于我国古代是先将蝗作为螽。蝝是蝗蝻，而且应指飞蝗蝗蝻，这从"秋螽，冬蝝生"即可证明。

"螽"尚有许多异体字，如蝩、𧒽等。古代螽、蝝通用。《公羊传·桓公五年》曰："螽作蝝。"《说文解字》曰："蝝，螽或从虫，彖声。"《玉篇》曰："蝝，蝗也，亦作螽。""蝝"也有一些同音异体字，如螥、蠿等。上述诸字所代表的物种，即是"螽"所代表的物种，它们应是同物异名。

而蚱蜢作为蝗虫的同物异名，出现的时间最晚。在近代有关蝗虫的著作中，蚱蜢曾以一个属名代表蝗虫的一个类群，也以其名代表非迁飞性蝗虫。《尔雅注疏》曰："土螽一名蠰溪，今谓之土蠜，江南呼为虴蜢，又名蚱蜢，似蝗细小，善跳者也。"此处的"蝗"应指飞蝗，而此处的"蚱蜢"应指非迁飞性蝗虫。清代赵学敏辑《本草纲目拾遗》"虫部"所记载的蚱蜢应包括三种蝗虫。蚱蜢的同物异名甚多，计有土螽、蠰溪、虴蜢、虴蚅、虴蠓、织娟娘、匾蛋、土蚂蚱等，它们分别代表同一物种或不同种的蝗虫。

以上蝗虫，以及同物异名，均指蝗虫的成虫，而下述的"螽"等，则就蝗虫的幼体进行论述。"螽"于公元前594年首次被记载。《春秋·宣公十五年》："秋螽，冬螽生。"从此记载看，螽也应指蝗虫，但它是蝗虫的哪种虫态，不同学者又有不同解释。从古文献看，没有学者认为螽是蝗虫之成虫，而认为螽应指蝗虫之蝻的学者甚多，认为螽应指蝗虫之卵的学者也不在少数。在论证螽是指蝗虫之蝻还是蝗虫之卵之前，有几个名词必须提及。《说文解字》曰："螽，复陶也。"董仲舒说是蝗子。《尔雅》："螽，蝮蜪。"郭璞注曰："蝗子，未有翅者。"宋代司马光《类篇》曰："《尔雅》'蛾，马蠽'，一曰蝮蜪。"又曰："蕹……虫也，蝗子也。"从上述记载看，螽、蝮蜪、蝗子、蛾、蕹等均应指蝗虫，可据此来论证它们指的是蝗虫之蝻还是卵。此处的"蝗子"一词，如与下列文献记载联系起来看，将螽释为蝗卵似乎也有道理。宋代陆佃《尔雅新义》"释虫"篇释螽、蝮蜪曰："深埋其子，陶其土而复之者也。亦螽而有缘而生焉。"宋代叶梦得《春秋左传谳》曰："螽者，蝗子之入地而未成者也。"宋代孙觉《孙氏春秋经解》曰："螽者，螽之子也。"明代徐光启《农政全书》曰："子生蝗蝻，蝗子是去岁之种。"清代牟应震《毛诗物名考》曰："子曰螽，能步者曰蝻。"清代李炜《捕除蝗蝻要法三种》沈寿嵩序曰："著翅飞扬者为蝗，遗种地下者为子……其形如蚁如蝇者为蝻。"清代陈崇砥《治蝗书》曰："未出为子，既出为蝻，长翅为蝗。"由此不难看出，螽、蝮蜪、蝗子、子以及蝗种等均应指蝗虫之卵，但从蝗子即未有翅者记载及螽有缘草上下之意看，螽应为蝗虫之蝻。清代汪志伊纂《荒政辑要》中的《除蝗记》曰："凡蝗所过处，悉生小蝗，即《春秋》所谓螽也。凡禾稻经其螽啮，虽秀出者亦坏。然尚未解飞鸭能食之，鸭群数百入稻畦中，螽顷刻尽，亦江南捕螽一法也。"陈崇砥《治蝗书》曰："数日产子，如麦门冬，后数日中出，如黑蚁子，即所谓螽也。"上述记载已明确指出螽即当今之蝗蝻。当今学者如邹树文、周尧、郭郛、陈永林等也都认为螽应指蝗蝻。清代顾彦《治蝗全法》中的《蝻蝗字考》曰："蝻于《春秋》及《尔雅》曰螽、曰蝮蜪，皆蝗未有翅之称也。蝻及蜪字之误，盖因篆体匋字与南相似，故误作蝻，是以字典上有蜪字而无蝻字也。"邹树文不同意顾彦的说法，他说："查《四体大字典》，无论正草、篆、隶或更早的古文，南与匋字绝无相似之处，况以相似来解释古字之通转是行不通的。"我们认为，清代周靖在《篆隶考异》中说

与南两字确有相似之处，顾彦的论述如能成立，蝻与蚰有关，而螽确应为今之蝗蝻了。《宋史·太祖本纪》载建隆三年七月兖、济、德、磁、铭五州螽，而《宋史·五行志》记同年同月深州蝻生，在相邻地区又相同时间，一个说螽，一个说蝻，这是否意味着蝻即为螽。此蝻字首次在此出现，螽是指蝻还是指卵？综上所述，并据螽首次以秋螽、冬螽生的记载看，我们认为螽应指蝻。因螽在冬季绝不会产卵，我国中原地区在气温合适的冬天卵会孵化成蝻，也就是"冬螽生"了。《春秋左传注疏》"冬螽生"注："螽子以冬生，遇寒而死，故不成螽。"

1017 年（宋天禧元年）有"蝗生卵如稻粒而细"之记录，"卵"字首次被记载。"蝗蝻"一词亦于 1075 年被记载。宋代董煟《救荒活民书》："臣谨按：熙宁八年八月，诏有蝗蝻处，委县令佐躬亲打扑。"而"蝗卵"一词于 1857 年首先被清代李炜《捕除蝗蝻要法三种·搜挖蝗子章程》记载："蝗子孔窍，挖下寸许或数寸，皆有小窠，与土蜂泥窝相似。取出去泥，复有红白膜裹之，长约寸许，是为蝗卵（今称为卵囊）。膜内如蛆如粳米者，少或五六十颗，多或百余颗，斜排向下，每颗约长二分许，破之皆黄汁，即蝗子（今谓之卵粒）也。"李炜所记述的蝗卵，与今所记述的飞蝗卵完全一致。至此，蝗虫生活史中的三种虫态即成虫、蝻、卵均已被古籍文献述及。明代徐光启《农政全书》对此更有完整而科学的概括："子生曰蝗蝻，蝗子则是去岁之种，蝗非蜇蝗也。闻之老农言：蝗初生如粟米，数日旋大如蝇，能跳跃群行，是名为蝻，又数日，即群飞，是名为蝗。"

古籍文献不仅记载了蝗虫的上述各种常见的同物异名，而且还记载了少见的同物异名，如蝩、蟥、蠠、蟜、蜨以及蒲错、石蟹虫等，后二者有其专指。蚂蚱作为蝗虫的同物异名在文献中虽不多见，但在民间甚为流行。

根据蝗虫这一名称首次在《礼记》中被记载的事实，又根据它的同物异名"螣"进行考察，可将记载蝗虫的时间上溯到周幽王时期（公元前 781 年）。周尧认为："从西安半坡村的遗存来看，我国禾本科作物栽植的年代已经有 6000 多年了。在那些作物栽培的同时，人们必然会注意到成群结队的暴食性的蝗虫。"殷商甲骨文"蝗"字的被辨认证明了这一推断，但对记载蝗虫的甲骨文，不同学者又有不同的见解。

郭若愚在《释龜》一文中认为，从字形看，龜更像一只蝗虫，并依此断定龜就是蝗虫。我们认为，从字形看，龜太不像蝗虫了。

徐中舒主编《甲骨文字典》卷七中对"秋"字作如此解说：唐兰谓象龜属之动物，即《万象名义》之龜字，又疑为《说文》之鼁，为水虫之一种，借为春秋之秋。

周尧在《我国古代害虫防治方面的成就》一文中指出：在甲骨文上过去未曾有人发现过"蝗"字，它们过去都被其他学者错误地解释为"秋"字了。卜辞中"告蝗"或"告螽"经常和"不雨"、"雨"联系在一起，其形状也丝毫不像"蟋蟀"，而酷似蝗、螽。《说文解字》

的"蝗"和"蝝"两个字显然是由甲骨文演化来的。

图 1-1 殷代甲骨文中的"蝗"字和"蝝"字

我们认为,周尧在甲骨文中发现的八例"蝗"字和"蝝"字中,前三字是蝗(成虫,有翅),后五字是蝝(蝻,无翅)。从字形看,将其说成蝗和蝝(蝻)应是正确的,但说不像蟋蟀似有不妥,因为蝗虫和蟋蟀均为直翅目昆虫,古代象形的甲骨文是很难将其区分开的。蝗虫是重大害虫,与卜辞结合起来看,将上述甲骨文释为蝗和蝝(蝻)应是没有问题的。

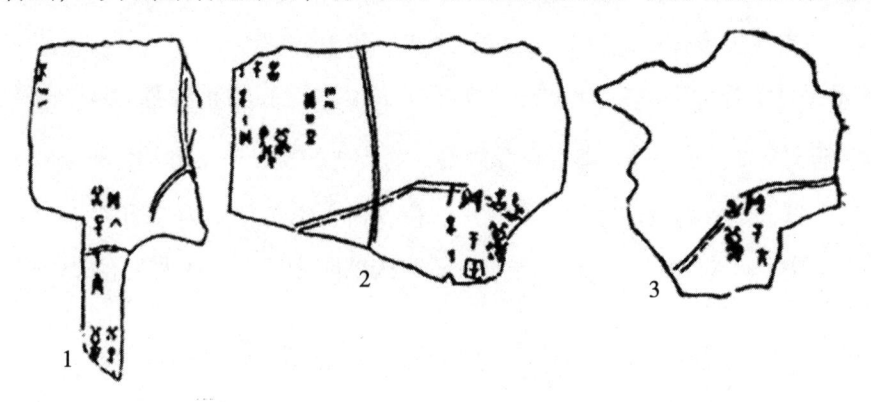

1. 上:不雨;中:贞人,癸子卜藤;下:癸未卜,蝗。2. 左:乙未卜贞,干戊,告蝗,贞丁巳,雨;右:乙未卜,贞干甲,再告蝗。3. 贞于天,告蝗。

图 1-2 殷代甲骨文上关于蝗虫的卜辞(据周尧 1980)

范毓周认为周尧在将甲骨文旧释"秋"字释为"蝗"和"蝝"的同时,于另一文中又将其释为"蜂"字,这是对甲骨文文例的理解有问题。我们认为,周尧所释"蝗"字和"蝝"字的甲骨文,与释"蜂"字的甲骨文完全不同。

图 1-3 殷代甲骨文中的"蜂"字

对图 1-3 中的甲骨文,周尧将其释为"蜂"字也似有不妥。我们认为此类甲骨文不应释为"蜂",而应释为直翅目螽斯的雌性昆虫,因为这类昆虫雌性腹部末端的产卵瓣十分长

而明显，完全符合周尧所释"蜂"字的甲骨文字形。而蜂腹端蜇刺并不明显，与周尧释"蜂"字的甲骨文字形并不相符。古人对螽字和蝗字是分不清的。此甲骨文的出现，很可能是将周尧所释之"蜂"字当作"蝗"字用于卜辞之中了。将这七个字厘定为今之螽斯似更为合理。

范毓周认为甲骨文中 ![字] 应是蝗，其主要论点为：触角有二根；后肢特别发达，停飞时斜向后竖。从此字形看，长于头部的触角是三根而不是二根。蝗虫和所有昆虫一样，停飞时绝不是斜向后竖，而是六足同时着地，其身体与地面或附着物平行。综上所述，范毓周所认为的"蝗"字似难以成立，![字] 不是蝗字，以此来解释卜辞也就成为无源之水了。

彭邦炯认为甲骨文中的 ![字]、![字]、![字] 诸形之字，释为"秋"并没有错，然其中确与蝗虫有着紧密关系。夏渌认为甲骨文之"秋"实为"蝗"，代表秋天。

徐中舒主编《甲骨文字典》对"秋"字作如下解释：卜辞亦借 ![字]、![字]、爞为秋，此即《说文》秋字籀文所本。或谓 ![字]、![字] 等形象蝗形，为蝗之初文，于卜辞例亦可顺释。按其说可参。《说文》："秋，禾谷熟也。从禾，爩省声。穐，籀文不省。""秋"字的释义有：一、记时名词，春秋之秋。二、帝秋、告秋、宁秋，皆有关秋时之祭祀，或谓为有关蝗神之祀。三、疑为地名。四、疑为蝗灾。

综上所述，我们认为：周尧所释甲骨文之蝗字，彭邦炯所列之甲骨文，以及徐中舒主编《甲骨文字典》"秋"字下所列之"![字] 一期 甲三三五三"、"![字] 一期 前五二五一"、"![字] 一期 后下一二一四"、"![字] 一期 合一〇八"、"![字] 一期 存一、一一九"、"![字] 二期 林二、一八、二"、"![字] 一期 林二、一八四"、"![字] 三期 粹四一"、"![字] 三期 粹八八"、"![字] 三期 粹一五一"、"![字] 三期 人一九八八"、"![字] 四期 粹一二"、"![字] 四期 粹九四六"、"![字] 四期 人二三六二"等甲骨文，均应释为"蝗"，其中包括蝗虫的成虫、蛹及雌性螽斯。它们与"秋"字确实有关，![字] 与 ![字] 构成 ![字]（秋）字，后又演变为 ![字]。"秋"字的构成与甲骨文"蝗"字有关，后来的"秋"字就是由 ![字] 去掉甲骨文中的"蝗"形，将 ![字] 作为"秋"，后将"火"移在"禾"旁，演变成现在的"秋"字，但它们本身并不是"秋"字，而是"蝗"字。

甲骨文"蝗"字的被发现，又将记载蝗虫的时间向前推到公元前 16 世纪至公元前 11 世纪的殷商时代。

第二节　蝗虫物种考证

我国现知蝗虫种类已超过千种，古籍文献涉及其中哪些种类呢？现将所获资料，即有关物种的形态特征、生物学习性，与笔者野外观察所得，加以分析、比较，进行考证，其结果分述如下。

一、笨蝗 Haplotropis brunneriana

笨蝗即古籍文献所述的阜螽。最早记载阜螽的古籍文献为《诗经》。阜螽尚有许多同音异体字，如䘀螽、蠹螽等。记载阜螽的文献甚多，三国吴陆玑《毛诗草木鸟兽虫鱼疏》曰："阜螽，蝗子，一名负蠜。今人谓蝗子为螽子，兖州人谓之螣。"其用词虽有一些不妥，但已明确指出阜螽为蝗虫。宋代郑樵《通志》也指出"䘀螽，蝗也"。清代黄中松《诗疑辨证》也明确指出阜螽为蝗。明代张自烈《正字通》曰："䘀螽，总名。"清代郝懿行《尔雅郭注义疏》在论证《尔雅》中的"阜螽"时，将阜螽认定为螽或蝗的总称。当代学者张景鸥在其所著的《蚕桑害虫学》一书中将阜螽作为一个分类阶元，称为阜螽科 Acrididae，亦即当今之蝗科。清代方旭《虫荟》指出："《尔雅》'阜螽，蠜'，《尔雅正义》蝗虫也。旭按：蝗虫似草虫而尤大，翅膀有窍，可以缕贯。其头有王字，亦在背上有者。群飞暗天，食苗立尽。其子曰蝝，曰蝮蜟。"又引《二申野录》说蝗虫是官吏食贪所致，头赤身黑曰武官蝗，头黑身赤曰文官蝗。由此不难看出，方旭所指阜螽应为飞蝗。清代徐鼎《毛诗名物图说》所绘制的阜螽插图，像蝗虫，但不像任何一种蝗虫。当代学者蔡邦华在其所著的《昆虫分类学》上册中认为阜螽为稻蝗 Oxya。高明乾等认为阜螽为中华稻蝗 Oxya chinensis。阜螽作为一个分类阶元的代表物种，应是可以的，但阜螽是飞蝗，还是稻蝗，或者其他物种，就必须论证。要准确回答此问题，首先必须对记述阜螽的《诗经》进行分析，只有这样，才能弄清《诗经》作者所看到的阜螽是何物种。《诗经·召南·草虫》曰："喓喓草虫，趯趯阜螽。未见君子，忧心忡忡。亦既见止，亦既觏止，我心则降。陟彼南山，言采其蕨。未见君子，忧心惙惙。亦既见止，亦既觏止，我心则说。陟彼南山，言采其薇。未见君子，我心伤悲。亦既见止，亦既觏止，我心则夷。"从以上诗句可归纳出如下几个问题：诗作者在南山看到了两个物种，这两个物种因其个大，所以易被看到；这两个物种之一的阜螽善跳跃，未提到能飞；诗作者为女性，去南山瞭望丈夫，采野菜，所登山应为山麓地带。这样的物种所具有的形态特征、生活习性不像是飞蝗或稻蝗，同时它们也不适宜生活在这样的生态条件中。既然如此，那么

《诗经》中的阜螽又为何种蝗虫呢？清代牟应震《毛诗物名考》曰："阜螽，螽之短羽者也，形粗蠢，短羽族，结背上高如阜，故名。雌雄常相负而跃，故曰趯趯。"根据上述分析与记载，阜螽应为当今之笨蝗，其理由为：笨蝗生活的环境条件多为山麓地带，而且分布于我国中原地区，又多与草虫（即草螽）生活在一起，符合《诗经》中"喓喓草虫，趯趯阜螽"和"陟彼南山"之说；笨蝗体大，粗壮，翅短，雌雄在交配期常相负而跃；前胸背板中隆线呈片状高高隆起如阜。这些特征、特点，也正是《诗经·召南·草虫》作者创作此诗的依据。

二、短额负蝗 Atractomorpha sinensis

短额负蝗应为古籍文献所称之石蟹虫。记载石蟹虫的古籍文献不多。石蟹虫一词首先出现在前秦王嘉《拾遗记》中。唐代陈藏器《本草拾遗》和宋代唐慎微《证类本草》称为石蟹，而明代穆希文《蟫史集》和清代陈元龙《格致镜原》等均运用了石蟹虫这一名称。在石蟹后加一虫字，使人很自然地联想到石蟹虫即为昆虫，而不会有其他理解。《拾遗记》曰："石蟹虫形如蚱蜢而小，身长，两股如蟹。在草头能飞，螽之类也。"《本草拾遗》和《证类本草》也有着十分类似的记载。如对上述记载作一分析，可得出石蟹虫即当今负蝗 Atractomorpha 的结论。"螽之类也"，说明石蟹虫属于直翅目 Orthoptera 昆虫；"形如蚱蜢而小"，蚱蜢通常泛指非迁飞性蝗虫，更指剑角蝗 Acrida，在蝗虫中形如蚱蜢而小，在常见蝗虫中应为负蝗；"在草头能飞"，这是负蝗的一重要生活习性；"两股如蟹"，不善跳跃，说明后足股节不甚发达，这也是负蝗的重要形态特征。负蝗种类较多，但分布广，数量大，在我国中原地区能引起人们注意的则仅有短额负蝗。元代钱选绘《草虫图》，其中负蝗的后翅呈红色，这正是短额负蝗的重要特征之一。综上所述，古籍文献所记述的石蟹虫应当为当今的短额负蝗。

三、中华稻蝗 Oxya chinensis

当代学者高明乾等在其所著《诗经动物释诂》一书中指出阜螽、螣为中华稻蝗。笔者在论证笨蝗时已明确指出阜螽为笨蝗，而非中华稻蝗。笔者在《蝗虫名称变迁考》一文中明确指出螣泛指蝗虫，当然也包括中华稻蝗。记载中华稻蝗的古籍文献很少，而在记述蝗灾时多提到主要为害水稻的蝗虫，可以断定此蝗虫应为稻蝗。清代赵学敏辑《本草纲目拾遗》是一部不多见的记载稻蝗的古籍文献，其文曰："霜降后，稻田中方头黄身蚱蜢也。"蚱蜢泛指非迁飞性蝗虫，稻田中蝗虫种类不多，中原地区稻田中蝗虫的种类就更少，数量大而常见的也仅有中华稻蝗。如此看来，赵学敏所指的方头黄身蚱蜢，应为中华稻蝗。

四、短星翅蝗 Calliptamus abbreviatus

记载短星翅蝗的古籍文献极少，笔者仅发现一部，即清代郝懿行《尔雅郭注义疏》。书

中说："又一种亦似蝗而尤小，青黄色，好在莎草中，善跳，俗呼跳八丈。亦能以股作声，甚清亮。"根据其所述"似蝗而尤小，青黄色"以及所处的生境，难以断定所指蝗虫属于何种，但在认定所指蝗虫时也能起一些辅助作用。书中所述"跳八丈"一语，为笔者认定该书所指蝗虫提供了重要依据。《捕蝗要诀》"捕蝗要说"二十九则曰："至间有青色、灰色，其形如蝗者，此名土蚂蚱，又谓之跳八尺，不伤禾稼。""跳八丈"或"跳八尺"一语，不仅说明该种蝗虫善跳，而且还跳得极高，这就必须具有十分发达的后足股节。在众多蝗虫中，具有此特征的也仅有星翅蝗属 *Calliptamus* 及一些近似属的种类。我国中原地区及其以南的广大区域，仅有短星翅蝗一种。我国民间亦称短星翅蝗为"跳八丈"，短星翅蝗似蝗（飞蝗）而尤小，所处生境亦似《尔雅郭注义疏》所述。综上所述，笔者认定《尔雅郭注义疏》及《捕蝗要诀》所指的似蝗物种即短星翅蝗。至于"亦能以股作声"，短星翅蝗是有此特性，但声清亮就谈不上了。这一记述很可能有差错，可能是张冠李戴了。

五、棉蝗 *Chondracris rosea rosea*

棉蝗是一种分布很广但数量不大的农林业害虫，在贵州及其附近省区（广西、湖南、云南、四川等）均有分布。棉蝗个体极大，易被人们看到，但在古籍文献中极少看到有关它的记载。章义和《中国蝗灾史》一书中有一段记载："贵州黎平府岩洞等处，来蝗虫，每食一田，必有大者率诸小蝗。捕得大者约重二两许。"体重能达二两许的蝗虫，也只有棉蝗的雌者，它和其他小蝗（难以确定其为何物种）约成一个蝗虫群落为害农田。综上所述，《中国蝗灾史》中重达二两许的蝗虫，应为棉蝗。

六、飞蝗 *Locusta migratoria*

"飞蝗"一词首先出现在晋代张华《博物志》卷八中，其《史补》一节有"天下飞蝗满野"的记载。唐代瞿昙悉达《唐开元占经》"蝗生"一节有"飞蝗穿地而生"之句。此后，在蔡襄、苏轼、薛居正等大家的著作中均频频出现"飞蝗"二字。飞蝗隶属于蝗总科 Acridoidea 斑翅蝗科 Oedipodidae 飞蝗属 *Locusta*。此属仅有一种，即飞蝗。当今所指飞蝗与古代文献所指飞蝗完全一致，有的文献就直接运用"飞蝗"二字。

古籍文献中"蝗虫"或"蝗"一词一般均主指飞蝗。《史记·秦始皇本纪》记载，秦王政四年（公元前243年）"十月庚寅，蝗虫从东方来，蔽天，天下疫"。根据这一简要记述，不难确定此蝗虫即为飞蝗。其理由为：第一，当时秦的疆域主要位于今之陕西，而其东面是河南等地。陕西是飞蝗的分布区和灾区，河南等地是飞蝗成灾的最主要地区。能从遥远的东方（河南或陕西东部）迁飞到咸阳，在蝗虫当中，只有飞蝗才具有这种能力。第二，在我国中原地区，蝗虫当中能造成灾害的种类虽然很多，但灾后又能天下疫者也应是飞蝗。第三，

在我国中原地区，蝗虫当中能迁飞并能呈蔽天景象的，也非飞蝗莫属。在《史记》前，《礼记·月令》曰："孟夏……行春令，则蝗虫为灾。"又曰："仲夏……行春令，则蝗虫为败。"其意为：夏季第一个月，如像春天，则少雨而干旱，易成蝗灾；而冬季第二个月，如像春天温暖，则越冬卵孵化成蝗蝻而被冻死，来年蝗虫则不成灾。这也正是我国中原地区飞蝗发生的一般规律。由此可知，《礼记·月令》中的蝗虫应指飞蝗。蝗虫作为历史上最严重的害虫，一直受到史学家的重视而被记录在史册。下面摘录几条有关蝗灾的例证，以说明历代均将蝗灾中的蝗虫视为飞蝗。《汉书·平帝纪》记载，汉地皇三年（22年）"夏，蝗从东方来，蜚蔽天，至长安，入未央宫，缘殿阁，草木尽"。《晋书·元帝本纪》记载，晋太兴元年（318年）"六月，兰陵合乡，蝗害禾稼。己未，东莞蝗虫纵广三百里，害苗稼"。《北齐书·文宣帝本纪》记载，北齐天宝八年（557年），"自夏至九月，河北六州，河南十二州，畿内八郡，大蝗。是月飞至京师，蔽日，声如风雨"。《五行志》记载，唐贞元元年（785年）"夏，蝗，东自海，西尽河陇，群飞蔽天，旬日不息。所至，草木叶及畜毛靡有孑遗，饿殍枕道"。《十国春秋》记载，后唐天成三年（928年）"夏六月，吴越大旱，有蝗蔽日而飞，昼为之黑，庭户衣帐悉充塞"。《宋史·太宗本纪》记载，宋淳化三年（992年）"六月甲申，飞蝗自东北来，蔽天，经西南而去。是夕大雨，蝗尽死。秋七月，许、汝、兖、单、沧、蔡、齐、贝八州蝗。有蝗起东北趋西南，蔽空如云翳日"。《宋史·五行志》记载，宋隆兴元年（1163年）"七月，大蝗。八月壬申癸酉，飞蝗过郡，蔽天日，徽、宣、湖三州及浙东郡县害稼。京东大蝗，襄隋尤甚，民为乏食"。《元史·顺帝本纪》记载，元至正十九年（1359年）"五月，山东、河南、关中等处蝗飞蔽天，人马不能行，所落沟堑尽平。八月己卯，蝗自河北飞渡汴梁，食田禾一空"。《山西通志》记载，明成化二十一年（1485年）"大旱，飞蝗兼至，人皆相食，时饥民啸聚山林。太平县蝗群飞蔽天，禾稼树叶食之殆尽，民悉转壑，是年，垣曲民流亡大半，啸聚山林"。《清史稿·灾异志》记载，清康熙十一年（1672年）"五月，平度、益都飞蝗蔽天，行唐、南宫、冀州蝗。六月，长治、邹县、邢台、东安、文安、广平、定州、南乐蝗。七月，黎城、芮城蝗。昌邑蝗飞蔽天。辛县、临清、解州、冠县、沂水、日照、定陶、荷泽蝗"。上述从汉代至清代有关蝗灾的记载，与《史记·秦始皇本纪》所记载的蝗灾相比，其灾害程度可能有过之而无不及。这些灾害只有飞蝗才能造成。当今"飞蝗"一词，也就是从古籍文献而来。由此不难断定，上述所记载的蝗灾中的蝗应为当今之飞蝗。

但在蝗灾记述中，"飞蝗"二字并非均指当今之飞蝗。记载竹蝗蝗灾时有时也用"飞蝗"二字，此时飞蝗应为蝗飞之意。在判定为何种蝗虫时，要综合考虑，多参考蝗虫的生物学特性，这样才不会误判。

飞蝗 *Locusta migratoria* 过去有十个地理亚种，分布于我国的有三个亚种，即东亚飞蝗 *Locusta migrotoria manilensis*、亚洲飞蝗 *Locusta migratoria migratoria* 和西藏飞蝗 *Locusta magratoria tibetensis*。康乐等最近用从世界各地所取得的飞蝗标本，并以最新的研究方法确定飞蝗仅有两个亚种，即亚洲飞蝗 *Locusta migratoria migratoria* 和非洲飞蝗 *Locusta migratoria migratorioides*。分布于我国北方的为亚洲飞蝗，分布于我国南方的为非洲飞蝗。我们认为除上述两个亚种外，尚有分布于青藏高原的西藏飞蝗 *Locusta migratoria tibetensis*。

七、黄胫小车蝗 *Oedaleus infernalis infernalis*

记载黄胫小车蝗的古籍文献极少，我们仅在记录蝗灾的《清高宗实录》中发现有其记载，其文曰："臣前往助马口外察看，因取阅所捕飞蝗，头、翅虽近蝗虫，然身不甚大，农人皆呼为蚂蚱。"从此记述看，此种蚂蚱应为黄胫小车蝗或亚洲小车蝗 *Oedaleus decorus asiaticus*。这更符合此古籍文献的记载，因记述此种蚂蚱的地点在山西北部的内蒙古，而此地区仅分布此属的上述两种小车蝗。在此处能造成重大灾害的应为黄胫小车蝗，而亚洲小车蝗定名的时间又远在黄胫小车蝗定名之后的1948年。从外观看，黄胫小车蝗更像飞蝗。综上所述，《清高宗实录》所指蚂蚱应为黄胫小车蝗，或为亚洲小车蝗。

八、红翅皱膝蝗 *Angaracris rhodopa*

蒲错应指红翅皱膝蝗，此词始见于约245年，首次由三国吴陆玑《毛诗草木鸟兽虫鱼疏》记载："莎鸡如蝗而斑色，毛翅数重，下翅正赤。六月中飞而振羽，索索作声，幽州人谓之蒲错。"明代毛晋《陆氏诗疏广要》、清代丁晏《毛诗草木鸟兽虫鱼疏校正》等古籍文献，均在"其翅正赤"之后加有"或谓之天鸡"五字。而在《尔雅注疏》中尚有螒、天鸡、樗鸡的记载，在《古今注》中尚有络纬的记载，这些名称均应视为蒲错的异物异名。螒、天鸡应为蟋蟀，莎鸡、络纬应为纺织娘 *Mcopoda elongata*，而樗鸡则应为斑衣蜡蝉。

蒲错究竟为何物种？周尧首次将蒲错考证为蝗虫，先考证为绿纹蝗 *Aiolopus thalassinus*，后又认定为赤翅蝗 *Celes variabilis*。蒲错是蝗虫，但不是周尧所指的蝗虫。考证蒲错为何物种蝗虫，除《毛诗草木鸟兽虫鱼疏》外还有一部重要的古籍文献，即清代牟应震《毛诗物名考》，其文曰："莎鸡，螽之能飞者也，色如沙丙，二小羽嫣红可爱，能于空中飞停许时，做莎莎声。"文中虽未有"蒲错"这一名称，但其内容与《毛诗草木鸟兽虫鱼疏》的记载十分相近，并有十分重要的补充，是考证蒲错为何种蝗虫的十分难得的古籍文献。现将认定蒲错应为红翅皱膝蝗的理由论证如下：第一，红翅皱膝蝗的分布中心在幽州，即今之北京及其附近地区，分布范围从未达到东洋区，而莎鸡、络纬即纺织娘的分布范围在东洋区，故蒲错不可能是后者。第二，皱膝蝗的体色多随环境的不同而变化，符合"如蝗而斑色"之说。第三，皱膝蝗在北京附近地区，六月中正是羽化后飞翔发音的盛期。《毛诗草木鸟兽虫鱼疏》所称之振羽一词可能有误，因振羽应为翅与翅的摩擦发音，而皱膝蝗在飞翔时是后足股节膝

部之皱纹同翅摩擦发音，应属于动股，这是作者误认为飞翔时只能翅与翅摩擦才能发音之故。第四，分布在幽州地区的蝗虫，有部分种类因受到惊扰而起飞发音，如赤翅蝗等，但能在空中长时间飞翔，又能在空中飞停许时，在蝗虫中仅有皱膝蝗属 Angacris 的种类，而蒲错的异名异物者如螒、天鸡、莎鸡、络纬等均不能在空中发声，更不会在空中飞停，樗鸡根本就不能发声。第五，在皱膝蝗中，仅有红翅皱膝蝗的下翅（后翅）基部呈红色，而端部淡色，在飞翔时正符合下翅正赤之说。

九、黄脊雷篦蝗 Rammeacris kiangsu

黄脊雷篦蝗原名黄脊竹蝗 Ceracris kiangsu，它是我国当代学者蔡邦华于1939年定名的一个新种。因其前胸背板缺侧隆线，不同于竹蝗属 Ceracris 中的其他种，不符合竹蝗属的属征，而将其移入雷篦蝗 Rammeacris 中。因该种蝗虫对竹林的为害很大，不少当代学者均对其进行过研究，有关它的资料很多，但古籍文献对它的记载很少，仅能在地方志记载蝗灾中看到其踪迹。现举其中最为典型的一例。清同治《新昌县志》记载："宜丰县有蝗丛集各山，驱捕不散，遍食竹叶，竹干随枯，数年方灭，幸不害稼。"从上述记载不难看出，此蝗应为黄脊雷篦蝗或竹蝗属中的一些种类，特别是青脊竹蝗 Ceracris nigricornis，而非其他属种的蝗虫。其理由为：竹蝗或黄脊雷篦蝗是为害竹林最严重的害虫，大发生时常使大面积竹子枯死；不易防治，驱捕不散，数年方灭。这也是它们的重要生物学特性；主要为害竹林，对农作物所造成的灾害不大，或如上所述"幸不害稼"。此灾害发生在江西宜丰县。此县是黄脊雷篦蝗成灾的主要地区，而青脊竹蝗在此尚无分布，由此可知《新昌县志》所记载的蝗虫应为黄脊雷篦蝗。

十、二色戛蝗 Gonista bicolor

蟿螽、螇蚸应为当今的二色戛蝗。蟿螽、螇蚸之名始见于《尔雅》。晋代郭璞《尔雅注》曰："蟿螽，螇蚸。今俗呼似蚣蝑而细长，飞翅作声者为螇蚸。"记载蟿螽、螇蚸的古籍文献甚多，计有《尔雅注疏》、《尔雅》郑注、《六书故》、《类篇》、《格致镜原》、《尔雅正义》、《尔雅郭注义疏》、《尔雅郭注补正》、《诗传物名集览》等，它们均记载了螇蚸飞翅作声之说。此说虽不能确定蟿螽、螇蚸为蝗虫的何物种，但毕竟给出了一个大概的范围。当今学者蔡邦华所著《昆虫分类学》（上册）认为蟿螽是剑角蝗属 Acrida 的种类，而螇蚸为戛蝗属 Gonista 和螇蚸蝗属的种类，但均未论证。我们认为中华剑角蝗 Acrida cinerea 应为《尔雅》所指的土螽、蠰溪。那么《尔雅》所指的蟿螽、螇蚸又为蝗虫中的何物种呢？晋代郭璞《尔雅音图》和清代牟应震《毛诗物名考》是两部最为有用的文献。《尔雅音图》所附的蟿螽、螇蚸插图极似二色戛蝗。《毛诗物名考》对蟿螽、螇蚸有着十分精辟的记述："身细而长，色黄绿，腹

下嫣红，首上锐如角，首端二鬓如蛾眉，雄小于雌者，半能高飞，作拍板声。蠜，擎也。蚚，析也。故名。"这是对二色戛蝗的形态、生物学习性的真实描述。再者，二色戛蝗分布地域与《尔雅》等古籍文献的作者的生长地区相符，而与二色戛蝗相近的物种则分布在中原地区之外，古籍文献的作者是没有机会看到它们的。综上所述，《尔雅》所指的蟼蟇、螒蚚应为当今之二色戛蝗。

十一、中华剑角蝗 *Acrida cinerea*

土螽、蠰溪应为当今之中华剑角蝗。土螽、蠰溪之名始见于《尔雅》。郭璞《尔雅注》曰："土螽，蠰溪。似蝗而小，今谓之土蝶。"此外，《六书故》、《尔雅郭注义疏》、《尔雅郭注补正》、《尔雅新义》、《尔雅注疏参议》、《诗传物名集览》、《虫荟》等对土螽、蠰溪均有类似的记述。在上述古籍文献中，涉及土螽、蠰溪的同物异名尚有土蝶、织绢娘、蚱蛨、蚱蚭、蚱蜢、蚱蜢等。郭璞《尔雅音图》有土螽、蠰溪的插图，但遗憾的是从此插图难以判定它属何种直翅目昆虫。蔡邦华《昆虫分类学》（上册）中认为蟼蟇是剑角蝗。我们认为，土螽、蠰溪应为中华剑角蝗，但仅从上述记述是难以定论的。而宋代郑樵《尔雅注》和明代穆希文《蟫史集》是论证土螽、蠰溪为中华剑角蝗的最好材料。《尔雅》："土螽，蠰溪。"郑樵注："似蝗而小，斑色，多生园中。"中华剑角蝗体青绿色、枯黄以及不同于此的各种颜色，完全符合文中斑色之说。能生活在园中的蝗虫种类不多，中华剑角蝗虽不能说是园中仅有之种类，却也是最常见的少有种类之一。《蟫史集》曰："土螽似蚱蜢而细长，锐头，青翼。能飞能跳，飞不甚远。亦能害稼。人执其两股，能摇动身体，如女人织然，故名织绢娘。"清代方旭《虫荟》也有类似的记载。上述记载与剑角蝗属的形态、习性非常一致。我们儿时在捕捉到中华剑角蝗时，常执其两股念道："扁担扁担播簸箕，不播不放你。"此时，中华剑角蝗上下摇动身体。这与《蟫史集》的记述何其相似。在剑角蝗属中，分布广，数量大，能成为优势种的也仅有中华剑角蝗。而剑角蝗属中的其他种类不仅分布面狭，数量少，不易被人发现，而且均不分布在古文献撰写人生活的范围内。综上所述，土螽、蠰溪应为当今之中华剑角蝗。

第三节　当今蝗虫分类研究简述

上述蝗虫物种，"飞蝗"这一名称基本符合双名法的规定。但古籍文献所说的飞蝗也并非均指当今的飞蝗，这须认真考证。飞蝗的许多同物异名，如《诗经》中的螽斯、斯螽，

《尔雅》中的蜇螽、蚣蝑，以及郭璞《尔雅注》中的蚣蝑等，如不对它们进行考证，是难以认定它们也指飞蝗的。古籍文献所记载的阜螽、蟿螽、螇蚸、土螽、蒲错、石蟹虫等，如不进行考证，极难认定它们分别指蝗虫中的何一物种。对它们进行考证，不同学者也有不同的结论。由此可知，研究蝗虫，亟须制定一部法规，以避免不必要的麻烦。

瑞典林奈（Linnacus）撰写的《自然系统》（*Nature system*）一书于1758年问世以后，蝗虫分类和生物界其他学科的分类一样，走入了规范化的道路，并呈现一片繁荣景象。但我国的蝗虫分类在此后的一个半多世纪中仍无声息，对一些蝗虫物种只有零碎的生物学记述，仍需考证才能确定其物种。这种局面直到1929年蔡邦华的《中国蝗虫三新种及中国蝗虫名录》论文的发表才被打破。1931年，蔡邦华又发表了《稻蝗属 *Oxya* 二新种》一文。在这两篇论文中，黄脊竹蝗 *Ceracris kiangsu* 因其前胸背板缺侧隆线而被移入雷篦蝗属 *Rammeacris* 中，绿腿秃蝗 *Podisma virifemorata* 和广东稻蝗 *Oxya rammei* 分别被当作绿腿腹露蝗 *Fruchstoriola virifemorata* 和中华稻蝗 *Oxya chinensis* 的同物异名。1934—1940年，张光朔分别发表了来自中国的21个蝗虫新种。在此前后，Uvarov、B-Bienko、Wilemse、Tinkam、古川晴男等分别发表了一些来自中国的蝗虫新种。1929年蔡邦华记载了已知蝗虫112种，1935年胡经甫在《中国昆虫名录》中记载了中国已知蝗虫197种和亚种。现将1911年前涉及中国蝗虫的名录记述如下：

（1）绿牧草蝗 *Omocestus viridulus*（L.）1758

（2）红槌角蝗 *Gomphocerus rufus*（L.）1758

（3）中宽雏蝗 *Chorthippus apricarius*（L.）1758

（4）异色雏蝗 *Chorthippus biguttulus*（L.）1758

（5）乌饰蝗 *Psophus stridulus*（L.）1758

（6）蓝斑翅蝗 *Oedipoda coerulescens*（L.）1758

（7）红股秃蝗 *podisma pedestris pedestris*（L.）1758

（8）刺胸蝗 *Cyrtacanthacris tatarica*（L.）1758

（9）意大利蝗 *Calliptamus italicus*（L.）1758

（10）亚洲飞蝗 *Locusta migratoria migratoria*（L.）1758

（11）沼泽蝗 *Mecostethus grossus*（L.）1758

（12）印度黄脊蝗 *Patanga succinct*（Johan.）1763

（13）西伯利亚大足蝗 *Aeropus sibiricus*（L.）1767

（14）荒地剑角蝗 *Acrida oxycephala*（Pall.）1771

（15）红斑翅蝗 *Oedipoda miniata*（Pall.）1771

（16）黑赤翅蝗 *Celes variabilis variabilis*（Pall.）1771

（17）白边雏蝗 *Chorthippus albomarginatus*（De Geer）1773

（18）网翅蝗 *Arcyptera fusca fusca*（Pall.）1773

（19）鼓翅皱膝蝗 *Angaracris barabensis*（Pall.）1773

（20）瘤背束颈蝗 *Sphingonotus salinus*（Pall.）1773

（21）蓝翅瘤蝗 *Dericorys tibialis*（Pall.）1773

（22）棉蝗 *Chondracris rosea rosea*（De Geer）1773

（23）沙漠蝗 *Schistocerca gregaria*（Forsk）1775

（24）绿纹蝗 *Aiolopus thalassinus*（Fabr.）1781

（25）白条长腹蝗 *Leptacris vittata*（Fab.）1787

（26）长翅稻蝗 *Oxya velox*（Fabr.）1787

（27）锥头蝗 *Pyrgomorpha conica*（Ol.）1791

（28）条纹草地蝗 *Stenobothrus*（S. Str.）*lineatus*（Panz.）1796

（29）等岐蔗蝗 *Hieroglyphus banian*（Fabr.）1798

（30）花胫绿纹蝗 *Aiolopus tamulus*（Fabr.）1798

（31）长角雏蝗 *Chorthippus longicornis*（Latr.）1804

（32）白边痂蝗 *Bryodema luctuosum luctuosum*（Stoll）1813

（33）轮纹异痂蝗 *Bryodemella tuberculatum dilutum*（Stoll）1813

（34）线剑角蝗 *Acrida lineate*（Thunb.）1815

（35）长额橄蝗 *Tagasta marginella*（Thunb.）1815

（36）云斑车蝗 *Gastrimargus marmoratus*（Thunb.）1815

（37）疣蝗 *Trilophidia annulata*（Thunb.）1815

（38）长角线斑腿蝗 *Stenocatantops splendens*（Thunb.）1815

（39）长夹蝗 *Choroedocus capensis*（Thunb.）1815

（40）红草地蝗 *Stenobothrus*（S.）*rubicundus*（Germ.）1817

（41）草绿蝗 *Parapleurus alliaceus*（Germ.）1817

（42）驼背蝗 *Pyrgodera armata*（F.-W.）1820

（43）红胫牧草蝗 *Omocestus ventralis*（Zett.）1821

（44）日本稻蝗 *Oxya japonica*（Thunb.）1824

（45）红腹牧草蝗 *Omocestus haemorrhoidalis*（Charp.）1825

（46）小雏蝗 *Chorthippus mollis*（Charp.）1825

（47）中华稻蝗 *Oxya chinensis*（Thunb.）1825

（48）无齿稻蝗 *Oxya adentata*（Will.）1825

（49）小垫尖翅蝗 *Epacromius tergestinus tergestinus*（Charp）1825

（50）黑条小车蝗 *Oedaleus decorus*（Germ.）1826

（51）短翅直背蝗 *Euthystira brachptera*（Ocskay）1826

（52）绿州蝗 *Chrysochraon dispar dispar*（Germ.）1831

（53）小翅曲背蝗 *Pararcyptera microptera microptera*（F.－W.）1833

（54）土库曼蝗 *Ramburiella turcomana*（F.－W.）1833

（55）黑腿星翅蝗 *Calliptamus barbarus*（Costa）1836

（56）朱腿痂蝗 *Bryodema gebleri*（F.－W.）1836

（57）岸边异背蝗 *Heteracris littoralis*（Rambur）1838

（58）无斑长夹蝗 *Choroedocus robusta*（Serv.）1839

（59）大斑异斑腿蝗 *Xenocatantops humilis*（Serv.）1839

（60）八纹束颈蝗 *Sphingonotus octofasciatus*（Serv.）1839

（61）梭蝗 *Tristria pisciforme*（Serv.）1839

（62）小切翅蝗 *Coptacra foedata*（A.－Serv.）1839

（63）斑翅草地蝗 *Stenobothrus*（S. Str.）*nigromaculatus nigromaculatus*（H.－Sch.）1840

（64）二色戛蝗 *Gonista bicolor*（Haan）1842

（65）黄翅踵蝗 *Pternoscirta calliginosa*（De Haan）1842

（66）柳枝负蝗 *Atractomorpha psittacina*（De Haan）1842

（67）长翅大头蝗 *Oxyrrhepes obtusa*（De Haan）1842

（68）北极黑蝗 *Melanoplus frigidus frigidus*（Boh.）1846

（69）红翅皱膝蝗 *Angaracris rhodopa*（F.－W.）1846

（70）草原异爪蝗 *Euchorthippus pulvinatus*（F.－W.）1846

（71）毛足棒角蝗 *Dasyhippus barbipes*（F.－W.）1846

（72）肿脉蝗 *Stauroderus scalaris scalaris*（F.－W.）1846

（73）非洲飞蝗 *Locusta migratoria migratorioides*（R.－F.）1847

（74）细距蝗 *Leptopternis gracilis*（Ev.）1848

（75）费氏草地蝗 *Stenobothrus*（S. Str.）*fischeri*（Ev.）1848

（76）小米纹蝗 *Notostaurus albicornis albicornis*（Ev.）1848

（77）狭条戟纹蝗 *Dociostaurus*（S. Str.）*brevicollis*（Ev.）1848

（78）黑翅草地蝗 *Stenobothrus*（S.）*carbonarius*（Ev.）1848

（79）沙蝗 *Hyalorrhipis clause*（Kitt.）1849

（80）翘尾蝗 *Primnoa primnoa*（F.－W.）1846－1849

（81）中华剑角蝗 *Acrida cinerea*（Thunb.）1851

（82）曲线牧草蝗 *Omocestus petraeus*（Bris.）1855

（83）方异距蝗 *Heteropternis respondens*（Walk.）1859

（84）小跃蝗 *Mioscirtus wagneri wagneri*（Kitt.）1859

（85）翠饰雏蝗 *Chorthippus dichrous*（Ev.）1859

（86）暗翅剑角蝗 *Acrida exaltata*（Walk.）1859

（87）简蚍蝗 *Eremippus simplex*（Ev.）1859

（88）芋蝗 *Gesonula punctifrons*（St.l）1860

（89）短翅稞蝗 *Quilta mitrata*（St.l）1860

（90）斜翅蝗 *Eucoptacra praemorsa*（St.l）1860

（91）红褐斑腿蝗 *Catantops pinguis*（St.l）1860

（92）小稻蝗 *Oxya intricata*（St.l）1861

（93）岩石束颈蝗 *Sphingonotus nebulosus*（F.-W.）1864

（94）长额负蝗 *Atractomorpha lata*（Motsh.）1866

（95）厚蝗 *Pachyacris vinosa*（Walk.）1870

（96）短尾蔗蝗 *Hieroglyphus concolor*（Walk.）1870

（97）异角胸斑蝗 *Apalacris varicornis*（Walk.）1870

（98）如红束颈蝗 *Sphingonotus rubescens*（Wark.）1870

（99）暗圆顶蝗 *Acrotylus insubricus inficitus*（Wark.）1870

（100）长角蝼蚓蝗 *Gelastorhinus filatus*（Wark.）1870

（101）青脊竹蝗 *Ceracris nigricornis nigricornis*（Walk.）1870

（102）暗色佛蝗 *Phlaeoba tenebrosa*（Walk.）1871

（103）长翅板胸蝗 *Spathosternum prasiniferum prasiferum*（Walk.）1871

（104）赤胫伪稻蝗 *Pseudoxya diminuta*（Walk.）1873

（105）绿长腹蝗 *Leptacris laeniata*（St.l）1873

（106）长角皱腹蝗 *Egnatius apicalis*（St.l）1876

（107）荒漠蚁蝗 *Mymeleotettix pallidus*（Br.-W.）1882

（108）印度痂蝗 *Bryodema luctuosum indum*（Sauss.）1884

（109）短翅痂蝗 *Bryodema brunnerianum*（Sauss.）1884

（110）黄胫小车蝗 *Oedaleus infernalis infernalis*（Sauss.）1884

（111）小驼背蝗 *Ptetica cristulata*（Sauss.）1884

（112）旋跳蝗 *Helioscirtus moseri moseri*（Sauss.）1884

(113) 长翅束颈蝗 *Sphingonotus longipennis*（Sauss.）1884

(114) 黄胫束颈蝗 *Sphingonotus savighyi*（Sauss.）1884

(115) 大垫尖翅蝗 *Epacromius coerulipes*（Ivan.）1887

(116) 笨蝗 *Haplotropis brunnerana*（Sauss.）1888

(117) 侧瓠蝗 *Sphingoderus carinatus*（Sauss.）1888

(118) 蒙古束颈蝗 *Sphingonotus mongolicus*（Sauss.）1888

(119) 大胫刺蝗 *Compsorhipis davidiana*（Sauss.）1888

(120) 东方车蝗 *Gastrimargus africanus*（Saussure）1888

(121) 红翅瘤蝗 *Dericorys annulata roseipennis*（Reat.）1889

(122) 间点翅蝗 *Gerenia intermedia*（Br.－W.）1893

(123) 长翅十字蝗 *Epistaurus aberrans*（Brunner）1893

(124) 伪星翅蝗 *Calliptamus coelesyriensis*（G.－T.）1893

(125) 长角佛蝗 *Phlaeoba antennata*（Br.－W.）1893

(126) 黑翅竹蝗 *Ceracris fasciata fasciata*（Br.－W.）1893

(127) 僧帽佛蝗 *Phlaeoba infumata*（Br.－W.）1893

(128) 红股竹蝗 *Ceracris versicolor*（Brunn）1893

(129) 红胫戟纹蝗 *Dociostaurus*（S.）*kraussi kraussi*（Ingen.）1897

(130) 日本鸣蝗 *Mongolotettix japonicus*（Bol.）1898

(131) 欧亚草地蝗 *Stenobothrus*（S.）*eurasius eurasius*（Zub.）1898

(132) 侧翅雏蝗 *Chorthippus latipennis*（I. Bol.）1898

(133) 狭翅雏蝗 *Chorthippus dubius*（Zub.）1898

(134) 黄脊蝗 *Patanga japonica*（I. Bol.）1898

(135) 黑翅波腿蝗 *Asiotmethis heptapotamicus hepapotamicus*（Zub.）1898

(136) 柯氏无翅蝗 *Zuborskia koeppeni*（Zub.）1899

(137) 黑翅雏蝗 *Chorthippus aethalinus*（Zub.）1899

(138) 小翅雏蝗 *Chorthippus fallax*（Zub.）1899

(139) 阿勒泰草地蝗 *Stenobothrus*（S.）*nevskii*（Zub.）1899

(140) 阿勒泰跃度蝗 *Podismopsis altaica*（Zub.）1899

(141) 宽须蚁蝗 *Mymeleotettix palpalis*（Zub.）1900

(142) 蒙古痂蝗 *Bryodema mongolicum*（Zub.）1900

(143) 黄胫异痂蝗 *Bryodemella holdereri holdereri*（Krauss）1901

(144) 短翅佛蝗 *Phlaeoba angustidorsis*（Bol.）1902

（145）条纹暗蝗 *Dnopherula taeniatus*（Bol.）1902

（146）黑尾沼泽蝗 *Mecostethus magister* 1902

（147）印度橄蝗 *Tagasta indica*（Bol.）1905

（148）短额负蝗 *Atractomorpha sinensis*（I. Bol.）1905

（149）喜马拉雅负蝗 *Atractomorpha himalayica*（Bol）1905

（150）纺梭负蝗 *Atractomorpha burri*（I. Bol.）1905

（151）北方雏蝗 *Chorthippus hammarstroemi*（Mir.）1906

（152）赤翅蝗 *Celes skalozubovi*（Adel）1906

（153）蛛蝗 *Aeropedellus ruteri*（Mir.）1906－1907

（154）外高加索草地蝗 *Stenobothrus*（S.）*werneri*（Ad.）1907

（155）癞短鼻蝗 *Filchnerella pamphagides*（Karny.）1908

（156）大赤翅蝗 *Celes akifanus*（Shir.）1910

（157）圆翅蝼蚓蝗 *Gelastorhinus rotundatus*（Shir.）1910

（158）恒春台蝗 *Formosacris koshunensis*（Shir.）1910

（159）无斑土库曼蝗 *Ramburiella bolivari*（Kuthy）1910

（160）斑角蔗蝗 *Hieroglyphus annulicornis*（Shir.）1910

（161）长翅幽蝗 *Ognevia longipennis*（Shir.）1910

（162）台湾蹦蝗 *Sinopodisma formosana*（Shir.）1910

（163）克氏蹦蝗 *Sinopodisma kawakamii*（Shir.）1910

（164）柯蹦蝗 *Sinopodisma kodamae*（Shir.）1910

（165）红胫尼蝗 *Niitakacris rosaceanum*（Shir.）1910

（166）短翅凸额蝗 *Traulia ornata*（Shiraki）1910

（167）短翅黑背蝗 *Eyprepocnemis hokutensis*（Shir.）1910

（168）赤胫异距蝗 *Heteropternis rufipes*（Shir.）1910

（169）台湾小车蝗 *Oedaleus formosanus*（Shir.）1910

（170）小无翅蝗 *Zuborskia parvula*（Ikonn.）1911

（171）黄股秃蝗 *podisma aberrans*（Ikonn.）1911

（172）玛蝗 *Miramella solitaria*（Ikonn.）1911

（173）塞吉幽蝗 *Ognevia sergii*（Ikonnikov）1911

（174）宛翘尾蝗 *Primnoa Primnoides*（Ikonn.）1911

（175）乌苏里跃度蝗 *Podismopsis ussuriensis ussuriensis*（Ikonn.）1911

（176）白膝网翅蝗 *Arcyptera fusca albogeniculata*（Ikonn.）1911

（177）宽翅曲背蝗 *Pararcyptera microptera meridionalis*（Ikonn.）1911

在上述基础上，夏凯龄教授对我国的蝗虫分类进行了系统的研究，并于1958年出版了《中国蝗科分类概要》一书。此书的出版标志着我国蝗虫分类研究已进入一个崭新的阶段。在夏凯龄教授的培养下，我国先后涌现出郑哲民、印象初等一大批蝗虫分类学家，并在夏凯龄教授的主持下出版了《中国动物志·蝗总科》（共四册）这一巨著。在此前后，还先后出版了诸多有关蝗虫分类的地方性专著。这些著作使我国蝗虫种类的记述迅速达到千种之多，使我国的蝗虫分类研究在世界上占有了一席之地。但也有不足之处，重视了新种的发表，而对以属为单位的订正研究却很少有学者问津。到目前为止，我国尚缺一个成熟的并被世界公认的蝗虫分类系统。

第二章 蝗灾记述

对人类所遭受的自然灾害，明代徐光启将其概括为"曰水，曰旱，曰蝗"，并进一步指出"水旱为灾，尚多幸免之处，惟旱极而蝗，数千里间草木皆尽，或牛马毛幡帜皆尽，其害尤惨，过于水旱也"。从此记载看，此种蝗灾定是飞蝗所为。但是，造成蝗灾的也绝非只有一种。除飞蝗外，尚有黄脊竹蝗（黄脊雷篦蝗）、青脊竹蝗、亚洲小车蝗、黄胫小车蝗、中华稻蝗、斑角蔗蝗、棉蝗、意大利蝗、短星翅蝗、宽须蚁蝗、西伯利亚蝗、短额负蝗等60余种。古今一些学者记载的蝗灾情况，如徐光启《除蝗疏》记载了自春秋战国至元代共发生蝗灾为111次，清代陈梦雷等编《古今图书集成》较详细地摘录了自公元前707年至1695年间有关文献中记载的蝗灾，陈家祥在《中国历代蝗患之记载》中共记载了自公元前707年至1935年所发生的蝗灾为796次，陈高佣在《中国历代天灾人祸表》中共记载了自公元前246年至1911年间所发生的蝗灾为246次，周尧在《中国昆虫学史》中共记载了自公元前707年至1911年间所发生的蝗灾为538次，邹树文在《中国昆虫学史》中所附的2630年间虫灾史籍记录统计表记载的蝗灾为455次，张德二等在《中国三千年气象记录总集》中记载了自公元前707年至1911年间所发生的蝗灾等。上面所述蝗灾，并未指出是由哪种蝗虫造成，故通称为"蝗灾"。章义和在《中国蝗灾史》一书中将所记述的蝗灾均归结为由东亚飞蝗所造成，然而事实并非如此。本书尽量将蝗灾按成灾种类分别记述，但这绝非一件易事。

古人记述蝗灾时，用词甚多，何词指飞蝗，何时指飞蝗，何词何时指飞蝗外的其他蝗虫，对此必须弄清楚。记载蝗灾的最早用词，应为周尧所发现的甲骨文"蝗"字。此发现虽遭到质疑，但最终还是被认可。"螣"一词最早记述蝗灾应始于《诗经·小雅·大田》"去其螟螣"，此螣应指包括蝗虫在内的所有食叶害虫。但《礼记·月令》中的"螣"应指飞蝗外的一切蝗虫。"螣"字在记载蝗灾时使用频率极低，而正史中均未见用它记载蝗灾，本文也将"螣"放在飞蝗之外。"螽"一词最早用于记载蝗灾始于公元前707年，大多数学者认为此时的"螽"应指蝗，亦即飞蝗。它的同物异名即《诗经》中的"螽斯"、"斯螽"，这已被考证为飞蝗，所以《春秋》中记载蝗灾的"螽"为飞蝗绝无错误，但大多数学者又认为春秋为"螽"，在汉为"蝗"。如果在春秋之后再用"螽"记载蝗

灾，就不应指飞蝗，而应指飞蝗之外的其他蝗虫。飞蝗之外用以记载蝗灾的尚有"螽"、"蚱蜢"等。以后记载飞蝗蝗灾的则只有"蝗"一词。"蝗"一词最早应始于《礼记·月令》，但正式记载蝗灾应始于《史记》：秦王政四年（公元前243年）"十月庚寅，蝗从东方来，蔽天。天下疫"。但也并非所有记载蝗灾的"蝗"均为飞蝗。如《新昌县志》记载，1773年江西新昌（宜丰县）"有蝗丛集各山，驱捕不散，遍食竹叶，竹干随枯，数年方灭，幸不害稼"。从此记载看，此蝗不应是飞蝗，而应为竹蝗。又载1687年"玉屏县夏蝗，形白而小，从稻谷心中食出"。从此记载看，此虫不仅不是飞蝗，而且也不是蝗虫，似乎应为螟虫。在记载蝗灾时如果用词很简单，仅用"蝗"一字表示，或有一些附加描述，但不能从中找出鉴别蝗虫的有用词句，此时也只能暂将其放在飞蝗之内。因飞蝗造成蝗灾的概率比其他蝗虫要大得多，将其放在飞蝗之内犯错误的机会要少很多。

飞蝗所造成的灾害不仅严重，而且频率也很高，在此将其称为飞蝗蝗灾。其他蝗虫所造成的灾害相对要小得多，农业部门一直将其成灾者称为土蝗。考虑到国际上的用词，笔者将前者称为 *Locusta*，与飞蝗一致；将后者称为 *Grasshopper*，用中文表示，即草上跳者，而将其称为跳蝗似乎更为合适，将其造成的蝗灾称为跳蝗蝗灾。

第一节 飞蝗蝗灾的记述

一、春秋战国时期（公元前770—公元前221年）

公元前707年（鲁桓公五年）：

秋，螽。（《春秋·桓公》。《谷梁传》："螽虫灾也。"《公羊传》："何以书？记灾也。"）

公元前645年（鲁僖公十五年）：

秋八月，螽。（《春秋·僖公》。《谷梁传》："螽虫灾也，甚则月，不甚则时。"）

公元前624年（鲁文公三年）：

秋，雨螽于宋。（《春秋·文公》）

夏，鹿邑蝗。（《鹿邑县志》）

公元前619年（鲁文公八年）：

十月，螽。（《春秋·文公》）

公元前603年（鲁宣公六年）：

秋八月，螽。（《春秋·宣公》）

公元前596年（鲁宣公十三年）：

秋，螽。（《春秋·宣公》）

公元前594年（鲁宣公十五年）：

秋，螽。冬，蝝生，饥。（《春秋·宣公》）

公元前566年（鲁襄公七年）：

八月，螽。（《春秋·襄公》）

公元前483年（鲁哀公十二年）：

冬十有二月，螽。（《春秋·哀公》）

公元前482年（鲁哀公十三年）：

九月，螽。冬十有二月，螽。（《春秋·哀公》）

公元前243年（秦王政四年）：

七月，蝗虫从东方来，蔽天。天下疫。百姓纳粟千石，拜爵一级。（《史记·秦始皇本纪》）

二、秦汉时期（公元前221—公元220年）

公元前158年（汉文帝后元六年）：

四月，天下旱，蝗。（《汉书·文帝纪》）

公元前154年（汉景帝三年）：

秋，蝗。（《汉书·文帝纪》）

公元前153年（汉景帝四年）：

夏，蝗。（《汉书·武帝纪》）

公元前147年（汉景帝中元三年）：

秋九月，蝗。（《汉书·景帝纪》）

公元前146年（汉景帝中元四年）：

三月，大蝗。（《史记·孝景本纪》）

夏，蝗。（《汉书·景帝纪》）

公元前136年（汉建元五年）：

五月，大蝗。（《汉书·武帝纪》）

公元前135年（汉建元六年）：

秋，大旱，蝗。（《汉书·武帝纪》）

公元前130年（汉元光五年）：

五月，大蝗。(《汉书·武帝纪》)

沈丘蝗。八月，平兴蝗虫遍地。(清乾隆《沈丘县志》)

公元前129年（汉元光六年）：

夏，大旱，蝗。(《汉书·武帝纪》)

公元前112年（汉元鼎五年）：

秋，蝗。(《汉书·五行志》)

公元前111年（汉元鼎六年）：

秋，大旱，蝗。(清傅恒等《历代通鉴辑览》)

公元前105年（汉元封六年）：

秋，大旱，蝗。(《汉书·武帝纪》)

公元前104年（汉太初元年）：

夏，蝗从东方蜚至敦煌。(《汉书·武帝纪》)

夏，关东（秦岭关东），蝗飞至敦煌。(清乾隆《甘肃通志》卷二四《祥异》)

灵宝县飞蝗成灾。(清光绪《阌乡县志》)

是岁，西伐大宛蝗大起。(《史记·孝武本纪》)

公元前103年（汉太初二年）：

秋，蝗。(《汉书·武帝纪》)

公元前102年（汉太初三年）：

秋，复蝗。(《汉书·五行志》)

公元前90年（汉征和三年）：

秋，蝗。(《汉书·五行志》)

鹿邑蝗害。(清康熙《鹿邑县志》)

公元前89年（汉征和四年）：

夏，蝗。(《汉书·五行志》)

公元前58年（汉神爵四年）：

河南界中蝗。(宋司马光《资治通鉴·汉纪》)

公元前53年（汉甘露元年）：

开封蝗。(民国《开封县志》)

2年（汉元始二年）：

四月，郡国大旱，蝗，青州尤甚，民流亡。遣使者捕蝗。民捕蝗诣吏，以石斗受钱。(《汉书·平帝纪》)

秋，蝗遍天下。(《汉书·五行志》)

平帝时，天下大蝗，河南二十余县皆被其灾，独不入密县界。(《后汉书·卓茂传》)

秋，淮阳蝗，民捕蝗，以斗受钱。(民国《淮阳县志》)

四月至秋，长葛旱，蝗灾。(清康熙《长葛县志》)

秋，新蔡蝗虫遍野。民捕蝗，以石斗缴官领钱。(清乾隆《新蔡县志》)

潢川旱，蝗虫成灾。民捕蝗交官，按升斗计钱。(潢川县志编纂委员会编《潢川县志》)

4年（汉元始四年）：

秋，长垣县蝗。(明嘉靖《长垣新县志》)

6年（汉孺子婴［王莽摄政］居摄元年）：

关东大饥，蝗。(清傅恒等《历代通鉴辑览》卷二〇)

11年（汉［新］王莽始建国三年）

是岁，濒河郡蝗生。(《汉书·王莽传》)

17年（汉［新］王莽天凤四年）

秋八月枯旱，蝗虫相因。(宋司马光《资治通鉴·汉纪》)

20年（汉［新］王莽地皇元年）

七月……数遇枯旱，蝗为灾。(《汉书·王莽传》)

21年（汉［新］王莽地皇二年）

秋，关东蝗，民大饥。是岁，濒河郡蝗生。(《汉书·王莽传》)

秋，灵宝发生蝗灾。(民国《灵宝县志》)

22年（汉［新］王莽地皇三年）

夏，蝗从东方来，蜚蔽天，至长安，入未央宫，缘殿阁，草木尽。莽发吏民，设购赏捕击。(《汉书·王莽传》)

关东灵宝人相食，蝗自东向西，飞蔽天。函谷关以东发生蝗灾，十万灾民涌入函谷关，饿死十之七八。(清光绪《阌乡县志》)

莽末，天下连岁灾蝗，寇盗锋起。(《后汉书·光武帝纪》)

23年（汉［新］王莽地皇四年）

末年，天下大旱，蝗虫蔽天，盗贼群起。(汉刘珍《东观汉记·世祖光武帝纪》)

莽末，天下连岁灾蝗，寇盗锋起。(宋郑樵《通志·后汉纪》)

26年（汉建武二年）：

自王莽末，天下旱，蝗，稼谷不成。至建武之初，一石粟值黄金一斤，而人相食。(晋袁宏《后汉纪》卷五)

是岁，天下旱，蝗，黄金一斤易粟一斛。(《后汉书·光武帝纪》)

29年（汉建武五年）：

四月，洛阳旱，蝗。(《后汉书·光武帝纪》)

郡国水、旱、蝗虫为灾，谷价腾跃，人用困乏。(《后汉书·光武帝纪》)

五月，颍川（河南禹州）旱，蝗，伤麦。(清康熙《长葛县志》)

新安发生蝗灾。(清康熙《新安县志》)

30 年（汉建武六年）：

夏，复蝗。(《后汉书·光武帝纪》)

46 年（汉建武二十二年）：

三月，京师（洛阳）、郡国十九蝗。(汉伏无忌《伏侯古今注·灾异》)

匈奴中（新疆阿尔泰）连年旱，蝗，赤地数千里，草木尽枯，人畜饥疫，死耗大半。(《后汉书·南匈奴传》)

是岁，青州蝗。(《后汉书·光武帝纪》)

山东胶州蝗。(清道光《胶州志》卷三五《祥异》)

47 年（汉建武二十三年）：

京师、郡国十八大蝗，旱，草木尽。(汉伏无忌《伏侯古今注·灾异》)

孟县大旱，蝗，草木尽枯。(河南黄河河务局编《河南黄河志》)

夏，扶沟县蝗食禾稼殆尽。(清光绪《扶沟县志》)

48 年（汉建武二十四年）：

九江飞蝗蔽野。宋均为守，蝗悉出境。(清同治《九江府志》卷五三《祥异》)

49 年（汉建武二十五年）：

山东（青州、平原）飞蝗大发生。(马世骏等《中国东亚飞蝗蝗区的研究》)

51 年（汉建武二十七年）：

北匈奴遣使诣武威，求和亲。〔臧宫、马武〕上书曰：匈奴贪利，无有礼信。……虏今人畜疫死，旱蝗赤地，疲困乏力，不当中国一郡。(宋司马光《资治通鉴·汉纪》)

52 年（汉建武二十八年）：

后汉光武二十八年，郡国共八十蝗。(元马端临《文献通考·物异考》)

53 年（汉建武二十九年）：

河南省四月蝗。(清乾隆《河南通志》卷五《祥异》)

四月，武威、酒泉、清河、京兆、魏郡、弘农蝗。(《后汉书》)

夏四月，开封县蝗。(清光绪《祥符县志》)

弘农蝗、螟。(清光绪《阌乡县志》)

陕县蝗灾。(民国《陕县志》)

54 年（汉建武三十年）：

六月，郡国十二大蝗。（《后汉书》）

55年（汉建武三十一年）：

是夏，郡国大蝗。（《后汉书》）

蝗起太山郡西南，过陈留、河南，遂入夷狄，所集乡县以千百数。……蝗食谷草，连日老极，或蜚徒去，或止枯死。（汉王充《论衡·商虫篇》）

56年（汉中元元年）：

三月，郡国十六大蝗。（《后汉书》）

秋，郡国三蝗。（《后汉书·光武帝纪》）

山阳、楚、沛多蝗，其飞至九江界者辄东西散去。（《后汉书·宋均传》）

61年（汉永平四年）：

十二月，酒泉大蝗，从塞外飞入。（《后汉书》）

65年（汉永平八年）：

五月，河内、陈留两县蝗。九月，京都一带亦蝗。（章义和《中国蝗灾史》）

66年（汉永平九年）：

夏秋间，新蔡县发生蝗灾。（清乾隆《新蔡县志》）

蝗从夏至秋。（《后汉书》）

67年（汉永平十年）：

郡国十八或雨、雹、蝗。（汉伏无忌《伏侯古今注·灾异》）

72年（汉永平十五年）：

八月，蝗起泰山，弥衍兖、豫，过陈留界。（《后汉书》）

蝗发泰山，流徙郡国，荐食五谷，过寿张界，飞逝不集。（《汉书·谢夷吾传》）

临颍县发生蝗灾。（民国《重修临颍县志》）

七月，新蔡县蝗起，谷不收。（清乾隆《新蔡县志》）

棣州蝗自北来，害稼。（《宋史·五行志》）

75年（汉永平十八年）：

〔永平〕末数年，豫章遭蝗，谷不收。民饥死，县数千百人。（清同治《南昌府志》卷六五《祥异》）

76年（汉建初元年）：

其年，南部苦蝗，大饥。（《后汉书·南匈奴传》）

82年（汉建初七年）：

中牟发生蝗灾。（陈家祥《中国历代蝗患之记载》）

88年（汉章帝章和二年）：

时北房大乱,加以饥蝗,降者前后而至。(《后汉书·南匈奴传》)

91年(汉永元三年):

夏四月,兖州蝗。(明万历《兖州府志》卷一五《灾祥》)

92年(汉永元四年):

夏,旱,蝗。(《后汉书·和帝纪》)

夏旱,秋蝗。十二月,郡国秋稼为旱、蝗所伤,其什四以上勿收田租、刍藁;有不满者,以实除之。(《后汉书·和帝纪》)

德安旱,蝗。(清光绪《德安府志》卷二〇《祥异》)

武昌旱,蝗。(清康熙《湖广武昌府志》卷三《灾异》)

96年(汉永元八年):

洛都蝗。(清乾隆《河南通志》卷五《祥异》)

五月,河内、陈留蝗。九月,京都蝗。(宋司马光《资治通鉴》卷四八)

长垣县蝗。(明嘉靖《长垣新县志》)

97年(汉永元九年):

六月,旱,蝗。(宋司马光《资治通鉴》卷四八)

蝗从夏至秋。(晋司马彪《续汉书·五行三》)

秋七月,蝗虫飞过京师。(吕国强、刘金良主编《河南蝗虫灾害史》)

101年(汉永元十三年):

秋九月,蝗螟滋生。(晋袁宏《后汉纪·和帝纪》)

106年(汉延平元年):

夏四月,六州(司隶、豫、兖、徐、青、冀)蝗。(宋司马光《资治通鉴》卷四九)

109年(汉永初三年):

鲁山、宝丰蝗灾,此后连续蝗灾。(清乾隆《鲁山县志》)

110年(汉永初四年):

四月,六州(司隶、豫、兖、徐、青、冀)蝗。(《后汉书·安帝纪》)

夏,沈丘旱,蝗;新蔡大蝗。(清乾隆《沈丘县志》)

太康、扶沟、项城、陈州发生蝗灾,陈州多蝗。(周口地区地方史志编纂委员会编《周口地区志》)

111年(汉永初五年):

五年夏,九州蝗。(《后汉书·五行志》)

闰(四)月,诏曰:重以蝗虫滋生,害及成麦,秋稼方收,甚可悼也。(《后汉书·安帝纪》)

永初五年，时连发旱，蝗，饥荒，并州大饥，人相食。（章义和《中国蝗灾史》）

夏，商丘、鹿邑、新蔡、固始发生蝗灾，新蔡大蝗。（明万历《商丘县志》、明景泰《鹿邑县志》、清乾隆《新蔡县志》、清康熙《固始县志》）

112年（汉永初六年）：

三月，十州蝗。（宋司马光《资治通鉴》卷四九）

六年三月去蝗处复蝗子生。（《后汉书·五行志》）

郡国四十八蝗，新蔡大蝗。（汉伏无忌《伏侯古今注·灾异》）

春三月，陈州蝝生。（清乾隆《陈州府志》）

113年（汉永初七年）：

夏，蝗。（《后汉书·五行志》）

八月，京师大风，蝗虫飞过洛阳。诏赐民爵，郡国被蝗伤稼十五以上，勿收今年田租。（《后汉书·安帝纪》）

秋，蝗虫飞过洛阳，毁稼。鹿邑生蝗。（明景泰《鹿邑县志》）

114年（汉元初元年）：

元初元年夏，郡国五蝗。（《后汉书·五行志》）

汝州旱，蝗。（汝州市地方史志编纂委员会编《汝州市志》）

115年（汉元初二年）：

五月，京师旱，河南及郡国二十蝗，群飞蔽天，为害广远。（《后汉书》）

夏五月，陈州生蝗。（清乾隆《陈州府志》）

117年（汉元初四年）：

六月，郡国蝗，兖、豫蝗蝝滋生。（宋司马光《资治通鉴》卷五〇）

121年（汉建光元年）：

兖、豫蝗蝝滋生。（宋司马光《资治通鉴》卷五〇）

122年（汉延光元年）：

六月，郡国蝗。（《后汉书·五行志》）

123年（汉延光二年）：

杨震上疏曰：今灾害发起，弥弥滋甚……重以螟蝗。（《后汉书·杨震传》）

124年（汉延光三年）：

京师蝗。（清傅恒等《历代通鉴辑览》）

126年（汉延光五年）：

京师及郡国十二蝗。（宋司马光《资治通鉴·汉纪》）

129年（汉永建四年）：

六州大蝗，疫流行。（《后汉书·杨厚传》）

130 年（汉永建五年）：

四月，京师及郡国十二蝗。（《后汉书·五行志》）

新安发生蝗灾。（清康熙《新安县志》）

136 年（汉永和元年）：

秋七月，河南开封、偃师蝗。（清乾隆《河南通志》卷五《祥异》）

142 年（汉汉安元年）：

偃师蝗灾。（陈家祥《中国历代蝗患之记载》）

150 年（汉和平元年）：

蝗虫为害。（宋司马光《资治通鉴·汉纪》）

153 年（汉永兴元年）：

七月，郡国三十二蝗，冀州尤甚。（《后汉书·五行志》）

七月，郡国少半遭蝗。（《晋书·食货志》）

七月，淮阳蝗，新蔡蝗飞蔽天，为害广远。（民国《淮阳县志》、清乾隆《新蔡县志》）

154 年（汉永兴二年）：

六月，蝗灾为害，京都蝗。九月，蝗螽孳蔓，残百谷，饥馑荐臻。（《后汉书·五行志》）

南昌府蝗，大饥。（清同治《南昌府志》卷六五《祥异》）

155 年（汉永兴三年）：

河南弘农（灵宝县）、新安发生蝗灾。（三门峡地方史志编纂委员会编《三门峡市志》、清康熙《新安县志》）

157 年（汉永寿三年）：

六月，京都蝗，良苗尽于蝗螟之口。（《后汉书·五行志》）

158 年（汉延熹元年）：

五月，京都蝗。（《后汉书·桓帝纪》）

166 年（汉延熹九年）：

扬州六郡水、旱、蝗害相连。（清姚之骃《后汉书补逸》）

淮阳发生蝗灾。（民国《淮阳县志》）

175 年（汉熹平四年）：

频有蝗虫之害。（《后汉书·蔡邕传》）

六月，弘农郡蝗灾。（三门峡地方史志编纂委员会编《三门峡市志》）

177 年（汉熹平六年）：

夏，七州蝗。（《后汉书·五行志》）

夏，周口蝗，沈丘蝗。（清乾隆《沈丘县志》）

178年（汉光和元年）：

连年蝗虫至冬。（晋司马彪《续汉书·五行三》）

四月，旱，蝗。（宋司马光《资治通鉴考异》）

179年（汉光和二年）：

虫蝗为之生。（宋司马光《资治通鉴·汉纪》）

191年（汉初平二年）：

陕县发生蝗灾。（民国《陕县志》）

194年（汉兴平元年）：

夏六月，大蝗。是时，天下大乱。（《后汉书·五行志》）

是时，岁旱，虫蝗，少谷，百姓相食。（《三国志·张邈传》）

濮阳蝗虫起，百姓大饥，谷一斗五十余万钱，人相食。（《三国志·武帝纪》）

夏，河北、山东大蝗，人相食。（章义和《中国蝗灾史》）

夏，鹿邑大蝗，滑县蝗虫起，百姓大饥。（明景泰《鹿邑县志》、清康熙《滑县志》）

195年（汉兴平二年）：

十二月，是时蝗虫大起，岁旱无谷，粮食尽。（晋袁宏《后汉纪》）

十二月，灵宝县蝗虫大起，旱，五谷不收，从官者枣菜充饥。（清光绪《阌乡县志》）

滑县蝗虫起，百姓大饥。（清顺治《滑县志》）

197年（汉建安二年）：

夏五月，蝗。是岁饥，江淮间民相食。（《后汉书·五行志》）

203年（汉建安八年）：

旱、蝗、饥馑并臻。（宋司马光《资治通鉴·汉纪》）

三、魏晋南北朝时期（220—581年）

220年（魏黄初元年）：

十二月，时天旱，蝗，民饥。（宋司马光《资治通鉴·魏纪》）

十二月，河北、河南旱，蝗，民饥。（宋司马光《资治通鉴·魏纪》）

222年（魏黄初三年）：

秋七月，冀州大蝗，民饥，文帝下令开仓赈民。（《晋书·五行志》）

274年（晋泰始十年）：

夏六月，大蝗。（《晋书·五行志》）

277年（晋咸宁三年）：

司州等大蝗，食草木牛马毛皆尽。（民国《临潼县志》）

278 年（晋咸宁四年）：

秋，大霖雨，蝗虫起。（《晋书·杜预传》）

封丘县蝗害禾稼，与民争食。（清康熙《封丘县志》）

夏，开封祥符发生蝗灾。（清光绪《新修祥符县志》）

固始县蝗。九月，浚县蝗灾。（清康熙《固始县志》、清嘉庆《浚县志》）

301 年（晋永宁元年）：

郡国六州大旱，蝗。（《晋书·五行志》）

305 年（晋永兴二年）：

南昌蝗，大饥。（清同治《南昌府志》卷六五《祥异》）

310 年（晋永嘉四年）：

五月，大蝗，自幽、并、司、冀至于秦、雍等六州，食草木牛马毛鬣皆尽。（《晋书·五行志》）

夏五月，秦州饥、疫，大蝗，草木牛马毛鬣皆尽。（清乾隆《直隶秦州新志》卷六《灾祥》）

五月，顺天府大蝗，食草木牛马毛皆尽。（明万历《保定府志》卷一五《祥异》）

六月，太原大蝗，食草木牛马毛皆尽。（清道光《太原县志》卷一五《祥异》）

五月，翔山大蝗。（清康熙《平阳府志》卷三四《祥异》）

河南蝗灾，司州、弘农、湖县大蝗灾，食草木牛马毛殆尽。（清雍正《河南通志》）

313 年（晋建兴元年）：

大蝗，中山、常山尤甚。河朔大蝗。（《晋书·石勒载记》）

316 年（晋建兴四年）：

六月，河朔大蝗，并州、冀州尤甚。（《晋书·五行志》）

六月，河南府大蝗。（清顺治《河南府志》）

河东大蝗。（《晋书·刘聪载记》）

秋七月，大旱，司、冀、青、雍等四州螽蝗。（明万历《保定府志》卷一五《祥异》）

317 年（晋建武元年）：

七月，大旱。司州、冀州、青州、雍州等四州螽。（《晋书·五行志》）

秋七月，河南蝗灾，弘农、湖县蝗灾。（清光绪《灵宝县志》）

318 年（晋太兴元年）：

六月，兰陵、合乡蝗害禾稼，东莞蝗虫纵广三百里，害苗稼。七月，江苏东海、彭城、下邳、临淮四郡蝗虫害禾豆。八月冀、青、徐三州蝗，食草尽。诏令徐、扬二州种麦，以减

轻蝗害。(《宋书·五行志》)

六月，山东乐安、高密及兰陵郡蝗。(章义和《中国蝗灾史》)

秋八月，青州蝗，食草尽，至于次年。(清道光《胶州志》卷三五《祥异》)

秋八月，兰陵、东莞二郡蝗。(清嘉庆《莒州志》卷一五《纪事》)

319 年（晋太兴二年）：

三月，山桑蝗。(清乾隆《颍州府志》卷一〇《祥异》)

四月，庐江郡旱，蝗。(清康熙《安庆府志》卷六《祥异》)

五月，淮陵、临淮、淮南、安丰、庐江等五郡蝗虫食秋麦。是月，徐州及扬州、江西诸郡蝗，吴郡百姓多饿死。(《晋书·五行志》)

五月，淮南、庐江诸郡蝗食秋麦。(清光绪《续修庐州府志》卷九三《祥异》)

五月，淮南、安丰诸郡蝗虫食秋麦。(清光绪《凤阳府志》卷四上《纪事表上》)

临川郡蝗。(清光绪《抚州府志》卷八四《祥异》)

夏五月，扬州府蝗食麦禾。(清康熙《扬州府志》卷二二《灾异纪》)

秋，固始县蝗灾。(清康熙《固始县志》)

320 年（晋太兴三年）：

五月，徐州及扬州、江西诸郡蝗，吴郡百姓多饿死。(《宋书·五行志》)

秋，司州、冀州大蝗。(章义和《中国蝗灾史》)

332 年（晋咸和七年）：

河北广阿有蝗。(宋司马光《资治通鉴·晋纪》)

338 年（晋咸康四年）：

五月，冀州八郡大蝗，石季龙下罪己诏。(《晋书·石季龙载记》)

352 年（晋永和八年）：

五月，龙城一带蝗虫大起。(《晋书·石季龙载记》)

354 年（晋永和十年）：

蝗虫大起，自华泽至陇山，食百草无遗。苻坚令减民租税。(清乾隆《陇州续志》卷一《灾祥》)

355 年（晋永和十一年）：

关中大蝗，食尽百草，行人断绝。(宋司马光《资治通鉴·晋纪》)

356 年（晋永和十二年）：

二月，秦大蝗，百草无遗，牛马相啖毛。(宋司马光《资治通鉴·晋纪》)

381 年（晋太元六年）：

九江飞蝗从南来，集江州界，害苗稼。(清同治《九江府志》卷五三《祥异》)

382年（晋太元七年）：

五月，幽州蝗，广袤千里。秦王〔苻〕坚遣散骑常侍刘兰持节为使者，发青、冀、幽、并百姓讨之。（《晋书·苻坚载记》）

383年（晋太元八年）：

所司奏刘兰讨蝗幽州，经秋冬不灭。（《晋书·苻坚载记》）

389年（晋太元十四年）：

八月，兖州先水后蝗。（《宋书·五行志》）

390年（晋太元十五年）：

八月，兖州又蝗。（《晋书·五行志》）

391年（晋太元十六年）：

五月，飞蝗从南来，遮天蔽日，集山东堂邑县界，广千里，长三十里许，害苗稼。（《晋书·五行志》）

刘聪末年，河东大蝗，钻土飞出，复食黍豆。石虎时，河朔大蝗，初穿地而生，二旬则化状若蚕，七八日而卧，四日蜕而飞。苻建时，蝗虫大起，自华阴至陇山，食百草无遗，牛马相啖毛。（宋马端临《文献通考·异物考》）

426年（宋元嘉三年）：

秋，旱且蝗。（《南史·宋文帝纪》）

452年（北魏兴安元年）：

十二月，营州蝗。文成帝下诏开仓赈民。（《魏书·高宗本纪》）

457年（北魏太安三年）：

十二月，五州镇蝗，民饥。（《北史·魏高宗纪》）

464年（北魏和平五年）：

蝗虫为害。（《北史·文成帝本纪》）

477年（北魏太和元年）：

十二月，八州郡水、旱、蝗相继，民饥，诏令开仓赈民。（《魏书·高祖纪》）

秋八月，兖州蝗害稼。（明万历《兖州府志》卷一五《灾祥》）

478年（北魏太和二年）：

夏四月，京师蝗。（《魏书·高宗纪》）

481年（北魏太和五年）：

七月，敦煌镇蝗，秋稼略尽。（《魏书·灵征志》）

482年（北魏太和六年）：

八月，徐、东徐、兖、济、平、豫、光七州，平原、枋头、广阿、临济四镇，蝗虫害稼。

(《魏书·灵征志》)

483 年（北魏太和七年）：

四月，相州、豫二州蝗害稼。（《魏书·灵征志》）

484 年（北魏太和八年）：

四月，济、光、幽、肆、雍、齐、平七州蝗。（《魏书·灵征志》）

492 年（北魏太和十六年）：

十月，枹罕镇蝗害稼。（《魏书·灵征志》）

503 年（北魏景明四年）

六月，河州大蝗。（《魏书·灵征志》）

504 年（北魏正始元年）：

六月，夏州、司州蝗害稼。（《魏书·灵征志》）

507 年（北魏正始四年）：

八月，泾州、河州、凉州、司州、恒农郡蝗、虫并为灾。（《魏书·灵征志》）

陕县蝗灾。（民国《陕县志》）

508 年（魏永平元年）：

六月，凉州蝗害稼。（《魏书·灵征志》）

512 年（魏永平五年）：

七月，蝗、虫。（《魏书·灵征志》）

535 年（南朝梁大同元年）：

建康及江南旱，蝗。（《隋书·五行志下》）

〔梁〕都下大旱，蝗，篱门松柏叶皆尽。（《隋书·五行志下》）

大同初，都下旱，蝗，四篱门外桐柏凋尽。（《南史·裴邃列传》）

549 年（南朝梁太清三年）：

江南旱蝗相继，死者遍地。（宋司马光《资治通鉴·梁纪》）

550 年（南朝梁大宝元年）：

江南连年旱、蝗，江、扬尤甚，百姓流亡，相与入山谷、江湖，采草根、木叶、菱芡而食之，所在皆尽，死者蔽野。千里绝烟，人亦罕见，白骨成聚，如丘垄焉。（宋司马光《资治通鉴·梁纪》）

557 年（北齐天保八年）：

自夏至九月，河北六州、河南十三州、畿内八郡大蝗。飞至邺，蔽日，声如风雨。诏本年遭蝗处免租。（《北史·齐本纪》）

杞县、尉氏、获嘉、汲县、济源、安阳、伍城郡、怀州等县发生大蝗灾，飞蔽天，声如

风雨。(陈家祥《中国历代蝗患之记载》)

司州大蝗,京师蔽日,声如风雨。(明嘉靖《彰德府志》)

武陟县蝗,诏今年遭蝗处免租。(明成化《河南总志·北齐本纪》)

自夏至九月,陈州、淮阳大蝗,人皆祭之。(清乾隆《陈州府志》)

孟县蝗,三月大热,人或渴死。(明成化《河南总志》)

荥阳县蝗灾。(清乾隆《汜水县志》)

七月,黄河以南大蝗。汝州、淇县、长葛、宝丰蝗灾,自夏至秋,蝗遍野。(清道光《直隶汝州全志》、清康熙《长葛县志》、清道光《宝丰县志》、清顺治《淇县志》)

558 年(北齐天保九年):

夏,山东又蝗。(《北史·齐本纪》)

吴州、缙州旱,蝗。(明万历《保定府志》卷一五《祥异》)

是时,频有蝗灾,犬牙不入阳平境。(《北齐书·羊烈传》)

559 年(北齐天保十年):

幽州大蝗。(《隋书·五行志下》)

闰四月,诏曰:吴州、缙州去岁旱、蝗,室靡盈积之望,家有填壑之嗟。免江南蝗区租赋。(《陈书·高祖纪》)

560 年(北齐河清元年):

四月,诏赈河南、定、冀、赵、瀛、沧、南胶、光、青等九州岛被水、蝗之区。夏,河北、山西复蝗。(《北齐书·废帝纪》)

563 年(北齐河清二年):

并州、汾州、晋东、雍州、南汾五州蝗,旱,伤稼。(元马端临《文献通考·物异考》)

绛州、曲沃蝗。(清康熙《平阳府志》卷三四《祥异》)

571 年(北周天和六年):

三月,武帝诏曰:去秋灾蝗,年谷不登,民有散亡,家空杼轴……减免去年遭秋蝗地区的租赋。(《周书·武帝纪》)

573 年(北周建德二年):

八月,关中大蝗。(《周书·武帝纪》)

四、隋唐五代时期(581—960 年)

582 年(隋开皇二年):

去岁四时,竟无雨雪,川枯蝗暴,饥疫死亡,人畜相半。(《隋书·北狄传》)

594 年(隋开皇十四年):

太原蝗。（清道光《太原县志》卷一五《祥异》）

596年（隋开皇十六年）：

六月，并州大蝗。（《隋书·五行志下》）

614年（隋大业十年）：

幽州大蝗。（明万历《保定府志》卷一五《祥异》）

623年（唐武德六年）：

秋，夏州蝗。（《新唐书·五行志》）

627年（唐贞观元年）：

六月，河南、鲁山、宝丰等县蝗灾，民大饥。（明嘉靖《鲁山县志》、清道光《宝丰县志》）

628年（唐贞观二年）：

六月，京畿旱，蝗虫大起。太宗在苑中掇蝗祝之曰："人以谷为命。百姓有过，在予一人，但当食我，无害百姓。"将吞之。（唐吴兢《贞观政要》卷八）

六月十六日，终南等县蝗。（宋王溥《唐会要·螟蜮》）

春旱，六月，武陟、河阳蝗。（清道光《武陟县志》）

虢州旱，蝗。河南新野蝗灾。（清光绪《灵宝县志》、清乾隆《新野县志》）

六月，泉州蝗。（清乾隆《泉州府志》卷七三《祥异》）

629年（唐贞观三年）：

五月，徐州蝗。秋，德、戴、廓等州蝗。（《新唐书·五行志》）

新野蝗灾。（清乾隆《新野县志》）

630年（唐贞观四年）：

秋，观、兖、辽等州蝗。（《新唐书·五行志》）

638年（唐贞观十二年）：

陕州蝗。（民国《陕县志》）

647年（唐贞观二十一年）：

秋，渠、泉二州蝗。（《新唐书·五行志》）

650年（唐永徽元年）：

夔、绛、雍、同等州蝗。（《新唐书·五行志》）

秋，陈州、宛丘、项城、沈丘、淮阳蝗。（清乾隆《陈州府志》、民国《淮阳县志》、清乾隆《沈丘县志》）

河东旱，蝗。（清康熙《平阳府志》卷三四《祥异》）

651年（唐永徽二年）：

河南兰考蝗。(兰考县地方史志编委会编《兰考县志》)

677—679年(唐仪凤年间):

宛丘、太康、沈丘、项城、淮阳蝗。(民国《淮阳县志》)

河西蝗。(《新唐书·王方翼传》)

682年(唐永淳元年):

三月,关中地区发生蝗灾。六月,关中地区先雨后旱,随之发生蝗灾,死者枕藉于路,人相食;陕南亦蝗。(《新唐书·五行志》)

六月,京兆府、岐、陇州螟蝗食苗并尽,死者枕藉于路,京师人相食。(《旧唐书·高宗纪》)

三月,京畿蝗,无麦苗。六月,雍、岐、陇等州蝗。(《新唐书·五行志》)

692年(唐长寿元年):

建宁府蝗。(清康熙《建宁府志》卷四六《祥异》)

693年(唐长寿二年):

台、建等州蝗。(《新唐书·五行志》)

712年(唐太极元年):

安阳蝗。(清嘉庆《安阳县志》)

夏,山东诸州蝗。(《旧唐书·五行志》)

713年(唐开元元年):

河南开封、太康、淮阳蝗灾,食稼声如风雨。(清同治《开封府志》、民国《淮阳县志》)

宛丘、太康、扶沟、西华、沈丘、项城蝗食禾,声如风雨。(周口地区地方史志编纂委员会编《周口地区志》)

孟津县蝗灾。(清康熙《孟津县志》)

714年(唐开元二年):

七月,河间、盐山蝗。(明嘉靖《盐山县志》)

七月,三河蝗。(清光绪《顺天府志》卷六九《祥异》)

七月,河北蝗。(明嘉靖《河间府志》卷四《祥异》)

宛丘、太康、扶沟、西华、沈丘、项城蝗食禾,声如风雨。(周口地区地方史志编纂委员会编《周口地区志》)

715年(唐开元三年):

五月,山东胶州大蝗。(清道光《胶州志》卷三五《祥异》)

六月,山东诸州大蝗,飞则蔽景,下则食苗稼,声如风雨。(《旧唐书·玄宗纪》)

七月,河南、河北蝗。(《新唐书·五行志》)

七月，河北河内蝗。（清道光《河内县志》）

黄河南、北蝗，兰考蝗。（清雍正《河南通志》卷五《祥异》）

尉氏、获嘉、济源、正阳蝗飞蔽天，食稼。民捕蝗。（陈家祥《中国历代蝗患之记载》）

卫州、汲县、辉县、长垣、怀州、武陟、浚县、沈丘、桐柏蝗。七月，正阳蝗飞蔽天。（明万历《卫辉府志》、清乾隆《汲县志》、明嘉靖《辉县志》、清乾隆《怀庆府志》、清乾隆《桐柏县县志》）

河北蝗。（明万历《温县志》）

荥阳县蝗。（清乾隆《汜水县志》）

716年（唐开元四年）：

是夏，山东、河南、河北蝗虫大起，遣使分捕而瘗之。（《旧唐书·玄宗纪》）

五月，汴州行埋瘗之法，获蝗十四万石，投之汴水，流者不可胜数。八月，敕河南、河北检校捕蝗使待虫尽而刈禾将毕、即入京奏事。（《旧唐书·五行志》）

夏，河北蝗虫大起，河阳、武陟生蝗。（宋司马光《资治通鉴·唐纪》、明万历《武陟旧志》）

五月，山东诸州大蝗，分遣御史捕而埋之。获蝗一十四万石，投之汴水，流下者不可胜数。（宋王溥《唐会要·螟蜮》）

夏，山东胶州蝗，蚀稼声如风雨。（《新唐书·五行志》）

宛丘、太康、扶沟、西华、沈丘、项城蝗食禾。（周口地区地方史志编纂委员会编《周口地区志》）

夏，陈州、淮阳蝗。（清乾隆《陈州府志》、民国《淮阳县志》）

717年（唐开元五年）：

二月，玄宗下诏减免河南、河北遭涝及蝗灾地区岁租。（《旧唐书·玄宗纪》）

726年（唐开元十四年）：

七月，河北道蝗，怀州蝗。（清乾隆《怀庆府志》）

737年（唐开元二十五年）：

五月，贝州蝗食苗，有大白鸟数千万，群飞食之，一夕而尽，禾稼不伤。（《新唐书·五行志》）

745年（唐天宝四年）：

两歧蝗。（明万历《兖州府志》卷一五《灾祥》）

764年（唐广德二年）：

秋，蝗食苗殆尽，关辅尤甚，斗米千钱。（《新唐书·五行志》）

河北魏州、河南濮州蝗蝻生。（清宣统《濮州志》）

784年（唐兴元元年）：

四月，关中有蝗，百姓捕之，蒸暴，扬足、翅而食之。（宋王溥《唐会要·螟蜮》）

天下旱、蝗，关中斗米千钱。（宋司马光《资治通鉴·唐纪》）

秋，关辅大蝗，田稼食尽，百姓饥，捕蝗为食，蒸曝，扬去足、翅而食之。（《旧唐书·五行志》）

秋，自关中至海大蝗，草木皆尽，关中之民捕蝗而食。十月，德宗诏令赐食。山东东昌、平原、长山、寿光、黄县、昌乐、安丘等亦蝗。十月，山西蝗，民饥。（章义和《中国蝗灾史》）

秋，蝗蔽野，草木无遗。十月诏：宋亳、淄青、泽潞、河东、恒、冀幽、易定、魏博等八节度蝗为害，蒸民饥馑，每节度赐米五万石。（《旧唐书·德宗本纪》）

秋，蝗，自山而东际于海，晦天蔽野，草木叶皆尽。（《新唐书·五行志》）

是岁，蝗遍远近，草木无遗，惟不食稻，大饥，道馑相望。（宋司马光《资治通鉴》）

武陟县旱，蝗，大饥，草木无遗。（陈高佣等编《中国历代天灾人祸表》）

怀州、孟州蝗虫遍地，远近草木无遗，大饥。（河南省气象局科研所编《河南省西汉以来历史灾情史料》）

沈丘、项城蝗，大饥。（周口地区地方史志编纂委员会编《周口地区志》）

河阳旱，蝗遍远近，草木无遗。（民国《孟县志》）

785年（唐贞元元年）：

四月，时关东大饥，关中饥民蒸蝗虫而食之。（《旧唐书·德宗纪》）

五月，蝗自海而至，飞蔽天，每下则草木及畜毛无复孑遗。七月，关中蝗食草木皆尽。夏，陕西、陇东、陇南、陇中蝗尤甚，自东海，西尽河陇，群飞蔽天，旬日不息，经行之处，草木牛畜毛靡有孑遗。关辅已东，谷大贵，饿馑枕道。河北、山东蝗飞蔽天，旬日不止，所至草木叶及畜毛靡有孑遗，饿殍枕道，民蒸蝗暴干食之。（章义和《中国蝗灾史》）

五月，蝗自东海至西陇坻，群飞蔽天，旬日不息，所至苗稼无遗。八月，大旱，关中有蝗，百姓捕之，蒸曝，扬去足、翅而食之。（宋王溥《唐会要·螟蜮》）

夏，蝗自东海，西尽河陇，群飞蔽天，旬日不息。所至草木叶及畜毛靡有孑遗，饿殍枕道，民蒸蝗，曝，扬去翅、足而食之。秋，河南陈州蝗。（《新唐书·五行志》）

是岁，天下蝗，旱，物价腾踊。（《旧唐书·马燧传》）

河南蝗飞蔽天，民蒸蝗而食。（陈家祥《中国历代蝗患之记载》）

灵宝连年旱、蝗。（清光绪《灵宝县志》）

甘肃省秦州夏，飞蝗蔽天，旬日不息，所至草木叶及畜毛靡有孑遗。饿殍枕道，民蒸蝗，曝，扬去翅、足而食之。（清乾隆《直隶秦州新志》卷六《灾祥》）

春，旱。夏，蝗，西尽河陇，群飞蔽天，旬日不息，草木叶及畜毛皆尽，饿殍枕道。（清乾隆《甘肃通志》卷二四《祥异》）

786 年（唐贞元二年）：

夏，河北蝗，旱，米斗一千五百文，民无储积，饿殍相枕。（《旧唐书·张孝忠传》）

山东东阿等地蝗群飞蔽天，畜毛皆尽，民饥死。（《旧唐书·张孝忠传》）

夏，陕西省河陇蝗，群飞蔽天，旬日不息，所至草木叶皆尽……饿殍枕道，民蒸蝗，曝，扬去翅、足而食之。（清乾隆《陇州续志》卷一《灾祥》）

805 年（唐永贞元年）：

六月，山东淄、青州之地蝗灾。东自海，西尽河陇郡，飞蔽天，旬日不息。所至，草木叶及畜毛靡有孑遗，饥馑枕道。民蒸蝗，曝，扬去翅、足而食之。（明嘉靖《青州府志》卷五《灾祥》）

七月，关东蝗食田稼。（《旧唐书·顺宗纪》）

秋，淮阳、扶沟旱，蝗。（民国《淮阳县志》、清康熙《扶沟县志》）

秋，宛丘、太康、沈丘、西华、项城旱，蝗。（周口地区地方史志编纂委员会编《周口地区志》）

秋，河南陈州蝗。（《新唐书·五行志》）

806 年（唐元和元年）：

夏，〔河北〕镇定、冀州等州蝗害稼。（《新唐书·五行志》）

夏州蝗害稼。（《新唐书·五行志》）

809 年（唐元和四年）：

春，旱。夏，河阳螟蝗害稼。（清康熙《怀庆府志》）

810 年（唐元和五年）：

曹州螟蝗害稼。（明万历《兖州府志》卷一五《灾祥》）

819 年（唐元和十四年）：

蝗。（《新唐书·五行志》）

820 年（唐元和十五年）：

曹州螟蝗害稼。（明万历《兖州府志》卷一五《灾祥》）

823 年（唐长庆三年）：

秋，江西洪州螟蝗害稼八万顷。（《新唐书·五行志》）

824 年（唐长庆四年）：

夏，淄、青螟蝗害稼。（明嘉靖《青州府志》卷五《灾祥》）

825 年（唐长庆五年）：

夏，曹州、郓州螟蝗害稼。（明万历《兖州府志》卷一五《灾祥》、清康熙《曹州志》卷一九《灾祥》）

夏，江苏扬州府蝗。（清康熙《扬州府志》卷二二《灾异纪》）

828年（唐太和二年）：

濮州等州蝗蝻生。（明嘉靖《濮州志》）

830年（唐太和四年）：

宜阳蝗灾，歉收。新安蝗食禾。（民国《宜阳县志》、清康熙《新安县志》）

河南洛宁蝗灾，无收成。（陈家祥《中国历代蝗患之记载》）

831年（唐太和五年）：

夏，沈丘、淮阳蝗害稼。（清乾隆《沈丘县志》、民国《淮阳县志》）

832年（唐太和六年）：

山西永济县蝗。（章义和《中国蝗灾史》）

836年（唐开成元年）：

许州螟蝗害稼。（民国《许昌县志》）

夏，山西镇州、河中蝗害稼。（《新唐书·五行志》）

837年（唐开成二年）：

六月，魏州、博州、泽州、潞州、淄州、青州、沧州、德州、兖州、海州、河南府等并奏蝗害稼，郓州奏蝗得雨自死。（《旧唐书·文宗纪》）

六月，魏州、博州、昭义、淄州、青州、沧州、兖州、海州、河南蝗。（《新唐书·五行志》）

六月，魏州、博州、淄州、青州、河南府并奏蝗害稼。七月，蝗入京畿。（宋王溥《唐会要·螟蜮》）

六月，淄州、青州蝗。（明嘉靖《青州府志》卷五《灾祥》）

河南、河北旱，蝗害稼。京师尤甚。（《旧唐书·五行志》）

春、夏旱。秋，武陟蝗生。（清康熙《武陟县志》）

夏，新蔡大蝗，草木叶皆尽。（清乾隆《新蔡县志》）

秋，河南、北蝗。（清雍正《河南通志》卷五《祥异》）

秋，河北蝗。（清乾隆《温县志》）

秋，孟津蝗虫成灾。（清康熙《孟津县志》、清乾隆《汜水志》）

秋，汲县、尉氏、荥阳、浚县、桐柏蝗害稼。（陈家祥《中国历代蝗患之记载》）

秋，汝南蝗害稼。（明万历《汝南县志》）

秋，扶沟、卫州蝗；新乡蝗甚，草木叶皆尽，民饥。（清康熙《扶沟县志》、明正德《新

乡县志》、清乾隆《卫辉府志》）

838年（唐开成三年）：

八月，魏、博六州蝗食秋苗并尽。（《旧唐书·文宗纪》）

夏，太康、西华、扶沟、宛丘、沈丘、项城蝗害稼，草木叶皆尽。（周口地区地方史志编纂委员会编《周口地区志》）

秋，河南、河北、镇定等州蝗，草木叶皆尽。（《新唐书·五行志》）

是岁秋，郑州蝗。（民国《郑县志》）

秋，黄河南、北蝗，正阳、兰考、辉县、安阳、淮阳、新蔡等县蝗。（清顺治《河南府志》、兰考县志编委会《兰考县志》、清嘉庆《安阳县志》、民国《淮阳县志》）

八月，朝哥蝗食草禾叶皆尽。（清顺治《淇县志》）

秋，沈丘、正阳蝗害稼，草木叶皆尽。（清乾隆《沈丘县志》、民国《重修正阳县志》）

河北等处蝗，草木叶皆尽。（明万历《河间府志》卷四《祥异》）

扬州府螟蝗害稼。（清康熙《扬州府志》卷二二《灾异纪》）

839年（唐开成四年）：

五月，天平、魏、博、易、定管内蝗食秋稼。八月，镇、冀四州蝗食稼，至于野草树叶皆尽。（《旧唐书·文宗纪》）

六月，天下旱，蝗食苗。是岁，河南、河北蝗害稼皆尽，镇州、定州田稼既尽，至于野草、树叶、细枝亦尽。（《旧唐书·五行志》）

七月，郑州等州风雹，开封、郑州等蝗。（民国《郑县志》）

十二月，郑州、滑州两州蝗，兖、海、中都等县并蝗。（宋王溥《唐会要·螟蜮》）

新乡螟蝗为害田禾。（明正德《新乡县志》）

840年（唐开成五年）：

从登州、文登县至此青州，三四年来蝗虫灾起。（[日本]圆仁《入唐求法巡礼行记》）

濮城等处螟蝗。（明嘉靖《濮州志》）

长垣县螟蝗危害庄稼。（明嘉靖《长垣新县志》）

武陟县蝗害稼都尽。（岳利国等编《河南省水文站基本资料汇编》）

曹州螟蝗害稼。（清康熙《曹州志》卷一九《灾祥》）

四月，郓州、兖、海、管内并蝗。五月，汝州管内蝗。兖、海、临沂等五县有蝗虫于土中生子，食田苗。六月，淄、青、登、莱四州蝗河阳飞蝗入境幽州管内螨食田苗；魏、博、河南府、河阳等九县，沂、密两州，沧州、易州、定州、郓州、陕府、虢州六县蝗。（宋王溥《唐会要·螟蜮》）

夏，幽、魏、博、郓、曹、濮、沧、齐、德、淄、青、兖、海、河阳、淮南、虢、陈、

许、汝等州螟蝗害稼。(《新唐书·五行志》)

六月丙寅，河北、河南、淮南、浙东、福建蝗，疫。(《新唐书·文宗纪》)

淄、青螟蝗害稼。(明嘉靖《青州府志》卷五《灾祥》)

夏，兖、曹、郓三州螟蝗害稼。(明万历《兖州府志》卷一五《灾祥》)

夏，沧州等州二十九处螟蝗害稼。(明嘉靖《河间府志》卷七《祥异》、清乾隆《沧州志》卷一二《纪事》)

夏，幽州螟蝗害稼。(清光绪《顺天府志》卷六九《祥异》)

夏六月，淮南蝗疫。(清光绪《凤阳府志》卷四上《纪事表上》)

夏，台前、淮阳、沈丘、许州螟蝗害稼。(台前县地方史志编纂委员会编《台前县志》及《许昌县志》、民国《淮阳县志》、清乾隆《沈丘县志》)

夏，滑县、临颍蝗害稼。(清同治《滑县志》、民国《重修临颍县志》)

夏，保定府、幽州蝗害稼。(明隆庆《保定府志》卷一五《祥异》)

夏，福建正德府蝗，疫。(清乾隆《福州府志》卷七四《祥异》)

夏，福建沙县蝗，疫。(清乾隆《延年平府志》卷四四《灾祥》)

夏，江苏扬州螟蝗害稼，民饥。(清嘉庆《重修扬州府志》卷七〇《事略》)

841年（唐会昌元年）：

三月，陕南蝗。七月，陕南复蝗，河南邓州、唐州亦蝗，关东地区大蝗。(《新唐书·五行志》)

三月，邓州、穰县蝗。(宋王溥《唐会要·螟蜮》)

三月，陕南东道蝗害稼。七月，关东大蝗，伤稼。(《旧唐书·武宗纪》)

七月，关东、山南、邓州、唐州等州蝗。(《新唐书·五行志》)

秋，唐州、南阳蝗灾。(陈家祥《中国历代蝗患之记载》)

846年（唐会昌六年）：

八月，同、华、陕等州蝗。(《新唐书·五行志》)

854年（唐大中八年）：

七月，剑南、东川蝗。(《新唐书·五行志》)

861年（唐咸通二年）：

夏，宛丘、沈丘、项城、鹿邑旱，蝗，大饥。(周口地区地方史志编纂委员会编《周口地区志》)

862年（唐咸通三年）：

五月，淮南、河南蝗。(宋王溥《唐会要·螟蜮》)

五月，光山蝗。(清乾隆《光山县志》)

六月，淮南、河南蝗，民饥。(《新唐书·五行志》)

六月，东都蝗。(清顺治《河南府志》)

夏，淮南旱，蝗，民饥。(清光绪《凤阳府志》卷四《祥异》)

夏，正阳蝗灾。(陈家祥《中国历代蝗患之记载》)

新安、固始蝗灾。(清嘉庆《新安县志》、清康熙《固始县志》)

863 年（唐懿宗咸通三年）：

夏，虢、陕等州蝗。(清光绪《阌乡县志》)

865 年（唐咸通六年）：

八月，东都、同州、华州、陕州、虢州等州蝗。(《新唐书·五行志》)

866 年（唐咸通七年）：

夏，东都、同州、华州、陕州、虢州及京畿蝗。(《新唐书·五行志》)

868 年（唐咸通九年）：

夏，江淮蝗食稼，大旱。关内及东都蝗。(《新唐书·五行志》)

江淮旱，蝗。(清乾隆《太平府志》卷三二《祥异》)

舒州旱，蝗。(清康熙《安庆府志》卷六《祥异》)

江夏飞蝗害稼。(宋王溥《唐会要·螟蜮》)

869 年（唐咸通十年）：

夏，陕、虢等州蝗。(《新唐书·五行志》)

夏，蝗成灾。(民国《陕县志》)

875 年（唐乾符二年）：

秋七月，蝗自东而西，蔽日，所过赤地。蝗入京畿，不食稼，皆抱荆棘而死。(《新唐书·五行志》)

秋，河南蝗灾，蝗飞蔽天。(陈家祥《中国历代蝗患之记载》)

山东飞蝗蔽天，所过处田禾一空。(章义和《中国蝗灾史》)

878 年（唐乾符五年）：

时连岁旱，蝗。(宋司马光《资治通鉴·唐纪》)

879 年（唐乾符六年）：

大旱，蝗，民饥。(《新唐书·僖宗纪》)

885 年（唐光启元年）：

秋，蝗自东方来，群飞蔽天。(《新唐书·五行志》)

是年，淮南蝗自西来，行而不飞，浮水缘城入扬州府署，竹树幢节一夕如翦，幢帜画像皆啮去其首，扑不能止。旬日，自相食尽。(清嘉庆《重修扬州府志》卷七〇《事略》)

886 年（唐光启二年）：

荆南、襄阳连年蝗，旱，斗米三千，人相食。淮南蝗自西来，行而不飞，浮水缘城入扬州府署，竹树幢节一夕如剪，幡帜画像皆啮去其首，扑不能止。旬日，自相食尽。（元马端临《文献通考》卷三一四、《新唐书·五行志》）

固始、新野蝗灾，大饥。（清康熙《固始县志》、清康熙《新野县志》）

907 年（后梁太祖开平元年）：

六月，许州、陈州、蔡、汝州、颖州五州蝝生，有野禽群飞蔽空，食之皆尽。（《旧五代史·五行志》）

六月，汝南、上蔡蝗蝻，有野禽群飞蔽空，食蝗蝻殆尽。（清康熙《上蔡县志》）

六月，息县蝝生，野禽群飞，食之皆尽。（清嘉庆《息县志》）

六月，汝州蝝生遍野，有野禽飞来啄食尽净。（汝州市地方史志编纂委员会编《汝州市志》）

确山蝗，寻为野禽啄食。（民国《确山县志》）

秋，河南正阳、息县蝗灾，有野鸟食之尽。（陈家祥《中国历代蝗患之记载》）

河南诸郡蝗，兰考蝗。（兰考县志编委会编《兰考县志》）

910 年（后梁太祖开平四年）：

七月，陈、许、汝、蔡等州境内有蝝为灾。许州有野禽群飞蔽空，旬日之间，食蝝皆尽。是岁大有秋。（《旧五代史·梁书》）

920 年（后梁末帝贞明六年）：

河南中牟蝗灾。（陈家祥《中国历代蝗患之记载》）

925 年（后唐同光三年）：

八月，青州蝗。（《旧五代史·唐书·庄宗纪》）

九月，镇州飞蝗害稼。（《旧五代史·五行志》）

928 年（后唐天成三年）：

夏六月，杭州府大旱，有蝗蔽日而飞，尽为之黑，庭户衣帐悉充塞。是夕大风，蝗坠浙江而死。（清吴任臣《十国春秋》）

夏，江淮一带飞蝗蔽日。（清吴任臣《十国春秋》）

932 年（后唐长兴三年）：

钟山之阳，积飞蝗尺余厚。（清吴任臣《十国春秋》）

934 年（后唐清泰元年）：

天下飞蝗为害。（《旧五代史·晋书·赵在礼传》）

939 年（后晋天福四年）：

七月，山东、河南、关西诸郡蝗害稼。(《旧五代史·五行志》)

七月，沈丘、项城蝗害稼。(周口地区地方史志编纂委员会编《周口地区志》)

940年（后晋天福五年）：

黄河南、北蝗，兰考蝗。(兰考县志编委会编《兰考县志》)

941年（后晋天福六年）：

是岁，镇州大旱，蝗，聚饥民数万。(《新五代史·安重荣传》)

942年（后晋天福七年）：

正月，时天下大蝗，惟不入河东界。(《旧五代史·汉书·高祖纪》)

春，郓、曹、澶、博、相、洺诸州蝗。四月，山东、河南、关西诸郡蝗害稼，州郡十六处蝗。五月，州郡十八奏旱、蝗。(《旧五代史·晋书·高祖纪》)

闰三月，天兴蝗食麦。(《新五代史·晋高祖纪》)

四月，山东、河南、关西诸郡蝗害稼。至八年四月，天下诸道州飞蝗害稼，食草木叶皆尽。诏州县长吏捕蝗。华州节度使杨彦珣、雍州节度使赵莹命百姓捕蝗，一斗以禄粟一斗偿之。时蝗旱相继，人民流迁，饥者盈路。关西饿殍尤甚，死者十有七八。(《旧五代史·五行志》)

四月，关西诸郡皆蝗，大饥，死者十有七八。(清乾隆《甘肃通志》卷二四《祥异》)

四月，新蔡飞蝗害田，食草木叶皆尽。(清乾隆《新蔡县志》)

夏四月，陈州、沈丘蝗害稼。(清乾隆《陈州府志》、清乾隆《沈丘县志》)

六月，河南、河北、关西并奏蝗害稼。七月，州郡十七蝗。八月，河中、河东、河西、徐、晋、商、汝等州蝗。(《旧五代史·晋书·少帝纪》)

六月，舞阳旱，蝗。(清道光《舞阳县志》)

六月，大蝗，自淮北蔽空而至江南。(清吴任臣《十国春秋》)

秋，鲁山蝗灾。(明嘉靖《鲁山县志》)

943年（后晋天福八年）：

春，杞县大蝗，草禾食尽，派员督民捕蝗。(明嘉靖《杞县志》)

春，鹿邑旱，遍地蝗患，官府促民捕杀。(清康熙《鹿邑县志》)

正月，州郡蝗，旱，百姓流亡，饿死者千万计。四月，河南、河北、关西诸州旱，蝗，分命使臣捕之。五月，飞蝗自北翳天而南。河南府飞蝗大下，遍满山野，草苗木叶食之皆尽，人多饿死。陕州蝗飞入界，伤食五稼及竹木之叶，逃户凡八千一百。九月，诸州郡大蝗，所至草木皆尽。(《旧五代史·晋书·少帝纪》)

三月，蝗。四月，供奉官张福率威顺军捕蝗于陈州。七月，供奉官李汉超帅奉国军捕蝗于京畿。八月，募民捕蝗，易以粟。(《新五代史·晋出帝纪》)

四月，天下诸道州飞蝗害稼，食草木叶皆尽，诏州县长吏捕蝗。（宋王溥《五代会要·蝗螟》）

四月，新蔡飞蝗害田。（清乾隆《新蔡县志》）

五月，飞蝗自北翳天而南。六月，以螟蝗为害，遣诸司使分往开封府界捕蝗。九月，州郡二十七蝗，饿死者数十万。（《旧五代史·晋书·少帝纪》）

五月，汝州旱，蝗，百姓流亡。（汝州市地方史志编纂委员会编《汝州市志》）

六月，宣供奉管朱彦威等七人各部领奉国兵士于封丘、长垣、阳武、浚仪、酸枣（延津）、中牟、开封等县捕蝗。（清陈梦雷等《古今图书集成》）

七月，扶沟、淮阳、沈丘旱，蝗。（周口地区地方史志编纂委员会编《周口地区志》）

夏，台前县蝗虫遍境，禾叶食尽。（台前县地方史志编纂委员会编《台前县志》）

夏秋间光州旱，蝗，庄稼树叶被吃光。（民国《潢川县志》）

是岁春、夏，旱。秋、冬，蝗大起，东自海壖，西距陇坻，南逾江淮，北抵幽蓟，原野、山谷、城郭、庐舍皆满，竹木叶俱尽。（宋司马光《资治通鉴·后晋纪》）

河南开封、洛阳、中牟、封丘、阳武、长垣蝗灾。（陈家祥《中国历代蝗患之记载》）

陈州大蝗，遣官捕之。（清同治《开封府志》）

长垣县蝗食庄稼，草木皆尽。（明嘉靖《长垣新县志》）

944 年（后晋开运元年）：

夏，周口地区蝗害稼。（周口地区地方史志编纂委员会编《周口地区志》）

天下大蝗，境内捕蝗者获蝗一斗，给粟一斗，使饥者获济，远近嘉之。（《旧五代史·晋书·赵莹传》）

945 年（后晋开运二年）：

天下旱、蝗，晋人苦兵。（《新五代史·四夷附录》）

946 年（后晋开运三年）：

河北用兵，天下旱、蝗，民饿死者百万计。（章义和《中国蝗灾史》）

948 年（汉乾祐元年）：

秋七月，原武蝗。（河南省水文总站编《河南省历代旱涝等水文气候史料》）

六月，青州蝗。（《旧五代史·汉书·隐帝纪》）

七月，青、郓、兖、齐、濮、沂、密、邢、曹皆言蝝生。开封府奏：阳武、雍丘、襄邑等县蝗，蝗为鹳鸲聚食，诏禁捕鹳鸲。（《旧五代史·五行志》）

七月，河南怀庆蝗。（清乾隆《怀庆府志》）

隐帝即位。时天下旱、蝗。（《新五代史·汉臣传·李业》）

949 年（汉乾祐二年）：

五月，博州奏：有蝝生。（《旧五代史·五行志》）

五月，兖、郓、齐三州奏蝝生。（《旧五代史·汉书·隐帝纪》）

扶沟、潢川蝗为害。（清光绪《扶沟县志》）

陈州蝗灾大发生。（陈家祥《中国历代蝗患之记载》）

五月，宋州奏：蝗抱草而死。六月，山东兖州奏：曹、博、兖、淄、青、齐、宿捕蝗二万斛；滑州、濮州、澶州、怀州、相州、卫州、陈州等州奏蝗。开封府、滑州、曹州蝗甚，遣使捕之。七月，兖州奏：捕蝗四万斛。（《旧五代史·汉书·隐帝纪》）

953年（后周广顺三年）：

夏六月至秋七月，旱，蝗，民饥，流入北境者相继。（清吴任臣《十国春秋》）

954年（后周显德元年）：

六月，兰考蝗。（兰考县志编委会编《兰考县志》）

五、宋朝时期（960—1279年）

960年（宋太祖建隆元年）：

七月，澶州蝗。（《宋史·五行志》）

淄、青大蝗。〔刘〕铢下令捕蝗，略无遗漏，田苗无害。（《旧五代史·汉书·刘铢传》）

濮阳县旱，蝗。（清光绪《濮阳县志》）

961年（宋太祖建隆二年）：

五月，京东西路濮州之范县、鄄城等蝗。（章义和《中国蝗灾史》）

自春至秋无雨，螟蝗见成都。（清吴任臣《十国春秋》）

962年（宋太祖建隆三年）：

秋七月，兖、济、德、磁、洺五州有蝝生，真定府深州蝻虫生。（《宋史·太祖纪》）

七月，河北西路之深州、洺州、磁州等发生蝗灾，太祖诏免租。是月，陕西诸州普发蝗灾。（章义和《中国蝗灾史》）

是岁，京东诸州旱，蝗，悉蠲其租。（清毕沅《续资治通鉴·宋纪》）

963年（宋太祖乾德元年）：

六月，澶、濮、曹、绛等州有蝗。七月，怀州蝗生。（《宋史·五行志》）

新乡县蝗虫成灾。（明正德《新乡县志》）

七月，武陟县旱，蝗。（清道光《河内县志》）

964年（宋太祖乾德二年）：

四月，相州蝻虫食桑。五月，赵州之昭庆县有蝗，东西四十里，南北二十里。是夏，河北、河南、陕西诸州皆蝗。（《宋史·五行志》）

五月，河南府诸州蝗。（清顺治《河南府志》）

六月，河南、北及秦诸州蝗，惟赵州不食稼。（《宋史·太祖纪》）

夏六月，秦州蝗。（清乾隆《直隶秦州新志》卷六《灾祥》）

黄河南北皆有蝗灾，兰考蝗。（清雍正《河南通志》卷五《祥异》）

夏，济源、尉氏、汲县蝗灾。（陈家祥《中国历代蝗患之记载》）

夏，沈丘、淮阳、项城、太康蝗。（周口地区地方史志编纂委员会编《周口地区志》）

新野、唐河、白河流域蝗，桐柏、陈州、怀州、辉县、卫州等州县蝗。（清康熙《新野县志》、清乾隆《桐柏县志》、清顺治《河南府志》）

武陟县蝗。（清道光《河内县志》）

温县河北蝗。（民国《温县志稿》）

孟县蝗。（清顺治《河南府志》）

中牟县蝗。（清康熙《中牟县志》）

邙山区大旱，蝗。（民国《郑县志》）

荥阳县秋蝗，秋禾被吃光，大饥。（清乾隆《荥阳县志·地理篇》）

965 年（宋太祖乾德三年）：

七月，诸路有蝗。（《宋史·五行志》）

荥阳县旱，蝗；汜水蝗。（清乾隆《荥阳县志·大事记》）

966 年（宋太祖乾德四年）：

六月，澶州、濮州、鹿邑蝗。（章义和《中国蝗灾史》）

曹县有蝗。（清康熙《曹州志》卷一九《灾祥》）

969 年（宋开宝二年）：

八月，真定府冀、磁二州蝗。（《宋史·五行志》）

八月，安阳蝗。（清嘉庆《安阳县志》）

八月，幽州蝗。（章义和《中国蝗灾史》）

970 年（宋开宝三年）：

八月，冀州蝗。（明隆庆《保定府志》卷一五《祥异》）

972 年（宋开宝五年）：

六月，大名府澶州蝗。（清咸丰《大名府志》）

974 年（宋开宝七年）：

二月，亳州蝗。（清乾隆《颍州府志》卷一〇《祥异》）

春二月，滑州蝗。七月，复蝗。（清同治《滑县志》卷一一《祥异》）

975 年（宋开宝八年）：

浚县蝗灾。（清康熙《浚县志》）

977 年（宋太平兴国二年）：

闰七月，河南卫州蝗蝻生。（《宋史·五行志》）

七月，辉县蝗蝻生。（明嘉靖《辉县志》）

秋，河南汲县、洛阳蝗蝻生。（陈家祥《中国历代蝗患之记载》）

八月，巨鹿步蝻生。（《宋史·太宗纪》）

981 年（宋太平兴国六年）：

七月，河南府、宋州一带蝗。（《宋史·五行志》）

七月，商丘蝗，旱。秋，河南洛阳蝗灾。（陈家祥《中国历代蝗患之记载》）

982 年（宋太平兴国七年）：

二月，京畿近年以来蝗旱相继，流民甚众，旷土颇多。（清徐松辑《宋会要辑稿·食货》）

四月，唐州北阳县蝻虫生，有飞鸟食之尽。河南府滑州蝻虫生。是月，大名府、陕州、陈州蝗。七月，郓州、阳谷县蝻虫生。（《宋史·五行志》）

夏四月，滑州蝻虫生。（清咸丰《大名府志》）

夏，沈丘旱，蝗。（清乾隆《沈丘县志》）

秋，南阳府蝗灾；北阳县蝗灾，有飞鸟千群食蝗。（陈家祥《中国历代蝗患之记载》）

秋，通州旱，蝗，民饥。（清康熙《通州志》卷一一《灾异》）

九月，邠州、滦县蝗。（章义和《中国蝗灾史》）

983 年（宋太平兴国八年）：

四月，浚县蝗蝻生。（清康熙《浚县志》）

四月，滑州发生蝗灾。九月，卢龙旱，蝗。（章义和《中国蝗灾史》）

九月，东京、平州旱，蝗。辽圣宗下令罢徭役以恤饥贫。（清乾隆《盛京通志》卷一一《祥异》）

984 年（宋雍熙元年）：

七月，泗州蝝虫食苗。（元马端临《文献通考》）

985 年（宋雍熙二年）：

四月，天长军蝝虫食苗。（《宋史·太宗纪》）

986 年（宋雍熙三年）：

七月，濮州鄄城县有蛾蝗自死。（《宋史·五行志》）

989 年（宋端拱二年）：

春，确山、正阳、汝南飞蝗蔽天，民饥。（驻马店市地方史志编纂委员会编《驻马店地

区志》)

四月，新蔡飞蝗遍野。（清乾隆《新蔡县志》）

春，息县大旱，蝗。（清嘉庆《息县志》）

990年（宋淳化元年）：

四月，郓州中都县蝻虫生。七月，单州砀山县蝗，曹州济阴县有蝗自北来，飞亘天有声。（元马端临《文献通考》）

秋七月，乾宁军蝗，沧州蝗蝻食苗。（明嘉靖《河间府志》卷四《祥异》、清乾隆《沧州志》卷一二《纪事》）

七月，新蔡复蝗，鲁山蝗灾。（清乾隆《新蔡县志》、明嘉靖《鲁山县志》）

七月，淄州、澶州、濮州、乾宁军有蝗，沧州蝗蝻食苗，棣州飞蝗自北来害稼。（《宋史·五行志》）

991年（宋淳化二年）：

春，河南大旱，蝗。（清雍正《河南通志》卷五《祥异》）

春，荥阳县大旱，蝗。秋，复蝗，毁秋禾，岁饥。（清乾隆《荥阳县志·地理篇》）

闰二月，鄄城县蝗。六月楚丘、鄄城、淄川三县蝗。秋七月，乾宁郡蝗。（《宋史·太宗纪》）

三月，开封府之祥符县蝗。六月，京东东路之淄川，京东西路之楚丘、鄄城蝗。七月，乾宁军蝗。十二月，博州、贝州等蝗。（章义和《中国蝗灾史》）

春，杞县、鹿邑、沈丘旱，蝗。（清乾隆《杞县志》、明景泰《鹿邑县志》、清乾隆《沈丘县志》）

春，郑州邙山区大旱，蝗。（民国《郑县志》）

三月，开封县、开封市郊区蝗。（清光绪《祥符县志》）

六月，淄州、澶州、濮州、乾宁军并蝗生。七月，宁边军有蛤，沧州蝻虫食苗，棣州有飞蝗自北来害稼。（元马端临《文献通考》）

夏，河南开封、尉氏、祥符蝗灾。（陈家祥《中国历代蝗患之记载》）

992年（宋淳化三年）：

六月甲申，京师飞蝗自东北来，蔽天，经西南而去，蔽空如云翳日。是夕大雨，蝗尽死。（清毕沅《续资治通鉴·宋纪》）

六月，京师有蝗起东北，趣至西南，蔽空，如云翳日。七月，真、许、沧、沂、蔡、汝、商、兖、单等州及淮阳军、平定、彭城军蝗抱草自死。（《宋史·五行志》、元马端临《文献通考》）

七月，新蔡蝗灾，蝗抱草而死。（驻马店市地方史志编纂委员会编《驻马店地区志》）

祥符、临颍、汝南旱，蝗。（清光绪《新修祥符县志》、民国《重修临颍县志》、汝南县地方志编纂委员会《汝南县志》）

995年（元统和元年）：

九月，东京平州旱，蝗。（清嵇璜等《续文献通考·毛虫之异》）

夏六月，鹿邑蝗虫为害。（明景泰《鹿邑县志》）

996年（宋至道二年）：

六月，亳州、宿州、密州蝗生，食苗。七月，许州长葛、阳翟二县有蝻虫食苗，齐州历城、长清等县有蝗。（《宋史·五行志》、明嘉靖《青州府志》卷五《灾祥》、元马端临《文献通考》）

夏六月，胶州蝗食苗。（清道光《胶州志》卷三五《祥异》）

七月，谷熟县，许、宿、齐三州，蝗抱草而死。（《宋史·五行志》）

997年（宋至道三年）：

七月，单州蝻虫生。（《宋史·五行志》）

六月，山东密州蝗生，食苗。（明嘉靖《青州府志》卷五《灾祥》）

999年（宋咸平二年）：

八月，楚丘、厌次蝗。（章义和《中国蝗灾史》）

1001年（宋咸平四年）：

河南开封、陈留蝗灾。（清同治《开封府志》、清宣统《陈留县志》）

黄河南蝗，兰考蝗。（兰考县志编委会编《兰考县志》）

1004年（宋景德元年）：

八月，陕州、滨州、棣州蝗害稼，命使赈之。（《宋史·真宗纪》）

1005年（宋景德二年）：

六月，京东诸州蝻虫生。（《宋史·五行志》）

八月，棣州蝗。九月，商河大蝗。（清乾隆《武定府志》）

春，郑州邙山区大旱，蝗。（民国《郑县志》）

夏，河南蝗蝻生。（陈家祥《中国历代蝗患之记载》）

1006年（宋景德三年）：

河北诸路蝗蝻生。七月，群蝗空趋河东。八月，德州、博州、密州等蝗。（章义和《中国蝗灾史》）

八月，德州、博州蟓生。（《宋史·五行志》）

山东胶州蝗蝻生。（清道光《胶州志》卷三五《祥异》）

京东诸州蝻生。（明嘉靖《青州府志》卷五《灾祥》）

莒州蝗。(清嘉庆《莒州志》卷一五《纪事》)

七月，山西蝗，河北路蝗蝻生，群飞翳空。(清康熙《平阳府志》卷三四《祥异》)

1007年（宋景德四年）：

六月，荥阳县蝗。(清乾隆《汜水县志》)

九月，陈州之宛邱县，郓州之东阿、须城三县蝗。(《宋史·五行志》)

八月，沈丘蝗。(清乾隆《沈丘县志》)

秋，宛丘、项城蝗。(民国《淮阳县志》)

1008年（宋大中祥符元年）：

六月，通许蝗。(明嘉靖《通许县志》)

1009年（宋大中祥符二年）：

五月，雄州蝗蝻虫食苗。(《宋史·五行志》)

五月，封丘县蝗虫危害，田苗食之殆尽。(清康熙《封丘县续志》)

五月，开封县蝗。八月，陈留蝗飞蔽天。(清宣统《陈留县志》)

七月，杞县蝗。(明嘉靖《杞县志》)

秋，宛丘等三县蝗。(民国《淮阳县志》)

1010年（宋大中祥符三年）：

六月，河南开封府之咸平、尉氏二县蝻虫生。(清雍正《河南通志》卷五《祥异》)

秋七月，江左旱，蝗。(清乾隆《太平府志》卷三二《祥异》)

1011年（宋大中祥符四年）：

是岁，畿内蝗。(《宋史·真宗本纪》)

六月，河南府蝗蝻生，食苗叶。(清雍正《河南通志》卷五《祥异》)

六月，开封府之祥符县有蝗。七月河南府及京东蝗生，食苗叶。八月，开封府之祥符、咸平、中牟、陈留、雍丘、封丘六县蝗。(《宋史·五行志》)

六月，通许蝗蝻继生。七月，新安蝗。八月，杞县蝗。(明嘉靖《通许县志》、清康熙《新安县志》、明嘉靖《杞县志》)

河南洛阳、尉氏、开封、祥符、中牟蝗灾，食苗叶。(陈家祥《中国历代蝗患之记载》)

秋七月，山东胶州蝗。(清道光《胶州志》卷三五《祥异》)

1016年（宋大中祥符九年）：

六月，京畿、京东西、河北路蝗蝻继生，弥覆郊野，食民田殆尽，入公私庐舍。七月辛亥，飞蝗过京师，群飞翳空，延至江、淮南，趣河东，及霜寒始毙。(《宋史·五行志》)

六月，德州之平原蝗生满野，食民田殆尽；河北新河蝗蝻继生，食民田殆尽。七月丙辰，开封府祥符县蝗附草死者数里。九月，督诸路捕蝗。(《宋史·真宗本纪》)

七月辛亥，飞蝗过京师，群飞翳空。（民国《开封县志草略》）

七月，郏县蝗灾；开封蝗蝻生，弥覆郊野，食稼尽。（陈家祥《中国历代蝗患之记载》）

八月，磁、华、瀛、博等州蝗，督诸路捕蝗。九月，青州飞蝗赴海死，积海岸百余里。（《宋史·真宗本纪》）

九月，博州蝗。（清徐松辑《宋会要辑稿·食货》

夏六月，山东胶州蝗。（清道光《胶州志》卷三五《祥异》）

长垣县蝗食民田殆尽。（清嘉庆《长垣县志》）

山西安邑县七月蝗。（清乾隆《解州安邑县志》卷一一《祥异》）

秋七月，扬州府蝗。（清康熙《扬州府志》卷二二《灾异纪》）

1017年（宋天禧元年）：

二月，山西安邑县蝗蝻复生。（清乾隆《解州安邑县志》卷一一《祥异》）

二月，山西河东蝗蝻生。（清康熙《平阳府志》卷三四《祥异》）

二月，开封府、京东西、河北、河东、陕西、两浙、荆湖百三十州军蝗蝻复生，多去岁蛰者。和州蝗生卵如稻粒而细。六月，江淮大风，多吹蝗入江海或抱草木僵死。（《宋史·五行志》）

二月，山东胶州蝗蝻生。（清道光《胶州志》卷三五《祥异》）

二月，两浙蝗蝻，秀州蝗。（清光绪《嘉兴府志》卷三五《祥异》）

四月，虢州蝗灾。五月，诏以仍岁蝗、旱，遣使分路安抚。开封府及京东路并言蝗蝻食苗，诏遣使臣与本县官吏焚捕，每三五州命内臣一人提举之。（清毕沅《续资治通鉴·宋纪》）

五月，诸路蝗食苗，诏遣内臣分捕，仍命使安抚。六月，陕西、江淮南蝗，并言自死。九月，以蝗罢秋宴。是岁，诸路蝗，民饥。（《宋史·真宗纪》）

六月，南京诸县蝗。（清嵇璜等《续文献通考·毛虫之异》）

河南开封、陈州蝗蝻复生。春，沈丘蝗蝻复生。（清乾隆《陈州府志》、清乾隆《沈丘县志》）

浙江蝗，民饥。（清同治《湖州府志》卷四四《祥异》）

是岁，潭州之湘潭蝗。（章义和《中国蝗灾史》）

春二月，扬州府蝗。夏六月，大风吹蝗入江或抱草木僵死。（清康熙《扬州府志》卷二二《灾异纪》）

荆湖蝗蝻生。（清光绪《荆州府志》卷七六《灾异》）

1018年（宋天禧二年）：

四月，江阴军蝻虫生。（《宋史·五行志》）

1020 年（宋天禧四年）：

是岁，洺州蝗。（清光绪《永年县志》）

1024 年（宋天圣二年）：

河南开封蝗灾，食稼。（陈家祥《中国历代蝗患之记载》）

辉县、汲县大旱，蝗。（明嘉靖《辉县志》、清乾隆《汲县志》）

酸枣旱，蝗，百姓流亡。（清康熙《延津县志》）

卫州大旱，蝗。（清乾隆《卫辉府志》卷四《灾祥》）

1027 年（宋天圣五年）：

春，考城县大旱，蝗。七月丙午，邢、洺州蝗。甲寅，赵州蝗。十一月丁酉，朔、京兆府旱蝗。（《宋史·五行志》）

十一月，陕西旱，蝗，减其民租赋。（《宋史·仁宗纪》）

1028 年（宋天圣六年）：

五月乙卯，河东、河北、京东之平陆、芮城、大名、平原、巩城、诸城等县蝗灾。六月，考城县蝗。（《宋史·五行志》、清乾隆《卫辉府志》、民国《大名县志》、民国《考城县志》）

五月，河北武陟县、孟县、京东蝗。（《宋史·五行志》）

夏，河南郏县蝗灾。（陈家祥《中国历代蝗患之记载》）

五月，辉县、卫州、汲县大蝗。（明嘉靖《辉县志》、清乾隆《卫辉府志》、清乾隆《汲县志》）

1030 年（宋天圣八年）：

兰考县飞蝗蔽天。（民国《考城县志》卷三《祥异》）

1032 年（宋明道元年）：

十月，濠州蝗。（元马端临《文献通考》）

1033 年（宋明道二年）：

黄河南、北蝗。（清雍正《河南通志》卷五《祥异》）

十月，畿内、开封界京东西、河北、河东、陕西等普发蝗灾。（《宋史·仁宗纪》）

四月，山东旱，蝗。（清毕沅《续资治通鉴·宋纪》）

夏四月，陈州蝗，淮阳、沈丘蝗。七月复蝗。（清乾隆《陈州府志》、清乾隆《沈丘县志》、民国《淮阳县志》）

七月，山西、河东蝗。（清康熙《平阳府志》卷三四《祥异》）

七月，辉县、汲县蝗。（明嘉靖《辉县志》、清乾隆《汲县志》）

焦作、怀州、相州等蝗灾。（焦作市地方史志总编辑室编《焦作市志》、沁阳市地方史志编纂委员会编《沁阳市志》、清嘉庆《安阳县志》）

明道末，天下蝗，旱；京西旱，蝗。（宋王辟之《渑水燕谈录》）

秋，河南郏县蝗灾。（陈家祥《中国历代蝗患之记载》）

是岁，大蝗，旱，江淮、京东滋甚。（《宋史·范仲淹传》）

武陟县、孟县、河北蝗。（清乾隆《怀庆府志》）

温县、河北蝗。（民国《温县志稿》）

荥阳县蝗。（清乾隆《汜水县志》）

孟津县蝗虫危害成灾。（清康熙《孟津县志》）

1034年（宋景祐元年）：

正月甲戌，诏募民掘蝗种，给菽米。是岁，开封府蝗。（《宋史·仁宗本纪》）

六月，开封府、淄州蝗，诸路募民掘蝗种万余石。（《宋史·五行志》）

开封、尉氏令民掘蝗卵万余石。（陈家祥《中国历代蝗患之记载》）

六月，尉氏蝗。七月，陈州、沈丘蝗。（乾隆《沈丘县志》、清道光《尉氏县志》、民国《淮阳县志》）

1035年（宋景祐二年）：

秋七月，陈州、淮阳蝗。（清乾隆《陈州府志》、民国《淮阳县志》）

十二月，范县、濮州蝗，观城县亦蝗。（明嘉靖《濮州志》、清雍正《山东通志》）

1038年（宋宝元元年）：

黄河北怀州大蝗。（清乾隆《怀庆府志》）

六月，曹州、濮州、单州蝗。（元马端临《文献通考》）

1039年（宋宝元二年）：

六月，京师飞蝗蔽天。是月癸酉，曹州、濮州、单州三州蝗。（《宋史·五行志》、明万历《兖州府志》卷一五《灾祥》）

六月，范县、濮州夏蝗。（明嘉靖《濮州志》）

六月，扬州旱，蝗。（章义和《中国蝗灾史》）

1040年（宋宝元三年）：

京师一带飞蝗蔽天，淮南旱，蝗。（《宋史·五行志》）

1041年（宋庆历元年）：

淮南旱，蝗。是岁，京师飞蝗蔽天。（《宋史·五行志》）

春，扬州旱，蝗。（清康熙《扬州府志》卷二二《灾异纪》）

1044年（宋庆历四年）：

春，淮南旱，蝗，京师飞蝗蔽天。（元马端临《文献通考》卷三一四）

六月，汴京大旱，蝗。（清雍正《河南通志》卷五《祥异》）

夏，开封、尉氏、祥符发生大蝗灾。（陈家祥《中国历代蝗患之记载》）

六月二十四日，飞蝗滋甚。（清徐松辑《宋会要辑稿·瑞异》）

1047 年（宋庆历七年）：

十一月，淮南蝗为害。（清徐松辑《宋会要辑稿·食货》）

1048 年（宋庆历八年）：

河南汝南、正阳蝗灾。（陈家祥《中国历代蝗患之记载》）

1052 年（宋皇祐四年）：

是岁，京师飞蝗蔽天。（陈高佣等编《中国历代天灾人祸表》）

1053 年（宋皇祐五年）：

九月，建康府有蝗。（《宋史·五行志》）

1054 年（宋皇祐六年）：

夏，华阴发生蝗灾。（民国《华阴县续志》卷二一《灾祥》）

1056 年（宋嘉祐元年）：

六月乙亥，中京蝗蝻为灾。（《辽史·道宗纪》）

1058 年（宋嘉祐三年）：

八月庚辰有司奏：宛平、永清蝗为飞鸟所食。（《辽史·道宗纪》）

1067 年（宋治平四年）：

是岁，南京旱，蝗。（《辽史·道宗纪》）

1068 年（宋熙宁元年）：

秀州一带发生蝗灾。（《宋史·五行志》）

1070 年（宋熙宁三年）：

两浙旱，蝗。（民国《杭州府志》卷八二《祥异》）

1072 年（宋熙宁五年）：

汲县发生大蝗灾。（陈家祥《中国历代蝗患之记载》）

黄河北怀州、武陟、河北蝗。（清乾隆《怀庆府志》、清康熙《武陟县志》、清顺治《河南府志》）

是岁，辉县、汲县大蝗。（明嘉靖《辉县志》、清乾隆《汲县志》）

是岁，河北、京东西路诸路大蝗。（《宋史·五行志》）

1073 年（宋熙宁六年）：

四月，河北及京西诸路蝗。是岁，江宁府飞蝗自江北来。（《宋史·五行志》）

七月丙寅，南京奏：归义、涞水两县蝗飞入〔宋〕境，余为蜂所食。（《辽史·道宗纪》）

汲县、辉县蝗。（陈家祥《中国历代蝗患之记载》）

安庆府大蝗。(清康熙《安庆府志》卷六《祥异》)

六年全椒县旱。至十九年且蝗,民捕蝗为食。(清康熙《滁州志》卷三《祥异》)

1074 年（宋熙宁七年）：

夏,开封府界及河北路蝗。七月,河南咸平县鸲鹆食蝗。(《宋史·五行志》)

秋七月,诏河北两路捕蝗。又诏开封、淮南提点、提举司检复蝗旱,以米十五万石赈河北西路灾伤。……冬十月,以常平米于淮南西路易饥民所掘蝗种,又赈河北东路流民。(《宋史·神宗纪》)

春至夏,沈丘旱,蝗虫成灾。(清乾隆《沈丘县志》)

夏,太康、沈丘旱,蝗成灾。(周口地区地方史志编纂委员会编《周口地区志》)

长垣县蝗。(明嘉靖《长垣新县志》)

1075 年（宋熙宁八年）：

八月,淮西蝗,陈州、颍州蝗蔽野。募民捕蝗易粟,苗损者偿之,仍复其赋。(《宋史·五行志》)

陈州蝗灾,募民捕蝗易粟。(陈家祥《中国历代蝗患之记载》)

八月,淮阳、沈丘飞蝗蔽野。(陈家祥《中国历代蝗患之记载》)

八月,蔡州蝗灾。(驻马店市地方史志编纂委员会编《驻马店地区志》)

青州及陕西蝗。(章义和《中国蝗灾史》)

1076 年（宋熙宁九年）：

五月,陕西富平旱,蝗。六月,黄陵蝗。(章义和《中国蝗灾史》)

夏,开封府畿、京东、河北、陕西蝗。(《宋史·五行志》)

夏,开封及邻近县蝗灾。(陈家祥《中国历代蝗患之记载》)

秋七月,关以西蝗蝻生。(《宋史·神宗纪》)

九月,南京蝗。(清嵇璜等《续文献通考·毛虫之异》)

夏,河北武陟县、孟县蝗。(陈高佣等编《中国历代天灾人祸表》)

1077 年（宋熙宁十年）：

三月,宋神宗诏州县捕蝗。(《宋史·神宗纪》)

五月,玉田、安次螽伤稼。(《辽史·道宗纪》)

五月,两浙旱,蝗。米价踊贵,饿死者什五六。(清毕沅《续资治通鉴·宋纪》)

1078 年（宋元丰元年）：

秀州蝗。(清康熙《嘉兴府志》卷二《祥异》)

1080 年（宋元丰三年）：

六月,河北蝗。(民国《大名县志》卷二六)

1081年（宋元丰四年）：

五月，辽南京道永清、武清、固安三县蝗。（清嵇璜等《续文献通考·毛虫之异》）

六月，河北诸郡蝗生，督诸县捕蝗。诏曰：闻河北复蝗极盛，渐已南来，速令开封界提举司，京东、西路转运司遣官督捕，仍告谕州县收获先熟禾稼。秋，开封府界蝗。（《宋史·五行志》）

黄河北怀州蝗；秋，陈州蝗。（清乾隆《怀庆府志》、清乾隆《陈州府志》）

秋，太康、沈丘、淮阳、扶沟复蝗为灾。（周口地区地方史志编纂委员会编《周口地区志》）

1082年（宋元丰五年）：

夏，〔开封府界〕又蝗。（《宋史·五行志》）

六月，沈丘蝗。（清乾隆《沈丘县志》）

夏，河北复蝗。（章义和《中国蝗灾史》）

1083年（宋元丰六年）：

夏，〔开封府界〕又蝗。五月，沂州蝗。（《宋史·五行志》）

1088年（宋元祐三年）：

八月庚辰，有司奏：辽南京道永清、宛平，蝗为飞鸟所食。（《辽史·道宗本纪》）

1094年（宋绍圣元年）：

夏，荥阳县蝗，大饥。（民国《荥阳县志》卷一二《地理篇》）

1098年（宋元符元年）：

八月，高邮军蝗抱草死。（《宋史·五行志》）

1100年（宋元符三年）：

寿隆末，〔萧文〕知易州，兼西南安抚使。时大旱，属县又蝗，议捕除之。文曰："蝗，天灾，捕之何益！"但反躬自责，蝗尽飞去，遗者亦不食苗，散在草莽，为乌鹊所食。（《辽史·萧文传》）

1101年（宋建中靖国元年）：

五月，固安蝗。（清光绪《顺天府志》卷六九《祥异》）

是岁，京畿蝗，江淮、两浙、湖南、福建旱。（《宋史·徽宗纪》）

开封蝗灾。（陈家祥《中国历代蝗患之记载》）

1102年（宋崇宁元年）：

是岁，京畿、京东、河北、淮南蝗。（《宋史·徽宗纪》）

夏，开封府界、京东、河北、淮南等路蝗。（《宋史·五行志》）

夏，开封、汲县、辉县、卫州蝗。（清乾隆《卫辉府志》）

江苏扬州夏蝗。（清康熙《扬州府志》卷二二《灾异纪》）

1103 年（宋崇宁二年）：

七月，南京蝗。（清光绪《顺天府志》卷六九《祥异》）

浙江、河北、京东西诸路蝗。（清同治《湖州府志》卷四四《祥异》）

1104 年（宋崇宁三年）：

正月，常、润两州去秋蝗，旱，春夏之际粮食尤缺，欲乞量度赈济。（清徐松辑《宋会要辑稿·食货》）

秋七月，南京蝗。（《辽史·天祚纪》）

汲县蝗虫盖地，食禾稼殆尽。（陈家祥《中国历代蝗患之记载》）

太康、沈丘、淮阳大蝗。（周口地区地方史志编纂委员会编《周口地区志》）

辉县、卫州、怀州、陈州蝗。（明嘉靖《辉县志》、清乾隆《卫辉府志》、清乾隆《怀庆府志》、清乾隆《陈州府志》）

武陟县旱，连岁大蝗。（清康熙《武陟县志》）

秋，浙江富阳县飞蝗蔽野，田禾俱尽。（民国《杭州府志》卷八二《祥异》）

1105 年（宋崇宁四年）：

三年、四年连岁大蝗，其飞蔽日，来自山东及府界，河北尤甚。（《宋史·五行志》）

开封、汲县发生大蝗灾。（陈家祥《中国历代蝗患之记载》）

夏，卫州、汲县连岁大蝗。（清乾隆《卫辉府志》）

辉县蝗。（明嘉靖《辉县志》）

武陟县、孟县大蝗，河北尤甚。（《宋史·徽宗本纪》）

京东西、河北诸路蝗，野无青草。两浙路之长兴大蝗。（章义和《中国蝗灾史》）

1112 年（宋政和二年）：

辽南京道新城等县蝗。（章义和《中国蝗灾史》）

1113 年（宋政和三年）：

南京道新城等县复蝗。（清光绪《定兴县志》卷一九《祥异》）

1114 年（宋政和四年）：

南京道新城等县续大蝗，清州亦蝗。（清光绪《定兴县志》卷一九《祥异》）

1120 年（宋宣和二年）：

河东诸路蝗。（章义和《中国蝗灾史》）

1121 年（宋宣和三年）：

九月二日，淄州奏：本州岛界四县五镇自五月中有飞蝗，及邻境间有蝗蝻迁逐入界，皆抱枝自干，并不伤害田苗。（清徐松辑《宋会要辑稿·瑞异》）

是岁，诸路蝗。（《宋史·徽宗纪》）

汝州蝗。（汝州市地方史志编纂委员会编《汝州市志》）

是岁，浙江省诸路蝗。（清同治《湖州府志》卷四四《祥异》）

1123年（宋宣和五年）：

是岁，诸路蝗。（《宋史·五行志》）

1124年（宋宣和六年）：

海兰伊勒呼，禾稼为蝗所食。曷懒路有蝗。（《金史·五行志》）

1128年（宋建炎二年）：

六月，临安府、扬州、杭州、京师、淮甸一带大蝗。（《宋史·五行志》）

是岁秋，金境多蝗。（清毕沅《续资治通鉴·宋纪》）

1129年（宋建炎三年）：

闰八月一日，日昏无光，飞蝗蔽天，动以旬月。（宋徐梦莘《三朝北盟会编》）

浙江余姚蝗，暴至六月。（清乾隆《绍兴府志》卷八〇《祥异》）

1130年（宋建炎四年）：

夏，旱，蝗。州县灾甚者蠲田赋。（清徐乾学《资治通鉴后编》）

1133年（宋绍兴三年）：

福州府蝗。（清乾隆《福建通志》）

1135年（宋绍兴五年）：

八月，浙江婺州旱，蝗。（清康熙《金华府志》卷二五《祥异》）

1141年（宋绍兴十一年）：

秋蝗。（《金史·五行志》）

1142年（宋绍兴十二年）：

七月，广宁府蝗。（清嵇璜等《续文献通考·毛虫之异》）

1145年（宋绍兴十五年）：

秋七月，金境内大旱，飞蝗蔽日。诏蠲民租。（宋李心传《建炎以来系年要录》）

1149年（宋绍兴十九年）：

丽水夏蝗。（清光绪《处州府志》卷二五《祥异》）

1156年（宋绍兴二十六年）：

秋，如皋蝗，有鹜食之尽，诏禁捕鹜。（清光绪《通州直隶州志》卷末《祥异》）

1157年（宋绍兴二十七年）：

六月壬辰，飞蝗入京师。中都、山东曹州、齐河、黄县等蝗。秋，中都、山东续蝗，河东之曲沃、河津、稷山蝗。（清雍正《山西通志》卷一六二《祥异》）

1158 年（宋绍兴二十八年）：

六月，蝗入京师。（《金史·海陵王纪》）

1159 年（宋绍兴二十九年）：

七月，盱眙军、楚州军界三十里，蝗为风所阻而堕，风止复飞还淮北。（《宋史·五行志》）

秋七月，淮东北边蝗虫为风所吹，有至盱眙军、楚州境上者，然不食稼，比复飞过淮北，皆已净尽。（清毕沅《续资治通鉴·宋纪》）

浙江旱，蝗。（清乾隆《绍兴府志》卷八〇《祥异》）

秋，浙郡国旱，大螟螣。（民国《杭州府志》卷八二《祥异》）

1160 年（宋绍兴三十年）：

秋，河北西路之南宫蝗。（民国《南宫县志》卷二五《祥异》）

十月，江、浙郡国螟螣。（清同治《湖州府志》卷四四《祥异》）

1162 年（宋绍兴三十二年）：

五月，黄河南北蝗虫为灾，今已数年。（宋李心传《建炎以来系年要录》）

六月，江东、淮南北郡县扬州、通州等处，蝗飞入湖州境，声如风雨。七月丙申，遍于畿县，余杭、仁和、钱塘皆蝗。丙午，蝗入京城。八月，山东大蝗。（《宋史·五行志》）

六月，江淮蝗飞入湖州境，声如风雨，害稼，民饥。自癸巳至于七月丙申，飞遍畿内，畿县、余杭、仁和、钱塘皆蝗。丙午，蝗入京城。（清同治《湖州府志》卷四四《祥异》）

1163 年（宋隆兴元年）：

三月庚子，中都南八路蝗飞入京畿，诏尚书省遣官捕之；五月丙申，中都以南八路蝗。（《金史·五行志》）

五月，中都蝗，诏参知政事完颜守道，按问大兴府捕蝗官。（清徐乾学《资治通鉴后编》）

六月，浙江杭州府之余杭县大蝗。（民国《杭州府志》卷八二《祥异》）

七月，大蝗。八月壬申癸酉，飞蝗过都，蔽天日，徽、宣、湖三州及浙东郡县害稼。八月，京东大蝗，襄阳府、隋州尤甚，民为之乏食。（《宋史·五行志》）

八月，浙江金华府飞蝗蔽天日，害稼。（清康熙《金华府志》卷二五《祥异》、清同治《湖州府志》卷四四《祥异》）

江浙郡县旱。七月，大蝗。八月，飞蝗过都，蔽天日，湖州、金华、绍兴凡浙东地多害稼。（明嘉靖《浙江通志》卷六三《祥异》）

1164 年（宋隆兴二年）：

三月，诏：徽州旱、蝗为灾，可将昌平易仓米出粜赈济。（清徐松辑《宋会要辑稿·食

货》)

五月，南宋境内发生蝗灾。夏，余杭县蝗。(《宋史·五行志》)

八月，中都南八路蝗飞入京畿。(《金史·五行志》)

九月，平、蓟二州复蝗，旱，百姓艰食。(《金史·世宗纪》)

秋，山西荣河蝗。(清康熙《平阳府志》卷三四《祥异》)

归德蝗，督民捕蝗，死蝗一斗给粟一斗，数日捕绝。(清陈梦雷等《古今图书集成》)

是岁，江东西湖南北路蝗。(清徐乾学《资治通鉴后编》)

1165年（宋乾道元年）：

六月，淮西蝗。宪臣姚岳奏：蝗自淮北飞度，皆抱草木自死。(《宋史·五行志》)

六月，淮南境内蝗自死。(《宋史·孝宗本纪》)

江东西、湖南一带发生蝗灾。(章义和《中国蝗灾史》)

夏，河南正阳县蝗。(陈家祥《中国历代蝗患之记载》)

1167年（宋乾道三年）：

是岁，江东西、湖南北路蝗，赈之。(清徐乾学《资治通鉴后编》)

八月，淮北飞蝗入楚州盱眙郡界，遇大雨皆死，稼用不害。(《宋史·五行志》)

1170年（金大定十年）：

济南府之齐河旱蝗。(民国《齐河县志》卷首《灾祥》)

1173年（宋乾道九年）：

六月，山东两路蝗。(清徐乾学《资治通鉴后编》)

1174年（宋淳熙元年）：

四月，东平府蝗。七月、砀山蝗。(清道光《东平州志》)

四月，曹州有蝗自北飞来，其飞亘天有声。(清康熙《曹州志》卷一九《灾祥》)

1175年（宋淳熙二年）：

两淮蝗。(清光绪《凤阳府志》卷四《祥异》)

1176年（宋淳熙三年）：

六月，山东两路蝗。(《金史·世宗纪》)

六月，延安路黄陵蝗。七月，南宋淮南东路之如皋大蝗，日捕数十车，群飞绝江。西夏蝗大起，河西诸州蝗食稼殆尽。(清雍正《陕西通志》)

七月，淮甸大蝗，仪真、扬州、泰州瘗扑五千斛余，郡或日捕数千车。(清康熙《扬州府志》卷二二《灾异纪》)

八月，淮北飞蝗入楚州、盱眙军界，如风雷者，逾时遇大雨皆死。(《宋史·五行志》)

是岁，中都、河北、山东、陕西、河东、辽东等十路旱，蝗。(《金史·五行志》)

江苏淮安府楚州界飞蝗蔽天如云，声如雷。逾时大雨，皆死，禾稼不害。（清光绪《淮安府志》卷三九《杂记》）

河南正阳县蝗灾。（陈家祥《中国历代蝗患之记载》）

内黄诸境旱，蝗。（明正统《大名府志》）

长垣县蝗。（明嘉靖《长垣新县志》）

1177年（宋淳熙四年）：

三月，诏免河北、山东、陕西、河东、西京、辽东等十路去年被旱、蝗租税。（《金史·五行志》）

五月，淮北多蝗。（清毕沅《续资治通鉴·宋纪》）

山西太原府之太谷旱，蝗。（清光绪《太谷县志》卷二《祥异》）

1181年（宋淳熙八年）：

飞蝗为灾。（《宋史·孝宗本纪》）

1182年（宋淳熙九年）：

五月，河北保州之庆都蝗蝽生，散漫十余里。一夕大风，蝗皆不见。（《金史·五行志》）

六月，全椒、历阳、乌江县等生发蝗灾。乙卯，飞蝗过都，遇大雨，堕仁和县界。七月，淮甸大蝗，真州、阳州、泰州扑蝗五千斛，余郡或日捕蝗数十车。群飞绝江，堕镇江府，皆害稼。（《宋史·五行志》）

六月，临安府蝗。八月，淮东、浙西蝗，诸州官捕蝗赏罚。（《宋史·孝宗纪》）

夏六月，安徽全椒县蝗。（明万历《滁阳志》卷八《灾祥》）

八月，安徽太平府蝗，诸州捕蝗。（清乾隆《太平府志》卷三二《祥异》）

八月，浙西蝗。（清同治《湖州府志》卷四四《祥异》）

六月，飞蝗过行都，遇大雨坠仁和界芦荡。（民国《杭州府志》卷八二《祥异》）

固始县蝗灾。（清康熙《固始县志》）

秋七月，淮南大蝗害稼，令所在捕除。（清康熙《扬州府志》卷二二《灾异纪》）

江苏泰兴蝗。（清光绪《通州直隶州志》卷末《祥异》）

七月，淮甸大蝗，真州、阳州、泰州扑蝗五千斛，余郡或日捕蝗数十车。群飞绝江，堕镇江府，皆害稼。（清乾隆《镇江府志》卷四三《祥异》）

1183年（宋淳熙十年）：

正月，俞州县掘蝗。（《宋史·孝宗本纪》）

六月，浙江蝗遗种于淮、浙一带，害稼。（《宋史·五行志》）

夏，江苏扬州旧蝗遗种害稼。是时，蝗在地者为秃鹜所食，飞者以翼击死。诏禁捕鹜。（清康熙《扬州府志》卷二二《灾异纪》）

江苏如皋旱,蝗,害稼。(清光绪《通州直隶州志》卷末《祥异》)

1187年(宋淳熙十四年):

七月,仁和县蝗。命临安府捕蝗,募民输米赈济。(《宋史·五行志》)

1191年(宋绍熙二年):

七月,高邮县蝗,至于泰州。(《宋史·五行志》)

广西横州旱,蝗。(广东省文史研究馆编《广东省自然灾害史料》)

1194年(宋绍熙五年):

八月,淮南路之楚州、和州蝗。(《宋史·五行志》)

1195年(宋庆元元年):

广南西路之横州蝗。(清乾隆《横州志》卷二《灾祥》)

1196年(宋庆元二年):

夏,高邮旱,飞蝗自凌塘忽入城,继皆抱草死,其脑各有一蛆食之。(清光绪《江苏省通志稿·灾异志》)

1201年(宋嘉泰元年):

六月,飞蝗入京畿。(清光绪《顺天府志》卷六九《祥异》)

浙江大蝗。(民国《杭州府志》卷八三《祥异》)

1202年(宋嘉泰二年):

浙西诸县大蝗,自丹阳入武进,若烟雾蔽天,其堕亘十余里。常之三县捕八千余石,湖之长兴捕数百石。时浙东近郡亦蝗。(《宋史·五行志》)

浙西旱,大蝗,若烟雾蔽天,其堕亘十余里。(清同治《湖州府志》卷四四《祥异》)

浙江秀州蝗。(清光绪《嘉兴府志》卷三五《祥异》)

江苏镇江大旱,又蝗自丹阳入武进,飞蔽天数十里。(清乾隆《镇江府志》卷四三《祥异》)

江苏常州府大蝗,自丹阳入武进,若烟雾蔽天,常之三县捕八千余石。(清康熙《常州府志》卷三《祥异》)

浙东、西蝗。(明嘉靖《浙江通志》卷六三《祥异》)

1205年(宋开禧元年):

开禧初,〔彦倓〕知兴国军,岁旱,蝗。(《宋史·赵彦倓传》)

山东旱,蝗。(清毕沅《续资治通鉴》)

1206年(宋开禧二年):

山东连岁旱、蝗,沂、密、莱、莒、潍五州尤甚。(宋司马光《资治通鉴·宋纪》)

六月,飞蝗入浙江临安。(民国《杭州府志》卷八三《祥异》)

夏秋久旱，乌程县大蝗群飞蔽天，豆粟皆既于蝗。（清光绪《乌程县志》卷二七《祥异》）

1207 年（宋开禧三年）：

六月，蝗。金章宗遣使捕蝗。（《金史·章宗纪》）

夏秋久旱，江阴大蝗，群飞蔽天。浙西旱，蝗。（《宋史·宁宗纪》）

夏秋久旱，大蝗群飞蔽天，浙西郡县豆粟皆既于蝗。（《宋史·五行志》）

慈溪大蝗，飞蔽天日，集地厚四五寸，禾稼一空，继食草木亦尽。（清雍正《宁波府志》卷三六《附祥异》）

六月，河南旱，蝗。（《金史·王维翰传》）

1208 年（宋嘉定元年）：

四月，蝗蝻为灾，遗蝗复生，扑灭难尽。八月，飞蝗未息。（《宋史·宁宗纪》）

五月，安徽太平府蝗，旱，饥。（清乾隆《太平府志》卷三二《祥异》）

四月，河南路蝗。五月，遣使分路捕蝗。六月戊子，飞蝗入京畿。七月庚子，诏更定蝗虫生发坐罪法。乙巳，颁捕蝗图于中外。（《金史·章宗纪》）

五月，浙江大蝗。九月，金华蝗。（《宋史·五行志》）

江西大蝗。（清光绪《抚州府志》卷八四《祥异》）

1209 年（宋嘉定二年）：

是岁，诸路旱，蝗。（《宋史·宁宗纪》）

四月，杭州蝗。六月辛未，飞蝗入畿县。（《宋史·五行志》）

四月，安徽又蝗，旱，大饥。米斗钱数千，人食草木。（清乾隆《太平府志》卷三二《祥异》）

浙西诸县大蝗，自丹阳入武进，若烟雾蔽天，其坠亘十余里。常之三县捕八千余石，湖之长兴捕数百石。时浙东近郡亦蝗。六月，飞蝗入京畿。（《宋史·五行志》）

1210 年（宋嘉定三年）：

八月，浙江临安府蝗。（《宋史·五行志》）

1211 年（宋嘉定四年）：

近岁以来，旱蝗频仍，饥馑相踵。（清毕沅《续资治通鉴·宋纪》）

1214 年（宋嘉定七年）：

江苏常州大蝗。（清康熙《常州府志》卷三《祥异》）

安徽池州旱，蝗。（清乾隆《池州府志》卷二〇《祥异》）

六月，浙郡蝗。（《宋史·五行志》）

1215 年（宋嘉定八年）：

四月，河南、河东路蝗，遣官分捕。(《金史·宣宗纪》)

四月，南京路蝗为害，遣官分捕。(清乾隆《杞县志》)

四月，飞蝗越淮而南，江淮郡蝗食禾苗，山林草木皆尽。乙卯飞蝗入畿县。自夏徂秋，诸道捕蝗者以千百石计，饥民竞捕，官出粟易之。(《宋史·五行志》)

五月，河南大蝗。(《金史·五行志》)

夏五月，陈州、淮阳大蝗。(清乾隆《陈州府志》、民国《淮阳县志》)

江东西旱，蝗。诏谕民杂种粟麦麻豆。(清乾隆《太平府志》卷三二《祥异》)

是岁，两浙、江东西路旱，蝗。(《宋史·宁宗纪》)

八月，浙江飞蝗蔽天，饥。(清同治《湖州府志》卷四四《祥异》)

夏，湖北南郡蝗蝻食禾苗，山林草木皆尽。(清光绪《荆州府志》卷七六《灾异》)

夏四月，江苏真、扬蝗食禾苗，山林草木皆尽。(清康熙《扬州府志》卷二二《灾异纪》)

1216年（宋嘉定九年）：

四月丙申，河南、陕西蝗。五月甲寅，凤翔及华、汝等州蝗；戊寅，京兆、同州、华州、邓州、裕州、汝州、亳州、宿州、泗州等州蝗。六月丁未，河南大蝗，伤稼，遣官分道捕之。七月癸丑，威州及获鹿县飞蝗过京师。(《金史·宣宗纪》)

五月，浙东蝗。是岁，官以粟易蝗者千百斛。(《宋史·五行志》)

五月，河南、陕西大蝗。七月癸丑，飞蝗过京师。(《金史·五行志》)

六月，陈州、淮阳、沈丘、鹿邑蝗灾，伤禾。(明景泰《鹿邑县志》、清乾隆《陈州府志》、清乾隆《沈丘县志》、民国《淮阳县志》)

河南洛阳、汝州蝗虫害稼。(陈家祥《中国历代蝗患之记载》)

浙东蝗。(清光绪《处州府志》卷二五《祥异》)

1217年（宋嘉定十年）：

三月乙酉，宫中见蝗，遣官分道督捕。(《金史·五行志》)

四月，南宋境楚州蝗。(《宋史·五行志》)

九月，江西赣州蝗害稼。(清道光《宁都直隶州志》卷二七《祥异》)

1218年（宋嘉定十一年）：

四月，河南诸郡蝗。五月，诏遣官督捕河南诸路蝗。(《金史·五行志》)

孟津县蝗灾。(清康熙《孟津县志》)

夏四月，陈州、尉氏蝗灾。(陈家祥《中国历代蝗患之记载》)

1226年（宋宝庆二年）：

四月，开封旱，蝗。六月辛卯，京东大雨雹，蝗尽死。(《金史·五行志》)

1230年（宋绍定三年）：

福建沙县蝗。（《宋史·五行志》）

1234年（宋端平元年）：

五月，当涂县蝗。（《宋史·五行志》）

五月，安徽太平州螟蝗。（清乾隆《太平府志》卷三二《祥异》）

1235年（宋端平二年）：

藁县贫，又复旱、蝗。（《元史·董文炳传》）

1238年（宋嘉熙二年）：

武陟、河阳旱，蝗。诏免田租。（陈家祥《中国历代蝗患之记载》）

秋八月，诸路旱，蝗。诏免田租。（《元史·太宗纪》）

1239年（宋嘉熙三年）：

秋七月，命诸路提举常平司，下属部州县捕蝗。（清毕沅《续资治通鉴·宋纪》）

六月，江、浙、福建大旱，蝗。（清徐乾学《资治通鉴后编》）

1240年（宋嘉熙四年）：

六月甲午朔州，江西、浙江、福建大旱，蝗。是月，恒阳飞蝗为孽。（《宋史·宁宗本纪》）

建康府蝗。六月，江、浙、福建大旱，蝗。（清嵇璜等《续文献通考·毛虫之异》）

六月，恒阳飞蝗为孽。（清乾隆《太平府志》卷三二《祥异》）

夏六月，江西吉安府大旱，蝗。（清光绪《吉安府志》卷五三《祥异》）

八月，嘉定蝗食禾稼。（清光绪《嘉定县志》卷五《机祥》）

1241年（宋淳祐元年）：

六月，南宋境旱，蝗。（清毕沅《续资治通鉴·宋纪》）

1242年（宋淳祐二年）：

五月，两淮蝗。（《宋史·五行志》）

1246年（宋淳祐六年）：

安徽霍邱蝗。（清乾隆《颍州府志》卷一〇《祥异》）

六月，江苏泰兴、如皋，飞蝗蔽天。（清光绪《通州直隶州志》卷末《祥异》）

1260年（宋景定元年）：

蝗起真定，朝廷遣使者督捕。（《元史·王盘传》）

1262年（宋景定三年）：

五月，真定、顺天、邢州蝗。（《元史·五行志》）

八月，两浙蝗。（《宋史·五行志》）

1263年（宋景定四年）：

六月，燕京、河间、益都、真定、东平诸路蝗。八月壬申，滨、棣二州蝗。（《元史·五行志》）

1264年（宋景定五年）：

大名路滑县蝗灾。（清同治《滑县志》）

东平蝗。（明万历《兖州府志》卷一五《灾祥》）

六月，安徽全椒县蝗。（清光绪《滁州志》卷三《祥异》）

1265年（宋咸淳元年）：

七月，山东益都、临朐等地大蝗。十二月，西京、北京、顺天、德州、徐州、宿州、邳州等州郡蝗。（《元史·五行志》）

秋七月，蒙古益都大蝗，饥，命粟以赈。（清徐乾学《资治通鉴后编》）

四月，辽东饥。十二月，北京蝗。（清乾隆《盛京通志》卷一一《祥异》）

六月，江淮飞蝗蔽空，集食禾豆。（清康熙《扬州府志》卷二二《灾异纪》）

浙江温州蝗。（清乾隆《温州府志》卷二九《祥异》）

1266年（宋咸淳二年）：

是岁，东平、济南、益都、平滦、洺、磁、顺天、邢州、中都、河间、北京、真定路蝗。（《元史·世祖纪》）

六月，怀州、孟县、阳武蝗。舞阳县蝗虫为害。（清道光《河内县志》、清乾隆《怀庆府志》、清道光《舞阳县志》）

六月，武陟县、孟县生发蝗灾。（《元史·五行志》）

1267年（宋咸淳三年）：

是岁，山东、河南、北诸路蝗，世祖令免其租。（《元史·世祖纪》）

归德府永城县蝗。（陈家祥《中国历代蝗患之记载》）

四月，真定路等蝗。（清乾隆《正定府志》卷七《灾祥》）

1268年（宋咸淳四年）：

六月，真定、东平等处蝗。七月，即墨蝗。（《元史·世祖纪》）

六月，东平等郡蝗。（《元史·五行志》）

七月，亳州蝗。（清乾隆《颍州府志》卷一〇《祥异》）

秋七月，蝗生牧野，南寻有鸜鹆自西北逾山来，方六七里间林木皆满，遂下啄蝗食且尽，乃作阵飞去。（清嵇璜等《续文献通考》）

秋七月，辉县、朝哥、鹿邑蝗生，有鸲鹆食蝗尽。（清乾隆《卫辉府志》、清顺治《淇县志》、明景泰《鹿邑县志》）

七月，卫辉府蝗灾，新乡鸲鹆食蝗。（陈家祥《中国历代蝗患之记载》）

1269年（宋咸淳五年）：

六月，河南、河北、山东诸郡蝗；真定等路旱，蝗。（《元史·世祖纪》）

六月，河南通许县蝗。（明嘉靖《通许县志》）

五月，蒙古洧川县役民捕蝗。（清毕沅《续资治通鉴·宋纪》）

北自幽蓟，南抵淮汉，右太行，左东海，皆蝗。朝廷遣使四出掩捕。仆奉命来济南，前后凡百日而绝。（元胡祗遹《捕蝗行》）

1270年（宋咸淳六年）：

三月，山东益都、登州、莱阳蝗。七月，南京、河南、山东诸路大蝗。（清嵇璜等《续文献通考·毛虫之异》）

四月，延津蝗；武陟旱，蝗。（清康熙《延津县志》、明万历《武陟县志》）

五月，南京路、河南路等路蝗，减当年差赋十分之六。七月，山东诸路旱，蝗，免军户田租，戍边者给粮。（《元史·世祖纪》）

七月，洛阳大蝗。（清顺治《洛阳县志》）

东平及西京等州县旱，蝗。（《元史·世祖纪》）

1271年（宋咸淳七年）：

六月甲午，上都、中都、大名、河间、益州、顺天、怀孟、彰德、济南、真定、卫辉、平阳、归德、顺德等路蝗，淄、莱、洛阳、磁诸州蝗。（《元史·五行志》）

夏六月，河州蝗。（清道光《兰州府志》卷一二《祥异》）

河间等路诸州县蝗。（明嘉靖《河间府志》卷四《祥异》）

山西曲沃蝗。（清康熙《平阳府志》卷三四《祥异》）

河南怀孟路河内、孟州蝗。（清乾隆《怀庆府志》）

六月，长垣、鹿邑、武陟、孟州蝗灾。（清嘉庆《长垣县志》、明景泰《鹿邑县志》、清康熙《武陟县志》）

飞蝗入宁陵境，伤禾稼数百顷。（商丘地区地方志编纂委员会编《商丘地区志》）

夏，河南洛阳、卫辉府、彰德府、归德府、黄州等蝗。（陈家祥编《中国历代蝗患之记载》）

1272年（宋咸淳八年）：

五月，许州蝗。（民国《许昌县志》）

1273年（宋咸淳九年）：

是岁，诸路虫蝻灾五分，赈米凡五十四万余石。（《元史·世祖纪》）

夏，真定蝗，无棣虫蝻为害，襄垣蝗。（清乾隆《正定府志》卷七《祥异》）

1274年（宋咸淳十年）：

诸路蝗等虫灾凡九所，民饥，发米七万五千四百十五石、粟四万五百九十九石以赈之。（《新元史·食货志》）

1275年（宋德祐元年）：

东明先水后蝗，大饥。（清乾隆《东明县志》卷七《祥异》）

1276年（宋景炎元年）：

巨鹿蝗，民食之。（清光绪《巨鹿县志》卷七《祥异》）

1277年（宋景炎二年）：

夏四月，大都等十六路蝗。（清徐乾学《资治通鉴后编》）

1278年（宋祥兴元年）：

夏，卢龙、稷山蝗，鄄城蝗。（民国《卢龙县志》卷二三、民国《稷山县志》卷七）

七月，濮州蝗。（《元史·世祖纪》）

秋，安阳旱，蝗灾。（清嘉庆《安阳县志》）

是岁，淮安境内旱，蝗。（《元史·许维祯传》）

六、元朝时期（1279—1368年）

1279年（元至元十六年）：

四月，大都等十六路蝗。六月，左右卫屯田蝗蝻生。（《元史·五行志》）

1280年（元至元十七年）：

五月，河北真定，河南咸平，山西忻州，江苏涟州、海州、邳州，安徽宿州，蝗。（《元史·五行志》）

1281年（元至元十八年）：

二月，山东高唐、夏津、无棣蝗。夏，胶州蝗。秋，河北广平蝗，人相食。（清乾隆《夏津县志》卷九）

夏，河南归德府永城县蝗。（清光绪《永城县志》）

1282年（元至元十九年）：

四月，山东东平路、东阿、阳谷等处大蝗。（明万历《兖州府志》卷一五《灾祥》）

五月，大都、燕南、燕北、河间、山东、河南六十余处皆蝗，食苗稼草木俱尽，所至蔽日，碍人马不能行，填坑皆盈。饥民捕蝗以食，或曝干而积之。又尽，则人相食。（明嘉靖《河间府志》卷四《祥异》）

五月，江苏淮安路蝗。秋，山西大同路及潞州等大蝗，人相食。（章义和《中国蝗灾史》）

五月，巴宝伯里部东三百余里蝗害麦。（《元史·五行志》）

五月，河南尉氏县蝗食禾稼草木叶皆尽，所至蔽日，碍人马不能行，填坑堑皆盈。饥民捕蝗以食，或曝干而积之。又尽，则人相食。（清道光《尉氏县志》）

河南原武蝗。浚县蝗虫为害甚烈，禾稼不登。饥民捕蝗充饥，乃至人相食。（明嘉靖《浚县志》）

夏，河南柘城飞蝗蔽天，食稼俱尽。（清康熙《柘城县志》）

五月，淮阳、扶沟、沈丘、鹿邑旱，飞蝗蔽天，人马不能行，沟堑皆平。（周口地区地方史志编纂委员会编《周口地区志》）

夏五月，陈州蝗飞蔽天，人马不能行，所落沟堑尽平。（清乾隆《陈州府志》）

五月，淮阳蝗蔽天，人马不能行，所落沟堑尽平。（民国《淮阳县志》）

五月，沈丘旱，飞蝗蔽天。（清乾隆《沈丘县志》）

五月，鹿邑蝗飞蔽天，落满沟堑。（明景泰《鹿邑县志》）

五月，扶沟蝗飞蔽天，所落沟堑尽平。（清光绪《扶沟县志》）

五月，许州蝗食禾稼，所至蔽日，碍人马不能行，填坑堑皆盈。饥民捕蝗为食，尽，人相食。（民国《许昌县志》）

长葛蝗食苗草木俱尽，所至蔽日，碍人马不能行，坑堑皆盈。饥民捕蝗以食，或曝干而积之。又尽，则人相食。（民国《长葛县志》）

襄城蝗灾严重，禾草俱尽，所至蔽日，碍人马不能行。饥民初食蝗，继而人相食。（清乾隆《襄城县志》）

舞阳飞蝗成灾，所至蔽日，庄稼草木吃光。（清道光《舞阳县志》）

河南兰考县飞蝗蔽天，人马不能行，落沟平。（清康熙《考城县志》）

江苏淮安府清河县飞蝗蔽天，自西北来，凡经七日，禾稼俱尽。（清光绪《淮安府志》卷三九《杂记》）

河南开封蝗灾严重。（民国《开封县志》）

河南杞县旱，蝗飞蔽天，人马不能行，沟堑尽平，草木俱尽，大饥，人相食。（清乾隆《杞县志》）

河南中牟、长葛、尉氏蝗灾，飞蔽天，禾稼殆尽，民捕蝗为食。（陈家祥《中国历代蝗患之记载》）

1283 年（元至元二十年）：

四月燕京、河间等路蝗。（明嘉靖《河间府志》卷四《祥异》）

1284 年（元至元二十一年）：

六月，宁夏中卫屯田蝗。（清嵇璜等《续文献通考·物异考》）

1285 年（元至元二十二年）：

四月，保定、大都、益都、庐州、河间、济宁、汴梁、德州蝗。七月，京师亦如之。（《元史·世祖纪》）

秋，许州蝗。（民国《许昌县志》）

1286 年（元至元二十三年）：

五月，霸州、漷州蝗。（清光绪《顺天府志》卷六九《祥异》）

秋，许州又蝗灾。（民国《许昌县志》）

1288 年（元至元二十五年）：

夏、秋，河南蝗害稼。（陈家祥《中国历代蝗患之记载》）

六月，资国、富昌等十六屯蝗害稼。七月，真定、汴梁路蝗。八月，赵、晋、冀三州蝗。（《元史·世祖纪》）

1289 年（元至元二十六年）：

夏，河南归德府、沁阳、孟州蝗灾。（陈家祥《中国历代蝗患之记载》）

七月，东平、济宁、东昌、益都、真定、广平、归德、汴梁、怀孟蝗。（《元史·世祖纪》）

七月，怀孟路河内蝗。（清道光《河内县志》）

七月，沁阳、武陟、孟州蝗。（河南省气象局科研所编《河南省西汉以来历史灾情史料》）

1290 年（元至元二十七年）：

夏四月，河南省河北蝗。（清雍正《河南通志》卷五《祥异》）

四月，河北十七郡蝗，敕赈之。（《元史·五行志》）

四月，卫辉府、延津、汤阴旱，蝗。（清乾隆《卫辉府志》、清康熙《延津县志》、明崇祯《汤阴县志》）

四月，山东东昌、泰安，山西泽州，河南武陟、辉州、淇州、长垣蝗。（清雍正《泽州府志》、清乾隆《卫辉府志》、清嘉庆《东昌府志》）

夏，汲县蝗灾。（陈家祥《中国历代蝗患之记载》）

1292 年（元至元二十九年）：

闰六月，东昌、济南、般阳、归德等郡蝗。八月，广济署屯田蝗。诏免当年田租九千二百八十石。（《元史·五行志》）

河南新野县蝗。（清康熙《新野县志》）

秋，旱，饥，蝗。闰六月，怀孟等路饥。（陈高佣等编《中国历代天灾人祸表》）

1293 年（元至元三十年）：

五月，真定、宁晋等处蝗。六月，大兴县蝗。九月，山东登州蝗。（《元史·世祖纪》）

六月，通、潮州蝗食禾稼，草木几尽。（清康熙《通州志》卷一一《灾异》）

1294年（元至元三十一年）：

六月，东安州蝗。（《元史·五行志》）

六月，宁晋先水后蝗，济南蝗。（章义和《中国蝗灾史》）

1295年（元元贞元年）：

六月，汴梁、陈留、太康、考城等县，睢、许等州蝗。（《元史·五行志》）

五月，济宁之济州蝗。六月，济宁鱼台、东平、汶上县、德州蝗。汴梁、陈留、太康、考城等县，睢、许等州蝗。七月，平阳、太原旱蝗。八月，东明旱蝗。（章义和《中国蝗灾史》）

六月，开封县蝗。（清宣统《陈留县志》）

六月，兰考县蝗。（清康熙《考城县志》）

1296年（元元贞二年）：

六月，大都、真定、保定、太平、常州、镇江、绍兴、建康、澧州、岳州、庐州、龙阳州、汉阳、德州、济宁、东平，河南汝宁、大名、滑州蝗。七月，真定、平阳，河南大名、归德蝗。八月，彰德府、德州、太原俱蝗。（《元史·成宗纪》）

六月，济宁、任城、鱼台、东平、须城、汶上、德州、齐河县、太和州、开州、长垣、靖丰、滑州、内黄县蝗。八月，平阳、大名、归德、真定等郡蝗。（《元史·五行志》）

夏，彰德府、归德府、内黄县蝗灾。（陈家祥《中国历代蝗患之记载》）

开州、滑州、沈丘旱，蝗。（明正统《大名府志》、清乾隆《沈丘县志》）

六月，南乐、浚县、汝宁府蝗灾。（清光绪《南乐县志》、清乾隆《浚县志》）

六月，济宁、鱼台、东平、须城、汶上蝗。（明万历《兖州府志》卷一五《灾祥》）

六月，大都路蝗。（清光绪《顺天府志》卷六九《祥异》）

六月，安徽太平及诸路蝗，民饥，发粟赈之。（清乾隆《太平府志》卷三二《祥异》）

庐州蝗。（清光绪《续修庐州府志》卷九三《祥异》）

长垣县，六、八月两次蝗灾。（清嘉庆《长垣县志》）

八月，商丘县蝗。（明万历《商丘县志》）

保定蝗。（明万历《保定府志》卷一五《祥异》）

江西吉安蝗。（清光绪《吉安府志》卷五三《祥异》）

六月，湖南澧州路蝗。（清同治《直隶澧州志》卷一九《机祥》）

诸暨蝗，及境皆报竹死。（清乾隆《绍兴府志》卷八〇《祥异》）

1297年（元大德元年）：

六月，归德、徐州、邳州蝗。(《元史·成宗纪》)

七月，大都路、涿州、顺州、固安州蝗。(清光绪《顺天府志》卷六九《祥异》)

七月，邢台蝗。(章义和《中国蝗灾史》)

九月，江苏镇江、丹徒蝗。(清乾隆《镇江府志》卷四三《祥异》)

1298年（元大德二年）：

二月，归德等处蝗。四月，江南、山东、江浙、两淮、燕南属县百五十处蝗。六月，山东、河南、燕南、山北五十处蝗，辽东道大宁路金源县蝗。十二月，扬州、淮安两路旱，蝗，以粮十万石赈之。(《元史·五行志》)

四月，江浙属县蝗。(清同治《湖州府志》卷四四《祥异》)

四月，安徽太平府蝗。(清乾隆《太平府志》卷三二《祥异》)

睢州等处蝗，洛阳、归德府蝗，全年猖獗。(陈家祥《中国历代蝗患之记载》)

七月，武城蝗自北来，蔽映天日。(宋周密《癸辛杂识·别集》)

全椒县蝗。(清光绪《滁州志》卷三《祥异》)

扬州府，两淮属县蝗。(清康熙《扬州府志》卷二二《灾异纪》)

1299年（元大德三年）：

五月，江陵路蝗，并发粟赈之。秋七月，扬州、淮安属县蝗，在地蝗为鹜啄食，飞者以翅击死，诏禁捕鹜。十月，陇州、陕县、千阳蝗，并免其田租。(《元史·成宗纪》)

八月，归德蝗。(明嘉靖《归德志》卷八《杂述志》)

汴梁、归德、陕州蝗。(清陈梦雷等编《古今图书集成》)

内黄县旱，蝗，饥，诏赈之。(明嘉靖《内黄县志》)

1300年（元大德四年）：

五月，扬州、南阳、顺德、东昌、归德、济宁、徐州、濠州、芍陂旱，蝗。(《元史·成宗纪》)

夏，南阳、归德蝗灾，南召蝗灾。(清乾隆《南召县志》)

1301年（元大德五年）：

四月，广平、真定蝗。(《元史·成宗纪》)

六月，顺德、怀孟、淇州蝗。七月，广平、真定等路蝗。八月，淮南、河南、睢州、陈州、唐州、和州等州，新野、汝阳、江都、兴化等县蝗。(《元史·五行志》)

吉利区蝗灾。(民国《孟县志》)

夏，睢县、新野、洛阳、陈州、邓州、南阳、归德蝗灾。(陈家祥《中国历代蝗患之记载》)

是岁，汴梁、归德、南阳、邓州、唐州、陈州、和州、襄阳、汝宁、高邮、扬州、常州

蝗。(《元史·成宗纪》)

八月，江都、兴化县蝗。(清康熙《扬州府志》卷二二《灾异纪》)

八月，沈丘、项城、南召、固始、汝南等县蝗。(清乾隆《沈丘县志》、清乾隆《项城县志》、清乾隆《南召县志》、清康熙《固始县志》、汝南县史志编纂委员会编《汝南县志》)

1302年（元大德六年）：

四月，真定、大名、河间等路蝗。七月，大都、涿州、顺、固安三州及安丰、濠州、钟离、镇江、丹徒等县蝗。(《元史·五行志》)

五月，扬州、淮安路蝗。七月，大都诸县及镇江、安丰、濠州蝗。(《元史·成宗纪》)

七月，大都诸县蝗。(清光绪《顺天府志》卷六九《祥异》)

长垣、曲沃蝗。(明嘉靖《长垣新县志》、清光绪《续修曲沃县志》卷三二《灾祥》)

孟县吉利区蝗灾。(民国《孟县志》)

武陟县蝗。(河南省气象局科研所编《河南省西汉以来历史灾情史料》)

八月，江苏真州蝗。(清康熙《扬州府志》卷二二《灾异纪》)

江苏淮安蝗。(清光绪《淮安府志》卷三九《杂记》)

1303年（元大德七年）：

四月，河间属县蝗，保定路之清苑、定兴蝗。(清康熙《保定府志》卷二六《灾祥》)

五月，东平、益都、济南等路蝗。六月，大宁路蝗。(《元史·五行志》)

五月，江西龙兴路蝗，饥。(清同治《南昌府志》卷六五《祥异》)

1304年（元大德八年）：

四月，益都、临朐、德州、齐河县蝗。六月，霸州之益津县蝗。(《元史·成宗纪》)

〔海北海南道之雷州路〕境内蝗害稼。(《元史·吴宝国传》)

六月，河间路之南皮等八州县蝗。(明嘉靖《河间府志》卷四《祥异》)

太原自大德以来连年旱，蝗，人民流散。(章义和《中国蝗灾史》)

夏，南阳、孟津蝗灾。(陈家祥《中国历代蝗患之记载》)

1305年（元大德九年）：

六月，通州、泰州、静海、武清等州县蝗。八月，涿州、良乡、河间、南皮、泗州、保定、清苑、天长等县及东安、海盐、嘉兴等州蝗，桂阳路有蝗。(《元史·五行志》)

上海旱，蝗。(清嘉庆《上海县志》卷一二《祥异》)

上海南汇县旱，蝗。(民国《南汇县续志》卷二二《祥异补遗》)

八月，浙江东安、海盐等州蝗。(清光绪《嘉兴府志》卷三五《祥异》)

七月，湖南桂阳郡蝝。(清嘉庆《郴州总志》卷四一《事纪》)

六月，江苏通州、泰州、南通县、静海县蝗。(清康熙《扬州府志》卷二二《灾异纪》)

八月，上海娄县、川沙厅、华亭县旱，蝗。（清乾隆《娄县志》卷一五《祥异》）

1306年（元大德十年）：

四月，大都、真定、河间、保定、河南等郡蝗。六月，龙兴、南康诸郡蝗。七月，平原蝗，民饥。（《元史·五行志》）

五月，大都旱，复蝗。（清光绪《顺天府志》卷六九《祥异》）

安徽婺源蝗。（清道光《徽州府志》卷一六《祥异》）

1307年（元大德十一年）：

五月，真定、河间、顺德、保定等郡蝗。六月，保定属县蝗。七月，德州蝗，延及宁津县境；东明旱，蝗。八月，河间、真定等郡又蝗。（《元史·武宗纪》）

安徽婺源蝗。（清道光《徽州府志》卷一六《祥异》）

汝宁府各县旱蝗并发。（驻马店市地方史志编纂委员会编《驻马店地区志》）

1308年（元至大元年）：

二月，河南汝宁、归德二路旱，蝗，民饥。五月，晋宁等路蝗。六月，保定、真定二郡蝗。八月，淮东俱蝗。（《元史·五行志》）

五月，东平、东昌、益都诸郡螽。六月，保定、真定蝗。八月，扬州、淮安、淮东蝗；河北景州蝗。（《元史·武宗纪》）

四月，益都、东平、东昌、济宁、河间、顺德、广平、大名、汴梁、卫辉、泰安、高唐、曹州、濮州、德州、扬州、滁州、高邮等处蝗。六月，霸州、檀州、涿州、良乡、舒城、历阳、合肥、六安、江宁、句容、溧水、上元等处蝗。（《元史·武宗纪》）

夏五月，山东胶州螽。（清道光《胶州志》卷三五《祥异》）

阌乡县水、旱、蝗。（清光绪《阌乡县志》）

新乡旱、蝗俱灾。（明正德《新乡县志》）

澶州蝗。（明嘉靖《临清州志》）

太康、沈丘旱，蝗，大饥，民采树皮草根为食。（周口地区地方史志编纂委员会编《周口地区志》）

新蔡、上蔡蝗灾。（清乾隆《新蔡县志》、清康熙《上蔡县志》）

遂平旱，蝗，大饥，民采树皮草根为食，有父子相食者。（清乾隆《遂平县志》）

八月，河间等路蝗。（明嘉靖《河间府志》卷四《祥异》）

安徽庐州府蝗，民大饥，无为县尤甚。（清光绪《续修庐州府志》卷九三《祥异》）

八月，安徽诸路旱，蝗，饥，疫。（清康熙《安庆府志》卷六《祥异》）

江苏淮安县蝗。（清光绪《淮安府志》卷三九《杂记》）

江苏旱，蝗，民食草根树皮俱尽。（清康熙《常州府志》卷三《祥异》）

1309年（元至大二年）：

四月，益都、东平、东昌、济宁、河间、顺德、广平、大名、汴梁、卫辉、泰安、高唐、曹州、濮州、德州、扬州、滁州、高邮等郡蝗。六月，霸州、檀州、涿州、曹州、濮州、高唐、泰安等州，良乡、舒城、历阳、合肥、六安、江宁、句容、溧水、上元等县蝗。七月，济南、济宁、般阳、曹州、濮州、德州、高唐等蝗，山西河中、解州、绛州、耀州、同州、华州等州蝗。八月，真定、保定、河间、顺德、广平、彰德、大名、卫辉、怀孟、汴梁等处蝗。（《元史·武宗纪》）

六月，霸州、檀州、涿州、良乡等处蝗，怀柔螨，密云县蝗。（清光绪《顺天府志》卷六九《祥异》）

七月，陕西耀县、三原、富平、洛川、大荔、白水、合阳、澄城、韩城、华县、华阴、蒲城、渭南等地蝗。（章义和《中国蝗灾史》）

沧州、河间十八州县蝗，河间等路十二处蝗。（明嘉靖《河间府志》卷七《祥异》）

夏，祁门县蝗。（清康熙《徽州府志》卷一八《祥异》）

河南开封、沁阳、卫辉、怀孟、汴梁等处蝗。（陈家祥《中国历代蝗患之记载》）

四月，兰考蝗。（兰考县志编委会编《兰考县志》）

夏四月，汴梁蝗。（民国《开封县志草略》）

八月，怀孟路蝗。（清康熙《怀庆府志》）

八月，孟县吉利区蝗虫成灾。（民国《孟县志》）

八月，怀孟路河内、武陟蝗；新蔡、汝南蝗。（清道光《河内县志》、清康熙《武陟县志》、清乾隆《新蔡县志》、民国《汝南县志》）

安徽庐州府舒城、合肥蝗。（清光绪《续修庐州府志》卷九三《祥异》）

1310年（元至大三年）：

四月，盐山、宁津、堂邑、茌平、阳谷、高唐、禹城等七县蝗。五月，合肥、舒城、历阳、蒙城、霍邱、怀宁等县蝗。七月，磁州、威州、饶阳、元氏、平棘、滏阳、元城、无棣等县蝗。八月，汴梁、怀孟、卫辉、彰德、归德、汝宁、南阳、河南等路蝗。（《元史·武宗纪》）

四月，宁津、堂邑、茌平、阳谷、平原、齐河、禹城七县蝗。七月，磁州、威州、饶阳、元氏、平棘、滏阳、元城、无棣等县蝗。（《元史·五行志》）

五月，怀柔螨，密云蝗。（清光绪《顺天府志》卷六九《祥异》）

七月，无棣等八州县蝗。（明嘉靖《河间府志》卷四《祥异》）

五月，庐州府舒城、合肥蝗。（清光绪《续修庐州府志》卷九三《祥异》）

夏秋，卫辉、彰德、归德、汝宁、南阳、洛阳蝗灾。（陈家祥《中国历代蝗患之记载》）

八月，新野、新蔡蝗灾。（清康熙《新野县志》、清乾隆《新蔡县志》）

1312年（元皇庆元年）：

四月，彰德、安阳县蝗。（《元史·五行志》）

十二月，登州、宁海等路蝗。（《元史·仁宗纪》）

1313年（元皇庆二年）：

五月，澶州及获鹿县蝗蝻为害。七月，兴国属县蝗，发米赈之。（《元史·仁宗纪》）

1315年（元延祐二年）：

浚县水、旱、蝗灾并作，饥荒。（明嘉靖《浚县志》）

九月，河南陕州诸县蝗。（《元史·仁宗纪》）

1316年（元延祐三年）：

河间等十二郡春旱，清池县蝗。（明嘉靖《河间府志》卷四《祥异》）

怀孟路蝗。（清乾隆《怀庆府志》）

1317年（元延祐四年）：

怀孟路旱，蝗。（清乾隆《怀庆府志》）

1320年（元延祐七年）：

四月，左卫屯田旱，蝗。六月，益都路蝗。（《元史·五行志》）

七月，霸州及堂邑县蝗蝻。八月，堂邑蝗。（清光绪《顺天府志》卷六九《祥异》）

1321年（元至治元年）：

五月，霸州蝗。六月，卫辉、汴梁等处蝗。七月，胙城县、江都、泰兴、谷城、通许、临淮、盱眙、清池等县蝗。十二月，宁海州亦如之。（《元史·五行志》）

七月，通许蝗食禾稼尽，大饥。（明嘉靖《通许县志》）

七月，胙城蝗。（清康熙《延津县志》）

江西赣州雨蝗相继。（清同治《赣州府志》卷二二《祥异》）

七月，江苏泰兴县蝗。（清光绪《通州直隶州志》卷末《祥异》）

1322年（元至治二年）：

春正月，保定、雄州饥。夏四月，保定属县蝗。（明隆庆《保定府志》卷一五《祥异》）

二月，献州饥，蝗。四月，蠡县蝗。五月，保定、益都诸属县蝗。（明嘉靖《青州府志》卷五《灾祥》）

是岁，汴梁、祥符县蝗，有群鹜食蝗，既而复吐，积如丘垤。十二月，汴梁、顺德、河间、保定、庆元、济宁、濮州、益都属县及诸卫屯田蝗。（《元史·五行志》）

夏四月，洪泽、芍陂、屯田，去年旱，蝗，并免其租。（清光绪《凤阳府志》卷四《祥异》）

通许县蝗蝻继生，有群鹜食之，既而复吐，积如丘垤。（明嘉靖《通许县志》）

夏，宁陵城外蝗虫云集，继而生蝻。后值大雨，蝗灭。（清宣统《宁陵县志》）

河南开封蝗灾。（陈家祥《中国历代蝗患之记载》）

十二月，济州蝗。（明万历《兖州府志》卷一五《灾祥》）

1323年（元至治三年）：

春，河北河间等十二郡春旱，清池县蝗。（明嘉靖《河间府志》卷四《祥异》）

五月，保定路归信县蝗。七月，真定州诸路属县蝗。（《元史·五行志》）

七月，淮安、高邮蝗。（章义和《中国蝗灾史》）

秋，南阳府蝗灾，南召蝗灾。（明嘉靖《南阳府志》、清乾隆《南召县志》）

1324年（元泰定元年）：

六月，大都、顺德、东昌、卫辉、保定、益都、济宁、彰德、真定、般阳、广平、大名、河间、东平等郡蝗，朝廷下令皆发粟赈之。（清光绪《顺天府志》卷六九《祥异》）

新乡旱、蝗、水灾甚重。（明正德《新乡县志》）

六月，长垣县蝗。（清嘉庆《长垣县志》）

是岁，湖南永兴蝗。（清康熙《郴州总志》卷一一《祥异》）

1325年（元泰定二年）：

六月，济南、河间、东昌等九郡蝗，蠲其租。七月，般阳、新城县蝗，免其租。（《元史·泰定帝纪》）

五月，彰德路、济南路等蝗。六月，德州、濮州、曹州、景州等州，历城、章丘、淄川、柳城、茌平等县蝗。九月，济南、归德等郡蝗。（《元史·五行志》）

五月，彰德路蝗。六月，河间、东昌、德州、濮州、曹州、景州、历城、章丘、淄州、柳城、茌城等县蝗。七月，般阳、新城县俱蝗。是岁，汴梁十五县蝗。（清嵇璜等《续文献通考·物异考》）

安阳等县蝗。（清嘉庆《安阳县志》）

夏，归德蝗灾。（陈家祥《中国历代蝗患之记载》）

1326年（元泰定三年）：

三月，涿县蝗。四月，保定路蝗。六月，保定路及东平须城县、兴国永兴县蝗。七月，大名、顺德、广平、卫辉、淮安等路，睢、赵、涿、霸等州及诸卫屯田蝗。九月，荣河蝗。（清雍正《山西通志》卷三三《祥异》）

六月，东平须城县、兴国永兴县蝗。七月，大名、顺德、广平等路，赵州、曲阳、满城、庆都、修武等县蝗。淮安、高邮二郡，睢、泗、雄、霸等州蝗。八月，永平、汴梁、怀庆等郡及诸卫屯田蝗。九月，庐州、怀庆二路蝗。（《元史·五行志》）

六月，比郡县旱，蝗；东平属县蝗，并蠲其租。九月，庐州、怀庆二路蝗。（《元史·泰定帝纪》）

七月，涿、霸等州蝗。（清光绪《顺天府志》卷六九《祥异》）

秋，沁阳、卫辉蝗灾。（陈家祥《中国历代蝗患之记载》）

开封县、开封市郊区、汴梁蝗。（民国《开封县志》）

孟县吉利区四月蝗。（民国《孟县志》）

内黄县旱，蝗，饥。（明嘉靖《内黄县志》）

八月，怀庆郡蝗，十二月饥。（清道光《河内县志》）

九月、十二月，安徽庐州路蝗。（清光绪《续修庐州府志》卷九三《祥异》）

六月，保定郡蝗。（明万历《保定府志》卷一五《祥异》）

秋，山西荣河蝗。（清康熙《平阳府志》卷三四《祥异》）

六月，湖南永兴蝗。（清康熙《郴州总志》卷一一《祥异》）

江苏淮安县蝗。（清光绪《淮安府志》卷三九《杂记》）

1327年（元泰定四年）：

五月，大都、南阳、汝宁、庐州等路属县旱，蝗；河南路洛阳县有蝗五亩，群鸟食之，越数日蝗再集又食之。六月，大都、河间、济南、大名、陕州属县蝗。七月，畿内、江南蝗，籍田蝗。八月，冠州、恩州、大都、河间、奉元、怀庆等路蝗。十二月，保定、济南、卫辉、济宁、庐州五路，南阳、河南二府蝗，博兴、临淄、胶西等县蝗。（《元史·泰定帝纪》）

秋，山西荣河复蝗。（清雍正《山西通志》卷一六二《祥异》）

河间等路州蝗。（明嘉靖《河间府志》卷七《祥异》）

夏，封丘县蝗毁稼。（明嘉靖《封丘县志》）

夏，汝阳旱，蝗，民死者无数。（民国《汝南县志》）

新野、新蔡蝗。（清康熙《新野县志》、清乾隆《新蔡县志》）

武陟县八月蝗，十二月饥，人相食。（河南省气象局科研所编《河南省西汉以来历代灾情史料》）

南阳、汝宁、洛阳、卫辉蝗灾。（陈家祥《中国历代蝗患之记载》）

四月，安徽安庆府旱，蝗，大饥。（清康熙《安庆府志》卷六《祥异》）

四月，山东博兴县大旱，蝗。十二月，博兴、临沂、淄州、胶西等县蝗。（明嘉靖《青州府志》卷五《灾祥》）

五月，安徽庐州路属县旱，蝗。（清光绪《续修庐州府志》卷九三《祥异》）

六月，汝宁、南阳各地蝗灾严重。（驻马店市地方史志编纂委员会编《驻马店地区志》）

十二月，保定路蝗。（明万历《保定府志》卷一五《祥异志》）

十二月，山东胶州蝗。（清道光《胶州志》卷三五《祥异》）

1328 年（元天历元年）：

四月，大都、蓟州、怀庆路孟州及永平路、石城县蝗；凤翔岐山县蝗，无麦苗。五月，汝宁府颍州及卫辉路汲县蝗。六月武功县蝗。十一月，汴梁、河南等路及南阳府频岁旱、蝗。（《元史·五行志》）

夏，沈丘、太康、淮阳旱，蝗，人相食。（周口地区地方史志编纂委员会编《周口地区志》）

新蔡蝗。（清乾隆《新蔡县志》）

汝宁、汲县、息县蝗灾。（陈家祥《中国历代蝗患之记载》）

是岁，大名路东明及益都路莒州旱，蝗。（清嘉庆《莒州志》卷一五《纪事》）

七月，杭州、嘉兴蝗。（清光绪《嘉兴府志》卷三五《祥异》）

1329 年（元文宗天历二年）：

三月，陕州诸县蝗。四月，河南、晋宁二路诸属县蝗。八月，河南丰元属县蝗。（《元史·文宗纪》）

四月，黄河以西所部旱，蝗；大宁、兴中州、怀庆、孟州、庐州、无为州蝗。六月，益都、莒州、密州二州蝗；永平屯田府、昌国、济民、丰赡诸署以蝗灾免当年租；汴梁蝗。七月，真定、河间、汴梁、永平、淮安、大宁、庐州诸州属县及辽阳之盖州蝗；淮安、庐州、安丰三路属县蝗蝻。八月，保定之行唐县蝗。（《元史·文宗纪》）

四月，雄州蝗，民饥。七月，丰元路之白水县旱，蝗，人相食。（清乾隆《白水县志》卷一《灾祥》）

四月，怀庆河内蝗。（清道光《河内县志》）

滑州、新蔡蝗；浚县蝗虫孽生，大饥。（清同治《滑县志》、清乾隆《新蔡县志》、明嘉靖《浚县志》）

孟县吉利区蝗灾，特大旱。（民国《孟县志》）

开封县、开封市郊区，七月，汴梁蝗。（民国《开封县志》）

四月，孟州蝗。（民国《孟县志》）

五月，德州平原县蝗。（章义和《中国蝗灾史》）

1330 年（元至顺元年）：

五月，广平、大名、般阳、济宁、东平、汴梁、南阳、河南、滑县、冠县等郡县蝗；辉州、德州、濮州、开州、高唐五州及大有、千斯屯田蝗。六月，大都、益都、真定、河间诸路，漷州、蓟州、固安、博兴等州蝗，献州、景州、泰安诸州及左都、威海、卫屯田蝗。七月，解州、华州及河内、灵宝、延津、河南、怀庆、卫辉、永城、奉元、晋宁、兴国、扬州、

淮安、益都、般阳、济南、济宁、河中、保定、河间等二十二县蝗，武卫、宗仁卫、左卫率府诸屯田蝗。（《元史·五行志》）

夏，新乡、新野遭蝗。（明正德《新乡县志》、清康熙《新野县志》）

秋，南阳、正阳蝗灾。（陈家祥《中国历代蝗患之记载》）

四月，孟州蝗。五月，南阳、唐州、南召蝗。七月，河内蝗。（清乾隆《怀庆府志》、明嘉靖《南阳府志》、清乾隆《南召县志》）

沈丘旱，蝗；新蔡连续蝗灾。（清乾隆《沈丘县志》、清乾隆《新蔡县志》）

六月，博兴等州蝗。（明嘉靖《青州府志》卷五《灾祥》）

夏，祁门旱，秋复蝗，民饥。（清道光《徽州府志》卷一六《祥异》）

夏，保定等路蝗。（明万历《保定府志》卷一五《祥异》）

江苏淮安县，淮安路蝗。（清光绪《淮安府志》卷三九《杂记》）

1331年（元至顺二年）：

二月，河北真定、河南开封二路，恩州、冠州、晋州、冀州、深州、蠡州、景州、献州等八州，俱有蝗为灾。（章义和《中国蝗灾史》）

三月，陕州诸路蝗。四月，河中府蝗，衡州路属县比岁旱，蝗，民食草木殆尽，又疫。六月，孟州、济源县蝗；河南晋、宁二路诸属县蝗。七月，河南阌乡、陕县，奉元、蒲城、白水等县蝗。八月，湖南辰州路、江西兴国路虫伤稼，河南、奉元属县蝗。（《元史·文宗纪》）

六月，晋宁路诸属县及蒲县、河津蝗，孟州济源蝗。七月，河南阌乡、长垣、陕县，奉元、白水、及山东东明旱蝗。（清雍正《山西通志》卷一六二《祥异》）

孟县、吉利区旱。六月，孟州蝗。（民国《孟县志》）

夏至秋，河阳、陕县、洛阳、济源等处蝗灾。（陈家祥《中国历代蝗患之记载》）

1332年（元至顺三年）：

五月，大名、河间二路属县有蝗。（民国《大名府志》卷二六《祥异》）

河间等处，屯田蝗。（明嘉靖《河间府志》卷四《祥异》）

夏五月，开州蝗灾。（陈家祥《中国历代蝗患之记载》）

1333年（元元统元年）：

河北、山东旱、蝗为灾。（《元史·朵尔直班传》）

六月，安徽潜山旱，蝗。（清康熙《安庆府志》卷六《祥异》）

1334年（元元统二年）：

六月，大宁、广宁、辽阳、开元、沈阳、懿州旱，蝗，大饥。八月，江西南康路诸郡县蝗，民饥。（《元史·顺帝纪》）

三月至八月，阌乡旱，蝗，民饥。（民国《阌乡县志》卷一《灾祥》）

1335年（元顺帝至元元年）：

八月，河北定兴蝗。是年临朐大蝗，东明亦蝗。（清乾隆《东明县志》卷七《灾祥》）

嵩州飞蝗蔽空，所落沟堑皆平。（清乾隆《嵩县志》）

1336年（元至元二年）：

杞县蝗食禾稼草木几尽，沟堑皆满，人马不能行，大饥。（清乾隆《杞县志》）

永城旱，蝗灾。草木皆尽。（清光绪《永城县志》）

夏，大名路旱，蝗。（民国《大名府志》卷二六《祥异》）

七月，山东黄州蝗，督民捕之，人日五斗。（《元史·顺帝纪》）

安庆旱，蝗。（清康熙《安庆府志》卷六《祥异》）

温州路蝗。（清乾隆《温州府志》卷二九《祥异》）

1337年（元至元三年）：

六月，怀庆、孟县、温州、汴梁、阳武县蝗。七月，河南武陟县禾将熟，有蝗自东来，有鹰群飞啄食之。（《元史·顺帝纪》）

十二月，燕京蝗。（清光绪《顺天府志》卷六九《祥异》）

是岁，云南禄丰蝗。（清乾隆《云南通志》卷二八）

七月，怀庆府武陟县蝗。（清乾隆《怀庆府志》、清康熙《武陟县志》）

孟县吉利区蝗。（民国《孟县志》）

夏，太康、扶沟、沈丘旱蝗。（周口地区地方史志编纂委员会编《周口地区志》）

夏，沁阳、阳武、武陟蝗灾。（陈家祥《中国历代蝗患之记载》）

1338年（元至元四年）：

八月，三河蝗食苗稼草木俱尽。（清光绪《顺天府志》卷六九《祥异》）

1339年（元至元五年）：

七月，胶州即墨县蝗。（《元史·五行志》）

秋七月，蝗生牧野南，寻有鹳鸲自西北逾山来，方六七里间林木皆满，遂下啄蝗食且尽，乃作阵飞去。（清李光地等《御定月令辑要》）

1340年（元至元六年）：

秋七月，蝗旱相仍，顺宗颁罪己诏。（《元史·顺帝纪》）

1341年（元至正元年）：

六月，京畿南北蝗蔽天。（清毕沅《续资治通鉴·元纪》）

安阳旱、蝗为灾。（清嘉庆《安阳县志》）

是岁，河间等路蝗。（《元史·食货志》）

1342年（元至正二年）：

禄丰县蝗，无秋。（清康熙《云南府志》卷二五《杂志》）

武陟县、孟县蝗。（清乾隆《怀庆府志》）

八月，金陵蝗。（元至正《金陵新志》）

1343年（元至正三年）：

秋八月，金陵蝗。（元至正《金陵新志》卷三《金陵表》）

夏，怀庆路蝗。（清乾隆《怀庆府志》）

是岁，河北河间等路蝗。七月，河南武陟等蝗。（《元史·食货志》）

1344年（元至正四年）：

归德府、永城县及亳州蝗。（《元史·五行志》）

山东禹城蝗，山西襄垣蝗。（民国《襄垣县志》卷八）

凤翔旱，蝗，大饥，疫。（《明史·太祖纪》）

1345年（元至正五年）：

六月，山东禹城续蝗。夏秋，河南汲县蝗。（马世骏《中国东亚飞蝗蝗区的研究》）

秋七月，卫辉府蝗，鹳鹆食蝗。（清乾隆《卫辉府志》卷四《灾祥》）

1346年（元至正五年）：

七月，蝗旱相仍，顺宗再颁罪己诏；山西长子县蝗害稼。（清毕沅《续资治通鉴》、清乾隆《长子县志》）

1348年（元至正八年）：

河北永年、威县蝗，人相食。（清光绪《永年县志》卷一九《祥异》）

河州，夏六月，蝗。（清道光《兰州府志》卷一二《祥异》）

河间等路诸州县蝗。（明嘉靖《河间府志》卷七《祥异》）

1351年（元至正十一年）：

昌平州大蝗。（清康熙《昌平州志》卷六《祥异》）

1352年（元至正十二年）：

六月，河北大名路开、滑、浚三州，元城十一县蝗，饥民七十一万六千九百八十口，给钞十万锭赈之。（《元史·顺帝纪》）

是岁，广宗县蝗，民饥。（民国《广宗县志》卷一）

六月，南乐蝗，诏给钞赈之。（清光绪《南乐县志》）

长垣县水、旱、蝗多种灾害，出现严重饥荒。（清嘉庆《长垣县志》）

1354年（元至正十四年）：

旱蝗相仍，民饥馑，死者相枕藉，心甚忧之。（《明太祖实录》卷一）

1357年（元至正十七年）：

东昌、茌平县蝗。（《元史·五行志》）

江苏涟海等州蝗。（清光绪《淮安府志》卷三九《杂记》）

1358年（元至正十八年）：

春，蓟州旱，蝗。五月，晋宁路辽州蝗。（《元史·顺帝纪》）

六月，辽州、蓟州、潍州、昌邑县、胶州、高密县蝗。七月，京师蝗，民大饥。秋，大都、广平、顺德及潍州之北海县、莒州之蒙荫县、汴梁之陈留县、归德之永城县皆蝗，顺德九县民食蝗，广平人相食。（《元史·五行志》）

荥阳县一带连续四年大旱，飞蝗蔽天，集处沟壑皆平，人马不能行，食稼尽净，蝗夺人粮，人自相食。陈留县亦蝗。（民国《荥阳县志》卷一二《大事记》）

山东胶州夏蝗。（清道光《胶州志》卷三五《祥异》）

新蔡县蝗飞蔽日如云涌，沟堑尽平，农田一空。（清乾隆《新蔡县志》）

伊阳蝗。伊川县飞蝗蔽空。（清康熙《伊阳县志》、伊川县史志总编室编《伊川县志》）

夏，安阳大蝗。沈丘、汤阴旱，蝗，人相食。（清嘉庆《安阳县志》、清乾隆《沈丘县志》、明崇祯《汤阴县志》）

秋，睢阳县飞蝗蔽天，自东入境。（清康熙《商丘县志》）

鹿邑县、汝州、汝南县蝗灾，食禾稼殆尽。（清康熙《鹿邑县志》、清道光《直隶汝州全志》、驻马店地方史志编纂委员会编《驻马店地区志》）

1359年（元至正十九年）：

五月，山东、河东、关中、河南等处，蝗飞蔽天，人马不能行，所落沟堑尽平，民大饥。七月，霸州及介休县、灵石县蝗；淮安、清河县飞蝗蔽天，自西北来，凡经七日，禾稼俱尽。八月，蝗自河北飞渡汴梁，食田禾一空；是月，大同路蝗，襄垣县蝻蝝。（《元史·顺帝纪》）

是岁，大都、霸州、通州、真定、彰德、怀庆、卫辉、东昌，河间之临邑县，东平之须城、东阿、阳谷三县，山东益都、临淄二县，潍州、胶州、博兴州，大同、宁冀二郡，山西文水、榆次、寿阳、徐沟、泗县、沂州、汾州二州及孝义，平遥、介休三县，晋宁、潞州及壶关、潞城、襄垣三县，霍州、赵城、灵石二县，隰州之永和县，沁州之武乡县，辽州之榆社县，奉元及汴梁之祥符、原武、鄢陵、扶沟、杞县、尉氏、洧川七县，郑州之荥阳、汜水二县，许州之长葛、郾城、襄城、临颍四县，钧州之新郑、密县皆蝗，食禾稼草木俱尽，所至蔽日，马不能行，填坑堑皆盈。饥民捕蝗以为食，或曝干而积之，又尽，则人相食。五月，济南章丘、邹平二县蝻，五谷不登。七月，淮安、清河县飞蝗蔽天，自西北来凡经七日禾稼俱尽。八月，蝗自河北飞渡汴梁，食田禾一空。是月，大同路蝗。（《元史·五行志》）

五月，永清县，蝗食禾稼，草木皆尽。民捕蝗为食，食尽，人相食。（清光绪《顺天府

志》卷六九《祥异》）

夏五月，山东胶州蝗。自大都以南，山东西至汴梁、郑州、许州、钧州等州皆蝗，食禾稼，草木俱尽，所至蔽日，碍人马不能行，填坑堑皆盈。民捕蝗以为食，或曝干而食之，又罄，则人相食。（清道光《胶州志》卷三五《祥异》）

大都、燕南、燕北、河间、山东六十余处皆蝗食苗稼，草木俱尽，所至蔽日，碍人马不能行，填坑堑皆盈。饥民捕蝗以食，或曝干而积之，又尽，则人相食。（明嘉靖《河间府志》卷四《祥异》）

蒙城县蝗。（清乾隆《颍州府志》卷一〇《祥异》）

通州、潮蝗食禾稼，草木俱尽，所至蔽天，人马不能行，坑堑填塞皆满。民大饥，捕蝗为食。食尽，人相食，州民刘五杀其子食之，民皆流移，赖赈稍安。（清康熙《通州志》卷一一《灾异》）

昌平州大蝗。（清康熙《昌平州志》卷二六《纪事》）

台前县东部蝗虫成灾，食禾殆尽。（台前县地方史志编纂委员会编《台前县志》）

怀庆连蝗，食禾稼，草木俱尽。饥民捕蝗为食。（清道光《河内县志》）

温县、孟县蝗食禾稼草木俱尽，所至蔽日，碍人马不能行，坑堑皆盈。饥民捕以为食，或曝干而积之。（民国《温县志稿》）

五月，中牟县蝗。（清顺治《中牟县志》）

栾川县飞蝗蔽天，食禾一空，大饥。（栾川县地方史志编纂委员会编《栾川县志》）

五月，获嘉县大蝗，飞蔽天。汤阴县蝗食禾稼草木俱尽，所致蔽日，碍人马不能行。（清乾隆《获嘉县志》、明崇祯《汤阴县志》）

夏，睢阳县蝻。秋，蝗，草木俱尽，人相食。（明万历《商丘县志》）

虞城县、太康县蝗灾，蝗食草木殆尽，大饥。（清光绪《虞城县志》、清道光《太康县志》）

五月，河南正阳县等地飞蝗蔽天，人马不能行。（驻马店市地方史志编纂委员会编《驻马店地区志》）

新蔡县连续蝗灾，飞蔽日漫地云涌，所落沟堑尽平，农苗一空。（清乾隆《新蔡县志》）

荥阳县蝗，大饥，人相食。（清乾隆《汜水县志》）

汴梁大旱，祥府蝗食禾稼，草木俱尽，蝗虫蔽日，人马不能行。饥民捕蝗为食，后人相食。（民国《开封县志》）

夏至秋，沁阳县、尉氏县、密县、正阳县、卫辉县、祥符县、原武县、杞县、长葛县、襄城县蝗灾。（陈家祥《中国历代蝗患之记载》）

1360年（元至正二十年）：

益都、临朐、寿光、凤翔、岐山县蝗。(《元史·五行志》)

四月，燕京、河间等路蝗。(明嘉靖《河间府志》卷四《祥异》)

1361年（元至正二十一年）：

六月，河南巩县蝗。食稼俱尽。七月，卫辉及汴梁、荥泽县、郑州蝗。(《元史·五行志》)

河北雄州大蝗。(民国《雄县新志》卷二〇《祥异》)

巩县蝗食稼殆尽。(民国《巩县志》)

1362年（元至正二十二年）：

秋，卫辉及汴梁，开封、扶沟、洧川三县，许州及钧之新郑、密州二县蝗。(《元史·五行志》)

秋，河南孟津大旱，飞蝗蔽天，落地沟满壕平，道路堵塞，人马难行。(清康熙《孟津县志》卷四《祥异》)

秋，洛阳飞蝗蔽天，沟满壕平，人马不能行。(河南省洛阳市地方史志编纂委员会编《洛阳市志·农业志》)

1363年（元至正二十三年）：

秋，河南卫辉及开封、扶沟、洧川三县，许州及钧之新郑、密州二县蝗；孟津又旱、蝗。(《元史·五行志》)

1365年（元至正二十五年）：

陕西凤翔、岐山县蝗。安徽绩溪县有蝗，自西北蔽空而至。(《元史·五行志》)

溧阳蝗。(元至正《金陵新志》卷三《金陵表》)

七、明朝时期（1368—1644年）

1368年（明洪武元年）：

【河南】

开封府之原武县蝗。(清乾隆《原武县志》卷一〇《祥异》)

1369年（明洪武二年）：

【河北】

顺天府之文安县，六月，蝗。(清光绪《保定府志》卷四〇《祥异》)

【山东】

六月，青州府之寿光县蝗。(民国《寿光县志》卷一五《编年》)

【河南】

开封府之襄城县及开封府各县蝗灾。(陈家祥《中国历代蝗患之记载》)

1370年（明洪武三年）：

【山东】

五月至七月，山东青州府蝗。（《明太祖实录》卷五四）

秋七月，青州府之诸城县蝗。（清乾隆《诸城县志》卷二《总纪》）

1372年（明洪武五年）：

【山西】

七月，大同府蝗。（清乾隆《大同府志》卷二五《祥异》）

【江苏】

秋七月，徐州蝗。（《明史·五行志》）

【山东】

六月，济南属县及青州府、莱州府蝗。（《明史·五行志》）

济南府之禹城县蝗，大饥，食草实木皮皆尽。（清嘉庆《禹城县志》卷一一《灾祥》）

六月，济南府之历城县蝗，大饥。（清乾隆《历城县志》卷二《总纪》）

夏六月，青州府之临朐县蝗。（清光绪《临朐县志》卷一〇《大事表》）

夏六月，青州府之诸城县蝗。（清乾隆《诸城县志》卷二《总纪》）

夏旱，莱州府之胶州蝗。（民国《增修胶志》卷五三《祥异》）

【河南】

六月，河南开封府诸属县蝗。（清雍正《河南通志》卷五《祥异》）

六月，开封府之氾水县蝗。（清乾隆《氾水县志》卷一二《祥异》）

夏，开封府之杞县蝗。（明万历《杞乘》卷二《今总纪》）

六月，开封府之尉氏县蝗。（清道光《尉氏县志》卷一《祥异》）

开封府之中牟县蝗。（清顺治《中牟县志》卷六《灾祥》）

六月，开封府之原武县蝗。（明万历《原武县志》卷上《祥异》）

开封府之扶沟县蝗。（清康熙《扶沟县志》卷四《灾异》）

夏六月，淮阳县蝗。（民国《淮阳县志》卷二〇《祥异》）

夏，开封府之陈州蝗。（清乾隆《陈州府志》卷三〇《祥异》）

归德府蝗。（清康熙《商丘县志》卷三《灾祥》）

开封府之许州蝗。（民国《许昌县志》卷一九《祥异》）

1373年（明洪武六年）：

【北京】

七月，北平蝗。（《明史·五行志》）

六月，北平蝗，诏免其田租。（《明太祖实录》卷八三）

【河北】

六月，河间诸府州县蝗，诏免其田租。(《明太祖实录》卷八三)

【山西】

七月，山西蝗。(《明史·五行志》)

【山东】

秋七月，山东蝗。(《明史·五行志》)

七月，济南府之平原县蝗。(清乾隆《平原县志》卷九《灾祥》)

秋七月，莱州府之胶州蝗。(民国《增修胶县志》卷五三《祥异》)

青州府之诸城县蝗。(章义和《中国蝗灾史》)

【河南】

五月、六月，开封府封丘县蝗，诏免其田租。(《明太祖实录》卷八二、卷八三)

七月，河南蝗。(《明史·五行志》)

六月，开封府之原武县蝗。(河南省水文总站编《河南省历代旱涝等水文气候史料》)

六月，怀庆府之武陟县蝗。(《明史·五行志》)

六月，怀庆府之孟县蝗灾。(民国《孟县志》卷一〇《杂记》)

秋，河南府之洛阳等县蝗灾。(陈家祥《中国历代蝗患之记载》)

七月，开封府之禹州蝗灾。(清道光《禹州志》卷二《沿革》)

【陕西】

六月，延安诸府州县蝗，诏免其田租。(《明太祖实录》卷八三)

八月，西安府之华洲、临潼县、咸阳县、渭南县、高陵县蝗，诏免其田租。(《明太祖实录》卷八四)

1374年（明洪武七年）：

【北京】

六月，直隶北平蝗。(《明史·五行志》)

【天津】

三月，顺天府武清县蝗，命有司捕之。(《明太祖实录》卷八八)

【河北】

四月，顺德府平乡县、任县蝗，命捕之。(《明太祖实录》卷八八)

六月，保定府之新城县蝗。(清道光《新城县志》卷一五《祥异》)

河间府之青县蝗，民饥。(民国《青县志》卷一三《祥异》)

六月，真定、保定、顺德、河间诸府蝗，诏免征其租。(《明太祖实录》卷九〇)

九月，河间府之河间县蝗。(《明太祖实录》卷九三)

四月，保定府雄县，永平府乐亭县，河间府莫州、青县等并蝗，命捕之。（《明太祖实录》）

五月，河间府任丘县、宁津县，永平府昌黎县，保定府安肃县，真定府宁晋县，顺天府之文安县，顺德府唐山县等并蝗，命捕之。（《明太祖实录》卷八九）

河间府沧州蝗。（民国《沧县志》卷一六《大事年表》）

【山西】

二月，平阳府、太原府、汾州旱，蝗。六月，山西蝗。（《明史·五行志》）

六月，山西太原府平定州蝗，诏免征其租。（《明太祖实录》卷九〇）

六月，蝗，诏蠲其租。（清乾隆《乐平县志》卷二《祥异》）

二月，平阳府之曲沃县蝗。（清乾隆《新修曲沃县志》卷三七《祥异》）

【山东】

二月，济南府历城等县蝗，诏免田租。（《明太祖实录》卷八七）

三月，济南府之长清县蝗。四月，青州府之寿光县，莱州府之胶州，东昌府之聊城县等并蝗，命捕之。（《明太祖实录》卷八八）

五月，济南府之海丰县等并蝗，命捕之。（《明太祖实录》卷八九）

六月，济南府之德州、齐河县，青州府之乐安县，兖州府之曲阜县蝗，诏免征其租。（《明太祖实录》卷九〇）

六月，山东蝗。（《明史·五行志》）

【河南】

二月，卫辉府之汲县蝗，并免租税。（《明史·五行志》）

四月，河南府巩县蝗，命捕之。（《明太祖实录》卷八八）

六月，河南怀庆府孟县、河南府阌乡蝗，诏免征其租。（《明太祖实录》卷九〇）

六月，怀庆府之河内县蝗。（清道光《河内县志》卷一一《祥异》）

六月，怀庆府蝗。（《明史·五行志》）

开封府之沈丘县旱、蝗。（清乾隆《沈丘县志》卷一一《祥异》）

【陕西】

三月，西安府咸宁县、华阴县蝗，命有司捕之。（《明太祖实录》卷八八）

1375年（明洪武八年）：

【北京】

夏，北平蝗。（《明史·五行志》）

八月，顺天府之房山县蝗。（《明太祖实录》卷一〇〇）

十二月，诏以北平府宛平县今岁蝗，免其田租。（《明太祖实录》卷一〇二）

【河北】

八月，顺天府之涿州蝗。(《明太祖实录》卷一〇〇)

夏，大名、彰德诸府属县蝗。(《明史·五行志》)

五月，真定等府、平山等县蝗，真定府之赵州、宁晋县蝗。(《明太祖实录》卷一〇〇)

五月，真定府之行唐县蝗。(清乾隆《行唐县新志》卷一六《事纪》)

夏，真定府之武邑蝗。(清同治《武邑县志》卷一〇《杂事》)

四月，大名府之内黄县等县蝗。(《明太祖实录》卷九九)

【河南】

四月，河南彰德府及其安阳县等县蝗。(《明太祖实录》卷九九)

彰德府之汤阴县蝗。(民国《淮阳县志》卷二〇《祥异》)

1377年（明洪武十年）：

【山东】

四月，济南府蝗。(《明太祖实录》卷一一一)

1378年（明洪武十一年）：

【四川】

八月，马湖府之屏山县蝗。(明嘉靖《马湖府志》卷七《杂志》)

【贵州】

赤水县蝗。(明道光《仁怀直隶厅志》卷一六《祥异》)

八月，遵义府播州蝗。(清乾隆《贵州通志》卷一《祥异》)

【甘肃】

十一月，平凉府华亭县蝗害稼，诏免今年田租。(《明太祖实录》卷一二一)

1381年（明洪武十四年）：

【湖南】

秋七月，永州府永州螟蝗害稼。(明洪武《永州府志》卷一五《祠庙》)

1382年（明洪武十五年）：

【北京】

三月，顺天府密云、昌平、怀柔三县蝗。(《明太祖实录》卷一四三)

1383年（明洪武十六年）：

【北京】

七月，遣使捕北京州县蝗。(清光绪《顺天府志》卷六九《祥异》)

1386年（明洪武十九年）：

【河南】

五月,河南开封府之郑州旱,蝗。命户部遣官赈济饥民。(《明太祖实录》卷一七八)

1387年(明洪武二十年):

【山东】

青州府旱,蝗,民饥。(明余继登《典故纪闻》)

1388年(明洪武二十一年):

【河南】

六月,开封府郑州旱,蝗,命户部遣官赈济饥民。(《明太祖实录》卷一七八)

1389年(明洪武二十二年):

【广西】

桂林府旱,蝗。(清雍正《广西通志》卷六六《名宦》)

1391年(明洪武二十四年):

【江西】

四月,江西吉安府龙泉县旱,蝗。(《明太祖实录》卷二一七)

【山东】

莱州府之即墨县蝗,大饥。(明万历《即墨县志》卷九《祥异》)

1392年(明洪武二十五年):

【浙江】

六月,台州府之太平县有飞蝗自北来,禾穗、竹木叶皆尽。(清康熙《太平县志》卷八《祥异》)

台州府之临海县,有飞蝗自北来,禾稼、竹木皆尽。(民国《临海县志稿》卷四一《灾祥》)

1397年(明洪武三十年):

【浙江】

洪武末,衢州府之江山县有飞蝗自北地来,禾穗、竹叶食皆尽。(明天启《江山县志》卷八《灾祥》)

1398年(明洪武三十一年):

【江苏】

镇江府飞蝗遍野。(清乾隆《镇江府志》卷四三《祥异》)

常州府飞蝗翳空。(清康熙《常州府志》卷三《祥异》)

【浙江】

六月,金华府之兰溪县飞蝗自北来,禾穗及竹木叶食皆尽。(清康熙《金华府志》卷二

五《祥异》）

台州府，六月，有飞蝗自北来，禾稼、竹木皆尽。(民国《台州府志》卷一三四《大事略三·考异》)

1399年（明建文元年）：

【江苏】

十一月，京师蝗，旱。(《明太宗实录》卷五)

【山东】

登州府之蓬莱等诸县蝗。(清乾隆《续登州府志》卷一《灾祥》)

登州府之福山县蝗。(民国《福山县志稿》卷八《灾祥》)

1400年（明建文二年）：

【山东】

登州府蓬莱县蝗。(清康熙《登州府志》卷一《灾祥》)

登州府之福山县蝗。(民国《福山县志稿》卷八《灾祥》)

1401年（明建文三年）：

【江苏】

常州府之无锡县飞蝗翳空。(清乾隆《无锡县志》卷四〇《祥异》)

常州府飞蝗翳空。(清康熙《常州府志》卷三《祥异》)

应天府之溧阳县飞蝗遍野。(清康熙《溧阳县志》卷三《祥异》)

镇江府飞蝗遍野。(清乾隆《镇江府志》卷四三《祥异》)

【浙江】

衢县有飞蝗自北来，食禾穗、竹木叶皆尽。(民国《衢县志》卷一《五行》)

六月，衢州府之江山县蝗，飞蝗自北来，食禾穗、竹木叶皆尽。(清康熙《江山县志》卷一〇《灾祥》)

【山东】

蓬莱县等，登州府各县复蝗。(民国《莱阳县志·大事记》)

登州府之福山县蝗。(民国《福山县志稿》卷八《灾祥》)

1402年（明建文四年）：

【江苏】

常州府蝗。(清康熙《常州府志》卷三《祥异》)

六月，京师飞蝗蔽天，旬余不息，至是顿绝。(《明太宗实录》卷九)

应天府之溧阳蝗遍野。(清康熙《江宁府志》卷二九《灾祥》)

【浙江】

六月，严州府之建德县飞蝗自北来，食禾穗及竹木皆尽。（清光绪《寿昌县志》卷一一《祥异》）

六月，严州府之桐庐县飞蝗自北来，禾穗及竹木叶俱食尽。（清康熙《桐庐县志》卷四《灾异》）

台州府，六月，有飞蝗自北来，禾稼竹木皆尽。夏六月，大蝗，减税粮一半。（清康熙《台州府志》卷一四《灾变》）

六月，台州府之仙居县，蝗食竹木叶俱尽。（清康熙《仙居县志》卷二九《灾异》）

台州府之临海县旱，蝗，禾稼不登。（《明太宗实录》卷一八）

六月，台州府之黄岩县有飞蝗自北来，禾稼、竹木皆尽。（明万历《黄岩县志》卷七《纪变》）

处州府之青田县旱、蝗。大雨两日，蝗尽死。（清光绪《青田县志》卷八《名宦》）

六月，金华府之兰溪县飞蝗自北来，食禾穗及竹木叶皆尽。（清光绪《兰溪县志》卷八《祥异》）

六月，台州府之太平县有飞蝗自北来，禾穗及竹木叶皆尽。（明嘉靖《太平县志》卷一《祥异》）

【山东】

冬十月，青州府之诸城县蝗，诏赈恤。（清乾隆《诸城县志》卷二《总纪》）

十月，山东青州诸郡蝗，命户部给钞二十万锭赈民，凡赈三万九千三百余户，仍令有司免其徭役。（《明太宗实录》卷一三）

1403年（明永乐元年）：

【河北】

十二月，真定府之枣强县蝗，旱。（《明太宗实录》卷二六）

正月，大名府之清丰县等县蝗，民饥。（《明太宗实录》卷一六）

【山西】

十月，山西蝗，命速遣官捕之。（《明太宗实录》卷二四）

【辽宁】

金州等卫蝗。（民国《奉天通志》卷一二《大事》）

【江苏】

苏州府之吴江县大旱，蝗。（清乾隆《吴江县志》卷四〇《灾变》）

四月，直隶淮安府蝗。（《明太宗实录》卷一九）

应天府之上元县长宁乡蝗，命率民捕瘗。（《明太宗实录》卷二〇）

【浙江】

湖州府大旱，蝗。（清同治《湖州府志》卷四四《祥异》）

【安徽】

四月，安庆府蝗。（《明太宗实录》卷一九）

池州府之铜陵县，飞蝗入境。（清顺治《铜陵县志》卷七《祥异》）

凤阳府之灵璧县蝗。（清康熙《灵璧县志》卷一《祥异》）

凤阳府之凤阳县蝗。（明天启《凤阳新书》卷四《星土》）

池州府之贵池县飞蝗入境。（清乾隆《池州府志》卷二〇《祥异》）

池州府之青阳县飞蝗入境。（明万历《青阳县志》卷三《祥异》）

【江西】

秋，饶州府之波阳县蝗，旱，民大饥。（清康熙《饶州府志》卷三六《祥异》）

【山东】

夏，山东无棣，青州府诸城县，莱州府之胶州、德州，济南府之齐河县，兖州府之曲阜县蝗，命捕之。（章义和《中国蝗灾史》）

济南府夏蝗。（清道光《济南府志》卷二〇《灾祥》）

德州蝗，饥。（清乾隆《德州志》卷二《纪事》）

夏五月，莱州府之胶县蝗。（民国《增修胶志》卷五三《祥异》）

夏五月，青州府之诸城县蝗。（清乾隆《诸城县志》卷二《总纪》）

兖州府之曲阜县蝗，饥。（清乾隆《曲阜县志》卷二八《通编》）

五月，山东蝗蝻。（《明太宗实录》卷二〇）

【河南】

三月，河南开封等府蝗，民饥，命以见储麦豆赈之。（《明太宗实录》卷一八）

六月，河南郡县蝗，免其夏税。（《明太宗实录》卷二一）

九月，河南数处旱、蝗。（《明太宗实录》卷二三）

十一月，河南府阌乡县蝗、旱，民饥。（《明太宗实录》卷二五）

十二月，河南耆民赵八等言：州连岁蝗旱，人民饥困。（《明太宗实录》卷二六）

五月，钧州属县蝗，免其民夏税。（《明太宗实录》卷二〇）

夏，彰德府之安阳县蝗。（民国《续安阳县志》卷末《杂记》）

【海南】

六月，琼州府之临高县蝗。八月，蝗，诏遣沿田畴捕之。（清光绪《临高县志》卷三《灾祥》）

六月，琼州府之琼山县蝗。（刘举鹏《海南岛蝗虫的研究》）

【陕西】

三月，西安府之乾州蝗。（《明太宗实录》卷一八）

1404年（明永乐二年）：

【河北】

涉县，禾稼将熟，督民昼夜收获。后蝗蝻大至，池邑禾稼被食殆尽，惟涉之民经保其生焉。（清顺治《涉县志》卷三《官秩》）

大名府之大名属县境内蝗，遣官督捕。（清康熙《南乐县志》卷九《纪年》）

【山西】

大同府之浑源州飞蝗害稼。（明万历《浑源州志》卷上《宦绩》）

【山东】

五月，东昌府之临清州蝗，旱。（《明太宗实录》卷三一）

【河南】

正月，开封府之郑州荥泽县蝗蝻伤稼。（《明太宗实录》卷二七）

【广西】

梧州府之郁林县蝗害稼，岁大困。（清嘉庆《续修兴业县志》卷一〇《纪事》）

【海南】

琼山县，大旱。六月，琼州府之琼山县蝗。（清康熙《琼州县志》卷九《灾祥》）

儋县，春旱。六月，琼州府之儋县蝗虫发，禾不收，民饥。（清康熙《儋州志》卷二《祥异》）

1405年（明永乐三年）：

【山东】

五月，济南府之齐河县、禹城县蝗。（清道光《济南府志》卷二〇《灾祥》）

【河南】

夏，怀庆府蝗灾。（陈家祥《中国历代蝗患之记载》）

【陕西】

五月，延安蝗。（《明史·五行志》）

六月，西安府之华州蝗。（《明太宗实录》卷四三）

1406年（明永乐四年）：

【山东】

八月，山东济南等郡县蝗。（《明太宗实录》卷五八）

济南府，八月，蝗，赈饥。（清道光《济南府志》卷二〇《灾祥》）

兖州府之济宁州蝗，诏发粟赈之。（清康熙《济宁州志》卷二《灾祥》）

兖州府之金乡县蝗，诏发粟振济。（清咸丰《金乡县志略》卷一一《事纪》）

1407年（明永乐五年）：

【山东】

七月，山东兖州府城武县等处蝗。（《明太宗实录》卷六九）

1408年（明永乐六年）：

【山东】

五月，山东济南有蝗灾。（章义和《中国蝗灾史》）

五月，山东青州蝗，命布政司按察司速遣官分捕。（《明太宗实录》卷七九）

夏五月，青州府之诸城县蝗，布政使遣官捕之。（清乾隆《诸城县志》卷二《总纪》）

1409年（明永乐七年）：

【河北】

河间府故城蝗遣使捕蝗。（清光绪《续修故城县志》卷一《纪事》）

【福建】

泉州府之惠安县螟蝻为灾，鹳鸽蔽衢而下，群啄食之。（清嘉庆《惠安县志》卷三五《祥异》）

【山东】

济南府之德平县夏蝗。（清嘉庆《德平县志》卷九《祥异》）

【河南】

二月，旱，卫辉府及其汲县蝗。（清乾隆《卫辉府志》卷四《祥异》）

【海南】

八月，琼州府之儋州蝗发，遣官沿田捕之。（清康熙《儋州志》卷二《祥异》）

八月，琼州府之临高县蝗蝻生。（清康熙《临高县志》卷一《灾祥》）

八月，琼州府之琼山县大旱，蝗，遣官沿田捕之。（清康熙《琼山县志》卷二《祥异》）

八月，琼州县大旱，蝗，令民捕之。（清康熙《琼州县志》卷九《灾祥》）

1411年（明永乐九年）：

【江西】

贵溪县螟蝗害稼。（清康熙《贵溪县志》卷一《祥异》）

1412年（明永乐十年）：

【山西】

六月，山西平阳府荣河县、太原府之交城县蝗，督捕已绝。（《明太宗实录》卷一二九）

【山东】

四月，莱州府之胶州蝗伤稼，饥。（民国《增修胶州志》卷五三《祥异》）

四月，济南府之无棣发生蝗灾，禹城县蝻复生。（章义和《中国蝗灾史》）

1413 年（明永乐十一年）：

【江苏】

淮安府盐城县蝗。（《明太宗实录》卷一四〇）

【山东】

九月，山东蝗生。（《明太宗实录》卷一四三）

夏五月，青州府之诸城县等蝗，命有司捕瘗。（《明太宗实录》卷一四〇）

诏兖州府之曲阜郡县官捕境内蝗蝻，蝗蝻害稼即捕绝之。（清乾隆《曲阜县志》卷二八《通编》）

1414 年（明永乐十二年）：

【河南】

开封府之汜水县蝗。（清乾隆《汜水县志》卷五《职官》）

【湖南】

长沙府之安化县发生蝗灾。（明嘉靖《安化县志》卷五《祥异》）

1416 年（明永乐十四年）：

【北京】

七月，遣使捕北京州县蝗。（《明史·五行志》）

顺义县上遣使捕蝗，免永乐十二年逋租，发粟赈之。（民国《顺义县志》卷一六《杂事》）

秋七月，顺天府之通州及顺义、宛平二县蝗。命速遣人捕瘗。（《明太宗实录》卷一七八）

【河北】

顺天府之大城县蝗。（清康熙《大城县志》卷八《灾异》）

七月，大名府之长垣县蝗。（清道光《续修长垣县志》）

河间府之宁津县蝗。（清光绪《宁津县志》卷一一《祥异》）

【山东】

七月，济南府之齐河县蝗。（《明史·五行志》）

七月，蝗，免永乐十二年逋赋，发粟赈之。（清道光《济南府志》卷二〇《灾祥》）

七月，济南府之历城县蝗。（清乾隆《历城县志》卷二《总纪》）

七月，德州府遣使捕蝗。（清乾隆《德州志》卷二《纪事》）

七月，济南府之平原县蝗。（清乾隆《平原县志》卷九《灾祥》）

秋七月，青州府之乐安县蝗。（《明太宗实录》卷一七八）

秋七月，兖州府之曲阜县蝗。（清乾隆《曲阜县志》卷二八《通编》）

【河南】

秋七月，卫辉府新乡县蝗，彰德府属县蝗。（《明太宗实录》卷一七八）

七月，河南新乡县、彰德府发生蝗灾。（《明史·五行志》）

1417年（明永乐十五年）：

【安徽】

凤阳府之灵璧县蝗。（清康熙《灵璧县志》卷一《祥异》）

凤阳府之凤阳县蝗。（明天启《凤阳新书》卷四《星土》）

【山东】

济南府之莱芜县旱，蝗。（清光绪《莱芜县志》卷二《灾祥》）

1419年（明永乐十七年）：

【河北】

大名府之浚县蝗，有鸟食之殆尽。（清康熙《浚县志》卷一《祥异》）

1422年（明永乐二十年）：

【安徽】

十一月，徽州府婺源县飞蝗入境。（《明太宗实录》卷二五三）

【山东】

十月，济南府蒲台县，飞蝗入县境。（《明太宗实录》卷二五二）

【河南】

开封府之荥阳县、荥泽县一带旱，蝗。（民国《荥阳县志》卷一二《大事记》）

十月，彰德府之安阳县飞蝗入县境。（《明太宗实录》卷二五二）

1423年（明永乐二十一年）：

【河南】

夏秋，河南府之宜阳县旱蝗相继，麦禾俱无。（清光绪《宜阳县志》卷二《祥异》）

洛宁县，夏秋，旱蝗相继，麦禾俱无。（民国《洛宁县志》卷一《祥异》）

1424年（明永乐二十二年）：

【河北】

五月，大名府浚县蝗蝻生。越三日，有鸟数万，食蝗殆尽。（《明太宗实录》卷二七一）

【福建】

五月，泉州府惠安县蝗螽伤稼，一夕可数十亩。（《明太宗实录》卷二七一）

1425年（明洪熙元年）：

【山东】

青州府寿光县夏四月旱，蝗。（清康熙《寿光县志》卷一《总纪》）

青州府昌乐县夏四月旱，蝗。免租税之半。（清嘉庆《昌乐县志》卷一《总纪》）

临朐县夏四月旱，蝗。免租税之半。（清光绪《临朐县志》卷一〇《大事表》）

夏四月，青州府之安丘县旱，蝗。（明万历《安丘县志》卷一《总纪》）

【广西】

梧州府之兴业县蝗害稼。（清乾隆《兴业县志》卷四）

1426年（明宣德元年）：

【北京】

七月，顺天府顺义县蝗蝻生，民扑捕。（《明宣宗实录》卷一九）

【河北】

六月，顺天府霸州及固安、永清二县，保定府新城县蝗蝻。（《明宣宗实录》卷一八）

七月，保定府安肃县、真定府新乐县蝗蝻生，民扑捕。（《明宣宗实录》卷一九）

【河南】

六月，开封府之安阳县蝗。（《明宣宗实录》卷一八）

六月，彰德府之临漳县蝗。（《明宣宗实录》卷一八）

夏，河南蝗灾。（陈家祥《中国历代蝗患之记载》）

1427年（明宣德二年）：

【河北】

七月，顺天府霸州、文安、大成二县蝗。（《明宣宗实录》卷二九）

1428年（明宣德三年）：

【北京】

顺义县蝗。（民国《顺义县志》卷一六《杂事》）

【河北】

五月，大名府浚县蝗虫为害。（清康熙《浚县志》卷一《祥异》）

【江苏】

扬州府之如皋县蝗为鹭所食。（明万历《如皋县志》卷二《五行》）

1429年（明宣德四年）：

【北京】

六月，顺天府之通州、顺义、良乡蝗。（《明宣宗实录》卷五五）

【天津】

六月，武清县蝗蝻。（《明宣宗实录》卷五五）

【河北】

五月，顺天府永清县蝗蝻生发。（《明宣宗实录》卷五四）

六月，顺天府之涿州、霸州、东安县蝗蝻。（《明宣宗实录》卷五五）

六月，顺天府之三河县蝗。（清乾隆《三河县志》卷七《风物》）

1430年（明宣德五年）：

【北京】

二月，免顺天府房山、良乡二县民三百八十户蝗灾田地一百一十九顷七十八亩。（《明宣宗实录》卷六三）

顺义县蝗。（民国《顺义县志》卷一六《杂事记》）

【天津】

六月，静海县蝗蝻生。（《明宣宗实录》卷六七）

【河北】

真定府之宁晋县蝗蝻生。（清光绪《宁晋县志》卷一一）

四月，保定府易州、满城等县蝗蝻生。（《明宣宗实录》卷六五）

六月，永平卫兴州左屯卫蝗蝻生。（《明宣宗实录》卷六七）

大名府之浚县蝻，命有司督捕。（《明宣宗实录》卷七〇）

六月，河间府之宁津县蝗。（清光绪《宁津县志》卷一一《祥异》）

六月，京师一带蝗，遣官捕之。（清光绪《顺天府志》卷六九《祥异》）

十二月，直隶保定府定兴县连年蝗，田谷不收，徭役频繁。（《明宣宗实录》卷七三）

【安徽】

凤阳府之灵璧县蝗，大伤禾。（清康熙《灵璧县志》卷一《祥异》）

凤阳府之凤阳县蝗。（明天启《凤阳新书》卷四《星土》）

【山东】

兖州府之曲阜蝗蝻生。（清乾隆《曲阜县志》）

1431年（明宣德六年）：

【河北】

夏，大名府之东明县蝗。（清乾隆《东明县志》）

【山东】

兖州府之曲阜县夏蝗。（清乾隆《曲阜县志》）

六月，兖州府之济宁州、滋阳县奏；蝗蝻生。命行在户部遣人驰驿往督有司捕之。（《明宣宗实录》卷八〇）

七月，兖州府之鱼台县蝗蝻生。命行在户部遣人驰视督捕。（《明宣宗实录》卷八一）

1432 年（明宣德七年）：

【江苏】

徐州之沛县大蝗，巡抚待郎曹洪奏免税。（明嘉靖《沛县志》卷九《灾祥》）

1433 年（明宣德八年）：

【上海】

苏州府之崇明县蝗灾，禾稼尽伤。（清雍正《崇明县志》卷一四《循良》）

【江苏】

是年，江苏蝗。（明正德《姑苏志》卷四一《宦绩》）

【山东】

八月，山东兖州府济宁、东平二州及兖州府之汶上县、济南府阳信、长山、历城、淄川四县虫蝻生。命行在户部遣人驰驿督捕。（《明宣宗实录》卷一〇四）

【河南】

七月，河南府宜阳县蝗蝻生。命行在户部遣官督捕。（《明宣宗实录》卷一〇三）

【宁夏】

永宁县蝗蝻生。命行在户部遣官督捕。（《明宣宗实录》卷一〇三）

1434 年（明宣德九年）：

【河北】

七月，大名府之大名县境内蝗，诏遣官驰驿督捕。（民国《大名县志》卷二六《祥异》）

大名府之南乐县蝗，遣官驰驿督捕。（清光绪《南乐县志》卷七《祥异》）

大名府之滑县蝗，遣官驰驿督捕。（清顺治《滑县志》卷四《祥异》）

大名府之长垣县蝗蝻伤稼。（清嘉庆《长垣县志》卷九《祥异》）

七月，直隶大名府元城、内黄、魏县、浚县，广平府之邯郸、鸡泽、肥乡、成安、永年五县境内蝗蝻覆地尺许，伤害禾稼。（《明宣宗实录》卷一一一）

七月，河间府之宁津县蝗，诏遣官督捕。（清光绪《宁津县志》卷一一《祥异》）

【山西】

七月，山西平阳府之蒲州、河津县各奏：蝗蝻生。（《明宣宗实录》卷一一一）

【上海】

苏州府、松江府蝗蝻生。（清光绪《重修华亭县志》卷七《田赋》）

【江苏】

七月，淮安府之山阳县、东安县、盐城县境内蝗蝻覆地尺许，伤害禾稼；淮安府之海州、沭阳县蝗蝻生。遣官督捕。（《明宣宗实录》卷一一一）

八月，直隶扬州府高邮州奏：六月以来蝗蝻生。（《明宣宗实录》卷一一二）

【安徽】

七月，凤阳府之宿州、灵璧县县境内蝗蝻覆地尺许，伤害禾稼。（《明宣宗实录》卷一一一）

【山东】

五月，兖州府之济宁州、滋阳县、邹县蝗蝻生。命行在户部遣官驰驿督捕。（《明宣宗实录》卷一一〇）

七月，兖州府之济宁州、汶上县、单县，东昌府之濮州，莱州府之潍县，青州府寿光县，济南府之长山、历城、长清、齐河、齐东、禹城、肥城、平原、邹平、商河等县，登州府文登县境内蝗蝻覆地尺许，伤害禾稼。（《明宣宗实录》卷一一一）

济南府，七月，蝗蝻覆地尺许，伤稼。（清道光《济南府志》卷二〇《灾祥》）

五月，济南府之历城县蝗，饥。（清乾隆《历城县志》卷二《总纪》）

德州，七月旱，蝗，大伤稼，饥。（清乾隆《德州志》卷二《纪事》）

七月，济南府之禹城县蝗生。（清嘉庆《禹城县志》卷一一《灾祥》）

七月，济南府之平原县蝗。（清乾隆《平原县志》卷九《灾祥》）

秋七月，青州府之诸城县蝗。（清乾隆《诸城县志》卷二《总纪》）

兖州府之曲阜县旱，蝗，饥。（清乾隆《曲阜县志》卷二八《通编》）

【河南】

五月，开封府祥符县蝗蝻生，命行在户部遣官驰驿督捕。（《明宣宗实录》卷一一〇）

七月，河南卫辉府之辉、淇县、汲县、获嘉、新乡、胙城六县，彰德府滋州及汤阴县、安阳、临漳三县，怀庆府之武陟、修武、济源、河内、温、孟六县，开封府之郑州及荥阳、河阴、荥泽、汜水、延津五县境内蝗蝻覆地尺许，伤害禾稼，力捕之。（《明宣宗实录》卷一一一）

河南府之洛阳县蝗蝻盖地尺厚。（陈家祥《中国历代蝗患之记载》）

夏，归德府之柘城县、夏邑县、永城县蝗蝻覆地尺许，禾苗尽毁，民大饥。（商丘地区地方志编纂委员会编《商丘地区志》）

七月，禹州钧州蝗蝻盖地尺余厚，伤害庄稼。（清顺治《禹州志》卷九《礼祥》）

差给事中御史锦衣卫河南捕蝗虫。（明嘉靖《真阳县志》卷九《祥异》）

1435年（明宣德十年）：

【北京】

四月，北京蝗蝻伤稼。（清光绪《永年县志》卷一九《祥异》）

【河北】

五月，直隶广平府邯郸县奏：旱蝗相继，灾伤尤甚。（《明英宗实录》卷五）

九月，保定府蝗势滋甚，清苑县灭蝗。(《明英宗实录》卷九)

十月，顺天、保定、顺德、真定四府所属州县春夏旱，蝗，无收。(《明英宗实录》卷一〇)

【江苏】

夏四月，南京蝗蝻伤稼。(民国《首都志》卷一六《大事记》)

六月，应天府、扬州府、淮安府等俱蝗，民无食，以赈济。应天府六合县等，直隶扬州府之高邮州、兴化县、宝应县、泰兴等县蝗。(《明英宗实录》卷六)

淮安府蝗。(清同治《重修山阳县志》卷二一《祥祲》)

【安徽】

六月，凤阳府、庐州府、太平府、池州府俱蝗，民无食，以赈济。(《明英宗实录》卷六)

【山东】

四月，济南府之齐河县蝗蝻伤稼。(民国《齐河县志·大事记》)

济南府，四月，蝗蝻伤稼。(清道光《济南府志》卷二〇《灾祥》)

四月，济南府之历城县蝗。(清乾隆《历城县志》卷二《总纪》)

德州，四月，蝗蝻伤稼。(清乾隆《德州志》卷二《纪事》)

济南府之禹城县蝻复生。(清嘉庆《禹城县志》卷一一《灾祥》)

四月，济南府之平原县又蝗，遣科道锦衣卫官督捕，蠲秋粮。(清乾隆《平原县志》卷九《灾祥》)

四月，兖州府之曲阜县蝗。(清乾隆《曲阜县志》卷二八《通编》)

【河南】

四月，河南蝗蝻伤稼。(《明史·五行志》)

四月，开封府之禹州蝗蝻成灾，禾稼尽损。(清顺治《禹州志》卷九《机祥》)

1436年（明正统元年）：

【天津】

四月，直隶河间府静海县蝗蝻遍野，田禾被伤，民食草籽充食。(《明英宗实录》卷一九)

【河北】

六月，顺天府所属州县蝗蝻伤稼。(《明英宗实录》卷一九)

四月，直隶保定府清苑县奏：本县旱，蝗，无收，人民艰难，逃移者九百七十三户，粮草无从追征。(《明英宗实录》卷一六)

四月，真定府之正定县蝗蝻。(清光绪《正定县志》卷八《灾祥》)

顺天府之大城县四月蝗，旱。（民国《文安县志》卷八《灾异》）

顺天府之文安县蝗。（明崇祯《文安县志》卷一一《灾祥》）

夏五月，广平府之成安县蝗。（清康熙《成安县志》卷四《灾异》）

正统初年，时值蝗旱，五谷不登，邑民大饥。（明正德《临漳县志》卷八《孝义》）

十月，直隶保定府之唐县奏：本县连年旱涝相仍，蝗蝻生发，田禾灾伤。（《明英宗实录》卷二三）

【山西】

七月，太原府平定州蝗蝻生发，扑之未绝。（《明英宗实录》卷二〇）

【辽宁】

七月，金州之辽东、广宁等卫各奏蝗蝻生发，扑之未绝。（《明英宗实录》卷二〇）

【江苏】

七月，南直隶扬州府之高邮州蝗蝻生发，扑之未绝。（《明英宗实录》卷二〇）

【山东】

七月，山东兖州府之嘉祥蝗蝻生发，扑之未绝。（《明英宗实录》卷二〇）

夏，登州府之蓬莱县等各属蝗。（清光绪《登州府志》卷二三）

夏，登州府之福山县蝗。（民国《福山县志稿》卷八《灾祥》）

夏，登州府之登州府之蝗。（民国《莱阳县志·大事记》）

【河南】

七月，卫辉府之辉县、淇县蝗蝻生发，扑之未绝。（《明英宗实录》卷二〇）

汲县旱，蝗。（明万历《卫辉府志·灾祥》）

卫辉府之辉县旱，蝗。（清康熙《辉县志》卷一八《灾祥》）

卫辉府之淇县大旱，蝗。（清顺治《淇县志》卷一〇《灾祥》）

1437年（明正统二年）：

【河北】

四月，直隶广平、顺德二府所属各县，蝗未能尽捕，黍谷俱伤。（《明英宗实录》卷二九）

秋，保定府之满城蝗，大名府之东明亦蝗。（民国《满城县志》卷一四）

秋七月，保定等府蝗灾，遣都察院右签都御史张楷督守令捕之。（民国《新城市志》卷二二《灾祸》）

秋七月，保定府之易州蝗为灾。（清乾隆《直隶易州志》卷一一《政事》）

四月，顺天府之文安县有蝗。（清光绪《顺天府志》卷六九《祥异》）

秋，大名府之东明县蝗。（清咸丰《大名府志》卷四《年纪》）

【江苏】

五月，巡抚曹弘奏：淮安府及其所属邳州蝗。上命行在户部遣官驰驿往督军卫有司捕之。（《明英宗实录》卷三〇）

【山东】

四月，济南府之齐河县蝗。（清康熙《齐河县志》卷六《灾祥》）

济南府之历城县蝗。（清乾隆《历城县志》卷二《总纪》）

四月济南府之德州蝗。（清乾隆《德州志》卷二《纪事》）

四月，济南府之平原县蝗。（清乾隆《平原县志》卷九《灾祥》）

青州府之寿光县夏旱，蝗。（清康熙《寿光县志》卷一《总纪》）

青州府之昌乐县夏旱，蝗。（清嘉庆《昌乐县志》卷一《总纪》）

青州府之安丘县夏旱，蝗。（明万历《安丘县志》卷一《总纪》）

夏四月，莱州府之胶州蝗。（民国《增修胶志》卷五三《祥异》）

夏四月，兖州府之曲阜县旱，蝗。（清乾隆《曲阜县志》卷二八《通编》）

【河南】

五月，河南诸处连年蝗虫、水、旱。（《明英宗实录》卷三〇）

六月，河南怀庆府奏：沁阳县蝗蝻伤稼。（《明英宗实录》卷三一）

禹州，四月，开封府之禹州钧州蝗灾，禾稼尽损。（清顺治《禹州志》卷九《机祥》）

【陕西】

六月，西安等府、巩昌府之秦州卫、阶州右千户所天久不雨，蝗蝻伤稼。（《明英宗实录》卷三一）

1438年（明正统三年）：

【河南】

归德州蝗，俱伤禾稼。（《明英宗实录》卷四四）

1439年（明正统四年）：

【天津】

七月，顺天府蓟州境内蝗伤稼。（《明英宗实录》卷五七）

【河北】

畿内，飞蝗蔽天，人民缺食。（明嘉靖《真定府志》卷九《事纪》）

七月，真定府之无极县蝗，民饥。（清康熙《重修无极志》卷下《事纪》）

七月，顺天府遵化县，保定府易州、涞水县各奏：境内蝗伤稼。（《明英宗实录》卷五七）

六月，真定府之正定县蝗。（清光绪《正定县志》卷八《灾祥》）

顺天府之大城县大蝗。六月，大水。（清康熙《大城县志》卷八《灾异》）

夏六月，保定等府蝗灾，遣吏部侍郎魏骥抚安之。（明万历《保定府志》卷一五《祥异》）

保定府之清苑县大蝗。（清康熙《清苑县志》卷一《灾祥》）

保定府之定兴县大蝗。（清康熙《定兴县志》卷一《礼祥》）

安新县大蝗。（清康熙《定州志》卷七《祥异》）

保定府之蠡县大蝗。（清顺治《蠡县志》卷八《祥异》）

保定府之易州大蝗。（清顺治《易水志》卷上《灾异》）

保定府之新城县大水，又大蝗。（民国《新城县志》卷二二《灾祸》）

保定府之高阳县大蝗。（清雍正《高阳县志》卷六《礼祥》）

保定府之满城县大蝗。（清康熙《满城县志》卷八《灾祥》）

河间府之河间县蝗。（明嘉靖《河间府志》卷四《祥异》）

夏，真定府之枣强县蝗。（明万历《枣强县志》卷一《灾祥》）

六月，真定府之宁晋县蝗。（清康熙《宁晋县志》卷一《灾祥》）

真定府之新河县大蝗。（清光绪《新河县志》卷二《灾祥》）

【江苏】

淮安府，秋，旱，蝗。（明万历《淮安府志》卷八《祥异》）

五月，淮安府，徐州属县有蝗，遣人捕之。（《明英宗实录》卷五五、卷五七）

七月庚午，徐州奏：境内蝗。（《明英宗实录》卷五七）

【浙江】

七月庚午，浙江萧山县奏：境内蝗。（《明英宗实录》卷五七）

【安徽】

十一月，直隶凤阳府之寿州奏：境内蝗。上命所司多集军民捕瘗。（《明英宗实录》卷六一）

七月庚午，直隶宿州卫、宿州奏：境内蝗。（《明英宗实录》卷五七）

五月，凤阳府有蝗，遣人捕之。（《明英宗实录》卷五五）

【山东】

七月，山东布政司奏：东昌府所辖州县蝗伤稼。命行在户部遣官扑灭之。（《明英宗实录》卷五七）

五月，山东兖州、济南二府各奏，属县有蝗，遣人捕之。（《明英宗实录》卷五五）

【河南】

陈州府之淮宁县蝗四起，邻邑被灾者甚众。（民国《淮阳县志》卷二〇《祥异》）

五月，河南开封府属县有蝗，遣人捕之。(《明英宗实录》卷五五)

夏，开封府蝗虫大发生，民捕蝗。(陈家祥《中国历代蝗患之记载》)

彰德府之武安县蝗。(《明英宗实录》卷五一)

1440年（明正统五年）：

【北京】

顺天府顺义县蝗。(民国《顺义县志》卷一六《杂事》)

顺天府，夏蝗。(清光绪《顺天府志》卷六九《祥异》)

【河北】

四月，保定府奏：所属清苑等县蝗生。上命行在户部速令府州县官设法捕之。(《明英宗实录》卷六七)

八月，直隶河间、真定诸府等蝗。(《明英宗实录》卷七〇)

夏，真定府正定县蝗。(清光绪《正定县志》卷八《灾祥》)

夏，真定府行唐县蝗。(清乾隆《行唐县新志》卷一六《事纪》)

永平府之卢龙县夏蝗。(清康熙《永平府志》卷三《灾祥》)

顺天府三河县蝗。(清乾隆《三河县志》卷七《风物》)

保定府之定兴县又蝗。(清康熙《定兴县志》卷一《机祥》)

夏，安新县蝗。(清康熙《安州志》卷七《祥异》)

保定府之蠡县蝗。(清顺治《蠡县志》卷八《祥异》)

秋，保定府之唐县蝗。(清光绪《唐县志》卷一一《祥异》)

保定府之新城县蝗。(清康熙《新城县志》卷一《祥祲》)

保定府之高阳县蝗。(清雍正《高阳县志》卷六《机祥》)

保定府之满城县蝗。(清康熙《满城县志》卷八《灾祥》)

夏，河间府之东光县蝗。(清光绪《东光县志》卷一一《祥异》)

夏，河间府之沧州蝗。(民国《沧县志》卷一六《事实》)

夏，广平郡之永年县蝗。(清光绪《永年县志》卷一九《祥异》)

【江苏】

夏，应天旱，蝗。(民国《首都志》卷一六《大事记》)

五月，应天府、凤阳府、淮安府多蝗。上命行在户部速令有司设法捕之。(《明英宗实录》卷六七)

【安徽】

夏，凤阳府定远县蝗。(清道光《定远县志》卷二《祥异》)

夏，凤阳府凤阳县蝗。(清光绪《凤阳府志》卷四《祥异》)

【江西】

八月，江西南昌府、饶州府、九江府、南康府等蝗。(《明英宗实录》卷七〇)

【山东】

四月，山东兖州府所属州县俱蝗。(《明英宗实录》卷六六)

六月，山东济南府之德州，东昌府之清平县、观城县、临清州、馆陶县、范县、莘县、邱县、恩县等八县蝗。(《明英宗实录》卷六八)

夏，兖州蝗。冬十二月，免山东被灾税粮。(清宣统《山东通志》卷一〇《通纪》)

兖州府之曲阜县夏蝗。(清乾隆《曲阜县志》卷二八《通编》)

【河南】

四月，河南开封、彰德二府所属州县俱蝗。(《明英宗实录》卷六六)

八月，洛阳等县蝗。命行在户部遣官捕之。(《明英宗实录》卷七〇)

淮宁县旱，蝗，民饥。(清康熙《续修陈州志》卷四《灾异》)

夏，开封府之项城县蝗，民饥。(民国《项城县志》卷三一《杂事》)

春夏，归德府旱，蝗，无麦禾，遣官赈济。(明嘉靖《归德府志》卷八《祥异》)

夏，淮阳县旱，蝗，民饥。(民国《淮阳县志》卷二〇《祥异》)

夏，开封府之沈丘县旱，蝗，民饥。(清乾隆《沈丘县志》卷一一《祥异》)

开封府之陈州旱，蝗，民饥。(清乾隆《陈州府志》卷三〇《杂志》)

1441年（明正统六年）：

【北京】

夏，顺天府发生蝗灾。(清光绪《顺天府志》卷六九《祥异》)

五月，蝗蝻屡为民患，京畿尤甚。(《明英宗实录》卷七九)

九月，监察御史邢瑞奏：顺天府所属宛平等七县，并隆庆等卫所俱蝗，黍谷被伤，而房山县尤甚，麦苗殆尽，民贫食艰。(《明英宗实录》卷八三)

【天津】

十月，顺天府蓟州今秋苗稼又为蝗蝻所害。(《明英宗实录》卷八四)

五月，直隶静海县奏：蝗旱相继，麦尽槁死，夏税无征。(《明英宗实录》卷七九)

天津府蝗水相灾，野多饥殍。(清乾隆《天津府志》卷二八《人物》)

【河北】

六月，行在礼部尚书胡汉等奏：四月以来亢阳不雨，蝗蝻为患。行在山西道监察御史刘克彦奏：顺天府所属捕蝗所遇涿州等一十州县，谷麦间有伤损。(《明英宗实录》卷八〇)

七月，直隶河间、顺德二府所属州县复蝗。直隶东胜右卫、抚宁二卫蝗生。(《明英宗实录》卷八一)

九月，直隶保定、大名、广平、永平诸府各奏：蝗伤禾稼。卢龙、山海关、东胜、抚宁诸卫各奏：蝗伤禾稼，诏命有司设法捕灭之。(《明英宗实录》卷八三)

顺天府之三河县蝗。(清乾隆《三河县志》卷七《风物》)

保定府之清苑县夏蝗。(清光绪《保定府志》卷四〇《祥异》)

保定府之新城县蝗。(清道光《新城县志》卷一五《祥异》)

河间府之东光县大蝗，野无青草。(清光绪《东光县志》卷一一《祥异》)

九月，监察御史王通奏：直隶河间府所属州县蝗，伤禾稼。(《明英宗实录》卷八三)

河间府之沧州蝗食野草、木叶皆尽。(民国《沧县志》卷一六《事实》)

河间府之吴桥县连岁蝗。(清光绪《吴桥县志》卷一〇《杂志》)

大名府之大名县蝗。(清乾隆《大名县志》卷二七《机祥》)

广平郡之永年县蝗。(清光绪《永年县志》卷一九《祥异》)

【山西】

七月，山西太原府蝗。(《明英宗实录》卷八一)

十一月，山西春夏旱、蝗，太原蝗。(《明英宗实录》卷八五)

【辽宁】

七月，辽东广宁前中屯二卫蝗生。(《明英宗实录》卷八一)

十二月，巡抚李浚奏：辽东、广宁、宁远等十卫屯田俱被飞蝗食伤禾稼无收。(《明英宗实录》卷八七)

【江苏】

苏州府之吴县旱，蝗伤稼，米贵，民益饥。(明崇祯《吴县志》卷一一《祥异》)

夏，淮安府之盱眙县蝗。(清光绪《盱眙县志稿》卷一四《祥祲》)

五月，应天府江浦县蝗。(《明英宗实录》卷七九)

十月，江苏苏州秋苗为蝗所害。(章义和《中国蝗灾史》)

【浙江】

旱，绍兴府之嵊县蝗。(清康熙《嵊县志》卷三《灾祥》)

【安徽】

凤阳府之五河县旱，蝗。(清嘉庆《五河县志》卷一一《纪事》)

夏，凤阳府之凤阳县蝗。(清光绪《凤阳府志》卷四《祥异》)

夏旱，凤阳府之定远县蝗。(清道光《定远县志》卷二《祥异》)

【山东】

五月，山东东昌府之武城县奏：本县境内蝗旱相继，麦尽槁死，夏税无征。(《明英宗实录》卷七九)

六月，青州府之寿光、临淄二县各奏：旱，蝗，民食不给，税粮无从办纳。（《明英宗实录》卷八〇）

六月，巡按山东监察御史等官何永芳奏：济南府乐陵、阳信、海丰等县因与直隶河间府之沧州、天津卫地相接，蝗飞入境，延及济南府章丘、历城、新城，并青州、莱阳等府，博兴等县多蝗。（《明英宗实录》卷八〇）

七月，山东济南、东昌、青州、莱阳、兖州、登州六府蝗。（《明英宗实录》卷八一）

八月，山东等处蝗蝻生发。（《明英宗实录》卷八二）

十月，山东按察司言：山东密迩、京畿旱蝗水涝相仍，民缺食。（《明英宗实录》卷八四）

闰十一月，济南府之淄川县蝗灾。（《明英宗实录》卷八六）

夏，济南府之历城县蝗。（清乾隆《历城县志》卷二《总纪》）

济南府之平原县秋蝗。（清乾隆《平原县志》卷九《灾祥》）

秋，青州府之临朐县蝗生，免税粮。（清光绪《临朐县志》卷一〇《大事表》）

莱州府之掖县蝗。（清乾隆《掖县志》卷五《灾祥》）

秋，登州府之黄县蝗。（清同治《黄县志稿》卷五《灾祥》）

夏，登州府之福山县蝗。（民国《福山县志稿》卷八《灾祥》）

秋，牟平县蝗。（民国《牟平县志》卷一〇《通纪》）

兖州府之曲阜县夏蝗。（清乾隆《曲阜县志》卷二八《通编》）

【河南】

七月，河南彰德、卫辉、开封、南阳、怀庆五府蝗。（《明英宗实录》卷八一）

归德府之夏邑县春夏旱，蝗，无麦。（明嘉靖《夏邑县志》卷五《灾异》）

秋，开封府之项城县蝗。（民国《项城县志》卷三一《杂事》）

归德府之商丘县旱蝗交织，大麦、小麦不收，诏令富人助赈。（清康熙《商丘县志》卷三《灾祥》）

秋，开封府之沈丘县蝗。（清乾隆《沈丘县志》卷一一《祥异》）

秋，南阳府之南阳县蝗。（清光绪《南阳县志》卷一二《杂记》）

秋，南阳府之南召县蝗灾。（清乾隆《南召县志》）

秋，怀庆府之河内县蝗。（清康熙《河内县志》卷一《灾祥》）

秋，彰德府之汤阴县蝗。（清顺治《汤阴县志》卷九《杂志》）

【广东】

广州，春二月，蝗。（明嘉靖《广州志》卷四《事纪》）

广州府南海县蝗。（清康熙《南海县志》卷三《灾祥》）

1442年（明正统七年）：

【北京】

三月，顺义县蝗。（章义和《中国蝗灾史》）

【河北】

二月，直隶河间府沧州连岁涝、蝗、旱相仍，民食匮乏。（《明英宗实录》卷八九）

三月，顺天府之遵化县蝗，命顺天府委官捕之。（《明英宗实录》卷九〇）

顺天、河间大蝗，野无青草。（清光绪《东光县志》卷一一《祥异》）

顺天府之东安县蝗盈天而行，所过野无青草，虽干木亦食。（明天启《东安县志》卷一《机祥》）

顺天府之三河县蝗。（清乾隆《三河县志》卷七《风物》）

河间府之吴桥县连岁蝗。（清光绪《吴桥县志》卷一〇《杂记》）

五月，大名府之大名县蝗。（清乾隆《大名县志》卷二七《机祥》）

广平郡之永年县蝗。（清光绪《永年县志》卷一九《祥异》）

【安徽】

五月，凤阳府凤阳县蝗。（清光绪《凤阳府志》卷四《祥异》）

夏，凤阳府定远县蝗。（清道光《定远县志》卷二《祥异》）

【山东】

四月，山东无棣县、青州、昌乐县蝗。（章义和《中国蝗灾史》）

夏四月，山东旱，蝗。夏，免被灾税粮。（民国《莱阳县志·大事记》）

夏四月，青州府之昌乐县蝗。（清嘉庆《昌乐县志》卷一《总纪》）

夏四月，莱州府胶州蝗。（民国《增修胶志》卷五三《祥异》）

【河南】

巡抚河南山西大理寺左少卿于谦奏：河南水旱、蝗虫相仍，该征租税乞暂停止。（《明英宗实录》卷九四）

四月，河南布政司奏：开封府等府所属州县蝗蝻生发，伤害苗稼，即遣官督捕。（《明英宗实录》卷九一）

五月，开封府、怀庆府、河南府三府所属州县蝗蝻生。（《明英宗实录》卷九一）

五月，怀庆府之孟县蝗。（民国《孟县志》）

五月，怀庆府之河内县蝗。（清道光《河内县志》卷一一《祥异》）

五月，开封府之项城县蝗。（民国《项城县志》卷三一《杂事》）

七月，彰德府之汤阴县蝗。（清顺治《汤阴县志》卷九《杂志》）

夏，开封府之沈丘县蝗。（清乾隆《沈丘县志》卷一一《祥异》）

五月，河南府之洛阳县蝗。（清乾隆《重修洛阳县志》卷一〇《祥异》）

【陕西】

四月，陕西蝗。（章义和《中国蝗灾史》）

七月，西安府之同州奏：蝗虫伤稼。（《明英宗实录》卷九四）

1443年（明正统八年）：

【北京】

夏，两畿蝗。（《明史·五行志》）

五月旱，顺天府之通州蝗。（清康熙《通州志》卷一一《灾异》）

【河北】

广平府永年县各属旱，蝗。（民国《永年县志·故事》）

【江苏】

南京，夏，南畿蝗。（民国《首都志》卷一六《大事记》）

【安徽】

秋，凤阳府凤阳县蝗。（清乾隆《寿州志》卷一一《祥异》）

【山东】

四月，山东济南府长清县、历城县蝗蝻生发，所掘蝗子少者一二百石，多至一二千石。（《明英宗实录》卷一〇三）

六月，济南府邹平县飞蝗骤盛。（《明英宗实录》卷一〇五）

1444年（明正统九年）：

【山东】

山东兖州府金乡县旱，蝗。（清咸丰《金乡县志略》卷一一）

1445年（明正统十年）：

八月，陕西、山西、山东、广东、河南、浙江、福建布政司，南北直隶凤阳、保定等府州县卫所俱奏：自正统九年至正统十年以来旱、蝗、雹，时行，饥馑流移，死者相藉。（《明英宗实录》卷一三二）

【河北】

七月，直隶真定府、保定府清苑等县蝗蝻间发。（《明英宗实录》卷一三一）

【山东】

七月，山东兖州府济宁州、曹县等县蝗蝻间发。（《明英宗实录》卷一三一）

【河南】

五月，开封府之阳武县蝗。（《明英宗实录》卷一二九）

【陕西】

陕西连年荒旱蝗潦，西安等府所属州县五月以来旱蝗灾伤，赈济饥民。（《明英宗实录》卷一三四）

1446年（明正统十一年）：

【山东】

五月，东昌府之高唐州、夏津县蝗灾。（《明英宗实录》卷一四一）

【河南】

卫辉府之汲县蝗。（清康熙《卫辉府志》卷一九《灾祥》）

开封府之延津县蝗。（明嘉靖《延津志》《祥异》）

卫辉府之淇县蝗。（清顺治《淇县志》卷一〇《灾祥》）

1447年（明正统十二年）：

【河北】

四月，保定府奏：所属州县蝗。上命户部遣官，督军民官司捕灭之。（《明英宗实录》卷一五三）

秋七月，监察御史奏：河北真定、大名二府蝗。（《明英宗实录》卷一五六）

秋七月，真定府正定县蝗灾。（明嘉靖《真定府志》卷九《事纪》）

秋，永平府之卢龙县蝗。（清康熙《永平府志》卷三《灾祥》）

四月，顺天府之大城县蝗。（清康熙《大城县志》卷五《恤政》）

顺天府之文安县灾蝗。（明崇祯《文安县志》卷一一《灾祥》）

秋七月，真定府之定州捕蝗。（清康熙《定州志》卷五《事纪》）

顺天府之涿州蝗。（清光绪《顺天府志》卷六九《祥异》）

保定府之新城县夏蝗。（清道光《新城县志》卷一五《祥异》）

秋七月，真定府之枣强县蝗。（明万历《枣强县志》卷一《灾祥》）

秋七月，真定府之宁晋县蝗。（清康熙《宁晋县志》卷一《灾祥》）

【江苏】

四月，直隶淮安府奏：所属州县蝗。上命户部遣官，督军民官司捕灭之。（《明英宗实录》卷一五三）

八月，直隶淮安、邳州地方飞蝗蔽野。应天、安庆、广德等府州，建阳、新安等卫，旱蝗相仍，军民饥窘，掘野菜充饥，饿殍甚众。（《明英宗实录》卷一五七）

夏，应天府江浦县大蝗。（明万历《江浦县志》卷一《县纪》）

夏，应天府六合县大蝗。（明嘉靖《六合县志》卷二《灾祥》）

苏州府之吴江县大旱，蝗，饥。（清乾隆《吴江县志》卷四〇《灾变》）

【浙江】

湖州府大旱，蝗，饥。（清同治《湖州府志》卷四四《祥异》）

夏秋间，绍兴府余姚县蝗。（清乾隆《绍兴府志》卷八〇《祥异》）

【安徽】

秋，凤阳府凤阳县蝗。（《明英宗实录》卷一五六）

八月，安庆府、广德州奏：旱蝗相仍，军民饥窘掘野菜充饥，饿殍甚众。（《明英宗实录》卷一五七）

【福建】

八月，建宁府建阳县奏：旱蝗相仍，军民饥窘掘野菜充饥，饿殍甚众。（《明英宗实录》卷一五七）

【江西】

四月，瑞州府之新昌、高安、上高三县，宜丰县旱蝗灾伤，人民缺食。（《明英宗实录》卷一六五）

【山东】

四月，山东济南府奏：所属州县蝗。上命户部遣官，督军民官司捕灭之。（《明英宗实录》卷一五三）

八月，山东兖州等府，济宁等卫所州县奏：旱蝗相仍，军民饥窘掘野菜充饥，饿殍甚众。（《明英宗实录》卷一五七）

九月，山东莱州、青州府各奏：蝗生，禾稼无收，人民饥窘。（《明英宗实录》卷一五八）

济南府之历城县蝗。（清乾隆《历城县志》卷二《总纪》）

兖州府金乡县旱蝗相仍，饿殍甚重。（清咸丰《金乡县志略》卷一一《事纪》）

【河南】

五月，河南开封、河南、彰德三府各奏：旱，蝗。（《明英宗实录》卷一五四）

七月，河南开封等六府旱，蝗。（《明英宗实录》卷一五六）

开封府、洛阳县、彰德府蝗灾。（陈家祥《中国历代蝗患之记载》）

八月，河南府新安县奏：旱蝗相仍，民饥窘，掘野菜充饥，饿殍甚众。（《明英宗实录》卷一五七）

1448年（明正统十三年）：

【北京】

秋七月，京师、顺天府等飞蝗蔽天。（《明英宗实录》卷一六八）

【河北】

四月，保定等府卫捕蝗。（《明英宗实录》卷一六五）

十二月，顺德府邢台县奏：今岁蝗蝻发，民捕瘗，践伤禾苗。（《明英宗实录》卷一七三）

七月，河间府之东光县境飞蝗蔽天。（清康熙《东光县志》卷一一《祥异》）

河间府之宁津县十三、十四连年蝗旱。（清光绪《宁津县志》卷一一《祥异》）

【江苏】

四月，南北直隶凤阳府卫捕蝗。（《明英宗实录》卷一六五）

六月，淮安府海州等十一州县连岁蝗旱相仍，加以大疫，死亡者众，民饥窘特甚。（《明英宗实录》卷一六七）

【安徽】

秋，凤阳府定远县蝗。（清道光《定远县志》卷二《祥异》）

【山东】

四月，青州府之诸城县奏：本年境内旱，蝗，民逃二千四百余户。（《明英宗实录》卷一六五）

五月，山东济南、青州、登州、莱州等府俱奏：蝗虫生发，旱蝗相仍，民艰食。（《明英宗实录》卷一六六）

五月，遣使捕山东蝗，抚辑灾民。（清宣统《山东通志》卷一〇《通纪》）

五月，济南府之历城县蝗。（清乾隆《历城县志》卷二《总纪》）

夏五月，青州府之诸城县蝗。（清乾隆《诸城县志》卷二《总纪》）

莱州府之掖县，逾年蝗飞蔽天。（清道光《再续掖县志》卷三《祥异》）

【河南】

五月，河南地方旱蝗相仍，民艰食。（《明英宗实录》卷一六六）

六月，河南开封府及汝宁府之汝阳县蝗，有秃鹙万余下食之，蝗故尽绝，禾稼无损，秋成可期。（《明英宗实录》卷一六七）

1449年（明正统十四年）：

【北京】

夏，顺天府之顺义县蝗。（《明英宗实录》卷一七八）

【河北】

五月，顺天、永平二府所属州县蝗，上命户部移文所司捕之；顺天府所属州县旱蝗相继，二麦无收。（《明英宗实录》卷一七八）

河间府之宁津连年蝗，旱。（清光绪《宁津县志》卷一一《祥异》）

【江苏】

六月，淮安府奏：上年飞蝗遗种，四月以来清河等四县更复生发，督令捕治。(《明英宗实录》卷一七九)

【山东】

夏，济南府之齐河、兖州府之曹州等蝗。(《明英宗实录》卷一七八)

六月，巡按山东监察御史奏：济南、青州二府蝗。(《明英宗实录》卷一七九)

夏，济南府之历城县蝗。(清乾隆《历城县志》卷二《总纪》)

夏，青州府之临朐县蝗。(清光绪《临朐县志》卷一〇《大事表》)

兖州府东平州飞蝗蔽天。(清康熙《东平州志》卷六《灾祥》)

兖州府之曹州、定陶县等处飞蝗蔽天，岁大饥。(明万历《兖州府志》卷一五《灾祥》)

夏，青州府之益都县蝗。(《明史·五行志》)

兖州府之泗水县飞蝗蔽天，害稼。(清康熙《泗水县志》卷一一《灾祥》)

兖州府之城武县飞蝗蔽天。(清康熙《城武县志》卷一〇《寝祥》)

兖州府之曹州飞蝗蔽天，岁大饥。(清康熙《曹州志》卷一九《灾祥》)

兖州府之定陶县飞蝗蔽天。(清顺治《定陶县志》卷七《灾异》)

【河南】

六月，河南布政司奏：开封府诸县蝗。(《明英宗实录》卷一七九)

1450 年（明景泰元年）：

【河北】

三月，顺天等八府蝗旱相仍。(《明英宗实录》卷一九〇)

六月，顺天府之丰润县、直隶兴州、前屯卫蝗生，遣官督捕。(《明英宗实录》卷一九三)

【河南】

秋，开封府之通许县蝗灾。(明嘉靖《通许县志》卷上《祥异》)

1451 年（明景泰二年）：

正月，诏南北直隶并山东、河南巡抚官各提督所司，掘灭蝗虫遗种。(《明英宗实录》卷二〇〇)

【北京】

顺天府之通州蝗。(清康熙《通州志》卷一一《灾异》)

1452 年（明景泰三年）：

【山东】

六月，济南府历城、长清二县蝗生。(《明英宗实录》卷二一七)

1453 年（明景泰四年）：

正月，山东、河南并顺天各府县掘蝗种。（《明英宗实录》卷二二五）

【上海】

八月，直隶松江府蝗蝻生发，伤害禾稼。（《明英宗实录》卷二三二）

1454 年（明景泰五年）：

【河北】

大名府之长垣县蝗虫为害，造成饥荒。（明嘉靖《长垣新县志》卷八）

【浙江】

秋七月，杭州蝗害稼。（民国《杭州府志》卷八四《祥异》）

【安徽】

六月，宁国、安庆、池州府属县旱蝗伤稼。（《明英宗实录》卷二四五）

六月，大旱，凤阳府之定远县蝗。（清道光《定远县志》卷二《祥异》）

1455 年（明景泰六年）：

【河北】

五月，畿内旱，蝗蝻延蔓。（清夏燮《明通鉴·景帝纪》）

真定府之平山县蝗。（清康熙《平山县志》卷一《事纪》）

【江苏】

五月，户部尚书李敏奏：应天、苏州、松江等府田禾各被水、旱、蝗灾。（《明英宗实录》卷二五三）

七月，江苏淮安府、邳州、海州、睢宁县、山阳县蝗。（《明英宗实录》卷二五六）

六、七月，江苏淮安、扬州大旱，蝗，常州府之江阴县、武进县蝗。（章义和《中国蝗灾史》）

秋，苏州府常熟县蝗，田禾少收。（明弘治《常熟县志》卷一《灾祥》）

夏旱，常州府之江阴县蝗。免租四万七千四百五十六石。（清道光《江阴县志》卷八《祥异》）

夏，常州旱，蝗。（明成化《重修毗陵志》卷三二《祥异》）

镇江府丹徒县大旱，蝗。（清康熙《丹徒县志》卷一〇《祥异》）

镇江府所属三县发生蝗灾，丹阳县尤盛。（清乾隆《镇江府志》卷四三《祥异》）

镇江府之金坛县大旱，蝗。（清光绪《金坛县志》卷一五《祥异》）

夏，常州府之靖江县旱，蝗。（明嘉靖《靖江县志》卷四《编年》）

【安徽】

六月，安徽凤阳大旱蝗。七月，安徽凤阳府宿州蝗。（《明英宗实录》卷二五六）

【福建】

五月，户部尚书李敏奏：建阳等卫军民田禾各被水、旱、蝗灾。（《明英宗实录》卷二五三）

【山东】

七月，巡抚山东刑部尚书薛希琏奏：东昌、济南、兖州三府蝗，平山、济南二卫蝗。（《明英宗实录》卷二五六）

七月，济南府之历城县蝗。（清乾隆《历城县志》卷二《总纪》）

1456年（明景泰七年）：

【河北】

五月，大名府之大名，广平郡之永年县蝗。（清光绪《永年县志》卷一九《祥异》）

五月，户部奏：顺天府并直隶河间、保定、真定、顺德、大名、广平诸府蝗蝻延蔓。（《明英宗实录》卷二六六）

大名府之长垣县蝗，饥。（清嘉庆《长垣县志》卷九《祥异》）

【江苏】

秋九月，应天及太平七府蝗。（清乾隆《太平府志》卷三二《祥异》）

五月，应天府江浦县，直隶镇江府、丹徒县，并南京旗手等卫各奏：四月初，蝗生。（《明英宗实录》卷二六六）

九月，巡按直隶监察御史胡宽奏：苏州、松江、常州、镇江四府蝗蝻生发。（《明英宗实录》卷二七〇）

常州府之无锡县秋蝗。（清乾隆《无锡县志》卷四〇《祥异》）

扬州旱，蝗。命巡抚都御史王竑设法以赈之。（清康熙《扬州府志》卷二二《灾异纪》）

扬州府之仪真县大旱，蝗。免民田租。（明隆庆《仪真县志》卷一三《祥异》）

扬州府之兴化县蝗。（清康熙《兴化县志》卷一《祥异》）

扬州府之泰兴县旱，蝗。（清光绪《泰兴县志》卷末《述异》）

扬州府之通州旱，蝗。（清乾隆《直隶通州志》卷二二《祥祲》）

扬州府之如皋县旱，蝗。（明万历《如皋县志》卷二《五行》）

扬州府之东台县，旱，蝗蝻生。有赈。（清康熙《淮南中十场志》卷一《灾眚》）

【浙江】

秋八月，嘉兴县蝗。（明万历《秀水县志》卷一〇《祥异》）

十月，浙江蝗蝻。（《明英宗实录》卷二七一）

【安徽】

六月，凤阳府大旱，蝗。（清光绪《凤阳府志》卷四《祥异》）

【河南】

河南蝗蝻。(《明英宗实录》卷二七一)

1457年(明天顺元年):

【江苏】

五月,应天府上元县、六合县,淮安府盱眙县蝗蝻生发。(《明英宗实录》卷二七八)

【浙江】

七月,浙江杭州、嘉兴诸府各奏:飞蝗众多,伤害稼穑,租税无征。(《明史·五行志》)

秋八月,嘉兴府蝗。(清康熙《嘉兴府志》卷二《祥异》)

秋八月,秀水县蝗。(明万历《秀水县志》卷一〇《丛谈》)

七月,嘉兴府之嘉善县蝗。(清光绪《重修嘉善县志》卷三四《灾眚》)

【安徽】

十一月,直隶泗州并天长县、石台县、池州府之青阳县奏:六七月旱,蝗,伤稼。(《明英宗实录》卷二八四)

五月,凤阳府定远县、滁州、来安县奏:蝗蝻生发。(《明英宗实录》卷二七八)

【山东】

七月,济南府之历城县蝗。(清乾隆《历城县志》卷二《总纪》)

七月,山东济南奏:飞蝗众多,伤害稼穑,租税无征。(《明英宗实录》卷二八〇)

九月,山东济南、兖州、青州三府各奏:三月以来蝗蝻生发,食伤禾稼。(《明英宗实录》卷二八二)

十一月,济南府泰安州、禹城县奏:六七月旱,蝗,伤稼。(《明英宗实录》卷二八四)

七月,济南府之平原县飞蝗尤多,人相食。发太仓银以赈。(清乾隆《平原县志》卷九《灾祥》)

夏,兖州府之平阴县蝗。(明万历《兖州府志》卷一五《灾祥》)

【河南】

汝宁府之汝阳县蝗,免田租。(清顺治《汝阳县志》卷一〇《补纪机祥》)

汝宁府之上蔡县蝗,诏免田租。(清康熙《上蔡县志》卷一二《编年》)

汝宁府之真阳县蝗,免租。(明嘉靖《真阳县志》卷九《祥异》)

1458年(明天顺二年):

【天津】

五月,户部右侍郎年富奏:顺天府武清县、静海县蝗生。(《明英宗实录》卷二九一)

【河北】

四月,大名府之大名县大蝗。(民国《大名县志》卷二六《祥异》)

五月，户部右侍郎年富奏：直隶河间府、沧州、兴济、东光、吴桥、青县等县，蝗生。（《明英宗实录》卷二九一）

大名府之东明县大蝗，既而抱草死，臭不可近。（清康熙《东明县志》卷七《灾祥》）

大名府之长垣县蝗生，无间遐迩，长垣尤多，既而抱草死，臭不可近。（明正德《长垣县志》卷八《灾祥》）

【江苏】

五月，徐州蝗。（《明英宗实录》卷二八六）

秋，苏州府之吴县旱，蝗伤稼，米贵，民饥。（明崇祯《吴县志》卷一一《祥异》）

【安徽】

五月，太平府属芜湖、当涂、繁昌、怀宁等县并建阳等卫各奏：蝗生。（《明英宗实录》卷二九一）

八月，太平府属县蝗蝻滋蔓，食伤苗稼。（《明英宗实录》卷二九四）

【福建】

五月，建阳等卫各奏：蝗生。（《明英宗实录》卷二九一）

【山东】

四月，山东济南、兖州、青州三府所属州县（曹州、单县、巨野、齐河、金乡、曲阜、临朐、平阴等县）及平山等卫蝗生伤麦。命户部覆视之。（《明英宗实录》卷二九〇）

五月，济南府之平原、乐陵、海丰、阳信诸县，蝗皆延蔓。（《明英宗实录》卷二九一）

四月，济南府之历城县蝗。（清乾隆《历城县志》卷二《总纪》）

夏四月，青州府临朐县蝗，免秋粮。（清光绪《临朐县志》卷一〇《大事表》）

兖州府之平阴县复蝗。（明万历《兖州府志》卷一五《灾祥》）

夏四月，兖州府之曲阜县蝗。冬十一月，免秋粮。（清乾隆《曲阜县志》卷二八《通编》）

【河南】

汝宁府之汝阳县蝗虫满地，残害田苗。（汝南县史志编纂委员会编《汝南县志》）

1460年（明天顺四年）：

【山东】

夏，兖州府之平阴县复蝗。（清乾隆《泰安府志》卷二九《祥异》）

1461年（明天顺五年）：

【河北】

大名府之长垣县，自春至秋，邑境外旱蝗。（民国《长垣县志》卷一六《金石》）

【浙江】

夏旱，绍兴府余姚县蝗。（明万历《新修余姚县志》卷一四《灾祥》）

【安徽】

庐州府所属州县蝗生。（清康熙《庐州府志》卷三《祥异》）

1462年（明天顺六年）：

【浙江】

杭州府富阳县螟蝗。（民国《杭州府志》卷八四《祥异》）

杭州府新城县螟蝗。（清康熙《新城县志》卷一《灾祥》）

【安徽】

庐州府合肥县蝗。（清康熙《合肥县志》卷二《祥异》）

池州府之铜陵县旱，蝗。（明万历《铜陵县志》卷一〇《祥异》）

安庆府蝗，其飞蔽天，其堕满地，郡县差官捕之，弥月乃止。（清康熙《安庆府志》卷六《祥异》）

秋，安庆府桐城县螽，其飞蔽天，其堕满地，弥月乃止。（清道光《续修桐城县志》卷二三《杂记》）

安庆府之太湖县蝗。（清康熙《潜山县志》卷一《祥异》）

庐州府之舒城县蝗。（明万历《舒城县志》卷一〇《祥异》）

【山东】

五月初，山东兖州府所属州县蝗生。（《明英宗实录》卷三四一）

【广东】

广州府新会县蝗。（清道光《新会县志》卷一四《事略》）

1463年（明天顺七年）：

【山东】

三月，山东济南府等连年蝗，旱，民饥窘。（《明英宗实录》卷三五〇）

1464年（明天顺八年）：

【河北】

大名府之大名县境内蝗。（清咸丰《大名府志》卷四《灾祥》）

1465年（明成化元年）：

【山东】

八月，济南府之禹城县，旱蝗相继，大饥，人相食。（清嘉庆《禹城县志》卷一〇《灾祥》）

【四川】

秋七月，高县蝗虫生。（清嘉庆《高县志》卷五二《祥异》）

【云南】

云南府禄丰县蝗，无秋。（清雍正《云南通志》卷二八《灾祥》）

1466年（明成化二年）：

【河南】

夏，开封府之通许县蝗，民饥。（明嘉靖《通许县志》卷上《祥异》）

1467年（明成化三年）：

【山东】

秋八月，兖州府之曲阜县旱，蝗。（清乾隆《曲阜县志》卷二九《通编》）

【河南】

七月，河南开封府、彰德府、卫辉府三府地方，有飞蝗过落及蝻生发，伤禾稼。（《明宪宗实录》卷四四）

七月，卫辉府之汲县蝗。（清乾隆《卫辉府志》卷四《祥异》）

七月，淮阳县蝗蝻伤稼。（清乾隆《陈州府志》卷三〇《杂志》）

秋，开封府之沈丘县旱，蝗，伤禾。（清乾隆《沈丘县志》卷一一《祥异》）

开封府之项城县蝗伤稼。（民国《项城县志》卷三一《杂事》）

【陕西】

延安府之中部县大蝗。（清嘉庆《续修中部县志》卷二《祥异》）

1468年（明化成四年）：

【江苏】

淮安县，秋旱，蝗，有司捕之愈盛。翌日，大雨，蝗尽死，岁大稔。（清光绪《淮安府志》卷三九《杂记》）

秋旱，蝗，有司捕蝗，愈盛，太守诣蝗所斋祝，翌日大雨，蝗尽死。（明万历《淮安府志》卷八《祥异》）

淮安府之安东县蝗，捕之愈炽。太守虔祷，雨，群蝗灭，岁大稔。（清雍正《安东县志》卷一五《祥异》）

1469年（明成化五年）：

【湖南】

岳州府之石门县大旱，蝗，饥。（清康熙《岳州府志》卷二《祥异》）

【广西】

宜山县，庆远府宜山县蝗杀稼。（明嘉靖《广西通志》卷四〇《祥异》）

1470年（明成化六年）：

【江苏】

夏旱，淮安府睢宁县蝗。大雨，蝗尽死。（清康熙《睢宁县志》卷九《灾异》）

秋，淮安府旱，蝗，捕愈甚；淮安府之盐城县蝗食稼。（清光绪《盐城县志》卷一七《祥异》）

1471年（明成化七年）：

【江苏】

淮安府之盐城县旱，蝗食稼。（明万历《盐城县志》卷一《祥异》）

【湖南】

长沙府之浏阳蝗食稼。（清乾隆《长沙府志》卷三七《灾祥》）

1472年（明成化八年）：

【河北】

六月，顺天府之大城县蝗。（民国《文安县志》卷八《灾异》）

河间府之宁津县蝗，涝。（明万历《宁津县志》卷四《祥异》）

【河南】

河南府之孟津县大蝗盖地，害稼。（陈家祥《中国历代蝗患之记载》）

【湖南】

常德府之石门县蝗，饥。（清乾隆《澧志举要》卷一《大事记》）

1473年（明成化九年）：

【河北】

六月，河间蝗。七月，真定蝗。（《明宪宗实录》卷一一七）

七月，真定府正定县蝗。（清光绪《正定县志》卷八《灾祥》）

顺天府文安县、大城县蝗。（清光绪《顺天府志》卷六九《祥异》）

【山东】

是年，济南府之德平县先蝗后水，民茹草木。（清康熙《德平县志》卷三《灾祥》）

八月，济南府之禹城县蝗，大饥，人相食。（清嘉庆《禹城县志》卷一一《灾祥》）

三月，济南府之平原县大旱，蝗。（清乾隆《平原县志》卷九《灾祥》）

八月，山东蝗虫甚于往岁，平原县、齐河县旱蝗相继。（《明宪宗实录》卷一一九）

1474年（明成化十年）：

【陕西】

秋，西安府之白水县蝗食禾草木俱尽，民饥。（清乾隆《白水县志》卷一）

1475年（明成化十一年）：

【浙江】

夏四月，台州府蝗，民掘草根以食。（清光绪《台州府志》卷二九《大事》）

台州府之仙居县蝗食苗。（清康熙《仙居县志》卷二九《灾异》）

台州府之黄岩县蝗。（明万历《黄岩县志》卷七《纪变》）

温岭县蝗，民掘草根以食。（清嘉庆《太平县志》卷一八《灾祥》）

1477年（明成化十三年）：

【浙江】

六月，嘉兴府之海盐县蝗来，时田中水，蝗不集。（明嘉靖《海盐县志》卷五《杂志》）

1479年（明成化十五年）：

【江苏】

常州府旱，蝗。（清康熙《常州府志》卷三《祥异》）

淮安府之盐城县旱，蝗食苗稼。（明万历《盐城县志》卷一《祥异》）

1480年（明成化十六年）：

【江苏】

扬州旱，有蝗从东北来，蔽空翳日。（清康熙《扬州府志》卷二二《灾异纪》）

扬州府之东台县，有蝗从东北来，蔽空翳日。（清嘉庆《东台县志》卷七《祥异》）

【四川】

五月，屏山县旱，蝗。（明嘉靖《马湖府志》卷七《杂志》）

1481年（明成化十七年）：

【江苏】

三、四月，苏州府之吴县蝗生食禾。（明崇祯《吴县志》卷一一《祥异》）

八月十五日，蝗来自北，堕地食稼，及草茅苇叶殆尽。（清康熙《具区志》卷一四《灾异》）

苏州府之太仓州蝗食禾。（清嘉庆《直隶太仓州志》卷五八《祥异》）

秋八月，常州府之武进县蝗。是月十五日，蝗自北而来，食草木几尽。（清康熙《武进县志》卷三《灾祥》）

常州府春夏大旱，八月蝗。（章义和《中国蝗灾史》）

1482年（明成化十八年）：

【河南】

开封府之通许县蝗，食禾稼尽，飞集民舍。（明嘉靖《通许县志》卷上《祥异》）

秋，归德府之虞城县，蝗蔽天，自东入境。知县柳泽斋沐祷神，蝗遂越境去。（清顺治《虞城县志》卷八《灾祥》）

汝宁府之固始县大蝗。（清乾隆《固始县续志》卷一一）

河南府之渑池县蝗食禾，人皆饥，亡者大半。（清乾隆《渑池县志》卷中《灾祥》）

【四川】

屏山县蝗食粟。（明嘉靖《马湖府志》卷七《杂志》）

【贵州】

贵州绥阳县、遵义蝗食粟，籴贵。（清道光《遵义府志》卷二一《祥异》）

1483年（明成化十九年）：

【河北】

真定府赞皇县蝗。（清康熙《赞皇县志》卷九《祥异》）

六月，顺德府之邢台蝗。（明嘉靖《顺德府志》卷一七《灾祥》）

六月，顺德府之任县蝗。（明隆庆《任县志》卷七《祥异》）

夏六月，真定府之临城蝗伤稼。（明隆庆《赵州志》卷九《灾祥》）

六月，顺德府之内丘蝗。（明崇祯《内丘县志·变纪》）

【山西】

大同府旱蝗。（章义和《中国蝗灾史》）

【河南】

温县。胡宣《救荒疏》：臣钦蒙圣恩，任怀庆府温县知县。……臣［成化二十年］十一月二十六日到任，……成化十九年虫蝻生发，食伤苗稼。……且有鬻子女以易粟，割人肉以充腹者。……本县逃移者十有八九，见存者百无一二。（清康熙《河南通志》卷三九《艺文》）

怀庆府之温县蝗蝻生，食禾稼殆尽。（清乾隆《温县志》卷一《灾祥》）

五月，河南蝗。（《明史·五行志》）

夏，河南府之洛阳县蝗灾。（陈家祥《中国历代蝗患之记载》）

归德府之柘城县蝗灾，五谷不收。（民国《柘城县志》卷二《职官》）

五月，开封府之陈州蝗灾尤甚，大饥。（清乾隆《陈州府志》卷三〇《祥异》）

开封府之沈丘县旱，蝗，人相食。（清乾隆《沈丘县志》卷一一《祥异》）

开封府之禹州钧州蝗灾。（清道光《禹州志》卷二《沿革》）

怀庆府，蝗蝻食禾殆尽。（清康熙《怀庆府志》卷一《灾祥》）

南阳府沁阳县蝗蝻生发，食伤禾稼，累年被灾。（清康熙《怀庆府志》卷一《灾祥》）

1484年（明成化二十年）：

【山西】

山西平阳府之太平县飞蝗蔽天，禾穗树叶食之殆尽。（清光绪《太平县志》卷一四《灾

祥》）

【河南】

开封府之延津县旱，蝗，饥民死者十之七八。（清康熙《延津县志》卷七《灾祥》）

【陕西】

陕西宁北大蝗。（明嘉靖《宁夏新志》卷七《灾祥》）

1485年（明成化二十一年）：

【山西】

汾州襄汾县蝗飞蔽日，禾穗树叶食之殆尽，民不聊生，多转沟壑。（明万历《太平县志》卷四《灾祥》）

平阳府太平县蝗群飞蔽天，禾穗树叶食之殆尽。（清康熙《平阳府志》卷三四《祥异》）

平阳府之垣曲县大旱，飞蝗兼至，人皆相食。民流亡者大半，时饥民啸聚山林。（清康熙《垣曲县志》卷一二《灾荒》）

【山东】

沂州府之蓝山县，春至秋不雨，蝗灾，人相食。（民国《临沂县志》卷一《通纪》）

兖州府，春至秋不雨，蝗蝻满地，人相食。（明万历《兖州府志》卷一五《灾祥》）

兖州府之阳谷县春至秋不雨，蝗蝻满地，人相食。（清康熙《阳谷县志》卷四《灾祥》）

自春至秋，兖州府之鱼台县旱，蝗，人相食。（清光绪《鱼台县志》卷一《祥异》）

【河南】

河南府之新安县蝗。（清乾隆《新安县志》卷一四《祥异》）

汝州之伊阳县蝗。（清乾隆《伊阳县志》卷四《祥异》）

河南台前县旱蝗相继，人食树皮。（章义和《中国蝗灾史》）

1486年（明成化二十二年）：

【北京】

七月，顺天蝗。（《明史·五行志》）

【河北】

三月，免永平府抚宁县今年秋粮八百余石、草九十余束及种子三百四十石，以虫蝗故也。（《明宪宗实录》卷二七六）

【山西】

三月，平阳府临汾县蝗。（《明史·五行志》）

【河南】

四月，河南蝗。（《明史·五行志》）

夏四月，开封府之许州有蝗大食谷苗，民甚恐。（清康熙《许州志》卷一三《记》）

河南府之新安县蝗。(民国《新安县志》卷一五《祥异》)

汝州之伊阳县蝗灾。(清道光《直隶汝州全志》)

1487年（明成化二十三年）：

【河北】

六月，顺天府之固安县蝗。(明崇祯《固安县志》卷八《灾异》)

【江苏】

六月，直隶徐州蝗。(《明宪宗实录》卷二九一)

【河南】

归德府柘城县连年旱，蝗灾，疾疫，民多死徒。(明嘉靖《柘城县志》卷一〇《灾祥》)

归德府之鹿邑县蝗，疠疫。(清康熙《鹿邑县志》卷八《灾祥》)

河南府之嵩县蝗生，有司捕之，抵斗易谷，仓廒皆满。(清康熙《嵩县志》卷一〇《灾祥》)

汝宁府之汝阳县蝗。(清道光《重修伊阳县志》卷六《祥异》)

1488年（明弘治元年）：

【河北】

夏四月，永平府之迁安县，以蝗灾免迁安、抚宁去年田租。(清同治《迁安县志》卷九《纪事》)

【广东】

广东东莞有蝗。(清康熙《广东通志》卷三〇《祥异》)

广州府之番禺有蝗灾。(广东省文史研究馆编《广东省自然灾害史料》)

广州府，春正月有蝗，五月蝗，旱。(明嘉靖《广州志》卷四《事纪》)

春正月，广州府南海县蝗，旱。(清宣统《南海县志》卷二《舆地略》)

春正月，广州府香山县有蜚（蝗），旱禾不获。(清乾隆《香山县志》卷八《祥异》)

春正月，广州府顺德县有蝗。(民国《龙山乡志》卷二《灾祥》)

正月，肇庆府阳春县有蝗。(清康熙《阳春县志》卷一〇《祥异》)

【广西】

广西临桂县、融县蝗。(章义和《中国蝗灾史》)

春正月，柳州府来宾县蝗。(民国《来宾县志》卷下《礼祥》)

春正月，平乐府平乐县蝗。(清康熙《平乐县志》卷六《灾祥》)

春正月，桂林府灌阳县蝗。(清道光《灌阳县志》卷二〇《事纪》)

梧州府苍梧县蝗。(清同治《苍梧县志》卷一七《纪事》)

五月，梧州府蒙山县蝗。(清嘉庆《永安州志》卷四《祥异》)

1489 年（明弘治二年）：

是年，两畿、河南、山西、陕西旱蝗。（《明史·刘吉列传》）

【陕西】

五月，陕西定边县旱，蝗。（《明宪宗实录》卷二六）

【甘肃】

酒泉县，五月，肃州酒泉县大蝗。（清光绪《甘肃新通志》卷二《祥异》）

1490 年（明弘治三年）：

北畿蝗。（《明史·五行志》）

十一月，两畿、河南、山西、陕西旱蝗。（清夏燮《明通鉴·孝宗纪》）

【河北】

广平府之永年县蝗。（清光绪《永年县志》卷一九《祥异》）

【甘肃】

肃州酒泉县续大蝗，是岁免税。（明万历《肃镇华夷志》卷四《灾祥》）

1491 年（明弘治四年）：

【北京】

五月，顺天府之密云蝗。（清光绪《顺天府志》卷六九《祥异》）

五月，顺天府之通州蝗。（清康熙《通州志》卷一一《灾异》）

【河北】

五月，永平府之卢龙县蝗。（清康熙《永平府志》卷三《灾祥》）

夏五月，永平府之乐亭蝗。（明天启《乐亭志》卷一一《祥异》）

五月，永平府之滦州蝗。（明嘉靖《滦州志》卷二《世编》）

【江苏】

南京，十月秋收之际，蝗蝻骤生，禾稼伤残。（《明孝宗实录》卷五六）

夏，淮安、扬州蝗。（《明史·五行志》）

【河南】

九月，淮阳县等处蝗飞蔽天。（《明孝宗实录》卷五五）

1492 年（明弘治五年）：

【山东】

青州府之昌乐县旱，蝗，赈。（明嘉靖《昌乐县志》卷一《祥异》）

沂州府之蓝山县飞蝗蔽天。（明万历《沂州志》卷一《灾祥》）

兖州府费县飞蝗蔽天。（明万历《兖州府志》卷一五《灾祥》）

1493 年（明弘治六年）：

【北京】

六月，飞蝗飞过京师三日，自东南向西北，日为之蔽。户部以蝗生畿内，请遣顺天府丞毕亨行县督捕。(《明孝宗实录》卷七七)

【河北】

夏四月，永平府之迁安县，以蝗灾免迁安、抚宁去年田租。(清同治《迁安县志》卷九《纪事》)

四月，以蝗灾免直隶永平府、迁安、抚宁二县及抚宁兴州右屯二卫、建昌等营，河涿口等关弘治五年分粮草子粒有差。(《明孝宗实录》卷七四)

夏，真定府曲阳县大蝗。(清光绪《重修曲阳县志》卷五《大事记》)

广平郡之清河县飞蝗蔽天，尽伤禾稼。(明嘉靖《清河县志》卷一《祥异》)

广平府威县大蝗。(明嘉靖《威县志》卷一《祥异》)

【江苏】

六月，飞蝗自东南向西北，日为掩者三日。(《明史·五行志》)

【山东】

兖州府之费县飞蝗蔽天。(明万历《兖州府志》卷一五《灾祥》)

1494年（明弘治七年）：

三月，两畿蝗，诏捕之。(《明史·五行志》)

【北京】

畿捕蝗。命民捕蝗，一斗给米倍之。(清光绪《保定府志稿》卷三《纪事》)

【河北】

正月，以蓟州县忠义中等卫所，并马兰谷等营堡蝗灾，免弘治六年粮草有差。(《明宪宗实录》卷八四)

广平府之永年县蝗。(清光绪《永年县志》卷一九《祥异》)

【山东】

秋，莱州府高密县蝗入境。作文自责，蝗皆入海死。(清光绪《高密县乡土志·政绩》)

1495年（明弘治八年）：

【河北】

夏四月，永平府之乐亭蝗。(清乾隆《永平府志》卷三《祥异》)

四月，保定府蝗。(清光绪《顺天府志》卷六九《祥异》)

【山西】

泽州之高平县蝗。谷初成，有蝗自泽州来，势如飞雨，凌空而下，吮心叶节根，食之殆遍。(清顺治《高平县志》卷九《祥异》)

潞安府屯留县蝗。（章义和《中国蝗灾史》）

【安徽】

三月、四月，太平府之当涂县蝗虫生，食草枝，秧苗略尽。（《明孝宗实录》卷九八、卷九九）

1496 年（明弘治九年）：

【山东】

五月，以蝗灾免山东青州府弘治八年税粮。（《明孝宗实录》卷一一三）

1499 年（明弘治十二年）：

【安徽】

夏六月，太平府之当涂县飞蝗入境。（明嘉靖《池州府志》卷九《祥异》）

1500 年（明弘治十三年）：

【河北】

顺天府之大城县蝗。（清康熙《大城县志》卷八《灾异》）

【河南】

八月，汝宁府之固始县蝗。（清乾隆《固始县续志》卷一一）

1501 年（明弘治十四年）：

山西、河南、山东、南北直隶有蝗虫之灾。（《明孝宗实录》卷一七七）

【河北】

顺天府之大城夏蝗，秋大水。（清康熙《大城县志》卷八《灾异》）

顺天府之文安夏蝗。（清光绪《顺天府志》卷六九《祥异》）

巡抚直隶都御史王所奏：真定府水蝗为灾，军兴尤重。（《明孝宗实录》卷一七九）

【浙江】

秋，绍兴府之余姚县蝗，大饥。（清乾隆《绍兴府志》卷八〇《祥异》）

【山东】

是年，山东旱，蝗。（《明孝宗实录》卷一七七）

【河南】

是年，河南旱，蝗。（《明孝宗实录》卷一七七）

卫辉府之汲县蝗蝻自北而来，所过苗无遗。（清乾隆《卫辉府志》卷四四《碑》）

1502 年（明弘治十五年）：

【江苏】

大旱，淮安府之盐城县蝗食苗尽。（明万历《盐城县志》卷一《祥异》）

1503 年（明弘治十六年）：

【山东】

四月，以水灾、旱、蝗虫灾，免山东济、兖、青、登四府及青州左等二卫所弘治十五年粮草子粒有差。（《明孝宗实录》卷一九八）

1505年（明弘治十八年）：

【江苏】

扬州府之江都县、通州等大旱，蝗，饥。（清乾隆《江都县志》卷三二）

扬州大旱，飞蝗蔽天，食田禾尽。（清康熙《扬州府志》卷二二《灾异纪》）

扬州府之高邮州大旱，飞蝗食禾殆尽，民大饥。（明隆庆《高邮州志》卷一二《灾祥》）

扬州府之宝应县旱，蝗，大无稼。（明嘉靖《宝应县志》卷一《灾祥》）

扬州府之如皋县大旱，飞蝗蔽天。（明嘉靖《重修如皋县志》卷六《灾祥》）

扬州府之东台县大旱，飞蝗蔽空，食田禾殆尽。（清嘉庆《东台县志》卷七《祥异》）

扬州府之通州大旱，蝗，饥。（清光绪《通州直隶州志》卷末《祥异》）

【广西】

南宁，春旱，秋蝗害稼。（明嘉靖《南宁府志》卷一一《祥异》）

1506年（明正德元年）：

【河北】

顺天府之遵化县，春夏大旱，蝗，岁饥。（清康熙《遵化州志》卷二《灾异》）

【山西】

太原府之河曲县旱，蝗，北乡灾。（清顺治《河曲县志》卷四《纪异》）

【江苏】

淮安府之安东县蝗飞蔽天。大雨灭蝗，转歉为熟。（清雍正《安东县志》卷九《宦绩》）

【浙江】

嘉兴府蝗蔽天，稻如翦。（清光绪《嘉兴府志》卷三五《祥异》）

1507年（明正德二年）：

【山西】

平阳府之荣河蝗。（清乾隆《荣河县志》卷一四《祥异》）

【安徽】

凤阳县大水，蝗。（清乾隆《凤阳县志》卷一五《纪事》）

【福建】

建宁、邵武二府自八月始大疫，死者众。旱涝、蝗虫递作。（《明武宗实录》卷三三）

【山东】

秋，东昌府之夏津县蝻生。（清乾隆《夏津县志》卷九《灾祥》）

秋，东昌府聊城县蝻生。（明万历《东昌府志》卷一七《祥异》）

秋，东昌府之茌平县蝗蝻害稼。（清康熙《茌平县志》卷二《灾祥》）

【河南】

七月，开封府之郾城县禾菽蔽野，飞蝗北来，势若风雨。（清乾隆《郾城县志》卷七《艺文》）

秋，汝宁府之汝南县禾菽蔽野，飞蝗忽来，势若风雨。（清嘉庆《汝宁府志》卷二三《艺文》）

【湖南】

长沙府旱，多蝗。（清乾隆《长沙府志》卷三七《祥异》）

正月，郴州之宜章县大水冲塌西南城垣，坏民田塘庐舍。秋复大蝗。（明万历《郴州志》卷二〇《祥异纪》）

旱，长沙府宁乡县多蝗虫。（清康熙《新修宁乡县志》卷二《灾祥》）

1508年（明正德三年）：

【江苏】

扬州旱，飞蝗蔽天，食田禾尽。（清康熙《扬州府志》卷二二《灾异纪》）

扬州府之宝应县大旱，蝗。（明嘉靖《宝应县志》卷一《灾祥》）

扬州府之东台大旱，飞蝗蔽天，食禾苗尽。（清嘉庆《东台县志》卷七《祥异》）

【浙江】

台州府之临海县旱，蝗，大饥。（民国《临海县志稿》卷四二《灾祥》）

【安徽】

凤阳府霍邱县、蒙城县蝗，大饥，疫，人相食。（清乾隆《颍州府志》卷一〇《祥异》）

凤阳府寿州蝗，大饥，疫，人相食。蒙、霍同。（明嘉靖《寿州志》卷八《灾祥》）

凤阳县蝗，大饥，疫。（清乾隆《凤阳县志》卷一五《纪事》）

【河南】

陈州府之淮宁县春旱，秋蝗。（清康熙《续修陈州志》卷四《灾异》）

开封府之沈丘县春旱，秋蝗。（明嘉靖《沈丘县志》卷一《灾祥》）

春，旱。秋，开封府之项城县蝗。（民国《项城县志》卷三一《杂事》）

【湖南】

宁乡县大水。长沙府宁乡县蝗伤稼。（清康熙《新修宁乡县志》卷二《灾祥》）

【广东】

秋九月，广州府新宁县台山蝗入境，害稼。（清康熙《新宁县志》卷二《事略》）

1509年（明正德四年）：

【江苏】

夏，淮安府盱眙县蝗飞蔽日。（清康熙《盱眙县志》卷三《祥异》）

【安徽】

夏，大旱，凤阳府之寿州蝗飞蔽日，岁大饥，人相食。（清乾隆《寿州志》卷一一《灾祥》）

夏，大旱，凤阳府之宿州蝗飞蔽日，岁大饥，人相食。（明嘉靖《宿州志》卷八《灾祥》）

夏，大旱，凤阳府之五河蝗飞蔽日。（清康熙《五河县志》卷一《祥异》）

夏，大旱，凤阳府之灵璧县蝗，岁饥，人相食。（清康熙《灵璧县志》卷一《祥异》）

凤阳府之泗州夏大旱，蝗飞蔽日，岁用告欠，民多艰食。（明万历《帝乡纪略》卷六《灾患》）

凤阳县夏大旱，蝗飞蔽日，岁大饥，人相食。（清光绪《凤阳府志》卷四《祥异》）

【福建】

漳州府漳浦县蝗入境，食禾稼。（清光绪《漳州府志》卷四七《灾祥》）

漳州府之诏安县蝗入境，食禾稼。（清康熙《诏安县志》卷二《灾异》）

【山东】

济南府之淄川蝗。（明嘉靖《淄川县志》卷二《祥异》）

济南府之新城旱，蝗，田无禾。（明崇祯《新城县志》卷一一《灾祥》）

旱，兖州府济宁州蝗。（清乾隆《济宁直隶州志》卷一《纪年》）

兖州府金乡县旱，蝗。（清咸丰《金乡县志略》卷一一《事纪》）

【河南】

归德府之夏邑县夏旱，蝗。（民国《夏邑县志》卷九《灾异》）

夏，归德府之永城县旱，蝗飞蔽天。（明嘉靖《永城县志》卷四《灾祥》）

1510年（明正德五年）：

【重庆】

重庆府永川、荣昌两县蝗。（清道光《重庆府志》卷九《祥异》）

【甘肃】

民勤县。五月，免甘肃镇番卫屯粮四千一百石，以去年蝗灾也。（《明武宗实录》）

1511年（明正德六年）：

【河北】

顺天府之遵化县春夏大旱，蝗，岁饥。（清乾隆《直隶遵化州志》卷二《灾异》）

【安徽】

凤阳府之怀远县蝗飞蔽天，岁大饥，人相食。(清雍正《怀远县志》卷八《灾异》)

【广东】

春，广州府增城县蝗。(清康熙《增城县志》卷三《事纪》)

春，广州府新会县有蝗。(清道光《新会县志》卷一四《事略》)

1512年（明正德七年）：

【河北】

三月，保定府之容城地生虫蝻，二麦田苗食残。(清乾隆《容城县志》卷八《灾异》)

六月，河间府之阜城蝗。(清康熙《重修阜志》卷二《祥异》)

六月，真定府之武强县蝗蝻生，食禾稼殆尽。(清康熙《重修武强县志》卷二《灾祥》)

十二月，以蝗灾免保定、河间等府并沧州等卫秋税。(《明武宗实录》卷九五)

【山东】

七月，济南府之齐河飞蝗蔽天。秋，蝻生。(清康熙《齐河县志》卷六《灾祥》)

七月，兖州府之城武县、定陶县等飞蝗蔽天。八月，兖州府之曹州、平阴县大蝗，济南府之无棣县、长清县，东昌府之观城县蝗。(清雍正《山东通志》卷三三《灾祥》)

济南府之惠民县飞蝗蔽天。(清乾隆《惠民县志》卷四《祥异》)

济南府之海丰县蝗。(民国《无棣县志》卷一六《物征》)

济南府之长清县蝗。(清康熙《长清县志》卷一二《灾祥》)

兖州府之平阴县蝗害稼。(清顺治《平阴县志》卷八《灾祥》)

六月，东昌府之濮州、清平县、博平县蝗害稼。(明嘉靖《濮州志》卷八《灾异》)

秋八月，兖州府之菏泽县飞蝗蔽天，食稼殆尽。(清光绪《菏泽县志》卷一九《灾祥》)

兖州府之定陶县蝗。(明万历《兖州府志》卷一五《灾祥》)

秋八月，兖州府之曹县飞蝗蔽天，食稼殆尽。(清康熙《曹州志》卷一九《灾祥》)

七月内，东昌府之茌平县，蝗蝻遍野，禾稼尽食，行如水流，飞则蔽天，袭则如阜，捕之为难。至八月初，相负禾秸坠死。(清康熙《茌平县志》卷二《灾祥》)

【河南】

秋，归德府之考成蝗。(民国《考城县志》卷三《事纪》)

夏，开封府太康县蝗。(明嘉靖《太康县志》卷四《五行》)

五月，南阳府蝗，大饥，人相食。(明万历《南阳府志》卷二《灾祥》)

开封府临颍县蝗。(明嘉靖《临颍志》卷八《祥异》)

【湖北】

均州，春大饥，人相食。六月，襄阳府均州蝗。(清康熙《均州志》卷二《灾祥》)

【广东】

八月，惠州府之博罗县，潮州府之惠来县飞蝗蔽天。（章义和《中国蝗灾史》）

惠州府，飞蝗蔽天。（明嘉靖《惠州府志》卷一《郡事纪》）

惠州府之归善飞蝗蔽天，其多蔽野，所至食田禾殆尽。（清雍正《归善县志》卷二《事纪》）

1513年（明正德八年）：

【北京】

顺天府。四月，以畿内旱蝗请祷，许之。（《明武宗实录》卷一〇二）

【河北】

十一月，顺天府遵化县蝗旱相继，十室九空。（《明武宗实录》卷一〇六）

四月，永平府之昌黎蝗害禾，民大饥。（清康熙《昌黎县志》卷一《祥异》）

四月，永平府之卢龙蝗，民饥。秋七月，免永平旱灾夏租。（清光绪《永平府志》卷三〇《纪事》）

夏四月，永平府之乐亭县蝗。（明天启《乐亭志》卷一一《祥异》）

夏四月，永平府之滦州蝗。（清嘉庆《滦州志》卷一《祥异》）

旱极，顺天府丰润县蝗为灾。（明隆庆《丰润县志》卷二《事纪》）

六月，真定府之衡水县、冀州蝗。（清康熙《衡水县志》卷六《事纪》）

【山西】

六月，山西泽州及所属阳城县、平阳府荣河县蝗。（清康熙《平阳府志》卷三四《祥异》）

六月，泽州府之凤台县蝗。（清乾隆《凤台县志》卷一二《纪事》）

六月，泽州之阳城县蝗。（清同治《阳城县志》卷一八《祥异》）

平阳府之万全县蝗。（清乾隆《蒲州府志》卷二三《纪事》）

【江苏】

淮安府旱，蝗。（清光绪《淮安府志》卷三九《杂记》）

淮安府之盐城县蝗伤禾稼。（明万历《盐城县志》卷一《祥异》）

【山东】

秋，济南府之齐河县蝗，登州府莱阳县、荣成县、海阳县、登州、福山县、菏泽县等地飞蝗蔽日。（章义和《中国蝗灾史》）

夏，登州府之福山县飞蝗蔽日。（清康熙《福山县志》卷一《灾祥》）

四月，登州府之文登县飞蝗蔽日。（清光绪《文登县志》卷一四《灾异》）

登州府之海阳县飞蝗蔽日。（清乾隆《海阳县志》卷三《灾祥》）

荣成县飞蝗蔽日。（清道光《荣成县志》卷一《灾祥》）

【河南】

归德府之虞城县大蝗。（清顺治《虞城县志》卷八《灾祥》）

秋，归德府之永城县蝗。（明嘉靖《永城县志》卷四《灾祥》）

秋，归德府之夏邑县蝗蝻食谷。（明嘉靖《夏邑县志》卷五《灾异》）

夏，开封府扶沟县大蝗。六月至十二月，不雨，无麦禾。（清康熙《扶沟县志》卷四《灾异》）

秋，归德府之商丘县蝗蝻食谷。（清康熙《商丘县志》卷三《灾祥》）

南阳府之新野县蝗食二麦。（明嘉靖《南阳府志》卷一〇《妖祥》）

六月，开封府之许州旱，蝗，秋作被食。（清乾隆《许州志》卷一〇）

六月，开封府之通许县蝗食禾死。（明嘉靖《通许县志》卷上《祥异》）

【广东】

广州府增城县蝗害稼。（清康熙《增城县志》卷三《事纪》）

雷州府惠阳县蝗而不害。是岁蝗复作，未几遁灭，不伤禾。（明万历《惠州府志》卷二《事纪》）

惠州府河源县蝗，食禾尽。是岁，蝗复起，未几遁灭，不伤禾。（清康熙《河源县志》卷八《灾祥》）

【广西】

梧州府郁林县蝗，大饥。（清光绪《郁林州志》卷四《礼祥》）

梧州府之兴业县、北流县蝗生，大饥。（明崇祯《梧州府志》卷四《郡事》）

1514年（明正德九年）：

近岁以来，灾异迭见，水旱频仍，千里飞蝗，人多悲咨。（《明武宗实录》卷一〇八）

【河北】

河间府所属吴桥等县蝗食苗稼皆尽，所至蔽日。民捕以食，或曝干积之，又尽，则人相食。（清光绪《吴桥县志》卷一〇《灾祥》）

【江苏】

扬州府宝应县大旱，蝗。（明嘉靖《宝应县志》卷一《灾祥》）

【浙江】

七月，嘉兴府桐乡县蝗食苗，既而禾生数穗。（明万历《崇德县志》卷一一《灾祥》）

湖州府乌程县蝗，不害稼。（清同治《湖州府志》卷四四《祥异》）

【湖北】

襄阳府之枣阳旱，蝗害稼，大饥。（明万历《襄阳府志》卷三三《灾祥》）

【广东】

秋，广州府增城县有蝗，伤稼甚多。岁大歉。（明嘉靖《增城县志》卷一九《大事通志》）

夏六月，惠州府河源县蝗而不害。（明万历《惠州府志》卷二《事纪》）

东莞县蝗害稼。（民国《东莞县志》卷三一《前事略》）

【贵州】

都匀府之都匀县蝗食禾。（清乾隆《贵州通志》卷一《祥异》）

1515年（明正德十年）：

【江苏】

夏，淮安府海州蝗蝻生，督捕殆尽。（明隆庆《海州志》卷六《名宦》）

1516年（明正德十一年）：

【山东】

登州府之宁海州蝗。（清同治《重修宁海州志》卷一《祥异》）

【河南】

民权县蝗虫食禾殆尽，生蝻，平地尺许。（《民权县志》）

【湖南】

湖广辰州府蝗。（清雍正《湖广通志》卷一《祥异》）

辰州府之辰溪县蝗。（清道光《辰溪县志》卷三八《祥异》）

辰州府之沅陵县蝗。（清同治《沅陵县志》卷三九《祥异》）

【湖北】

襄阳府之均州蝗。（清康熙《均州志》卷二《灾祥》）

1517年（明正德十二年）：

【北京】

四月，顺天府之通州蝗。（清康熙《通州志》卷一一《灾异》）

【山西】

辽州蝗食禾。（明万历《山西通志》卷二六《灾祥》）

太原府之平定州蝗。（清雍正《山西通志》卷一六三《祥异》）

【湖南】

常德府澧州蝗。（明嘉靖《澧州志》卷六《人物》）

【广东】

是年，潮州府春涝，秋蝗。（清顺治《潮州府志》卷二《灾祥》）

潮州府之海阳县秋蝗，无禾，民大饥。（清乾隆《潮州府志》卷一一《灾祥》）

【广西】

春、南宁府之宣化县蝗害稼。（明嘉靖《南宁府志》卷八《祥异》）

秋，南宁府邕宁县蝗。（民国《邕宁县志》卷三六《灾祥》）

【四川】

重庆府之永川县、荣昌县境大蝗。（清雍正《四川通志》卷三八《祥异》）

1518年（明正德十三年）：

【河北】

真定府之饶阳蝗，大饥。（清乾隆《饶阳县志》卷下《事纪》）

顺德府之邢台蝗。（清康熙《邢台县志》卷一二《事纪》）

顺德府之任县蝗。（明隆庆《任县志》卷七《祥异》）

真定府之临城蝗，大饥。（明万历《临城县志》卷七《事纪》）

【山东】

青州府之益都县蝗。（明万历《益都县志》卷八《灾祥》）

济南府长清蝗生。（清康熙《长清县志》卷一四《灾祥》）

东昌府之茌平县旱，蝗生。（清康熙《茌平县志》卷二《灾祥》）

1519年（明正德十四年）：

【河北】

夏六月，永平府之迁安蝗。秋，大水。（清乾隆《迁安县志》卷二七《祥异》）

六月，永平府之昌黎蝗。（清康熙《昌黎县志》卷一《祥异》）

夏六月，永平府之滦州蝗。秋，大水。（明嘉靖《滦州志》卷二《世编》）

大名府之滑县蝗。（清顺治《滑县志》卷四《祥异》）

【上海】

夏，松江府南汇县大旱，蝗，米粟踊贵，道殣相望。（清光绪《南汇县志》卷二二《祥异》）

【山东】

兖州府之泗水县，飞蝗蔽天，害稼。（清顺治《泗水县志》卷一一《灾祥》）

【湖南】

辰州府之溆浦县蝗。（明万历《辰州府志》卷一《灾祥》）

1520年（明正德十五年）：

【河北】

大名府之滑县两次复蝗，禾且尽。（清顺治《滑县志》卷四《祥异》）

【江苏】

淮安府之桃源县，迭遭九年蝗、旱，疫癘满目，逃亡过半。上年二麦鲜收，夏、秋久旱，田苗枯槁，颗粒无收，兼以蝗蝻遍野，覃根食尽，人无薪樵，牛马亦无牧放之处。是以十室九空，朝不谋夕，或变易畜产，或鬻买子女，或伙为盐徒，或潜行鼠盗，以为目前偷生苟活之计，因无系恋，相率流离。（清乾隆《重修桃源县志》卷九《艺文》）

【山东】

秋八月，兖州府之单县飞蝗蔽天，虫鸣遍野。（明万历《兖州府志》卷一五《灾祥》）

【河南】

开封府之许州蝗。（明嘉靖《许州志》卷八《祥异》）

开封府之鄢城县蝗。（明嘉靖《鄢城县志》卷一二《祥异》）

南阳府之舞阳县蝗灾。（清道光《舞阳县志》）

【陕西】

延安府绥德州蝗虫蔽日。（清光绪《绥德州志》卷三《祥异》）

延安府米脂县飞蝗蔽天。（清康熙《米脂县志》卷一《灾祥》）

1521年（明正德十六年）：

【山西】

太原府之岢岚州蝗。（清康熙《岢岚州志》卷一《祥异》）

【山东】

兖州府之滕县大饥，人相食。（明万历《兖州府志》卷一五《灾祥》）

兖州府之单县蝗，尤甚于上年。（明万历《兖州府志》卷一五《灾祥》）

1522年（明嘉靖元年）：

【河北】

河间府之宁津县大蝗。（明万历《宁津县志》卷四《祥异》）

【江苏】

壬午年至丁酉，淮安府邳州岁岁蝗蝻生发，食伤田苗，虽隆冬经旬积雪，而遗种亦不能灭。（明嘉靖《重修邳州志》卷三《灾异》）

【安徽】

夏，凤阳府之霍邱县、蒙城县蝗。（清乾隆《颍州府志》卷一○《祥异》）

凤阳府之寿州蝗，冬大饥。次年春大疫，人相食。遣户部侍郎席书赈之，全活甚众。（清乾隆《寿州志》卷一一《灾祥》）

凤阳府之怀远县蝗，冬大饥。（清雍正《怀远县志》卷八《灾祥》）

夏，凤阳府之凤阳县蝗。（清光绪《凤阳府志》卷四《祥异》）

【河南】

夏，南阳府之南召县蝗飞蔽日，民大饥，人相食。（清乾隆《南召县志》）

1523年（明嘉靖二年）：

【天津】

十月，山东蝗飞入顺天府蓟州界，遗种于地中。（明嘉靖《蓟州志》卷一二《灾祥》）

【河北】

十月，山东蝗飞入永平府界，遗种于地中。（明嘉靖《蓟州志》卷一二《灾祥》）

六月，永平府之卢龙蝗。（民国《卢龙县志》卷二三《祥异》）

【江苏】

淮安府之安东县蝗灾，民饥，人相食。（清雍正《安东县志》卷一五《祥异》）

【山东】

秋，兖州府之东阿县、嘉祥县有蝗。（清道光《东阿县志》卷二三《祥异》）

【河南】

开封府之沈丘县夏水，秋蝗。（明嘉靖《沈丘县志》卷一《灾祥》）

开封府之陈州蝗。（清乾隆《陈州府志》卷三〇《祥异》）

【湖南】

宝庆府蝗。（章义和《中国蝗灾史》）

【陕西】

诏命出太仓银二十万，赴陕西蝗旱地方给赈。（清乾隆《三原县志》卷九《祥异》）

1524年（明嘉靖三年）：

【北京】

六月，顺天府之顺义县蝗。（清嵇璜等《续文献通考》卷二二八）

【天津】

四月，顺天府之蓟州蝗尽生，食苗殆尽。七月，遗种生蝻，未几自死。（明嘉靖《蓟州志》卷一二《灾祥》）

【河北】

六月，保定府、河间府蝗。（清嵇璜等《续文献通考》卷二二八）

秋八月，免永平府之卢龙县旱、蝗夏税。（清光绪《永平府志》卷三〇《纪事》）

秋，永平府、广平府复蝗。（章义和《中国蝗灾史》）

夏，顺天府三河县蝗。秋，大水。（清康熙《三河县志》卷上《灾祥》）

六月，顺天府之文安县蝗。（清光绪《保定府志》卷四〇《祥异》）

六月，保定府之新城县蝗。（清道光《新城县志》卷一五《祥异》）

夏，河间府之河间县蝗。（明嘉靖《河间府志》卷四《祥异》）

夏，旱，河间府之沧州蝗。秋，大水。（民国《沧县志》卷一六《大事年表》）

夏，河间府之东光县蝗。秋，大水。（清康熙《东光县志》卷一《机祥》）

夏，河间府青县蝗。秋，大水。（明嘉靖《兴济县志·祥异》）

六月，河间府之南皮县蝗。（民国《南皮县志》卷一四《祥异》）

夏，河间府之任丘县蝗。秋，大水。（明万历《任丘志集》卷八《灾异》）

秋，广平郡之清河县复蝗。（清康熙《清河县志》卷一七《灾祥》）

秋，广平府蝗，威县尤甚。（明嘉靖《广平府志》卷一五《灾祥》）

【辽宁】

以旱、蝗，免金州之辽东、广宁、宁远诸卫屯粮。（《明世宗实录》卷四三）

【上海】

秋七月，松江府之上海县飞蝗蔽天，飓风大作，驱蝗入海。（清乾隆《上海县志》卷一二《祥异》）

【江苏】

六月，徐州、淮安府、苏州府之吴江、应天府之六合县旱，蝗。（清乾隆《吴江县志》卷五八《祥异》）

应天府之六合县旱蝗，府议半灾。贡生陆昌为民力争，获以全灾上闻，发粟赈济，设法捕蝗，全活甚众。自春至夏，疫疠大作，死者相枕于道。（清顺治《六合县志》卷八《灾祥》）

苏州府八月大旱，蝗。（清康熙《苏州府志》卷二《祥异》）

七、八月，苏州府之吴县生蝗。（明崇祯《吴县志》卷一一《祥异》）

秋，淮安府之清河县复蝗蝻遍地。（明嘉靖《清河县志》卷一《祥异》）

淮安府之安东县旱灾甚。令纳蝗子五斗，准三等吏缺。（清雍正《安东县志》卷一五《祥异》）

六月，徐州蝗。（清同治《徐州府志》卷五《祥异》）

【浙江】

绍兴府之余姚县蝗。（清乾隆《绍兴府志》卷八〇《祥异》）

【山东】

济南府之陵县蝗蝻遍野。（清康熙《陵县志》卷三《祥异》）

三月，济南府之平原大旱，蝗蝻遍野。（清乾隆《平原县志》卷九《灾祥》）

济南府之乐陵蝗蝻遍野。（清乾隆《乐陵县志》卷三《祥异》）

七月，济南府之利津县，蝗飞蔽天，伤稼。（清康熙《利津县新志》卷九《祥异》）

济南府之武定州蝗蝻遍野。（章义和《中国蝗灾史》）

六月，东昌府之高唐州蝗。（明嘉靖《高唐州志》卷七《祥异》）

【河南】

归德府之考成县飞蝗蔽天，遗种生蝻，食禾殆尽。（民国《考城县志》卷三《事纪》）

秋，开封府之杞县蝗飞蔽天，遗种生蝻，食禾殆尽。（清乾隆《杞县志》卷二《灾祥》）

秋，卫辉府之淇县蝗不犯境，遂大熟。（明嘉靖《淇县志》卷四《祥异》）

【陕西】

延安府之延长县蝗蔽天。（清嘉庆《延安府志》卷五《大事表》）

1525年（明嘉靖四年）：

【河北】

夏四月，永平府之昌黎发生蝗灾。（民国《昌黎县志》卷一二《祥异》）

河间府之交河县蝗。（明万历《交河县志》卷七《灾异》）

【江苏】

常州府之无锡县蝗。（清乾隆《无锡县志》卷四〇《祥异》）

徐州之沛县大蝗，无禾。（明嘉靖《沛县志》卷九《灾祥》）

【安徽】

广德州八月蝗虫害稼。（明嘉靖《广德州志》卷九《祥异》）

【山东】

七月，济南府之利津县蝗。（清咸丰《济南府志》卷一四《祥异》）

莱州府之高密县大蝗。（清康熙《高密县志》卷九《祥异》）

1526年（明嘉靖五年）：

【江苏】

正月，以蝗灾，诏免镇江府之丹徒、丹阳二县原带征嘉靖二年钱粮。（《明世宗实录》卷六〇）

镇江府，五年、六年、七年旱，蝗，芦荻涤荡为之一空，幸不食苗稼。（清乾隆《镇江府志》卷四三《祥异》）

六月旱，镇江府之丹阳县蝗，芦荻草荡为之一空，幸不食苗禾。（清乾隆《丹阳县志》卷六《祥异》）

镇江府之金坛县五年起，连七年飞蝗蔽天，所下芦荻草荡为之一空，幸不食禾苗。（清光绪《金坛县志》卷一五《祥异》）

常州府之武进县七月旱，蝗，勘灾蠲免。（清康熙《常州府志》卷三《祥异》）

【浙江】

夏，宁波府之奉化县大旱，蝗起，禾稼无收。（清雍正《宁波府志》卷三六《附祥异》）

金华府之义乌县旱，蝗飞蔽天。（清康熙《金华府志》卷二五《祥异》）

大旱，衢州府蝗飞蔽天。（民国《衢县志》卷一《五行》）

衢州府之江山县大旱，飞蝗蔽天。（清康熙《江山县志》卷一〇《灾祥》）

【安徽】

宿州，六月，凤阳府宿州复飞蝗入境。（清康熙《重修宿州志》卷一〇《祥异》）

【江西】

七月，南昌府蝗。（清同治《南昌府志》卷六五《祥异》）

【山东】

七月，济南府之惠民县蝗。（清乾隆《惠民县志》卷四《祥异》）

秋七月，济南府武定州蝗，大水，害稼。（明嘉靖《山东通志》卷三九《灾祥》）

【河南】

夏五月，归德府之夏邑县蝗蝻。（清康熙《夏邑县志》卷一〇《灾异》）

南阳府之南阳县蝗，民大饥。（清光绪《南阳县志》）

六月，开封府之许州蝗飞蔽天。（明嘉靖《许州志》卷八《祥异》）

【湖北】

武昌府阳新县蝗，食禾几尽。（清康熙《兴国州志》卷下《祥异》）

【广东】

秋，广州府顺德县蝗虫伤稼。（清康熙《顺德县志》卷一三《纪异》）

【四川】

十一月，以虫蝗灾，诏免四川成都府之简州、资阳县等处税粮。（《明世宗实录》卷七〇）

【陕西】

延安府之延长县蝗蔽天。（清嘉庆《重修延安府志》卷五《大事表》）

1527 年（明嘉靖六年）：

【北京】

顺天府良乡县蝗。（清康熙《良乡县志》卷六《灾异》）

【河北】

大旱，顺天府廊坊县蝗蔽天。（明天启《东安县志》卷一《机祥》）

六月，顺天府之霸州蝗。（明嘉靖《霸州志》卷九《灾异》）

六月，顺天府之固安县旱，蝗。东安县，蝗蔽天。（清光绪《顺天府志》卷六九《祥

异》）

顺天府之文安县蝗，旱。（明万历《保定县志》卷九《附灾异》）

真定府之武强县蝗飞蔽日，明年复为灾。（清康熙《武强县新志》卷七《灾祥》）

夏六月，真定府之柏乡县蝗飞蔽日。（清康熙《柏乡县志》卷一《灾祥》）

【辽宁】

六月，金州之河西蝗飞蔽天，损害禾稼。七月，蝻生，平地深数尺。（清乾隆《盛京通志》卷一一《祥异》）

【江苏】

七月，镇江府之丹徒县旱，蝗。（清光绪《丹徒县志》卷一六《祥异》）

镇江府旱，蝗，芦荻草荡为之一空，幸不食禾稼。（明万历《重修镇江府志》卷三四《祥异》）

镇江府之金坛县飞蝗蔽天，所下处芦荻草荡为之一空，幸不食禾苗。（清光绪《金坛县志》卷一五《祥异》）

六年、七年夏，扬州府之东台县蝗生积地，厚数寸。（清嘉庆《东台县志》卷七《祥异》）

【浙江】

绍兴府之诸暨县，蝗飞蔽天。（清乾隆《绍兴府志》卷八〇《祥异》）

【安徽】

六月，凤阳府之宿州，复有飞蝗入境。来自徐、邳。所遗子种从裂地深缝中生长，小蝻厚且数寸，遍野而起。（明嘉靖《宿州志》卷八《灾祥》）

夏，凤阳府之灵璧县大旱，蝗。六月，蝻复生。（清康熙《灵璧县志》卷一《祥异》）

六月，凤阳府泗州复有飞蝗入境。（明嘉靖《泗志备遗》卷中《灾患》）

六年至十二年，滁州府之来安县蝗旱相仍，民甚苦之。（明天启《新修来安县志》卷九《祥异》）

丁亥至癸巳，滁州府之全椒县蝗灾相仍。（明万历《滁阳志》卷八《祥异》）

【山东】

济南府之德平县蝗。（清康熙《德平县志》卷三《灾祥》）

兖州府之郯城县飞蝗翳空。（清康熙《郯城县志》卷九《灾祥》）

秋，兖州府之费县蝗。（清康熙《费县志》卷五《祥异》）

济南府之肥城县蝗。（清嘉庆《肥城县新志》卷一六《祥异》）

六年、七年，兖州府之平阴县大蝗。（清顺治《平阴县志》卷八《灾祥》）

【河南】

夏六月，归德府之夏邑县蝗蝻生。（明嘉靖《夏邑县志》卷五《灾异》）

六月，归德府之永城县蝗蝻生，厚数寸。（明嘉靖《永城县志》卷四《灾祥》）

六月，归德府之宁陵县大蝗，黍稷一空。（清康熙《宁陵县志》卷一二《灾祥》）

开封府之许州蝗飞蔽天。（明嘉靖《许州志》卷八《祥异》）

六月，归德府之商丘县蝗蝻。（清康熙《商丘县志》卷三《灾祥》）

开封府之陈州、项城县、沈丘县、太康县连续旱，蝗，民大饥。（周口地区地方史志编纂委员会编《周口地区志》）

【陕西】

四月，西安府之华阴县飞蝗蔽天。（清雍正《陕西通志》卷四七《祥异》）

西安府之富平县蝗飞蔽天，自河南来。（清乾隆《富平县志》卷八《祥异》）

汉中府之洵阳县蝗蝻生，五谷不登。（清乾隆《洵阳县志》卷一二《祥异》）

汉中府之白河县蝗蝻生，五谷不登。（清嘉庆《白河县志》卷一四《录事》）

1528年（明嘉靖七年）：

【北京】

春至夏，京师普发大蝗灾，民因饥而相食。（清光绪《天津府志》卷七）

【河北】

春至夏，河间府、顺德府、真定府、大名府等普发大蝗灾，民因饥而相食。（明嘉靖《河间府志》卷七）

秋，保定府之安肃县蝗。（清康熙《安肃县志》卷三《灾异》）

夏，河间府之盐山县蝗。（清康熙《盐山县志》卷九《灾祥》）

秋，河间府之任丘县蝗。（明万历《任丘志集》卷八《灾异》）

夏六月，真定府之饶阳县蝗。（清乾隆《饶阳县志》卷下《事纪》）

河间府之阜城县蝗。（清康熙《重修阜志》卷下《祥异》）

夏六月，冀州、真定府之隆平、真定府之武强县蝗为灾。（明嘉靖《真定府志》卷九《事纪》）

真定府之武强县蝗复为灾。（清康熙《武强县新志》卷七《灾祥》）

真定府之武邑县蝗。（清康熙《武邑县志》卷一《祥异》）

秋，广平郡之永年县蝗飞蔽日。（明嘉靖《广平府志》卷一五《灾祥》）

夏六月，真定府之隆平县蝗为灾。（明隆庆《赵州志》卷九《灾祥》）

大名府之大名县大蝗，夏、秋大旱，大赈之。（民国《大名县志》卷二六《祥异》）

秋，广平郡之成安县大蝗。（清康熙《广平府志》卷一九《灾祥》）

顺德府之内丘县蝗。（清康熙《内丘县志》卷八《灾祥》）

顺德府之巨鹿县大蝗，食禾稼，地赤。（清顺治《巨鹿县志》卷八《灾异》）

【山西】

山西泽州、阳城县、稷山县、平阳县、翼城县、临汾县、绛州皆旱、蝗，民大饥。（清雍正《山西通志》卷一六三）

河东诸州县大旱，蝗。（明万历《平阳府志》卷一〇《灾祥》）

泽州府之凤台县旱，蝗，饥。（清乾隆《凤台县志》卷一二《纪事》）

七月，泽州府之阳城县旱，蝗，饥。（清同治《阳城县志》卷一八《灾祥》）

秋大旱，平阳府之翼城县蝗，饿死者道路相接。（明嘉靖《翼城县志》卷一《灾祥》）

平阳府之襄陵县大旱，蝗，二麦无收，秋禾失望，民不聊生。（清康熙《襄陵县志》卷七《祥异》）

平阳府之稷山县蝗飞遮天日，啮禾稼为赤地。（明万历《稷山县志》卷七《祥异》）

大旱，平阳府之临晋县蝗，诸州县皆然。（清顺治《临晋县志》卷六《灾祥》）

【江苏】

淮安府之盐城县，扬州府之宝应、东台、如皋、江都等县，常州府之武进县等亦遇旱、蝗。（清乾隆《江都县志》卷三二）

镇江府旱，蝗，芦荻草荡为之空，幸不食禾稼。（明万历《重修镇江府志》卷三四《祥异》）

镇江府金坛县飞蝗蔽天，所下处芦荻草荡为之一空，幸不食禾苗。（清光绪《金坛县志》卷一五《祥异》）

常州府之武进县旱，蝗。勘灾六分，免平米二十万二百余石。（清道光《武进阳湖县合志》卷一一《食货》）

扬州府夏旱，蝗蝻生。秋，大水。上命减免米折马价，减夫役留操军以恤之。（清康熙《扬州府志》卷二二《灾异纪》）

秋七月，飞蝗蔽空，积地厚数寸。（明万历《扬州府志》卷二二《祥异》）

扬州府之宝应县蝗。（明嘉靖《宝应县志》卷一《灾祥》）

夏，常州府之靖江县蝗。（明嘉靖《靖江县志》卷四《编年》）

夏旱，扬州府之如皋县蝗。（明万历《如皋县志》卷二《五行志》）

淮安府之盱眙县蝗，大水。（清乾隆《盱眙县志》卷一四《灾祥》）

七月，淮安府之盐城县蝗大起，食禾苗，并及衣服书籍，民皆饥散。（明万历《盐城县志》卷一《祥异》）

扬州府之东台县夏旱，蝗生，积地厚数寸。秋，大水。有赈。（清嘉庆《东台县志》卷

七《祥异》)

常州府旱,蝗。(清康熙《常州府志》卷三《祥异》)

【安徽】

秋,庐州府之合肥县蝗。(清康熙《合肥县志》卷二《祥异》)

秋,庐州府之巢县蝗。(清康熙《庐州府志》卷九《祥异》)

和州之含山县蝗。(清嘉庆《含山邑乘》卷中《灾异》)

和州蝗。(明万历《和州志》卷八《祥异》)

八月中,庐州府之舒城县蝗落地,厚尺许,谷尽食。(明万历《舒城县志》卷一〇《祥异》)

夏四月,凤阳府之泗州旱,蝗。(明万历《帝乡纪略》卷六《灾患》)

滁州之来安县蝗旱相仍,民甚苦之。(明天启《新修来安县志》卷九《祥异》)

滁州之来安旱,蝗严重,人多饿死。(清道光《来安县志》卷一四)

是月,庐州府之英山县蝗虫北来,落地尺许,食谷无遗。居民嗷嗷,树皮草根借以延生。(清康熙《英山县志》卷二《祥异》)

【山东】

春至夏,山东济南府、兖州府、青州府、莱州府等普发大蝗灾,青州府之安丘、昌乐等县尤重,民因饥而相食。秋,兖州府之费县等复飞蝗蔽天。(清雍正《山东通志》卷三三)

济南府之临邑县蝗飞蔽天,蝗蝻遍地。五谷几绝,大饥。(清康熙《德平县志》卷三《灾祥》)

济南府之平原县旱,蝗。(清乾隆《平原县志》卷九《灾祥》)

秋,东昌府之武城县蝗蔽天。(明嘉靖《恩县志》卷九《灾祥》)

东昌府之夏津县飞蝗害稼。(清乾隆《夏津县志》卷九《灾祥》)

济南府之邹平县大蝗。(明万历《齐东县志》卷九《灾祥》)

是年,青州府之昌乐县蝗,大饥,人相食,大疫。(清嘉庆《昌乐县志》卷一《总纪》)

春,青州府之安丘县大蝗,饥,人相食,大疫。(明万历《安丘县志》卷一《总纪》)

青州府之诸城县蝗大作,飞扬蔽日,宿集如冢,生息至十六年方止。(明万历《诸城县志》卷九《灾祥》)

春,莱州府之潍县大蝗,饥,人相食,大疫。(民国《潍县志稿》卷二《通纪》)

大旱,莱州府之平度州蝗。(清康熙《平度州志》卷六《灾祥》)

春,兖州府之费县蝗蝻食二麦。秋,飞蝗蔽天,尽伤禾稼。(明万历《兖州府志》卷一五《灾祥》)

济南府之肥城县蝗。(清嘉庆《肥城县新志》卷一六《祥异》)

济南府之长清县大蝗。（清康熙《长清县志》卷一四《灾祥》）

济南府之章丘县飞蝗蔽日。（明万历《章丘县志》卷七《灾祥》）

兖州府之平阴县大蝗。（清顺治《平阴县志》卷八《灾祥》）

兖州府之鱼台县蝗蝻食二麦。秋，蝗蔽天，民大饥。（清乾隆《鱼台县志》卷三《灾异》）

东昌府之冠县蝗害稼。（清顺治《堂邑县志》卷三《灾祥》）

东昌府之茌平县飞蝗害稼。（清康熙《茌平县志》卷二《灾祥》）

春、夏不雨。秋，兖州府阳谷县蝗遍野。（清康熙《寿张县志》卷五《食货》）

【河南】

开封府封丘等地春、夏蝗虫食光禾稼，百姓逃亡；卫辉府大旱蝗，野无寸草；怀庆府之修武县秋蝗，结块如斗，屋院遍满；开封府之荥阳县、汜水县、河阴县等地百姓因蝗蝻大侵而饿死者大半。（清雍正《河南通志》卷五《灾祥》）

秋，河南旱，蝗，盗贼蜂起。（清道光《重修伊阳县志》卷末《杂记》）

开封府之新郑县蝗，大饥。（清顺治《新郑县志》卷五《祥异》）

六月，开封府之通许县飞蝗自东南来，群飞蔽空，不辨天日，每止处，平地厚二三寸，禾稼尽为所食。（明嘉靖《通许县志》卷上《祥异》）

开封府之中牟县飞蝗蔽天，食禾尽。（明天启《中牟县志》卷二《物异》）

卫辉府之新乡县蝗，寸草无存。（清康熙《新乡县续志》卷二《灾异》）

卫辉府之汲县大旱，蝗。次年春大饥，人相食。（明万历《卫辉府志·灾祥》）

归德府之夏邑县蝗灾。（陈家祥《中国历代蝗患之记载》）

开封府之封丘县大旱，蝗。民多饥死。（清顺治《封丘县志》卷三《灾祥》）

卫辉府之辉县蝗。次年春大饥，人相食。（清康熙《辉县志》卷一八《灾祥》）

秋七月，开封府之阳武县蝗蝻生，害稼殆尽。（清康熙《阳武县志》卷八《灾祥》）

开封府之原武县大蝗，大饥，人相食。（明万历《原武县志》卷上《祥异》）

武陟县大饥，人相食。怀庆府之武陟县多蝗。（清道光《武陟县志》卷一二《祥异》）

南阳府之泌阳县大饥，人相食，蝗结块如球。（清乾隆《新修怀庆府志》卷三二《物异》）

开封府之延津县旱，蝗，路有饿殍。（清康熙《延津县志》卷七《灾祥》）

秋，怀庆府之修武县蝗，结块如斗，自墙屋滚下，厨食遍满。（清康熙《修武县志》卷四《灾祥》）

卫辉府之淇县蝗。（清顺治《淇县志》卷一○《灾祥》）

南阳府之叶县蝗食稼，大饥。（明嘉靖《叶县志》卷二《妖祥》）

秋七月，汝州之宝丰县，蝗自西北来，遍布县境，遮天蔽日相继数十日，田苗树叶食尽，岁大饥，民之死亡八九。（清乾隆《宝丰县志》卷五《灾祥》）

归德府之考城县飞蝗蔽天。（民国《考城县志》卷三《大事记》）

汝宁府之息县大蝗，岁饥。（明嘉靖《息县志》卷八《祥异》）

南阳府，蝗飞蔽天，府、州、县大饥，人相食，死徒过半。（明嘉靖《南阳府志》卷一〇《妖祥》）

秋，南阳府之裕州蝗食稼，民大饥，父子相食。（清康熙《裕州志》卷一《祥异》）

汝州之伊阳县蝗，民大饥，死者过半。（清道光《汝州全志》卷九《祥异》）

汝宁府之汝阳县蝗飞蔽空，饥民死者大半。（清顺治《伊阳县志》卷二《灾异》）

开封府之仪封县飞蝗蔽天，大旱。（清康熙《仪封县志》）

开封府之荥阳县特大旱，蝗蝻大浸。（清乾隆《荥阳县志·大事记》）

怀庆府之温县飞蝗蔽天，蝗蝻结块成团。（清乾隆《温县志》卷一《灾祥》）

南阳府之南召县蝗灾，大饥，人死徒过半。（清乾隆《南召县志》）

平兴县飞蝗蔽天，民饿死大半。（《平兴县志》）

汝宁府之新蔡县蝗食禾穗殆尽。（清康熙《新蔡县志》卷七《杂述》）

汝宁府之光山县旱，蝗，食禾苗殆尽。（明嘉靖《光山县志》卷九《祥异》）

夏，开封府之郑县飞蝗蔽天，田禾尽没。（民国《郑县志》卷一《灾祥》）

南阳府之镇平县蝗食稼。（清康熙《镇平县志》卷下《灾祥》）

南阳府之新野县蝗灾，民多饥死。（清乾隆《新野县志》卷八《祥异》）

南阳府之舞阳县大旱，蝗灾。（清道光《舞阳县志》卷一一《灾祥》）

汝州之鲁山县蝗灾，饥馑。（明嘉靖《鲁山县志》卷一〇《灾祥》）

秋，台前县蝗虫遍野。（台前县地方史志编纂委员会编《台前县志》）

伊川县蝗灾。（伊川县史总编室编《伊川县志》）

【湖北】

荆州府远安县大旱，蝗虫蔽天。（清顺治《远安县志》卷四《祥异》）

均州春大饥，人相食。六月，襄阳府均州蝗。（明万历《襄阳府志》卷三三《灾祥》）

秋，襄阳府枣阳县蝗，大饥，人相食。（明万历《襄阳府志》卷三三《灾祥》）

【陕西】

陕西永寿县、高陵县、商县、洛南县皆旱，蝗，民大饥。（清雍正《陕西通志》卷四七）

陕西蝗，大饥。（清雍正《武功县后志》卷三《祥异》）

西安府之高陵县蝗，大饥。（清雍正《高陵县志》卷四《祥异》）

西安府之商州蝗飞蔽天。（清乾隆《直隶商州志》卷一四《灾祥》）

西安府志洛南县蝗飞蔽天。（清康熙《洛南县志》卷七《灾祥》）

西安府之商南县蝗飞蔽天。（清乾隆《商南县志》卷一一《祥异》）

【甘肃】

庆阳府之环县飞蝗遮蔽天日，食禾稼殆尽。岁大饥，民之死亡八九。（清雍正《陕西通志》卷四七）

1529年（明嘉靖八年）：

【河北】

冬十月，以旱、蝗，免顺天府、永平等府夏税。（清夏燮《明通鉴·世宗纪》）

五月，以旱、蝗，诏免河北兴营、保河等各卫所屯粮。（章义和《中国蝗灾史》）

夏六月，真定府之深州、武强县自春至夏旱，蝗，人相食；真定府之宁晋、井陉等县蝗蝻食尽禾稼，大饥，民相食。诏做粥赈恤之。（明嘉靖《真定府志》卷九《事纪》）

获鹿县夏大旱。真定府之获鹿蝗，岁大饥。米价腾贵，每斗米千余钱，饿殍满路。（明嘉靖《获鹿县志》卷九《事纪》）

四月间，真定府之灵寿县蝗蝻生。七八月间，蝗飞蔽天，苗稼食尽，鸟亦不来。（明万历《灵寿县志》卷九《灾祥》）

真定府之新乐县大蝗，食禾稼殆尽。（清康熙《新乐县志》卷一九《灾祥》）

六月，真定府之无极县蝗，民饥。（清康熙《重修无极志》卷下《事纪》）

八月，真定府之赞皇县蝗飞蔽天，半月遍地蝻生，势如穴蚁，填壑塞巷，啮人衣物，虽五谷秆俱食说，大水巨河不能限，旬日物尽，自相啖食。识者知为人将相食也。（清康熙《赞皇县志》卷九《祥异》）

真定府之元氏县蝗灾。（明崇祯《元氏县志》卷三《官师》）

大名府之浚县飞蝗蔽日，田禾殆尽。（清康熙《浚县志》卷一《祥异》）

秋，大名府之长垣县大蝗。（清康熙《长垣县志》卷二《灾异》）

七月，真定府之平山县蝗飞蔽天，蝻生，食稼殆尽，民饥相食。（清康熙《平山县志》卷一《事纪》）

夏五月，永平府之卢龙县蝗。（清康熙《永平府志》卷三《灾祥》）

秋九月，免永平旱，蝗夏税。（清光绪《永平府志》卷三〇〇《纪事》）

五月，永平府之昌黎县捕蝗。（清康熙《昌黎县志》卷一《祥异》）

秋七月，顺天府乐亭县大蝗。（明天启《乐亭志》卷一一《祥异》）

夏五月，永平府之滦州捕蝗，蝗飞蔽天，落地尺厚。（明嘉靖《滦州志》卷二《世编》）

旱，顺天府之固安县蝗飞蔽天。（明嘉靖《固安县志》卷九《灾异》）

真定府定州大蝗。（清雍正《直隶定州志》卷一〇《祥异》）

保定府博野县蝗灾，免夏税三分。（清康熙《博野县志》卷二《蠲免》）

春，蝗。二月大雨，蛙鸣。（清康熙《博野县志》卷四《祥异》）

保定府完县饥，加以蝗螟，复按口周给。（民国《完县新志》卷六《文献》）

河间府任丘县大蝗。秋，雨杀稼。（明万历《任丘志集》卷八《灾异》）

六月，真定府之深州蝗蝻食禾稼。（清道光《深州直隶州志》卷末《礼祥》）

秋，广平府蝗飞蔽日，害民禾几尽。邯郸界尤甚。（明嘉靖《广平府志》卷一五《灾祥》）

广平郡之邯郸县大蝗蔽日，岁又大饥，人相食。（清康熙《邯郸县志》卷一〇《灾异》）

广平郡之曲周县旱，蝗。（清顺治《曲周县志》卷二《灾祥》）

真定府之柏乡县大蝗，作粥赈恤。（清康熙《柏乡县志》卷一《灾祥》）

真定府之隆平县大旱，蝗蝻食尽田禾。民饥相食，诏作粥赈恤之。（明崇祯《隆平县志》卷八《灾异》）

夏，顺德府巨鹿县蝗。（清顺治《巨鹿县志》卷八《灾异》）

夏六月，真定府临城县蝗蝻食尽禾稼，民饥，人相食。（明万历《临城县志》卷七《事纪》）

秋，顺德府内丘县大蝗，野无遗禾，饿殍枕藉于道路，人相食。（明崇祯《内丘县志·变纪》）

广平郡之清河县飞蝗蔽天。（明嘉靖《清河县志》卷三《灾祥》）

顺德府南和县、邢台县蝗，民饥，食蝗。（清乾隆《南和县志》卷一《灾祥》）

秋，大名府之东明县蝗。（民国《东明县志》卷二二《大事纪》）

【山西】

六月，以蝗蝻，减免山西太原府之代州、泽州阳城等州县夏税。（《明世宗实录》卷一〇二）

六月，太原、祁县、榆次、寿阳、汾阳、长治、黎城、潞城、屯留、洪洞、临汾、曲沃、河津、垣曲、荣河螟蝗食稼。（清雍正《山西通志》卷一六三《祥异》）

六月，平阳府万荣县大蝗，各州县蔽天匝地，食民田将尽，自相食，民大饥。（清康熙《平阳府志》卷三四《祥异》）

七月，太原县飞蝗翳日。（清道光《太原县志》卷一五《祥异》）

六月，太原府榆次县蝗食稼。（明万历《榆次县志》卷八《灾异》）

七月，太原府平定州飞蝗翳日。（清雍正《山西通志》卷一六三《祥异》）

夏六月，太原府寿阳县螟蝗，岁饥。（清康熙《寿阳县志》卷八《灾异》）

六月，太原府祁县螟蝗食稼。（清乾隆《祁县志》卷一六《异祥》）

六月，汾州之汾阳县飞蝗食稼。（清乾隆《汾阳县志》卷一〇《事考》）

六月，汾州螟蝗食稼。（清乾隆《汾州府志》卷二七《事考》）

六月，潞安府之潞城县，飞蝗入境，三日而去，食禾，犹未甚。七月复至，蝻大生，食禾四分之三，黎民阻饥。（清康熙《潞城县志》卷八《灾祥》）

六月，平阳府临汾县蝗蔽天匝地，食民田将尽，自相食，民大饥。（康熙《临汾县志》卷五《祥异》）

七月，潞安府之长治县、屯留县诸县蝗，食禾稼殆尽。岁大饥。（明嘉靖《山西通志》卷三一《灾祥》）

夏，潞安府之长治县蝗起山东、河南、至潞州亦伤禾稼。（清乾隆《长治县志》卷二一《祥异》）

潞安府之黎城县蝗自东北来，飞蔽天日。（清康熙《黎城县志》卷二《纪事》）

秋，平阳府之洪洞县飞蝗蔽日，县民祭蜡，东飞而息。（明万历《洪洞县志》卷八《灾异》）

平阳府之垣曲县飞蝗蔽天，食田既尽，蝗自相食。（清康熙《垣曲县志》卷一二《灾荒》）

秋，平阳府之河津县飞蝗蔽日，食禾殆尽。（清康熙《河津县志》卷八《祥异》）

平阳府之永济县大旱，无麦禾。秋，飞蝗蔽日，食禾殆尽。（明嘉靖《蒲州志》卷三《祥异》）

【辽宁】

六月，金州河西蝗飞蔽天，害禾稼。七月蝻生，平地深数尺。（明嘉靖《辽东志》卷八《祥异》）

【上海】

七月，松江府松江县飞蝗飞蔽天，飓风大作，驱蝗入海。（清嘉庆《松江府志》卷八〇《祥异》）

六月，苏州府嘉定县蝗。（清光绪《嘉定县志》卷五《机祥》）

秋七月，苏州府娄县飞蝗蔽天，飓风大作，驱蝗入海。（清乾隆《娄县志》卷一五《祥异》）

秋七月，松江府川沙厅飞蝗蔽天，飓风大作，驱蝗入海。（清光绪《川沙厅志》卷一四《祥异》）

秋七月，松江府华亭县飞蝗蔽天，飓风大作，驱蝗入海。（清光绪《重修华亭县志》卷二三《祥异》）

秋七月，松江府青浦县飞蝗蔽天，飓风作，蝗入海。（清光绪《青浦县志》卷二九《祥

异》)

六月，宝山县蝗。(清光绪《宝山县志》卷一四《祥异》)

秋七月，奉贤县飞蝗蔽天，飓风作，驱蝗入海。(清光绪《重修奉贤县志》卷二〇《灾祥》)

秋七月，南汇县飞蝗蔽天，适飓风作，驱蝗入海。(民国《南汇县续志》卷二二《祥异补遗》)

【江苏】

六月，以蝗蝻，减免江苏淮安、扬州府属各州县夏税。(《明世宗实录》卷一〇二)

秋，应天府六合县大蝗，群飞蔽空。(明嘉靖《六合县志》卷二《灾祥》)

六月十七日，苏州府之吴县蝗飞入境，伤稼，高乡豆竹无存，生蝻遍野。(明崇祯《吴县志》卷一一《祥异》)

六月初九日，苏州府之吴县蝗飞蔽天，积地寸许。有司令民扑捕，东山之民五日内得二百余石。(清康熙《具区志》卷一四《灾异》)

夏六月，苏州府之昆山县飞蝗蔽天。(清乾隆《昆山新阳合志》卷三七《祥异》)

秋，大旱，苏州府太仓州蝗。(清宣统《太仓州镇洋县志》卷二六《祥异》)

苏州府常熟县蝗，春夏雨，秋旱。(明万历《常熟县私志》卷四《叙灾》)

夏，常州府之无锡县飞蝗蔽天。(清乾隆《无锡县志》卷四〇《祥异》)

六月，常州府之江阴县蝗飞自西北蔽天，禾半坏。(明嘉靖《江阴县志》卷二《灾祥》)

夏六月，常州府之武进县蝗。(清康熙《武进县志》卷三《灾祥》)

六月，扬州府高邮州飞蝗积者厚数寸，长数十里，食草木殆尽。数日，飞渡江，食芦荻亦尽。八月，蝗复自北来，群飞蔽天，其积者绵亘百里，厚尺许，山行者衣履皆黄，禾稼不登。(清嘉庆《重修扬州府志》卷七〇《事略》)

秋七月，扬州飞蝗蔽空，积地厚数寸。(清康熙《扬州府志》卷二二《灾异纪》)

高邮州旱，飞蝗蔽天，积地厚数寸，禾不登。(明隆庆《高邮州志》卷一二《灾祥》)

夏六月，扬州府仪真县蝗，积者厚尺余，长数十里，食草树殆尽。数日，飞渡江，食芦荻亦尽。秋八月，蝗复自北来，积者绵亘百里，厚尺许，翔集竹树尽折。(明隆庆《仪真县志》卷一三《祥异》)

七月，扬州府之兴化县飞蝗蔽空。至十七年每岁皆蝗。(明嘉靖《兴化县志》卷四《五行》)

春，扬州府之宝应县旱，蝗。夏蝗甚，赴湖死者余千石。(明隆庆《宝应县志》卷一〇《灾祥》)

六月，常州府之靖江县蝗自西北来，蔽天，禾田无水者与豆麦俱尽。八月十九日夜大雨，

平地水五尺；二十三日西风大作，走沙石，江中涸半响，江滨民奔取江中物，回顾江岸如山，少焉水涨，多有不及岸而死者。（明崇祯《靖江县志》卷一一《灾祥》）

七月，扬州府之如皋县飞蝗蔽空，积地厚数寸，蝻满民庐。（明嘉靖《重修如皋县志》卷六《灾祥》）

秋七月，扬州府之东台县旱，飞蝗蔽空。（清嘉庆《东台县志》卷七《祥异》）

【浙江】

湖州府及绍兴府之余姚县蝗。（清康熙《浙江通志》卷二《祥异》）

立秋日，绍兴府之萧山县蝗飞入境。（清乾隆《绍兴府志》卷八〇《祥异》）

绍兴府之余姚县蝗害稼。（清乾隆《绍兴府志》卷八〇《祥异》）

秋，嘉兴县蝗，不伤禾。（清光绪《嘉兴府志》卷三五《祥异》）

秋，嘉兴府之嘉善县蝗，不伤禾。（明万历《重修嘉善县志》卷一二《灾祥》）

秋，嘉兴府之平湖县蝗，不伤稼。（明天启《平湖县志》卷一八《灾祥》）

六月，嘉兴府之海盐县蝗来，蝗不集。（清康熙《海盐县志·灾祥》）

七月，杭州府海宁县蝗。（清康熙《海宁县志》卷一二《祥异》）

六月，嘉兴府桐乡县大蝗，十七日蝗自西北来，蔽天，止于芦竹，食叶殆尽。（明万历《崇德县志》卷一一《灾祥》）

湖州府夏蝗，秋螟。（清同治《湖州府志》卷四四《祥异》）

夏，湖州府之德清县蝗，秋螟。（清道光《武康县志》卷一《邑纪》）

杭州府，七月蝗。九月，蝗入昌化县境，不害稼。（民国《杭州府志》卷八四《祥异》）

【安徽】

六月，以蝗蝻，减免直隶安徽凤阳府属各州县夏税。（《明世宗实录》卷一〇二）

凤阳府之霍邱县蝗飞蔽日。（清乾隆《颍州府志》卷一〇《祥异》）

八年至十二年，凤阳府宿州连岁蝗，旱，民多逃亡。（明嘉靖《宿州志》卷八《灾祥》）

八年至十一年，凤阳府灵璧县比岁旱，蝗，民多逃亡。（清康熙《灵璧县志》卷一《祥异》）

凤阳府凤阳县蝗飞蔽天。（明天启《凤阳新书》卷四《星土》）

滁州之来安县蝗旱相仍，民甚苦之。（明天启《新修来安县志》卷九《祥异》）

滁州之全椒县蝗甚，禾稼草木食尽，所至蔽天，人马不能行。（清康熙《滁州志》卷三《祥异》）

夏六月，广德州郎溪县蝗飞蔽天，渡江而来，遂入桐川，吴兴之境，江南无蝗，此为创见。（清乾隆《广德州志》卷二八《祥异》）

六月，广德州蝗飞蔽日，不害稼。广德有蝗，自此始。（清乾隆《广德州志》卷二八

《祥异》)

【山东】

五月，以蝗蝻免兖州府之沂州、费县，嘉靖七年分未征折色马一百九十八匹。(《明世宗实录》卷一〇一)

六月，以旱、蝗，减免山东济南、兖州、东昌、青州、莱州府各州县及平山等卫夏税。(《明世宗实录》卷一〇二)

冬十月，以旱、蝗，免山东秋粮。(清夏燮《明通鉴·世宗纪》)

济南府济南郡县蝗。秋，蝻生，东昌府武城等处飞蝗蔽天。(明嘉靖《山东通志》卷三九《灾祥》)

济南府之历城县蝗。秋，大水，饥。(清乾隆《历城县志》卷二《总纪》)

七月，济南府之淄川县蝗。(明嘉靖《淄川县志》卷二《祥异》)

秋，济南府之济阳县蝗蝻生。(明万历《济阳县志》卷一〇《灾祥》)

济南府之平原县蝗，大饥。(清乾隆《平原县志》卷九《灾祥》)

秋，东昌府武城县蝗飞蔽天，岁大饥。(明嘉靖《武城县志》卷九《祥异》)

东昌府之濮州、观城县、朝城县飞蝗蔽天。(明嘉靖《山东通志》卷三九《灾祥》)

七月，济南府邹平县飞蝗蔽天，捕之弥月而止。(清康熙《长山县志》卷七《灾祥》)

青州府之博兴县螣。(清康熙《重修蒲台县志》卷八《灾祥》)

青州府之昌乐县夏旱，蝗蝻大发。(明嘉靖《昌乐县志》卷一《祥异》)

莱州府之潍县旱，蝗。(民国《潍县志稿》卷二《通纪》)

莱州府平度州大旱，蝗。(清康熙《平度州志》卷六《灾祥》)

登州府莱阳县旱，蝗。(民国《莱阳县志·大事记》)

济南府之泰安州蝗，九年，十年如之。(明万历《泰安州志》卷一《灾祥》)

秋，济南府之莱芜县蝗蝻生。(清光绪《莱芜县志》卷二《灾祥》)

济南府之章丘县蝗。秋，蝻生。(清乾隆《章丘县志》卷五《祥异》)

兖州府济宁州蝗，河决飞云桥。(清乾隆《济宁直隶州志》卷一《纪年》)

兖州府金乡县蝗。(清咸丰《金乡县志略》卷一一《事纪》)

东昌府之范县大蝗，食禾。民捕之，不旬日足千石。(明嘉靖《范县志》卷五《灾异》)

东昌府之临清州蝗飞蔽日。(清康熙《临清州志》卷三《祥异》)

东昌府之莘县大蝗。(清康熙《朝城县志》卷一〇《灾祥》)

济南府长山县飞蝗蔽天，捕之，弥月而止。(明嘉靖《山东通志》卷三九《灾祥》)

东昌府之聊城县飞蝗蔽天。朝城大蝗。(明嘉靖《山东通志》卷三九《灾祥》)

东昌府之馆陶县蝗飞蔽日。(明万历《新修馆陶县志》卷三《灾祥》)

【河南】

十一月，以河南蝗灾，免开封等府所属州县并宣武卫等卫秋粮。（《明世宗实录》卷一〇七）

六月，开封府之杞县蝗飞蔽天，自东南来，三日乃尽，秋无遗禾。（明嘉靖《杞县志》卷八《祥异》）

开封府之尉氏县蝗飞蔽天。（明嘉靖《尉氏县志》卷四《祥异》）

六月，开封府之仪封县蝗。是月，河自北南徙。（明嘉靖《仪封县志》卷下《灾祥》）

七月，河南府之巩县飞蝗自东南来，飞腾蔽日，止栖阔长四十里，五谷颖粟苗草尽为食毁。后虫蝻复生，地皮尽赤。（明嘉靖《巩县志》卷八《灾祥》）

怀庆府之济源县蝗蝻生。（清乾隆《济源县志》卷一《祥异》）

河南府之新安县飞蝗蔽天，复生蝻遍地。（章义和《中国蝗灾史》）

怀庆府之武陟县蝗蝻生。（清康熙《武陟县志》卷一《灾祥》）

七月，怀庆府之孟县飞蝗翳日。（清康熙《孟县志》卷七《灾祥》）

六月，河南府之洛阳县蝗虫成灾，秋苗殆尽。（清乾隆《重修洛阳县志》卷一〇《祥异》）

南阳府之沁阳县蝗蝻生。（明嘉靖《怀庆府志》卷一《祥异》）

河南府之灵宝县蝗灾。（清光绪《重修灵宝县志》卷八《机祥》）

彰德府之磁州蝗蝻生。（明万历《重修磁州志》卷八《杂述》）

七月，卫辉府之淇县境大蝗，秋禾食尽。民大饥，人相食。（明嘉靖《淇县志》卷四《祥异》）

彰德府之林县大蝗。（明万历《林县志》卷八《灾祥》）

秋八月，归德府蝗飞蔽天，人马不能行，所过食禾稼殆尽。（明嘉靖《归德志》卷八《祥异》）

归德府之商丘县蝗飞蔽天。（清康熙《商丘县志》卷三《灾祥》）

秋八月，归德府柘城县蝗飞遮天，人马不能行，一经所过，食禾稼大尽，连年不息。（明嘉靖《柘城县志》卷一〇《灾祥》）

春，开封府之陈州蝗。六月，蝗飞蔽天，早禾俱伤，复蝻生盈尺，晚禾亦损。（清乾隆《陈州府志》卷三〇《祥异》）

六月，开封府扶沟县飞蝗满空，早禾俱伤。复生蝻，平地盈尺，晚禾亦损。（清康熙《扶沟县志》卷四《祥异》）

七月，归德府之鹿邑县蝗。八月蝻。冬大饥。（清康熙《鹿邑县志》卷八《灾祥》）

陈州府之淮宁县春蝗。（清康熙《续修陈州志》卷四《灾异》）

开封府之沈丘县飞蝗。（明嘉靖《沈丘县志》卷一《灾祥》）

开封府之项城县蝗，民饥。（民国《项城县志》卷三一《杂事》）

怀庆府之河内县蝗蝻生。（清康熙《河内县志》卷一《灾祥》）

六月，开封府之临颍县蝗飞蔽天。七月遗蝗生，口类甚蕃，食谷豆殆尽。（明嘉靖《临颍志》卷八《祥异》）

开封府之禹州蝗蝻遍四境，厚尺许，民捕蝗一斗易粮一斗，秋禾无大损。（清顺治《禹州志》卷九《礼祥》）

八月旱，汝宁府之确山县蝗。（清乾隆《确山县志》卷四《礼祥》）

汝南县旱，蝗。（明万历《汝南志》卷二四《灾祥》）

彰德府之汤阴县旱，蝗。（清顺治《汤阴县志》卷九《杂志》）

秋七月，汝宁府之新蔡县蝗飞蔽天。（清康熙《新蔡县志》卷七《杂述》）

旱，汝宁府之上蔡县蝗。（清康熙《上蔡县志》卷一二《编年》）

汝宁府之息县秋旱，蝗，岁饥。（清顺治《息县志》卷一〇《灾异》）

秋，平兴旱，飞蝗蔽天。（《平兴县志》）

旱，汝宁府之固始县蝗飞蔽天。（明嘉靖《固始县志》卷九《灾祥》）

汝宁府之商城县旱，蝗，禾不登，民饥。（明嘉靖《商城县志》卷八《灾祥》）

八月，汝宁府之光山县飞蝗蔽天，稻田、竹叶凡草木可食者遭之，顷刻皆尽。（明嘉靖《光山县志》卷九《祥异》）

六月，河南府之孟津县，蝗伤禾稼。（清嘉庆《孟津县志》卷四《祥异》）

河南府之阌乡县蝗。（清顺治《阌乡县志》卷一《灾祥》）

河南府之宜阳县飞蝗盖天。（清光绪《宜阳县志》卷二《祥异》）

洛宁县飞蝗盖天。（民国《洛宁县志》卷一《祥异》）

秋，河南府之陕州蝗。（清乾隆《重修直隶陕州志》卷一九《灾祥》）

河南府之新安县飞蝗蔽天，复生蝻遍地，入民屋，上延瓦檐。（清康熙《新安县志》卷一七《灾异》）

怀庆府之温县飞蝗遮天蔽日，所过之处寸草不留。（清雍正《河南通志》卷五《灾祥》）

秋，开封府之荥阳县蝗，大饥，人相食。（清乾隆《荥阳县志·地理篇》）

彰德府之武安县大蝗。（明嘉靖《武安县志》卷三《灾祥》）

【湖北】

德安府之安陆县蝗飞蔽天。（清康熙《德安安陆郡县志》卷八《灾异》）

德安府蝗飞蔽天。德安蝗大起。（清光绪《德安府志》卷二〇《祥异》）

武昌府之咸宁县蝗飞蔽天。（清康熙《咸宁县志》卷六《灾异》）

七月，德安府随州蝗飞蔽天，坠塞溪涧。（明嘉靖《随志》卷上《灾异》）

秋，德安府应山县蝗飞蔽天，坠塞溪涧。（明嘉靖《应山县志》卷上《祥异》）

【海南】

秋淫雨，琼州府万州有蝗。（清道光《万州志》卷七《前事略》）

【陕西】

冬十月，以旱、蝗，免陕西临潼县、巩县夏税。（清夏燮《明通鉴·世宗纪》）

关中蝗飞蔽天，自河南来。（清雍正《乾州新志》卷三《灾祥》）

西安府之咸阳县蝗飞蔽天，自河南来。（清康熙《咸阳志》卷四《祥异》）

西安府之高陵县蝗。（清雍正《高陵县志》卷四《祥异》）

西安府之永寿县，飞蝗蔽天。（清乾隆《永寿县新志》卷九《纪异》）

西安府之渭南县蝗飞蔽天，大饥。（明万历《渭南县志》卷一六《灾祥》）

七月，临潼县蝗食禾无遗，人食蓬子。（清乾隆《临潼县志》卷九《祥异》）

西安府之同州蝗飞蔽天，大饥。（明天启《同州志》卷一六《祥祲》）

夏，西安府之澄城县大蝗，是岁蝗飞蔽日。自东南入县境。（明嘉靖《澄城县志》卷一《灾祥》）

是年，西安府之华阴县蝗飞蔽天。（明万历《华阴县志》卷七《祥异》）

西安府之白水县大旱，蝗，民饥。（清乾隆《白水县志》卷一《祥异》）

七月中，潼关蝗食晚禾无遗，流民载道。（清康熙《潼关卫志》卷上《灾祥》）

凤翔府之凤翔县蝗自东来，群飞蔽天。（清乾隆《凤翔县志》卷八《祥异》）

凤翔府眉县蝗自东来，群飞蔽天。（明万历《眉志》卷六《事纪》）

凤翔府陇州蝗飞蔽天。（清乾隆《陇州续志》卷一《灾祥》）

延安府蝗飞蔽日，大饥，人相食。（清嘉庆《重修延安府志》卷五《大事表》）

六月，绥德州子长县蝗，大饥。（清雍正《安定县志·灾祥》）

延安府之中部县蝗。（清嘉庆《续修中部县志》卷二《祥异》）

【甘肃】

平凉府之隆德县大旱，飞蝗蔽天，饥。（清光绪《甘肃新通志》卷二《祥异》）

平凉府之庄浪县飞蝗蔽天，大饥。（清乾隆《平凉府志》卷二一《祥异》）

巩昌府之秦州、清水县、秦安县、礼县飞蝗蔽天，俱大饥，人食草茹木。（清乾隆《直隶秦州新志》卷六《灾祥》）

秋七月，巩昌府之秦安县飞蝗蔽天。（清乾隆《甘肃通志》卷二四《祥异》）

兰州府临洮县飞蝗蔽天，旱，大饥。（清道光《兰州府志》卷一二《祥异》）

【宁夏】

固原县飞蝗蔽天，大饥。（清乾隆《甘肃通志》卷二四《祥异》）

1530年（明嘉靖九年）：

【河北】

夏五月，正定县大旱，蝗虫为灾。（明嘉靖《真定府志》卷九《事纪》）

二月间，真定府灵寿县蝻复出。忽雪，晴，蝻着水皆死。（明嘉靖《灵寿县志》卷九《灾祥》）

真定府之隆平县蝗，大疫。（明崇祯《隆平县志》卷八《灾异》）

顺德府巨鹿县蝗，大疫。（清顺治《巨鹿县志》卷八《灾异》）

秋，真定府新河县飞蝗蔽天。（清光绪《新河县志》卷二《灾祥》）

顺德府平乡县蝗，大疫，民多死。（清乾隆《平乡县志》卷一《灾祥》）

【山西】

夏五月，大同府浑源州大旱，蝗为灾。（清顺治《浑源州志》卷上《附恒岳志》）

【江苏】

夏，苏州府之吴县蝗生，随灭，不害稼。（明崇祯《吴县志》卷一一《祥异》）

秋七月，扬州府蝗。（清康熙《扬州府志》卷二二《灾异纪》）

秋，扬州府之仪真县蝗。（清康熙《仪真县志》卷一八《祥祲》）

扬州府之兴化县每岁皆蝗。（明嘉靖《兴化县志》卷四《五行志》）

三月，常州府之靖江县捕蝗，遗种甚多。（明嘉靖《靖江县志》卷四《编年》）

七月，扬州府之如皋县蝗。（明嘉靖《重修如皋县志》卷六《灾祥》）

秋七月，扬州府之东台县蝗。（清嘉庆《东台县志》卷七《祥异》）

扬州府之泰兴县旱、蝗。（明万历《泰兴县志》卷四《遗事》）

【浙江】

杭州府临安县蝗入境，不害稼。（清康熙《昌化县志》卷九《灾祥》）

【安徽】

庐州府合肥县蝗。（清光绪《续修庐州府志》卷九三《祥异》）

凤阳府宿州连岁蝗，旱，民多逃亡。（明嘉靖《宿州志》卷八《灾祥》）

凤阳府灵璧县比岁旱，蝗，民多逃亡。（清康熙《灵璧县志》卷一《祥异》）

滁州蝗自西北来，蔽天日，丘陵坟衍麻沸，所至禾黍辄尽，民男妇奔号蔽野。（清康熙《滁州志》卷三《祥异》）

滁州之来安县蝗旱相仍，民甚苦之。（明天启《新修来安县志》卷九《祥异》）

【山东】

济南府之泰安县蝗。(清乾隆《泰安县志》卷一四《祥异》)

夏五月,东昌府之莘县蝗蝻自兖郡来,群队如云,所过无遗稼,北至莘。知县陈栋斋沐率邑人祷于八蜡神,倏黑蜂满野,啮蝗尽死。而雷雨交作,蝗尽化为泥,田禾不至损伤。(清光绪《莘县志》卷四《饥异》)

夏五月,东昌府之莘县蝗蝻自兖府境内而来,飞空如云,行地如水,过无遗稼,至我莘土。黑蜂满野,迎蝗咬项,当时蝗死盖地。继而雷雨交作,蝗尽化为泥涂,田禾亦无损伤。(明嘉靖《莘县志》卷六《杂志》)

【河南】

开封府之荥阳县蝗蝻食禾。(清顺治《荥泽县志》卷七《灾祥》)

开封府之杞县蝗。(明嘉靖《杞县志》卷七《义行》)

开封府之尉氏县蝗,入秋复生蝻。(明嘉靖《尉氏县志》卷四《祥异》)

夏,淮阳县飞蝗蔽天,食稼。民饥。(清康熙《续修陈州志》卷四《灾异》)

河南府之陕州蝗害禾苗。(清乾隆《重修直隶陕州志》卷一九《灾祥》)

河南府之阌乡县蝻食禾。(民国《阌乡县志》卷一《灾祥》)

夏,开封府之陈州蝗飞蔽天,食稼,民饥。(清乾隆《陈州府志》卷三〇《祥异》)

【湖北】

黄州府黄陂县大蝗。(清乾隆《汉阳府志》卷三《五行》)

【广东】

春旱,广州府顺德县蝗虫杀稼,岁大饥。(清康熙《顺德县志》卷一三《纪异》)

韶州府之翁源县、乐昌县、乳源县蝗,饥。(章义和《中国蝗灾史》)

【海南】

春、夏秋,琼州府琼山县蝗。(明嘉靖《广东通志》卷七〇《杂事》)

【陕西】

春,同州府之潼关厅,蝗蝻生发。(清嘉庆《续修潼关厅志》卷三《祥异》)

1531年(明嘉靖十年):

【河北】

河间府之任丘县大蝗。(明万历《任丘志集》卷八《灾异》)

秋七月,真定府之南宫县飞蝗蔽天,食禾稼。(清康熙《南宫县志》卷五《事异》)

【山西】

秋七月,潞安府之长子县蝗。(清康熙《长子县志》卷一《灾异》)

【江苏】

九月，以旱、蝗，诏改折扬州、徐州、淮安府正兑米八万石，改兑米三万石，仍免租。（《明世宗实录》卷一四二）

八月，免扬州、淮安旱、蝗税粮。（清夏燮《明通鉴·世宗纪》）

夏，苏州府之吴县蝗又生，田无秋。（明崇祯《吴县志》卷一一《祥异》）

夏，扬州府蝗蝻生。（清康熙《扬州府志》卷二二《灾异纪》）

七月，扬州府之仪真县蝗。（清康熙《仪真县志》卷一八《祥祲》）

扬州府之兴化县每岁皆蝗。（明嘉靖《兴化县志》卷四《五行志》）

七月，常州府之靖江县蝗，半灾。（明嘉靖《靖江县志》卷四《编年》）

夏，扬州府之如皋县蝗蝻生。（明万历《如皋县志》卷二《五行志》）

夏，扬州府之东台县蝗蝻生。（清嘉庆《东台县志》卷七《祥异》）

徐州之丰县蝗飞蔽天，田苗多伤。（明隆庆《丰县志》卷下《祥异》）

徐州之萧县蝗。（清顺治《萧县志》卷五《灾祥》）

【安徽】

九月，以旱、蝗，诏改折庐州、凤阳、滁州、和州正兑米八万石，改兑米三万石，仍免租。（《明世宗实录》卷一四二）

凤阳府宿州连岁蝗，旱，民多逃亡。（明嘉靖《宿州志》卷八《灾祥》）

凤阳府灵璧县比岁旱，蝗，民多逃亡。（清康熙《灵璧县志》卷一《祥异》）

六月，凤阳府泗州大旱，蝗。（明万历《帝乡纪略》卷四《灾患》）

滁州之来安县蝗旱相仍，民甚苦之。（明天启《新修来安县志》卷九《祥异》）

徽州府太平县飞蝗食禾稼。（清嘉庆《太平县志》卷八《祥异》）

徽州府之宣城县飞蝗食禾稼。（清嘉庆《宁国府志》卷一《祥异》）

徽州府泾县飞蝗食禾稼。（清顺治《泾县志》卷一二《灾祥》）

徽州府之南陵县飞蝗食稼。（清嘉庆《南陵县志》卷一六《祥异》）

五月，徽州府之绩溪县蝗至。（清嘉庆《绩溪县志》卷一二《祥异》）

宁国府，飞蝗食禾稼。（明嘉靖《宁国府志》卷一〇《杂记》）

九月，凤阳府凤阳县蝗。（章义和《中国蝗灾史》）

【山东】

济南复蝗。（明嘉靖《山东通志》卷三九《灾祥》）

济南府之历城县、武定州、商河等县蝗。（章义和《中国蝗灾史》）

济南府之济阳县复生蝗。（明万历《济阳县志》卷一〇《灾祥》）

济南府之平原县蝗。（清乾隆《平原县志》卷九《灾祥》）

八月，东昌府之夏津县蝗。（清康熙《夏津县志》卷五《灾异》）

济南府之惠民县蝗。（清乾隆《惠民县志》卷四《祥异》）

济南府邹平县蝗。（清康熙《长山县志》卷七《灾祥》）

济南府之泰安县蝗。（清乾隆《泰安县志》卷一四《祥异》）

夏，济南府之莱芜县蝗。（清光绪《莱芜县志》卷二《灾祥》）

夏，济南府章丘县蝗。（明万历《章丘县志》卷七《灾祥》）

【河南】

开封府之尉氏县蝗害人，田稼殆尽。（明嘉靖《尉氏县志》卷四《祥异》）

归德府之永城县大蝗。（明嘉靖《永城县志》卷四《灾祥》）

南阳府之裕州蝗蝻生发。（清乾隆《裕州志》卷一《祥异》）

夏，开封府之陈州蝗飞蔽天；秋，蝗蝻食麦苗。（清乾隆《陈州府志》卷三〇《祥异》）

【湖北】

黄州府之麻城县蝗自商城来，其飞蔽日，食稻粟立尽。（清光绪《麻城县志》卷二《大事志》）

秋，襄阳府之谷城县飞蝗蔽天，食稼殆尽。（明万历《襄阳府志》卷三三《灾祥》）

秋，襄阳府枣阳县蝗蝻并作。（明万历《襄阳府志》卷三三《灾祥》）

【湖南】

夏六月，常德府蝗，有鸲鹆食之，飞去。（清嘉庆《常德府志》卷一七《祥异附》）

六月，常德府沅江县蝗，适有鸲鹆食之，飞去。（清嘉庆《沅江县志》卷二二《祥异》）

【广东】

秋八月，惠州府博罗县蝗。（明崇祯《博罗县志》卷一《年表》）

【陕西】

十一月，陕西宁北飞蝗蔽天。（章义和《中国蝗灾史》）

七月，延安府之洛川县大蝗。（清嘉庆《洛川县志》卷一《祥异》）

延安府安塞县境内飞蝗蔽野，民大饥。（清嘉庆《延安府志》卷五《大事表》）

1532年（明嘉靖十一年）：

九月，以旱、蝗，诏改折庐、凤阳、扬州、淮安四府，徐州、滁州、和州三州正兑米八万石，改兑米三万石，仍免租。（《明世宗实录》卷一四二）

十二月，以水涝、蝗蝻，免河间、真定、保定、顺德所属州县，河间、天津左右，沈阳中屯、大同中屯等卫，沧州守御千户所税粮谷。（《明世宗实录》卷一四五）

【河北】

顺天府廊坊县蝗，旱，民疫。（明天启《东安县志》卷一《机祥》）

河间府任丘县蝗，水，民饥。（明万历《任丘志集》卷八《灾异》）

秋七月，真定府之南宫县飞蝗蔽天，食禾稼。（明万历《南宫县志》卷四《灾异》）

顺德府之内丘大蝗。（明崇祯《内丘县志·变纪》）

九月二十七日，顺天府之东安旱、蝗。（清光绪《顺天府志》卷六九《祥异》）

【江苏】

夏五月，应天府六合县蝗。蝗遍四野，食禾遗蛹。（明嘉靖《六合县志》卷二《灾祥》）

秋，应天府之溧水蝗。（明万历《溧水县志》卷一《县纪》）

五月，常州府之江阴县蝗飞自西北，蔽天，林竹岸草皆残食。（明嘉靖《江阴县志》卷二《灾祥》）

常州府武进县蝗，食稻及树叶，芦俱尽。（清康熙《常州府志》卷三《祥异》）

五月，扬州府仪真县蝗。（明隆庆《仪真县志》卷一三《祥异》）

扬州府之兴化县每岁皆蝗。（明嘉靖《兴化县志》卷四《五行志》）

五月，常州府之靖江县蝗来西北，蔽天，竹树豆草俱空，苗亦空。（明嘉靖《靖江县志》卷四《编年》）

徐州之丰县蝗。（清顺治《新修丰县志》卷九《灾祥》）

【浙江】

六月，嘉兴府海盐县蝗来，忽大风，蝗尽入海死，渔网多得之。（清康熙《海盐县志·灾祥》）

六月，杭州府海宁县飞蝗蔽天。（清管庭芬《海昌丛载·祥异》）

【安徽】

安庆府蝗害稼。（明嘉靖《安庆府志》卷一五《祥异》）

秋，安庆府怀宁县蝗，祈而捕之。（清康熙《安庆府志》卷九《名宦》）

夏六月，安庆府之太湖县蝗害稼。（清顺治《安庆府太湖县志》卷九《灾祥》）

凤阳府宿州连岁蝗，旱，民多逃亡。（明嘉靖《宿州志》卷八《灾祥》）

凤阳府灵璧县比岁旱，蝗，民多逃亡。（清康熙《灵璧县志》卷一《祥异》）

滁州之来安县，蝗旱相仍，民甚苦之。（明天启《新修来安县志》）

夏五月，徽州府婺源县大有蝗，其飞蔽天。（清康熙《婺源县志》卷一二《祥异》）

秋，庐州府之英山县蝗自北蔽天而来，食禾且尽。（清道光《英山县志》卷二六《祥异》）

五月，徽州府之绩溪县、婺源县蝗。（清道光《徽州府志》卷一六《祥异》）

夏，池州府之石埭县飞蝗入境，遮蔽天日，伤民禾稼。（明嘉靖《石埭县志》卷八《祥异》）

【江西】

秋七月，南昌府蝗。（明嘉靖《丰乘》卷一《邑纪》）

九江府之彭泽县蝗蝻。（明万历《彭泽县志》卷七《灾异》）

四月，南康府永修县大蝗蔽日。（明万历《建昌县志》卷一〇《灾异》）

四月，南康府安义县大蝗。（清康熙《安义县志》卷一〇《灾异》）

夏，建昌府南城县蝗。（清乾隆《建昌府志》卷五《礼祥》）

南康府建昌县大蝗，蔽日。（清同治《南康府志》卷二三《祥异》）

夏六月，临江府之峡江大旱，蝗。（清乾隆《峡江县志》卷一《祥异》）

【山东】

青州府之安丘县夏大蝗，蔽天映日，田禾一空。（明万历《安丘县志》卷一《总纪》）

夏，莱州府之潍县大蝗。（民国《潍县志稿》卷二《通纪》）

登州府之宁海州、文登县蝗。（明嘉靖《宁海州志》卷上《灾祥》）

莱州府即墨县飞蝗蔽日，大伤禾稼，遂遗子于地，连年不绝。（明万历《即墨县志》卷九《祥异》）

济南府之长清县蝗生。（清康熙《长清县志》卷一四《灾祥》）

冠县，春三月不雨。至六月，东昌府冠县大蝗。（清顺治《堂邑县志》卷三《礼祥》）

六月，东昌府莘县蝗，禾尽伤。（清康熙《朝城县志》卷一〇《灾祥》）

【河南】

十二月，以河南开封府旱，蝗，许折征钱粮。（《明世宗实录》卷一五四）

怀庆府飞蝗遍野。（清康熙《怀庆府志》卷一《灾祥》）

南阳府之新野县蝗飞蔽天。（清康熙《新野县志》卷八《祥异》）

开封府之尉氏县大蝗，县以粟召民捕之，不数日，蝗积满场地。（明嘉靖《尉氏县志》卷四《祥异》）

怀庆府之温县飞蝗蔽天。（清顺治《温县志》卷下《灾祥》）

怀庆府之修武县飞蝗遍野。（清康熙《修武县志》卷四《灾祥》）

夏，汝州府之鲁山县飞蝗遮天蔽日。秋，遍地生蝻，食禾无遗。民大荒，相食者甚多，饿莩枕藉于道。至十二年大熟。（明嘉靖《鲁山县志》卷一〇《灾祥》）

南阳府之裕州蝗蝻。知州安如山亲率捕打三万余石，蝗遂息。（清乾隆《裕州志》卷一《祥异》）

秋七月，归德府蝗，食秋谷禾。（清嘉庆《归德志》卷八《祥异》）

【湖北】

秋九月，汉阳府西北蝗飞蔽天。（清乾隆《汉阳府志》卷三《五行》）

九月，汉阳府之汉川县蝗从西北来，蔽天。(清同治《汉川县志》卷四《祥祲》)

武昌府之崇阳县蝗飞蔽天，逾月乃止。(清康熙《湖广武昌府志》卷三《灾异》)

襄阳府之均州蝗。(明万历《襄阳府志》卷三三《灾祥》)

夏，襄阳府蝗。(明万历《襄阳府志》卷三三《灾祥》)

襄阳府光化县蝗。(明万历《襄阳府志》卷三三《灾祥》)

【湖南】

蝗入澧州之石门县境。(清同治《直隶澧州志》卷一九《机祥》)

夏六月，常德府之龙阳县蝗至，适有鹳鹆食之，飞去。(明嘉靖《常德府志》卷一《祥异》)

【陕西】

四月，延安府榆林卫蝗虫蔽天，人取食之。(明万历《延绥镇志》卷三《灾异》)

四月，延安府蝗虫蔽天，人取食之。(清嘉庆《重修延安府志》卷五《大事表》)

【甘肃】

庆阳府之环县蝗。(清乾隆《环县志》卷一〇《纪事》)

庆阳府之正宁县蝗。(清乾隆《正宁县志》卷一三《祥眚》)

夏，庆阳府之安化县大旱，飞蝗蔽天。(清乾隆《甘肃通志》卷二四《祥异》)

1533年（明嘉靖十二年）：

【北京】

七月，以旱、蝗，免顺天府所属夏税。(《明世宗实录》卷一五二)

【河北】

永平府之卢龙县春旱，蝗。(清康熙《永平府志》卷三《灾祥》)

七月，以旱、蝗，免永平府所属夏税。(《明世宗实录》卷一五二)

六月，永平府之昌黎县蝗，落地尺厚。(清康熙《昌黎县志》卷一《祥异》)

夏六月，永平府之滦州蝗，落地尺厚，蝼生。(明嘉靖《滦州志》卷二《世编》)

夏，河间府之青县飞蝗翳空。(明嘉靖《兴济县志》卷下《祥异》)

真定府之南宫县飞蝗蔽天，食禾稼。(明嘉靖《南宫县志》卷四《祥异》)

【辽宁】

金州河西大旱，蝗飞蔽天。(清乾隆《盛京通志》卷一一《祥异》)

【江苏】

扬州府之兴化县每岁皆蝗。(明嘉靖《兴化县志》卷四《五行志》)

夏，常州府之靖江县蝗。秋潮，民困益甚。(明嘉靖《靖江县志》卷四《编年》)

四月，扬州府之东台县飞蝗蝻遍田野。(清嘉庆《东台县志》卷七《祥异》)

扬州府之如皋县蝗蝻遍起。(明嘉靖《重修如皋县志》卷六《灾祥》)

扬州府蝗蝻遍起，命宽赋税以恤之。(清康熙《扬州府志》卷二二《灾异纪》)

徐州府之砀山县蝗。(明崇祯《砀山县志》卷下《祥异》)

【安徽】

池州府之铜陵县飞蝗蔽空。(清顺治《铜陵县志》卷七《祥异》)

凤阳府之颍州、亳州蝗。(清乾隆《颍州府志》卷一〇《祥异》)

凤阳府宿州连岁蝗，旱，民多逃亡。(明嘉靖《宿州志》卷八《灾祥》)

滁州之来安县蝗旱相仍，民甚苦之。(明万历《滁阳志》卷八《灾祥》)

夏六月，飞蝗入贵池县、铜陵县、石埭县境。(清乾隆《池州府志》卷二〇《祥异》)

【江西】

四月，南昌府奉新县蝗大至，遮蔽天日，落田食谷，辄尽数十亩。(清同治《南昌府志》卷六五《祥异》)

秋七月，吉安府蝗虫满野。(清光绪《吉安府志》卷五三《祥异》)

是年，吉安府泰和县蝗虫满野，禾苗尽灾。(清乾隆《泰和县志》卷二八《祥异》)

吉安府万安县蝗虫满野，咬断禾根。(清康熙《万安县志》卷一〇〇《纪异》)

【山东】

青州府蝗为灾，禾稼殆尽。(明嘉靖《青州府志》卷五《灾祥》)

青州府之寿光县蝗为灾。(清康熙《寿光县志》卷一《总纪》)

青州府之临朐县夏蝗，知县褚宝祷于沂山，天乃大雨，蝗尽飞去。(清光绪《临朐县志》卷一〇《大事表》)

莱州府之潍县飞蝗为灾，食禾稼殆尽。(清康熙《潍县志》卷五《祥异》)

登州府之福山县蝗，禾稼食尽。(民国《福山县志稿》卷八《灾祥》)

登州府之莱阳县蝗灾，禾稼殆尽。(清康熙《莱阳县志》卷九《灾祥》)

登州府之海阳县蝗灾，禾稼殆尽。(清乾隆《海阳县志》卷三《灾祥》)

济南府之长清县旱，蝗。(清康熙《长清县志》卷一四《灾祥》)

兖州府之阳谷县蝗始绝。至秋七月，飞蝗遍野。八月，饥，人相食。(明万历《兖州府志》卷一五《灾祥》)

兖州府之嘉祥蝗。(章义和《中国蝗灾史》)

【河南】

十二月，以河南开封府旱，蝗，许折征起运钱粮。(《明世宗实录》卷一五四)

南阳府之裕州邻县蝗蝻复生，独裕免害，且大有。(清乾隆《裕州志》卷一《祥异》)

【湖北】

春三月，德安府之应山县蝗，知县令捕之；夏六月，蝗入境，既而震电风雨，蝗皆出境。（明嘉靖《应山县志》卷上《祥异》）

【陕西】

六月内，西安府之白水县蝗食粟谷。至九月，蝗生蝻，仍食麦苗。（明万历《白水县志》卷四《灾祥》）

1534年（明嘉靖十三年）：

【河北】

顺天府之大城县夏蝗。（清光绪《大城县志》卷一〇《五行》）

大名府之开州旱，蝗，禾稼无收，民大饥。（清光绪《开州志》卷一《祥异》）

【江苏】

扬州府之兴化县每岁皆蝗。（明嘉靖《兴化县志》卷四《五行》）

【安徽】

庐州府庐江县旱，蝗自北来，飞蔽天日，食禾稼有方。（清光绪《续修庐州府志》卷九三《祥异》）

凤阳府太和县大蝗，跳蝻塞路，人不得行，食草木殆尽。（清顺治《太和县志》卷一〇《祥异》）

六月，凤阳府宿州飞蝗从东北入境，延蔓不绝，至七月始西去，秋稼无收。（明嘉靖《宿州志》卷八《灾祥》）

十三年、十四年，颍州府之阜阳县俱蝗，田无遗穗。（清顺治《颍州志》卷一《郡纪》）

凤阳府之颍州、太和县并蝗，亳州大饥。（清乾隆《颍州府志》卷一〇《祥异》）

池州府之铜陵县飞蝗蔽空。（清顺治《铜陵县志》卷七《祥异》）

十三年至十五年，凤阳府之五河县俱蝗飞盈野，禾稼不登。（清康熙《五河县志》卷一《祥异》）

【山东】

登州府之黄县大蝗，禾稼食尽。（清康熙《黄县志》卷七《祥异》）

登州府之福山县蝗，禾稼食尽。（民国《福山县志稿》卷八《灾祥》）

登州府之莱阳县蝗灾，禾稼殆尽。（清康熙《莱阳县志》卷九《灾祥》）

登州府之海阳县蝗灾，禾稼殆尽。（清乾隆《海阳县志》卷三《灾祥》）

青州府之益都蝗。（明嘉靖《青州府志》卷五《灾祥》）

【湖北】

夏，襄阳府之谷城县蝗蝻生害稼，民多疫。（清康熙《湖广通志》卷三《祥异》）

夏，襄阳府之枣阳县蝗蝻入境，大疫。（明万历《襄阳府志》卷三三《灾祥》）

【甘肃】

酒泉县蝗，自嘉峪关西至肃州蔽日。是岁免田粮四分。（明万历《肃镇华夷志》卷四《灾祥》）

1535年（明嘉靖十四年）：

【河北】

顺天府之大城夏蝗。（清康熙《大城县志》卷八《灾异》）

保定府夏蝗。（明万历《保定府志》卷一五《祥异志》）

保定府之清苑夏蝗，出内帑银赈之。（清康熙《清苑县志》卷一《灾祥》）

保定府之定兴夏蝗，大饥。（清康熙《定兴县志》卷一《礼祥》）

安新县春旱，夏蝗，出内帑赈之。（清康熙《安州志》卷七《祥异》）

保定府之蠡县夏蝗，出内帑赈之。（清顺治《蠡县志》卷八《祥异》）

保定府之博野秋蝗，冬未衰，至春始灭。（清康熙《博野县志》卷四《祥异》）

夏，保定府易州蝗，大饥。（清顺治《易水志》卷上《灾异》）

保定府之新城夏蝗，大饥。（民国《新城县志》卷二二《灾祸》）

夏，保定府之高阳县蝗，出内帑赈之。（清雍正《高阳县志》卷六《祥异》）

夏，保定府之满城县蝗，出内帑银赈之。（清康熙《满城县志》卷八《灾祥》）

大名府蝗。（清咸丰《大名府志》卷四《年纪》）

大名府之清丰县，飞蝗蔽天。（清康熙《清丰县志》卷二《编年》）

大名府之开州蝗。（清光绪《开州志》卷一《祥异》）

大名府之南乐县蝗。（清康熙《南乐县志》卷九《纪年》）

秋，大名府之内黄县蝗飞蔽天。（明嘉靖《内黄县志》卷八《祥异》）

【山西】

秋，太原府清源县飞蝗蔽日，未几投汾水死，百谷丰登。（清光绪《清源乡志》卷一六《祥异》）

太原府寿阳县大蝗，禾稼殆尽。（清康熙《寿阳县志》卷八《灾异》）

太原府之平定州大蝗，民饥。（清乾隆《平定州志》卷二《祥异》）

【江苏】

扬州府，江淮大旱，飞蝗蔽天，命赈济。（清康熙《扬州府志》卷二二《灾异纪》）

扬州属州县旱，蝗，折马价发仓稻赈之。（清光绪《通州直隶州志》卷四《蠲恤》）

应天府江浦县旱、蝗，遣官赈恤。（明万历《江浦县志》卷一《县纪》）

应天府之溧阳、江浦、六合诸县蝗、旱，赈之。（明万历《应天府志》卷三《郡纪》）

应天府之溧阳县旱，蝗蔽野。（清康熙《溧阳县志》卷三《祥异》）

扬州府高邮州春、夏旱，飞蝗蔽天。（明隆庆《高邮州志》卷一二《灾祥》）

扬州府之兴化县每岁皆蝗。（明嘉靖《兴化县志》卷四《五行》）

六月，扬州府之泰州飞蝗蔽天。（明崇祯《泰州志》卷七《灾祥》）

扬州府之泰兴县大蝗。（明万历《泰兴县志》卷四《遗事》）

扬州府之通州大旱，蝗。（清光绪《通州直隶州志》卷末《祥异》）

扬州府之如皋县大旱，飞蝗蔽天。（明嘉靖《重修如皋县志》卷六《灾祥》）

淮安府之盱眙县旱，蝗。（清乾隆《盱眙县志》卷一四《灾祥》）

六月，扬州府之东台县，江淮飞蝗蔽天。八月，蝝生，积地厚尺许，草无存，有赈。（清嘉庆《东台县志》卷七《祥异》）

镇江府旱，蝗飞遍野。（清乾隆《镇江府志》卷四三《祥异》）

太仓州镇洋县旱，蝗。（清宣统《太仓州镇洋县志》卷二六《祥异》）

【安徽】

秋七月，庐州府巢县大旱，蝗灾。（清康熙《巢县志》卷四《祥异》）

和州含山县大蝗。（明嘉靖《含山邑乘》卷中《灾异》）

和州大蝗。（明万历《和州志》卷八《祥异》）

庐州府庐江县蝗。十二月，无为州蝗。（清光绪《续修庐州府志》卷九三《祥异》）

颍州府之阜阳县蝗，田无遗穗。（清乾隆《颍州府志》卷一〇《祥异》）

十四年、十五年，凤阳府宿州连岁飞蝗遍野。（明嘉靖《宿州志》卷八《灾祥》）

凤阳府泗州蝗生，联络不断，高楼密室皆遍，田禾衣服悉啮伤。（清康熙《虹县志》卷上《祥异》）

自五月不雨至十月，旱，蝗。（明万历《帝乡纪略》卷六《灾患》）

凤阳府之五河县蝗飞盈野，禾稼不登。（清康熙《五河县志》卷一《祥异》）

太平府之当涂夏、秋旱，蝗飞蔽天。（清乾隆《太平府志》卷三二《祥异》）

广德州夏、秋不雨。九月，广德州蝗虫大作，田无遗穗。（清乾隆《广德州志》卷二八《祥异》）

凤阳府之太和县大蝗，田无遗穗。（章义和《中国蝗灾史》）

【山东】

秋，济南府之惠民县大蝗为害。（明万历《武定州志》卷八《灾祥》）

秋，济南府之海丰县蝗生。（民国《无棣县志》卷一六《祥异》）

济南府滨州蝗伤稼，岁大饥。（民国《无棣县志》卷三《祥异》）

济南府之利津县蝗伤稼，岁大饥。（清康熙《利津县新志》卷九《祥异》）

登州府福山县蝗，禾稼食尽。（民国《福山县志稿》卷八《灾祥》）

登州府莱阳县蝗灾，禾稼殆尽。（清康熙《莱阳县志》卷九《灾祥》）

登州府之海阳县蝗灾，禾稼殆尽。（清乾隆《海阳县志》卷三《灾祥》）

兖州府阳谷县飞蝗蔽天，苗稼灾。（明万历《兖州府志》卷一五《灾祥》）

夏，兖州府之郓城县大蝗，盈于郓城县、巨野县、济、兖道路之间。郓之捕者三千七百石，以粟易之，民赖以活者众矣。（明嘉靖《郓城志》卷下《灾祥》）

莱州府高密县大蝗。（章义和《中国蝗灾史》）

【河南】

秋七月，陈州府之淮宁县蝗。（清康熙《续修陈州志》卷四《灾异》）

南阳府舞阳县蝗，岁大饥，死者视昔尤甚。（清顺治《舞阳县志》卷一〇《大物》）

秋，群鸦食蝗，禾不为害。（清顺治《舞阳县志》卷一四《灾祥》）

秋七月，开封府之陈州蝗。（清乾隆《陈州府志》卷三〇《祥异》）

【湖北】

七月，德安府之应城县蝗，大旱，饥。（清康熙《应城县志》卷三《灾祥》）

【陕西】

延安府之清涧县蝗飞蔽天。（清道光《清涧县志》卷一《灾祥》）

1536年（明嘉靖十五年）：

【河北】

大名府之长垣、清丰、南乐、内黄等县大蝗。（章义和《中国蝗灾史》）

秋七月，宣化县蝗。（清康熙《宣化县志》卷五《灾祥》）

秋七月，顺天府之怀来诸卫州县蝗。（清康熙《怀来县志》卷二《灾异》）

秋七月，蔚县蝗。（清乾隆《蔚县志》卷二九《祥异》）

秋七月，保安州涿鹿县蝗。（清康熙《保安州志》卷二《灾异》）

秋七月，阳原县蝗。（清康熙《西宁县志》卷一《灾祥》）

秋七月，怀安县蝗。（清乾隆《怀安县志》卷二二《灾祥》）

夏，保定府蝗。（明万历《保定府志》卷一五《祥异》）

夏四月，永平府之乐亭蝗。（清光绪《乐亭县志》卷三《纪事》）

夏四月，永平府之滦州蝗。（明嘉靖《滦州志》卷二《世编》）

夏，保定府之清苑蝗，民捕蝗入官余二千石。（明嘉靖《清苑县志》卷六《考证》）

夏，保定府之定兴蝗。（清康熙《定兴县志》卷一《机祥》）

夏，保定府之蠡县蝗。（清康熙《蠡县志》卷八《祥异》）

夏，保定府易州蝗。（清顺治《易水志》卷上《灾异》）

夏，保定府之新城蝗。(民国《新城县志》卷二二《灾祸》)

夏，保定府之雄县蝗。(明嘉靖《雄乘》卷下《祥异》)

夏，保定府高阳县蝗。(清康熙《高阳县志》卷八《灾祥》)

夏，保定府满城县蝗。(清康熙《满城县志》卷八《灾祥》)

真定府衡水县蝗蝻生，知县郝铭令民捕之，纳仓给谷，日得数十石，遂不为灾。(清康熙《衡水县志》卷六《事纪》)

秋，大名府之大名县大蝗，食禾且尽。(清咸丰《大名府志》卷四《年纪》)

夏六月，真定府之隆平县隆平蝗蝻生。(明崇祯《隆平县志》卷八《灾异》)

顺德府之巨鹿蝗。(清顺治《巨鹿县志》卷八《灾异》)

广平府威县蝗飞蔽日，秋禾无害。(明嘉靖《威县志》卷一《祥异》)

秋，顺德府之平乡蝗。(清康熙《平乡县志》卷三《纪事》)

夏，大名府之清丰县蝗，禾且尽。(清康熙《清丰县志》卷二《编年》)

大名府之开州蝗，禾且食尽。(清康熙《开州志》卷四《灾祥》)

大名府之开州蝗，伤稼。(清光绪《开州志》卷一《祥异》)

夏，大名府之南乐县蝗，禾且尽。(清康熙《南乐县志》卷九《纪年》)

六月二十一日，大名府之内黄县蝗飞蔽天，自北而南食民禾稼。(明嘉靖《内黄县志》卷三《祠祀》)

【山西】

七月，大同府大同县蝗飞蔽空，伤稼。(清道光《大同县志》卷二《星野》)

七月，以旱、蝗，免山西大同等府税粮。(《明世宗实录》卷一八九)

十二月，以旱、蝗，免山西大同等卫所屯粮。(《明世宗实录》卷一九五)

七月，大同府灵丘县蝗飞蔽天，食稼殆尽。(清康熙《灵丘县志》卷二《灾祥》)

大同府阳高县蝗自境外群飞蔽天，食稼殆尽。(清雍正《阳高县志》卷五《祥异》)

大同府广灵县飞蝗蔽天，食稼殆尽。(清康熙《广灵县志》卷一《灾祥》)

秋七月，平阳府之万全县蝗。(清乾隆《万全县志》卷二《灾祥》)

【江苏】

秋，旱，苏州府之吴县高乡有蝗。(明崇祯《吴县志》卷一一《祥异》)

秋，旱，苏州府之太仓州有蝗。(清道光《璜泾志稿》卷七《灾祥》)

秋，苏州府之常熟县蝗。(明万历《常熟县私志》卷四《叙灾》)

四月，应天府之句容县蝗。(清顺治《重修句容县志》卷末《祥异》)

四月，扬州府之仪真县蝻生。(明隆庆《仪真县志》卷一三《祥异》)

四月，仪真蝻生。民掘取，积数百斛。高邮旱、蝗，不为灾。(清嘉庆《广陵事略》卷

七《祥异》)

扬州府之高邮州蝗不为灾。《灭蝗碑》序：惟十五年春正月至于三月不雨，四月又不雨，有蝗飞自西北徂东南，蔽天日。五月庚申，阴云始兴，雨乃降。甲子乃大雨五日，已。又雨，越四日已。高邮四境之蝗自毙。（明隆庆《高邮州志》卷一二《灾祥》）

扬州府之兴化县每岁皆蝗。（明嘉靖《兴化县志》卷四《五行》）

【安徽】

凤阳府宿州连岁飞蝗遍野。（明嘉靖《宿州志》卷八《灾祥》）

凤阳府之五河县蝗飞盈野，禾稼不登。（清康熙《五河县志》卷一《祥异》）

春三月，广德州广德县蝗食麦兼害禾秧。民捕蝗一石给谷二石，后雾霾连日，蝗虽灭，不害。（清乾隆《广德州志》卷二八《祥异》）

【福建】

漳州府南靖县大旱，蝗起。（清光绪《漳州府志》卷四七《灾祥》）

【山东】

十月，以旱、蝗，免山东济南等府税粮。（《明世宗实录》卷一九二）

济南府之滨州蝗。（章义和《中国蝗灾史》）

六月，东昌府之馆陶县蝗蔽天。（明万历《新修馆陶县志》卷三《灾祥》）

六月，济南府之淄川县蝗。七月，蝻。（明嘉靖《淄川县志》卷二《祥异》）

秋八月，东昌府之夏津县蝗。（明嘉靖《夏津县志》卷四《灾异》）

六月，济南府之利津县、滨州蝗。（清乾隆《济南府志》卷一四《祥异》）

夏，青州府之昌乐县蝗。（清嘉庆《昌乐县志》卷一《总纪》）

夏，青州府之安丘县蝗。（明万历《安丘县志》卷一《总纪》）

夏，莱州府之潍县蝗。（民国《潍县志稿》卷二《通纪》）

莱州府即墨县旱，蝗洊灾，吾墨独甚。（明万历《即墨志》卷一〇《艺文》）

秋八月，东昌府之高唐州蝗。（明嘉靖《高唐州志》卷七《祥异》）

兖州府阳谷县蝗蝻遍生，知县刘素驱民捕之。（明万历《兖州府志》卷一五《灾祥》）

【河南】

秋七月，开封府之杞县蝻。（明万历《杞乘》卷二《今总纪》）

开封府之阳武县蝗。（清康熙《阳武县志》卷八《灾祥》）

开封府之淮宁县蝗蝻生，害稼。（清康熙《续修陈州志》卷四《灾异》）

七月，开封府之兰阳县、仪封县、考城县蝗蝻生。（兰考县志编委会编《兰考县志》）

台前县蝗虫遍野。（台前县地方史志编纂委员会编《台前县志》）

三月，开封府之郾城县蝗忽南翔。（清乾隆《郾城县志》卷七《艺文》）

南阳府之新野县蝗飞蔽天。(清康熙《新野县志》卷八《祥异》)

开封府之陈州蝗蝻生，害稼。(清乾隆《陈州府志》卷三〇《祥异》)

彰德府之武安县大蝗。(明嘉靖《武安县志》卷三《灾祥》)

【广东】

秋七月，广州府之龙门县蝗。(清康熙《龙门县志》卷二《灾祥》)

【陕西】

延安府绥德州蝗。(清光绪《绥德州志》卷三《祥异》)

延安府米脂县蝗飞蔽日。(清康熙《米脂县志》卷一《灾祥》)

1537年（明嘉靖十六年）：

【河北】

秋七月，顺天府之怀来蝗，人捕之。(清康熙《怀来县志》卷二《灾异》)

秋七月，蔚县蝗，人捕而食之。(清乾隆《蔚县志》卷二九《祥异》)

秋七月，涿鹿县蝗。(清康熙《保安州志》卷二《灾异》)

秋七月，顺天府之阳原蝗，人捕食之。(清康熙《西宁县志》卷一《灾祥》)

秋七月，顺天府之怀安蝗，人捕食之。(清乾隆《怀安县志》卷二二《灾祥》)

夏四月，永平府之滦州蝗。(明嘉靖《滦州志》卷二《世编》)

【山西】

太原府保德州飞蝗蔽天，禾伤，民饥甚。(清康熙《保德州志》卷三《祥异》)

太原府岢岚州蝗。(清光绪《岢岚州志》卷一〇《祥异》)

太原府之太谷县蝗虫自四方远至，飞空蔽日。(清顺治《太谷县志》卷八《灾异》)

凤台县蝗。(清乾隆《凤台县志》卷一二《纪事》)

六月，平阳府之临汾县有蝗，自平阳历泽州、高平县、陵川县诸处，广五六里，长八九里，所过食禾无遗。(清康熙《平阳府志》卷三四《祥异》)

【江苏】

扬州府之兴化县每岁皆蝗。(明嘉靖《兴化县志》卷四《五行》)

【安徽】

五月，庐州府之舒城县蝗飞蔽天，人马不能行，落处沟壑尽平。(清光绪《续修庐州府志》卷九三《祥异》)

【河南】

汝宁府之西平县旱，蝗，人相食。(清康熙《西平县志》卷九《艺文》)

【陕西】

延安府之洛川县、中部县、宜君县大蝗。(章义和《中国蝗灾史》)

延安府府谷县飞蝗蔽天，民饥甚。（清乾隆《府谷县志》卷四《灾祥》）

秋八月，延安府鄜州忽有蝗自洛川来，其势遮天，其声若雷，大食田穗，平川尤甚。插尾地中，生子如蚕斯。次年春，遍地生子，食豆苗。有司捕治不能止。忽大雨，蝗子尽死。（清康熙《鄜州志》卷七《灾祥》）

1538年（明嘉靖十七年）：

【河北】

四月，永平府之昌黎蝗。（清康熙《昌黎县志》卷一《祥异》）

夏四月，永平府之滦州蝗。（明嘉靖《滦州志》卷二《世编》）

【江苏】

扬州府之兴化县每岁皆蝗。（明嘉靖《兴化县志》卷四《五行》）

【江西】

瑞州府上高县蝗飞蔽天，树叶亦噬。（明嘉靖《上高县志》卷二《祥异》）

【山东】

济南府之平原县夏大旱，蝗蝻食禾殆尽。（清乾隆《平原县志》卷九《灾祥》）

六月，济南府邹平县长山境内有蝗自东入境，越城渡河而西，所过田禾一空。（清康熙《长山县志》卷七《灾祥》）

济南府之新泰县大蝗。（明天启《新泰县志》卷八《祥异》）

兖州府之泗水县飞蝗蔽天，害稼。（清康熙《泗水县志》卷一一《灾祥》）

兖州府之滕县飞蝗蔽天，害稼。（清康熙《滕县志》卷三《灾异》）

【河南】

河南府之登封县蝗，人相食。（清康熙《登封县志》卷九《灾祥》）

卫辉府汲县大蝗。（明万历《卫辉府志·灾祥》）

六月，卫辉府之辉县大蝗。（清康熙《辉县志》卷一八《灾祥》）

卫辉府之淇县大蝗。（清顺治《淇县志》卷一〇《灾祥》）

卫辉府大蝗。（清乾隆《卫辉府志》卷二九）

河南府之宜阳县蝗。（清乾隆《宜阳县志》卷一《灾祥》）

彰德府之汤阴县蝗灾。（清顺治《汤阴县志》卷九《杂志》）

南阳府之镇平县蝗食稼。（清康熙《镇平县志》卷下《灾祥》）

【湖南】

夏秋，郴州之宜章县旱，蝗，大饥。（清嘉庆《郴州总志》卷四一《事纪》）

【广东】

惠州府兴宁县蝗，不伤稼。（明嘉靖《兴宁县志》卷一《灾异》）

1539年（明嘉靖十八年）：

九月，以旱、蝗，免湖广郧阳、襄阳、德安、承天、武昌、常德、岳州、衡州等府所属州县及靖州、沔阳二卫、保靖宣慰司税粮。（《明世宗实录》卷二二九）

【河北】

顺天府之固安县旱，蝗蝻。（明嘉靖《固安县志》卷九《灾异》）

保定府之安肃县蝗。（清康熙《安肃县志》卷三《灾异》）

大名府之开州蝗，伤禾稼。（清光绪《开州志》卷一《祥异》）

河间府之宁津县蝗。（明万历《宁津县志》卷四《祥异》）

【上海】

松江府松江县旱，蝗食禾几尽。（清嘉庆《松江府志》卷八〇《祥异》）

松江府青浦县旱，蝗食禾几尽。（清光绪《青浦县志》卷二九《祥异》）

【江苏】

七月，应天府之高淳县蝗生，厚数寸，飞蔽天。已而雾迷三日，蝗尽死，浮于湖数十里。（清顺治《高淳县志》卷一《邑纪》）

【浙江】

嘉兴府夏旱，飞蝗蔽日，害稼。（清光绪《嘉兴府志》卷三五《祥异》）

湖州府之德清县境有蝗。（清同治《湖州府志》卷四四《祥异》）

【江西】

九江府瑞昌县飞蝗蔽日。（清康熙《瑞昌县志》卷一《祥异》）

【山东】

右佥都御史李中巡抚山东，令民捕蝗者倍予谷，蝗绝而饥者济。（《明史·李中传》）

济南府陵县蝗蝻食禾殆尽。（清康熙《陵县志》卷三《祥异》）

兖州府之滕县蝗蝝害稼尤甚，室庐床榻皆满。（清康熙《滕县志》卷三《灾异》）

济南府蒲台县蝗。（章义和《中国蝗灾史》）

【河南】

开封府之河阴县蝗。（清康熙《河阴县志》卷一《祥异》）

秋，开封府之郑县蝗。（民国《郑县志》卷一《灾祥》）

开封府之荥阳县蝗，大祲。（清康熙《荥阳县志》卷一《灾祥》）

秋，开封府之杞县大蝗。（明嘉靖《杞县志》卷八《祥异》）

开封府之仪封县春大饥，夏大疫，秋大蝗。（明嘉靖《仪封县志》卷下《灾祥》）

怀庆府之河内县蝗蝻生。（明万历《河内县志》卷一《灾祥》）

归德府之永城县春旱，夏蝗。（明嘉靖《永城县志》卷四《灾祥》）

汝州之伊阳县旱，蝗。（清康熙《汝阳县志》卷五）

归德府之宁陵县蝗虫食禾稼殆尽。（清康熙《宁陵县志》卷一二《灾祥》）

鲁山县春大旱。秋，汝州之鲁山县大蝗，尤炽于十一年，野无遗禾，黎民相食者甚多，饿莩者枕藉道路。（明嘉靖《鲁山县志》卷一〇《灾祥》）

秋，开封府之尉氏县蝗。（清道光《尉氏县志》卷一《祥异》）

秋，归德府蝗，禾稼殆尽。（清乾隆《归德府志》卷三四《灾祥》）

大旱，汝宁府确山县蝗飞蔽天。（清乾隆《确山县志》卷四《机祥》）

汝南县大旱，蝗飞蔽天。（明万历《汝南县志》卷二四《灾祥》）

汝宁府上蔡县大旱，飞蝗蔽天。（清康熙《上蔡县志》卷一二《编年》）

汝宁府之息县大旱，蝗。（清顺治《息县志》卷一〇《灾异》）

汝宁府之新蔡县飞蝗蔽天。（清康熙《新蔡县志》卷七《杂述》）

汝宁府之遂平县旱，蝗飞蔽天。（清乾隆《遂平县志》）

平兴县大旱，飞蝗蔽天。（《平兴县志》）

十八年、十九年旱，汝宁府固始县蝗蝻。（明嘉靖《固始县志》卷九《灾异》）

秋七月，飞蝗蔽天。（清顺治《固始县志》卷九《灾异》）

大旱，汝宁府光州蝗灾。（清顺治《光州志》卷一二《灾祥》）

南阳府舞阳县蝗，岁大饥，死者视昔尤甚。（清顺治《舞阳县志》卷一〇《大物》）

汝宁府之汝阳县旱，蝗。（清顺治《伊阳县志》卷二《灾异》）

【湖北】

六月，德安府之安陆县蝗飞弥障天日。（清光绪《德安府志》卷二〇《祥异》）

六月，武昌府之咸宁县蝗飞弥障天日。（清康熙《咸宁县志》卷六《灾异》）

1540年（明嘉靖十九年）：

【河北】

十月，以旱、蝗，免直隶保定等府、顺天府之霸州等州、保定等县、涿鹿等卫并宣府、大同二镇各民屯秋粮。（《明世宗实录》卷二四二）

顺天府之固安县蝗蝻。（明嘉靖《固安县志》卷九《灾异》）

秋，大名府之大名县境内蝗害稼，民大饥。（清康熙《大名县志》卷一六《灾祥》）

大名府之开州秋蝗害稼，民大饥。（清光绪《开州志》卷一《祥异》）

大名府之南乐县境内蝗，民大饥。（清康熙《南乐县志》卷九《纪年》）

【山西】

平阳府灵石县蝗蝻遮天，残食禾稼殆尽。（明万历《灵石县志》卷三《祥异》）

【上海】

松江府松江县蝗。(明崇祯《松江府志》卷三二《宦绩》)

【江苏】

夏，苏州府之吴县蝗。(明崇祯《吴县志》卷一一《祥异》)

苏州府夏蝗。(明崇祯《吴县志》卷一一《祥异》)

苏州府之吴江大旱，蝗，民饥。忽澍雨，蝗尽死。(清康熙《吴江县志》卷三○《名宦》)

夏，扬州旱，蝗自北而来，伤田禾。(明万历《扬州府志》卷二二《祥异》；清康熙《扬州府志》卷二二《灾异纪》)

夏旱，蝗。官捕蝗蝻五千五百六十三石。(清雍正《江都县志》卷七《五行》)

扬州府之高邮州旱，蝗。知府刘命捕蝗。(明隆庆《高邮州志》卷一二《灾祥》)

扬州府之通州旱，蝗，伤稼。(清光绪《通州直隶州志》卷末《祥异》)

扬州府之泰兴县旱，蝗。(章义和《中国蝗灾史》)

扬州府之如皋旱，蝗。(明嘉靖《重修如皋县志》卷六《灾祥》)

扬州府之东台夏旱，飞蝗自北来，伤田禾。(清嘉庆《东台县志》卷七《祥异》)

扬州府之江都县旱，蝗。(章义和《中国蝗灾史》)

【浙江】

夏，严州府建德县蝗。蝗自北蔽天南飞，所过田禾尽食。(明万历《寿昌县志》卷九《杂志》)

严州府桐庐县蝗虫不甚为害。(清康熙《桐庐县志》卷四《灾异》)

六月八日，嘉兴府飞蝗蔽天，所集处芦苇竹叶无遗。(清光绪《嘉兴府志》卷三五《祥异》)

六月十八日，嘉兴府之嘉善县飞蝗蔽天，食芦苇竹叶无遗。(清嘉庆《嘉善县志》卷二○《祥眚》)

六月，嘉兴府之平湖县飞蝗蔽天，食芦苇竹叶无遗。(清道光《乍浦备志》卷一○《祥异》)

飞蝗蔽日，食稼，民大饥。(明天启《平湖县志》卷一八《灾祥》)

嘉兴府海盐县蝗蔽天，稻如剪。(明嘉靖《续澉水志》卷八《祥异》)

夏，嘉兴府桐乡县蝗飞蔽天，所集处芦苇竹叶俱尽。(清康熙《桐乡县志》卷二《灾祥》)

湖州府之乌程县蝗飞蔽天，伤稼大半。(明崇祯《乌程县志》卷四《灾异》)

湖州府之德清县飞蝗蔽天。伤稼大半。(清同治《湖州府志》卷四四《祥异》)

夏，绍兴府余姚县蝗，禳之即散。（明万历《新修余姚县志》卷二四《灾祥》）

夏，绍兴府会稽县蝗。（明万历《会稽县志》卷八《灾异》）

夏，绍兴府诸暨县蝗。（清康熙《诸暨县志》卷三《灾祥》）

夏，绍兴府新昌县蝗飞蔽日。（明万历《新昌县志》卷一三《灾异》）

秋八月，衢州府多蝗。（明嘉靖《衢州府志》卷一五《灾祥》）

八月，衢州府龙游县蝗。（清康熙《龙游县志》卷一二《杂识》）

八月，衢州府江山县蝗虫来食粟。（明天启《江山县志》卷八《灾祥》）

处州府丽水县蝗。（清光绪《处州府志》卷二五《祥异》）

处州府缙云蝗。（清光绪《处州府志》卷二五《祥异》）

【安徽】

夏六月，庐州府巢县蝗灾。（清康熙《巢县志》卷四《祥异》）

含山县、和州蝗。（明嘉靖《含山邑乘》卷中《灾异》）

和州蝗害稼。（明万历《和州志》卷八《祥异》）

夏，庐州府之英山县蝗。秋，六安州、霍山县俱蝗，落地二尺许，树有压损者。（明万历《六安州志》卷八《妖祥》）

秋八月，蝗西北来，落地二尺许，树有压损者。（明嘉靖《六安州志》卷一〇《灾祥》）

凤阳府之霍邱县旱，蝗。（清乾隆《颍州府志》卷一〇《祥异》）

秋八月三日，庐州府之舒城县蝗落地二尺许，树有压损者。（明万历《舒城县志》卷一〇《祥异》）

秋，庐州府之霍山县俱蝗，落地厚一尺许，树有压损者。（清乾隆《颍州府志》卷一〇《祥异》）

庐州府之英山县夏蝗。（清乾隆《英山县志》卷二六《祥异》）

凤阳府太和县蝗飞蔽空。（明万历《太和县志》卷一《灾异》）

【山东】

十月，以旱、蝗，免山东济南等府，德州、青州等州，历城等县，东昌等卫所各民屯秋粮。（《明世宗实录》卷二四二）

【河南】

秋，卫辉府之汲县蝗飞蔽天，伤禾稼。（明万历《卫辉府志·灾祥》）

卫辉府之辉县蝗。（清康熙《辉县志》卷一八《灾祥》）

开封府之延津县蝗。（明嘉靖《延津志·祥异》）

卫辉府之淇县蝗。（清顺治《淇县志》卷一〇《灾祥》）

汝宁府之西平县岁荐旱，蝗，人相食。（清康熙《西平县志》卷九《艺文》）

十八年、十九年，汝宁府之固始县旱，蝗螟。（明嘉靖《固始县志》卷九《灾祥》）

秋，汝宁府之商城县蝗不为灾。（明嘉靖《商城县志》卷八《祥异》）

【湖北】

秋八月，黄州府蕲水县蝗。（明嘉靖《蕲水县志》卷三）

七月，襄阳府蝗。（明万历《襄阳府志》卷三三《灾祥》）

【广东】

夏四五月，潮州府大埔县蝗食苗殆尽，田家日夜捕之。（清乾隆《潮州府志》卷一一《灾祥》）

夏，惠州府兴宁县蝗。（明嘉靖《惠州府志》卷八《灾祥》）

夏，潮州府揭阳县蝗害稼。（清乾隆《潮州府志》卷一一《灾祥》）

埔阳县夏蝗。（清康熙《埔阳志》卷六《灾异》）

1541 年（明嘉靖二十年）：

【北京】

顺天府之怀柔飞蝗蔽天，食禾几尽。密云蝗。（清光绪《顺天府志》卷六九《祥异》）

【河北】

保定府之易州夏旱，蝗。（清顺治《易水志》卷上《灾异》）

夏五月，飞蝗蔽天，广平县界伤民，禾稼殆尽，至秋始灭。（明嘉靖《广平府志》卷一五《灾祥》）

大名府之大名县自春至夏五月乃雨，人相食，飞蝗蔽天。（民国《大名县志》卷二六《祥异》）

广平府之成安飞蝗蔽天，食禾殆尽。（清康熙《成安县志》卷四《灾异》）

广平府之鸡泽飞蝗蔽天，食禾殆尽。（清顺治《鸡泽县志》卷一〇《灾异》）

顺天府之广宗民食蝗。（明万历《广宗县志》卷八《杂识》）

顺天府之平乡民食蝗。（清康熙《平乡县志》卷三《纪事》）

春旱。五月，大名府之长垣县蝗飞蔽天，所过赤地。（清康熙《长垣县志》卷二《灾异》）

【江苏】

扬州府之泰兴夏旱，蝗。（清光绪《泰兴县志》卷末《述异》）

扬州府之通州夏旱，蝗。（清光绪《通州直隶州志》卷末《祥异》）

扬州府之如皋夏旱，蝗。（明万历《如皋县志》卷二《五行》）

【浙江】

严州府建德等六县大旱，蝗害禾稼，不可胜计，斗米壹钱四分。（明万历《严州府志》

卷一九）

五月，嘉兴府之嘉善县大雨连日，遗蝗俱赴水死。（明万历《重修嘉善县志》卷一二《灾祥》）

夏，绍兴府之诸暨县蝗。（清嘉庆《桥工新志》卷一八《灾异》）

五月，嘉兴府大雨连日，蝗赴水死。（清光绪《嘉兴府志》卷三五《祥异》）

【山东】

六月，济南府之淄川县蝗。（明嘉靖《淄川县志》卷二《祥异》）

济南府之蒲台县蝗。（明万历《蒲台县志》卷七《灾异》）

是年秋，兖州府之日照县飞蝗自西北来，食禾几尽，复向东北去。（清康熙《日照县志》卷一《纪异》）

济南府之新泰县飞蝗蔽天。（明天启《新泰县志》卷八《祥异》）

秋，东昌府之茌平县大蝗。（清康熙《茌平县志》卷二《灾祥》）

东昌府之博平县大蝗。（章义和《中国蝗灾史》）

【河南】

七月，开封府之杞县蝻。（明万历《杞乘》卷二《今总纪》）

开封府之尉氏县飞蝗遍野。（清康熙《洧川县志》卷七《祥异》）

开封府之仪封县大旱，大蝗。（明嘉靖《仪封县志》卷下《灾祥》）

五月，开封府之通许县蝗自东北来，平地深寸余。秋，禾尽食，四境赤地，民大饥。（明嘉靖《通许县志》卷上《祥异》）

开封府之中牟县蟓生。（明天启《中牟县志》卷二《物异》）

夏，中牟县蝗蝻食禾尽。（清康熙《中牟县志》卷六《祥异》）

卫辉府之汲县大蝗。（明万历《卫辉府志·灾祥》）

卫辉府之辉县大蝗。（清康熙《辉县志》卷一八《灾祥》）

开封府之洧川县飞蝗遍野。（清康熙《洧川县志》卷七《祥异》）

开封府之延津县蝗翳天日，遍于郊野。（清康熙《延津县志》卷七《灾祥》）

开封府之禹州蝗灾伤稼。（清道光《禹州志》卷二《沿革》）

夏、秋，开封府之陈州蝗。（清乾隆《陈州府志》卷三〇《祥异》）

开封府之长葛县旱，飞蝗遍野。（清康熙《长葛县志》卷一《灾祥》）

卫辉府之淇县大蝗。（清顺治《淇县志》卷一〇《灾祥》）

夏、秋，开封府之淮宁县蝗。（清康熙《续修陈州志》卷四《灾异》）

【湖北】

大水，汉阳府之汉川县飞蝗蔽日。（清同治《汉川县志》卷一四《祥祲》）

八月，黄州府之麻城县蝗自光山来，声飞轰然如雷，所过田禾无遗。（清光绪《麻城县志》卷二《大事》）

黄州府广济县蝗飞蔽日。知县将崇禄令：民有能捕蝗者，给米一石。不十日蝗尽。（清康熙《广济县志》卷二《灾祥》）

八月，承天府之荆门州飞蝗蔽日。（清乾隆《荆门州志》卷三四《祥异》）

八月，承天府之钟祥县飞蝗蔽日。（清康熙《安陆府志》卷一《征考》）

安陆府之天门县蝗飞蔽天。（清康熙《景陵县志》卷二《灾祥》）

承天府之沔阳州蝗。（清康熙《荆州府志》卷二《祥异》）

荆州府之松滋县大蝗。（清光绪《荆州府志》卷七六《灾异》）

【海南】

琼州府临高县大旱，蝗，有饿殍。（明嘉靖《广东通志》卷七〇《杂事》）

【重庆】

夏，潼川州遂宁县蝗食稼。（明嘉靖《潼川志》卷九《祥异》）

【四川】

夏，潼川州潼南县蝗。（民国《潼南县志》卷六《祥异》）

1542 年（明嘉靖二十一年）：

【河北】

永平府之卢龙县霾沙屡作，蝗蝻遍地。（清乾隆《永平府志》卷三《祥异》）

永平府之抚宁霾沙屡作，蝗蝻遍地。（清康熙《抚宁县志》卷一《灾祥》）

顺天府之丰润县霾沙屡作，蝗蝻遍地。（明隆庆《丰润县志》卷二《事纪》）

顺天府之大城蝗，饥，疫，人相食。（清康熙《大城县志》卷八《灾异》）

保定府之清苑蝗。（清康熙《清苑县志》卷一《灾祥》）

保定府之定兴夏旱，蝗。（清康熙《定兴县志》卷一《机祥》）

保定府之蠡县蝗。（清顺治《蠡县志》卷八《祥异》）

保定府高阳县蝗。（清雍正《高阳县志》卷六《机祥》）

夏，真定府之武强县遍地蝻生。（清康熙《重修武强县志》卷二《灾祥》）

秋，大名府之浚县蝗虫为害。（清康熙《浚县志》卷一《祥异》）

保定府蝗。（明万历《保定府志》卷一五《祥异》）

【江苏】

夏旱，常州府之靖江蝗。（明嘉靖《靖江县志》卷四《编年》）

【浙江】

夏六月，衢州府多蝗。（明嘉靖《衢州府志》卷一五《灾祥》）

六月，衢州府龙游县蝗。（清康熙《龙游县志》卷一二《杂识》）

六月，衢州府江山县有蝗蝻自北来，食禾粟殆尽。是时飞盖天日，有司令民捕之，至七月初八日方散。（明天启《江山县志》卷八《灾祥》）

【山东】

济南府之利津县飞蝗蔽天。（章义和《中国蝗灾史》）

春，登州府之黄县旱蝗相仍，风息蝗灭。（清康熙《黄县志》卷七《祥异》）

【河南】

怀庆府之温县旱，蝗结块如球。（章义和《中国蝗灾史》）

南阳府之沁阳县蝗。（清乾隆《新修怀庆府志》卷三二《物异》）

归德府之商丘县蝗蝻食麦苗。（清康熙《商丘县志》卷三《灾祥》）

夏五月，归德府之夏邑县蝗蝻食麦。秋七月，食谷。（明嘉靖《夏邑县志》卷五《灾异》）

夏，归德府之虞城县蝗蝻食麦。（清顺治《虞城县志》卷八《灾祥》）

【广东】

夏旱。秋，韶州府翁源县蝗。（清嘉庆《翁源县新志》卷八《前事》）

1543年（明嘉靖二十二年）：

【浙江】

金华府义乌县蝗后灾。（明崇祯《义乌县志》卷一八《灾祥》）

【山东】

六月，济南府德州大蝗，害禾稼。（明万历《德州志》卷一〇《灾祥》）

夏，兖州府定陶县飞蝗蔽天，禾不能擎，迸于树，枝为之折。（明万历《兖州府志》卷一五《灾祥》）

兖州府之鱼台县蝗。（清乾隆《鱼台县志》卷三《灾异》）

【河南】

怀庆府之武陟等县蝗，大疫。（章义和《中国蝗灾史》）

南阳府之新野县大蝗，食禾几尽。（清乾隆《新野县志》卷八《祥异》）

【海南】

大旱，琼州府临高县蝗伤稼，民饥。（清光绪《临高县志》卷三《灾祥》）

【云南】

云南府富民县蝗飞蔽天。（清康熙《云南府志》卷二五《杂志》）

1544年（明嘉靖二十三年）：

【江苏】

苏州府常熟县飞蝗蔽天，田中多张五色旗，鸣金伐鼓以逐，稍懈则数亩立时啮尽。（清光绪《常照合志稿》卷四七《祥异》）

二十三年、二十四年大旱，扬州府之宝应县蝗。（清康熙《扬州府志》卷二二《灾异纪》）

淮安府之睢宁县及常州府蝗。（清乾隆《徐州府志》卷三〇《祥异》）

【安徽】

凤阳府之霍邱旱，蝗。（清乾隆《颖州府志》卷一〇《祥异》）

凤阳府泗州秋旱，蝗，饥。（明万历《帝乡纪略》卷六《灾患》）

凤阳县旱，蝗。（清乾隆《凤阳县志》卷一六《纪事》）

【山东】

夏，兖州府之定陶飞蝗蔽天，禾不能擎，进于树，枝为之折。（明万历《兖州府志》卷一五《灾祥》）

【河南】

怀庆府之武陟蝗，大水，大疫。（清道光《武陟县志》卷一二《祥异》）

怀庆府沁阳县蝗，大疫。（清乾隆《新修怀庆府志》卷三二《物异》）

开封府之郑州蝗虫大发生。（陈家祥《中国历代蝗患之记载》）

怀庆府蝗，大疫。（清康熙《怀庆府志》卷一《灾祥》）

怀庆府之温县蝗。（清乾隆《温县志》卷一《灾祥》）

【湖北】

衡州府之安仁县春、夏大旱，秧不能植，蝗作，民大饥。（清嘉庆《安仁县志》卷一三《灾异》）

衡州府之衡阳县春、夏大旱，秧苗不植，蝗作，民大饥困。（清康熙《衡州府志》卷二二《祥异》）

【湖南】

夏，郴州有蝗。秋，大疫，死者数千人，复大饥。（明万历《郴州志》卷二〇《祥异纪》）

郴州之宜章县旱，蝗，大饥。（明万历《郴州志》卷二〇《祥异纪》）

【广东】

高州府蝗入境。（清康熙《茂名县志》卷三《纪事》）

1545年（明嘉靖二十四年）：

【山西】

太原府之交城县大蝗。（清康熙《交城县志》卷一《灾祥》）

【江苏】

常州府大旱，蝗至。（明万历《重修常州府志》卷七《蠲赈》）

扬州府之宝应大旱，蝗。（明隆庆《宝应县志》卷一〇《灾祥》）

淮安府之沭阳县蝗。（清康熙《沭阳县志》卷一《灾异》）

盱眙县春大饥。夏，淮安府之盱眙县大蝗。（清康熙《盱眙县志》卷三《祥异》）

秋八月，淮安府之赣榆县蝗落地厚三寸。（清康熙《重修赣榆县志》卷四《纪灾》）

【浙江】

桐乡县蝗，民大饥，道殣相望。（明万历《崇德县志》卷一一《灾祥》）

【福建】

延平府沙县旱，蝗。是岁大疫，死者万计。（清乾隆《延年平府志》卷四四《灾祥》）

【江西】

宜黄县大旱。抚州府宜黄县蝗食禾苗。（清康熙《抚州府志》卷一《灾祥》）

【山东】

兖州府临沂夏旱，蝗。（明万历《兖州府志》卷一五《灾祥》）

沂州夏旱，蝗。（明万历《兖州府志》卷一五《灾祥》）

【河南】

汝宁府之罗山县飞蝗蔽天，食禾稼殆尽。（清康熙《罗山县志》卷八《灾异》）

1546年（明嘉靖二十五年）：

【河北】

秋七月，永平府之滦州大风，蝗飞渡滦，蝗未落境。（明嘉靖《滦州志》卷二《世编》）

真定府之隆平县蝗蝻生。（明崇祯《隆平县志》卷八《灾异》）

秋，广平府之威县蝗遍野。（明嘉靖《威县志》卷一《祥异》）

【江苏】

六月大旱，苏州府之吴县蝗自西北来，凡二日，所过田禾草木俱尽。（明崇祯《吴县志》卷一一《祥异》）

淮安府之盱眙县蝗。（清乾隆《盱眙县志》卷一四《灾祥》）

【浙江】

夏六月，杭州府蝗飞蔽天，自西北来，凡二日，所过田禾草木俱尽。（民国《杭州府志》卷八四《祥异》）

夏六月，杭州府之余杭县蝗飞蔽天，自西北来，凡二日，所过田禾草木俱尽。（民国《杭州府志》卷八四《祥异》）

【安徽】

凤阳府泗州大水，有蝗。（明万历《帝乡纪略》卷六《灾患》）

【山东】

济南府之海丰县蝗。（章义和《中国蝗灾史》）

济南府之淄川县春、夏旱，五月蝗。（明万历《淄川县志》卷二二《灾祥》）

二月至六月不雨，济南府之海丰县大蝗。（清康熙《海丰县志》卷四《事纪》）

【河南】

南阳府之舞阳县旱，飞蝗蔽天，食禾稼殆尽。（清道光《舞阳县志》卷一一《灾祥》）

1547年（明嘉靖二十六年）：

【河北】

夏六月，大名府之长垣县蝝遍野，食稼；有虾蟆亦遍野，食蝝尽。（清嘉庆《长垣县志》卷九《祥异》）

【安徽】

夏，庐州府之英山县蝗入境，至秋大盛，忽降霖雨数日，俱尽。（民国《英山县志》卷一四《祥异》）

【河南】

汝宁府之确山县蝗。（清乾隆《确山县志》卷四《机祥》）

1548年（明嘉靖二十七年）：

【河北】

秋，真定府饶阳县大蝗，食成禾立尽。公谕民捕蝗，发仓粟易之，所发才六百，蝗遂灭，不为灾。（明万历《饶阳县志》卷三）

【山东】

济南府之德平县蝗蝻生。（清康熙《德平县志》卷三《灾祥》）

春三月，旱。七月，东昌府之高唐州蝗。（明嘉靖《高唐州志》卷七《祥异》）

1549年（明嘉靖二十八年）：

【辽宁】

十月，以旱、蝗，免辽东、宁远等卫秋粮。（《明世宗实录》卷三五三）

【山东】

十月，以旱、蝗，免山东青州等府秋粮。（《明世宗实录》卷三五三）

济南府之淄川县春、夏旱，蝗蝻螟交作。（明万历《淄川县志》卷二二《灾祥》）

济南府之平原县春、夏旱，蝗。（清乾隆《平原县志》卷九《灾祥》）

三月，济南府长山县蝗。（清康熙《长山县志》卷七《灾祥》）

济南府之肥城县大蝗。（清康熙《肥城县》卷下《灾祥》）

济南府蒲台县大蝗。（清乾隆《蒲台县志》卷四《灾祥》）

【贵州】

冬十月，免秋粮，以旱、蝗故。（清康熙《贵州通志》卷二七《灾祥》）

贵州府旱，蝗。（清道光《贵州府志》卷四〇《五行》）

秋，旱，都匀府清平县蝗，诏免秋粮。（清乾隆《贵州通志》卷一《祥异》）

1550年（明嘉靖二十九年）：

【河北】

顺天府三河县蝗蝻自南来，如水流，越城北行，碍人马不能行，坑堑皆盈，禾草俱尽。（清康熙《三河县志》卷上《灾祥》）

广平府之肥乡县旱，蝗。（清雍正《肥乡县志》卷二《灾祥》）

大名府之滑县蝗、旱害稼。（清顺治《滑县志》卷四《祥异》）

大名府之开州旱、蝗害稼。（清光绪《开州志》卷一《祥异》）

【江苏】

十月，以旱、蝗，免南京英武等卫所屯粮有差。（《明世宗实录》卷三六六）

秋七月，应天府六合县蝗飞蔽空。三日，蝗皆远去，或抱芦投水而死，不伤禾稼。（明嘉靖《六合县志》卷二《灾祥》）

【安徽】

十月，以旱、蝗，免凤阳府寿州等卫所屯粮有差。（《明世宗实录》卷三六六）

【山东】

东平县蝗。（章义和《中国蝗灾史》）

1551年（明嘉靖三十年）：

【河北】

秋，顺天府之遵化县蝗。（清康熙《遵化县志》卷一《灾异》）

顺天府之香河县飞蝗蔽天，食禾尽，民捕蝗作哺。（清光绪《顺天府志》卷六九《祥异》）

河间府之青县蝗。（明嘉靖《兴济县志》卷下《祥异》）

【山东】

济南府德州蝗，饥。（明万历《德州志》卷一〇《灾祥》）

济南府陵县蝗入境。（清康熙《陵县志》卷三《祥异》）

济南府之禹城县岁复遭蝗，旱。（清嘉庆《禹城县志》卷七《循良》）

济南府之平原县飞蝗入境。（明万历《平原县志》卷上《灾祥》）

青州府之高苑县春旱，秋蝗。(清康熙《高苑县志》卷八《灾祥》)

【河南】

夏，河南府之阌乡县蝗飞蔽天。秋，蝻生，大饥。(清顺治《阌乡县志》卷一《灾祥》)

夏，河南府之陕州蝗飞蔽天。秋，蝻生，大饥。(清乾隆《重修直隶陕州志》卷一九《灾祥》)

夏，河南府之灵宝县蝗飞蔽天。秋，蝗蝻生，民大饥。(清光绪《重修灵宝县志》卷八《机祥》)

【陕西】

夏，潼关卫蝗蔽天。秋，蝻生。大饥。(清康熙《潼关卫志》卷上《灾祥》)

1552年（明嘉靖三十一年）：

【浙江】

七月，金华府兰溪县飞蝗为灾，禾穗尽落。(清嘉庆《兰溪县志》卷一八《祥异》)

【广东】

夏，广州府顺德县蝗。秋，大旱，大饥。(明万历《顺德县志》卷一〇《杂志》)

1553年（明嘉靖三十二年）：

【河北】

广平郡之邯郸县旱，且蝗且疫。(清光绪《邯郸县志》卷六《宦迹》)

【山东】

秋，济南府德州蝗蔽天。(明万历《德州志》卷一〇《灾祥》)

兖州府东平州飞蝗满野，斗粟二百余钱，民饥死大半。(清康熙《东平州志》卷六《灾祥》)

【云南】

四月，云南府富民县蝗飞蔽天。(清乾隆《云南通志》卷二八《灾祥》)

【甘肃】

肃州酒泉县大蝗起，兵备副使石州张玭祷于南坛，蝗飞去关西赤斤硖而死，未伤禾稼。(清光绪《甘肃新通志》卷二《祥异》)

1554年（明嘉靖三十三年）：

【山东】

六月，济南府之淄川县蝗。(明万历《淄川县志》卷二二《灾祥》)

兖州府之曲阜县夏旱，蝗。(清乾隆《曲阜县志》卷二九《通编》)

蝗，城市庐舍间俱厚数寸。(清康熙《曲阜县志》卷六《灾祥》)

【河南】

开封府之原武县大蝗，大疫。（明万历《原武县志》卷上《祥异》）

怀庆府蝗，大饥。（清康熙《怀庆府志》卷一《灾祥》）

怀庆府之温县蝗，大疫。（清乾隆《温县志》卷一《灾祥》）

【湖北】

黄州府之麻城县大旱，蝗。自正月至于九月诸种不收。蝗自东山入，无食自去。（清光绪《麻城县志》卷三七《大事记》）

1555年（明嘉靖三十四年）：

【河北】

夏六月，大名府之大名县蝗蝻生。（清乾隆《大名县志》卷二七《礼祥》）

广平府之清河县蝗。（明嘉靖《清河县志》卷三《灾祥》）

夏六月，大名府之滑县蝗生。（清顺治《滑县志》卷四《祥异》）

夏六月，大名府之开州蝗生。（清光绪《开州志》卷一《祥异》）

【江苏】

春，扬州府之兴化县蝗。秋，蝗又至，食屋草殆尽。（清康熙《兴化县志》卷一《祥异》）

【安徽】

蝗食稼。（明万历《和州志》卷八《祥异》）

夏，滁州之来安县蝗。秋，螽害稼。（明万历《滁阳志》卷八《祥异》）

【山东】

九月，以蝗灾，免山东济南、东昌、青州等处秋粮。（清夏燮《明通鉴·世宗纪》）

秋，兖州府费县蝗盛。（清康熙《费县志》卷五《灾异》）

济南府之肥城县旱，蝗食谷豆殆尽。（清康熙《肥城县志书》卷下《灾祥》）

【河南】

卫辉府之新乡县蝗。（清康熙《新乡县续志》卷二《灾异》）

秋七月，开封府之阳武县蝗蝻生。（清康熙《阳武县志》卷八《灾祥》）

汝宁府之息县蝗，民饥。（清顺治《息县志》卷一〇《灾异》）

怀庆府之孟县蝗飞蔽天，食禾稼殆尽。（民国《孟县志》卷一〇《杂记》）

汝宁府罗山县飞蝗蔽天，禾黍尽食，民大乱。（清康熙《罗山县志》卷八《灾异》）

1556年（明嘉靖三十五年）：

【河北】

河间府之盐山县蝗。（民国《盐山县新志》卷二九《灾祥》）

【山东】

秋，济南府青城县大蝗。（章义和《中国蝗灾史》）

【河南】

汝宁府罗山县飞蝗蔽天，禾黍尽食。（清康熙《罗山县志》卷八《灾异》）

1557年（明嘉靖三十六年）：

【北京】

四月，顺天府通州、漷州蝗蝻食苗几尽。（清光绪《顺天府志》卷六九《祥异》）

【河北】

四月，永平府之滦州蠓生。秋八月，蝗。（明万历《滦州志》卷三《世编》）

【山东】

济南府之平原县城北蝗生，蔓延四十余里。（清光绪《平原县乡土志》卷下《政绩》）

【河南】

汝宁府之确山县飞蝗蔽天。（清乾隆《确山县志》卷四《机祥》）

汝宁府之汝阳县飞蝗蔽野。（明万历《汝南志》卷二四《灾祥》）

汝宁府飞蝗蔽天。（清光绪《河南通志》卷五《祥异》）

秋，汝宁府之上蔡县飞蝗蔽天。（清康熙《上蔡县志》卷一二《编年》）

汝宁府之新蔡县飞蝗蔽天。（清康熙《新蔡县志》卷七《杂述》）

秋，汝宁府之息县飞蝗蔽天。（清顺治《息县志》卷一〇《灾异》）

秋八月，汝宁府之固始县飞蝗。（清顺治《固始县志》卷九《灾异》）

1558年（明嘉靖三十七年）：

【河北】

秋七月，永平府之卢龙蝗。（清康熙《永平府志》卷三《灾祥》）

秋七月，秦皇岛蝗。（清康熙《山海关志》卷一《灾祥》）

秋七月，永平府之滦州蝗。（明万历《滦志》卷三《世编》）

【辽宁】

秋七月，绥中县蝗，岁歉收，民无从得食，贫者剥木皮和糠秕食之，又刮苔泥作粉以啖，多肿懑而死。（民国《绥中县志》卷一《灾祥》）

【江苏】

九月，徐州蝗。（清同治《徐州府志》卷五《祥异》）

【山东】

兖州府之泗水县飞蝗食稼，入人房舍，床榻为满。（清顺治《泗水县志》卷一一《灾祥》）

【广东】

春三月，广州府顺德县旱，蝗虫伤稼。（清康熙《顺德县志》卷一三《纪异》）

1559年（明嘉靖三十八年）：

【河北】

秋八月，永平府之卢龙蝗。（清康熙《永平府志》卷三《灾祥》）

秋八月，永平府之滦州蝗。（明万历《滦志》卷三《世编》）

【江苏】

秋，扬州府之兴化县复蝗。（明嘉靖《兴化县志》卷四《五行》）

扬州府之东台县夏蝗。（清嘉庆《东台县志》卷七《祥异》）

【山东】

青州府之安丘县夏大旱，大蝗飞蔽天日，顺檐而下者如雨，啮人衣服。（明万历《安丘县志》卷一《总纪》）

六月，莱州府之潍县大蝗。（民国《潍县志稿》卷二《通纪》）

青州府之莒州蝗蔽日，入屋啮人衣服。（清嘉庆《莒州志》卷一五《纪事》）

济南府泰安州旱，蝗。（清乾隆《泰安府志》卷二九《祥异》）

【河南】

汝宁府之确山县旱，飞蝗蔽天。（清乾隆《确山县志》卷四《祯祥》）

【湖北】

荆州府归州大蝗，伤禾稼，饥。（明嘉靖《归州志》卷四《灾异》）

荆州府兴山县大蝗伤禾稼，饥。（明嘉靖《归州志》卷四《灾异》）

秋七月，荆州府巴东县大蝗，伤禾稼，无秋。（明嘉靖《归州志》卷四《灾异》）

1560年（明嘉靖三十九年）：

【北京】

四月，顺天府蝗，大饥。（清光绪《顺天府志》卷六九《祥异》）

顺天府之怀柔县飞蝗蔽天，日为之不明，禾稼殆尽。（明万历《怀柔县志》卷四《灾祥》）

七月，顺天府之密云县飞蝗蔽天，食禾几尽，米价腾贵。（清康熙《密云县志》卷一《灾祥》）

顺天府之顺义县蝗，大饥。（民国《顺义县志》卷一六《杂事》）

【天津】

顺天府之宝坻县蝗食麦禾殆尽。（清乾隆《宝坻县志》卷一四《祯祥》）

天津府之宁河县蝗食麦禾殆尽。（清乾隆《宁河县志》卷一六《祯祥》）

【河北】

秋，顺天府、永平府、保定府、河间府、顺德府、真定府等普发蝗灾，民饥以致人相食。（章义和《中国蝗灾史》）

夏大旱，真定府之灵寿蝗蝻蔽野，禾稼不登，人相食。（章义和《中国蝗灾史》）

真定府晋州境大旱，旱地皆赤，蝗蝻又生，园地禾苗亦被其害。（民国《晋县乡土志》第六章《户口》）

真定府赵州诸县大旱，蝗飞蔽天，流移载道，人多相食。（明隆庆《赵州志》卷九《灾祥》）

六月，真定府之无极旱，蝗，县之西南尤甚。（清康熙《重修无极志》卷下《事纪》）

大旱，真定府之赞皇，蝗飞蔽天，流移载道，人多相食。（清康熙《赞皇县志》卷九《祥异》）

秋九月，正定府之栾城县飞蝗并蝻。（清康熙《栾城县志》卷二《事纪》）

永平府之卢龙县春饥，秋蝗。（清康熙《永平府志》卷三《灾祥》）

秋九月，免永平旱、蝗田租。（清光绪《永平府志》卷三〇《纪事》）

顺天府玉田县旱，飞蝗积地。（清康熙《玉田县志》卷八《祥眚》）

顺天府之遵化县春涝，秋旱，蝗。（清康熙《遵化县志》卷一《灾异》）

永平府之抚宁县春涝秋旱，飞蝗蔽天，大饥。（清康熙《抚宁县志》卷一《灾祥》）

顺天府之丰润县秋旱，飞蝗蔽空，害稼，大饥，人食野草。（明隆庆《丰润县志》卷二《事纪》）

顺天府之三河县蝗蝻自南来如水，越城北飞，碍人马不能行，坑堑皆盈，禾草俱尽。（清光绪《顺天府志》卷六九《祥异》）

顺天府之霸州旱，蝗。（清康熙《霸州志》卷一〇《灾异》）

顺天府之大城县夏蝗。（清康熙《大城县志》卷八《灾异》）

夏，顺天府之文安县蝗蝻遍野，禾穗尽食无遗。（明崇祯《文安县志》卷一一《灾祥》）

秋，真定府定州有蝗。（清康熙《定州志》卷五《事纪》）

保定府之清苑县蝗蝻遍地，伤稼，民大饥，至相食。（民国《清苑县志》卷六《灾祥》）

安新县蝗蝻遍地，残禾，民大饥，有父子相食者。（清康熙《定州志》卷七《祥异》）

保定府之蠡县蝗，民大饥。（清顺治《蠡县志》卷八八《祥异》）

保定府蝗蝻遍地，残稼，民大饥，至有父子相食。（明隆庆《保定府志》卷一五《祥异》）

夏，保定府易州虫蝼盈野，大无麦禾。（清顺治《易水县志》卷上《灾异》）

夏，保定府新城县螽蝼盈野，大旱，无麦。（民国《新城县志》卷一〇《灾祸》）

保定府高阳县蝗，民大饥。（清雍正《高阳县志》卷六《机祥》）

保定府完县大蝗，颗粒无遗，至有父子相食者。（清康熙《完县志》卷一〇《灾异》）

保定府满城县蝗蝻遍地，禾稼尽为所食，民大饥。（清康熙《满城县志》卷八《灾祥》）

河间府之河间县蝗蔽天，禾穗殆尽。（明万历《河间府志》卷四《祥异》）

河间府吴桥县飞蝗蔽天，食禾殆尽。（清光绪《吴桥县志》卷一〇《杂记》）

河间府肃宁县蝗蔽天，禾穗殆尽。（清乾隆《肃宁县志》卷一《祥异》）

夏，河间府任丘县大蝗，飞蝗蔽天，禾穗尽食。（明万历《任丘志集》卷八《灾异》）

河间府之献县旱，飞蝗蔽天，食禾尽。（民国《献县志》卷一九《故实》）

春、夏旱，真定府之饶阳蝗，野无青草，民多流亡。（清乾隆《饶阳县志》卷下《事纪》）

广平郡之曲周县、鸡泽县、成安县、清河县旱、蝗，民大饥。（清乾隆《广平府志》卷二三《祥灾》）

广平府成安县旱、大蝗。诏赈济。（清康熙《成安县志》卷四《灾异》）

夏，大旱。秋，广平郡之鸡泽县大蝗，民大饥。（清顺治《鸡泽县志》卷一〇《灾祥》）

顺德府邢台县旱，蝗。（清嘉庆《邢台县志》卷九《灾祥》）

自六月至十月不雨，真定府柏乡县蝗飞蔽天，流移载道，死者相望。（清康熙《柏乡县志》卷一《灾祥》）

顺德府隆尧县大旱，蝗飞蔽天，斗粟三钱。（清康熙《唐山县志》卷一《祥异》）

顺德府任县旱，蝗，民大饥。（明隆庆《任县志》卷七《祥异》）

真定府临城县飞蝗蔽天，岁大饥，民流移沛。（明万历《临城县志》卷七《事纪》）

顺德府内丘县蝗飞蔽天，大饥，民食草根树皮，或剥殍肉，或呻吟气尚未绝而操刀剥之者，流离四方不可胜计。（明崇祯《内丘县志·变纪》）

春三月至八月，广平郡之清河县遍地蝗生，斗粟至百八十钱，民采草木根叶而食，多饿死者。（清同治《清河县志》卷五《灾异》）

夏三月不雨，顺德府之广宗县蝗飞蔽天，大饥。（明万历《广宗县志》卷八《杂识》）

顺德府平乡县旱，蝗。（清康熙《平乡县志》卷三《纪事》）

【山西】

八月初四日，太原府定襄县蝗从东方飞来，遮蔽天日，食尽禾稼，人多窨蝗充食。（清康熙《定襄县志》卷七《灾异》）

七月，昔阳县大旱，蝗，民饥，人相食。（清乾隆《乐平县志》卷二《祥异》）

七月，左权县大旱，兼蝗虫。（明万历《山西通志》卷二六《灾祥》）

七月，太原府之平定州大旱，蝗，民饥，人相食。（清乾隆《平定州志》卷二《祥异》）

太原府寿阳县大旱，蝗，民饥相食。（清光绪《寿阳县志》卷一三《集志》）

【江苏】

九月，以蝗蝻，免南京锦衣卫并直隶泗州等卫所屯粮。（《明世宗实录》卷四八八）

淮安府之盱眙县蝗。（明万历《帝乡纪略》卷六《灾患》）

秋，徐州之丰县蝗蝻生。（明隆庆《丰县志》卷下《祥异》）

【安徽】

凤阳府亳州大蝗。（清乾隆《颍州府志》卷一〇《祥异》）

【福建】

九月，以蝗蝻，免建宁府之建阳县屯粮。（《明世宗实录》卷四八八）

【山东】

九月，以旱、蝗，免山东济南等府税，灾八分以上者减派临、德二仓米，每石二钱。（《明世宗实录》卷四八八）

五月至八月，济南府之淄川县蝗蝻螟害稼。（明万历《淄川县志》卷二二《灾祥》）

桓台县旱，蝗，田无禾。（明崇祯《新城县志》卷一一《灾祥》）

七月，青州蝻来自西北，所过田禾一空，遍满庐舍。（明嘉靖《青州府志》卷五《灾祥》）

春，秦安府之新泰县蝗。夏，旱。秋，飞蝗蔽天。（明天启《新泰县志》卷八《祥异》）

兖州府东平州螟蝗遍野，田禾殆尽。（清康熙《东平州志》卷六《灾祥》）

兖州府之汶上县秋蝗生，平地厚寸许，禾稼树叶俱为一空，入人户榻，衣服图籍多残毁焉。（明万历《汶上县志》卷七《灾祥》）

东昌府之茌平县春大旱，秋大蝗。（清康熙《茌平县志》卷二《灾祥》）

兖州府东阿县旱，有蝗。（清道光《东阿县志》卷二三《祥异》）

兖州府阳谷县、寿张县大旱，飞蝗蔽天。（清康熙《寿张县志》卷五《食货》）

兖州府之泗水县大蝗。（清顺治《泗水县志》卷一一《灾祥》）

【河南】

十月，以蝗蝻，免河南省彰德、卫辉、怀庆、归德四府州县并卫所屯田税粮。（章义和《中国蝗灾史》）

秋，开封府之阳武县蝗蝻生。（清康熙《阳武县志》卷八《灾祥》）

台前县旱，飞蝗蔽天。（台前县地方史志编纂委员会编《台前县志》）

彰德府之汤阴县蝗蝻。（清顺治《汤阴县志》卷九《杂志》）

归德府之商丘县旱，蝗。（清康熙《商丘县志》卷三《灾祥》）

怀庆府之孟县旱，蝗。（章义和《中国蝗灾史》）

【湖北】

荆州府夹州、朝英口又大蝗。（清光绪《荆州府志》卷七六《灾异》）

1561年（明嘉靖四十年）：

【北京】

十一月，顺天府之密云、怀柔大旱，兼有蝗蝻。（清光绪《顺天府志》卷六九《祥异》）

【河北】

永平府之卢龙县春饥，夏蝗。（清康熙《永平府志》卷三《灾祥》）

春，永平府之昌黎县捕蝗。（清康熙《昌黎县志》卷一《祥异》）

顺天府之玉田县旱，蝻生。（清康熙《玉田县志》卷八《祥眚》）

顺天府之遵化县旱，蝻生，米价腾贵。（清光绪《遵化通志》卷五九《事纪》）

六月，永平府抚宁县不雨，蝗蝻随生，食稼殆尽。米价昂贵，人食草根树皮。（清康熙《抚宁县志》卷一《灾祥》）

六月，顺天府丰润县蝻生，积地数寸，绵亘百里，伤禾殆尽。（明隆庆《丰润县志》卷二《事纪》）

保定府之雄县旱，蝗。（明万历《雄乘·灾异》）

河间府之青县蝗。（明嘉靖《兴济县志》卷下《祥异》）

顺德府之邢台县蝗飞蔽天，大饥。（清康熙《邢台县志》卷一二《事纪》）

顺德府之巨鹿县蝗飞蔽天，饥。（清顺治《巨鹿县志》卷八《灾异》）

顺德府之沙河县蝗飞蔽天，大饥。（清乾隆《沙河县志》卷一《祥异》）

顺德府平乡县大蝗，民饥。（清康熙《平乡县志》卷三《纪事》）

大名府之内黄县蝗，大饥。（清乾隆《内黄县志》卷六《编年》）

【山西】

大同府浑源州蝗为灾。（清顺治《浑源州志》卷上《附恒岳志》）

【辽宁】

辽阳县蝗飞蔽天，禾有伤者。（明嘉靖《全辽志》卷四《祥异》）

嘉靖辛酉，蝗始西来，人惊见之，恐遗种，将不可斩。（明嘉靖《全辽志》卷六《艺文》）

1562年（明嘉靖四十一年）：

【河北】

秋，永平府之乐亭蝗入境，不为灾，有秋。先是连岁荒歉，是秋禾将登，俄飞蝗至，自毙，有秋。（明天启《乐亭志》卷一一《祥异》）

顺天府之香河县蝗蝻食田禾，殆尽。（清光绪《顺天府志》卷六九《祥异》）

保定府之清苑县蝗。（民国《清苑县志》卷六《灾祥》）

保定府之蠡县蝗。（清顺治《蠡县志》卷八《祥异》）

保定府之易州夏不雨，〔四月〕蝗。（清顺治《易水志》卷上《灾异》）

保定府之新城县蝗，大饥。（清道光《新城县志》卷一五《祥异》）

保定府蝗。（明隆庆《保定府志》卷一五《祥异》）

【浙江】

严州府桐庐县蝗虫害稼。（清康熙《桐庐县志》卷四《灾异》）

【陕西】

兴安府之安康县蝗。（清康熙《兴安州志》卷三《灾异》）

1563年（明嘉靖四十二年）：

【河北】

保定府属有蝗，诏免田赋之半。（清光绪《保定府志》卷三九《纪事》）

1564年（明嘉靖四十三年）：

【河北】

河间府之庆云县蝗，民饥，流十之三。（清康熙《庆云县志》卷一一《灾祥》）

【山东】

莱州府之昌邑县大蝗蔽天，食民田禾殆尽。（清康熙《昌邑县志》卷一《祥异》）

青州府昌乐县飞蝗蔽天。（清乾隆《莱州府志》卷一六）

兖州府嘉祥县旱，蝗。（清乾隆《莱州府志》卷一六）

【河南】

南阳府之裕州蝗蝻大盛。（清乾隆《裕州志》卷一《祥异》）

1565年（明嘉靖四十四年）：

【江苏】

徐州之丰县秋蝗。（清光绪《丰县志》卷一六）

是年徐州、徐州之萧县、沛县、丰县大水，民饥，萧县兼旱，蝗。（清嘉庆《萧县志》卷一八《祥异》）

【浙江】

七月，杭州府海宁县蝗。（明崇祯《海昌外志·祥异》）

【山东】

夏四月，青州府之昌乐县大蝗。（清嘉庆《昌乐县志》卷一《总纪》）

青州府之安丘县大蝗，害民田禾几半，哭声遍野。（明万历《安丘县志》卷一《总纪》）

夏，莱州府之潍县大蝗。（民国《潍县志稿》卷二《通纪》）

夏，青州府之莒州大蝗。（清康熙《莒州志》卷二《灾异》）

【河南】

怀庆府之孟县蝗灾。（清康熙《怀庆府志》卷一《灾祥》）

六月，开封府之禹州蝗蝻盖地尺厚，民捕蝗易粟，不为灾。（清道光《禹州志》卷二《沿革》）

河南府之陕州、灵宝县、阌乡县蝗蝻遍野，伤禾稼殆尽。（清顺治《陕州志》卷四《灾祥》）

南阳府裕州蝗蝻大盛，伤禾稼无遗。（清乾隆《裕州志》卷一《祥异》）

【湖北】

八月，安陆府蝗。（清康熙《安陆府志》卷一《征考》）

黄州府之麻城县飞蝗蔽日。（清光绪《黄州府志》卷四〇《祥异》）

【陕西】

汉中府之紫阳县蝗。（清康熙《紫阳县新志》卷下《祥异》）

1566年（明嘉靖四十五年）：

【山西】

夏，太原府祁县蝗。秋，霜伤稼。（清乾隆《祁县志》卷一六《异祥》）

【江苏】

四月，常州府靖江县蝗生。知县率农捕蝗遗种九十石。……五月二十九日，飞蝗从西北来，蔽天，集地厚尺许。有两龙自西南下，震风大作一时，卷蝗俱尽。（清康熙《常州府志》卷三《祥异》）

南直隶之庐州发生蝗灾。（清光绪《重修庐州府志》卷一〇〇《灾祥》）

【安徽】

庐州府之舒城县旱，蝗，禾稼尽枯。（清光绪《续修庐州府志》卷九三《祥异》）

【山东】

青州府之临淄县大蝗。（民国《临淄县志》卷一四《灾祥》）

【河南】

南阳府之裕州有蝗蔽天，禾稼尽食，遗子遍野，草濯濯。（清乾隆《裕州志》卷一《祥异》）

河南府之陕州、灵宝县、阌乡县蝗蝻遍野，伤禾稼殆尽。（清顺治《陕州志》卷四《灾祥》）

【湖北】

荆州府之远安县蝗杀稼。（清雍正《湖广通志》卷一《祥异》）

1567年（明隆庆元年）：

【河北】

七月，真定府之枣强县、冀州蝗。（明万历《枣强县志》卷一《灾祥》）

【河南】

河南府之卢氏县大蝗。（清顺治《陕州志》卷四《灾祥》）

1568年（明隆庆二年）：

【河北】

六月，永平府之卢龙县飞蝗蔽空。（清乾隆《永平府志》卷三《祥异》）

六月，永平府之抚宁县飞蝗蔽空。（清康熙《抚宁县志》卷一《灾祥》）

河间府之阜城县大蝗蝻虽多，不为灾。（清康熙《重修阜志》卷下《祥异》）

【山西】

平阳府之翼城县旱，蝗。（清雍正《山西通志》卷一六三《祥异》）

平阳府之浮山县旱，蝗。（清乾隆《浮山县志》卷三四《祥异》）

【山东】

夏，旱。秋，济南府德州蝗。（明万历《德州志》卷一〇《灾祥》）

是年，济南府临邑县飞蝗蔽天，势如飙轮，东西亘数里，伤禾几尽。（清道光《临邑县志》卷一六《纪祥》）

秋七月，青州府博兴县蝗。（明万历《蒲台县志》卷七《灾异》）

【河南】

南阳府之镇平县蝗食稼。（清康熙《镇平县志》卷下《灾祥》）

1569年（明隆庆三年）：

【河北】

六月，河间府沧州蝗灾。（《明穆宗实录》卷三三）

六月，顺天府丰润县飞蝗蔽空，分越他境。（明隆庆《丰润县志》卷二《事纪》）

顺天府之霸州夏蝗。（清康熙《霸州志》卷一〇《灾异》）

顺天府之大城县夏蝗。（清康熙《大城县志》卷八《灾异》）

顺天府之文安县夏蝗。（明万历《保定县志》卷九《附灾异》）

六月，大名府之大名县飞蝗蔽日。（清康熙《大名县志》卷一六《灾异》）

夏六月，真定府之南宫县蝗不为灾。（清康熙《南宫县志》卷五《事异》）

【山东】

闰六月，山东旱，蝗。（《明史·五行志》）

山东济南旱、蝗，齐河、青州、无棣、嘉祥蝗。东昌、恩县飞蝗蔽日。（清嘉庆《东昌

府志》卷三）

闰六月，济南府之历城县蝗。（清乾隆《历城县志》卷二《总纪》）

夏六月，东昌府武城县蝗飞蔽日，后生蝻遍野，伤禾。（明万历《恩县志》卷五《灾祥》）

春夏，济南府邹平县蝗。（清康熙《长山县志》卷七《灾祥》）

济南府之新城县春、夏蝗。（明崇祯《新城县志》卷一一《灾祥》）

夏五月，青州府之昌乐县蝗。（清嘉庆《昌乐县志》卷一《总纪》）

夏五月，青州府之安丘县蝗。（明万历《安丘县志》卷一《总纪》）

夏闰六月，莱州府胶州旱，蝗。（民国《增修胶志》卷五三《祥异》）

夏，济南府之肥城县蝗。（清乾隆《泰安府志》卷二九《祥异》）

兖州府之泗水县蝗蝻出境，有年。（清顺治《泗水县志》卷一一《灾祥》）

兖州府之汶上县春旱，秋蝗生。（明万历《汶上县志》卷七《灾祥》）

秋，东昌府之博平县白头雀群飞于田野，蝗不为灾。（清康熙《博平县志》卷一《祯祥》）

【湖南】

岳州府之石门县、慈利县旱，蝗。（明隆庆《岳州府志》卷八《祯祥》）

1570年（明隆庆四年）：

【山东】

登州府之蓬莱县蝗蝻生。（清乾隆《续登州府志》卷一）

【湖南】

岳州府之石门县、慈利县旱，蝗。（明隆庆《岳州府志》卷八《祯祥》）

1571年（明隆庆五年）：

【湖南】

郴州之桂阳县蝗，大饥。（清嘉庆《郴州总志》卷四一《事纪》）

湖广之郴州蝗，大饥。（清康熙《郴州总志》卷一一《祥异》）

【陕西】

兴安府之安康县蝗，多疫。（清康熙《兴安州志》卷三《灾异》）

汉中府之洵阳县飞蝗伤稼。（清乾隆《洵阳县志》卷一二《祥异》）

汉中府之白河县飞蝗伤稼。（清嘉庆《白河县志》卷一四《录事》）

汉中府之紫阳县蝗。（清康熙《紫阳县新志》卷下《祥异》）

1572年（明隆庆六年）：

【河北】

六月，真定府之元氏县飞蝗自北而来，数日向南而去。至七月，遗蝻大发，城西北诸村几遍，扑之不灭，直至秋尽乃消。（清乾隆《元氏县志》卷一《灾祥》）

【湖北】

武昌府之江夏县蝗。（清同治《江夏县志》卷八《杂志》）

荆州府之松滋县、江陵县大蝗。（清康熙《荆州府志》卷二《祥异》）

荆州府之枝江县蝗。（清光绪《荆州府志》卷七六《灾异》）

【湖南】

永州府之永明县蝗虫食稼。（清康熙《永明县志》卷一〇《灾异》）

靖州之绥宁县蝗。（清乾隆《湖南通志》卷一四二《祥异》）

郴州之桂阳县蝗，大饥。（清嘉庆《桂阳县志》卷一〇《祥异》）

1573年（明万历元年）：

【北京】

北直隶飞蝗蔽天，自北而南，官宅、民房一片黄赤。（清乾隆《冀州志》卷一八）

【湖北】

荆州府之松滋县蝗，民大饥。（清光绪《荆州府志》卷七六《灾异》）

荆州府之宜都县蝗，民大饥。（清光绪《荆州府志》卷七六《灾异》）

荆州府之枝江县蝗。（清光绪《荆州府志》卷七六《灾异》）

荆州府之长阳县蝗。（清同治《长阳县志》卷七《灾祥》）

【湖南】

八月，靖州蝗杀禾稼，大饥。（清乾隆《湖南通志》卷一四二《祥异》）

【广东】

夏，潮州府惠来县蝗害稼。（清乾隆《潮州府志》卷一一《灾祥》）

【重庆】

重庆府之丰都县蝻虫生，禾根如刈。（明万历《四川总志》卷二七《灾祥》）

【陕西】

兴安府之安康县旱，蝗。（清康熙《兴安州志》卷三《灾异》）

1574年（明万历二年）：

【河北】

大名府之东明县蝗。（清康熙《东明县志》卷七《灾祥》）

【湖北】

荆州府之江陵县蝗。（清康熙《荆州府志》卷二《祥异》）

【广西】

庆远府宜山县蝗，大饥，死者十七八。（清道光《庆远府志》卷二〇《祥祲》）

【重庆】

重庆府之丰都县螟虫生，禾根如刈。（清康熙《丰都县志》卷一《祥异》）

重庆府之武隆县蝗虫生，禾根如刈。（清康熙《涪州志》卷三《祥异》）

1575年（明万历三年）：

【山西】

太原，连年饥疫、蝗螟。（清康基田《晋乘搜略》卷三一）

1576年（明万历四年）：

【福建】

延平府将乐县蝗。（清乾隆《延平府志》卷四四《灾祥》）

1577年（明万历五年）：

【山西】

泽州阳城县蝗复生。（清雍正《山西通志》卷一六三《祥异》）

【江苏】

五六月间，淮安府睢宁县蝗螟遍地，食尽青苗。（明天启《淮安府志》卷二三《祥异》）

【山东】

济南府之淄川县大旱，飞蝗、步螟食禾殆尽。（明万历《淄川县志》卷二二《灾祥》）

【广东】

广州府南海县飞蝗食苗殆尽。（清宣统《南海县志》卷二《前事补》）

秋七月，广州府顺德县飞蝗食苗殆尽。（清康熙《顺德县志》卷一三《纪异》）

立秋后，广州府香山县蝗飞，食苗尽白。（清乾隆《香山县志》卷八《祥异》）

【重庆】

重庆府武隆县蝗虫生，禾根如刈。（清乾隆《涪州志》卷一二《祥异》）

【陕西】

兴安府之安康县蝗。（清康熙《兴安州志》卷三《灾异》）

汉中府之洵阳县蝗复生。（清乾隆《洵阳县志》卷一二《祥异》）

汉中府之白河县蝗复生。（清嘉庆《白河县志》卷一四《附祥异》）

1578年（明万历六年）：

【山西】

临晋县大旱，平阳府之临晋县蝗灾。（张经元编《山西蝗虫》）

【山东】

济南府之淄川县虸蝗食谷，成穗落地。（明万历《淄川县志》卷二二《灾祥》）

1579年（明万历七年）：

【山西】

平阳府之稷山县蝗。（明万历《稷山县志》卷七《祥异》）

【浙江】

金华府兰溪县蝗害稼。（清嘉庆《兰溪县志》卷一八《祥异》）

【安徽】

秋，徽州府之绩溪县蝗。（清道光《徽州府志》卷一六之一《祥异》）

【福建】

泉州府同安县大旱，蝗，饥馑。（清康熙《同安县志》卷一〇《祥异》）

正月，泉州府大旱，蝗，民饥馑。（清乾隆《泉州府志》卷七三《祥异》）

【山东】

夏，兖州府之泗水县蝗蝻遍野，害稼，民饥。（清顺治《泗水县志》卷一一《灾祥》）

【河南】

怀庆府之修武县蝗大作，官以粟易蝗。（清康熙《修武县志》卷四《灾祥》）

1580年（明万历八年）：

【河南】

怀庆府之济源县蝗。（清康熙《怀庆府志》卷一《祥异》）

怀庆府之河内县蝗。（明万历《河内县志》卷一《灾祥》）

【湖北】

武昌府蝗。（清康熙《湖广武昌府志》卷三《灾异》）

阳新县蝗虫遍野。（清康熙《兴国州志》卷下《祥异》）

1581年（明万历九年）：

【河北】

安新县蝗蝻遍野，食谷。令民捕之，收蝗八九百石。（清康熙《安州志》卷七《祥异》）

【江苏】

应天府之溧水县赞贤一乡被蝗，贫者苦之。（清乾隆《溧水县志》卷一〇《尚义》）

【浙江】

台州府之临海县蝗食苗根节皆尽。（清康熙《台州府志》卷一四《灾变》）

台州府之仙居县蝗食苗根节俱尽。（清光绪《仙居志》卷二四《灾变》）

【山东】

济南府临邑县蝗入境。(清康熙《重修临邑县志》卷一二《灾祥》)

【河南】

开封府之扶沟县蝗。(清康熙《扶沟县志》卷四《灾异》)

开封府之许州蝗。(清乾隆《许州志》卷一〇《祥异》)

开封府之陈州蝗。(清乾隆《陈州府志》卷三〇《祥异》)

夏，南阳府之新野县唐、白河流域蝗，饥。(清康熙《新野县志》卷八《祥异》)

开封府之临颍县蝗。(清乾隆《临颍县续志》卷七《灾祥》)

【湖北】

黄州府之黄陂县蝗，大水，大饥。(清乾隆《汉阳府志》卷三《五行》)

【广东】

潮州府之潮阳县、惠来县蝗。(清顺治《潮州府志》卷二《灾祥》)

1582年（明万历十年）：

【河北】

直隶大名府之长垣县蝗。(清康熙《长垣县志》卷二《灾异》)

【江苏】

淮安府沭阳县、睢宁县自夏徂秋亢旱，蝗蝻，未槁之苗啮食一空。(清乾隆《淮安府志》卷二三《祥异》)

【山东】

夏六月，青州府之昌乐县蝗蝻。(清嘉庆《昌乐县志》卷一《总纪》)

夏六月，青州府之安丘县蝗蝻。诏蠲逋赋。(明万历《安丘县志》卷一《总纪》)

【河南】

七月，开封府之荥阳县、河阴县蝗。(明万历《开封府志》卷二《机祥》)

开封府杞县大蝗。(明万历《杞乘》卷二《今总纪》)

开封府之尉氏县蝗，菽粟不登。(清康熙《洧川县志》卷七《祥异》)

开封府之中牟县蝻生。(明天启《中牟县志》卷二《物异》)

开封府之中牟县蝗蝻伤稼。(清康熙《中牟县志》卷六《祥异》)

卫辉府之汲县旱，蝗。(明万历《卫辉府志·灾祥》)

卫辉府之辉县蝗。(清雍正《河南通志》卷五《祥异》)

卫辉府之淇县旱、蝗。(清顺治《淇县志》卷一〇《灾祥》)

归德府之夏邑县大蝗夜过，声如风雨，啮衣毁器，所至草木为空。(民国《夏邑县志》卷九《灾异》)

归德府之虞城县大蝗。(清顺治《虞城县志》卷八《灾祥》)

归德府之永城县大蝗。(清康熙《永城县志》卷八《灾异》)

夏、秋，开封府之淮宁县蝗蝻害禾稼。(清康熙《续修陈州志》卷四《灾异》)

开封府之郾城县蝗。(清顺治《郾城县志》卷八《祥异》)

秋，开封府之长葛县蝗食禾稼。(清康熙《长葛县志》卷一《灾祥》)

彰德府之林县大蝗。(清乾隆《林县志》卷六《灾祥》)

秋，开封府之原武县螽。(清康熙《怀庆府志》卷一《灾祥》)

夏、秋，开封府之陈州蝗蝻害稼。(清乾隆《陈州府志》卷三〇《祥异》)

【陕西】

延安府之安塞县境内蝗飞蔽天，民大饥。(清雍正《河南通志》卷五《灾祥》)

1583年（明万历十一年）：

【河北】

六月，永平府之卢龙县蝗。(清康熙《永平府志》卷三《灾祥》)

河间府之东光县发生蝗灾。(清光绪《光东县志》卷一一《祥异》)

河间府之交河县蝗。(明万历《交河县志》卷七《灾异》)

大名府之大名县旱，蝗。(清乾隆《大名县志》卷二七《机祥》)

大名府之开州旱，蝗。(清光绪《开州志》卷一《祥异》)

【山西】

平阳府之霍州蝗，食禾如扫。(清康熙《平阳府志》卷三四《祥异》)

平阳府吉州旱，蝗。(清雍正《山西通志》卷一六三《祥异》)

【江苏】

是年夏，扬州府泰州大蝗，有秃鹙、海鸽飞而食之。(明万历《扬州府志》卷二二《祥异》)

是年，扬州府之宝应县大旱，大蝗。(明万历《宝应县志》卷五《灾祥》)

夏，淮安府蝗。(清光绪《淮安府志》卷三九《杂记》)

夏，淮安府睢宁县蝗，民不知捕。知县申其学率众捕蝗五百石，请易仓粟五百石抵赏。(清康熙《睢宁县旧志》卷九《灾祥》)

夏，扬州府旱，大蝗，有秃鹙、海鸽飞而食之。(清康熙《扬州府志》卷二二《灾异纪》)

夏旱，扬州府之东台县蝗生，有秃鹙、海鸽群飞来食之。(清嘉庆《东台县志》卷七《祥异》)

【安徽】

凤阳府泗州夏旱，蝗。（明万历《帝乡纪略》卷六《灾患》）

凤阳府之怀远县淝河南、北蝗起，有野鹳及群鸦万余，食之殆尽。（清雍正《怀远县志》卷八《灾异》）

滁州之来安县旱，蝗。（明天启《新修来安县志》卷九《祥异》）

【山东】

济南府之商河县有飞蝗从东来。（章义和《中国蝗灾史》）

滨州春旱。秋，济南府之滨州蝗。是年，米价腾踊，柴亦如之。（清康熙《滨州志》卷八《事纪》）

夏六月，青州府之昌乐县蝗。（清嘉庆《昌乐县志》卷一《总纪》）

夏六月，青州府之安丘县蝗。（明万历《安丘县志》卷一《总纪》）

六月，青州府之诸城县大蝗。（明万历《诸城县志》卷九《灾祥》）

青州府之莒州蝗。（清嘉庆《莒州志》卷一五《纪事》）

【河南】

彰德府之安阳县自十一、二、三、四等年累岁奇荒，非旱即蝗，山焦水竭，草死木枯，面鸠形鹄，食与禽兽等，伦理相残，瘟疫大作，死徒麋定，盗贼蜂起。（清康熙《彰德府志》卷一六《艺文》）

1584年（明万历十二年）：

十月，以水、旱、蝗灾，诏免湖广、山东各被灾地方民屯钱粮。（《明世宗实录》卷一五四）

【河北】

河间府之沧州蝗。（清乾隆《河北省沧州志》卷一二《纪事》）

【山西】

太原府榆次县蝗。（清光绪《山西通志》卷八六《大事纪》）

【安徽】

凤阳府泗州夏大水，又旱，蝗。（明万历《帝乡纪略》卷六《灾患》）

【山东】

济南府之淄川县蝗虫食谷。（明万历《淄川县志》卷二二《灾祥》）

兖州府嘉祥县旱，蝗。（清乾隆《莱州府志》卷一六）

1585年（明万历十三年）：

【河北】

河间府之盐山县大旱，飞蝗蔽空。特加赈恤，蠲夏麦之半。（清康熙《盐山县志》卷九《灾祥》）

春，大名府蝗。（清咸丰《大名府志》卷四《祥异》）

大名府之长垣县旱，蝗。（清康熙《长垣县志》卷二《灾异》）

【山西】

太原府榆次县蝗虫布满，食禾有声。（明万历《榆次县志》卷八《灾祥》）

【安徽】

凤阳府泗州夏旱，生蝗蝻，盖地厚数寸。（明万历《帝乡纪略》卷六《灾患》）

凤阳府之五河县飞蝗蔽空。（清康熙《五河县志》卷一《祥异》）

【河南】

汝宁府之光州旱，蝗灾严重。（清光绪《光州志》卷四八《宦贵》）

汝宁府之光山县旱，蝗，人相食。（清顺治《光山县志》卷一三《灾祥》）

汝宁府之固始县蝗灾。（清乾隆《固始县续志》卷一一）

汝宁府之商城县旱，蝗。（清康熙《商城县志》卷八）

【广东】

韶州府英德县蝗虫食禾，大饥。（清道光《英德县志》卷一五《灾异》）

1586年（明万历十四年）：

【天津】

顺天府宝坻县旱，飞蝗蔽空，邑令漆圆捕蝗三十石。（清乾隆《宝坻县志》卷一四《礼祥》）

【河北】

顺天府之香河县节年蝗，旱。（明万历《香河县志》卷一〇《灾祥》）

【山东】

莒州，春大饥。青州府之莒州蝗害稼。（清嘉庆《莒州志》卷一五《纪事》）

【河南】

怀庆府大旱，蝗。（清康熙《怀庆府志》卷一《灾祥》）

七月，开封府之阳武县蝗蝻生。（清康熙《阳武县志》卷八《灾祥》）

【湖南】

郴州汝城县蝗害稼，忽风雷大作，蝗灭。（清康熙《衡州府志》卷二二《祥异》）

【陕西】

夏六月，西安府之同官县飞蝗蔽天，西去不为灾。（清乾隆《同官县志》卷一《灾异》）

1587年（明万历十五年）：

秋七月，江北一带发生蝗灾。（《明史·五行志》）

【天津】

四月间，顺天府之武清县先旱后蝗，黎民惊怖。知县陶元光乘其初产未翅，出示军民有能捕获者以粟抵易，男妇争先掘坑。捕取二百余石，蝗不为灾。（清康熙《武清县志》卷一《机祥》）

【河北】

六月，顺天府之永清县先旱后蝗。（清光绪《顺天府志》卷六九《祥异》）

顺天府之香河县节年蝗，旱。（明万历《香河县志》卷一○《灾祥》）

涞水县春、夏亢旱。保定府涞水县蝗出。（清光绪《涞水县志》卷八《纪事》）

【山西】

平阳府之临晋县蝗，大饥，至有弃婴儿于原野者。朝廷发帑银赈之。（清康熙《临晋县志》卷六《灾祥》）

夏，平阳府之猗氏县蝗，年大饥，死者骈首相望。（明万历《猗氏县志》卷一《祥异》）

【江苏】

淮安府夏大旱，蝗蝻遍地，草木皆空。（清光绪《淮安府志》卷三九《杂记》）

【浙江】

衢州府之开化县蝗，食晚禾几尽。（清光绪《开化县志》卷一四）

【安徽】

夏，凤阳府之怀远县禾损于蝗。（清雍正《怀远县志》卷八《灾异》）

【山东】

泰安府之莱芜县蝗。（清光绪《莱芜县志》卷二《灾祥》）

济南府之平原县蝗。（民国《续修平原县志》卷九《祥异》）

【河南】

开封府之陈州蚄蝗害稼。（清乾隆《陈州府志》卷三○《祥异》）

【广东】

冬，广州府新宁县蝗食禾稼，甚至无收。（清康熙《新宁县志》卷二《事略》）

春，饥。秋八月，蝗，高要县、新兴县、高明县尤甚。（明万历《肇庆府志》卷一《郡纪》）

雷州府徐闻县蝗杀稼。（清宣统《徐闻县志》卷一《灾祥》）

雷州府海康县蝗杀稼。（清康熙《海康县志》卷上《事纪》）

雷州府遂溪县蝗杀稼。（清道光《遂溪县志》卷二《纪事》）

【海南】

琼州府文昌县蝗，食田稻殆尽。（清康熙《文昌县志》卷九《灾祥》）

【云南】

鹤庆府弥勒县蝗。（清康熙《弥勒州志》卷一一《灾祥》）

【陕西】

春，西安府之同官县蝗蝻食禾。七月，大饥，民食草木，道殣相望，有以石纳粮者。（清乾隆《同官县志》卷一《灾异》）

1588年（明万历十六年）：

【河北】

河间府之交河县蝗飞掩日，蝻子积数寸。（清康熙《交河县志》卷七《灾祥》）

【山西】

七月，平阳府之绛州大蝗，飞蝗蔽天，食稼殆尽。（明万历《平阳府志》卷一〇《灾祥》）

【江苏】

扬州府之仪真县旱，蝗，岁饥。（清康熙《仪真县志》卷九《人物》）

是年，扬州府之宝应县蝗从齐鲁来，群飞蔽天。（明万历《宝应县志》卷五《灾祥》）

淮安府之安东县蝗蝻食苗殆尽。（清康熙《安东县志》卷二《灾祥》）

【浙江】

湖州府之乌程县蝗、旱且疫。（明崇祯《乌程县志》卷四《灾异》）

湖州府之孝丰县旱，蝗且大疫，时饥殍载道，民茹草木。（清康熙《孝丰县志》卷七《灾祥》）

湖州府蝗，饥殍载道，民茹草木。（清同治《湖州府志》卷四四《祥异》）

湖州府之长兴县夏蝗。（清同治《长兴县志》卷三二《祥异》）

【福建】

六月，建宁府之建阳县蝗。（清康熙《建宁府志》卷四六《祥异》）

【山东】

济南府之新城县夏大旱，蝗伤麦。（明崇祯《新城县志》卷一一《灾祥》）

【河南】

河南府之卢氏县大蝗。（清康熙《卢氏县志》卷四《灾祥》）

【湖南】

郴州之宜章县旱，蝗。（清嘉庆《郴州总志》卷四一《事纪》）

【广东】

雷州府海康县境飞蝗杀稼。（清雍正《广东通志》卷一四《名宦》）

1589年（明万历十七年）：

【河北】

河间府之青县蝗。（清嘉庆《青县志》卷六《祥异》）

真定府之饶阳县大蝗，食禾稼尽。（清乾隆《饶阳县志》卷下《事纪》）

真定府之武强县蝗。（清道光《武强县志重修》卷一〇《礼祥》）

真定府之新河县飞蝗蔽天。（清乾隆《冀州志》卷一八《拾遗》）

【山西】

运城县蝗。（清雍正《山西通志》卷一六三《祥异》）

平阳府之安邑县大旱，蝗。（清康熙《平阳府志》卷三四《祥异》）

【江苏】

扬州府，十七年、十八年，蝗旱相仍，斗米百五十钱。（明万历《扬州府志》卷二二《祥异》）

七月，扬州府之泰州飞蝗蔽天。（明崇祯《泰州志》卷七《灾祥》）

七月，扬州府之东台县飞蝗蔽天，禾苗尽伤，小民奔徙。（清乾隆《小海场新志》卷一〇《灾异》）

徐州府旱，蝗。（清同治《徐州府志》卷二五《祥异》）

萧县，春旱。夏，徐州之萧县蝗。（清顺治《萧县志》卷五《灾祥》）

【河南】

卫辉府之获嘉县蝗，草木皆枯。（清康熙《获嘉县志》卷一六《祥异》）

秋，汝宁府之确山县蝗飞蔽天。幼学捕蝗，得千三百余石，乃不为灾。（《明史·陈幼学传》）

【陕西】

西安府之商州蝗伤禾。（清乾隆《直隶商州志》卷一四《灾祥》）

1590年（明万历十八年）：

【山西】

夏，平阳府解州、安邑县大旱，蝗。（清康熙《平阳府志》卷三四《祥异》）

【江苏】

扬州府之仪真县旱，蝗，斗米百五十钱。（清康熙《仪真县志》卷七《祥异》）

淮安府之安东县旱，蝗。（清雍正《安东县志》卷一五《祥异》）

扬州府之东台县旱，蝗。（清嘉庆《东台县志》卷七《祥异》）

扬州府，十七年、十八年，蝗旱相仍，斗米百五十钱。（清康熙《扬州府志》卷二二《灾异纪》）

扬州府之泰州旱，蝗。（清道光《泰州志》卷三六《灾祥》）

【山东】

八月初四辰时，青州府之高苑县蝗飞蔽天。（清康熙《高苑县志》卷八《灾祥》）

秋八月，济南府之新城县飞蝗蔽天。（明崇祯《新城县志》卷一一《灾祥》）

1591年（明万历十九年）：

【北京】

闰三月，顺天府之顺义县发生蝗灾，畿内蝗。（清光绪《顺天府志》卷六九《祥异》）

【天津】

天津卫夏大蝗，群飞蔽天，声若雷雨，流矢遍地，落民田，食禾稼殆尽。（清康熙《天津卫志》卷三《灾变》）

【河北】

夏，北直隶之顺德、广平、大名诸府蝗。（《明史·五行志》）

九月，以真定府、顺德府、广平郡、大名府被蝗旱灾伤，照分数蠲免。（明隆庆《明神宗实录》卷二四〇）

真定府之新乐县，五月间蝗生县东，未几，数日滋类遍野。（清康熙《新乐县志》卷一九《灾祥》）

顺天府之遵化县，六月十四日蝗飞蔽天。（清乾隆《直隶遵化州志》卷一一《物异》）

六月，顺天府之香河县蝗。（明万历《香河县志》卷一〇《灾祥》）

顺天府之霸州蝗。（清康熙《霸州志》卷一〇《灾异》）

顺天府之文安县蝗。（明万历《保定县志》卷九《艺文》）

保定府之易州、满城县发生蝗灾。（清光绪《满城县志》卷一四《灾异》）

真定府之定州，夏五月蝗蝻灾，所过禾无遗穗，城南为甚。（清康熙《定州志》卷五《事纪》）

秋，安新县蝗，令民捕之，斗蝗易以斗谷，仓中堆积如山，岁不为灾。（清康熙《安州志》卷七《祥异》）

保定府之满城县蝗蝻生，官出仓谷易之。（清康熙《满城县志》卷八《灾祥》）

夏，河间府之河间县大蝗，流矢遍地，食禾八九。（明万历《河间府志》卷四《祥异》）

河间府之肃宁县夏大蝗，食禾几尽。（清乾隆《肃宁县志》卷一《祥异》）

河间府之青县蝗。（清嘉庆《青县志》卷六《祥异》）

河间府之献县蝗，食禾几尽。（民国《献县志》卷一九《故实》）

六月，真定府衡水县蝗蝻生，邻境蔽野盈尺，米价翔贵。（清康熙《衡水县志》卷六《事纪》）

秋七月，真定府之枣强县飞蝗蔽日。八月，蝻生遍野。（明万历《枣强县志》卷一《灾

祥》)

秋，真定府之冀州飞蝗蔽日，蝻生遍野。（清乾隆《冀州志》卷一八《拾遗》）

真定府之冀州飞蝗蔽天，自北而南，官司宅民房一片皆赤。（清康熙《冀州志》卷一八《拾遗》）

真定府之深州蝗蝻遍野，禾稼一空。（清康熙《深州志》卷七《事纪》）

真定府之安平县蝗蝻遍野，无稼。（清康熙《安平县志》卷一〇《灾祥》）

六月，真定府武邑县蝻生，食禾。（清康熙《武邑县志》卷一《祥异》）

夏，广平郡广平县蝗。（民国《广平县志》卷一二《灾异》）

夏，大名府之大名县蝗。（清乾隆《大名县志》卷二七《祀祥》）

广平郡之永年县蝗。（清光绪《永年县志》卷一九《祥异》）

广平府之鸡泽县大蝗。秋蝻，禾稼尽伤。（清顺治《鸡泽县志》卷一〇《灾祥》）

邱县蝗。（清康熙《邱县志》卷八《灾祥》）

顺德府平乡县旱，蝗。（清乾隆《顺德府志》卷一六《祥异》）

秋，保定府之安肃县蝗。（明万历《保定府志》卷一五《祥异》）

【山东】

夏六月，东昌府聊城县大蝗。（清宣统《聊城县志》卷一一）

济南府之德平县大蝗。（清康熙《德平县志》卷三《灾祥》）

夏六月，东昌府恩县蝗入境，邑西郊数里外食苗殆尽，后蝻复作。（清宣统《重修恩县志》卷一〇《异闻》）

夏六月，东昌府之夏津县蝗。（清乾隆《夏津县志》卷九《灾祥》）

【广东】

夏四、五月，潮州府大埔县蝗食苗殆尽。（民国《新修大埔县志》卷三七《大事》）

1592年（明万历二十年）：

【河北】

春，保定府之清苑县蝗。（清光绪《保定府志》卷四〇《祥异》）

春，保定府之容城县蝗，灾禾稼。（清康熙《容城县志》卷八《灾变》）

春二月，真定府之枣强县蝻复生，忽雨雪厚四寸许，蝻尽冻死。（明万历《枣强县志》卷一《灾祥》）

【河南】

河南府之新安县蝗。（清乾隆《新安县志》卷七《祀祥》）

1593年（明万历二十一年）：

【山东】

济南府之利津县蝗飞蔽天，自西北来，由三岔散去。（清康熙《利津县新志》卷九《祥异》）

【河南】

汝宁府真阳县蝗，人相食。（清康熙《真阳县志》卷八《灾祥》）

【湖南】

七月，宝庆府之城步县螟蝗害稼。（清道光《宝庆府志》卷九九《五行略》）

1594年（明万历二十二年）：

【河北】

四月，大名府之内黄县蝗。（清咸丰《大名府志》卷四《年纪》）

【山东】

六月，济南府之利津县蝗。（清乾隆《济南府志》卷一四《祥异》）

兖州府之滕县春、夏旱，蝗。（清康熙《滕县志》卷三《灾祥》）

【河南】

夏，汝宁府汝南县自北向南飞蝗蔽日。（民国《重修汝南县志》）

汝宁府之汝阳县、新蔡县、真阳县旱，蝗。（驻马店市地方史志编纂委员会编《驻马店地区志》）

1595年（明万历二十三年）：

【广东】

高州府蝗入境。（清康熙《高州府志》卷七《纪事》）

1596年（明万历二十四年）：

【河北】

大名府之内黄县大蝗。（明万历《内黄县志》卷六《编年》）

秋，大名府之滑县蝗。（清乾隆《滑县志》卷一三《祥异》）

【江苏】

春、夏，淮安府宿迁县复旱，蝗大起，堆积尺余，禾穗殆尽。（明天启《淮安府志》卷二三《祥异》）

秋，徐州之沛县大蝗。（明万历《沛志》卷一《邑纪》）

淮安府海州蝗。（清嘉庆《海州直隶州志》卷三一《祥异》）

【山东】

兖州府之东阿县夏蝗秋蝻。（清乾隆《泰安府志》卷二九《祥异》）

济南府之淄川县蝻伤禾。（明万历《淄川县志》卷二二《灾祥》）

兖州府之泗水县蝗蝻出境，有年。（明万历《泗水县志》卷一一《灾祥》）

济南府之莱芜县秋蝗。（清光绪《莱芜县志》卷二《灾祥》）

兖州府之嘉祥县旱，蝗，秋蝻。（章义和《中国蝗灾史》）

【河南】

秋，卫辉府蝗，食禾殆尽，至啮人衣。（清雍正《河南通志》卷五《祥异》）

七月，怀庆府大蝗，伤禾稼。（清康熙《怀庆府志》卷一《灾祥》）

开封府之荥阳县大蝗。（清顺治《荥泽县志》卷七《灾祥》）

秋七月，开封府之杞县蝗。（清乾隆《杞乘》卷二《总纪》）

开封府中牟县蝗，韩庄里二十里板桥等处、高窝里水口村等处、淳泽里鲁庙等处、白沙里蒋家冲等处、大庄里蓼泽陂等处蝗最多。（清康熙《中牟县志》卷六《祥异》）

秋，卫辉府之汲县蝗，食禾殆尽。（清乾隆《汲县志》卷一《祥异》）

秋七月，怀庆府之修武县蝗大作，沟堑尽平，禾无遗穗。（清康熙《修武县志》卷四《灾祥》）

怀庆府之济源县大旱，蝗蝻生。（清乾隆《济源县志》卷一《祥异》）

开封府之延津县大蝗。（清康熙《延津县志》卷七《灾祥》）

开封府之阳武县蝗蝻生。（清康熙《阳武县志》卷八《灾祥》）

怀庆府之河内县大旱，蝗蝻生。（明万历《河内县志》卷一《灾祥》）

归德府之夏邑县蝗。（民国《夏邑县志》卷九《灾异》）

归德府之永城县蝗。（清康熙《永城县志》卷八《灾异》）

七月，开封府之项城县蝗生遍野，谷黍蜀秫伤甚。（明万历《项城县志》卷七《灾异》）

汝州之郏县旱，大蝗。（清顺治《郏县志》卷一《灾祥》）

秋，卫辉府之新乡县蝗灾，民疾苦。（清乾隆《新乡县志》卷二八《祥异》）

汝州之宝丰县大旱，蝗。（清乾隆《宝丰县志》卷五《灾祥》）

汝宁府汝南县蝗蝻毁稼。（明万历《汝南志》卷二四《灾祥》）

开封府之荥泽县蝗灾。（清顺治《荥泽县志》卷七《灾祥》）

汝宁府之汝阳县蝗蝻害稼。（清顺治《汝阳县志》卷一〇《祆祥》）

汝宁府之上蔡县蝗蝻害稼。（清康熙《上蔡县志》卷一二《编年》）

汝宁府之新城县蝗蝻毁稼。（清康熙《新野县志》卷八《祥异》）

汝宁府之息县蝗蝻毁稼。（清顺治《息县志》卷一〇《灾异》）

归德府之商丘县蝗灾。（清康熙《商丘县志》卷三《灾祥》）

汝州旱，大蝗。（清道光《汝州全志》卷九《祥异》）

1597年（明万历二十五年）：

【山东】

莱州府之掖县蝗。(清乾隆《掖县志》卷五《祥异》)

秋,兖州府之汶上县蝗生。(明万历《汶上县志》卷七《灾祥》)

【河南】

开封府之鄢城县蝗。(清顺治《鄢城县志》卷八《祥异》)

秋,汝州之鲁山县旱,蝗灾。(明嘉靖《鲁山县志》卷一〇《灾祥》)

1598年(明万历二十六年):

【河北】

顺天府之大城县蝗。(清康熙《大城县志》卷八《灾异》)

顺天府之文安县蝗灾。(清光绪《顺天府志》卷六九《祥异》)

邱县旱,蝗。(清康熙《邱县志》卷八《灾祥》)

【江苏】

应天府之溧水县旱,蝗。(清乾隆《溧水县志》卷一《庶征》)

【河南】

开封府之仪封县蝗飞蔽天,声如大风。(清顺治《仪封县志》卷七《礼祥》)

【云南】

夏,鹤庆旱,蝗。(清雍正《云南通志》卷二八《灾祥》)

1599年(明万历二十七年):

【河北】

顺天府之文安县蝗。(清光绪《顺天府志》卷六九《祥异》)

秋,广平府之威县蝗蝻遍野,伤禾,粟价涌贵。(明万历《威县志》卷下《祥异》)

真定府之深州大旱,蝗。(清康熙《深州志》卷七《事纪》)

【山东】

五月,东昌府之冠县蝗。(明万历《冠县志》卷五《礼祥》)

五月,东昌府之博平县蝗。(清乾隆《东昌府志》卷三《总纪》)

【河南】

开封府之仪封县蝗,平地三寸厚,禾食尽。(清顺治《仪封县志》卷七《礼祥》)

河南府之嵩县蝗飞蔽天,落下填野。谷尽,继草;草尽,继木。(清顺治《河南府志》卷三《灾异》)

1600年(明万历二十八年):

【河北】

真定府之元氏县仲夏始雨,农家方播种南亩,而雨不能沾足,四郊又生蝗蝻,且瘟疫大

作，而菜色民愈沉吟，无所托命，邻封扶老携幼，啼饥号寒。(民国《元氏县志·艺文》)

真定府之平山县伏旱蝗灾，稼绵枯，大荒。(清康熙《平山县志》卷一《事纪》)

顺天府之文安县蝗灾。(明崇祯《文安县志》卷一一《灾祥》)

真定府之深州旱，蝗复作，民大饥，瘟疫流行，村落为墟。(清道光《深州直隶州志》卷末《机祥》)

真定府之武强县复大旱，蝗蝻遍地，食禾殆尽。民大饥，积尸满野，人相食，有弃子女井中、升米鬻妻、自缢服毒者。(清康熙《重修武强县志》卷二《灾祥》)

大名府大蝗。(清咸丰《大名府志》卷四《年纪》)

广平府之威县多蝻。(明嘉靖《威县志》卷下《祥异》)

河间府之阜城县旱，蝗。(清雍正《阜城县志》卷二一)

1601年（明万历二十九年）：

【安徽】

滁州之来安县旱蝗。(明天启《新修来安县志》卷九《祥异》)

1602年（明万历三十年）：

【河北】

保定府之定兴县夏大旱，无麦且蝗。(清康熙《定兴县志》卷一《机祥》)

保定府之新城县夏大旱，无麦且蝗。(清康熙《新城县志》卷一〇《灾祥》)

保定府旱、蝗、大水相继。(《明史·孙玮传》)

【山东】

东昌府之夏津县飞蝗遍野。(清乾隆《夏津县志》卷九《灾祥》)

东昌府之高唐州飞蝗遍野。(清康熙《高唐州志》卷九《灾异》)

【河南】

夏六月，开封府之沈丘县蝗食禾，民大饥。(清顺治《沈丘县志》卷一三《灾祥》)

夏六月，开封府之陈州蝗食稼，民大饥。(清乾隆《陈州府志》卷三〇《祥异》)

秋，卫辉府之新乡县蝗。(清乾隆《新乡县志》卷二八《祥异》)

1603年（明万历三十一年）：

【河北】

七月，保定府之清苑县蝗蝻甚生，蚕食禾稼，聚若蚁，起如蜂。(《明神宗实录》卷三八六)

大名府之浚县蝻蔽野。(清康熙《浚县志》卷一《祥异》)

1604年（明万历三十二年）：

【河南】

怀庆府连年旱，蝗夺民稼，大饥。（焦作市地方史志编纂委员会编《焦作市志》）

1605年（明万历三十三年）：

【河北】

七月，保定巡抚孙玮奏：畿南各府无岁不灾。清苑、安肃、清河等处蝗蝻食残。（《明神宗实录》卷四一一）

保定府之容城县蝗，黑小如蚁。（清乾隆《容城县志》卷八《灾异》）

河间府之青县蝗。（清嘉庆《青县志》卷六《祥异》）

四月，大名府之大名县旱，蝗。（民国《大名县志》卷二六《祥异》）

真定府之隆平县蝗。（明崇祯《隆平县志》卷八《灾异》）

真定府之新河县发生蝗灾。（章义和《中国蝗灾史》）

广平府之清河县蝗。（清康熙《清河县志》卷一七《灾祥》）

大名府之长垣县大旱，蝗。（清康熙《长垣县志》卷二《灾异》）

【浙江】

台州府之临海县蝗食豆荍。（清康熙《台州府志》卷一四《灾变》）

台州府之仙居县蝗，豆粟亦尽。（清光绪《仙居志》卷二四《灾变》）

【山东】

青州府之临淄县蝗灾。（清康熙《临淄县志》卷一《灾祥》）

济南府之德平县蝗。（清康熙《德平县志》卷三《灾祥》）

青州府之乐安县蝗。秋，蝻复生。（章义和《中国蝗灾史》）

广饶县，五月旱，蝗。秋，蝻生。（民国《续修广饶县志》卷二六《杂志》）

夏五月，青州府之昌乐县蝗蔽地，禾尽。秋，蝻复生。（清嘉庆《昌乐县志》卷一《总纪》）

夏五月，青州府之安丘县大蝗。秋，蝻生，蝗蝻蔽地，田禾食尽，哭声遍野。（清康熙《续安丘县志》卷一《总纪》）

六月，东昌府之堂邑县飞蝗蔽天，三昼夜不绝。七月，蝗蝻害稼。（清顺治《堂邑县志》卷三《灾祥》）

【陕西】

西安府之洛南县蝗飞蔽天。（清康熙《洛南县志》卷七《灾祥》）

西安府之商南县蝗入境。（清乾隆《商南县志》卷一一《祥异》）

1606年（明万历三十四年）：

【北京】

六月，畿内大蝗，食苗殆尽。(《明史·神宗纪》)

【天津】

自正月至夏不雨，顺天府之宝坻县大蝗。(清夏燮《明通鉴·神宗纪》)

【河北】

自正月至夏不雨，顺天府之文安县、永清县、三河县皆大蝗。(清夏燮《明通鉴·神宗纪》)

秋，河间府之永平县大蝗。(清乾隆《永平府志》卷三《祥异》)

秋，河间府之新乐县蝗蝻。(清乾隆《新乐县志》卷二〇《灾祥》)

九月，秦皇岛蝗。(清乾隆《永平府志》卷三《祥异》)

秋，河间府之抚宁县飞蝗蔽天。(清康熙《抚宁县志》卷一《灾祥》)

秋，永平府之临榆县大蝗。(清光绪《临榆县志》卷九)

夏四月，保定府之定兴县蝗飞蔽天。(清康熙《定兴县志》卷一《机祥》)

春，旱。夏、秋，保定府之容城县蝗。(清光绪《保定府志》卷四〇《祥异》)

春，旱，安新县夏蝗。(清康熙《安州志》卷七《祥异》)

保定府之蠡县春旱，夏蝗，秋蝻。奉文捕剿乃灭，民不为灾。(清顺治《蠡县志》卷八《祥异》)

保定府之新城县蝗飞蔽天。(民国《新城县志》卷二二《灾祸》)

河间府之东光县蝗蝻遍地，食苗殆尽。(清康熙《东光县志》卷一《机祥》)

秋，河间府之青县蝗。(清嘉庆《青县志》卷六《祥异》)

六月，河间府之景县大蝗，食苗殆尽。(民国《景县志》卷一四《史事》)

三月，大名府之大名县旱，蝗，民饥，蠲赈有差。(民国《大名县志》卷二六《祥异》)

真定府之隆平县大旱，大蝗，野无青草。(清康熙《唐山县志》卷一《祥异》)

保定府春旱，夏蝗，秋蝻。奉文捕剿乃灭，民不为灾。(明万历《保定府志》卷一五《祥异》)

四月，大名府之开州大旱。六月，飞蝗。(清光绪《开州志》卷一《祥异》)

【江苏】

淮安府之海州、沭阳县、赣榆县等秋蝗。(清嘉庆《海州直隶州志》卷三一《祥异》)

四五月，淮安府之宿迁县飞蝗食禾。(清康熙《宿迁县志》卷一二《祥异》)

【山东】

济南府之德平县、武安县蝗。(清康熙《德平县志》卷三《灾祥》)

东昌府之冠县蝗飞蔽天，禾稼大伤。(明万历《冠县志》卷五《祲祥》)

夏，兖州府东阿县蝗，秋螟。（清道光《东阿县志》卷二三《祥异》）

六月，兖州府之寿张县飞蝗蔽日，食禾过半，三日飞去。七月，蝗螟复生，田禾被伤。（清光绪《寿张县志》卷一〇《灾变》）

兖州府之汶上县蝗飞蔽天。（章义和《中国蝗灾史》）

【河南】

开封府之郑州飞蝗蔽天，自北而南，食禾几尽。（清康熙《郑州志》卷一《灾祥》）

开封府之荥阳县大蝗，自北而南，群飞蔽天，秋禾被毁，大饥。（清康熙《荥阳县志》卷四《灾祥》）

六月，河南府之巩县蝗。（清乾隆《巩县志》卷二《灾祥》）

汝宁府之确山县蝗食禾稼殆尽。（清乾隆《确山县志》卷四《祆祥》）

汝宁府之新蔡县蝗。（清康熙《新蔡县志》卷七《杂述》）

开封府之新郑县蝗飞蔽日，自北而南，食禾几尽。（清顺治《新郑县志》卷五《祥异》）

秋，卫辉府之新乡县蝗，伤禾稼。（清康熙《新乡县续志》卷二《灾异》）

卫辉府大蝗，伤禾。（清乾隆《卫辉府志》卷四《祥异》）

秋，卫辉府之汲县大蝗，伤禾稼。（清康熙《汲县志》卷一〇《祆祥》）

怀庆府蝗灾。（清康熙《怀庆府志》卷一《灾祥》）

六月，台前县飞蝗蔽天，食禾过半。七月，蝗螟复生，田禾被伤。（台前县地方史志编纂委员会编《台前县志》）

怀庆府之济源县蝗。（清乾隆《济源县志》卷一《祥异》）

秋，开封府之阳武县蝗，无稼。（清康熙《阳武县志》卷八《灾祥》）

怀庆府之孟县蝗。（清康熙《孟县志》卷七《灾祥》）

汝宁府之息县蝗，大饥民流。（清顺治《息县志》卷一〇《灾异》）

开封府之长葛县飞蝗自北而南，食禾几尽。（清康熙《长葛县志》卷一《灾祥》）

七月，彰德府之武安县蝗螟。（清康熙《武安县志》卷一六《灾祥》）

1607年（明万历三十五年）：

【河北】

秋八月，广平府之成安县飞蝗蔽日。（清康熙《成安县志》卷四《灾异》）

大名府之东明县飞蝗自东北来，障天蔽日，经过二十余日不尽。有落下者即遗种其地，嗣后蝗螟复生。（清康熙《东明县志》卷七《灾祥》）

大名府之开州蝗。（清光绪《开州志》卷一《祥异》）

【山东】

青州府之临淄县蝗虫为灾。（清康熙《临淄县志》卷一《灾祥》）

青州府之寿光县蝗虫为灾。（民国《寿光志》卷一五）

【河南】

六月，开封府之封丘县飞蝗过野，投河而死，禾未甚伤。（清顺治《封丘县志》卷三《灾祥》）

汝宁府蝗蝻遍野，大饥。（清康熙《汝宁府志》卷一六《灾祥》）

六月，开封府之延津县蝗。（清康熙《延津县志》卷七《灾祥》）

汝宁府之新蔡县蝗蝻遍野。（清康熙《新蔡县志》卷七《杂述》）

汝宁府之息县大旱，蝗，民流。（清顺治《息县志》卷一〇《灾异》）

自夏至秋，开封府之长葛县蝗蝻弥漫原野，食禾稼俱尽。（清康熙《长葛县志》卷一《灾祥》）

1608年（明万历三十六年）：

【河北】

六月，顺天府之遵化县蝗蝻遍野，禾稼如扫。（清康熙《遵化县志》卷一《灾异》）

河间府之南皮县蝗蝻遍野，禾稼如扫。（清康熙《南皮县志》卷二《灾异》）

六月，河间府之沧州蝗蝻遍野，禾稼如扫。（章义和《中国蝗灾史》）

大名府之东明县大蝗。嗣后，豆虫遍地，豆田几为伤尽。（清康熙《东明县志》卷七《灾祥》）

【山东】

济南府之平原县蝗。十二月，留税银三分之一赈饥民。（清乾隆《平原县志》卷九《灾祥》）

【河南】

开封府之长葛县蝗蝻复生为灾。（清康熙《长葛县志》卷一《灾祥》）

1609年（明万历三十七年）：

九月，北畿、徐州、山东蝗。（《明史·五行志》）

秋八月，江南徐州以北及山东济南、青州诸府蝗。（清夏燮《明通鉴·神宗纪》）

八月，徐州以北、北平以南六郡及济南、河间府之青县等郡蝗。（《明神宗实录》卷四六一）

【北京】

顺天府之通州秋蝗，冬无雪。（清康熙《通州志》卷一一《灾异》）

【河北】

十一月，畿辅旱蝗特甚。（《明神宗实录》卷四六四）

保定府之容城县大旱，田苗半槁，蝗复为灾。（清康熙《容城县志》卷八《灾变》）

安新县，春、夏、秋不雨，蝗蝻食菽殆尽，是岁无禾。（清康熙《安州志》卷七《祥异》）

广平郡之永年县蝗。（清光绪《永年县志》卷一九《祥异》）

【江苏】

徐州府蝗。（清同治《徐州府志》卷五《祥异》）

【安徽】

凤阳府之颍州蝗。（清乾隆《颍州府志》卷一〇《祥异》）

凤阳府之亳州蝗。（清乾隆《亳州志》卷一《灾祥》）

凤阳府之怀远县蝗。（清雍正《怀远县志》卷八《灾异》）

【山东】

秋八月，济南、青州诸府蝗。（清宣统《山东通志》卷一〇《通纪》）

济南府之济阳县大旱，蝗飞蔽日，麦禾绝收。（明万历《济阳县志》卷一〇《灾祥》）

秋九月，兖州府之曲阜县蝗。（清乾隆《曲阜县志》卷三〇《通编》）

五月，东昌府之堂邑县飞蝗。七月，蝗蝻害稼。（清顺治《堂邑县志》卷三《灾祥》）

【河南】

汝宁府之新蔡县蝗。（清康熙《新蔡县志》卷七《杂述》）

秋，汝宁府之息县蝗，禾稼歉收。（清顺治《息县志》卷一〇《灾异》）

1610年（明万历三十八年）：

【河北】

保定府之容城县大蝗。（清光绪《容城县志》卷八）

大名府之大名县蝗。（清康熙《大名县志》卷一六《灾祥》）

飞蝗蔽日。（清康熙《元城县志》卷一《年纪》）

夏，顺德府隆尧县大蝗，户部发银一百九十六两，秋，又发银三千二十九两，赈五千九百余名。（清康熙《唐山县志》卷一《祥异》）

大名府之内黄县飞蝗蔽日。（清乾隆《内黄县志》卷六《编年》）

大名府之东明县大蝗。（清康熙《东明县志》卷七《灾祥》）

【江苏】

五月，淮安飞蝗蔽天。（清光绪《淮安府志》卷三九《杂记》）

淮安府之海州、沭阳、赣榆县皆旱，蝗。（清嘉庆《海州直隶州志》卷三一《祥异》）

淮安府之安东县飞蝗蔽天，食禾苗殆尽。（清雍正《安东县志》卷一五《祥异》）

五月，淮安府之桃源县飞蝗蔽天。（清乾隆《重修桃源县志》卷一《祥异》）

【安徽】

凤阳府之太和县、蒙城县俱蝗。（清乾隆《颍州府志》卷一〇《祥异》）

夏，凤阳府之颍上县比邻飞蝗遍野，独未入邑境。（清顺治《颍上县志》卷一一《灾祥》）

三十八年相继三年，凤阳府宿州蝗蝻，无种，遍野蔽天，麦禾草木若烧，民间以蝗蝻为衣食。奉文捕蝗，上仓蝗一石准粮一石。（清康熙《宿州志》卷一〇《祥异》）

滁州之来安县旱，蝗。（明天启《新修来安县志》卷九《祥异》）

【江西】

南昌府武宁县有蝗。（清同治《南昌府志》卷六五《祥异》）

【山东】

六月，山东德州、平原、禹城、齐河蝗蝻为灾。（《明神宗实录》卷四七二）

兖州府之平阴县蝗，岁大饥。（清嘉庆《平阴县志》卷四《灾祥》）

兖州府之曲阜县夏旱，蝗，饥，赈。（清乾隆《曲阜县志》卷三〇《通编》）

兖州府之曹县飞蝗蔽野。（清光绪《曹县志》卷一八《灾祥》）

兖州府之范县飞蝗蔽野，以粟易蝗，民捕不计其数。（清康熙《范县志》卷中《灾祥》）

【湖北】

四月，武昌府大冶县蝗为灾。（《明神宗实录》卷四七〇）

【湖南】

秋，宝庆府新化县蝗伤稻，民疫。（清道光《宝庆府志》卷九九《五行略》）

【广西】

九月，廉州府合浦县蝗，东堂乡更甚。（广东省文安研究馆编《广东省自然灾害史料》）

1611 年（明万历三十九年）：

【北京】

四月，顺天府之通州蝗食麦苗。（清康熙《通州志》卷一一《灾异》）

【河北】

秋，广平府之肥乡县飞蝗害稼。（清雍正《肥乡县志》卷二《灾祥》）

二月，顺天府之蓟州镇团营地春、夏旱，蝗，禾黍无收。（《明神宗实录》卷四八〇）

【江苏】

应天府六合县蝗自北来，不甚为害。（清顺治《六合县志》卷八《灾祥》）

六月，淮安蝗旱灾伤，乞赐行勘分别蠲赈。（《明神宗实录》卷四八四）

淮安府之盱眙县蝗蝻遍地，禾苗尽食。（清乾隆《盱眙县志》卷一四《灾祥》）

大学士叶向高奏：六月，徐州以北到处蝗飞蔽天，所遇之地千里如扫然。（《明神宗实

录》卷四八四）

【安徽】

五月七日，凤阳府之颍上县飞蝗结阵过颍，声如疾风，势如云暗，长可以三十里计，横可以十余里计，于本境秋毫无犯。至十有二日，蝗状视昨愈盛，而于本境愈无恙。（清乾隆《颍上县志》卷一〇《艺文》）

是岁，凤阳府宿州续蝗，麦禾若烧。（清光绪《宿州志》卷三六《祥异》）

六月，凤阳府凤阳县蝗、旱为伤，乞赐行勘，分别蠲赈。（《明神宗实录》卷四八四）

【山东】

济南府青城县秋蝗，食谷殆尽，民食豆秸、桑叶。（清乾隆《青城县志》卷一〇《祥异》）

兖州府之巨野县蝗。（明万历《巨野县志》卷八《灾异》）

【河南】

八月，河南巡按奏：开封、归德、汝宁等府飞蝗蔽野，禾麦一空。（清夏燮《明通鉴·神宗纪》）

【广东】

廉江县秋蝗，伤稼十之七。（清康熙《石城县志》卷三《祥异》）

秋，高州府石城县蝗伤稼。（清光绪《高州府志》卷四八《事纪》）

【陕西】

延安府榆林卫蝗。（清康熙《延绥镇志》卷五《纪事》）

延安府绥德州蝗。（清光绪《绥德州志》卷三《祥异》）

延安府之清涧县蝗。（清道光《清涧县志》卷一《灾祥》）

延安府蝗。（清嘉庆《重修延安府志》卷六《大事表》）

1612年（明万历四十年）：

【河北】

大名府之大名县与二省接壤处有鸦数万迎食之，蝗遂不入境。（清咸丰《大名府志》卷四《年纪》）

距大名府之东明县近将至，忽有鸟数万余，迎而食之。（清乾隆《东明县志》卷七《祥异》）

【江苏】

六月，淮安府之安东县旱，蝗食禾。（清雍正《安东县志》卷一五《祥异》）

淮安府之赣榆县蝗大作，典史游绍望捕息，岁大稔。（清康熙《重修赣榆县志》卷四《纪灾》）

三月，直隶巡按颜恩忠奏：淮安、徐州等处旱，蝗。（《明神宗实录》卷四九三）

【安徽】

凤阳府宿州比岁旱，蝗，麦禾若烧。（清光绪《宿州志》卷三六《祥异》）

三月，直隶巡按颜恩忠奏：凤阳县、泗州等处旱，蝗。（《明神宗实录》卷四九三）

【山东】

兖州府之巨野县蝗。（明万历《巨野县志》卷八《灾异》《灾详》）

菏泽县蝗。（清光绪《菏泽县志》卷一八《灾祥》）

【河南】

春三月，开封府之杞县蝗。（清乾隆《杞县志》卷二《灾祥》）

三月，开封府之尉氏县蝗。（清道光《尉氏县志》卷一《祥异》）

归德府之夏邑县蝗蝻生，食一小儿几尽。（民国《夏邑县志》卷九《灾异》）

归德府之永城县蝗。（清康熙《永城县志》卷八《灾异》）

秋，卫辉府之新乡县飞蝗蔽天，食谷殆尽。（清乾隆《新乡县志》卷二八《祥异》）

夏五月，开封府之沈丘县飞蝗食禾。（清顺治《沈丘县志》卷一三《灾祥》）

1613 年（明万历四十一年）：

【河北】

保定府之容城蝗，黑小如蚁。（清康熙《容城县志》卷八《灾变》）

保定府之蠡县先旱后蝗。（清顺治《蠡县志》卷八《祥异》）

真定府、大名府蝗。（清咸丰《大名府志》卷四《年纪》）

【山西】

六月十九日，平阳府之蒲县蝗虫自东南飞向西北，蔽天日，食田大半，民大饥。（清康熙《蒲县新志》卷七《灾祥》）

【江苏】

夏，扬州府之泰兴县大蝗，秋无禾。（清光绪《泰兴县志》卷末《述异》）

扬州府之通州飞蝗害稼。（清光绪《通州直隶州志》卷末《祥异》）

【浙江】

夏，杭州府之余杭县蝗，人共捕之，以千斛计，投灭于通济桥下，秋大有年。（民国《杭州府志》卷八四《祥异》）

【山东】

东昌府之馆陶县旱，蝗。（民国《续修馆陶县志》卷八）

【河南】

河南府之洛阳县飞蝗蔽天，食禾尽，草木叶一空，民间厕灶皆满。（清雍正《河南通志》

卷五《祥异》）

河南府之新安县蝗。（清乾隆《新安县志》卷七《机祥》）

汝宁府之汝阳县飞蝗蔽天。（清顺治《汝阳县志》卷一〇《机祥》）

河南府之孟津县飞蝗蔽日，食禾苗殆尽。（清康熙《孟津县志》卷四）

1614年（明万历四十二年）：

【河北】

秋，真定府正定县蝗。（清顺治《真定县志》卷四《祥异》）

保定府之容城县蝗，黑小如蚁。知县徐延松令民捕纳，易以仓粟，一如蒋侯之法，蝗不为灾。（清康熙《容城县志》卷八《灾变》）

保定府之蠡县夏旱，秋蝗。（清顺治《蠡县志》卷八《祥异》）

【浙江】

温岭县蝗虫伤稼，又旱。（清康熙《太平县志》卷八《祥异》）

【安徽】

凤阳府之颖上县飞蝗蔽空，禾、黍、树叶食尽。（清乾隆《颖州府志》卷一〇《祥异》）

凤阳府之五河县大旱，飞蝗伤稼。（清康熙《五河县志》卷一《祥异》）

【山东】

青州府之莒州蝗。秋，大水，饥。（清康熙《莒州志》卷二《灾异》）

菏泽县旱，蝗，岁饥。（清光绪《菏泽县志》卷一九《灾祥》）

兖州府曹州旱，蝗，岁饥。（清康熙《曹州志》卷一九《灾祥》）

东昌府之莘县旱，蝗。（清光绪《莘县志》卷四《饥异》）

东昌府之馆陶县旱，蝗。令民捕蝗，照蝗给谷。（清康熙《馆陶县志》卷一二《灾祥》）

【河南】

开封府之尉氏县蝗蝻食禾稼，民大饥。王无言输豆千石助赈。（清道光《尉氏县志》卷一《祥异》）

怀庆府之修武县蝗。（清乾隆《新修怀庆府志》卷三二《物异》）

河南府之新安县蝗。（清乾隆《新安县志》卷七《机祥》）

【湖北】

德安府之应城县蝗入城，岁大祲。（清康熙《应城县志》卷三《灾祥》）

德安府之安陆县蝗入城，岁大祲。（清康熙《德安安陆郡县志》卷八《灾异》）

黄州府之罗田县蝗害稼。（清光绪《黄州府志》卷四〇《祥异》）

武昌府之咸宁县蝗入城，岁大祲。（清康熙《咸宁县志》卷六《灾异》）

1615年（明万历四十三年）：

【山西】

四月，沁州飞蝗从东南来，如蜂蚁遮天，禾稼大损。（清康熙《山西直隶沁州志》卷一《灾异》）

四月，沁州之武乡县蝗从东南来，飞蔽天日，禾稼大损。（清乾隆《武乡县志》卷二《灾祥》）

春，平阳府之翼城县蝗蝻害稼。（清雍正《平阳府志》卷三四《祥异》）

平阳府之浮山县蝗蝻害稼。（清乾隆《浮山县志》卷三四《祥异》）

四月，蒲州府之永济县等诸县大旱，蝗。（清乾隆《蒲州府志》卷二三《事纪》）

平阳府之荣河县大旱，蝗。（清乾隆《荣河县志》卷一四《祥异》）

泽州府大蝗。（清雍正《山西通志》卷一六三《祥异》）

【江苏】

淮安府之安东县蝗生。（清雍正《安东县志》卷一五《祥异》）

夏，淮安府之沭阳县蝗。秋不雨，人相食，多温疫。（清康熙《沭阳县志》卷一《灾异》）

淮安府之赣榆县大旱，蝗。七月不雨，人相食。（清康熙《重修赣榆县志》卷四《纪灾》）

【安徽】

庐州府合肥县有蝗。（清康熙《庐州府志》卷三《祥异》）

庐州府之六安州旱蝗，谷价腾贵。（清同治《六安州志》卷六〇）

庐州府之霍山县，又蝗，飞则蔽空障日，止则集树盈畴，损禾稼者十之八九。次年，蝗复如之。（清顺治《霍山县志》卷二《灾祥》）

【山东】

七月，山东旱，蝗。（《明史·五行志一》）

秋七月，济南府之历城县蝗。（清乾隆《历城县志》卷二《总纪》）

济南府之平原县春、夏大旱，蝗，千里如焚。民饥，或父子相食。（清乾隆《平原县志》卷九《灾祥》）

济南府之阳信县大旱，蝗蝻满地，禾麦全无。（清乾隆《阳信县志》卷三《灾祥》）

兖州府曹州旱，蝗，岁大饥。（清康熙《曹州志》卷一九《灾祥》）

八九月间，青州府蝗蝻蔽地，食麦苗又尽。（清康熙《青州府志》卷二〇《灾异》）

青州府之寿光县旱，蝗，岁大饥，人相食。（清康熙《寿光县志》卷一《总纪》）

青州府之昌乐县夏旱，蝗，大饥，人相食。遣使赈荒。（清嘉庆《昌乐县志》卷一《总纪》）

青州府之临朐县夏旱,蝗。秋,大饥,父子相食。(清光绪《临朐县志》卷一〇《大事表》)

青州府之安丘县夏旱,蝗。(清康熙《续安丘县志》卷一《总纪》)

青州府之诸城县大旱,蝗,大饥,人相食,鬻子女,至有人市。(清乾隆《诸城县志》卷二《总纪》)

莱州府之昌邑县蝗,旱。(清康熙《昌邑县志》卷一《祥异》)

莱州府之潍县夏旱,蝗,大饥,民刮木皮和糠秕而食,树木为之尽,饥死者道相枕藉,有割尸肉食者。(民国《潍县志稿》卷二《通纪》)

莱州府之胶州夏大旱,有蝗,禾稼尽,大饥,人相食。(清道光《胶州志》卷三五《祥异》)

莱州府之高密县旱,蝗,饥,至人相食。(清乾隆《高密县志》卷一〇《纪事》)

莱州府之掖县春大旱,蝗。是岁大饥,人相食,寻复大疫,死者山积。(清乾隆《掖县志》卷五《祥异》)

大旱,饥。九月,登州府蓬莱县蝗蝻生,人啖木皮,城几罢市。(清康熙《登州府志》卷一《灾祥》)

九月不雨,登州府之栖霞县蝗蝻生,人啖木皮,民几罢市。(清康熙《栖霞县志》卷七《祥异》)

登州府牟平县大旱,赤地千里,蝗蝻遍野。(民国《牟平县志》卷一〇《通纪》)

登州府之文登县大旱,蝗蝻遍野,人啖木皮,城几罢市。(清光绪《文登县志》卷一四《灾异》)

秋,登州府之荣成县蝗蝻遍野,食禾几尽。(清道光《荣成县志》卷一《灾祥》)

兖州府之郯城县蝗蝻遍野,禾稼一空,遂成大饥,人相食。(清康熙《郯城县志》卷九《灾祥》)

夏,青州府之莒州蝗害稼。(清康熙《莒州志》卷二《灾异》)

青州府之日照县大旱,蝗,赤地千里,人相食。(清康熙《日照县志》卷一《纪异》)

四十三年至四十五年,济南府之肥城县三年旱蝗相连,人民相食,死者枕藉。(清康熙《肥城县志书》卷下《灾祥》)

兖州府之曲阜县秋大旱,蝗。留税银赈之。(清乾隆《曲阜县志》卷三〇《通编》)

兖州府之菏泽县旱,蝗。岁大饥。(清光绪《菏泽县志》卷一九《灾祥》)

兖州府巨野县大旱,蝗。(明万历《巨野县志》卷八《灾异》)

大旱,自春至秋不雨,东昌府莘县多蝗。(清康熙《朝城县志》卷一〇《灾祥》)

七月,兖州府沂州、无棣县、嘉祥县旱,蝗;济南府齐河县复蝗。(清雍正《山东通志》

卷三三《灾祥》)

【河南】

汝宁府之新蔡县蝗，无翼，遍野，从北而来，纠缠相抱如滚，渡河延城而进，入房厨卧榻，啮人衣，久则生羽飞去。(清康熙《新蔡县志》卷七《杂述》)

开封府之尉氏县蝗蝻食禾稼，民饥。(清道光《尉氏县志》卷一《祥异》)

怀庆府之修武县蝗，伤禾稼无数。(清康熙《修武县志》卷四《灾祥》)

南阳府之南召县蝗蝻大盛，禾稼被食。(清乾隆《南召县志》)

南阳府之南阳县蝗食禾。(清康熙《南阳县志》卷一《祥异》)

南阳府之裕州蝗蝻大盛。(清康熙《河南省裕州志》卷一《祥异》)

【湖北】

黄州府之黄安县蝗。(清光绪《黄州府志》卷四〇《祥异》)

黄州府之罗田县蝗。(清康熙《罗田县志》卷一《灾异》)

襄阳府之襄阳县蝗。(清同治《襄阳县志》卷七《祥异》)

1616年（明万历四十四年）：

四月，山东复蝗。七月，常州、镇江、淮安、扬州蝗。河南旱，蝗。捕斗蝗者，官给斗谷。谷尽，蝗愈繁。(《明史·五行志》)

九月，江宁、广德等处蝗蝻大起。其状为：蝗不渡江，遮天蔽日而来，集于田而禾、黍尽，集于地而菽、粟尽，集于山林而草皮、木实、柔桑、竹之属条干枝叶都尽。(《明神宗实录》卷五四九)

【河北】

夏六月，永平府之迁安县蝼生。秋七月，蝗飞蔽天，落地尺余，原沟堑尽平，大伤禾稼。后蝻生，复食豆蔬，人民饥殣。(清康熙《迁安县志》卷七《灾祥》)

秋，永平府之昌黎县蝗蔽天。(清康熙《昌黎县志》卷一《祥异》)

七月，永平府之抚宁县蝗蝻。(清康熙《抚宁县志》卷一《灾祥》)

七月，永平府之乐亭县蝗落地尺余，食禾稼。(明天启《乐亭志》卷一一《祥异》)

七月，永平府之卢龙县飞蝗蔽日。(《明史·五行志》)

六月，永平府之滦州蝼生，越渡河。七月，蝗落地尺余厚，食禾稼。(清康熙《滦志》卷二《世编》)

真定府之定州，邻境多蝗蝻，惟定州独鲜。未几麦成，有异穗并本者，诸谷如此者甚众，是岁大稔。(清康熙《定州志》卷九《物异》)

保定府之清苑县蝗，大饥。(清光绪《保定府志稿》卷三《祥异》)

秋七月，大名府之清丰县灾旱频仍，飞蝗虫蝻遍野，食禾殆尽。(清康熙《清丰县志》

卷二《编年》)

　　保定府之雄县蝗。(清康熙《雄乘》卷中《祥异》)

　　大名府之浚县飞蝗蔽日。(章义和《中国蝗灾史》)

　　河间府之南皮县蝗，旱，民饥嗷嗷。(清光绪《南皮县志》卷七《文献》)

　　北直隶河间府之故城夏蝗。(清光绪《续修故城县志》卷一《纪事》)

　　秋七月，大名府之大名县蝗蝻蔽野，食禾殆尽。(清康熙《元城县志》卷一《年纪》)

　　广平郡之永年县蝗。(清光绪《广平府志》卷三三《灾祥》)

　　真定府临城县岁荒，人食蝗。(清康熙《临城县志》卷八《机祥》)

　　顺德府之内邱县蝗伤稼。(明崇祯《内邱县志·变纪》)

　　秋七月，大名府之内黄县旱，蝗蝻蔽野，食禾殆尽。(清乾隆《内黄县志》卷六《编年》)

【山西】

　　六月，山西平阳府蝗，蒲州、解州尤甚。(《明神宗实录》卷五四六)

　　夏四月，文水、长治、潞城、临汾、安邑、闻喜、稷山、临晋、猗氏、万全、芮城、垣曲、蒲州、解州、绛州诸州县飞蝗蔽天，食禾立尽。(清雍正《山西通志》卷一六三《祥异》)

　　夏六月，文水、蒲州、安邑、闻喜、稷山、猗氏、万全旱，蝗。春、夏不雨，飞蝗蔽天，复生蝻，禾稼立尽。(清康熙《山西通志》卷三○《祥异》)

　　夏六月，平阳府之解州、绛州、蒲县、临汾、安邑、闻喜、稷山、临晋、猗氏、万全、芮城、垣曲诸县旱，蝗。飞蝗蔽天，复生蝻，禾稼立尽。(清康熙《平阳府志》卷三四《祥异》)

　　太原府文水县蝗虫遍野，伤禾。(明天启《文水县志》卷一○《灾祥》)

　　潞安府之长治县蝗。(清乾隆《长治县志》卷二一《祥异》)

　　潞安府之潞城县蝗。(清康熙《潞城县志》卷八《灾祥》)

　　六月，临汾飞蝗蔽天，食禾立尽。(清雍正《平阳府志》卷三四《祥异》)

　　夏六月，旱，蝗。春、夏不雨，飞蝗蔽天，孽复生蝻，禾稼立尽。(清康熙《临汾县志》卷五《祥异》)

　　平阳府之安邑县飞蝗蔽天，复生蝝，禾稼立尽。(明万历《安邑县志》卷八《祥异》)

　　平阳府之绛州蝗。(清康熙《绛州志》卷三《灾异》)

　　六月，飞蝗蔽天，自东来，数日不绝，食禾殆尽。(民国《闻喜县志》卷二四《旧闻》)

　　平阳府之垣曲县飞蝗自东来，遮天蔽日，顷刻食苗无遗。(清康熙《垣曲县志》卷一二《灾荒》)

四月，飞蝗蔽天，食禾立尽。（清乾隆《降县志》卷一二《祥异》）

平阳府河津县蝗。（清乾隆《河津县志》卷八《祥异》）

稷山县飞蝗蔽天，食禾殆尽。（清康熙《稷山县志》卷一《祥异》）

夏，飞蝗蔽天。秋，遗种蝻生，食禾几尽。数年为害不已。（清康熙《芮城县志》卷二《灾祥》）

蒲州府之永济县春夏大旱，飞蝗蔽日，禾稼一空。官以斗粟易斗蝗，犹不能尽。至秋，复生，蝻蝼遍野，人不能捕，多于垄首掘坑驱瘞之。（清光绪《永济县志》卷二三《事纪》）

飞蝗蔽空，禾稼一空。七月，蝻生，寸草不遗。（清康熙《解州志》卷一二《灾祥》）

平阳府之解州飞蝗蔽天，复生蟓，禾稼立尽。（清乾隆《解州安邑县志》卷一一《祥异》）

万荣县，四十四、四十五两年蝗蝻为灾，秋无禾。（清康熙《万全县志》卷七《祥异》）

春、秋大旱。六月，平阳府之临晋县飞蝗蔽日，禾稼一空。七月，蝻生，寸草不遗。八月，翅满飞去。（清康熙《临晋县志》卷六《灾祥》）

【江苏】

江宁府夏蝗，冬暵。九月，江宁蝗蝻大起，禾、黍、竹、树、俱尽。（清康熙《江宁府志》卷一八《宦绩》）

秋，应天府江浦县飞蝗入境，不为灾。（明万历《江浦县志》卷一《县纪》）

七月初旬间，应天府六合县蝗从山东飞来，过六合境，多入江。二十七日，蝗飞蔽天，声如雷轰耳，散布六合境殆遍，稼伤强半。其飞未至江者，食濒江芦苇，一带如刈，亦有入江水者，然无几也。自七月末至八月初旬，飞集无间日，时山东、河南连岁荒，蝗无复可食，故直与彼中饿民同侵江以南。（清康熙《六合县志》卷八《灾祥》）

七月十二日，应天府之高淳县蝗蔽天。八月六日雨雷，蝗东去。（清顺治《高淳县志》卷一《邑纪》）

八月，常州府之江阴县蝗从北来，遗种入土。十二月初五日辰巳间，日晕生珥，白虹竟天贯日，亦有珥。（清康熙《江阴县志》卷二《灾祥》）

八月，常州府蝗从北来，遍集五县。（明万历《重修常州府志》卷七《蠲赈》）

秋八月，常州府武进县蝗。（清康熙《武进县志》卷三《灾祥》）

常州府之宜兴县蝗。（清嘉庆《增修宜兴县志》卷末《祥异》）

七月，扬州蝗。（清嘉庆《重修扬州府志》卷七〇《事略》）

八月二十六日，常州府之靖江县蝗从西北来，蔽天，所集竹芦青草立尽，然不伤稼，遗种甚多。（明崇祯《靖江县志》卷一一《灾祥》）

九月，扬州府之通州蝗。（清光绪《通州直隶州志》卷末《祥异》）

九月，扬州府之如皋县有蝗。（明万历《如皋县志》卷二《五行》）

五月，淮安府淮安县蝗飞蔽天。（清光绪《淮安府志》卷三九《杂记》）

夏，淮安府之安东县飞蝗蔽野，城市盈尺，凡留六日，草木俱尽。（清光绪《安东县志》卷五《灾异》）

【安徽】

合肥县蝗灾，弥天蔽日，所过禾稻一空。（清康熙《合肥县志》卷二《祥异》）

秋八月初旬，庐州府之巢县飞蝗北至，蔽天集地，厚数寸，食稻过半，乃去。（清康熙《巢县志》卷四《祥异》）

七月，和州旱，蝗。（清光绪《直隶和州志》卷三七《祥异》）

八月初一日，庐州府之无为州飞蝗蔽日。（清康熙《无为州志》卷一《祥异》）

八月，庐州府飞蝗自北来，合肥、庐江、无为、巢县食稻过半。（清光绪《续修庐州府志》卷九三《祥异》）

四十四、四十五年，庐州府之庐江县连有蝗灾，弥天蔽日，所过禾稻一空。（清顺治《庐江县志》卷一〇《灾祥》）

安庆府桐城县蝗，害稼。（清道光《续修桐城县志》卷二三《祥异》）

安庆府之太湖县蝗害稼。（清康熙《安庆府太湖县志》卷二《灾祥》）

庐州府之霍山县蝗，复如之。（清顺治《霍山县志》卷二《灾祥》）

凤阳府宿州蝗食田苗，赤地如焚。（清康熙《虹县志》卷上《祥异》）

凤阳府之天长县自四月至八月不雨，禾菽枯死。蝗生，民多逃亡。（清康熙《天长县志》卷一《祥异附》）

滁州之来安县夏旱，飞蝗蔽天。（明天启《新修来安县志》卷九《祥异》）

夏，太平府之当涂县蝗蝻为灾，其飞有翅，如雀高数十丈，一下田亩，食苗立尽。（清康熙《太平府志》卷三《祥异》）

夏，太平府大蝗。（清乾隆《太平府志》卷三二《祥异》）

九月，广德蝗蝻大起，禾、黍、竹、树俱尽。（清乾隆《广德直隶州志》卷四八《祥异》）

凤阳府定远县富农刘子元捕蝗甚力，蝗如片云坠下，将子元顷刻食尽。（清计六奇《明季北略》卷一）

【山东】

四月，山东济南等府蝗复生。（《明神宗实录》卷五四四）

夏四月，山东蝗，复大饥。（民国《山东通志》卷一〇《通纪》）

春、夏，济南府之历城县蝗。（明崇祯《历乘》卷一三《灾祥》）

夏，德州蝗，大饥。（民国《德县志》卷二《纪事》）

济南府之平原县旱，蝗。（清乾隆《平原县志》卷九《灾祥》）

沾化县春旱，秋蝗，死者无数。（明万历《新修沾化县志》卷七《灾祥》）

青州府之益都县蝗。（清康熙《益都县志》卷一〇《祥异》）

夏四月，莱州府胶州蝗，复大疫。（民国《增修胶志》卷五三《祥异》）

莱州府之掖县蝗，旱，大饥。（清乾隆《掖县志》卷五《祥异》）

济南府之肥城县旱、蝗相连，人民相食，死者枕藉。（清康熙《肥城县志》卷下《灾祥》）

济南府之长清县蝗杀禾稼。（清康熙《长清县志》卷一四《灾祥》）

夏，济南府之新泰县蝻。秋，飞蝗蔽天。（明天启《新泰县志》卷八《祥异》）

五月，济南府之莱芜县飞蝗蔽野，食秋禾一空，村落如扫。（清光绪《莱芜县志》卷二《灾祥》）

兖州府之曲阜县夏旱，蝗，饥，人相食。（清乾隆《曲阜县志》卷三〇《通编》）

兖州府城武县大旱，蝗起。青州、齐河尤甚。（清康熙《城武县志》卷一〇《祲祥》）

兖州府之巨野县蝗蝻。（明万历《巨野县志》卷八《灾异》）

兖州府之曹县大旱，蝗起，流离载道。（清光绪《曹县志》卷一八《灾祥》）

东昌府莘县大旱，多蝗，落处沟濠尽平。复生蝻，晚禾食尽。（清康熙《朝城县志》卷一〇《灾祥》）

兖州府定陶县大蝗。（章义和《中国蝗灾史》）

【河南】

开封府之仪封县、祥符县，怀庆府之孟县、安阳县等蝗。（清雍正《河南通志》卷五《祥异》）

开封府之汜水县蝗。（清乾隆《汜水县志》卷一二《祥异》）

夏六月，开封府蝗，食谷黍殆尽，生蝻甚多。官以谷易之捕者，堆积如山。是岁民饥。（清康熙《开封府志》卷三九《祥异》）

六月，开封府之尉氏县蝗。（清道光《尉氏县志》卷一《祥异》）

开封府之新郑县大蝗蔽天，小蝻匝地，寸草无收。（清顺治《新郑县志》卷五《祥异》）

开封府之密县蝗至。（清顺治《密县志》卷七《祥异》）

怀庆府之济源县蝗。（清乾隆《济源县志》卷一《祥异》）

夏六月，开封府之祥符县蝗。（清光绪《祥符县志》卷二三《祥异》）

六月，开封府之兰阳县蝗。（清康熙《兰阳县志》卷一〇《灾祥》）

六月，开封府之仪封县蝗。（清顺治《仪封县志》卷七《机祥》）

六月，开封府之考城县蝗。（民国《考城县志》卷三《大事记》）

开封府之阳武县蝗，无秋。（清康熙《阳武县志》卷八《灾祥》）

怀庆府蝗。（清康熙《怀庆府志》卷一《灾祥》）

河南府之新安县蝗。（清乾隆《新安县志》卷七《机祥》）

怀庆府之孟县蝗。（清康熙《孟县志》卷七《灾祥》）

怀庆府之河内县蝗蝻生。（清康熙《河内县志》卷一《灾祥》）

夏六月，归德府之柘城县境飞蝗蔽天。（清康熙《柘城县志》卷四《灾祥》）

六月，开封府扶沟县蝗自北来，城内外积厚寸许，秋禾无存。次年丁巳亦复如此。（清康熙《扶沟县志》卷四《灾异》）

夏六月，归德府之鹿邑县蝗。（清康熙《鹿邑县志》卷八《灾祥》）

开封府淮宁县大蝗，飞者蔽天，行者入市，谷、黍一空，间余木棉、荞麦及菽。（清乾隆《陈州府志》卷三〇《杂志》）

夏五月，开封府之沈丘县蝗食禾。（清顺治《沈丘县志》卷一三《灾祥》）

五月，开封府之陈州蝗飞蔽天。六月，蝗自北来，厚积寸许。（清乾隆《陈州府志》卷三〇《祥异》）

开封府之西华县蝗食禾殆尽，墙壁皆蝗。（清乾隆《西华县志》卷一〇《五行》）

开封府之许州大蝗，遍天匝地，逾屋越城，井、灶、釜、罂皆满，秋禾尽伤。州守田示捕蝗一斗者，易谷一斗，时积蝗如山。（清康熙《许州志》卷九《祥异》）

夏六月，开封府鄢陵县蝗自东来，城内外积厚寸余，秋禾无存。次年丁巳亦复如是。（清顺治《鄢陵县志》卷九《祥异》）

开封府之郾城县蝗，食竹、树殆尽。（清顺治《郾城县志》卷八《祥异》）

开封府之襄城县大蝗，蔽天匝地，逾屋越井，灶釜罂皆满，秋禾尽伤。（明万历《襄城县志》卷七《灾异》）

彰德府大蝗。（清康熙《彰德府志》卷一六《艺文》）

开封府之临颍县蝗飞蔽天。（民国《重修临颍县志》卷一三《灾祥》）

夏六月，开封府之禹州飞蝗蔽天，旱。蝻厚一尺，越城升楼，街衢莫不有之，禾尽，食人衣帽。七月，雨，蝗蝻死。岁不于歉。（清顺治《禹州志》卷九《机祥》）

汝宁府确山县蝗，食稼殆尽。（清乾隆《确山县志》卷四《机祥》）

汝宁府之汝阳县蝗，食禾殆尽。（清顺治《汝阳县志》卷一〇《外纪》）

汝宁府之新蔡县蝗食禾殆尽。（清康熙《新蔡县志》卷七《杂述》）

汝宁府之上蔡县蝗，食禾殆尽。（清康熙《上蔡县志》卷一二《编年》）

汝宁府之息县旱，蝗。（清顺治《息县志》卷一〇《灾异》）

汝宁府之罗山县蝗。（清乾隆《罗山县志》卷八《灾异》）

南阳府之裕州蝗蝻大盛，伤禾稼无遗。（清乾隆《裕州志》卷一《祥异》）

六月，南阳府之新野县蝗，未伤稼。八月，飞蝗蔽日，食禾无余。（清康熙《新野县志》卷八《祥异》）

秋，河南府之洛阳县飞蝗蔽天，禾尽，草木皆空，民间厨厕皆满，捕之不尽。（清顺治《洛阳县志》卷八《灾异》）

河南府之孟津县大旱，继之以蝗，食禾殆尽，颗粒无收。（清顺治《河南府志》卷三《灾异》）

六月，河南府之灵宝县飞蝗蔽天，自东向西，食禾稼殆尽。（清光绪《重修灵宝县志》卷八《机祥》）

河南府之阌乡县飞蝗蔽天，自东而西食苗。七月，蝻子复生，九月降霜冻死。（清顺治《阌乡县志》卷一《灾祥》）

河南府之渑池县蝗食禾。（清乾隆《渑池县志》卷中《灾祥》）

万历四十四、四十五年，河南府之陕州蝗蝻蔽野，伤禾稼殆尽。（清顺治《陕州志》卷四《灾祥》）

自夏及秋，开封府之长葛县蝗蝻弥漫山野，食禾稼俱尽，有入室咀衣之异。（清康熙《长葛县志》卷一《灾祥》）

彰德府之涉县蝗蝻大作。（清顺治《涉县志》卷七《灾变》）

【湖北】

八月，黄州府之麻城县飞蝗蔽日。（清康熙《麻城县志》卷三《灾异》）

八月，承天府之钟祥县飞蝗蔽天，禾稼尽损。（清康熙《钟祥县志》卷一〇《灾祥》）

八月，安陆府蝗。（清康熙《安陆府志》卷一《征考》）

襄阳府飞蝗遍野，食稼，捕之愈甚。（清顺治《襄阳府志》卷一九《灾祥》）

八月，德安府之随州蝗。（清同治《随州志》卷一七《祥异》）

襄阳府之谷城县飞蝗害稼。（清康熙《湖广通志》卷三《祥异》）

襄阳府之光化县飞蝗遍野，捕之愈甚。（清顺治《襄阳府志》卷一九《灾祥》）

黄州府之黄安县蝗害稼。（清光绪《黄州府志》卷四〇《祥异》）

【湖南】

夏，永州府祁阳县蝗，复大水。（民国《祁阳县志》卷二《事略》）

春、夏，永州府蝗伤禾稼。（清道光《永州府志》卷一七《事纪略》）

会同县，五六月旱，七月蝗，八月疫。（清嘉庆《会同县志》卷八《秩官》）

【陕西】

西安府之鄠县蝗，大饥。（清康熙《鄠县志》卷八《灾异》）

西安府之盩厔县飞蝗遍地，大饥。（清乾隆《重修盩厔县志》卷一三《祥异》）

西安府之乾州蝗虫过境，未伤稼穑。（明崇祯《乾州志》卷上《祥异》）

秋，西安府之永寿县飞蝗入境，稍伤稼。（清乾隆《永寿县新志》卷九《纪异》）

秋七月，西安府之富平县大蝗，害稼。（清乾隆《富平县志》卷八《祥异》）

六月十六日，西安府之蓝田县蝗飞蔽天，邑侯沈公国华祷而捕之，一二日大雨如注，蝗皆死，千亩垄禾不为害，亦异事也。（清顺治《蓝田县志》卷四《灾异》）

秋，西安府之同州大蝗。（明天启《同州志》卷一六《祥祲》）

七月，西安府蒲城县飞蝗蔽天，自东南入境，食禾稼殆尽。（清康熙《蒲城志》卷二《祥异》）

六月，西安府之耀州蝗自关东来，声如风雨，大害秋禾，遗育遍野。冬大雪，遂绝种焉。（清乾隆《续耀州志》卷八《纪事》）

夏六月，西安府之同官县飞蝗蔽天，西去不为灾。（明崇祯《同官县志》卷一〇《灾异》）

八月，西安府之白水县蝗。九月，生蝻，不为灾。（清顺治《白水县志》卷下《灾祥》）

六月，潼关卫飞蝗自东南来，食禾。七月，蝻子生。（清康熙《潼关卫志》卷上《灾祥》）

四月，凤翔府之麟游县蝗虫蔽天而下，乡民帅室家妇子焚香告天，哭声震野。（清顺治《麟游县志》卷一《灾祥》）

延安府榆林卫旱，蝗。（清康熙《延绥镇志》卷五《纪事》）

延安府之清涧县旱，蝗。（清道光《清涧县志》卷一《灾祥》）

延安府旱，蝗。（清嘉庆《重修延安府志》卷六《大事表》）

延安府之中部县大旱，蝗。（清嘉庆《续修中部县志》卷二《祥异》）

1617年（明万历四十五年）：

【北京】

春三月，顺天府之昌平州蝗，旱。（清康熙《昌平州志》卷二六《纪事》）

【河北】

北畿旱，蝗。北畿民食草木，逃就食者相望于道。（《明史·五行志》）

真定府之新乐旱，蝗。（清乾隆《新乐县志》卷二〇《灾祥》）

顺天府廊坊县飞蝗蔽天，旱魃异常。（明天启《东安县志》卷一《机祥》）

春二月，顺天府之东安县旱，蝗。（清光绪《顺天府志》卷六九《祥异》）

真定府定州蝗灾。（清雍正《直隶定州志》卷一〇《祥异》）

保定府之清苑县旱，蝗。（清光绪《保定府志》卷四〇《祥异》）

七月，保定府之蠡县蝗飞蔽日。（清顺治《蠡县志》卷八《祥异》）

望都县，春，蝗生。县令刘天舆令民捕之，其蝗如蝇，捕一斗者与粟一斗，捕蝻二斗者与粟二斗，扑飞蝗三斗者与粟一斗。飞蝗不为灾。（民国《望都县志》卷一一《大事记》）

河间府之南皮县蝗。（清光绪《南皮县乡土志·名宦》）

广平郡之永年县蝗。（清光绪《永年县志》卷一九《祥异》）

广平郡之鸡泽县蝗入民居。（清顺治《鸡泽县志》卷一〇《灾祥》）

邱县大旱，蝗蝻遍地。（清康熙《邱县志》卷八《灾祥》）

【山西】

隰州秋蝗。秋七月，岳阳、蒲州、万泉、绛州、稷山、解州、闻喜、安邑蝗，蔽天翳日。（清康熙《平阳府志》卷三四《祥异》）

蒲州、解州、绛州、隰州、沁州诸州及岳阳、万泉、稷山、闻喜、安邑、阳城、长子诸县飞蝗头、翅尽赤，翳日蔽天。（清雍正《山西通志》卷一六三《祥异》）

泽州阳城县夏大旱，飞蝗蔽天。（清顺治《阳城县志》卷七《祥异》）

七月，潞安府之长子县蝗食西乡一带谷田。（清康熙《长子县志》卷一《灾异》）

沁州之沁源县，七月初七日，飞蝗从东南来，旋有群鸦食蝗，禾稼不至甚损。（清雍正《沁源县志》卷九《灾祥》）

夏五月，平阳府岳阳县旱，飞蝗头、翅尽赤，翳日蔽天。（清雍正《平阳府志》卷三四《祥异》）

蝗虫食谷，岁饥。（民国《新修岳阳县志》卷一四《祥异》）

平阳府安泽县蝗虫食谷，岁饥。（民国《重修安泽县志》卷一四《祥异》）

平阳府吉州亢阳不雨且旱，蝗大作。（清乾隆《吉州志》卷一一《艺文》）

隰州春、夏大旱。秋，平阳府隰州大蝗蝻。（清康熙《隰州志》卷二一《祥异》）

六月，平阳府之解州及其所属县飞蝗蔽天。时久旱，苗出寸余，一食立尽。（清康熙《解州志》卷九《灾祥》）

蝗蟓仍为害。（清乾隆《解州安邑县志》卷一一《祥异》）

平阳府之安邑县蝗蟓仍为患。（明万历《安邑县志》卷八《祥异》）

平阳府之绛州蝗。（清顺治《绛县志》卷上《祥异》）

六月，平阳府闻喜县飞蝗蔽天，时久旱，苗出寸余，食立即。（民国《闻喜县志》卷二四《旧闻》）

春，平阳府之垣曲县蝻生遍野，麦苗尽食。是年无夏，民饥困，饿死甚多。夏大旱，六

月终始雨。(清康熙《垣曲县志》卷一二《灾荒》)

平阳府之稷山县飞蝗蔽天,虫蝻满地,食禾殆尽,视蝗更虐。二年蝗俱东南来,连飞十二昼夜,男妇扞逐者遍田,倏忽啮禾稼为赤地,哀号之声不忍闻。(清康熙《稷山县志》卷一《祥异》)

夏六月,平阳府之平陆县飞蝗蔽日。(清乾隆《解州平陆县志》卷一一《祥异》)

平阳府万泉县蝗蝻为灾,秋无禾。(清康熙《万县志》卷七《祥异》)

【江苏】

既遭旱、蝗,无复有秋之望。(清顺治《六合县志》卷八《灾祥》)

夏,应天府之高淳县大旱,蝗。(清顺治《高淳县志》卷一《邑纪》)

苏州府常熟县蝗,过江多死。(明万历《常熟县私志》卷四《叙灾》)

常州府之江阴县蝗自他境飞集,亘数十里。(清康熙《江阴县志》卷二《灾祥》)

常州府去秋蝗,种复于二月滋生。五月,复自他境飞集府县。武进县坑杀蝗二十五万五千二十六石,是岁不灾。(清康熙《常州府志》卷三《祥异》)

三月,〔蝗蝻〕遗种繁生,知府刘广生先于二月设法捕获。五月二十九日,复自他境飞来,亘数十里,西隔一带践伤禾苗。种子,飞去。自六月朔至二十日,而子尽出矣,时方苦旱,百姓捕救不暇。(明万历《重修常州府志》卷七《蠲赈》)

常州府之宜兴县蝗种繁生,知府刘广生设法搜捕。五月复自他境飞集,捕获万六百六十七石八斗。(清嘉庆《增修宜兴县旧志》卷末《祥异》)

扬州府之高邮州、宝应县、泰州、兴化县飞蝗蔽天,三日不绝,秋无收。(清康熙《扬州府志》卷二二《灾异》)

旱,蝗飞蔽天,入民室,床帐皆满。(清嘉庆《重修扬州府志》卷七〇《事略》)

四月,常州府之靖江县蝗生,知县赵应籏率农捕蝗遗种,共得九十石。五月二十九日,飞蝗从西北来,蔽天,集地厚尺许。有两龙自西南下,震风大作,一时卷蝗俱尽。八月风潮,伤江滨禾稼。(明崇祯《靖江县志》卷一一《灾祥》)

夏,扬州府之如皋县有蝗。七月旱,运河竭。(明万历《如皋县志》卷二《五行》)

淮安府之安东县蝗复生,伤禾。(清雍正《安东县志》卷一五《祥异》)

四月,扬州府之东台县蝗飞蔽天,食禾苗尽,草无遗,入民居室,床帐皆满,积厚五寸许。秋复至,分司李联芳购捕蝗,每蝗石给谷五斗,共得蝗七十五石,蒸解盐运司。(清嘉庆《东台县志》卷七《祥异》)

夏,淮安府、应天府之江浦县蝗。(《江苏省通志稿·灾异志》)

【安徽】

庐州府合肥、无为、庐江、舒城蝗。(清光绪《续修庐州府志》卷九三《祥异》)

合肥县连有蝗灾，弥天蔽日，所过禾稻一空。（清康熙《合肥县志》卷二《祥异》）

夏，旱，池州府之铜陵县蝗，不损稼，秋有收。（清顺治《铜陵县志》卷七《祥异》）

庐州府之无为州蝗。（清康熙《无为州志》卷一《祥异》）

庐江县连有蝗灾，弥天蔽日，所过禾稻一空。（清顺治《庐江县志》卷一〇《灾祥》）

庐州府之舒城县蝗，旱，禾稼尽枯。（清雍正《舒城县志》卷二九《祥异》）

太平府蝗为灾，知府胡尔恺令捕之，每里纳数石，如数受赏，患乃息。（清乾隆《太平府志》卷三二《祥异》）

凤阳府蒙城县蝗。（清乾隆《颍州府志》卷一〇《祥异》）

滁州蝗、旱交作，流殍载道。（清康熙《滁州志》卷三《祥异》）

凤阳府之天长县自二月至八月不雨，蝗复生。（清康熙《天长县志》卷一《祥异附》）

大旱，滁州之全椒县蝗。（清康熙《全椒县志》卷二《灾祥》）

太平府之当涂县蝗复甚，郡县令捕之，里纳数石，如数受赏，患乃息。（清康熙《当涂县志》卷三《祥异》）

广德州建平县大旱，飞蝗蔽天。（清康熙《建平县志》卷三《祥异》）

【山东】

秋，青州府之临淄县蝗灾。（清康熙《临淄县志》卷一《灾祥》）

济南府之阳信县旱、蝗为灾，饥民益众。（清康熙《阳信县志》卷三《灾异》）

夏，济南府之海丰县蝗，民移食东郡。（清康熙《海丰县志》卷四《事纪》）

夏，大旱。六月二十一日，济南府齐东县蝗大至，蔽天数日，禾尽扫。秋七月，蝻复生，十八日始雨。（明万历《齐东县志》卷九《灾祥》）

广饶县蝗灾。（清康熙《淄乘征》卷二六《杂志》）

济南府之新城县蝗，大饥。蝗穿城逾楼阁，所过一空，禾一茎有至百余者。是岁，蝗灾遍山东，饿死甚众。（明崇祯《新城县志》卷一一《灾祥》）

青州府之寿光县秋大蝗。奉文：捕蝗三百石者，得充儒学生员。（清康熙《寿光县志》卷一《总纪》）

青州府之乐安县秋大蝗。（章义和《中国蝗灾史》）

秋，青州府之昌乐县大蝗。（清嘉庆《昌乐县志》卷一《总纪》）

青州府临朐县旱，蝗。（清光绪《临朐县志》卷一〇《大事表》）

秋，青州府之安丘县大蝗。（清康熙《续安丘县志》卷一《总纪》）

秋，青州府之诸城县大蝗。（清乾隆《诸城县志》卷二《总纪》）

莱州府之昌邑县大蝗，奉文行捕：纳蝗蝻三百石，准充附学生员。（清康熙《昌邑县志》卷一《祥异》）

秋，莱州府之潍县大蝗。八月，大雨雹。(民国《潍县志稿》卷二《通纪》)

兖州府之费县大蝗蔽天，禾稼顷刻殆尽。自六月中旬至七月终方止。(清康熙《费县志》卷五《灾异》)

济南府之肥城县旱、蝗相连，人民相食，死者枕藉。(清康熙《肥城县志》下卷《灾异》)

济南府之新泰县蝗蝻遍地，伤禾稼。(明天启《新泰县志》卷八《祥异》)

六月，济南府之莱芜县飞蝗复至，络绎不绝，四野充斥，夏禾食尽。遗种生蝻，攒食晚禾，无存者。历七、八、九月，寸草不苗。(清光绪《莱芜县志》卷二《灾祥》)

东昌府之城武县蝗蔽天。赈荒。(清康熙《城武县志》卷一〇《祲祥》)

兖州府之曹县大旱，蝗蔽天。赈荒。(清光绪《曹县志》卷一八《灾祥》)

【河南】

七月，河南或旱或蝗蝻，又或旱而复蝗。九月，户部复河南巡按题沈丘县等五十州县因旱、蝗为虐，漕粟难输，议将该省正改税粮。(《明神宗实录》卷五六一)

六月，开封府蝗食谷黍殆尽，生蝻甚多。官以谷易之捕者，堆积如山。(清顺治《祥符县志》卷一《灾祥》)

开封府之新郑县蝗蝻复生，知县陈大忠捕打近千石，有瘗蝗处。(清顺治《新郑县志》卷五《祥异》)

夏，六月二十三日，开封府之中牟县蛩蝗蔽天。(明天启《中牟县志》卷二《物异》)

开封府之密县大蝗。(清顺治《密县志》卷七《祥异》)

秋，卫辉府之汲县蝗，食禾殆尽，至啮人衣。(清顺治《卫辉府志》卷一九《灾祥》)

秋，卫辉府之辉县蝗，食禾殆尽，至啮人衣。(清康熙《辉县志》卷八《灾祥》)

南阳府之舞阳县飞蝗蔽日，田禾如扫。(清道光《舞阳县志》卷一一《灾祥》)

六月，汝州之郏县蝗，食稼殆尽。(清顺治《郏县志》卷一《灾祥》)

彰德府之涉县大蝗。(清嘉庆《涉县志》卷七《祥异》)

河南岁饥，蝗为灾。(清乾隆《陈州府志》卷二六《艺文》)

六月十八日，陈州府之淮宁县有飞蝗自东南来，初如烟雾蔽天，至城东汲冢分二股：一股由牟家集入南，顿迤西；一股由任兴集至马庄店，飞坠禾田，死者甚多，余向西北飞去。二十三日，从西北飞回，始及境内，秋禾间伤，凡所经处生子，旬日出蝻蔽野，郡人患之。是年大旱。(清乾隆《陈州府志》卷三〇《杂志》)

开封府之沈丘县蝗食禾。(清顺治《沈丘县志》卷一三《灾祥》)

开封府之太康县蝗蝻为灾。(清乾隆《陈州府志》卷一九《孝悌》)

七月，开封府之项城县飞蝗蔽天，来自东北，其声如雨，落地辄生子，入土数寸，化为

蝻出。初食草，继食黍、谷殆尽，群行如蚁聚蜂屯，蔓延数里，逾城升屋，人家帏、帐、釜、灶、罂无处无之，尤善啮敝人衣。数日，其害始息。（清顺治《项城县志》卷八《灾祥》）

开封府之许州旱，晚禾尽槁。六月，蝗。（清乾隆《许州志》卷一○《祥异》）

旱，晚禾尽枯。六月，开封府之襄城县蝗，至秋螣生。（明万历《襄城县志》卷七《灾祥》）

旱，晚禾尽枯。六月，开封府之临颖县蝗。（民国《重修临颖县志》卷一三《灾祥》）

五月，开封府之陈州蝗食禾。六月，蝗自东南来如烟雾蔽天，至城东分两股：一股由牟家集入南顿；一股由任兴集至马庄店，坠落禾田，死者甚多，余向西北飞去，伤禾。二十二日：从西北飞回及境，秋禾间伤，所经之处生子，旬日出蝻蔽野。（清乾隆《陈州府志》卷三○《祥异》）

开封府之鄢陵县蝗。（清顺治《鄢陵县志》卷九《祥异》）

南阳府之泌阳县旱，蝗遍野。邑侯周公捕之，是秋大丰。（清康熙《泌阳县志》卷一《灾祥》）

汝宁府之息县夏旱，蝗。秋，淫雨伤菽、谷，大饥。（清顺治《息县志》卷一○《灾异》）

汝宁府之罗山县旱，蝗，大饥。（清乾隆《罗山县志》卷八《灾异》）

南阳府之裕州有蝗蔽天，禾稼尽食，遗子遍野，草木濯濯。俱伤田稼如扫。（清康熙《裕州志》卷一《祥异》）

六月，南阳府之新野县蝗飞蔽天，禾草间食。七月，蝗蝻络野，禾空。至天启三年，凡七载，灾始绝。（清康熙《新野县志》卷八《祥异》）

南阳府之淅川县蝗蝻。（清康熙《淅川县志》卷八《灾祥》）

河南府之孟津县复蝗。诏赈饥，免税赋。（清嘉庆《孟津县志》卷四《祥异》）

汝宁府之新蔡县蝗蝻害稼。（清康熙《新蔡县志》卷七《杂述》）

河南府之灵宝县蝗蝻蔽野，伤禾稼殆尽。（清光绪《重修灵宝县志》卷八《机祥》）

河南府之阌乡县蝗蝻蔽野，伤禾稼殆尽。（清顺治《阌乡县志》卷一《灾祥》）

河南府之新安县蝗，自春至秋不止。（清乾隆《新安县志》卷七《机祥》）

河南府之渑池县蝗又食禾。（清乾隆《渑池县志》卷中《灾祥》）

万历四十四、四十五年，河南府之陕州蝗蝻蔽野，伤禾稼殆尽。（清乾隆《重修直隶陕州志》卷一九《灾祥》）

开封府之长葛县蝗复生为灾。（清康熙《长葛县志》卷一《灾祥》）

【湖北】

汉阳府飞蝗害稼。（清乾隆《汉阳府志》卷三《五行》）

汉阳府之汉川县蝗。(清乾隆《汉川县志·祥祲》)

黄州府之黄安县蝗害稼。(清光绪《黄州府志》卷四〇《祥异》)

黄州府之罗田县大旱，飞蝗蔽天。(清康熙《罗田县志》卷一《灾异》)

八月，承天府之荆门州蝗飞蔽天，所过苗食几尽，民大饥。(明万历《荆门州志》卷六《祥异》)

承天府之天门县大旱，蝗虫蔽野。(清康熙《景陵县志》卷二《灾祥》)

自四月到九月，不雨。承天府当阳县飞蝗蔽天，食苗稼殆尽。其年大饥。(清康熙《当阳县志》卷五《祥异》)

襄阳府飞蝗害稼。(清顺治《襄阳府志》卷一九《灾祥》)

襄阳府之谷城县飞蝗害禾。(清顺治《襄阳府志》卷一九《灾祥》)

襄阳府光化县飞蝗害稼。(清光绪《光化县志》卷八《祥异》)

【湖南】

永州府蝗。(清道光《永州府志》卷一七《事纪略》)

【陕西】

西安府之礼泉县蝗从东南来，泔以北禾尽伤，蝻生。次年并无麦。(明崇祯《醴泉县志》卷四《灾祥》)

春，西安府之同官县蝗蝻食禾。(明崇祯《同官县志》卷一〇《灾异》)

西安府之商州蝗。七月雨，至九月止。(清乾隆《直隶商州志》卷一四《灾祥》)

六月，凤翔府眉州有蝗从东来，群飞蔽天，旋复西去，不伤苗。(明万历《眉志》卷六《续事纪》)

1618年（明万历四十六年）：

畿南四府又蝗。(《明史·五行志》)

【河北】

广平郡之永年县蝗。(清光绪《永年县志》卷一九《祥异》)

大名府之滑县蝗蔽天，食谷殆尽。(清乾隆《滑县志》卷一三《祥异》)

大名府之浚县飞蝗蔽天，食谷殆尽。(清康熙《浚县志》卷一《祥异》)

【山西】

夏六月，平阳府之曲沃县飞蝗蔽天。(清康熙《曲沃县志》卷二八《祥异》)

夏，平阳府之平陆县飞蝗蔽日。(清康熙《平陆县志》卷八《杂记》)

六月，蒲州府之永济县蝗。(清光绪《永济县志》卷二三《事纪》)

平阳府之荣河县蝗。(清乾隆《荣河县志》卷一四《祥异》)

平阳府之蒲州蝗。(清雍正《山西通志》卷一六三《祥异》)

平阳府之猗氏县飞蝗蔽天。（清雍正《猗氏县志》卷七）

【江苏】

旱，夏蝗。（清嘉庆《重修扬州府志》卷七〇《事略》）

扬州府之东台县夏旱，蝗生。夏蝗起，食荡草殆尽。（清嘉庆《东台县志》卷七《祥异》）

【安徽】

安庆府桐城县蝗害稼。（清道光《续修桐城县志》卷二三《祥异》）

四十六、七年，颍州府之阜阳县俱蝗。（清顺治《颍州志》卷一《郡纪》）

凤阳府之颍州、亳州蝗。（清乾隆《颍州府志》卷一〇《祥异》）

凤阳府之怀远县蝗。（清雍正《怀远县志》卷八《灾祥》）

【山东】

东昌府之城武县大旱，蝗蔽天。（清康熙《城武县志》卷一〇《祲祥》）

【河南】

汝宁府之息县蝗，至明年不绝。（清顺治《息县志》卷一〇《灾异》）

汝宁府之商城县大荒，民大饥，数年飞蝗蔽天，大伤禾。（清康熙《商城县志》卷八《灾祥》）

卫辉府之汲县飞蝗蔽天。（清乾隆《汲县志》卷一《祥异》）

开封府之郾城县蝗，食谷殆尽。（清康熙《河南通志》卷五《祥异》）

南阳府之裕州蝗。（清康熙《裕州志》卷一《祥异》）

汝宁府之新蔡县蝗蝻害稼。（清康熙《新蔡县志》卷七《杂述》）

卫辉府之新乡县蝗飞蔽天，食稼殆尽。（清乾隆《新乡县志》卷二八《祥异》）

河南府之渑池县旱，蝗，人相食。（民国《渑池县志》卷一九《祥异》）

河南府之卢氏县大蝗。（清康熙《卢氏县志》卷四《灾祥》）

卫辉府飞蝗食谷殆尽。（清乾隆《卫辉府志》卷四《祥异》）

南阳府之新野县蝗。（清康熙《新野县志》卷八《祥异》）

【湖北】

汉阳府之汉阳县蝗复灾，大旱，盐贵。（清乾隆《汉阳府志》卷三《五行》）

汉阳府之汉阳县蝗复为害，大旱。（清同治《续辑汉阳县志》卷四《祥异》）

黄州府之黄冈县大旱，蝗。（清光绪《黄州府志》卷四〇《祥异》）

黄州府之黄安县大旱，蝗复为灾。（清光绪《黄州府志》卷四〇《祥异》）

黄州府之罗田县蝗复为灾，大旱。（清康熙《罗田县志》卷一《灾祥》）

【陕西】

延安府鄜州飞蝗蔽天经过，不为灾。（清康熙《鄜州志》卷七《灾祥》）

1619年（明万历四十七年）：

【河北】

大名府之开州旱，蝗。（清光绪《开州志》卷一《祥异》）

【江苏】

应天府之高淳蝗食苗。（清顺治《高淳县志》卷一《邑纪》）

常州府之江阴县蝗灾，知县宋光兰购捕，每百斤给钱三百文。（清康熙《江阴县志》卷二《灾祥》）

江宁府之句容县蝗，平地高尺余。（清顺治《重修句容县志》卷末《祥异》）

淮安府之安东县旱，蝗，无秋。（清雍正《安东县志》卷一五《祥异》）

【安徽】

颖州府之阜阳县蝗。（清顺治《颖州志》卷一《郡纪》）

凤阳府之颖州、亳州蝗。（清乾隆《颖州府志》卷一〇《祥异》）

凤阳府之怀远县蝗。（清雍正《怀远县志》卷八《灾异》）

【山东】

八月，山东济南、东昌、登州等府蝗。（《明史·五行志》）

八月，济南府之历城县蝗。（清乾隆《历城县志》卷二《总纪》）

八月，登州府蓬莱县蝗。（清光绪《增修登州府志》卷二三《水旱》）

夏，旱。八月，登州府之福山县蝗。（民国《福山县志稿》卷八《灾祥》）

夏，旱。秋八月，登州府莱阳县蝗。（民国《莱阳县志·大事记》）

秋八月，兖州府之曲阜县蝗。（清乾隆《曲阜县志》卷三〇《通编》）

济南府之商河县发生蝗灾。（民国《商河县志》卷三《祥异》）

【河南】

南阳府之宁阳县蝗食稼，蝻遍野，草木涤。（清康熙《南阳县志》卷一《祥异》）

南阳府之淅川县又蝗。（清康熙《淅川县志》卷八《灾祥》）

南阳府之镇平县蝗食禾，饥。（清康熙《镇平县志》卷下《灾祥》）

南阳府之新野县蝗。（清康熙《新野县志》卷八《祥异》）

南阳府之裕州蝗。（清康熙《裕州志》卷一《祥异》）

汝宁府之息县蝗，至明年不绝。（清顺治《息县志》卷一〇《灾异》）

南阳府南召县蝗毁稼，跳蝻遍野。（清乾隆《南召县志》）

【湖北】

夏，承天府荆门州大旱，蝗。（清同治《荆门直隶州志》卷二《星野》）

荆州府远安县蝗蔽天。（清顺治《远安县志》卷四《祥异》）

【湖南】

湖广之永州蝗。（清嘉庆《零陵县志》卷一六《祥异》）

【贵州】

独山州蝗。（清乾隆《独山州志》卷二《祥异》）

【陕西】

绥德州子长县蝗。（清雍正《安定县志·灾祥》）

1620年（明泰昌元年）：

【河北】

夏，旱。保定府之满城县蝗蝻生。（清康熙《满城县志》卷八《灾祥》）

河间府之交河县旱，蝗飞蔽日，害稼，民饥。（清康熙《交河县志》卷七《灾祥》）

大名府之大名县旱，蝗。（清同治《肥乡县志》卷二七《机祥》）

大名府之长垣县旱，蝗。（清康熙《长垣县志》卷二《灾异》）

大名府之开州旱，蝗。冬大雪。（清光绪《开州志》卷一《祥异》）

【山西】

平阳府之夏县蝗蝻大作，岁荒。（清乾隆《夏县志》卷一一《祥异》）

【江苏】

应天府之高淳县蝗蔽天，勿害。是年丰。（清顺治《高淳县志》卷一《邑纪》）

【安徽】

凤阳府太和县蝗。（清乾隆《颍州府志》卷一〇《祥异》）

夏，旱。凤阳府灵璧县蝗。冬饥。（清乾隆《灵璧县志略》卷四《灾异》）

【山东】

八月，山东巡按奏：水、蝗、雹所在灾变频仍。（《明光宗实录》卷七）

【河南】

开封府之通许县蝗自西北来，如河决之状，漫延民舍，他处不有之。（清康熙《通许县志》卷一〇《灾祥》）

开封府之中牟县蝗。（明天启《中牟县志》卷二《物异》）

开封府之太康县飞蝗蔽日。（清康熙《太康县志》卷八《灾祥》）

汝宁府之确山县大旱，秋蝗。（清乾隆《确山县志》卷四《机祥》）

秋，大旱。汝宁府之汝阳县秋蝗。（清顺治《汝阳县志》卷一〇《机祥》）

夏，汝宁府之上蔡县大旱。秋，蝗。（清康熙《上蔡县志》卷一二《编年》）

汝宁府之息县旱，蝗。（清顺治《息县志》卷一〇《灾异》）

汝宁府之光州旱，蝗，民大饥。（清光绪《光州志》卷四八《宦贵》）

秋，平兴县蝗。（《平兴县志》）

开封府之陈州蝗，食禾殆尽，沿墙登屋，无处不入。（清乾隆《陈州府志》卷三〇《祥异》）

南阳府之裕州蝗。（民国《方城县志》卷五《灾异》）

汝宁府之罗山县蝗。（清乾隆《罗山县志》卷八《灾异》）

南阳府之新野县蝗。（清康熙《新野县志》卷八《祥异》）

【海南】

秋，琼州府定安县飞蝗满地，禾稼一空，陌上草根俱被食尽，各图皆然。（清康熙《定安县志》卷三《灾异》）

1621年（明天启元年）：

八月，秦旱，齐蝗。（《明熹宗实录》卷一三）

【北京】

七月，顺天府等处旱，蝗。（清光绪《顺天府志》卷六九《祥异》）

【江苏】

淮安府之沭阳县飞蝗蔽天，淮水大涨，沭河四决，民舍漂流。（清康熙《沭阳县志》卷一《灾异》）

【安徽】

四月，凤阳府六安县蝗。（清乾隆《六安州志》卷二四《祥异》）

凤阳府泗州蝗灾。（清康熙《虹县志》卷上《祥异》）

【山东】

济南府之淄川县旱，蝗。（清乾隆《淄川县志》卷三《灾祥》）

七月，济南府之济阳县蝗。（民国《济阳县志》卷二〇《祥异》）

东昌府武城县旱，蝗。（清乾隆《武城县志》卷二〇《祥异》）

七月，济南府之惠民县飞蝗北来，晚禾伤损。（明崇祯《武定州志》卷一一《灾祥》）

七月，济南府之阳信县蝗。（民国《阳信县志》卷二《祥异》）

七月，登州府蝗。（清乾隆《续登州府志》卷一《灾祥》）

沾化县，七月旱，蝗。（民国《沾化县志》卷七《大事记》）

济南府邹平县旱，蝗。（清顺治《邹平县志》卷八《灾祥》）

登州府之栖霞县蝗。（清康熙《栖霞县志》卷七《祥异》）

登州府之宁海州蝗。（清同治《重修宁海州志》卷一《祥异》）

东昌府冠县旱，蝗。（清乾隆《东昌府志》卷三《总纪》）

【河南】

夏、秋，南阳府之泌阳县大蝗。（清康熙《泌阳县志》卷一《灾祥》）

是年，南阳府之裕州蝗。（清康熙《裕州志》卷一《祥异》）

夏、秋，南阳府之新野县蝗。（清康熙《新野县志》卷八《祥异》）

秋，大旱。汝宁府之汝阳县秋蝗。（清顺治《汝阳县志》卷一〇《机祥》）

汝宁府之罗山县蝗。（清乾隆《罗山县志》卷八《灾异》）

汝宁府之新蔡县飞蝗蔽天，落地，秋禾食尽。（清康熙《新蔡县志》卷七《杂述》）

夏、秋，汝宁府之商城县蝗又起，禾苗尽伤。（清康熙《商城县志》卷八《灾祥》）

【海南】

秋，涝，琼州府儋州蝗，食禾殆尽。（清康熙《儋州志》卷二《祥异》）

1622年（明天启二年）：

【河北】

大名府之浚县飞蝗蔽日。（清康熙《浚县志》卷一《祥异》）

【安徽】

八月，合肥县蝗。（清嘉庆《庐州府志》卷四九《祥异》）

八月，庐州府之无为州蝗。（清光绪《续修庐州府志》卷九三《祥异》）

七月，凤阳府六安县蝗。（清乾隆《六安州志》卷二四《祥异》）

【山东】

登州府之栖霞县蝗。夏，雨雹。（清康熙《栖霞县志》卷七《祥异》）

登州府之文登县蝗。（清雍正《文登县志》卷一《灾祥》）

登州府之荣成县蝗。（清道光《荣成县志》卷一《灾祥》）

秋七月，蝗。（清乾隆《续登州府志》卷一《灾祥》）

秋七月，济南府之泰安县蝗。（清乾隆《泰安县志》卷一四《祥异》）

济南府之新泰县蝗。（清雍正《山东通志》卷三三）

兖州府之单县蝗，食禾苗，岁饥。（清顺治《单县志》卷四《祥异》）

【河南】

汝宁府旱，蝗。（清康熙《汝宁府志》卷一六《灾祥》）

汝宁府之上蔡县旱，蝗。（清康熙《上蔡县志》卷一二《编年》）

是年，南阳府之裕州蝗。（清康熙《裕州志》卷一《祥异》）

南阳府之唐县大蝗。（清康熙《唐县志》卷一《灾祥》）

南阳府之淅川县又蝗，牲畜误食，尽为所毙。（清康熙《淅川县志》卷八《灾祥》）

汝宁府之新蔡县蝗，伤禾稼。（清乾隆《新蔡县志》卷九《大事记》）

南阳府之新野县蝗。（清康熙《新野县志》卷八《祥异》）

南阳府之内乡县蝗。（清康熙《内乡县志》卷一一《灾祥》）

汝宁府之固始县蝗。（清乾隆《固始县续志》卷一一）

汝宁府之罗山县蝗。（清乾隆《罗山县志》卷八《灾异》）

汝宁府之息县旱，蝗。（清顺治《息县志》卷一〇《灾异》）

三月，开封府之杞县蝗。（清乾隆《杞县志》卷二《灾祥》）

汝宁府之商城县旱，蝗，伤禾稼。（清康熙《商城县志》卷八《灾祥》）

【陕西】

西安府之洛南县蝗。（清康熙《洛南县志》卷七《灾祥》）

1623年（明天启三年）：

【河北】

顺天府之固安县蝗。（明崇祯《固安县志》卷八《灾异》）

【江苏】

六月，凤阳府六合县蝗蝻丛生，麦牟禾稼俱被食伤。（清顺治《六合县志》卷八《灾祥》）

【山东】

秋七月，青州府之昌乐县大蝗。（清嘉庆《昌乐县志》卷一《总纪》）

秋七月，青州府之安丘县大蝗。（清康熙《续安丘县志》卷一《总纪》）

秋七月，莱州府之潍县大蝗。（民国《潍县志稿》卷二《通纪》）

【河南】

南阳府之内乡县蝗，害稼。（清康熙《内乡县志》卷一一《灾祥》）

南阳府之新野县蝗，害稼。（清康熙《新野县志》卷八《祥异》）

汝宁府之汝阳县蝗。（清顺治《汝阳县志》卷一〇《机祥》）

【四川】

成都府金堂县蝗害稼。（民国《重修四川通志·金堂采访录》卷一一《五行》）

【陕西】

西安府之洛南县蝗食禾。（清康熙《洛南县志》卷七《灾祥》）

西安府之商州蝗。（清雍正《陕西通志》卷四七《祥异》）

1624年（明天启四年）：

【河北】

夏，河间府之景州飞蝗蔽天。（民国《景县志》卷一四《祥异》）

【江苏】

淮安府，至六年夏，郡境内蝗蝻匝地，堆积尺余，禾稼损尽。入秋，蝗始销灭。（明天启《淮安府志》卷二三《祥异》）

淮安府之盐城县大旱，蝗。（清光绪《盐城县志》卷一七《祥异》）

淮安府之赣榆县蝗。（清光绪《赣榆县志》卷一七《祥异》）

【安徽】

五月，凤阳府之颍上县飞蝗蔽天。（清乾隆《颍州府志》卷一〇《祥异》）

凤阳府之天长县大旱，蝗蝻蔽天。（清康熙《天长县志》卷一《祥异附》）

1625年（明天启五年）：

【北京】

良乡县蝗。（清康熙《良乡县志》卷六《灾异》）

【天津】

天津等处旱蝗。（《明熹宗实录》卷六四）

河间府之静海蝗飞蔽天，蝻积地盈尺。（清康熙《静海县志》卷四《灾异》）

【河北】

工科给事中王梦尹奏：定兴等处飞蝗蔽天。（《明熹宗实录》卷六三）

河间府之沧州蝗。（章义和《中国蝗灾史》）

夏，河间府之东光县飞蝗蔽天。（清康熙《东光县志》卷一《机祥》）

河间府之南皮县蝗。（清康熙《南皮县志》卷二《灾异》）

河间府之景州夏旱，飞蝗蔽天。（民国《景县志》卷一四《史事》）

顺天府之固安县蝗。（清光绪《顺天府志》卷六九《祥异》）

大名府之东明县，秋禾方起，飞蝗忽至，大啮禾稼。（清康熙《东明县志》卷七《灾祥》）

【江苏】

五年、六年，淮安府之高邮蝗。（清雍正《高邮州志》卷五《祥异》）

淮安府之盐城县旱，蝗。（清光绪《盐城县志》卷一七《祥异》）

徐州之丰县蝗。（清顺治《新修丰县志》卷九《灾祥》）

【浙江】

六月，湖州府之乌程县蝗灾。（清光绪《乌程县志》卷二七《祥异》）

【安徽】

凤阳府之五河县蝗飞蔽天。（清康熙《五河县志》卷一《祥异》）

凤阳府之天长县又旱，蝗生更甚，草亦不生。（清康熙《天长县志》卷一《祥异附》）

【山东】

六月，济南府飞蝗蔽天，凡有落处，秋禾一时荡尽；兖州大蝗，禾尽无存。（清计六奇《明季北略》卷二）

六月，济南飞蝗蔽天，田禾俱尽。（《明史·五行志》）

六月，济南府之历城县飞蝗蔽天，田禾俱尽。（清道光《济南府志》卷二〇《灾祥》）

六月，济南府之禹城县飞蝗蔽天。（清嘉庆《禹城县志》卷一一《灾祥》）

六月，济南府之平原县蝗。（清乾隆《平原县志》卷九《灾祥》）

夏，莱州府之胶州蝗。（清道光《胶州志》卷三五《祥异》）

济南府之新泰县蝗。（清顺治《新泰县志》卷一《祥异》）

兖州府之泗水县蝗蝻害稼。（清顺治《泗水县志》卷一一《灾祥》）

济南府之新城县蝗。（章义和《中国蝗灾史》）

【河南】

河南府之新安县蝗。（清乾隆《新安县志》卷七《机祥》）

1626年（明天启六年）：

五月，顺天巡抚奏：北直隶、河南、山东等处苦蝗。（《明熹宗实录》卷七一）

十二月，巡按直隶御史何早奏：今岁至秋旱，蝗肆虐，饥馑相望。（《明熹宗实录》卷七九）

【河北】

广平府属县旱，蝗。（清光绪《广平府志》卷三三《灾祥》）

春，真定府赈饥。飞蝗蔽天，损稼。（清顺治《真定县志》卷四《祥异》）

五月，真定府新乐县蝗。（清光绪《重修新乐县志》卷四《灾祥》）

秋七月，永平府之迁安县飞蝗蔽野，大伤禾稼。（清康熙《迁安县志》卷七《灾异》）

顺天府之大城县蝗。夏潦，大水。（清康熙《大城县志》卷八《灾异》）

顺天府之文安县蝗灾，雨潦。（明崇祯《文安县志》卷一一《灾祥》）

七月、八月，保定府之清苑县飞蝗蔽天。（清光绪《保定府志稿》卷三《灾祥》）

大收来牟。保定府之蠡县秋蝗。（清顺治《蠡县志》卷八《祥异》）

夏五月，真定府阜平县旱，蝗。（清乾隆《阜平县志》卷四《灾祥》）

秋七月，保定府雄县飞蝗蔽天。（清康熙《雄乘》卷中《祥异》）

河间府之景州蝗。（清康熙《景州志》卷四《灾变》）

广平郡之永年县蝗蝻蔽天伏地，禾稼尽伤。（明崇祯《永年县志》卷二《灾异》）

夏六月，广平郡之永年县蝗，伤禾。（清光绪《永年县志》卷一九《祥异》）

五月，广平郡之成安县蝗。（清康熙《成安县志》卷四《灾异》）

六月，广平郡之鸡泽县大蝗。（清顺治《鸡泽县志》卷一〇《灾祥》）

【江苏】

九月，淮安、扬州、庐州、凤阳各府属春、夏旱，蝗为灾。（《明熹宗实录》卷七六）

六月初三日，镇江府蝗渡江南。秋，大旱。岁大祲，人食树皮。（清乾隆《镇江府志》卷四三《祥异》）

六月初三日，镇江府之丹阳县蝗渡江南。（清乾隆《丹阳县志》卷六《祥异》）

夏闰六月三日，金坛县飞蝗渡江而南。初六日，入金坛，南飞蔽天，不绝者八日。（清光绪《金坛县志》卷一五《祥异》）

扬州府之宝应县旱，蝗。（清康熙《宝应县志》卷三《灾祥》）

七月初二日，扬州府之泰州大风拔木。秋旱，蝗。（明崇祯《泰州志》卷七《灾祥》）

夏，淮安府郡境内蝗蝻匝地，堆积尺余，禾稼损尽，而山、海、盐、沭、安、赣之墟更甚，人不聊生。入秋蝗始消灭。（明天启《淮安府志》卷二三《祥异》）

旱，蝗，禾稼损尽。（清光绪《淮安府志》卷三九《杂记》）

四月，淮安府之安东县蝗蝻盈尺，草木禾苗俱尽。（清康熙《安东县志》卷二《灾祥》）

夏，淮安府宿迁县蝗蝻匝地，堆积尺余，禾稼尽损，邻封海、赣、安、沭犹甚。（清康熙《宿迁县志》卷一二《祥异》）

七月，扬州府之东台县蝗，旱。（清嘉庆《东台县志》卷七《祥异》）

夏，徐州之沛县蝗。是岁春至夏多雨，蝗起遍野，损田和十之七八。（清乾隆《沛县志》卷一《水旱》）

淮安府海州蝗。（清嘉庆《海州直隶州志》卷三一《祥异》）

【浙江】

湖州府蝗灾。八月十六日辰时，风从西北方起，随蝗蝻顺风飞集，填空蔽野，至酉时才止。次日复然，不论田禾地菜霎时食尽。（清同治《湖州府志》卷四四《祥异》）

【安徽】

合肥县大旱，有蝗。（清康熙十三年《庐州府志》卷九《祥异》）

庐州府庐江县大旱，有蝗。（清顺治《庐江县志》卷一〇《灾祥》）

凤阳府蒙城县旱，蝗。（清乾隆《颍州府志》卷一〇《祥异》）

凤阳府灵璧县旱，蝗。（清康熙《灵璧县志》卷一《祥异》）

凤阴县旱，蝗。（清乾隆《凤阳县志》卷一五《纪事》）

【山东】

七月，山东巡抚奏：东省旱，蝗。（《明熹宗实录》卷七四）

夏，济南府之历城县蝗。（清乾隆《历城县志》卷二《总纪》）

青州府之临淄县蝻生。（清康熙《临淄县志》卷一《灾祥》）

闰月，济南府之商河县旱，蝗。（清道光《商河县志》卷三《祥异》）

青州府之乐安县秋大水，蝻至。（清康熙《乐安县续志》卷上《纪年》）

夏，青州府之诸城县蝗。（清乾隆《诸城县志》卷二《总纪》）

夏六月，莱州府胶州旱，蝗。（民国《增修胶志》卷五三《祥异》）

兖州府之曲阜县旱，蝗。（清乾隆《曲阜县志》卷三〇《通编》）

夏旱，东昌府之城武县蝗大起，习习中天翳日，所过禾苗一空。（清康熙《城武县志》卷一〇《祲祥》）

夏，兖州府之曹县蝗大起，习习中天翳日，苗禾一空。（清光绪《曹县志》卷一八《灾祥》）

【河南】

十月，开封府旱，蝗。（《明史·五行志》）

十月，开封府之项城县旱，蝗。（民国《项城县志》卷三一《杂事》）

汝宁府之新蔡县飞蝗蔽天，食禾殆尽。（清康熙《新蔡县志》卷七《杂述》）

开封府之沈丘县旱，蝗。（清乾隆《沈丘县志》卷一一《祥异》）

1627年（明天启七年）：

【河北】

真定府之赞皇县蝗。（清康熙《赞皇县志》卷九《祥异》）

秋八月，保定府之定兴蝗蝻遍野，蝗飞蔽天。（清康熙《定兴县志》卷一《机祥》）

保定府之容城飞蝗蔽天，春麦秋禾殆尽。（清康熙《容城县志》卷八《灾变》）

秋八月，保定府之新城县蝗。（民国《新城县志》卷二二《灾祸》）

保定府之雄县麦熟，蝗蝻遍野，食黍谷，掘壕堑捕之，后翼成飞去。（清康熙《雄乘》卷中《祥异》）

广平府之永年县蝗蝻伤禾。（清康熙《永年县志》卷一八《灾祥》）

广平府之鸡泽县麦熟，蝗啮穗。（清顺治《鸡泽县志》卷一〇《灾祥》）

顺德府之平乡县蝗食麦穗。（清乾隆《顺德府志》卷一六《祥异》）

【江苏】

自天启四年至七年，常州府之无锡县二年大水，一年赤旱，一年蝗蝻。（清道光《锡金考乘》卷二《祥异》）

三月，常州府之江阴县青虫食麦苗，蝗生。知府曾樱檄县购捕蝗十二担，给赏仓谷六石六斗。秋八月，虫伤禾稼。（清康熙《江阴县志》卷二《灾祥》）

是岁，淮安府之沭阳县、桃源县、邳州、睢宁蝗蝻遍野，深一尺许，行人没足，食禾苗

殆尽。(明崇祯《淮安府实录备草》卷一八《祥异》)

徐州之丰县蝗。(清顺治《新修丰县志》卷九《灾祥》)

【安徽】

是年，凤阳等地水、旱、蝗蝻三灾迭至，禾稼尽伤。(《明熹宗实录》卷八〇)

凤阳县水，蝗。(清乾隆《凤阳县志》卷一五《纪事》)

【山东】

兖州府之滕县蝗。(清康熙《滕县志》卷三《灾异》)

济南府之新城县蝗。(清雍正《山东通志》卷三三《灾祥》)

【河南】

三月，开封府之仪封县蝗。(清顺治《仪封县志》卷七《祝祥》)

春三月，开封府之杞县蝗害稼。(清郑廉《豫变纪略》卷二)

归德府之夏邑县蝗，大旱。(清康熙《夏邑县志》卷一〇《灾异》)

三月，开封府之兰阳县蝗。(清康熙《兰阳县志》卷一〇《灾祥》)

三月，开封府之考城县蝗。(民国《考城县志》卷三《大事记》)

归德府之虞城县旱，大蝗。(清顺治《虞城县志》卷八《灾祥》)

归德府之永城县蝗，大旱。(清康熙《永城县志》卷八《灾异》)

归德府之商丘县蝗。(清康熙《商丘县志》卷三《灾祥》)

南阳府之新野县蝗食稼。(清康熙《新野县志》卷八《祥异》)

秋八月，开封府之郾城县飞蝗蔽天。幸有秋。(清顺治《郾城县志》卷八《祥异》)

秋八月，开封府之临颍县飞蝗蔽天。(清乾隆《临颍县续志》卷七《灾祥》)

【贵州】

镇远府之黄平州蝗。冬，霜不杀草。(清嘉庆《黄平州志》卷一二《祥异》)

1628年（明崇祯元年）：

【河北】

顺德府之广宗县大旱，蝗。(民国《广宗县志》卷一《大事记》)

【江苏】

徐州夏蝗，截麦穗满地。(清顺治《徐州志》卷八《灾祥》)

徐州之丰县蝗。(清顺治《新修丰县志》卷九《灾祥》)

夏，徐州之萧县蝗，截麦穗满地。(清顺治《萧县志》卷五《灾祥》)

【浙江】

春三月，陨霜杀麦。夏，处州府遂昌县蝗。(清康熙《遂昌县志》卷一〇《祥异》)

【四川】

五月，成都府金堂县蝗蝻害稼。（民国《重修四川通志·金堂采访录》卷一一《五行》）

1629年（明崇祯二年）：

【河北】

夏五月，正定府之栾城县蝗灾。（清康熙《栾城县志》卷二《事纪》）

【河南】

南阳府之内乡县旱，蝗。（清康熙《内乡县志》卷一一《灾祥》）

【陕西】

西安府之同官县飞蝗从东南来，天日为黯，触人面目，挥之不去，禾苗立尽。岁大饥，斗米五钱。（清乾隆《同官县志》卷一〇《祥异》）

【甘肃】

秋，全省蝗，大饥。（清乾隆《甘肃通志》卷二四《祥异》）

1630年（明崇祯三年）：

【河北】

顺天府之遵化县蝗蝻遍野。秋、冬大饥，人相食，冻饿死者枕藉道路。（清乾隆《直隶遵化州志》卷二《灾异》）

【山西】

泽州之沁水县蝗蠡为灾，疫。（清康熙《沁水县志》卷一〇《艺文》）

【山东】

青州府之益都县夏蝗害稼。（清康熙《益都县志》卷一〇《祥异》）

青州府之寿光县蝗害稼。（清康熙《寿光县志》卷一《总纪》）

青州府之昌乐蝗害稼。（清嘉庆《昌乐县志》卷一《总纪》）

莱州府之昌邑县蝗蝻入城，势如水涌。（清康熙《昌邑县志》卷一《祥异》）

【宁夏】

自四月至秋八月，平凉府之隆德县飞蝗蔽天。大饥，父子相食。（民国《重修隆德县志》卷四《祥异》）

1631年（明崇祯四年）：

【山西】

是年，太原府之静乐、岢岚州、祁县、太谷、定襄、五台、临县、河曲，汾州之介休，泽州之陵川，大同府之朔州、大同，沁州之武乡、辽州，平阳府之灵石、汾西、吉州、临汾、临晋、太平、猗氏、隰州蝗，赈济有差。太原府之交城、徐沟，潞安府之潞城蝗。（清光绪《山西通志》卷八六《大事纪》）

夏六月，辽州之榆社县大蝗。（清康熙《榆社县志》卷一〇《祥异》）

泽州之沁水县蝗蝝为灾，疫。（清康熙《沁水县志》卷一〇《艺文》）

平阳府河津县旱、蝗相继，米、麦每斗价至八钱，乳豕价逾一两，鸡鹅之类价俱二三钱不等。（清康熙《河津县志》卷八《祥异》）

潞安府之长子县飞蝗蔽日，集树结枝。（清光绪《长子县志》卷一二《灾异》）

【江苏】

四月，扬州府之泰州赤地千里，蝗蝻孳生。（清雍正《泰州志》卷一〇《奏疏》）

淮安府之安东县夏蝗，岁荒民散。（清雍正《安东县志》卷一八《人物》）

六月，徐州有蝗。（清顺治《徐州志》卷八《灾祥》）

【湖北】

黄州府之黄安县蝗，大灾，人相食。（清道光《黄安县志》卷八《行善》）

【贵州】

镇远府之黄平州、兴隆卫蝗。（清嘉庆《黄平州志》卷一二《祥异》）

【陕西】

西安府之同官县蝗，斗米七钱，民饿死者无算。（清乾隆《同官县志》卷一《祥异》）

1632年（明崇祯五年）：

【河北】

河间府之交河县蝗飞掩日，横占十余里，树叶、禾稼俱尽。（清康熙《交河县志》卷七《灾祥》）

【山西】

太原府之盂县、平阳府之永和、平阳府之蒲县、大同府之大同县、大同府之朔州、太原府之交城蝗。（清光绪《山西通志》卷八六《大事纪》）

【辽宁】

十月，辽东巡抚方一藻奏：宁远迤西蝗蝻遍野，乞敕复议：将关外当年田税豁免。（清汪楫《崇祯长编》卷六四）

【江苏】

秋，徐州蝗食禾稼，木叶殆尽，至啮人衣物。（清顺治《徐州志》卷八《灾祥》）

徐州府之铜山县秋有蝗，群飞越城渡河，禾稼、木叶尽，或入人室毁衣物。（清乾隆《铜山县志》卷一二《祥异》）

秋，大水，徐州府之砀山县有蝗，人饥。（清乾隆《砀山县志》卷一《祥异》）

1633年（明崇祯六年）：

【江苏】

六年、七年，徐州蝗群飞，远望如山，禾稼、树木俱尽，入人室，嚼其衣服。（清顺治《徐州志》卷八《灾祥》）

【河南】

陈州府之淮宁县蝗蝻遍野。（清康熙《续修陈州志》卷四《灾异》）

归德府之鹿邑县蝗蝻遍野。（清康熙《鹿邑县志》卷八《灾祥》）

开封府之陈州蝗蝻遍野。（清乾隆《陈州府志》卷三〇《祥异》）

开封府之郾城县蝗。（清顺治《郾城县志》卷八《祥异》）

开封府之临颍县蝗。（清乾隆《临颍县续志》卷七《灾祥》）

【陕西】

延安府之安塞县境内有蝗。（清嘉庆《重修延安府志》卷六《大事表》）

延安府之延川县境内有蝗。（清顺治《延川县志》卷一《灾祲》）

1634年（明崇祯七年）：

秋七月，山东、河南蝗，民大饥。（《明史·庄烈帝纪》）

六月，飞蝗蔽天。（《明实录·崇祯》）

【河北】

河间府之东光县旱，蝗。（清康熙《东光县志》卷一《机祥》）

【辽宁】

六月，大宁、开平、广宁、辽阳、懿州水，旱，蝗，大饥。（清乾隆《热河志》卷一〇二《故事》）

【江苏】

徐州蝗群飞，望如远山行地者，越城渡河，禾稼、木叶俱尽。或入人室中，啮毁衣物。（清康熙《徐州志》卷二《祥异》）

徐州之丰县蝗。（清顺治《新修丰县志》卷九《灾祥》）

六七月，徐州之萧县飞蝗蔽天，如烟如云，禾稼、树叶皆食尽。（清顺治《萧县志》卷五《灾祥》）

【安徽】

凤阳府蒙城县大蝗。（清乾隆《颍州府志》卷一〇《祥异》）

【山东】

夏，山东青州府之安丘县、诸城县及兖州府之成武县大蝗。（清雍正《山东通志》卷三三《灾祥》）

入秋，济南府历乘县飞蝗忽生，各邑皆受其灾，历乘县独无之。（明崇祯《历乘》卷一

三《灾祥》)

夏，青州府之益都县蝗蝻害稼。(清康熙《益都县志》卷一〇《祥异》)

青州府之寿光县大蝗，蝻生，食禾菽俱尽。(清康熙《寿光县志》卷一《总纪》)

青州府之昌乐县夏大旱，蝗蝻生。(清嘉庆《昌乐县志》卷一《总纪》)

莱州府之潍县夏大旱，蝗蝻生。(民国《潍县志稿》卷二《通纪》)

沂州府之蓝山县蝗。(清乾隆《沂州志》卷一五《纪事》)

【河南】

河南府之孟津县蝗，人外逃过半。(清康熙《孟津县志》卷四)

夏五月，开封府之杞县蝗。(清乾隆《杞县志》卷二《灾祥》)

六月，开封府之尉氏县蝗从东南来，落地盈尺。(清道光《尉氏县志》卷一《祥异》)

开封府之陈州蝗。(清乾隆《陈州府志》卷三〇《祥异》)

开封府之密县飞蝗蔽天。(清顺治《密县志》卷七《祥异》)

秋七月，归德府之鹿邑县蝗。(清康熙《鹿邑县志》卷八《灾祥》)

陈州府之淮宁县蝗。(清康熙《续修陈州志》卷四《灾异》)

八月，开封府之临颍县蝗。(清乾隆《临颍县续志》卷七《灾祥》)

夏，南阳府之邓州旱，蝗。(清顺治《邓州志》卷二《郡记》)

南阳府之内乡县蝗蝽生。(清康熙《内乡县志》卷一一《灾祥》)

【湖北】

武昌府之通城县蝗虫。(清康熙《通城县志》卷九《灾异》)

德安府随州蝗。(清同治《随州志》卷一七《祥异》)

【广东】

八月，化州府吴川县蝗。(清光绪《吴川县志》卷一〇《事略》)

【陕西】

秋，陕西省全省蝗，大饥。(清光绪《甘肃新通志》卷二《祥异》)

秋，西安府之咸阳县蝗蝻为灾，大饥。(清康熙《咸阳志》卷四《祥异》)

秋，西安府之同官县蝗，大饥。(清乾隆《同官县志》卷一《祥异》)

延安府之保安县飞蝗蔽天，不见天日。(清顺治《保安县志·灾祥》)

秋，延安府之洛川县蝗，大饥。(清嘉庆《洛川县志》卷一《祥异》)

延安府之中部县秋蝗，大饥。(清嘉庆《续修中部县志》卷二《祥异》)

秋，汉中府之南郑县蝗，大饥。(民国《续修南郑县志》卷七《拾遗》)

秋，汉中府之城固县蝗，大饥。(清康熙《城固县志》卷二《灾异》)

兴安府之安康县秋蝗，大饥。(清康熙《汉南郡志》卷二《灾祥》)

秋，西安府之宁陕厅蝗，大饥。（清道光《宁陕厅志》卷一《星野》）

【甘肃】

秋，甘肃省全省蝗，大饥。（清乾隆《甘肃通志》卷二四《祥异》）

秋，巩昌府阶州蝗，大饥。（清光绪《阶州直隶州续志》卷一九《祥异》）

秋，康县蝗，大饥。（民国《新纂康县志》卷一八《祥异》）

1635年（明崇祯八年）：

【北京】

七月，平谷蝗。（《明实录》卷八附录《崇祯》）

【河北】

七月，遵化蝗。（《明实录》卷八附录《崇祯》）

大名府之浚县飞蝗蔽日，食禾稼俱尽。（清康熙《浚县志》卷一《祥异》）

大名府之滑县大蝗。（清乾隆《滑县志》卷一三《祥异》）

【山西】

七月，辽州蝗。（清雍正《辽州志》卷三《灾祥》）

五月，平阳府之垣曲县飞蝗遍野，禾苗尽食。继蝻生，复食，野无青草。（清康熙《平阳府志》卷三四《祥异》）

是岁，绛州之稷山县蝗，弥漫田野，秋禾一空如扫。（清康熙《平阳府志》卷三四《祥异》）

八年、九年，平阳府之荣河县蝗蝻食禾尤甚。（清乾隆《荣河县志》卷一四《祥异》）

【江苏】

七月，扬州府之泰州飞蝗蔽天。（明崇祯《泰州志》卷七《灾祥》）

六月，淮安府之安东县蝗蝻蠕跳，草木尽食。（清雍正《安东县志》卷一五《祥异》）

七月，扬州府之东台县蝗。（清嘉庆《东台县志》卷七《祥异》）

徐州府，六、七月大雨，有蝗。（清顺治《徐州志》卷八《灾祥》）

六七月，徐州之萧县有蝗，萧县为甚。（清嘉庆《萧县志》卷一八《祥异》）

六七月，徐州府之砀山县有蝗。（清乾隆《砀山县志》卷一《祥异》）

夏、秋，常州府之江阴县蝗蝻，有黑头红身者，有红头黑身者，飞蔽天日，落遍郊原，食稻粒、禾叶殆尽。（清康熙《江阴县志》卷三《灾异》）

【安徽】

夏五月，凤阳府太和县飞蝗复至。（民国《太和县志》卷一二《灾祥》）

六月，广德州建平县飞蝗蔽天。（清乾隆《广德州志》卷二八《祥异》）

【山东】

兖州府之泗水县蝗蝻害稼。（清康熙《泗水县志》卷一一《灾祥》）

兖州府之费县蝗。（清光绪《费县志》卷一六《祥异》）

济南府之肥城县飞蝗蔽天，害稼。（清嘉庆《肥城县新志》卷一六《祥异》）

八月，济南府之平阴县飞蝗蔽天，害稼。（清嘉庆《平阴县志》卷四《灾祥》）

【河南】

七月，河南蝗。（《明史·五行志》）

秋，彰德府大蝗，损禾。复蝻生，食禾叶一空。（清康熙《彰德府志》卷一六《艺文》）

八年至十三年，每至夏亢旱，开封府之郑州，飞蝗蔽日，禾枯粮绝，民穷盗起。（清郑廉《豫变纪略》卷二）

开封府之洧川县飞蝗蔽空，谷菽俱尽。（清康熙《洧川县志》卷七《祥异》）

八年至十二年，开封府之尉氏县飞蝗蔽空，每年谷、豆俱为所食。（清道光《尉氏县志》卷一《祥异》）

卫辉府大蝗。（清乾隆《卫辉府志》卷四《祥异》）

开封府之通许县蝗灾。（清康熙《通许县志》卷一〇《灾祥》）

秋，开封府之密县蝗，复蔽天布野。（清顺治九年《密县志》卷七《祥异》）

卫辉府之汲县大蝗。（清顺治《卫辉府志》卷一九《灾祥》）

怀庆府之济源县蝗。（清乾隆《济源县志》卷一《祥异》）

卫辉府之辉县大蝗。（清康熙《辉县志》卷一八《灾祥》）

秋，彰德府之汤阴县蝗损禾，沿城而上，城垣为黑，城中园圃竹树啮叶几尽。（清顺治《汤阴县志》卷九《杂志》）

开封府之荥阳县旱，蝗。（民国《荥阳县志》卷一二《大事记》）

八年至十三年，陈州府之淮宁县不食于蝗，则苦于旱，连岁灾祲。（清康熙《续修陈州志》卷四《灾异》）

开封府之陈州旱，蝗。（清乾隆《陈州府志》卷三〇《祥异》）

开封府之郾城县旱，蝗。（清顺治《郾城县志》卷八《祥异》）

开封府之禹州旱，蝗。（民国《禹县志》卷二《大事记》）

汝宁府之真阳县蝗，大饥。（清康熙《真阳县志》卷八《灾祥》）

南阳府之舞阳县旱，蝗。（清道光《舞阳县志》卷一一《灾祥》）

夏，南阳府之邓州蝗，旱，民大饥。（清顺治《邓州志》卷二《郡记》）

河南府之阌乡县飞蝗蔽天。（清顺治《阌乡县志》卷一《灾祥》）

河南府之灵宝县飞蝗蔽天。（清光绪《重修灵宝县志》卷八《机祥》）

河南府之陕州飞蝗蔽天。（清乾隆《重修直隶陕州志》卷一九《灾祥》）

大旱，河南府之新安县飞蝗蔽日，塞集釜瓮，室无隙地。（民国《新安县志》卷一五《祥异》）

八年至十三年，开封府之长葛县连岁飞蝗为害，白骨遍野。（清康熙《长葛县志》卷一《灾祥》）

【湖北】

武昌府之通城县蝗。（清同治《通城县志》卷二二《祥异》）

【陕西】

西安府华阴县蝗遗卵入地，次年生蝻，延至十年，余蘖伤稼。按《潼关卫志》：九年蝗，十年蝗，十一年蝗食苗，十二年夏蝗食麦。（清乾隆《华阴县志》卷二一《纪事》）

八、九、十年间，凤翔府之眉县有蝗自东来，漫天如雾，遍地如织，秋谷尽食无余。育卵于地，一窝百子，过岁春夏出土，名蝻，长大生翅，仍为蝗。三年不绝，后无谷种，乃渐消绝。（清康熙《眉志》卷六《续事纪》）

西安府之华州、白水县、蒲城县、韩城县、澄城县，同州府之大荔县、合阳县、潼关厅蝗。（章义和《中国蝗灾史》）

【甘肃】

巩昌府之会宁县飞蝗蔽野。（清道光《会宁县志》卷一二《灾异》）

1636年（明崇祯九年）：

【河北】

永平府之卢龙县夏旱，秋蝗。（清康熙《永平府志》卷三《灾祥》）

秋蝗，大饥。（清乾隆《永平府志》卷三《祥异》）

夏旱。秋，永平府之昌黎县蝗。（清康熙《昌黎县志》卷一《灾异》）

顺德府内丘县好蝗灾，米斗三百六十钱。（明崇祯《内丘县志·变纪》）

顺德府之广宗县大旱，蝗。大风拔树，昼晦。（清康熙《广宗县志》卷一一《祲祥》）

顺德府之平乡县大旱，蝗。（清乾隆《顺德府志》卷一六《祥异》）

大名府之开州飞蝗蔽日，食禾几尽。（清光绪《开州志》卷一《祥异》）

【山西】

潞安府之长子县蝗南伤稼。（清康熙《平阳府志》卷三四《祥异》）

秋，太原府之交城县飞蝗食禾，岁饥。（清康熙《平阳府志》卷三四《祥异》；清康熙《交城县志》卷一《灾祥》）

七月，潞安府之长治县蝗食禾，生蝻。（清光绪《长治县志》卷八《大事记》）

七月，潞安府之襄垣县蝗食禾，生蝻。（清康熙《重修襄垣县志》卷九《外纪》）

潞安府之潞城县蝗食禾，生蝻。（清康熙《潞城县志》卷八《灾祥》）

七月，潞安府之屯留县蝗食禾，大饥，民相食。（清康熙《屯留县志》卷三《祥异》）

绛州之稷山县蝻虫遍地，其害更甚于蝗。（清康熙《平阳府志》卷三四《祥异》）

平阳府之荣河县蝗。（清康熙《荣河县志》卷八《灾祥》）

平阳府之蒲州蝗，明年复蝗。（清乾隆《蒲州府志》卷二三《事纪》）

【江苏】

应天府之高淳县蝗入境，遗蝝。（清顺治《高淳县志》卷一《邑纪》）

淮安府之沭阳县蝗害稼，岁凶。（清康熙《沭阳县志》卷一《灾异》）

五月，徐州府有蝗。（清顺治《徐州志》卷八《灾祥》）

淮安府之赣榆县蝗食禾苗。（章义和《中国蝗灾史》）

【浙江】

秋，嘉兴府海盐县蝗至，不伤禾，一夕飞去。（清光绪《海盐县志》卷一三《祥异》）

【山东】

七月，青州府之益都县蝗。（清康熙《益都县志》卷一〇《祥异》）

蝗，大饥。（章义和《中国蝗灾史》）

冬十一月，青州府临朐县蝻生，草竹皆尽。（清光绪《临朐县志》卷一〇《大事表》）

大水。登州府之栖霞县蝗。（清康熙《栖霞县志》卷七《祥异》）

兖州府之泗水县蝗蝻害稼。（清康熙《泗水县志》卷一一《灾祥》）

【河南】

开封府之郑州夏旱，飞蝗蔽日，禾枯粮尽。（清康熙《郑州志》卷一《灾祥》）

开封府之尉氏县飞蝗蔽空，谷、豆俱为所食。（清康熙《洧川县志》卷二《灾祥》）

开封府之通许县蝗灾。（清康熙《通许县志》卷一〇《灾祥》）

获嘉县九至十三年五载旱，蝗。（清康熙《获嘉县志》卷一〇《杂志》）

怀庆府蝗。（清康熙《怀庆府志》卷一《灾祥》）

开封府之洧川县飞蝗蔽天，谷、菽俱尽。（清康熙《洧川县志》卷七《祥异》）

开封府之原武县大蝗。（清顺治《原武县志》卷上《祥异》）

秋七月，开封府之郾城县蝗。（清顺治《郾城县志》卷八《祥异》）

夏，南阳府之邓州蝗，旱，民相食。（清顺治《邓州志》卷二《郡纪》）

河南府之阌乡县蝗。（清顺治《阌乡县志》卷一《灾祥》）

开封府之陈州旱，蝗。（清乾隆《陈州府志》卷三〇《祥异》）

汝宁府之真阳县蝗，大饥，人相食。（清康熙《真阳县志》卷八《灾祥》）

开封府之长葛县飞蝗蔽日。（清康熙《长葛县志》卷一《灾祥》）

河南府之卢氏县飞蝗蔽天。(清康熙《卢氏县志》卷四《灾祥》)

河南府之陕州飞蝗蔽日。(清乾隆《重修直隶陕州志》卷一九《灾祥》)

九年、十年又旱,河南府之新安县蝗。(清康熙《新安县志》卷一七《灾异》)

【湖北】

夏,黄州府之麻城县蝗飞蔽天日,薄于林薮,尽成蝗树。(清光绪《麻城县志》卷二《大事》)

武昌府之通城县蝗。(清同治《通城县志》卷二三《祥异》)

八月,承天府之钟祥县蝗自南来,蔽日,野草俱尽。(清康熙《安陆府志》卷一《征考》)

【湖南】

长沙府之安化县蝗,旱,斗米一钱七分。(清康熙《安化县志》卷七《灾异》)

【陕西】

同州府之潼关厅蝗。(清康熙《潼关卫志》卷上《灾祥》)

西安府之商州蝗,大饥,斗米六钱,饿殍载道。(清乾隆《直隶商州志》卷一四《灾祥》)

西安府之商南县蝗,民饥。(清乾隆《商南县志》卷一一《祥异》)

兴安府之安康县旱、蝗并集,大饥。(清康熙《汉南郡志》卷二《灾祥》)

汉中府之南郑县旱,蝗。(民国《续修南郑县志》卷七《拾遗》)

汉中府之洋县七月旱,蝗。(清顺治《汉中府志》卷三《灾祥续》)

1637年(明崇祯十年):

六月,山东、河南蝗,民大饥。(《明实录·崇祯》)

【河北】

顺天府之大城县旱,蝗。(清光绪《顺天府志》卷六九《祥异》)

顺天府之文安县旱,蝗。(民国《文安县志·志余》)

秋,保定府之清苑县飞蝗蔽天,遗子复生。(清康熙《保定府志》卷二六《祥异》)

秋,保定府之定兴县飞蝗蔽天,遗子复生。(清光绪《保定府志》卷四〇《祥异》)

真定府之枣强蝻,禾稼不登。(清康熙增刻万历《枣强县志》卷一《灾祥》)

秋,保定府及广平府之威县飞蝗遍野,田苗尽被损伤。(清顺治《威县续志》卷九《祥异》)

大名府之开州飞蝗蔽日,食禾几尽。(清光绪《开州志》卷一《祥异》)

【山西】

平阳府之绛州蝗。(清雍正《山西通志》卷一六三《祥异》)

大旱，平阳府之安邑县蝗，大伤稼。（清雍正《山西通志》卷一六三《祥异》）

平阳府之荣河县蝗。又蛹，食禾其于蝗。（清康熙《荣河县志》卷八《灾祥》）

平阳府之蒲州复蝗。（清乾隆《蒲州府志》卷二三《事纪》）

【江苏】

秋，常州府之无锡县旱，蝗。时南里人张元斗宿甫有掩捕之功。（清乾隆《无锡县志》卷四〇《祥异》）

徐州，是年蝗，饥，谷价腾涌。（清顺治《徐州志》卷八《灾祥》）

七月十六日，淮安府之赣榆县飞蝗遍野，残食禾苗，百姓束手无策。突有鹭鸟数千食之，不数日蝗皆尽矣。是年颇丰，至十一年间麦秀两岐。（明崇祯《淮安府实录备草》卷一八《祥异》）

徐州之萧县旱，蝗。（清顺治《萧县志》卷五《灾祥》）

【山东】

济南府之滨州、蒲台县、商河县，济南府及其齐河县，兖州府之曲阜县以及青州府蝗。（清乾隆《蒲台县志》卷四）

济南府之历城县蝗，民大饥。（清乾隆《历城县志》卷二《总纪》）

济南府之平原县旱，蝗。（清乾隆《平原县志》卷九《灾祥》）

夏，青州府之安丘县大蝗。（清康熙《续安丘县志》卷一《总纪》）

青州府之诸城县蝗，大饥。（清乾隆《诸城县志》卷二《总纪》）

夏六月，莱州府之潍县大蝗，大饥。（民国《潍县志稿》卷二《通纪》）

夏六月，莱州府之胶州蝗，民大饥。（民国《增修胶志》卷五三《祥异》）

秋七月，兖州府之曲阜县蝗，民大饥。（清乾隆《曲阜县志》卷三〇《通编》）

兖州府之鱼台县旱，蝗。（清乾隆《鱼台县志》卷三《灾祥》）

兖州府之城武县大旱，蝗，大饥。（清康熙《城武县志》卷三《灾祲》）

兖州府之曹县麦后大蝗。冬泯虫伤麦，至春麦苗尽死。（清光绪《曹县志》卷一八《灾祥》）

东昌府范县蝗。（清乾隆《曹州府志》卷一〇《灾祥》）

【河南】

夏，开封府之郑州亢旱，飞蝗蔽日，禾枯粮绝，民穷盗起。（清康熙《郑州志》卷一《灾祥》）

怀庆府飞蝗从东南来，起飞如云，田禾受损。（焦作市地方史志编纂委员会编《焦作市志》）

开封府之通许县蝗灾。（清康熙《通许县志》卷一〇《灾祥》）

开封府之原武县大蝗。（清顺治《原武县志》卷上《祥异》）

夏，怀庆府之修武县飞蝗自东南来，遥望如云。（清康熙《修武县志》卷四《灾祥》）

九至十三年，五载，卫辉府之获嘉县旱，蝗。（清康熙《获嘉县志》卷一〇《杂志》）

卫辉府之淇县旱，蝗，民大饥。（清顺治《淇县志》卷一〇《灾祥》）

开封府之陈州旱蝗。（清乾隆《陈州府志》卷三〇《祥异》）

归德府之夏邑县蝗。（民国《夏邑县志》卷九《灾异》）

开封府之商水县蝗。（清顺治《商水县志》卷八《灾变》）

九年、十年又旱，河南府之新安县蝗。（清康熙《新安县志》卷一七《灾异》）

归德府之永城县蝗。（清康熙《永城县志》卷八《灾异》）

河南府之灵宝县飞蝗蔽天。（清光绪《重修灵宝县志》卷八《礼祥》）

开封府之扶沟县飞蝗蔽天，九月复蝻，食麦苗。（清康熙《扶沟县志》卷四《灾异》）

七月，开封府之禹州蝗。（清道光《禹州志》卷二《沿革》）

开封府之太康县旱，蝗。（清康熙《太康县志》卷八《灾祥》）

归德府之鹿邑县旱，蝗。（清康熙《鹿邑县志》卷八《灾祥》）

开封府之项城县蝗。（民国《项城县志》卷三一《杂事》）

开封府之许州旱，蝗。（清康熙《许州志》卷九《祥异》）

开封府之长葛县飞蝗蔽天。（清康熙《长葛县志》卷一《灾祥》）

夏六月，开封府之鄢陵县有蝗自山东来，蔽野断青，岁大饥。明年，蝗复生，倍之。（清顺治《鄢陵县志》卷九《祥异》）

开封府之洧川县飞蝗蔽天，食谷俱尽。（清康熙《洧川县志》卷七《祥异》）

汝宁府之新蔡县飞蝗食禾。（清康熙《新蔡县志》卷七《杂述》）

汝宁府之真阳县蝗。是年确查灾情，知县刘进官绘图以进，诏除荒地，免征租。（民国《重修正阳县志》卷三《大事记》）

南阳府之内乡县蝗蝻生，集地厚至尺许。（清康熙《内乡县志》卷一一《祥异》）

河南府之阌乡县蝗。（清顺治《阌乡县志》卷一《灾祥》）

河南府之陕州蝗飞蔽天。（清乾隆《重修直隶陕州志》卷一九《灾祥》）

南阳府西峡县飞蝗积地，死蝗厚尺许。（西峡地方志编纂委员会编《西峡县志》）

【湖北】

五月，承天府之钟祥县蝻渡河，入民居，遍野害稼。（清康熙《钟祥县志》卷一〇《灾祥》）

五月，承天府之京山县蝻渡河，入民居，遍野害稼。（清光绪《京山县志》卷一《祥异》）

【广东】

广州府之龙门县蝗，谷贵。（民国《龙门县志》卷一七《县事》）

【陕西】

秋，西安府之长安县蝗飞蔽天，食禾无遗。（清康熙《咸宁县志》卷七《祥异》）

秋，西安府之泾阳县蝗，食禾殆尽。（清康熙《泾阳县志》卷一《祥异》）

十年、十一年，西安府之永寿县飞蝗入境，大伤禾稼。（清康熙《永寿县志》卷六《灾祥》）

同州府之潼关厅蝗，食禾无遗。（清康熙《潼关卫志》卷上《灾祥》）

十年、十一年，西安府之洛南县蝗蝻浃岁，食禾苗及穗，并及粒。农者脱衣垄头驱之，瞬间啮衣殆尽。（清康熙《洛南县志》卷七《灾祥》）

三月十四日，凤翔府之凤翔县蝗飞蔽天。（清乾隆《重修凤翔府志》卷一二《祥异》）

秋，延安府中部县蝗飞蔽天，食禾无遗。（清嘉庆《重修延安府志》卷二《祥异》）

秋，汉中府之洋县蝗飞蔽天，食尽田禾，苗亦无遗。民大饥。（清康熙《洋县志》卷一《灾祥》）

【甘肃】

七月，平凉府之平凉县蝗飞蔽天，禾谷立尽。（清乾隆《平凉府志》卷二一《祥异》）

秋七月，平凉府之灵台县蝗自东南来，其飞蔽天，遗屎如雨，到处谷禾立尽。（清顺治《灵台志》卷四《灾异》）

巩昌府之清水县旱，蝗。（清康熙《清水县志》卷一〇《灾祥》）

【宁夏】

七月，宁夏银川县蝗飞蔽天，禾谷立尽。（清乾隆《甘肃通志》卷二《祥异》）

1638年（明崇祯十一年）：

六月，两京、山东、河南大旱，蝗。（《明史·五行志》）

【北京】

夏，顺天府大旱，蝗。（章义和《中国蝗灾史》）

【天津】

秋七月，顺天府之武清蝗飞蔽天，食禾殆尽，饥民捕食之。（清康熙《武清县志》卷一《机祥》）

【河北】

顺天府之文安县蝗灾。（清康熙《文安县志》卷八《事异》）

七月，顺天府之永清蝗飞蔽天，食禾殆尽，饥民皆捕食之。（清康熙《永清县志》卷一《灾祥》）

秋七月，保定府之定兴蝗飞蔽天，遗子复生遍地，西北行，城垣不能御。（清康熙《定兴县志》卷一《机祥》）

大名府之开州飞蝗蔽日，集如丘陵，食禾几尽。（清光绪《开州志》卷一《祥异》）

大名府之清丰县飞蝗蔽天，禾偃树折。（清康熙《清丰县志》卷二《编年》）

秋七月，保定府之新城县蝗飞蔽天，遗子复生遍地。（民国《新城县志》卷二二《灾祸》）

河间府之沧州大旱，蝗。（民国《沧县志》卷一六《大事年表》）

河间府之盐山蝗。（清康熙《盐山县志》卷九《灾祥》）

河间府之交河县蝗，害稼，民饥。（清康熙《交河县志》卷七《灾祥》）

夏，大名府蝗飞蔽日，食禾几尽。（清康熙《元城县志》卷一《年纪》）

广平府之永年，飞蝗蔽天，落地厚几尺许，遗子复生遍。（明崇祯《永年县志》卷二《灾异》）

夏六月，广平府之鸡泽，蝗飞蔽天，积地厚尺许。九月，食麦苗，复蝗。（清顺治《鸡泽县志》卷一〇《灾祥》）

七月，广平府之威县飞蝗蔽日，遗子复生遍地。（清顺治《威县续志》卷九《祥异》）

秋，大名府之滑县蝗，五谷食尽，啮及竹、树、荬、芦。（清乾隆《滑县志》卷一三《祥异》）

大名府之内黄县飞蝗蔽天。（清乾隆《内黄县志》卷六《编年》）

秋，大名府之浚县蝗，食谷尽。（清康熙《浚县志》卷一《祥异》）

大名府之长垣县蝗飞蔽日，食禾几尽。（清康熙《长垣县志》卷二《灾异》）

【山西】

六月，平阳府之蒲州、解州、绛州、临晋县、太平县、安邑县蝗。（清康熙《平阳府志》卷三四《祥异》）

七月，汾州之平遥县蝗虫自南飞来，食稼甚多。（清康熙《重修平遥县志》卷上《灾异》）

泽州府之凤台县蝗蝻食田苗，民困于食。（清乾隆《凤台县志》卷一五《艺文》）

泽州之沁水县秋蝗大至，食禾几尽。（清康熙《沁水县志》卷九《祥异》）

平阳府之汾西县蝗。（清光绪《汾西县志》卷七《祥异》）

六月，平阳府之襄陵县飞蝗蔽日，食禾殆尽。（清康熙《襄陵县志》卷七《祥异》）

七月，平阳府之解州蝗飞翳天，伤禾立尽。（清康熙《解州志》卷九《灾祥》，清乾隆《解州安邑县志》卷一一《祥异》）

平阳府之绛州蝗。（清康熙《绛州志》卷三《灾异》）

六月，平阳府之垣曲县蝗虫食苗，民多逃亡。（清康熙《垣曲县志》卷一二《灾荒》）

十一年、十二年，蒲州府之永济县蝗。（清光绪《永济县志》卷二三《事纪》）

六月，平阳府之临晋县蝗。（清康熙《临晋县志》卷六《灾祥》）

【上海】

苏州府嘉定县飞蝗满野。（清康熙《嘉定县志》卷三《祥异》）

宝山县旱，蝗。（清光绪《宝山县志》卷一四《祥异》）

【江苏】

初夏，凤阳府六合县蝻从天长北来，大如蜂蝇，无有数算，团结渡隍，不一沉溺，腾起循城面入城，人相视震恐，入县堂，内衙庖福盈尺许，倏忽而去。（清顺治《六合县志》卷八《灾祥》）

六月，应天府之溧水县蝗食稼。（清顺治《溧水县志》卷一《邑纪》）

苏州府之吴县秋旱，蝗从东北来，沿湖依山苗稼被灾。巡抚都御史张国维悬示众乡民捕蝗送官，计斗斛易钱。知县牛若麟奉令，日措万钱，民竞捕收，蝗旋即灭。（明崇祯《吴县志》卷一一《祥异》）

八月，苏州府太仓州飞蝗蔽天，伤禾。（清宣统《太仓州镇洋县志》卷二六《祥异》）

六月大旱，吴江县有蝗自西北来，损禾稼，米石二两有奇。（清乾隆《吴江县志》卷四〇《灾变》）

常州府之无锡县蝗大至。七月二十五日大风，雨、雹。（清乾隆《无锡县志》卷四〇《祥异》）

八月，常州府之江阴县蝗飞蔽天，食禾、豆，草木叶俱尽，购捕不能绝。捕蝗三百余石，每石给钱三百。知县冯士仁申报上台有旱、蝗相继。冬旱，蝗遗子复生，食麦苗。（清康熙《江阴县志》卷二《灾祥》）

镇江府蝗，是年大饥。（清乾隆《镇江府志》卷四三《祥异》）

秋八月，常州府蝗。（清康熙《常州府志》卷三《祥异》）

镇江府之丹阳县蝗，是年大饥。（清乾隆《丹阳县志》卷六《祥异》）

十一年至十四年，应天府溧阳县连岁大旱，湖圩见底，蝗蔽野。（清乾隆《镇江府志》卷四三《祥异》）

六月，镇江府金坛县旱，蝗。（明崇祯《镇江府金坛县采访册·政事》）

常州府之宜兴县旱，蝗。（清嘉庆《增修宜兴县旧志》卷末《祥异》）

秋，扬州府仪真县蝗。（清康熙《仪真县志》卷七《祥异》）

扬州府之泰州大旱，蝗，无禾。（明崇祯《泰州志》卷七《灾祥》）

八月，常州府之靖江县蝗从西来，有声如烈风，蔽天漫野，禾、豆生，木叶俱尽。冬旱，

赤气旱晚弥天，蝗遗子复生，食初生麦苗。（明崇祯《靖江县志》卷一一《灾祥》）

七月至九月，扬州府之东台县飞蝗蔽天，方千里禾苗、草木无遗。（清嘉庆《东台县志》卷七《祥异》）

徐州春旱。夏，蝗飞蔽天，数日不绝。（清顺治《徐州志》卷八《灾祥》）

徐州府之砀山县蝗，饥。（清乾隆《砀山县志》卷一《祥异》）

徐州之丰县蝗翳空蔽地，禾稼立尽。（清顺治《新修丰县志》卷九《灾祥》）

夏，徐州之沛县蝗，食尽田禾。（清乾隆《沛市县》卷一《水旱》）

应天府以及广德州大旱，蝗。（章义和《中国蝗灾史》）

【浙江】

六月十一日，绍兴府萧山县飞蝗入境，山乡田禾颗粒无收。（清乾隆《绍兴府志》卷八〇《祥异》）

湖州府秋旱，蝗。（清同治《湖州府志》卷四四《祥异》）

【安徽】

庐州府之霍山县旱蝗交作，死者枕藉于道。（清嘉庆《霍山县志》卷末《杂志》）

太平府之当涂高原旱槁，兼之飞蝗为害，飞则蔽天，集则盈尺，在树拱把以下皆折。（清康熙《太平府志》卷三《祥异》）

太平府之芜湖县飞蝗蔽天。（清康熙《芜湖县志》卷一《祥异》）

太平府蝗害，群飞蔽天，盈地即有尺，集树则拱把以下皆折。（清乾隆《太平府志》卷三二《祥异》）

广德州建平县大旱，蝗。（清乾隆《广德州志》卷二八《祥异》）

【山东】

济南府之海丰县、商河县、蒲台县，济南府之齐东县，曹州府之观城县，登州府之黄县及登州府蝗。东昌府之馆陶县、济南府之新城县飞蝗蔽天，食树叶，蝗蝻入室。济南府之滨州，曹州府之濮州、曹县，登州府之宁海州，沂州府之郯城旱，蝗。（清雍正《山东通志》卷三三《灾祥》）

六月，济南府之历城县蝗。（明崇祯《历城县志》卷一六《灾祥》）

六月，济南府之齐河县蝗。（清康熙《齐河县志》卷六《灾祥》）

夏五月，济南府之济阳县飞蝗蔽野，禾苗立尽。（民国《济阳县志》卷二〇《祥异》）

十二月，济南府之平原县俱大旱，蝗，谷苗尽槁。（清乾隆《平原县志》卷九《灾祥》）

是年，济南府之惠民县蝗灾，遍山东、山西、河南，州境内未罹大害，有丰稔之征。（明崇祯《武定州志》卷一一《灾祥》）

兖州府之曹县旱，蝗。（清康熙《曹州志》卷一九《灾祥》）

夏五月，济南府之阳信县飞蝗蔽野，禾苗立尽。（清康熙《阳信县志》卷三《灾异》）

夏六月，济南府之海丰县大蝗，食禾殆尽。（清康熙《海丰县志》卷四《事纪》）

济南府之滨州蝗。（清康熙《滨州志》卷八《事纪》）

七月，东昌府之馆陶县飞蝗蔽天，食树叶，蝗蝻入人室。（清康熙《馆陶县志》卷一二《灾祥》）

夏五月，沾化县蝗。（民国《沾化县志》卷七《大事纪》）

夏济南府邹平县旱，蝗。（清顺治《邹平县志》卷八《灾异》）

夏，青州府博兴县蝗。（清乾隆《蒲台县志》卷四《灾异》）

东昌府之范县旱，蝗。（清康熙《濮州志》卷一《礼集》）

青州府之昌乐县夏大旱，蝗。（清嘉庆《昌乐县志》卷一《总纪》）

夏六月，青州府之诸城县蝗。（清乾隆《诸城县志》卷二《总纪》）

夏六月，莱州府之潍县大旱，蝗。（民国《潍县志稿》卷二《通纪》）

夏六月，莱州府胶州大旱，蝗。（民国《增修胶州志》卷五三《祥异》）

夏，登州府黄县飞蝗蔽天，食谷殆尽。秋，生螽蝼遍野，丛集尺许，禾、菽穗累累，如珠贯联。七月，飞蝗复蔽天日，声势如风、如潮。秋无禾。（清康熙《黄县志》卷七《祥异》）

夏，登州府之福山县蝗飞蔽天，食谷殆尽。秋，螽遍野，蝗复大起，无禾。（民国《福山县志稿》卷八《灾祥》）

登州府之栖霞县蝗。（清康熙《栖霞县志》卷七《祥异》）

登州府莱阳县蝗，旱。秋，大饥。（清康熙《莱阳县志》卷九《灾祥》）

牟平县蝗。（民国《牟平县志》卷一〇《通纪》）

夏，登州府之文登县蝗飞蔽天，食谷殆尽。秋，螽蝼遍野，蝗复大起，无禾。（清光绪《文登县志》卷一四《灾异》）

登州府之海阳县蝗，旱。秋，大饥。（清乾隆《海阳县志》卷三《灾祥》）

十一年至十三年旱，济南府之泰安县蝗。民大饥，人相食。（明万历《泰安州志》卷一《灾祥》）

济南府之新泰县蝗。（清顺治《新泰县志》卷一《灾祥》）

夏六月，兖州府之曲阜县大旱，蝗。（清乾隆《曲阜县志》卷三〇《通编》）

曹州府之菏泽县旱，蝗。（清光绪《菏泽县志》卷一九《灾祥》）

春，大旱，东昌府之莘县蝗落处，树摧屋损。秋七月，复蝗。（清康熙《朝城县志》卷一〇《灾祥》）

【河南】

是岁，河南省大旱，蝗，赤地千里。（清郑廉《豫变纪略》卷二）

夏，亢旱，开封府之郑州飞蝗蔽日，禾枯粮尽，民穷盗起。（清康熙《郑州志》卷一《灾祥》）

六月，怀庆府蝗。（清康熙《怀庆府志》卷一《灾祥》）

夏四月，开封府之杞县蝗。（清乾隆《杞县志》卷二《灾祥》）

归德府之考城县蝗，食禾尽，生蝻，平地尺许。（民国《考城县志》卷三《事纪》）

开封府之汜水县蝗灾。（章义和《中国蝗灾史》）

开封府之通许县蝗灾。（清康熙《通许县志》卷一〇《灾祥》）

十一至十四年，开封府之密县旱、蝗迭际，荒歉异常，道殣枕藉，人至相食，即父子夫妇亦有忍啖不忌者。（清顺治《密县志》卷七《祥异》）

秋，卫辉府之新乡县蝗，蔽天翳日，五谷食尽，啮及竹、树、茭、芦。（清康熙《新乡县续志》卷二《灾异》）

卫辉府之汲县蝗飞蔽天，五谷食尽。（清顺治《卫辉府志》卷一九《灾祥》）

怀庆府之温县蝗。（清乾隆《温县志》卷一《灾祥》）

六月，怀庆府之济源县蝗。（清乾隆《济源县志》卷一《祥异》）

卫辉府之辉县蝗。（清康熙《辉县志》卷一八《灾祥》）

秋，卫辉府飞蝗蔽日，食禾稼殆尽。（章义和《中国蝗灾史》）

开封府之延津县蝗。（清康熙《延津县志》卷七《灾祥》）

开封府之原武县大旱，大蝗。（清顺治《原武县志》卷上《祥异》）

六月，怀庆府之孟县蝗。（清康熙《孟县志》卷七《灾祥》）

怀庆府之河内县旱。六月，蝗。（清康熙《河内县志》卷一《灾祥》）

秋，怀庆府之修武县复有蝗蝻。（清康熙《修武县志》卷四《灾祥》）

开封府之许州城郊蝗。（清乾隆《许州志》卷一〇《祥异》）

汝州之郏县旱，蝗。（清同治《郏县志》卷一〇《杂事》）

卫辉府之淇县旱，蝗。（清顺治《淇县志》卷一〇《灾祥》）

九至十三年，五载，卫辉府之获嘉县旱，蝗。（清康熙《获嘉县志》卷一〇《杂志》）

归德府之夏邑县大蝗，飞落委积，灶不能炊，井不能汲。（民国《夏邑县志》卷九《灾异》）

秋七月，归德府之柘城县蝗，大无禾。（清康熙《柘城县志》卷四《灾祥》）

归德府之睢州旱，蝗。（清康熙《睢州志》卷七《祥异》）

五月，归德府之虞城县大蝗，过三昼夜，遮蔽天日。（清顺治《虞城县志》卷八

《灾祥》）

　　归德府之永城县蝗。（清康熙《永城县》卷八《灾异》）

　　开封府之商水县蝗。（清顺治《商水县志》卷八《灾变》）

　　开封府之项城县蝗。（民国《项城县志》卷三一《杂事》）

　　开封府之陈州旱，蝗。（清乾隆《陈州府志》卷三〇《祥异》）

　　开封府之禹州旱，蝗。（民国《禹县志》卷二《大事记》）

　　南阳府之新野县蝗，民多饥死。（清乾隆《新野县志》卷八《祥异》）

　　夏，汝宁府之新蔡县飞蝗食禾。（清乾隆《新蔡县志》卷九《大事记》）

　　五月，南阳府之内乡县蝗。（清康熙《内乡县志》卷一一《祥异》）

　　河南府之灵宝县飞蝗蔽日。（清光绪《重修灵宝县志》卷八《机祥》）

　　六月中，河南府之洛阳县蝗虫蔽天，过处一空。所遗虫蝻又复继作，集地寸余，即路草、树叶亦被残尽。（清顺治《洛阳县志》卷八《灾异》）

　　汝州之鲁山县旱，蝗。（清乾隆《鲁山县全志》卷九《祥异》）

　　开封府之鄢陵县蝗复生，食禾稼殆尽。（民国《鄢陵县志》卷二九《祥异》）

　　河南府之孟津县蝗蝻食禾殆尽。（清嘉庆《孟津县志》卷四《祥异》）

　　汝州大旱，蝗。（清道光《汝州全志》卷九《灾祥》）

　　河南府之嵩县大旱，瘟疫遍行，蝗蝻丛生，死伤甚众。（清康熙《嵩县志》卷一〇《灾异》）

　　开封府之长葛县飞蝗蔽天。（清康熙《长葛县志》卷一《灾祥》）

　　开封府之洧川县飞蝗蔽天，食谷俱尽。（清康熙《洧川县志》卷七《祥异》）

　　汝宁府之汝阳蝗。（清乾隆《伊阳县志》卷四《祥异》）

　　南阳府之泌阳县旱，蝗。（清康熙《泌阳县志》卷一《灾祥》）

　　秋，河南府之阌乡县蝗食禾。（清顺治《阌乡县志》卷一《灾祥》）

　　河南府之渑池县蝗食禾殆尽。（清乾隆《渑池县志》卷中《灾祥》）

　　河南府之宜阳县蝗，大饥。（清乾隆《宜阳县志》卷一《灾祥》）

　　洛宁县蝗，大饥。（民国《洛宁县志》卷一《祥异》）

　　河南府之陕州，飞蝗蔽天，食禾殆尽，即熟粒亦食之。次年又蝗，益甚，积地厚尺许。（清顺治《陕州志》卷四《灾祥》）

　　河南府之新安县旱，蝗。（清康熙《新安县志》卷一七《灾异》）

　　怀庆府之武陟县大旱，蝗，赤地千里。开封府之汜水县蝗。（清雍正《河南通志》卷五《灾祥》）

【湖北】

七月，武昌府之大冶县有蝗蔽天，自西南来，所过禾、棉俱尽，凡七日飞向东去。（清康熙《湖广武昌府志》卷三《灾异》）

六月，黄州府之罗田县蝗，路无青草，室如悬磬。（清康熙《罗田县志》卷一《灾异》）

【湖南】

岳州府飞蝗蔽天，禾苗、草木叶俱尽。（清嘉庆《巴陵县志》卷二《事纪表》）

【陕西】

陕西蝻生，食麦。秋蝗，食禾，民大饥。（章义和《中国蝗灾史》）

西安府之商州蝗。（清雍正《陕西通志》卷四七《祥异》）

西安府之长安县蝗，生蝻，草木尽食。（清康熙《咸宁县志》卷七《祥异》）

六月，西安府之高陵县蝗，从东来伤稼，野无青草。（清光绪《高陵县续志》卷八《缀录》）

西安府之永寿县飞蝗入境，大伤禾稼。（清康熙《永寿县志》卷六《灾祥》）

西安府之临潼县蝗飞食苗，秋禾无成。（清顺治《重修临潼县志·灾异》）

十一年、十二年，西安府之澄城县蝗。（清顺治《澄城县志》卷一《灾祥》）

六月，西安府之耀州蝗，自关东来，到处草、树皆空，数日群飞而北。（清乾隆《续耀州志》卷八《纪事》）

潼关县黄河清，蝗食苗。（清康熙《潼关卫志》卷上《灾祥》）

二月，凤翔府之凤翔县蝻生食麦。六月，蝗食禾，大饥。（清乾隆《重修凤翔府志》卷一二《祥异》）

六月至九月，凤翔府之扶风县蝗虫过，蔽天日，自东入境，草木、禾苗俱尽。（清顺治《扶风县志》卷一《灾祥》）

秋，凤阳府之麟游县飞蝗蔽天，草木、禾苗刻期立尽。（清顺治《麟游县志》卷一《灾祥》）

延安府之中部县蠓生，大饥。（清嘉庆《续修中部县志》卷二《祥异》）

夏，汉中府之南郑县蝗飞蔽天，禾苗、木叶伤尽，大饥。（民国《续修南郑县志》卷七《拾遗》）

夏，汉中府之城固县蝗飞蔽天，禾苗、木叶俱尽，大饥。（清康熙《城固县志》卷二《灾异》）

夏，汉中府之西乡县蝗飞蔽天，啮食田苗，并草俱尽。（清康熙《西乡县志》卷五《灾异》）

夏，镇巴县蝗飞蔽天，禾苗、木叶俱尽，大饥。（清康熙《汉南郡志》卷二《灾祥》）

【甘肃】

庆阳府之环县蝗蝻蔽天，嗣食田禾殆尽。（清乾隆《环县志》卷一〇《纪事》）

六月，平凉府之庄浪县蝗虫食苗甚剧。（清乾隆《庄浪县志》卷一九《灾祥》）

凉州府之镇番县蝗。（清道光《重修镇番县志》卷一〇《祥异》）

甘肃永昌县、武威县以及河西诸郡蝗蝻食禾，民饥。（清乾隆《永昌县志》卷三《祥异》）

春，平凉府之灵台县蝻繁生，势如流水，入秋成蝗，食谷禾尽。岁末大饥。（清雍正《甘肃新通志》卷二四《祥异》）

1639年（明崇祯十二年）：

六月，两畿、山东、河南大旱，蝗。（《明史·庄烈帝二》）

【北京】

六月，顺天府之密云县蝗蝻食禾几尽。（清康熙《密云县志》卷一《灾祥》）

【天津】

秋，顺天府之蓟州蝗虫蔽天，食禾殆尽。（清康熙《天津卫志》卷三《灾变》）

【河北】

大名府与广平府大旱，蝗，蝻子复发。（章义和《中国蝗灾史》）

顺天府之文安县飞蝗蔽日，米价十两一石，人相食。（清康熙《保定县志·灾异》）

秋，河间府之盐山县蝗蝻遍野，食稼殆尽。（清康熙《盐山县志》卷九《灾祥》）

秋，大名府之南乐县飞蝗遍野，食稼几尽。（清康熙《南乐县志》卷九《纪年》）

河间府之交河县蝗蝻大伤田稼，民饥。（清康熙《交河县志》卷七《灾祥》）

夏四月，大名府之大名县旱。六月，飞蝗生蝻。（清康熙《元城县志》卷一《年纪》）

夏，广平郡之邯郸县旱，蝗，平地深尺余，草尽，皆集村树，树为之枯。（清康熙《邯郸县志》卷一〇《灾异》）

夏，广平郡之永年县蝗，草尽，皆集于树，树为之枯。（清光绪《永年县志》卷一九《祥异》）

夏，广平郡之曲周县飞蝗蔽天，沟壑皆满，伤禾。（清顺治《曲周县志》卷二《灾祥》）

广平郡之鸡泽县大旱，蝗。（清顺治《鸡泽县志》卷一〇《灾祥》）

大名府之清丰县蝗蝻为灾，秋禾尽没。（清康熙《清丰县志》卷二《编年》）

六月，大名府之开州飞蝗食禾，未几生蝻，穿城入市，缘壁升屋。（清康熙《开州志》卷四《灾祥》）

真定府之临城旱蝗。（章义和《中国蝗灾史》）

大名府之内黄县旱，蝗蝻食禾尽。（清乾隆《内黄县志》卷六《编年》）

广平郡之肥乡县大旱，蝗蔽天隔日，暗如黑夜，行人路阻，青草食绝。集树，树枝脆皆折。（清雍正《肥乡县志》卷二《灾祥》）

【山西】

秋，汾州之孝义、介休二县，太原府之清源县，平阳府之绛州、闻喜、安邑、垣曲、翼城等县，平阳府之蒲县、霍州等州县蝗食禾如扫。（清雍正《山西通志》卷一六三《祥异》）

太原府之清源县蝗灾。（清光绪《清源乡志》卷一六《祥异》）

六月，昔阳县旱，蝗。（民国《昔阳县志》卷二《祥异》）

太原府之平定州旱，蝗。（章义和《中国蝗灾史》）

汾州之介休县蝗食禾如扫。（清乾隆《介休县志》卷一《祥异》）

秋，汾州之孝义蝗。（清雍正《孝义县志》卷一《祥异》）

夏，泽州之沁水县旱，蝗。冬，蝝生累累然，蔓延附地如鳞，民大困。（清嘉庆《沁水县志》卷一〇《祥异》）

平阳府之翼城县蝗、蠓食禾。（清乾隆《翼城县志》卷二六《祥异》）

平阳府之大宁县蝗。（清雍正《大宁县志》卷七《灾祥》）

平阳府之霍州蝗。（清康熙《鼎修霍州志》卷八《祥异》）

平阳府之浮山县蝗蝻食禾。（清乾隆《浮山县志》卷三四《祥异》）

六月，平阳府之安邑县蝗蝻大伤禾稼。（清乾隆《解州安邑县志》卷一一《祥异》）

平阳府之绛州蝗，食禾如扫。（清乾隆《绛县志》卷一二《祥异》）

七月，平阳府之闻喜县蝗。（民国《闻喜县志》卷二四《旧闻》）

六月间，平阳府之垣曲县蝗蝻迭生，谷苗吃尽，惟豆、荞麦稍收。（清康熙《垣曲县志》卷一二《灾荒》）

蒲州府之永济县蝗。（清光绪《永济县志》卷二三《事纪》）

【上海】

八月，苏州府崇明县蝗蔽天，从江北至，食禾如刈，民间修禳或鸣金鼓驱之。（清康熙《重修崇明县志》卷七《祲祥》）

【江苏】

七月，凤阳府六合县大蝗。（清道光《竹镇纪略》卷二《祥异》）

四月，应天府之高淳县蝗食秧，田勿莳。大旱。（清顺治《高淳县志》卷一《邑纪》）

三月，高淳旱，蝗。七月二十五日，吾邑飞蝗蔽天，所集之地，禾、荳立尽。（清计六奇《明季北略》卷一五）

四月，苏州府大旱，蝗生遍野。五月骤雨，蝗灭。（清康熙《苏州府志》卷二《祥异》）

四月，苏州府之吴县旱，蝗复生。五月骤雨，蝗灭。（明崇祯《吴县志》卷一一《祥异》）

春，常州府之无锡县蝗，孳生遍地。抚臣张国维令民捕蝗，交纳粮长给以粟。（清乾隆《锡金识小录》卷二《祥异补》）

七月，常州府之无锡县飞蝗蔽天，岁大饥。（清乾隆《无锡县志》卷四〇《祥异》）

四月旦晚，常州府之江阴县虫聚鸣于天。五月旱，蝗。（清道光《江阴县志》卷八《祥异》）

夏秋，徐州府之砀山县蝗。（清乾隆《砀山县志》卷一《祥异》）

镇江府，四月蝗。（清乾隆《镇江府志》卷四三《祥异》）

四月，镇江府之丹阳县蝗。（清光绪《丹阳县志》卷三〇《祥异》）

夏四月，镇江府之金坛县蝗。（明崇祯《镇江府金坛县采访册·政事》）

岁大旱，常州府武进县蝗蝻被野。（清乾隆《武进县志》卷一四《摭遗》）

扬州府之宝应县旱，飞蝗北来，天日为昏，禾苗食尽。（清康熙《宝应县志》卷三《灾祥》）

扬州府之泰州旱，蝗。（明崇祯《泰州志》卷七《灾祥》）

扬州府之泰兴县蝗飞蔽天。（清光绪《泰兴县志》卷末《述异》）

三月，常州府之靖江县小蝗生，购捕。四月旦晚，虫聚鸣于天。（明崇祯《清江县志》卷一一《灾祥》）

扬州府之通州大旱，蝗飞蔽天，民大饥。（清光绪《通州直隶州志》卷末《祥异》）

扬州府之如皋县飞蝗蔽天，大饥。（清康熙《如皋县志》卷一《祥异》）

淮安府之安东县旱，蝗再生，麦禾尽食。（清雍正《安东县志》卷一五《祥异》）

扬州府之东台县旱，蝗。（清嘉庆《东台县志》卷七《祥异》）

徐州之沛县夏蝗，食尽田禾。（清乾隆《沛县志》卷一《水旱》）

常州府及其宜兴县旱，蝗。（章义和《中国蝗灾史》）

徐州之萧县大旱，蝗。蓬蒿遍生，俗叹为"离乡草"。（清顺治《萧县志》卷五《灾祥》）

【浙江】

杭州府，五月三十日未刻，蝗从东南飞过西北，几蔽天。形类蚂蚱，而色黄，四翼，飞则两翼扇动，类燕，大小不等。或云有黄黑二色。然蝗虽多，俱落旷野，不为禾害。八月初八，蝗大至北关外积二三寸，多灰色，亦有绿色者，头类马，连日逐之不去。初从笕桥来，西过香园，入余杭界。（清光绪《杭州府志》卷八四《祥异》）

严州府建德县飞虫食稻。（清光绪《严州府志》卷二二《祥异》）

严州府桐庐县飞蝗食稻，惨倍于前。（清康熙《桐庐县志》卷四《灾异》）

夏六月，嘉兴府飞蝗蔽天。（清光绪《嘉兴府志》卷三五《祥异》）

六月，嘉兴府之嘉善县飞蝗蔽天。（清光绪《重修嘉善县志》卷三四《祥眚》）

是年秋，绍兴府诸暨县蝗蔽天。（清乾隆《绍兴府志》卷八〇《祥异》）

【安徽】

庐州府之无为州蝻布满城野，人阻不得行。（清康熙《无为州志》卷一《祥异》）

庐州府舒城县、巢县旱，蝗。（清光绪《续修庐州府志》卷九三《祥异》）

【山东】

济南府济南郡、县旱，蝗，民饥。（清康熙《济南府志》卷一〇《灾祥》）

济南府之历城县蝗入城，疫，大旱。（明崇祯《历城县志》卷一六《灾祥》）

济南府之齐河县蝗，旱。瘟疫大作，人死无算。（清康熙《齐河县志》卷六《灾祥》）

夏四月，济南府之阳信县蝗蝻入城，行如流水。秋，大旱。（清康熙《阳信县志》卷三《灾异》）

济南府之滨州、蒲台县蝗。（清乾隆《济南府志》卷一四《祥异》）

济南府邹平县旱，蝗，民饥。（清康熙《长山县志》卷七《灾祥》）

青州府博兴县飞蝗蔽天，食禾殆尽。（清康熙《重修蒲台县志》卷八《灾异》）

秋七月，青州府之益都县大蝗，水涝，大饥，人相食。（清康熙《益都县志》卷一〇《祥异》）

七月，青州府临朐县蝗蝻，不雨至于十月。（清康熙《临朐县志书》卷二《灾异》）

夏六月，青州府之诸城县蝗。（民国《诸城县志》卷二《总纪》）

夏六月，莱州府胶州旱，蝗。（民国《增修胶志》卷五三《祥异》）

登州府之栖霞县大旱，飞蝗蔽天，伤稼无秋。（清康熙《栖霞县志》卷七《祥异》）

登州府莱阳县蝗，旱。秋，大饥。（清康熙《莱阳县志》卷九《祥异》）

登州府之宁海州蝗。（清同治《重修宁海州志》卷一《祥异》）

登州府之文登县飞蝗蔽空，饥。（清雍正《文登县志》卷一《灾祥》）

登州府之海阳县蝗，旱。秋，大饥。（清乾隆《海阳县志》卷三《灾祥》）

登州府之荣成县飞蝗蔽空，饥。（清道光《荣成县志》卷一《灾祥》）

十二至十四年，青州府之蒙阴县蝗蝻连灾，禾食即尽，民相食。（清康熙《蒙阴县志》卷二《灾祥》）

济南府长清县旱，蝗。（清康熙《长青县志》卷一四《灾祥》）

夏六月，兖州府之曲阜县旱，蝗。（清乾隆《曲阜县志》卷三〇《通编》）

兖州府之泗水县蝗螽害稼，野无遗草，大饥，草木食尽。（清康熙《泗水县志》卷一一《灾祥》）

兖州府之鱼台县旱，蝗，豆虫食禾稼。（清乾隆《鱼台县志》卷三《灾祥》）

菏泽县大旱，蝗飞蔽天，蝗蝻遍地，蠃虫、蜂虻之属群飞掩日，渡河而南。（清光绪《菏泽县志》卷一九《灾祥》）

兖州府之郓城县蝗灾，至平地尺半许，禾草、树叶一空。（清康熙《郓城县志》卷七《灾祥》）

兖州府之郯城县大蝗。（清雍正《山东通志》卷三三《灾祥》）

旱，东昌府之范县蝗。（清康熙《濮州志》卷一《礼集》）

是年大旱，兖州府之曹县飞蝗蔽天如黑云，声如风雨。致秋蝻复甚，为害严重。（清光绪《曹县志》卷一八《灾祥》）

飞蝗蔽天，蝻生遍地。（清康熙《曹州志》卷一九《灾祥》）

东昌府莘县旱，蝗。八月，蝻。至次年五月始雨。（清康熙《朝城县志》卷一〇《灾祥》）

东昌府之高唐州飞蝗蔽日。（清康熙《高唐州志》卷九《灾异》）

登州府以及济南府之平原县、蒲台县大蝗。（章义和《中国蝗灾史》）

兖州府阳谷县蝗，食禾、草、树叶一空。大饥，人相食。（清光绪《寿张县志》卷一〇《灾变》）

东昌府之馆陶县蝗蝻食麦。（清康熙《馆陶县志》卷一二《灾祥》）

【河南】

夏，开封府之郑州亢旱，飞蝗蔽日，禾枯粮尽，人相食。（清康熙《郑州志》卷一《灾祥》）

春三月，开封府之杞县蝗。（清乾隆《杞县志》卷二《灾祥》）

河南府之巩县连年蝗灾。（民国《巩县志》卷五《大事记》）

河南府之登封县旱，蝗，人相食。（清康熙《登封县志》卷九《灾祥》）

秋，归德府之考城县蝗。万历四十年以后，飞蝗岁见，至崇祯十二年盈野蔽天，其势更甚。生子入土，十八日成蟓，稠密如蚁。稍长，无翅不能高飞，禾稼瞬息一空。焚之以火，堑之以坑，终不能制。（清康熙《兰阳县志》卷一〇《灾祥》）

开封府之通许县蝗灾。（清康熙《通许县志》卷一〇《灾祥》）

卫辉府之新乡县秋蝗，旱，大饥。（清康熙《新乡县续志》卷二《灾异》）

卫辉府之汲县旱，蝗食麦。（清顺治《卫辉府志》卷一九《灾祥》）

开封府之兰阳县飞蝗盈野蔽天，其势更甚。生子入土，十八日成蟓，稠密如蚁，稍长，无翅不能高飞，禾稼瞬息一空。焚之以火，堑之以坑，终不能制。（清康熙《兰阳县志》卷一〇《灾祥》）

怀庆府之温县蝗蝻遍野，逾城垣，入人户宇。（清乾隆《温县志》卷一《灾祥》）

怀庆府飞蝗蔽天。七月，蝗蝻结块渡河，作物尽食。（清康熙《怀庆府志》卷一《灾祥》）

夏，怀庆府之济源县蝗蝻遍山野，拥入庐舍。九月，草尽树赤，蝻自相食，饥民设釜炊之，以实枵腹。（清乾隆《济源县志》卷一《祥异》）

汝州之伊阳县旱，蝗，民相食；八月，蝗蝻生。（清乾隆《伊阳县志》卷四《祥异》）

河南府之卢氏县蝗，尤甚。（清康熙《汝阳县志》卷五《礼祥》）

开封府之项城县大旱，蝗。（清康熙《项城县志》卷八《灾祥》）

汝州之郏县大旱，蝗。（清同治《郏县志》卷一〇《杂事》）

卫辉府之辉县蝗。自秋至明年又蝗，仅播种而不秀，秀而不实，斗米千钱。（清道光《辉县志·艺文》）

怀庆府之武陟县蝗食秋禾，缘墙壁入人家，遇物皆啮，结块渡河。（清康熙《武陟县志》卷一《灾祥》）

七月，怀庆府之孟县蝻逾城垣，东南走，及河结块以渡。（清康熙《孟县志》卷七《灾祥》）

怀庆府之河内县飞蝗蔽天，缘堞入城内，啮笋木尽，结块渡河走。是岁饥。（清康熙《河内县志》卷一《灾祥》）

六月，怀庆府之河内县蝗夺民稼，而蝗蝻乃已种子，无虑万顷。冬无雪，蝻子计日而出。（清康熙《河内县志》卷四《艺文》）

卫辉府之淇县蝗。（清顺治《淇县志》卷一〇《灾祥》）

归德府之夏邑县旱，蝗。（清康熙《夏邑县志》卷一〇《灾异》）

十一至十四年，开封府之密县旱、蝗迭际，荒歉异常，道殣枕藉，人至相食，即父子夫妇亦有忍啖不忌者。（清顺治《密县志》卷七《祥异》）

夏、秋，归德府之柘城县蝗蝻为害，大饥。（清康熙《柘城县志》卷四《灾祥》）

归德府之睢州大蝗且旱。（清康熙《睢州志》卷七《祥异》）

二月，归德府之永城县大蝗。（清康熙《永城县志》卷八《灾异》）

归德府之宁陵县蝗。（清康熙《宁陵县志》卷一二《灾祥》）

开封府之商水县旱，蝗。（清顺治《商水县志》卷八《灾变》）

夏六月，归德府之鹿邑县蝗。秋，蝗蝻生。（清康熙《鹿邑县志》卷八《灾祥》）

开封府之许州大蝗，秋禾尽伤。（清康熙《许州志》卷九《祥异》）

开封府之襄城县大蝗，秋禾尽伤。（清顺治《襄城县志》卷七《灾祥》）

春，开封府之沈丘县旱，蝗。（清乾隆《沈丘县志》卷一一《祥异》）

禹州旱，蝗。（民国《禹县志》卷二《大事记》）

汝宁府之罗山县蝗入城，五谷俱尽。（清乾隆《罗山县志》卷八《灾异》）

河南府之洛阳县旱，蝗。（民国《洛阳县志》卷一《祥异》）

汝宁府之商城县飞蝗蔽天，禾尽食，民大饥。（清康熙《商城县志》卷八《灾祥》）

南阳府之南阳县蝗食稼，岁大饥。始则飞蝗如雨，既而蝻结块，数十里并排而进，自北而南，山河城垣无阻，逢井则自井口至底而上，草木无遗，人家室中箱笼衣服尽蚀。（清康熙《南阳县志》卷一《祥异》）

二月，沁水飞蝗蔽天。南阳大蝗，草木尽食，数百里如霜。（清郑廉《豫变纪略》卷三）

南阳府之泌阳县蝗飞蔽天，落地寸草不生。（清康熙《泌阳县志》卷一《灾祥》）

南阳府淅川县飞蝗食禾，无遗种。（清康熙《淅川县志》卷八《灾祥》）

开封府之陈州旱，蝗。（清乾隆《陈州府志》卷三〇《祥异》）

南阳府之桐柏县飞蝗蔽天。（清乾隆《桐柏县志》卷一《祥异》）

南阳府之镇平县蝗食稼，大饥。（清康熙《镇平县志》卷下《灾祥》）

南阳府之内乡县旱，蝗。（清康熙《内乡县志》卷一一《祥异》）

四月，汝州蝗。秋八月，蝼生，井水臭秽不可食，民有数日不举火者。（清道光《汝州全志》卷九《灾祥》）

开封府之长葛县飞蝗蔽天。（清康熙《长葛县志》卷一《灾祥》）

河南府之嵩县飞蝗蔽天，蝻虫继生，缘壁入室，釜皆遍，麦禾俱尽，民多死亡。（清康熙《嵩县志》卷一〇《灾异》）

开封府之洧川县飞蝗蔽天，食谷、菽殆尽。（清康熙《洧川县志》卷七《祥异》）

夏、秋，汝宁府之新蔡县飞蝗蔽天，蝗蝻为灾。（清乾隆《新蔡县志》卷九《大事记》）

夏四月，汝宁府之汝阳县蝗竟月，飞翔往来不定，所落之处草木靡有萌蘖。至秋八月蝼生，民间釜皿皆满，井水臭秽不可食。（清乾隆《伊阳县志》卷四《祥异》）

九至十三年，五载，卫辉府之获嘉县旱，蝗。（清康熙《获嘉县志》卷一〇《杂志》）

夏，河南府之阌乡县蝻食麦。（清顺治《阌乡县志》卷一《灾祥》）

河南府之灵宝县蝗蝻食麦。（清光绪《重修灵宝县志》卷八《机祥》）

河南府之渑池县又蝗，积地盈尺，食禾殆尽。（清乾隆《渑池县志》卷中《灾祥》）

河南府之宜阳县旱、蝗交加。（清乾隆《宜阳县志》卷一《灾祥》）

永宁县旱，蝗。（民国《洛宁县志》卷一《祥异》）

河南台前县大旱，蝗食禾尽。次年大灾荒，饿死者甚众，有食人者。（清雍正《河南通志》卷五《灾祥》）

南召县大蝗灾，飞蝗如雨，继而跳蝻结块，数十里结排而进，自北向南所过草木无遗。（清乾隆《南召县志》）

河南府之新安县旱，蝗。（清康熙《新安县志》卷一七《灾异》）

卫辉府旱，蝗，秋禾尽没。（清雍正《河南通志》卷五《灾祥》）

夏，河南府陕州蝗蝻生，食禾殆尽，斗米五千钱，死者众。（清雍正《河南通志》卷五《灾祥》）

陕州蝗甚，积地厚尺许。（清顺治《陕州志》卷四《灾祥》）

【湖北】

荆州府江南北飞蝗蔽日。（清康熙《荆州府志》卷二《祥异》）

荆州府远安县蝗。（清顺治《远安县志》卷四《祥异》）

【湖南】

秋，岳州府华容县蝗，群飞蔽日，聚响如雷，所过秋苗及草木悉空，衣服亦尽啮。（清乾隆《岳州府志》卷二九《事纪》）

岳州府之安乡县飞蝗自石首过青苔，渡来安乡，如云蔽日，聚响成雷，所过禾、稻、草、木无存者。经明公寺下县，集琴堂厚尺许，市居尽遍，一支自黄山下焦圻，荆治湖等处。（清同治《直隶澧州志》卷一九《荒歉》）

秋，岳州府之安福县蝗。（清同治《安福县志》卷二九《祥异》）

六月，长沙府益阳县蝗。（清嘉庆《益阳县志》卷一三《灾祥》）

秋，长沙府之安化县蝗灾，蔽日，如云聚，响成雷，所过草木、衣服、谷尖无有存者。（清康熙《岳州府志》卷二《祥异》）

岳州府之澧州蝗。（章义和《中国蝗灾史》）

【陕西】

西安府之澄城县、汉中等府县蝗。（章义和《中国蝗灾史》）

西安府之咸阳县蝗飞食苗，禾无成。（清乾隆《咸阳县志》卷二一《祥异》）

五月，西安府之高陵县复蝗，谷糜三种三食，十室九空，至十三年七月尚未种谷。人以荞杆、榆皮为食。（清光绪《高陵县续志》卷八《缀录》）

西安府之鄠县蝗，大饥。（清康熙《鄠县志》卷八《灾异》）

西安府之盩厔县蝗自东来，食禾尽。（清乾隆《重修幸盩厔县志》卷一三《祥异》）

西安府之永寿县飞蝗入境，大伤禾稼。（清康熙《永寿县志》卷六《灾祥》）

西安府之临潼县蝗飞食苗，禾无成。（清康熙《临潼县志》卷六《祥异》）

西安府之韩城县蝗。（清康熙《韩城县续志》卷七《祥异》）

秋七月，西安府之白水县有蝗。（清乾隆《白水县志》卷一《祥异》）

夏，潼关卫蝻食麦。（清康熙《潼关卫志》卷上《灾祥》）

西安府之洛南县秋蝗。（清康熙《洛南县志》卷七《灾祥》）

凤翔府之凤翔县飞蝗蔽天，秋无禾。（清雍正《凤翔县志》卷一〇《灾异》）

凤翔府之凤翔县遗蝻遍野。（清乾隆《重修凤翔府志》卷一二《祥异》）

凤翔府之岐山县蝗伤秋禾。（清顺治《重修岐山县志》卷二《灾祥》）

凤翔府之扶风县遗蝗蝻遍野。（清顺治《扶风县志》卷一《灾祥》）

凤阳府之麟游县遗蝻遍野，饥民食之。（清顺治《麟游县志》卷一《灾祥》）

延安府之榆林卫蝗。（清康熙《延绥镇志》卷五《纪事》）

延安府之绥德州蝗。（清光绪《绥德州志》卷三《祥异》）

延安府蝗。（清嘉庆《重修延安府志》卷六《大事表》）

秋，汉中府之南郑县蝗，禾草俱尽，大饥。（民国《续修南郑县志》卷七《拾遗》）

夏，旱。秋，汉中府之城固县蝗，禾草俱尽，大饥。（清康熙《城固县志》卷二《灾异》）

【甘肃】

庆阳府，十二年至十四年，飞蝗蔽天，落地如岗阜，斗米（银）三两，人有易子而食者。（清乾隆《新修庆阳府志》卷三七《祥眚》）

十二年至十四年，庆阳府之环县皆蝗。（清乾隆《环县志》卷一〇《纪事》）

十二年至十四年，庆阳府正宁县飞蝗蔽天，落地如岗阜，斗米银三两。（清乾隆《正宁县志》卷一三《祥眚》）

秦州之徽县旱，蝗。（民国《徽县新志》卷一《灾歉》）

巩昌府秦州属县旱，蝗。太守乔迁高署巡道，率官民捕之，禾苗得以无害。（清乾隆《直隶秦州新志》卷六《灾祥》）

1640年（明崇祯十三年）：

五月，两京、山东、河南、山西、陕西、浙江大旱，蝗。（《明史·五行志一》）

【北京】

秋七月，畿内捕蝗。（《明史·庄烈帝本纪》）

五月，顺天府之昌平县蝗。六月，蝻。（清康熙《昌平州志》卷二六《纪事》）

【天津】

夏、秋，天津府之静海县飞蝗蔽天，禾苗枯槁。民饥，人相食，死者大半。（清康熙《静海县志》卷四《灾异》）

【河北】

正定府之栾城县蝗，大饥。（清道光《栾城县志》卷末《灾祥》）

夏五月，永平府之迁安县飞蝗遍野，大伤禾稼。大饥，斗米一两二钱，人相食，男妇剥树皮，榆柳俱尽。（清康熙《迁安县志》卷七《灾祥》）

永平府，飞蝗蔽日。（章义和《中国蝗灾史》）

夏，永平府之昌黎县蝗。（清康熙《昌黎县志》卷一《祥异》）

永平府卢龙春旱，夏蝗。（清康熙《永平府志》卷三《灾祥》）

顺天府玉田县蝗。（清康熙《玉田县志》卷八《祥眚》）

秦皇岛旱，蝗。（清康熙《山海关志》卷一《灾祥》）

顺天府之遵化县蝗蝻遍野。秋、冬大饥，人相食，冻饿死者枕藉道路。（清康熙《遵化州志》卷二《灾异》）

夏，永平府之滦州蝗，大饥。（清康熙《滦志》卷二《世编》）

顺天府之霸州蝗，旱。大饥。（清康熙《霸州志》卷一〇《灾异》）

顺天府之大城县旱，蝗。（清光绪《顺天府志》卷六九《祥异》）

顺天府之文安县飞蝗蔽日而下，一人捕数石。（清光绪《顺天府志》卷六九《祥异》）

保定府之容城县飞蝗蔽天。（清康熙《容城县志》卷八《灾变》）

夏秋，保定府之雄县大旱，有蝗。（清康熙《雄乘》卷中《祥异》）

是岁秋，保定府之安肃县蝗，食禾几尽。（清康熙《安肃县志》卷三《灾异》）

夏四月，大名府之长垣县旱。六月，飞蝗，生蝻。（清嘉庆《长垣县志》卷九《祥异》）

河间府之河间县蝗飞蔽天，人相食。（清康熙《河间县志》卷一一《祥异》）

河间府之沧州蝗，人相食。（清乾隆《沧州志》卷一二《纪事》）

河间府之东光县蝗，斗米价银两余，人相食，只身不敢路行。（清康熙《东光县志》卷一《礼祥》）

夏、秋，河间府之盐山县飞蝗遍野，斗米银四金，木皮、草根剥掘俱尽，人相食。（清康熙《盐山县志》卷九《灾祥》）

河间府之青县旱，蝗。斗米值银一两五钱，人相食。（清嘉庆《青县志》卷六《祥异》）

河间府之阜城县大旱，蝗。斗米价银两余，人相食，只身不敢路行，至父子夫妇相食。（清康熙《重修阜志》卷下《祥异》）

真定府之深州秋蝗，民多道死。（清道光《深州直隶州志》卷末《礼祥》）

秋后，真定府之安平县蝗。（清康熙《安平县志》卷一〇《灾祥》）

五月，大名府之大名县蝗。时斗米千钱，人相食，命官赈济。（清咸丰《大名府志》卷四《年纪》）

大名府之滑县蝗虫大起，麦苗食尽。（清乾隆《滑县志》卷一三《祥异》）

真定府之宁晋县大旱，蝗，川泽竭，井涸，人相食。（清康熙《宁晋县志》卷一《灾祥》）

临城县大旱，虫蝗。时斗米千钱，民剥树皮以食，祖孙父子夫妻俱有相食者。（清康熙

《临城县志》卷八《机祥》)

永平府之临榆县旱，蝗。（章义和《中国蝗灾史》）

【山西】

五月旱，蝗，大饥，人相食。（清光绪《山西通志》卷八六《大事纪》）

太原府之太谷县蝗。（清雍正《山西通志》卷一六三《祥异》）

太原府之平定州旱，蝗。（清乾隆《平定州志》卷五《祥异》）

泽州之高平县旱，蝗，大饥，人相食。夏旱甚，秋无禾稼，飞蝗蔽野，食树叶几尽。至冬，蝶生不绝，入人家，与民争熟食。（清顺治《高平县志》卷九《祥异》）

平阳府之霍州蝻。（清康熙《鼎修霍州志》卷八《祥异》）

平阳府之夏县连遭大旱，蝗蝻食苗，岁大饥馑。（清乾隆《解州夏县志》卷一一《祥异》）

【辽宁】

绥中县旱，蝗。（民国《绥中县志》卷一《灾祥》）

【上海】

夏六月，松江府青浦县飞蝗蔽天，大旱。（清乾隆《青浦县志》卷三八《祥异》）

【江苏】

江宁府旱，蝗，大饥，斗米千钱。（清康熙《江宁府志》卷三《祥异》）

夏五月，应天府之溧水县旱，蝗，大饥，斗米千钱，禾种皆绝。（清光绪《溧水县志》卷一《庶征》）

应天府之上元县大旱，蝗蝻遍野，道殣相望。（章义和《中国蝗灾史》）

六月，苏州府之昆山县大旱，娄江流断，飞蝗蔽天。（清道光《昆新两县志》卷三九《祥异》）

四月，苏州府之吴县蝗从江北来，高乡茭庐被啮。幸不伤禾。（明崇祯《吴县志》卷一一《祥异》）

苏州府之吴江县大旱，蝗，大饥。（清道光《平望志》卷一三《灾变》）

秋，常州府之无锡县蝗大至，集屋盈二尺，集木柯枝皆折。（清乾隆《锡金识小录》卷二《祥异补》）

六月初六至初十，常州府之无锡县蝗虫落落飞过。七月，飞蝗蔽天而来，自西北往东南，锡城中屋上俱盈二三寸。蝗飞三日，至八月初，蔽天而下，落落飞过。（清计六奇《明季北略》卷一六）

是年，镇江府旱，蝗，民多疫，果有人相食之事。（清乾隆《镇江府志》卷四三《祥异》）

夏，旱。秋，常州府蝗，大饥。（清康熙《常州府志》卷三《祥异》）

是年，镇江府之丹阳县旱，蝗，民多疫，人果相食。（清光绪《丹徒县志》卷五八《祥异》）

秋，大旱。镇江府之金坛县蝗食禾略尽，湖地为陆。（明崇祯《镇江府金坛县采访册·政事》）

应天府之句容县蝗，旱，五谷不登。（清顺治《重修句容县志》卷末《祥异》）

夏，旱，洮湖竭。常州府之宜兴县蝗伤禾，斗米二钱。（清嘉庆《增修宜兴县旧志》卷末《祥异》）

十三、十四年，扬州飞蝗蔽天，行人路塞，草木、竹树叶皆尽。（清康熙《扬州府志》卷二二《灾异》）

大旱，飞蝗食草木竹叶皆尽，斗米银四钱。江仪民掘蜀冈下，黄白土食之。高邮民亦鱼土山掘石，屑食之，名曰观音粉。（清嘉庆《广陵事略》卷七《祥异》）

扬州府之兴化县大旱，飞蝗蔽天，食草木皆尽，道殣相望。（清康熙《兴化县志》卷一《祥异》）

八月，扬州府之宝应县旱，蝗。东西二乡周匝数百余里堆积五六尺，禾苗一扫罄尽，草根树皮无遗种。（清康熙《宝应县志》卷三《灾祥》）

扬州府之泰州大旱，蝗。民饥流亡，人相食。（明崇祯《泰州志》卷七《灾祥》）

扬州府之泰兴县蝗食草木叶皆尽。（清光绪《泰兴县志》卷末《述异》）

春三月，常州府之靖江县蝗复生，购捕。八月复蝗，从西北飞来，蔽天漫野，路绝行人，至不可捕。九月稻白蛸，东乡无收。民饥，通泰饿莩就食者载道。（明崇祯《靖江县志》卷一一《灾祥》）

扬州府之通州大旱，蝗食草木叶皆尽，民饥。（清光绪《通州直隶州志》卷末《祥异》）

二月，淮安府之安东县多次蝗生，食禾。大旱，赤地千里。（清雍正《安东县志》卷一五《祥异》）

淮安府之桃源县大旱，蝗食稻尽。（清乾隆《重修桃源县志》卷八《人物》）

十三年、十四年大旱，淮安府之盐城县蝗蔽天，疫疠大行。石麦二两，民饥死无数。（清乾隆《盐城县志》卷二《祥异》）

四月至七月，扬州府之东台县蝗复至，飞盈衢市，屋草靡遗。民大饥，人相食。（清嘉庆《东台县志》卷七《祥异》）

徐州大旱。夏、秋，蝗蝻遍野，人争捕杀，积道旁成丘，臭秽闻数十里。民饥甚，斗米千钱，棉、菜及诸草种亦斗数百，人相食，流亡载道。（清康熙《徐州志》卷二《祥异》）

夏、秋，徐州之丰县蝗蝻遍生田间，争捕杀之，道傍积若丘陵，臭闻数十里。民大饥，

斗米一金。人相食。（清顺治《新修丰县志》卷九《灾祥》）

夏，徐州之沛县大蝗。冬饥，人相食。（清乾隆《沛县志》卷一《水旱》）

秋，徐州之萧县蝗，无遗禾。民大饥，斗米三钱。人相食，骸骨饥藉，死者不胜纪。（清顺治《萧县志》卷五《灾异》）

【浙江】

浙江之杭州，杭州府之余杭县，绍兴府之山阴县蝗积二三寸，逐之不去。（民国《杭州府志》卷八四《祥异》）

七月旱，嘉兴府之嘉善县蝗。（清嘉庆《重修嘉善县志》卷三四《祥眚》）

嘉善县蝗虫蔽野。（清嘉庆《重修嘉善县志》卷九《恤政》）

大水，湖州府之长兴县蝗。（清康熙《长兴县志》卷四《灾祥》）

八月，湖州府之德清县蝗害稼，米价一石三两有奇。（清乾隆《武康县志》卷一《祥异》）

湖州府蝗害稼。（清同治《湖州府志》卷四四《祥异》）

七月，嘉兴府旱，蝗。（清光绪《嘉兴府志》卷三五《祥异》）

绍兴府之山阴县有蝗从西北来，不雨者四月，米价腾贵。（清康熙《山阴县志》卷九《灾祥》）

四月，绍兴府之山阴、会稽两县蝗。（清乾隆《绍兴府志》卷八〇《祥异》）

【安徽】

庐州府之合肥县、舒城县旱，蝗，六安州、霍山县尤甚。（清光绪《续修庐州府志》卷九三《祥异》）

凤阳府之颍州、颍上县、霍邱县、蒙城县等大旱，蝗。（清乾隆《颍州府志》卷一〇《祥异》）

池州府之铜陵县飞蝗蔽天，蚸遍野，有剜肉以食者。（清顺治《铜陵县志》卷七《祥异》）

夏，庐州府之六安州大旱，飞蝗蔽天，人相食。（清康熙《重修六安州志》卷一〇《祥异》）

凤阳府之霍邱县旱，蝗，大饥，斗米千钱，人至相食。（清康熙《霍邱县志》卷二〇《灾祥》）

庐州府之舒城县蝗，民大饥。（清雍正《舒城县志》卷二九《祥异》）

庐州府之霍山县大旱，蝗盈尺，飞扑人面，堆砌交衢，践之有声。至秋田禾尽蚀，疫疠大作。（清顺治《霍山县志》卷二《灾祥》）

太平府复蝗。（清乾隆《太平府志》卷三二《祥异》）

颍州府之阜阳县大旱，蝗。（清顺治《颍州志》卷一《郡纪》）

凤阳府之颍上县大旱，蝗。（清乾隆《颍上县志》卷一二《杂记》）

滁州之全椒县大旱，蝗。蝗飞蔽天而下，厨厕皆满。（清康熙《全椒县志》卷二《灾祥》）

淮安府之盱眙县大旱，蝗蝻遍地，寸草不收，饥民以树皮为食。（清康熙《盱眙县志》卷三《祥异》）

太平府之当涂县大水，蝗。（清康熙《当涂县志》卷三《祥异》）

徽州府之宣城县大旱，蝗大起。寻又大疫。（清乾隆《宣城县志》卷二八《祥异》）

徽州府之南陵县大旱，蝗起，寻大疫。（清嘉庆《南陵县志》卷一六《祥异》）

池州府秋蝗，民大饥。（清乾隆《池州府志》卷二〇《祥异》）

宁国府郡大旱，蝗起，寻大疫。（清嘉庆《宁国府志》卷一《祥异》）

秋八月，池州府之石埭县飞蝗蔽天。（清康熙《石埭县志》卷二《祥异》）

夏，庐州府之英山县大旱，飞蝗蔽天。（清乾隆《英山县志》卷二六《祥异》）

【山东】

山东益都、临淄、昌乐、利津等县飞蝗蔽天。（清雍正《山东通志》卷三三《灾祥》）

青州府之安丘县大蝗，蝻从平地涌出，田禾食尽。（清雍正《山东通志》卷三三《灾祥》）

秋，济南府之历城县蝗。（明崇祯《历城县志》卷一六《灾祥》）

兖州府之峄县旱、蝗频年，至是赤地，民掘草根，剥木皮皆尽，父子相食，白骨纵横。（清康熙《峄县志》卷二《灾祥》）

济南府之齐河县蝗，旱，大饥，人相食。（清康熙《齐河县志》卷六《灾祥》）

夏，济南府之平原县复蝗，斗谷千钱无籴处，人相食，瘗尽发。（清乾隆《平原县志》卷九《灾祥》）

济南府之利津县人相食，小蝗伤麦。（清康熙《利津县新志》卷九《祥异》）

沾化县夏、秋大旱，蝗，野无寸草。道殣相望，寇贼蜂起，人相食。（民国《沾化县志》卷七《大事纪》）

自六月不雨至八月，青州府之益都县大蝗。（清康熙《益都县志》卷一〇《祥异》）

是年，青州府之诸城县旱，蝗，人相食。（清乾隆《诸城县志》卷二《总纪》）

夏，莱州府之胶州蝗。秋，大饥，人相食。（清道光《胶州志》卷三五《祥异》）

莱州府高密县旱，蝗，大饥，人相食。（清康熙《高密县志》卷九《祥异》）

莱州府平度州旱，蝗，饥，至人相食。（清道光《重修平度州志》卷二六《大事记》）

莱州府之掖县旱，蝗，大饥，人相食。（清乾隆《掖县志》卷五《祥异》）

登州府之福山县自春至秋无雨，蝗杀稼殆尽，人相食。（清康熙《福山县志》卷一《灾祥》）

登州府之栖霞县大旱，飞蝗蔽天，伤稼，无秋。大饥，人相食。（清光绪《栖霞县续志》卷八《祥异》）

夏，登州府莱阳县蝗，旱。秋，大饥。（清康熙《莱阳县志》卷九《灾祥》）

登州府之文登县大旱，飞蝗蔽天，伤稼。秋，大饥。（清光绪《文登县志》卷一四《灾异》）

登州府之海阳县蝗，旱。秋，大饥。（清乾隆《海阳县志》卷三《灾祥》）

兖州府沂州蝗遍野盈尺，百树无叶，赤地千里。斗麦二千，民掘草根、剥树皮，父子相食，骸骨纵横。婴儿捐弃满道，人多自竖草标求售，转沟壑者无算。（清康熙《沂州志》卷一《灾异》）

春、夏大旱，兖州府之郯城县飞蝗遍野，害禾一空。未几，子出，小蝗遍境，附壁入室，衣物尽蛀。缘城进县，民舍、官廨悉为塞满，釜、灶掩闭，全不敢开。捕获数百千石，而蝗愈胜。秋稼全坏，合境大饥。（清康熙《郯城县志》卷九《灾祥》）

东昌府鄄城县旱、蝗继发。（清雍正《山东通志》卷三三《灾祥》）

六月，兖州府曹县蝗飞蔽天，既而蝗蝻相生，禾尽食草，草尽食树叶，屋、垣、井、灶皆满。（清康熙《曹州志》卷一九《灾祥》）

兖州府之费县大旱，飞蝗蔽天，害稼，饥馑，人相食。（清光绪《费县志》卷一六《祥异》）

费县蝗。七月，霜，大饥。（清康熙《莒州志》卷二《灾异》）

青州府莒州蝗。秋七月，霜，大饥，麦一斗银四钱有奇。（民国《重修莒志》卷二《大事记》）

东昌府之范县蝗，疫，大饥，人相食。（清康熙《濮州志》卷一《礼集》）

青州府之日照县旱，蝗，大饥，人相食。（清康熙《日照县志》卷一《纪异》）

济南府之肥城县旱、蝗相集，禾稼尽伤。甚而母子、兄弟、夫妇相食，惨不忍言，人民死者以亿万计。（清康熙《肥城县志书》卷下《灾祥》）

济南府之新泰县蝗蝻，人饥，斗粟银两余。（清顺治《新泰县志》卷一《灾祥》）

兖州府宁阳县大旱，蝗灾。斗米三两，父子相食，土寇日炽，民饥而死者十之八九。（清康熙《宁阳县志》卷六《灾祥》）

兖州府之平阴县蚜蝗害稼。（清顺治《平阴县》卷八《灾祥》）

兖州府滋阳县蝗，旱，奇荒。斗麦二两，瘟疫盛行，盗贼窃发，父子相食，人死过半。（清康熙《滋阳县志》卷二《灾异》）

兖州府之曲阜县夏旱，蝗，疫。冬十二月，大饥，人相食。（清乾隆《曲阜县志》卷三〇《通编》）

夏，兖州府邹县生蝗蝻。（清康熙《邹县志》卷二《灾乱》）

兖州府济宁州旱，蝗，大饥，汶、泗断流。（清乾隆《济宁直隶州志》卷一《纪年》）

兖州府之鱼台县大旱，湖尽涸，蝗蝻遍野。（清乾隆《鱼台县志》卷三《灾祥》）

兖州府之汶上县大旱，蝗。（清康熙《续修汶上县志》卷五《灾祥》）

连岁蝗，旱，斗米价银三两，瘟疫盛行，父子相食。（清康熙《兖州府志》卷三九《灾祥》）

兖州府之泗水县螽蝝害稼，野无遗草，大饥，草木食尽。（清康熙《泗水县志》卷一一《灾祥》）

六月，菏泽县蝗飞蔽天，既而蝗蝻相生，禾尽食卉，卉尽食树叶，屋、垣、井、灶皆满。（清光绪《菏泽县志》卷一九《灾祥》）

兖州府之单县大旱，蝗，大饥，瘟疫盛行，人相食。（清康熙《单县志》卷一《祥异》）

春，东昌府之冠县蝗蝻复生。（清康熙《冠县志》卷五《祥祲》）

十一年至十三年，济南府之泰安州，连岁旱，蝗，民大饥，人相食。土寇蜂屯编东省州城内外夜夜鬼泣。（明万历《泰安州志》卷一《灾祥》）

【河南】

怀庆府之温县、祥符，怀庆府之孟县、陕县、新乡蝗。卫辉府之获嘉县、河南府之洛阳县旱，蝗，人相食。（清夏燮《明通鉴·庄烈帝纪》）

襄城、汝宁、汲县、新乡、尉氏、获嘉、密县、祥符、内乡、息县、罗山蝗灾。洛阳、开封、夏邑、登封、西平蝗蝻遍野，尺厚，食禾稼、草叶无遗。民以草根、树皮为食，有弃婴儿于路，人相食。（陈家祥《中国历代蝗患之记载》）

秋，开封府之仪封县蝗遍野，蔽天。（清顺治《仪封县志》卷七《礼祥》）

夏，亢旱，开封府之郑州飞蝗蔽日，禾枯粮尽，民穷盗起。（清康熙《郑州志》卷一《灾祥》）

河南府之洛阳县旱，蝗，草木、兽皮、虫蝇皆食尽，父子、兄弟、夫妇相食，死亡载道。（民国《洛阳县志》卷一《祥异》）

开封府之荥阳县飞蝗食木叶，蝗过蝻生，室之内外皆蝻。肆人相食，冻饿死者无算。（清顺治《汜志》卷四《祥异》）

开封府之河阴县蝗蝻生，饿殍枕道，人相食。（清光绪《河阴志稿》卷三《祥异》）

河南府之嵩县旱，赤地千里，飞蝗蔽日，所过禾苗立尽。（清光绪《嵩县志》卷六《祥异》）

开封府之新郑县秋禾继以蝗蝻食尽，九月后人相食。（清顺治《新郑县志》卷五《祥异》）

河南府之登封县大旱，蝗蝻为灾。斗米价至二两，饿莩盈野，父子相食。（清康熙《登封县志》卷九《灾祥》）

河南府之巩县旱，蝗，饥馑。（民国《巩县志》卷五《大事记》）

河南府之新安县旱，蝗，大饥。（清康熙《新安县志》卷一七《灾异》）

秋七月，汝宁府之汝阳县大蝗，民饥。（清康熙《汝阳县志》卷五《礼祥》）

夏四月，开封府蝗啮麦。秋七月，旱，蝗，禾草皆枯。（清康熙《开封府志》卷三九《祥异》）

夏，开封府之陈留县蝗食麦尽，颗粒无获，民相率为盗。（清顺治《陈留县志》卷一一《礼祥》）

四月，开封府之祥符县蝗。（清光绪《祥符县志》卷二三《祥异》）

开封府之兰阳县蝗，入土生子。（清康熙《兰阳县志》卷一〇《灾祥》）

四月，开封府之尉氏县蝗食禾，既。七月，大旱，蝗，禾草俱枯。（清道光《尉氏县志》卷一《祥异》）

夏四月，开封府之通许县蝗，无麦。秋八月，大霜杀禾。大饥，民相食。（清康熙《通许县志》卷一〇《灾祥》）

卫辉府之新乡县蝗蝻大作，人相食，瘟疫。蝗蝻结累渡河，上城垣如平地，麦食尽，无秋禾。（清康熙《新乡县续志》卷二《灾异》）

九至十三年，五载，卫辉府之获嘉县旱，蝗。（清康熙《获嘉县志》卷一〇《杂志》）

春、夏，卫辉府旱，蝗，民饥。（清雍正《河南通志》卷五《灾祥》）

卫辉府之辉县大蝗。（清康熙《辉县志》卷一八《灾祥》）

卫辉府之汲县旱，蝗，大饥，人相食。（清乾隆《汲县志》卷一《祥异》）

夏，怀庆府之河内县大旱，蝗。……知县王汉奏曰：河内蝗夺民稼。自去年六月至今，水、旱、蝗相仍，而蝗虫乃已种子，亡虑万顷。（清郑廉《豫变纪略》卷三）

夏，河南府之阌乡县旱，蝗蝻生，食禾殆尽。（清顺治《阌乡志》卷一《灾祥》）

夏，河南府之灵宝县蝗蝻生，食禾稼殆尽，人相食。（清康熙《灵宝县志》卷四《礼祥》）

河南府之卢氏县旱，蝗蝻生，食禾稼殆尽。（清康熙《卢氏县志》卷四《灾祥》）

开封府之陕州蝗蝻生，食禾稼殆尽。（清乾隆《重修直隶陕州志》卷一九《灾祥》）

四月，开封府之陈州蝗，民大饥。（清乾隆《陈州府志》卷三〇《祥异》）

归德府之鹿邑县旱，蝗，人相食。（清康熙《鹿邑县志》卷八《灾祥》）

五月，归德府大旱，蝗。（清乾隆《归德府志》卷三四《灾祥》）

夏，归德府之夏邑县旱，秋蝗。（清康熙《夏邑县志》卷一〇《灾异》）

夏，归德府之睢州大旱，蝗，野无青草。（清康熙《睢州志》卷七《祥异》）

开封府之太康县蝗、旱相继。（清康熙《太康县志》卷八《灾异》）

开封府之许州大旱，蝗，秋禾尽伤，青草皆枯。（清康熙《许州志》卷九《祥异》）

开封府之长葛县连岁飞蝗为灾。（清康熙《长葛县志》卷一《灾祥》）

大旱，开封府之襄城县大蝗，秋禾尽伤。（清顺治《襄城县志》卷七《灾祥》）

南阳府之舞阳县蝗虫遍野，民大饥。（清道光《舞阳县志》卷一一《灾祥》）

汝州之郏县大旱，蝗。（清同治《郏县志》卷一〇《杂事》）

春、夏大旱。秋，开封府之郾城县蝗。（清顺治《郾城县志》卷八《祥异》）

春、夏大旱。秋，开封府之临颍县蝗。（清乾隆《临颍县续志》卷七《灾祥》）

汝州旱，蝗，大饥，人相食。（清道光《汝州全志》卷九《灾祥》）

汝州之鲁山县大旱，蝗。（清乾隆《鲁山县全志》卷九《祥异》）

南阳府之内乡县大饥，民煮蝗而食。（清康熙《内乡县志》卷一一《灾祥》）

南阳府之桐柏县飞蝗蔽天。（清乾隆《桐柏县志》卷一《祥异》）

南阳府之泌阳县蝗蝻遍野。（清康熙《泌阳县志》卷一《灾祥》）

汝宁府之新蔡县蝗蝻孽生。（清乾隆《新蔡县志》卷九《大事记》）

汝宁府之西平县蝗蝻积地盈尺，飞蝗蔽日，田禾食尽，野无青草，人相食。（清康熙《西平县志·外志》卷一〇）

汝宁府之遂平县旱，蝗灾。（清乾隆《遂平县志》）

汝宁府之光山县旱，蝗，人相食，寇大作。（清顺治《光山县志》卷一三《灾祥》）

汝宁府之光州旱，蝗，人相食，有窃邻之幼子而食者。（清顺治《光州志》卷一二《灾异》）

汝宁府之罗山县大旱，蝗。（清乾隆《罗山县志》卷八《灾异》）

汝宁府之息县大旱，蝗。（清嘉庆《息县志》卷八《灾异》）

汝宁府之固始县大旱，大蝗。（清康熙《固始县志》卷一一《灾祥》）

汝宁府之商城县飞蝗蔽天，无禾，人相食。（清康熙《商城县志》卷八《灾祥》）

汝宁府蝗蝻生，人相食。（清雍正《河南通志》卷五《祥异》）

汝州之宝丰县蝗灾，食禾稼殆尽。（清雍正《河南通志》卷五《祥异》）

三月，卫辉府之淇县复旱，蝗。（清顺治《淇县志》卷一〇《灾祥》）

河南府洛阳连年蝗蝻相继，米麦腾贵。（清顺治《河南府志》卷三《灾异》）

【湖北】

夏四月，武昌府之江夏县飞蝗蔽天。（清康熙《湖广武昌府志》卷三《灾异》）

黄州府之黄安县蝗，大饥。（清道光《黄安县志》卷九《灾异》）

十三年、十四年旱，黄州府之麻城县蝗飞，疫疠臻。米价腾涌，饥，人相食。（清康熙《麻城县志》卷三《灾异》）

黄州府蕲水县蝗。（清乾隆《蕲水县志》卷末《祥异》）

七月，武昌府之武昌县蝗自北而南，其飞蔽天，食八乡田禾俱尽，竹枝、树叶皆蚕食之，既。（清康熙《武昌县志》卷七《灾异》）

八月，承天府之京山县大蝗。（清康熙《湖广通志》卷三《祥异》）

八月，荆州府远安县蝗。（清咸丰《远安县志》卷三《祥异》）

承天府当阳县飞蝗蔽天。（清康熙《当阳县志》卷五《祥异》）

襄阳府枣阳县蝗蝻并作，食苗殆尽。（清乾隆《枣阳县志》卷一七《灾祥》）

【陕西】

陕陇之地秋蝗猖獗，草木俱尽，至冬民饥而人相食。（章义和《中国蝗灾史》）

同州府之大荔、合阳、澄城、韩城、蒲城、白水、华阴等县旱，蝗。（清雍正《陕西通志》卷四七《祥异》）

西安府之鄠县蝻生，食禾殆尽，大饥，人相食。（清康熙《鄠县志》卷八《灾异》）

西安府之盩厔县蝗蝻生，食苗尽。（清乾隆《重修盩厔县志》卷一三《祥异》）

七月，西安府之华州蝗东来，食稼禾，大饥，斗麦六十铢或四十八铢，死无数。（民国《华县志稿》卷九《社会》）

同州府之潼关厅夏旱，蝗蝻生，食苗。斗米二两五钱，人相食。（清乾隆《凤翔府志》卷上《灾祥》）

凤翔府之扶风县大旱，蝗，岁饥，人相食。（清乾隆《重修凤翔府志》卷一二《祥异》）

凤翔府之麟游县复大旱，蝗，岁大歉，比冬人相食。（清顺治《麟游县志》卷一《灾祥》）

靖边县旱、蝗交作，死者无算。（清康熙《靖边县志·灾异》）

【甘肃】

平凉府之静宁州蝗大至，害禾稼，连岁大饥，月日凋亡，几无遗类。（清乾隆《静宁州志》卷八《灾异》）

平凉府之平凉县蝗飞蔽天，落地如冈阜，为大害，伤禾。（清光绪《甘肃新通志》卷二《祥异》）

庆阳府飞蝗蔽天，落地如冈阜。（清乾隆《甘肃通志》卷二四《祥异》）

庆阳府之合水县大旱，飞蝗蔽天。（清乾隆《合水县志》卷下《祥异》）

庆阳府之环县蝗。（清乾隆《环县志》卷一〇《纪事》）

庆阳府正宁县飞蝗蔽天。（清乾隆《正宁县志》卷一三《祥眚》）

庆阳府之宁州大旱，飞蝗遍野，赤地千里。本年冬及十四年春，大饥，米斗三钱，饿死十之六七。（清康熙《宁州志》卷五《纪异》）

巩昌府秦州县旱，蝗。太守乔迁高署巡道，率官民捕之，禾苗得以无害。（清乾隆《直隶秦州新志》卷六《灾祥》）

巩昌府之清水县又旱，蝗。（清康熙《清水县志》卷一〇《灾祥》）

【宁夏】

秋八月，平凉府之隆德县飞蝗蔽天，大饥，父子相食。（清康熙《隆德县志》卷下）

1641年（明崇祯十四年）：

六月，两京、山东、河南、浙江、湖广大旱，蝗。（《明史·庄烈帝二》）

夏，飞蝗蔽天，焦禾杀稼。令捕蝗瘗之，动以数十百石计，蝗终不能尽。是岁，大饥。（清叶梦珠《阅世编》卷一《灾祥》）

【北京】

夏，顺天府旱，蝗。（章义和《中国蝗灾史·编年》）

【天津】

顺天府之蓟州旱，蝗。（清光绪《顺天府志》卷六九《祥异》）

顺天府之宁河县旱，飞蝗蔽空，邑令漆捕蝗三十石，民之饥者食之。（清乾隆《宁河县志》卷一六《机祥》）

顺天府之宝坻县旱，飞蝗蔽空，邑令漆围捕蝗三十石，民之饥者食之。（清光绪《顺天府志》卷六九《祥异》）

【河北】

河间府之吴桥县大旱，飞蝗蔽天，死徒流亡略尽。（清光绪《吴桥县志》卷一〇《杂记》）

河间府之肃宁县大旱，飞蝗蔽天，或夫妇、父子相食，死亡略尽。（清乾隆《肃宁县志》卷一《祥异》）

河间府之河间县，大旱，蝗飞蔽天。（章义和《中国蝗灾史》）

河间府之任丘县大旱，蝗飞蔽天，人相食。（清康熙《重修任丘县志》卷四《祥异》）

大名府之大名县大旱，飞蝗食麦，瘟疫，人死大半，互相杀食。（清康熙《元城县志》卷一《年纪》）

广平郡之邯郸县旱，蝗。大疫，病亡者相枕与道，人相食。（清康熙《邯郸县志》卷一

○《灾异》)

五月,广平郡之清河县飞蝗陡至,饥民取以代食。(清同治《清河县志》卷五《灾异》)

大名府之开州大旱,飞蝗食麦,瘟疫大作,人死强半,互相杀食,接连数村不见人迹。(清康熙《开州志》卷四《灾祥》)

大名府之南乐县春无雨,蝻食麦尽,岁大歉。(清康熙《南乐县志》卷九《纪年》)

大名府之滑县春无雨,蝗蝻食麦尽,瘟疫大行。(清顺治《滑县志》卷一〇《杂志》)

大名府之浚县旱,蝗,禾苗无存。(清光绪《续浚县志》卷三《祥异》)

大名府之长垣县大旱,飞蝗食麦,瘟疫,饿莩,人死七八,互相杀食。(清康熙《长垣县志》卷二《灾异》)

【山西】

山西榆次、平阳府之解州、芮城、太原府之太谷县连岁旱,蝗,无禾,民饥相食。(清乾隆《解州全志》卷一一)

六月,太原府之榆次县飞蝗蔽日,食禾至尽,民大饥,相食。(清乾隆《榆次县志》卷七《祥异》)

平阳府芮城县连岁旱,蝗,大无禾。是春米、麦每斗价至一两五钱,人相食,死亡载道,闾里丘墟。(清康熙《芮城县志》卷二《灾祥》)

【上海】

夏,松江府上海县蝗,米粟涌贵,饿莩载道。(清同治《上海县志》卷三〇《祥异》)

紫堤村蝗自北飞至,食稻禾及竹木叶俱尽。官出示罗捕,里之民多以米袋装蝗至城,卖得官钱几文。(清康熙《紫堤村小志》卷后《江村杂言》)

松江府夏大旱,蝗,米粟涌贵,道殣相望。(清康熙《松江府志》卷五一《祥异》)

南汇县夏大旱,蝗,饿莩载道。(清雍正《分建南汇县志》卷一六《灾异》)

夏,大旱,蝗,米粟涌贵,道殣相望。(清光绪《南汇县志》卷二二《祥异》)

七月,苏州府嘉定县飞蝗蔽天。二十九日夜,蝗积数寸。(清光绪《嘉定县志》卷五《机祥》)

宝山县夏、秋大旱,蝗,岁大祲。四月至七月,飞蝗蔽天,积数寸厚。(清光绪《宝山县志》卷一四《祥异》)

川沙厅夏大旱,蝗,米涌贵,饿莩载道。(清光绪《川沙厅志》卷一四《祥异》)

华亭县夏大旱,蝗,饿莩载道。(清光绪《重修华亭县志》卷二三《祥异》)

奉贤县夏大旱,飞蝗食稼,饿莩载道。(清光绪《重修奉贤县志》卷二〇《灾祥》)

【江苏】

江苏省应天府、常州府、松江府诸府旱,蝗。(章义和《中国蝗灾史》)

六月南畿大旱，蝗，民饥。（民国《首都志》卷一六《大事记》）

应天府之溧水县蝗飞蔽野。（清顺治《溧水县志》卷一《邑纪》）

应天府之高淳县大旱，蝗。（清顺治《高淳县志》卷一《邑纪》）

苏州府大旱，蝗，四月至八月不雨。（清康熙《苏州府志》卷二《祥异》）

五六月，苏州府之吴县蝗来。秋初，蝗复生蝻，禾稼食尽。（明崇祯《吴县志》卷一一《祥异》）

苏州府之昆山县秋蝗，民屑榆皮为食。（清乾隆《昆山新阳合志》卷三七《祥异》）

八月，河间府之沧州蝗起，遂赤地。（明崇祯《太沧州志》卷一五《灾祥》）

夏，大旱，蝗，米粟踊贵，饿莩载道。（清康熙《常熟县志》卷七《祥异》）

七月，苏州府之吴江县大蝗，平地高尺许，飞则天为之黑，所至苗辄食尽，遂成大荒。（清顺治《庵村志·异纪》）

苏州府之吴江县大旱，飞蝗蔽天，官长下令捕之，日益甚。（清康熙《吴江县志》卷四三《祥异》）

秋，常州府之无锡县大旱而蝗。（清乾隆《无锡县志》卷四〇《祥异》）

五月蝗蔽天，谷极贵，饥殍载道。（清乾隆《镇江府志》卷四三《祥异》）

夏五月二十一日，镇江府之金坛县，飞蝗蔽天。（清光绪《金坛县志》卷一五《祥异》）

常州府武进县蝗，疫。（清康熙《武进县志》卷三《灾祥》）

扬州府高邮州大旱，蝗。（清雍正《高邮州志》卷五《祥异》）

扬州府之泰州大疫，蝗。（明崇祯《泰州志》卷七《灾祥》）

扬州府之泰兴县蝗蝻复生，民大饥，疫。（清光绪《泰兴县志》卷末《述异》）

扬州府之通州大旱，溪河涸竭，蝗蝻复生，民大饥。（清光绪《通州直隶州志》卷末《祥异》）

三月，淮安府之安东县蝗蝻生。（清雍正《安东县志》卷一五《祥异》）

苏州府镇洋县大旱，蝗。（清宣统《太仓州镇洋县志》卷二《祥异》）

夏、秋，苏州府太仓州大旱，蝗。四月飞蝗蔽天，七月蝗积数寸。（清嘉庆《直隶太仓州志》卷五八《祥异》）

淮安府之沭阳县蝗害稼，岁大祲。（清康熙《沭阳县志》卷一《灾异》）

淮安府之盐城县旱，蝗。（清乾隆《淮安府志》卷二五《五行》）

扬州府之东台县旱，蝗，有麦无禾，河竭。（清嘉庆《东台县志》卷七《祥异》）

徐州又大旱，蝗，人相食，道无行人。夏大疫，死无棺殓者不可数计。（清康熙《徐州志》卷二《祥异》）

大旱，徐州之丰县蝗，父子、夫妻相食，大疫流行，死地棺殓者不可悉数。（清顺治

《新修丰县志》卷九《灾祥》）

徐州之沛县蝗，大疫。冬，大饥。（清乾隆《沛县志》卷一《水旱》）

夏五月，淮安府之赣榆县蝗自南至，孕生蝝，禾稼尽空，疫死者以壑计。（清康熙《重修赣榆县志》卷四《纪灾》）

扬州飞蝗蔽天，行人路塞，草木、竹树叶皆尽。（清康熙《扬州府志》卷二二《灾异纪》）

【浙江】

六月，浙江杭州、嘉兴、湖州诸府平原飞蝗蔽天，食草根几尽，人饥且疫，以致相食。（清康熙《浙江通志》卷二《祥异》）

两浙旱，蝗、疫疠交作。（清康熙《浙江通志》卷二《祥异》）

六月，杭州大旱，飞蝗蔽天，食草根几尽，人饥且疫。（清康熙《杭州府志》卷一《祥异附》）

六月二十九日，嘉兴府秀水县飞蝗蔽天，城中怖异，自北飞至东南，所过恣食，禾稻无存，旱魃倍于往岁。（清康熙《秀水县志》卷七《祥异》）

六月，飞蝗自北来，飕如风雨，苗禾、树叶、芦苇草一下便尽，栖集人家瓦房，至秋生子百倍。（清康熙《嘉兴县志》卷八《外纪》）

六月，嘉兴府之嘉善县飞蝗蔽天。（清嘉庆《重修嘉善县志》卷二〇《祥眚》）

五月二十八日，嘉兴府平湖县飞蝗蔽天，道殣相望。（清康熙《平湖县志》卷一〇《灾祥》）

五月，嘉兴府海盐县蝗至，不伤禾。六月，蝗又至，蔽天不断者五日。七月，蝗子生，食苗尽。月杪苗复苗，蝗子复生，食禾。民大饥。（清康熙《海盐县志补遗·灾祥》）

六月，杭州府海宁县蝗，民饥，疫。（清乾隆《海宁县志》卷一二《灾祥》）

嘉兴府桐乡县夏大旱，飞蝗满地。（清康熙《桐乡县志》卷二《灾祥》）

飞蝗蔽天，溪流又涸，疫痢交作。（清乾隆《濮镇纪闻》卷四《灾荒纪事》）

六月，湖州府大旱，蝗雾继之，禾尽萎。（清光绪《乌程县志》卷二七《祥异》）

夏，大旱，蝗飞蔽天。（民国《乌青镇志》卷二《祥异》）

湖州府之长兴县旱，蝗。（清康熙《长兴县志》卷四《灾祥》）

六月，绍兴府余姚县蝗，大饥。（清乾隆《绍兴府志》卷八〇《祥异》）

绍兴府诸暨县飞蝗蔽野，斗米价千钱。（清乾隆《绍兴府志》卷八〇《祥异》）

六月，绍兴府上虞县飞蝗食禾。（清乾隆《绍兴府志》卷八〇《祥异》）

【安徽】

安徽省蝗害更甚于往年，野无青草。（章义和《中国蝗灾史》）

池州府之铜陵县旱、蝗尤甚，疫疾大作。（清顺治《铜陵县志》卷七《祥异》）

和州之含山县大疫，大旱，飞蝗蔽天，饥民枕藉。（清康熙《含山县志》卷四《祥异》）

和州飞蝗蔽天，大旱，草根树皮皆尽。（清康熙《和州志》卷四《祥异》）

庐州府之无为州大疫，复旱，蝗。（清乾隆《无为州志》卷二《灾祥》）

七月，安庆府之望江县螽飞蔽天。（清顺治《新修望江县志》卷九《灾异》）

八月，安庆府之太湖县飞蝗蔽天，民大饥，斗米千钱，死者日以百计，人相残食，日晡不敢独行。（清康熙《安庆府太湖县志》卷二《灾祥》）

安庆府之潜山县大旱，螽，疫。（清康熙《安庆府潜山县志》卷一《祥异》）

庐州府之六安州，夏复大旱，蝗蝻所至，草无遗根，过河结球而渡，过垣引绳而登，城中排门逐户，衣被皆穿，羹釜俱秽。（清康熙《重修六安州志》卷一〇《祥异》）

三年之内，庐州府之英山县旱、蝗频仍。夏，大旱，蝗。（清乾隆《英山县志》卷二六《祥异》）

庐州府之舒城县蝗，饥，人多相食。（清雍正《舒城县志》卷二九《祥异》）

庐州府大疫，郡属旱，蝗。（清光绪《续修庐州府志》卷九三《祥异》）

太平府旱，蝗，大饥兼以疫，道殣相望。（清乾隆《太平府志》卷三二《祥异》）

庐州府之霍山县旱、蝗更甚，赤地无青草。（清顺治《霍山县志》卷二《灾祥》）

凤阳府之五河县蝗生，大饥，继以疫，民死甚众。（清康熙《五河县志》卷一《祥异》）

太平府之当涂县旱，蝗，岁大饥，兼病疫，道殣相望。（清康熙《太平府志》卷三《祥异》）

广德州大旱，蝗灾，斗米千钱，遗骸载道。（清乾隆《广德州志》卷二八《祥异》）

宁国府之宁国县蝗虫来，宁国弥山遍野，秋稼少收。（清康熙《宁国县志》卷三《荒政》）

秋，徽州府之绩溪县蝗。（清道光《徽州府志》卷一六《祥异》）

池州府之青阳县蝗入境。县令王化澄行捕扑之法，蝗遂去。（清顺治《青阳县志》卷三《祥异》）

凤阳府之颍上县旱、蝗尤甚。（章义和《中国蝗灾史》）

【江西】

秋，九江府之彭泽县蝗，食粟尽，饥殍载路。（清乾隆《彭泽县志》卷一五《祥异》）

【山东】

山东兖州府之嘉祥县、济南府之利津县蝗。（章义和《中国蝗灾史》）

济南府之历城县蝗。（清乾隆《历城县志》卷二《总纪》）

济南府之平原县复旱，蝗，父子、夫妇相食，村落间渺无人烟。（清乾隆《平原县志》

卷九《灾祥》）

四月，济南府之新城县有蝗。（清康熙《新城县志》卷一〇《灾祥》）

夏六月，青州府之诸城县蝗。（清乾隆《诸城县志》卷二《总纪》）

夏六月，莱州府之胶州大旱，蝗，洊饥。（民国《增修胶志》卷五三《祥异》）

兖州府之沂州蝗虫遍野，赤地千里，人相食。（章义和《中国蝗灾史》）

青州府之蓝山县蝗，疫，大饥。（民国《临沂县志》卷一《通纪》）

春，青州府之莒州蝗害稼。（清嘉庆《莒州志》卷一五《纪事》）

夏，兖州府之曹县蝗蝻遍地，蚕食二麦及禾黍萌芽俱尽。（清康熙《曹州志》卷一九《灾祥》）

青州府之日照县秃鹜食蝗，旋吐旋食。（清康熙《日照县志》卷一《祥异》）

兖州府之平阴县大饥，斗米千钱。旱，蝗。（清顺治《平阴县志》卷四《灾祥》）

夏六月，兖州府之曲阜县旱，蝗，大饥，土寇纷起。（清乾隆《曲阜县志》卷三〇《通编》）

兖州府济宁州旱，蝗，大饥，人相食，疫。（清乾隆《济宁直隶州志》卷一《纪年》）

入夏，兖州府之菏泽县蝗蝻遍地，蚕食二麦，及禾黍萌芽俱尽。（清光绪《菏泽县志》卷一九《灾祥》）

十四、十六年，兖州府之巨野县蝗虫遍野，兼瘟疫盛行，饥馑相仍，民人父子、兄弟、夫妇难顾恩义，炊骨而食。（清道光《巨野县志》卷二《编年》）

至秋，东昌府之冠县飞蝗蔽天，即有寸草亦蚕食无遗。（清顺治《堂邑县志》卷三《灾祥》）

六月初旬，冠县飞蝗骤至，食苗几半。至末旬，蝻蚜大作生，积地三五寸。（清康熙《冠县志》卷五《祲祥》）

夏，东昌府之范县蝗蝻为害，食麦禾皆尽。（清康熙《范县志》卷中《灾祥》）

东昌府之茌平县大饥，蝗蝻遍野，瘟疫横生，死者十分之九，赤地千里，人相食。（清康熙《茌平县志》卷二《灾祥》）

秋，东昌府之莘县大蝗，来自东南，平地丛积尺余，越城逾屋，所过树木压折，草木皆空。（清光绪《莘县志》卷四《饥异》）

夏，复蝗，麦穗被啮落，斗麦一两七钱。（清康熙《朝城县志》卷一〇《灾祥》）

【河南】

五月，飞蝗食坏秋禾，荞种斗价五千。（清顺治《新郑县志》卷五《祥异》）

开封府之陈留县飞蝗食禾，人相食。（清宣统《陈留县志》卷三八《灾祥》）

五月，开封府之仪封县飞蝗食麦。（清顺治《仪封县志》卷七《机祥》）

夏四月，蝝生。涞年虽有蝗灾，蝝皆八九月生，至冬至经霜已尽。惟十三年秋有蝗，入土生子。十四年夏四月麦将熟，蝝生，麦遂尽咬，其细如线，人枵腹待毙。（清康熙《兰阳县志》卷一〇《灾祥》）

卫辉府之新乡县蝗复生，食麦。忽有群蜂飞遂之，啮其背，穴土掩之。逾日而蜂自蝗腹出，转转生化。旬余，满郊原蝗遂绝。（清康熙《新乡县续志》卷二《灾异》）

卫辉府大蝗。（清雍正《河南通志》卷五《祥异》）

卫辉府之辉县大蝗，食麦。（清康熙《辉县志》卷一八《灾祥》）

开封府之延津县蝗蝻遍野，食麦尽，民以树皮、草根充饥。（清康熙《延津县志》卷七《灾祥》）

春，开封府之封丘县瘟疫大作，蝗蝻蔽野，民食树皮草根乃至有父子相食。（清顺治《封丘县志》卷三《灾祥》）

四月，开封府之阳武县蝗蝻生，无麦。（清康熙《阳武县志》卷八《灾祥》）

秋，怀庆府蝗。（清康熙《怀庆府志》卷一《灾祥》）

怀庆府之修武县本地出蝻，将秋麦一并食毁，民皆食蓬蒿子。（清康熙《修武县志》卷四《灾祥》）

怀庆府之武陟县蝗食麦，人相食。（清康熙《武陟县志》卷一《灾祥》）

四月，怀庆府之济源县旱，蝗食麦。（清乾隆《济源县志》卷一《祥异》）

怀庆府之河内县蝗蝻生，瘟疫大作，乱尸横野，地荒过半。（清康熙《河内县志》卷一《灾祥》）

彰德府大蝗。（清康熙《彰德府志》卷一六《艺文》）

春夏间，彰德府之汤阴县蝗蝻灾，无麦。六月初始雨。（清顺治《汤阴县志》卷九《杂志》）

六月，归德府大旱，蝗。（清乾隆《归德府志》卷三四《灾祥》）

开封府之许州旱，蝗。（清乾隆《许州志》卷一〇《祥异》）

开封府之襄城县大蝗，大旱。（清顺治《襄城县志》卷七《灾祥》）

开封府之长葛县连年旱，蝗，民大饥。（清乾隆《长葛县志》卷八《祥异》）

开封府之密县蝗灾。（陈家祥《中国历代蝗患之记载》）

七月，开封府之临颍县蝗。（清乾隆《临颍县续志》卷七《灾祥》）

六月，南阳府之舞阳县旱，蝗虫遍野，民大饥。（清道光《舞阳县志》卷一一《灾祥》）

汝州之郏县旱，蝗。（清同治《郏县志》卷一〇《杂事》）

南阳府之裕州蝗。（民国《方城县志》卷五《灾异》）

南阳府之内乡县旱，蝗。（清康熙《内乡县志》卷一一《祥异》）

南阳府之泌阳县旱、蝗为灾。(清康熙《泌阳县志》卷一《灾祥》)

春，汝宁府之光州旱、蝗交作。 (清顺治《光州志》卷一二《灾异》，民国《潢川县志》)

卫辉府之汲县大蝗食麦，秋野无寸草。(清顺治《卫辉府志》卷一九《灾祥》)

卫辉府之汲县县民王国宁上疏：今则四载旱，蝗……迨戊寅、乙卯之间，飞蝗为害，弥山蔽野，吞噬无。交秋复蝗。……而古今未有春生之蝗蝻，遍野涌出，平地厚积尺余，麦禾扫地立尽。(清郑廉《豫变纪略》卷四)

卫辉府之淇县复旱，蝗，所遗饥民十之二，俱赴保南就食。(清顺治《淇县志》卷一〇《灾祥》)

河南府之阌乡县蝗蝻生，禾苗被食几尽。(章义和《中国蝗灾史》)

【湖北】

汉阳府之汉阳县蝗飞蔽天，民大饥。(清乾隆《汉阳府志》卷三《五行》)

德安府之孝感县蝗遍入宅及釜灶，大疫。(清乾隆《汉阳府志》卷三《五行》)

夏，旱，汉阳府之汉川县蝗。(清同治《汉川县志》卷一四《祥祲》)

四月，德安府之应城县蝗入城。(清康熙《应城县志》卷三《灾祥》)

德安府之安陆县蝗入隍，女墙为满，是岁大祲。(清康熙《德安安陆郡县志》卷八《灾祥》)

夏六月，黄州府之黄冈县飞蝗食苗尽，入城，阴翳障天。是年大疫。(清乾隆《黄冈县志》卷一九《祥异》)

黄州府之黄安县蝗，农辍耕。民谣云：草无实，树无皮，宰却耕牛罢却犁。孤负蝗虫来盛意，可怜枵腹过黄陂。(清同治《黄安县志》卷一〇《祥异》)

蝗，大饥，疫。(清光绪《黄州府志》卷四〇《祥异》)

黄州府之蕲州蝗虫蔽天，斗米银四钱，民死过半。(清康熙《蕲州志》卷一二《灾异》)

武昌府之咸宁县蝗入隍，是岁大祲。(清康熙《咸宁县志》卷六《灾异》)

秋，武昌府之蒲圻县蝗蝻蔽天，所过稻、粟一空。(清康熙《新修蒲圻县志》卷一四《祥眚》)

夏秋间，承天府之荆门州蝗蝻食禾，蔽空而南。岁大饥。(清乾隆《荆门州志》卷三四《祥异》)

八月，承天府之钟祥县大蝗。(清康熙《安陆府志》卷一《征考》)

秋，承天府之京山县蝗蝻为灾。(清康熙《安陆府志》卷一《征考》)

承天府之沔阳州大蝗。(清康熙《安陆府志》卷一《征考》)

夏，旱，安陆府之天门县蝗。(清康熙《景陵县志》卷二《灾祥》)

夏，旱，承天府之潜江县蝗。（清光绪《潜江县志续》卷二《灾祥》）

秋，荆州府之宜都县蝗飞蔽日，经旬不停。后小蝗复起，禾苗尽食，民多殍死。（清康熙《宜都县志》卷一〇一《灾祥》）

自六月至九月，荆州府之枝江县蝗生不绝，禾苗尽食。（清康熙《枝江县志》卷一《灾祥》）

秋，荆州府之长阳县蝗飞蔽日，经旬不停。小蝗复起，食禾苗尽。民多殍死。（清康熙《荆州府志》卷二《祥异》）

襄阳府之襄阳县秋蝗蔽天。（清顺治《襄阳府志》卷一九《灾祥》）

【湖南】

长沙府之浏阳县蝗虫遍野。（清康熙《浏阳县志》卷九《灾异》）

六月，岳州府之石门县旱，有蝗。蝗自西北来，障日蔽天，食禾几尽。（清光绪《石门县志》卷一一《祥异》）

岳州府之临湘县飞蝗蔽天，害禾稼。（清康熙《临湘县志》卷一《祥异》）

岳州府之澧州、安乡县、华容县、石门县飞蝗蔽天，食禾苗，既如庐舍食衣服，已乃北去。（清康熙《岳州府志》卷二《祥异》）

【陕西】

五月，关中属郡旱，蝗。（清夏燮《明通鉴·庄烈帝纪》）

巩昌府之清水县飞蝗落地如冈阜。（清雍正《陕西通志》卷四七《祥异》）

西安府之华州蝗生子蝝，食禾稼，苦饥，尸相枕藉。（民国《华县志稿》卷九《天灾》）

六月，西安府之白水县又蝗。（清顺治《白水县志》卷下《灾祥》）

【甘肃】

庆阳府飞蝗蔽天。（清乾隆《新修庆阳府志》卷三七《祥眚》）

庆阳府之环县蝗。（清乾隆《环县志》卷一〇《纪事》）

庆阳府之正宁县飞蝗蔽天。（清乾隆《正宁县志》卷一三《祥眚》）

大雨雹，巩昌府伏羌县飞蝗蔽日。（清康熙《伏羌县志·灾祥》）

1642年（明崇祯十五年）：

【河北】

夏，顺天府之大城蝗，如烟似雾，木叶草根一过如扫。疫，染者即死。（清光绪《顺天府志》卷六九《祥异》）

大名府之东明县二麦吐花，蝻复生，邑迤北食麦无遗。忽有黑蜂攫蝻而食，迨三月蝻尽而蜂不知所之。（清康熙《东明县志》卷七《灾祥》）

春，大名府之浚县蝗虫食苗。（清康熙《浚县志》卷一《祥异》）

大名府之滑县蝗，食麦苗。（清乾隆《滑县志》卷一三《祥异》）

【山西】

平阳府之万泉县蝗。（清康熙《平阳府志》卷三四《祥异》）

【上海】

春，松江府上海县蝗蝻生。（清同治《上海县志》卷三〇《祥异》）

春，松江府青浦县蝗蝻生。（清光绪《青浦县志》卷二九《祥异》）

春，川沙厅蝗蝻生。（清光绪《川沙厅志》卷一四《祥异》）

春，华亭县蝗蝻生。（清光绪《重修华亭县志》卷二三《祥异》）

春，松江府蝗蝻生。（清嘉庆《松江府志》卷八〇《祥异》）

【江苏】

应天府之高淳县有蝗。（清顺治《高淳县志》卷一《邑纪》）

春，苏州府常熟县蝗蝻遇雨，化为鳅虾。（清光绪《常昭合志稿》卷四七《祥异》）

镇江府蝗。（清乾隆《镇江府志》卷四三《祥异》）

镇江府之丹阳县蝗。（清乾隆《丹阳县志》卷六《祥异》）

六月初一日，镇江府之金坛县飞蝗至，又生磨虫，飞则蔽空，如蝗，积地至寸余，路壅不可行。（清光绪《金坛县志》卷一五《祥异》）

四月，淮安府之赣榆县蝗子化为黑蜂，与蟓并出，食蟓尽，乡民取蟓覆釜中，次日启视，化蜂飞去。（清光绪《赣榆县志》卷一七《祥异》）

【浙江】

湖州府长兴县、杭州府海宁县飞蝗集地数寸，民强半饿死。（章义和《中国蝗灾史》）

十四、十五年，绍兴府诸暨县蝗遍野，斗米价千钱。余姚、上虞皆蝗。萧山大疫。（清乾隆《绍兴府志》卷八〇《祥异》）

杭州府旱，飞蝗集地数寸，草木呼吸皆尽。岁洊饥，民强半饿死。（民国《杭州府志》卷八四《祥异》）

湖州府旱，蝗蔽天而下，所集之处禾立尽，田岸芦苇亦尽，弥郊遍野。民削树皮、木屑杂糠秕食，或掘山中白泥为食，名曰观音粉。（清同治《湖州府志》卷四四《祥异》）

【安徽】

池州府之铜陵秋旱，蝗。（清顺治《铜陵县志》卷七《祥异》）

时连岁，安庆府之宿松县旱，蝗，寇兵交讧，饥殍之惨，有母啖其亡子者。（清康熙《安庆府宿松县志》卷三《祥异》）

夏五月，池州府之贵池县雨灭蝗。（清康熙《贵池县志略》卷二《祥异》）

夏，池州府之石埭县蝗。（清康熙《石埭县志》卷二《祥异》）

【山东】

济南府之阳信县蝗。（清乾隆《济南府志》卷一四《祥异》）

沾化县大旱，蝗。（民国《沾化县志》卷七《大事纪》）

兖州府之滋阳县蝗飞蔽日，集树则枝为之折。（清康熙《滋阳县志》卷二《灾异》）

夏四月，兖州府曹县蝗蝻复生，随有黑蜂群起，嘬其脑而毙之，弗为害秋。（清康熙《曹州志》卷一九《灾祥》）

四月，曹州府之菏泽县蝗蝻复生，随有黑蜂群起，嘬其脑而毙之，弗为害。（清光绪《菏泽县志》卷一九《灾祥》）

十四至十六年，兖州府巨野县蝗虫遍野，兼瘟疫盛行，饥馑相仍，民人父子、兄弟、夫妇难顾恩义，炊骨而食。（清道光《巨野县志》卷二《编年》）

【河南】

卫辉府之汲县蝗食麦苗，有黑头〔蜂〕蔽空而下，食蝗，蝗随灭。（清乾隆《汲县志》卷一《祥异》）

卫辉府蝗食春苗，有黑锋食蝗。（清顺治《卫辉府志》卷一九《灾祥》）

南阳府之内乡县蝗。（清康熙《内乡县志》卷一一《祥异》）

河南府之灵宝县旱，蝗。（清光绪《重修灵宝县志》卷八《礼祥》）

春，卫辉府之淇县有细腰蜂食蝗，其种始绝。（清顺治《淇县志》卷一〇《灾祥》）

河南府之阌乡县大旱，蝗食麦。（章义和《中国蝗灾史》）

【湖北】

武昌府之大冶县旱，蝗且疫。是时连岁旱，蝗，税敛繁重，民不聊生，而国乱矣。（清康熙《大冶县志》卷九《灾异》）

黄州府之罗田县蝗虫自北来，蔽天掩日，禾苗食尽。（清康熙《罗田县志》卷七《灾异》）

武昌府之兴国州飞蝗蔽天。（清康熙《兴国州志》卷下《祥异》）

武昌府之武昌县虫螽生。（清康熙《武昌县志》卷七《灾异》）

湖广之黄州郡县蝗，大饥，继以疫，人相食。（章义和《中国蝗灾史》）

1643年（明崇祯十六年）：

【河北】

秋七月，真定府之枣强县蝗飞蔽天。（清康熙增刻万历《枣强县志》卷一《灾祥》）

秋，大名府之大名县蝻生，旋有黑虫状如蜂，食蝻殆尽。（民国《大名县志》卷二六《祥异》）

秋，大名府之开州蝗生蝻，有黑虫状如蜂，食蝻殆尽。（清康熙《开州志》卷四

《灾祥》）

【江苏】

苏州府之吴县蝗。春、夏大疫。（清康熙《具区志》卷一四《灾异》）

【安徽】

秋七月，安庆府之桐城县蝗蝻。（清道光《续修桐城县志》卷二三《祥异》）

正月，徽州府之泾县飞蝗蔽野。自春徂夏雨霖百日，蝗尽绝。（清顺治《泾县志》卷一二《灾祥》）

【河南】

汝州之郏县蝗。（清同治《郏县志》卷一〇《杂事》）

【湖北】

荆州府之公安县旱，蝗。（清光绪《荆州府志》卷七六《灾异》）

【海南】

琼州府之临高县大旱，蝗伤稼，民饥。（清康熙《临高县志》卷一《灾祥》）

1644年（明崇祯十七年）：

【河南】

开封府之禹州蝗灾。（清道光《禹州志》卷二《沿革》）

【广东】

高州府之茂名县蝗，饥。（清光绪《茂名县志》卷八《灾祥》）

八、清朝时期（1644—1911年）

1644年（清顺治元年）：

【河北】

六月，大名府之大名县飞蝗骤至，遍野秋禾尽行食毁。（清康熙《大名县志》卷一六《灾异》）

宣化府之怀安县飞蝗蔽天。（民国《怀安县志》卷一〇《遭受虫灾事·祥异》）

【山西】

六月，汾州府之介休县蝗伤稼。（清康熙《介休县志》卷一《灾异》）

1645年（清顺治二年）：

【山西】

六月十七日，大同府之应州，蝗从西南来，空中气如紫雾，禾食尽。至秋，入地二寸，次年出土，复食禾。三年后息。（清雍正《应州志》卷九《灾祥》）

三月，平阳府之岳阳县飞蝗食禾，大饥。（清康熙《平阳府志》卷三四《祥异》）

【山东】

秋末，东昌府之冠县蝗蝻食麦苗。（清康熙《冠县志》卷五《祲祥》）

【河南】

光州之商城县蝗、疫交加，民不聊生。（清康熙《商城县志》卷八《灾祥》）

【广东】

高州府之茂名县蝗。谷贵，每斗值银三钱，知府周礼煮粥以赈之。（清康熙《茂名县志》卷三《灾祥》）

【陕西】

榆林府之府谷县飞蝗自西来，伤禾殆尽。三、四、五年犹有遗种。（清雍正《府谷县志·灾祥》）

1646年（清顺治三年）：

【北京】

秋，顺天府之昌平州飞蝗蔽天，禾稼灾。（清康熙《昌平州志》卷二六《纪事》）

【河北】

七月，正定府之正定县飞蝗蔽天，禾尽损。（清光绪《正定县志》卷八《灾祥》）

七月初一日，保定府之束鹿县飞蝗自南来，张岔口、田家庄、贤丘等村望之黑黄如烟，至则落地鳞砌，林树猬集，拱把干皆压折，不食苗，信宿扬去。（清康熙《保定府祁州束鹿县志》卷九《灾祥》）

正定府之井陉县蝗。（清雍正《井陉县志》卷三《祥异》）

七月初二日，正定府之新乐县蝗。（清乾隆《新乐县志》卷二〇《灾祥》）

正定府之元氏县蝗自南至，县东、县北秋禾一空。未至，先有大鸟类鹤，蔽空而来，各吐蝗数升，蝗即群集。奉文豁免灾伤粮银。（清乾隆《元氏县志》卷一《灾异》）

秋七月，正定府之栾城县飞蝗蔽天，蝻虫匝地，邻郡禾稼食尽。（清康熙《栾城县志》卷二《事纪》）

七月初二日，定州蝗。（清雍正《直隶定州志》卷一〇《祥异》）

广平府之成安县蝗蝻，食禾几尽。（清康熙《成安县志》卷四《灾异》）

九月，广平府之鸡泽县蝗食麦苗。（清顺治《鸡泽县志》卷一〇《灾祥》）

广平府之威县蝗蝻遍野，禾苗大受其害。（清顺治《威县续志》卷九《祥异》）

【山西】

大同府之浑源州蝗为灾，从边陲入境，食田过半，致岁饥。（清顺治《浑源州志》卷下《灾异》）

太原府之祁县蝗。（清乾隆《祁县志》卷一六《异祥》）

太原府之汶水县飞蝗蔽日，禾稼多伤。（清康熙《文水县志》卷一《祥异》）

平阳府之乡宁县蝗。（清康熙《乡宁县志》卷一《灾异》）

秋七月，潞安府之长治县蝗，群下蔽天，禾稼多伤。（清康熙《山西通志》卷二〇《祥异》）

汾州府之宁乡县蝗。（清乾隆《汾州府志》卷二五《事考》）

七月，潞安府之襄垣县飞蝗蔽天。（清康熙《重修襄垣县志》卷九《外纪》）

秋，平阳府之翼城县飞蝗蔽日。（民国《翼城县志》卷一四《祥异》）

秋，平阳府之洪洞县飞蝗阵阵，蔽日，连绵三十里，所过田畦铮铮若裂冰声，穗叶立尽，赛禳半月方息。（清雍正《洪洞县志》卷八《祥异》）

【山东】

七月，东昌府之冠县飞蝗过三昼夜，不为大害。（清康熙《冠县志》卷五《祲祥》）

【河南】

夏六月，南阳府之泌阳县，大蝗自东来，有秃鹙追食之，蝗尽灭。（清康熙《泌阳县志》卷一《灾祥》）

夏，陕州之阌乡县蝗虫成灾。（清顺治《阌乡县志》卷一《灾祥》）

【湖北】

四月，襄阳府之宜城县蝻起，飞蝗害稼。岁大荒。（清同治《宜城县志》卷一〇《祥异》）

【陕西】

十月，免陕西延安、绥德本年雹、蝗灾伤额赋。（清顺治《清世祖实录》卷二八）

延安府之靖边县大蝗。（清康熙《靖边县志·灾异》）

榆林府之榆林县蝗。（清康熙《延绥镇志》卷五《纪事》）

六月、七月，绥德州飞蝗蔽天。（清光绪《绥德州志》卷三《祥异》）

绥德州之米脂县蝗，间灾。（清康熙《米脂县志》卷一《灾祥》）

延安府飞蝗遍野。（清康熙《陕西通志》卷三〇《祥异》）

延安府之安塞县蝗。（民国《安塞县志》卷一〇《祥异》）

延安府之安定县蝗，赤地数百里。（清道光《安定县志》卷一《灾祥》）

鄜州之洛川县蝗。（清嘉庆《洛川县志》卷一《祥异》）

【甘肃】

十月，免甘肃凉州府之庄浪厅本年雹、蝗灾伤额赋。（清顺治《清世祖实录》卷二八）

庆阳府蝗。（清乾隆《新修庆阳府志》卷三七《祥眚》）

庆阳府之合水县飞蝗蔽天落地。（清乾隆《合水县志》卷下《祥异》）

庆阳府之环县蝗。（清乾隆《环县志》卷一〇《纪事》）

正宁县蝗。（清乾隆《正宁县志》卷一三《祥眚》）

夏，宁夏府之中卫县蝗自东来，飞蔽天日，不落田间，有飞过河南者，有飞过边墙者，边外数十里，沙草俱尽，而中卫田苗不伤。（清乾隆《中卫县志》卷二《祥异》）

1647年（清顺治四年）：

【河北】

六月，免直隶成安、新乐、元氏、广平、宁晋、邯郸、饶阳三年分水、蝗灾伤额赋。（《清世祖实录》）

八月，正定府之晋州飞蝗蔽天。（清康熙《晋州志》卷一〇《事纪》）

秋，赵州之高邑县蝗大至。（清康熙《高邑县志》卷中《灾异》）

赵州蝗飞蔽天。（清康熙《赵州志》卷一《灾祥》）

六月初四，正定府之无极县飞蝗蔽日。（清康熙《重修无极志》卷下《事纪》）

正定府之元氏县飞蝗四至，如云丽天，蔽日无光，落树折枝，集禾仆地，厚尺许，食禾顷刻立尽。奉文豁免灾伤粮银。（清乾隆《元氏县志》卷一《灾异》）

秋七月，宣化府之宣化县飞蝗蔽天。（清乾隆《宣化府志》卷三《灾祥》）

秋七月，宣化府之赤城县飞蝗蔽天。（清康熙《龙门县志》卷二《灾祥》）

七月，宣化府之蔚州飞蝗。（清顺治《蔚州志》卷上《灾祥》）

秋七月十五日，宣化府之保安州，飞蝗从西南来，所至稼禾立尽，并及树叶草根亦尽。山童林裸，蝗灾无甚于此者。（清康熙《保安州志》卷二《灾异》）

秋七月，宣化府之怀安县飞蝗蔽天。（清乾隆《怀安县志》卷二二《灾祥》）

八月，宣化府之万全县蝗。（清乾隆《万全县志》卷二《灾祥》）

七月，保定府之清苑县大蝗，所集大木皆折，留境内不去。诏：免灾伤田租之半。（清康熙《保定府志》卷二六《祥异》）

七月，保定府之定兴县大蝗，至自山右，烟云其状，风飙其声，所集大木皆折；至北界，留境内不去。遣大人查视，被灾者免田租之半。（清康熙《定兴县志》卷一《机祥》）

秋，保定府之博野县飞蝗蔽天，所落之处，田禾片时食尽。（清康熙《博野县志》卷四《祥异》）

七月，易州之广昌县飞蝗。（清康熙《广昌县志》卷一《灾祥》）

徐水县飞蝗大集，留境内不去。（民国《徐水县新志》卷一〇《大事记》）

六月，保定府之望都县飞蝗蔽天，食禾几尽。蠲粮银一千五百两有奇。（民国《望都县志》卷一一《大事志》）

保定府之完县蝗飞蔽天，禾稼伤大半。是年大饥。（清康熙《完县志》卷一〇《灾异》）

秋，保定府之满城县蝗飞蔽天，落树枝坠。（清康熙《满城县志》卷八《灾祥》）

河间府之河间县蝗飞蔽天，树枝压折。（清康熙《河间县志》卷一一《祥异》）

天津府之盐山县旱，蝗，复大水。（清康熙《盐山县志》卷九《灾祥》）

七月内，河间府之东光县飞蝗蔽日，树木坠折。（清康熙《东光县志》卷一《机祥》）

河间府之肃宁县飞蝗蔽天。（清乾隆《肃宁县志》卷一《祥异》）

河间府之交河县蝗飞掩日，落地厚尺余，禾稼尽食。（清康熙《交河县志》卷七《灾祥》）

河间府之献县飞蝗如云，大树尽折。（清康熙《献县志》卷八《祥异》）

深州之饶阳县蝗自西南飞来，经过县境往东北飞去，绝不入境，四邻州县俱罹蝗灾，饶阳独免。（清顺治《饶阳县后志》卷五《事纪》）

七月十五日，河间府之阜城县飞蝗掩日，横亘十余里，落地厚积数寸，陆续二昼夜，树叶、禾秸俱尽。（清康熙《重修阜志》卷下《祥异》）

冀州之枣强县蝗。（清康熙增刻万历《枣强县志》卷一《灾祥》）

冀州蝗。（清康熙《冀州志》卷一《祥异》）

七月，深州之安平县飞蝗蔽天，自秦地至。（清康熙《安平县志》卷一〇《灾祥》）

冀州之武邑县蝗。（清康熙《武邑县志》卷一《祥异》）

顺德府之邢台县蝗飞蔽日。（清康熙《邢台县志》卷一二《事纪》）

赵州之柏乡县大蝗。（清康熙《柏乡县志》卷一《灾祥》）

顺德府之内丘县蝗自西南来，栖于树，枝干多伤，田苗无恙。（清道光《内丘县志》卷三《水旱》）

冀州之新河县飞蝗蔽天。（清康熙《新河县志》卷九《事实录》）

夏四月，蝗飞过境。（清光绪《新河县志》卷二《灾祥》）

顺德府之南和县飞蝗蔽天。（清康熙《南和县志》卷一《灾祥》）

八月，保定府之新安县飞蝗为灾。（《清世祖实录》卷三三）

十二月，免直隶保定、河间、真定、顺德等府本年蝗灾额赋。（《清世祖实录》卷三五）

【山西】

十一月，免山西代州、岢岚、保德、永宁等州，静乐、定襄、五台、石楼、沁源、武乡、岚县、崞县、兴县、宁乡等县，宁化、宁武、偏头等所，神池、永兴、老营等堡，本年蝗灾额赋。（《清世祖实录》）

保德州之河曲县，忻州之定襄、静乐县，汾州府之临县、介休，泽州府之陵川，平阳府之吉州、临汾、太平、汾西，霍州之灵石，蒲州府之临晋、猗氏，大同府之大同，沁州之武乡，太原府之岢岚州、太古、祁县，代州之五台，朔平府之朔州、辽州、隰州，蝗，赈济，

仍奉免五台本年钱粮。太原府之交城、徐沟，潞安府之长治、潞城，蝗不食稼。（清雍正《山西通志》卷一六三《祥异》）

夏六月，平阳府之临汾、太平、汾西，霍州之灵石县，蒲州府及其临晋、猗氏县，隰州蝗。（清康熙《平阳府志》卷三四《祥异》）

七月，太原府之徐沟县蝗由寿阳过徐，向西南飞去，遮天蔽日，满地映黄。（清康熙《徐沟县志》卷三《祥异》）

大同府俱蝗。（清顺治《云中郡志》卷一二《灾祥》）

大同府之怀仁县蝗，奉旨赈饥。（清光绪《怀仁县新志》卷一《祥异》）

四年、五年，大同府之阳高县蝗，至七年方绝。（清雍正《阳高县志》卷五《祥异》）

七月，大同府之广灵县飞蝗蔽天。（清康熙《广灵县志》卷一《灾祥》）

七月，朔平府之左云县飞蝗蔽日，食尽秋禾。（清嘉庆《左云县志》卷一《祥异》）

朔平府之朔州飞蝗入境，秋禾食尽，大饥。（清雍正《朔州志》卷二《祥异》）

七月初七日午后，忻州之定襄县飞蝗从东南窑头口来，遮天蔽日，坠地寸许，所落处苗稼皆尽。（清康熙《定襄县志》卷七《灾异》）

忻州之静乐县飞蝗食禾殆尽，岁大饥。（清康熙《静乐县志》卷四《灾变》）

六月，代州之五台县秋禾方茂，忽飞蝗四野，所过无遗，阖境罹灾。（清康熙《五台县志》卷八《祥异》）

保德州之河曲县蝗蝻，四月内自西北入境，食禾殆尽。五、六、七年稍减。（清顺治《河曲县志》卷四《纪异》）

夏，太原府之岢岚州飞蝗蔽天，伤禾，凡三载。（清康熙《岢岚州志》卷一《祥异》）

六月，太原府之榆次县蝗。（清康熙《榆次县志》卷一二《灾祥》）

辽州，飞蝗蔽日，食禾几尽。（清康熙《辽州志》卷七《灾祥》）

太原府之太谷县飞蝗四至，食禾几尽。是年，桃李秋华。（清顺治《太谷县志》卷八《灾祥》）

六月，汾州府之平遥县飞蝗蔽日，伤苗过半。（清康熙《重修平遥县志》卷上《灾异》）

秋七月，霍州之灵石县飞蝗蔽日，杀稼殆尽。（清康熙《灵石县志》卷一《祥异》）

夏，六月二十二日至二十七日，太原府之祁县连日飞蝗蔽天，长亘六十里，阔四十里，集树，枝干臃肿委垂，或为之折。是年大饥，赈之。（清乾隆《祁县志》卷一六《祥异》）

夏六月，汾州府之介休县飞蝗蔽天，谷、黍叶皆尽，栖枝上有压折者。（清康熙《介休县志》卷一《灾异》）

太原府之交城县蝗蝻从西来，蔽日遮天，有风雨声，大伤禾麦。（清康熙《交城县志》卷一《灾祥》）

四月，太原府之文水县蝻出，复生，民掘坎捕之，立尽。（清康熙《文水县志》卷一《祥异》）

七月内，汾州府之临县飞蝗蔽天。逾月，禾谷皆尽，赤地千里。（清康熙《临县志》卷一《祥异》）

七月二十五日，潞安府之长治县飞蝗入境，集树，枝俱折，未食禾。（清乾隆《长治县志》卷二一《祥异》）

潞安府之壶关县复雨雹，兼有蝗蔽天，一过禾如洗。（清康熙《壶关县志》卷一《灾祥》）

潞安府之长子县飞蝗蔽日，集树折枝。（清康熙《长子县志》卷一《灾异》）

七月，沁州之武乡县蝗飞蔽天日，禾稼尽，民食草根、树根几尽，死者无数。（清乾隆《武乡县志》卷二《灾祥》）

潞安府之潞城县飞蝗入境，未食禾。（清康熙《潞城县志》卷八《灾祥》）

秋，平顺县蝗蔽空，入田食禾罄尽。岁大凶，斗米银四钱。（清康熙《平顺县志》卷八《灾祥》）

泽州府之陵川县飞蝗震地弥天，食禾几尽，民多流亡。（清康熙《陵川县志》卷六《祥异》）

夏六月，平阳府之临汾县蝗。（清康熙《临汾县志》卷五《祥异》）

平阳府之汾西县蝗食苗。（清光绪《汾西县志》卷七《祥异》）

六月，平阳府之吉州蝗，赈济有差。（清乾隆《吉州志》卷七《祥异》）

霍州之灵石县蝗，奉赈。（清道光《直隶霍州志》卷一六《礼祥》）

平阳府之太平县蝗。（清乾隆《太平县志》卷八《祥异》）

六月，解州之芮城县蝗为灾。（民国《芮城县志》卷一四《祥异》）

六月，蒲州府之永济县蝗。（清光绪《永济县志》卷二三《事纪》）

蒲州府之万泉县有蝗。（民国《万泉县志》卷终《祥异》）

六月，蒲州府之临晋县蝗。（清康熙《临晋县志》卷六《灾祥》）

【安徽】

江南凤阳府之宿州蝗、雹。（《清世祖实录》卷三二）

【山东】

青州府之益都县旱，蝗。（清康熙《益都县志》卷一〇《祥异》）

春，莱州府之昌邑县蝗，旱。（清乾隆《昌邑县志》卷七《祥异》）

曹州府之定陶县旱，蝗。（民国《定陶县志》卷九《灾异》）

【河南】

八月，磁、陕、汝三州，彰德府之武安县、涉县，河南府新安县，陕州之灵宝县，汝州之伊阳县，怀庆府之武陟县、修武县，南阳府之镇平县，陈州府之太康县、项城县等，飞蝗为灾。（清顺治《清世祖实录》）

秋，归德府之商丘县大蝗，集于树，枝干皆折，不食禾。（清康熙《商丘县志》卷三《灾祥》）

六月，陕州之阌乡县飞蝗蔽天。（清顺治《阌乡县志》卷一《灾祥》）

六月，飞蝗蔽天。（清乾隆《重修直隶陕州志》卷一九《灾祥》）

七月，彰德府之临漳县蝗为灾。（清雍正《临漳县志》卷一《灾祥》）

【湖北】

襄阳府之宜城县蝗蝻又作，殍横于野，饥民裔而食之。（清同治《宜城县志》卷一〇《祥异》）

【陕西】

七月，陕西西安府之蓝田县等十九州岛县蝗食苗殆尽，人有拥死者。（《清世祖实录》卷三三）

夏六月，西安、延安、宁夏俱蝗，大饥。（清康熙《陕西通志》卷三〇《祥异》）

延安府之安塞县、甘泉县、宜川县、延长县，商州及其山阳县俱蝗，大饥。（章义和《中国蝗灾史》）

六月二十八日，西安府之蓝田县飞蝗食禾。（清顺治《蓝田县志》卷四《灾异》）

秋，同州府之澄城县大蝗，自东北来。（清顺治《澄城县志》卷一《灾祥》）

同州府之白水县蝗，饥。（清乾隆《白水县志》卷一《祥异》）

六月，同州府之潼关厅蝗。（清乾隆《凤翔府志》卷上《灾祥》）

商州之洛南县蝗飞蔽天。（清康熙《洛南县志》卷七《灾祥》）

夏六月，凤翔府之宝鸡县蝗，大饥。（清乾隆《宝鸡县志》卷一六《祥异》）

榆林府之榆林县蝗。（清康熙《延绥镇志》卷五《纪事》）

延安府之靖边县蝗，不为灾。（清康熙《靖边县志·灾异》）

飞蝗蔽日。（清顺治《绥德州志》卷一《灾祥》）

六月，绥德州之清涧县飞蝗突至，天日不见，禾苗顷刻立尽。（清道光《清涧县志》卷一《灾祥》）

延安府蝗。（清嘉庆《重修延安府志》卷六《大事表》）

【甘肃】

凉州府之平番县飞蝗遍野，食苗稼。（清乾隆《平番县志·祥异》）

泾州等属县飞蝗食苗稼。（清光绪《甘肃新通志》卷二《祥异》）

泾州之镇原县飞蝗遍野，食苗稼殆尽。（清康熙《镇原县志》卷下《灾异》）

凉州府之庄浪厅飞蝗食苗稼。（清光绪《甘肃新通志》卷二《祥异》）

1648年（清顺治五年）：

【北京】

顺天府之良乡县蝗。（清康熙《良乡县志》卷六《灾异》）

【河北】

十二月，以直隶正定府之平山县、赵州之隆平县蝗等灾，免本年额赋。（《清世祖实录》）

夏，宣化府之宣化县蝗。（清康熙《新续宣府志》第一册《灾祥》）

宣化府之蔚州蝗子炽盛，逢河越渡。（清顺治《蔚州志》上卷《灾祥》）

宣化府之保安州蝗复起，民蒸蝗为食，饿死者无算。（清康熙《保安州志》卷二《灾异》）

宣化府之怀安县螨生。（清乾隆《怀安县志》卷二二《灾祥》）

春三月，保定府之定兴县螨生如蝇，一夕为风飘去。（清康熙《定兴县志》卷一《机祥》）

保定府之容城县大蝗，损害田苗无算。是年大饥。（清康熙《容城县志》卷八《灾变》）

夏六月，保定府之蠡县飞蝗自关西而来，入故关分三营，一向南，一向东，一入真定北向。飞可蔽日，其大如鹑，宽十余里，长四十余里。落于树，其枝如碗口大者尽伤；落于禾，尽掩。应食者茎、穗尽食，不应者一叶不扰。蠡城西北地受伤，东南无恙。时申文免年租之半。（清顺治《蠡县志》卷八《祥异》）

易州之广昌县蝗子炽盛。（清康熙《广昌县志》卷一《灾祥》）

夏，冀州之衡水县有蝗，自西南来，遮日蔽空，亦不为灾。（清康熙《衡水县志》卷六《纪事》）

【山西】

正月，免山西太原、平阳、潞安三府，泽、沁、辽三州蝗灾，田亩本年额赋。（《清世祖实录》）

大同府本府俱蝗。免大同蝗灾本年额赋。（清顺治《云中郡志》卷一二《灾祥》）

大同府之天镇县蝗。（清乾隆《天镇县志》卷六《祥异》）

大同府之广灵县蝗子炽盛。（清康熙《广灵县志》卷一《灾祥》）

朔平府之朔州蝗螨为灾，夏秋禾苗食尽，又饥。（清雍正《朔州志》卷二《祥异》）

五月间，忻州之定襄县遗种复生，无翅，麦穗颇伤。（清康熙《定襄县志》卷七《灾异》）

太原府之太谷县蝗蝻遍野。（清顺治《太谷县志》卷八《灾异》）

蝗群飞蔽天，食禾殆尽。（清康熙《山西通志》卷三〇《祥异》）

秋，平定州之盂县蝗。（清乾隆《盂县志》卷二《祆祥》）

秋，蝗。（清乾隆《平定州志》卷五《祥异》）

春，泽州府之阳城县螽生，不害稼。（清顺治《阳城县志》卷七《祥异》）

秋，隰州之永和县飞蝗蔽日，一过而谷、黍无存，只留荞麦、黑豆二种，民饥而死，徙者大半。（清康熙《平阳府志》卷三四《祥异》）

秋，隰州之蒲县飞蝗蔽日，谷、黍尽食，惟留荞麦、小豆二种。是岁百姓大饥。（清康熙《蒲县新志》卷七《灾祥》）

【河南】

三月，怀庆府之阳武县蝗蝻生，知县汪日率人捕瘗。（清康熙《阳武县志》卷八《灾祥》）

六月，开封府之禹州蝗自南来，已及州境，忽有鸟如鹰，百十为群，喜啖蝗，每鸟啖蝗一升许，遂不为害。（清顺治《禹州志》卷九《祆祥》）

怀庆府之孟县及其以南各县蝗。（陈家祥《中国历代蝗患之记载》）

【陕西】

陕西水患、蝗虫、冰雹，被灾者分三等蠲免。（清雍正《渭南县志》卷五《职官》）

西安府之同官县蝗飞蔽天，禾有尽食无余者，亦有绝未伤者。（清乾隆《同官县志》卷一〇《祥异》）

蝗。（清顺治《绥德州志》卷一《灾祥》）

1649年（清顺治六年）：

十一月，免陕西、甘肃六年水、蝗、雹灾额赋。（《清世祖实录》卷五一）

【河北】

十一月，免宣化府蝗灾伤地亩本年额赋。（《清世祖实录》卷四六）

八月内，保定府之束鹿县蝗蚋皆黑色，自北而南，东西可十余里，缘屋过壁有如水流，南至黄河，结聚斗大，浮水而过。（清康熙《保定府祁州束鹿县志》卷九《灾祥》）

八月，正定府之晋州蝗蝻皆黑色，自南而北，东西阔数里，缘屋过壁，至滹沱南岸结聚如斗大，浮水过南门，不入城。（清康熙《晋州志》卷一〇《事纪》）

宣化府之尉州亦蝗。（清顺治《尉州志》卷上《灾祥》）

宣化府之保安州南山被蝗之处，饥民作乱。（清康熙《保安州志》卷二《灾异》）

春，保定府之蠡县城东小蝻始生，如蝇，方圆五里宽，人惊，黄风顿起，及次日尽无，不知何往。（清顺治《蠡县志·祥异志续》）

六月，保定府之望都县飞蝗蔽天，食禾几尽。（清康熙《庆都县志》卷三《政事》）

广平府之广平县蝗，免田租。（清康熙《广平县志》卷二《灾祥》）

【山西】

春，山西太原府之阳曲县、平定州之盂县、霍州之灵石县、大同府之阳高县、广灵县发生蝗灾。（清雍正《山西通志》卷一六三《祥异》）

太原府之阳曲县蝗，其多无算，飞可蔽日。（清康熙《阳曲县志》卷一《祥异》）

本府俱蝗，六年尤甚，七年以后遂绝。（清顺治《云中郡志》卷一二《灾祥》）

大同府之灵丘县蝗。（清康熙《灵丘县志》卷二《灾祥》）

秋，霍州之灵石县蝗蝻至，伤禾稼，至八月未灭，并害麦苗绝种。（清康熙《灵石县志》卷一《祥异》）

【浙江】

七月，杭州府之海宁州蝗。（清康熙《海宁县志》卷一二《祥异》）

【山东】

六月，山东济南府之德州、东昌府之堂邑县、青州府之博兴县蝗。（章义和《中国蝗灾史》）

五月，武定府之阳信县蝗害稼。（章义和《中国蝗灾史》）

【陕西】

秋七月，凤翔府之凤翔县蝗。（清康熙《凤翔县志》卷一〇《祇祥》）

榆林府之榆林县蝗。（清康熙《延绥镇志》卷五《纪事》）

大蝗。（清顺治《绥德州志》卷一《灾祥》）

【甘肃】

十二月，甘州府属平川等堡，蝗伤禾稼。（《清世祖实录》卷四六）

1650年（清顺治七年）：

【北京】

七月，顺天府之通州蝗，民饥。（清康熙《通州志》卷一一《灾异》）

【河北】

正定府之平山县飞蝗食禾，民大饥，流亡载道。（清康熙《平山县志》卷一《事纪》）

夏六月，保定府之唐县蝗。（清康熙《唐县新志》卷二《灾异》）

冀州之枣强县蝗。（清康熙增刻万历《枣强县志》卷一《灾祥》）

六月，正定府之无极县飞蝗蔽天。（民国《无极县志》卷一九）

六月，顺德府之南和县飞蝗蔽天。（民国《南和县志》）

夏，大名府之元城县旱，蝗。（清同治《续修元城县志》卷一《年纪》）

秋，大名府之清丰县飞蝗蔽天，不为灾。（清康熙《清丰县志》卷二《编年》）

【山西】

十一月，免山西阳曲、五台、浮山、榆社七年蝗灾额赋。（《清世祖实录》卷六一）

秋，岢岚州、太谷、永宁州、介休、宁乡蝗。（清雍正《山西通志》卷一六三《祥异》）

和顺县蝗。（清乾隆《重修和顺县志》卷七《祥异》）

太原府之太谷县飞蝗蔽天。（清顺治《太谷县志》卷八《灾异》）

五月二十三日，汾州府之介休县蝗自西南来，与四年同。（清康熙《介休县志》卷一《灾异》）

夏，大旱。秋七月，汾州府之永宁州蝗为灾，大饥。（清康熙《永宁州志》卷八《灾祥》）

夏，大旱。七月，汾州府之宁乡县蝗，大饥。（清康熙《宁乡县志》卷一《灾异》）

潞安府之襄垣县蝗食禾，岁大饥。（清康熙《重修襄垣县志》卷九《外纪》）

六月，沁州之武乡县蝗，禾稼大损，稍存者蝗又食之，斗米银三钱。（清乾隆《武乡县志》卷二《灾祥》）

【江苏】

秋，淮安府之安东县蝗伤豆。（清雍正《安东县志》卷一五《祥异》）

夏，徐州府之沛县蝗。（清乾隆《沛县志》卷一《水旱》）

六月，徐州府之萧县蝗起，麦枯禾干，湖、井皆涸。（清顺治《萧县志》卷五《灾异》）

【山东】

秋七月，始雨，泰安府之新泰县旋生蝗，伤稼。（清顺治《新泰县志》卷一《灾祥》）

三月，泰安府之莱芜县蝗害苗。七月初三日，雨，遍地生子蝗，秋苗食尽。（清光绪《莱芜县志》卷二《灾祥》）

【河南】

归德府之夏邑县蝗。（清康熙《夏邑县志》卷一〇《灾异》）

归德府之虞城县大蝗。（清顺治《虞城县志》卷八《灾祥》）

【陕西】

同州府之韩城县蝗。（清康熙《韩城县续志》卷七《祥异》）

绥德州之米脂县蝗又灾。（清康熙《米脂县志》卷一《灾祥》）

1651年（清顺治八年）：

【河北】

秋七月，宣化府之西宁县飞蝗蔽天，田苗尽伤。（清康熙《西宁县志》卷一《灾祥》）

【山西】

五月，沁州之武乡县蝗。（清乾隆《武乡县志》卷二《灾祥》）

【安徽】

凤阳府之凤阳县临淮有鸟，高二尺许，状如秃鹫，飞食蝗。是岁大有年。（清光绪《凤阳府志》卷四《祥异》）

【广东】

冬，高州府之茂名县大蝗。（清光绪《茂名县志》卷八《灾祥》）

冬，高州府之吴川县大蝗。（清光绪《梅菉志·灾异》）

冬，高州府大蝗。（清光绪《高州府志》卷四九《事纪》）

【广西】

春、夏，郁林州之博白县蝗食田禾殆尽。（清道光《博白县志》卷一二《纪事》）

1652年（清顺治九年）：

【江苏】

扬州府之宝应县旱，蝗。（章义和《中国蝗灾史》）

【山东】

沂州府之费县飞蝗蔽天，田禾食尽。（清康熙《费县志》卷五《灾异》）

【河南】

六月，陕州飞蝗蔽天。（章义和《中国蝗灾史》）

【广东】

秋，广州府之龙门县蝗大如蚕，黑身红首，从西而来，落晶溪堡一带，一日夜食禾数顷。冬春之间，谷价腾贵。（清康熙《龙门县志》卷九《灾祥》）

八月，广州府之增城县蝗害稼。（章义和《中国蝗灾史》）

八月，肇庆府之开平县蝗食禾，复飓风。（清康熙《开平县志》卷一三《事纪》）

八月，广州府之新宁县蝗食禾。（清康熙《新宁县志》卷二《事略》）

1653年（清顺治十年）：

【河北】

顺天府之文安县蝗灾。（清光绪《顺天府志》卷六九《祥异》）

【江苏】

扬州府之宝应县大旱，蝗。（清康熙《宝应县志》卷三《灾祥》）

【安徽】

凤阳府之怀远县旱，蝗灾。（清雍正《怀远县志》卷八《灾异》）

【陕西】

榆林府之府谷县飞蝗自西南来，伤禾殆尽，三、四、五年犹有遗种。（清道光《榆林府志》卷一〇《祥异》）

1654年（清顺治十一年）：

【山东】

东昌府之博平县飞蝗遍野，蜂啮蝗死。（清康熙《博平县志》卷一《礼祥》）

【湖南】

三月，免湖广澧州之石门县十一年蝗灾额赋。（《清世祖实录》卷九〇）

1655年（清顺治十二年）：

【天津】

十二月，免宝坻本年分蝗灾额赋。（《清世祖实录》卷九六）

【河北】

二月，免直隶广平府属州县十二年分蝗灾额赋。（《清世祖实录》卷九八）

十二月，免直隶涿、冀、滦三州，庆云、衡水、武邑、栾城、槁城、真定、新乐、隆平、行唐、灵寿、元城、大名、玉田、任丘、故城、献、魏、永清、保定、香河、新河、武强、抚宁、迁安、卢龙、巨鹿、平乡、任等县，永平、山海、真定三卫，本年分蝗灾额赋。（《清世祖实录》卷九六）

定州之深泽县蝗为灾。（清康熙《深泽县志·志余》）

五月，深州之安平县蝗集，食禾苗过半。（清康熙《安平县志》卷一〇《灾祥》）

秋七月，广平府之曲周县蝗蝻生，东北乡食禾殆尽。（清顺治《曲周县志》卷二《灾祥》）

本年广平府之曲周县旱，蝗灾，伤地五千九百八十一顷三十七亩有零，奉旨蠲免银四千三百六十九两八钱有零。（清顺治《曲周县志》卷二《事纪》）

冀州之衡水县蝗自东来，蝻由北至，县东南尤甚。（清乾隆《衡水县志》卷一一）

【山西】

十月，免山西阳和府、阳高卫等处，并宣化府之蔚州所属本年分蝗灾额赋。（《清世祖实录》卷九四）

夏，平阳府之曲沃县蝗。（清康熙《平阳府志》卷三四《祥异》）

【江苏】

六月，常州府之宜兴县蝗蝻生。（清嘉庆《增修宜兴县旧志》卷末《祥异》）

【山东】

十月，免山东济南府陵县、淄川、齐东、邹平、临邑，武定府青城，青州府博兴、高苑等县本年分蝗灾额赋。（《清世祖实录》卷九四）

十一月，免山东武定府之滨州、堂邑、章丘、济阳、莘县、观城、博平、聊城、邱县、冠县、馆陶、茌平、武城等县本年分蝗灾额赋。（《清世祖实录》卷九五）

济南府，夏大旱，蝗，免历年民欠钱粮。（清道光《济南府志》卷二〇《灾祥》）

秋七月乃雨，济南府之长清县飞蝗蔽日。（清康熙《长清县志》卷一四《灾祥》）

东昌府之博平县飞蝗遍野，蜂啮蝗死。（清道光《博平县志》卷一《机祥》）

临清州之邱县六月旱，蝗蔽天。（清康熙《邱县志》卷八《灾祥》）

【河南】

十二月，免卫辉府之滑县本年分蝗灾额赋。（《清世祖实录》卷九六）

【陕西】

乾州之武功县蝗，禾无成。（清雍正《武功县后志》卷三《祥异》）

1656年（清顺治十三年）：

【天津】

天津府之青县蝗，食麦。（清顺治补修嘉靖《兴济县志》卷上《祥异》）

【北京】

七月，昌平、密云蝗。八月，蝻入城。（清光绪《顺天府志》卷六九《祥异》）

六月，顺天府之昌平州蝻入城。（清康熙《昌平州志》卷二六《纪事》）

今岁，顺天府属京畿复霖雨、飞蝗相继为灾，发帑赈济。（《清世祖实录》卷一〇三）

顺天府之通州蝗。冬，大雪，民饥。（清康熙《通州志》卷一一《灾异》）

【河北】

六月，免河北磁州十三年分蝗灾额。（《清世祖实录》卷一一〇）

六月，直隶顺天府之霸州、保定府、正定府各属蝗。（《清世祖实录》卷一〇二）

六月，免直隶正定府之新乐县十三年分蝗灾额。（《清世祖实录》卷一一二）

六月，永平府之昌黎县蝗。（民国《昌黎县志》卷一二《史事》）

六月，永平府之卢龙县蝗。（民国《卢龙县志》卷二三《史事》）

遵化州之玉田县大旱，蝗。（清康熙《玉田县志》卷八《祥眚》）

永平府之临榆县蝗。（清康熙《山海关志》卷一《灾祥》）

秋，永平府之滦州蝗，霖害稼。（清康熙《滦志》卷三《世编》）

夏五月，保定府之清苑县大蝗。（清光绪《保定府志稿》卷三《灾祥》）

夏五月，保定府之定兴县大蝗。闰五月，蝻。（清康熙《定兴县志》卷一《机祥》）

夏五月，保定府之唐县蝗。（清康熙《唐县新志》卷二《灾异》）

夏，保定府之雄县蝗。（清康熙《雄乘》卷中《祥异》）

保定府之望都县蝗蝻生，食苗几尽。（清康熙《庆都县志》卷三《政事》）

天津府之盐山县飞蝗蔽天累日，不害稼。（清康熙《盐山县志》卷九《灾祥》）

深州蝗不为灾，四境俱稔。（清康熙《深州志》卷七《事纪》）

顺德府之内丘县蝗过即雨，三日内田苗复长如故。（清道光《内丘县志》卷三《水旱》）

【山西】

十月，免山西辽州之和顺县本年分蝗灾额赋十之三。（《清世祖实录》卷一〇四）

【辽宁】

绥中县蝗。（民国《绥中县志》卷一《灾祥》）

【山东】

青州府之博山县蝗，大饥，饿尸枕藉。（清乾隆《博山县志》卷四《灾祥》）

闰五月，济南府之章丘县蝗。（清乾隆《东昌府志》卷三《总纪》）

五月，东昌府之冠县飞蝗至，无大害。（清康熙《冠县志》卷五《祲祥》）

曹州府之定陶县大旱，蝗。（章义和《中国蝗灾史》）

闰五月，东昌府之馆陶县蝗。（清康熙《馆陶县志》卷一二《灾祥》）

闰五月二十日，临清州之邱县飞蝗食禾。（清康熙《邱县志》卷八《灾祥》）

【河南】

六月，免河南卫辉、彰德二府属，安阳等十二州县、卫、所十三年分蝗灾额。（《清世祖实录》卷一一〇）

河南卫辉、彰德二府属蝗灾。（《清世祖实录》卷一〇二）

六月初六日，开封府之荥阳县飞蝗蔽日。（清康熙《荥阳县志》卷一《灾祥》）

四月，卫辉府之汲县有蝗，幸扑灭尽，不为灾。（清乾隆《汲县志》卷一《祥异》）

六月，卫辉府之封丘县飞蝗自北来，蔽川塞野。（清顺治《封丘县志》卷三《灾祥》）

卫辉府之获嘉县飞蝗蔽天，蝗生蝻，蝻复成蝗。三秋如扫。（清康熙《获嘉县志》卷一〇《杂志》）

怀庆府之阳武县蝗。（清康熙《阳武县志》卷八《灾祥》）

秋七月，彰德府之汤阴县蝗蝻灾。（清顺治《汤阴县志》卷九《杂志》）

六月，许州之临颍县蝗。（清乾隆《临颍县续志》卷七《灾祥》）

彰德府大蝗。（清乾隆《彰德府志》卷三一）

怀庆府之孟县蝗灾。（陈家祥《中国历代蝗患之记载》）

八月，汝州蝗伤稼。（汝州市地方史志编纂委员会编《汝州市志》）

1657年（清顺治十四年）：

【河北】

秋，顺天府之东安县飞蝗蔽天，食伤禾稼。（清光绪《顺天府志》卷六九《祥异》）

【江苏】

通州之如皋县旱，蝗。（清康熙《如皋县志》卷一《祥异》）

【河南】

卫辉府之淇县蝗，秋禾大损。（清顺治《淇县志》卷一〇《灾祥》）

彰德府之汤阴县蝗灾，秋禾吃光。（清乾隆《汤阴县志》）

【陕西】

西安府之鄠县旱，蝗，岁饥。（清康熙《鄠县志》卷八《灾异》）

西安府之蓝田县飞蝗食禾。（清光绪《蓝田县志》卷三）

1658年（清顺治十五年）：

【河北】

顺德府之邢台县旱，蝗。奉旨差史兵二部大人赈。（清康熙《邢台县志》卷一二《事纪》）

广平府之清河县蝗虫害稼。（清康熙《清河县志》卷一七《灾祥》）

河间府之交河县大旱，蝗害稼。（章义和《中国蝗灾史》）

广平府之永年县旱，蝗，饥。（清光绪《广平府志》卷三三）

广平府之鸡泽县旱，蝗，饥。（章义和《中国蝗灾史》）

【河南】

秋，彰德府之汤阴县蝗蝻成灾。（清乾隆《汤阴县志》）

1659年（清顺治十六年）：

【河北】

遵化州蝗。（清康熙《遵化州志》卷二《灾异》）

河间府之交河县蝗伤稼，民饥。（清康熙《交河县志》卷七《灾祥》）

【山东】

夏，泰安府之莱芜县蝗，豆、禾不熟。（清光绪《莱芜县志》卷二《灾祥》）

【云南】

武定州蝻虫食苗。（清康熙《云南通志》卷二八《灾祥》）

楚雄府之定远县蝻虫食苗。（清雍正《云南通志》卷二八《灾祥》）

1660年（清顺治十七年）：

【浙江】

夏，严州府之寿昌县蝗。（清康熙《新修寿昌县志》卷九《杂志》）

【山东】

四月，免山东济南府之淄川等四县顺治十七年分蝗灾额赋。（《清圣祖实录》卷九）

【湖北】

正月，免湖北蕲州府、黄州府之广济县顺治十七年分蝗灾额赋。(《清圣祖实录》卷一)

【湖南】

三月，湖南全省飞蝗蔽天。(湖南历史考古研究所编《湖南自然灾害年表》)

三月，长沙府之湘潭县蝗。(清光绪《湘潭县志》卷九《五行》)

春三月，长沙府之醴陵县飞蝗蔽天。(民国《醴陵县志》卷一《大事纪》)

长沙府之益阳县飞蝗为灾。(清康熙《益阳县志》卷一四《灾异》)

1661年（清顺治十八年）：

【天津】

六月，免天津府之庆云县蝗灾本年分额赋。(《清圣祖实录》卷三)

【江苏】

江苏徐州府之铜山县、萧县，常州府之江阴县等地蝗。(章义和《中国蝗灾史》)

徐州府之萧县、砀山县一带蝗蝻生发。(《清高宗实录》卷八六二)

秋，徐州府，蝗蝝灾。(清康熙《徐州志》卷二《祥异》)

六月十二日，徐州府之砀山县等县蝗。(清乾隆《砀山县志》卷一《祥异》)

秋，徐州府之萧县大旱，蝗蝝灾，赤地百里，粟粒无收。(清顺治《萧县志》卷五《灾异》)

【安徽】

泗州蝗螟食禾。(清康熙《四川通志》卷三《祥异》)

【山东】

三月，莱州府之昌邑县蝗蝻生于白塔、瓦城等社，蜂屯蚁聚，相连百余里。次日，有天鹅数万啄食殆尽。(清康熙《昌邑县志》卷一《祥异》)

【河南】

夏、秋，汝宁府之汝阳县大旱，蝗。(清康熙《汝阳县志》卷五《机祥》)

汝宁府之确山县飞蝗肆虐。(民国《确山县志》)

南阳府之泌阳县飞蝗肆虐。(道光《泌阳县志》)

【湖南】

长沙府之浏阳县飞蝗蔽野，耕民有因蝗害，夫妇缢死者。(清康熙《浏阳县志》卷九《灾异》)

【贵州】

秋，贵州蝗杀稼。(章义和《中国蝗灾史》)

〔清世祖顺治年间〕山西保德州飞蝗二次，禾伤亦甚。(清康熙《保德州志》卷三

《祥异》）

1662年（清康熙元年）：

【山西】

六月，绛州之垣曲县飞蝗东来，人民惊慌。（清康熙《垣曲县志》卷一二《灾荒》）

【江苏】

秋，淮安府之安东县有蝗。（清雍正《安东县志》卷一五《祥异》）

【安徽】

八月，颍州府蝗。（清乾隆《颍州府志》卷一〇《祥异》）

1663年（清康熙二年）：

【河北】

广平府之广平县蝗。（清康熙《广平县志》卷二《灾祥》）

【河南】

开封府之密县蝗蝻蔽野。（清康熙《密县志》卷一《灾祥》）

七月，陈州府之沈丘县旱，蝗。（清乾隆《沈丘县志》卷一一《祥异》）

【湖南】

秋，永州府之永明县蝗。（清道光《永州府志》卷一七《事纪略》）

1664年（清康熙三年）：

九月，遣官查勘八旗被水、旱、蝗灾庄田，赈给米、粟共二百一十三万六千余斛。（《清圣祖实录》卷一三）

【北京】

顺天府之通州潞邑蝗。（清康熙《通州志》卷一一《灾异》）

【河北】

春，天津府之盐山县旱，秋蝗遍野，蒙蠲税十分之二。（清康熙《盐山县志》卷九《灾祥》）

【安徽】

秋，和州之含山县蝗入境，不啮禾。（清康熙《含山县志》卷四《祥异》）

【河南】

开封府之尉氏县大旱，蝗为灾。（清道光《尉氏县志》卷一《祥异》）

秋，开封府之洧川县蝗蝻为灾，麦禾不登。（清康熙《洧川县志》卷七《祥异》）

秋七月，怀庆府之原武县蝗害稼，谷价腾高。（清康熙《原武县志》卷末《灾祥》）

怀庆府之阳武县夏旱，蝗蝻生。秋，蝗害稼，谷价腾贵。（清康熙《阳武县志》卷八《灾祥》）

七月，怀庆府之武陟县蝗灾。（清康熙《武陟县志》卷一《灾祥》）

陈州府之淮宁县蝗蝻生。（民国《淮宁县志》卷一《祥异》）

陈州府之扶沟县蝗蝻二次进城。三冬无雪，至四年三月终旬始雨，麦半收。（清康熙《扶沟县志》卷四《灾异》）

秋，许州之长葛县旱，蝗蝻为灾，秋无收。（清康熙《长葛县志》卷一《灾祥》）

【湖南】

永州府之永明县蝗虫食稼。（清康熙《永明县志》卷一〇《灾异》）

1665年（清康熙四年）：

【河北】

顺德府之任县蝗。（清康熙《任县志》卷一《灾祥》）

【江苏】

秋，大水，徐州府之萧县兼蝗。（清康熙增刻顺治《萧县志》卷五《灾异》）

【山东】

秋，登州府之福山县有蝗，大饥。（民国《福山县志稿》卷八《灾祥》）

夏，沂州府蝗。秋，大水。（清乾隆《沂州志》卷一五《纪事》）

五月后，泰安府之东平州，飞蝗蔽天，秋苗食尽。（清康熙《东平州志》卷六《灾祥》）

临清州之成武县岁旱，蝗。（清康熙《成武县志》卷三《灾祲》）

【河南】

七月，怀庆府之武陟县飞蝗。（清康熙《武陟县志》卷一《灾祥》）

怀庆府之修武县飞蝗自东南来，次日即去。（清康熙《修武县志》卷四《灾祥》）

夏，归德府之柘城县蝗。（清康熙《柘城县志》卷四《灾祥》）

秋七月，汝宁府之汝阳县蝗。（清康熙《汝阳县志》卷五《机祥》）

夏至秋，许州之长葛县飞蝗为害。（陈家祥《中国历代蝗患之记载》）

【湖南】

长沙府之醴陵县是年大旱，又秋蝗。（清乾隆《增修醴陵县志》卷一五《祥异》）

【广东】

九月，肇庆府之开平县旱，蝗。（清康熙《开平县志》卷一三《事纪》）

【陕西】

秋，同州府之大荔县大蝗，自东北来。（清康熙《朝邑县后志》卷八《灾祥》）

1666年（清康熙五年）：

【河北】

五月，顺天府之文安县蝗，自东来蔽日，伤禾。（清光绪《顺天府志》卷六九《祥异》）

【江苏】

二月，免江南淮安府之桃源县、海州之赣榆县二县，康熙五年分蝗额赋。（《清圣祖实录》卷二一）

夏，淮安府之清河县蝗，食谷粱为害，大雨后种稻及菽。蝗再生，食之，至于草根略尽。（清康熙《清河县志》卷一《祥异》）

徐州府之萧县旱，蝗。（清康熙增刻顺治《萧县志》卷五《灾异》）

【浙江】

杭州府之海宁州旱，蝗，题蠲正赋十分之一。（清光绪《海宁县志》卷二三《灾异》）

秋，台州府之仙居县旱，蝗。（清康熙《仙居县志》卷二九《灾异》）

【安徽】

正月，免江南五河等四县、卫，康熙五年分蝗额赋。（《清圣祖实录》卷二一）

颍州府蝗。（清乾隆《颍州府志》卷一〇《祥异》）

【山东】

秋，泰安府之新泰县蝗过境，栖树，不食禾。（清康熙增刻顺治《新泰县志》卷一《灾祥》）

【河南】

七月，许州之长葛县蝗蝻为灾。（清康熙《长葛县志》卷一《灾祥》）

1667年（清康熙六年）：

【河北】

秋，正定府之灵寿县大蝗，民逃。诏免租税十之三。（清康熙《灵寿县志》卷三《灾祥》）

六月内，保定府之束鹿县蝗自西来，群飞障天，落集遮地。有食苗至尽者，有竟不食飞去者。（清康熙《保定府祁州束鹿县志》卷九《灾祥》）

赵州之高邑县蝗大至。（清康熙《高邑县志》卷中《灾异》）

正定府之赞皇县蝗飞蔽天，大伤禾稼，蠲免四分之一。（清康熙《赞皇县志》卷九《祥异》）

六年以来，正定府之平山县蝗蝻、水涝灾渗频。（清康熙《平山县志》卷三《户口》）

永平府之卢龙县旱，秋蝗。（清光绪《永平府志》卷三一《事纪》）

永平府之滦州旱，秋蝗。（清康熙《滦县志》卷三《世编》）

秋七月，保定府之唐县蝗，屯村、坡上、套里、栗园庄、张令庄、葛洪十八村田禾秸叶尽食。停四十余日，蝗死，而蝻复出。是岁民无秋。（清康熙《唐县新志》卷二《灾异》）

六月，深州之武强县飞蝗经过，遗种出蝻，遍野食苗。（清康熙《重修武强县志》卷二

《灾祥》）

　　秋七月，大名府之东明县蝗。（清康熙《东明县志》卷七《灾祥》）

　　七月，大名府之大名县旱，蝗。诏免邑租。（清康熙《元城县志》卷一《年纪》）

　　九月，顺德府之内丘县城西二十里外蝻生，草禾食尽。（清乾隆《顺德府志》卷一六《祥异》）

【山西】

　　六月，绛州之垣曲县飞蝗东来，不为害。（清光绪《垣曲县志》卷一四《杂志》）

【江苏】

　　五月，淮安各属蝗虫为灾，禾仅存十三四。兴化、海州、赣榆尤甚，飞则蔽天，坠地堆积数尺。至月尽，一半往西北，一半往东南。（清董含《三冈识略》卷五）

　　江宁府之江浦县蝗。（清康熙《重修江浦县新志》卷八《灾祥》）

　　江宁府之六合县蝗。（清康熙《江宁府志》卷二九《灾祥》）

　　八月，江宁府之高淳县蝗飞盈野，山圩禳之即去，不甚伤禾稼。（清康熙《高淳县志》卷二〇《祥异》）

　　秋八月，扬州府之仪征县蝗入境，不伤稼。（清康熙《仪征县志》卷七《祥异》）

　　扬州府之泰州属扬蝗起，〔汪〕兆璋出粟购捕。（清道光《泰州志》卷二〇《名宦》）

　　常州府之靖江县旱，飞蝗从北来，所过禾苗无遗。（清康熙《靖江县志》卷五《祲祥》）

　　七月十三夜，常州府之靖江县飞蝗飞至西乡永兴团沿江一带，不伤禾稼，止食芦叶，天明尽渡江。（清光绪《靖江县志》卷八《祲祥》）

　　五月，淮安府之清河县旱、蝗之后，赤地百里。（清康熙《清河县志》卷一《祥异》）

　　春，海州之沭阳县大旱，蝗遍食麦。（清康熙《沭阳县志》卷一《灾异》）

　　四月，扬州府之东台县有蝗蔽天，分运汪兆璋购捕蝗，蝗石给粟斗，民争趋令。数日后，一夕蝗尽抱草死，腥臭遍田野，道路行者皆掩鼻。（清康熙《淮南中十场志》卷一《灾眚》）

　　徐州府之邳州蝗蝻盈野，旬日出蛙亿万，吞食之，秋禾无恙。（清康熙《邳州志》卷一《祥异》）

　　夏，徐州府之萧县蝗。秋，大水，萧西北长堤决石将军庙。（清康熙增刻顺治《萧县志》卷五《灾异》）

【浙江】

　　九月，免浙江奉化等十六县，台州一卫本年分旱、蝗额赋。（《清圣祖实录》卷二四）

　　绍兴府之萧山县蝗虫。（清康熙《萧山县志》卷九《灾异》）

【安徽】

　　凤阳、临淮、怀远蝗蝻为灾。（清光绪《凤阳府志》卷四《祥异》）

临淮、怀远、泗州、颍州、霍邱蝗蝻为灾。(清道光《安徽通志》卷二五七《祥异》)

合肥、无为、六安、应山、巢县俱蝗。(清康熙《庐州府志》卷三《祥异》，清光绪《续修庐州府志》卷九三《祥异》)

秋，庐州府之巢县蝗大至，山圩田中稻食几尽。自七月至九月，北向东南而去，连续不绝。(清康熙《巢县志》卷三《祥异》)

庐州府之无为州蝗。(清康熙《无为州志》卷一《祥异》)

九月十七日，安庆府之怀宁县蝗从西至南，群飞去。(清康熙《安庆府怀宁县志》卷三《祥异》)

夏四月，安庆府之桐城县有蝗自舒来。令民捕蝗，以粟相易，复虔祷于神，蝗不为灾。(清康熙《桐城县志》卷一《祥异》)

夏六月，六安州蝗。(清康熙《重修六安州志》卷一〇《祥异》)

夏五月，颍州府之霍邱县旱、蝗为灾。(清康熙《霍邱县志》卷一〇《灾祥》)

颍州府之阜阳县蝗。(清康熙《重修颍州志》卷一九《灾祥》)

泗州夏蝗。(清康熙《泗州通志》卷三《祥异》)

凤阳府之怀远县旱，蝻灾。(清雍正《怀远县志》卷八《灾异》)

凤阳府之凤阳县蝗。(清乾隆《凤阳县志》卷一五《纪事》)

滁州之全椒县旱，蝗。(清康熙《全椒县志》卷二《灾祥》)

夏，泗州之盱眙县蝗。(清乾隆《盱眙县志》卷一四《灾祥》)

【山东】

十二月，免山东、齐东县本年分蝗额赋十之二。(《清圣祖实录》卷二四)

兖州府之峄县蝗不害稼。(清光绪《峄县志》卷一五《灾祥》)

五月旱，济南府之德州蝗，不伤禾。(民国《德县志》卷二《纪事》)

春，旱。夏，济南府之济阳县蝗害稼。(民国《济阳县志》卷二〇《祥异》)

武定府之商河县旱，蝗。(清道光《商河县志》卷三《祥异》)

春、夏，武定府之阳信县旱，蝗。(清康熙《阳信县志》卷三《灾异》)

夏，无棣县蝗，无稼，免田租之二。(民国《无棣县志》卷一六《祥异》)

青州府之博兴县蝗蝻起。(清道光《重修博兴县志》卷一三《祥异》)

登州府之莱阳县蝗生，数日皆自死。(清康熙《莱阳县志》卷九《灾祥》)

登州府之海阳县蝗生，数日皆自死。(清乾隆《海阳县志》卷三《灾祥》)

夏六月，东昌府之冠县飞蝗蔽天。(清康熙《堂邑县志》卷二《灾祥》)

兖州府之阳谷县旱，蝗蝻遍野，田禾尽损。(清康熙《阳谷县志》卷四《灾异》)

【河南】

开封府之尉氏县蝗。（清康熙《洧川县志》卷七《祥异》）

七月，开封府之考城县蝗。（民国《考城县志》卷三《事纪》）

秋八月，卫辉府之新乡县蝗。（清康熙《新乡县续志》卷二《灾异》）

八月，卫辉府之汲县蝗。（清康熙《汲县志》卷一〇《机祥》）

七月，卫辉府之辉县蝗蝻自县东数十里如水西流，地上厚三四寸，遍野盈城，曲房邃室无处不到，人家井不蔽，须臾皆满。（清康熙《辉县志》卷一九《灾祥》）

六月二十六日，怀庆府之河内县蝗自西南来，往东北去。（清康熙《河内县志》卷一《灾祥》）

八月，卫辉府之滑县蝗。（清乾隆《滑县志》卷一三《祥异》）

彰德府之内黄县旱，蝗，蠲免粮银二千五佰零七两。（清乾隆《内黄县志》卷六《编年》）

秋，陈州府之商水县大旱，飞蝗蔽天。（民国《商水县志》卷二四《祥异》）

秋，陈州府之扶沟县蝗蝻，食禾殆尽。（清康熙《扶沟县志》卷四《灾异》）

六月，陈州府蝗蝻遍野，秋禾尽没。（清乾隆《陈州府志》卷三〇《祥异》）

五月，陈州府之沈丘县雪。七月，飞蝗蔽天，食禾殆尽。（清乾隆《沈丘县志》卷一一《祥异》）

七月，陈州府蝗蝻遍野，秋禾尽没。（清乾隆《陈州府志》卷三〇《祥异》）

夏，陈州府之西华县旱，蝗飞满空，声如风雨，野无青草。（清乾隆《陈州府志》卷三〇《祥异》）

秋，陈州府之项城县大旱，飞蝗蔽天，无禾。（清康熙《项城县志》卷八《灾祥》）

六月，汝州之鲁山县蝗。（清乾隆《鲁山县全志》卷九《祥异》）

汝宁府之确山县飞蝗蔽天，未伤禾。（清乾隆《确山县志》卷四《机祥》）

秋八月，光州之固始县蝗。（清康熙《固始县志》卷一一《灾祥》）

秋，汝宁府之罗山县飞蝗蔽天，绵亘数里，食禾黍俱尽。（清康熙《罗山县志》卷八《灾异》）

六月，怀庆府蝗自西南来，往东北去。（清康熙《怀庆府志》卷一《灾祥》）

陈州府之淮宁县旱，飞蝗蔽天，食禾稼殆尽。（民国《淮宁县志》卷一《祥异》）

汝州蝗。（清道光《汝州全志》卷九《祥异》）

汝宁府之汝阳县蝗。（清乾隆《汝阳县志》卷四《祥异》）

七月，彰德府之武安县飞蝗蔽天，食禾，大饥。（清康熙《武安县志》卷一六《灾祥》）

汝州之宝丰县蝗灾，食禾稼殆尽。（清雍正《河南通志》卷五《祥异》）

七月，开封府之洧川县蝗。（清康熙《洧川县志》卷七《祥异》）

汝州之伊阳县蝗。（清乾隆《伊阳县志》卷四《祥异》）

台前县蝗蝻遍地，食禾稼殆尽。（台前县地方史志编纂委员会编《台前县志》）

怀庆府之孟县蝗灾。（清康熙《孟县志》卷七《祥异》）

【湖北】

六月，德安府之应山县蝗入境。（清康熙《应山县志》卷二《祥异》）

【湖南】

衡阳府之常宁县蝗，民无半收。（清康熙《常宁县志》卷一一《祥异》）

秋，永州府之零陵县有蝗。（清嘉庆《零陵县志》卷一六《祥异》）

【广东】

秋七、八两月，惠州府之海丰县复有蝗虫，多损田禾。（清乾隆《海丰县志》卷一〇《邑事》）

1668年（清康熙七年）：

【河北】

七月，广平府之广平县蝗。（清康熙《广平县志》卷二《灾祥》）

【江苏】

徐州河溢、淫雨、蝗蝻相继为灾，奉旨蠲额赋十之一。（清康熙《续徐州志》卷八《灾祥》）

【安徽】

六月，庐州府之无为州地震，又兼旱、蝗。（清康熙《无为州志》卷一《祥异》）

是年，安庆府之桐城县生蝗蝻，忽有群鸦来，啄之始尽。（清康熙《安庆府志》卷一四《祥异》）

泗州秋蝗。（清康熙《泗州通志》卷三《祥异》）

秋，泗州之盱眙县蝗。（清乾隆《盱眙县志》卷一四《灾祥》）

四月，宁国府之宣城县蝗蝻大发，遍田野。寻遇雨，蝗死，稼无损。（清嘉庆《宁国府志》卷一《祥异》）

【河南】

河南府之巩县蝗虫食毁秋禾。（清乾隆《巩县志》卷二《灾祥》）

七月，河南府之宜阳县蝗，损谷之半。（清乾隆《宜阳县志》卷一《灾祥》）

陈州府之淮宁县飞蝗损禾之半。七月，又有虫如蝗，侵食谷、豆。（民国《淮宁县志》卷一《祥异》）

河南府之永宁县飞蝗蔽天，伤稼五分。（陈家祥《中国历代蝗患之记载》）

【宁夏】

宁夏府之中卫县蝗不为灾。（清康熙《朔方广武志·祥异》）

1669年（清康熙八年）：

【浙江】

杭州府之海宁州飞蝗蔽天而至，食稼殆尽。（《清史稿·灾异志》）

1670年（清康熙九年）：

【山东】

秋，济南府之济阳县蝗害稼，免夏秋税五分。（民国《济阳县志》卷二〇《祥异》）

秋，武定府之阳信县蝗害稼，免夏税五分。（清康熙《阳信县志》卷三《灾异》）

祁东县旱，蝗灾，免钱粮十分之二。（清康熙《新修祁东县志》卷一《灾祥》）

【云南】

临安府之宁州夏秋赤地、飞蝗，奇灾踵至，哀鸿遍野。（清康熙《宁州志》卷一《祥异》）

1671年（清康熙十年）：

【河北】

七月，大名府之大名县遍地生蝗，秋苗食毁殆尽。（清康熙《大名县志》卷一六《灾异》）

秋，大名府之元城县旱，蚜蝗为灾。（清康熙《元城县志》卷一《事纪》）

赵州之柏乡县旱，蝗，道殣相望，捐俸赈济，全活甚众。（清乾隆《柏乡县志》卷六《人物》）

保定府之新安县蝗灾。（清乾隆《新安县志》卷一四《祥异》）

【江苏】

十二月，免江南上元等一十七县本年分蝗灾额赋；免江南海州、赣榆等三十四州县、卫、所本年分旱、蝗额赋。（《清圣祖实录》卷三七）

江宁府之溧水县旱，蝗。知县李作揖捐俸，倡建粥厂以振饥民。（清康熙《溧水县志》卷一《邑纪》）

镇江府之丹阳县蝗蔽天，不为灾。（清乾隆《丹阳县志》卷六《祥异》）

扬州府之仪征县旱，蝗，大饥。（清道光《重修仪征县志》卷四六《祥异》）

扬州府之宝应县宿水潦没者不能播种，高田已种者被旱、蝗。（清康熙《宝应县志》卷三《灾祥》）

淮安府旱，蝗，灾十分。（清康熙《淮安府志》卷七《蠲免》）

秋，海州之赣榆县大旱，有蝗。（清嘉庆《海州直隶州志》卷三一《祥异》）

【浙江】

两浙旱，蝗。（清康熙《浙江通志》卷二《祥异》）

严州府之寿昌县秋大旱。自夏至秋，三月不雨，兼以青蝗交蚀遍地，蠲免正赋十分之三，民赖生存。（清康熙《新修寿昌县志》卷九《杂志》）

严州府之遂安县螟螣食稼谷十之七，民间食草根，有司以闻，蒙恩蠲恤有差。（清康熙《遂安县志》卷九《灾异》）

七月二十日，嘉兴府之海盐县蝗从西北来，飞过城上，至澉城外长山，止三日，不伤稼。（清康熙《海盐县志补遗·灾祥》）

五月至七月，湖州府之乌程县大旱，蝗，异常大燠，草木枯槁，人喝死者众。（清光绪《乌程县志》卷二七《祥异》）

台州府之宁海、天台、仙居三县旱，蝗食苗，根节俱尽，并及木叶。（清康熙《台州府志》卷一四《灾变》）

秋，台州府之仙居县蝗食苗，根节俱尽，并及木叶。（清光绪《仙居志》卷二四《灾变》）

衢州府之常山县大旱，蝗。（清雍正《常山县志》卷一二《灾祥》）

衢州府之江山县大旱，禾苗尽槁，蝗食殆尽。（清康熙《江山县志》卷一〇《灾祥》）

处州府之丽水县旱、蝗交虐。（清康熙《处州府志》卷一二《灾眚》）

五月至七月，湖州府大旱，蝗，草木枯，秋薄收，饥民菜蕨为食。（清同治《湖州府志》卷四四《祥异》）

【安徽】

十二月，免江南六安州、庐州府之合肥县等九州岛县，庐州等三卫本年分旱、蝗额赋。（《清圣祖实录》卷三七）

夏，庐州府旱，有蝗。（清康熙《庐州府志》卷九《祥异》）

庐州府之巢县蝗至，生子遍地。岁大饥。（清康熙《巢县志》卷四《祥异》）

和州之含山县旱，秋蝗食禾，生卵。（清康熙《含山县志》卷四《祥异》）

和州复遭旱、蝗，江南郡县多罹其患，而凤阳、滁州等郡为尤甚。（清康熙《和州志》卷四《祥异》）

夏，庐州府之庐江县旱，蝗。（清嘉庆《庐江县志》卷二《祥异》）

六安州大旱，蝗。（清康熙《重修六安州志》卷一〇《灾祥》）

颍州府之蒙城县旱，蝗，大饥。（清乾隆《颍州府志》卷一〇《祥异》）

凤阳府之灵璧县蝗，民饥。（清康熙《灵璧县志》卷一《祥异》）

虹县春水灾，夏蝗灾，秋旱灾。（清康熙《虹县志》卷上《祥异》）

泗州，三月不雨至八月，飞蝗蔽天，麦禾尽，种谷绝。民流离外境者数万人，存者鬻子女，夫妇不相保，剥树皮、掘白粉以为食。（清康熙《泗州通志》卷三《祥异》）

泗州之盱眙县蝗食禾稼殆尽，民剥树皮、掘石粉食之。（清乾隆《盱眙县志》卷一四《灾祥》）

凤阳府之怀远县旱，蝗。冬大雪，民饥。（清雍正《怀远县志》卷八《灾异》）

夏，凤阳府之凤阳县大旱，蝗，禾麦皆无，人食树皮。（清光绪《凤阳府志》卷四《祥异》）

滁州夏旱，蝗。（清康熙《滁州志》卷三《祥异》）

本州岛民马田地秋被旱、蝗灾伤九、十分不等。本年奉旨正赋蠲免十分之二。（清康熙《滁州续志》卷一《蠲恤》）

泗州之天长县赤旱，自三月不雨至九月，飞蝗蔽天。（清康熙《天长县志》卷一《祥异附》）

自夏五月不雨至秋九月，滁州之来安县螽蝝并作，野无青草。（清康熙《滁州志》卷三《祥异》）

本县民赋田地，秋被旱、蝗灾伤八、九、十分不等。旨正赋蠲免十分之二三。（清康熙《滁州续志》卷一《蠲恤》）

秋七月，滁州之全椒县飞蝗蔽天，食禾苗殆尽，民大饥。（清康熙《全椒县志》卷二《灾祥》）

【江西】

夏、秋，袁州府之萍乡县旱，蝗遍邑。（清康熙《萍乡县志》卷六《祥异》）

广信府之广丰县蝗、旱交侵，五月至九月不雨，田野如焚。（清康熙《广永丰县志》卷五《机祥》）

建昌府之泸溪县虫蝗大起，几无粒收。（清康熙《泸溪县志》卷一《灾异》）

【山东】

济南府之临邑县属旱，蝗。（清道光《临邑县志》卷一六《祥异》）

六月，东昌府之馆陶县虸蝗食禾。（清康熙《馆陶县志》卷一二《灾祥》）

【河南】

汝州之鲁山县蝗，秋禾被啮食。（清乾隆《鲁山县全志》卷九《祥异》）

汝州蝗。（清道光《汝州全志》卷九《祥异》）

【湖南】

夏，大旱。秋，衡阳府之常宁县复蝗。是岁禾稼不登，次年饥。（清康熙《常宁县志》卷一一《赈恤》）

1672年（清康熙十一年）：

【天津】

天津府之青县蝗。（清嘉庆《青县志》卷六《祥异》）

秋，旱。天津府之庆云县蝗飞蔽空，盘施九十余日。（清康熙《庆云县志》卷一一《灾祥》）

【河北】

九月，免直隶保定府之清苑县等十九州岛县本年分旱、蝗灾额赋。（《清圣祖实录》卷四〇）

夏六月，正定府之行唐县蝗螟蔽天，自南而东。（清乾隆《行唐县志》卷九《纪事》）

六月，正定府之晋州蝗。（清康熙《晋州志》卷一〇《事纪》）

顺天府之东安县旱、蝗两灾。奉旨蠲免本年田租十分之一。（清康熙《东安县志》卷一《机祥》）

顺天府之大城县旱，蝗。（清光绪《大城县志》卷一〇《五行》）

顺天府之文安县旱，蝗。（清康熙《文安县志》卷八《事异》）

保定府之蠡县旱，蝗。秋无雨，冬无雪。（清康熙《蠡县续志·祥异续增》）

保定府之新城县蝗蝻伤稼，浑河徙，经顺天府之霸州境东去。（清康熙《新城县志》卷一《祥祲》）

河间府之河间县水灾，蝗虫。奉旨蠲免。（清康熙《河间县志》卷八《恤政》）

河间县旱，蝗。（清康熙《河间县志》卷一一《祥异》）

河间府之交河县蝗伤稼。（清康熙《交河县志》卷七《灾祥》）

河间府之任丘县蝗。（清康熙《重修任丘县志》卷四《祥异》）

河间府之献县旱，蝗。（清乾隆《献县志》卷一八《祥异》）

六月，冀州蝗，河水泛溢。（清康熙《冀州志》卷一《祥异》）

冀州之武邑县蝗蝻灾。（清康熙《武邑县志》卷一《祥异》）

五月，广平府之广平县蝗食禾。（清光绪《广平府志》卷三三《灾异》）

春，大名府之元城县旱，蝗。（清同治《续修元城县志》卷一《年纪》）

六月二十二日，顺德府之邢台县蝗自南来，落董村等三十余村，食禾稼殆尽。（清康熙《邢台县志》卷一二《事纪》）

夏，冀州之南宫县飞蝗蔽天。（清康熙《南宫县志》卷五《事异》）

七月，广平府之清河县、威县飞蝗蔽日。（清康熙《清河县志》卷一七《灾祥》）

秋，大名府之清丰县飞蝗遍野，禾稼殆尽。（清康熙《清丰县志》卷二《编年》）

夏，大名府之东明县蝗飞蔽日。（清康熙《东明县志》卷七《灾祥》）

春，大名府之南乐县蝗。秋复蝗，飞蝗蔽野，厚可盈尺，禾稼尽。（清康熙《南乐县志》卷九《纪年》）

【山西】

七月内，潞安府之长治县飞蝗蔽天，集潞城十余日，不入长治地境。（清乾隆《长治县志》卷二一《祥异》）

秋七月，潞安府之黎城县飞蝗自东来，蔽天翳日，食禾为赤地。（清康熙《黎城县志》卷二《纪事》）

七月，潞安府之潞城县蝗入境。八月，蝻生，伤麦苗尽。（清康熙《潞城县志》卷八《灾祥》）

辽州之和顺县蝗，多不食稼。（清雍正《山西通志》卷一六三《祥异》）

潞安府之屯留县飞蝗入境。（清雍正《屯留县志》卷一《祥异》）

秋七月，蝗。（清康熙《解州志》卷九《灾祥》）

秋七月，解州之芮城县蝗自河南灵宝渡河而北，折而西南飞去。八月，遗种生蝻，旋即死。（清康熙《芮城县志》卷二《灾祥》）

秋八月，解州之平陆县飞蝗入境，食禾殆尽。（清康熙《平陆县志》卷八《杂记》）

【上海】

松江府，秋七月，蝗飞蔽天，自北而南，所过但食竹叶、苇芦穗，无食禾者，皆抱穗死。（清嘉庆《松江府志》卷八〇《祥异》）

川沙厅飞蝗从西北蔽天而来，草根、木叶立尽，独不食稻，半月后悉向南去。（清光绪《川沙厅志》卷一四《祥异》）

秋，太仓州之崇明县飞蝗蔽天，悉投海死，禾不害。（清康熙《重修崇明县志》卷七《祲祥》）

【江苏】

十二月，免江南苏州府之长洲县等七县本年分旱、蝗灾额赋。（《清圣祖实录》卷四〇）

七月，淮安府南门外飞蝗从西北蔽天而来，草根、木叶靡不立尽，独不食稻。半月后，悉向南去，不知所之。（清董含《三冈识略》卷六）

七月，苏州府飞蝗蔽天，不伤稼。（清同治《苏州府志》卷一四三《祥异》）

七月，苏州府之吴县大蝗，水旱相继。（清康熙《具区志》卷一四《灾异》）

夏，苏州府之吴县蝗从北来，随去。八月，稻根生虫，高低田禾俱偃仆死，谷秕无收。（清康熙《吴县志》卷二一《祥异》）

七月，苏州府之昆山县飞蝗过境，不伤稼。（清乾隆《昆山新阳合志》卷三七《祥异》）

夏，太仓州之镇洋县蝗。蝗自北来，即而入海，灾亦不甚。（清宣统《太仓州镇洋县志》

卷二六《祥异》)

八月初一日夜，苏州府之吴江县红光满天如火沙，飞蝗自北来遍野，数日而灭。生细虫，有足善跳，有翼能飞，蚀苗根，苗尽萎死。是年秋收不及十之一二，明年预蠲康熙十三年地丁正项钱粮之半。(清乾隆《吴江县志》卷四〇《灾变》)

六月，常州府之江阴县飞蝗蔽天。(清康熙《江阴县志》卷二《灾祥》)

镇江府之丹徒县蝗蔽天。(清乾隆《镇江府志》卷四三《祥异》)

蝗飞蔽天。(清乾隆《镇江府志》卷四三《祥异》)

镇江府之金坛县旱、蝗为虐。(清乾隆《金坛县志》卷一二《轶事》)

夏，常州府之武进县蝗。十二年奉旨，淮扬等处六府迭受灾荒，蠲免十三年地丁钱粮之半，以苏民困。(清康熙《武进县志》卷三《灾祥》)

六月、七月，通州之泰兴县大蝗。(清嘉庆刻万历《续修泰兴县志》卷八《祥异》)

通州之如皋县蝗。(清嘉庆《如皋县志》卷二三《祥祲》)

通州蝗。(清光绪《通州直隶州志》卷末《祥异》)

五月，淮安府之盐城县蝗大起，平地尺余，草木啮尽。(清乾隆《盐城县志》卷二《祥异》)

六月，扬州府之东台县飞蝗蔽空。(清嘉庆《东台县志》卷七《祥异》)

飞蝗蔽日，伤稼。(章义和《中国蝗灾史》)

徐州府之萧县蝗虫遍野，秋禾食尽。(清康熙增刻顺治《萧县志》卷五《灾异》)

【浙江】

十二月，免浙江杭州、嘉兴、湖州、绍兴四府所属十六县本年分旱、蝗灾额赋。(《清圣祖实录》卷四〇)

七月，嘉兴府之嘉兴县飞蝗西北来，食草根、木叶殆尽，独不食稻。(清光绪《嘉兴府志》卷三五《祥异》)

六月十九日，嘉兴府之嘉善县飞蝗蔽天，不为禾害。八月，蟓虫食禾根，伤稼，民饥。(清光绪《重修嘉善县志》卷三四《祥眚》)

【安徽】

五月，江南安庆等七府、滁州等三州连岁发生蝗蝻等灾。(《清圣祖实录》卷三九)

秋，庐州府合肥有蝗食麦。(清光绪《续修庐州府志》卷九三《祥异》)

初夏有蝗食麦。(清康熙《庐州府志》卷九《祥异》)

四月间，和州蝗孽遍野滋生。五月，飞蝗自西而东没于江流者约长二里许。是岁，州县俱获有秋。(清康熙《和州志》卷四《祥异》)

夏五月，安庆府之桐城县有蝗自舒来，至桐界为止。(清康熙《桐城县志》卷一

《祥异》）

春，六安州蝗蝻遍生，蔓延数百里。（清康熙《重修六安州志》卷一〇《祥异》）

夏四月，颍州府之蒙城县蝗蝻遍生。（清康熙《蒙城县志》卷二《祥异》）

秋，凤阳府之宿州蝗蝻踵至，扑地弥天。（清康熙《宿州志》卷一〇《祥异附》）

五月，泗州之盱眙县蝗蝻遍地，不食禾稼，已而蝗尽负蝻飞去。（清康熙《盱眙县志》卷三《祥异》）

凤阳府之凤阳县大蝗，食禾殆尽。（清光绪《凤阳府志》卷四《祥异》）

夏，滁州蝗蝻生，将食二麦，郡守余国榰率吏民捕之，纳蝗一石，给米三斗，蝗势顿杀，二麦以登。（清康熙《滁州志》卷三《祥异》）

夏，滁州之全椒县蝗蝻生，将食二麦，邑令兰学监谕民捕之，每蝗一石给米三斗，蝗势渐息。（清康熙《全椒县志》卷二《灾祥》）

五月，徽州府旱，蝗，饥，各属发粟，按籍分赈。（清道光《徽州府志》卷五《恤政》）

徽州府之休宁县旱，蝗。（清康熙《休宁县志》卷三《恤政》）

春，六安州之英山县蝗蝻遍生，蔓延数百里。（清康熙《英山县志》卷二《祥异》）

【江西】

建昌府之泸溪县旱，蝗，灾疫。（清康熙《泸溪县志》卷一《灾异》）

【山东】

八月，免山东莱州府之潍县本年分蝗灾额赋，免山东临清州之武城、夏津县、邱县等三县本年分蝗灾额赋。（《清圣祖实录》卷三九）

九月，免山东东昌府之博平县等五州县本年分蝗灾额赋。（《清圣祖实录》卷四〇）

五月，济南府之历城县、章丘县、淄川县、长清县等旱，蝗。（清道光《济南府志》卷二〇《灾祥》）

济南府之淄川县蝗蝻伤谷。（清乾隆《淄川县志》卷三《灾祥》）

青州府之临淄县飞蝗蔽天。（清康熙《临淄县志》卷一《灾祥》）

济南府之临邑县岁而旱，而蝗，而水，且相踵至也。（清乾隆《德平县志》卷四《艺文》）

武定府之商河县飞蝗从东南来。（清道光《商河县志》卷三《祥异》）

秋，临清州之夏津县蝗。（清康熙《夏津县志》卷五《灾异》）

武定府之惠民县飞蝗害稼。（清乾隆《惠民县志》卷四《祥异》）

武定府之阳信县飞蝗害稼。（清康熙《阳信县志》卷三《灾异》）

六月十九日，青州府之高苑县飞蝗蔽天，不大为灾。（清康熙《高苑县续志》卷一〇《祥灾》）

青州府之寿光县蝗为灾。（清康熙《寿光县志》卷一《总纪》）

青州府之昌乐县蝗。（清嘉庆《昌乐县志》卷二《总纪》）

秋七月青州府之安丘县旱，蝗。八月，螽生。（清康熙《续安丘县志》卷一《总纪》）

夏五月，莱州府之昌邑县蝗子生，盘结成团，起东冢等社，东北荒中……社民数千人合力围捕，月余捕灭殆尽。（清康熙《昌邑县志》卷一《祥异》）

秋七月，蝗，青州蝗虫食稼。（清康熙《青州府志》卷二〇《灾异》）

六月，青州府之益都县，有蝗自西南来，蔽天入东海。（清康熙《益都县志》卷一〇《祥异》）

五月，莱州府之平度州蝗蔽天。（清道光《重修平度州志》卷二六《大事》）

六月，莱州府之掖县大旱，飞蝗蔽天。（清乾隆《掖县志》卷五《祥异》）

五月，莱州府之即墨县大蝗蔽天。（清乾隆《即墨县志》卷一一《灾祥》）

秋七月，登州府之莱阳县飞蝗，不甚害稼。（清康熙《莱阳县志》卷九《灾祥》）

秋七月，登州府之海阳县飞蝗，不甚害稼，旋投海死。（清乾隆《海阳县志》卷三《灾祥》）

夏、秋，沂州府蝗，其年饥荒。（清康熙《沂州志》卷一《灾异》）

六月，沂州府之费县蝗生遍野，田禾食尽。（清康熙《费县志》卷五《灾异》）

秋，曹州府之范县飞蝗自江北来，遗蝻，食禾苗十分之三。（清康熙《范县志》卷中《灾祥》）

夏六月、七月，沂州府之蒙阴县蝗灾，食田禾之半。（清康熙《蒙阴县志》卷二《灾祥》）

沂州府之沂水县蝗虫食稼。（清康熙《沂水县志》卷五《祥异》）

沂州府之日照县邑境蝻生。县令杨士雄率民捕之，且有蛤蟆成群食蝻尽。（清光绪《日照县志》卷七《祥异》）

济南府之长清县蝗为灾。（清康熙《长清县志》卷一四《灾祥》）

六月十八日，泰安府之莱芜县飞蝗蔽天，从东南来，止邑之颜庄，厚三尺，宽三里，长不可胜计，十九日益集。知县叶方恒出示捕之。翌日，蝗皆向西北去，境内竟不成灾。（清光绪《莱芜县志》卷二《灾祥》）

秋，济南府之章丘县旱，蝗。（清康熙《章丘县志》卷一《灾祥》）

夏，兖州府之宁阳县蝗灾。（清康熙《宁阳县志》卷六《灾祥》）

七月，泰安府之平阴县蝗虫作，秋禾未尽登。秋方结苞，大雾，不实。（清嘉庆《平阴县志》卷四《灾祥》）

临清州之邱县蝗。知县郑之惠详请免赋十之三。（清雍正《邱县志》卷七《灾祥》）

夏，兖州府之邹县蝗蝻生，自徐、淮来，入邹一境，飞则蔽天掩日，止则积野折枝。（清康熙《邹县志》卷二《灾乱》）

夏六月，曹州府之菏泽县有蝗自东南来，群飞蔽天，八月始尽。七月，蝻生遍地，秋禾大损。（清光绪《菏泽县志》卷一九《灾祥》）

六月，曹州府之曹县蝗飞蔽天。秋，蝻生，未甚伤稼。（清光绪《曹县志》卷一八《灾祥》）

夏六月，曹州府之曹县有蝗自东南来，群飞蔽天，八日始尽。七月，蝻生遍地，秋禾大损。（清康熙《曹州志》卷一九《灾祥》）

六月，曹州府之定陶县飞蝗蔽天。（清乾隆《定陶县志》卷八《灾异》）

六月二十四、六日，东昌府之冠县飞蝗至，谷田有未食者，有食既者。闰七月，城南、城北蝻子食晚苗殆尽。（清康熙《冠县志》卷五《祲祥》）

临清州秋蝗。（清康熙《临清州志》卷三《祥异》）

东昌府之莘县蝗。知县刘维祯申报蝗灾，蒙蠲本年钱粮二分之一。（清光绪《莘县志》卷四《机异》）

夏，曹州府之朝城县蝗。秋，蝻，禾稼殆尽。（清康熙《朝城县志》卷一〇《灾祥》）

七月，东昌府之馆陶县飞蝗蔽日。一面请蠲，一面悬赏，令乡民掩捕，数日之内，四关厢集蝗如阜，秋禾赖焉。（清康熙《馆陶县志》卷一二《灾祥》）

【河南】

秋七月，开封府之杞县蝗。（清乾隆《杞县志》卷二《灾祥》）

夏，开封府之新郑县有蝗，至秋大雨。（清康熙《新郑县志》卷四《祥异》）

开封府之密县飞蝗蔽天。（清康熙《密县志》卷一《灾祥》）

卫辉府之汲县蝗灾。（陈家祥《中国历代蝗患之记载》）

河南府之巩县蝗虫食毁秋禾。（清乾隆《巩县志》卷二《灾祥》）

七月初一日，怀庆府之济源县飞蝗来，十六日西去。（清乾隆《济源县志》卷一《祥异》）

夏，旱，怀庆府之阳武县蝗蝻生。（清康熙《阳武县志》卷八《灾祥》）

夏六月，归德府之鹿邑县蝗。（清康熙《鹿邑县志》卷八《灾祥》）

秋七月，陕州及其灵宝县蝗飞蔽天，食禾殆尽。（清雍正《河南通志》卷五《祥异》）

怀庆府之原武县蝗灾。（清康熙《原武县志》卷末《灾祥》）

汝宁府之确山县蝗蝻生，布政司行文致祭。（清乾隆《确山县志》卷四《机祥》）

夏六月，归德府之鹿邑县蝗灾。（清康熙《鹿邑县志》卷八《灾祥》）

光州之息县旱，蝗。（清嘉庆《息县志》卷八《内纪》）

汝宁府之罗山县旱，蝗。（清乾隆《罗山县志》卷八《灾异》）

光州之商城县旱、蝗伤禾。（清康熙《商城县志》卷八《灾祥》）

河南府之洛阳县旱，蝗，无禾。民饥，食草根树皮。（清康熙《河南府志》卷二六《灾异》）

秋七月，陕州之灵宝县蝗飞蔽天，食禾殆尽。（清康熙《灵宝县志》卷四《机祥》）

【湖北】

黄州府之罗田县旱，蝗蝻遍生。（清光绪《罗田县志》卷八《祥异》）

春三月，襄阳府之宜城县蝗生于宜西黄宪冢、高观铺二处，约数十亩。至四月终，始生翼，飞起蔽天，不数日渡河东去。（清康熙《宜城县志》卷三《灾异》）

【湖南】

七月，澧州之石门县蝗不入境，他县蝗飞蔽野，惟石门境不入。（清嘉庆《石门县志》卷二三《祥异》）

1673年（清康熙十二年）：

【山西】

四月，潞安府之屯留县生蝻，食禾麦。（清康熙《屯留县志》卷三《祥异》）

八月，解州之平陆县飞蝗入境，食禾尽。（清乾隆《解州平陆县志》卷一一《祥异》）

【安徽】

颍州府之蒙城县蝗蝻遍生。（清乾隆《颍州府志》卷一〇《祥异》）

【山东】

青州府蝗食稼。（清康熙《青州府志》卷二〇《灾异》）

六月，莱州府之潍县发生蝗灾。（清乾隆《潍县志》卷六《祥异》）

曹州府之曹县蝗蝻复生。（清光绪《曹县志》卷一八《灾异》）

【河南】

陕州之阌乡县飞蝗成灾，饥荒。（民国《阌乡县志》卷一《祥异》）

陕州之灵宝县飞蝗蔽天，民饥。（清乾隆《阌乡县志》卷一一《祥异》）

1674年（清康熙十三年）：

【河北】

保定府之新安县蝗灾。（清乾隆《新安县志》卷一四《祥异》）

【江苏】

七月，淮安府之盐城县旱，蝗食稼。（清乾隆《盐城县志》卷二《祥异》）

【安徽】

夏，旱，凤阳府之灵璧县蝗。（清光绪《凤阳府志》卷四《祥异》）

滁州，本州岛民马田地秋被旱、蝗灾伤八九分、十分不等，旨正赋蠲免十分之二三。（清康熙《滁州续志》卷一《蠲恤》）

滁州之来安县旱，蝗。（清雍正《来安县志·附祥异》）

颍州府之蒙城县蝗蝻。（清乾隆《颍州府志》卷一〇《祥异》）

【山东】

青州府之乐安县蝗灾。（清雍正《乐安县志》卷一八《五行》）

夏六月，曹州府之菏泽县有蝗自东南来，群飞蔽天。七月，蝗生遍地，秋禾大损。（清光绪《新修菏泽县志》卷一八《杂记》）

【河南】

河南府之洛阳县旱，蝗，无禾。（清乾隆《重修洛阳县志》卷一〇《祥异》）

1675 年（清康熙十四年）：

【山东】

东昌府之恩县蝗从南来。（清雍正《恩县续志》卷四《灾祥》）

闰五月，东昌府之冠县蝗灾。六月，蝻蚜生，无大害。（清康熙《冠县志》卷五《祲祥》）

【湖北】

黄州府之广济县旱，蝗。（清乾隆《广济县志》卷一四《孝义》）

1676 年（清康熙十五年）：

【河北】

天津府之沧州旱，蝗。小旱微蝗，虽未成灾，然频岁苦之，历十六、十七凡三年。（清乾隆《沧州志》卷一二《纪事》）

十五、六、七年，河间府之东光县旱，蝗，俱奉旨蠲沧属钱粮十之三。（清乾隆《天津府志》卷一《纪恩》）

【湖南】

夏，永州府蝗食稼殆尽。（章义和《中国蝗灾史》）

【陕西】

八月，榆林府之府谷县飞蝗又至。（清雍正《府谷县志·灾祥》）

1677 年（清康熙十六年）：

【河北】

秋七月，有报蝗虫西至遵化州之丰润县者，蔽天东飞。（清康熙《永平府志》卷二二《艺文》）

冬十一月，永平府之卢龙县知府常文魁移修蜡庙工竣，有蝗云集庙前，信宿而去。（民国《卢龙县志》卷二三《史事》）

秋七月，永平府之迁安县飞蝗。（清康熙《迁安县志》卷六○《宦绩》）

顺天府之三河县蝗。（清光绪《顺天府志》卷六九《祥异》）

夏，天津府之南皮县蝗。（清康熙《南皮县志》卷二《灾异》）

顺德府之内丘县蝻生城西二十里外，草禾食尽。（清道光《内丘县志》卷三《水旱》）

【安徽】

滁州之来安县蝗灾。（章义和《中国蝗灾史》）

【浙江】

八月，湖州府飞蝗蔽天，过而不下。（清同治《湖州府志》卷四四《祥异》）

【福建】

漳州府秋蝗，晚禾无收，米价仍平。（清乾隆《福建通志》卷六五《祥异》）

【湖南】

夏，永州府蝗食稼殆尽。（清道光《永州府志》卷一七《事纪》）

1678 年（清康熙十七年）：

【河北】

天津府之南皮县旱，蝗。（清康熙《南皮县志》卷二《灾异》）

【江苏】

今岁夏、秋赤旱，遍地禾苗枯萎，兼以蝗蝻踵至，所在失收，真属从来未有之奇荒。报灾共有四十州县，其余虽有未报灾伤及勘不成灾者，仅十余处而亦薄收，俱非丰稔。（清康熙《江南通志》卷六五《艺文》）

扬州府之仪征县旱，蝗，大饥。（清道光《重修仪征县志》卷四六《祥异》）

淮安府之清河县蝗生，食谷梁几尽，秋复生蝼，食菽既。（清乾隆《清河县志》卷九《祥祲》）

淮安府之安东县蝗蝻。（清雍正《安东县志》卷一五《祥异》）

是年、次年皆大旱，淮安府之桃源县生蝼，食菽几尽。（清乾隆《重修桃源县志》卷一《祥异》）

【安徽】

是年，滁州、全椒等处旱，蝗，灾伤九分、十分不等。免征赋十分之三。（清康熙《江南通志》卷二三《蠲恤》）

秋，安庆府之桐城县大旱，蝗为灾。（清康熙《桐城县志》卷一《祥异》）

安庆府之潜山县蝗蝻遍野，环顾四畴，禾稼不登，妇子皆嗷嗷待哺。（清康熙《安庆府志》卷三二《杂文》）

泗州旱，蝗。（清康熙《泗州直隶州志》卷三《灾祥》）

泗州之盱眙县旱，蝗。（清乾隆《盱眙县志》卷一四《灾祥》）

滁州旱、蝗交困，民不聊生。（清康熙《滁州续志》卷一《祥异》）

本州岛民马田地秋被旱、蝗灾八九分不等，旨免征赋蠲十分之二三。（清康熙《滁州续志》卷一《蠲恤》）

1679 年（清康熙十八年）：

江南、山东二省旱、蝗为灾。（《清圣祖实录》卷八七）

八月初，飞蝗蔽天，自江北而南，迄于苏、松，时余在昆山，幸而不食禾稼，间集芦苇之场，群集于东海之崖，不甚为灾。（清叶梦珠《阅世编》卷一《灾祥》）

【天津】

旱，蝗，倡捐千金，立粥厂赈饥，全活无算。（清同治《畿辅通志》卷一九一《宦绩》）

【河北】

秋七月，永平府之迁安县蝗，民大疫。（清康熙《迁安县志》卷七《灾祥》）

秋七月，永平府之卢龙县蝗，民大疫。蝗自干趋巽。（清光绪《永平府志》卷三一《纪事》）

夏六月，永平府之抚宁县飞蝗自西北来，蔽天漫野，存十余日，损晚禾十分之二。一去东北出口外，一去东南入海，念日始过尽，不为灾。（清光绪《抚宁县志》卷三《前事》）

大旱，天津府之沧州蝗。自去年三冬无雪，入春徂夏复大旱大雨，蝗蝻遍地，民多流亡。（清乾隆《沧州志》卷一二《纪事》）

自春至秋大旱，天津府之盐山县蝗伤稼。俱奉旨蠲沧属饥粮十之三。（清乾隆《天津府志》卷一《纪恩》）

自春至秋大旱，河间府之东光县蝗伤稼。（清乾隆《天津府志》卷一《纪恩》）

大旱，天津府之南皮县蝗蝻遍生，食禾殆尽。（清康熙《南皮县志》卷二《灾异》）

七月，州境旱、蝗迭见，瘟气流行，死亡无算。（清道光《深州直隶州志》卷末《机祥》）

河间府之宁津县蝗，旱。（清光绪《宁津县志》卷一一《祥异》）

【上海】

秋八月初十日，松江府之上海县螟蝗入境，食芦，势如火燃，禾稻无患，二日而去。米价涌贵。（清乾隆《上海县志》卷一二《祥异》）

八月十日，松江府之上海县螟蝗食芦，势如火燃，禾稻无恙，二日而去。（清同治《上海县志》卷三〇《祥异》）

八月初，松江府飞蝗蔽天，自江北而南，迄于苏、松，集于芦苇，不食禾稼。（清嘉庆《松江府志》卷八〇《祥异》）

夏、秋，旱。八月，松江府之奉贤县蝗，岁祲。(清光绪《江东志》卷一《祥异》)

秋，大旱，松江府之青浦县蝗生，岁祲。(清光绪《青浦县志》卷二九《祥异》)

八月，太仓州之嘉定县蝗，岁祲。(清光绪《嘉定县志》卷五《机祥》)

八月，太仓州之宝山县有蝗，岁祲。(清光绪《宝山县志》卷一四《祥异》)

有蝗，岁祲。(清嘉庆《淞南志》卷二《灾祥》)

八月，太仓州之崇明县有蝗蔽天，自北而南，不入境。(清康熙《崇明县志》卷七《祲祥》)

【江苏】

苏州府大旱，蝗，紫石山一路饿莩载道。(清雍正《横山志略》卷六《灾祥》)

秋，旱，蝗。岁祲，米腾贵，每石至二两四钱。(清康熙《吴郡甫里志》卷三《祥异》)

五月至八月，飞蝗伤稼。(清同治《苏州府志》卷一四三《祥异》)

五月至八月不雨，苏州府之吴县飞蝗蔽天，食苗殆尽，米价腾贵，岁饥。(清康熙《吴县志》卷二一《祥异》)

三月至八月不雨，苏州府之昆山县飞蝗蔽天，斗米三钱。奉旨蠲免十年、十一年旧欠钱粮，其十三至十六年钱粮分年带征。十分荒者，免本年税粮十之四；七分荒者，免其三；六分荒者，免其二。(清光绪《昆新两县续修合志》卷五一《祥异》)

苏州府之常熟县旱，飞蝗蔽天，赤地无苗。(清光绪《常昭合志稿》卷四七《祥异》)

夏，大旱。秋八月，常州府之无锡县蝗至。遇荒，禾皆尽。(民国《无锡开化乡志》卷下《灾祥》)

扬州府旱，飞蝗蔽天。(清康熙《扬州府志》卷二《祥异》)

扬州府之高邮州旱，飞蝗食禾殆尽，民饥。(清雍正《高邮州志》卷五《祥异》)

扬州府之兴化县大旱，蝗蔽天。(清康熙《兴化县志》卷一《祥异》)

旱，扬州府之宝应县蝗蝻遍野，民无遗禾。诏发粟振济。(清康熙《宝应县志》卷三《灾祥》)

扬州府之泰州蝗，旱。(清雍正《泰州志》卷一《祥异》)

大旱，飞蝗蔽天。(清光绪《通州直隶州志》卷末《祥异》)

通州之如皋县大旱，飞蝗遍野，禾焦民流。(清康熙《如皋县志》卷一《祥异》)

淮阴县旱，蝗。秋生蝝，食菽。(民国《王家营志》卷六《杂记》)

淮安府之安东县旱，蝗。(清雍正《安东县志》卷一六《恩恤》)

淮安府之桃源县大旱，生蝝，食菽几尽。(清乾隆《重修桃源县志》卷一六《恩恤》)

淮安府之盐城县蝗伤禾。本年钱粮蠲免五分。(清乾隆《盐城县志》卷二《祥异》)

扬州府之东台县蝗，旱。(清嘉庆《东台县志》卷七《祥异》)

徐州府旱，蝗。蠲赋十之三。（清康熙《续徐州志》卷八《灾祥》）

徐州府之砀山县旱，蝗。蠲赈。（清乾隆《砀山县志》卷一《祥异》）

【浙江】

处州府，蝗。（清光绪《处州府志》卷二五《祥异》）

台州府之仙居县旱，蝗。（清康熙《仙居县志》卷二九《灾异》）

处州府之缙云县蝗虫遍野，颗粒无收。（清康熙《缙云县志》卷四《灾祥》）

【安徽】

自季夏以来，又复两月不雨，阡亩如焚，兼之蝗蝻肆害，无遗草，民不堪命，其凤阳府、庐州府、安庆府、滁州、和州等府州、县、卫被灾惨苦。（清康熙《江南通志》卷六五《艺文》）

和州之含山县旱，蝗。（清康熙《含山县志》卷四《祥异》）

和州蝗，旱，灾荒。（清康熙《和州志》卷四《祥异》）

安庆府自夏徂秋旱魃为灾，飞蝗蔽天。（清康熙《安庆府志》卷一四《恤政》）

秋，六安州飞蝗蔽天，野无遗草。（清康熙《六安州志》卷三《祥异》）

庐州府之舒城县旱，蝗。（清雍正《舒城县志》卷二〇《卓行》）

泗州夏大旱，蝗，禾种绝，草根尽。（清康熙《泗州直隶州志》卷三《灾祥》）

泗州之盱眙县飞蝗渡淮，散满民居，食壁纸殆尽。（清光绪《盱眙县志稿》卷一四《祥祲》）

秋，泗州之五河县被蝗，旱灾。（清康熙《五河县志》卷一《祥异》）

滁州蝗蝻复生，岁大寝，流殍载道。（清康熙《滁州续志》卷一《祥异》）

滁州之来安县蝗旱频仍，啼号遍野。（清康熙《滁州续志》卷一《祥异》）

滁州之全椒县蝗，旱，大饥。（清康熙《滁州志》卷一《祥异》）

【江西】

七月，建昌府之泸溪县有蝗。（清乾隆《建昌府志》卷五《机祥》）

【山东】

夏，旱，武定府之沾化县蝗。（民国《沾化县志》卷七《大事纪》）

【湖南】

桂阳州之临武县旱，蝗。（清同治增刻康熙《临武县志》卷四五《祥异》）

【广东】

九月，广州府之番禺县蝗。（清同治《番禺县志》卷二二《前事》）

连州，蝗害稼。（清乾隆《连州志》卷八《祥异》）

秋九月，广州府之南海县蝗。（清康熙《南海县志》卷三《灾祥》）

秋九月，广州府之顺德县蝗。（民国《龙山乡志》卷二《灾祥》）

1680年（清康熙十九年）：

【河北】

夏、秋，保定府之唐县大蝗。（清乾隆《唐县志》）

【江苏】

六月，淮安府之清河县再蝗。（清乾隆《清河县志》卷九《祥祲》）

【安徽】

春三月，蝗蝻渐生，至夏大盛。忽降霖雨，数日间皆抱枝死，无遗类。（清康熙《六安州志》卷三《祥异》）

秋，凤阳府之宿州有蝗，遮天蔽日。（清康熙《宿州志》卷一〇《祥异》）

【江西】

夏，广信府之弋阳县蝗生。（清康熙《弋阳县志》卷一《祥异》）

【河南】

秋七月，卫辉府之新乡县蝗。（清康熙《新乡县续志》卷二《灾异》）

【广东】

连州五月蝗灾，秋大旱。（清乾隆《连州志》卷八《祥异》）

1681年（清康熙二十年）：

【浙江】

宁波府之奉化县蝗食禾稼。（清乾隆《奉化县志》卷一四《机祥》）

处州府之缙云县旱，蝗。（清康熙《浙江通志》卷二《祥异》）

【山东】

七月十五日，济南府之邹平县蝗生遍地。（清康熙《邹平县志》卷一一《灾祥》）

【陕西】

乾州大旱，飞蝗蔽天，民饥，死者大半。（清雍正《乾州新志》卷三《灾祥》）

1682年（清康熙二十一年）：

【浙江】

秋，严州府之淳安县大蝗，禾无收。（清康熙《淳安县志》卷四《祥异》）

【山东】

沂州府之莒州蝻害稼，州守督民捕灭，遍野腥臭。（清嘉庆《莒州志》卷一五《纪事》）

武定府之沾化县旱，蝗，蚄蝗害稼。（民国《沾化县志》卷七《大事记》）

【河南】

汝宁府之信阳州蝗虫蔽天。（民国《重修信阳县志》卷三一《灾变》）

【广西】

秋，柳州府之罗城县蝗害稼。（清道光《罗城县志》卷一《灾祥》）

秋，柳州府之融县蝗害稼。（清道光《融县志》卷一《机祥》）

庆远府之河池州蝗灾。（清道光《庆远府志》卷二〇）

1683年（清康熙二十二年）：

【江西】

十月，宁都州蝗蝻伤禾。（清道光《宁都直隶州志》卷二七《祥异》）

【河南】

开封府之兰阳、仪封县、考城县有蝗食麦。（民国《考城县志》卷三《大事记》）

怀庆府之原武县蝗灾。（清康熙《原武县志》卷末《灾祥》）

【广西】

思恩府之田州蝗，丹良山心一带禾苗被噬者半。（清雍正《广西通志》卷三《机祥》）

田阳县蝗。（清雍正《广西通志》卷三《机祥》）

柳州府之马平县禾苗被蝗噬食者半。（鲁克亮《清代广西蝗灾研究》）

1684年（清康熙二十三年）：

【天津】

顺天府之武清县蝗蝻为灾，田禾无获，免田租十分之二三。（清乾隆《武清县志》卷四《机祥》）

【河北】

冀州之武邑县大旱，蝝生。（清康熙《武邑县志》卷一《祥异》）

广平府之威县大旱，蝗。（章义和《中国蝗灾史》）

顺天府之东安县蝗灾。（清乾隆《东安县志》卷九《机祥》）

广平府之永年县大旱，飞蝗蔽天，秋禾不登，粮价腾贵，斗米至银四钱五分，人食树皮草子，多饿死。（清康熙《永年县志》卷一八《灾祥》）

【安徽】

夏，颍州府之太和县飞蝗大至。（清乾隆《太和县志》卷一《灾祥》）

【河南】

二月，彰德府之临漳县飞蝗蔽日，麦苗多损。（清雍正《临漳县志》卷一《灾祥》）

【广西】

平乐府之永安州蝗。（《清史稿·灾异志》）

1685年（清康熙二十四年）：

【江苏】

春，大饥。秋，徐州府之沛县蝗。（清乾隆《沛县志》卷一《水旱》）

【福建】

福州府之连江县春旱，及夏始播，有蝗。（清乾隆《连江县志》卷一三《灾异》）

【山东】

三月，济南府之章丘县蝗，捐赈。（清乾隆《东昌府志》卷三《总纪》）

临清州之邱县西北有蝗，食禾既。（清雍正《邱县志》卷七《灾祥》）

1686年（清康熙二十五年）：

【河北】

夏，正定府之井陉县蝗。（清雍正《井陉县志》卷三《祥异》）

正定府之无极县蝗蝻生。（清康熙《重修无极志》卷下《事纪》）

深州之饶阳县旱，蝗。（清乾隆《饶阳县志》卷下《事纪》）

深州大旱，飞蝗蔽天，民乏食。（清康熙《深州志》卷七《事纪》）

顺德府之唐山县蝼生遍地，苗、草立尽。（清乾隆《顺德府志》卷一六《祥异》）

赵州之临城县自春至夏不雨，螽蝼。（清康熙《临城县志》卷八《机祥》）

【江苏】

十一月，免江南徐州本年分蝗灾额赋。（《清圣祖实录》卷一二八）

免六合、沛县、徐州府之萧县本年分蝗灾额赋。（《清圣祖实录》卷一二八）

淮安府之安东县蝗蝻。（清雍正《安东县志》卷一五《祥异》）

【安徽】

十一月，免江南凤阳府之灵璧县本年分蝗灾额赋。（《清圣祖实录》卷一二八）

泗州旱，蝗。（清康熙《泗州直隶州志》卷三《灾祥》）

夏，泗州之盱眙县旱，蝗。（清乾隆《盱眙县志》卷一四《灾祥》）

【山东】

济南府之历城县蝗，豁免本年钱粮。（清乾隆《历城县志》卷二《总纪》）

五月，济南府之章丘县飞蝗蔽天，经七日夜，南山谷伤。长山县亦蝗。（清乾隆《章丘县志》卷五《祥异》）

七月，济南府之淄川县有蝗害稼。（清乾隆《淄川县志》卷三《灾祥》）

济南府之德平县旱，蝗。（清乾隆《德平县志》卷三《灾异》）

济南府之新城县蝗蝼生。（清康熙《新城县志》卷一〇《灾祥》）

秋，兖州府之汶上县蝻生。（清康熙《续修汶上县志》卷五《灾祥》）

【河南】

秋，卫辉府之获嘉县旱，蝗不入境。（清康熙《获嘉县志》卷一〇《杂志》）

卫辉府之滑县蝗不入境，有年。（清康熙《滑县志》卷四《祥异》）

七月十五日，归德府之睢州蝗自东而西经过州境，飞如黑云蔽天，至十九日止，并不伤田。（清康熙《睢州志》卷七《祥异》）

夏六月，归德府之鹿邑县蝗。（清康熙《鹿邑县志》卷八《灾祥》）

秋，彰德府之武安县飞蝗食禾。（清康熙《武安县志》卷一六《灾祥》）

夏，许州之长葛县飞蝗遍野。（清乾隆《长葛县志》卷八《祥异》）

夏，汝宁府之上蔡县飞蝗蔽天。（民国《重修上蔡县志》卷一《大事记》）

【广西】

秋九月，廉州府之合浦县蝗，民苦收成，惟高陆地更甚。（清康熙《合浦县志》卷一《历年纪》）

1687年（清康熙二十六年）：

【河北】

大名府之东明县发生蝗灾。（清乾隆《正定府志》卷七《祥异》）

正定府之藁城县蝗蝻。（清康熙《藁城县志》卷五《祥异》）

保定府之博野县蝗，忽有乌鸟千余，遍地食蝗，夜遁无迹。至秋谷多双穗，大有丰登，人称异政所感。（清光绪《保定府志稿》卷七《名宦》）

【江苏】

八月，江宁府之上元县蝗集。（清康熙《上元县志》卷一三《五行》）

秋，扬州府之仪征县大旱，蝗。（清康熙《仪真县志》卷七《祥异》）

淮安府之桃源县去年丙寅遗有蝗种，今年簇生不一。（清乾隆《重修桃源县志》卷九《艺文》）

徐州府之宿迁县蝗蝻遍野，虾蟆食之，不为灾。（清康熙《宿迁县志》卷一二《祥异》）

八月初八，飞蝗蔽天，自东北来，日色为其所掩，经过之处，屋瓦层迭数寸。初七晚，蝗至浦口，是日上午至白下城，旋渡江。两岸芦叶俱被食尽，逾时仍回，向东而去。（清董含《三冈识略》）

【安徽】

八月，庐州府之巢县蝗由东山口而至。（清雍正《巢县志》卷二一《祥异》）

夏、秋，大旱，蝗食苗几尽。奉旨蠲灾三分。（清康熙《泗州直隶州志》卷三《灾祥》）

秋，大旱，泗州之盱眙县蝗，饥。（清乾隆《盱眙县志》卷一四《灾祥》）

【福建】

春正月，福州府之连江县蝗大害稼。（清乾隆《连江县志》卷一三《灾异》）

【河南】

秋，归德府之柘城县蝗。（清康熙《柘城县志》卷四《灾祥》）

秋，水，归德府之鹿邑县大蝗。（清康熙《鹿邑县志》卷八《灾祥》）

夏，陈州府之项城县飞蝗遍集，旋消散，秋禾无恙。（清康熙《项城县志》卷八《灾祥》）

五月，许州蝗。（清乾隆《许州志》卷一〇《祥异》）

汝州之鲁山县蝗。（清乾隆《鲁山县全志》卷九《祥异》）

五月，许州之长葛县飞蝗遍野，止于路旁，食草莱，不及禾苗。（清乾隆《长葛县志》卷八《祥异》）

汝州之宝丰县蝗自北来，鹳雀逐食殆尽。（清雍正《河南通志》卷五《祥异》）

南阳府之舞阳县蝗灾。（清道光《舞阳县志》卷一一《灾祥》）

【湖北】

夏，德安府之应山县蝗入境，至秋大盛，急降霖雨，数日俱尽。（清道光《应山县志》卷二六《祥异》）

1688年（清康熙二十七年）：

【上海】

太仓州之崇明县蝗，大荒。（清雍正《崇明县志》卷一七《祲祥》）

【江苏】

淮安府之安东县蝗蝻。（清雍正《安东县志》卷一五《祥异》）

【浙江】

处州府之遂昌县旱，蝗。（清康熙《处州府志》卷一二《灾眚》）

【河南】

二十七年至三十二年，陈州府之沈丘县连岁旱，蝗。（清乾隆《沈丘县志》卷一一《祥异》）

汝宁府之罗山县蝗。（清康熙《罗山县志》卷八《灾异》）

【甘肃】

六月，不雨，凉州府之庄浪厅蝗虫食苗，甚剧。（清乾隆《庄浪志略》卷一九《灾祥》）

春二月，泾州之灵台县蝗，有子名曰蝻，势如流水，食麦，民饥。是年，秋蝻成蝗，食谷禾。（民国《灵台志》卷四《灾异》）

1689年（清康熙二十八年）：

【河北】

河间府之东光县旱，蝗蝻遍地。（清康熙《东光县志》卷一《机祥》）

广平府之永年县旱，蝗。（章义和《中国蝗灾史》）

【江苏】

淮安府之安东县蝗蝻。（章义和《中国蝗灾史》）

【福建】

五月，漳州府之漳浦县海滨蝗，渐入内地，至近郊而止，不食苗。（清乾隆《福建通志》卷六五《祥异》）

【山东】

六月，青州府之益都县蝗食稼。七月蝻生。（清康熙《青州府志》卷二〇《灾祥》）

青州府之安丘县蝻生。（清道光《安丘新志乘韦·总纪》）

夏，泰安府之新泰县蝗损禾。（清乾隆《新泰县志》卷七《灾祥》）

【河南】

陈州府之商水县大旱，蝗。野无青草，民食树皮草根，渐次逃散。（清乾隆《商水县志》卷七《宦迹》）

陈州府之淮宁县旱，飞蝗遍野。（清乾隆《陈州府志》卷三〇《杂志》）

陈州府之沈丘县旱，飞蝗遍野。（清乾隆《沈丘县志》卷一一《祥异》）

岁祲，疫疠盛行，死者枕藉，飞蝗蔽天。（雍正《河南通志》卷五五《名宦》）

1690年（清康熙二十九年）：

【天津】

顺天府之武清县旱，蝗成灾。（清乾隆《武清县志》卷四《机祥》）

【河北】

大名府之长垣县飞蝗自东来，害稼。（清嘉庆《长垣县志》卷九《祥异》）

【山西】

平阳府之洪洞县亦蝗。（章义和《中国蝗灾史》）

隰州之蒲县飞蝗蔽日，自东而西，禾苗伤其半。（清乾隆《蒲县志》卷九《祥异》）

六月，解州之平陆县蝗蝻食禾尽。（清乾隆《解州平陆县志》卷一一《祥异》）

【江苏】

扬州府之宝应县旱，蝗不为灾。八月，飞蝗蔽天，禾无损。（清康熙《宝应县志》卷三《灾祥》）

徐州府之宿迁县旱，蝗为灾。（清康熙《宿迁县志》卷一二《祥异》）

秋，徐州府之沛县蝗。（清乾隆《沛县志》卷一《水旱》）

【安徽】

和州之含山县蝗。（清乾隆《含山县志》卷二《星野》）

秋，宿州蝗。冬，大饥。（清光绪《凤阳府志》卷四《祥异》）

五月，泗州之盱眙县蝗生遍野，食麦一空。（清光绪《盱眙县志稿》卷一四《祥祲》）

【山东】

夏，山东济南府之临邑、章丘，东昌府，兖州府之汶上发生蝗灾，聊城旱，蝗，新泰夏秋蝗，害禾稼。（《清史稿·灾异志》）

五月，济南府之临邑县蝗。是年饥。（清道光《临邑县志》卷一六《机祥》）

夏、秋，泰安府之新泰县蝗损禾，奉旨蠲租一年。（清乾隆《新泰县志》卷七《灾祥》）

兖州府之汶上县旱，蝗灾。（清康熙《续修汶上县志》卷五《灾祥》）

东昌府聊城县旱，蝗。（清宣统《聊城县志》卷一一《通纪》）

临清州之邱县旱，蝗。（清雍正《邱县志》卷七《灾祥》）

【河南】

秋，卫辉府之新乡县蝗。（清康熙《新乡县续志》卷二《灾异》）

秋，怀庆府之原武县蝗食麦苗殆尽，民饥。（清康熙《原武县志》卷末《灾祥》）

七月，怀庆府之阳武县生异虫，食谷殆尽，飞蝗遍野，蝗蝻重生。（清康熙《阳武县志》卷八《灾祥》）

卫辉府之获嘉县旱、蝗相继为灾。（清乾隆《获嘉县志》卷一六《祥异》）

八月，怀庆府之武陟县蝗。（清康熙《武陟县志》卷一《灾祥》）

八月，怀庆府之孟县蝗食禾殆尽。（清康熙《孟县志》卷七《祥异》）

秋，归德府之柘城县有蝗自东北来，俱向西南去，田禾无伤。（清光绪《柘城县志》卷一〇《杂志》）

许州之郾城县蝗灾，知县下令捕蝗，得蝗一斗，给制钱一文，民积极捕打，蝗害方止。（清乾隆《郾城县志》卷一四《宦迹》）

七月，汝宁府之正阳县旱，蝗。（清康熙《正阳县志》卷八《灾祥》）

夏，陈州府之淮宁县飞蝗遍野。（清乾隆《陈州府志》卷三〇《杂志》）

陈州府之项城县蝗，秋禾尽枯。（清康熙《项城县志》卷八《灾祥》）

夏，陈州府之沈丘县蝗。（清乾隆《沈丘县志》卷一一《祥异》）

夏，归德府之鹿邑县蝗。（清康熙《鹿邑县志》卷八《灾祥》）

夏，陈州府之商水县旱，蝗。（清乾隆《商水县志》卷七《宦迹》）

汝宁府之新蔡县蝗虫食禾。（清乾隆《新蔡县志》卷九《大事记》）

秋，光州之息县旱，飞蝗。（清康熙《息县续志》卷八《灾祥》）

秋八月，光州之固始县蝗。（清康熙《固始县志》卷一一《灾祥》）

秋，怀庆府之温县飞蝗蔽天，食禾殆尽。（清乾隆《温县志》卷一《灾祥》）

光州大旱，飞蝗蔽野，食苗至根，田地如扫。（清康熙《光州志》卷一〇《灾祥》）

六月，开封府之考城县蝗从临县入，飞蔽日，平地尺余，食禾尽。（民国《考城县志》卷三《大事记》）

入秋，光州之商城县蝗飞蔽天。（清康熙《商城县志》卷八《灾祥》）

八月，光州之光山县蝗。（清康熙《光山县志》卷一〇《灾异》）

飞蝗蔽天，自东而西。（清乾隆《重修直隶陕州志》卷一九《灾祥》）

【陕西】

七月，西安府之泾阳县蝗虫入境，所至蔽日。（清雍正《泾阳县志》卷一《祥异》）

凤翔府之扶风县飞蝗自东南来，蔽天，遗蝻。（清雍正《扶风县志》卷一《灾祥》）

乾州之武功县旱，蝗。（清雍正《武功县后志》卷三《祥异》）

1691年（清康熙三十年）：

【北京】

顺天府之良乡县蝗。（清康熙《良乡县志》卷六《灾异》）

【河北】

正定府之正定县旱，蝗。八月，大雨雹，饥民流徙。（清光绪《正定县志》卷八《灾祥》）

正定府之赞皇县旱，蝗。七月，大雨雹，民饥，逃亡载道。（清乾隆《赞皇县志》卷一〇《事纪》）

夏，永平府之卢龙县蝗。（清康熙《永平府志》卷三《灾祥》）

夏，永平府之抚宁县蝗。（清光绪《抚宁县志·前事》）

春，旱。夏，遵化州之丰润县蝗飞蔽天，遍地蝻生，岁大饥。（清康熙《丰润县志》卷二《灾祥》）

河间府之宁津县旱，蝗。（清光绪《宁津县志》卷一一《祥异》）

保定府之新安县蝗灾。（清乾隆《新安县志》卷一四《祥异》）

【山西】

六月，潞安府之长治县蝗。（清乾隆《长治县志》卷二一《祥异》）

汾州府之平遥县蝗虫为灾，邑大荒。（清康熙《重修平遥县志》卷八《灾异》）

六月，泽州府之凤台县蝗食苗。七月，蝻生。岁大饥，民多流亡，发粟赈济，免田租。（清乾隆《凤台县志》卷一二《纪事》）

夏六月，旱。二十日至二十五日，泽州府之高平县飞蝗蔽日，自南而北，落地积五寸，

田禾一空。起自东南刘庄、双井、李门，至西北高良、柳村、道义三十五里，被灾独甚。（清乾隆《高平县志》卷一六《祥异》）

秋，潞安府之长子县蝗飞十日，禾不为灾。（清康熙《长子县志》卷一《灾异》）

六月，沁州蝗从西南来，飞蔽天日，清河等村禾稼大损。八月，州蝻，州境禾稼啮食几尽，民饥。（清乾隆《沁州志》卷九《灾异》）

沁州之沁源县蝗入沁境。（清雍正《沁源县志》卷九《灾祥》）

六月，泽州府之沁水县蝗食苗。七月，蠓蔓生，入人家，与民争熟食。人民死徙者半。奉诏免租，发粟赈济。（清雍正《泽州府志》卷五〇《祥异》）

六月，平阳府之临汾县蝗，发帑赈济。（清康熙《临汾县志》卷五《祥异》）

六月中旬，平阳府之岳阳县播谷之后飞蝗入境，继遭蝻子，弥山遍野，绿苗一空。（民国《新修岳阳县志》卷一四《祥异》）

安泽县，六月中旬降雨，播谷之后飞蝗入境，继遭蝻子，弥山遍野，绿苗一空。（民国《重修安泽县志》卷一四《灾祥》）

秋，平阳府之翼城县旱，蝗，无禾，岁饥。（民国《翼城县志》卷一四《祥异》）

夏，大旱。秋七月，平阳府之曲沃县蝗。（清康熙《曲沃县志》卷二八《祥异》）

是年，平阳府之吉州蝗。赈济。（清乾隆《吉州志》卷七《祥异》）

隰州之蒲县蝗，旱。赈济。（清乾隆《蒲县志》卷九《祥异》）

六月，平阳府之洪洞县蝗。（清雍正《洪洞县志》卷八《祥异》）

六月，大旱，平阳府之浮山县蝗。诏发谷赈济，仍蠲免田租。（清乾隆《浮山县志》卷三四《祥异》）

六月，平阳府之襄陵县旱，蝗，发帑赈济。（清雍正《襄陵县志》卷二三《祥异》）

平阳府之乡宁县蝗。（民国《乡宁县志》卷八《大事记》）

秋，飞蝗伤禾。（清康熙《解州全志》卷一二《灾祥》）

秋，解州之安邑县飞蝗蔽天，禾立尽。（清乾隆《解州安邑县志》卷一一《祥异》）

绛州，夏大旱，秋七月蝗。（清乾隆《直隶绛州志》卷二〇《杂志》）

六月，绛州之闻喜县旱，蝗。七月，蝻，大饥，发谷赈济。（民国《闻喜县志》卷二四《旧闻》）

绛州之垣曲县蝗蝻食禾尽。（清乾隆《垣曲县志》卷一四《杂志》）

绛州之绛县蝗蝻为害，民饥馑。（清乾隆《绛县志》卷九《人物》）

绛州之河津县蝗。（清乾隆《河津县志》卷八《祥异》）

秋，解州之夏县蝗蝻为灾，大伤民禾，农人急种晚秋，高未盈尺，遗蝻复生，食尽禾苗。人民卖妻鬻子，道殣相望，奔窜河南者数千家。春，皆免地丁银二万五十三两一钱八分有奇，

又发赈济银四千三百一十八两六钱，赈济米一千三百四十石。（清光绪《夏县志》卷五《灾祥》）

六月，蒲州府之万泉县飞蝗蔽天，禾立尽。秋八月，蝝生，人民流殍。（清康熙《万泉县志》卷七《祥异》）

蒲州府之猗氏县蝗蝻损禾。（清雍正《猗氏县志》卷六《祥异》）

汾州府之介休县旱，蝗，民饥。（清乾隆《汾州府志》卷二五《事考》）

平阳府之岳阳县等八州县蝗灾。（《清圣祖实录》卷一五三）

平阳府六月蝗。（清康熙《平阳府志》卷三四《祥异》）

【浙江】

严州府之淳安县东南大蝗。（清乾隆《淳安县志》卷一六《祥异》）

【安徽】

夏六月，颍州府之太和县蝗蝻至。（清乾隆《太和县志》卷一《灾祥》）

凤阳府之宿州蝗。（清道光《安徽通志》卷二五七《祥异》）

【福建】

秋，福州府之闽县蝗为灾，潮水骤溢。（清乾隆《福建通志》卷六五《祥异》）

秋，福州府之罗源县蝗为灾。潮水骤溢，淹死五里渡陈家男妇三口。（清康熙《罗源县志》卷一〇《杂记》）

【山东】

夏，山东登州属县蝗，宁津、邹平、蒲台、莒州飞蝗蔽天，滨州、兖州府之滕县、汶上、青州、寿光、益都、昌乐、福山亦蝗。（章义和《中国蝗灾史》）

济南府之德平县旱，蝗。（清乾隆《德平县志》卷三《灾异》）

六月，武定府之滨州蝗。（清康熙《滨州志》卷八《事纪》）

夏六月，武定府之沾化县蝗复为灾，米价腾贵，至罢市，盗四起，盖藏之家咸荡尽。七月雨未足，未几蝻生，晚禾死。（民国《沾化县志》卷七《大事纪》）

六月二十四日，济南府之邹平县飞蝗蔽天。（清康熙《邹平县志》卷一一《灾祥》）

济南府之新城县蝗蝝生。（清康熙《新城县志》卷一〇《灾祥》）

青州府，夏六月，蝗食稼。（清康熙《青州府志》卷二〇《灾祥》）

夏，青州府之寿光县蝗为灾，蝻生。（清康熙《寿光县志》卷一《总纪》）

夏，青州府之昌乐县蝗蝻生。（清嘉庆《昌乐县志》卷二《总纪》）

六月，莱州府之昌邑县蝗。秋，蝗又生。来春饥，有流民。（清乾隆《昌邑县志》卷七《祥异》）

莱州府之潍县蝗损禾稼。（清乾隆《潍县志》卷六《祥异》）

莱州府之掖县飞蝗蔽天，食禾叶殆尽。是年，麦两歧，谷三歧。（清乾隆《掖县志》卷五《祥异》）

七月，登州府之蓬莱县各属飞蝗遮天，食伤禾稼，旋遭雨毙。（清光绪《登州府志》卷二三《水旱》）

六月，登州府之福山县蝗。（清乾隆《福山县志》卷一《灾祥》）

六月二十九日，登州府之栖霞县飞蝗蔽天，自西南来。八月，蝻生，寻扑灭。饥，知县俞寅煮粥赈之，全活甚众。（清光绪《栖霞县续志》卷八《祥异》）

秋七月，登州府之莱阳县飞蝗遍天，不甚害稼。（清康熙《莱阳县志》卷九《灾祥》）

七月初十日，登州府之文登县飞蝗突至，食苗，东至十里头止，寻遭雨毙。（清雍正《文登县志》卷一《灾祥》）

秋七月，登州府之海阳县飞蝗遍天，不甚害稼，后自死。（清乾隆《海阳县志》卷三《灾祥》）

兖州府之滕县蝗。（清康熙《滕县志》卷三《灾异》）

四月，济宁府之鱼台县蝗。（清乾隆《鱼台县志》卷三《灾祥》）

兖州府之汶上县蝗灾。（清康熙《续修汶上县志》卷五《灾祥》）

【河南】

彰德、怀庆、河南、南阳、汝宁、汝州所属旱，蝗。（清雍正《河南通志》卷五《祥异》）

夏六月，蝗飞蔽天。秋七月，蝻生。蠲免阳武、原武、封丘、延津被灾钱粮。（清康熙《开封府志》卷三九《祥异》）

七月尽，开封府之洧川县蝗蔽天，继而生蝻，复成蝗。食秋禾几尽。（清康熙《洧川县志》卷七《祥异》）

六月十一日，河南府之登封县飞蝗自东南来，障日蔽天，集地厚尺许，食秋禾立尽。遍野蜻生，至十月不绝。米贵如珠，民多转徙饥死。（清康熙《登封县志》卷九《灾祥》）

六月八日，开封府之通许县蝗害稼，蝻继食禾。（清康熙《通许县志》卷一〇《灾祥》）

夏，旱。入秋，卫辉府之新乡县飞蝗蔽天，止则积地数尺，田苗尽伤，民大饥。（清乾隆《新乡县志》卷二八《祥异》）

夏，旱。入秋，卫辉府之汲县飞蝗蔽天，止则积地数尺，田苗伤尽，民大饥。（清康熙《卫辉府志》卷一九《灾祥》）

春、夏，旱。卫辉府之获嘉县秋蝗，免赋十之三。（清乾隆《获嘉县志》卷一六《祥异》）

秋，怀庆府之阳武县蝗蝻生，民饥。（清乾隆《阳武县志》卷一二《灾祥》）

怀庆府之原武县蝗从西来，集张角村地方，人心惶惶。祭之以文，翌日蝗尽飞去。继而南滩又集。（清康熙《原武县志》卷六《艺文》）

春，大旱。夏六月，怀庆府之孟县飞蝗蔽天，食禾殆尽，城以西落地者至尺许，田无遗苗。（清康熙《孟县志》卷七《祥异》）

六月，南阳府之沁阳县蝗，免钱粮十分之三。（清康熙《怀庆府志》卷一《灾祥》）

春旱，夏无麦。怀庆府之修武县秋蝗，食禾罄尽。（清康熙《修武县志》卷四《灾祥》）

夏，旱。秋，彰德府之安阳县蝗。（清康熙《彰德府志》卷一七《灾祥》）

秋卫辉府之滑县旱，蝗虫成灾，禾苗食尽，大饥。（清乾隆《滑县志》卷一三《祥异》）

秋，彰德府之内黄县蚄蝗为灾。（清乾隆《内黄县志》卷六《编年》）

秋七月，彰德府之林县又遭蝗蝻之灾，人大饥。奉旨蠲免钱粮三分、二分不等。（清康熙《林县志》卷一二《灾祲》）

夏六月，归德府之睢州蝗。（清康熙《睢州志》卷七《祥异》）

麦秋始收，陈州府之淮宁县有飞蝗自南而北，日暮则飞，夜静则止，所落之处盈尺。州官设法用火攻之术，大炮惊之，果皆散去，继生蝻子。随委两衙分率各乡民人于蝻多处掘大坑堑，赶逐瘗之，苗稼幸不大灾。（清乾隆《陈州府志》卷三〇《杂志》）

秋，陈州府之项城县飞蝗遍野，邑令顾芳宗率士民虔祷驱捕，竟不为灾。（清康熙《项城县志》卷八《灾祥》）

六月，飞蝗蔽天，忽大雨如注，蝗不为灾。秋，许州城郊、鄢陵生蝗遍野，秋作被吃。（清乾隆《许州志》卷一〇《祥异》）

七月，汝州之鲁山县蝗。奉旨蠲免次年通省钱粮。（清乾隆《鲁山县全志》卷九《祥异》）

六月旱，许州之长葛县飞蝗蔽天。知县何鼎设醮虔祷，忽大雨如注，蝗经雨自死。（清康熙《长葛县志》卷一《灾祥》）

六月，南阳府之叶县蝗，七月，蝗。（清康熙《叶县志》卷一《祥异》）

夏，开封府之禹州蝗。秋，复蝗，食禾无茎遗者，民大饥。（清康熙《禹州志》卷九《灾祥》）

春，光州蝗食麦几尽，野无青草。夏，旱，蝗，秋苗无插。（清康熙《光州志》卷一〇《灾祥》）

汝宁府之罗山县蝗，蠲免全赋。（清康熙《罗山县志》卷八《灾异》）

南阳府之裕州蝗蝻生。（清康熙《裕州志》卷一《祥异》）

闰七月，南阳府之新野县沙堰马家庄并城东西堤蝗起，食草，未食禾稼。（清康熙《新野县志》卷八《祥异》）

六月，开封府之考城县飞蝗蔽天。七月，蝗蝻生。（民国《考城县志》卷三《大事记》）

南阳府之舞阳县蝗虫为灾。（清道光《舞阳县志》卷一一《灾祥》）

秋，南阳府之内乡县蝗。（清康熙《内乡县志》卷一一《祥异》）

河南府洛阳县大旱，飞蝗蔽天，秋禾无，民饥逃亡，饥死与饥疫者枕藉道路。偃师、巩县、登封、新安、宜阳、渑池皆然。（清康熙《河南府志》卷二六《灾异》）

河南府之孟津县旱，飞蝗蔽天。无禾。（清嘉庆《孟津县志》卷四《祥异》）

七月，汝州蝗，蠲免钱粮。（清道光《汝州全志》卷九《祥异》）

汝州之伊阳县蝗。（清乾隆《伊阳县志》卷四《祥异》）

秋，陕州之阌乡县飞蝗蔽天，食禾殆尽。（清乾隆《阌乡县志》卷一一《祥异》）

陕州之灵宝县飞蝗蔽天，禾苗被食几尽，灾荒。（清光绪《重修灵宝县志》卷八《机祥》）

岁旱，河南府之渑池县生蝗，邻族多逃亡者。（清乾隆《渑池县志》卷中《义行》）

夏，河南府之偃师县飞蝗蔽天，食苗殆尽。（清康熙《偃师县志》卷四《灾祥》）

河南府之宜阳县旱，蝗蝻迭见，损秋禾几尽，民多窜亡。（清乾隆《宜阳县志》卷一《灾祥》）

洛宁县蝗蝻迭出，损禾几尽，民多逃亡。（民国《洛宁县志》卷一《祥异》）

春、夏，大旱，彰德府之武安县蝗蝻遍生。（清康熙《武安县志》卷一六《灾祥》）

汝宁府之汝阳县旱，蝗。（清康熙《汝阳县志》卷五《机祥》）

七月，开封府之尉氏县蝗蔽天，继生蝻，食禾殆尽。（清道光《尉氏县志》卷一《祥异》）

陈州府蝗。麦始收，有蝗自南而北，日暮则飞，夜静则止，所落处盈尺，用火攻之，继生蝗，掘坑埋之。（清乾隆《陈州府志》卷三〇《杂志》）

秋，汝宁府之新蔡县飞蝗食禾。（清乾隆《新蔡县志》卷九《大事记》）

夏，汝宁府之上蔡县飞蝗蔽天。（民国《重修上蔡县志》卷一《大事记》）

六月，彰德府之涉县忽有飞蝗蔽天漫野，青苗啮伤俱尽。（清嘉庆《涉县志》卷七《祥异》）

彰德府之涉县飞蝗蔽天，蝗蝻相继辈出。（章义和《中国蝗灾史》）

【湖北】

汉阳府之孝感县白、郭二乡多蝗。知县梁凤翔自撰祭文，令乡会禳祭，蝗尽灭。（清康熙《孝感县志》卷一四《祥异》）

襄阳府之襄阳县亦蝗。（章义和《中国蝗灾史》）

【陕西】

乾州、西安府之咸阳县等五州、县蝗生，免蝗灾赋。（《清圣祖实录》卷一五二）

铜川、乾州、西安府之礼泉县飞蝗蔽天，同州府蝗蝻食禾尽。（章义和《中国蝗灾史》）

乾州大旱，飞蝗蔽天，民饥死者大半。（清雍正《重修陕西乾州志》卷三《灾异》）

乾州之永寿县大旱，飞蝗蔽天，民饥。（清乾隆《永寿县新志》卷九《纪异》）

七月初十日，西安府之渭南县飞蝗蔽天。岁歉。（清雍正《渭南县志》卷一五《祥异》）

秋七月，同州府之朝邑县蝗自东南来。（清康熙《朝邑县后志》卷八《灾祥》）

同州府之韩城县蝗蝻食禾立尽。（清康熙《韩城县续志》卷七《灾异》）

夏，西安府之同官县飞蝗蔽天。岁饥，斗米六钱。（清乾隆《同官县志》卷一《祥异》）

同州府之白水县旱，蝗，民饥。（清乾隆《白水县志》卷一《祥异》）

凤翔府之眉县大旱，蝗自东来，群飞蔽天，食禾，民饥。（清雍正《眉县志》卷七《事纪》）

凤翔府之宝鸡县蝗自东来，蔽天，集树，树有为之折。（清乾隆《重修凤翔府志》卷一二《祥异》）

延安府之宜川县旱，飞蝗蔽天，禾苗食尽。岁饥。（清嘉庆《重修延安府志》卷六《大事表》）

延安府之延川县飞蝗入境。（清道光《重修延川县志》卷三《祥异》）

七月，鄜州之中部县蝗，九月蝝生。岁大饥。（清嘉庆《续修中部县志》卷二《祥异》）

秋七月，汉中府之南郑县大旱，三十日不雨，禾苗枯槁，遍地蝗生。是岁有秋。（清乾隆《南郑县志》卷一六《杂识》）

1692 年（清康熙三十一年）：

【山西】

山西省蝗，大饥，各州县蠲粮。（清康熙《平阳府志》卷三四《祥异》）

平阳府、泽州、沁州所属赌坊因旱、蝗灾伤，民生困苦，蠲免额赋并加赈济。（清乾隆《高平县志》卷九《蠲免》）

平阳府之临汾县旱，蝗，大饥。蠲粮。（清康熙《临汾县志》卷五《祥异》）

平阳府之吉州州、县旱，蝗，大饥。免粮。（清乾隆《吉州志》卷七《祥异》）

平阳府之洪洞县蝗。民饥，奉旨蠲赈。（清光绪《洪洞县志稿》卷一六《杂记》）

平阳府之浮山县又旱，上年蝗生子名蝻，为灾。无禾，民饥。奉旨蠲赈，仍诏所司抚恤。（清乾隆《浮山县志》卷一四《祥异》）

平阳府之襄陵县旱，蝗。大饥，蠲粮有差。（清雍正《襄陵县志》卷二三《祥异》）

绛州之河津县旱，蝗。民饥，以免田租。（清乾隆《河津县志》卷八《祥异》）

绛州之稷山县旱，蝗。民饥，蠲免田租。（清乾隆《稷山县志》卷七《祥异》）

【江苏】

扬州府之仪征县蝻食草，不伤稼，群鸟争食之。羽成，皆飞入江。（清康熙《仪征县志》卷七《祥异》）

【安徽】

八月，庐州府之巢县蝗，由柘皋而至。是年旱甚，八月潮始来。（清雍正《巢县志》卷二一《祥异》）

夏六月，颍州府之太和县蝗蝻至。（清乾隆《太和县志》卷一《灾祥》）

凤阳府之宿州飞蝗蔽天。（清康熙《宿州志·祥异附》）

【山东】

青州府之高苑县飞蝗伤稼。（清康熙《高苑县续志》卷一〇《祥异》）

沂州府之莒州蝻害稼。（民国《重修莒州志》卷二《大事记》）

【河南】

彰德府之内黄县蝗蝻。（清乾隆《内黄县志》卷六《编年》）

六月，许州之长葛县蝗灾。（清乾隆《长葛县志》卷八《祥异》）

秋八月，光州飞蝗。（清乾隆《光州志》卷一〇《灾祥》）

秋七月，南阳府之邓州蝗。（清乾隆《邓州志》卷二四《杂记》）

南阳府之内乡县蝗。（清康熙《内乡县志》卷一一《祥异》）

春、夏，无雨，河南府之孟津县蝗蝻孳生，遇物皆啮，结块北渡，大饥。（清嘉庆《孟津县志》卷四《祥异》）

陕州之阌乡县蝗蝻食麦，大饥。（清乾隆《阌乡县志》卷一一《祥异》）

陕州之灵宝县飞蝗蔽天，食秋苗殆尽。（清光绪《重修灵宝县志》卷八《机祥》）

六月间，开封府之鄢陵县蝗蝻遍野，秋禾被损伤。（清乾隆《鄢陵县志》卷二一《祥异》）

【陕西】

七月，鄜州之中部县蝗，九月蠓生。（清康熙《中部县志》卷下《祥异》）

汉中府之城固县蝗遍野食禾，令驱之不止。（清康熙《城固县志》卷二《灾异》）

1693年（清康熙三十二年）：

【河北】

冀州之武邑县有蝗。（清康熙《武邑县志》卷一《祥异》）

大名府之大名县夏蝗。（清乾隆《大名县志》卷二七《机祥》）

【江苏】

通州之如皋县大旱，飞蝗蔽天。（清乾隆《如皋县志》卷二四《祥祲》）

扬州府之东台县旱。夏，蝗蝻遍出，食苗尽。岁歉。（清康熙《淮南中十场志》卷一《灾眚》）

【安徽】

是岁，庐州府之巢县大旱，小蝻遍地。（清雍正《巢县志》卷二一《祥异》）

春、夏，旱，泗州之盱眙县蝗食苗。秋得雨，晚禾有收。（清乾隆《盱眙县志》卷一四《灾祥》）

【山东】

九月，山东蝗螟丛生，遗种在田。（《清圣祖实录》卷一六〇）

青州府之高苑县飞蝗伤稼。（清乾隆《高苑县志》卷一〇）

秋八月，济南府之德平县蝗。（清光绪《德平县志》卷一〇《祥异》）

临清州之武城县兼有蝗。（清光绪《恩县续志》卷四《灾祥》）

青州府之高苑县蝗虫遍野。（清乾隆《高苑县志》卷一〇）

【河南】

河南开封府蝗食禾殆尽。（章义和《中国蝗灾史》）

六月，开封府之中牟县蝗食禾殆尽。（清同治《中牟县志》卷一《祥异》）

夏，卫辉府之获嘉县蝗。（清乾隆《获嘉县志》卷一六《祥异》）

夏六月，怀庆府之阳武县天鼓响，蝗蝻翩野。（清乾隆《阳武县志》卷一二《灾祥》）

彰德府之安阳县蝗，郡守出郊，率官民冒暑驱掩，忽大风雷雨，一夕顿绝，遂大有秋。（清乾隆《彰德府志》卷二一《祥异》）

彰德府之内黄县飞蝗蔽天。（清乾隆《内黄县志》卷六《编年》）

四月，汝宁府之正阳县蝗蝻，旱。（清康熙《真阳县志》卷八《灾祥》）

陈州府之沈丘县连岁旱，蝗。（清乾隆《沈丘县志》卷一一《祥异》）

河南府之孟津县蝗灾，官令吏民捕打蝗虫。（清嘉庆《孟津县志》卷四《祥异》）

是年三月，南阳府之邓州螽螽生。（清乾隆《邓州志》卷二四《杂纪》）

汝州之鲁山县旱，蝗。（清乾隆《鲁山县全志》卷九《祥异》）

1694年（清康熙三十三年）：

山东、河南、山西、陕西、江南省，下诏捕蝗，诸郡尽皆捕灭，蝗不为灾，惟凤阳一郡未能尽捕。（《清圣祖实录》卷一六六）

直隶、山东诸省蝗，诏捕蝗，蝗不为灾。（清乾隆《天津府志》卷一《纪恩》）

【河北】

五月中旬，正定府之晋州飞蝗蔽天，落地尺深，禾尽伤。六月，蝗蝻生。（清康熙《晋州志》卷一〇《事纪》）

遵化州蝗蝻遍地，知州祖允禧捐谷石，令民间捕收易谷，禾稼不伤。是岁大收。（清乾隆《直隶遵化州志》卷二《灾异》）

夏，大名府之清丰县蝗。（清咸丰《大名府志》卷四《年纪》）

【山西】

平阳府、泽州府、沁州所属蝗、旱灾伤，民生困苦。（《清圣祖实录》卷一六二）

【安徽】

八月初七日，宁国府之南陵县飞蝗蔽天，声如雷震六七昼夜。（民国《南陵县志》卷四八《祥异》）

【山东】

夏，山东高苑、乐陵、乐安、广饶发生蝗灾，宁阳蝗、蝻并生，汶上蝗虫遍野。（章义和《中国蝗灾史》）

四月，济南府之邹平县蝗蝻生。（清康熙《邹平县志》卷一一《灾祥》）

广饶县蝗灾。（民国《续修广饶县志》卷二六《杂志》）

夏，兖州府之宁阳县蝗蝻，知县郑一麟率民捕灭，是秋大稔。（清乾隆《宁阳县志》卷六《灾祥》）

兖州府之汶上县蝗虫遍野。（清康熙《续修汶上县志》卷五《灾祥》）

【河南】

河南蝗。遣官谕所在吏民捕之，蝗殆尽。（清雍正《河南通志》卷五《灾祥》）

秋，开封府之荥阳县飞蝗蔽天，食禾无收。（清乾隆《荥阳县志》卷二《灾祥》）

夏，开封府蝗生。（清康熙《开封府志》卷三九《祥异》）

夏，开封府之尉氏县蝗。遣官谕所在吏民捕蝗，殆尽。（清道光《尉氏县志》卷一《祥异》）

闰五月十四日，河南府之登封县有蝗，奉旨捕灭。知县张圣诰率领阖县士民设法捕打殆尽。寻蝻生，诰冒暑传餐，督众掘坑，且焚且瘗，幸未成灾。（清康熙《登封县志》卷九《灾祥》）

夏、秋，卫辉府之汲县蝗，奉旨扑捕，幸不成灾。（清康熙《卫辉府志》卷一九《灾祥》）

夏，旱，卫辉府之封丘县飞蝗蔽天，捕蝗蝻九十石四斗六升。（清康熙《封丘县续志》卷五《灾祥》）

蝗，卫辉府之延津县前后数年屡有灾，是岁为甚。（清康熙《延津县志》卷七《灾祥》）

彰德府之安阳县奉旨捕蝗。郡守出郊，率官民冒暑日夜驱掩，忽大风雷雨，一夕顿绝。嗣后，时有外来飞蝗蔽天，多不下集，遂大有秋。（清康熙《彰德府志》卷一七《灾祥》）

六月，怀庆府之阳武县蝗蝻遍野。（清乾隆《阳武县志》卷一二《灾祥》）

夏、秋，卫辉府之滑县蝗。（清乾隆《滑县志》卷一三《祥异》）

夏六月，陈州府之淮宁县蝗蝻遍野。州守张哲亲率僚佐、绅衿、百姓冒暑扑灭，旬余尽毙。秋禾无害。（清乾隆《陈州府志》卷三〇《杂志》）

陈州府之太康县飞蝗蔽天，奉文捕逐。蝗落处蝻子复发，县示捕捉，每斗给钱十文。远乡就各集收埋，近乡赴县交收，于演武场掘数大坑，埋瘗千数百石。蝗蝻绝种，竟获有秋。（清康熙《太康县志》卷八《灾异》）

卫辉府之浚县蝗虫成灾。（清光绪《续浚县志》卷三《祥异》）

秋，许州之郾城县飞蝗蔽日，自东南来。（清乾隆《郾城县志》卷八《灾异》）

七月，汝宁府之正阳县蝗蝻，旱。（清康熙《真阳县志》卷八《灾祥》）

夏，汝州蝗。（清道光《汝州全志》卷九《灾祥》）

夏，汝州之伊阳县蝗。邑令谢梦弼募民设法扑捕，秋稼无伤。（清乾隆《伊阳县志》卷四《祥异》）

陈州府飞蝗蔽天，奉文捕逐。乡民平列数里，举号鸣炮并加喊扑，蝗惊飞去。六月，蝗蝻生，悬示捕捉，每斗给钱十文，远乡各集收埋。各乡赴县，收于演武场，掘大坑埋数百石。（清乾隆《陈州府志》卷三〇《祥异》）

陈州府之西华县飞蝗食稼。（清乾隆《西华县志》卷一〇《五行》）

【陕西】

商州之镇安县蝗。（章义和《中国蝗灾史》）

1695年（清康熙三十四年）：

【天津】

蝗起顺天府之武清、宝坻县界。（清光绪《顺天府志》卷六九《祥异》）

【山东】

秋，兖州府之邹县有飞蝗自西南来，落地尺余，历旬日蝗灭，田禾无损。（清康熙《邹县志》卷三《灾乱》）

【河南】

陈州府之太康县外来飞蝗遍野，知县朴怀宝如前驱捕。秋禾无损，又庆有年。（清康熙《太康县志》卷八《灾异》）

秋，许州之郾城县蝗蝻。（清乾隆《郾城县志》卷八《灾异》）

1696 年（清康熙三十五年）：

【山东】

沂州府之莒州蝗。（清嘉庆《莒州志》卷一五《纪事》）

【河南】

夏，陈州府之西华县飞蝗食稼，知县李培力捕灭之。（清乾隆《西华县志》卷一〇《五行》）

开封府之禹州旱，蝗。（清乾隆《禹州志》卷一三《灾祥》）

【广东】

韶州府之翁源县上乡多蝗，下乡旱，晚禾无收。（清乾隆《翁源县志》卷八《编年》）

1697 年（清康熙三十六年）：

【北京】

蝗。（清光绪《顺天府志》卷六九《祥异》）

【河北】

正定府之元氏县蝗虫食禾殆尽。民大饥，县令为民放饭。（清乾隆《元氏县志》卷一《灾异》）

顺天府之文安县蝗。七月，河决大城次花口。（清康熙《文安县志》卷八《事异》）

冀州之枣强县蝻生遍野。（清乾隆《枣强县志》卷一《灾祥》）

【山东】

六月旱，武定府之沾化县蝗。（清光绪《沾化县志》卷九《人物》）

六月，青州府之博兴县飞蝗蔽天，禾不成灾。（清康熙《重修蒲台县志》卷八《灾异》）

夏六月，沂州府之莒州飞蝗蔽日，伤禾。（清嘉庆《莒州志》卷一五《记事》）

六月，武定府之蒲台县飞蝗蔽天，禾不成灾。（清康熙《重修蒲台县志》卷八《灾异》）

【河南】

八月，开封府之禹州蝗。（清乾隆《禹州志》卷一三《灾祥》）

1698 年（清康熙三十七年）：

【天津】

天津蝗，城南捕蝗人声闻数里。（清光绪《天津府志》卷七）

【上海】

太仓州之崇明县有蝗，岁饥。（清乾隆《崇明县志》卷一三《祲祥》）

【江西】

九江府之瑞昌县蝗虫遍野，损食禾苗。（清雍正《瑞昌县志》卷一《祥异》）

1699 年（清康熙三十八年）：

【天津】

七月,顺天府之蓟州飞蝗遍野,奉旨捕捉,禾稼不伤。(清康熙《蓟州志》卷一《祥异》)

【河北】

七月初二日,正定府之晋州飞蝗来自东北,公率乡民捕捉。闰七月,蝗蝻生,公复命掘坑,驱逐填之,禾稼存半。(清康熙《晋州志》卷一〇《事纪》)

夏,永平府之卢龙县蝗。(清康熙《永平府志》卷三《灾祥》)

七月,遵化州飞蝗遍野,知州李铎躬率民夫尽力扑灭。(清康熙《遵化州志》卷二《灾异》)

夏,永平府之抚宁县蝗。(清光绪《抚宁县志》卷三《前事》)

顺天府之文安县蝗。(清康熙《文安县志》卷八《事异》)

【江苏】

通州之泰兴县大旱,蝗。(清光绪《泰兴县志》卷末《述异》)

通州大旱,蝗。(清光绪《通州直隶州志》卷末《祥异》)

通州之如皋县大旱,飞蝗蔽天。(清嘉庆《如皋县志》卷二三《祥祲》)

【安徽】

夏,凤阳府之宿州蝗,雨雹伤麦。(清光绪《凤阳府志》卷四《祥异》)

1700年(清康熙三十九年):

【河北】

秋,永平府之卢龙县蝗。(清康熙《永平府志》卷三《灾祥》)

秋,永平府之抚宁县蝗。(清光绪《抚宁县志》卷三《前事》)

秋,保定府之清苑县飞蝗伤稼。(清光绪《保定府志稿》卷三《灾祥》)

秋,保定府之祁州飞蝗蔽日。(清乾隆《祁州志》卷八《祥异》)

1701年(清康熙四十年):

【河北】

秋,永平府之抚宁县蝗。(清光绪《抚宁县志》卷三《前事》)

【山西】

昔阳县大旱,蝗飞至松子岭,俱抱树死。(清乾隆《乐平县志》卷二《祥异》)

大旱,蝗飞至松子岭,俱抱树死。(清乾隆《平定州志》卷二《祥异》)

1702年(清康熙四十一年):

【江苏】

四十一年、四十二年,淮安府之盐城县蝗食稼。(清乾隆《盐城县志》卷二《祥异》)

【福建】

漳州府之长泰县蝗，旱禾失收，谷贵。（清乾隆《长泰县志》卷一二《杂志》）

1703 年（清康熙四十二年）：

【山西】

辽州之和顺县蝗。（清乾隆《和顺县志》卷七《祥异》）

【江苏】

淮安府之盐城县蝗食稼。（清乾隆《盐城县志》卷二《祥异》）

【广东】

六月，肇庆府之开平县蝗虫大作，伤禾。（清康熙《开平县志》卷二二《纪事》）

肇庆府之开建县早禾蝗蚀，晚糙丰熟。（清道光《开建县志》卷一《祥异》）

潮州府之潮阳县蝗灾，谷大贵。（广东省文史研究馆编《广东省自然灾害史料》）

1704 年（清康熙四十三年）：

【河北】

正定府之井陉蝗蝻遍野。（清雍正《井陉县志》卷三《祥异》）

【山东】

武定府及其滨州旱，蝗。（章义和《中国蝗灾史》）

七月，济南府之淄川县蝗。（清乾隆《淄川县志》卷三《续灾祥》）

夏，大旱，青州府之乐安县蝗。（清雍正《乐安县志》卷一八《五行》）

武定府之沾化县旱，蝗。大饥，斗米千钱，民食草木。（民国《沾化县志》卷七《大事纪》）

广饶县夏大旱，蝗。（清雍正《乐安县志》卷一八《五行》）

九月，不雨，登州府之蓬莱县蝗蝻生，人啖木皮，城几罢市。（清康熙《登州府志》卷一《灾祥》）

【陕西】

凤翔府之宝鸡县蝗蝻。（清乾隆《宝鸡县志》卷七《人物》）

1705 年（清康熙四十四年）：

【北京】

四月，顺天府之密云县蝻，至九月不绝。（清雍正《密云县志》卷一《灾祥》）

【天津】

天津府蝗食麦俱尽。（清乾隆《天津县志》卷二）

【河北】

六月初十日，正定府之新乐县蝗飞蔽天。（清乾隆《新乐县志》卷二〇《灾祥》）

正定府之赞皇县旱，蝗。（清乾隆《赞皇县志》卷一〇《事纪》）

宣化府之蔚州飞蝗。（清乾隆《蔚州志》卷二九《祥异》）

宣化府之保安州蝗蝻，大荒。（清道光《保安州志》卷一《祥异》）

六月，宣化府之西宁县蝗。（清同治《西宁新志》卷一《灾祥》）

六月，阳原县蝗。（民国《阳原县志》卷一六《祥异》）

夏，永平府之卢龙县蝗。（清康熙《永平府志》卷三《灾祥》）

夏，定州飞蝗蔽天，随扑灭。（清雍正《直隶定州志》卷一〇《祥异》）

七月，易州之涞水县飞蝗遍野，并不为灾，后数日不知去向。（清乾隆《涞水县志》卷一《祥异》）

四月，保定府之唐县蝻起西北麦地，延北罗大洋等村。越三日，有鸟千百从北来，搜食，蝻薮皆尽。（清雍正《续唐县志略·杂志》）

【山西】

大同府之广灵县飞蝗蔽天。（清乾隆《广灵县志》卷一《方域》）

【浙江】

秋，大水，嘉兴府之嘉善县蝗食禾。（清嘉庆《重修嘉善县志》卷二〇《祥眚》）

【山东】

春，大旱，武定府之沾化县蝗。（民国《沾化县志》卷七《大事纪》）

【广西】

九月，梧州府之容县蝗害稼，过处一空，时连岁皆稔，故不为灾。（广东省文史研究馆编《广东省自然灾害史料》）

1706 年（清康熙四十五年）：

【河北】

春、夏，河间府之肃宁县蝗。（清乾隆《肃宁县》卷一《祥异》）

【江苏】

徐州府之宿迁县有蝝，蠲免丁银，仍赈。（民国《宿迁县志》卷七《水旱》）

【湖南】

宝庆府之武冈州虫蝝食稼。越三日，群鸟万余，莫测其来，遍啄食之。（清道光《宝庆府志》卷九九《五行略》）

1707 年（清康熙四十六年）：

【河北】

顺德府之邢台县、平乡县，河间府之肃宁县发生蝗灾。（章义和《中国蝗灾史》）

赵州之隆平县蝗蝻害稼。（清康熙增刻崇祯《隆平县志》卷九《事纪》）

1708年（清康熙四十七年）：

【河北】

夏、秋，河间府之肃宁县蝗。（清乾隆《肃宁县志》卷一《祥异》）

顺德府之邢台县旱，蝗。（清乾隆《邢台县志》卷八《灾祥》）

顺德府之平乡县旱，蝗，大饥。（清乾隆《平乡县志》卷一《灾祥》）

【山东】

夏，武定府之商河县蝗。（清道光《商河县志》卷三《祥异》）

春正月至六月不雨，武定府之沾化县蝗蝻生。（民国《沾化县志》卷七《大事纪》）

青州府之乐安县蝗灾。（清乾隆《乐安县志》卷一八《五行》）

东昌府之茌平县大旱兼蝗虫。（清康熙《茌平县志》卷一《灾祥》）

【河南】

开封府之荥阳县旱，蝗。（清乾隆《荥阳县志》卷九《人物》）

开封府之禹州旱，蝗。（清乾隆《禹州志》卷一三《灾祥》）

1709年（清康熙四十八年）：

【北京】

秋，顺天府之昌平州蝗蝻为灾。（清光绪《顺天府志》卷六九《祥异》）

【河北】

永平府之卢龙县飞蝗自丰润来，蔓延永平府之滦州、迁安、卢龙三州县。官民捕尽，不为灾。（清康熙《永平府志》卷三《灾祥》）

四月，顺天府之东安县蝗。奉旨发粟煮赈，免钱粮十分之三。（清乾隆《东安县志》卷九《机祥》）

秋蝗，顺德府之巨鹿县扑捕两月始尽，竟不为灾。（清康熙增刻顺治《巨鹿县志》卷八《灾异》）

【安徽】

夏，大雨，麦烂不可食。泗州之盱眙县蝗蝻遇雨俱死，有秋。（清乾隆《盱眙县志》卷一四《灾祥》）

【浙江】

秋，杭州府之钱塘县飞蝗蔽野，岁祲。（清康熙《钱塘县志》卷一二《灾祥》）

【山东】

兖州府之曲阜县、青州府之益都县亦蝗。（章义和《中国蝗灾史》）

七月，武定府之沾化县蝻生。（民国《沾化县志》卷七《大事纪》）

夏六月，青州府之博兴县蝗食稼。（清道光《重修博兴县志》卷一三《祥异》）

夏六月，青州府蝗食稼。七月，蝻生。（清康熙《青州府志》卷二〇《灾祥》）

夏，青州府之寿光县蝗。（清嘉庆《寿光县》卷九《食货》）

莱州府之昌邑县蝗。（清乾隆《昌邑县志》卷七《祥异》）

【湖北】

黄州府之蕲水县旱，蝗。（清乾隆《蕲水县志》卷七《尚义》）

1710年（清康熙四十九年）：

【天津】

天津府之庆云县蝗。（清嘉庆《庆云县志》卷一一《灾祥》）

【河北】

河间府之阜城县蝗。（清雍正《阜城县志》卷二一《祥异》）

秋，冀州之新河县蝗为灾。帝令蠲免天下钱粮，自明年始，三年通免一周。（民国《新河县志》第一册《事纪》）

【安徽】

六月、七月，滁州之来安县虸、蝗迭至。（清雍正《来安县志》卷一《附祥异》）

【山东】

大旱，湖涸。兖州府之汶上县蝻生，蠕蠕者遍湖。是岁有秋。（清康熙《续修汶上县志》卷六《艺文》）

【河南】

夏，卫辉府之获嘉县飞蝗伤禾苗。（清乾隆《获嘉县志》卷一六《祥异》）

1711年（清康熙五十年）：

【江苏】

淮安府之安东县旱，蝗。（清雍正《安东县志》卷一五《祥异》）

【安徽】

庐州府之合肥县蝗，旱。（清嘉庆《合肥县志》卷一三《祥异》）

和州之含山县蝗入境，不食禾。（清乾隆《含山县志》卷二《星野》）

庐州府之无为州旱，蝗。（清乾隆《无为州志》卷二《灾祥》）

庐州府之庐江县旱，蝗。（清嘉庆《庐江县志》卷二《祥异》）

庐州府郡属旱，蝗。（清光绪《续修庐州府志》卷九三《祥异》）

自夏徂秋大旱，飞蝗蔽天。（清乾隆《六安州志》卷二四《祥异》）

夏四月，泗州之盱眙县飞蝗过境，不食禾稼。（清乾隆《盱眙县志》卷一四《灾异》）

【山东】

六月，兖州府之邹县飞蝗南来，落山阴等村约十余里，经宿，遗子而去。（清康熙《邹

县志》卷三《灾乱》）

秋，兖州府之滕县飞蝗蔽天。（清康熙《滕县志》卷三《灾异》）

夏，兖州府之阳谷县蝗，不食稼。岁获有秋。（民国《增修阳谷县志》卷四四《灾异》）

夏，旱，东昌府之莘县蝗又来，率吏属捕之，三日扑灭几尽，余蝗尽投水中。岁获有秋。（清光绪《莘县志》卷四《祥异》）

【河南】

汝宁府之确山县飞蝗遍野，官民捕治，岁未大歉。（清乾隆《确山县志》卷四《机祥》）

夏六月，旱，南阳府之泌阳县蝗。……知县柏之模四乡捕之。（清康熙《泌阳县志》卷一《灾祥》）

汝宁府之罗山县大旱，飞蝗蔽天，害麦禾，民饥，道殣相望。（清乾隆《罗山县志》卷八《灾异》）

秋七月，南阳府之裕州蝗生，食稼。（清康熙《裕州志》卷一《祥异》）

光州之息县飞蝗蔽天，害禾稼。（清光绪《续修息县志》第二册）

1712 年（清康熙五十一年）：

【河北】

六月，顺天府之固安县飞蝗，蔓延数村。（清光绪《顺天府志》卷六九《祥异》）

【安徽】

春，庐州府之合肥县蝗。秋，旱。（清嘉庆《合肥县志》卷一三《祥异》）

【河南】

六月，陈州府之淮宁县蝗。（清乾隆《淮宁县志》卷一一《祥异》）

四月，南阳府之泌阳县蝗复生。知县程信千督率人夫于泉水庙、牛蹄铺、泰山庙等处捕之，仿古者焚瘗之法，蝗遂绝。盘古山一带蝗生，有乌鸦数千逐蝗，食之尽，民以为异。（清康熙《泌阳县志》卷一《灾祥》）

秋，许州大蝗。（清乾隆《许州志》卷一〇《祥异》）

【湖北】

夏，黄州府之黄冈县蝗，官捕之，数日尽。秋，大熟。（清乾隆《黄冈县志》卷一九《祥异》）

【广东】

肇庆府之新兴县蝗害稼，晚禾半收。（清乾隆《新兴县志》卷六《编年》）

1713 年（清康熙五十二年）：

【河北】

四月初一日，顺天府之固安县蝗。（清光绪《顺天府志》卷六九《祥异》）

【江苏】

淮安府之盐城县蝗食稼。(清乾隆《盐城县志》卷二《祥异》)

【广东】

夏四月,佛冈厅蝗伤稼,斗米价一钱五分。(清道光《佛冈厅直隶军民厅志》卷三《庶征》)

1714年（清康熙五十三年）：

【江苏】

秋,徐州府之沛县大蝗。(清乾隆《沛县志》卷一《水旱》)

【安徽】

庐州府之合肥县蝗,旱。(清嘉庆《合肥县志》卷一三《祥异》)

庐州府之合肥、庐江、舒城等县旱,蝗。(清光绪《续修庐州府志》卷九三《祥异》)

安庆府之桐城县旱且蝗,岁大无。(清康熙《安庆府志》卷二八《记》)

六安州旱,蝗。(清乾隆《六安州志》卷二四《祥异》)

六安州之霍山县蝗。(清乾隆《霍山县志》卷末《祥异》)

秋,大旱,滁州之来安县多蝗蝻。(清雍正《来安县志》卷一《附祥异》)

【河南】

光州之固始县旱,飞蝗食禾。(清乾隆《固始县续志》卷一一《灾祥》)

光州旱,飞蝗食禾。(清乾隆《光州志》卷八《祥异》)

1715年（清康熙五十四年）：

【安徽】

皖境蝗蝻忽作,已遍郊原。(清康熙《安庆府志》卷六《恤政》)

安庆府之桐城县大饥。去岁蝗,所过遗种土中,及四月中旬蝻生遍野,厚尺余。(清康熙《安庆府志》卷二八《记》)

【山东】

六月,济南府之长山县飞蝗过境,不害稼。(清康熙《长山县志》卷七《灾祥》)

1716年（清康熙五十五年）：

【江苏】

大水,徐州府之宿迁县有蝻。(清嘉庆《宿迁县志》卷六《祥异》)

秋,蝗发徐州府之邳州竹林社,睢宁县黄山社与之犬牙相错,而蝗不入境。徐州邻县蝗入州界,不食禾,皆抱草自死。(清乾隆《江南通志》卷一九七《机祥》)

徐州府之邳州蝗。(清乾隆《邳县志》卷四《水旱》)

【山东】

兖州府之峄县蝗。（清光绪《峄县志》卷一五《灾祥》）

1717年（清康熙五十六年）：

【安徽】

夏，凤阳府之宿州蝗，阖城文武官员协捕，民赖有秋。（清康熙《宿州志》卷一〇《祥异附》）

【广东】

九月，潮州府之澄海县蝗虫。（清乾隆《潮州府志》卷一一《灾祥》）

秋九月，潮州府之潮阳县蝗虫四野，害禾稼。（清乾隆《潮州府志》卷一一《灾祥》）

九月，潮州府之普宁县蝗。（清乾隆《潮州府志》卷一一《灾祥》）

九月，潮州府之海阳县蝗。（清乾隆《潮州府志》卷一一《灾祥》）

九月，潮州府之揭阳县蝗。（清雍正《揭阳县志》卷四《祥异》）

1718年（清康熙五十七年）：

【山西】

大同府之天镇县北川蝗。（清乾隆《天镇县志》卷六《祥异》）

【江苏】

秋，江宁府之江浦县飞蝗入境，本县督民捕之，不为灾。（清雍正《江浦县志》卷一《祥异》）

淮安府之安东县豆蚨蝗为灾。秋大水，冬大雨雪。（清雍正《安东县志》卷一五《祥异》）

【山东】

青州府之博兴县蝗。（民国《博兴县志》卷一五《祥异》）

1719年（清康熙五十八年）：

【广西】

桂林府之兴安县蝗灾。（清道光《兴安县志》卷一六《祥异》）

1720年（清康熙五十九年）：

【山东】

夏，莱州府之胶州蝗。（清道光《胶州志》卷三五《祥异》）

九月，莱州府之掖县有飞蝗自南来，入海死。余食麦苗，至十月殆尽。（清乾隆《掖县志》卷五《祥异》）

【广西】

桂林府之兴安县蝗。（清乾隆《兴安县志》卷一〇《祥异》）

1721年（清康熙六十年）：
【河北】
保定府之新安县蝗伤禾，斗米五百五十钱。（清乾隆《新安县志》卷一四《祥异》）
【江苏】
镇江府之丹阳县蝗，旱。（清乾隆《丹阳县志》卷六《祥异》）
【山东】
泰安府之新泰县旱，蝗。（清乾隆《新泰县志》卷七《灾祥》）
泰安府之莱芜县旱，蝗。（清光绪《莱芜县志》卷二《灾祥》）
夏，武定府之阳信县蝗食稼。（清乾隆《阳信县志》卷三《灾祥》）
【河南】
夏，河南府之巩县蝗，不伤稼。（清乾隆《巩县志》卷二《灾祥》）
卫辉府之汲县辛丑、壬寅两岁旱，饥，复有蝗。（清乾隆《卫辉府志》卷二九《名宦》）
【广东】
肇庆府之开建县早禾蝗蚀，晚糙大旱，民多菜色。（清道光《开建县志》卷一《祥异》）

1722年（清康熙六十一年）：
【山西】
平阳府之乡宁县蝗。（民国《乡宁县志》卷八《大事记》）
【江苏】
秋，旱，江宁府之溧水县飞蝗自东来，害禾苗。（清光绪《溧水县志》卷一《庶征》）
秋，大旱，蝗蝻遍野，田禾被灾。（清乾隆《镇江府志》卷四三《祥异》）
镇江府之金坛县蝗。（清光绪《金坛县志》卷一五《祥异》）
【山东】
沂州府之莒州南乡蝗。（民国《重修莒志》卷二《大事记》）
秋七月，沂州府之郯城县蝗。（清乾隆《沂州府志》卷一六《纪事》）
大旱，无麦。兖州府之邹县蝗。（清光绪《邹县续志》卷一《祥异》）
济宁府之鱼台县蝗蝻遍地，人多饿死。（清乾隆《鱼台县志》卷三《灾祥》）
【河南】
秋，怀庆府之济源县蝗食禾殆尽。诏赈济有差。（清乾隆《济源县志》卷一《祥异》）
卫辉府、怀庆府蝗食禾殆尽，旋扑灭。（清雍正《河南通志》卷五《祥异》）
归德府之商丘县蝗。（清乾隆《归德府志》卷三四《灾祥》）
归德府之虞城县蝗灾。（清光绪《虞城县志》卷一〇《杂记》）
怀庆府之河内县蝗，扑灭之。（清康熙《河内县志》卷一《灾祥》）

1723年（清雍正元年）：

【北京】

秋七月，顺天府之密云县蝻生，逾夕抱黍自死。（清雍正《密云县志》卷一《灾祥》）

【上海】

夏旱，太仓州之宝山县蝗飞蔽空，络绎不绝，只食野草，不伤种植。无麦。（清宣统《彭浦里志》卷八《祥异》）

【江苏】

秋，江宁府之江浦县飞蝗入境，本县捕灭之。又亢旱成灾。（清雍正《江浦县志》卷一《祥异》）

江宁府之六合县旱、蝗为灾。（清雍正《六合县志》卷八《灾异》）

秋，大旱，镇江府有蝗，灾伤特甚。地丁每两蠲二钱二厘五毫。（清乾隆《镇江府志》卷四三《祥异》）

江宁府之高淳县旱，蝗飞蔽日，伤稼。来年夏，蝼生，不为灾。（清乾隆《高淳县志》卷一二《祥异》）

太仓州之镇洋县旱，蝗。（清宣统《太仓州镇洋县志》卷二六《祥异》）

八月，常州府之江阴县飞蝗四塞，成灾。勘报灾田八十六万七千四百五十亩六分。（清道光《江阴县志》卷八《祥异》）

元年、二年，镇江府之金坛县旱，蝗。（清光绪《金坛县志》卷一五《祥异》）

五月，扬州府之仪征县飞蝗过境，落新洲，食芦，官吏捕之。（清道光《重修仪征县志》卷四六《祥异》）

扬州府之高邮州旱，有蝗，昼夜扑灭，蝗不为灾。（清雍正《高邮州志》卷五《祥异》）

【安徽】

九月，池州府之铜陵县飞蝗入境。（清乾隆《铜陵县志》卷一四《祥异》）

庐州府之巢县蝗蝻。（清雍正《巢县志》卷二一《祥异》）

秋，和州之含山县飞蝗自西北过境，不食禾。（清乾隆《含山县志》卷二《星野》）

庐州府之无为州大旱，飞蝗。（清乾隆《无为州志》卷二《灾祥》）

八月十二日，庐州府之舒城县飞蝗蔽天，落地厚数尺。（清雍正《舒城县志》卷二九《祥异》）

夏六月，颍州府之太和县飞蝗大至。七月，蝗蝻复生，旋又扑灭。（清乾隆《太和县志》卷一《灾祥》）

五月，凤阳府之宿州蝗。（清道光《宿州志》卷四一《祥异》）

秋，大旱，泗州之天长县飞蝗蔽天，小饥。（清同治《天长县纂辑志稿·祥异》）

宁国府之宣城县云山团等处飞蝗入境，知县刘兰丛率吏民扑灭之。（清嘉庆《宁国府志》卷一《祥异》）

广德州之建平县有飞蝗一队长数十丈，经西北过，稼无损。（清乾隆《广德州志》卷二八《祥异》）

【江西】

广信府之广丰县蝗虫伤稼。（清乾隆《广信府志》卷一《祥异》）

【山东】

秋八月，旱，青州府之临朐县蝗。（清光绪《临朐县志》卷一〇《大事表》）

九月，登州府之栖霞县复蝗，食麦苗殆尽，小雪后始灭。次年无麦。（清光绪《栖霞县续志》卷八《祥异》）

六月，沂州府蝗，饥。（清乾隆《沂州府志》卷一六《纪事》）

六月，沂州府之费县蝗，饥。（清光绪《费县志》卷一六《祥异》）

秋，沂州府之莒州南乡蝗。（民国《重修莒志》卷二《大事记》）

沂州府之沂水县蝗。（清道光《沂水县志》卷九《祥异》）

夏，旱，泰安府之新泰县蝗，无麦。八月，复旱，蝗。（清乾隆《新泰县志》卷七《灾祥》）

东阿县旱，蝗。（清道光《东阿县志》卷二三《祥异》）

【河南】

六月，河南归德府之永城县等处蝗虫飞集，蝗蝻生发，尽力捕捉。（《清世宗实录》卷八）

秋，怀庆府飞蝗蔽天，食禾殆尽。（清雍正《河南通志》卷五《祥异》）

七月，开封府之杞县蝗蝻。（清乾隆《杞县志》卷二《灾祥》）

夏，卫辉府之新乡县蝗生，民多转徙大河南。（清乾隆《新乡县志》卷二八《祥异》）

夏，大旱。秋，怀庆府之温县飞蝗蔽天，食禾殆尽。（清乾隆《温县志》卷一《灾祥》）

怀庆府之孟县蝗食禾殆尽。（民国《孟县志》卷一〇《杂记》）

大旱。七八月间，归德府之柘城县蝗虫害稼。（清光绪《柘城县志》卷一〇《灾祥》）

大旱。归德府之鹿邑县蝗蝻并生。（清乾隆《鹿邑县志》卷一二《灾异》）

春，陈州府之西华县蝗。（清乾隆《西华县志》卷一〇《五行》）

秋，许州蝗蝻。（清乾隆《许州志》卷一〇《祥异》）

秋，许州之郾城县蝗蝻。（清乾隆《郾城县志》卷八《灾异》）

【广东】

高州府之吴川县蝗。（清光绪《吴川县志》卷一〇《事略》）

秋，高州府之石城县蝗，大饥。（清嘉庆《石城县志》卷四《事纪》）

1724年（清雍正二年）：

【河北】

六月，冀州之枣强县蝗。（清乾隆《枣强县志》卷一《灾祥》）

顺德府之邢台县蝗。（清乾隆《邢台县志》卷八《灾祥》）

顺德府之巨鹿县蝗。（清光绪《巨鹿县志》卷七《灾异》）

【上海】

川沙厅，六月十三日酉刻，飞蝗随风而南。秋七月，禾稿，秀者多被虫啮。是年，飞鸦食虫，秋禾丰茂。（清光绪《川沙厅志》卷一四《祥异》）

六月十三日酉刻，黑云北起，飞蝗趁风南行，簌簌有声，约以万计。（清咸丰《紫堤村志》卷二《灾异》）

六月十三日酉刻，飞蝗随风而南。（清同治《上海县志》卷三〇《祥异》）

夏五月，松江府之青浦县蝗。（清光绪《青浦县志》卷二九《祥异》）

夏初，大旱，太仓州之宝山县蝗，双洋左右尤甚，民几乏食。（清雍正增补康熙《淞南志》卷五《灾祥》）

六月初旬，太仓州之崇明县蝗蝻自西北来，不伤禾稼，惟食芦苇野草，今县张公设法驱捕。（清雍正《崇明县志》卷一七《祲祥》）

七月，松江府飞鸦食蝗，秋禾丰茂。（《清世宗实录》卷二二）

江苏松江府之金山、青浦蝗。（章义和《中国蝗灾史》）

【江苏】

江宁府之江浦县飞蝗遗卵复生。本县出俸金给民扑灭之，不为灾。于是蝗患遂绝，二麦稔。（清雍正《江浦县志》卷一《祥异》）

五月，苏州府之昆山县蝗。（清乾隆《昆山新阳合志》卷三七《祥异》）

夏，太仓州之镇洋县有蝗，自西北向东南去，所伤禾数十顷。（清宣统《太仓州镇洋县志》卷二六《祥异》）

五月，苏州府之常熟县蝗。（清光绪《常昭合志稿》卷四七《祥异》）

镇江府之丹阳县旱，蝗。（清乾隆《丹阳县志》卷六《祥异》）

夏，通州蝗。（清光绪《通州直隶州志》卷末《祥异》）

夏，通州之如皋县蝗。（清乾隆《如皋县志》卷二四《祥祲》）

夏，淮安府之盐城县蝗食禾。（清乾隆《盐城县志》卷二《祥异》）

五月，苏州府蝗。（清同治《苏州府志》卷一四三《祥异》）

【浙江】

严州府之分水县旱，蝗。夏、秋俱无收。（清光绪《严州府志》卷二二《祥异》）

湖州府，太湖中飞蝗蔽天，食滨湖芦叶殆尽，不伤稼。（清同治《湖州府志》卷四四《祥异》）

【安徽】

五月，池州府之铜陵县洋湖蝗蝻生，扑灭。（清乾隆《铜陵县志》卷一三《祥异》）

三月二十八日，庐州府之舒城县蝗蝻遍野，沟壑皆平，压树坠如毯，十数日遮天蔽日而去。（清雍正《舒城县志》卷二九《祥异》）

三月，泗州之天长县宿蝗生蝻，食禾。大雨杀蝻，苗盛倍于初。（清同治《天长县纂辑志稿·祥异》）

【山东】

四月，济南府之临邑县旱，蝗。（清道光《临邑县志》卷一六《礼祥》）

夏四月，青州府之临朐县蝗蝻遍野。秋至，飞鸦食蝗，秋禾丰茂。（清光绪《临朐县志》卷一〇《大事表》）

莱州府之昌邑县蝗。（清乾隆《昌邑县志》卷七《祥异》）

十一月，莱州府之掖县蝗自东来，集海堧，食麦苗，至腊月始尽。（清乾隆《掖县志》卷五《祥异》）

沂州府之莒州北乡生蝻。（清嘉庆《莒州志》卷一五《记事》）

1725 年（清雍正三年）：

【江苏】

镇江府之金坛县旱，蝗。发粟赈饥，各门外设厂煮粥，以食近地饥民。（民国《重修金坛县志》卷四《振济》）

通州之泰兴县蝗。（清光绪《泰兴县志》卷末《述异》）

【安徽】

秋，大旱，泗州之盱眙县蝗，饥。（清乾隆《盱眙县志》卷一四《灾祥》）

【山东】

冬，山东登州府之海阳县发生蝗灾。（章义和《中国蝗灾史》）

【广东】

潮州府之普宁、海阳、揭阳等县冬蝗，菜蔬、木叶皆残。（清乾隆《潮州府志》卷一一《灾祥》）

1726 年（清雍正四年）：

【河北】

顺德府之平乡县蝗。（清乾隆《平乡县志》卷一《灾祥》）

顺德府之南和县蝗。（清乾隆《南和县志》卷一《灾祥》）

【江苏】

夏，蝗，扑不为灾。（清乾隆《镇江府志》卷四三《祥异》）

【安徽】

泗州之盱眙县飞蝗过境，不伤禾稼。（清乾隆《盱眙县志》卷一四《灾祥》）

1727 年（清雍正五年）：

【山东】

济南府之淄川县蝗来，禾稼未损。（清乾隆《淄川县志》卷二《续灾祥》）

春，济南府之齐河县蝗蝻生发，二麦、秋禾十伤八九。（清雍正《齐河县志》卷六《灾祥》）

东阿县秋有蝗，害稼。（清光绪《东阿县乡土志》卷二《政绩》）

【河南】

怀庆府之武陟县蝗蝻生。（清道光《武陟县志》卷一二《祥异》）

1728 年（清雍正六年）：

【江苏】

夏，旱，蝗。（清乾隆《直隶通州志》卷二二《祥祲》）

八月，徐州府之邳州蝗蝻萌生。（《清世宗实录》卷七二）

1729 年（清雍正七年）：

【江苏】

七月，扬州府之江都县瓜州草龙港忽集蝗蝻无数，知县陆朝玑同营弁往捕，蝗投于江，禾苗不损。（清乾隆《江都县志》卷二《祥异》）

旱，扬州府之兴化县蝗。（清咸丰《重修兴化县志》卷一《祥异》）

夏，旱，扬州府之泰州蝗。（清道光《泰州志》卷一《祥异》）

通州夏旱，蝗。（清光绪《通州直隶州志》卷末《祥异》）

夏，通州之如皋县旱，蝗。（清乾隆《如皋县志》卷二四《祥祲》）

夏，旱，扬州府之东台县蝗。（清嘉庆《东台县志》卷七《祥异》）

【湖北】

夏四月，黄州府之黄冈县佗鹡州有蝗，官扑灭之。秋，大熟。（清乾隆《黄冈县志》卷一九《祥异》）

1730 年（清雍正八年）：

【河南】

归德府之商丘县旱，蝗。（清乾隆《归德府志》卷三四《灾祥》）

【湖北】

黄州府之黄冈县有蝗。（清道光《黄冈县志》卷二《建置》）

1731年（清雍正九年）：

【上海】

秋七月，松江府之金山县蝝生。岁饥。（清乾隆《金山县志》卷一八《祥异》）

七月，松江府之青浦县蝝生。（清乾隆《青浦县志》卷三八《祥异》）

秋七月，松江府蝝生，食禾。（清嘉庆《松江府志》卷八〇《祥异》）

【安徽】

颍州府之阜阳县、霍邱县旱，蝗。（清乾隆《颍州府志·祥异》卷一〇）

【福建】

建宁府之崇安县西北乡蝗伤稼。（民国《崇安县新志》卷一《大事》）

【山东】

七月，山东济宁州之南乡、新店等处有蝻子萌动，已饬，令扑灭。（《清世宗实录》卷一〇八）

1732年（清雍正十年）：

【河北】

春、夏，赵州之隆平县蝗灾。（清乾隆《隆平县志》卷九《灾祥》）

【山西】

解州之夏县蝗生，天降甘霖，随皆消灭。（清乾隆《解州夏县志》卷一一《祥异》）

【上海】

松江府之金山县蝝生食禾，岁大饥。（清乾隆《金山县志》卷一八《祥异》）

松江府之华亭县蝝食禾，岁大饥，官为煮糜以赈。（清光绪《重修华亭县志》卷二三《祥异》）

【江苏】

夏，淮安府之桃源县西乡柴林湖毛家集周遭四五十里蝗蝻遍地，厚数寸，官民惶惧，旋尽抱草僵死。（清乾隆《重修桃源县志》卷一《祥异》）

五月，今岁夏间，江南淮安府属之山阳、阜宁二县，海州所属之沭阳县，扬州府属之宝应县各有一二乡村生发蝻子。（《清世宗实录》卷一一九）

【浙江】

夏秋间，处州府之景宁县蝗虫伤稼。（清光绪《处州府志》卷二五《祥异》）

1733年（清雍正十一年）：

【江苏】

五月间，江南淮安府所属之山阳县扬州所属之宝应县等处，蝻子萌动。（《清世宗实录》卷一三三）

【山东】

夏，临清州之夏津县郑保屯东北，蝻子萌生，知县方学成督民夫扑捕。忽有山鹊数千飞集，啄食殆尽，人咸异之。（清乾隆《夏津县志》卷九《灾祥》）

曹州府之曹县、鱼台、济宁等处蝻子生发，扑灭。（《清世宗实录》卷一三三）

【河南】

卫辉府之获嘉县蝻生穆官营，捕灭之。（清乾隆《获嘉县志》卷一六《祥异》）

【湖南】

夏五月，永州府之零陵县桃邑西乡柴林蝗蝻生。（清嘉庆《零陵县志》卷一四《艺文》）

1734年（清雍正十二年）：

【河北】

赵州之隆平县蝗食麦，复大水。（清乾隆《隆平县志》卷九《灾祥》）

【山东】

泰安府之泰安县秋蝗。（清乾隆《泰安县志》卷末《祥异》）

1735年（清雍正十三年）：

【天津】

夏，天津府蝗食麦俱尽。（章义和《中国蝗灾史》）

【河北】

夏、秋，正定府之获鹿县亦蝗。（章义和《中国蝗灾史》）

河间府之东光县县境蝗。（清光绪《东光县志》卷一一《祥异》）

赵州之隆平县飞蝗为灾。（清乾隆《隆平县志》卷九《灾祥》）

【上海】

秋，松江府螽生。岁饥，官为煮粥设厂，人多饿死。（清嘉庆《寒圩小志·祥异》）

【江苏】

六月，旱，淮安府之山阳县多蝗。（清乾隆《山阳县志》卷一八《祥祲》）

六月，淮安府旱，蝗。（清光绪《淮安府志》卷三九《杂记》）

淮安府之阜宁县六月大旱，蝗。（清光绪《阜宁县志》卷二一《祥祲》）

【江西】

南康府之建昌县蝗。（清同治《建昌县志》卷一六）

【山东】

武定府之青城县蝗害稼。（清乾隆《青城县志》卷一〇《祥异》）

武定府之蒲台县蝗。（章义和《中国蝗灾史》）

【河南】

卫辉府之获嘉县蝻生穆官营，捕灭之。（清乾隆《获嘉县志》卷一六《祥异》）

七月，彰德府之武安县蝗虫为灾。（清乾隆《武安县志》卷一九《祥异》）

1736年（清乾隆元年）：

【江苏】

江宁府之溧水县邑西北有蝗。（清光绪《溧水县志》卷一《庶征》）

【山东】

济南府之邹平县蝗。（清嘉庆《邹平县志》卷一八《灾祥》）

【海南】

琼州府之崖州蝗虫食苗。（清乾隆《崖州志》卷九《灾祥》）

琼州府蝗。（清道光《琼州府志》卷四二《事纪》）

1737年（清乾隆二年）：

【河北】

顺德府之巨鹿县蝗。（清光绪《巨鹿县志》卷七《灾异》）

【江苏】

江宁府之高淳县界有蝻，县令能捕者按数给钱，遂扑灭尽。（清嘉庆《宁国府志》卷一《祥异》）

【安徽】

五月，庐州府之无为州蝗生，江洲随灾。（清乾隆《无为州志》卷二《灾祥》）

五月，宁国府之宣城县西莲湖、太平府之当涂县界有蝻，三县令能捕者按数给钱，遂扑灭尽。（清嘉庆《宁国府志》卷一《祥异》）

【湖北】

武昌府之大冶县蝗。（清同治《大冶县志》卷八《祥异》）

武昌府之武昌县蝗大发，县令率吏民力捕之，乃灭。是年熟。（清乾隆《武昌县志》卷一《祥异》）

【广东】

秋七月，连州蝗害稼。（清乾隆《连州志》卷八《祥异》）

【广西】

八月，平乐府之富川县蝗。（清乾隆《富川县志》卷一二《灾祥》）

【甘肃】

甘肃大旱，蝗飞蔽天，禾谷立尽。（清宣统《甘肃新通志》卷二）

1738 年（清乾隆三年）：

【河北】

七月，直隶总督李卫奏：保定府之唐县、雄县、博野、满城、完县、高阳；顺天府之固安、霸州、蓟州、保定；河间府之肃宁、河间；保定府之新城、蠡县；天津府之沧州、青县；顺德府之唐山、任县、南和、平乡；广平府之鸡泽，以及永平府等二十二州县续生蝻子。（《清高宗实录》卷七三）

顺德府之巨鹿县蝗。（清光绪《巨鹿县志》卷七《灾异》）

【江苏】

八月，淮安府所属蝗蝻为害，田禾亦不免被伤。（《清高宗实录》卷七四）

六月，苏州府之震泽县旱，蝗。（清乾隆《震泽县志》卷二七《灾变蠲赈》）

六月，常州府之宜兴县蝗蝻生，知县班联募民捕之，不为灾。冬十二月，分乡设厂给赈。（清嘉庆《新修荆溪县志》卷四《祥异》）

七月，常州府之江阴县东乡蝗生芦苇中。（清道光《江阴县志》卷八《祥异》）

夏，淮安府之山阳县、盐城县大旱，蝗。（清乾隆《淮安府志》卷二五《五行》）

夏，大旱，淮安府之清河县蝗。（清同治《清河县志附编》卷二四《杂记》）

八月，海州蝗。（民国《江苏备志稿》卷二《大事记》）

【浙江】

湖州府之归安县旱，蝗。（章义和《中国蝗灾史》）

湖州府之乌程县旱，蝗。（清光绪《乌程县志》卷二七《祥异》）

【山东】

五月，山东巡抚法敏疏报：济南府之德州等二十州县卫所遗蝻子，俱经扑灭。惟泰安府之肥城县、兖州府之阳谷县、沂州府之郯城县尚未净尽。（《清高宗实录》卷六九）

七月十四至十七日，有飞蝗从江南海州、礼堰集飞入山东沂州府之郯城县界，约长四五里，宽二三里不等。官督率民夫竭力扑捕，旋即飞去，未曾伤及田禾。（《清高宗实录》）

八月，沂州府之兰山、郯城、费县三县飞蝗入境，竭力扑捕净，并未伤损田禾。（《清高宗实录》卷七五）

沂州府之郯城县等州县亦蝗。（章义和《中国蝗灾史》）

沂州府之兰山县旱，蝗。（民国《临沂县志》卷一《通纪》）

夏，旱，沂州府之日照县蝗。（清光绪《日照县志》卷七《祥异》）

【河南】

卫辉府之获嘉县蝗生孙家庄，捕灭亡。（清乾隆《获嘉县志》卷一六《祥异》）

秋，怀庆府之温县蝗蝻生。（清乾隆《温县志》卷一《灾祥》）

夏，河南府蝗入境。（清乾隆《河南府志》卷一一六《祥异》）

1739年（清乾隆四年）：

六月，两江总督奏：豫、东二省皆有飞蝗自南来。（《清高宗实录》卷九五）

江南河道总督奏：淮北连日蝗蝻，俱灭。（《清高宗实录》卷九五）

【天津】

四月，天津亢旱，蝗蝻生发，饬扑捕。（《清高宗实录》卷九一）

【河北】

五月，顺天府、永平府、承德府所属州县各处蝻子生发甚多。（《清高宗实录》卷九三）

保定府之新安县蝗。（清乾隆《新安县志》卷七《机祥》）

深州夏蝗，诏蠲免田租。（清道光《深州直隶州志》卷末《杂纪》）

冀州之武邑县蝗。（清乾隆《冀州志》卷一八《拾遗》）

广平府之曲周县蝗。（清乾隆《曲周县志》卷一七《灾异》）

夏五月，赵州之隆平县蝗灾。（清乾隆《隆平县志》卷九《灾祥》）

【江苏】

七月，江北沿海及淮海之山阳、盐城、安东、阜宁、赣榆、沭阳等邑蝗蝻生发。（《清高宗实录》卷七九）

七月，淮安府、海州飞蝗过境，扑灭，惟苇荡营地遗蝻。（《清高宗实录》卷七九）

四月二十七日，饬江南实力捕蝗。（民国《江苏备志稿》卷二《大事记》）

夏，镇江府之溧阳县蝗，扑不为灾。（清乾隆《溧阳县志》卷四《灾祥》）

七月，江苏淮安府、江宁府之溧水县蝗。（章义和《中国蝗灾史》）

【安徽】

七月，凤阳、泗州、滁州等府州县飞蝗过境。（《清高宗实录》卷七九）

夏，泗州之盱眙县蝗蝻。（清乾隆《盱眙县志》卷一四《灾祥》）

【山东】

山东沂州、济南、武定、泰安、青州、兖州、东昌七府，飞蝗入境。（《清高宗实录》卷九五）

夏，临清州之夏津县城东有飞蝗过境，自西北而来，由东南而去，零星散落张家集等处。知县方学成督民夫捕灭。禾稼无伤。（清乾隆《夏津县志》卷九《灾祥》）

1740年（清乾隆五年）：

入夏以来，近京一带蝻子萌动。（《清高宗实录》卷一一七）

【河北】

六月，正定府之元氏县县属姬村蝻生遍野，乡民竭力扑之，数日扑灭。（清乾隆《元氏县志》卷一《灾异》）

大名府之大名县、东明亦蝗。（清乾隆《大名县志》卷二七《机祥》）

顺天府三河县飞蝗来境，抱禾稼枝叶而毙，不为灾。（清光绪《顺天府志》卷六九《祥异》）

【山西】

代州之繁峙县邑东、山会等村飞蝗食禾。孙令躬率邑民急捕方止。（清道光《繁峙县志》卷六《祥异》）

【江苏】

四月，江南总督郝玉麟奏：江苏省之海州间生蝻子。（《清高宗实录》卷一一五）

徐州府之萧县、砀山县等处所蝻子甚多，徐州卫等处蝻子生发。（《清高宗实录》卷一一八）

六月，江苏淮安、徐州、海州三府州俱有蝻生发。（《清高宗实录》卷一二三）

【安徽】

四月，江南总督郝玉麟奏：安徽省滁州等四州县，间生蝻子。（《清高宗实录》卷一一五）

安徽颍州府之亳州、颍上县等州县等处蝻子生发。（《清高宗实录》卷一一八）

六月，庐州府、凤阳府、颍州、泗州、滁州等俱有蝻生发，未损伤禾稼。（《清高宗实录》卷一二三）

庐州府之无为州蝗。（清光绪《续修庐州府志》卷九三《祥异》）

春，凤阳府之宿州大寒，冰雪弥月。秋，蝗。（清道光《宿州志》卷四一《祥异》）

【山东】

六月，山东曹州府之曹县、单县二县等处蝻子生发。（《清高宗实录》卷一一八）

五月，临清州之夏津县杨家洼等处蝻微生，县督民夫捕灭，亦有出土者即死者。岁大熟。（清乾隆《夏津县志》卷九《灾祥》）

曹州府之定陶县蝗蝻生。（清乾隆《定陶县志》卷八《灾异》）

【河南】

开封府之杞县蝗蝻。（清乾隆《杞县志》卷二《灾祥》）

秋，开封府之尉氏县蝗。（清道光《尉氏县志》卷一《祥异》）

七月，开封府之洧川县飞蝗食秋禾。（清乾隆《洧川县志》卷一《祥异》）

夏，卫辉府之新乡县飞蝗入城，旋扑灭。(清乾隆《新乡县志》卷二八《祥异》)

夏，卫辉府之获嘉县蝻生，捕灭之。(清乾隆《获嘉县志》卷一六《祥异》)

五月，怀庆府之阳武县蝗蝻生，食禾。(清乾隆《阳武县志》卷一二《灾祥》)

夏，卫辉府之滑县蝗蝻生。(清乾隆《滑县志》卷一三《祥异》)

陈州府之扶沟县蝗。大水之后，蝗蝻并生，扑捕二十余日，忽一夕尽抱禾穗而死。早谷被伤，余不为灾。(清乾隆《陈州府志》卷三〇《杂志》)

春，归德府之鹿邑县生蝻。(清乾隆《鹿邑县志》卷一二《灾异》)

夏四月，陈州府之淮宁县蝗，旋扑灭之。(清乾隆《陈州府志》卷三〇《杂志》)

四月，陈州府之沈丘县蝗。(清乾隆《沈丘县志》卷一一《祥异》)

陈州府之太康县蝗。(清乾隆《太康县志》卷八《杂志》)

陈州府之项城县蝗。(清乾隆《陈州府志》卷三〇《杂志》)

六、七月间，开封府之鄢陵县遍境皆蝗，县南尤甚，秋禾被损伤，谷腾贵。(清乾隆《鄢陵县志》卷二一《祥异》)

许州之郾城县蝗。(清乾隆《郾城县志》卷八《灾祥》)

三月，汝州岗坡之田忽生青虫，蠡食麦苗根。(清乾隆《汝州续志》卷七《灾祥》)

【湖北】

六月，襄阳府之襄阳县、陈三营蝻生，兼有飞蝗入境，蝗虫皆自河南飞入。(《清高宗实录》卷一二一)

1741年（清乾隆六年）：

【河北】

河间府之宁津县蝗。(清光绪《宁津县志》卷一一《祥异》)

【河南】

夏，陈州府之淮宁县蝗蝻生，知县急督夫复扑灭，蝗不为灾。(清乾隆《淮宁县志》卷五《职官》)

【广东】

秋七月，肇庆府之庆德州蝗。(清光绪《庆德州志》卷一五《纪事》)

1742年（清乾隆七年）：

【河南】

卫辉府之辉县蝗。(清道光《辉县志》卷四《祥异》)

【海南】

琼州府之崖州旱，蝗。米价愈贵。(清乾隆《崖州志》卷九《灾祥》)

1743年（清乾隆八年）：

【河北】

顺德府之巨鹿县蝗。(清光绪《巨鹿县志》卷七《灾祥》)

【江苏】

今岁入冬以来，海州等处掘得蝻子，矗矗成团。(《清高宗实录》卷二〇七)

1744年（清乾隆九年）：

江南昭阳湖等处蝻子萌生，飞入山东、河南临近地方为害禾稼。(《清高宗实录》卷二二六)

是岁，蝗蝻所生甚广，山东、河南本地亦多。……飞蝗自北而来者不一而足。(《清高宗实录》卷二二六)

十月，江南、河南、山东蝗，捕治不力，谕下部议处。(《清史稿·高宗本纪》)

【河北】

顺天、保定、河间、天津各府属蝻生。(《清高宗实录》卷二二一)

保定府之博野县捕蝗。(清乾隆《博野县志》卷六《卓行》)

六月二十二日午刻，河间府飞蝗成群自山东来，凡三四日翛翛然去，昼夜不绝。是秋稔。(清乾隆《河间府新志》卷一七《纪事》)

六月二十二日，河间府之献县飞蝗自山东至，翳空不下，凡三四月乃绝。是秋丰稔。(清乾隆《献县志》卷一八《祥异》)

六月二十二日午刻，河间府之景州飞蝗成群，自山东来。知州屈成霖虔祷于刘猛将军，蝗度境凡三四日，翛翛北去，昼夜弗绝，曾不下损一禾，间有坠地者，视之俱杀羽折足不能为害。是岁秋成丰稔。(清乾隆《景州志》卷六《杂识》)

【江苏】

扬州府之兴化县旱，蝗。(清咸丰《重修兴化县志》卷一《祥异》)

秋，旱，扬州府之泰州蝗。(清光绪《泰州志》卷一《祥异》)

通州之泰兴县蝗。(清光绪《泰兴县志》卷末《述异》)

通州夏大旱，秋蝗。(清光绪《通州直隶州志》卷末《祥异》)

夏，大旱。秋，通州之如皋县蝗。(清嘉庆《如皋县志》卷二三《祥祲》)

扬州府之东台县春雨雹。秋，旱，蝗。(清嘉庆《东台县志》卷七《祥异》)

秋，徐州府之铜山县蝗，又河溢。(清乾隆《铜山县志》卷一二《祥异》)

【安徽】

庐州、凤阳、颍州三府滁、泗二州所属州、县、卫蝻子萌生。(《清高宗实录》卷二二一)

和州蝗。(清光绪《直隶和州志》卷三七《祥异》)

颍州府之霍邱县旱，蝗。（清乾隆《霍邱县志》卷一二《灾祥》）

颍州府之阜阳县旱，蝗。（清乾隆《阜阳县志》卷一《郡纪》）

颍州府之亳州飞蝗过境。（清乾隆《亳州志》卷一〇《祥异》）

七月，颍州府之颍上县飞蝗不食禾。（清乾隆《颍上县志》卷一二《祥瑞》）

颍州府之太和县飞蝗大至。（清乾隆《太和县志》卷一《灾祥》）

凤阳府之宿州蝗。（清道光《宿州志》卷四一《祥异》）

泗州之盱眙县蝗蝻扑灭，禾稼不伤。（清乾隆《盱眙县志》卷一四《灾祥》）

【山东】

兖州府之宁阳县蝗。（清咸丰《宁阳县志》卷一〇《灾祥》）

四月，泰安府之东平州蝗。（清乾隆《东平州志》卷二〇《祥异》）

沂州府之费县、宁津蝗。（章义和《中国蝗灾史》）

兖州府之滕县蝗虫蔽天。（清道光《滕县志》卷五《灾祥》）

济宁府之鱼台县蝗食二麦。（清乾隆《鱼台县志》卷三《灾祥》）

临清州蝗蝻生，会明乡灾。（清乾隆《临清县志》卷一二《祥祲》）

东阿县蝗。（清道光《东阿县志》卷二三《祥异》）

兖州府之滋阳县旱，蝗。（清光绪《滋阳县志》卷六《灾祥》）

【河南】

归德府之永城县有飞蝗从江南徐州府之萧县飞入境内。归德府之夏邑县有飞蝗自江南凤阳府之宿州，由该县之韩家道口集地飞过。（《清高宗实录》卷二一九）

归德府属一带飞蝗入境。陈州府属之沈丘、太康，光州属之商城等县飞蝗停处，即有遗下蝻子。（《清高宗实录》卷二二一）

卫辉府之获嘉县穆官营生蝻，旋捕灭之。岁稔。（清乾隆《获嘉县志》卷一六《祥异》）

秋七月，光州之固始县江南飞蝗，集邑东南乡，知县包率僚民夫扑灭之，不食禾。（清乾隆《固始县续志》卷一一《灾祥》）

开封府之兰考县蝗蝻，旋捕灭之。（民国《考城县志》卷三《大事记》）

【广东】

八月，高州府之化州大水，继以蝗虫，田禾蚕食殆尽。（清光绪《化州志》卷一二《前事略》）

高州府之吴川县蝗，大伤禾稼。（清光绪《吴川县志》卷一〇《事略》）

1745年（清乾隆十年）：

【江苏】

常州府之靖江县飞蝗过境，蝗自西北来，食草，不食五谷。（清光绪《靖江县志》卷八

《祲祥》)

【安徽】

池州府之铜陵县青将军滩蝗生，不入境。（清乾隆《铜陵县志》卷一四《祥异》）

五月，太平府之当涂县东乡南有蝗，令民捕灭之，禾苗无害。（民国《当涂县志稿·大事记》）

【山东】

五月，山东有蝗蝻萌动。（《清高宗实录》卷二四〇）

【河南】

五月，河南光州、汝宁府之罗山县等六州、县有蝻子萌动，业经扑灭。（《清高宗实录》卷二四一）

夏四月，汝宁府之罗山县蝗蝻遍发，荃躬率邑人昼夜扑击。五月，蝗尽死。岁大收。（清乾隆《罗山县志》卷八《祥瑞》）

五月，光州之息县蝗蝻遍发。（清光绪《续修息县志》第二册）

1746年（清乾隆十一年）：

【山西】

七月，解州蝗。（清乾隆《解州全志》卷一一《祥异》）

七月，蒲州府之永济县蝗。（清乾隆《虞乡县志》卷一《祥异》）

【湖南】

六七月，长沙府之益阳县蝗。（清嘉庆《益阳县志》卷一三《灾祥》）

秋，长沙府之安化县蝗灾。（章义和《中国蝗灾史》）

1747年（清乾隆十二年）：

【山东】

夏，登州府之黄县蝗食谷叶殆尽。大饥，斗粟钱一千七百，饿殍载道，卖子女无算。（清乾隆《黄县志》卷九《祥异》）

夏，旱，兖州府之汶上县蝗。岁大饥，人相食。（清宣统《四续汶上县志稿·灾祥》）

1748年（清乾隆十三年）：

【山东】

春，青州府之安丘县大蝗。（清道光《安丘新志乘韦·总纪》）

青州府之诸城县大蝗。（清乾隆《诸城县志》卷三《总纪》）

春，莱州府之潍县大蝗。（民国《潍县志稿》卷三《通纪》）

春三月，莱州府之胶州蝗蝻。三月至七月，食田禾殆尽。大饥，赈。夏，大疫。（清乾隆《胶州志》卷三五《祥异》）

夏，莱州府之高密县大蝗，平地涌出，道路场圃皆满，所过田禾根株无遗。（清乾隆《高密县志》卷一〇《纪事》）

四月，莱州府之掖县蝗，至八月始尽。是岁大饥，民流，道殣充斥。（清乾隆《掖县志》卷五《祥异》）

五月，旱，莱州府之即墨县蝗。（清乾隆《即墨县志》卷一一《灾祥》）

六月，苦涝，登州府之福山县飞蝗蔽日。初秋，蝗又至。本年蠲粮。（清乾隆《福山县志》卷一《灾祥》）

六月，苦涝，登州府之栖霞县飞蝗蔽日。（清光绪《增修登州府志》卷二三《水旱丰饥》）

秋，复蝗。至次年春，诏免田赋。（清光绪《栖霞县续志》卷八《祥异》）

登州府之莱阳县飞蝗蔽日，食禾麦，无遗种。诏免田赋，并赈饥民。（民国《莱阳县志·大事记》）

秋，登州府之文登县飞蝗蔽日。是年蠲租赋。（清道光《文登县志》卷七《灾祥》）

登州府之荣成县飞蝗蔽日。是年蠲租。（清道光《荣成县志》卷七《灾祥》）

沂州府之费县旱，蝗。（清光绪《费县志》卷一六《祥异》）

沂州府之兰山、郯城、沂水、蒙阴等县旱，蝗。蠲赈。（清乾隆《沂州府志》卷一六《纪事》）

莱州府之平度州飞蝗蔽日，麦禾无遗种，遣官赈济。（清道光《重修平度州志》卷二六《大事》）

1749年（清乾隆十四年）：

【河北】

六月，河北遵化州、顺天府之文安县具报，扑捕蝻孽尽净，并未损伤禾稼。（《清高宗实录》卷三四三）

六月，遵化州之丰润县、永平府之滦州有飞蝗入境。（《清高宗实录》卷三四三）

1750年（清乾隆十五年）：

【山东】

夏，莱州府之掖县飞蝗蔽天。（清乾隆《掖县志》卷五《祥异》）

兖州府之汶上县蝗。（清乾隆《兖州府志》卷三〇《灾祥》）

【河南】

许州之郾城县蝗。（民国《郾城县记》卷五《大事篇》）

1751年（清乾隆十六年）：

【河北】

五月，河间府之河间县之西里门及程各庄等处有飞蝗自东而来。（《清高宗实录》卷三九一）

秋，直隶永平府蝗复萌，食稼殆尽。（清光绪《永平府志》卷三一）

七月，保定府之清苑县蝻蝗伤禾。（清光绪《保定府志稿》卷三《灾祥》）

七月，保定府之祁州蝗蝻伤禾。（清乾隆《祁州志》卷八《祥异》）

河间府飞蝗集郡境，捕不能尽，有鸟数千自西南来，啄食之。（清乾隆《河间府新志》卷一七《纪事》）

夏，河间府之献县飞蝗集境，捕不能尽，有鸟数千自西南来，啄食之。（清乾隆《献县志》卷一八《祥异》）

河间府之景州飞蝗集境内，有鸟数千自西南来，啄食殆尽。（民国《景州志》卷一四《史事》）

河间府之交河县亦蝗。（章义和《中国蝗灾史》）

【山东】

青州府之诸城县蝗。（清乾隆《诸城县志》卷三《总纪》）

【河南】

秋，卫辉府之辉县鹦鸟来，好蝗生，食禾殆尽。八月初三日，夜大雷雨，蝗皆聚于北山中，厚数寸，三日尽死。（清道光《辉县志》卷四《祥异》）

汝州之伊阳县蝗，扑捕尽杀，田禾无损。（清乾隆《伊阳县志》卷四《祥异》）

【广东】

潮州府之丰顺县属大小榴隍、葛布、小产、产溪，晚禾被蝗。（清乾隆《潮州府志》卷一一《灾祥》）

1752 年（清乾隆十七年）：

【北京】

五月初旬以来，顺天府之通州蝻孽滋生。（《清高宗实录》卷四一五）

【天津】

五月，顺天府之武清县所属村镇见新蝗翅牙已苗，其地甚广，有宽至数十百亩，草丛中攒簇跳跃，在在皆然。该府已报有四五州县，惟武邑县最多最盛，也已扑灭七八分。（《清高宗实录》卷四一四）

顺天府之宝坻、宁河，天津府之静海、南皮、盐山，河间府之宁津、盐场等州县有蝻子萌生。（《清高宗实录》卷四一五）

六月，天津县西南杨五庄飞蝗丛集，随募民捕蝗，一斗给钱百文，一日捕净尽。（《清高

宗实录》卷四一六）

六月，天津府之青县、天津府之沧州等处飞蝗落过之地，早禾间有被伤，秋成无望。（《清高宗实录》卷四一七）

【河北】

五月初旬以来，河间府之东光，顺天府之固安，保定府之新城、安肃、望都、博野，广平府之成安，冀州之衡水，大名府之大名，河间府之河间等州县，蝻孽滋生。（《清高宗实录》卷四一五）

是岁夏秋间，顺天府之永清、霸州、香河、东安，保定府之雄县、祁州、清苑、蠡县，河间府之景州、吴桥、交河、献县、阜城，天津府之青县、沧州，广平府之威县，大名府之元城，赵州及其所属宁晋，冀州之新河、枣强，顺德府属之唐山、南和、任县、巨鹿、平乡等以及深州、定州等州县有蝻子萌生，惟武邑最多最盛。（《清高宗实录》卷四一五）

五月初旬以来，大名府之清丰、南乐、长垣、开州蝻孽滋生。（《清高宗实录》卷四一五）

六月，天津总兵吉庆奏：天津、河北二属蝻孽滋生，河间、津属续有飞蝗四起，甚炽。（《清高宗实录》卷四一六）

六月，直隶总督方观承奏：正定、顺天、广平、大名四府，赵、冀二州，先后生发蝗蝻蚂蚱共三十七州县。（《清高宗实录》卷四一七）

顺天府之大城、文安等处间有蝻子续生，宛平县之卢沟桥东南等处有蝻遗孽。（《清高宗实录》卷四一八）

夏，河间府之东光，顺天府之武清，赵州之柏乡、隆平，广平府之鸡泽，正定府之元氏，保定府之祁州等四十三州县发生蝗灾。（章义和《中国蝗灾史》）

六月，正定府之灵寿县蝗蝻亦生。（清同治《灵寿县志》卷三《灾祥》）

保定府之容城县蚂蚱生。（清乾隆《容城县志》卷八《灾异》）

七月，保定府之祁州蝗蝻遍生，禾稼啮伤，甚于十六年。（清乾隆《祁州志》卷八《祥异》）

夏，大名府之大名县大蝗，积地盈尺，禾稼食尽。（清乾隆《大名县志》卷二七《机祥》）

正定府之元氏县飞蝗自北而来，数日向南飞去。至七月间遗蝻大发，扑之不灭，秋尽乃消。（清乾隆《元氏县志》卷一《灾异》）

夏，大名府之元城县大蝗，檄扑捕。（清同治《续修元城县志》卷一《年纪》）

大名府之东明县大蝗，积地盈尺，禾稼食尽。（清光绪《大名府志》卷三三《灾异》）

七月，广平府之永年县蝗，捕灭之。（民国《永年县志·故事》）

七月，广平府之鸡泽县飞蝗自西南来，过境去。(清乾隆《鸡泽县志》卷一八《灾祥》)

赵州之柏乡县蝗。(清乾隆《柏乡县志》卷一〇《祥异》)

夏五月，赵州之隆平县蝗生。(清乾隆《隆平县志》卷九《灾祥》)

【江苏】

江宁府之上元、江浦、句容，徐州府之铜山、丰县、砀山、萧县、邳州，扬州府之秦州，淮安府之盐城、桃源、阜宁等十二州县有蝻子萌生。(《清高宗实录》卷四一五)

徐州府之丰县、沛县交界处所及萧县、砀山等州县亦俱有飞蝗来往。(《清高宗实录》卷四一七)

江南巡抚庄有恭奏：淮安府、徐州府、海州三府州属，入夏以后蝗蝻发生。(《清高宗实录》卷四二三)

【安徽】

七月，泗州、虹县、凤阳府之宿州、颍州属之亳州报有蝻子萌动。(《清高宗实录》卷四一七、卷四一九)

秋，凤阳府之灵璧县蝗。(清乾隆《灵璧县志略》卷四《灾异》)

滁州旱，蝗交困，民不聊生。(清光绪《滁州志》卷一《祥异》)

凤阳府之凤阳县旱，蝗，成灾五分。(清乾隆《凤阳县志》卷一五《纪事》)

【山东】

济南、聊城、东昌、泰安、兖州、曹县、莱州、沂州、临邑、庆云等州县蝻子萌生。(《清高宗实录》卷四一五)

武定府之乐陵、蒲台，曹州府之定陶等县蝗蝻生，旋即扑灭。滋阳、范县、东昌县亦蝗。(章义和《中国蝗灾史》)

武定府之商河县蝗蝻生，旋灭。(清道光《商河县志》卷三《祥异》)

武定府之惠民县蝗蝻生，旋即扑灭。(清乾隆《惠民县志》卷四《祥异》)

夏五月，武定府之阳信县蝗蝻生发。(清乾隆《阳信县志》卷三《灾祥》)

无棣县蝗蝻生。(民国《无棣县志》卷一六《物征》)

沂州府之日照县旱，蝗。(清光绪《日照县志》卷一五《记事》)

兖州府蝗。(清乾隆《兖州府志》卷三〇《灾祥》)

曹州府之定陶县蝗蝻甫生，旋即捕灭，不致害稼。(清乾隆《定陶县志》卷八《灾异》)

沂州府之莒州旱，蝗。(清嘉庆《莒州志》卷一五《记事》)

夏，东昌府之聊城县蝗。(清宣统《聊城县志》卷一一《通纪》)

曹州府之朝城县蝗蝻为灾。(清光绪《朝城县志略·灾异》)

东阿县蝗。(清道光《东阿县志》卷二三《祥异》)

【河南】

四月中，卫辉府之汲县、滑县，卫辉府之浚县，彰德属之内黄等县蝗蝻生发。（《清高宗实录》卷四一五）

卫辉府之延津、考城间有一二处蝗蝻萌生，当即扑灭。（《清高宗实录》卷四一六）

六月，卫辉府之滑县复蝗。（清乾隆《滑县志》卷一三《祥异》）

夏，微旱，陈州府之西华县蝗蝻生，甚炽。本府高督同邑令宋与儒学、典史等用布墙扑打，并捐钱百余千，收买蝗孽，灭之，禾稼不伤。（清乾隆《西华县志》卷一〇《五行》）

春，饥。夏，大水。秋，开封府之禹州有蝗。（清道光《禹州志》卷二《沿革》）

1753年（清乾隆十八年）：

【北京】

顺天府之宁河、霸州等处间有蝗蝻生发。（《清高宗实录》卷四三八）

六月，顺天属邑飞蝗皆自河北永平府之滦州、遵化州之玉田县。（《清高宗实录》卷四四一）

六月二十二至二十六等日，北城所属白家疃、韩家川等村落有飞蝗、蚂蚱。七月，白家疃谷子地内南子萌生。（《清高宗实录》卷四四二）

秋七月，昌平州、大兴县蝗蝻复生。顺天、宛平等三十二州、县、卫蝗。（《清高宗实录》卷四四二）

【天津】

四月，天津县之李七庄等处有蝻孽生发。（《清高宗实录》卷四三七）

天津府之沧州四十余处，静海二十一处，盐山、南皮等间有蝗蝻生发。（《清高宗实录》卷四三八）

五月，顺天府武清所属有续生蝗蝻。（《清高宗实录》卷四三九）

天津等近京州县有蝻孽生发。（《清高宗实录》卷四四〇）

天津府之庆云县生有蝻孽。（《清高宗实录》卷四三八）

【河北】

广平府之永年县、永平府之临榆县、宣化府之蔚州亦蝗。永平府之乐亭县蝻复萌，食稼殆尽。（清光绪《乐亭县志》卷三）

四月，天津府之沧州、大名、滨水、盐山等州县有蝻孽生发。（《清高宗实录》卷四三七）

遵化州属之丰润等处间有蝗蝻生发。（《清高宗实录》卷四三八）

六月，顺天府之香河县有飞蝗自县东南界飞来，落于李家洼等三处。（《清高宗实录》卷四四〇）

七月初七，永平府之滦州，遵化州之玉田县、丰润县蝗蝻生发。（《清高宗实录》卷四四二）

河间以北、良乡以南蝗蝻生发。（《清高宗实录》卷四四三）

六月，马兰口间有蝗虫从东飞来，随即打灭，禾稼无损。（《清高宗实录》卷四四四）

遵化州之丰润县、玉田县，永平府之滦州等京东蝗蝻最为蔓延。（《清高宗实录》卷四五二）

宣化府之尉州蝗。（清乾隆《宣化府志》卷三《灾祥》）

夏，永平府之卢龙县蝗入境，官民扑灭，不为灾。至七月蝻复萌，食稼殆尽。（清乾隆《永平府志》卷三《祥异》）

六月，遵化州蝗飞蔽天。八月雨雹，未成灾。（清乾隆《直隶遵化州志》卷二《灾异》）

夏，永平府之乐亭县蝗入境，官民扑灭，未损禾稼。岁大丰。（清乾隆《乐亭县志》卷一二《机祥》）

【山西】

大同府之广灵县杜鹃来，蚂蚱多。（清乾隆《广灵县志》卷一《方域》）

【山东】

夏，武定府之惠民、乐陵、商河等县蝗蝻生，旋即扑灭。（章义和《中国蝗灾史》）

夏，兖州府之汶上县、济宁州之鱼台县等州县生有蝻孽。（《清高宗实录》卷四三八）

春，登州府之黄县蝗蝻生，知县袁中立募民捕之，蝗不为灾。岁大有年。（清乾隆《黄县志》卷九《祥异》）

济宁府之鱼台县蝗蝻遍野。（清乾隆《鱼台县志》卷三《灾祥》）

【江苏】

今岁，江南各属蝻孽萌生。徐州府之沛县、淮安府之安东县，以及海州蝗蝻。（《清高宗实录》卷四四三）

【安徽】

夏，凤阳府之灵璧县蝗，大旱。夏四月，蝗。（清乾隆《灵璧县志略》卷一《灾异》）

夏，蝗。（清乾隆《泗州志》卷四《祥异》）

滁州，蝗蝻复生，岁大祲，流殍载道。（清光绪《滁州志》卷一《祥异》）

滁州之全椒县蝗，旱，大饥。（清光绪《滁州志》卷一《祥异》）

滁州之来安县蝗、旱类仍，啼嚎遍野。（清光绪《滁州志》卷一《祥异》）

1754 年（清乾隆十九年）：

【河北】

夏，正定府之井陉县蝗灾。(清乾隆《正定府志》卷七《祥异》)

1755 年（清乾隆二十年）：

【上海】

秋，松江府之华亭县蟓生，五谷、木棉皆不实，米价腾踊，斗米二百钱。(清光绪《重修华亭县志》卷二三《祥异》)

秋，松江府之青浦县蟓生，五谷、木棉皆不实，米价腾踊，升米至二百钱。(清光绪《青浦县志》卷二九《祥异》)

秋，松江府之奉贤县蟓生，五谷、木棉皆不实。(清光绪《重修奉贤县志》卷二〇《灾祥》)

【江苏】

夏六月，大旱，苏州府之吴县蝗蝻伤稼。(清光绪《周庄镇志》卷六《杂记》)

夏六月，苏州府之吴江县蝗蝻生，伤稼。(清道光《震泽镇志》卷三《灾祥》)

苏州府，蝗蝻生，伤稼。(清同治《苏州府志》卷一四三《祥异》)

【浙江】

湖州府之乌程县蝗蝻生，大水，伤禾。(清同治《湖州府志》卷四四《祥异》)

【安徽】

宁国府之宣城县蝗。(清嘉庆《宣城县志》卷二八《祥异》)

1756 年（清乾隆二十一年）：

【安徽】

庐州府之舒城县旱，蝗，募夫与里人捕灭之。(清光绪《续修舒城县志》卷四〇《义行》)

1757 年（清乾隆二十二年）：

【河北】

春，旱。夏，顺天府之大城县蝗虫为灾。秋，涝。(清光绪《大城县志》卷一〇《五行》)

【江苏】

淮安府之安东县蝗。(清光绪《安东县志》卷五《灾异》)

【安徽】

庐州府之舒城县蝗，江自凤出谷募夫捕灭。(清光绪《续修舒城县志》卷四〇《义行》)

1758 年（清乾隆二十三年）：

【河北】

夏，顺天府之大城县等州县发生蝗灾。（清光绪《大城县志》卷一〇《祥异》）

大名府之元城、清丰、大名等县有蝻。（《清高宗实录》卷五六五）

【江苏】

徐州府之邳州蝗蝻萌生，淮、徐、海飞蝗停落。（《清高宗实录》卷五六五）

六月，苏州府蝗蝻生，伤稼。（清同治《苏州府志》卷一四三《祥异》）

徐州府之丰县蝗过境，秋豆大收，价值之贱为数十年所未有。（清光绪《丰县志》卷一六《祥异》）

六月十六日，徐州府之铜山县等州县蝗。（民国《江苏备志稿》卷二《大事记》）

【安徽】

凤阳府之灵璧县、宿州蝗蝻萌生，并有飞蝗过境，自北飞来，间有停落。凤阳府、颍州府以及泗州之五河县有蝻孽萌生。（《清高宗实录》卷五六五）

【山东】

四月，曹州府之曹县濒河州县蝻孽萌生。（《清高宗实录》卷五六一）

济南府之德州高庄生有青头蚂蚱。（《清高宗实录》卷五六五）

济南府之德平县蝗。（清嘉庆《德平县志》卷九《祥异》）

六月，泰安府之泰安县蝗，有群鸟食之，不为灾。（清乾隆《泰安县志》卷末《祥异》）

秦安府之肥城县旱，蝗。（清嘉庆《肥城县新志》卷一六《祥异》）

【河南】

四月，归德府之睢州、开封府之杞县蝗蝻生发。（《清高宗实录》卷五六一）

秋，汝宁府之新蔡县蝗，扑捕不为灾。（清乾隆《新蔡县志》卷九《记》）

七月，自江省飞蝗入境，随即扑灭。（清乾隆《光州志》卷八《祥异》）

南阳府之裕州蝗蝻丛生，为害甚巨。岁饥。（民国《方城县志》卷五《灾异》）

1759年（清乾隆二十四年）：

【天津】

永平府、顺天府之蓟州蝻孽萌生。（《清高宗实录》卷五八六）

【河北】

夏，正定府之灵寿县蝗，伤麦。自去秋至六月方雨，米价腾踊。（清同治《灵寿县志》卷三《灾祥》）

夏，保定府之束鹿县蝗食麦。（清乾隆《束鹿县志》卷一一《灾祥》）

正定府之赞皇县蝗灾。（清光绪《续修赞皇县志》卷二七《灾祥》）

正定府之栾城县邑有蝗，令梁公肯堂设釜于村之丘岳庙，食捕蝗者，金秀助以薪米。

(清同治《栾城县志》卷一一《人物》)

春，旱。夏，永平府之抚宁县蝗，食谷几尽。(清光绪《抚宁县志》卷三《前事》)

顺天府之大城县旱，蝗。(章义和《中国蝗灾史》)

定州之曲阳县西山生蝗蝻，厚尺余。(清同治《畿辅通志》卷一八九《宦绩》)

夏六月，冀州之南宫县飞蝗蔽天，蝻生，食禾稼几尽。田多耕毁，不毁者苗重生，收颇丰。(清道光《南宫县志》卷七《灾异》)

【山西】

七月，山西巡抚塔永宁奏：直、豫二省飞蝗延入晋境，平定、乐平等州县饬属扑捕净尽。(《清高宗实录》卷五九三)

昔阳县侯家坻、黄得寨等村有蝗。(章义和《中国蝗灾史》)

秋，辽州之和顺县蝗蝻。(清乾隆《重修和顺县志》卷七《祥异》)

平定州之寿阳县大蝗，不害秋稼。(清乾隆《寿阳县志》卷八《祥异》)

【江苏】

三月，江苏巡抚陈宏谋奏：江南蝗患，淮安、徐州、海州最甚，江宁、扬州次之，奉谕以米易蝗。(《清高宗实录》卷五八三)

六月，据阿尔泰奏：江南海州之赣榆县及徐州府之邳州，飞蝗自东南飞往西北。(《清高宗实录》卷五八九)

夏，大旱，蝗。六月一夕大雨，蝗尽灭。(清嘉庆《重修扬州府志》卷七〇《事略》)

扬州府之高邮州南乡蝗集数寸，六月一夕大雨，蝗尽灭。(清嘉庆《高邮州志》卷一二《灾祥》)

夏，旱，蝗。(清光绪《通州直隶州志》卷末《祥异》)

夏，旱，通州之如皋县蝗。(清嘉庆《如皋县志》卷二三《祥祲》)

【安徽】

和州蝗入境，不食禾。(清光绪《直隶和州志》卷三七《祥异》)

秋八月，安庆府之怀宁县蝗。(清道光《怀宁县志》卷二《祥异》)

秋，庐州府之舒城县蝗。(清光绪《续修舒城县志》卷四〇《义行》)

【山东】

六月，沂州府及兰山、蒙阴县，兖州府之宁阳县各属飞蝗过境。(《清高宗实录》卷五八九)

旱，蝗。(清道光《济南府志》卷二〇《灾祥》)

济南府之淄川县蝗。(清乾隆《淄川县志》卷三《续灾祥》)

济南府之平原县旱，蝗。(民国《续修平原县志》卷一《灾祥》)

济南府之长山县飞蝗过境，不害稼。（清嘉庆《长山县志》卷四《灾祥》）

青州府之诸城县蝗生县东南境。（民国《诸城县乡土志·政绩》）

六月，泰安府之泰安县蝗。秋蝻，寻扑灭之。（清乾隆《泰安县志》卷末《祥异》）

秦安府之肥城县蝗，民艰于食。（清嘉庆《肥城县新志》卷一六《祥异》）

东昌府之聊城县蝗蝻害稼。（清宣统《聊城县志》卷一一《通纪》）

【河南】

七月，陈州府之项城县飞蝗遍野，蝗不危害。未几蝻生，公督吏役率民捕灭，始尽。（民国《项城县志》卷三一《杂事》）

三月，飞蝗遗种生蝻，随挖除净尽。（清乾隆《光州志》卷八《祥异》）

1760年（清乾隆二十五年）：

【北京】

五月，顺天府之宛平县宋家庄间有蝻子，京师左近仍有飞蝗经过。（《清高宗实录》卷六一二）

顺天府之通州一带有飞蝗经过，甚至径里蔓延。（《清高宗实录》卷六一三）

顺天府之顺义、怀柔、密云等处蝻子萌生，东直门外亦有飞蝗停落，通州一带飞蝗起于延庆卫之关沟等处。（《清高宗实录》卷六一四）

【河北】

顺天府之东安等处续有蝗蝻生发。（《清高宗实录》卷六一四）

顺德府之广宗县等州县飞蝗为灾。（清嘉庆《广宗县志》卷一〇《祲祥》）

【山西】

六月二十四日，有蚂蚱从西北飞入朔平府之宁远厅属，禾苗有损伤，尚未残毁。（《清高宗实录》卷六一七）

【内蒙古】

土默特蒙古有蝗蝻飞至善岱所属村庄，残食禾苗，即向东南飞去。（《清高宗实录》卷六一六）

【安徽】

和州之含山县飞蝗蔽日。（清光绪《直隶和州志》卷三七《祥异》）

【山东】

沂州府之兰山、蒙阴、沂水以及泰安府之新泰等处间有蝗蝻生发。（《清高宗实录》卷六一〇）

【河南】

六月，光州之固始县蝗灾。（清乾隆《重修固始县志》卷一五《大事记》）

1761年（清乾隆二十六年）：

【河北】

六月，口北三厅之正蓝旗察哈尔海拉苏台等处忽有蝗蝻。（《清高宗实录》卷六三九）

【陕西】

乾州之永寿县蝗，无麦禾。（清乾隆《永寿县新志》卷九《纪异》）

1762年（清乾隆二十七年）：

【河北】

定州之曲阳县岳庙前池蝗自生。（清光绪《重修曲阳县志》卷五《灾异》）

1763年（清乾隆二十八年）：

【天津】

夏，顺天府之蓟州蝻生，七月晦始尽。秋有年。（清道光《蓟州志》卷二《灾祥》）

天津府之庆云县有飞蝗或蚂蚱，极力捕除无遗，田禾无伤损。（《清高宗实录》卷六八八）

秋稼将熟，天津府之静海县忽飞蝗来自东北，一朝食尽。（清同治《静海县志》卷三《灾祥》）

七月，天津府之静海县生蝻最盛，且连日内又有飞蝗停落。（《清高宗实录》卷六九〇）

七月，天津府之静海县一带飞蝗多来自淀中及滨河苇草之地。（《清高宗实录》卷六九一）

【河北】

河间府之宁津、献县、景州、吴桥、东光、故城，天津府之庆云、沧州、青县、南皮、静海、鄚州、任丘、安州等处俱有飞蝗或蝗蝻。（《清高宗实录》卷六八八）

四五月间，河间府之交河县境内蝗蝻生发，蔓延数十里，春麦早禾俱被伤损。（《清高宗实录》卷六八九）

七月，天津府之沧州飞蝗甚盛，禾稼多有损伤。保定府之安肃县地方亦生蝗孽，间有食及谷穗。天津府之青县续生蝗蝻最多。（《清高宗实录》卷六九〇）

七月，顺天府之大城、天津府之沧州、保定府之定兴等州县蝗。（章义和《中国蝗灾史》）

三月，天津府之静海，永平府之滦州，顺天府之文安、霸州飞蝗七日不绝。（章义和《中国蝗灾史》）

正定府之行唐县直属有蝗，行邑不为灾。（清乾隆《行唐县新志》卷一五《艺文》）

夏，永平府之卢龙县蝗蝻生。七月，晦始息。秋，大有。（清乾隆《永平府志》卷三《祥异》）

夏，永平府之滦州蝗蝻生。七月，晦始尽。秋，有年。（清嘉庆《滦州志》卷一《祥异》）

顺天府之永清县多飞蝗，民田如扫。（清乾隆《永清县志·列传》）

六月，顺天府之霸州蝗蝻生，七月晦始息。秋大有。（清乾隆《永平府志》卷三《祥异》）

六月，顺天府之霸州、文安等处飞蝗成灾。（清光绪《顺天府志》卷六九《祥异》）

秋，保定府之清苑县蝗。（清光绪《保定府志稿》卷三《灾祥》）

秋，保定府之定兴县蝗。（清乾隆《定兴县志》卷一二《祥异》）

【黑龙江】

七月二十七日，松花江边南有蝗，飞过呼兰境，城守尉德通亲率官兵扑灭。（清宣统《呼兰府志·历代灾祲》）

【山东】

六月，济南府之德州、历城、长清、齐河、禹城、平原，东昌府之恩县，各州县俱有飞蝗或蚂蚱，极力捕除无遗，田禾无伤损。（《清高宗实录》卷六八八）

夏，旱，济南府之临邑县蝗。（清道光《临邑县志》卷一六《祥异》）

夏，武定府之蒲台县飞蝗自西来，七日不绝，旋即歼除，不害稼。（清乾隆《蒲台县志》卷四《灾异》）

秋，东昌府之聊城县蝗。（清宣统《聊城县志》卷一一《通纪》）

东昌府亦蝗。（清嘉庆《东昌府志》卷四）

【河南】

开封府之郑州一带蝗蝻生发。（《清高宗实录》卷六八八）

1764年（清乾隆二十九年）：

【河北】

正定府之行唐县飞蝗过境，追捕至东沟，一夕尽毙，年谷存登。（清乾隆《行唐县新志》卷一五《艺文》）

保定府之清苑县蝗。（清光绪《保定府志》卷三《灾祥》）

保定府之定兴县蝗。（清乾隆《定兴县志》卷一二《祥异》）

【山西】

朔平府之宁远厅中前所、中后所两处地方，广宁属小黑山界内、高子山等，南路各城一带处起有蝗蝻。（《清高宗实录》卷七一二）

【山东】

东昌府、青州府之益都、安丘，济南府之淄川县亦蝗，莱州府之即墨县西南乡蝗蝻尽入海死。（章义和《中国蝗灾史》）

济南府之淄川县蝗。(清乾隆《淄川县志》卷三《续灾祥》)

夏六月，青州府之安丘县蝗。十四日飞蝗大至，二十六日蝻生，逢王、杞城尤甚。(清道光《安丘新志乘韦·总纪》)

夏六月，莱州府之潍县蝗。(民国《潍县志稿》卷三《通纪》)

五月，莱州府之即墨县西南乡蝗蝻生，驱尽入海死。(清乾隆《即墨县志》卷一一《灾祥》)

秋，东昌府之聊城县蝗，损禾。(清宣统《聊城县志》卷一一《通纪》)

【广东】

高州府之茂名县蝗伤稼。(清光绪《茂名县志》卷八《灾祥》)

高州府之吴川县蝗虫损禾。(清光绪《吴川县志》卷一〇《事略》)

1765 年（清乾隆三十年）：

【山东】

兖州府之宁阳县蝗。(清咸丰《宁阳县志》卷一〇《灾祥》)

兖州府之滋阳县旱，蝗。(清光绪《滋阳县志》卷六《灾祥》)

【河南】

开封府之通许县蝗起邻邑，将入许，有群鸦啄之，遂不得入境。(清乾隆《通许县志》卷一《祥异》)

【湖北】

夏，黄州府之黄安县飞蝗屡入垸。郡守王三至县，偕知县林光禄扑灭之。(清道光《黄安县志》卷九《灾异》)

【新疆】

四月，哈密厅蝗从西北飞来。(清道光《哈密志》卷二《灾祥》)

1766 年（清乾隆三十一年）：

【黑龙江】

十月，锡伯、索伦、达呼尔等十佐领兵丁耕地，被蝗所伤。(《清高宗实录》卷七七〇)

【江苏】

八月，常州府之靖江县飞蝗过境，自北方来，骤如风雨，不伤禾稼。(清光绪《靖江县志》卷八《禩祥》)

1767 年（清乾隆三十二年）：

【河南】

八月，开封府之杞县蝗灾，豆禾皆毁。(清乾隆《杞县志》卷二《祥异》)

1768 年（清乾隆三十三年）：

【天津】

闰五月，顺天府之武清县蝗。秋，复蝗。（清光绪《顺天府志》卷六九《祥异》）

天津府之庆云县蝗。（清嘉庆《庆云县志》卷一一《灾异》）

【江苏】

扬州府大旱，蝗。（清嘉庆《重修扬州府志》卷七〇《事略》）

夏、秋，大旱，扬州府之东台县蝗，河竭。（清嘉庆《东台县志》卷七《祥异》）

【安徽】

颍州府之霍邱县大旱，秋蝗。（清道光《霍邱县志》卷一二《灾异》）

泗州之五河县旱，蝗。（清嘉庆《五河县志》卷一一《纪事》）

凤阳府之怀远县飞蝗蔽野，集于房屋皆满。（清嘉庆《怀远县志》卷九《五行》）

凤阳府之凤阳县旱，蝗成灾，五七九分。（清光绪《凤阳府志》卷四《祥异》）

夏，旱，泗州之天长县蝗。（清同治《天长县纂辑志稿·祥异》）

【山东】

秋，东昌府之聊城县蚜蝗生。（清宣统《聊城县志》卷一一《通纪》）

1769年（清乾隆三十四年）：

【河北】

秋，正定府之灵寿县蝗。（清同治《灵寿县志》卷三《灾祥》）

【江苏】

徐州府之宿迁县有蝻，秋禾无遗者。（清嘉庆《宿迁县志》卷六《祥异》）

1770年（清乾隆三十五年）：

【北京】

顺天府之昌平州、宛平县白家滩蝗虫生翅滋蔓。（《清高宗实录》卷八六一）

六月，顺天府之通州、密云、大兴、怀柔等处飞蝗生发。（《清高宗实录》卷八六二）

【天津】

天津、蓟州、武清等蝗蝻生发，永定河、武清连界有飞蝗自南来往西北。（《清高宗实录》卷八六〇）

武清、东安连界之南的黄华店谢口附近约宽二十余里有飞蝗。（《清高宗实录》卷八六一）

六月，静海飞蝗生发。（《清高宗实录》卷八六二）

【河北】

宝坻、玉田、东安等蝗蝻生发。（《清高宗实录》卷八六〇）

顺天府之大城县大蝗。（清光绪《大城县志》卷一〇《五行》）

保定府之完县飞蝗入境，蝻孽旋生。秋，大水，奉旨蠲免钱粮。（民国《完县新志》卷

九《故实》)

是年，保定府之望都县临邑飞蝗入县境，期月孳生，本县陈捐米三百余石，资民夫扑灭，禾稼得以无伤。(清光绪《望都县新志》卷七《祥异》)

【江苏】

徐州府之萧县、砀山县一带蝗蝻生发。(《清高宗实录》卷八六二)

六月十二日，徐州府之砀山县等县蝗。(民国《江苏备志稿》卷二《大事记》)

【安徽】

七月，颍州府之霍邱县等州县遗蝻甚众。(《清高宗实录》卷八六五)

泗州卫军屯地内有飞蝗。(《清高宗实录》卷八六七)

颍州府之亳州飞蝗过境。(清乾隆《亳州志》卷一〇《祥异》)

夏，凤阳府之宿州蝗遍野蔽天。(清道光《宿州志》卷四一《祥异》)

滁州之来安县蝗。(清道光《来安县志》卷五《祥异》)

楚雄府之定远县蝗。(清道光《定远县志》卷二《祥异》)

夏，凤阳府之凤阳蝗。(清光绪《凤阳府志》卷四《纪事表》)

凤阳府属宿州境内蝻子萌动，宿州地面蝗蝻飞跃。(《清高宗实录》卷八六一)

【山东】

莱州府之胶州蝗。(民国《增修胶志》卷五三《祥异》)

八月，东昌府之聊城县蝗。(清宣统《聊城县志》卷一一《通记》)

【河南】

六月，光州之固始县蝗。(清乾隆《重修固始县志》卷一五《大事记》)

六月，归德府之永城县、夏邑县等处有飞蝗。(《清高宗实录》卷八六二)

【湖北】

黄州府之麻城县县东北飞蝗入境，官民力捕之，患遂息。(清光绪《麻城县志》卷三八《大事记》)

1771年（清乾隆三十六年）：

【河北】

春、夏，保定府之完县蝗。(民国《完县新志》卷九《故实》)

【山西】

秋，旱，太原府之榆次县东南等村有蝗。(清同治《榆次县志》卷一六《祥异》)

【山东】

武定府之蒲台县飞蝗蔽天，缀食杨柳，翼如玻璃，枝多压折。(清光绪《重修蒲台县志·灾异》)

夏，旱，莱州府之即墨县蝗。（清同治《即墨县志》卷一一《灾祥》）

夏，东昌府之聊城县蝗。秋，大水，饥。（清宣统《聊城县志》卷一一《通纪》）

【河南】

卫辉府之汲县蝗。（清乾隆《卫辉府志》卷四《祥异》）

【四川】

绵州之德阳县光州蝗起。（清道光《德阳县新志》卷七《陵墓》）

【新疆】

三十六、三十七两年，焉耆府喀拉沙尔、乌沙克塔尔垦种地六千四十亩，因蝗虫被伤，禾苗仅收，获粮三千以至四千余石不等。（清道光《喀拉沙尔志略·艺文》）

1772年（清乾隆三十七年）：

【安徽】

凤阳府之凤阳县蝗。（章义和《中国蝗灾史》）

【浙江】

二月，处州府之景宁县飞蝗蔽天。（章义和《中国蝗灾史》）

【山东】

济南府之淄川县蝗。（清乾隆《淄川县志》卷三《续灾祥》）

济南府之新城县蝗。（章义和《中国蝗灾史》）

【河南】

彰德府之内黄县蝗灾。（清光绪《内黄县志》卷八《事实》）

1773年（清乾隆三十八年）：

【山西】

春三月，南里许忽生虫蝻，扑灭。（章义和《中国蝗灾史》）

【黑龙江】

齐齐哈尔城南蝗蝻萌生。（《清高宗实录》卷九三八）

【山东】

六月至九月，沂州府之沂水县蝗灾。（章义和《中国蝗灾史》）

1774年（清乾隆三十九年）：

【北京】

四月，顺天府之大兴县等州县蝗。（章义和《中国蝗灾史》）

【内蒙古】

乌塔图、苏巴尔罕、巴巴盖等处俱有蝗蝻，多自盛京、辽河等处飞来。（《清高宗实录》卷九六〇）

厄鲁特部落八十余亩耕地被蝗虫伤损。(《清高宗实录》卷九六二)

【辽宁】

北镇县广宁城蝗。(民国《奉天通志》卷三四《大事》)

【江苏】

秋，常州府之江阴县蝗。(清道光《江阴县志》卷八《祥异》)

六月至八月始雨，扬州府之仪征县飞蝗入境，伤禾稼。岁饥，民多饿殍莩。(清嘉庆《仪征县续志》卷六《祥祲》)

常州府之靖江县飞蝗过境，自西北来，白昼蔽天，飞堕江尽死，不伤禾稼。(清光绪《靖江县志》卷八《祲祥》)

【安徽】

泗州之五河县旱，蝗。(清嘉庆《五河县志》卷一一《纪事》)

凤阳府之凤阳县旱，蝗，成灾七八分。(清光绪《凤阳府志》卷四《祥异》)

【山东】

夏、秋，旱，济南府蝗。(清道光《济南府志》卷二〇《灾祥》)

夏、秋，旱，济南府之淄川县蝗。(清乾隆《淄川县志》卷三《灾祥》)

济南府之齐河县大旱，蝗。(民国《齐河县志·大事记》)

二月，青州府之寿光县蝗害稼，潮水灾。免田租。(清嘉庆《寿光县志》卷九《食货》)

秋七月，青州府之安丘县大蝗。十九日，蝗落地厚数尺，飞集树上，巨干皆折。(清道光《安丘新志乘韦·总纪》)

秋七月，莱州府之潍县大蝗。十九日，蝗落地厚数尺，飞集树上，巨干皆折。(民国《潍县志稿》卷三《通纪》)

八月，登州府之文登县蝗。(清道光《文登县志》卷七《灾祥》)

沂州府之费县飞蝗蔽天，食禾殆尽。(清光绪《费县志》卷一六《祥异》)

沂州府之沂水县蝗。(清道光《沂水县志》卷九《祥异》)

1775年（清乾隆四十年）：

【江苏】

夏，常州府之江阴县蝗。(清道光《江阴县志》卷八《祥异》)

常州府之宜兴县大旱，蝗。(清嘉庆《新修宜兴县志》卷四《祥异》)

四月，扬州府之江都县飞蝗如雪，竹林木叶皆尽。时小麦已熟，皆咬落其穗，狼戾满田而不食。(清嘉庆《北湖小志》卷五《物异》)

夏，旱，扬州府之仪征县蝗。(清嘉庆《仪征县续志》卷六《祥祲》)

夏、秋，不雨，扬州府之泰州蝗。(清道光《泰州志》卷一《祥异》)

常州府之靖江县飞蝗过境，自北来逾境，不为害。秋稔。（清光绪《靖江县志》卷八《祲祥》）

夏、秋，不雨，扬州府之东台县旱，蝗。赈粜、蠲缓、折价钱粮。（清嘉庆《东台县志》卷七《祥异》）

【安徽】

安庆府之宿松县旱，蝗。（清道光《宿松县志》卷二八《祥异》）

秋，旱，池州府之贵池县飞蝗入境，旋飞投入于江。（清乾隆《池州府志》卷二〇《祥异》）

【山东】

夏、秋，济南府复旱，蝗。（清道光《济南府志》卷二〇《灾祥》）

夏、秋，旱，济南府之淄川县蝗。（清乾隆《淄川县志》卷三《续灾祥》）

秋，济南府之平原县旱，蝗。（民国《续修平原县志》卷一《灾祥》）

秋，登州府之招远县有蝗。（清道光《招远县续志》卷一《灾祥》）

【河南】

卫辉府之辉县大蝗。（清道光《辉县志·祥异》）

【广西】

浔州府之平南县蝗。（鲁克亮《清代广西蝗灾研究》）

1776年（清乾隆四十一年）：

【天津】

天津府之庆云县蝗。八月，大雨雹。（清嘉庆《庆云县志》卷一一《灾异》）

【上海】

是年，松江府之南汇县塘外芦地生蝻，不数日，皆抱草死。（清乾隆《南汇县新志》卷一五《祥异》）

【浙江】

七月，蝗蝻生仁和、四堡、钱塘沿江，不害稼。（民国《杭州府志》卷八五《祥异》）

七月，蝗生庆春门外，不害稼。（清乾隆《杭州府志》卷五六《祥异》）

【山东】

济南府之德平县蝗，有秋。（清嘉庆《德平县志》卷九《祥异》）

秋八月，青州府之诸城县蝗，集树致树枝折，十余里禾黍一空。（清道光《诸城县续志》卷一《总纪》）

【广东】

春，旱。潮州府夏蝗。（民国《广东通志稿·大事记》）

1777年（清乾隆四十二年）：

【天津】

天津府之庆云县蝗。(清嘉庆《庆云县志》卷一一《灾异》)

【广东】

春,旱。夏,潮州府之海阳县蝗。(清光绪《海阳县志》卷二五《前事》)

春,旱。夏,潮州府之潮阳县蝗。(清光绪《潮阳县志》卷一三《灾祥》)

秋,高州府大旱,蝗。(清光绪《高州府志》卷四九《事纪》)

秋,高州府之茂名县大旱,蝗。(清光绪《茂名县志》卷八《灾祥》)

秋,大旱,高州府之石城县蝗。(清嘉庆《石城县志》卷四《事纪》)

秋,大旱,高州府之吴川蝗。(清光绪《吴川县志》卷一〇《事略》)

秋,高州府之信宜县大旱,蝗。(清光绪《信宜县志》卷八《灾祥》)

【广西】

广西各州县或旱或蝗,大饥。(鲁克亮《清代广西蝗灾研究》)

郁林州之兴业县蝗,旱。岁大饥。自是年至戊戌四月,民饥散者无数,斗谷价钱三百六十文。(清嘉庆《续修兴业县志》卷一〇《纪事》)

秋,浔州府之桂平县等郡县蝗。(清道光《寻州府志》卷七六《综记》)

浔州府之贵县蝗。(鲁克亮《清代广西蝗灾研究》)

秋,廉州府之合浦县大蝗。(鲁克亮《清代广西蝗灾研究》)

1778年(清乾隆四十三年):

【安徽】

冬,宁国府之南陵县有蝗。(清嘉庆《南陵县志》卷一六《祥异》)

【河南】

秋,汝州之鲁山县蝗灾。(清乾隆《鲁山县全志》卷九《祥异》)

【湖北】

武昌府之江夏县又蝗,斗米六七钱不等。(清乾隆《江夏县志》卷一五《祥异》)

夏、秋,大旱,汉阳府之汉川县飞蝗蔽野。(清同治《汉川县志》卷一四《祥祲》)

大旱偏灾,黄州府之黄安县飞蝗入境。(清道光《黄安县志》卷九《灾异》)

武昌府之武昌县大旱,蝗。(清光绪《武昌县志》卷一〇《祥异》)

夏、秋,大旱,安陆府之潜江县飞蝗遍野。(清光绪《潜江县志续》卷二《灾祥》)

【湖南】

岳州府之巴陵县夏大旱,蝗蝻为灾,大饥。(清嘉庆《巴陵县志》卷二九《事纪表》)

【广东】

高州府之电白县蝗。(清光绪《重修电白县志》卷二九《前事》)

廉州府之钦州大蝗，复大饥。（清道光《钦州志》卷一〇《纪事》）

【广西】

秋，廉州府之合浦县大蝗。（清道光《廉州府志》卷二一《事纪》）

1780年（清乾隆四十五年）：

【河北】

河间府之东光县蝗蝻为灾。（清光绪《东光县志》卷一二）

1781年（清乾隆四十六年）：

【河北】

闰夏，正定府之获鹿县近山村庄有虫类蝻，有白颈鸦数千，一日食且尽。（清乾隆《获鹿县志》卷三《灾祥》）

1782年（清乾隆四十七年）：

【江苏】

扬州府之宝应县旱，蝗。（清道光《重修宝应县志》卷九《灾祥》）

淮安府之阜宁县旱，蝗，岁大饥。自去年八月至是年六月不雨，蝗飞蔽天。（民国《阜宁县新志·大事记》）

【山东】

夏，济南府之德州蝗。秋，无雨，麦未播种。秋，复蝗。（民国《德县志》卷二《纪事》）

济南府之平原县旱，蝗。至明年六月始雨。（民国《续修平原县志》卷一《灾祥》）

【河南】

夏，南阳府之叶县蝗。（清同治《叶县志》卷一《舆地》）

1783年（清乾隆四十八年）：

【天津】

六月，天津府之静海县飞蝗，禾稼食尽。（清同治《静海县志》卷三《灾祥》）

【河北】

夏秋之间，遵化州之玉田县一带有蝗蝻，禾稼未损伤。十一月，诏命刘峨饬玉田附近州县，刨挖蝗蝻遗孽。（《清高宗实录》卷一一九二）

【浙江】

是年，处州府之景宁县蝗入境，民大饥。（清同治《景宁县志》卷一二《祥祲》）

【安徽】

泗州之天长县大蝗。（清同治《天长县纂辑志稿·祥异》）

1784年（清乾隆四十九年）：

【江苏】

四月，徐州府之宿迁县蝻食麦。(清嘉庆《宿迁县志》卷六《祥异》)

【山东】

冬，济南府之齐河、平原县大旱，蝗。(民国《齐河县志》卷首)

兖州府之峄县有蝗。(清光绪《峄县志》卷一五《灾祥》)

夏，沂州府之费县蝗蝻为灾。(清光绪《费县志》卷一六《祥异》)

秋，旱，济南府之新城县蝗生，县令率吏民捕之尽殄。(民国《重修新城县志》卷四《灾祥》)

【河南】

夏，开封府旱，蝗。(清乾隆《续河南通志》卷五《祥异》)

彰德府之汤阴县旱，蝗虫为灾，大饥。(清乾隆《汤阴县志》卷九《杂志》)

秋，许州之郾城县蝗食禾苗与草殆尽。(民国《郾城县记》卷五《大事篇》)

1785年（清乾隆五十年）：

【江苏】

苏州府大旱，河港涸，蝗蝻生。岁大饥。(清同治《苏州府志》卷一四三《祥异》)

大旱，河港皆涸。苏州府之常熟县蝗蝻生。岁大饥。(清光绪《常昭合志稿》卷四七《祥异》)

夏，大旱，苏州府之吴江县蝗。蠲银米。(清道光《震泽镇志》卷三《灾祥》)

扬州府之宝应县大旱，蝗。(清道光《重修宝应县志》卷九《灾祥》)

扬州府之泰州大旱，蝗，无麦无禾。河港尽涸，民大饥，米石价十千，麦石价五千。(清道光《泰州志》卷一《祥异》)

淮安府之阜宁县大旱，蝗。次年春大荒，人相食。(清光绪《湖乡分志》卷九《灾异》)

扬州府之东台县蝗。米石价十两，麦石价五两，民饥。赈粜，蠲免民赋灶折。(清嘉庆《东台县志》卷七《祥异》)

【浙江】

湖州府之长兴县大旱，蝗。自五月至七月不雨，溪港皆涸，苗尽槁。(清同治《湖州府志》卷四四《祥异》)

湖州府之乌程县大旱，蝗。(章义和《中国蝗灾史》)

【安徽】

春，大旱，凤阳府之宿州蝗。(清道光《宿州志》卷四一《祥异》)

宁国府之南陵县大旱，蝗。民食榆、蕨殆尽，饥殍相望。(清嘉庆《南陵县志》卷一六《祥异》)

广德州之建平县蝗，所过寸草无遗。（清乾隆《广德直隶州志》卷四八《祥异》）

【山东】

七月，莱州府之潍县蝗，人有不辨路径，为蝗所食者。（民国《潍县志稿》卷三《通纪》）

春、夏，大旱。七月，青州府之安丘县大蝗，蝗飞蔽天日，每落地辄数尺，大树多压折。人有不辨路径，陷入沟渠不能自出，遂为蝗所食者。（清道光《安丘新志乘韦·总纪》）

莱州府之即墨县蝗，旱，饿莩遍野。（清同治《即墨县志》卷一一《灾祥》）

六月，大旱，沂州府之日照县飞蝗遍野，食及木叶。岁大饥。（清光绪《日照县志》卷七《祥异》）

春，旱。秋，临清州蝗生。（清乾隆《临清直隶州志》卷一一《祥祲》）

秋，曹州府之范县大蝗，人相食。（清嘉庆《范县志》卷一《灾祥》）

【河南】

春、夏，旱，许州之郾城县秋蝗。（民国《郾城县记》卷五《大事篇》）

旱，蝗。岁大饥。（清道光《汝州全志》卷九《灾祥》）

汝州之伊阳县旱，蝗。岁大饥。（清道光《重修伊阳县志》卷六《祥异》）

【广东】

春，旱，潮州府之海阳县蝗。（清光绪《海阳县志》卷二五《前事》）

春，旱，潮州府之潮阳县蝗。（清光绪《潮阳县志》卷一三《灾祥》）

1786年（清乾隆五十一年）：

【河北】

河间府之东光县蝗蝻为灾，岁歉，大疫。（清光绪《东光县志》卷一一《祥异》）

【山西】

闰七月，绛州之垣曲县飞蝗蔽天，食禾十分之九，仅存豆苗。（清光绪《垣曲县志》卷一四《杂志》）

【浙江】

夏，湖州府之长兴县蝗，食禾殆尽。（清同治《湖州府志》卷四四《祥异》）

【安徽】

秋，颍州府之霍邱县蝗又为灾。（清道光《霍邱县志》卷一二《祥异》）

春，六安州之霍山县蝗蝻大作，缀树塞途，愈扑愈多，忽天黑鹊，地出青蛙，噬之殆尽。二麦成熟。（清嘉庆《霍山县志》卷末《祥异》）

【山东】

秋，曹州府之范县蝗。（清嘉庆《范县志》卷一《灾祥》）

【河南】

闰七月，开封、归德、卫辉、怀庆等府俱临河滨，并多水塘滩地，间段生有蚂蚱。（《清高宗实录》卷一二六〇）

河南府之巩县蝗食苗尽。（民国《巩县志》卷五《大事记》）

夏，卫辉府之新乡县飞蝗蔽日，食秋禾尽，民大饥。奉文赈恤。（民国《新乡县续志》卷四《祥异》）

夏秋之交，开封府之祥符县蝗生蔽野，伤稼。（清光绪《祥符县志》卷二三《祥异》）

秋，开封府之杞县飞蝗伤禾。发谷赈济，蠲租有差。（清乾隆《杞县志》卷二《祥异》）

夏，卫辉府飞蝗遍野，食秋禾尽。（清乾隆《卫辉府志》卷四《祥异》）

夏，归德府旱，蝗，赤地千里。（清乾隆《归德府志》卷三四《灾祥》）

开封府之尉氏县蝗虫伤秋稼。（清嘉庆《洧川县志》卷八《祥异》）

夏，卫辉府之汲县飞蝗蔽日，食秋禾尽。奉文赈恤。（清乾隆《卫辉府志》卷四《祥异》）

卫辉府之封丘县旱，蝗。（民国《封丘县续志》卷一《通纪》）

秋，怀庆府之济源县蝗食禾几尽。（清嘉庆《续济源县志》卷二《祥异》）

夏，彰德府之汤阴县飞蝗蔽日，大饥。（清乾隆《汤阴县志》卷九《杂志》）

春，归德府之永城县旱，飞蝗蔽日，饥馑。（清光绪《永城县志》卷一五《灾异》）

陈州府之扶沟县飞蝗蔽天，未成灾。（清道光《扶沟县志》卷一二《灾祥》）

秋，陈州府之淮宁县飞蝗蔽日，坠地深尺余，禾尽伤。（清道光《淮宁县志》卷一二《五行》）

秋，许州大蝗。（清道光《许州志》卷一一《祥异》）

开封府之鄢陵县蝗生遍野，伤稼。（清嘉庆《鄢陵县志》卷一二《祥异》）

七月，汝州之郏县蝗自南来，群飞蔽日，禾苗尽食。（清同治《郏县志》卷一〇《杂事》）

秋，许州之临颍县大蝗。（民国《重修临颍县志》卷一三《灾祥》）

秋，大稔，南阳府之舞阳县蝗不为灾。（清道光《舞阳县志》卷一一《灾祥》）

秋，南阳府之泌阳县蝗，食禾尽。（清道光《泌阳县志》卷三《灾祥》）

秋，汝宁府之正阳县蝗，庐舍林木交集，沟途填满，不伤禾。（清嘉庆《正阳县志》卷九《祥异》）

八月，光州之固始县飞蝗入境，不伤禾稼。（清乾隆《重修固始县志》卷一五《大事纪》）

秋七月，光州之光山县飞蝗渡淮而南。（清乾隆《光山县志》卷三二《杂志》）

秋，南阳府之南阳县蝗食禾殆尽。（清光绪《南阳县志》卷一二《杂记》）

秋，南阳府之新野县蝗食禾稼殆尽。（清乾隆《新野县志》卷八《祥异》）

秋，南阳府之南召县蝗食禾稼殆尽。（清乾隆《南召县志》）

【湖北】

八月，黄州府之麻城飞蝗弥空，半月乃止。（清光绪《麻城县志》卷二《大事》）

冬，黄州府之罗田蝗。（清光绪《罗田县志》卷八《祥异》）

闰七月十五日，郧阳府之房县蝗自谷城来，遮天蔽野，所过咸空。蝗皆依草附木死，而禾皆生耳。房自古无蝗患，至是始见。（清同治《房县志》卷六《事纪》）

秋七月，襄阳府之谷城县又蝗。（清同治《谷城县志》卷八《祥异》）

秋七月，襄阳府之枣阳飞蝗蔽日，不成灾。（清同治《枣阳县志》卷一六《祥异》）

襄阳府之宜城飞蝗蔽天，禾苗全无。冬大饥。（清光绪《襄阳府志》卷一〇《祥异》）

1787年（清乾隆五十二年）：

【江苏】

徐州府之宿迁县有蝻伤麦。（清嘉庆《宿迁县志》卷六《祥异》）

徐州府之睢宁县有蝗伤麦。（清光绪《睢宁县志稿》卷一五《祥异》）

【福建】

春，又旱，福州府之连江县邻境蝗。（民国《连江县志》卷三二《列传》）

【河南】

六月，开封府之祥符县遍地生蝗，积三寸许，秋禾被伤。（清光绪《祥符县志》卷二三《祥异》）

卫辉府之辉县蝗。（清道光《辉县志·祥异》）

六月，开封府之鄢陵县遍地生蝗，积三寸许，秋禾被伤。是岁，麦秋俱熟。（清嘉庆《鄢陵县志》卷二三《祥异》）

【湖北】

春，黄州府之黄冈县东乡蝗，有雀千万食之，间化为虾。是岁大熟。（清乾隆《黄冈县志》卷一九《祥异》）

四月初二日，黄州府之麻城飞蝗遍野，集地厚一寸许，旋即自毙。（清光绪《麻城县志》卷二《大事》）

春，黄州府之罗田县蝻生，大雨震电，蝻尽化。秋蝗，不为灾。（清光绪《罗田县志》卷八《祥异》）

七月十二日，飞蝗蔽天，至十七八日。（清同治《荆门直隶州志》卷一七《祥异》）

春二月，郧阳府之郧阳县蝻起，至四月皆依草附木而枯。秋，大熟。（清嘉庆《郧阳志》

卷九《祥异》）

春二月，郧阳府之房县遗蝻大起，数倍于前，食麦苗几尽。知县常熙募民严捕之。五月十四五夜，蝗起蔽空，向东飞去，民复耕稼。秋，大熟。（清同治《房县志》卷六《事纪》）

1788 年（清乾隆五十三年）：

【山东】

六月，山东莱州府之平度州大旱，飞蝗蔽天，田禾俱尽。九月，安丘蝻。（章义和《中国蝗灾史》）

【河南】

春，汝宁府之新蔡县蝗蝻食禾稼殆尽。（清乾隆《新蔡县志》卷九《大事记》）

【湖南】

衡阳府之衡山县乡村蝗蝻大作。（清光绪《衡山县志》卷二六《政绩》）

【广东】

秋，潮州府之海阳县蝗，谷大贵。（清光绪《海阳县志》卷二五《前事》）

秋，潮州府之潮阳县蝗，谷大贵。（清嘉庆《潮阳县志》卷一二《灾祥》）

1789 年（清乾隆五十四年）：

【江苏】

扬州府之泰州蝗，寻灭。秋稔。（清道光《泰州志》卷一《祥异》）

扬州府之东台县蝗，寻灭。秋稔。（清嘉庆《东台县志》卷七《祥异》）

【湖南】

桂阳州之临武春旱，秋蝗。（章义和《中国蝗灾史》）

1791 年（清乾隆五十六年）：

【河北】

河间府之交河县河蝗。（民国《交河县志》卷一〇《祥异》）

河间府之东光县飞蝗蔽天，田禾俱尽。（清光绪《东光县志》卷一一《祥异》）

六月，大旱，河间府之宁津县飞蝗蔽天，田禾俱尽。（清光绪《宁津县志》卷一一《祥异》）

【山东】

秋，登州府之黄县蝗。（清同治《黄县志稿》卷五《灾祥》）

1792 年（清乾隆五十七年）：

良乡、涿州一带曾见蝗虫从东北飞至西南。以良乡而论，东北地方自系在蓟州、三河等处。顺天所属田禾被蝗蚀伤，三河、蓟州较他处为多，三河又较重于蓟州，蝗孽蠕生竟系由三河一带所起。（《清高宗实录》卷一四一〇）

【北京】

七月，自清河、蔺沟、石槽蝗多，至密云渐少。京师安定门外俱有蝗虫，京南一带亦有蝗蝻，蔓延及于他境，且蝗蝻多。近京一带生有蝗蝻，怀柔、密云等处蝗蝻伤稼。(《清高宗实录》卷一四〇八)

清河、蔺沟、顺义等处飞蝗由东南飞来，京城东南约在通州至永平一带，通州蝗蝻由西北飞至东南者居多。蝗虫成群飞动，落迹必非一处。宛平、良乡、房山三县田禾有被蝗蚀伤之处。(《清高宗实录》卷一四〇九)

【天津】

天津等处俱有蝗虫，沽淀低下之区先行萌生，以致蔓延他境。近古北口，迤南蚀伤禾稼，约有十之二三。(《清高宗实录》卷一四〇八)

【河北】

正定、保定、河间等处俱有蝗虫，沽淀低下之区先行萌生，以致蔓延他境。(《清高宗实录》卷一四〇八)

保定府之唐县大旱，蝗生，寸草都枯。(清光绪《唐县志》卷一一《祥异》)

遵化州属地方，间有数处田禾被蝗蚀伤，河间府之景州受灾较重，玉田、丰润等处俱为沮洳之区，是蝗生之地。(《清高宗实录》卷一四〇九)

【山东】

五月，临清州之武城县、登州府之黄县、东昌府之高唐州旱，蝗。东昌府之聊城县亦蝗。(章义和《中国蝗灾史》)

【河南】

彰德府之林县蝗虫食稼，秋无成。(清咸丰《续林县志》卷一《祥异》)

1793年（清乾隆五十八年）：

【天津】

天津蝗。(章义和《中国蝗灾史》)

【河北】

秋，保定府之祁州蝗，食禾稼殆尽。(清光绪《祁州续志》卷四《记事》)

【山东】

夏，山东济南府之历城旱，蝗。有虫如蜂，附于蝗背，蝗立毙，不成灾。(章义和《中国蝗灾史》)

秋，山东济南府之章丘、临邑、德平等县亦蝗。(章义和《中国蝗灾史》)

秋，济南府之临邑县蝗。(清道光《临邑县志》卷一六《机祥》)

秋九月，青州府之安丘县蝻生，有鸟食之。(清道光《安丘新志乘韦·总纪》)

1794 年（清乾隆五十九年）：

【四川】

五月，成都府之金堂县蝗食稼，自东北飞至，未几大雷电，群入水没。（民国《重修四川通志·金堂采访录》卷一一《五行》）

1795 年（清乾隆六十年）：

【天津】

秋，天津府之静海县蝗蝻为灾，黎民窘饥。（清同治《静海县志》卷三《灾祥》）

【河北】

河间府之东光县旱，蝗。（清光绪《东光县志》卷一一《祥异》）

河间府之交河县旱，蝗。（民国《交河县志》卷一○《祥异》）

河间府之景州旱，蝗。（民国《景州志》卷一四《史事》）

夏，冀州之南宫县蝗蝻害稼。（清道光《南宫县志》卷七《灾异》）

河间府之交河县旱，蝗。（章义和《中国蝗灾史》）

【山东】

济南府之平原县蚱蝗生。（民国《续修平原县志》卷一《灾祥》）

秋，莱州府之潍县蚱蝗害稼。（民国《潍县志稿》卷三《通纪》）

夏，旱，登州府之文登县蝗食禾。秋无雨。（清道光《文登县志》卷七《灾祥》）

秋，武定府之商河县蝗，伤稼。（章义和《中国蝗灾史》）

【新疆】

新疆迪化、疏勒二府蝗成灾。（《清德宗实录》卷三九六）

新疆吐鲁番厅、镇西厅、温宿府之拜城县等处，蝗成灾。（《清德宗实录》卷四五二）

1796 年（清嘉庆元年）：

【北京】

秋，顺天府之大兴县大蝗，雇民集捕。（清同治《畿辅通志》卷一八九《宦绩》）

【河南】

秋七月，蝗。（清道光《许州志》卷一一《祥异》）

秋七月，许州之临颍县蝗。（民国《重修临颍县志》卷一三《灾祥》）

五月，开封府之鄢陵县蝗自东来，蔽天。（民国《鄢陵县志》卷二九《祥异》）

【湖北】

汉阳府之汉川县蝗虫出，一飞遮天。（清道光《汉川县志·祥异》）

秋七月，黄州府之黄梅县飞蝗入境。（清光绪《黄梅县志》卷三七《祥异》）

1797 年（清嘉庆二年）：

【河北】

蝗虫遍地，禾稼立尽。（民国《定县志》卷一二《文献》）

【湖北】

汉阳府之汉川县蝗虫出，一飞遮天。（清同治《汉川县志》卷一四《祥祲》）

秋七月，黄州府之黄梅县飞蝗入境。（清光绪《黄梅县志》卷三七《祥异》）

1798年（清嘉庆三年）：

【安徽】

五月，安庆府之怀宁县蝗，至冬不绝。（清道光《怀宁县志》卷二《祥异》）

夏六月，安庆府之宿松县洲地蝗。（清道光《宿松县志》卷二八《祥异》）

1799年（清嘉庆四年）：

【天津】

夏，天津府之青县蝗蝻初生遍野。忽一夕大风起自西北，次日蝻孳净尽，田禾秋毫无损。（清嘉庆《青县志》卷六《祥异》）

【河北】

保定府之定兴县蝗。（清光绪《定兴县志》卷一九《大事》）

保定府之新城县蝻，大饥。（清道光《新城县志》卷一五《祥异》）

河间府之东光县蝗蝝为灾。（清光绪《东光县志》卷一一《祥异》）

河间府之景州蝗。（民国《景州志》卷一四《史事》）

【安徽】

安庆府之怀宁县蝗。（清道光《怀宁县志》卷二《祥异》）

颍州府之颍上县蝗。（清嘉庆《颍上县志》卷一三《祥异》）

【江西】

六七月，九江府蝗虫入境，湖口、彭泽，禾稼多伤。（清同治《九江府志》卷五三《祥异》）

六七月，九江府之德化县蝗虫入境。（清同治《德化县志》卷五三《祥异》）

六七月，九江府之湖口县蝗虫入境，中、下二乡禾稼多伤。（清嘉庆《湖口县志》卷一七《祥异》）

六七月，九江府之彭泽县蝗虫入境，禾稼多伤。（清嘉庆《九江府志》卷三〇《祥异》）

【河南】

六月，归德府之夏邑县蝗害稼。（民国《夏邑县志》卷九《灾异》）

1800年（清嘉庆五年）：

【河北】

春，河间府之东光县蝝子复生，四月初旬被大风吹灭无迹。（清光绪《东光县志》卷一一《祥异》）

【安徽】

九月，徽州府之祁门县蝗至邑西若坑，十八都、十九都、二十都皆有之。知县毕申伯祭刘猛将军庙，蝗被鸟啄，遂息。（清同治《祁门县志》卷三六《祥异》）

1801年（清嘉庆六年）：

【天津】

七月，蓟州城东十五里之三家店起，至桃花寺一带，有初生蝗蝻，闲段聚落，分段圈捕已减灭。（《清仁宗实录》卷八五）

【山东】

登州府之蓬莱县蝗。（清道光《重修蓬莱县志》卷一《灾祥》）

沂州府之费县蝗。（清光绪《文登县志》卷一六《祥异》）

【广东】

五月，广州府之龙门县蝗。（民国《龙门县志》卷一七《县事》）

1802年（清嘉庆七年）：

【北京】

七月初旬，顺天府之平谷县蝗飞蔽天，秋禾歉收。（清光绪《顺天府志》卷六九《祥异》）

【天津】

顺天府之蓟州大蝗。（清道光《蓟州志》卷二《灾祥》）

天津府之青县蝗。（清嘉庆《青县志》卷六《祥异》）

【河北】

六月，军机大臣奏：保定府之新城县有蝗虫，与新城相近之张家庄、河北村等处偶有飞蝗停集。容城、安肃、定兴等县俱有飞蝗，景州、任丘等处亦有飞蝗。（《清仁宗实录》卷九九）

夏，正定府之正定县大蝗，禾稼一空。（清光绪《正定县志》卷八《灾祥》）

正定府之藁城县蝗。（清光绪《藁城县志续补》卷四《事异》）

正定府之栾城县蝗伤禾稼。（清道光《栾城县志》卷末《灾祥》）

永平府之临榆县蝗。（清光绪《临榆县志》卷九《纪事》）

是年，永平府春蝝夏蝻，至秋未绝。（清光绪《永平府光》卷三一《纪事》）

秋八月，永平府之滦州蝗飞遍野，自边城至海。（清嘉庆《滦州志》卷一《祥异》）

定州秋蝗。（清道光《直隶定州志》卷二〇《祥异》）

保定府之清苑县飞蝗伤稼。（清光绪《保定府志稿》卷三《灾祥》）

保定府之容城县飞蝗遍地。（清咸丰《容城县志》卷八《灾异》）

秋，保定府之唐县蝗。（清光绪《唐县志》卷一一《祥异》）

保定府之望都县飞蝗伤稼。（清光绪《望都县新志》卷七《祥异》）

保定府之完县蝗。（民国《完县新志》卷九《故实》）

深州夏大稔。六月，蝗。（清道光《深州直隶州志》卷末《机祥》）

夏，深州之武强县麦大稔。六月，蝗。（清道光《武强县志重修》卷一〇《机祥》）

自春至秋不雨，顺德府之邢台县蝗飞蔽天，声如雷，落地则不见土，无禾。（清嘉庆《邢台县志》卷九《灾祥》）

顺德府之唐山县蝗飞蔽天。（清光绪《唐山县志》卷三《祥异》）

夏，旱，顺德府之任县蝗。（民国《任县志》卷七《灾祥》）

顺德府之沙河县蝗。（清道光《续增沙河县志》卷上《祥异》）

夏，永平府之临榆县蝗。（清光绪《永平府志》卷三一《纪事》）

顺德府之广宗县大旱，飞蝗蔽野。岁大饥。（民国《广宗县志》卷一《祥异》）

【辽宁】

绥中县秋蝗。（民国《绥中县志》卷一《灾祥》）

【江苏】

淮安府之山阳县蝗入境，遗种遍野。（清宣统《续纂山阳县志》卷一〇《人物》）

【安徽】

凤阳府之怀远县蝗。（清嘉庆《怀远县志》卷九《五行》）

【山东】

济南、泰安、沂州、东昌、济宁等府州属五十余州县均有蝗灾，山东全省有蝗灾之处竟有十之六七。缓征山东济南府之德州、禹城、平原、陵县、德平、历城、章丘、邹平、齐河、齐东、济阳、临邑、长清、长山，东昌府之高唐州、聊城、堂邑、博平、恩县、茌平、馆陶、清平、东阿、临清州及其所属武城、邱县、夏津三县，泰安府之东平州、莱芜、新泰、肥城、平阴、泰安，沂州府之费县、兰山、沂水、蒙阴、郯城，武定府之滨州、惠民、商河、乐陵、海丰、青城、阳信，兖州府之滋阳、曲阜、峄县、宁阳、泗水、滕县、阳谷，济宁州及其所属金乡、鱼台，青州府之博兴、乐安五十七州县，东昌、德州二卫蝗灾，本年漕粮额赋。（《清仁宗实录》卷一〇二）

夏，大旱，兖州府之峄县蝗。是岁蝗飞蔽天，食禾豆几尽，邑大饥。（清光绪《峄县志》卷一五《灾祥》）

济南府之禹城县蝗。（清嘉庆《禹城县志》卷一一《灾祥》）

济南府之邹平县旱,蝗。(清嘉庆《邹平县志》卷一八《灾祥》)

秋八月,青州府之诸城县蝗。(清道光《诸城县续志》卷一《总纪》)

八月,莱州府之掖县飞蝗蔽天。(清道光《再续掖县志》卷三《祥异》)

八月二十七日,登州府之黄县蝗自西飞来,连日蚕食麦苗。官命民捕之,斗蝗易以十钱。(清同治《黄县志稿》卷五《灾祥》)

莱州府之即墨县蝗。(清同治《即墨县志》卷一一《灾祥》)

秋,登州府之招远县有蝗。(清道光《招远县续志》卷一《灾祥》)

十月,登州府之文登县蝗食麦苗殆尽。(清道光《文登县志》卷七《灾祥》)

沂州府之费县蝗,饥。(清光绪《费县志》卷一六《祥异》)

秋,兖州府之宁阳县蝻生。(清咸丰《宁阳县志》卷一〇《灾祥》)

东昌府之茌平县飞蝗入境。(民国《茌平县志》卷一《灾祥》)

东昌府之博平县飞蝗入境,西北乡蝻子生发。(清道光《博平县志》卷一《机祥》)

秋,东昌府之莘县飞蝗入境,蝻复生。(清光绪《莘县志》卷四《机异》)

东昌府之高唐州蝗。(清道光《高唐州志》卷八《机祥》)

秋,兖州府之阳谷县飞蝗入境,蝻复生。(清光绪《阳谷县志》卷九《灾异》)

【河南】

夏,旱,开封府之密县飞蝗过境。(清嘉庆《密县志》卷一五《祥异》)

1803年(清嘉庆八年):

【天津】

春,顺天府之蓟州蝻。夏,蝗复生蝻,至秋未绝。(清道光《蓟州志》卷二《灾祥》)

蓟州等处大陆两旁均有蝻孽,虽经扑打,尚未能实时净尽,新孽复生。(《清仁宗实录》卷一一六)

【河北】

三河至山海关一带均有蝗蝻滋生。(《清仁宗实录》卷一一五)

七月,三河一带蝗蝻不但飞集田畴,即大陆旁亦纷纷停落,而丰润竟有填积车辙者。(《清仁宗实录》卷一一六)

遵化州之玉田、丰润,永平府之滦州、迁安、抚宁、卢龙、临榆八州县间有蝻孽,均不甚重,业经扑打,并示以钱米易换,田禾微受伤损,而晚谷一种被伤稍重。(《清仁宗实录》卷一一六)

八月,正定府之井陉县飞蝗遍野,所种麦苗食尽。(清光绪《续修井陉志》卷三《祥异》)

正定府之平山县蝗蝻为害,岁大饥。(清咸丰《平山县志》卷一《灾祥》)

是年春，蝝。夏，永平府之滦州蝗复生，蝝至秋未绝。（清光绪《滦州志》卷九《纪事》）

春三月，顺德府之邢台县西北路会宁村西南蝻生，无容足地。夏四月十九日，大热风，蝻忽不见。（清嘉庆《邢台县志》卷九《灾祥》）

【辽宁】

六月，辽宁锦州府至山海关一带沿途皆有飞蝗。（《清仁宗实录》卷一一五）

夏，绥中县蝻生。（民国《绥中县志》卷一《灾祥》）

【江苏】

江南徐州府之邳州间有零星飞蝗。（《清仁宗实录》卷一一五）

徐州府之邳州、宿迁等处飞蝗近日旋飞旋落，经扑捕，惟绿豆等项杂粮稍有受伤。（《清仁宗实录》卷一一六）

扬州、镇江、常州三府所属间有飞蝗过境，并分委扑捕。江省沿海一带既经长有蝗蝻飞落他处。（《清仁宗实录》卷一一六）

江宁府之高淳、江浦、六合等县被水洼区，兼有飞蝗停落。（《清仁宗实录》卷一一八）

夏，常州府之靖江县飞蝗过境，自西北来，不伤禾稼。（清光绪《靖江县志》卷八《祲祥》）

【山东】

四月，据奏：登州府一带多有蝗蝻萌发。（《清仁宗实录》卷一一一）

沂州府之兰山、郯城两县飞蝗起于江南海州苇地。（《清仁宗实录》卷一一五）

秋，济南府之章丘县飞蝗蔽日。（清道光《章丘县志》卷一《灾祥》）

夏，兖州府之峄县弥月不雨，蝗败稼。（清光绪《峄县志》卷一五《灾祥》）

八、九年，武定府之商河县蝗伤禾稼，有收买蝻子之令，民趋利争掘，不数日而尽。（清道光《商河县志》卷三《祥异》）

济南府之邹平县旱，蝗。（清嘉庆《邹平县志》卷一八《灾祥》）

三月，青州府之诸城县蝗。（清道光《诸城县志》卷一《总纪》）

自三月至五月，莱州府之掖县遍地生蝻，官民力捕，不为灾。（清道光《再续掖县志》卷三《祥异》）

夏，登州府之黄县蝗螟交作。（清同治《黄县志稿》卷五《灾祥》）

夏，沂州府之费县蝗。（清光绪《费县志》卷一六《祥异》）

秋，兖州府之宁阳县蝗。（清咸丰《宁阳县志》卷一〇《灾祥》）

秋，兖州府之汶上县蝻生，食禾殆尽。（清宣统《四续汶上县志稿·灾祥》）

【河南】

卫辉府之考城东北一带有飞蝗入境，向归德府之睢州、虞城、商丘、宁陵，开封府之陈留、祥符以及兰阳等处回翔停歇。卫辉府之考城等八州县具报飞蝗向东南西南飞去。(《清仁宗实录》卷一一五)

缓征开封府之郑州、祥符、陈留、兰阳、杞县、新郑、中牟、荥泽、汜水、荥阳；河南府之洛阳、孟津、偃师、巩县、登封、嵩县，怀庆府之河内、温县、武陟、修武、济源、孟县、原武、阳武，卫辉府之汲县、淇县、滑县、浚县、封丘、延津、新乡、辉县、获嘉、考城，彰德府之安阳、临漳、内黄、汤阴、林县、涉县、武安，归德府之睢州、商丘、宁陵等四十四州县蝗灾、旱灾，本年漕粮额赋，并历年带征各项银款。(《清仁宗实录》卷一一八)

卫辉府之滑县蝗。(清同治《滑县志》卷一一《祥异》)

七月，河南府之宜阳县飞蝗蔽天，禾损大半。(清光绪《宜阳县志》卷二《祥异》)

怀庆府之温县蝗灾迭至，收成大减。(民国《温县志》卷一《灾祥》)

1804年（清嘉庆九年）：

【北京】

畿辅各属地有蝗蝻飞集，京城广渠门外及通州等处有飞蝗，伤禾稼。(《清仁宗实录》卷一三〇)

七月，顺天府之大兴、宛平、通州所属村庄均有蝻子萌生。(《清仁宗实录》卷一三一)

【天津】

天津府之静海县双窑洼内蝻孽蠕动，蔓延数十里，甚难扑捕。一夜烈风忽作，吹蝻无踪。遂亦有秋。(清同治《静海县志》卷三《灾祥》)

七月，顺天府之武清县所属村庄均有蝻子萌生。(《清仁宗实录》卷一三一)

【河北】

河北省山海关一带、正定一带、张家口一带蝗蝻生。(《清仁宗实录》卷一三〇)

七月，保定府新城、满城、容城，遵化州，河间府任丘、涞水，顺天府固安、保定等州县所属村庄均有蝻子萌生。(《清仁宗实录》卷一三一)

【江苏】

四月，扬州府之江都县湖隈生蝗，农甚恐。(清嘉庆《北湖小志》卷五《物异》)

【安徽】

九月，宁国府之宣城县有飞蝗过境，不害秋稼。(清嘉庆《宣城县志·祥异》卷二八)

【山东】

济南府之德州一带蝗蝻生。(《清仁宗实录》卷一三〇)

夏，济南府之章丘县蝻生。(清道光《章丘县志》卷一《灾祥》)

夏，青州府之寿光县蝗。（民国《寿光县志》卷一五《编年》）

青州府之临朐县旱，蝗。（清光绪《临朐县志》卷一〇《大事表》）

春，旱，登州府之栖霞县蝗生，厚不见地，知县彭述躬率民捕埋。秋，岁大熟。（清光绪《栖霞县续志》卷八《祥异》）

济南府之长清县等处萌生蝻子。（《清仁宗实录》卷一二九）

【河南】

卫辉府之浚县飞蝗蔽日，田禾毁之殆尽。（清光绪《续浚县志》卷三《祥异》）

1805 年（清嘉庆十年）：

【河北】

夏六月，宣化府之怀安县蝻生。（清光绪《怀安县志》卷三《灾祥》）

夏，永平府之临榆县蝗蝝。（清光绪《永平府志》卷三一《纪事》）

【山东】

山东青州府诸城县、济南府新城县、泰安府新泰县蝗灾。（章义和《中国蝗灾史》）

秋七月，兖州府之峄县蝗。（清光绪《峄县志》卷一五《祥异》）

秋，济南府之陵县有蝗。（清道光《陵县志》卷一五《祥异》）

青州府之博兴县有蝻。（清道光《重修博兴县志》卷一三《祥异》）

济南府之新城县蝗生。（民国《重修新城县志》卷四《灾祥》）

青州府之寿光县旱，蝗，饥。（民国《寿光县志》卷一五《编年》）

秋，旱，青州府之昌乐县蝗害稼。（清嘉庆《昌乐县志》卷二《总纪》）

秋，旱，青州府之安丘县蝗。（清道光《安丘新志·乘韦·总纪》）

秋，旱，莱州府之潍县蝗害稼。（民国《潍县志稿》卷三《通纪》）

秋，登州府之宁海州蝗。（清同治《重修宁海州志》卷一《祥异》）

夏，莱州府之昌邑县蝗食禾至尽。秋，复蝗，食稼。（清光绪《昌邑县续志》卷七《祥异》）

夏，兖州府之滕县飞蝗蔽天，食草皆尽。（清道光《滕县志》卷五《灾祥》）

兖州府之峄县、登州府之宁海州亦蝗。青州府之益都县先旱，后飞蝗自西来，飞蔽日月，所过禾稼一空，后东去投海死。（章义和《中国蝗灾史》）

1806 年（清嘉庆十一年）：

【天津】

秋，天津府之静海县蝗害稼。（清同治《静海县志》卷三《灾祥》）

【山东】

夏，泰安府之新泰县有蝗。（清光绪增刻乾隆《新泰县志》卷七《灾祥》）

莱州府之昌邑县蝗食禾至尽。(清光绪《昌邑县续志》卷七《灾祥》)

【广东】

冬,潮州府之潮阳县蝗。(清嘉庆《潮阳县志》卷一二《灾祥》)

1807年(清嘉庆十二年):

【江苏】

扬州府之兴化县旱,蝗。(清咸丰《重修兴化县志》卷一《祥异》)

【广东】

冬,潮州府之海阳县蝗。(清光绪《海阳县志》卷二五《前事》)

廉州府之灵山县旱,蝗。(清嘉庆《灵山县志》卷一《祥异》)

【广西】

是年春、夏大旱。秋,南宁府之横州、永淳县蝗,民饥。(清道光《南宁府志》卷三九《机祥》)

邕宁县秋蝗,民饥。(民国《邕宁县志》卷四《灾祥》)

1808年(清嘉庆十三年):

【江苏】

六月,军机大臣奏:海州车轴河等处间有蝗蝻,已扑灭净尽。(《清仁宗实录》卷一九七)

【山东】

沂州府之兰山、郯城二县间有蝗蝻。(《清仁宗实录》卷一九七)

【广东】

六月,肇庆府之广宁县蝗。十月,五谷不登。(清道光《广宁县志》卷一七《年表》)

廉州府之灵山县旱,蝗。(清道光《廉州府志》卷二一《事纪》)

【广西】

飞蝗蔽天。(民国《隆山县志》下册《灾异》)

郁林州之兴业县蝗,旱。岁大饥,斗谷价钱三百八十有奇。(清嘉庆《续修兴业县志》卷一〇《纪事》)

浔州府之贵县蝗。(鲁克亮《清代广西蝗灾研究》)

1809年(清嘉庆十四年):

【江苏】

扬州府之兴化县旱,蝗。天际有物状如蛇,长数丈,逐飞蝗,由西北夭矫南行,渐没。(清咸丰《重修兴化县志》卷一《祥异》)

【台湾】

九月，彰化一带，蝗成灾。(《清仁宗实录》卷二一九)

1811年（清嘉庆十六年）：

【山西】

大饥。绛州之垣曲县飞蝗入境，蠲免钱粮十分之二。(清光绪《垣曲县志》卷一四《杂志》)

【山东】

临清州蝗，民饥。(民国《临清县志》卷五《大事记》)

【河南】

彰德府之林县蝗虫食稼。岁大荒，贫民卖子女。(清咸丰《续林县志》卷一《祥异》)

开封府之鄢陵县夏邑有蝗食稼。(民国《鄢陵县志》卷二九《祥异》)

【广东】

春，旱，潮州府之海阳县蝗。(清光绪《海阳县志》卷二五《前事》)

春，旱，潮州府之潮阳县蝗。(清光绪《潮阳县志》卷一三《灾祥》)

1812年（清嘉庆十七年）：

【天津】

秋，天津府蝗不食稼，大有年。(清同治《续天津县志》卷一《祥异》)

【福建】

夏六月，建宁府之崇安县西乡蝗伤稼。(民国《崇安县志》卷一《大事》)

【山东】

夏，兖州府之峄县蝗。是岁麦苗尽枯，蝗自西南来，平地深半尺，所过谷、菜俱空，入室食人食，啮衣服，人多流亡。(清光绪《峄县志》卷一五《灾祥》)

【湖北】

六月，郧阳府之房县蝗害稼。(清同治《房县志》卷六《事纪》)

1813年（清嘉庆十八年）：

【河北】

正定府之栾城县蝗。(清道光《栾城县志》卷末《灾祥》)

【山东】

武定府之商河县蝗害稼。(清道光《商河县志》卷三《祥异》)

【河南】

春、夏，旱，南阳府之裕州蝗为灾，岁大饥。(民国《方城县志》卷五《灾异》)

1814年（清嘉庆十九年）：

【河北】

广平府之肥乡县路家堡旱，兼被虫蝻灾伤。（清同治《肥乡县志》卷三二《灾祥》）

夏，大名府之东明县复飞蝗遍野。（民国《东明县新志》卷二二《大事记》）

【江苏】

大旱，自五月至七月不雨。苏州府之吴江县蝗蝻伤稼，至秋成实者又为狂风摧折，遂饥。（清光绪《黎里续志》卷一二《杂录》）

夏，旱，扬州府之高邮州蝗。（清道光《续增高邮州志》第六册《灾祥》）

夏，旱，扬州府之宝应县蝗。（民国《宝应县志》卷五《水旱》）

【安徽】

泗州之盱眙县蝗。（清光绪《盱眙县志稿》卷一四《祥祲》）

【山东】

夏，青州府之博兴县有蝗。（清道光《重修博兴县志》卷一三《祥异》）

夏，曹州府之菏泽县宝镇都飞蝗满地，蜂螯蝗死，禾不受害。（清光绪《菏泽县志》卷一九《灾祥》）

夏，曹州府之曹县飞蝗遍野，蜂螯蝗死，禾不受害。（清光绪《曹县志》卷一八《灾祥》）

济南府之陵县有蝗。（清光绪《陵县志》卷一五《灾祥》）

1817年（清嘉庆二十二年）：

【河北】

赵州之高邑县蝗。（民国《高邑县志》卷一〇《机祥》）

正定府之元氏县飞蝗自南至，秋禾一空，落树折枝，集禾扑地，厚约尺许，民大饥。奉文豁免粮银。（清光绪《元氏县志》卷四《灾祥》）

【广西】

旱，郁林州蝗。（清光绪《郁林州志》卷四《饥祥》）

1818年（清嘉庆二十三年）：

【河北】

赵州之高邑县又蝗，奉文免粮银。（民国《高邑县志》卷一〇《故事》）

正定府之元氏县飞蝗四至，如红云丽天，蔽日无光，落树折枝，集禾仆地，厚尺许，食禾顷刻立尽。秋禾又空，民饥甚，奉文豁免粮银。（清光绪《元氏县志》卷四《灾祥》）

【安徽】

泗州之五河县旱，蝗成灾。（清光绪《重修五河县志》卷一九《祥异》）

【山东】

青州府之博兴县有蝗。（清道光《重修博兴县志》卷一三《祥异》）

春，旱。秋，兖州府之阳谷县飞蝗蔽野。（清光绪《阳谷县志》卷九《灾异》）

秋，寿张县兖州府之寿张县飞蝗蔽野。（清光绪《寿张县志》卷一〇《祥异》）

【河南】

春，旱。秋，台前县飞蝗蔽野。（章义和《中国蝗灾史》）

1819年（清嘉庆二十四年）：

【湖南】

长沙府之益阳县二里，蝗虫食竹殆尽。（清嘉庆《益阳县志》卷一三《灾祥》）

1820年（清嘉庆二十五年）：

【广西】

太平府之龙州厅蝗。（鲁克亮《清代广西蝗灾研究》）

1821年（清道光元年）：

【北京】

六月，令顺天府之顺义县属地方设厂收买蝗蝻，以钱、米易蝗。（民国《顺义县志》卷一六《杂事》）

【天津】

五月，天津府之天津、静海及沧州各属村庄俱有蝻孽萌生。（《清宣宗实录》卷一八）

七月，天津等二十八州县蝗蝻。（《清宣宗实录》卷二一）

【江西】

建昌府之新城县大饥，蝗损禾稼。（清同治《江西新城县志》卷一《机祥》）

【山东】

秋，青州府之博兴县有蝻。（清道光《重修博兴县志》卷一三《祥异》）

春，涝，登州府之文登县蝗食禾殆尽。（清道光《文登县志》卷七《灾祥》）

夏六月，蝗。（民国《临清县志》卷五《大事记》）

【湖北】

夏，黄州府之黄梅县蝗生。（清光绪《黄梅县志》卷三七《祥异》）

【甘肃】

秦州境旱，蝗。祷三日，雨大沛，蝗亦竟息。（清光绪《甘肃新通志》《志余》）

1822年（清道光二年）：

【天津】

天津蝻孽滋生。（《清宣宗实录》卷三七）

【河北】

顺天府之永清县南人营等处有飞蝗自东南而来，至各村庄停落，残食禾叶；顺天府之文安县桃源村等处有飞蝗自东北往西南；顺天府之武清、东安等县各村庄蝻孽潜生。（《清宣宗实录》卷三七）

【安徽】

泗州之五河县遍野生蝗蝻，民大饥。（清光绪《重修五河县志》卷一九《祥异》）

【山东】

五月，山东省莱州府之胶州、即墨、平度，兖州府之峄县、兰山、高密等州县境内间有蝻孽萌生。（《清宣宗实录》卷三六）

青州府之博兴县有蝻。（清道光《重修博兴县志》卷一三《祥异》）

1823年（清道光三年）：

【河北】

正定府之井陉县大蝗，禾苗俱食尽。（清光绪《续修井陉县志》卷三《祥异》）

永平府之抚宁县飞蝗西来。（清光绪《抚宁县志》卷三《前事》）

【上海】

九月，松江府蝝生，受灾十之二。（清道光增补嘉庆《寒圩小志·祥异》）

【江苏】

八月，海州蝗蝻萌生。（《清宣宗实录》卷五六）

淮安府之安东县蝗。（清光绪《安东县志》卷五《灾异》）

【山东】

山东沂州府之郯城县与徐州府之邳州接界之处亦有蝗蝻。（《清宣宗实录》卷五六）

夏六月，东昌府之博平县西南乡蝻子生发，东北乡飞蝗停落。（清道光《博平县志》卷一《机祥》）

夏六月，东昌府之莘县蝻蝗并生。（清光绪《莘县志》卷四《机异》）

兖州府之阳谷县蝗为灾。（清光绪《阳谷县志》卷九《灾异》）

【河南】

飞蝗成灾。（章义和《中国蝗灾史》）

【广西】

平乐府平乐县蝗虫起。（清光绪《平乐县志》卷九《灾异》）

1824年（清道光四年）：

【北京】

闰七月，顺天府之大兴、宛平二县所属村庄间有蝗蝻。（《清宣宗实录》卷七一）

【河北】

六月，保定府之安州等州县间有蝻孽萌生。（《清宣宗实录》卷六九）

正定府之栾城县蝗。（清同治《栾城县志》卷三《祥异》）

秋，永平府之卢龙县飞蝗压境。（清光绪《永平府志》卷三一《纪事》）

永平府之抚宁县蝻生遍野。（清光绪《抚宁县志》卷三《前事》）

秋，永平府之滦州蝗，大旱，禾尽枯。（清光绪《滦州志》卷九《纪事》）

顺天府之霸州旱，蝗。（清同治《霸州志》卷八《典文》）

七月下旬，顺天府之大城县飞蝗大至，食禾殆尽。（清光绪《大城县志》卷一〇《五行》）

保定府蝗蝻遍生。（清光绪《保定府志稿》卷三《灾祥》）

定州蝗灾。（民国《定县志》卷一二《人物》）

保定府之定兴县大蝗。请赈缓征。（清光绪《定兴县志》卷一九《大事》）

保定府之容城县飞蝗蝻孽全生，田禾啮坏。（清咸丰《容城县志》卷八《灾异》）

保定府之容城飞蝗入境。（《清宣宗实录》卷六九）

保定府之新城县蝗害稼。（清道光《新城县志》卷一五《祥异》）

保定府之望都县蝗蝻生。（清光绪《望都县新志》卷七《祥异》）

河间府之献县蝗，林木皆食。（民国《献县志》卷一九《故实》）

河间府之景州蝗。（民国《景州志》卷一四《史事》）

冀州之枣强县螽生。（清同治《枣强县志补正》卷四《杂记》）

顺德府之唐山县大蝗，县出示买蝻孽。（清光绪《唐山县志》卷三《祥异》）

【山西】

秋七月，平定州蝗，禾稼尽伤。（清光绪《平定州志》卷五《祥异》）

【安徽】

夏六月，凤阳府之宿州旱，蝗。官民协捕，且焚且瘗，有群鸦及虾蟆争食之殆尽，禾苗获全。（清光绪《凤阳府志》卷四《祥异》）

凤阳府之宿州等处蝻子最多。（《清宣宗实录》卷七一）

【江西】

南昌府之靖安县两江总督捕蝗祷神，一日全尽，奏请修庙。（清道光《靖安县续志》卷上《秩祀》）

【山东】

济南府之德州蝻生。（民国《德县志》卷二《纪事》）

兖州府之宁阳县旱，蝗遗子生蝻。（清光绪《宁阳县志》卷一五《耆德》）

泰安府之东平州蝗。（清光绪《东平州志》卷二五《五行》）

济宁州蝗。（清道光《济宁直隶州志》卷一《五行》）

济宁州之金乡县蝗，旱。缓征旧赋。（清咸丰《金乡县志略》卷一一《事纪》）

春三月，东昌府之博平县飞蝗入境。西北乡蝻子生发，蝗蝻复生，北乡、东乡有萌动，金乡县亦蝗。（清道光《博平县志》卷一《礼祥》）

【广东】

自三年九月于四年八月，琼州府之琼山县郡属久遭旱灾，蝗虫漫天遍野，所过禾麦一空，饿莩载道，鬻男女渡海者以万计。（清道光《琼州府志》卷四二《事纪》）

【广西】

思恩府之武缘县有蝗害稼。（鲁克亮《清代广西蝗灾研究》）

【海南】

是年，琼州府之文昌县飞蝗入境。（清咸丰《文昌县志》卷一六《灾祥》）

秋，琼州府之定安县蝗群飞蔽天，落地盈寸，所至之野，禾稼一空。（清光绪《定安县志》卷一〇《灾祥》）

秋，万宁县蝗群飞蔽天，落地盈寸，所至之野，禾稼一空。（庞雄飞《海南岛蝗虫的研究》）

1825年（清道光五年）：

【北京】

近京一带颇有飞蝗，设法扑捕。（《清宣宗实录》卷八三）

六月，顺天府之昌平州蝗。（清光绪《顺天府志》卷六九《祥异》）

顺天府之顺义县蝗。（民国《顺义县志》卷一六《杂事》）

【天津】

顺天府之蓟州有蝗。（清道光《蓟州志》卷二《灾祥》）

【河北】

正月，直隶省御史奏：顺天府之霸州，保定府之安肃、定兴等州县蝗蝻萌生。（《清宣宗实录》卷七八）

五月，顺天府之香河等十四州县有蝻子出土萌生。（《清宣宗实录》卷八二）

夏，大旱，正定府之正定县飞蝗蔽天，禾尽损。（清光绪《正定县志》卷八《灾祥》）

秋，正定府之灵寿县蝗。（清同治《灵寿县志》卷三《灾祥》）

正定府之晋州旱，蝗。（民国《晋县志》卷五《灾祥》）

六月，正定府之井陉县飞蝗蔽天，从东来，入山西界，为害犹浅。至七月间，蝻子出，街坊人家无处不到，所种晚稼全被食尽，寸草不留。（清光绪《续修井陉县志》卷三《祥

异》）

秋，正定府之新乐县蝗。（清光绪《重修新乐县志》卷四《灾祥》）

定州之深泽县旱，蝗。（清咸丰《深泽县志》卷一《邑事》）

正定府之平山县蝗蝻为灾。（清咸丰《平山县志》卷一《灾祥》）

永平府之昌黎县蝗。（清同治《昌黎县志》卷一《灾沴》）

春，永平府之卢龙县蟓食苗。夏、秋，蝗，大旱，禾尽枯。（清光绪《永平府志》卷三一《纪事》）

六月，永平府之临榆县蝗随海潮至，飞蔽天日，数日蝻生，食禾尽。岁大饥。（清光绪《临榆县志》卷九《纪事》）

五月，永平府之抚宁县蝻生。（清光绪《抚宁县志》卷三《前事》）

春，永平府之滦州蟓食苗。秋，蝗，大旱，禾尽枯。（清光绪《滦州志》卷九《纪事》）

秋七月，定州蝗群飞蔽日，三日乃止。（清道光《直隶定州志》卷二〇《祥异》）

七月，保定府之清苑县蝗群飞蔽日，三日乃止。（民国《清苑县志》卷六《大事》）

保定府之定兴县蝻害禾稼。（清光绪《定兴县志》卷一九《大事》）

秋，保定府之唐县蝗害稼，城涧村尤甚。（清光绪《唐县志》卷一一《祥异》）

六月，保定府之新城县蝗蝻害稼。（清道光《新城县志》卷一五《祥异》）

定州之曲阳县飞蝗入境，成灾。（清光绪《重修曲阳县志》卷五《灾异》）

河间府之任丘县蝗蝻萌生，赵之廉率村人逐处挖捕，禾稼得以无害。（清道光《任丘县志续编》卷上《人物》）

河间府之献县蝗。（民国《献县志》卷一九《故实》）

冬十月，广平府之邯郸县蝗。飞蝗自北而来，遮天蔽日，所至麦苗一空，邑令设厂四门，市之，斤给钱二十余文。（清光绪《邯郸县志》卷七《灾祥》）

秋八月，广平府之永年县蝗伤麦苗。（清光绪《永年县志》卷一九《祥异》）

顺德府之沙河县蝗。（清道光《续增沙河县志》卷上《祥异》）

八月十五日午时，顺德府之内丘县飞蝗蔽天，自北来，将田苗食尽，晚禾亦多被食，至九月乃尽死。（清道光《内丘县志》卷三《祥异》）

广平府蝗伤麦苗。至十月，蝗自北来，食麦苗殆尽。（清光绪《广平府志》卷三三《祥异》）

【山西】

七月，太原府之阳曲县杨兴贾庄等二十余村飞蝗入境，损伤禾稼。（清道光《阳曲县志》卷一六《祥异》）

秋，昔阳县飞蝗翳日。（民国《昔阳县志》卷一《祥异》）

平定州之盂县蝗食禾，民饥。（清光绪《盂县志》卷五《灾异》）

【辽宁】

六月，绥中县蝗随海潮至，飞蔽天日，数日蝻生，食禾尽。岁大饥。（民国《绥中县志》卷一《灾祥》）

【山东】

夏，旱，青州府之博兴县有蝗。（清道光《重修博兴县志》卷一三《祥异》）

济南府之长清县旱，蝗生。（清道光《长清县志》卷一六《祥异》）

泰安府之东平州蝗，旱。（清光绪《东平州志》卷二五《五行》）

济宁州蝗，旱。（清道光《济宁直隶州志》卷一《五行》）

东昌府之冠县旱，蝗生。（清道光《冠县志》卷一〇《祲祥》）

【江苏】

海州之赣榆县大蝗。（清光绪《赣榆县志》卷一一《人物》）

【福建】

七月，延平府之沙县蝗。（清道光《沙县志》卷一五《祥异》）

【河南】

四月，归德府之永城县县境有蝗遗蝻子，滋延数十里。炎暑烈日中捕蝗不遗余力，蝗遂不能为灾。（清光绪《永城县志》卷一一《名宦》）

许州蝗食豆叶殆尽。（清道光《许州志》卷一一《祥异》）

怀庆府之孟县蝗灾，禾稼受害严重。（民国《孟县志》卷一〇《杂记》）

1826年（清道光六年）：

【河北】

夏，旱，正定府之正定县蝗。（清光绪《正定县志》卷八《灾祥》）

永平府之迁安县蝗。（清同治《迁安县志》卷九《纪事》）

夏五月八日，永平府之卢龙县蝗自抚宁西北方来，伤田苗殆尽。（清光绪《永平府志》卷三一《纪事》）

夏五月初八日，永平府之抚宁县蝗自西北方来，伤田苗殆尽。（清光绪《抚宁县志》卷三《前事》）

二月，永平府之滦州蝗。（清光绪《滦州志》卷九《纪事》）

正定府之阜平县蝗。（清同治《阜平县志》卷四《灾祲》）

秋七月，广平府之曲周县蝗。（清同治《曲周县志》卷一九《灾祥》）

夏六月，大名府之开州蝗生遍野，各村受灾。（清光绪《开州志》卷一《祥异》）

【山西】

四月，太原府之阳曲县贾庄等村飞蝗复生，知县文雇侠扑灭。（清道光《阳曲县志》卷一六《祥异》）

【安徽】

五月，庐州府之巢县西乡湖滩生蝗，蔓延十余里。（清光绪《续修庐州府志》卷九三《祥异》）

【山东】

秋，兖州府之邹县蝗。（清光绪《邹县续志》卷一《祥异》）

东阿县夏有蜚，秋大蝗。（清道光《东阿县志》卷二三《祥异》）

【河南】

秋，河南各县蝗，彰德府之武安县蝗最多。（民国《武安县志》卷一六《灾祥》）

1827年（清道光七年）：

【河北】

七月间，正定府之元氏县飞蝗入境，晚禾不熟。（清光绪《元氏县志》卷四《灾祥》）

【江苏】

徐州府之沛县螽蝗漫野，麦菽俱啮尽，岁大饥，自是蝗灾，数年乃灭。（民国《沛县志》卷二《灾祥》）

【安徽】

夏五月，安庆府之宿松县洲地蝗蝻延蔓。（清道光《宿松县》卷二八《祥异》）

【湖北】

秋，德安府之应山县蝗。大有年。（清同治《应山县志》卷一《祥异》）

【四川】

秋，重庆府之綦江县蟓生，害稼。（清道光《重庆府志》卷九《祥异》）

1828年（清道光八年）：

【浙江】

绍兴府之诸暨县秋蝗。（清光绪《诸暨县志》卷一八《灾异》）

【西藏】

[土鼠年] 噶厦就补具蝗灾减免证明事给杰地与古朗地区之批示：据呈，土鼠年，古朗地区准达根布属下庄稼遭受严重蝗灾，因而减免收入三分之一。（西藏自治区历史档案馆、社会科学院等编《西藏历史档案丛书·灾异志·雹霜虫灾篇》）

1829年（清道光九年）：

【山东】

秋，济南府之历城县螣害稼，民饥。（民国《续修历城县志》卷一《总纪》）

秋，济南府之齐河县螣害稼，民饥。（民国《齐河县志·大事记》）

【西藏】

［土牛年］噶厦就补具蝗灾减免证明事给杰地与古朗地区之批示：土牛年杰地、古朗百姓之庄稼受蝗灾，减免收成中需支付之马饲料粮、青稞与草料，因系临时减免，禀帖未曾保管好，致使现在补具证明，等情。（西藏自治区历史档案馆、社会科学院等编《西藏历史档案丛书·灾异志·雹霜虫灾篇》）

1830年（清道光十年）：

【广东】

高州府之电白县旱，蝗，大饥。（清光绪《重修电白县志》卷二九《前事》）

【四川】

秋，潼川府之安岳县蝗，公竭诚祷祝，蝗寻灭。是岁大熟。（清光绪《续修安岳县志》卷三《人物》）

【陕西】

汉中府之定远厅飞蝗入境。（清光绪《定远厅志》卷二四《祥异》）

【甘肃】

三月二十四日，泾州之灵台县有飞蝗随风，黑如云，落地密似雨。次日遗子而去。是年蝗食麦苗，仅获种籽。（民国《重修灵台县志》卷三《灾异》）

1831年（清道光十一年）：

【河北】

夏，顺德府之内丘县飞蝗蔽天，自东北向西南去，绝不伤稼。（清道光《内丘县志》卷三《水旱》）

【湖北】

荆州府之江陵县复蝗。（民国《湖北通志》卷三〇《坛庙》）

【广东】

高州府之电白县复旱，有蝗。（清光绪《重修电白县志》卷二九《前事》）

【广西】

南宁府飞蝗入境，州县官俱捕蝗。（清道光《南宁府志》卷三九《禨祥》）

南宁府之横州飞蝗入境。（鲁克亮《清代广西蝗灾研究》）

1832年（清道光十二年）：

【天津】

天津府之天津县蝻孽萌动。(《清宣宗实录》卷二一三)

【河北】

六月，顺天府之宁河县、文安县等处及河间府之河间蝻孽萌动。(《清宣宗实录》卷二一三)

【山西】

大同府之天镇县飞蝗入境，祷于神。(清光绪《天镇县志》卷四《列传》)

朔平府之右玉县旱，蝗。(民国《马邑县志》卷一《舆地》)

七月，代州旱，蝗。(清光绪《代州志》卷一二《大事记》)

宁武府之神池县蝗蔽日，是年合邑大饥。(清光绪《神池县志》卷九《事考》)

【河南】

夏，开封府之密县蝗蝻蔽野。(民国《密县志》卷一九《祥异》)

【湖北】

八月，宜昌府飞蝗过西坝，食禾稼殆尽。(清同治《宜昌府志》卷一《祥异》)

宜昌府之长阳县蝗，食禾稼殆尽。(民国《湖北通志》卷一二《祥异》)

【湖南】

秋，宝庆府之新宁县蝗伤稼，或言自广西桂林飞来，捕之不止。(清道光《宝庆府志》卷九九《五行略》)

【广西】

思恩府之迁江县蝗害禾。(清光绪《迁江县志》卷四《祥异》)

平乐府之荔浦县蝗。(民国《荔浦县志》卷一《祥异》)

思恩府之上林县有蝗。(民国《上林县志》卷一六《祥异》)

1833年（清道光十三年）：

【浙江】

衢州府之龙游县蝗。(民国《龙游县志》卷一五《祥异》)

【安徽】

楚雄府之定远县大旱，蝗。(民国《定远县志初稿·大事记》)

【福建】

秋，建宁府之蒲城县蝗食禾稼，遍及树叶。(清光绪《续修浦城县志》卷四二《祥异》)

六月，邵武府之泰宁县蝗害稼，禾苗不登。(民国《泰宁县志》卷三《祥异》)

【山东】

秋，沂州府之费县飞蝗蔽日，为灾。(清光绪《费县志》卷一六《祥异》)

【湖北】

武昌府之大冶县蝗。（清同治《大冶县志》卷八《祥异》）

大旱。次年，安陆府之京山县蝗。（清光绪《京山县志》卷一《祥异》）

秋，旱，郧阳府之郧县蝗，斗米钱二千四百文，死者枕藉于道。（清同治《郧阳府志》卷八《祥异》）

秋，旱，郧阳府之郧西县蝗，斗米钱二千四百文，死者枕藉。（清同治《郧西县志》卷二〇《祥异》）

【广东】

五月，廉州府之灵山县三宁及武利蝗。（民国《灵山县志》卷五《灾祥》）

【广西】

思恩府之武缘县有蝗，群飞蔽日，集木枝为之折，多方捕，时不甚为灾。（清道光《武缘县志》卷一〇《祆祥》）

五月，思恩府之上林县飞蝗蔽天，咀食禾叶。邑令孙蒙督率乡村捕之不尽，缩地生蝻，次年尚有遗孽。（清光绪《上林县志》卷一《灾异》）

思恩府之宾州飞蝗入境，小麦大歉。（清光绪《宾州志》卷二三《祥异》）

柳州府之罗城县蝗。（清道光《罗城县志》卷一《灾祥》）

是年，庆远府之宜山县飞蝗蔽天。（民国《宜山县志》卷二《灾祥》）

夏四月二十六日，融水县飞蝗蔽天，由南来，三数日消灭。六月，遗卵复发，数日即能食禾，较母蝗尤烈，是岁歉收。（民国《融水县志·地理》）

桂林府之阳朔县有蝗。（清道光《阳朔县志》卷二《灾祥》）

旱，蝗。（清光绪《郁林州志》卷四《饥祥》）

六月，浔州府之桂平县有蝗自西地入境，大宣里士民捐资捕收。是年岁大歉。（清道光《桂平县志》卷一六《杂记》）

五月，浔州府之平南县蝗自柳州来，漫天蔽野，入邑境，民大骇。邑侯张君以祷，蝗所过处，信宿引去，不啮一苗，不蠲一亩，禾稼赖以全。（清道光《平南县志》卷二一《艺文》）

梧州府容县蝗初发，自平、桂邻境来。（清光绪《容县志》卷二《祆祥》）

郁林州之北流县蝗。（清光绪《北流县志》卷一《祆祥》）

浔州府之贵县飞蝗遍野，损害禾稼。（民国《贵县志》卷一八《杂记》）

梧州府之藤县蝗陡起处，禾草食尽。（清光绪《藤县志》卷二一《灾祥》）

1834 年（清道光十四年）：

【浙江】

衢州府之龙游县又蝗。连年灾歉，米价甚高，每斤至巢钱四十文。（民国《龙游县志·通纪》）

【安徽】

庐州府之巢县旱，蝗。（清光绪《续修庐州府志》卷九三《祥异》）

【江西】

九江府之彭泽县蝗灾。（清同治《彭泽县志》卷一八《祥异》）

甲午、乙未两年，大旱，抚州府之崇仁县飞蝗遍野，谷价较常数倍。邑绅甘扬声首先捐钱，设局收买瘗之。一时乡民环应，盈筐累担纷之投局，由是蝗渐少。忽连日西风暴作，蝗尽吹灭。（清同治《崇仁县志》卷一〇《祥异》）

建昌府之新城县蝗损禾稼，大饥。知县李荫枢率富民运籴赈粥。（清同治《建昌府志》卷一〇《祥异》）

【山东】

秋七月，大水，兖州府之峄县有蝗。（清光绪《峄县志》卷一五《灾祥》）

兖州府之滕县蝗。（清道光《滕县志》卷五《灾祥》）

【湖北】

是年，德安府之云梦县水、旱、蝗兼有，人民饿死离散无数。（清道光《云梦县志略》卷末《杂识》）

德安府旱，蝗，兼有人民饿死，离散无数。（清光绪《德安府志》卷二〇《祥异》）

德安府之随州蝗。（清同治《随州志》卷一七《祥异》）

襄阳府之枣阳县旱，蝗。（清同治《枣阳县志》卷一六《祥异》）

安陆府之潜江县旱，蝗。（章义和《中国蝗灾史》）

【广东】

三月，广州府有蝗。（民国《广东通志·前事略》）

广州府之三水县有蝗。（清光绪《广州府志》卷八一《前事》）

秋，高州府之吴川县飞蝗至，知县崔国政率兵捕之。（清光绪《高州府志》卷五〇《事纪》）

夏五月，肇庆府之四会县蝗。（清光绪《四会县志》卷一〇《灾祥》）

八月、九月，肇庆府之封川县有蝗，民捕之，不为灾。（清道光《封川县志》卷一〇《前事》）

八月，廉州府之灵山县飞蝗蔽天，食田禾几尽。（民国《灵山县志》卷五《灾祥》）

【广西】

思恩府之武缘县有蝗。（清道光《武缘县志》卷一〇《祯祥》）

思恩府之宾州蝗蝻飞蔽天日，麦禾大被损伤，米价腾贵。（清光绪《宾州志》卷二三《祥异》）

柳州府之罗城县蝗。（清道光《罗城县志》卷一《灾祥》）

庆远府之宜山县蝗。（民国《宜山县志》卷二《灾祥》）

思恩府之迁江县蝗虫害稼。（清光绪《迁江县志》卷四《祥异》）

柳州府之来宾县蝗虫害稼。（鲁克亮《清代广西蝗灾研究》）

秋七月，桂林府之全州长万区有蝗，食禾稼。外平区蝗害亦同。（民国《全县志》卷七《灾异》）

平乐府之恭城县螟①大作，飞空蔽日，田禾、地货被食，苗殆尽。虽有萌蘖，十生其半，惟红术之苗浆重糊口，不食。民间于五更时乘螟着露，不能奋飞，扫挑报知县达晋验明，每担给铜钱四百文，五日内给出铜钱二百数十余串，出示晓谕，扫挑堆烧。奈一螟生百子，次日能飞，耕种之男妇老少皆以五色旌幡至田间摇动，使螟不能入田地之内。是岁十仅收四。（清光绪《恭城县志》卷四《祥异》）

秋七月，梧州府之苍梧县蝗蝻害稼，民掠食。（清同治《苍梧县志》卷一七《纪事》）

秋八月，梧州府之藤县蝗虫陡起，飞则蔽日，止则遍野漫山，所到之处，禾稼、青草、树木耗食殆尽。（清同治《藤县志》卷二一《杂记》）

郁林州飞蝗蔽天，害稼，食草木叶俱尽。（清光绪《郁林州志》卷四《饥祥》）

夏，浔州府之桂平县蝗蝻滋生，山内尤多，藏于林箐中，难以收捕。早禾被害几半，由山出洞，漫空而过如烟雾然，粤地无蝗，此为创见。（清道光《桂平县志》卷一六《杂记》）

郁林州之北流县蝗害稼，知县邓云祥捐廉收蝗。（清光绪《北流县志》卷一《祯祥》）

郁林州之陆川县蝗害稼。（清道光《广西陆川县志》卷二《祯祥》）

柳州府水灾兼蝗灾。（鲁克亮《清代广西蝗灾研究》）

浔州府之平南县蝗益甲午，蝗灾越乙未、丙申。（鲁克亮《清代广西蝗灾研究》）

【陕西】

汉中府之洋县蝗大至，伤禾。知县清安太率众捕之。（清光绪《洋县志》卷八《拾遗》）

1835年（清道光十五年）：

十二月，内阁大臣奏：今年南省间有蝗害，遍野飞扬。（《清宣宗实录》卷二七六）

---

① 螟，似应为"蝗"字之误。

【河北】

秋，正定府之灵寿县蝗食麦苗。（清同治《灵寿县志》卷三《灾祥》）

秋，正定府之平山县有蝗。（清咸丰《平山县志》卷一《灾祥》）

秋，大名府之开州飞蝗害稼。（清光绪《开州志》卷一《祥异》）

【山西】

夏，绛州之绛县旱，有蝗。（清光绪《绛县志》卷一二《祥异》）

【江苏】

江宁府之江浦县旱，蝗。（清光绪《江浦埤乘》卷三九《祥异》）

江宁府之溧水县旱，蝗。（清光绪《溧水县志》卷一《庶征》）

江宁府之高淳县复旱，蝗，邑主令民扑捕，给价收买。（清光绪《高淳县志》卷一二《祥异》）

夏，扬州府之兴化县蝗过，不损禾稼。（清咸丰《重修兴化县志》卷一《祥异》）

秋，旱，扬州府之宝应县蝗。（民国《宝应县志》卷五《水旱》）

徐州府之宿迁县蝗。（民国《宿迁县志》卷七《水旱》）

淮安府之阜宁县大旱，蝗。（清光绪《阜宁县志》卷二一《祥祲》）

夏，扬州府之高邮州蝗。（章义和《中国蝗灾史》）

【安徽】

秋，旱，庐州府之庐江县蝗。（清光绪《庐江县志》卷一六《祥异》）

庐州府之巢县蝗。（清光绪《续修庐州府志》卷九三《祥异》）

安庆府之桐城县大旱，蝗为灾。（清同治《桐城县志》卷一〇《祥异》）

夏，大旱，安庆府之宿松县蝗。奉旨照灾田分数蠲缓。（清同治《宿松县志》卷一〇《蠲赈》）

秋八月，安庆府之潜山县蝗虫至，禾稼未甚侵害。（民国《潜山县志》卷二九《祥异》）

六安州，秋蝗蔽空，六安未积，英、霍山伤稼十之三。（清同治《六安州志》卷五五《祥异》）

秋，旱，泗州之盱眙县蝗。（清同治《盱眙县志》卷一〇《杂类》）

六安州之霍山县西山蝗，伤苗十之三。（清光绪《霍山县志》卷一五《祥异》）

泗州之五河县蝗生遍野。（清光绪《重修五河县志》卷一九《祥异》）

徽州府之祁门县蝗入十九都、二十二都。岁饥。（清同治《祁门县志》卷三六《祥异》）

【江西】

六七月，南昌府之南昌县蝗蝻为灾。迨八月中秋夕，群飞蔽天，竟至掩月无光。（清同治《南昌县志》卷二九《祥异》）

秋七月，南昌府属旱，蝗，民饥奉。（清同治《南昌府志》卷六五《祥异》）

九江府之德化县大旱，蝗。（清同治《德化县志》卷五三《祥异》）

秋，九江府之湖口县蝗为灾，民多流亡。（清同治《湖口县志》卷一〇《祥异》）

临江府蝗，饥。（清同治《临江府志》卷一五《祥异》）

八月，南昌府之武宁县蝗。初自建昌入境，蔓延遍野。知县林躬率兵役出捕，复捐俸募民，穴地火攻，弥旬不灭，忽西风暴雨，诘朝遂绝。（清道光《武宁县志》卷二七《祥异》）

乙未夏，永修县旱，蝗。丙申，蝗更甚。邑侯钮公士元谕民捕治。六月，忽有黑翼白腹之鸟翔集成群，啄而食之，蝗渐消灭。（清同治《建昌县志》卷一二《祥异》）

广信府之弋阳县里东流口地方蝗生。大饥，民掘观音土食之。（清同治《弋阳县志》卷一四《祥异》）

秋，广信府之贵溪县螟蝗害稼。（清同治《贵溪县志》卷一〇《祥异》）

秋八月，饶州府之鄱阳县大旱，高低早晚稻概行无收。秋间种粟，复被蝗食，民采草根树皮以为食。（清同治《鄱阳县志》卷二一《灾祥》）

七月，饶州府有蝗自楚北渡江来，声如潮涌，所至食禾苗，菜蔬、松竹叶俱尽，岁大饥。（清同治《饶州府志》卷三一《祥异》）

秋，大旱，饶州府之余干县蝗蝻遍野，米腾贵。大饥，阖县钱粮缓征。（清同治《余干县志》卷二〇《祥异》）

七月，饶州府之乐平县有蝗，自楚北渡江而来，声如潮涌，所至食禾苗，菜蔬、竹木叶殆尽。是岁，自首夏及孟秋苦旱，八月始得雨，秋苗稍苏，粟稻可补种十之二三，蝗亦渐息。（清同治《乐平县志》卷一〇《祥异》）

饶州府之德兴县蝗蝻继起，荒歉殊甚。（民国《德兴县志》卷六《名宦》）

饶州府之安仁县大旱，自四月不雨至九月，蝗虫起，飞蔽天日，食禾粟殆尽。（清同治《安仁县志》卷三四《祥异》）

饶州府之万年县大旱，飞蝗入境，合县被灾，西北十三村木叶亦被食尽。（清同治《万年县志》卷一二《灾异》）

瑞州府志上高县夏旱，蝗。（清同治《重修上高县志》卷九《祥异》）

八月，临江府之清江县蝗，饥。（清同治《清江县志》卷一〇《祥异》）

南康府之安义县飞蝗蔽天，伤稼。（清同治《安义县志》卷一六《祥异》）

夏，南康府之建昌、安义皆苦旱，蝗。（清同治《南康府志》卷二三《祥异》）

六月，南昌府之丰城县蝗，大饥，民啮草啖土，饿莩载道。（清同治《丰城县志》卷二八《祥异》）

抚州府郡境蝗子生，满山谷，至次年三月尽死。（清光绪《抚州府志》卷八四《祥异》）

抚州府之金溪县飞蝗食禾，大饥。（清同治《金溪县志》卷三五《祥异》）

八月，久旱，抚州府之宜黄县蝗虫轰起，蔽日漫天，咬食田禾。是年米价昂，至每斗二百三十余文，次年春复如是。后经霜雪，蝗种始绝。（清同治《宜黄县志》卷四九《祥异》）

五月，抚州府之东乡县大旱，蝗子生，遍满山谷，至次年三月尽死。（清同治《东乡县志》卷九《祥异》）

七月，建昌府之南城县蝗。（清同治《南城县志》卷一〇《玑祥》）

八月，南昌府之进贤县蝗虫遍野，飞蔽天日，低洼之苗稼虫食漂没，民食草根、树皮、观音土，饿死者甚众。（清同治《进贤县志》卷二二《杂识》）

【山东】

六月，兖州府之阳谷县飞蝗蔽野，诏免山东积欠钱粮。（清光绪《阳谷县志》卷九《灾异》）

夏六月，兖州府之峄县蝗。（清光绪《峄县志》卷一五《灾祥》）

济南府之济阳县蝗蝻遍野，不第害稼，草根、树叶均被食尽。（民国《济阳县志》卷二〇《祥异》）

武定府之利津县旱，蝗。岁大饥。（清光绪《利津县志》卷一〇《祥异》）

武定府之滨州、蒲台县有蝗。（清咸丰《武定府志》卷一四《祥异》）

七月，青州府之博兴县有蝗。（清道光《重修博兴县志》卷一三《祥异》）

青州府之安丘县飞蝗蔽天，横可四五里，绕城上，迤西而北，不知所止，亦多坠地死者。（清咸丰《青州府志》卷三〇《恤政》）

沂州府之费县蝗蝻生，扑打旬日乃尽，不为灾。（清光绪《费县志》卷一六《祥异》）

春，旱。秋，秦安府之肥城县蝗。（清光绪《肥城县志》卷一〇《祥异》）

泰安府之新泰县旱，蝗。大饥，城关殍积。（清光绪增刻乾隆《新泰县志》卷七《灾祥》）

春，旱。泰安府之东平州秋蝗。（清光绪《东平州志》卷二五《五行》）

济宁州春旱，秋蝗。（清道光《济宁直隶州志》卷一《五行》）

六月，曹州府之巨野县蝗。（清道光《巨野县志》卷二《编年》）

六月初五，曹州府之郓城县飞蝗至。（清光绪《郓城县志》卷九《灾祥》）

秋，曹州府之观城县蝗生。（清道光《观城县志》卷十《祥异》）

六月初五日，兖州府之寿张县有飞蝗蔽野，食禾，灾未甚。（清光绪《寿张县志》卷一〇《灾变》）

武定府之滨州、济宁府之嘉祥县亦蝗。（章义和《中国蝗灾史》）

【河南】

卫辉府之辉县旱，秋有蝗。（清道光《辉县志·祥异》）

八月初四日辰时，地动，卫辉府之浚县有蝗为灾。（清光绪《续浚县志》卷三《祥异》）

夏六月，南阳府之裕州蝻伤禾稼为灾。秋七月，飞蝗由西南向东北经过，坠落田野，乡民多捕杀之，未成巨灾。（民国《方城县志》卷五《灾异》）

南阳府之镇平县蝗食秋稼，遗蝗子。次年复生。（清光绪《镇平县志》卷一《祥异》）

河南府之宜阳县谷既熟，有蝗蔽天而至，所经之处秋禾俱尽。（清光绪《宜阳县志》卷二《祥异》）

六月，台前县飞蝗蔽野。（台前县地方史志编纂委员会编《台前县志》）

【湖北】

汉阳府之汉阳县蝗。（清同治《续辑汉阳县志》卷四《祥异》）

春、夏，大旱。秋，武昌府之大冶县蝗，禾枯井涸，道殣相望，山民掘食蕨根。（清同治《大冶县志》卷八《祥异》）

汉阳府之孝感县大旱，蝗蝻遍野。（民国《湖北通志》卷一二二《宦迹》）

汉阳府之黄陂县大旱，蝗蔽日。米昂贵，野有饿莩。（清同治《黄陂县志》卷一《祥异》）

汉阳府之汉川县先年冬已发蝗，所生之子在土中，动挖数石。至四五月盛发，所到之处尽遭其害。（清道光《汉川县志·祥异》）

德安府之应城县夏旱，秋蝗。（清光绪《德安府志》卷二〇《祥异》）

襄阳府之谷城县亦蝗。（章义和《中国蝗灾史》）

黄州府之黄冈县旱，蝗。（清道光《黄冈县志》卷二二《祥异》）

六月，黄州府之黄安县飞蝗遍野食禾。邑侯刘坤琳捐廉，募民捕之。（清同治《黄安县志》卷一〇《祥异》）

黄州府大旱，蝗。岁大饥。（清光绪《黄州府志》卷四〇《祥异》）

黄州府之麻城县旱，蝗。因春麦大熟，民无饥色。（清光绪《麻城县志》卷二《大事》）

秋，黄州府之罗田县蝗蔽空而来，邑令孙湄率僚属居民扑灭。（清光绪《罗田县志》卷八《祥异》）

黄州府之蕲州大旱，蝗。（清咸丰《蕲州志》卷二五《祥异》）

秋，德安府之应山县蝗蔽空而来，遗子入地。（清道光《应山县志》卷二六《祥异》）

夏，旱，武昌府之咸宁县蝗，大疫。（清同治《咸宁县志》卷一五《灾异》）

武昌府之武昌县大旱，蝗。（清光绪《武昌县志》卷一〇《祥异》）

武昌府之崇阳县旱，飞蝗入境。知县王观潮率众捕之，寻灭。（清同治《崇阳县志》卷

一二《灾祥》)

秋，武昌府之蒲圻县有蝗。(清道光《蒲圻县志》卷一《灾异》)

荆州府之江陵县蝗蝻为灾，次年蝻孽复萌。(清光绪《荆州府志》卷七六《灾异》)

七月，安陆府之钟祥县飞蝗蔽日，大水溃堤。(清同治《钟祥县志》卷一七《祥异》)

荆州府之监利县大旱，飞蝗蔽天，久之乃灭。(清同治《监利县志》卷一二《丰歉》)

荆州府之石首县大旱，蝗。(清光绪《荆州府志》卷七六《灾异》)

夏五月，安陆府之潜江县蝗。(清光绪《潜江县志续》卷二《灾祥》)

秋七月，汉阳府之沔阳州飞蝗蔽天，啮小儿有死者。(清光绪《沔阳州志》卷一《祥异》)

荆州府之公安县大旱，蝗蝻蔽天，害稼殆尽。(清光绪《荆州府志》卷七六《灾异》)

荆州府之松滋县夏大旱，蝗。(清光绪《荆州府志》卷七六《灾异》)

荆门州之远安县飞蝗蔽天，设法捕治，禾不为害。(清咸丰《远安县志》卷三《祥异》)

十五年，荆门州之当阳县旱，蝗，至十六年冬始止。(清同治《当阳县志》卷二《祥异》)

秋，襄阳府之均州蝗入境，大祲无禾。(清光绪《续辑均州志》卷一三《祥异》)

七月十四日，襄阳府之谷城县飞蝗遮天盖地，田中禾苗一过乌有。(清同治《谷城县志》卷八《祥异》)

夏四月，襄阳府之光化县蝗。秋七月，蝗，西乡更甚。知县陆焚之，始绝。(清光绪《光化县志》卷八《祥异》)

安陆府、玉山、武昌府亦蝗。(章义和《中国蝗灾史》)

【湖南】

长沙府大旱，飞蝗蔽天，晚稻无获。(清光绪《湖南通志》卷二四四《祥异》)

岳州府之临湘县大旱，飞蝗蔽天。(清同治《临湘县志》卷二《祥异》)

蝗，长沙府之湘阴县知县李蓉镜捕之力，灾亦少杀。(清光绪《湘阴县图志》卷二九《灾祥》)

岳州府之华容县大旱，蝗。(清光绪《华容县志》卷一三《祥异》)

夏，旱。秋，长沙府之湘潭县蝗。(清光绪《湘潭县志》卷九《五行》)

五月，不雨。七月，长沙府之浏阳县蝗。(清同治《浏阳县志》卷一四《祥异》)

夏，永州府之零陵县数月不雨，蝗飞蔽日。岁大饥，斗米五百余。(清光绪《零陵县志》卷一二《祥异》)

五月，永州府之江华县飞蝗由粤西入境，伤稼甚多。邑令田名征设法捕，次年始不为灾。(清同治《江华县志》卷一二《灾异》)

五月，永州府之永明县大旱，蝗虫食稼。（清道光《永明县志》卷一三《祥异》）

夏，大旱。六月，澧州府之安乡县蝗，高下田皆失收。（清同治《直隶澧州志》卷一九《机祥》）

夏，旱，长沙府之宁乡县蝗过界。（清同治《续修宁乡县志》卷二《祥异》）

【广东】

粤罕蝗，伤稼。……盖蝗之遗种地下者，亦冻死。（民国《续修广东通志·杂录》）

夏，广州府之番禺县蝗。（清同治《番禺县志》卷二二《前事》）

广州府之清远县有蝗，民驱蝗，不为害。（清光绪《清远县志》卷一二《前事》）

闰六月，连山厅飞蝗入境，害稼。（清光绪《连山乡土志·名宦》）

闰六月初九日，广州府之南海县蝗虫到乡，旬余始灭。蝗虫为害，冬落棉花雪，深数寸，蝗虫冻死。后无蝗亦无雪。（清光绪《九江儒林乡志》卷三《气候》）

闰六月初九日，广州府之顺德县龙山乡有蝗，旬余始灭。（民国《龙山县志》卷二《灾祥》）

广州府之香山县飞蝗遍境，自广西至，北风作，乃随风去，溺于海。（清光绪《香山县志》卷二二《祥异》）

闰六月，广州府之新会县蝗。署县黄定宜捕之，并设局收买，蝗不为灾。（清道光《新会县志》卷一四《事略》）

六月，肇庆府之高明县大蝗。初闻西省有蝗，每下集草根俱尽，至是飒飒而来，遮天蔽日，乡民以锣鼓声逐之，田禾乃无恙。（清光绪《高明县志》卷一五《前事》）

夏秋间，廉州府之灵山县蝗。（民国《灵山县志》卷五《灾祥》）

秋七月，肇庆府之开平县巨蝗自东南来，蔽日无光，践踏田禾。是夜，飓风雷雨，蝗溺死者如山积。（民国《开平县志·前事》）

秋，广州府之新宁县有蝗。（清道光《新宁县志》卷七《事纪》）

肇庆府之阳春县蝗。（民国《阳春县志》卷一三《事纪》）

夏、秋，肇庆府之高要县蝗。（清宣统《高要县志》卷二五《纪事》）

六月，飞蝗蔽天，自西而东。（清同治《怀集县志》卷八《前事》）

夏六月，肇庆府之庆德州蝗。（清光绪《庆德州志》卷一五《纪事》）

【广西】

春，飞蝗害稼。（清光绪《郁林州志》卷四《饥祥》）

春、夏，思恩府之武缘县余蝗尚未尽灭。（清道光《武缘县志》卷一〇《机祥》）

思恩府之宾州连年蝗蝻，飞蔽天日，麦禾大被损伤，米价腾贵。（清光绪《宾州志》卷二三《祥异》）

柳州府之罗城县蝗。（清道光《罗城县志》卷一《灾祥》）

庆远府之宜山县蝗。（民国《宜山县志》卷二《灾祥》）

柳州府之来宾县飞蝗蔽天。（民国《迁江县志》卷五《事纪》）

临桂县蝗。（清光绪《临桂县志》卷一八《前事》）

六月，桂林府之全州万全乡文家村蝗食青苗，来时飞蔽天日。（民国《全县志》卷七《灾异》）

夏，桂林府之灌阳县有蝗入境，几伤货物。（清道光《灌阳县志》卷二〇《事纪》）

五月内，桂林府之永福县蝗虫入境，飞空蔽日，有时飞落田间，顷刻禾苗食尽，在草坪亦然。（清光绪《永宁州志》卷三《灾异》）

梧州府之苍梧县飞蝗蔽天，蝗所至禾稼为空，野无青草，府县官令人捕之，愈捕愈多，入夜地则朝产百子。冬十二月戊寅，大雪如棉，蝗尽死。（清同治《苍梧县志》卷一七《纪事》）

六月，大旱，平乐府之富川县蝗。（清光绪《富川县志》卷一二《灾祥》）

夏六月，梧州府之藤县蝗虫又起，害稼。冬十二月，大雨雪，平地深尺许，蝗一夕死尽。（清同治《藤县志》卷二一《杂记》）

浔州府之桂平县蝗害渐息，山内冬收，无蝗。十二月二十夜，大雪。次年，蝗种灭绝，两稻丰收。（清道光《桂平县志》卷一六《杂记》）

浔州府之平南县蝗食草木，百谷殆尽。（清光绪《浔州府志》卷五六《纪事》）

梧州府容县蝗灾，所落处寸草为空，屎下地皆生蛹子。（清光绪《容县志》卷二《祅祥》）

六月至闰六月间，郁林州之北流县有蝗蝻。（清光绪《北流县志》卷一《祅祥》）

广西各地蝗灾甚烈，蝗虫所落处，寸草为空，民大饥。（章义和《中国蝗灾史》）

柳州府入夏以来间有蝗蝻萌动。（鲁克亮《清代广西蝗灾研究》）

柳州府之象州境内有蝗蝻。（鲁克亮《清代广西蝗灾研究》）

浔州府之武宣县境内有蝗蝻。（鲁克亮《清代广西蝗灾研究》）

入夏以来，环江县间有蝗蝻萌动。（鲁克亮《清代广西蝗灾研究》）

入夏以来，南宁府间有蝗蝻萌动。（鲁克亮《清代广西蝗灾研究》）

六月至闰六月，郁林州之博白县间有蝗蝻。（鲁克亮《清代广西蝗灾研究》）

入夏以来，桂林府之桂林县间有蝗蝻萌动，五月间较多。（鲁克亮《清代广西蝗灾研究》）

入夏以来，平乐府平乐县间有蝗蝻萌动，五月间较多。（鲁克亮《清代广西蝗灾研究》）

【贵州】

六七月间，黎平府蝗虫伤稼。蝗虫初生曰蝻，成翅能飞曰蝗。黎郡向无此种，适因广西滋生，飞入境内，有伤禾稼。军民禀报，文武官遣兵持铳捕灭，所害者少，不致大灾。（清道光《黎平府志》卷一《祥异》）

【陕西】

商州之商南县蝗。（民国《商南县志》卷八《德性》）

1836年（清道光十六年）：

【河北】

据琦善奏：七月，宣化府及其所属蔚州、西宁、怀安等州县飞蝗自山西界内漫天蔽日而来，伤食田禾数十余顷。（《清宣宗实录》卷二八五）

正定府之藁城县蝗。（清光绪《藁城县志续补》卷四《事异》）

宣化府之蔚州飞蝗入境，至鸦儿涧寻毙。（清光绪《蔚州志》卷一八《大事记》）

七月，阳原县有蝗灾，乡人以草根、树皮果腹。（民国《察哈尔省通志》卷一六《孝义》）

夏，旱。秋七月，宣化府之怀安县飞蝗蔽天。（清光绪《怀安县志》卷三《灾祥》）

保定府之定兴县蝻，春夏大旱。（清光绪《定兴县志》卷一九《大事》）

保定府之新城县蝗不害稼。（清道光《新城县志》卷一五《祥异》）

五月，顺德府之任县先蝗，后飞蝗蔽空而过，数日，蝗孽生，几遍郊野。（民国《任县志》卷七《灾祥》）

冀州之新河县飞蝗蔽野，蝻继生。（清光绪《新河县志》卷二《灾祥》）

大名府大蝗。（清咸丰《大名府志》卷四《灾祥》）

夏五月，大名府之长垣县飞蝗如云。（清道光《续修长垣县志》卷下《祥异》）

大名府之开州蝗灾。（清光绪《开州志》卷一《祥异》）

【山西】

保德州之河曲，大同府之应州、浑源州、大同、山阴、怀仁，朔平府之朔州，忻州之定襄，代州之五台，太原府之岢岚州，归绥之清水河厅等十一厅州县蝗。（《清宣宗实录》卷二八五）

大同府之天镇县飞蝗入境。（清光绪《天镇县志》卷四《大事记》）

大同府之怀仁县飞蝗入境，秋禾尽食。百姓卖妻鬻子，流离死亡者过半焉。（清光绪《怀仁县新志》卷一《祥异》）

大同府之广灵县飞蝗入境，旱。（清光绪《广灵县补志》卷一《方域》）

六月，大同府之浑源州蝗入境，伤稼，大饥。（清光绪《浑源州续志》卷二《祥异》）

保德州之河曲县蝗蝻自县西入境，秋蝗。（清同治《河曲县志》卷五《祥异》）

汾州府之汾阳县蝗。（清道光《汾阳县志》卷一〇《事考续编》）

平阳府之岳阳县蝗。（民国《新修岳阳县志》卷一四《祥异》）

安泽县蝗。（民国《重修安泽县志》卷一四《灾祥》）

绛州之垣曲县旱，蝗蔽天，食禾立尽。（清光绪《垣曲县志》卷一四《杂志》）

七月，蒲州府之虞乡县蝗害稼。（清光绪《虞乡县志》卷一《祥异》）

【内蒙古】

秋，丰镇厅蝗害稼，民大饥。（清光绪《丰镇厅志》卷六《灾祥》）

【江苏】

秋，常州府之江阴县飞蝗自北而南，多集江涯山足，啮食草根。谷大稔。（清道光《江阴县志》卷八《祥异》）

九月，镇江府之丹徒县蝗。（清光绪《丹徒县志》卷五八《祥异》）

秋，扬州府之仪征县蝗，不伤稼。（清道光《重修仪征县志》卷四六《祥异》）

扬州府之高邮州蝗食竹叶、园蔬，不伤禾稼。（清道光《续增高邮州志》卷六《灾祥》）

秋，常州府之靖江县飞蝗入境，不伤禾稼。（清光绪《靖江县志》卷八《祲祥》）

淮安府之安东县蝗。（清光绪《安东县志》卷五《灾异》）

淮安府之阜宁县旱，蝗。（清光绪《阜宁县志》卷二一《祥祲》）

【安徽】

庐州府之庐江县旱，蝗。（清光绪《庐江县志》卷一六《祥异》）

夏，安庆府之桐城县有蝗。（清同治《桐城县志》卷一〇《祥异》）

安庆府之宿松县大旱，蝗害稼。（民国《宿松县志》卷三四七《祥异》）

秋八月，颍州府之霍邱县蝗从豫来。止于南乡，不可计数。（民国《霍邱县志》卷三《坛庙》）

夏，颍州府之亳州蝗。（清光绪《亳州志》卷一九《祥异》）

秋，滁州之全椒县蝗。（清光绪《全椒县志》卷一〇《祥异》）

【江西】

南昌府之靖安县大蝗。巡抚陈銮复札饬催祀。（清道光《靖安县续志》卷上《秩祀》）

九江府之德化县旱，蝗。（清同治《德化县志》卷五三《祥异》）

秋，九江府之瑞昌县飞蝗蔽日，禾尽蚀。（清同治《九江府志》卷五三《祥异》）

二、三月，广信府之弋阳县蝻复生，民心汹汹。按察使陈继昌饬邑侯吕上沆募饥民捕蝻，量给工食，一时赖以生活者甚众。（清咸丰《弋阳县志》卷一《祥异》）

春，饶州府之鄱阳县多蝗。夏四月，雨，蝗乃死。（清同治《鄱阳县志》卷二一《灾

祥》）

春，饶州府之余干县奉抚宪令，收蝗蝻遗种，邑绅捐钱收买。（清同治《余干县志》卷二〇《祥异》）

南康府之建昌县蝗，次年更甚。六月，有黑翼白腹之鸟翔集成群，啄而食之，蝗渐消灭。（清同治《南康府志》卷二三《祥异》）

【山东】

秦安府之肥城县旱，蝗食谷殆尽。（清光绪《肥城县志》卷一〇《祥异》）

泰安府之新泰县旱，蝗。大饥，城关殍积。（清光绪增刻乾隆《新泰县志》卷七《灾祥》）

兖州府之泗水县旱，蝗，岁大减。（清光绪《泗水县乡土志·耆旧》）

【河南】

夏四月，开封府之荥阳县蝗，食麦穗尽落。（清光绪《河阴志稿》卷三《祥异》）

夏六月，开封府之祥符县蝗。（清光绪《祥符县志》卷二三《祥异》）

开封府之中牟县蝗。（清同治《中牟县志》卷一《祥异》）

八月，归德府之夏邑县蝗飞蔽天。（民国《夏邑县志》卷九《灾异》）

六月，归德府之柘城县飞蝗从西北入境，遗生蝻子，食禾殆尽。（清光绪《柘城县志》卷一〇《灾祥》）

陈州府之扶沟县蝗。（清光绪《扶沟县志》卷一五《灾祥》）

秋七月，归德府之鹿邑县蝗蝻伤稼。（清光绪《鹿邑县志》卷六《民赋》）

六月，陈州府之项城县飞蝗遍野，早禾伤。七月，蝻生，食晚禾殆尽。（民国《项城县志》卷三一《杂事》）

七月，许州蝗，谷多伤。（清道光《许州志》卷一一《祥异》）

夏，开封府之鄢陵县邑有蝗食稼。上官督邑令李收买蝗子，用制钱一千余缗，患始息。（清同治《鄢陵文献志》卷二三《祥异》）

七月，许州之郾城县蝗，旱伤禾。（民国《郾城县志》卷五《大事》）

汝州之郏县蝗。（清同治《郏县志》卷一〇《杂事》）

七月，许州之临颍县蝗，谷多伤。（民国《重修临颍县志》卷一三《灾祥》）

五月，南阳府之叶县蝗，月余蝻生。（清同治《叶县志》卷一《舆地》）

七月，汝宁府之正阳县有飞蝗自西北来，遮天蔽日。（民国《重修正阳县志》卷三《大事记》）

南阳府之镇平县蝗食秋稼。（清光绪《镇平县志》卷一《祥异》）

七月，南阳府之内乡县蝗虫为灾，所至秋禾立尽。（民国《内乡县志》卷一二《灾异》）

六月，汝州之伊阳县蝗，知县张道超捐廉一千余两，督捕净尽，勘不成灾。七月二十一日，飞蝗不落。(清道光《重修伊阳县志》卷六《祥异》)

陕州之阌乡县蝗食秋苗殆尽。(民国《新修阌乡县志·通纪》)

八月十四日，河南府之宜阳县谷大熟，盖地蝗至，人皆连夜收获。是年麦苗食坏者十之二三。(清光绪《宜阳县志》卷二《祥异》)

陕州之灵宝县飞蝗蔽天，食秋苗殆尽。(清光绪《重修灵宝县志》卷八《机祥》)

四月，开封府之汜水县旱，蝗，岁饥。(民国《汜水县志》卷一二《祥异》)

五月，陈州府之商水县飞蝗至。六月，蝗蝻食禾稼。(民国《商水县志》卷二四《祥异》)

六月，汝州之鲁山县亳州蝗。(清同治《鲁山县全志》卷九《祥异》)

六月，陈州府之沈丘县蝗。(清道光《沈丘县志》卷一一《祥异》)

夏，汝州之宝丰县飞蝗过境，稍有为灾。(清同治《河南通志》卷五《祥异》)

【湖北】

黄州府之黄冈县蝗。(清道光《黄冈县志》卷二三《祥异》)

春，德安府之应山县蝻子遍生，邑侯翟率僚属居民扑灭，幸不为灾。(清道光《应山县志》卷二六《祥异》)

七月，安陆府之钟祥县飞蝗蔽日，野草俱尽，大水溃堤。(清同治《钟祥县志》卷一七《祥异》)

荆州府之宜都县大蝗，食苗尽。督吏民捕之，暴日中四十余日，肤皆焦黑。是岁民不饥。(清同治《宜都县志》卷三《政教》)

夏六月，郧阳府之郧县飞蝗蔽日，知县黄照率民捕之。(清同治《郧阳府志》卷八《祥异》)

春，襄阳府之均州蝗复为灾，食麦苗殆尽。罗军门思举督吏民捕而蒸之，两旬始灭。(清光绪《续辑均州志》卷一三《祥异》)

郧阳府之郧西县旱，蝗，大饥。(清同治《郧西县志》卷二〇《祥异》)

夏，旱，襄阳府之襄阳县蝗害稼。(清同治《襄阳县志》卷七《祥异》)

春，襄阳府之谷城县飞蝗食麦。(清同治《谷城县志》卷八《祥异》)

【湖南】

六月，长沙府之浏阳县蝗为灾。(清同治《浏阳县志》卷一四《灾祥》)

三、四月，澧州蝻虫遍野。(章义和《中国蝗灾史》)

【广西】

廉州府之灵山县檀墟方蝗。(民国《灵山县志》卷五《灾祥》)

桂林府之桂林县蝗灾，食草木百谷殆尽。（章义和《中国蝗灾史》）

临桂县蝗，食草木百谷殆尽。（清光绪《临桂县志》卷一八《前事》）

二月，桂林府之阳朔县蝻子复生。三月十四夜，西风大作，骤雨如注，遗孽殄灭殆尽。（清道光《阳朔县志》卷二《灾祥》）

平乐府之永安州蝗，食草木百谷殆尽。（清光绪《永安州志》卷一《灾祥》）

浔州府之平南县蝗益甚食草木，百谷殆尽。（清光绪《浔州府志》卷五六《纪事》）

【陕西】

同州府之大荔县蝗大起，群飞蔽天，所集之田顷刻辄尽，秋谷十损八九。（清道光《大荔县志》卷一《事征》）

夏四月，商州蝗。（民国《续修陕西通志稿》卷一九九《祥异》）

1837年（清道光十七年）：

贷山西朔平府之朔州等十一州厅县，陕西榆林府之葭州等九州岛县，甘肃兰州府之金县等十三州县旱、蝗灾仓谷口粮籽种。（《清史稿·灾异志》）

【河北】

宣化府之西宁县旱，蝗。（清同治《西宁新志》卷五《职官》）

夏，宣化府之怀安县蝻至。（清光绪《怀安县志》卷三《灾祥》）

【山西】

夏、秋，旱，保德州之河曲县蝗。岁大饥，斗米一两有余。（清同治《河曲县志》卷五《祥异》）

泽州府之阳城县旱，蝗。（清同治《阳城县志》卷一八《灾祥》）

夏六月，平阳府之曲沃县飞蝗蔽日。（民国《新修曲沃县志》卷三〇《灾祥》）

春，绛州之垣曲县蝻生，食麦苗，兼食秋苗，如扫。（清光绪《垣曲县志》卷一四《杂志》）

秋，解州之芮城县蝗害禾。（民国《芮城县志》卷一四《祥异》）

七月，解州之平陆县飞蝗入境，食尽田苗，秋无粟。（清光绪《平陆县续志》卷下《杂志》）

秋，蒲州府之永济县蝗虫害稼。（清光绪《永济县志》卷二三《事纪》）

【江苏】

江宁府之句容县东北二乡捕蝻。（清光绪《续纂句容县志》卷一九《祥异》）

扬州府之泰州设局收买蝻子。六月，蝗大作。（清宣统《续纂泰州志》卷一《祥异》）

淮安府之安东县蝗。（清光绪《安东县志》卷五《灾异》）

【安徽】

楚雄府之定远县旱，蝗。（民国《定远县志初稿·大事记》）

【山东】

秋，兖州府之峄县蝗。（清光绪《峄县志》卷一五《灾祥》）

秋八月，青州府之诸城县旱，蝗。（清光绪《增修诸城县续志》卷一《总纪》）

春，旱，莱州府之昌邑县蝗。（清光绪《昌邑县续志》卷七《祥异》）

秋九月，莱州府之胶州蝗蝻生。（清道光《胶州志》卷三五《祥异》）

夏、秋，莱州府之掖县蝗。（清道光《再续掖县志》卷三《祥异》）

沂州府之费县蝗。（清光绪《费县志》卷一六《祥异》）

泰安府之肥城县蝗蝻。春，大饥，死者枕藉。（清光绪《肥城县志》卷一〇《祥异》）

泰安府之东平州蝗。（清光绪《东平州志》卷二五《五行》）

兖州府之泗水县蝗蝻伤稼，逃散及饿死者甚多。（清光绪《泗水县志》卷一四《灾祥》）

蝗。（清道光《济宁直隶州志》卷一《五行》）

济宁州之金乡县蝗。（清咸丰《金乡县志略》卷一一《事纪》）

夏，曹州府之单县蝗。（民国《单县志》卷一四《物异》）

七月，曹州府之巨野县蝗。（清道光《巨野县志》卷二《编年》）

【河南】

开封府之中牟县蝗。（清同治《中牟县志》卷一《祥异》）

秋收未获，卫辉府之滑县有飞蝗，民大恐。（民国《重修滑县志》卷七《碑志》）

春，大饥。彰德府之内黄县蝻生，设场收买。（清光绪《内黄县志》卷八《事实》）

夏，汝州之鲁山县旱，蝗。（清乾隆《鲁山县全志》卷九《祥异》）

夏，陕州之阌乡县蝗飞蔽日，令捕之。秋，蝗食禾几尽。（清光绪《阌乡县志》卷一《灾祥》）

夏，旱，陕州之灵宝县蝗飞蔽日。秋，蝻食禾殆尽。（清光绪《重修灵宝县志》卷八《机祥》）

七月，河南府之永宁县蝗为灾。（民国《洛宁县志》卷一《祥异》）

夏，陕州蝗，秋食禾殆尽。（清光绪《陕州直隶州续志》卷一〇《灾祥》）

【湖北】

武昌府之兴国州蝗害稼。（清光绪《兴国州志》卷三六《寺观》）

秋，旱，郧阳府之郧县蝗。（清同治《郧县志》卷一《祥异》）

德安府之应城县蝗蝻。（章义和《中国蝗灾史》）

【湖南】

秋，宝庆府之新宁县蝗伤稼，所过禾黍、树木皆焦，饥民取观音土和米煮食，多患腹胀而死。（章义和《中国蝗灾史》）

【广东】

三月，广州府属州县有蝗。（民国《广东通志稿·前事》）

【广西】

冬，雪，浔州府之桂平县蝗尽死。（清光绪《浔州府志》卷五六《纪事》）

郁林州之北流县蝗遗子遍地，土人掘坑，驱入埋之。是秋丰稔。（清光绪《北流县志》卷一《礼祥》）

【陕西】

延安府之定边、子长、佳县、志丹等县蝗灾。（章义和《中国蝗灾史》）

1838年（清道光十八年）：

【河北】

大名府之东明县蝻遍野，值大雨，有蛤蟆食之，竟不为灾。（民国《东明县新志》卷二二《大事记》）

【山东】

夏，大旱，兖州府之峄县蝗。（清光绪《峄县志灾祥》卷一五）

青州府之博兴县有蝗。（清道光《重修博兴县志》卷一三《祥异》）

春，青州府之诸城县蝗子生。夏四月，旱，蝗，麦歉收，伤霉。（清光绪《增修诸城县续志》卷一《总纪》）

夏四月，登州府之荣成县青鱼滩等处蝗蝻孳生，知县李天陟率乡民捕打数日，净尽。是年，夏、秋俱丰稔。（清道光《荣成县志》卷一《灾祥》）

沂州府之费县蝗。（清光绪《费县志》卷一六《祥异》）

夏，兖州府之邹县有蝗。（清光绪《邹县续志》卷一《祥异》）

兖州府之泗水县蝗蝻伤稼，逃散及饿死者甚多。（清光绪《泗水县志》卷一四《灾祥》）

曹州府之菏泽县飞蝗过境，蝻生遍地，大雨后，蛤蟆食之，禾不受害。（清光绪《菏泽县志》卷一九《灾祥》）

六月，曹州府之巨野县蝗。（清道光《巨野县志》卷二《编年》）

四月，曹州府之郓城县蝗蝻生。（清光绪《郓城县志》卷九《灾祥》）

曹州府之曹县飞蝗过境，蝻生遍野，大雨后，虾蟆食之，禾未受害。（清光绪《曹县志》卷一八《灾祥》）

闰四月，兖州府之阳谷县蝗蝻生。（清光绪《阳谷县志》卷九《灾异》）

夏，临清州之邱县蝗蝻生。（民国《邱县志》卷九《大事》）

【河南】

六月，陕州之灵宝县蝗食禾殆尽，人食树皮。（清光绪《重修灵宝县志》卷八《机祥》）

六月，陕州之阌乡县蝗食禾几尽，大饥。（清光绪《阌乡县志》卷一《灾祥》）

陕州蝗。（清光绪《陕州直隶州志》卷一《祥异》）

【湖北】

秋，德安府之应山县蝗蔽日，赴乡督捕。是岁大有年。（清同治《应山县志》卷一《祥异》）

夏，郧阳府之郧县蝗蝻入境。（清同治《郧县志》卷一《祥异》）

【重庆】

秋，重庆府之南川县谷生蟓，饥。（民国《重修南川县志》卷一三《历代》）

1839 年（清道光十九年）：

【河北】

冀州之武邑县生蝻孽，缓征。（清同治《武邑县志》卷一〇《杂事》）

春，广平府之鸡泽县蝗，疫大作。（民国《鸡泽县志》卷二四《灾祥》）

【安徽】

六安州蝗自西南，飞蔽天日。（清同治《六安州志》卷五五《祥异》）

春，六安州之霍山县有蝗自西来，飞蔽天。（清光绪《霍山县志》卷一五《祥异》）

【湖北】

春正月，德安府之应山县邑侯陈设局于各乡镇，令民掘蝗子，价买而焚之。大有年。（清同治《应山县志》卷一《祥异》）

1840 年（清道光二十年）：

【山东】

夏，武定府之阳信县蝗。秋，大雨。（民国《阳信县志》卷二《祥异》）

无棣县蝗。（民国《无棣县志》卷一六《物征》）

春，旱，莱州府之胶州蝗。（清道光《胶州志》卷三五《祥异》）

【河南】

夏，陕州蝗。（清光绪《陕州直隶州续志》卷一〇《灾异》）

【广西】

秋八月，廉州府之合浦县平睦大蝗。（民国《合浦县志》卷五《事纪》）

1841 年（清道光二十一年）：

【山东】

秋八月，青州府之诸城县蝗。冬，蝗子鬻市。（清光绪《增修诸城县续志》卷一《总纪》）

【重庆】

夏秋间，重庆府属螽生，害稼。（清道光《重庆府志》卷九《祥异》）

五月中旬，重庆府之綦江县田间生害稼虫，父老谓之螽，巨如蚊，而翅足短，青黄苍赤不一色，能飞能走，如箕如席，一二日满田都是，遂延及各村，祈祷不可止。由低田而高山，至于八九月，受害者十人而九，自来未有之奇荒也。（清道光《綦江县志》卷一〇《祥异》）

【四川】

叙州府之屏山县大蝗。（清光绪《屏山县续志》卷下《杂志》）

【陕西】

秋，汉中府之定远厅蝗伤稼。（清光绪《定远厅志》卷二四《祥异》）

1842年（清道光二十二年）：

【天津】

秋，天津府南乡飞蝗成灾，有大鸟如乌，千百成群集田陇，啄虫殆尽，始翔去。是年尚丰。（清储仁逊《闻见录》）

【河北】

大名府之开州东王家庄等五十九村螞虫残食禾叶，秋收无害。（清光绪《开州志》卷一《祥异》）

【山西】

州境蝗患甚烈，秋禾尽被虫食。是年大饥，哀鸿遍野。（清光绪《续刻直隶霍州志》卷上《禨祥》）

【山东】

秋，莱州府之高密县蝗。（清光绪《高密县志》卷一〇《纪事》）

【河南】

夏，陕州之灵宝县蝗。（清光绪《重修灵宝县志》卷八《禨祥》）

夏，归德府蝗灾。（清光绪《归德府志》卷三四《灾祥》）

【湖南】

秋，旱，长沙府之湘乡县螣害稼。（清同治《湘乡县志》卷五《祥异》）

【广东】

八月，廉州府之灵山县蝗。（民国《灵山县志》卷五《灾祥》）

1843年（清道光二十三年）：

【江苏】

五月至七月，扬州府大蝗。（清同治《续纂扬州府志》卷二四《祥异》）

五月至七月，扬州府之兴化县大蝗。（清咸丰《重修兴化县志》卷一《祥异》）

淮安府之盐城县蝝。（清光绪《盐城县志》卷一七《祥异》）

【安徽】

六安州蝻子遍野。知州设法捕之，以米易子，至数百石，焚之。英、霍大饥。（清同治《六安州志》卷五五《祥异》）

【河南】

陕州之阌乡县飞蝗食禾。（清光绪《阌乡县志》卷一《灾祥》）

夏，陕州之灵宝县蝗食禾苗。（清光绪《重修灵宝县志》卷八《祺祥》）

【湖北】

七月，郧阳府之郧县、房县、郧西县等县旱，蝗食稼。（民国《湖北通志》卷七六《祥异》）

【广西】

夏，郁林州蝗。（清光绪《郁林州志》卷四《饥祥》）

夏，郁林州之北流县蝗。（清光绪《北流县志》卷一《祺祥》）

【陕西】

同州府之潼关厅旱，蝗。斗粟银八钱。（民国《潼关县志》卷一四《救济》）

汉中府之定远厅蝗复生。（清光绪《定远厅志》卷二四《祥异》）

1844年（清道光二十四年）：

【浙江】

台州府之仙居县蝗。（清光绪《仙居志》卷二四《灾变》）

【广东】

夏五月，大水，肇庆府之庆德州萎峒蝗。（清光绪《庆德州志》卷一五《纪事》）

【西藏】

〔木龙年〕萨拉地区僧侣为庄稼遭受严重虫灾请求减轻差税事呈摄政暨诸噶伦文：卑等缴纳力役差与财务税所以靠之庄稼，虽遭蝗灾已逾五年。（西藏自治区历史档案馆、社会科学院等编《西藏历史档案丛书·灾异志·雹霜虫灾篇》）

1845年（清道光二十五年）：

【安徽】

庐州府合肥县旱，蝗。（清光绪《续修庐州府志》卷九三《祥异》）

【山东】

秋，武定府之惠民县有蝗。（清咸丰《武定府志》卷一四《祥异》）

秋，青州府之昌乐县蝗害稼。（民国《昌乐县续志》卷一《总纪》）

夏五月，莱州府之平度州大旱，蝗。（清道光《重修平度州志》卷二六《大事》）

【河南】

开封府之鄢陵县蝗生遍野，秋禾食尽。（清同治《鄢陵县志》卷二三《祥异》）

【湖北】

黄州府之麻城县蝗。（清光绪《黄州府志》卷四〇《祥异》）

七月，襄阳府之光化县飞蝗蔽天。（清光绪《光化县志》卷八《祥异》）

【广西】

二十五年起至二十七年止，柳州府之柳城县蝗虫为灾，飞满天空，大饥。（民国《罗定县志》卷九《纪事》）

1846年（清道光二十六年）：

【山东】

六月，兖州府之峄县有蝗。（清光绪《峄县志》卷一五《灾祥》）

六月十三日，兖州府之滕县蝗飞过西南境，害禾。（清道光《滕县志》卷五《灾祥》）

【西藏】

〔火马年〕林周宗上下地区及其附近均遭受严重虫灾①，生活无着，捉襟见肘，无力支差。（西藏自治区历史档案馆、社会科学院等编《西藏历史档案丛书·灾异志·雹霜虫灾篇》）

1847年（清道光二十七年）：

【河北】

大旱，正定府之元氏县飞蝗四至，如云丽天。是岁荒。（清光绪《元氏县志》卷四《灾祥》）

大旱。秋，大名府之开州蝗生遍野，害稼。（清光绪《开州志》卷一《祥异》）

【山西】

秋，大熟，平阳府之曲沃县蝗不害稼。（民国《新修曲沃县志》卷三〇《灾祥》）

【江苏】

夏、秋，大旱，淮安府之安东县蝗害严重。（清光绪《安东县志》卷五《灾异》）

---

① 虫灾，应为蝗灾。

【山东】

夏，武定府之阳信县蝗。秋，大雨。（民国《阳信县志》卷二《祥异》）

无棣县夏蝗。（民国《无棣县志》卷一六《物征》）

夏，武定府之沾化县蝗。（民国《沾化县志》卷七《大事记》）

【河南】

秋，陕州蝗蝻。（民国《陕县志》卷一《祥异》）

【湖北】

春，旱。四月，德安府之应城县蝻生，未几大雨，蝗尽死。（清光绪《德安府志》卷二〇《祥异》）

【广西】

自道光二十五年起至本年，连续三年蝗虫为灾，飞满天空，民大饥。（章义和《中国蝗灾史》）

平乐府之荔浦县蝗。（鲁克亮《清代广西蝗灾研究》）

【西藏】

〔火羊年起〕隆子宗宗堆及百姓为遭受蝗灾请求批准治虫喇嘛前来治虫事呈诸喀伦之禀帖："卑等辖区自火羊年已来，连遭旱灾、蝗灾，几年颗粒无收。特别是今年，上、中、下地区青稞、麦子荡然无存，豌豆亦有被虫吃之危险"。卑等澎达地区多年遭受虫灾，特别是地域辽阔，虫巢荒地面积较大，蝗虫特多，不堪忍受。（西藏自治区历史档案馆、社会科学院等编《西藏历史档案丛书·灾异志·雹霜虫灾篇》）

【陕西】

七月，商州之商南县蝗灾，大旱。（民国《商南县志》卷七《宦迹》）

1848 年（清道光二十八年）：

【天津】

天津府之青县雨伤稼，复蝗。（清光绪《重修青县志》卷六《祥异》）

【河北】

夏五月，永平府之卢龙县滨海蟓起，捕之，不为灾。（清光绪《永平府志》卷三一《纪事》）

夏五月，永平府之滦州滨海蟓起，捕之不为灾。（清光绪《滦州志》卷九《纪事》）

广平府之鸡泽县蝗。（清光绪《广平府志》卷三三《灾异》）

六月，广平府之肥乡县蚄蝗生，不伤禾稼，食柳叶殆尽。（清同治《肥乡县志》卷三二《灾祥》）

【山东】

秋，武定府之蒲台县有蝗。（清咸丰《武定府志》卷一四《祥异》）

夏，旱，登州府之宁海州蝗。（清同治《重修宁海州志》卷一《祥异》）

【河南】

四月，河南府之嵩县飞蝗东来，遮蔽天日，自夏至秋伤害麦禾，几无遗种。（清光绪《嵩县志》卷六《祥异附》）

【广东】

秋，旱，廉州府之灵山县旧州、武利大蝗。（民国《灵山县志》卷五《灾祥》）

【广西】

思恩府之上林县飞蝗入境，旱，禾多伤。未几西风大作，蝗抱草木尽死。（清光绪《上林县志》卷一《灾异》）

思恩府之宾州蝗蝻为灾，大损禾稼。（清光绪《宾州志》卷二三《祥异》）

平乐府之荔浦县蝗盛，飞蔽天，日集害稼。（民国《荔浦县志》卷三《祥异》）

浔州府之贵县飞蝗蔽日，如飘风骤雨之至，飒飒有声，所下之处，禾苗、菽麦嚼食一空。（清光绪《贵县志》卷六《机祥》）

【西藏】

〔土猴年〕林周宗政府差民为遭受虫灾请求减免事呈诸喀伦之禀帖：从火羊年起，连遭灾荒，去年以前，上、下地区及附近均遭受严重虫灾，生活无着。（西藏自治区历史档案馆、社会科学院等编《西藏历史档案丛书·灾异志·雹霜虫灾篇》）

1849年（清道光二十九年）：

【河北】

六月，宣化府之万全县蝗虫蔽天飞来，侵蚀田苗殆尽，全县成灾。（民国《万全县志》卷一二《大事》）

【广东】

秋七月，肇庆府之庆德州蝗。（清光绪《庆德州志》卷一五《纪事》）

夏，廉州府之灵山县蝗。秋，旱，禾苗尽枯。（民国《灵山县志》卷五《灾祥》）

高州府之信宜县蝗。（广东省文史研究馆编《广东省自然灾害史料》）

【广西】

夏六月，思恩府之武缘县飞蝗蔽天，伤害禾稼。（清光绪《武缘县图经》卷下《前事》）

南宁府之横州飞蝗蔽日，下食禾稼，大失收。（民国《永淳县志·治乱纪要》）

【西藏】

〔土鸡年〕纽溪堆孜仲释迦金巴就遭受严重蝗灾请求蠲免差赋事呈摄政暨诸噶伦之禀帖：

今年纽溪整个地区遭受严重蝗灾……秋收无望。（西藏自治区历史档案馆、社会科学院等编《西藏历史档案丛书·灾异志·雹霜虫灾篇》）

〔土鸡年〕萨当地区政府差民为连年遭蝗灾请求减免差赋事呈摄政暨诸噶伦之禀帖：卑等无福子民之庄稼，从火羊年起，连年遭受较大雹灾，土鸡年以来所有庄稼被蝗虫啃吃一空。今年更不同于他地，小麦、青稞和豌豆均受啃吃殆尽。别说支差纳税，就连当今之夜食亦难筹措，实在无法生存。（西藏自治区历史档案馆、社会科学院等编《西藏历史档案丛书·灾异志·雹霜虫灾篇》）

〔土鸡年〕萨拉地区僧俗为庄稼遭受严重虫灾请求减轻差税事呈摄政暨诸噶伦文：卑等缴纳力役差与财务税所依靠之庄稼，遭蝗灾已逾五年，今年份地所种麦子、青稞都遭严重虫害，无颗粒可收。……祈请在蝗虫、豆虫灾害未清除之前，甲、兴、俄等所有差税准予减免。（西藏自治区历史档案馆、社会科学院等编《西藏历史档案丛书·灾异志·雹霜虫灾篇》）

〔土鸡年〕卡孜噶溪顿差民为遭受蝗灾请求减免差赋事呈请噶伦之禀帖：土鸡年卑等地区复遭受严重蝗灾。正值对消除蝗灾抱极大希望之时，去年庄稼又遭霜、雹、蝗灾，秋收愈差……然今年四月份，蝗虫遍及整个地区，其危害重于往昔，秋收毫无指望。（西藏自治区历史档案馆、社会科学院等编《西藏历史档案丛书·灾异志·雹霜虫灾篇》）

〔土鸡年〕喀夏就澎达地区遭受严重蝗虫灾害请求赏赐佛事报酬粮事给澎达宗之批示稿：据呈，该区去年遭受严重蝗虫灾害，今年因虫卵繁殖，可能又将受灾。据查，昔时林宗辖区百姓呈来共禀内称：去年遭受严重蝗灾，拟请达龙活佛吉仓到地方做禳解发事。（西藏自治区历史档案馆、社会科学院等编《西藏历史档案丛书·灾异志·雹霜虫灾篇》）

1850年（清道光三十年）：

【河南】

卫辉府之浚县飞蝗蔽天，禾苗被害。（清光绪《续浚县志》卷三《祥异》）

【广东】

秋，旱，廉州府之灵山县檀墟方蝗。（民国《灵山县志》卷五《灾祥》）

【广西】

桂林府之全州长万区四维乡、思德区金山乡蝗害稼。秋饥馑，民鲜食。（民国《全县志》卷七《灾异》）

泽竭，郁林州之北流县蝗害稼。（清光绪《北流县志》卷一《机祥》）

郁林州山崩泉竭，蝗害稼。（清光绪《郁林州志》卷四《饥祥》）

【西藏】

〔铁狗年〕喀夏就澎波地区遭受虫灾林周宗所属丁达春喀二人请求蠲免赋税事之批复稿：据呈，今年澎波地区庄稼遭受严重虫灾。（西藏自治区历史档案馆、社会科学院等编《西藏

历史档案丛书·灾异志·雹霜虫灾篇》）

1851年（清咸丰元年）：

【河北】

是年，旱，赵州之宁晋县蝗。（民国《宁晋县志》卷一《灾祥》）

【安徽】

和州之含山县虹乡蝗。（清光绪《重修安徽通志》卷三四七《祥异》）

泗州蝗。（清光绪《泗虹合志》卷一九《祥异》）

【山东】

莱州府之高密县蝗蝻伤禾稼。（清光绪《高密县志》卷一〇《纪事》）

【河南】

四月，南阳府之叶县蝗。（清同治《叶县志》卷一《舆地》）

【广东】

秋八月，高州府之化州旱，蝗。（清光绪《化州志》卷一二《前事略》）

【广西】

二月，象州柳州府之象州下沿河一带村庄，蝗虫遍野。（民国《象县志·灾异》）

临桂县大蝗。（清光绪《临桂县志》卷一八《前事》）

春，大旱，蝗害稼。（清光绪《郁林州志》卷四《饥祥》）

春，大旱，郁林州之北流县竹生实如麦穗，遂枯，蝗害稼。（清光绪《北流县志》卷一《机祥》）

春，大旱，郁林州之陆川县竹生实如麦穗，遂枯，蝗害稼。（民国《陆川县志》卷二《机祥》）

桂林府之桂林县大蝗。（鲁克亮《清代广西蝗灾研究》）

【西藏】

〔铁猪年〕澎波朗塘溪堆为该地遭受蝗灾请求眷顾事呈诸噶伦文：今年四月底又出现蝗灾，受灾农田约一百朵尔；青饲草基地之雄扎亚、杰玛卡草场，寸草未收。洼地所种少量豌豆亦被蝗虫吃光，连种子、草秆都已无望。（西藏自治区历史档案馆、社会科学院等编《西藏历史档案丛书·灾异志·雹霜虫灾篇》）

1852年（清咸丰二年）：

【安徽】

连年荒歉，宁国府之宁国县飞蝗蔽天，所集田苗稼立尽。（清光绪《宁国县通志》卷一〇《灾异》）

【河南】

开封府之中牟县蝗甚，飞满城中，花木俱尽。（清同治《中牟县志》卷一《祥异》）

夏四月，开封府之荥阳县飞蝗为灾，食麦穗尽落。（清光绪《河阴志稿》卷三《祥异》）

【广东】

高州府之电白县夏大蝗。（清光绪《重修电白县志》卷二九《前事纪》）

【广西】

广西梧州府、郁林州、柳州府所属各县，浔州府之武宣、平南、桂平各县，梧州府之容县，郁林州之兴业、北流等县陆续发生蝗灾。（章义和《中国蝗灾史》）

庆远府之宜山县蝗。（民国《宜山县志》卷二《灾祥》）

浔州府之武宣县飞蝗食禾，颗粒无收。（民国《武宣县志》卷二《礼祥》）

四月，夏旱，柳州府之来宾县蝗。（清光绪《迁江县志》卷四《祥异》）

浔州府之平南县蝗。（清光绪《浔州府志》卷五六《纪事》）

浔州府之贵县蝗灾。（清光绪《贵县志》卷六《礼祥》、清光绪《浔州府志》卷五六《纪事》）

柳州府蝗虫为灾。（鲁克亮《清代广西蝗灾研究》）

七月，太平府之宁明州蝗灾。自立县以来，虫灾之害为历年所未有。（鲁克亮《清代广西蝗灾研究》）

思恩府之迁江县蝗灾。（鲁克亮《清代广西蝗灾研究》）

廉州府之合浦县大蝗。（鲁克亮《清代广西蝗灾研究》）

【西藏】

〔铁猪年—水鼠年〕墨工溪堆暨所辖僧俗百姓为遭受蝗灾事请求减免差税并予赏赐事呈诸噶伦文：铁猪、水鼠两年蝗灾严重，收成不佳……今年各村又出现大量蝗虫。蝗害蔓延，其量惊人。（西藏自治区历史档案馆、社会科学院等编《西藏历史档案丛书·灾异志·雹霜虫灾篇》）

〔水鼠年〕噶厦就澎波、达孜、墨竹工卡等地遭受蝗灾寻访治虫喇嘛事给聂拉木关卡官员等之指令稿：去年澎波、达孜、墨竹工卡及德庆等地区，庄稼连遭严重蝗虫灾害。（西藏自治区历史档案馆、社会科学院等编《西藏历史档案丛书·灾异志·雹霜虫灾篇》）

1853 年（清咸丰三年）：

【河北】

大水后，保定府之新城县蝗蝻遍野。（清光绪《续修新城县志》卷一《循良》）

冀州之枣强县蝗蠓为灾，村人嗷嗷无食。（清同治《枣强县志补正》卷二《祥异》）

【江苏】

八月初，苏州府之吴县飞蝗蔽天，自北而来，集处则田禾涤涤，淮扬诸郡更野无青草，民不聊生，近地湖荡中盗蜂起。（清光绪《周庄镇志》卷六《杂记》）

【江西】

春，吉安府之万安县有绿虫如蝗者遍于野，伤苗。（清同治《万安县志》卷二〇《祥异》）

【山东】

东昌府之恩县飞蝗蔽天，禾尽伤。（清宣统《重修恩县志》卷一〇《灾祥》）

夏，武定府之惠民县飞蝗蔽日。（清光绪《惠民县志》卷一七《祥异》）

武定府之阳信县飞蝗蔽日。（民国《阳信县志》卷二《祥异》）

无棣县飞蝗蔽日。（民国《无棣县志》卷一六《物征》）

夏，曹州府之单县蝗。（民国《单县志》卷一四《物异》）

六月，东阿县蝗蝻遍野，即督役扑捕无遗。岁大稔。（清光绪《东阿县乡土志》卷二《政绩》）

【湖北】

八月，旱，郧阳府之郧西县蝗。（清同治《郧西县志》卷二〇《祥异》）

【广东】

秋，高州府之石城县蝗飞蔽日，伤禾稼，乡民鸣锣击鼓驱逐，数日飞别境。（清光绪《高州府志》卷五〇《事纪》）

秋，高州府之信宜县蝗。（清光绪《信宜县志》卷八《灾祥》）

三月，旱。八月，肇庆府之阳春县蝗。（民国《阳春县志》卷一三《事纪》）

八月，高州府之吴川县蝗。（清光绪《高州府志》卷五〇《事纪》）

夏五月，高州府之化州蝗，八月蝗。（清光绪《化州志》卷一二《前事略》）

八月十五日，罗定县蝗。飞蝗蔽天，禾苗食尽，乡人鸣锣逐之。（民国《罗定志》卷九《纪事》）

廉州府之灵山县飞蝗蔽天，田禾俱尽。有鸣鼓敲金逐之者，稍可免害。（民国《灵山县志》卷五《灾祥》）

冬，廉州府之钦州蝗虫蔽天，落食田禾，顷刻立尽。农人敲竹梆、铜器以逐之，稍免其害。蝗生卵，出子遍满山岭，人恐其长为害，扫而焚之。因蝗灾，谷价飞涨。（鲁克亮《清代广西蝗灾研究》）

【广西】

广西柳州、平乐、桂林、思恩、庆远、南宁、浔州诸府及思恩府之宾州等普发蝗灾。

（章义和《中国蝗灾史》）

　　夏四月，思恩府有蝗。（民国《武鸣县志》卷一〇《灾祥》）

　　马山县夏蝗。（民国《隆山县志》下册《灾异》）

　　夏，思恩府之上林县复蝗。（清光绪《上林县志》卷一《灾异》）

　　夏五月，思恩府之宾州飞蝗入境。（清光绪《宾州志》卷二三《祥异》）

　　八月，太平府之龙州厅大蝗所过之处，禾稻为空。（民国《龙州厅志》卷一五《纪事》）

　　南宁府之隆安县大旱，民间多以草木为食，饥死者甚多。七月，南宁府之隆安县蝗。（民国《隆安县志》卷四《前事》）

　　七月，融水县蝗为害。（民国《融水县志》第一编《地理》）

　　四月，浔州府之武宣县大旱，饥，民食薇蕨。蝗灭稼。（清光绪《浔州府志》卷五六《纪事》）

　　柳州府之来宾县又蝗。据父老传说：自早稻作穗时，蝗即出，其飞蔽天，所至田禾俱尽，晚稻出吐秀亦并受害。（民国《来宾县志》卷下《祇祥》）

　　夏五月，临桂县蝗。（清光绪《临桂县志》卷一八《前事》）

　　五月，郁林州飞蝗蔽天。秋，蝗伤禾苗。（清光绪《郁林州志》卷四《饥祥》）

　　六月，浔州府之平南县蝗。（清光绪《浔州府志》卷五七《纪事》）

　　三月，梧州府容县飞蝗遍野。（清光绪《容县志》卷二《祇祥》）

　　五月，郁林州之北流县飞蝗蔽天。秋，蝗伤苗，邑人陈宗鲁捐资收蝗。（清光绪《北流县志》卷一《祇祥》）

　　五月，郁林州之陆川县飞蝗蔽天。（民国《陆川县志》卷二《祇祥》）

　　浔州府之贵县蝗，群飞蔽日，下集平畴，食禾稻，顷刻百亩。（清光绪《贵县志》卷六《祇祥》）

　　镇安府之向武土州蝗为灾，食禾殆尽，米价每斤四十八文，民多饥。（清光绪《镇安府志》卷二〇《纪事》）

　　扶绥县秋蝗。（鲁克亮《清代广西蝗灾研究》）

　　崇善县蝗灾并旱，人死过半。（鲁克亮《清代广西蝗灾研究》）

　　南宁府蝗灾。（鲁克亮《清代广西蝗灾研究》）

　　南宁府之宣化县五色蝗害稼，并及草木。（鲁克亮《清代广西蝗灾研究》）

　　柳州府蝗灾。（鲁克亮《清代广西蝗灾研究》）

　　浔州府之桂平县蝗。（鲁克亮《清代广西蝗灾研究》）

【西藏】

　　〔铁狗年—水牛年〕林周宗孜准格旦为庄稼遭受蝗灾事呈摄政暨诸噶伦文：自铁狗年

起……此地时运乖蹇，连年遭受蝗灾。迄今为止……已历经四年……今年蝗灾，小麦、青稞无收。（西藏自治区历史档案馆、社会科学院等编《西藏历史档案丛书·灾异志·雹霜虫灾篇》）

〔水牛年〕喀夏就江溪宗宗堆根布等因庄稼遭受虫灾请求借贷款事之盖印批复稿附原呈：去年所种庄稼遭受蝗灾，全无收成，今年只好废置。（西藏自治区历史档案馆、社会科学院等编《西藏历史档案丛书·灾异志·雹霜虫灾篇》）

1854年（清咸丰四年）：

【天津】

顺天府之武清县蝗。（清光绪《顺天府志》卷六九《祥异》）

【河北】

秋，正定府之正定县蝗。（清光绪《正定县志》卷八《灾祥》）

正定府之晋州大蝗。（民国《晋县志》卷五《灾祥》）

秋八月，永平府之滦州蝗。（清光绪《滦州志》卷九《纪事》）

顺天府之固安县蝗，率丁役捕扑，民不为灾。（清咸丰《固安县志》卷一《灾祥》）

保定府之定兴县蝻。（清光绪《定兴县志》卷一九《大事》）

保定府之新城县蝻，大水。（清光绪《续修新城县志》卷一〇《祥异》）

七月，冀州之枣强县有蝗。（清同治《枣强县志补正》卷四《杂记》）

顺德府之唐山县蝗蝻为灾。（清光绪《唐山县志》卷三《祥异》）

【江苏】

河西旱，扬州府之宝应县蝗。（民国《宝应县志》卷五《水旱》）

【安徽】

宁国府之宁国县飞蝗蔽天，所集田苗稼立尽。（清光绪《宁国县志》卷一〇《灾异》）

泗州之盱眙县旱，蝗。（清同治《盱眙县志》卷一〇《杂类》）

【山东】

东昌府之恩县飞蝗入境，蝻生害稼。（清宣统《重修恩县志》卷一〇《灾祥》）

春，武定府之惠民县蝻生数里，鸦鸟食之净。（清光绪《惠民县志》卷一七《祥异》）

武定府之阳信县蝻子生，被鸟食净。（民国《阳信县志》卷二《祥异》）

五月，武定府之蒲台县蝗。（清光绪《重修蒲台县志·灾异》）

秋，济南府之新城县蝗。（民国《重修新城县志》卷四《灾祥》）

武定府蝻生数里，鸦鸟食之净。（章义和《中国蝗灾史》）

沂州府之日照县旱，蝗。（清光绪《日照县志》卷七《祥异》）

【河南】

卫辉府之浚县蝗，越东城入，出西城，浮河而渡，为害甚烈。是岁大荒。（清光绪《续浚县志》卷三《祥异》）

六月，光州之光山县蝗蔽天日。（民国《光山县志约稿》卷一《灾异》）

五月二十一日，河南府之宜阳县蝗大至，飞蔽天日，塞窗堆户，室无隙地。（清光绪《宜阳县志》卷二《祥异》）

【广东】

四月，高州府之茂名县飞蝗蔽天，损禾稼。（清光绪《茂名县志》卷八《灾祥》）

秋，高州府之信宜县蝗损稼。（清光绪《信宜县志》卷八《灾祥》）

【广西】

七月，蠲缓桂林府之永宁州、永福县，平乐府之荔浦、修仁县，柳州府之象州、融县、柳城、来宾，庆远府之宜山县，思恩府之武缘、迁江县，浔州府之桂平、平南、贵县、武宣等县，南宁府之横州、宣化，太平府之崇善、养利州、左州、永康州、宁明州等二十二州县，暨太平府之万承、龙英、茗盈、全茗、结安、佶伦、镇远、下石、都结、上龙、凭祥、江州、罗白、罗阳十四土州县被蝗灾区新旧额赋。（《清文宗实录》卷一三五）

八月，广西巡抚劳崇光奏：桂林府之义宁，思恩府之武缘，柳州府之融县，郁林州之博白、北流等县均有蝗蝻。（《清文宗实录》卷一四二）

秋七月，武鸣县有蝗。（民国《武鸣县志》卷一〇《灾祥》）

夏，大旱。秋，南宁府之新宁州蝗，人鸣钲捕蝗，焚饲鸡豕。（民国《同正县志》卷五《灾异》）

太平府之崇善县旱灾、蝗灾并至，人民饥死过半。（民国《崇善县志》第六编《前事》）

六七月间，庆远府之思恩县境突来大群蝗虫，飞时蔽天，下落则满田，满禾苗草叶，啮食立尽。（民国《思恩县志》第八编《灾异》）

浔州府之武宣县蝗。五月蝗灭稼。八月再蝗，无苗。（清光绪《浔州府志》卷五六《纪事》）

春，旱，思恩府之迁江县蝗。（清光绪《迁江县志》卷四《祥异》）

平乐府平乐县蝗入境为灾。（清光绪《广西省平乐县志》卷九《灾异》）

秋，平乐府之荔浦县蝗，不害稼。（民国《荔浦县志》卷三《祥异》）

十月，桂林府之永福县蝗。（清光绪《永宁州志》卷三《灾异》）

七月，平乐府之永安州蝗入境，食苗甚多。（清光绪《永安州志》卷一《灾祥》）

梧州府之容县蝗伤稼。（清光绪《容县志》卷二《机祥》）

闰七月，郁林州之北流县蝗。（清光绪《北流县志》卷一《机祥》）

五月，靖西县蝗虫食新墟一带，田禾殆尽，蔓延一州，不可扑灭。秋成歉收。（清光绪《归顺直隶州志》卷一〇《灾祥》）

思恩府蝗灾，民多饥。（鲁克亮《清代广西蝗灾研究》）

十月十一日，桂林府之永宁州蝗，十二日蝗自飞入芭芒中死尽。（鲁克亮《清代广西蝗灾研究》）

平乐府之恭城县蝗。（鲁克亮《清代广西蝗灾研究》）

秋，平乐府之昭平县旱，飞蝗扑野，大饥。（鲁克亮《清代广西蝗灾研究》）

【贵州】

黎平府，距府城四十五里之竹坪寨有飞蝗过境，遮蔽天日，终日始尽。（清光绪《黎平府志》卷一《祥异》）

1855年（清咸丰五年）：

【北京】

九月，顺天府之密云县飞蝗蔽天，桃、李、杏、梨争花，榆亦结钱。（清光绪《密云县志》卷二《灾祥》）

【天津】

天津府之静海县均有飞蝗之灾。（清同治《静海县志》卷三《灾祥》）

【河北】

秋，正定府之正定县蝗。（清光绪《正定县志》卷八《灾祥》）

正定府之晋州大蝗。（清咸丰补刻康熙三十九年《晋州志》卷五《灾祥》）

遵化州有蝗。（清光绪《遵化通志》卷五九《事纪》）

顺天府之三河县飞蝗入境，灾。（民国《三河县新志》卷八《灾异》）

保定府之定兴县飞蝗害稼。（清光绪《定兴县志》卷一九《大事》）

保定府之新城县飞蝗害稼。（民国《新城县志》卷二二《灾祸》）

正定府之新乐县蝗灾。（清光绪《重修新乐县志》卷四《灾祥》）

【江苏】

夏，徐州府之睢宁县蝗蝻作。（清光绪《睢宁县志稿》卷一五《祥异》）

六月，旱，徐州府之萧县蝻子生。（清同治《续萧县志》卷一八《祥异》）

【安徽】

夏，大旱，凤阳府之寿州飞蝗蔽天，禾稼俱伤。（清光绪《凤阳府志》卷四《祥异》）

连年荒歉，宁国府之宁国县飞蝗蔽天，所集田苗稼立尽。（清光绪《宁国县通志》卷三四七《祥异》）

【江西】

秋，大旱，南昌府之新建县蝗飞集田间，如雨，民多取食之。（清同治《南昌府志》卷六五《祥异》）

【山东】

夏，济南府之济阳县蝗，大雨。（民国《济阳县志》卷二〇《祥异》）

七月，东昌府之恩县蝗从南飞来，蔽天日，集田害稼。（清宣统《重修恩县志》卷一〇《灾祥》）

六月、七月之交，武定府之惠民县飞蝗蔽天。（清光绪《惠民县志补遗》卷三《祥异》）

夏，武定府之阳信县蝗，大雨水。（民国《阳信县志》卷二《祥异》）

夏，武定府之沾化县蝗，大雨水。（民国《沾化县志》卷七《大事记》）

秋，济南府之新城县有蝗。（民国《重修新城县志》卷四《灾祥》）

秋，旱，青州府之昌乐县蝗蝻害稼。（民国《昌乐县续志》卷一《总纪》）

莱州府之高密县旱，蝗。（清光绪《高密县志》卷一〇《纪事》）

秋，登州府之莱阳县飞蝗蔽日，伤禾。（民国《莱阳县志·大事记》）

六月，沂州府之费县飞蝗蔽天，害稼。（清光绪《费县志》卷一六《祥异》）

秋，东昌府之冠县飞蝗过境，歉收。（清光绪《冠县志》卷一〇《祲祥》）

【河南】

四月，河南府之宜阳县有蝗，长寸许，遇麦啮穗落。八月，蝗大至。（清光绪《宜阳县志》卷二《祥异》）

秋，陕州之卢氏县飞蝗蔽天。（清光绪《重修卢氏县志》卷一二《祥异》）

南阳府之南阳县诸地旱，蝗，请饬发仓筹赈。（民国《清史稿·王庆云传》）

秋，陈州府之淮宁县蝗，禾尽伤。（民国五年《淮阳县志》卷二〇《祥异》）

光州遭旱、蝗灾害。（民国《潢川县志》）

【湖北】

荆州府之松滋县旱，蝗。（清光绪《荆州府志》卷七六《灾异》）

荆州府之石首县旱，蝗。（清光绪《荆州府志》卷七六《灾异》）

宜昌府之东湖县旱，蝗。（清同治《宜昌府志》卷一《祥异》）

宜昌府之长阳县大旱，蝗。（清同治《长阳县志》卷七《灾祥》）

八月，德安府之随州蝗飞蔽日。（清同治《随州志》卷一七《祥异》）

【广东】

廉州府之灵山县蝗。（民国《灵山县》卷五《灾祥》）

【广西】

南宁府之新宁州蝗虫入境，所过禾苗一空。（清光绪《新宁州志》卷四《附机祥》）

春，南宁府之新宁州蝗愈盛，颗粒不收，民多饿死。（民国《同正县志》卷五《灾异》）

郁林州蝗食苗过半。（清光绪《郁林州志》卷四《饥祥》）

五月，浔州府之平南县蝗。是年大雪，蝗尽死。（清光绪《浔州府志》卷五六《纪事》）

夏，郁林州之北流县飞蝗蔽天。秋，蝗食苗过半。（民国《北流县志》卷一《机祥》）

夏，郁林州之陆川县飞蝗蔽天，所至食苗过半，农人击铜器以逐之。（民国《陆川县志》卷二《机祥》）

八月，南宁府之上思州蝗虫至，田禾被食，飞遮半天，日为之暗。后遗卵土中，又生蝗崽，其名曰蝻，仅能跳跃，不可翼飞。（民国《上思州志》卷五《机祥》）

二月，靖西县蝗蝻复生。三月十五日夜，大雷雨，蝗蝻尽死。（清光绪《归顺直隶州志》卷一○《灾异》）

【贵州】

黎平府，府属岩峒等处来蝗虫，每食一田，必有最大者率诸小蝗，捕得大者约重二两许。（清光绪《黎平府志》卷一《祥异》）

【西藏】

〔木兔年〕喀夏就防止虫灾蔓延事给曲水宗宗堆之批复稿：今年在该区内大量出现蝗虫。此前早有阻止其蔓延孳生之法，可继续抓紧使用。（西藏自治区历史档案馆、社会科学院等编《西藏历史档案丛书·灾异志·雹霜虫灾篇》）

〔木虎年—木兔年〕尼木地区多滚巴与玛朗巴为蝗灾请求赏赐粮食事呈喀伦文：尼木地区自木虎年起出现蝗虫，在多滚巴与玛朗巴地区后边的山上漫山遍野长有茅草、酸草的地方，成为蝗虫集中栖息之所，遍地皆有无数虫卵。所种庄稼遭受虫灾严重，青稞、小麦只能收回种子……直至今年，先后不断出现蝗虫。（西藏自治区历史档案馆、社会科学院等编《西藏历史档案丛书·灾异志·雹霜虫灾篇》）

1856年（清咸丰六年）：

十月，蠲缓天津府之武清、宝坻、天津、南皮、盐山、蓟州、青县、静海等州县被旱、被蝗村庄本年额赋，暨河淤海防经费摊征有差，减免差徭。（《清文宗实录》卷二一○）

【北京】

十月，蠲缓北京通州、顺义等州县被旱、被蝗村庄本年额赋，暨河淤海防经费摊征有差，减免差徭。（《清文宗实录》卷二一○）

本年直隶各属被水、被旱、被蝗，秋收均形歉薄。（清光绪《宁河县志》卷一一《艺文》）

八月，顺天府之昌平州蝗。（清光绪《顺天府志》卷六九《祥异》）

八月初七日至初十日，顺天府之平谷县飞蝗自南大至，蔽天，早田无伤，晚田损。（清光绪《顺天府志》卷六九《祥异》）

【天津】

天津府之静海县有飞蝗之灾。（清同治《静海县志》卷三《灾祥》）

春，天津府之青县蝗。（清光绪《重修青县志》卷六《祥异》）

【河北】

顺天府之文安县十余村蝗蝻甚多，伤害禾稼。（《清文宗实录》卷二〇七）

河北永平、保定等府属二十八州县飞蝗停落。（《清文宗实录》卷二〇六）

十月，蠲缓天津府之沧州、庆云，顺天府之霸州、三河、香河、宁河、大城，遵化州之玉田、丰润，永平府之滦州，保定府之安肃、安州、定兴、雄县、高阳、蠡县、束鹿，河间府之景州、肃宁、任丘、献县、东光、吴桥，冀州之武邑、南宫、衡水，正定府之晋州、正定，顺德府之南和、平乡、广宗，广平府之磁州、永年、邯郸、成安、肥乡、广平、曲周、鸡泽，大名府之大名、南乐、清丰、元城，深州及武强，以及定州等五十七州县被旱、被蝗村庄本年额赋，暨河淤海防经费摊征有差，减免差徭。（《清文宗实录》卷二一〇）

夏，不雨，赵州蝗害稼。岁饥，人食草根树皮，饿殍在道死者约万余人。（清光绪《赵州乡土志·户口》）

六月，正定府之井陉县飞蝗自东而来，遮天蔽日，后更蝻生，禾苗、菜蔬俱无。（清光绪《续修井陉县志》卷三《祥异》）

七月，正定府之栾城县蝗。（清同治《栾城县志》卷三《祥异》）

秋，正定府之平山县飞蝗过境。（清光绪《平山县续志》卷三《灾祥》）

秋七月，永平府之昌黎县飞蝗自东南入境。（民国《昌黎县志》卷一二《史事》）

永平府之临榆县蝗。（清光绪《临榆县志》卷九《纪事》）

八月癸巳，遵化州飞蝗过境。（清光绪《遵化通志》卷五九《事纪》）

秋八月，永平府之乐亭县飞蝗自东南入境，晚禾灾。（清光绪《乐亭县志》卷三《纪事》）

顺天府之三河县蝗蝻遍野，食苗殆尽，大歉。（民国《三河县新志》卷八《灾异》）

夏，旱，顺天府之霸州蝗。（清同治《霸州志》卷八《典文》）

顺天府之文安县蝗。（民国《文安县志》卷终《志余》）

夏，顺天府之永清县多蝗，秋潦。（清光绪《续永清县志》卷一三《杂志》）

秋，保定府之清苑县飞蝗蔽天。至十月蝻孽犹生，啮食麦苗。（清光绪《保定府志稿》卷三《灾祥》）

保定府之定兴县又蝗。(清光绪《定兴县志》卷一九《大事》)

秋，保定府之容城县飞蝗蔽天。至十月蝻孽犹生，食麦苗。(清咸丰《容城县志》卷八《灾异》)

秋，保定府之唐县蝗，禾稼大伤。(清光绪《唐县志》卷一一《祥异》)

秋，保定府之新城县飞蝗蔽天。十月，蝻孽生，啮麦苗。(清光绪《续修新城县志》卷一〇《祥异》)

秋，保定府之望都县蝗飞蔽天。十月，蝻孽生，啮麦苗。(清光绪《望都县新志》卷七《祥异》)

定州之曲阳县蝗。(清光绪《重修曲阳县志》卷五《灾异》)

七月，河间府之献县蝗。(民国《献县志》卷一九《故实》)

五、六月，冀州之枣强县旱，蝗。八月，蟓生。(清同治《枣强县志补正》卷四《杂纪》)

秋，河间府之故城县飞蝗蔽天。(清光绪《续修故城县志》卷一《纪事》)

夏，大名府之大名县旱，蝗。(民国《大名县志》卷二六《祥异》)

秋七月，广平府之永年县蝗。(清光绪《永年县志》卷一九《祥异》)

六月，广平府之成安县飞蝗蔽天。秋收均减大半。(民国《成安县志》卷一五《故事》)

广平府之肥乡县西乡大蝗。(清同治《肥乡县志》卷三二《灾祥》)

七月间，顺德府之邢台县邢西飞蝗蔽天，伤禾，独不食绿豆，但种者甚少。(清光绪《邢台县志》卷三《经政》)

顺德府之唐山县蝗蝻为灾，米贵，民多流离。(清光绪《唐山县志》卷三《祥异》)

七月，顺德府之沙河县县南乡飞蝗蔽天。(民国《沙河县志》卷一一《祥异》)

秋，冀州之新河县飞蝗蔽日。(清光绪《新河县志》卷二《灾祥》)

大名府之开州南郑家寨等二十余村蝻孽萌生，官饬各村夫役，周围扑捕净尽，禾稼无害。(清光绪《开州志》卷一《祥异》)

【山西】

七月，旱。九月，潞安府之长治县飞蝗入境。(清光绪《长治县志》卷八《大事记》)

夏，旱。秋，泽州府之阳城县蝗害稼。(清同治《阳城县志》卷一八《灾祥》)

夏，旱。秋，泽州府之沁水县多蝗。(清光绪《沁水县志》卷一〇《祥异》)

旱。秋，蒲州府之荣河县蝗蝻遍野食麦苗，有种二三次者。(清光绪《荣河县志》卷一四《祥异》)

【上海】

川沙厅夏大旱，自五月至六月，东乡苗槁。有蝗自北来，食草根、芦叶俱尽，不食田禾。

惟西南乡有被食者，县令收捕至数百斛。中秋后，热如夏，二十五日，飞蝗复来。（清光绪《川沙厅志》卷一四《祥异》）

八月，蝗，闻附关东海舶来，自东而西，飞行满野，青邑尤甚，稻有被几尽者，知县令收捕至数百斛。（清咸丰《紫堤村志》卷二《灾异》）

秋八月，飞蝗蔽天，城乡俱有。中秋后热如夏，蝗复来。（清光绪《松江府续志》卷三九《祥异志》）

五月至六月，松江府之娄县有蝗自北来，田禾被食。中秋后，热如夏，飞蝗复来。（清光绪《娄县续志》卷一二《祥异》）

秋七月，松江府之奉贤县有蝗自海滨来，蔽野。（清光绪《重修奉贤县志》卷二〇《灾祥》）

秋，松江府之金山县蝗灾，米价腾贵。（清宣统《续修枫泾小志》卷一〇《拾遗》）

秋，太仓州之嘉定县蝗食稼，竹叶被啮者竹立死。（清光绪《嘉定县志》卷五《机祥》）

秋七月，松江府之青浦县飞蝗入境，岸草竹叶食尽，不甚伤稻。（清光绪《青浦县志》卷二九《祥异》）

八月，太仓州之宝山县蝗，蝗飞蔽天，食稻殆尽。岁祲。（清光绪《宝山县志》卷一四《祥异》）

秋，太仓州之崇明县蝗。岁不登。（清光绪《崇明县志》卷五《祲祥》）

八月，松江府之华亭县飞蝗蔽天，城乡俱有。（清光绪《重修华亭县志》卷二三《祥异》）

松江府之上海县东乡苗槁，有蝗自北来，草根、芦叶俱尽，不食田禾，惟西南乡有被食者。八月二十五日，飞蝗复来。（清同治《上海县志》卷三〇《祥异》）

【江苏】

九月，江苏江北地方蝗、旱成灾。（《清文宗实录》卷二〇八）

秋，大旱，江宁府之江浦县飞蝗蔽野。（清光绪《江浦埤乘》卷三九《祥异》）

江宁府之六合县大旱，飞蝗蔽天。（清光绪《六合县志·附录杂事》）

夏五月至秋，不雨，江宁府之溧水县旱，蝗。（清光绪《溧水县志》卷一《庶征》）

旱。七月，江宁府之高淳县飞蝗蔽日。（清光绪《高淳县志》卷一二《祥异》）

苏州府夏大旱。七月，蝗从西北来，如云蔽空，伤禾。（清同治《苏州府志》卷一四三《祥异》）

八月，苏州府之昆山县飞蝗蔽天，集田伤禾，乡人鸣锣驱逐，或争捕焚死，卒不能净。后连遇阵雨，始灭。是年禾、麦均歉收。（清光绪《昆新两县续修合志》卷五一《祥异》）

夏，大旱。秋，太仓州之镇洋县蝗，伤禾，大疫。冬，城中设厂收捕蝗子。（清宣统

《太仓州镇洋县志》卷二六《祥异》)

七八月之交，苏州府之常熟县又蜚蝗蔽天，如扬灰飘雪而下，虫迹所至，田顷为空。（清光绪《唐市补志·旱涝》）

七月，蝗虫来南，所食野草、竹叶，来势漫天遍野，如阵云障雾，遮天蔽日。八月初，蝗虫愈多，振翼细如猛雪，天为之暗，栖息重迭竟尺，禾稻刚秀，非颈即根咬断，即千百余亩，亦可顷刻而尽。……初八日，蝗仍连山排海而来……惟小蝗为害不浅，即泻子而生短翼，若聚稻田，一饮而尽。……秋成大失所望，禾稻不到五分，米价腾贵。（清柯悟迟《漏网喁鱼集》）

六七月间，常州府之无锡县飞蝗遍野，高田禾槁，低田蝗食。米价腾贵，民不聊生。（民国《锡金续识小录》卷一《灾异》）

夏，旱。秋，镇江府之丹徒县蝗。升米百钱。（清光绪《丹徒县志》卷五八《祥异》）

镇江府之丹阳县旱，蝗，地震。（清光绪《丹阳县志》卷三〇《祥异》）

淮安府之淮阴县大旱，蝗。（民国《淮阴县志》卷二〇《祥异》）

夏，大旱。秋，镇江府之溧阳县蝗，民饥。（清光绪《溧阳县续志》卷一六《瑞异》）

夏、秋，镇江府之金坛县飞蝗蔽天，食禾菽过半，民多饿莩。（清光绪《金坛县志》卷一五《祥异》）

江宁府之句容县大旱，飞蝗蔽天。（清光绪《续纂句容县志》卷一九《祥异》）

秋，常州府之宜兴县蝗，大饥，斗米钱六百。（清光绪《宜兴荆溪县新志》卷末《征祥》）

自五月至于八月，扬州府之江都县大旱，运河水竭，蝗。（清光绪《江都县续志》卷二《大事记》）

扬州府之高邮州旱，蝗成灾，遍路人行不得，旧谷大昂。（清光绪《再续高邮州志》卷七《灾祥》）

五月至八月，大旱，扬州府之兴化县飞蝗为灾，遍地人行不得，旧谷大昂。（民国《续修兴化县志》卷一《祥异》）

五月至八月，扬州府之宝应县飞蝗遍野。（民国《宝应县志》卷五《水旱》）

五月至八月，扬州府之泰州大旱，运河水涸，赤地千里，飞蝗蔽天。（清宣统《续纂泰州志》卷一《祥异》）

夏、秋亢旱，通州之泰兴县飞蝗蔽天。岁大歉。（清光绪《泰兴县志》卷末《述异》）

夏，大旱。七月二十九日，常州府之靖江县蝗自西北来，食稻粟、杂豆及江滩芦叶殆尽。岁大祲。（清光绪《靖江县志》卷八《祲祥》）

通州，夏、秋亢旱，飞蝗蔽天。岁大歉。（清光绪《通州直隶州志》卷末《祥异》）

夏，大旱，通州之如皋县飞蝗满境。秋失收。（清同治《如皋县续志》卷二《赋役》）

夏，秋，奇旱，淮安府之安东县飞蝗蔽天，食禾苗草木俱尽。（清光绪《安东县志》卷五《灾异》）

夏，旱，徐州府之宿迁县蝗。（民国《宿迁县志》卷七《水旱蠲赈》）

徐州府之萧县旱，蝗。（清同治《续萧县志》卷一八《祥异》）

淮安府之盐城县大旱，蝗。（清光绪《盐城县志》卷一七《祥异》）

二月，不雨。至八月，淮安府之阜宁县蝗。（清光绪《阜宁县志》卷二一《祥祲》）

五月至八月，扬州府之东台县大旱，五谷不生，飞蝗蔽田。米石价八千，麦石价五千。冬，民毙于市。（清光绪《东台县志稿》卷一《祥异》）

夏，旱，徐州府之铜山县蝗。（民国《铜山县志》卷四《纪事表》）

夏，旱，徐州府之沛县蝗。民饥，秋禾秀而不实。（民国《沛县志》卷二《灾祥》）

夏，旱，徐州府之睢宁县蝗又作。（清光绪《睢宁县志稿》卷一五《祥异》）

【浙江】

十二月，蠲缓杭州府之海宁州、钱塘、仁和、余杭、富阳、新城、临安、于潜、昌化，湖州府之乌程、归安、长兴、安吉、孝丰、武康、德清，嘉兴府之嘉兴、秀水、嘉善、平湖、海盐、桐乡、石门，绍兴府之会稽、山阴、萧山、余姚、上虞、嵊县、诸暨，宁波府之奉化、慈溪，台州府之临海、天台、仙居、黄岩、太平、宁海，金华府之金华、东阳、义乌、浦江、兰溪、汤溪、武义、永康，严州府之建德、桐庐、分水、寿昌、淳安、遂安，衢州府之西安、龙游、江山、常山、开化，处州府之丽水、缙云、青田、景宁、云和、松阳、遂昌六十五州县，暨航严、嘉湖、台州三卫被旱、被蝗本年额赋。（《清文宗实录》卷二一六）

夏，亢旱。秋，杭州府之富阳县飞蝗为灾。（清光绪《富阳县志》卷一五《祥异》）

六月，嘉兴府之嘉善县亢旱，枝河皆涸。秋蝗灾，米腾贵。（清光绪《重修嘉善县志》卷三四《祥眚》）

夏，大旱，蝗灾。（清光绪《枫泾小志》卷一〇《补遗》）

六月，旱。秋，嘉兴府之平湖县蝗。冬，斗米四百五十钱。（清光绪《平湖县志》卷二五《祥异》）

湖州大旱，湖州府之长兴县蝗，大饥。五月后二十日……炎暑蕴隆，蝗蝻迅起，漫天蔽野，自北而南。（清同治《长兴县志》卷九《灾祥》）

夏秋间，宁波府之鄞县东南乡飞蝗蔽野，村民捕煮之，日可数十石。（清同治《鄞县志》卷六九《祥异》）

七月，宁波府之慈溪县蝗。（清光绪《慈溪县志》卷五五《祥异》）

八月，绍兴府之余姚县蝗。（清光绪《余姚县志》卷七《祥异》）

八月，宁波府之定海县蝗。（民国《定海县志》卷六《灾祥》）

八月，绍兴府之上虞县蝗。（清光绪《上虞县志》卷三八《祥异》）

八月，绍兴府之嵊县有蝗自北来，顷刻蔽天。（清同治《嵊县志》卷二六《祥异》）

【安徽】

庐州府之合肥县大旱，蝗。（清光绪《合肥县志·祥异》）

秋，庐州府之庐江县蝗。（清光绪《庐江县志》卷一六《祥异》）

庐州府旱，蝗。米价腾贵，野有饿殍。（清光绪《续修庐州府志》卷九三《祥异》）

秋，六安州蝗。（清同治《六安州志》卷五五《祥异》）

颍州府之霍邱县旱，蝗。（清同治《霍邱县志》卷一六《灾异》）

庐州府之舒城县民苦旱，且蝗。（清光绪《续修舒城县志》卷五〇《祥异》）

颍州府之亳州蝗。（清光绪《亳州志》卷一九《祥异》）

夏四月，凤阳府之凤台县、灵璧县旱，蝗。（清光绪《凤阳府志》卷四《祥异》）

秋，大旱，颍州府之颍上县蝗。（清同治《颍上县志》卷一二《祥异》）

颍州府之太和县旱，飞蝗大至，食禾几尽。（民国《太和县志》卷一二《灾祥》）

夏，大旱，凤阳府之宿州飞蝗蔽野。（清光绪《宿州志》卷三六《祥异》）

河涸井枯，泗州之天长县大旱，飞蝗蔽天，低田无籽粒收。（清同治《天长县纂辑志稿·祥异》）

太平府之当涂县大旱，飞蝗入境食苗。（民国《当涂县志稿·大事记》）

太平府之芜湖县旱，蝗蔽天日。（民国《芜湖县志》卷五七《祥异》）

九月，广德州蝗，大饥，斗米钱六百。（清光绪《广德州志》卷五八《祥异》）

八月，宁国府之南陵县蝗大起，幸稻孙稔，民赖以生。（民国《南陵县志》卷四八《祥异》）

石台县大旱，蝗。（民国《石埭备志汇编》卷一《大事记》）

【福建】

建宁府之崇安县大浑蝗。（民国《崇安县新志》卷一《大事》）

【江西】

秋，大旱，南昌府之新建县蝗飞集田间如雨，民多取食之。（清同治《南昌府志》卷六五《祥异》）

【山东】

八月，泰安府之泰安，兖州府、沂州府、济宁州及济南府、东昌等所属各州县有蝗蝻。（《清文宗实录》卷二〇五）

十月，蠲缓山东青州府等州县被旱、被蝗村庄本年额赋，暨河淤海防经费摊征有差，减

免差徭。(《清文宗实录》卷二一〇)

七月，济南府飞蝗起沂州、曹州府之曹县，漫延济南各州县邑。在济之地，十七夜蝗入境，纵横往来于月下无数也，民甚恐。(清光绪《德平县志》卷一〇《艺文》)

秋，济南府之历城县蝗。(民国《续修历城县志》卷一《总纪》

春，大旱，兖州府之峄县蝗败稼。(清光绪《峄县志》卷一五《灾祥》)

秋，济南府之陵县蝗害稼。(清光绪《陵县志》卷一五《祥异》)

秋，济南府之齐河县蝗。(民国《齐河县志·大事记》)

六月，旱，临清州之武城县蝗蝻生遍地，食禾尽，民大饥。(清宣统《重修恩县志》卷一〇《灾祥》)

武定府之利津县旱，蝗。(清光绪《利津县志》卷一〇《祥异》)

秋七月，青州府之临朐县蝗。冬饥。(清光绪《临朐县志》卷一〇《大事表》)

秋，济南府之新城县蝗。(民国《重修新城县志》卷四《灾祥》)

秋，青州府之昌乐县飞蝗为灾，菽不实。(民国《昌乐县续志》卷一《总纪》)

夏，大旱。秋，青州府之安丘县大蝗，菽不实。冬十月，蟓生。(民国《续安丘新志》卷一《总纪》)

五月，青州府之诸城县蝗。秋七月二十日，蝗大至，自西南而东北，渡潍水，如桥梁，折木伤禾，平地厚尺许。豆歉收。(清光绪《增修诸城县续志》卷一《总纪》)

秋，莱州府之潍县蝗。(民国《潍县志稿》卷三《通纪》)

莱州府之高密县旱，蝗。(民国《高密县志》卷一《总纪》)

秋，登州府之蓬莱县蝗过。(清光绪《蓬莱县续志》卷一《灾祥》)

七月，登州府之宁海州有蝗，大疫。(清同治《重修宁海州志》卷一《祥异》)

秋，登州府之海阳县飞蝗蔽日，不为灾。及冬，地多蝻子，知县王文焘亲率民夫掘取净尽。(清光绪《海阳县续志·灾祥》)

六月，沂州府之费县蝗蝻食禾几尽。(清光绪《费县志》卷一六《祥异》)

自夏五月至七月不雨，沂州府之莒州蝗蝻害稼，斗粟数千。秋八月初五日，飞蝗蔽天，落深烽寸，所过地赤。(民国《重修莒志》卷二《大事记》)

秋，曹州府之濮州蝗蝻生，禾稼尽食。(清宣统《濮州志》卷二《年纪》)

秋，沂州府之日照县飞蝗蔽天，大旱，饥。(清光绪《日照县志》卷七《祥异》)

秋七月，泰安府之肥城县飞蝗蔽天，害稼。岁饥。(清光绪《肥城县志》卷一〇《祥异》)

秋，济南府之长清县蝗蝻伤禾。岁大饥。(民国《长清县志》卷一六《祥异》)

六、七年，夏泰安府之新泰县蝗伤禾。(清光绪增刻乾隆《新泰县志》卷七《灾祥》)

兖州府之宁阳县旱，蝗，大饥。（清光绪《宁阳县志》卷一〇《灾祥》）

秋，曹州府之范县蝻生，禾稼食尽。（清宣统《濮州志》卷二《年纪》）

泰安府之东平州旱，蝗为灾。秋，无禾。（清光绪《东平州志》卷二五《五行》）

泰安府之平阴县飞蝗害稼，禾茎并尽。（清光绪《平阴县志》卷六《灾祥》）

夏秋间，兖州府之滋阳县迭被旱，蝗。岁饥。（民国《滋阳县志》卷一一《艺文》）

济宁州旱，蝗为灾。秋无禾。（清咸丰《济宁直隶州续志》卷一《灾祥》）

济宁州之金乡县旱，蝗。缓征下忙钱粮。（清咸丰《金乡县志略》卷一一《事纪》）

夏，济宁府之鱼台县蝗食麦。秋，蝗伤禾。（清光绪《鱼台县志》卷一《灾祥》）

夏六月，兖州府之汶上县飞蝗蔽天，秋禾食尽，野无青草。（清宣统《四续汶上县志稿》《灾祥》）

夏，旱。秋七月，曹州府之巨野县蝗蝻生。（民国《续修巨野县志》卷一《编年》）

夏，旱。七月，曹州府之郓城县蝗蝻生。（清光绪《郓城县志》卷九《灾祥》）

五月，曹州府之定陶县飞蝗遍野，六月蝻生，食禾害稼。（民国《定陶县志》卷九《灾异》）

六年、七年，东昌府之冠县蝗生，均歉收。（清光绪《冠县志》卷一〇《祲祥》）

夏，旱。七月，兖州府之阳谷县蝗蝻生。（清光绪《寿张县志》卷一〇《灾变》）

六、七两年，东昌府之馆陶县邑蝗，岁大饥。（民国《续修馆陶县志》卷九《人物》）

【河南】

八月，归德府之商丘县有飞蝗停落，田禾有损伤。（《清文宗实录》卷二〇六）

九月，归德府之宁陵县、开封府之通许县等十六州县飞蝗过境，田禾不致成灾，飞蝗听落处遗留蝻孽贻害农田。（《清文宗实录》卷二〇七）

八月，开封府之密县蝗食秋禾，在。九月，蝗食麦苗，县西尤甚。（民国《密县志》卷一九《祥异》）

秋，卫辉府之新乡县蝗自南来，飞则蔽天，落地厚数尺，秋禾尽伤，民大饥。（民国《新乡县续志》卷四《祥异》）

七月二十七日，怀庆府之武陟县飞蝗蔽天，损坏田禾无算。（民国《续武陟县志》卷终《志余》）

夏六月，怀庆府之孟县蝗蝻害稼。（民国《孟县志》卷一〇《杂记》）

卫辉府之浚县蝗飞蔽天，蝻子遍地。（清光绪《续浚县志》卷三《祥异》）

彰德府之内黄县大旱，飞蝗为灾。（清光绪《内黄县志》卷八《事实》）

归德府之夏邑县大旱，蝗。（民国《夏邑县志》卷九《灾异》）

夏，大旱，岁饥。秋，归德府之柘城县蝗。冬无雪。（清光绪《柘城县志》卷一〇《灾

祥》）

归德府之睢州飞蝗蔽天。七月，蝻伤秋禾。（清光绪《续修睢州志》卷一二《灾异》）

夏，台前县旱，蝗蝻生。（台前县地方史志编纂委员会编《台前县志》）

归德府之虞城县大旱，蝗伤禾。（清光绪《虞城县志》卷一〇《灾祥》）

六月，归德府之永城县蝗食禾尽，惟菜豆成熟。（清光绪《永城县志》卷一五《灾异》）

秋，归德府之宁陵县蝗食禾。（清宣统《宁陵县志》卷终《祥异》）

陈州府之项城县大旱，蝗。（民国《项城县志》卷三一《杂事》）

许州蝗。（民国《许昌县志》卷一九《祥异》）

汝州之郏县旱，蝗。（清同治《郏县志》卷一〇《灾祥》）

许州之临颍县蝗。（民国《重修临颍县志》卷一三《灾祥》）

四月，南阳府之叶县蝗。（清同治《叶县志》卷一《舆地》）

开封府之禹州旱，蝗。（民国《禹县志》卷二《大事记》）

六月，归德府之鹿邑县蝗食禾稼殆尽。（清光绪《鹿邑县志》卷六《民赋》）

夏六月，汝宁府之确山县蝗伤禾。（民国《确山县志》卷二〇《大事记》）

六月，汝州之鲁山县大批飞蝗从东北来，蔽日遮天，禾苗被食无遗。（清光绪《鲁山县志》卷九《祥异》）

光州之光山县旱、蝗为灾，颗粒无收。（民国《光山县志》卷一《灾异》）

是年夏、秋，汝宁府之正阳县大旱，稻粱无收，迎秋又蝗。（民国《重修正阳县志》卷三《大事记》）

光州之息县旱，蝗，粮价腾贵。（清光绪《续修息县志》第二册）

陕州之灵宝县蝗。（清光绪《重修灵宝县志》卷八《祥异》）

陕州之阌乡县蝗灾。（清光绪《阌乡县志》卷一《灾祥》

陕州之卢氏县蝻生。（清光绪《重修卢氏县志》卷一二《祥异》）

陕州蝗。（清光绪《陕州直隶州续志》卷一〇《灾异》）

陈州府之淮宁县蝗。（民国《淮阳县志》卷二〇《祥异》）

秋，汝宁府之新蔡县蝗虫为害，稻粱无收。（清乾隆《新蔡县志》卷九《大事记》）

夏，汝州之宝丰县飞蝗蔽野，伤禾甚多，遗卵于郊。（清同治《河南通志》卷五《祥异》）

【湖北】

黄州、襄阳一带蝗蝻生。（《清文宗实录》卷二〇六）

襄阳府之光化县旱，蝗。（民国《湖北通志》卷七六《祥异》）

夏，大旱，德安府之应城县蝗，斗米千钱。（清光绪《应城志》卷一四《祥异》）

夏，旱。秋，武昌府之通山县蝗。（清同治《通山县志》卷二《祥异》）

武昌府之武昌县大旱，蝗过境。（清光绪《武昌县志》卷一〇《祥异》）

夏秋间，德安府蝗飞障日，越一宿去尽。（清光绪《德安府志》卷二〇《祥异》）

是年大旱，武昌府之蒲圻县有蝻。（清同治《蒲圻县志》卷三《祥异》）

荆州府之江陵县旱，蝗。（清光绪《荆州府志》卷七六《灾异》）

安陆府之钟祥县大旱，无麦无禾，蝗飞蔽天。（清同治《钟祥县志》卷一七《祥异》）

安陆府之京山县大旱，蝗。（清光绪《京山县志》卷一《祥异》）

荆州府之监利县旱，蝗。（清同治《监利县志》卷一二《丰歉》）

秋九月，汉阳府之沔阳州蝗。（清光绪《沔阳州志》卷一《祥异》）

荆州府之松滋县旱，蝗。（清同治《松滋县志》卷一二《祥异》）

入秋，宜昌府旱，飞蝗蔽日。（清同治《宜昌府志》卷一《祥异》）

入秋，宜昌府之东湖县旱，飞蝗蔽日。（清同治《续修东湖县志》卷二《机祥附》）

郧阳府之郧西县旱，蝗。乡民饥饿，死满沟壑。（清同治《郧西县志》卷一六《人物》）

襄阳府之光化县蝗。（清光绪《光化县志》卷八《祥异》）

安陆府蝗蝻生。（章义和《中国蝗灾史》）

【湖南】

九月，永州府之祁阳县蝗之为灾，甚于旱、潦，祁邑素无此患。（清同治《祁阳县志》卷二四《杂撰》）

【广东】

八月，肇庆府之阳江县西境飞蝗蔽天，大伤禾稼。（民国《阳江县志》卷三七《杂志》）

廉州府之钦州蝗虫又起，飞翳天日，栖树枝折，复值冬饥，木叶草根，人虫争相取食，哀鸿遍野，卖男鬻女，每口仅索制钱数千文。（鲁克亮《清代广西蝗灾研究》）

【广西】

柳州府之罗城县飞蝗蔽天，食尽五谷之苗。岁歉年荒，人多饿殍。（民国《罗城县志》卷九《纪事》）

【西藏】

江孜、白朗、日喀则，〔火龙年〕噶厦对卫藏各宗溪下达驱赶蝗虫，彻底铲除虫卵事之指令稿：该区个别地方涌来蝗虫，为害庄稼，并在秋末产出虫卵。今年又发现蝗虫，现今蝗虫正如乌云飞腾。（西藏自治区历史档案馆、社会科学院等编《西藏历史档案丛书·灾异志·雹霜虫灾篇》）

〔火龙年〕噶厦就乃东地区遭受虫灾等事，给乃东宗宗堆及颇章区政府差民之批复稿：连遭蝗灾，颗粒无收。（西藏自治区历史档案馆、社会科学院等编《西藏历史档案丛书·灾

异志·雹霜虫灾篇》)

【陕西】

夏秋之际，西安府蝗蝻遍野，曾中丞望颜札饬州县督民捕蝗，昼夜不息，至冬乃熄。（民国《续修陕西通志稿》卷一九九《祥异》）

七月，西安府之长安县有蝗自东方来，飞行蔽日。（民国《咸宁长安两县续志》卷六《祥异》）

七月，西安府之盩厔县蝗蝻生，百姓捕逐。（民国《盩厔县志》卷八《祥异》）

七月，西安府之渭南县蝗自东来，飞行蔽日。（清光绪《新续渭南县志》卷一一《祲祥》）

秋，兴安府之洵阳县蝗伤稼。（清光绪《洵阳县志》卷一四《杂志》）

1857年（清咸丰七年）：

【北京】

春，顺天府之昌平县旱，蝗。（清光绪《顺天府志》卷六九《祥异》）

顺天府之平谷县蝻生，无麦，秋禾熟。（清光绪《顺天府志》卷六九《祥异》）

顺天府之顺义县旱，蝗。（民国《顺义县志》卷一六《杂事记》）

【天津】

天津府之静海县有飞蝗之灾。（清同治《静海县志》卷三《灾祥》）

天津府之青县蝻生。（清光绪《重修青县志》卷六《祥异》）

【河北】

六月，正定府之正定县飞蝗蔽天，禾尽损。（清光绪《正定县志》卷八《灾祥》）

秋，将熟，正定府之获鹿县飞蝗蔽天，食禾殆尽。岁大饥，男妇扫蒺藜为食。（清光绪《获鹿县志》卷五《灾祥》）

秋，正定府之灵寿县蝗。大饥，有鬻蒲根面者。（清同治《灵寿县志》卷三《灾祥》）

旱，正定府之晋州飞蝗蔽天。（民国《晋县志》卷五《灾祥》）

夏五月二十八日，赵州之高邑县飞蝗蔽天，落地食禾，顷刻净尽。蝗去蝻生，如水横流，蠕蠕遍野，乡民挑濠掘堑，捕迨灭。蝗蝻经过，籽粒无余。（民国《高邑县志》卷一〇《故事》）

春，赵州蝻生。（清光绪《直隶赵州志》卷二《祥异》）

秋，飞蝗蔽日，伤尽禾稼。（清同治《直隶赵州志·灾祥》）

正定府之井陉县蝻生蝗起，饥馑大荒。（清光绪《续修井陉县志》卷三《祥异》）

秋，正定府之新乐县大蝗。（清光绪《重修新乐县志》卷四《灾祥》）

正定府之无极县旱，蝗，民大饥。（民国《重修无极县志》卷一九《大事表》）

正定府之赞皇县飞蝗蔽日。七月，蝻游城郭。岁大饥。（清光绪《续修赞皇县志》卷二七《灾祥》）

五月二十八日，正定府之元氏县飞蝗自东南来，丽天蔽日，落地顷刻禾尽。蝗去蝻生，横行遍野，疾如流水，勇如行军，乡民挑濠防守，昼夜不敢懈者十余日。（清光绪《元氏县志》卷四《灾祥》）

六月壬子，正定府之栾城县天鸣东南，飞蝗蔽日。甲寅飞蝗蔽日。秋七月，蝗蝻遍地，禾稼尽伤。（清同治《栾城县志》卷三《祥异》）

夏，正定府之平山县蝗蝻成灾。秋，飞蝗过境。（清光绪《平山县续志》卷三《灾祥》）

春，永平府之卢龙县蚱子复生。（清光绪《永平府志》卷三一《纪事》）

永平府之迁安县蝻生，伤禾稼。（清同治《迁安县志》卷九《纪事》）

春永平府之昌黎县蝻生。岁大旱。（清同治《昌黎县志》卷一《灾祲》）

五月，遵化州有蝗。（清光绪《遵化通志》卷五九《事纪》）

永平府之抚宁县蝗伤稼。（清光绪《抚宁县志》卷三《前事》）

春三月，永平府之乐亭县蝗蝻生。夏四月，官民扑灭，有秋。（清光绪《乐亭县志》卷三《纪事》）

春，永平府之滦州蚱生。（清光绪《滦州志》卷九《纪事》）

顺天府之固安县蝗。（清光绪《顺天府志》卷六九《祥异》）

夏、秋，保定府之清苑县蝗蝻迭生，食稼殆尽。（清光绪《保定府志稿》卷三《灾祥》）

大名府之清丰县蝗。（清同治《清丰县志》卷二《编年》）

夏、大旱，易州之涞水县蝗。（清光绪《涞水县志》卷一《祥异》）

保定府之定兴县蝗。（清光绪《定兴县志》卷一九《大事》）

春，保定府之容城县蝗蝻生，寻灭。至五月飞蝗，至闰五月蝻复生，食谷黍，死尽。六月又生蝻，七月蝻又成蝗。（清咸丰《容城县志》卷八《灾异》）

保定府之蠡县蝗。（清光绪《蠡县志》卷八《灾祥》）

正定府之阜平县蝗。（清同治《阜平县志》卷四《灾祲》）

春，保定府之唐县蚱生。夏大旱。秋蝗。（清光绪《唐县志》卷一一《祥异》）

夏、秋，保定府之新城县，蝻蝗迭生，食稼殆尽。（清光绪《续修新城县志》卷一〇《祥异》）

秋，保定府之祁州蝗，食禾家殆尽。（清光绪《祁州续志》卷四《祥异》）

夏、秋，保定府之望都县蝻蝗迭生，食稼殆尽。（清光绪《望都县新志》卷七《祥异》）

定州之曲阳县又蝗。（清光绪《重修曲阳县志》卷五《灾异》）

五月，河间府之献县蝗。（民国《献县志》卷一九《故实》）

河间府之故城县蝻。（清光绪《续修故城县志》卷一《纪事》）

大名府之大名县大蝗。（民国《大名县志》卷二六《祥异》）

秋，广平府之邯郸县飞蝗蔽日。比年灾歉，兹复旱、蝗，遮天蔽日，禾稼一空，饥民攘夺。（清光绪《邯郸县志》卷七《灾祥》）

夏六月，广平府之永年县蝗，无禾。饥，捐赈。（清光绪《永年县志》卷一九《祥异》）

五月，广平府之曲周县蝗遍野生蝻，伤禾稼。岁大饥。（清同治《曲周县志》卷一九《灾祥》）

七月，广平府之成安县飞蝗遍野，大饥，发粟振恤。（民国《成安县志》卷一五《故事》）

七月，广平府之鸡泽县飞蝗遍野，大饥，发粟振恤。（民国《鸡泽县志》卷二一《灾祥》）

七月，广平府之肥乡县大蝗，禾稼一空。岁大饥，筹拨赈恤。（清同治《肥乡县志》卷三二《灾祥》）

夏，赵州之宁晋县蝗蝻蔽地。（民国《宁晋县志》卷一《灾祥》）

秋，顺德府之唐山县大蝗，野无遗禾，饿莩枕藉。（清光绪《唐山县志》卷三《祥异》）

冀州之南宫县蝗自东来，禾被灾。（清光绪《南宫县志》卷一七《列传》）

春，旱。夏，顺德府之巨鹿县蝻生，食苗殆尽。秋，飞蝗蔽日，大饥。（清光绪《巨鹿县志》卷七《灾异》）

顺德府之任县蝗。（民国《任县志》卷七《灾祥》）

七年秋，顺德府之内丘县蝗虫遍野，公设法捕除，补救实多。（清光绪《内丘县乡土志·政绩》）

夏六月，冀州之新河县旱，蝗食禾稼殆尽，民大饥。（清光绪《新河县志》卷二《灾祥》）

五月，广平府之清河县飞蝗蔽天。六月，蝗蝻遍地。岁大饥。（清同治《清河县志》卷五《灾异》）

顺德府之广宗县大旱，飞蝗蔽野。（清同治《广宗县志》卷一一《祲祥》）

七年、八年俱旱，顺德府之平乡县蝗食禾且尽。（清同治《平乡县志》卷一《灾祥》）

夏，顺德府之南和县蝗飞蔽天。（清光绪《南和县志》卷九《灾祥》）

大名府之开州南庆祖及西南焦二塞等庄蝻孽萌动，官督饬夫役扑打，并设厂用义仓谷换买，秋禾无碍。（清光绪《开州志》卷一《祥异》）

春、夏，河间府之宁津县蝻孽萌生。（清光绪《宁津县志》卷一一《祥异》）

【山西】

大同府之灵丘县蝗。（清光绪《灵丘县补志》卷五《灾祥》）

昔阳县秋蝗，米价腾贵。（民国《昔阳县志》卷一《祥异》）

八月初，辽州之和顺县飞蝗入境。（民国《重修和顺县志》卷九《祥异》）

平定州旱，蝗。测鱼等村灾，开仓放谷。（清光绪《平定州志》卷五《祥异》）

夏，太原府之交城县城南四五里飞蝗遍野，伤禾。（清光绪《交城县志》卷一《祥异》）

七月，潞安府之黎城县有蝗自东来，食秋禾麦苗。（清光绪《黎城县续志》卷一《纪事》）

七月，潞安府之壶关县飞蝗自陵川入境，伤稼。（清光绪《壶关县续志》卷上《纪事》）

七月，潞安府之潞城县飞蝗入境。（清光绪《潞城县志》卷三《大事记》）

秋，泽州府之陵川县蝗入邑东界。（民国《陵川县志》卷一〇《旧闻》）

隰州之永和县蝗飞害稼。（民国《永和县志》卷一四《祥异》）

六月，绛州之垣曲县飞蝗蔽日。冬大雪，蝻尽毙。（清光绪《垣曲县志》卷一四《杂志》）

解州之芮城县蝗飞害稼。（民国《芮城县志》卷一四《祥异》）

解州之平陆县飞蝗蔽日，大伤禾苗。（清光绪《平陆县续志》卷下《杂志》）

蒲州府之永济县蝗飞蔽日，虫害稼。（清光绪《永济县志》卷二三《事纪》）

秋，平阳府之太平县飞蝗入境。（清光绪《太平县志》卷一〇《祥异》）

【上海】

春，松江府蝗孽萌生，浦南尤甚。（清光绪《松江府续志》卷三九《祥异》）

夏大雨，松江府之南汇县蝗群赴海滩死。（清光绪《南汇县志》卷二二《祥异》）

川沙厅春有蝗。夏四月，蝝生如蚁，得雨而绝。（清光绪《川沙厅志》卷一四《祥异》）

夏四月，松江府之奉贤县有蝗遍地。（清光绪《重修奉贤县志》卷二〇《灾祥》）

春，松江府之上海县有蝗。夏四月，浦滨蝝生如蚁，得雨而绝。八月，飞蝗集西南乡伤晚禾。（清同治《上海县志》卷三〇《祥异》）

春，太仓州之嘉定县蝻生，里绅童仁等在镇设局，收蝻埋之。（民国《钱门唐乡志》卷一二《灾祥》）

春，松江府之华亭县蝗孽萌生，浦南尤甚。（清光绪《重修华亭县志》卷二三《祥异》）

【江苏】

五月，蝗子尽出，初小而无翼，各州县皆然，已蔽野。闰五月初，蝗已飞，雨后倏而绝迹。八月初一，蝗虫遮天蔽日，较旧秋来势更胜十倍，间落地，豆荚、草根，一饮而尽，稻亦有伤，皆南去。（清柯悟迟《漏网喁鱼集》）

春，江宁府之溧水县有蝗。夏四月，蝝生如蚁，得雨乃绝。（清光绪《溧水县志》卷一《庶征》）

江宁府之高淳县蝻生，县主令民扑捕，设局收买，虽未尽灭，亦不成灾。（清光绪《高淳县志》卷一二《祥异》）

七月，苏州府飞蝗大至。（清同治《苏州府志》卷一四三《祥异》）

春，苏州府之常熟县蝗蝻生。（清光绪《常昭合志稿》卷四七《祥异》）

三月，常州府之江阴县蝻生，天忽大雷雨，狂风卷入江中，不为灾。（清光绪《江阴县志》卷八《祥异》）

夏，镇江府之丹徒县蝗。（清光绪《丹徒县志》卷五八《祥异》）

春，江宁府之句容县有蝗。四月蝝生如蚁，得雨而绝。（清光绪《续纂句容县志祥异》卷一九）

春，常州府之宜兴县蝝生。……五月霖雨，蝗尽死。秋，大有年。（清光绪《宜兴荆溪县新志》卷末《征》）

八月，常州府之靖江县蝗复至。（清光绪《靖江县志》卷八《祲祥》）

夏闰五月，通州之如皋县蝗。（清同治《如皋县续志》卷一五《祥祲》）

六月，淮阴县蝗。（民国《淮阴县志征访稿》卷五《灾祥》）

夏，淮安府之安东县蝗。（清光绪《安东县志》卷五《灾异》）

六月间，徐州府之萧县飞蝗蔽天，各村庄相率扑打，城内设局收买蝻子数百石。（清同治《续萧县志》卷一八《祥异》）

【浙江】

夏，亢旱。秋，杭州府之富阳县蝗。（民国《杭州府志》卷八五《祥异》）

夏，湖州府之长兴县蝻复滋生。（清同治《长兴县志》卷九《灾祥》）

春，绍兴府之嵊县邑令利瓦伊着捐廉捕蝗。五月，大雨，遗蝻顿尽。（清同治《嵊县志》卷二六《祥异》）

【安徽】

上谕：福济奏，续查皖南各属秋禾被旱、被蝗、被扰，勘不成灾，请分别缓征钱粮一折。（清光绪《重修安徽通志》卷一一《皇言纪》）

秋，庐州府之无为州蝗，稻禾有伤。庐州府之巢县蝗。（清光绪《续修庐州府志》卷九三《祥异》）

夏，旱，庐州府之庐江县蝗，疫。（清光绪《庐江县志》卷一六《祥异》）

夏六月，安庆府之桐城县有蝗，多食野草，不为灾。（清同治《桐城县志》卷一〇《祥异》）

六安州，八月，飞蝗蔽天。（清同治《六安州志》卷五五《祥异》）

秋，旱，颍州府之霍邱县蝗，田皆不耕。（民国《霍邱县志》卷一六《祥异》）

夏，颍州府之亳州，蝗填塞市廛殆遍。（清光绪《亳州志》卷一九《祥异》）

夏四月雨雹，颍州府之颍上县蝗蝻入城。（清同治《颍上县志》卷一二《祥异》）

颍州府之太和县蝗复至。（民国《太和县志》卷一二《灾祥》）

广德州夏旱，蝗。（清光绪《广德州志》卷五四《祥异》）

宁国府之宣城县蝗发，官督民捕之。（清光绪《宣城县志》卷三六《祥异》）

【江西】

南昌府、九江府、袁州府蝗。（清光绪《江西通志》卷九八《祥异》）

秋，袁州府之萍乡县飞蝗蔽日，捕逐。后蝻子蠕动，经县收买乃尽。是岁禾稼受害。（清同治《萍乡县志》卷一《祥异》）

秋七月，九江府之德安县飞蝗，自德化入境。（清同治《德安县志》卷一五《祥异》）

秋，九江府之瑞昌县飞蝗蔽日，所止之处谷粟、草叶蚀尽。明年五月五日夜，北山原地方始尽飞去。（清同治《瑞昌县志》卷一〇《祥异》）

秋，九江府之湖口县蝗。（清同治《湖口县志》卷一〇《祥异》）

秋九月，南昌府之义宁州修水县蝗自西南来，所至之处遮天蔽日。州牧郭督工捕扑，旋祷于神，寻灭。（清同治《义宁州志》卷三九《祥异》）

南昌府之武宁县飞蝗蔽天，捕蝗者过秤给值。冬，示民掘蝻。（清同治《武宁县志》卷四三《祥异》）

九月，南康府之星子县飞蝗蔽天，食秋苗，连叶皆尽。知县黄应黼率民捕之，愈捕愈甚，至四月中旬，天忽大雷雨，一夜而灭。（清同治《星子县志》卷一四《祥异》）

九月，南昌府飞蝗食稼。次年蝗蝻生。（清同治《南康府志》卷二三《祥异》）

建昌府之永修县飞蝗蔽天，集处食禾苗、树叶殆尽。邑侯王公必达谕民捕治，又谕民掘土取蝗子，逾数月尽灭。（清同治《建昌县志》卷一二《祥异》）

秋八月，袁州府之宜春县蝗自西北来，遮天蔽日，落地厚数寸，拥食晚稻、杂植、棕竹等类，顷刻即尽，西南尤甚。（清同治《宜春县志》卷一〇《祥异》）

秋七月，袁州府之万载县飞蝗入境。（清同治《万载县志》卷二五《祥异》）

是年，瑞州府之高安县蝗虫蔽日，多伤晚稻，邻境皆然，至冬月捕尽。明年春，各乡掘蝻子，送进城，官给赏，多至千余石，种遂绝。（清同治《高安县志》卷二八《祥异》）

南康府之安义县蝗飞蔽天，食稼。（清同治《安义县志》卷一六《杂志》）

春，南昌府之奉新县蝗。知县张星烺率同城官督乡团捕之。五月大水，余蝗尽漂没。（清同治《奉新县志》卷一六《祥异》）

八月，南昌府之靖安县飞蝗过境，伤害禾稼。（清同治《续纂靖安县志》卷一〇《祥异》）

秋，吉安府之安福县飞蝗由西北入境，群飞如雪，时晚稻已熟，未食，不为灾。（清同治《安福县志》卷一《灾异》）

【山东】

秋，青州府之博山县飞蝗蔽日，禾稼尽伤。（民国《续修博山县志》卷一《祥异》）

夏，旱，兖州府之峄县蝗蝻生，败禾稼。（清光绪《峄县志》卷一五《灾祥》）

六月，济南府之陵县蝗害稼。（清光绪《陵县志》卷一五《祥异》）

临清州之武城县旱，蝗。（民国《增订武城县志续编》卷一二《祥异》）

飞蝗蔽空，米价昂。（清宣统《重修恩县志》卷一〇《灾祥》）

临清州之夏津县蝗食禾稼，岁大饥。（民国《夏津县志续编》卷一〇《灾祥》）

秋七月，无棣县蝗。（民国《无棣县志》卷一六《物征》）

广饶县蝗。（民国《续修广饶县志》卷二六《杂志》）

夏，济南府之新城县蝗。闰五月二十二日，蝗生，有飞虫如蜂啮之，尽死。秋禾无害。（民国《重修新城县志》卷四《灾祥》）

夏，旱，青州府之寿光县蝗。（民国《寿光县志》卷一五《编年》）

夏，青州府之昌乐县蝗蝻生。（民国《昌乐县续志》卷一《总纪》）

夏五月，青州府之临朐县蝗灾，西境尤甚。（清光绪《临朐县志》卷一〇《大事表》）

夏四月，青州府之安丘县蝝生。六月，大蝗，蝗自东南来，飞蔽天日，所过禾叶俱尽，豆苗亦多被啮断。（民国《续安丘新志》卷一《总纪》）

闰五月，大旱，青州府之诸城县蝗。六月，蝗生如蚁。秋旱。七月〔略〕，壬辰蝗大至，食豆苗殆尽。（清光绪《增修诸城县续志》卷一《总纪》）

夏，莱州府之高密县蝗。免民欠租赋。（清光绪《高密县志》卷一〇《纪事》）

秋，莱州府之平度州飞蝗蔽天。（民国《平度县续志》卷首《纪要》）

七月，曹州府之范县蝗生。（清宣统《濮州志》卷二《年纪》）

七月，莱州府之掖县飞蝗蔽天。冬，官收蝗子。（清光绪《三续掖县志》卷三《祥异》）

莱州府之即墨县大蝗，害稼啮人，收获多以夜。饥。（清同治《即墨县志》卷一一《灾祥》）

夏秋间，登州府之黄县蝗。八月，蝗生子，食禾殆尽。（清同治《黄县志稿》卷五《灾祥》）

沂州府蝗蝻遍野，饥。（民国《临沂县志》卷一《通纪》）

秋，沂州府之费县蝝为灾，集人家厚数寸，小儿卧者多被咬伤。（清光绪《费县志》卷

一六《祥异》）

闰五月，沂州府之莒州飞蝗食禾，惟绿豆、芝麻不食。（民国《重修莒志》卷二《大事记》）

沂州府之日照县大旱，飞蝗遍野。（清光绪《日照县志》卷七《祥异》）

夏，泰安府之新泰县蝗伤禾。（清光绪增刻乾隆《新泰县志》卷七《灾祥》）

秋，旱，兖州府之滋阳县蝗。（清光绪《滋阳县志》卷六《灾祥》）

兖州府之曲阜县雹、旱、蝗三灾均有，五谷不登，人将相食。（民国《续修曲阜县志》卷二《灾祥》）

五月，曹州府之定陶县飞蝗遍野。六月蝻生，食禾害稼。（民国《定陶县志》卷九《灾异》）

六月，曹州府之郓城县飞蝗蔽日。七月，蝗生。（清光绪《郓城县志》卷九）

五月，临清州飞蝗蔽天。六月，蝻出西乡，禾稼食殆尽。（民国《清平县志》第一册《纪事》）

夏，旱。六月，兖州府之阳谷县飞蝗蔽日。七月，蝻生。（清光绪《寿张县志》卷一〇《灾变》）

东昌府之馆陶县旱，蝗飞蔽天。秋已无禾，民大饥，流亡甚。（清光绪《馆陶县志》卷五《人类》）

东昌府之馆陶县旱、蝗为灾，岁大饥，至有以人肉充粮者。（民国《续修馆陶县志》卷九《大事》）

【河南】

六月，开封府之郑州、卫辉府之延津县蝗蝻。（《清文宗实录》卷二二九）

开封府之荥阳县蝗害稼。（民国《续荥阳县志》卷一二《灾异》）

开封府之中牟县蝗。（清同治《中牟县志》卷一《祥异》）

秋，彰德府之安阳县蝗虫遍野，飞蔽天日，县境无处无之，飞食禾叶，穗尽秕。是岁大饥。（民国《续安阳县志》卷末《杂记》）

彰德府之内黄县又旱，蝗飞蔽日，禾稼俱伤。（清光绪《内黄县志》卷八《事实》）

秋，归德府之柘城县蝗。（清光绪《柘城县志》卷一〇《灾祥》）

七月二十四日，归德府之睢州蝗自东南来，积地尺，树为折，秋禾食尽。（清光绪《续修睢州志》卷一二《灾异》）

闰五月，陈州府之扶沟县飞蝗蔽天，禾尽食。（清光绪《扶沟县志》卷一五《灾祥》）

陈州府之淮宁县蝗食禾殆尽。（民国《淮阳县志》卷二〇《祥异》）

秋七月，归德府之鹿邑县蝗。（清光绪《鹿邑县志》卷六《民赋》）

秋，彰德府之汤阴县蝗食禾殆尽。（民国《汤阴县志》卷二〇《祥异》）

七月，陈州府之项城县蝗，食禾殆尽，惟绿豆成熟。（民国《项城县志》卷三一《杂事》）

夏，自五月，南阳府之叶县蝗，至六月损谷甚多。是月晦，复有蝗，自东北卷地而来，晚禾被食无余。（清同治《叶县志》卷一《舆地》）

六月，汝宁府之西平县飞蝗忽至，掩蔽日光，凡涩草叶悉被食尽，经过乡村结队直行，虽捕之亦不惧也。（民国《西平县志》卷三四《灾异》）

六月一日，汝宁府蝗飞蔽天，秋禾损伤过半。（民国《汝南县志》卷一《大事记》）

夏，汝宁府之上蔡县飞蝗蔽天。（民国《重修上蔡县志》卷一《大事记》）

秋七月，汝宁府之正阳县蝗蝻繁生，如蜂聚而来，过城越池，村屋沟路接连不绝。九月，又过飞蝗，遮天盖地，禾稼尽为所食。岁大饥。（民国《重修正阳县志》卷三《大事记》）

夏秋间，汝宁府之信阳州蝗虫蔽天，幸害稻者尚少，只玉蜀黍及竹林受损。（民国《重修信阳县志》卷三一《灾变》）

六月，南阳府之南阳县飞蝗蔽天，食禾殆尽。七月，蝻生，遍野食秋稼。（清光绪《南阳县志》卷一二《杂记》）

八月，南阳府之镇平县蝗蔽天日，损禾稼。（清光绪《镇平县志》卷一《祥异》）

七月，归德府蝗自东南来，落地尺许，食秋禾殆尽。睢州、柘城县尤甚。（清乾隆《归德府志》卷三四《灾祥》）

秋，汝州之宝丰县蝗蝻为害严重。（清雍正《河南通志》卷五《祥异》）

七月十四日夜，南阳府之内乡县有蝗自东飞来，遮天映月，至晓见沟渠皆满。民执仗挥逐，遍野死蝗成堆，经冬始绝。（民国《内乡县志》卷一二《灾异》）

夏，台前县飞蝗蔽天。七月，蝗蝻生。（台前县地方史志编纂委员会编《台前县志》）

开封府之鄢陵县蝗生遍野，食晚禾殆尽。（清同治《鄢陵县志》卷二三《祥异》）

陕州之灵宝县飞蝗蔽天，食禾殆尽。（清光绪《重修灵宝县志》卷八《机祥》）

七月，蝗为灾。（民国《洛宁县志》卷一《祥异》）

陕州之卢氏县蝻生。（清光绪《重修卢氏县志》卷一二《祥异》）

陕州又蝗。（清光绪《陕州直隶州续志》卷一〇《灾异》）

【湖北】

汉阳府之汉阳县飞蝗蔽日。（清同治《续辑汉阳县志》卷四《祥异》）

夏，武昌府之大冶县蝗飞蔽天，民禳之，不害。（清同治《大冶县志》卷八《祥异》）

德安府之应山县蝗自北来，落地厚尺余，未伤稼。（清同治《应山县志》卷一《祥异》）

夏闰五月，德安府之应城县飞蝗自东而西。（清光绪《应城志》卷一四《祥异》）

秋，黄州府之黄冈、麻城、蕲水等县蝗。（清光绪《黄州府志》卷四〇《祥异》）

八月，黄州府之黄安县飞蝗入境，蔽日无光，不伤禾稼。（清同治《黄安县志》卷一〇《祥异》）

黄州府之麻城县飞蝗骤自北至，稻尽伤。（清光绪《麻城县志》卷二《大事》）

夏、秋，旱，黄州府之蕲水县蝗。（清光绪《蕲水县志》卷末《祥异》）

黄州府之蕲州复蝗。（清光绪《蕲州志》卷三〇《祥异》）

武昌府之咸宁县蝗自东北飞来，蔽日遮天，数日始散，幸谷已登场，不至大饥。（清同治《咸宁县志》卷一五《祥异》）

七月下旬，武昌府之通山县蝗虫自崇阳大至，谷未收者食尽，飞入竹林，竹为之屈。（清同治《通山县志》卷二《祥异》）

五月，旱，武昌府之武昌县飞蝗蔽天。（清光绪《武昌县志》卷一〇《祥异》）

武昌府之蒲圻县旱，飞蝗蔽日。是年有虫，食松叶殆尽。（清同治《蒲圻县志》卷三《祥异》）

荆州府之江陵县旱，蝗。（清光绪《荆州府志》卷七六《灾异》）

七月二十一日，安陆府之钟祥县飞蝗蔽天，由东而南数十里许。（清同治《钟祥县志》卷一七《祥异》）

夏六月，安陆府之潜江县飞蝗蔽天，食秋粮几尽，惟黄豆、绿豆不食。（清光绪《潜江县续志》卷二《灾祥》）

夏，旱，汉阳府之沔阳州蝗。（清光绪《沔阳州志》卷一《祥异》）

荆州府之松滋县蝗。自南来蝗之未生翼者浮水而至，散入乡民田，食禾至尽，乃移去，其害较飞者尤烈。（清光绪《荆州府志》卷七六《灾异》）

荆州府之宜都县旱，蝗。（清光绪《荆州府志》卷七六《灾异》）

七月，宜昌府邑境飞蝗蔽日，颇伤禾稼。（清同治《宜昌府志》卷一《祥异》）

夏，旱，荆门州之当阳县蝗食禾苗殆尽，惟治北黄鹄滩有鹰数百啄蝗空中，蝗避去，不为禾苗害。（清同治《当阳县志》卷二《祥异》）

荆州府之枝江县蝗，知县张长泰捐廉募捕，禾为不害。（清光绪《荆州府志》卷七六《灾异》）

秋，宜昌府之归州秭归县飞蝗至。（清同治增刻嘉庆《归州志》卷一《祥异》）

秋八月，宜昌府之鹤峰州蝗，秋获尽伤，而所过之处草、木、叶几尽。明年春，掘得其子无算，幸二三月尚雨雪，始无遗类。（清同治《鹤峰州志续修》卷一四《杂述》）

五月，郧阳府之房县蝗害稼。八月，蝗去。（清同治《房县志》卷六《事纪》）

秋，郧阳府之郧西县蝗伤禾稼。（清同治《郧西县志》卷二〇《祥异》）

八月，德安府之随州蝗飞蔽日。(清同治《随州志》卷一七《祥异》)

夏六月，襄阳府之枣阳县飞蝗蔽天。(清同治《枣阳县志》卷一六《祥异》)

武昌府飞蝗蔽天。(章义和《中国蝗灾史》)

【湖南】

七月，长沙府之湘潭县飞蝗过境，巡抚骆秉章督州县扑捕，以谷易蝗，并收蝗子。(清光绪《湘潭县志》卷九《五行》)

九月，长沙府之善化县飞蝗蔽天，时禾稻登场，幸不为害。(清光绪《善化县志》卷三四《丛谈》)

秋、冬，旱，飞蝗蔽天，行捕蝗诸法。(清光绪《善化县志祥异》卷三三)

九月，长沙府之长沙县飞蝗蔽天。时秋收讫，幸不害稼。但恐遗子入地为来岁忧，大府下令四乡掘挖，檄县于城中设局收之。(清同治《长沙县志》卷三三《祥异》)

秋七月，岳州府之平江县飞蝗入境，初一日自北而南，其飞蔽天。(清同治《平江县志》卷五〇《祥异》)

八月，长沙府之湘阴县飞蝗蔽日，自北而南，所过食草叶几尽，遗螭遍地。(清光绪《湘阴县图志》卷二九《灾祥》)

是年八月，长沙府之醴陵县蝗忽大至，天日为蔽，遗种满山谷，大府檄所属发挖。次春螭生，复督搜捕，患乃绝。(清同治《醴陵县志》卷一一《灾祥》)

衡阳府之酃县蝗。(清同治《酃县志》卷一一《祥异》)

六月，旱，郴州之兴宁县蝗，饥。(清光绪《兴宁县志灾祲》卷一八)

春，郴州之桂阳县蝗。州县官大捕掘令，民输螭子一斗易斗谷，桂阳州蝗遂灭。(清同治《桂阳直隶州志》卷四《事纪》)

八月，衡阳府之耒阳县飞蝗害境，知县洪琅谕民扑灭，并设局收买螭子，论功奖励，以绝根株。次春尽息。(清光绪《耒阳县志》卷一《祥异》)

七月，衡阳府之清泉县蝗食稼。(清同治《清泉县志》卷末《祥异》)

八月十七，衡阳府之常宁县飞蝗入境。(清同治《常宁县志》卷一四《祥异》)

九月，永州府之祁阳县蝗自楚北而南，祁地皆有。次年则漫山遍野，官督民捕，不能扫尽。越五月，风雨宵起，蝗尽失所在。岁仍大熟。(清同治《祁阳县志》卷二四《杂撰》)

永州府之零陵县旱，饥。秋蝗自北至，遗卵入地。次年三月，蝗出食秧苗，官绅捕焚并修章醮。一夕大风雨，蝗尽灭。(清光绪《零陵县志》卷一二《祥异》)

八月，宝庆府之邵阳县蝗入县境，食棕竹叶，掘螭子三千余石。(清光绪《邵阳县志》卷一〇《祥异》)

八月，宝庆府之新化县有蝗自东南飞来蔽天，食竹叶殆尽，落地生子。(清同治《新化

县志》卷一一《正典》）

七月，常德府之龙阳县蝗飞蔽天。（清光绪《重修龙阳县志》卷一一《灾祥》）

九月，澧州蝗飞蔽天。（清同治《直隶澧州志》卷一九《机祥》）

秋九月，淮安府之桃源县飞蝗蔽日。（清光绪《桃源县志》卷一二《灾祥》）

秋，长沙府之益阳县飞蝗蔽天，食竹叶几尽。（清同治《益阳县志》卷二五《祥异》）

秋收毕，长沙府之宁乡县蝗飞蔽天，声如风雨，所过竹叶草根立尽。收蝻子数百石。（清同治《续修宁乡县志》卷二《祥异》）

【广东】

春，罗宁州之西宁县飞蝗遍野。是岁大饥，斗米价钱一千二百。（民国《西宁县志》卷三二《纪事》）

【广西】

柳州府蝗灾。（鲁克亮《清代广西蝗灾研究》）

【西藏】

〔火龙年—火蛇年〕噶厦就消灭蝗虫事，复尼木门卡尔溪指令稿：由于去年蝗虫孳生，繁殖迅速，以致今年灾害严重，收成无望。应集中尼木全境差民立即全体动手，彻底消灭蝗虫。（西藏自治区历史档案馆、社会科学院等编《西藏历史档案丛书·灾异志·雹霜虫灾篇》）

【陕西】

六月，陕西巡抚曾望颜奏：飞蝗入境，潼关厅等处已扑净。（《清文宗实录》卷二三〇）

是年秋，西安府飞蝗蔽天，复督各属扑除，以捕蝗多少位殿最。（民国《咸宁长安两县续志》卷六《田赋》）

西安府之盩厔县蝗成灾。（民国《广两曲志》卷二五《天灾》）

同州府之大荔县蝗。（清光绪《同州府续志》卷一六《事征》）

夏，旱。秋，同州府之华州，飞蝗蔽天，食禾稼几尽。（清光绪《三续华州志》卷四《省鉴》）

同州府之华阴县蝗。（民国《华阴县续志》卷八《杂事》）

七月，商州之商南县蝗，民饥。（民国《商南县志》卷一一《祥异》）

柞水县飞蝗为灾。（清光绪《孝义厅志》卷一二《灾异》）

六月，凤翔府之宝鸡县飞蝗蔽天，食秋稼、木叶殆尽，民争捕之。（民国《宝鸡县志》卷一六《祥异》）

汉中府之沔县蝗。（清光绪《沔县新志》卷四《杂记》）

1858年（清咸丰八年）：

【北京】

六月，顺天府之平谷县蝻自西南三河境至大王务滹沱庄，秋禾半伤。八月初八日，蝗自南大至，过一宿而去，不伤禾。（清光绪《顺天府志》卷六九《祥异》）

【天津】

天津府之静海县有飞蝗之灾。（清同治《静海县志》卷三《灾祥》）

【河北】

春，正定府之正定县蝻孽萌生，各村捕之甚力。（清光绪《正定县志》卷八《灾祥》）

正定府之藁城县蝗。（清光绪《藁城县志续补》卷四《事异》）

春，民饥。赵州之高邑县蝻又生，以捕治速，为害稍轻。（民国《高邑县志》卷一〇《故事》）

秋，赵州飞蝗伤禾。（清同治《直隶赵州志·灾祥》）

正定府之井陉县有蝻蝗，不大为害。（清光绪《续修井陉县志》卷三《祥异》）

是年五月，定州之深泽县飞蝗入境，全民捕捉始尽。至六月，蝻子复生，秋又亢旱。（清咸丰《深泽县志》卷一《邑事》）

春，民饥。正定府之元氏县田野蝻生，旋生旋捕，为害较轻。秋仍熟。（清光绪《元氏县志》卷四《灾祥》）

秋七月，正定府之栾城县旱，蝗。（清同治《栾城县志》卷三《祥异》）

秋，正定府之平山县飞蝗过境。（清光绪《平山县续志》卷三《灾祥》）

夏，永平府之卢龙县蝗。（清光绪《永平府志》卷三一《纪事》）

永平府之抚宁县蝻生遍野。（清光绪《抚宁县志》卷三《前事》）

夏，永平府之滦州蝗。（清光绪《滦州志》卷九《纪事》）

夏六月初六日，顺天府之大城县飞蝗蔽天如阴，数日尽去。有年。（清光绪《大城县志》卷一〇《五行》）

秋，保定府之清苑县蝗。（民国《清苑县志》卷六《灾祥》）

秋，易州之涞水县蝗。（清光绪《涞水县志》卷一《祥异》）

保定府之定兴县蝗。（清光绪《定兴县志》卷一九《大事》）

保定府之蠡县蝗。（清光绪《蠡县志》卷八《灾祥》）

春，保定府之唐县蝝生。夏蝗。（清光绪《唐县志》卷一一《祥异》）

保定府之新城县秋蝗。（清光绪《续修新城县志》卷一〇《祥异》）

秋，保定府之祁州蝗，食禾稼殆尽。（清光绪《祁州续志》卷四《祥异》）

秋，保定府之望都县蝗。（清光绪《望都县新志》卷七《祥异》）

六月，河间府之东光县飞蝗过境，无伤禾。七月，蝝子生，捕灭之。（清光绪《东光县

志》卷一一《祥异》)

六月，河间府之献县飞蝗至，不食苗。大有秋。(民国《献县志》卷一九《故实》)

赵州之宁晋县旱，蝗成灾，人乏食。(民国《宁晋县志》卷一《灾祥》)

顺德府之巨鹿县蝗。(清光绪《巨鹿县志》卷七《灾异》)

顺德府之平乡县旱，蝗食禾且尽。(清同治《平乡县志》卷一《灾祥》)

大名府之清丰县又蝗。(清同治《清丰县志》卷二《编年》)

【山西】

正月，贷蒲州府之永济、虞乡、临晋、荣河，辽州及其和顺、榆社，忻州之静乐，平定州，潞安府之长治、壶关、潞城、黎城等县，解州之平陆，绛州之垣曲，太原府之太原、文水，泽州府之凤台十八州县及归绥六厅之清水河、萨拉齐二厅被蝗灾民籽种口粮。(《清文宗实录》卷二四三)

四月，潞安府之壶关县蝻生，有乌鸦无数自西飞集，啄食及半。(清光绪《壶关县续志》卷上《纪事》)

【辽宁】

庄河县旱、蝗灾并，境内北部数十里歉收。(民国《庄河县志》卷一《祥异》)

绥中县蝗。(民国《绥中县志》卷一《灾祥》)

辽宁盖平、柳树屯等村蝗害严重。(章义和《中国蝗灾史》)

【上海】

春，松江府之上海县有蝗。(清同治《上海县志》卷三〇《祥异》)

春，川沙厅有蝗。(清光绪《川沙厅志》卷一四《祥异》)

春，松江府有蝗。(清光绪《松江府续志》卷三九《祥异志》)

【江苏】

淮安府之阜宁县旱，蝗。(清光绪《阜宁县志》卷二一《祥祲》)

秋，徐州府之睢宁县飞蝗蔽日，禾稼尽伤。(清光绪《睢宁县志稿》卷一五《祥异》)

【安徽】

蠲缓凤阳府之宿州、寿州、凤阳、怀远、灵璧、定远、凤台等县，颍州府之亳州、阜阳、蒙城、霍邱、太和等县，泗州之泗州、五河、盱眙、天长三县，庐州府之合肥，和州之含山，滁州及其来安、全椒，广德州及其建平，宁国府之南陵、泾县二十五州县，并屯坐各卫被旱、被蝗新旧额赋。(《清文宗实录》卷二四六)

庐州府之巢县、合肥旱，蝗。(清光绪《续修庐州府志》卷九三《祥异》)

安庆府之太湖县飞蝗蔽天三昼夜，稼无害。(清同治《太湖县志》卷四六《祥异》)

六安州夏、秋大疫，蝗蝻复作，民之死者不可数计，其幸存者率挈妻女逃他州县，鬻之

以活口。（清同治《六安州志》卷五五《祥异》）

秋，凤阳府之寿州蝗蝻遍地生，禾稼尽伤。（清光绪《寿州志》卷三五《祥异》）

夏，大疫，六安州之霍山县蝗蝻复作。灾民填沟壑者相藉，存者大半鬻妻、子以自活。（清光绪《霍山县志》卷一五《祥异》）

颖州府之颖上县岁荐饥，人相食，蒿莱遍地，飞蝗蔽天。（清同治《颖上县志》卷一二《祥异》）

泗州秋旱，蝗食稼几尽。（清光绪《泗虹合志》卷一九《祥异》）

宁国府之宣城县蝗大发，官督民捕之，俱不为灾。（清光绪《宣城县志》卷三六《祥异》）

宁国府之南陵县蝗大起。（民国《南陵县志》卷四八《祥异》）

【江西】

七月，九江府之德化县大蝗。（清同治《德化县志》卷五三《祥异》）

秋八月，南昌府之进贤县蝗。（清同治《南昌府志》卷六五《祥异》）

二三月，袁州府之宜春县蝻子滋生，邑令陈昆四路设局收买，不下数百石，势不能尽。忽天雨数日，小蝗尽漂流而去，遗孽悉净。（清同治《宜春县志》卷一〇《祥异》）

袁州府之万载县搜挖蝗子，各处收买无数，遗孽乃尽。（清同治《万载县志》卷二五《祥异》）

春三月，瑞州府之上高县蝗。（清同治《重修上高县志》卷九《祥异》）

八月，临江府之清江县蝗害稼。（清同治《清江县志》卷一〇《祥异》）

八月，临江府蝗害稼。（清同治《临江府志》卷一五《祥异》）

南康府之安义县蝗蝻生。（清同治《安义县志》卷一六《杂志》）

八月，南昌府之丰城县蝗。（清同治《丰城县志》卷二八《祥异》）

四月，抚州府之临川县蝗虫满境，邑侯戴荣桂悬赏格购，民捕之，不十日大雨如注，余孽皆尽。（清同治《临川县志》卷一三《祥异》）

三月，抚州府之东乡县蝗复大起，旋遇雨死。（清同治《东乡县志》卷九《祥异》）

【山东】

二月，青州府之博山县蝻子遍野，捕两月殆尽。大旱，岁饥。（民国《续修博山县志》卷一《祥异》）

济南府之德平县蝗蝻。（清光绪《德平县志》卷一〇《祥异》）

无棣县蝻生。（民国《无棣县志》卷一六《物征》）

春，莱州府之高密县蟓生，伤禾稼。免民欠租赋。（清光绪《高密县志》卷一〇《纪事》）

春，莱州府之即墨县蝗孽生，未成灾。秋，飞蝗至。民饥。（清同治《即墨县志灾祥》卷一一）

登州府之福山县蝗飞蔽日月，十余日，禾稼遭之立尽。（民国《福山县志稿》卷八《灾祥》）

秋，沂州府之费县蝗，饥。（清光绪《费县志祥异》卷一六）

泰安府之莱芜县飞蝗蔽天，食草木殆尽，禾稼无恙。（清光绪《莱芜县志》卷二《灾祥》）

东昌府之冠县蝗害稼，发仓赈饥。（清光绪《堂邑县乡土志》卷四《耆旧》）

曹州府之朝城县蝗蝻为灾。（清光绪《朝城县志略·灾异》）

【河南】

开封府之荥阳县蝗，飞则蔽天。（民国《续荥阳县志》卷一二《灾异》）

开封府之兰考县蝗。（民国《考城县志》卷三《大事记》）

六月，开封府之中牟县蝗食稼至尽，压覆茅屋。（清同治《中牟县志》卷一《祥异》）

彰德府之内黄县又旱，设局收买蝻子。（清光绪《内黄县志》卷八《事实》）

归德府之睢州蝗。（清光绪《续修睢州志》卷一二《灾异》）

秋，归德府之鹿邑县蝗。（清光绪《鹿邑县志》卷六《民赋》）

六月，南阳府之叶县蝗。（清同治《叶县志》卷一《舆地》）

五月，南阳府之南阳县飞蝗入境。（清光绪《南阳县志》卷一二《杂记》）

五月，南阳府之南召县飞蝗入境，成灾。（清光绪《新修南召县志》）

【湖北】

汉阳府之汉阳县蝗。（清同治《续辑汉阳县志》卷四《祥异》）

三月，武昌府之大冶县蝻生，一夕雨灭。（清同治《大冶县志》卷八《祥异》）

七月，德安府之应山县飞蝗蔽天过，经数昼夜。（清同治《应山县志》卷一《祥异》）

秋，黄州府之黄安县月下屡见蝗飞。（清同治《黄安县志》卷一○《祥异》）

黄州府之麻城县蝗。（清光绪《麻城县志》卷二《大事》）

春，黄州府之罗田县遍地生蝗。（清光绪《罗田县志》卷八《祥异》）

夏，黄州府之蕲州蝗。（清光绪《蕲州志》卷三○《祥异》）

春，黄州府之黄梅县蝗生。（清光绪《黄梅县志》卷三七《祥异》）

六月，大旱，安陆府之钟祥县飞蝗蔽日。（清同治《钟祥县志》卷一七《祥异》

夏，荆州府之松滋县旱，蝗。（清光绪《荆州府志》卷七六《灾异》）

宜昌府之长阳县大旱，蝗。（清同治《长阳县志》卷七《灾祥》）

春，宜昌府之归州遗蝗生，捕之不为害。（清光绪《归州志》卷一《祥异》）

秋，宜昌府之兴山县蝗。（清光绪《兴山县志》卷一七《祥异》）

春，郧阳府之房县蝗生，不数日而尽。（清同治《房县志》卷六《事纪》）

秋，郧阳府之竹溪县蝗飞蔽日。（清同治《竹溪县志》卷一六《祲祥》）

秋八月，襄阳府之均州蝗害稼。（清光绪《续辑均州志》卷一三《祥异》）

七月，襄阳府之谷城县飞蝗入境，不害稼。（清同治《谷城县志》卷八《祥异》）

襄阳府之宜城县蝗害稼。（清同治《宜城县志》卷一〇《祥异》）

郧阳府之保康县蝗。（清同治《郧阳府志》卷八《祥异》）

【湖南】

春，长沙府之善化县蝻子遍生，官绅设局收捕。五月大雨，蝻种无遗。（清光绪《善化县志》卷三三《祥异》）

岳州府之临湘县旱，飞蝗蔽天。（清同治《临湘县志》卷二《祥异》）

岳州府之平江县多蝗。署县邓尔昌督团掘捕，并设局收蝗，给以价，蝗寻灭。（清同治《平江县志》卷五〇《祥异》）

夏，岳州府之华容县蝗，群飞蔽天。（清光绪《华容县志》卷一三《祥异》）

十月，宝庆府之邵阳县蝗蝻。（《清文宗实录》卷二六八）

是岁，长沙府之湘乡县蝻子遍生。知县赖史直设局收买，并令各都坊分段掘捕，凡五月乃净。按县册，地掘获蝻子二千一百二十余石，捕获蝗虫十万一千余斤。（清同治《湘乡县志》卷五《祥异》）

八月，衡阳府之安仁县蝗飞蔽天。是冬，知县高振瑀督掘蝗蝻约数百石。越次年春，余蝻复生，复率两学、城守、典史及绅民，于鸟坡渡、潭湖村、会三都等处昼则扫扑，夜则纵火，立刘猛将军神位于财神殿，斋戒祈祷，蝗始息。（清同治《安仁县志》卷一六《灾异》）

春、夏，衡阳府之常宁县蝗生子，一夕大雷雨，顿息。（清同治《常宁县志》卷一四《祥异》）

辰州府之沅陵县邑东乡麻洢洑蝗。（清同治《沅陵县志》卷三九《祥异》）

常德府之龙阳县蝗。时知县李昌瑞躬履四乡，督民擒扑，悉坑之，又购献蝗蝻子者日数十百斛，以是蝗无遗类，稼不致伤，秋有收云。（清光绪《重修龙阳县志》卷一一《灾祥》）

四月，澧州西北乡蝗。州牧唐诣乡督各围丁捕四十余日，扑灭殆尽。（清同治《直隶澧州志》卷一九《机祥》）

五月，澧州府之安乡县蝗飞蔽日，合邑虔祷，风雨大作，数日后蝗尽死。岁稔。（清同治《直隶澧州志》卷一九《机祥》）

三月，淮安府之桃源县蝗虫盛，县令熊镇南亲往四乡选派绅耆，督夫掘坑，捕烧约二十余日，蝗绝。（清光绪《桃源县志》卷一二《灾祥》）

澧州之石门县飞蝗蔽空。(清同治《石门县志》卷一二《荒歉》)

春，长沙府之益阳县蝗起，捕之寻灭。(清同治《益阳县志》卷二五《祥异》)

春，长沙府之宁乡县奉檄捕小蝗，文武官暨局绅下乡率民遍搜深山穷谷，所到灭蝗成堆，不能尽。四月初，得大雨，淹死无遗类，每水堆聚处以数石计，民捞之粪田，肥极。(清同治《续修宁乡县志》卷二《祥异》)

【广东】

五月，潮州府之海阳县蝗害稼。(清光绪《海阳县志》卷二五《前事》)

【陕西】

正月，贷陕西商州之镇安，榆林府之神木、府谷，绥德州之米脂，吴堡五县被蝗、被旱灾民籽种口粮。(《清文宗实录》卷二四三)

五月，同州府之华阴县蝻子萌生，长翅蔓延。(《清文宗实录》卷二五四)

六月，同州府之华州所属地方蝻子萌动，长翅飞腾。(《清文宗实录》卷二五七)

夏，西安府之长安县蝗蝻遍野，至冬乃息。(民国《咸宁长安两县续志》卷六《祥异》)

夏秋间，西安府之渭南县飞蝗满野。(清光绪《新续渭南县志》卷一一《祲祥》)

西安府之蓝田县蝗自东过境，其飞蔽日。(清光绪《蓝田县志》卷三《纪事》)

1859年（清咸丰九年）：

【河北】

正定府之藁城县蝗。(清光绪《藁城县志续补》卷四《事异》)

【山西】

昔阳县蝗食禾殆尽。(民国《昔阳县志》卷一《祥异》)

七月，绛州之垣曲县蝗食禾。(清光绪《垣曲县志》卷一四《杂志》)

【浙江】

湖州府之归安县蝗。(清光绪《归安县志》卷二七《祥异》)

【安徽】

九年、十年，凤阳府之寿州蝗蝻生，扑灭之，禾稼未伤。(清光绪《寿州志》卷三五《祥异》)

庐州府之舒城县蝗蝻生。(清光绪《续修舒城县志》卷五○《祥异》)

颍州府之颍上县蝗。(清同治《颍上县志》卷一二《祥异》)

【山东】

青州府之诸城县旱，蝗。(清光绪《增修诸城县续志》卷一《总纪》)

登州府之福山县蝗。(民国《福山县志稿》卷八《祥异》)

【河南】

开封府之中牟县蝗。（清同治《中牟县志》卷一《祥异》）

开封府之兰考县蝗。（民国《考城县志》卷三《大事记》）

【湖北】

夏，旱，汉阳府之汉川县蝗。（清同治《汉川县志》卷一四《祥祲》）

春，黄州府之麻城县有余蝗。五月初，半夜暴雨，次晨雨霁，蝗尽死。（清光绪《麻城县志》卷二《大事》）

武昌府之嘉鱼县旱，蝗，祷之雨，蝗尽毙。是岁大熟。（清同治《重修嘉鱼县志》卷三《秩官》）

荆州府之松滋县邻县俱蝗，松独无，有飞入皖者皆自毙。（清同治《松滋县志》卷一二《祥异》）

襄阳府之宜城县遗蝻复生。（清同治《宜城县志》卷一〇《祥异》）

【湖南】

春，宝庆府之武冈州蝻子满野，知州汪灏谕令各团设局搜挖，收买二百余石，焚溺之。四月，巡抚毛鸿宾颁布墙围捕灭法，旋大雨，患息。（清同治《武冈州志》卷三二《五行》）

【广东】

廉州府之灵山县檀墟方蝗。（民国《灵山县志》卷五《灾祥》）

【四川】

七月，成都府之金堂县蝗害稼。（民国《重修四川通志金堂采访录》卷一一《五行》）

【西藏】

蔡溪堆诺杰囊巴为庄稼连续两年遭受虫灾，支付项目无法完成，请求减免事呈摄政暨诸噶伦文：去年六月，蔡地出现蝗虫，秋季庄稼损失严重……今年收成，豌豆连二百克亦难保证，其他作物连根带枝全被啃吃精光。（西藏自治区历史档案馆、社会科学院等编《西藏历史档案丛书·灾异志·雹霜虫灾篇》）

江孜宗宗堆就消灭蝗虫事呈噶厦文：该区个别村落据称出现吃庄稼之蝗虫。（西藏自治区历史档案馆、社会科学院等编《西藏历史档案丛书·灾异志·雹霜虫灾篇》）

朗杰冈溪百姓为庄稼遭受虫灾事呈摄政暨诸噶伦文：为害庄稼之蝗虫仅在今年□月十日左右，在本区出现过。但现今不断增多，麦子、青稞穗秆被折成两段。（西藏自治区历史档案馆、社会科学院等编《西藏历史档案丛书·灾异志·雹霜虫灾篇》）

柳吾溪所属桑达百姓为遭受虫灾事请求豁免差税赏赐种子事呈噶厦文：今年界地区上下各地遭受严重虫灾，所受灾害比其他地方更为严重，麦子、青稞尽毁，豌豆秆亦被折断，连禾秆亦难收到。（西藏自治区历史档案馆、社会科学院等编《西藏历史档案丛书·灾异志·

雹霜虫灾篇》)

【陕西】

凤翔府之岐山县蝗飞蔽天。(民国《岐山县志》卷四《祥异》)

1860年（清咸丰十年）：

【河北】

秋，正定府之灵寿县蝗，异雀啄之，禾无害。(清同治《灵寿县志》卷三《灾祥》)

正定府之藁城县蝻伤禾。(清光绪《藁城县志续补》卷四《事异》)

【江苏】

徐州府之宿迁县有蝗，飞鸟食之，不为灾。(民国《宿迁县志》卷七《蠲赈》)

【浙江】

七月，宁波府之慈溪县北乡蝗。(清光绪《慈溪县志》卷五五《祥异》)

【安徽】

秋，蝗自北蔽天而来，飞四五日，遗子入地。(清同治《六安州志》卷五五《祥异》)

颍州府之霍邱县蝗相接如线而死，不为灾。(清同治《霍邱县志》卷一六《灾异》)

凤阳府之寿州蝗蝻生，扑灭之，禾稼未伤。(清光绪《寿州志》卷三五《祥异》)

颍州府之颍上县蝗。(清同治《颍上县志》卷一二《祥异》)

【山东】

秋七月，青州府之诸城县蝗大至，自西南来，河流不能阻。(清光绪《增修诸城县续志》卷一《总纪》)

秋，旱，莱州府之高密县蝗。(清光绪《高密县志》卷一〇《纪事》)

秋，沂州府之莒州蝻生遍野。(民国《重修莒州志》卷二《大事记》)

连岁荒歉，兖州府之峄县飞蝗蔽天，瘟疫大作。(清光绪《峄县志》卷一五《灾祥》)

【河南】

开封府之中牟县蝗。(清同治《中牟县志》卷一《祥异》)

夏，归德府之柘城县飞蝗自东南入境，黯若云雾，食禾殆尽。(清光绪《柘城县志》卷一〇《灾祥》)

南阳府之裕州蝗蝻大盛，食禾几尽。(民国《方城县志》卷五《灾异》)

【湖北】

秋，黄州府之罗田县有蝗，不为灾。次年，蝻子遍地，民扑灭之。(清光绪《罗田县志》卷八《祥异》)

秋，德安府之应山县蝗，自北蔽天而来，飞沿四五日，往南去，遗子入地。次年，蝻子遍地发生，知县率民扑灭之。(清同治《重修应山县志》卷一〇《祥异》)

夏，荆门州之远安县飞蝗蔽日。（清同治《远安县志》卷四《祥异》）

春，郧阳府之房县蝗生，月余忽有山麻雀无数啄之，蝗乃尽。（清同治《房县志》卷六《事纪》）

【广东】

秋，高州府之石城县蝗飞蔽日，食禾稼，数日飞去。（清光绪《高州府志》卷五〇《事纪》）

1861年（清咸丰十一年）：

【天津】

津邑今年雨水虽调，总然减收，并蝗虫之灾盛行，尤有一种翻毛虫将禾吃坏多多。（清郝福森《津门闻见录》）

【河北】

咸丰十年，天津府之南皮县知县事……次年雨水调，禾苗菁葱，而飞蝗掩至，驱蝗，蔽日南飞，见者尽哗。（清光绪《南皮县乡土志·名宦》）

【山西】

六月，解州飞蝗蔽天，食秋禾立尽。（清光绪《解州志》卷一一《祥异》）

六月，解州之芮城县蝗。（民国《芮城县志》卷一四《祥异》）

六月，蒲州府之永济县蝗。（清光绪《永济县志》卷二三《事纪》）

【江苏】

秋，徐州府之萧县蝗。（清同治《徐州府志》卷五《祥异》）

【安徽】

颍州府之颍上县蝗。（清同治《颍上县志》卷一二《祥异》）

【山东】

无棣县蝻生。（民国《无棣县志》卷一六《祥异》）

【河南】

归德府之永城县飞蝗蔽天。（章义和《中国蝗灾史》）

夏，归德府之鹿邑县蝗。（清光绪《鹿邑县志》卷六《民赋》）

九月，南阳府之叶县蝗自东而来，沿澧河数十里不绝，食麦苗。忽有群鹊如鸥飞来，以爪去蝗首而食之，昼盈野，夜集村树，人或驱之，亦不畏。十余日蝗尽，始飞去。（清同治《叶县志》卷一《舆地》）

【陕西】

六七月，凤翔府之岐山县蝗飞蔽天，高粱、糜谷多为所食。（清光绪《岐山县志》卷一《地理》）

1862年（清同治元年）：

【河北】

六月，正定府之平山、灵寿，广平府之肥乡等县均有蝻孽萌生，藁城等县有飞蝗过境。（《清穆宗实录》卷三一）

夏，正定府之平山县蝗蝻成灾。（清光绪《平山县续志》卷三《灾祥》）

夏，旱。五月，广平府之永年县蝗蝻生。（民国《永年县志·故事》）

六月，广平府之肥乡县大蝗，知县杨毓楠同教佐竭力扑打，幸不为灾。（清同治《肥乡县志》卷三二《灾祥》）

大名府之开州南花园屯等庄飞蝗停落，秋禾无碍。（清光绪《开州志》卷一《祥异》）

保定府之新安县飞蝗蔽日。（民国《新安县志》卷一五《祥异》）

【山西】

六月，潞安府之长治县蝗入境。（清光绪《长治县志》卷八《大事记》）

七月，潞安府之壶关县飞蝗自林县入境。（清光绪《壶关县续志》卷上《纪事》）

泽州府之凤台县蝗。（清光绪《凤台县续志》卷四《纪事》）

六月，泽州府之高平县蝗。七月蝻孽生，至十一月。（清同治《高平县志》卷四《灾祥》）

泽州府之阳城县飞蝗蔽天，官绅督民力捕，计斤给赏。（清同治《阳城县志》卷一八《灾祥》）

泽州府之陵川县大旱，飞蝗伤禾。（民国《陵川县志》卷一〇《旧闻》）

秋，泽州府之沁水县蝗蝻为孽，辛家河适当其冲，被害尤甚。（清光绪《沁水县志》卷八《人物》）

秋，平阳府之翼城县蝗蝻害稼。（民国《翼城县志》卷一四《祥异》）

秋七月，平阳府之曲沃县蝗飞蔽日。（民国《新修曲沃县志》卷三〇《灾异》）

秋八月，平阳府之太平县蝗生。（清光绪《太平县志》卷一四《杂记》）

七月，解州之安邑县张良、斐郭、苦池等村有飞蝗自东南来，未伤禾。（清光绪《安邑县续志》卷六《祥异》）

田遭旱，绛州之闻喜县蝗。（清光绪《闻喜县志续》卷三《人物》）

六月，绛州之垣曲县蝗食田稼。（清光绪《垣曲县志》卷一四《杂志》）

六月，绛州之绛县飞蝗入境。（清光绪《绛县志》卷一二《祥异》）

秋，旱，绛州之稷山县蝗腾空而飞，俱集于北山下，食禾苗殆尽。（清同治《稷山县志》卷七《祥异》）

解州之夏县蝗伤稼。（清光绪《夏县志》卷二三《事纪》）

六月，解州之平陆县飞蝗食苗殆尽。（清光绪《平陆县续志》卷下《杂志》）

六月，旱，蒲州府之虞乡县飞蝗害稼。（清光绪《虞乡县志》卷一《地舆》）

六月，蒲州府之猗氏县飞蝗蔽日，食禾殆尽。（清同治《续猗氏县志》卷四《祥异》）

【江苏】

七月初三日，苏州府之吴县飞蝗蔽天，自西北至东南。（民国《吴县志》卷五五《祥异》）

是年旱。六月，镇江府之丹徒县见蝗。（清光绪《丹徒县志》卷五八《祥异》）

扬州府之高邮州旱，蝗，粟贵。（清光绪《再续高邮州志》卷七《灾祥》）

夏六月，通州之如皋县蝗。（清同治《如皋县续志》卷一五《祥祲》）

徐州府之宿迁县蝗。（民国《宿迁县志》卷七《水旱》）

五月，徐州府之沛县蝗伤禾。（民国《沛县志》卷二《灾祥》）

七月，太仓州之镇洋县蝗。（清宣统《太仓州镇洋县志》卷二六《祥异》）

七月，苏州府飞蝗自北至南。（清同治《苏州府志》卷一四三《祥异》）

【安徽】

庐州府之合肥县蝗。（清光绪《续修庐州府志》卷九三《祥异》）

和州蝗不伤苗。（清光绪《直隶和州志》卷三七《祥异》）

颍州府之霍邱县蝗。（清同治《霍邱县志》卷一六《灾异》）

凤阳府之宿州旱，蝗。（清光绪《宿州志》卷三六《祥异》）

楚雄府之定远县旱，蝗。（民国《定远县志初稿·大事记》）

池州府之贵池县飞蝗蔽天，食苗殆尽。（清光绪《贵池县志》卷四二《灾异》）

庐州等地旱，蝗，收成歉薄。（章义和《中国蝗灾史》）

【山东】

夏，武定府之蒲台县蝗。（清光绪《重修蒲台县志·灾异》）

夏，济南府之新城县蝗。（民国《重修新城县志》卷四《灾祥》）

六月，青州府之昌乐县蝗。（民国《昌乐县续志》卷四《灾祥》）

夏五月，青州府之临朐县蝗。（清光绪《临朐县志》卷一〇《大事表》）

六月，青州府之安丘县大蝗，飞天蔽日，汶河以北田禾几尽。秋七月，大蝗。蠓生，蝗过处遍地生蠓，扑者束手。（民国《续安丘县志》卷一《总纪》）

夏六月，青州府之诸城县飞蝗蔽日，不为灾。（清光绪《增修诸城县续志》卷一《总纪》）

六月，莱州府之昌邑县蝗灾。（清光绪《昌邑县续志》卷七《祥异》）

夏六月，莱州府之潍县蝗。秋八月，大疫。（民国《潍县志稿》卷三《通纪》）

登州府之莱阳县飞蝗过境，谷叶尽伤。（民国《莱阳县志·大事记》）

五月，沂州府之费县飞蝗遍野，害稼。（清光绪《费县志》卷一六《祥异》）

四月，曹州府之定陶县蝗蝻。六月遍野，飞去东南，不害稼。（民国《定陶县志》卷九《灾祥》）

秋，大旱，东昌府之莘县飞蝗蔽天，晚禾一粒未获。（清光绪《莘县志》卷四《祆异》）

秋，大旱，兖州府之阳谷县飞蝗蔽天，晚禾一粒未获。（清光绪《阳谷县志》卷九《灾异》）

【河南】

夏，归德府之柘城县有蝗。（清光绪《柘城县志》卷一〇《灾祥》）

六月，南阳府之叶县蝗。（清同治《叶县志》卷一《舆地》）

六月，汝宁府之确山县蝗。（民国《确山县志》卷二〇《大事记》）

南阳府之南召县蝗食秋稼。（清光绪《新修南召县志》）

六月，河南府之嵩县飞蝗蔽天，禾黍皆尽。（清光绪《嵩县志》卷六《祥异附》）

四月，归德府之永城县蝗蝻生，飞蝗自北来，麦禾大损；六月，蝗复至，食禾无遗。（清光绪《永城县志》卷一五《灾异》）

南阳府之南阳县蝗食秋稼。（清光绪《南阳县志》卷一二《杂记》）

六月，陕州之灵宝县飞蝗蔽天，禾苗被食将尽；八月，蝗蝻。（清光绪《重修灵宝县志》卷八《祆祥》）

秋，汝州之郏县旱，飞蝗蔽日。（清同治《郏县志》卷一〇《杂事》）

六月，陕州之阌乡县飞蝗蔽天，食禾殆尽。八月，蝗蝻。（民国《新修阌乡县志·通纪》）

七月，河南府之渑池县飞蝗自东来，食稼。九月，地生蚂蚱，厚寸许，自东而西食麦苗，岁大饥。（民国《渑池县志》卷一九《祥异》）

夏六月，河南府之宜阳县飞蝗蔽天，自东而西遍满垄亩。（民国《宜阳县志》卷九《祥异》）

六月，河南府之永宁县飞蝗过境，遮天蔽日，禾伤大半。（民国《洛宁县志》卷一《祥异》）

七月，陕州之卢氏县蝗。（清光绪《重修卢氏县志》卷一二《祥异》）

六月，陕州蝗，星陨。七月，蝗蝻。（清光绪《陕州直隶州志》卷一《祥异》）

【湖北】

秋七月，郧阳府之郧县蝗自西北来，飞鸟驱食之，旋尽。（清同治《郧县志》卷一《祥异》）

秋，郧阳府之房县城南华严寺境蝗生，十数日，寺僧诵经禳之而殁。（清同治《房县志》卷六《事纪》）

襄阳府之均州蝗入境伤禾。（清光绪《续辑均州志》卷一三《祥异》）

七月，郧阳府之郧西县蝗虫入境。（清同治《郧西县志》卷二〇《祥异》）

【广东】

四月，广州府之清远县蝗虫为害。（广东省文史研究馆编《广东省自然灾害史料》）

【广西】

庆远府之河池州蝗灾。（鲁克亮《清代广西蝗灾研究》）

【陕西】

六月三十日，西安府之盩厔县飞蝗大如瓦者，自西向东去。（民国《盩厔县志》卷八《祥异》）

六月，西安府之醴泉县飞蝗蔽天。（民国《续修醴泉县志稿》卷一四《杂记》）

六月二十六日，乾州飞蝗蔽天，食禾苗殆尽。（清光绪《乾州志稿》卷一《事录》）

六月二十六日，乾州之永寿县飞蝗蔽天，由东而西，食禾殆尽。（清光绪《永寿县重修新志》卷一〇《述异》）

七月，西安府之渭南县飞蝗蔽日，所过禾尽。（清光绪《新续渭南县志》卷一一《祲祥》）

夏，旱。秋，同州府之华州蝗。（清光绪《三续华州志》卷四《省鉴》）

七月，商州蝗飞遮蔽天日，啮伤禾苗，西南北三乡尤甚。躬率差役，督同各里乡保拨派民夫及时捕瘗，蝗遂无遗，不为大害，乡民感之。（清光绪《陕西商州直隶州乡土志》卷上《人物》）

六月，凤翔府之岐山县蝗飞入境。（清光绪《岐山县志》卷一《地理》）

六月，麟游县飞蝗食禾。（清光绪《麟游县新志草》卷八《杂记》）

【甘肃】

甘肃泰州、定西地区南部、陇南地区北部、甘南地区东部蝗灾。（章义和《中国蝗灾史》）

七月，兰州府之狄道州蝗，大旱。（清宣统《狄道州续志》卷一《祥异》）

秋七月，巩昌府之通渭县蝗。草木秋华。（清光绪《重修通渭县新志》卷四《灾祥》）

七月，秦州蝗。（清光绪《重纂秦州直隶州新志》卷二四《机祥》）

七月，巩昌府之伏羌县飞蝗蔽日，伤禾稼。（清同治《续伏羌县志》卷二《祥异》）

1863年（清同治二年）：

【河北】

六月，冀州之枣强县有蝗。（清同治《枣强县志补正》卷四《杂纪》）

七月，顺德府之沙河县县西南乡飞蝗蔽天。（民国《沙河县志祥异》卷一一）

夏，大名府之东明县飞蝗过境，蝻遍野，三年不绝。（民国《东明县新志》卷二二《大事记》）

【山西】

春三月，雪，泽州府之凤台县蝗蝻冻死。（清光绪《凤台县续志》卷四《纪事》）

七月，平阳府之临汾县大蝗。（民国《临汾县志》卷六《杂记》）

【江苏】

江宁府之溧水县蝗。（清同治《续纂江宁府志》卷一〇《大事表》）

江宁府之句容县蝗。（清光绪《续纂句容县志》卷一九《祥异》）

【安徽】

夏，颍州府之亳州蝗。（清光绪《亳州志》卷一九《祥异》）

【山东】

秋，青州府之诸城县蝗。（清光绪《增修诸城县续志》卷一《总纪》）

六月，曹州府之菏泽县绥感飞蝗，遗蝻遍地。（清光绪《菏泽县志》卷一九《灾祥》）

夏，曹州府之曹县飞蝗过境，蝗生遍野。忽出无数小虾蟆，皆自北向南，见蝗变吞食之，不日而尽，其患始息。（清光绪《曹县志》卷一八）

【河南】

六月，怀庆府及其孟县飞蝗蔽天。（民国《孟县志》卷一〇《杂记》）

五月十三日，归德府之永城县蝗自西来，食禾尽。（清光绪《永城县志》卷一五《灾异》）

夏，归德府之宁陵县蝗过境，蝻生。（清宣统《宁陵县志》卷终《祥异》）

陈州府之淮宁县蝗食麦。（民国《淮阳县志》卷二〇《祥异》）

陈州府之项城县蝗食麦。（民国《项城县志》卷三一《杂事》）

五月，南阳府之叶县蝗，七月蝻生。（清同治《叶县志》卷一《舆地》）

四月，光州之光山县蝗起，所过皆成赤地。（民国《光山县志》卷一《灾异》）

秋，永宁县蝗飞蔽天，禾稼食尽。（民国《洛宁县志》卷一《祥异》）

【湖北】

夏，黄州府之蕲州有蝗，自宿松、太湖至，不伤稼。（清光绪《蕲州志》卷三〇《祥异》）

八月，襄阳府之南漳县飞蝗过境，不伤稼而去。（民国《南漳县志》卷一三《职官》

【广东】

廉州府之灵山县蝗，饥。（民国《灵山县志》卷五《灾祥》）

【陕西】

陕西省沿渭一带蔓菁遍野，五月，蝗。（民国《续修陕西通志》卷一《灾祥》）

【甘肃】

七月，兰州府之皋兰县南山多蝗。（清光绪《重修皋兰县志》卷一四《灾异》）

泾州之灵台县蝗。（民国《重修灵台县志》卷三《灾异》）

秋，阶州飞蝗蔽天，落地如阜，食草木叶皆尽。（清光绪《阶州直隶州续志》卷一九《祥异》）

秋，康县飞蝗蔽天，落地如阜，食草木叶皆尽。（民国《新纂康县志》卷一八《祥异》）

1864年（清同治三年）：

【河北】

保定府之定兴县蝗灾。（清光绪《定兴县志》卷一九《祥异》）

【山西】

六月，解州之平陆县飞蝗蔽日。（清光绪《平陆县续志》卷下《杂志》）

【山东】

秋，青州府之昌乐县蝗害稼。（民国《昌乐县续志》卷一《总纪》）

济宁府之嘉祥县蝗害稼。（章义和《中国蝗灾史》）

秋，青州府之诸城县蝗，大旱。（清光绪《增修诸城县续志》卷一《总纪》）

秋，蝗。（民国《济南直隶州续志》卷一《五行》）

【河南】

五月，南阳府之裕州蝗，后旱。（民国《方城县志》卷五《灾异》）

河南府之永宁县蝗蝻复生。（民国《洛宁县志》卷一《祥异》）

【湖北】

襄阳府之光化县蝗。县令出示捕灭，得无恙。（清光绪《光化县志》卷八《祥异》）

【广西】

柳州府之柳城县蝗虫为灾。（民国《柳城县志》卷一《灾祥》）

【海南】

八月，琼州府之崖州蝗食苗。（民国《崖州志》卷二二《灾异》）

【陕西】

五月，西安府之长安县蝗。（民国《咸宁长安两县续志》卷六《祥异》）

西安府之鄠县蝗飞蔽天，食田禾立尽。（民国《重修鄠县志》卷一〇《杂记》）

1865 年（清同治四年）：

【河北】

七月，广平府之鸡泽县蝗。（清光绪《广平府志》卷三三《灾异》）

夏，大名府之开州生飞蝗。州牧捐资收买。（清光绪《开州志》卷一《祥异》）

【江苏】

十月，江宁府之高淳县有飞蝗东来，坠落水乡地方。来春蝻生遍野，不俟扑打，尽抱草木而死。（民国《高淳县志》卷一二《祥异》）

【山东】

夏六月丁亥，青州府之诸城县蝗。（清光绪《增修诸城县续志》卷一《总纪》）

济宁市秋旱，蝗。（民国《济宁直隶州续志》卷一《五行》）

济宁府之嘉祥县蝗害稼。（章义和《中国蝗灾史》）

【河南】

七月，开封府之尉氏县飞蝗蔽日，食禾稼殆尽。（清光绪《尉氏县志》卷一《祥异》）

【甘肃】

三月，巩昌府之宁远县、泰州及其所属清水县蝗。（清光绪《甘肃新通志》卷二《祥异》）

1866 年（清同治五年）：

【河北】

夏，大名府之开州生飞蝗，州牧捐资收买，蝗不为灾。（清光绪《开州志》卷一《祥异》）

【山东】

六月，曹州府之范县飞蝗盈野，害田禾，大树多被压折。（民国《续修范县志》卷六《灾异》）

六月，曹州府之濮州飞蝗盈野，害田禾，大树多被压折。（清宣统《濮州志》卷二《年纪》）

【河南】

开封府之陈留县蝗。（清宣统《陈留县志》卷三八《灾祥》）

【广西】

五月，三江县蝗蝻由下而上，漫山遍野，响声震地，飞腾蔽天，禾苗、五谷瞬时嚼尽，次年又复发生。（民国《三江县志》卷七《大事记》）

【甘肃】

夏，平凉府之静宁州南乡一带蝗害稼。（清光绪《甘肃新通志》卷二《祥异》）

1867年（清同治六年）：

【河北】

顺天府之永清县旱，有蝗。（清光绪《续永清县志》卷一三《杂志》）

大名府之清丰县蝗蝻为灾。（清同治《清丰县志》卷二《编年》）

【山东】

秋，青州府之诸城县蝗。（清光绪《增修诸城县续志》卷一《总纪》）

黄河决口，曹州府之范县蝗蝻先后溢死。（民国《续修范县志》卷六《灾异》）

【河南】

彰德府之内黄县飞蝗为灾。（清同治《内黄县志》卷一五《祥异》）

陈州府之商水县蝗生。（民国《商水县志》卷二四《祥异》）

七月，汝宁府之正阳县螟蝗暴发，食禾苗殆尽。（民国《重修正阳县志》卷三《大事记》）

【广东】

秋，广州府之三水县有蝗。（清光绪《广州府志》卷八二《前事》）

肇庆府之恩平县晚造蝗灾。（民国《恩平县志》卷一四《纪事》）

【广西】

三江县蝗蝻复发生。（民国《三江县志》卷七《大事记》）

1868年（清同治七年）：

【河北】

冀州之枣强县蝗灾。（清同治《枣强县志补正》卷四《杂记》）

六月，顺德府之平乡县蝗蝻集城南柴口村外，宽十余亩，旋有黑雀群集食尽。（清同治《平乡县志》卷一《灾祥附》）

【江苏】

五月，徐州府之萧县里智四乡蝻子生，扑之经旬，已而蝗飞遍野，忽一夜尽悬抱芦苇禾稼上以死，累累如自缢。然者纵横二三十里，或拔取传观，经行百余里，死蝗一不坠落，见者以为奇。（清同治《续萧县志》卷一八《祥异》）

【江西】

袁州府之宜春县蝗。（清光绪《江西通志》卷九八《祥异》）

【湖南】

九月，淮安府之桃源县蝗虫至。（清光绪《桃源县志》卷一二《灾祥》）

长沙府之益阳县、浏阳县亦蝗。（章义和《中国蝗灾史》）

【陕西】

七月，孝义厅蝗，飞蔽天日，民大饥。（清光绪《孝义厅志》卷一二《灾异》）

兴安府之安康县蝗害稼，民饥。（民国《重续兴安府志》卷二一《纪事》）

兴安府之紫阳县蝗害稼，民饥。（民国《重修紫阳县志》卷五《纪事》）

1869年（清同治八年）：

【河北】

秋，赵州之宁晋县旱，蝗。（民国《宁晋县志》卷一《灾祥》）

夏、秋，保定府之新城县旱，蝗。（民国《重修新城县志》卷四《灾祥》）

大名府之开州境东南刘楼庄飞蝗停落，官为设场收买并督饬夫役捕捉。（清光绪《开州志》卷一《祥异》）

【江苏】

江宁府之六合县遭蝗害。（清光绪《重修安徽通志》卷三四七《祥异》）

【山东】

夏，济南府之临邑县旱，蝗。（清同治《临邑县志》卷一六《祥异》）

六月，沂州府之费县蝗。（清光绪《费县志》卷一六《祥异》）

春，旱。夏，曹州府之巨野县飞蝗食禾几尽。（民国《续修巨野县志》卷一《编年》）

夏，曹州府之郓城县飞蝗食禾几尽，忽逢大雨而苗复苏，秋成有年。（清光绪《郓城县志》卷九《灾祥》）

秋，旱，东昌府之冠县蝗入境，歉收。（清光绪《冠县志》卷一〇《祲祥》）

春，旱。夏，兖州府之阳谷县蝗。（清光绪《阳谷县志》卷九《灾异》）

春，旱。夏，兖州府之寿张县蝗。（清光绪《寿张县志·灾变》）

五月，曹州府之濮州蝻出盈野，既而顺河水去，不害稼。（清宣统《濮州志》卷二《年纪》）

【河南】

秋，卫辉府之滑县蝗遍野，树墙皆满，苗啮殆尽。（民国《重修滑县志》卷二〇《祥异》）

夏，开封府之鄢陵县蝗生遍地，秋禾尽毁，其营南、赵南两保尤甚。（民国《鄢陵县志》卷二九《祥异》）

【湖北】

八、九两年，汉阳府之黄陂县飞蝗害稼，邻邑绎骚，吾邑独不受灾。自是连岁无歉，民气大和。（清同治《黄陂县志》卷一五）

【湖南】

凤凰厅蝗食稼，禾半收。（清道光《凤凰厅志》卷一《灾祥》）

永绥厅蝗食稼，禾半收。（清宣统《永绥厅志》卷一《灾祥》）

三月，淮安府之桃源县蝗虫盛。（清同治《桃源县志》卷一〇《政治》）

1870年（清同治九年）：

【江苏】

江宁府之六合县续遭蝗害。（清光绪《重修安徽通志》卷三四七《祥异》）

【山东】

泰安府之泰安县蝗伤秋禾，收成仅半。（民国《重修泰安县志》卷一《灾祥》）

七月，济南府之长清县蝗虫生，伤禾稼，岁大饥。（民国《长清县志》卷一六《祥异》）

【广东】

八月，韶州府之仁化县湖坑洞蝗虫遍野，忽有鸦数百飞集食之，数日俱尽。（清同治《韶州府志》卷一一《祥异》）

冬，惠州府之归善县蝗，数日而没。（清光绪《惠州府志》卷一八《郡事》）

惠州府之连平州蝗害稼。（民国《广东通志稿》卷二〇《灾祥》）

冬，惠州府之龙川县蝗。（民国《广东通志稿》卷二〇《灾祥》）

冬，惠阳县蝗，数日而没。（广东省文史研究馆编《广东省自然灾害史料》）

【甘肃】

泾州之灵台县遗子化为绿蝗，集噬麦苗，麦歉收。（民国《重修灵台县志》卷三《灾异》）

1871年（清同治十年）：

【河北】

春，冀州之枣强县蝗、旱相仍，至夏久不雨。（清同治《枣强县志》卷五《补正》）

【山东】

夏，济南府之陵县蝗入境，大雨三日，自僵。（清光绪《陵县志》卷一五《祥异》）

春，济南府之禹城县，间生有螽孽。（民国《禹城县志》卷三《恤典》）

春，济南府之临邑县间生有螽。（清同治《临邑县志蠲赈》卷三）

五月，曹州府之定陶县四方飞蝗落于田，不害稼。（民国《定陶县志》卷九《灾异》）

【河南】

怀庆府及其孟县发生蝗灾。（民国《孟县志》卷一〇《祥异》）

【重庆】

秋，重庆府之合州复遭蝗虫，食谷几尽。是岁通计五里所获，不及十分之二。（清光绪《合州志》卷二《祥异》）

1872年（清同治十一年）：

七月，顺天府南路及保定、天津所属州县有蝗。（《清穆宗实录》卷三三七）

【河北】

顺天府之霸州蝗灾，赈济。（清同治《霸州志》卷八《纪事》）

七月，天津府之沧州蝗。（民国《沧县志》卷一六《大事年表》）

【山西】

秋，蒲州府之荣河县蝗。（清光绪《荣河县志》卷一四《祥异》）

【山东】

七月，青州府之博山县蚂蝗害稼，捕者数步之内即得升许。（民国《续修博山县志》卷一《祥异》）

【台湾】

夏，旱，台南府之澎湖厅蝗。（清光绪《澎湖厅志》卷一二《祥异》）

1873年（清同治十二年）：

【河北】

夏，冀州之枣强县蝗生，飞落枣强境。日驰驱田间，督民持扫帚及掌木械扑捕，其扑死及生拴获者，收买之，蝗一囊与钱千，一斗与钱二百，不及斗者如之；夏，飞蝗过境，尽扑灭之。八月蝝生，旋扑灭。是岁有年。（清同治《枣强县志补正》卷四《杂记》）

【江苏】

扬州府之宝应县旱，蝗。（民国《宝应县志》卷五《水旱》）

【河南】

归德府之永城县飞蝗大来。（清光绪《永城县志》卷一一《名宦》）

【四川】

夔州府之巫山县蝗虫为灾，岁歉无收。（清光绪《巫山县志》卷一〇《祥异》）

1874年（清同治十三年）：

【江苏】

扬州府之宝应县旱，蝗。（民国《宝应县志》卷五《水旱》）

【河南】

六月，归德府之永城县蝗。（清光绪《永城县志》卷一五《灾异》）

十二月，蠲缓开封府之郑州、禹州、兰仪、祥符、陈留、杞县、通许、尉氏、洧川、鄢陵、中牟、荥泽、氾水、荥阳等州县，归德府之睢州、商丘、虞城、夏邑、永城、宁陵、柘城、鹿邑等州县，彰德府之安阳、汤阴、临漳、武安、内黄等县，卫辉府之汲县、淇县、浚县、滑县、封丘、延津、新乡、辉县、获嘉、考城等县，怀庆府之河内、济源、修武、武陟、

孟县、温县、原武、阳武等县，河南府之洛阳、偃师、巩县、孟津、宜阳、登封、永宁、新安等县，南阳府之邓州、裕州、南阳、唐县、泌阳、镇平、桐柏、内乡、淅川、舞阳、叶县等州县，汝宁府之上蔡、西平县，陈州府之淮宁、西华、商水、项城、沈丘、太康、扶沟等县，许州之临颍、襄城、长葛，光州之光山、固始、息县七十九厅州县，被旱、被蝗地方新旧额赋。（《清穆宗实录》卷三三七）

【广西】

八月，浔州府之武宣县东乡蝗。（民国《武宣县志》卷二《机祥》）

【四川】

是年夏，旱，嘉定府之乐山县有蝗为灾。（民国《乐山县志》卷一二《祥异》）

1875 年（清光绪元年）：

【河北】

岁歉，顺天府之大城县蝗虫交相为害。（清光绪《大城县志》卷一〇《五行》）

【江苏】

扬州府之宝应县旱，蝗。（民国《宝应县志》卷五《水旱》）

【山东】

东昌府之博平县旱，有蝗。（清光绪《博平县续志》卷一《机祥》）

【河南】

夏，陕州之阌乡县蝗飞蔽天。（民国《新修阌乡县志通纪》）

南阳府之镇平县蝗食麦苗。（清光绪《镇平县志》卷一《祥异》）

【广西】

桂林府之全州平区蝗。（鲁克亮《清代广西蝗灾研究》）

【贵州】

安顺府之永宁州蝗虫杀苗稼。（清光绪《永宁州续志》卷一《灾祥》）

【新疆】

博尔塔拉、车排子等地挖渠屯田，第一年禾苗被蝗虫为害，屯田官兵粮食缺乏，以致用草根树皮充饥。（范福来编《新疆蝗虫灾害治理》）

1876 年（清光绪二年）：

【北京】

顺天府之顺义县旱，蝗。（民国《顺义县志》卷一六《杂事》）

【河北】

顺天府之霸州蝗，麦秋灾。（民国《霸县志》卷四《杂志》）

【江苏】

夏，旱。秋，镇江府之丹徒县蝗，蝗不伤稼。（清光绪《丹徒县志》卷五八《祥异》）

镇江府之丹阳县江北蝗至遍野，幸不伤稼。（清光绪《丹阳县志》卷三〇《祥异》）

夏，扬州府之高邮州蝗灾。（清光绪《再续高邮州志》卷七《灾祥》）

扬州府之宝应县旱，蝗。（民国《宝应县志》卷五《水旱》）

夏，旱，扬州府之泰州蝗。（清宣统《续纂泰州志》卷一《祥异》）

夏，旱，通州之泰兴县蝗。（清光绪《泰兴县志》卷末《述异》）

常州府之靖江县飞蝗过境，不伤稼。（清光绪《靖江县志》卷八《祲祥》）

夏，大旱，淮安府之清河县飞蝗蔽天，蝝生，食禾苗几尽。（清光绪《清河县志》卷二六《祥祲》）

夏，旱，徐州府之宿迁县蝗。（民国《宿迁县志》卷七《水旱》）

夏，旱，淮安府之盐城县蝗，咸水伤稼，民饥。知县刘仟详请停征。（清光绪《盐城县志》卷一七《祥异》）

夏，大旱。秋，徐州府之睢宁县蝗。（清光绪《睢宁县志稿》卷一五《祥异》）

夏，大旱，蝗。（清光绪《淮安府志》卷三九《杂记》）

【浙江】

秋，绍兴府之萧山县飞蝗自西北来，西兴乡处，沙地棉花、杂粮之叶被食殆尽。（民国《萧山县志稿》卷一四《祥异》）

湖州府夏蝗。（民国《乌青镇志》卷二《祥异》）

【安徽】

九月，和州飞蝗蔽日。（清光绪《直隶和州志》卷三七《祥异》）

颍州府之亳州旱，蝗。（清光绪《亳州志》卷一九《祥异》）

颍州府之蒙城县旱，蝗。（民国《重修蒙城县志》卷一二《祥异》）

颍州府之太和县旱，蝗。（民国《太和县志》卷一二《祥异》）

凤阳府之宿州大旱，蝗多，官民协扑。（清光绪《宿州志》卷三六《祥异》）

【山东】

五月，山东界内有蝻孽。（《清德宗实录》卷三二）

秋七月，青州府之诸城县蝗，大风伤禾。（清光绪《增修诸城县续志》卷一《总纪》）

曹州府之郓城县有飞蝗云集，食草殆尽，而豆得收，平原高阜收皆歉。（清光绪《郓城县志》卷九《灾祥》）

秋，曹州府之濮州飞蝗云集，食草尽，而菽不害。（清宣统《濮州志》卷二《年纪》）

【河南】

归德府之夏邑县旱,蝗。(民国《夏邑县志》卷九《灾异》)

陈州府之太康县旱,蝗。(民国《太康县志》卷一《通纪》)

秋,旱,许州之郾城县蝗,禾歉收,麦不克种。(民国《郾城县志》卷五《大事》)

陈州府之扶沟县旱,蝗。(清光绪《扶沟县志》卷一五《灾祥》)

陈州府之淮宁县旱,蝗。(民国《淮宁县志》卷一《祥异》)

【湖南】

长沙府之益阳县蝗虫为灾。(《益阳县志·地理志初稿》卷一四《灾异》)

【陕西】

乾州之永寿县飞蝗伤禾。(清光绪《永寿县重修新志》卷一〇《述异》)

1877年(清光绪三年):

【北京】

夏,顺天府之昌平州旱,蝗。(清光绪《顺天府志》卷六九《祥异》)

七月,直隶等省飞蝗甚广,为害禾稼。(《清德宗实录》卷五三,卷五七)

【天津】

直隶天津府之天津县、静海县,顺天府之武清县,城内关外,大小街巷,房上房下及至房中,皆是蝗虫。十余日皆以飞去。

顺天府之武清县蝗。(清光绪《顺天府志》卷六九《祥异》)

【河北】

夏,旱,永平府之滦州、乐亭县蝗。(清光绪《永平府志》卷三一《纪事》)

六月,大旱,冀州之新河县飞蝗蔽天而来,数日蝻虫生,禾秀而不实。(民国《新河县志》第一册《事纪》)

【上海】

夏五月,飞蝗入境,自东南至西北,上海、宝山县交界处,迤西至上海、嘉定县交界处。岁稔。(民国《上海县续志》卷二八《祥异》)

七月,飞蝗自西北来,如黑云蔽日,集于法华前后,越宿向东南去。(民国《法华乡志》卷八《录异》)

六月,松江府之娄县飞蝗自西北来,集泗泾一带,越二宿而去。七月初,遗蝻复萌,路为之蔽,田禾间有损伤。(清光绪《娄县续志》卷一二《祥异》)

六月,飞蝗集泗泾一带,越二宿而去。七月初,遗蝻复萌,田禾间有损伤。(清光绪《松江府续志》卷三九《祥异志》)

六月,松江府之青浦县飞蝗蔽野,幸不伤稼。(清光绪《蒸里志略》卷一二《祥异》)

太仓州之嘉定县蝗，食野草。（清光绪《嘉定县志》卷五《机祥》）

【江苏】

四月，江宁府之江浦县、句容等县有蝻子萌动，其势蔓延逐渐出土。（《清德宗实录》卷五〇）

九月，江苏、安徽两省县飞蝗害稼，其麇聚地方，竟至堆积盈尺。（《清德宗实录》卷五七）

本年通州之泰兴县飞蝗害稼，其麇集地方，竟至堆积盈尺。（清宣统《泰兴县志续补》卷一二《述异》）

五月，苏州有飞蝗过境，六月初七，蝗忽到，漫天盖地，落地番麦、旱稻、干戈叶一食而尽，栖宿木棉，枝头垂地。自蝗雌雄打对，几日卸子，忽而修然去矣。又隔七八日，蝻子皆生，泥土田地，竟为墨黑，由小而渐大，更难量其多少，番麦、旱稻叶复萌，又被一尽。蝗身已大，尚无两翼，只能跳而不能飞。田间开深沟，蝻一落沟。即置于死地。于是遍掘沟渠，死者莫能言数，未入沟者，翼成而去，田亩减成，仅四、五分收成。（清柯悟迟《漏网喁鱼集》）

常州府之武进县、阳湖县，安亭、黄渡蝗灾。（章义和《中国蝗灾史》）

江宁府之江浦县蝗。（清光绪《江浦埤乘》卷三九《祥异》）

夏，江宁府之六合县大蝗，飞蔽天日。县令令民捕蝗，每石给制钱数百，时驻蒲吴统领亦派兵分部蒲六境内捕蝗，蝗始绝。（民国《六合县续志稿》卷一八《祥异》）

五月初八日，江宁府之高淳县飞蝗遍境，树枝压断。赵倩圩内有田禾被蝗食尽者，翌日即生嫩苗，收获倍常。（清光绪《高淳县志》卷一二《祥异》）

苏州府之吴县旱，飞蝗蔽天。（民国《项城小志》卷五《祥异》）

秋，苏州府之昆山县有蝗。（清光绪《昆新两县续修合志》卷五一《祥异》）

六月，太仓州蝗自西来。（清光绪《太仓直隶州志》卷三《祥异》）

夏六月，苏州府之吴江县飞蝗入境，令乡民捕捉。（清光绪《黎里续志》卷一二《杂志》）

五月，大风拔木，常州府之无锡县蝗入境，不为灾。（清光绪《无锡金匮县志》卷三一《祥异》）

夏五月，镇江府之溧阳县蝗。（清光绪《溧阳县续志》卷一六《瑞异》）

江宁府之句容县旱，捕蝗。（清光绪《续纂句容县志》卷一九《祥异》）

秋，扬州府之高邮州连阴雨，江潮涨漫，湖水长，有蝗为灾。（清光绪《再续高邮州志》卷七《灾祥》）

春、夏，干旱，扬州府之兴化县飞蝗为灾。（民国《续修兴化县志》卷一《祥异》）

常州府之靖江县飞蝗过境。秋，蝻生。（清光绪《靖江县志》卷八《祲祥》）

五月，海门厅蝗。（民国《海门县图志》卷二《政事年表》）

夏，旱，蝗。（民国《淮阴县志》卷八《灾异》）

淮安府之阜宁县旱，蝗。五月大风雨，蝗抱草毙。（清光绪《阜宁县志》卷二一《祥祲》）

秋，徐州府之睢宁县蝗。（清光绪《睢宁县志稿》卷一五《祥异》）

【浙江】

六月，绍兴府之萧山县蝗不害稼。（民国《萧山县志稿》卷五《祥异》）

夏，嘉兴府飞蝗入境，未伤禾。（民国《新丰镇志略初稿》卷一九《丛谈》）

秋，嘉兴府有蝗入境。（清光绪《嘉兴府志》卷三五《祥异》）

六月，嘉兴府之嘉善县飞蝗蔽野，幸不伤稼。（清光绪《枫泾小志补遗》卷一〇）

秋七月，嘉兴府之平湖县蝗。（清光绪《平湖县志》卷二五《祥异》）

秋，嘉兴府之桐乡县有蝗入境。（清光绪《桐乡县志》卷二〇《祥异》）

夏，湖州府之乌程县蝗。（清光绪《乌程县志》卷二七《祥异》）

六月，宁波府之镇海县四境多蝗食草，禾稼无害。（清光绪《镇海县志》卷三七《祥异》）

【安徽】

四月，庐州府、太平府等处均有蝻子萌动，其势蔓延逐渐出土。（《清德宗实录》卷五〇）

通州之泰兴县飞蝗害稼，其麇集地方，竟至堆积盈尺。（清宣统《泰兴县志续补》卷一二《述异》）

九月，通州之泰兴县飞蝗害稼，其麇聚地方竟至堆积盈尺。（《清德宗实录》卷五七）

十月，六安州等处均有蝗。（《清德宗实录》卷五九）

夏，庐州府之庐江县子蝗过境。（清光绪《庐江县志》卷一六《祥异》）

凤阳府之宿州捕蝗。（清光绪《宿州志》卷三六《祥异》）

秋，泗州蝗。（清光绪《泗虹合志》卷一九《祥异》）

秋，旱，泗州之五河县蝗飞蔽天。（清光绪《重修五河县志》卷一九《祥异》）

太平府之当涂县飞蝗蔽天，间食禾苗。（民国《当涂县志稿·大事记》）

太平府之芜湖县蝗蔽天日。（民国《芜湖县志》卷五七《祥异》）

夏，广德州飞蝗入境。（清光绪《广德州志》卷五八《祥异》）

宁国府之宣城县蝻其未发也，官督民搜挖蝻子，斤给以钱。既岁督捕之，不为灾。（清光绪《宣城县志》卷三六《祥异》）

【山东】

七月二十四日，济南府之临邑县蝗飞蔽天。（民国《临邑县志》卷一《通纪》）

六月，沂州府之费县大旱，蝗蝻食禾殆尽。（清光绪《费县志》卷一六《祥异》）

曹州府之定陶县飞蝗落，生蝻害稼。（民国《定陶县志》卷八《祥异》）

【河南】

六月，开封府之中牟县蝗食禾殆尽。（民国《中牟县志》卷一《祥异》）

六月，陈州府之商水县蝗食禾几遍。（民国《商水县志》卷二四《祥异》）

秋，大旱，归德府之鹿邑县蝗。发义仓谷赈饥。（清光绪《鹿邑县志》卷六《民赋》）

六月，陈州府之项城县蝗，食禾几遍。（民国《项城县志》卷三一《杂事》）

许州之临颍县大旱，蝗，秋无禾，大饥。饿死逃亡，道殣相望。（民国《重修临颍县志》卷一三《灾祥》

卫辉府之浚县蝗。（清光绪《续浚县志》卷三《祥异》）

夏，陈州府之淮宁县飞蝗成灾。（民国《淮宁县志》卷一《祥异》）

汝宁府之西平县蝗生。岁大饥，道殣相望。（民国《西平县志》卷一八《义行》）

是年，汝宁府之信阳州蝗灾，先是河洛荒旱，赤地千里，蝗蝻怒生，无所得食，群向南飞，过信阳者三日夜不绝，最大一群宽长数十里，天为之黑。信阳禾稼间有被食者，其多数俱向南飞，尚未至成巨灾也。（民国《重修信阳县志》卷三一《灾变》）

光州之光山县旱，蝗，年饥荒。（民国《光山县志约稿》卷一《灾异》）

【湖北】

八月，武汉飞蝗蔽天数日，尚未成灾，因农家秋稼已登场故也。（民国《夏口县志》卷二〇《祥异》）

秋，汉阳府之汉川县大旱，蝗。（湖北省方志纂修委员会编《汉川县简志》）

夏五月，旱，汉阳府之沔阳州蝻生。（清光绪《沔阳州志》卷一《祥异》）

【广东】

夏秋以来，广州府之清远县蝗蝻为害。（民国《清远县志》卷三《纪年》）

八月，赤溪县蝗虫为灾。（民国《赤溪县志》卷七《灾祥》）

【陕西】

八月，同州府之华州、华阴县、潼关厅等处秋苗尽为田鼠、蝗虫所害，粮价骤增。（《清德宗实录》卷五五）

延安府之靖边县龙州有蝗，均不成灾。（清光绪《靖边志稿》卷四《灾劫》）

华池蝗飞蔽天，饥荒严重，时疫流行，死者甚多。（章义和《中国蝗灾史》）

【甘肃】

是年，庆阳府之安化县蝗飞蔽天。（清光绪《甘肃通志》卷二《祥异》）

六月，凉州府之镇番县蝻蝗蔽天盖日，飞入柳林湖之大东岔地方，维时麦甫成熟，秋禾尚未结实，人心惶恐。（清宣统《镇番县志·祥异》）

四月，临泽县大旱，蝗虫遍野，伤稼。（民国《临泽县志》卷四《变异》）

高台县飞蝗入境。（民国《高台县志》卷四《官迹》）

灵武县灵州蝗飞蔽天，是年又大旱。（民国《朔方道志》卷一《祥异》）

1878年（清光绪四年）：

五月，军机大臣奏：江南江宁府之上元县等州县及何垛等又有蝗孽萌生，令挖捕之。（《清德宗实录》卷七四）

【河北】

六月，河间府之献县等有蝻孽萌生。（《清德宗实录》卷七五）

顺德府之任县旱，蝗。饥民采树皮草根几尽，斗麦价钱千百文。（民国《任县志》卷七《灾祥》）

【山西】

秋，绛州之绛县蝗蝻生，麦早种者多被伤。（清光绪《绛县志》卷一二《祥异》）

【江苏】

十月，江苏低田被淹，间有蝗子。（《清德宗实录》卷七九）

春，江宁府之江宁县捕蝗子。（民国《首都志》卷一六《大事记》）

江宁府之江浦县蝗蝻复生，经捕始尽。（清光绪《江浦埤乘》卷三九《祥异》）

江宁府之溧水县蝗，不害稼。（清光绪《溧水县》卷一《庶征》）

江宁府之句容县蝗，不害稼。掘蝗子。（清光绪《续纂句容县志》卷一九《祥异》）

夏，扬州府之高邮州蝗有遗孽。（清光绪《再续高邮州志》卷七《灾祥》）

十二月，有蝗蝻。（《清德宗实录》卷八四）

夏，扬州府之兴化县蝗，有遗孽，经雨自灭。（民国《续修兴化县志》卷一《祥异》）

夏，扬州府之泰州蝗。秋水，勘不成灾。缓征。（清宣统《续纂泰州志》卷七《蠲赈》）

夏，常州府之靖江县飞蝗过境，不伤稼。（清光绪《靖江县志》卷八《祲祥》）

四月，海门厅蝗。（民国《海门县图志》卷二《政事年表》）

【安徽】

凤阳府之宿州捕蝗。（清光绪《宿州志》卷三六《祥异》）

十二月，楚雄府之定远县有蝗蝻。（《清德宗实录》卷八四）

【山东】

夏六月，青州府之诸城县蝗。(清光绪《增修诸城县续志》卷一《总纪》)

泰安府之泰安县蝗。(民国《重修泰安县志》卷一《灾祥》)

【湖北】

秋，郧阳府之郧县飞蝗蔽天，为群鸟所食。(民国《湖北通志》卷七六《祥异》)

【湖南】

长沙府之益阳县蝗虫为灾。(《益阳县志·地理志初稿》卷一四《灾异》)

【海南】

冬，琼州府之崖州东里蝗，食谷殆尽。(民国《崖州志》卷二二《灾异》)

【云南】

六月，广平府之宣威县蝗虫食苞谷苗。(民国《宣威县志稿》卷一《大事记》)

九月，曲靖府之马龙州田禾被蝗。(民国《续修马龙县志》卷一《灾祥》)

【陕西】

秋，同州府之华州蝗不入境，由是岁暂稔。(清光绪《华州乡土·政绩》)

【甘肃】

九月，灵武县蝗飞蔽天。(章义和《中国蝗灾史》)

【新疆】

旧土尔扈特东西盟、精河遇蝗灾，人众纷纷逃亡。(范福来主编《新疆蝗虫灾害治理》)

1879年（清光绪五年）：

江苏、安徽、河南、山西、陕西、甘肃等省间有蝗蝻萌生。(《清德宗实录》卷一〇一)

【山西】

秋，解州飞蝗伤禾。(清光绪《解州志》卷一一《祥异》)

八月，蒲州府之永济县蝗，捕瘗乃退。(清光绪《虞乡县志》卷二三《事纪》)

【内蒙古】

六月，达拉特、阿拉善等旗之大舍太古城及大蛇台等处蝗蝻滋生。(《清德宗实录》卷九七)

【浙江】

八月，以飞蝗扑灭，颁浙江嘉兴府南皋峰庙匾额，曰：螽鱼昭瑞。(《清德宗实录》卷九九)

【安徽】

凤阳府之灵璧县蝗伤稼。(清光绪《凤阳府志》卷四《祥异》)

【山东】

秋，兖州府之峄县蝗不害稼。（清光绪《峄县志》卷一五《灾祥》）

【河南】

五月，怀庆府之原武县、卫辉府之新乡县等州县蝻孽萌生。（《清德宗实录》卷九四）

【湖南】

长沙府之益阳县蝗虫为灾。（《益阳县志·地理志初稿》卷一四《灾异》）

【西藏】

锡金有蝗虫至，损害一大部分玉蜀黍及禾苗。（〔英〕柏尔《西藏志》）

【陕西】

四月杪间，西安府之咸宁县、蓝田县有蝗。（清光绪《永寿县重修新志》卷九《艺文》）

五月初，西安府之盩厔县蝗食禾苗。（民国《盩厔县志》卷八《祥异》）

【甘肃】

甘肃省甘州府、凉州府、平凉县、庆阳府、泾州各州县飞蝗所到之处，啮草而不害稼，皆未成灾。（章义和《中国蝗灾史》）

1880年（清光绪六年）：

四月初，蝗自陇南至兰州，由兰州西至宁夏。夏五月，宁夏飞蝗蔽天。（章义和《中国蝗灾史》）

【河北】

顺天府之三河县蝻生遍野。秋，大歉。（民国《三河县新志》卷八《灾异》）

【江苏】

江苏淮安府之盐城等县蝻子萌生，淮安各属间有飞蝗。（《清德宗实录》卷一二一）

夏，蝗。（民国《淮阴县志征访稿》卷五《灾祥》）

【浙江】

处州府之景宁县蝗害稼。（民国《浙江续通志·大事记》）

【山东】

夏五月十一日，雨雹。青州府之诸城县飞蝗投海。（清光绪《增修诸城县续志》卷一《总纪》）

秋，旱，沂州府之兰山县蝗蝻损豆。（民国《临沂县志》卷一《通纪》）

【河南】

汝宁府之正阳县飞蝗蔽天日，遍地草木禾稼殆尽。（民国《重修正阳县志》卷三《大事记》）

【陕西】

六月，乾州之永寿县上西原蝗伤禾稼。（清光绪《永寿县重修新志》卷一〇《述异》）

1881 年（清光绪七年）：

【天津】

六月，顺天府之武清县蝗。以米易蝗二千四百石，乃不为灾。（清光绪《顺天府志》卷六九《祥异》）

【河北】

秋禾将熟，遵化州之玉田县飞蝗大至，草草收获，所伤实多。（清光绪《玉田县志》卷一五《祥眚》）

顺天府之三河县蝻生遍野。秋，大歉。（民国《三河县新志》卷八《灾异》）

顺德府之邢台县蝗。（清光绪《邢台县志》卷三《经政》）

【山东】

六月，沂州府之费县飞蝗云集害稼。（清光绪《费县志》卷一六《祥异》）

青州府之临朐县蝗灾。（章义和《中国蝗灾史》）

【陕西】

夏，大旱，西安府之高陵县西北乡蝗食禾苗为灾。（清光绪《高陵县续志》卷八《缀录》）

西安府之耀州、高陵、泾阳、富平、三原等州县，同州府之蒲城县以及临潼未辟荒地，草种生有土蚂蚱，以致附近熟地种植秋粮禾苗被啮伤。（章义和《中国蝗灾史》）

【甘肃】

夏，飞蝗自宁夏府之中卫县东来，几蔽天日，落沙边湖中水草之上。（清光绪《甘肃新通志》卷二《祥异》）

1882 年（清光绪八年）：

【河北】

春，遵化州之玉田县城北蝻生，县令夏子鎏大集民夫掩捕，数十日始尽。时城西亦有蠕动，忽来群鸟啄食，一宿而殄。（清光绪《玉田县志》卷一五《祥眚》）

顺天府之文安县蝗。（民国《文安县志·志余》）

天津府之南皮县蝗子生。（清光绪《南皮县志》卷五《祥异》）

【江苏】

常州府之无锡县飞蝗蔽天，食草根竹叶殆尽。（民国《无锡富安乡志》卷二七《祥异》）

【江西】

五月，宜丰县黄茅岭一带蝗虫蔽天，田禾尽为所食。（民国《盐乘》卷一一《灾异》）

【广西】

郁林州之北流县大旱，蝗害稼，飞蔽天日，竹木叶上群集而食之，瞬息叶尽。（民国《北流县志》第一二编《杂记》）

【甘肃】

七月，凉州府之镇番县蝗复至境城内。（民国《续修镇番县志》卷一〇《祥异》）

夏，凉州府之古浪县蝗害稼。（民国《古浪县志》卷一《祥异》）

1883年（清光绪九年）：

【河北】

遵化州有蝗，飞蝗过州西南境。（清光绪《遵化通志》卷五九《事纪》）

顺德府之邢台县发生蝗灾。（章义和《中国蝗灾史》）

1884年（清光绪十年）：

【河北】

河间府之献县蝗灾。（民国《献县志》卷一九《祥异》）

【江苏】

冬，海州之赣榆县县北生蠓，有蟆数千食之尽。（清光绪《赣榆县志》卷一七《祥异》）

【山东】

夏，青州府之博山县蝗，大旱，岁饥。（民国《续修博山县志》卷一《祥异》）

临清州之夏津县蝻害稼，大饥。（民国《夏津县志续编》卷一〇《灾祥》）

【河南】

南阳府之裕州蝗。（民国《方城县志》卷五《灾异》）

【陕西】

六月，同州府之华阴县蝗虫遍野，县志令民捕之。（民国《华阴县续志》卷八《杂事》）

1885年（清光绪十一年）：

【河北】

河间府之宁津县有蝗，南飞蔽日，未集县境。（清光绪《宁津县志》卷一一《祥异》）

【安徽】

蝗。（清光绪《泗虹合志》卷一九《祥异》）

【山东】

秋七月，旱，兖州府之滋阳县蝗。（清光绪《滋阳县志》卷六《灾祥》）

1886年（清光绪十二年）：

【河北】

五月，沧州蝻食麦。（民国《沧县志》卷一六《大事年表》）

四月，天津府之南皮县蝗子伤麦。（清光绪《南皮县志》卷五《祥异》）

冀州之新河县蝗蝻遍野，食尽田禾。（民国《新河县志》第一册《事纪》）

顺德府之平乡县蝗蔓延数十村，旋扑尽，不为灾。（章义和《中国蝗灾史》）

【江苏】

淮安府之安东县蝗蝻生。（章义和《中国蝗灾史》）

【安徽】

六月，凤阳府之宿州飞蝗入境，遍地遗子，挖扑两阅月。又赴西乡，会永城县，即协扑蝗，不为灾。秋收告稔。（清光绪《宿州志》卷三六《祥异》）

【山东】

济南府之淄川县蝗害稼。（清宣统《三续淄川县志》卷九《灾祥》）

济南府之德平县蝗。（清光绪《德平县志》卷一〇《祥异》）

夏、秋，武定府之惠民县蝗蝝食禾殆尽。（民国《惠民新志·灾异》）

济南府之邹平县旱，蝗蝻生。（民国《邹平县志》卷一八《大事记》）

七月，青州府之博兴县蝗蝻生。（民国《重修博兴县志》卷一五《祥异》）

七月，广饶县蝗蝻生。（民国《续修广饶县志》卷二六《杂志》）

青州府之寿光县秋蝗，害稼。（民国《寿光县志》卷一五《编年》）

六月，兖州府之阳谷县蝗生遍野。县尊刘严令扑获。（清光绪《阳谷县志》卷九《灾异》）

【河南】

彰德府之内黄县飞蝗过境，遗留蝻小极多，设局收买。（民国《内黄县志》卷一五《祥异》）

六月，台前县飞蝗遍野。（章义和《中国蝗灾史》）

1887年（清光绪十三年）：

【山东】

青州府之博山县飞蝗至，多落西乡，官府督捕，秋成无大害。（民国《续修博山县志》卷一《祥异》）

广饶县飞蝗自东来，小清河以南禾苗被害殆尽。（章义和《中国蝗灾史》）

青州府之寿光县秋蝗成灾，收买蝗子。（民国《寿光县志》卷一五《编年》）

【河南】

汝宁府之遂平旱，蝗。（遂平县志编纂委员会编《遂平县志》）

1888年（清光绪十四年）：

【河北】

秋九月，冀州之枣强县蝼食麦苗几尽。（民国《枣强县志》卷三三《祥异》）

【山东】

夏，旱。秋，济南府之长清县飞蝗蔽日，疫症流行，死者甚众。（民国《长清县志》卷一六《祥异》）

1889年（清光绪十五年）：

【山东】

黄河水溢。济南府之长清县蝗虫生。（民国《长清县志》卷一六《祥异》）

【河南】

陈州府之项城县蝗蝻生，知县督吏民捕之，不为灾。（民国《项城县志》卷一《杂事》）

陈州府之商水县蝗蝻生。（民国《商水县志》卷二四《祥异》）

1890年（清光绪十六年）：

【河北】

五月，天津府之沧州蝗大至，民捕蝗交官，每斗换仓谷五升，仓中积蝗如阜。（民国《沧州志》卷一六《大事年表》）

三月，河间府之景州飞蝗蔽天，落处春草无存，不就即去。遗卵，至六月蝻发生，遍野践之，如行泥淖中，鸡不敢啄。是年河决，蝻团结如斗，渡水至陆地，久之草根树叶皆尽，蝗饿多死。（民国《景州志》卷一四《史事》）

【安徽】

冬，和州蝗。（清光绪《直隶和州志》卷三七《祥异》）

【山东】

夏，青州府之博山县飞蝗蔽野。（民国《续修博山县志》卷一《祥异》）

济南府之邹平县有蝗蝻灾。（民国《齐东县志》卷三《名宦》）

【河南】

归德府之柘城县有蝗自西南来。（民国《柘城县志》卷二《职官》）

彰德府之内黄县蝗蝻为灾，设局收买。（民国《内黄县志》卷一五《祥异》）

【西藏】

蝗虫又复经此地，玉蜀黍尚未成熟竟为所害。此等蝗蝻，向北飞去，最后坠死于山峡上。最后来者死于乔岗与喀木巴庄间的西布峡上，积尸成堆。（〔英〕柏尔《西藏志》）

1891年（清光绪十七年）：

【河北】

顺天府之涿州蝗。（民国《涿县志》第二编《正纪》）

秋，广平府之永年县蝗伤禾稼。（民国《永年县志·故事》）

夏，河间府之宁津县飞蝗蔽日，捕逐不为灾。后蝗子生，损伤禾稼。（清光绪《宁津县志》卷一一《祥异》）

【江苏】

秋，江宁府之江宁县蝗。（民国《首都志》卷一六《大事记》）

夏，旱，江宁府之江浦县秋蝗。（清光绪《江浦埤乘》卷三九《祥异》）

江宁府之高淳县蝗。（民国《高淳县志》卷二〇《祥异》）

秋，大旱，镇江府之丹阳县蝗。（民国《丹阳县续志》卷一九《祥异》）

夏五月，扬州府之高邮州旱，蝗。（民国《续高邮州志》卷七《灾祥》）

夏五月，扬州府之兴化县旱，蝗。（民国《续修兴化县志》卷一《祥异》）

十七年、十八年旱，淮安府之盐城县蝗，卤水伤禾。东乡民饥，多逃往江南。（清光绪《盐城县志》卷一七《祥异》）

【安徽】

和州大旱，蝗。（清光绪《直隶和州志》卷三七《祥异》）

六安州之霍山县蝗，知县程仲昭率民捕之。次年，收买蝗子，遗蝻遂尽。（清光绪《霍山县志》卷一五《祥异》）

秋，颍州府之亳州蝗。（清光绪《亳州志》卷一九《祥异》）

颍州府之太和县飞蝗入县境西北。（民国《太和县志》卷一二《灾祥》）

滁州旱，之全椒县蝗。（民国《全椒县志》卷一一《五行》）

【山东】

东昌府之恩县蝗蝻生，食禾。（清宣统《重修恩县志》卷一〇《灾祥》）

济南府之邹平县蝗蝻生。（民国《齐东县志》卷一《灾祥》）

东昌府之茌平县蝗蝻遍野，伤禾殆尽。（清宣统《茌平县志》卷二六《灾祥》）

秋八月，兖州府之汶上县蝗至，遗子于山。（清宣统《四续汶上县志稿·灾祥》）

五月，临清州之邱县飞蝗遍地。六月，蝗蝻又生。（民国《邱县志》卷九《灾祥》）

【河南】

归德府之柘城县蝗又至邑东。（清光绪《柘城县志》卷二《职官》）

【广东】

秋，韶州府之英德县蝗。（民国《英德县续志》卷四二《前事》）

肇庆府之恩平县早造禾蝗伤无收，晚稻丰稔。（民国《恩平县志》卷一四《纪事》）

【云南】

景东厅蝗。（民国《景东县志稿》卷一《灾异》）

1892年（清光绪十八年）：

【河北】

保定府之容城县蝻孽遍野，赖县尊俞倡乡民竭力捕灭，幸不成灾。（清光绪《容城县志》卷八《灾异》）

夏，广平府之永年县蝗生芦。（民国《永年县志·故事》）

广平府之肥乡县、顺德府之平乡县以及芦滩蝻生，捕灭之。保定府之新城县蝗。（《清史稿·德宗纪》）

【山西】

夏，旱，隰州之永和县蝗飞蔽日，食苗殆尽，至秋无收成。（民国《永和县志》卷一四《祥异》）

夏，旱，蒲州府之临晋县多蝗。（民国《临晋县志》卷一四《旧闻》）

【江苏】

六月二十六日，江宁、扬州、镇江、淮安、海州、通州等州府蝗。（民国《江苏备志稿》卷二《大事记》）

夏，旱。秋，江宁府之江宁县飞蝗蔽天，府属皆荒。（民国《首都志》卷一六《大事记》）

秋，旱，苏州府之常熟县蝗。（清光绪《常昭合志稿》卷四七《祥异》）

夏、秋，大旱，镇江府之丹阳县飞蝗蔽天。（民国《丹阳县续志》卷一九《祥异》）

夏、秋，旱，镇江府之溧阳县有蝗。（清光绪《蒸里志略》卷一六《瑞异》）

江宁府之句容县旱，捕蝗。（清光绪《续纂句容县志》卷一九《祥异》）

夏，旱，扬州府之高邮州蝗。（民国《续高邮州志》卷七《灾祥》）

夏，旱，扬州府之兴化县蝗。（民国《续修兴化县志》卷一《祥异》）

夏，通州之如皋县蝗蝻为灾。（民国《如皋县志》卷四《蠲赈》）

夏，淮安府之山阳县旱，蝗。（清宣统《续纂山阳县志》卷一五《杂记》）

淮安府之盐城县旱，蝗。（清光绪《盐城县志》卷一七《祥异》）

【安徽】

五月，抚恤安庆府之怀宁、桐城，庐州府之合肥、巢县、舒城、庐江，凤阳府之寿州、怀远、凤台、定远，颍州府之霍邱，泗州之盱眙、天长，六安州及其霍山，滁州及其来安、全椒，和州及其含山，太平府之当涂、芜湖二十二州县被旱、被蝗灾民。（《清德宗实录》卷三一一）

颍州府之霍邱县旱，蝗蝻遍野。（民国《霍邱县志》卷一六《祥异》）

秋，颍州府之亳州蝗蝻食粟叶殆尽。（清光绪《亳州志》卷一九《祥异》）

【山东】

夏，济南府之历城县蝗。秋有蝝。（民国《续修历城县志》卷一《总纪》）

济南府之临邑县蝗蝻。有秋。（清光绪《德平县志》卷一〇《祥异》）

夏五月，无棣县蝗。（民国《无棣县志》卷一六《祥异》）

济南府之邹平县飞蝗害稼。（民国《邹平县志》卷一八《灾祥》）

夏，济南府之新城县蝗生。（民国《重修新城县志》卷四《灾祥》）

麦有秋。夏六月，青州府之寿光县蝗，知县吴邦治督捕之。（民国《寿光县志》卷一五《编年》）

夏五月，青州府之昌乐县蝗飞过境。秋，蝗蝻为灾。（民国《昌乐县续志》卷七《祥异》）

六月至八月，青州府之临朐县蝗蝻盈野，食谷菽及草皆尽，蝗区种晚禾。（民国《临朐县续志》卷二《大事记》）

曹州府之范县蝗。（民国《续修范县志》卷六《祥异》）

六月，莱州府之昌邑县飞蝗过境。（清光绪《昌邑县续志》卷七《祥异》）

夏六月，莱州府之潍县蝗。（民国《潍县志稿》卷三《通纪》）

七月，济南府之长清县蝗虫为灾。（民国《长清县志》卷一六《祥异》）

六月下旬，泰安府之平阴县飞蝗从东北来。蝗过后，所遗蝻子遍境内，极力扑打，旋扑旋生。至七月杪渐渐扑灭，禾稼不损，岁乃有秋。（清光绪《平阴县志》卷六《灾祥》）

夏五月，临清州飞蝗入境。六月，蝻生。（民国《临清县志》卷五《大事记》）

【河南】

许州之临颍县蝗。（民国《重修临颍县志》卷一三《灾祥》）

七月，河南巡抚裕宽奏：临颍等县蝻孽萌生。（《清德宗实录》卷三一四）

闰六月，归德府之柘城县蝗自亳、鹿入境，复生蝻，捕买五十余日乃灭。（清光绪《柘城县志》卷一〇《灾祥》）

五月，陈州府之商水县飞蝗蔽天，邑治西南尤多，民夫捕之，不为灾。（民国《商水县志》卷二四《祥异》）

夏五月，陈州府之扶沟县蝗。邑南榆林诸地方忽有蝗蝻入境，调集民夫，并为搜捕。（清光绪《扶沟县志》卷一五《灾祥》）

开封府之祥符县蝗灾。（陈家祥《中国历代蝗患之记载》）

夏，闰六月，归德府之鹿邑县蝗蝻害稼。秋八月，虫害菽。是年缓征银三千三百七十九两奇。（清光绪《鹿邑县志》卷六《民赋》）

夏六月，许州蝗。（民国《许昌县志》卷一九《祥异》）

夏，许州之郾城县螟生。（民国《郾城县志》卷五《大事》）

【西藏】

〔水龙年〕噶厦就防治蝗虫事给达孜宗堆之批复：据称，尔地玉恩昂维地界江孜牙玛地边发现蝗虫幼蝻，立即予以彻底扑灭，甚好。（西藏自治区历史档案馆、社会科学院等编《西藏历史档案丛书·灾异志·雹霜虫灾篇》）

〔水龙年〕噶厦就防治蝗虫事给朗塘溪堆之批复：据称，遵照内府指令精神，正在作经忏佛事，并对发现之少量蝗虫设法驱除，甚好。（西藏自治区历史档案馆、社会科学院等编《西藏历史档案丛书·灾异志·雹霜虫灾篇》）

〔水龙年〕噶厦就防治蝗虫事给墨竹工卡溪堆之批复：……并对发现之少量蝗虫，正设法驱除中，甚好。（西藏自治区历史档案馆、社会科学院等编《西藏历史档案丛书·灾异志·雹霜虫灾篇》）

〔水龙年〕噶厦就防治蝗虫事给色溪堆之批复：据称，尔等地区发现之蝗虫，已设法予以彻底消灭等情，甚好。（西藏自治区历史档案馆、社会科学院等编《西藏历史档案丛书·灾异志·雹霜虫灾篇》）

〔水龙年〕噶厦就防治蝗虫事给林周宗之批复：……近日在斋地之擦巴塘等地出现蝗虫，正在竭力扑灭中，甚好。设法不使蝗虫孽生繁殖，予以彻底扑灭。（西藏自治区历史档案馆、社会科学院等编《西藏历史档案丛书·灾异志·雹霜虫灾篇》）

〔水龙年〕噶厦就虫灾应自行消灭事给柳吾溪堆之批复：往年出现蝗灾时，确无从尔处派人去玛林灭虫之惯例。……现尔等就得各守各地，就地灭虫。（西藏自治区历史档案馆、社会科学院等编《西藏历史档案丛书·灾异志·雹霜虫灾篇》）

〔水龙年〕噶厦就消灭蝗虫事给拉布溪堆之批复：据称，尔等采取土埋治蝗之办法，及遵照命令作经忏佛事，甚好。（西藏自治区历史档案馆、社会科学院等编《西藏历史档案丛书·灾异志·雹霜虫灾篇》）

【陕西】

西安府夏旱，蝗。（民国《续修陕西通志稿》卷一九九《祥异》）

【新疆】

乌苏陈纯治任职期间，时蝗虫为灾，即下乡令派勇捕杀。（范福来主编《新疆蝗虫灾害治理》）

1893年（清光绪十九年）：

【山东】

秋七月，莱州府之胶州飞蝗蔽日，秋禾尽食一空。（民国《增修胶县志》卷五三《祥异》）

夏四月，兖州府之汶上县蝻生于乱石中，势甚炽，后焚以火，立灭。（清宣统《四续汶上县志稿·灾祥》）

【河南】

春三月，卫辉府之获嘉县蝗从东来，县官率民捕之四十余日，蝗始飞去，不为灾。（民国《获嘉县志》卷一七《祥异》）

春末夏初，怀庆府之修武县蝗从东来，县官率民捕之，四十九日不辍。余蝗负子出境，不为灾。（民国《修武县志》卷一六《祥异》）

夏四月，陈州府之扶沟县蝗蝻蔓延，搜掘蝗子，尽灭之。（清光绪《扶沟县志》卷一五《灾祥》）

【广西】

夏四月，廉州府之合浦县旱，蝗。（民国《合浦县志》卷五《事纪》）

【新疆】

乌苏甘河子、车排子等处发生蝗灾，派兵勇捕杀。有鸟形如鸼鸽，首尾皆黑。翅上项下黄白色，数千成群，飞啄食之立尽。（范福来主编《新疆蝗虫灾害治理》）

1894年（清光绪二十年）：

【江苏】

秋，苏州府之常熟县蝗。（清光绪《常昭合志稿》卷四七《祥异》）

是年，徐州府之宿迁县蝗害稼。（民国《宿迁县志》卷七《蠲赈》）

【安徽】

颍州府之霍邱县旱，蝗。（民国《霍邱县志》卷一六《祥异》）

【广西】

九月，廉州府之合浦县旱，蝗。（民国《合浦县志》卷五《事纪》）

【西藏】

〔铁兔年—木马年〕诸噶伦为宗嘎出现蝗虫事请求乃穷大法王问卜文：铁兔年出现蝗虫，去年天暖时出现于地面，动天产卵于地下……今年天气开始转暖，经调查，发现无论山地平原皆有虫卵。（西藏自治区历史档案馆、社会科学院等编《西藏历史档案丛书·灾异志·雹霜虫灾篇》）

【新疆】

库尔喀喇乌苏直隶厅甘河子、车排子等处有蝗灾。（民国《乌苏县志》卷下《灾异》）

1895年（清光绪二十一年）：

【河北】

顺天府之三河县蝻伤禾稼。（民国《三河县新志》卷八《灾异》）

【江苏】

镇江府之金坛县蝗蝻生，岁歉。（民国《重修金坛县志》卷一二《祥异》）

【山东】

秋，青州府之博山县蝗。（民国《续修博山县志》卷一《祥异》）

夏五月，青州府之寿光县旱，飞蝗过境。（民国《寿光县志》卷一五《编年》）

青州府之昌乐县蝗害稼。（民国《昌乐县续志》卷一《总纪》）

夏，东昌府之馆陶县飞蝗过境，遗蝻子，为害尤甚巨。（清光绪《馆陶县乡土志》卷五《人类》）

夏四月，蝗食麦，官劝富室买蝗捕杀之，幸未遗种。（民国《续修馆陶县志》卷五《灾祥》）

【河南】

卫辉府之新乡县邑西北蝗，盈野蔽天，所过之处田禾殆尽。知府曾培祺纠合新、辉、获三县，齐集于块营村，严令驱逐，数月始灭。（民国《新乡县续志》卷四《祥异》）

【广西】

八月，浔州府之武宣县东乡蝗，大失收成。（民国《武宣县志》卷下《礼祥》）

【贵州】

炉山，五月雹化生蝗，遍地皆是。（章义和《中国蝗灾史》）

1896年（清光绪二十二年）：

【河北】

顺天府之三河县蝻伤禾稼。（民国《三河县新志》卷八《灾异》）

春、夏，旱。秋，保定府之新城县蝗蝻为灾。（民国《新城县志》卷四《灾异》）

【山东】

临清州之夏津县蝻食稼，饥。（民国《夏津县续志》卷一〇《灾祥》）

济南府之长清县蝗虫伤禾稼。（民国《长清县志》卷一六《祥异》）

【河南】

卫辉府之新乡县蝗灾。（民国《新乡县续志》卷四《祥异》）

【新疆】

九月，甘肃新疆巡抚饶应祺奏：新疆迪化县等属被蝗成灾。（《清德宗实录》卷三九五）

十月，新疆迪化县、疏勒府二属被蝗成灾。（《清德宗实录》卷三九六）

【台湾】

台湾府苗栗县蝗飞蔽日，树杞林北埔皆到，田苗颇伤多少。（清光绪《树杞林志·祥异》）

1897年（清光绪二十三年）：

【山西】

十二月，蠲缓太原府之榆次、文水，平阳府之吉州、襄陵、浮山等州县，大同府之应州、大同，归绥六厅之清水河厅、萨拉齐厅，沁州之武乡等十厅州县，被蝗歉收村庄钱粮租课。（《清德宗实录》卷四一三）

【上海】

秋，松江府之青浦县蝗蝻伤稼。（民国《青浦县续志》卷二三《祥异》）

【江苏】

夏，徐州府之沛县蝗。秋，大水，禾稼淹没。（民国《沛县志》卷一三《人物》）

【广西】

秋，太平府之崇善县蝗害禾。（民国《崇善县志》第六编《前事》）

七月，廉州府之合浦县蝗灾。（民国《合浦县志》卷五《事纪》）

【陕西】

七月，西安府之蓝田县飞蝗自东来，秋苗被食强半。（民国《续修蓝田县志》卷三《纪事》）

【新疆】

八月，甘肃新疆巡抚饶应祺奏：呼图壁图壁地区蝗虫为患。蠲缓新疆迪化、疏勒二属上年被蝗地方应征粮草。古城蝗灾。（《清德宗实录》卷四〇九）

1898年（清光绪二十四年）：

【河北】

五月，河间府之献县蝗，不食禾。秋稔。（民国《献县志》卷一九《故实》）

【山东】

兖州府之曲阜县蝗虫为灾，毁伤谷穗殆尽。（民国《续修曲阜县志》卷二《灾祥》）

【河南】

夏，河南府之偃师县蝗大起，秋禾被食。（民国《续偃师县志》卷四《灾祥》）

【新疆】

十一月，甘肃新疆巡抚饶应祺奏：新疆吐鲁番直隶厅、迪化县等厅县蝗灾甚重。（《清德宗实录》卷四三四）

1899年（清光绪二十五年）：

【山西】

五月，绛州蝗。（民国《新绛县志》卷一〇《旧闻》）

【安徽】

颍州府之太和县飞蝗至县西北,生蝗子。(民国《太和县志》卷一二《灾祥》)

【福建】

五月,汀州府之长汀县蝗遍城乡。(民国《长汀县志》卷二《大事》)

夏五月,汀州府之宁化县旱,蝗。(民国《宁化县志》卷二《大事》)

【山东】

九月,山东登州府、莱州府两府地方入夏以来苦旱,且有飞蝗害稼。(《清德宗实录》卷四五〇)

东昌府之恩县蝗蝻生,害稼。(清宣统《重修恩县志》卷一〇《灾祥》)

六月,青州府之博兴县飞蝗蔽野。(民国《重修博兴县志》卷一五《祥异》)

六月,广饶县飞蝗遍野。(民国《续修广饶县志》卷二六《杂志》)

秋七月,莱州府之胶州蝗害稼。(民国《增修胶县志》卷五三《祥异》)

青州府之乐安县飞蝗遍野。(民国《乐安县志》卷一三)

【河南】

夏,归德府之宁陵县蝗生蝻,幸伤禾无多。(清宣统《宁陵县志》卷终《祥异》)

陈州府之淮宁县秋蝗旋出,蝻伤禾。(民国《淮阳县志》卷二〇《祥异》)

归德府之鹿邑县麦收后蝗虫生。(清光绪《鹿邑县志》卷六《民赋》)

南阳府之南阳县蝗食稼。(清光绪《南阳县志》卷一二《杂记》)

南阳府之南召县飞蝗蔽天,食禾稼殆尽。(清光绪《新修南召县志》)

【广东】

春、夏,亢旱。秋,韶州府之乐昌县蝗为灾。是岁荒歉,民颇苦。(民国《乐昌县志》卷一九《大事记》)

【广西】

环江县蝗虫四起,蚀尽禾心,喷喷有声。其年歉收,大受饥饿。(民国《宜北县志》第八编《灾异》)

靖西县,新圩生蝗。(鲁克亮《清代广西蝗灾研究》)

【新疆】

十月,新疆吐鲁番直隶厅、迪化县、镇西直隶厅、温宿府之拜城等处有蝗。(《清德宗实录》卷四五二)

1900年(清光绪二十六年):

【天津】

六月,天津府之青县飞蝗蔽天。(民国《青县志》卷一三《祥异》)

【河北】

苗长半尺，冀州之新河县蝗蝻忽生，独食草而不及苗，民多捕蝗为食。

【江苏】

海门厅蝗，歉收。（民国《海门县图志》卷二《政事年表》）

淮安府之阜宁县旱，蝗。（民国《阜宁县新志》卷首《大事记》）

【浙江】

七月，旱，处州府之景宁县蝗食晚禾。（民国《浙江续通志·大事记》）

【山东】

六月，济南府之淄川县蝗飞蔽日，至七月生蝻，害稼。（清宣统《三续淄川县志》卷九《灾祥》）

八月，青州府之博山县蝗自北来，经宿尽毙，为七区受灾最深。（民国《续修博山县志》卷一《祥异》）

兖州府之峄县蝗。（清光绪《峄县志》卷一五《灾祥》）

八月，武定府之阳信县蝗食麦。（民国《阳信县志》卷二《祥异》）

济南府之邹平县大旱，蝗飞蔽天，蝻生遍地。（民国《邹平县志》卷一八《灾异》）

青州府之寿光县蝗害稼。（民国《寿光县志》卷一五《编年》）

秋，青州府之临朐县蝗蝻为灾。（民国《临朐县续志》卷二《大事记》）

沂州府之兰山县蝗。（民国《临沂县志》卷一《通纪》）

八月初，武定府之惠民县沙河两岸麦苗为蝗所食，莫不更番另种。苗出后，农皆惴惴，忽来山鸦成群，将蝗虫一一啄尽。（清光绪《惠民县志补遗·祥异》）

【河南】

二月初八，开封府之兰考县蝗由邻县入境，飞则蔽日，平地寸余，食禾几尽。（民国《考城县志》卷三《事纪》）

开封府之陈留县蝗。（清宣统《陈留县志》卷三八《灾祥》）

八月，卫辉府之封丘县蝗遍野，树墙皆满，禾尽蚀。（民国《封丘县续志》卷二八《灾祥》）

夏，旱，卫辉府之获嘉县蝗。（民国《获嘉县志》卷一七《祥异》）

夏，怀庆府之修武县旱，蝗。食物腾贵，有饿死者。（民国《修武县志》卷一六《祥异》）

五月，归德府之永城县飞蝗入境。（清光绪《永城县志》卷一五《灾异》）

归德府之商丘县蝗蝻遍野，食禾殆尽。（民权县地方史志编辑委员会编《民权县志》）

六月二十三日，陈州府之项城县蝗食田禾殆尽。（民国《项城县志》卷三一《杂事》）

七月，许州之长葛县蝗蝻遍野。八月，许州城郊蝗蝻蝗。（民国《许昌县志》卷一九《祥异》）

八月，开封府之鄢陵县蝗蝻遍地，秋禾多毁。（民国《鄢陵县志》卷二九《祥异》）

许州之郾城县旱，蝗。（民国《郾城县志》卷五《大事》）

七月，许州之临颍县旱，蝗，大饥。（民国《重修临颍县志》卷一三《灾祥》）

【广东】

韶州府之仁化县蝗虫害稼，早稻收成不过一半。（民国《仁化县志》卷五《灾异》）

【贵州】

越州之余庆县秋禾将熟未获，虫蝗食稼，如蚕食桑叶。（民国《余庆县志》卷一九《杂志》）

1901年（清光绪二十七年）：

【河北】

秋，大名府之南乐县蝗。（清光绪《南乐县志》卷七《祥异》）

【山西】

秋，旱，绛州蝗为灾。（民国《新绛县志》卷一〇《旧闻》）

蒲州府之永济县旱甚，且多蝗，无麦。（民国《虞乡县新志》卷一〇《旧闻》）

蒲州府之荣河县旱甚，无麦，禾多蝗蝻。（民国《荣河县志》卷一四《祥异》）

【江苏】

夏，扬州府之高邮州蝗。（民国《三续高邮州志》卷七《灾祥》）

【山东】

夏，兖州府之峄县蝗败稼。（清光绪《峄县志》卷一五《灾祥》）

【河南】

夏，河南府之孟津县黄河夹心滩发生蝗虫，集厚盈尺。（章义和《中国蝗灾史》）

夏，旱。秋，卫辉府之封丘县蝗，晚禾多被蝗蚀。（民国《封丘县续志》卷一《通纪》）

七月，怀庆府及其所属孟县飞蝗害稼。（民国《孟县志》卷一六《祥异》）

秋，卫辉府之滑县飞蝗铺天盖地，食苗殆尽。（民国《重修滑县志》卷二〇《祥异》）

五月，归德府之永城县飞蝗入境。（清光绪《永城县志》卷一五《灾异》）

五月，飞蝗入卫辉府之考城县境，蝗蝻生，县率民捕灭之。（民国《考城县志》卷三《事纪》）

【西藏】

〔铁牛年〕噶伦及基恰堪布为日喀则宗所属森孜地区蝗灾事呈达赖喇嘛请愿书（附批复）：该宗属下森孜地区于四月间突然出现大量蝗虫，迄今已使三十朵尔耕地面积之庄稼颗

粒无收。(西藏自治区历史档案馆、社会科学院等编《西藏历史档案丛书·灾异志·雹霜虫灾篇》)

〔铁牛年〕噶伦及基恰堪布为日喀则宗所属森孜地区蝗灾事请求普觉强巴等护法问卜文：日喀则所属森孜地区，四月间以来，突然出现大量蝗虫，约有三十朵尔面积之庄稼，今已全部被毁，灾情尚在蔓延。(西藏自治区历史档案馆、社会科学院等编《西藏历史档案丛书·灾异志·雹霜虫灾篇》)

1902年（清光绪二十八年）：

【上海】

二十八、九年间，川沙县飞蝗啮芦，声同蚕食，惟不害禾、棉。(民国《川沙县志》卷二三《灾变》)

【江苏】

秋，小旱，济南府之江宁县蝗蝻生。(民国《首都志》卷一六《大事记》)

扬州府之江都县旱，蝗。(民国《江都县续志》卷四《蠲缓》)

秋，旱，扬州府之高邮州蝻生，多疫疠。(民国《三续高邮州志》卷七《灾祥》)

秋，旱，扬州府之兴化县蝻生，多疫疠。(民国《续修兴化县志》卷一《祥异》)

【安徽】

安徽凤阳府、颍州、六安州、泗州，飞蝗过境，遗子在地，蝻孽萌生。(《清德宗实录》卷五〇六，五〇九)

【山东】

武定府之阳信县蝗虫生。(民国《阳信县志》卷二《祥异》)

夏六月，兖州府之峄县蝗伤稼。秋七月，蝗子复生遍野，黄豆角豆内生虫，减收。(清光绪《峄县志》卷一五《灾祥》)

【河南】

许州飞蝗过境。(民国《许昌县志》卷一九《祥异》)

许州之临颍县飞蝗过境。(民国《重修临颍县志》卷一三《灾祥》)

【广东】

韶州府之仁化县蝗虫为害，早稻收成不及十分之四。(民国《仁化县志》卷五《灾异》)

【四川】

嘉定府之峨边厅蝗、旱并见，筹赈乏谷，曾运峨眉县青龙场之米藉济。(民国《峨边县志》卷三《祥异》)

【陕西】

陕西同州府属滨河一带地方毗邻连山西境界，五月中旬飞蝗自晋渡河入境。(《清德宗实

录》卷五〇六）

1903年（清光绪二十九年）：

【上海】

川沙县飞蝗啮芦。（民国《川沙县志》卷三《灾变》）

【山东】

秋，临清州之夏津县蝗。（民国《夏津县续志》卷一《总纪》）

济南府之长清县蝗虫食秋禾殆尽。（民国《长清县志》卷一六《祥异》）

1904年（清光绪三十年）：

【河北】

夏，大名府之大名县大蝗。六月中旬蝗生，三日间五谷叶尽，蝗滚滚围，行人至郊，几无措足地。（民国《大名县志》卷二六《祥异》）

【河南】

怀庆府之孟县蝗生。（民国《孟县志》卷一六《祥异》）

1905年（清光绪三十一年）：

【山东】

夏，旱，济南府之新城县秋蝗灾。（民国《重修新城县志》卷四《灾祥》）

【湖南】

夏，长沙府之益阳县蝗虫为害。（《益阳县志·地理志初稿》卷一四《灾异》）

1906年（清光绪三十二年）：

【河北】

六月，顺天府之文安县蝗。（民国《文安县志·志余》）

【山西】

山西五原蝗灾，绥远蝗蝻始起自洋堂庙圪都、鱼娃圪都、乌梁素海三处，东西约长十余里，南北四五里、七八里不等，蝗虫聚众之多，有厚至三四寸者，长宽自数里至二十里不等，弥望无际，人难插足。所至惟罂粟、麻、豆不食，其余各种田禾茎叶无遗。（章义和《中国蝗灾史》）

【内蒙古】

五原厅蝗蝻自西北入境，食禾殆尽，次年犹有遗孽。（清光绪《五原厅志略》卷上《祥异》）

【山东】

青州府之乐安县、泰安府之莱芜县飞蝗蔽天。（民国《乐安县志》卷一三《祥异》）

五月，青州府之博山县飞蝗蔽日，禾苗伤。（民国《续修博山县志》卷一《祥异》）

七月，济南府之邹平县蝗蝻生。（民国《邹平县志》卷一八《灾祥》）

五月，青州府之博兴县飞蝗蔽天。（民国《重修博兴县志》卷一五《祥异》）

五月，广饶县，飞蝗蔽天。（民国《续修广饶县志》卷二六《杂志》）

春、夏，旱。秋，济南府之新城县蝗蝻为灾。（民国《重修新城县志》卷四《灾祥》）

【广西】

禾熟时，南宁府之上思州蝗来，失收，谷价贵。（鲁克亮《清代广西蝗灾研究》）

1907 年（清光绪三十三年）：

【山东】

青州府之博兴县蝗。（民国《重修博兴县志》卷一五《祥异》）

【河南】

秋八月，河南府之洛阳县蝗为灾。（民国《洛阳县志》卷一《祥异》）

【甘肃】

五月，甘州府之山丹县东南硖口老军寨诸处蝗，食禾殆尽，其蝻蓦地寸许。（清光绪《甘肃新通志》卷二《祥异》）

【新疆】

玛纳斯河流域一带发生过飞蝗，成群结队，遍地皆是。当地约有上千群众积极捕打，但农田受害严重。（范福来主编《新疆蝗虫灾害治理》）

1908 年（清光绪三十四年）：

七月，两江总督奏：山东、安徽两省有蝗。（《清德宗实录》卷五九四）

【河北】

七月，顺天府之文安县蝗。（民国《文安县志》卷终《志余》）

保定府之新城县旱，蝗。（章义和《中国蝗灾史》）

【山东】

济宁府之鱼台县旱，蝗。（章义和《中国蝗灾史》）

【河南】

秋，开封府之通许县蝗蝻遽生，食尽晚禾，东南一带被灾尤甚。（民国《通许县志》卷一《祥异》）

夏，归德府之永城县飞蝗东来，伤秋稼过半。（清光绪《永城县志》卷一五《灾异》）

【海南】

十月，琼州府之崖州蝗虫食禾。（民国《崖州志》卷二二《灾异》）

1909 年（清宣统元年）：

【河北】

七月，顺天府之文安县蝗。（民国《文安县志》卷终《志余》）

夏，大名府之大名县大蝗。（民国《大名县志》卷二六《祥异》）

【江苏】

夏，旱，徐州府之宿迁县蝗。（民国《宿迁县志》卷七《水旱》）

【福建】

自六月旱后，七月大水。九月，福州府之连江县继以蝗灾，禾被吃落，乡民呼吁。（民国《连江县志》卷三《大事记》）

【山东】

秋，青州府之博山县好蝗生。（民国《续修博山县志》卷一《水旱》）

曹州府之曹县蝗虫自东来，谷被吃光。（章义和《中国蝗灾史》）

曹州府之定陶县生蝗，谷被吃光。（章义和《中国蝗灾史》）

【河南】

六月，怀庆府之孟县蝗蝻遍野。（民国《孟县志》卷一〇《祥异》）

夏，开封府之中牟县旱，蝗。（民国《中牟县志》卷一《祥异》）

1910年（清宣统二年）：

【河北】

七月，顺天府之文安县蝗。（民国《文安县志》卷终《志余》）

七月，保定府之新安县蝗由东而南，飞蔽天日，田禾为空。冬，蝻生，大雪。（民国《新安县志》卷一五《祥异》）

【河南】

四月，陈州府之商水县蝗食麦。（民国《商水县志》卷二四《祥异》）

【广西】

夏，旱，廉州府之合浦县蝗。（民国《合浦县志》卷五《事纪》）

1911年（清宣统三年）：

【河北】

阳原县蝗虫为灾。（民国《阳原县志》卷一六《天灾》）

【河南】

怀庆府之孟县旱，蝗。（民国《孟县志》卷一〇《祥异》）

归德府之商丘县旱，蝗。（民国《商丘县志》卷三《灾祥》）

【湖北】

黄州府之黄冈县旱，蝗。（民国《湖北通志》卷七六《祥异》）

【广东】

三四月，琼州府之琼山县蝗食禾。（民国《琼山县志》卷二八《事纪》）

【西藏】

〔铁猪年〕卡孜噶顿差民为遭受蝗灾请求借粮事呈诸噶伦文：水鼠年遭受蝗虫灾害，不得不割青苗……加之去年庄稼遭受严重蝗灾，别说收成，连饲草、麦秆也难收到。（西藏自治区历史档案馆、社会科学院等编《西藏历史档案丛书·灾异志·雹霜虫灾篇》）

第二节 跳蝗蝗灾的记述

619年（唐武德二年）：

螽起。（《北史·隋本纪》）

885年（唐光启元年）：

江苏省淮南蝗自西来，行而不飞，浮水缘城入扬州府署，竹树叶幢节一夕如剪，幡帜书像皆啮去其首，扑不能止。旬日，自相食尽。（清嘉庆《重修扬州府志》卷七〇《事略》）

1011年（宋大中祥符四年）：

秋八月，兖州有螽。（明万历《兖州府志》卷一五《灾祥》）

1178年（宋淳熙五年）：

昭州有蝻螣。（《宋史·五行志》）

1221年（宋嘉定十四年）：

是岁，明台温婺衢蝨螣为灾。（《宋史·五行志》）

1307年（元大德十一年）：

绍兴府诸暨蝗及境，皆抱竹死。（清乾隆《绍兴府志》卷八〇《祥异》）

1308年（元至大元年）：

诸暨蝗及境，皆抱竹死。（清乾隆《绍兴府志》卷八〇《祥异》）

1477年（明成化十三年）：

秋七月，浙江会稽县螣生。（明万历《会稽县志》卷八《灾异》）

1484年（明成化二十年）：

夏六月，宁夏银川蝗虫大作，其头面皆淡金色，顶有冠子，肩背翅正紫如鹤氅，绝类道士，禾稼殆尽。是岁大饥，斗米银二钱，人多掘地藜子充食。（明弘治《宁夏新志》卷二《祥异》）

1510 年（明正德五年）：

湖北崇阳县蝗食松，多死。（清乾隆《崇阳县志》卷一〇《灾异》）

湖北蒲圻蝗，食松尽死。（清康熙《新修蒲圻县志》卷一四《祥眚》）

1529 年（明嘉靖八年）：

八月上旬，湖南郴州县三淇方螣虫食禾，五日殆尽。遂飞，山泽草木皆弊。是岁大饥。（明万历《郴州志》卷二〇《祥异纪》）

1530 年（明嘉靖九年）：

广东乳源县蝗，饥。竹有实，民采食之。（清康熙《乳源县志》卷一《灾异》）

1532 年（明嘉靖十一年）：

安徽安庆府大旱，螽害稼。（清康熙《安庆府志》卷六《祥异》）

四月，安徽望江县不雨，有螽。（清顺治《新修望江县志》卷三《祥异》）

1549 年（明嘉靖二十八年）：

秋七月，山东蒲台县大螣。（明万历《蒲台县志》卷七《灾异》）

1555 年（明嘉靖三十四年）：

夏，安徽来安县蝗入境。秋螽害稼。（明天启《新修来安县志》卷九《祥异》）

1573 年（明万历元年）：

陕西洵阳县蝗，食稻叶尽，穗落。（清乾隆《洵阳县志》卷一二《祥异》）

陕西白河县蝗，食稻叶尽，穗落。（清嘉庆《白河县志》卷一四《附祥异》）

1586 年（明万历十四年）：

河南林县秋有虫曰螣，食禾。（明万历《林县志》卷八《灾祥》）

秋，山东平原县螣食晚禾，蠲赈有差。（清乾隆《平原县志》卷九《灾祥》）

山东宁津县夏旱仍前，间有螣虫伤稼。（明万历《宁津县志》卷四《祥异》）

1587 年（明万历十五年）：

海南省文昌县蝗，食田稻殆尽。（清康熙《文昌县志》卷九《灾祥》）

1592 年（明万历二十年）：

安徽安庆市夏、秋不雨，螽。（清康熙《安庆府志》卷六《祥异》）

安徽桐城县夏、秋不雨，旱，螽。（清道光《续修桐城县志》卷二三《祥异》）

1606 年（明万历三十四年）：

山东汶上县蝗飞蔽天，旋折如锦。秋，螣生，食禾豆几尽。（明万历《汶上县志》卷七《灾祥》）

1615 年（明万历四十三年）：

山东滨县旱。秋八月，螣。岁大饥，人相食。（清康熙《滨州志》卷八《事纪》）

河南修武县，四十三、四、五年，蝗蝻遍食稻禾三载。（清康熙《修武县志》卷四《灾祥》）

1616 年（明万历四十四年）：

浙江高阜山乡有螽。（清同治《湖州府志》卷四四《祥异》）

1618 年（明万历四十六年）：

四十六、七年秋，安徽宿县，枯旱，青蝗食禾。岁大饥。（清康熙《宿州志》卷一〇《祥异附》）

河南郾城县蝗，食竹树殆尽。（清顺治《郾城县志》卷八《祥异》）

1641 年（明崇祯十四年）：

安庆府大旱，螽，疫。人相食，死者枕藉。（清康熙《安庆府志》卷六《祥异》）

1624 年（明天启四年）：

河北新城县螣，食苗叶尽。（民国《新城县志》卷二二《灾祸》）

1632 年（明崇祯五年）：

广东省龙门县螽害稼。（广东省文史研究馆编《广东省自然灾害史料》）

1651 年（清顺治八年）：

是年，湖南省新化县螣食苗。秋，虫落穗，民大饥，鬻男女仅获斗粟。（清康熙《新化县志》卷一一《灾异》）

1656 年（清顺治十三年）：

夏，河南归德府之虞城县油蚂蚱害稼。（清乾隆《虞城县志》）

1659 年（清顺治十六年）：

湖南省邵阳、新化稼生螣，食尽。（清道光《宝庆府志》卷九九《五行略》）

1671 年（清康熙十年）：

秋，山西省临猗县螣生，青、黑二色，食麦叶尽，遇微雨虫愈多。（清雍正《临猗县志》卷六《祥异》）

浙江省遂安县螟螣食稼谷十之七，民间食草根，有司以闻，蒙恩蠲恤有差。（清康熙《遂安县志》卷九《灾异》）

五月二十九日，浙江省平阳县蝗虫骤集沿江旧界边田亩，食稻凡五日。八月间，一、二、三都稻叶虫遍田野，将十日，忽大风发，三日尽灭。（清乾隆《平阳县志》卷一八《祥异》）

浙江省缙云县，六月至九月不雨。蝗虫食稻几尽。（清康熙《缙云县志》卷九《祥异》）

1672 年（清康熙十一年）：

八月，大雨，浙江秀水县蟓食稻，民饥。（清康熙《秀水县志》卷七《祥异》，清光绪《嘉兴府志》卷三五《祥异》）

三四月，安徽巢县蟓生，食麦及秧苗。五月，忽尽飞去。获有秋。（清康熙《巢县志》

卷四《祥异》）

春，安徽含山县蟓生。（清康熙《含山县志》卷四《祥异》）

1678年（清康熙十七年）：

河南省密县螣食谷禾。（民国《密县志》卷一九《杂录》）

1679年（清康熙十八年）：

秋八月，湖南省湘乡县螽。（清嘉庆《湘乡县志》卷一〇《祥异》）

1683年（清康熙二十二年）：

河南开封府螣食麦。（清康熙《开封府志》卷三九《祥异》）

河南尉氏县螣食麦歉收。（清道光《尉氏县志》卷一《祥异》）

1700年（清康熙三十九年）：

夏五月，安徽省灵璧螣伤麦。（清光绪《凤阳府志》卷四下《纪事表》）

1703年（清康熙四十二年）：

五月，广东省归善县蚱蜢害稼。（清雍正《归善县志》卷二《事纪》）

九月，辽宁盛京一带有一种蚂蚱，名曰泖虫，更甚于蝗虫，蝗虫食苗后尚飞去，盛京田内一有泖虫，必将田禾之穗连根及叶馨食无遗方止。（《清圣祖实录》卷二〇一）

1704年（清康熙四十三年）：

夏四月，广东省潮州府之海阳县蝗食禾茎。（清乾隆《潮州府志》卷一一《灾祥》）

1715年（清康熙五十四年）：

湖南省湘乡螽。（清乾隆《长沙府志》卷三七《灾祥》）

1717年（清康熙五十六年）：

冬十月，广东省德庆县螣。（广东省文史研究馆编《广东省自然灾害史料》）

1719年（清康熙五十八年）：

湖北省南漳县螽。（清乾隆《襄阳府志》卷三七《祥异》）

1724年（清雍正二年）：

七月，上海嘉定县螟螣。（清光绪《嘉定县志》卷五《机祥》）

1739年（清雍正四年）：

六月，蒔禾，安徽省铜陵县螟螣害稼。（清乾隆《铜陵县志》卷一四《祥异》）

1743年（清乾隆八年）：

夏，江苏省靖江县飞蝗过境，蝗集民家竹林，食叶殆尽，禾稼不损。（清光绪《靖江县志》卷八《祲祥》）

1755年（清乾隆二十年）：

八月，江苏省常熟市稻螽生，伤稼。（清光绪《常昭合志稿》卷四七《祥异》）

秋七月，安徽省霍山县有蝗自州入县东北境，止集林木，不伤禾稼，未及成而灭。（清乾隆《霍山县志》卷末《祥异》）

秋七月，江西省都昌县螽害稼，北乡为甚。（清同治《都昌县志》卷一六《祥异》）

1758 年（清乾隆二十三年）：

秋，山西绛州之垣曲县螣食禾。（清乾隆《垣曲县志》卷一四《杂志》）

1759 年（清乾隆二十四年）：

赈恤顺天直隶所属固安、永清、霸州、武清，大名府之大名、元城、清丰，顺德府之沙河、平乡、南和、任县、巨鹿，广平府之永年、邯郸、曲周、威县、清河、鸡泽、冀州、南宫、新河、武邑、衡水、隆平、宁晋、深州、武强，河间府之献县、任丘、交河，天津府之天津、青县、南皮、盐山、沧州，宣化府之宣化、怀安、万全、龙门、西宁、怀来、张家口等四十七州县厅本年水、旱、雹、虫、螣。偏灾贫民，并蠲缓额赋。（《清高宗实录》卷五九九）

河北省滦县夏螣。（清嘉庆《滦州志》卷一《祥异》）

夏、秋，安徽徽州府之绩溪县多蜮，岁不登。（清道光《徽州府志》卷一六之一《祥异》）

1768 年（清乾隆三十三年）：

冬，广东省万宁县蝗食稻。（广东省文史研究馆编《广东省自然灾害史料》）

1769 年（清乾隆三十四年）：

夏，广东省万宁县蝗食稻。（广东省文史研究馆编《广东省自然灾害史料》）

1770 年（清乾隆三十五年）：

云南省楚雄螽，饥。（清光绪《续云南通志稿》卷二《祥异》）

1773 年（清乾隆三十八年）：

江西省新昌县有蝗丛集各山，驱捕不散，遍食竹叶，竹干随枯。数年方灭，幸不害稼。（清同治《新昌县志》卷四《纪异》）

1774 年（清乾隆三十九年）：

夏，云南省腾越厅螣食苗叶，有白鹭盈千啄之。（清光绪《腾越厅志》卷一《祥异》）

1775 年（清乾隆四十年）：

八月，江西省奉新县，螽伤稼。（清同治《南昌府志》卷六五《祥异》）

1785 年（清乾隆五十年）：

江苏省溧阳县七分旱灾，有蝗，走而不飞。（清嘉庆《溧阳县志》卷一六《瑞异》）

1786 年（清乾隆五十一年）：

广东省新安县蝗食稻，秋、冬旱，大饥。（清嘉庆《新安县志》卷一三《灾异》）

1788 年（清乾隆五十三年）：

五月，海南琼东县天时亢旱，蝗虫食秧，有田无种而荒者。（清嘉庆《会同县志》卷一

○《杂志》)

1809年（清嘉庆十四年）：

夏，安徽省天长县蝗有翅不飞，多食芦草而死，不为灾。（清同治《天长县纂辑志稿·祥异》)

1811年（清嘉庆十六年）：

五月至秋七月，浙江省永嘉县大旱，晚禾有螽。（清光绪《永嘉县志》卷三六《祥异》）

浙江省乐清县夏大旱，秋螽，沿海田禾无收。（清光绪《乐清县志》卷一三《灾祥》）

1812年（清嘉庆十七年）：

广东省新安县邑东路蝗食稻。（清嘉庆《新安县志》卷一三《灾异》）

1813年（清嘉庆十八年）：

春，河南省临汝县螽食麦尽，大旱，民大饥。（清道光《汝州全志》卷九《灾祥》）

1817年（清嘉庆二十二年）：

广东三水县早稻蝗灾，晚禾大熟。（清嘉庆《三水县志》卷一三《事纪》）

1821年（清道光元年）：

六月，河北省广平府之邯郸、永年二县所属村庄间有蝻孽萌动，形状均系灰色，乡民名为土蚂蚱，该二县所种高粱、豆子、棉花均无伤损，惟晚种谷苗间有咬伤。（《清宣宗实录》卷二〇）

1826年（清道光五年）：

福建省光泽县螽伤稼十之有四。（清光绪《重纂邵武府志》卷三〇《祥异》）

六月，河南省许昌螣食叶殆尽。（清道光《许州志》卷一一《祥异》）

1829年（清道光九年）：

山东省历城县秋螣害稼，饥。（民国《续修历城县志》卷一《总纪》）

山东省齐河县秋螣害稼，饥。（民国《齐河县志·大事记》）

1833年（清道光十三年）：

秋，湖北省恩施县螣害稼，饥。（清同治《恩施县志》卷一二《祥异》）

湖南省宁乡县螣食禾。（清同治《续修宁乡县志》卷二《祥异》）

1835年（清道光十五年）：

江西省奉新县秋螽。（清同治《奉新县志》卷一六《祥异》）

秋七月，湖北省黄梅县飞蝗蔽天，所过竹木叶立尽。（清光绪《黄梅县志》卷三七《祥异》）

广东省郁林州春大旱，飞蝗害稼。十二月二十二夜，下雪如绵花，蝗毙树间成球。（清光绪《郁林州志》卷四《祆祥》）

十一月初十日，广东省北流县大雪深尺许，蝗毙竹树间成球。（清光绪《北流县志》卷

一 《祥异》)

1836 年（清道光十六年）：

六月，湖南省浏阳县蝗。李照连《蝗辨》云：丙申四月大旱，越六月二十二日泉竭，东乡官渡诸村陨蝗如雨，隔溪不辨人。邑令来视蝗，乃语民曰：蚱蜢也，蝗必有王字。乡民无以应，惟掩悲鸣。（清同治《浏阳县志》卷一四《祥异》）

三四月间，湖南省安乡县蝻蜢遍野。不为灾。（清同治《直隶澧州志》卷一九《祥异》）

1837 年（清道光十七年）：

广东省化州秋螣。（清光绪《化州志》卷一二《前事略》）

1842 年（清道光二十二年）：

湖南省湘乡县秋旱，螣害稼。（清同治《湘乡县志》卷五《祥异》）

1843 年（清道光二十三年）：

六七月，湖北房县螣生，食禾稻叶几尽。（清同治《方县志》卷六《事纪》）

1849 年（清道光二十九年）：

广东省信宜县蝗，籁竹实。（清光绪《信宜县志》卷八《灾祥》）

1854 年（清咸丰四年）：

五月，广西廉州府之灵山县发生蝗灾，蝗身淡白，杂黑点，长二寸余，大如中指，在山岭数宿则生子，所集树木枝为之折。谷米昂贵。（民国《灵山县志》卷五《灾祥》）

广西廉州府之钦州又有蝗，蝗身淡白，杂黑点，长三寸余，大如中指，损伤禾苗，所栖之树，枝为之折，是岁大饥。（广东省文史研究馆编《广东省自然灾害史料》）

1856 年（清咸丰六年）：

秋七月，上海青浦县飞蝗入境，岸草竹叶食几尽，不甚伤稻。（清光绪《青浦县志》卷二九《祥异》）

浙江省湖州府大旱，蟊，大饥。（清同治《湖州府志》卷四四《祥异》）

1857 年（清咸丰七年）：

七月，河北省邢台县复有小蝗，名曰蠓，食五谷叶俱尽。岁饥，斗米制钱千八百。（清光绪《邢台县志》卷三《经政》）

夏，江苏省吴江县蟊复生。（清光绪《吴江县续志》卷三八《灾祥》）

夏，浙江省海盐县南乡飞蝗蔽天，居民捕逐，食松竹叶殆尽，一夕飞入海，遂绝。（清光绪《海盐县志》卷一三《祥异》）

夏，浙江省湖州蟊复生。（清同治《湖州府志》卷四四《祥异》）

五月十九，湖北崇阳县西乡有飞虫满山，身麻头赤，四翼类蝼蛄，两两成配，翼相连即脱，是夕大雨，及旦失所在。秋，蝗过，不为灾。（清同治《崇阳县志》卷一二《灾祥》）

荆州府之宜都县夏有蝗，长至三寸。(清光绪《荆州府志》卷七六《灾异》)

秋，湖南长沙府之长沙、醴陵、湘潭、湘乡、攸县，衡阳府之酃县、清泉、常宁、衡阳，永州府之祁阳县、零陵，常德府之武陵、龙阳，宝庆府之新化，澧州之安福、岳州府之平江等十七州县飞蝗蔽天，竹木叶均被伤害殆尽。(湖南省地方志编纂委员会编《湖南省志》卷一《大事记》)

七月，湖南湘潭县飞蝗过境，时收获者十之九。为食竹菜。巡抚督州县扑捕，以谷易蝗，并收蝗子。(清光绪《湘潭县志》卷九《五行》)

八月，湖南浏阳县蝗食竹叶且尽，遗子甚颗。(清同治《浏阳县志》卷一四《祥异》)

七月十七，湖南攸县忽有食禾蚱蜢入境，其数无万，晚谷俱损。(清同治《攸县志》卷五三《祥异》)

秋八月，湖南湘乡县飞蝗入境，食竹木叶殆尽，时已秋获，不为灾。(清同治《湘乡县志》卷一五《祥异》)

1858年（清咸丰八年）：

安徽舒城县螽。(清光绪《续修舒城县志》卷一五《祥异》)

八月，湖北宜都县有蝗，晚稻为灾。(清同治《宜都县志》卷四《杂记》)

九月，湖南武冈州蝗飞蔽天，竹木蔬叶食殆尽。(清同治《武冈州志》卷三二《五行》)

1860年（清咸丰十年）：

九月，江西新昌县飞蝗蔽天，在在皆有，西乡尤甚，食草根竹叶几尽。(清同治《新昌县志》卷四《纪异》)

1864年（清同治三年）：

湖南善化县秋旱，飞蝗食竹。(清光绪《善化县志》卷三三《祥异》)

1867年（清同治六年）：

秋，广东德庆县螣。(广东省文史研究馆编《广东省自然灾害史料》)

1868年（清同治七年）：

湖南益阳县三里板溪蝗食竹殆尽。(清同治《益阳县志》卷二五《祥异》)

1870年（清同治九年）：

河南密县春螣食麦，灾。(民国《密县志》卷一九《祥异》)

广东高要县秋旱，螣害稼。(清宣统《高要县志》卷二五《纪事》)

夏，广东新会县螟螣害稼。秋，田歉收，有弥望全空者。(广东省文史研究馆编《广东省自然灾害史料》)

1873年（清同治十二年）：

四月，山西文水县螣食麦。(清光绪《文水县志》卷一三《祥异》)

1875 年（清光绪元年）：

河南镇平县螣食麦苗。（清光绪《镇平县志》卷一《祥异》）

1876 年（清光绪二年）：

福建光泽县螽伤稼十之有五，大饥。（清光绪《重纂邵武府志》卷三〇《祥异》）

1877 年（清光绪三年）：

夏五月，江苏金坛县飞蝗渡江入境，食竹木梭芦叶尽，惟禾不害。（清光绪《金坛县志》卷一五《祥异》）

六月，浙江上虞县蝗食竹叶、芦草殆尽，禾稼无害。（清光绪《上虞县志》卷三八《祥异》）

夏，福建邵武县螣虫食禾叶。（清光绪《重纂邵武府志》卷三〇《祥异》）

1879 年（清光绪五年）：

五月，山西平陆县遍地生蚱蜢。（清光绪《平陆县续志》卷下《杂志》）

1880 年（清光绪六年）：

湖南益阳县蝗，食竹几尽。（益阳县志编纂委员会编《益阳县志·地理志初稿》）

1885 年（清光绪十一年）：

广东仁化县蝗虫为害，早稻失收。是年米价腾贵。（民国《仁化县志》卷五《灾异》

1886 年（清光绪十二年）：

四川江津县嘉升乡蚱蜢为害，田禾被食殆尽。（民国《江津县志》卷一五《祥异》）

1888 年（清光绪十四年）：

甘肃天水市春有螽食禾及蔬，岁大歉。（民国《重纂泰州直隶州新志》卷二四《机祥》）

甘肃徽县春有螽食禾及蔬，岁歉。（民国《徽县新志》卷一《灾歉》）

1894 年（清光绪二十年）：

秋七月，江苏金坛县蝗食竹叶芦苇殆尽。（民国《重修金坛县志》卷一二《祥异》）

1898 年（清光绪二十四年）：

湖南宜阳县蝗，食竹死。（益阳县志编纂委员会编《益阳县志·地理志初稿》）

1903 年（清光绪二十九年）

五月中，广东清远县忽生蝗虫，赤头，青身，两角，专食稻秧，潖江尤多。（民国《清远县志》卷三《纪年》）

1904 年（清光绪三十年）：

福建崇安县蝗食竹叶殆尽。（民国《崇安县新志》卷一《大事》）

1909 年（清宣统元年）：

河南范县夏旱，秋生紫蝗，食晚禾殆尽。（民国《续修范县志》卷六《灾异》）

第三章 飞蝗蝗灾的分布和飞蝗亚种的探讨

本章在飞蝗蝗灾分布的基础上,结合飞蝗蝗区类型,对飞蝗亚种进行探讨。

第一节 飞蝗蝗灾的分布

研究飞蝗蝗灾的分布,首先须将飞蝗蝗灾的发生地和发生时间弄清楚。为了让当今读者容易理解,其发生地且以当今行政区划名称表示。然而古代记载飞蝗蝗灾的地名与当今不完全相同,本书在行文中将古代地名不同于当今者,以对应的当今之地名进行表述,在此基础上研究飞蝗蝗灾分布。

一、春秋战国时期飞蝗蝗灾的分布

飞蝗蝗灾的发生地及时间:

【山东】

曲阜:公元前707年、公元前645年、公元前619年、公元前603年、公元前596年、公元前594年、公元前566年、公元前483年、公元前482年

【河南】

商丘:公元前624年

【陕西】

咸阳:公元前243年

根据上述对飞蝗蝗灾的记载,可知春秋战国时期的飞蝗蝗灾仅分布在黄河流域的山东、河南、陕西的局部地区,飞蝗蝗灾的分布中心尚不清楚。根据康乐等学者的意见,此时期飞蝗应为亚洲飞蝗,但传统分类观点认为是东亚飞蝗。笔者赞同前一观点。

二、秦汉时期飞蝗蝗灾的分布

飞蝗蝗灾的发生地及时间:

【河北】

怀来：公元前129年、177年

蔚县：公元前129年

临漳：106年、110年、153年

冀县：106年、110年、153年

宁晋：106年、110年、153年

邯郸：106年、110年、153年

元氏：106年、110年、153年

定州：106年、110年、153年

泊头：106年、110年、153年

南皮：106年、110年、153年

【山西】

夏县：公元前129年

长子：公元前129年、111年、112年

太原：公元前129年、111年、112年

右玉：公元前129年、111年、112年

离石：111年、112年

朔州：111年、112年

【内蒙古】

和林格尔：公元前129年

托克托：公元前129年、111年、112年

包头：111年、112年

磴口：111年、112年

【江苏】

徐州：56年、106年、110年

邳县：106年、110年

扬州：106年、110年

苏州：166年

【浙江】

绍兴：166年

濉溪：56年、72年、106年、110年、121年

【安徽】

凤阳：56 年、166 年

庐江：166 年

宣州：166 年

【江西】

南昌：75 年、154 年、166 年

【山东】

莱州：2 年、46 年

平度：2 年、46 年

高密：2 年、46 年

昌乐：2 年、46 年、106 年、110 年

寿光：2 年、46 年

临淄：2 年、46 年、106 年、110 年

高青：2 年、46 年、106 年、110 年

章丘：2 年、46 年、106 年、110 年

平原：2 年、46 年、106 年、110 年

胶州：46 年

昌邑：56 年、72 年、91 年、106 年、110 年、121 年

定陶：72 年、91 年、106 年、110 年、121 年

微山：72 年、91 年、106 年、110 年、121 年

东平：72 年、91 年、106 年、110 年、121 年

泰安：72 年、91 年、106 年、110 年、121 年

长清：72 年、91 年、106 年、110 年、121 年

曲阜：72 年、91 年、106 年、110 年、121 年

龙口：106 年、110 年

临沂：106 年、110 年

郯城：106 年、110 年

临清：106 年、110 年、153 年

【河南】

灵宝：公元前 104 年、11 年、21 年、22 年、53 年、195 年

洛阳：公元前 58 年、11 年、46 年、47 年、53 年、65 年、72 年、91 年、96 年、106 年、110 年、113 年、114 年、115 年、124 年、126 年、130 年、154 年、157 年、158 年

长垣：4年、96年

武陟：11年、21年、65年、96年、106年、110年

濮阳：11年、21年、72年、91年、106年、110年、194年

开封：11年、21年、53年、65年、72年、91年、96年、106年、110年、121年

孟县：47年、96年

禹县：72年、106年、110年、121年

汝南：72年、106年、110年、121年

淮阳：72年、106年、110年、121年

商丘：72年、106年、110年、121年

偃师：136年

陕县：191年

【湖北】

安陆：92年

武昌：92年

【陕西】

长安：22年

榆林：111年、112年

【甘肃】

敦煌：公元前104年

嘉峪关：104年、6年、21年

武威：53年

酒泉：53年、61年

【新疆】

阿尔泰：46年

根据上述对飞蝗蝗灾的记载，可知秦汉时期飞蝗蝗灾已广泛分布于中原地区，向西已达新疆，向南越过长江，到达浙江、江西北部。在河北、山东、河南，飞蝗蝗灾的分布中心已具雏形。根据康乐等学者的意见，此时期的飞蝗应为亚洲飞蝗，但传统分类观点认为此时期的飞蝗应分为亚洲飞蝗和东亚飞蝗。笔者赞同前一观点。

三、魏晋南北朝时期飞蝗蝗灾的分布

飞蝗蝗灾的发生地及时间：

【北京】（西南）

310年、313年、382年、484年、559年

【河北】

冀州：222年、310年、313年、316年、317年、318年、320年、560年

永年：222年

高邑：222年、310年、313年、317年、318年、320年

石家庄：222年、310年、313年、316年、317年、318年、320年

定州：222年、310年、313年、316年、317年、318年、320年、560年

献县：222年、310年、313年、316年、317年、318年、320年

南皮：222年、310年、313年、316年、317年、318年、320年

馆陶：222年、483年

磁县：222年、483年

保定：274年、310年

涿鹿：310年、313年、382年、383年

蔚县：310年、382年、383年

涿州：310年、313年、382年、383年

怀来：310年、313年、382年、383年

遵化：310年、313年、382年、383年

卢龙：310年、313年、382年、383年、482年、484年

临漳：310年、313年、316年、317年、320年

鸡泽：310年、313年、316年、317年、320年

大名：310年、313年、316年、317年、320年

安平：310年、313年、316年、317年、318年、320年

宁晋：310年、313年、316年、317年、318年、320年

蠡县：310年、313年、316年、317年、318年、320年

大城：310年、313年、316年、317年、318年、320年

广阿（隆尧）：222年、332年、482年、560年

迁安：482年、484年

滦县：482年、484年

昌黎：482年、484年

秦皇岛：482年、484年

肥乡：483年

邯郸：483年

河间：560 年

盐山：560 年

【山西】

太原：310 年、313 年

离石：310 年、313 年

潞城：310 年、313 年

昔阳：310 年、313 年

忻州：310 年、313 年、484 年

代县：310 年、313 年、484 年

夏县：310 年、313 年、316 年、317 年、320 年

临汾：310 年、313 年、316 年、317 年、320 年

翼城：310 年

曲沃：563 年

绛县：563 年

【辽宁】

龙城（朝阳）：352 年、391 年

【江苏】

徐州：318 年、320 年、482 年

邳县：318 年、320 年

盱眙：318 年、320 年

淮阳：318 年、320 年

东海：318 年

扬州：319 年

南京：320 年、535 年

镇江：320 年

苏州：320 年

宿迁：482 年

吴县：558 年

沛县：482 年

【浙江】

杭州：319 年

湖州：320 年

绍兴：320 年

金华：320 年、558 年

椒江（章安）：320 年

【安徽】

临淮（凤阳）：318 年、319 年

寿春：319 年、320 年

舒城：319 年、320 年

安丰（霍邱）：319 年

淮陵：319 年

山桑（亳州）：319 年

宣州：320 年

淮北：482 年

宿州：482 年

泗县：482 年

锡山：482 年

【江西】

南昌：305 年、319 年、320 年

临川：319 年、320 年

波阳：320 年

吉水：320 年

九江：381 年

【山东】

阳信：310 年、316 年、317 年、318 年、320 年

平原：222 年、310 年、316 年、317 年、318 年、320 年

临清：222 年、310 年、316 年、317 年、318 年、320 年

定陶：313 年、389 年、390 年、477 年

章丘：316 年、317 年、318 年

邹平：316 年、317 年、318 年、482 年、484 年

昌乐：316 年、317 年、318 年

莒县：316 年、317 年、318 年

崂山：316 年、317 年、318 年、482 年、484 年

莱州：316 年、317 年、318 年、482 年、484 年、560 年

临淄：316年、318年

郯城：318年、320年

临沂：318年、320年

东莞（沂水）：318年、320年

沾化：222年

乐安：318年

高密：318年、560年

兰陵：318年

泰安：389年、390年、477年

平阴：389年、390年、477年

东平：389年、390年、477年

微山：389年、390年、477年

巨野（昌邑）：389年、390年、477年

聊城：391年、482年、484年

苍山：482年

东阿：482年、484年

高唐：482年、484年

鄄城：482年、484年

黄县：482年、484年

莱阳：482年、484年

福山：482年、484年

平度：482年、484年

济南：484年

淄博：484年、560年

济阳：484年

乐陵：560年

益都：560年

【河南】

封丘：278年

开封：278年、389年、390年、477年

洛阳：310年、316年、317年、320年、478年、504年、507年、560年

郑州：310年、316年、317年、320年

沁阳：310 年、316 年、317 年、320 年

灵宝：310 年、316 年、317 年、320 年

卫辉：310 年、316 年、317 年、320 年

清丰：310 年、316 年、317 年、320 年

孟县：310 年、557 年

武陟：310 年、557 年

濮阳：389 年、390 年、473 年

商丘：482 年

睢县：482 年

汝南：482 年、483 年

新蔡：482 年、483 年

西华：482 年、483 年

鹿邑：482 年、483 年

沈丘：482 年、483 年

安阳：483 年

陕县：507 年

温县：557 年

荥阳：557 年

【陕西】

西安：310 年、316 年、317 年、484 年

大荔：310 年、316 年、317 年

耀县：310 年、316 年、317 年、484 年

眉县：310 年、316 年、317 年

咸阳：310 年、316 年、317 年

彬县：310 年、316 年、317 年、507 年

商州：310 年、316 年、317 年

户县：484 年

铜川：484 年

泾阳：484 年

靖边：504 年

榆林：504 年

长子：504 年

绥德：504年

宜川：504年

【甘肃】

甘谷：310年、355年

天水：310年、355年

成县：310年、355年

文县：310年、355年

陇城：310年、355年

陇西：310年、355年

兰州：310年、355年、507年

镇原：310年、316年、317年

敦煌：481年、507年、508年

泾川：507年

枹罕镇：492年、503年、507年

武威：507年、508年

永登：507年、508年

张掖：507年、508年

永昌：507年、508年

临洮：507年

【青海】

贵德：507年、508年

西宁：507年、508年

根据上述对飞蝗蝗灾的记载，可知魏晋南北朝时期飞蝗蝗灾分布与秦汉时期的不同之处是向西仅达甘肃西端，向南已达江西中部，向北可达辽宁。飞蝗蝗灾分布中心已十分明显，以河北、山东、河南绝大多数地区以及陕西、安徽、江苏部分地区为中心形成一个十分宽广的飞蝗蝗灾分布中心。根据康乐等学者的意见，此时期的飞蝗应为亚洲飞蝗，但传统分类观点认为此时期的飞蝗应分为亚洲飞蝗和东亚飞蝗。笔者赞同前一观点。

四、隋唐五代时期飞蝗蝗灾的分布

飞蝗蝗灾的发生地及时间：

【河北】

昌平：614年、840年、943年

通县：614年、840年、943年

顺义：614年、840年、943年

房山：614年、840年、943年

大兴：614年、840年、943年

密云：942年、947年、949年

平谷：943年

武清：614年、840年、943年

宝坻：614年、840年、943年

蓟县：943年

宁河：943年

静海：943年

香河：614年

涿州：614年

固安：614年

永清：614年

廊坊：614年

霸州：614年

雄县：614年

安新：614年

定兴：614年

河间：714年

盐山：714年

三河：714年

清河：737年

大名：764年、825年、838年、839年、840年

正定：806年、825年、838年、907年、941年

冀县：806年

沧州：837年、840年

易县：839年

定州：839年

永年：942年

【山西】

太原：594 年、596 年

交城：596 年

文水：596 年

太谷：596 年

清徐：596 年

祁县：596 年

盂县：596 年

昔阳：596 年

阳泉：596 年

寿阳：596 年

榆次：596 年

左权：630 年

新绛：650 年

运城：784 年、805 年

永济：784 年、805 年、825 年、836 年

晋城：837 年

长治：837 年

全省：943 年

【江苏】

徐州：629 年

扬州：825 年、838 年、840 年、862 年、866 年、885 年

连云港：817 年、839 年

苏州：928 年

南京：932 年

长江以南全部州县：943 年

【浙江】

临海：693 年

浙东：840 年

杭州：928 年

【安徽】

舒州：866 年

阜阳：907 年

凤阳：928 年

淮南：928 年

宿州：949 年

长江以北全部州县：943 年

【福建】

泉州：628 年、647 年

建宁：692 年

建瓯：693 年

福州：840 年

沙县：840 年

【江西】

南昌：823 年

长江以北全部县市：943 年

【山东】

兖州：630 年、712 年、715 年、716 年、784 年、785 年、805 年、837 年、839 年、840 年、875 年、949 年

陵县：629 年、712 年、715 年、716 年、784 年、785 年、805 年、837 年、840 年、875 年

莱州：647 年、712 年、715 年、716 年、784 年、785 年、805 年、837 年、840 年、875 年

聊城：712 年、715 年、716 年、784 年、785 年、805 年、825 年、838 年、839 年、840 年、875 年、942 年、949 年

惠民：712 年、715 年、716 年、784 年、785 年、805 年、875 年

鄄城：712 年、715 年、716 年、784 年、785 年、805 年、840 年、875 年、949 年

东平：712 年、715 年、716 年、784 年、785 年、805 年、825 年、840 年、871 年、942 年、949 年

东阿：712 年、715 年、716 年、784 年、785 年、786 年、805 年、875 年

济南：712 年、715 年、716 年、784 年、785 年、805 年、840 年、875 年、949 年

淄州：712 年、715 年、716 年、784 年、785 年、805 年、824 年、837 年、840 年、875 年、949 年

青州：712 年、715 年、716 年、784 年、785 年、805 年、824 年、837 年、840 年、875

年、907 年、949 年

蓬莱：712 年、715 年、716 年、784 年、785 年、805 年、840 年、875 年

诸城：712 年、715 年、716 年、784 年、785 年、805 年、840 年、875 年

临沂：712 年、715 年、716 年、784 年、785 年、805 年、875 年

定陶：712 年、715 年、716 年、784 年、785 年、805 年、810 年、820 年、825 年、840 年、875 年、942 年、949 年

东昌：712 年、715 年、716 年、784 年、785 年、805 年、875 年

平原：712 年、715 年、716 年、784 年、785 年、805 年、875 年

长山：712 年、715 年、716 年、784 年、785 年、805 年、875 年

寿光：712 年、715 年、716 年、784 年、785 年、805 年、875 年

黄县：712 年、715 年、716 年、784 年、785 年、805 年、875 年

昌乐：712 年、715 年、716 年、784 年、785 年、805 年、875 年

安丘：712 年、715 年、716 年、784 年、785 年、805 年、840 年、875 年

文登：712 年、715 年、716 年、784 年、785 年、805 年、840 年、875 年

平度：712 年、715 年、716 年、784 年、785 年、805 年、840 年、875 年

潍坊：712 年、715 年、716 年、784 年、785 年、805 年、840 年、875 年

乳山：712 年、715 年、716 年、784 年、785 年、805 年、840 年、875 年

海阳：712 年、715 年、716 年、784 年、785 年、805 年、840 年、875 年

胶州：712 年、715 年、716 年、784 年、785 年、805 年、840 年、875 年

高密：712 年、715 年、716 年、784 年、785 年、805 年、840 年、875 年

临沂：840 年

全省县市：943 年、948 年

【河南】

武陟：628 年、715 年、716 年、726 年、784 年、785 年、786 年、805 年、837 年、838 年、839 年、840 年、942 年

孟县：628 年、715 年、716 年、726 年、784 年、785 年、786 年、805 年、806 年、837 年、838 年、839 年、840 年、942 年

灵宝：628 年、784 年、785 年、805 年、840 年、863 年、865 年、866 年、869 年、942 年

孟津：713 年、784 年、785 年、805 年、837 年、838 年、839 年、840 年、942 年

温县：715 年、784 年、785 年、805 年、823 年、837 年、838 年、839 年、840 年、942 年

荥阳：715年、784年、785年、805年、837年、840年、942年

范县：764年、784年、785年、805年、840年、942年

兰考：784年、785年、805年、840年、942年

开封：784年、785年、805年、840年、942年

长垣：784年、785年、805年、840年、942年

封丘：784年、785年、805年、840年、942年

中牟：784年、785年、805年、840年、942年

滑县：784年、785年、805年、839年、840年、942年、949年

新乡：784年、785年、805年、840年、942年

洛阳：784年、785年、805年、837年、840年、862年、942年

新安：784年、840年、862年、942年

三门峡：784年、785年、805年、840年、846年、862年、863年、865年、866年、869年、942年

登封：837年、840年、862年、942年

偃师：837年、840年、862年、942年

济源：837年、840年、862年、942年

郑州：839年、840年、942年

淮阳：840年、907年、942年

汝州：840年、907年、942年

许昌：840年、907年、942年

邓州：841年、942年

泌阳：841年、942年

汝南：907年、942年

安阳：908年、942年、949年

原阳：948年

阳武：948年

雍丘：948年

襄邑：948年

商丘：949年

汲县：949年

【湖北】

襄阳：886年

荆南：886 年

【广西】

南丹：630 年

【重庆】

奉节：650 年

【四川】

渠县：647 年

【云南】

东川：854 年

【陕西】

靖边：623 年、806 年

西安：628 年、682 年、764 年、784 年、785 年、805 年、875 年、942 年

周至：628 年、682 年、784 年、785 年、805 年、875 年、942 年

乾县：628 年、677 年、678 年、679 年、682 年、764 年、784 年、785 年、805 年、875 年、942 年

户县：628 年、682 年、784 年、785 年、805 年、875 年、942 年

兰田：628 年、682 年、784 年、785 年、805 年、875 年、942 年

渭南：628 年、677 年、678 年、679 年、682 年、764 年、784 年、785 年、805 年、875 年、942 年

蒲城：628 年、677 年、678 年、679 年、682 年、764 年、784 年、785 年、805 年、875 年、942 年

富平：628 年、682 年、784 年、785 年、805 年、875 年、942 年

铜川：628 年、682 年、784 年、785 年、805 年、875 年、942 年

礼泉：628 年、682 年、784 年、785 年、805 年、875 年、942 年

武功：628 年、682 年、784 年、785 年、805 年、875 年、942 年

凤翔：650 年、682 年、784 年、785 年、805 年、875 年、942 年

大荔：650 年、677 年、678 年、679 年、682 年、784 年、785 年、805 年、846 年、865 年、866 年、875 年、942 年

合阳：677 年、678 年、679 年、784 年、785 年、805 年、875 年、942 年

韩城：677 年、678 年、679 年、784 年、785 年、805 年、875 年

延长：677 年、678 年、679 年

延安：677 年、678 年、679 年

绥德：677年、678年、679年

榆林：677年、678年、679年

潼关：682年

华阴：682年

商州：682年、841年

安康：682年、841年

汉中：682年、841年

陇县：682年

岐山：682年

华县：864年、865年、866年

【甘肃】

全省：785年、786年、805年、943年

【宁夏】

中宁、中卫、同心、海原、固原、隆德、泾源：785年、786年、805年、943年

【青海】

尖扎：629年

根据上述对飞蝗蝗灾的记载，可知隋唐五代时期飞蝗蝗灾与魏晋南北朝时期的不同之处是：向西已达青海东部，向南则大大扩散，到达福建、广西、云南部分地区。根据康乐等学者的意见，这些地区的飞蝗应为非洲飞蝗，而北部地区的飞蝗应为亚洲飞蝗。笔者认同这一观点。此时期的飞蝗蝗灾分布中心仍以河北、山东、河南为核心，但陕西中部地区此时已成为飞蝗蝗灾分布的核心地区，这一现象的出现是否与此时期长期建都长安有关。

五、宋代飞蝗蝗灾的分布

飞蝗蝗灾的发生地及时间：

【河北】

深州：962年

洺州：962年、1020年、1027年、1266年

磁州：962年、969年、1016年、1266年、1271年

易州：1100年

固安县：1081年、1101年

昭庆县：964年

雄州：1009年

恒阳县（曲阳县）：1240 年

冀州：969 年、970 年

大名府：982 年

通州：982 年

滦县：982 年

卢龙县：983 年、1278 年

幽州：969 年、1269 年

沧州：990 年、991 年、992 年

巨鹿县：977 年、1276 年

乾宁军：990 年、991 年

贝州：991 年、992 年

新河县：1016 年

瀛州：1016 年

邢州：1027 年、1262 年、1266 年

赵州：1027 年

大名县：1028 年、1080 年、1271 年

宛平县：1058 年、1088 年

永清县：1058 年、1081 年、1088 年

庆都县（望都县）：1182 年

燕京：1067 年、1076 年、1104 年、1163 年、1164 年、1263 年、1266 年

归义县：1073 年

涞水县：1073 年

玉田县：1077 年

安次县：1077 年

威州：1216 年

获鹿县：1216 年

武清县：1081 年

新城县：1112 年、1113 年、1114 年

清州：1114 年

北京：1142 年、1265 年、1266 年

南宫县：1160 年

内黄县：1176 年

藁城县：1235 年

真定县：1260 年、1262 年、1263 年、1266 年、1267 年、1268 年、1271 年、1273 年

顺天：1262 年、1265 年、1266 年、1271 年

河间县：1263 年、1265 年、1266 年、1271 年

河间府：1271 年

平滦府：1266 年

蓟州：1164 年、1269 年

东明县：1275 年

顺德府（邢台）：1271 年

【山西】

绛州：963 年

安邑县：1016 年、1017 年

平阳府：1017 年、1033 年

平陆县：1028 年

芮城县：1028 年

曲沃县：1157 年、1271 年

河津县：1157 年

稷山县：1157 年、1278 年

荣河：1164 年

太原府：1177 年

太谷县：1177 年

西京（大同）：1265 年、1270 年

襄垣县：1273 年

【辽宁】

东京：983 年、995 年

平州：983 年、995 年

广宁府：1142 年

沈阳：1265 年

【江苏】

泗州：984 年、1216 年

扬州：1016 年、1017 年、1039 年、1041 年、1102 年、1128 年、1162 年、1176 年、1182 年、1183 年、1215 年

江阴军：1018 年

高邮县：1098 年、1191 年、1195 年、1196 年

建康府（南京）：1053 年、1240 年

江宁府（金陵）：1073 年

常州：1104 年、1202 年、1214 年

润州：1104 年

砀山县：1174 年

盱眙县：1159 年、1167 年、1176 年

楚州：1159 年、1167 年、1176 年、1194 年、1217 年

通州：1162 年

如皋县：1156 年、1176 年、1183 年、1246 年

仪真县：1176 年

泰州：1176 年、1182 年、1191 年

镇江府：1182 年、1202 年

泰兴县：1182 年、1246 年

真州：1182 年、1215 年

丹阳县：1202 年、1209 年

武进县：1202 年、1209 年

嘉定县：1240 年

徐州：1265 年

邳州：1265 年

淮安：1278 年

【浙江】

湖州：1017 年、1121 年、1160 年、1162 年、1163 年、1183 年、1214 年、1215 年

嘉兴县：1017 年、1160 年、1162 年、1202 年

秀州：1017 年、1068 年、1078 年、1202 年

杭州：1070 年、1128 年、1158 年、1159 年、1160 年、1162 年、1183 年、1201 年、1209 年

长兴县：1105 年、1202 年、1209 年

余杭县：1162 年、1163 年、1164 年、

仁和县：1162 年、1182 年、1187 年

临安府：1128 年、1163 年、1182 年、1201 年、1202 年、1206 年、1208 年、1210 年、

1217年、1271年

金华县：1163年、1208年

绍兴府：1159年、1163年

富阳县：1104年

余姚县：1129年

婺州（金华）：1135年

丽水县：1149年

畿县：1209年

乌程县：1206年

江阴县：1207年

慈溪县：1207年

处州：1216年

温州：1265年

南寻（湖州）：1268年

平阳县：1271年

【安徽】

亳州：974年、996年、1216年、1268年

和州：1017年、1194年

宿州：996年、1216年、1265年

太平府：1182年、1208年、1209年、1234年

池州：1214年

天长军（天长市）：985年

濠州：1032年

当涂县：1234年

江淮：1017年

安庆府：1073年

全椒县：1073年、1182年、1264年

颍州：1075年

淮西（庐州）：1075年

宣州：1163年

徽州：1163年、1164年

历阳县（和县）：1182年

乌江县：1182 年

霍邱县：1246 年

江左：1010 年

淮南：1040 年、1041 年、1044 年、1047 年、1074 年

【福建】

福州：1133 年

沙县：1230 年

【江西】

宁都县：1217 年

赣州：1217 年

吉安府：1240 年

【山东】

益都县：1263 年、1265 年、1266 年、1270 年

淄州：960 年、990 年、991 年、1034 年、1121 年、1271 年

濮州：961 年、963 年、966 年、986 年、990 年、991 年、1035 年、1039 年、1278 年

鄄城县：961 年、986 年、991 年、1278 年

范县：961 年、1035 年、1039 年

兖州：962 年、992 年

济州：962 年

德州：962 年、1006 年、1265 年

曹州：963 年、966 年、990 年、1039 年、1157 年、1174 年

郓州：982 年、990 年、1007 年

阳谷县：982 年

中都县：990 年

单州：990 年、992 年、997 年、1039 年

砀山县：990 年

济阴县：990 年

棣州：990 年、991 年、1004 年、1005 年、1263 年

楚丘县：991 年

淄川县：991 年

博州：991 年、1006 年、1016 年

沂州：992 年、1083 年、1206 年

密州：996 年、997 年、1006 年、1206 年

齐州：996 年

历城县：996 年

长清县：996 年

楚丘县：999 年

厌次（陵县）：999 年

滨州：1004 年、1263 年

商河县：1005 年

莒州：1006 年、1206 年

东阿县：1007 年

须城县：1007 年

平原县：1016 年、1028 年

青州：960 年、1006 年、1016 年、1075 年

胶州：996 年、1006 年、1011 年、1016 年、1017 年

诸城县：1028 年

观城县：1035 年

齐河县：1157 年、1170 年

黄县：1157 年

济南府：1170 年

东平州：1174 年

莱州：1206 年、1271 年

潍州：1206 年

东平县：1263 年、1264 年、1265 年、1266 年、1268 年、1270 年

临朐县：1265 年

济南：1266 年、1271 年

即墨县：1268 年

登州：1270 年

莱阳县：1270 年

无棣县：1273 年

【河南】

澶州：960 年、963 年、966 年、972 年、990 年、991 年

濮阳县：960 年、963 年

荥阳县：964年、965年、991年、1007年、1033年、1094年

汜水县：965年

安阳县：969年、1278年

滑州：974年、982年、983年、1264年

浚县：975年、983年

陕州：982年、1004年、1016年、1028年、1033年

郑州：991年、1005年

通许县：1008年、1010年、1011年、1074年、1269年

考城县：1027年、1028年

兰考县：964年、1001年、1030年

淮阳县：964年、992年、1033年、1035年、1075年、1081年、1104年、1215年、1216年

开封县：991年、1001年、1009年、1011年、1016年、1024年、1033年、1039年、1040年、1041年、1044年、1052年、1102年、1226年

开封府：1010年、1017年、1034年、1074年、1076年、1081年、1082年、1083年、1105年、1270年

新乡县：963年、1268年

宋州：981年

商丘：981年

京畿（商丘）：1128年

洛阳县：977年、981年、1011年、1016年、1056年、1216年、1270年、1271年

陈留县：1001年、1009年、1011年

虢州：1017年

新蔡县：989年、990年、992年

鲁山县：990年

汝南县：989年、992年、1048年

正阳县：989年、1048年、1165年、1176年

蔡州：992年、1075年

确山县：989年

息县：989年

相州：962年、964年、1033年

尉氏县：964年、991年、1010年、1011年、1034年、1044年、1218年

济源县：964 年

项城县：964 年、1007 年

太康县：964 年、1074 年、1081 年、1104 年

桐柏县：964 年

中牟县：964 年、1011 年

温县：964 年、1033 年

祥符县：991 年、992 年、1011 年、1016 年、1044 年

杞县：991 年、1009 年、1011 年

宛丘县：1007 年、1009 年

封丘县：1009 年、1011 年

咸平县：1010 年、1011 年、1074 年

京畿路（开封东南）：982 年

北阳县（泌阳）：982 年

南阳府：982 年

郏县：982 年、1016 年、1028 年、1033 年

京畿（开封）：992 年、1011 年

临颍县：992 年

汝州：992 年、1121 年、1216 年

许州：992 年、996 年、1272 年

长葛县：996 年

阳翟（禹州）：996 年

雍丘县：1011 年

固始县：1182 年

新安县：1011 年

长垣县：1016 年、1074 年、1176 年、1271 年

延津县：1024 年、1270 年

酸枣县：1024 年

巩城县：1028 年

焦作县：1033 年

汴京：1044 年

武陟县：963 年、964 年、1028 年、1033 年、1072 年、1076 年、1104 年、1105 年、1238 年、1266 年、1270 年、1271 年

孟县：964年、1028年、1033年、1076年、1105年、1266年、1271年

怀州：963年、964年、1033年、1038年、1072年、1081年、1104年、1266年、1271年

陈州：964年、982年、1007年、1017年、1033年、1034年、1035年、1075年、1081年、1104年、1215年、1216年、1218年

沈丘县：964年、982年、991年、1007年、1017年、1033年、1034年、1074年、1075年、1081年、1082年、1104年、1216年

扶沟县：1081年

汲县：964年、977年、1024年、1028年、1033年、1072年、1073年、1102年、1104年、1105年

辉县：964年、977年、1024年、1028年、1033年、1072年、1073年、1102年、1104年、1105年、1268年

卫州：964年、977年、1024年、1028年、1102年、1104年、1105年

南京（应天府商丘）：1103年

归德府：1164年、1267年、1271年

洧川县：1269年

鹿邑县：966年、991年、995年、1216年、1268年、1271年

邓州：1216年

裕州：1216年

孟津县：1033年、1218年

河阳县：1238年

阳武县：1266年

舞阳县：1266年

永城县：1267年

朝哥（淇县）：1268年

卫辉府：1268年、1271年

彰德府：1271年

宁陵县：1271年

河内县（沁阳）：1271年

【湖北】

荆湖：1017年

荆州（江陵）：1017年、1215年

襄阳府：1163 年

隋州：1163 年

兴国军（阳新县）：1205 年

黄州：1271 年

【湖南】

潭州：1017 年

湘潭县：1017 年

【广西】

横州（横县）：1191 年、1195 年

【四川】

益州：1271 年

【陕西】

邠州：982 年

富平县：1076 年

黄陵县：1076 年、1176 年

平定：992 年

商州：992 年

华阴县：1054 年

凤翔县：1216 年、

华州：1016 年、1216 年

京兆府（长安）：1027 年、1216 年

同州（大荔县）：1216 年

【甘肃】

秦州：964 年

临洮府：1141 年

狄道州（临洮县）：1141 年

河州（临夏）：1271 年

根据上述对飞蝗蝗灾的记载，可知宋朝时期飞蝗蝗灾向北可达辽宁中北部，向南可达江西南部以及福建、广西的局部地区。根据康乐等学者的意见，分布在广西、福建、浙江、江西南部的飞蝗应为非洲飞蝗，分布于其他地方的飞蝗应为亚洲飞蝗。笔者基本同意这一观点，但认为此二亚种的分界应略向南移一点，如此分布在浙江的飞蝗应为亚洲飞蝗。飞蝗蝗灾的分布中心仍以中原地区为主，但浙江北部也已成为此时期飞蝗蝗灾的分布中心，这可能与南

宋都城南移浙江有关。

六、元代飞蝗蝗灾的分布

飞蝗蝗灾的发生地及时间：

【河北】

河间：1282年、1283年、1285年、1302年、1303年、1304年、1305年、1306年、1307年、1308年、1309年、1316年、1322年、1323年、1324年、1325年、1327年、1329年、1330年、1332年、1341年、1343年、1348年、1359年、1360年

真定：1280年、1288年、1289年、1293年、1296年、1301年、1302年、1306年、1307年、1308年、1309年、1323年、1324年、1329年、1330年、1331年、1359年

广平府：1281年、1289年、1301年、1308年、1309年、1324年、1326年、1330年、1358年

长垣县：1290年、1296年、1302年、1324年、1331年、1352年

大名：1296年、1302年、1308年、1309年、1324年、1326年、1330年、1332年、1336年、1352年

东明县：1295年、1307年、1331年、1335年

内黄县：1296年、1299年、1326年

顺德府：1300年、1301年、1307年、1308年、1309年、1322年、1324年、1326年、1358年

大都：1282年、1297年、1302年、1306年、1324年、1327年、1330年、1358年、1359年

保定：1285年、1296年、1303年、1305年、1306年、1307年、1308年、1309年、1322年、1324年、1326年、1327年、1330年

燕京：1283年、1337年、1360年

京畿：1341年

燕南：1282年、1359年

燕北：1282年、1359年

获鹿县：1313年

浚县：1282年、1296年、1315年、1329年、1352年

三河县：1338年

昌平州：1351年、1359年

霸州：1286年、1304年、1308年、1309年、1320年、1321年、1326年、1359年

漕州：1286 年、1293 年、1330 年、1359 年

赵州：1288 年、1326 年

晋州：1288 年、1331 年

冀州：1288 年、1331 年

开州：1296 年、1332 年、1330 年、1352 年

饶阳县：1310 年

宁晋县：1293 年、1294 年

大兴县：1293 年

通州：1293 年、1359 年

东安州：1294 年、1305 年

滑州：1296 年、1329 年、1330 年、1352 年

清丰县：1296 年

南乐县：1296 年、1352 年

涿州：1297 年、1302 年、1305 年、1308 年、1309 年、1326 年

顺州：1297 年、1302 年

固安州：1297 年、1302 年、1330 年

邢台：1297 年

清苑县：1303 年、1305 年

定兴县：1303 年、1335 年

益津县：1304 年

南皮县：1304 年、1305 年

良乡县：1305 年、1308 年、1309 年

武清县：1305 年

静海县：1305 年

宁津县：1307 年、1310 年

景州：1308 年、1325 年、1330 年、1331 年

檀州：1308 年、1309 年

怀柔县：1309 年、1310 年

密云县：1309 年、1310 年

沧州：1309 年

新城县：1325 年

磁州：1310 年

威州：1310 年、1348 年

盐山县：1310 年

元氏县：1310 年

平棘县：1310 年

滏阳县：1310 年

元城县：1310 年、1352 年

清池县：1316 年、1321 年、1323 年

雄州：1322 年、1326 年、1329 年、1361 年

献州：1322 年、1330 年、1331 年

蠡州：1322 年、1331 年

归信县：1323 年

蓟州：1328 年、1330 年、1358 年

石城县：1328 年

东明县：1328 年

曲阳县：1326 年

满城县：1326 年

庆都县：1326 年

永平：1326 年、1329 年

行唐县：1329 年

深州：1331 年

永年县：1348 年

广宗县：1352 年

京师：1358 年

永清县：1359 年

【山西】

永和县：1359 年

忻州：1280 年

潞州：1282 年、1359 年

泽州：1290 年

太原：1295 年、1296 年、1304 年

曲沃县：1302 年

晋宁路：1308 年、1329 年、1330 年、1331 年、1358 年、1359 年

荣河县：1326 年、1327 年

解州：1309 年、1330 年

襄垣县：1344 年、1359 年

长子县：1346 年

绛州：1309 年

蒲县：1331 年

河津县：1331 年

辽州：1358 年

灵石县：1359 年

大同路：1359 年

冀宁：1359 年

文水县：1359 年

榆次县：1359 年

寿阳县：1359 年

徐沟县：1359 年

沂州：1359 年

汾州：1359 年

孝义县：1359 年

平遥县：1359 年

介休县：1359 年

壶关县：1359 年

潞城县：1359 年

霍州：1359 年

赵城县：1359 年

武乡县：1359 年

榆社县：1359 年

【辽宁】

咸平县：1280 年

大宁县：1298 年、1303 年、1329 年、1334 年

金源县：1298 年

兴中州：1329 年

辽阳：1329 年、1334 年

盖州：1329 年

沈阳：1334 年

懿州：1334 年

开元路：1334 年

【江苏】

清河县：1282 年、1359 年

淮安：1282 年、1298 年、1299 年、1302 年、1308 年、1323 年、1326 年、1329 年、1330 年、1359 年

扬州：1298 年、1299 年、1300 年、1330 年、1301 年、1302 年、1308 年、1309 年

金陵：1342 年、1343 年

绩溪县：1365 年

涟州：1280 年

海州：1280 年

邳州：1280 年、1297 年

常州：1296 年、1301 年、1308 年

镇江：1296 年、1297 年、1302 年

徐州：1297 年、1300 年

丹徒县：1297 年、1302 年

江都县：1301 年、1321 年

兴化：1301 年

高邮州：1301 年、1308 年、1309 年、1323 年、1326 年

真州：1302 年

通州：1305 年

泰州：1305 年

上海县：1305 年

南通县：1305 年

南汇县：1305 年

娄县：1305 年

川沙厅：1305 年

华亭县：1305 年

建康府：1296 年

淮东路：1308 年

泰兴县：1321 年

盱眙县：1321 年

【浙江】

平阳县：1295 年、1296 年

绍兴：1296 年、1307 年

海盐州：1305 年

嘉兴：1305 年、1328 年

诸暨县：1307 年

宁海县：1312 年

庆元：1322 年

杭州：1328 年

温州路：1336 年、1337 年

【安徽】

芍陂：1300 年、1322 年

庐州：1285 年、1296 年、1308 年、1309 年、1310 年、1326 年、1327 年、1329 年

安庆府：1308 年、1327 年、1336 年

滁州：1308 年、1309 年

宿州：1280 年

太平府：1296 年、1298 年

全椒县：1298 年

濠州：1300 年、1302 年

淮南：1301 年

和州：1301 年

钟离县：1302 年

婺源县：1306 年、1307 年

临淮县：1321 年

洪泽县：1322 年

泗州：1305 年、1326 年

无为州：1329 年

祁门：1309 年、1330 年

潜山县：1333 年

亳州：1344 年

蒙城县：1310 年、1359 年

绩溪县：1365 年

天长县：1305 年

舒城县：1308 年、1309 年、1310 年

历阳县：1308 年、1309 年、1310 年

合肥县：1308 年、1309 年、1310 年

六安县：1308 年、1309 年

江宁县：1308 年、1309 年

句容县：1308 年、1309 年

溧水县：1308 年、1309 年

上元县：1308 年、1309 年

霍邱县：1310 年

怀宁县：1310 年

【江西】

吉安府：1296 年

太和州：1296 年

龙兴路：1303 年、1306 年

南康县：1306 年、1334 年

兴国县：1313 年、1326 年、1330 年、1331 年

赣州：1321 年

【山东】

须城县：1296 年、1326 年、1359 年

临邑县：1359 年

临朐县：1304 年、1335 年、1360 年

东平县：1289 年、1295 年、1296 年、1303 年、1308 年、1309 年、1324 年、1326 年、1330 年、1359 年

登州：1293 年、1312 年

济南：1292 年、1294 年、1303 年、1309 年、1325 年、1327 年、1330 年、1359 年

武城县：1298 年

平原县：1306 年、1310 年、1329 年

德州：1295 年、1296 年、1304 年、1307 年、1308 年、1309 年、1325 年、1330 年

益都县：1285 年、1289 年、1303 年、1304 年、1308 年、1309 年、1320 年、1322 年、

1324 年、1328 年、1329 年、1330 年、1359 年、1360 年

宁海州：1321 年

黄州：1336 年

胶州：1281 年、1308 年、1327 年、1339 年、1358 年、1359 年

即墨县：1339 年

禹城县：1310 年、1344 年、1345 年

无棣县：1281 年、1310 年

夏津县：1281 年

高唐县：1281 年、1308 年、1309 年、1310 年、1330 年

济宁县：1285 年、1289 年、1295 年、1296 年、1300 年、1308 年、1309 年、1322 年、1324 年、1327 年、1330 年

东阿县：1282 年、1359 年

阳谷县：1282 年、1310 年、1359 年

东昌：1289 年、1290 年、1292 年、1300 年、1308 年、1309 年、1324 年、1325 年、1357 年、1359 年

泰安：1290 年、1308 年、1309 年、1330 年

般阳路：1292 年、1309 年、1324 年、1325 年、1330 年

茌平县：1310 年、1325 年、1357 年

济州：1295 年、1322 年

鱼台县：1295 年、1296 年

汶上县：1295 年、1296 年

任城县：1296 年

齐河县：1296 年、1304 年、1310 年

曹州：1308 年、1309 年

濮州：1308 年、1309 年、1322 年、1325 年、1330 年

临清州：1308 年

堂邑县：1310 年、1320 年

历城县：1325 年

淄川县：1325 年

章丘县：1325 年

冠州：1327 年、1330 年、1331 年

恩州：1327 年、1331 年

博兴县：1327 年、1330 年、1359 年

临淄县：1327 年

胶西县：1327 年

临沂县：1327 年

淄州：1327 年

莒州：1328 年、1329 年、1358 年

密州：1329 年

威海：1330 年

潍州：1358 年、1359 年

昌邑县：1358 年

高密县：1358 年

北海县：1358 年

蒙荫县：1358 年

临淄县：1359 年

章丘县：1359 年

邹平县：1359 年

寿光县：1360 年

【河南】

彰德：1296 年、1309 年、1310 年、1312 年、1324 年、1325 年、1359 年

归德：1281 年、1285 年、1289 年、1292 年、1296 年、1297 年、1298 年、1299 年、1300 年、1302 年、1308 年、1310 年、1325 年、1344 年、1358 年

汴梁：1285 年、1288 年、1289 年、1295 年、1299 年、1301 年、1308 年、1309 年、1310 年、1321 年、1322 年、1325 年、1326 年、1328 年、1329 年、1330 年、1337 年、1358 年、1359 年、1361 年、1362 年

永城县：1281 年、1330 年、1336 年、1344 年、1358 年

许州：1282 年、1285 年、1286 年、1295 年、1359 年、1362 年、1363 年

汝宁府：1296 年、1301 年、1307 年、1308 年、1310 年、1327 年、1328 年

安阳县：1312 年、1325 年、1341 年、1358 年

澶州：1308 年、1313 年

陕州：1299 年、1315 年、1327 年、1329 年、1331 年

阌乡县：1308 年、1331 年、1334 年

嵩州：1335 年

尉氏县：1282年、1359年

原武县：1282年、1359年

柘城县：1282年

淮阳县：1282年、1328年

扶沟县：1282年、1337年、1359年、1362年、1363年

沈丘县：1282年、1296年、1301年、1308年、1328年、1330年、1337年、1358年

鹿邑县：1282年、1358年

陈州：1282年、1301年

长葛县：1282年、1359年

襄城县：1282年、1359年

舞阳县：1282年

兰考县：1282年、1295年、1309年

开封县：1282年、1295年、1309年、1322年、1326年、1329年、1331年、1362年、1363年

杞县：1282年、1336年、1359年

中牟县：1282年、1359年

沁阳县：1289年、1309年、1326年、1337年、1359年

孟州：1289年、1302年、1309年、1326年、1328年、1329年、1330年、1331年、1337年、1342年、1359年

怀孟路：1289年、1292年、1301年、1309年、1310年、1316年、1317年

河内县：1289年、1309年、1329年、1330年、1359年

武陟县：1289年、1290年、1309年、1326年、1327年、1337年、1342年、1343年

卫辉府：1290年、1308年、1309年、1310年、1323年、1324年、1326年、1327年、1330年、1345年、1359年、1361年、1362年、1363年

延津县：1290年、1330年

汤阴县：1290年、1358年、1359年

辉州：1290年、1330年

淇州：1290年、1301年

汲县：1290年、1328年、1345年

新野县：1292年、1301年、1310年、1327年、1330年

陈留县：1295年、1358年

太康县：1295年、1308年、1328年、1337年、1359年

考城县：1295 年

睢州：1295 年、1298 年、1301 年、1326 年

商丘县：1296 年

洛阳县：1298 年、1301 年、1310 年、1327 年、1331 年、1362 年

南阳县：1300 年、1301 年、1304 年、1310 年、1323 年、1327 年、1328 年、1330 年

南召县：1300 年、1301 年、1323 年、1330 年

安丰县：1302 年、1329 年

河南府：1301 年、1329 年、1330 年、1331 年

唐州：1301 年、1330 年

邓州：1301 年

汝阳县：1301 年、1327 年

项城县：1301 年

固始县：1301 年

汝南县：1301 年、1309 年、1358 年

孟津县：1304 年、1362 年

新乡县：1308 年、1324 年、1330 年

新蔡县：1308 年、1309 年、1310 年、1327 年、1328 年、1329 年、1330 年、1358 年、1359 年

上蔡县：1308 年

遂平县：1308 年

胙城：1321 年

通许县：1321 年、1322 年

祥符县：1322 年、1359 年

宁陵县：1322 年

修武县：1326 年

怀庆：1326 年、1327 年、1329 年、1330 年、1337 年、1343 年、1359 年

封丘县：1327 年

颍州：1328 年

息县：1328 年

灵宝：1330 年

正阳县：1330 年、1359 年

济源县：1331 年

河阳县：1331 年

阳武县：1337 年

荥阳县：1358 年、1359 年

伊阳县：1358 年

睢阳县：1358 年、1359 年

汝州：1358 年

伊川县：1358 年

鄢陵县：1359 年

洧川县：1359 年、1362 年、1363 年

汜水县：1359 年

郾城县：1359 年

临颍县：1359 年

新郑县：1359 年、1362 年、1363 年

密县：1359 年、1362 年、1363 年

郑州：1359 年、1361 年

钧州：1359 年

台前县：1359 年

温县：1359 年

栾川县：1359 年

获嘉县：1359 年

虞城县：1359 年

巩县：1361 年

荥泽县：1361 年

【湖北】

江陵路：1299 年

襄阳：1301 年

谷城县：1321 年

汉阳：1296 年

【湖南】

澧州路：1296 年

桂阳县：1305 年

永兴县：1324 年、1326 年

衡州路：1331 年

辰州路：1331 年

岳州：1296 年

龙阳州：1296 年

【广东】

雷州路：1304 年

广宁县：1334 年

【广西】

柳城县：1325 年

【四川】

籍田：1327 年

【云南】

禄丰县：1337 年、1342 年

【陕西】

陇县：1299 年

千阳县：1299 年

耀州：1309 年

同州：1309 年

华州：1309 年、1330 年

三原县：1309 年

富平县：1309 年

洛川县：1309 年

大荔县：1309 年

白水县：1309 年、1329 年、1331 年

合阳县：1309 年

澄城县：1309 年

韩城县：1309 年

华阴县：1309 年

蒲城县：1309 年、1331 年

渭南县：1309 年

奉元：1327 年、1330 年、1331 年、1359 年

武功县：1328 年

凤翔县：1328年、1344年、1360年、1365年

关中：1359年

岐山县：1328年、1360年、1365年

【甘肃】

河州：1348年

根据上述对飞蝗蝗灾的记载，可知元朝时期飞蝗蝗灾向南除达江西、湖南南部外，在更南的广东、广西、云南的局部地区也已呈零散分布状。根据康乐等学者的意见，分布在上述区域的飞蝗应为非洲飞蝗。飞蝗蝗灾的分布中心与宋朝时期基本一致，仍为亚洲飞蝗。

七、明代飞蝗蝗灾的分布

飞蝗蝗灾的发生地及时间：

【河北】

顺天府：1429年、1435年、1436年、1440年、1441年、1442年、1448年、1449年、1450年、1486年、1513年、1524年、1529年、1533年、1560年、1621年、1638年、1641年

北平：1373年、1374年、1375年、1383年、1399年、1402年、1439年、1443年、1448年、1455年、1493年、1494年、1513年、1528年、1591年、1606年、1609年

涿州：1375年、1429年、1441年、1447年

霸州：1426年、1427年、1429年、1527年、1540年、1560年、1569年、1591年、1640年

昌平州：1382年、1617年、1640年

蓟州：1439年、1441年、1494年、1523年、1524年、1611年、1639年、1641年

通州：1416年、1429年、1443年、1451年、1491年、1517年、1557年、1609年、1611年

顺义县：1416年、1426年、1428年、1429年、1430年、1440年、1442年、1449年、1524年、1560年、1591年

怀柔县：1382年、1541年、1560年、1561年

密云县：1382年、1491年、1541年、1560年、1561年、1639年

平谷县：1635年

三河县：1429年、1440年、1441年、1442年、1524年、1550年、1560年、1606年

香河县：1551年、1562年、1586年、1587年、1591年

宝坻县：1560年、1586年、1606年、1641年

玉田县：1560 年、1561 年、1640 年

遵化县：1439 年、1442 年、1506 年、1511 年、1513 年、1551 年、1560 年、1561 年、1591 年、1608 年、1630 年、1635 年、1640 年

丰润县：1450 年、1513 年、1542 年、1560 年、1561 年、1569 年

天津：1441 年、1532 年、1591 年、1625 年

武清县：1374 年、1429 年、1458 年、1587 年、1638 年

东安县：1429 年、1442 年、1532 年、1617 年

廊坊县：1527 年、1532 年

永清县：1426 年、1429 年、1587 年、1606 年、1638 年

保定县：1374 年、1430 年、1435 年、1439 年、1440 年、1441 年、1445 年、1447 年、1448 年、1456 年、1495 年、1512 年、1524 年、1532 年、1535 年、1536 年、1540 年、1542 年、1560 年、1562 年、1563 年、1602 年、1606 年

文安县：1369 年、1374 年、1427 年、1436 年、1437 年、1447 年、1473 年、1501 年、1524 年、1527 年、1560 年、1569 年、1591 年、1598 年、1599 年、1600 年、1606 年、1626 年、1637 年、1638 年、1639 年、1640 年

大城县：1416 年、1427 年、1436 年、1439 年、1447 年、1472 年、1473 年、1500 年、1501 年、1534 年、1535 年、1542 年、1560 年、1569 年、1598 年、1626 年、1637 年、1640 年、1642 年

固安县：1426 年、1487 年、1527 年、1529 年、1539 年、1540 年、1623 年、1625 年

良乡县：1429 年、1430 年、1527 年、1625 年

房山县：1375 年、1430 年、1441 年

永平府：1441 年、1447 年、1493 年、1523 年、1524 年、1529 年、1533 年、1560 年、1606 年、1640 年

滦州：1491 年、1513 年、1519 年、1529 年、1533 年、1536 年、1537 年、1538 年、1546 年、1557 年、1558 年、1559 年、1616 年、1640 年

卢龙县：1440 年、1447 年、1449 年、1491 年、1513 年、1523 年、1524 年、1529 年、1533 年、1542 年、1558 年、1559 年、1560 年、1561 年、1568 年、1583 年、1616 年、1636 年、1640 年

迁安县：1488 年、1493 年、1519 年、1616 年、1626 年、1640 年

抚宁县：1441 年、1486 年、1493 年、1542 年、1560 年、1561 年、1568 年、1606 年、1616 年

昌黎县：1374 年、1513 年、1519 年、1525 年、1529 年、1533 年、1538 年、1561 年、

1616年、1636年、1640年

乐亭县：1374年、1491年、1495年、1513年、1529年、1536年、1562年、1616年

易州：1430年、1437年、1439年、1535年、1536年、1541年、1560年、1562年、1591年

清苑县：1436年、1439年、1440年、1441年、1445年、1535年、1536年、1542年、1560年、1562年、1592年、1603年、1605年、1616年、1617年、1626年、1637年

满城县：1430年、1437年、1439年、1440年、1535年、1536年、1560年、1591年、1620年

安肃县：1374年、1426年、1528年、1539年、1591年、1605年、1640年

容城县：1512年、1592年、1605年、1606年、1609年、1610年、1613年、1614年、1627年、1640年

雄县：1374年、1536年、1561年、1616年、1626年、1627年、1640年

新城县：1374年、1426年、1439年、1440年、1441年、1447年、1524年、1535年、1536年、1560年、1562年、1602年、1606年、1627年、1638年

定兴县：1439年、1440年、1535年、1536年、1542年、1602年、1606年、1625年、1627年、1637年、1638年

涞水县：1439年、1587年

完县：1529年、1560年

唐县：1436年、1440年

高阳县：1439年、1440年、1535年、1536年、1542年、1560年

蠡县：1439年、1440年、1535年、1536年、1542年、1560年、1562年、1606年、1613年、1614年、1617年、1626年

博野县：1529年、1535年

沧州：1374年、1440年、1441年、1442年、1458年、1512年、1524年、1532年、1569年、1584年、1608年、1625年、1638年、1640年

景州：1606年、1624年、1625年、1626年

河间县：1373年、1374年、1409年、1430年、1439年、1440年、1441年、1442年、1456年、1458年、1473年、1512年、1524年、1528年、1532年、1560年、1591年、1640年、1641年

肃宁县：1560年、1591年、1641年

任丘县：1374年、1524年、1528年、1529年、1531年、1532年、1560年、1641年

献县：1560年、1591年

兴济县：1458 年

青县：1374 年、1458 年、1524 年、1533 年、1551 年、1561 年、1583 年、1589 年、1591 年、1605 年、1606 年、1609 年、1640 年

静海县：1430 年、1436 年、1441 年、1458 年、1625 年、1640 年

交河县：1525 年、1583 年、1588 年、1620 年、1632 年、1638 年、1639 年

南皮县：1524 年、1608 年、1616 年、1617 年、1625 年

东光县：1440 年、1441 年、1448 年、1458 年、1524 年、1583 年、1606 年、1625 年、1634 年、1640 年

宁津县：1374 年、1416 年、1430 年、1434 年、1448 年、1449 年、1472 年、1522 年、1539 年

吴桥县：1441 年、1442 年、1458 年、1514 年、1560 年、1641 年

阜城县：1512 年、1528 年、1568 年、1600 年、1640 年

故城县：1409 年、1616 年

盐山县：1528 年、1556 年、1585 年、1638 年、1639 年、1640 年

庆云县：1564 年

东明县：1437 年、1458 年、1529 年、1574 年、1607 年、1608 年、1610 年、1612 年、1625 年、1642 年

真定府：1447 年、1473 年、1532 年、1560 年、1591 年、1626 年

定州：1447 年、1529 年、1560 年、1591 年、1616 年、1617 年

晋州：1560 年

赵州：1375 年、1560 年

冀州：1513 年、1528 年、1567 年、1573 年、1591 年

深州：1529 年、1591 年、1599 年、1600 年、1640 年

正定县：1374 年、1375 年、1435 年、1436 年、1439 年、1440 年、1445 年、1447 年、1456 年、1473 年、1501 年、1528 年、1530 年、1613 年、1614 年

平山县：1375 年、1455 年、1529 年、1600 年

无极县：1439 年、1529 年、1560 年

新乐县：1426 年、1529 年、1591 年、1606 年、1617 年、1626 年

灵寿县：1529 年、1530 年、1560 年

行唐县：1375 年、1440 年

曲阳县：1493 年

阜平县：1626 年

获鹿县：1529 年

元氏县：1529 年、1572 年、1600 年

赞皇县：1483 年、1529 年、1560 年、1627 年

临城县：1483 年、1518 年、1529 年、1560 年、1616 年、1639 年、1640 年

柏乡县：1527 年、1529 年、1560 年

宁晋县：1374 年、1375 年、1430 年、1439 年、1447 年、1529 年、1640 年

隆平县：1528 年、1529 年、1530 年、1536 年、1546 年、1605 年、1606 年

新河县：1439 年、1530 年、1589 年、1605 年

南宫县：1531 年、1532 年、1533 年、1569 年

枣强县：1403 年、1439 年、1447 年、1567 年、1591 年、1592 年、1637 年、1643 年

衡水县：1513 年、1536 年、1591 年

武邑县：1375 年、1528 年、1591 年

武强县：1512 年、1527 年、1528 年、1529 年、1542 年、1589 年、1600 年

饶阳县：1518 年、1528 年、1548 年、1560 年、1589 年

安平县：1591 年、1640 年

顺德府：1374 年、1375 年、1435 年、1437 年、1440 年、1441 年、1456 年、1528 年、1532 年、1560 年、1591 年

邢台县：1374 年、1448 年、1483 年、1518 年、1529 年、1560 年、1561 年

沙河县：1561 年

南和县：1529 年

任县：1374 年、1483 年、1518 年、1560 年

平乡县：1374 年、1530 年、1536 年、1541 年、1560 年、1561 年、1591 年、1627 年、1636 年

广宗县：1541 年、1560 年、1628 年、1636 年

巨鹿县：1528 年、1529 年、1530 年、1536 年、1561 年

唐山县：1374 年

内丘县：1483 年、1528 年、1529 年、1532 年、1560 年、1616 年

永年县：1416 年、1434 年、1440 年、1441 年、1442 年、1443 年、1456 年、1490 年、1494 年、1528 年、1591 年、1609 年、1616 年、1617 年、1618 年、1626 年、1627 年、1638 年、1639 年

邯郸县：1434 年、1435 年、1529 年、1553 年、1639 年、1641 年

肥乡县：1434 年、1550 年、1611 年、1639 年

成安县：1434年、1436年、1528年、1541年、1560年、1607年、1626年

广平县：1437年、1440年、1441年、1442年、1456年、1524年、1529年、1541年、1591年、1626年、1639年

曲周县：1529年、1560年、1639年

鸡泽县：1434年、1541年、1560年、1591年、1617年、1626年、1627年、1638年、1639年

威县：1493年、1536年、1546年、1599年、1600年、1637年、1638年

清河县：1493年、1524年、1529年、1555年、1560年、1605年、1641年

开州：1534年、1535年、1536年、1539年、1540年、1550年、1555年、1583年、1606年、1607年、1619年、1620年、1636年、1637年、1638年、1639年、1641年、1643年

元城县：1434年

大名县：1375年、1404年、1434年、1441年、1442年、1447年、1456年、1458年、1464年、1528年、1535年、1536年、1540年、1541年、1555年、1569年、1583年、1585年、1591年、1600年、1605年、1606年、1610年、1612年、1613年、1616年、1620年、1638年、1639年、1640年、1641年、1643年

魏县：1434年

南乐县：1434年、1535年、1536年、1540年、1639年、1641年

内黄县：1375年、1434年、1535年、1536年、1561年、1594年、1596年、1610年、1616年、1638年、1639年

浚县：1419年、1424年、1428年、1430年、1434年、1529年、1542年、1603年、1616年、1618年、1622年、1635年、1638年、1641年、1642年

滑县：1434年、1519年、1520年、1550年、1555年、1596年、1618年、1635年、1638年、1640年、1641年、1642年

长垣县：1416年、1434年、1454年、1456年、1458年、1461年、1529年、1536年、1541年、1547年、1582年、1585年、1605年、1620年、1638年、1640年、1641年

东明县：1431年、1437年

清丰县：1403年、1535年、1536年、1616年、1638年、1639年

莫州：1374年

宛平县：1375年、1416年、1441年

安新县：1439年、1440年、1535年、1560年、1581年、1606年、1609年

隆庆县：1441年

东胜县：1441 年

井陉县：1529 年

宣化县：1536 年

怀来县：1536 年、1537 年

蔚县：1536 年、1537 年

涿鹿县：1536 年、1537 年、1540 年

阳原县：1536 年、1537 年

怀安县：1536 年、1537 年

潮州：1557 年

秦皇岛：1558 年、1606 年、1640 年

宁河县：1560 年、1641 年

栾城县：1560 年、1629 年、1640 年

隆尧县：1560 年、1610 年

邱县：1591 年、1598 年、1617 年

临榆县：1606 年、1640 年

望都县：1617 年

【山西】

太原府：1374 年、1412 年、1441 年、1529 年、1575 年

平定州：1374 年、1436 年、1517 年、1529 年、1535 年、1560 年、1639 年、1640 年

代州：1529 年

岢岚州：1521 年、1537 年、1631 年

保德州：1537 年

清源县：1639 年

交城县：1412 年、1545 年、1631 年、1632 年、1636 年

文水县：1616 年

徐沟县：1631 年

太谷县：1537 年、1631 年、1640 年、1641 年

祁县：1529 年、1566 年、1631 年

榆次县：1529 年、1584 年、1585 年、1641 年

寿阳县：1529 年、1535 年、1560 年

盂县：1632 年

定襄县：1560 年、1631 年

五台县：1631 年

河曲县：1506 年、1631 年

兴县：1450 年

静乐县：1631 年

临县：1631 年

大同府：1372 年、1483 年、1529 年、1631 年、1632 年

朔州：1631 年、1632 年

浑源州：1404 年、1530 年、1561 年

广灵县：1536 年

大同县：1372 年、1483 年、1529 年、1631 年、1632 年

汾州：1374 年、1529 年

孝义县：1639 年

介休县：1631 年、1639 年

平遥县：1638 年

汾阳县：1529 年

辽州：1517 年、1631 年

榆社县：1631 年

沁州：1615 年、1617 年

武乡县：1615 年、1631 年

沁源县：1617 年

平阳府：1374 年、1412 年、1528 年、1529 年、1616 年

隰州：1617 年、1631 年

吉州：1583 年、1617 年、1631 年

解州：1590 年、1616 年、1617 年、1638 年、1641 年

蒲州：1434 年、1616 年、1617 年、1618 年、1636 年、1637 年、1638 年

霍州：1583 年、1639 年、1640 年

绛州：1528 年、1588 年、1616 年、1617 年、1637 年、1638 年、1639 年

临汾县：1412 年、1486 年、1528 年、1529 年、1537 年、1616 年、1631 年

洪洞县：1529 年

岳阳县：1617 年、1638 年

汾西县：1631 年、1638 年

灵石县：1540 年、1631 年

永和县：1632 年

大宁县：1639 年

蒲县：1613 年、1632 年、1639 年

河津县：1434 年、1529 年、1616 年、1631 年

稷山县：1528 年、1579 年、1616 年、1617 年、1635 年、1636 年

曲沃县：1374 年、1529 年、1618 年

闻喜县：1616 年、1617 年、1639 年

万全县：1513 年、1536 年、1616 年、1617 年、1642 年

荣河县：1412 年、1507 年、1513 年、1529 年、1615 年、1618 年、1635 年、1636 年、1637 年

猗氏县：1587 年、1616 年、1618 年、1631 年

临晋县：1528 年、1578 年、1587 年、1616 年、1631 年、1638 年

安邑县：1589 年、1590 年、1616 年、1617 年、1637 年、1638 年、1639 年

芮城县：1616 年、1641 年

平陆县：1617 年、1618 年

垣曲县：1485 年、1529 年、1616 年、1617 年、1635 年、1638 年、1639 年

夏县：1620 年、1640 年

翼城县：1528 年、1568 年、1615 年、1639 年

浮山县：1568 年、1615 年、1639 年

长治县：1529 年、1616 年、1636 年

潞城县：1529 年、1616 年、1631 年、1636 年

黎城县：1529 年

襄垣县：1636 年

屯留县：1495 年、1529 年、1636 年

长子县：1531 年、1617 年、1631 年、1636 年

泽州：1495 年、1513 年、1528 年、1537 年、1615 年

高平县：1495 年、1537 年、1640 年

陵川县：1537 年、1631 年

沁水县：1630 年、1631 年、1638 年、1639 年

阳城县：1513 年、1528 年、1529 年、1577 年、1617 年

太平县：1484 年、1495 年、1631 年、1639 年

昔阳县：1374 年、1560 年、1639 年

襄汾县：1495 年

凤台县：1513 年、1528 年、1537 年、1638 年

襄陵县：1528 年、1638 年

清徐县：1535 年

万荣县：1529 年、1616 年、1617 年

永济县：1529 年、1615 年、1616 年、1618 年、1638 年、1639 年

灵丘县：1536 年

阳高县：1536 年

左权县：1560 年、1635 年

运城县：1589 年

古县：1617 年

安泽县：1617 年

【辽宁】

金州：1403 年、1533 年

辽东：1436 年、1524 年、1549 年

广宁：1436 年、1441 年、1524 年、1634 年

宁远：1441 年、1524 年、1549 年、1632 年

河西：1527 年、1529 年、1533 年

沈阳：1532 年

绥中县：1558 年、1640 年

辽阳：1561 年、1634 年

迤西：1632 年

北镇：1634 年

大宁：1634 年

开平：1634 年

懿州：1634 年

【江苏】

应天府：1435 年、1440 年、1447 年、1455 年、1456 年、1461 年

江宁县：1616 年、1640 年

上元县：1403 年、1457 年、1640 年

江浦县：1441 年、1447 年、1456 年、1535 年、1616 年、1617 年

六合县：1435 年、1447 年、1457 年、1524 年、1529 年、1532 年、1535 年、1550 年、

1611年、1616年、1617年、1623年、1638年、1639年

句容县：1536年、1619年、1640年

溧水县：1532年、1581年、1598年、1638年、1640年、1641年

高淳县：1539年、1616年、1617年、1619年、1620年、1636年、1639年、1641年、1642年

溧阳县：1401年、1535年、1638年

镇江府：1401年、1455年、1456年、1526年、1527年、1528年、1535年、1616年、1626年、1638年、1639年、1640年、1641年、1642年

丹徒县：1455年、1456年、1526年、1527年

丹阳县：1455年、1526年、1626年、1638年、1639年、1640年、1642年

金坛县：1455年、1526年、1527年、1528年、1626年、1638年、1639年、1640年、1641年、1642年

扬州府：1435年、1455年、1456年、1480年、1491年、1505年、1508年、1528年、1529年、1530年、1531年、1532年、1533年、1534年、1540年、1583年、1589年、1590年、1616年、1617年、1618年、1626年、1640年、1641年

泰州：1435年、1535年、1583年、1589年、1590年、1617年、1626年、1631年、1635年、1638年、1639年、1640年、1641年

通州：1456年、1505年、1535年、1540年、1541年、1613年、1616年、1639年、1640年、1641年

高邮州：1434年、1435年、1436年、1505年、1529年、1535年、1536年、1540年、1617年、1640年、1641年

江都县：1505年、1528年、1540年

仪真县：1456年、1529年、1530年、1531年、1532年、1536年、1588年、1590年、1638年

泰兴县：1456年、1530年、1535年、1540年、1541年、1613年、1639年、1640年、1641年

如皋县：1428年、1456年、1505年、1528年、1529年、1530年、1531年、1533年、1535年、1540年、1541年、1616年、1617年、1639年

兴化县：1435年、1456年、1529年、1530年、1531年、1532年、1533年、1534年、1535年、1536年、1537年、1538年、1555年、1559年、1617年、1640年

宝应县：1435年、1505年、1508年、1514年、1518年、1528年、1529年、1544年、1545年、1583年、1617年、1626年、1639年、1640年

淮安府：1403年、1435年、1437年、1439年、1440年、1447年、1449年、1455年、1468年、1491年、1513年、1524年、1529年、1531年、1532年、1583年、1587年、1610年、1611年、1612年、1616年、1617年、1625年、1626年

海州：1448年、1455年、1515年、1596年、1606年、1610年、1626年

邳州：1437年、1447年、1455年、1522年、1627年

山阳县：1434年、1455年

清河县：1449年、1524年

东安县：1434年

盐城县：1434年、1471年、1479年、1502年、1513年、1528年、1624年、1625年、1640年、1641年

沭阳县：1402年、1434年、1545年、1582年、1606年、1610年、1615年、1621年、1627年、1636年、1641年

桃源县：1520年、1610年、1627年、1640年

宿迁县：1596年、1606年、1626年

睢宁县：1456年、1544年、1577年、1582年、1583年、1627年

赣榆县：1545年、1606年、1610年、1612年、1615年、1624年、1625年、1636年、1637年、1641年、1642年

徐州：1372年、1439年、1458年、1487年、1524年、1531年、1532年、1558年、1589年、1609年、1611年、1612年、1628年、1631年、1632年、1633年、1634年、1635年、1636年、1637年、1638年、1640年、1641年

萧县：1531年、1565年、1589年、1628年、1634年、1635年、1637年、1639年、1640年

砀山县：1533年、1632年、1635年、1638年、1639年

丰县：1531年、1532年、1560年、1565年、1627年、1628年、1634年、1638年、1640年、1641年

沛县：1432年、1525年、1565年、1596年、1626年、1638年、1639年、1640年、1641年

常州府：1401年、1402年、1479年、1456年、1481年、1528年、1532年、1545年、1616年、1617年、1638年、1639年、1640年、1641年

武进县：1455年、1481年、1526年、1528年、1529年、1532年、1616年、1617年、1639年、1641年

靖江县：1455年、1528年、1529年、1530年、1531年、1532年、1533年、1542年、

1566年、1616年、1617年、1638年、1639年、1640年

江阴县：1455年、1529年、1532年、1616年、1617年、1619年、1627年、1635年、1638年、1639年

无锡县：1401年、1456年、1525年、1529年、1627年、1637年、1638年、1639年、1640年、1641年

宜兴县：1616年、1617年、1638年、1639年、1640年

苏州府：1434年、1441年、1455年、1456年、1524年、1540年、1639年、1641年

太仓州：1481年、1529年、1536年、1638年、1641年

吴县：1441年、1458年、1481年、1524年、1529年、1530年、1531年、1536年、1540年、1546年、1638年、1639年、1640年、1641年、1643年

常熟县：1455年、1529年、1536年、1544年、1617年、1641年、1642年

昆山县：1529年、1640年、1641年

嘉定县：1529年、1638年、1641年

崇明县：1433年、1639年

松江府：1434年、1453年、1455年、1456年、1529年、1539年、1540年、1641年、1642年

松江县：1434年、1453年、1455年、1456年、1529年、1539年、1540年、1641年、1642年

上海县：1524年、1461年、1462年

青浦县：1529年、1539年、1640年、1642年

南京：1435年、1443年、1491年、1550年、1560年、1616年、1640年、1641年

安东县：1468年、1506年、1523年、1524年、1588年、1590年、1610年、1612年、1615年、1616年、1617年、1619年、1626年、1631年、1635年、1639年、1640年、1641年

盱眙县：1441年、1457年、1509年、1528年、1535年、1545年、1546年、1560年、1611年、1640年

南汇县：1519年、1529年、1641年

东台县：1456年、1480年、1505年、1508年、1527年、1528年、1529年、1530年、1531年、1533年、1535年、1540年、1559年、1583年、1589年、1590年、1617年、1618年、1626年、1635年、1638年、1639年、1640年、1641年

吴江县：1403年、1447年、1524年、1540年、1638年、1640年、1641年

铜山县：1632年

镇洋县：1535年、1641年

宝山县：1529年、1638年、1641年

娄县：1529年

川沙县：1529年、1641年、1642年

华亭县：1529年、1641年、1642年

奉贤县：1529年、1641年

南汇县：1519年

【浙江】

杭州府：1454年、1457年、1529年、1546年、1639年、1640年、1641年、1642年

海宁县：1529年、1532年、1565年、1641年、1642年

余杭县：1546年、1613年、1640年

富阳县：1462年

新城县：1462年

临安县：1530年

昌化县：1529年

湖州府：1403年、1447年、1514年、1529年、1588年、1626年、1638年、1640年、1641年、1642年

归安县：1638年

乌程县：1514年、1540年、1588年、1625年

长兴县：1588年、1640年、1641年、1642年

孝丰县：1588年

德清县：1529年、1539年、1540年、1640年

嘉兴府：1456年、1457年、1506年、1529年、1539年、1540年、1541年、1639年、1640年、1641年

嘉兴县：1456年、1457年、1506年、1529年、1539年、1540年、1541年、1639年、1640年、1641年

嘉善县：1457年、1529年、1540年、1541年、1542年、1639年、1640年、1641年

平湖县：1529年、1540年、1641年

桐乡县：1514年、1529年、1540年、1545年、1641年

海盐县：1477年、1529年、1532年、1540年、1641年

绍兴府：1540年、1642年

会稽县：1540年、1640年

山阴县：1640 年

萧山县：1439 年、1529 年、1638 年

诸暨县：1527 年、1540 年、1541 年、1639 年、1641 年

嵊县：1441 年

新昌县：1540 年

上虞县：1641 年、1642 年

余姚县：1447 年、1461 年、1501 年、1524 年、1529 年、1540 年、1641 年、1642 年

奉化县：1526 年

台州府：1402 年、1475 年

临海县：1392 年、1402 年、1508 年、1582 年、1605 年、1636 年

仙居县：1402 年、1475 年、1582 年、1605 年

黄岩县：1402 年、1475 年

太平县：1392 年

兰溪县：1398 年、1402 年、1552 年、1579 年

义乌县：1526 年、1543 年

建德县：1402 年、1540 年、1542 年、1639 年

桐庐县：1402 年、1540 年、1562 年、1639 年

衢州府：1526 年、1540 年、1542 年

龙游县：1540 年、1542 年

江山县：1397 年、1526 年、1540 年、1542 年

开化县：1587 年

丽水县：1540 年

缙云县：1540 年

青田县：1402 年

遂昌县：1628 年

温岭县：1392 年、1475 年、1614 年

秀水县：1457 年、1641 年

【安徽】

凤阳府：1403 年、1417 年、1430 年、1435 年、1440 年、1441 年、1442 年、1443 年、1447 年、1448 年、1455 年、1456 年、1507 年、1508 年、1509 年、1522 年、1529 年、1531 年、1532 年、1544 年、1611 年、1612 年、1626 年、1627 年

泗州：1458 年、1509 年、1527 年、1528 年、1531 年、1535 年、1544 年、1546 年、

1560年、1583年、1584年、1585年、1612年、1616年、1621年

宿州：1434年、1439年、1455年、1509年、1526年、1527年、1529年、1530年、1531年、1532年、1533年、1534年、1535年、1536年、1610年、1611年、1612年

亳州：1533年、1560年、1609年、1618年、1619年

颍州：1533年、1534年、1609年、1618年、1620年、1640年

寿州：1439年、1508年、1509年、1522年、1550年

凤阳县：1403年、1417年、1430年、1435年、1440年、1441年、1442年、1443年、1447年、1448年、1455年、1456年、1507年、1508年、1509年、1522年、1529年、1531年、1532年、1544年、1611年、1612年、1626年、1627年

怀远县：1511年、1522年、1583年、1587年、1609年、1618年、1619年

五河县：1441年、1509年、1534年、1535年、1536年、1585年、1614年、1625年、1641年

定远县：1440年、1441年、1442年、1448年、1454年、1457年、1616年

天长县：1457年、1616年、1617年、1624年、1625年

灵璧县：1403年、1417年、1430年、1434年、1509年、1527年、1529年、1530年、1531年、1532年、1620年、1626年

蒙城县：1508年、1522年、1610年、1617年、1626年、1634年、1640年

太和县：1534年、1535年、1540年、1610年、1620年、1635年

颍上县：1610年、1611年、1614年、1624年、1640年、1641年

霍邱县：1508年、1522年、1529年、1540年、1544年、1640年

滁州：1457年、1530年、1531年、1532年、1617年

来安县：1457年、1527年、1528年、1529年、1530年、1531年、1532年、1533年、1583年、1601年、1610年、1616年

全椒县：1527年、1529年、1555年、1617年、1640年

和州：1528年、1531年、1532年、1535年、1540年、1555年、1616年、1641年

含山县：1528年、1535年、1540年、1641年

庐州府：1435年、1461年、1528年、1530年、1532年、1540年、1566年、1616年、1617年、1626年、1639年、1641年

无为州：1535年、1616年、1617年、1622年、1639年、1641年

六安州：1540年、1615年、1621年、1622年、1640年、1641年

合肥县：1462年、1528年、1529年、1615年、1616年、1617年、1622年、1626年、1640年

巢县：1528年、1535年、1540年、1616年

庐江县：1531年、1534年、1535年、1616年、1617年、1626年

舒城县：1462年、1528年、1537年、1540年、1566年、1617年、1640年、1641年

霍山县：1540年、1615年、1616年、1638年、1640年、1641年

英山县：1528年、1532年、1540年、1547年、1640年、1641年

安庆府：1403年、1447年、1454年、1462年、1532年

怀宁县：1458年、1532年

桐城县：1462年、1616年、1618年、1643年

潜山县：1641年

望江县：1641年

宿松县：1642年

太湖县：1462年、1532年、1616年、1641年

池州府：1435年、1454年、1533年、1640年

贵池县：1403年、1533年、1642年

铜陵县：1403年、1462年、1533年、1534年、1617年、1640年、1641年、1642年

青阳县：1403年、1457年、1641年

石埭县：1532年、1533年、1640年、1642年

绩溪县：1531年、1532年、1579年、1641年

婺源县：1422年、1532年

宁国府：1454年、1531年、1640年、1641年

宣城县：1531年、1640年

宁国县：1454年、1531年、1640年、1641年

南陵县：1531年、1640年

泾县：1531年、1643年

太平县：1435年、1456年、1458年、1531年、1616年、1617年、1638年、1640年、1641年

太平府：1435年、1456年、1458年、1531年、1616年、1617年、1638年、1640年、1641年

当涂县：1458年、1495年、1499年、1535年、1616年、1617年、1638年、1640年、1641年

芜湖县：1458年、1638年

繁昌县：1458年

广德州：1447年、1525年、1529年、1535年、1536年、1616年、1641年

广德县：1447年、1525年、1529年、1535年、1536年、1616年、1641年

建平县：1529年、1617年、1635年、1638年

阜阳县：1534年、1535年、1618年、1619年、1640年

石台县：1457年、1642年

【福建】

建宁府：1507年

建阳县：1447年、1455年、1458年、1560年、1588年

邵武府：1507年

邵武县：1507年

建宁县：1507年

将乐县：1576年

沙县：1545年

漳州市：1509年

漳浦县：1509年

诏安县：1509年

南靖县：1536年

泉州府：1579年

惠安县：1409年、1424年

同安县：1579年

【江西】

南昌府：1440年、1526年、1532年

南昌县：1440年、1526年、1532年

奉新县：1533年

南康府：1440年

建昌县：1532年

安义县：1532年

九江府：1440年

瑞昌县：1539年

彭泽县：1532年、1641年

建昌府：1532年

南城县：1532年

峡江县：1532 年

高安县：1447 年

上高县：1447 年、1538 年

新昌县：1447 年

吉安府：1533 年

泰和县：1533 年

万安县：1533 年

龙泉县：1391 年

南康县：1440 年

波阳县：1403 年

贵溪县：1411 年

宜黄县：1545 年

武宁县：1616 年

饶州县：1440 年

宜丰县：1447 年

永修县：1532 年

【山东】

济南府：1377 年、1403 年、1405 年、1406 年、1408 年、1416 年、1434 年、1435 年、1439 年、1441 年、1443 年、1447 年、1448 年、1449 年、1455 年、1457 年、1458 年、1463 年、1503 年、1528 年、1529 年、1531 年、1536 年、1540 年、1555 年、1560 年、1569 年、1591 年、1609 年、1616 年、1619 年、1625 年、1639 年

泰安州：1457 年、1529 年、1530 年、1531 年、1559 年、1622 年、1638 年、1640 年

武定州：1524 年、1526 年

德州：1374 年、1403 年、1416 年、1434 年、1435 年、1437 年、1440 年、1468 年、1540 年、1543 年、1551 年、1553 年、1610 年、1616 年

滨州：1535 年、1536 年、1583 年、1637 年、1638 年、1639 年

历城县：1372 年、1374 年、1416 年、1433 年、1434 年、1435 年、1437 年、1441 年、1443 年、1447 年、1448 年、1449 年、1452 年、1455 年、1457 年、1458 年、1529 年、1531 年、1540 年、1569 年、1615 年、1616 年、1619 年、1625 年、1626 年、1634 年、1637 年、1638 年、1639 年、1640 年、1641 年

齐河县：1374 年、1403 年、1405 年、1416 年、1434 年、1435 年、1437 年、1458 年、1473 年、1512 年、1513 年、1569 年、1610 年、1615 年、1616 年、1638 年、1639 年、

1640 年

长清县：1374 年、1434 年、1443 年、1452 年、1512 年、1518 年、1528 年、1532 年、1533 年、1616 年

肥城县：1434 年、1527 年、1528 年、1549 年、1555 年、1569 年、1615 年、1616 年、1617 年、1635 年、1640 年

济阳县：1529 年、1531 年、1609 年、1621 年、1638 年

禹城县：1372 年、1405 年、1412 年、1434 年、1435 年、1457 年、1465 年、1473 年、1551 年、1610 年、1625 年

临邑县：1468 年、1527 年、1528 年、1581 年

平原县：1373 年、1416 年、1434 年、1435 年、1437 年、1441 年、1457 年、1458 年、1473 年、1524 年、1528 年、1529 年、1531 年、1538 年、1549 年、1551 年、1557 年、1587 年、1608 年、1610 年、1615 年、1616 年、1625 年、1637 年、1638 年、1639 年、1640 年、1641 年

陵县：1524 年、1539 年、1551 年

德平县：1409 年、1473 年、1527 年、1548 年、1591 年、1605 年、1606 年

乐陵县：1441 年、1458 年、1524 年

商河县：1434 年、1583 年、1619 年、1626 年、1637 年、1638 年

阳信县：1433 年、1441 年、1458 年、1615 年、1617 年、1621 年、1638 年、1639 年、1642 年

海丰县：1374 年、1441 年、1458 年、1512 年、1535 年、1545 年、1617 年、1638 年

沾化县：1616 年、1621 年、1638 年、1640 年、1642 年

利津县：1524 年、1525 年、1535 年、1536 年、1542 年、1593 年、1594 年、1640 年、1641 年

蒲台县：1422 年、1539 年、1541 年、1549 年、1637 年、1638 年、1639 年

青城县：1370 年、1556 年、1611 年

齐东县：1434 年、1617 年

新城县：1441 年、1509 年、1569 年、1588 年、1590 年、1617 年、1625 年、1627 年、1638 年、1641 年

长山县：1433 年、1434 年、1529 年、1549 年

邹平县：1434 年、1443 年、1528 年、1529 年、1531 年、1538 年、1569 年、1621 年、1638 年、1639 年

章丘县：1441 年、1528 年、1529 年、1531 年

淄川县：1433年、1441年、1509年、1529年、1536年、1541年、1545年、1549年、1554年、1560年、1577年、1578年、1584年、1596年、1621年

莱芜县：1417年、1529年、1531年、1587年、1596年、1617年

新泰县：1538年、1541年、1560年、1616年、1617年、1622年、1625年、1638年、1640年

东昌府：1439年、1441年、1455年、1529年、1540年、1555年、1569年、1619年

临清州：1404年、1440年、1529年

濮州：1434年、1512年、1529年、1637年、1638年

高唐州：1446年、1524年、1536年、1548年、1602年、1639年

聊城县：1374年、1507年、1529年、1591年

堂邑县：1605年、1609年

博平县：1512年、1541年、1569年、1599年

茌平县：1507年、1512年、1518年、1528年、1541年、1560年、1641年

清平县：1440年、1512年

恩县：1440年、1569年、1591年

武城县：1407年、1441年、1528年、1529年、1569年、1621年

夏津县：1446年、1507年、1528年、1531年、1536年、1591年、1602年

馆陶县：1440年、1529年、1536年、1613年、1614年、1638年、1639年

邱县：1440年

冠县：1528年、1532年、1599年、1606年、1621年、1640年、1641年

莘县：1529年、1530年、1532年、1614年、1615年、1616年、1638年、1639年、1641年

朝城县：1529年

观城县：1440年、1512年、1529年、1638年

范县：1440年、1529年、1610年、1637年、1638年、1639年、1640年、1641年

兖州府：1439年、1440年、1441年、1445年、1447年、1449年、1455年、1457年、1458年、1462年、1485年、1503年、1528年、1529年

济宁州：1372年、1406年、1431年、1433年、1434年、1445年、1447年、1509年、1529年、1641年

曹州：1445年、1449年、1512年、1614年、1615年

沂州：1528年、1529年、1545年、1615年、1640年、1641年

东平州：1433年、1449年、1550年、1553年、1560年

滋阳县：1431年、1434年、1640年、1642年

宁阳县：1640年

曲阜县：1374年、1403年、1413年、1416年、1430年、1431年、1434年、1435年、1437年、1440年、1441年、1458年、1467年、1554年、1609年、1610年、1615年、1616年、1619年、1626年、1637年、1638年、1639年、1640年、1641年

泗水县：1449年、1519年、1538年、1558年、1560年、1569年、1579年、1596年、1625年、1635年、1636年、1639年、1640年

汶上县：1433年、1434年、1560年、1569年、1597年、1606年、1640年

邹县：1434年、1640年

金乡县：1406年、1444年、1447年、1458年、1509年、1529年

鱼台县：1431年、1485年、1528年、1543年、1637年、1639年、1640年

嘉祥县：1436年、1523年、1533年、1564年、1569年、1584年、1596年、1615年、1641年

单县：1434年、1458年、1520年、1521年、1622年、1640年

城武县：1407年、1449年、1512年、1616年、1617年、1618年、1626年、1634年、1637年

曹县：1445年、1449年、1458年、1512年、1610年、1616年、1617年、1626年、1637年、1638年、1639年、1640年、1641年、1642年

定陶县：1449年、1512年、1543年、1544年、1616年

巨野县：1458年、1611年、1612年、1615年、1616年、1641年、1642年

郓城县：1535年、1639年

寿张县：1606年

阳谷县：1485年、1528年、1533年、1535年、1536年、1560年、1639年

东阿县：1523年、1560年、1596年、1606年

平阴县：1457年、1458年、1460年、1512年、1527年、1528年、1610年、1635年、1640年、1641年

滕县：1521年、1538年、1539年、1594年、1627年

峄县：1640年

郯城县：1527年、1615年、1638年、1639年、1640年

费县：1492年、1493年、1527年、1528年、1529年、1555年、1617年、1635年、1640年

青州府：1372年、1387年、1392年、1402年、1408年、1425年、1441年、1442年、

1447年、1448年、1449年、1457年、1458年、1496年、1503年、1528年、1529年、1533年、1540年、1549年、1555年、1560年、1569年、1609年、1615年、1616年、1637年

莒州：1559年、1565年、1583年、1586年、1614年、1615年、1640年、1641年

益都县：1449年、1518年、1534年、1616年、1630年、1634年、1636年、1639年、1640年

临淄县：1441年、1566年、1605年、1607年、1617年、1626年、1640年

寿光县：1369年、1374年、1425年、1434年、1437年、1441年、1533年、1607年、1615年、1617年、1630年、1634年

昌乐县：1425年、1437年、1442年、1492年、1528年、1529年、1536年、1564年、1565年、1569年、1582年、1583年、1605年、1615年、1617年、1623年、1630年、1634年、1638年、1640年

乐安县：1374年、1416年、1605年、1626年

博兴县：1441年、1529年、1468年、1638年、1639年

高苑县：1551年、1590年

临朐县：1372年、1425年、1441年、1449年、1458年、1533年、1615年、1636年、1639年

安丘县：1425年、1437年、1528年、1532年、1536年、1559年、1565年、1569年、1582年、1583年、1605年、1615年、1617年、1623年、1634年、1637年、1640年

诸城县：1370年、1372年、1373年、1402年、1403年、1408年、1413年、1434年、1448年、1528年、1583年、1615年、1617年、1626年、1634年、1637年、1638年、1639年、1640年、1641年

日照县：1541年、1615年、1640年、1641年

蒙阴县：1639年

莱州府：1372年、1447年、1448年、1528年、1529年

平度州：1528年、1529年、1640年

胶州：1372年、1373年、1374年、1403年、1412年、1437年、1442年、1569年、1615年、1616年、1626年、1637年、1638年、1639年、1640年、1641年

掖县：1441年、1448年、1597年、1615年、1616年、1640年

昌邑县：1564年、1615年、1617年、1630年

潍县：1434年、1528年、1529年、1532年、1533年、1536年、1559年、1565年、1615年、1617年、1623年、1634年、1637年、1638年

高密县：1494年、1524年、1535年、1615年、1640年

即墨县：1391年、1532年、1536年

登州府：1441年、1448年、1503年、1513年、1619年、1621年、1622年、1636年、1638年、1639年

宁海州：1516年、1532年、1621年、1638年、1639年

蓬莱县：1399年、1400年、1401年、1436年、1570年、1615年、1619年

黄县：1441年、1534年、1542年、1638年

栖霞县：1615年、1621年、1622年、1636年、1638年、1639年、1640年

福山县：1399年、1400年、1401年、1436年、1441年、1513年、1533年、1534年、1535年、1619年、1638年、1640年

莱阳县：1436年、1441年、1513年、1529年、1533年、1534年、1535年、1619年、1638年、1639年、1640年

文登县：1434年、1513年、1615年、1622年、1638年、1639年、1640年

无棣县：1403年、1412年、1442年、1512年、1545年、1569年、1615年

牟平县：1441年、1615年、1638年、1639年

蓝山县（临沂）：1485年、1492年、1545年、1634年、1641年

惠民县：1512年、1526年、1531年、1535年、1621年、1638年

菏泽县：1512年、1513年、1612年、1614年、1615年、1638年、1639年、1640年、1641年、1642年

荣成县：1513年、1615年、1622年、1639年

海阳县：1513年、1533年、1534年、1535年、1638年、1639年、1640年

广饶县：1605年、1617年

长青县：1639年

鄄城县：1640年

【河南】

开封府：1403年、1439年、1440年、1441年、1442年、1447年、1449年、1467年、1529年、1532年、1533年、1611年、1616年、1617年、1626年、1640年

郑州：1386年、1388年、1434年、1528年、1539年、1544年、1606年、1635年、1636年、1637年、1638年、1639年、1640年

许州：1372年、1486年、1513年、1520年、1527年、1581年、1616年、1617年、1637年、1638年、1639年、1640年、1641年

陈州：1372年、1440年、1483年、1523年、1529年、1530年、1531年、1535年、

1536年、1541年、1581年、1582年、1587年、1602年、1616年、1617年、1620年、1633年、1634年、1635年、1636年、1637年、1638年、1639年、1640年

禹州：1373年、1403年、1434年、1435年、1437年、1483年、1529年、1541年、1565年、1616年、1635年、1637年、1638年、1639年、1644年

祥符县：1434年、1616年、1640年、1641年

兰阳县：1536年、1616年、1627年、1639年、1640年、1641年

仪封县：1528年、1529年、1536年、1539年、1541年、1598年、1599年、1616年、1627年、1640年

封丘县：1373年、1528年、1607年、1641年

延津县：1434年、1446年、1484年、1528年、1540年、1541年、1596年、1607年、1638年、1641年

阳武县：1445年、1528年、1536年、1555年、1560年、1586年、1596年、1606年、1616年、1641年

原武县：1368年、1372年、1373年、1528年、1582年、1636年、1637年、1638年

荥泽县：1404年、1422年、1434年、1596年

河阴县：1434年、1528年、1539年、1640年

汜水县：1372年、1414年、1434年、1528年、1616年、1638年

荥阳县：1422年、1434年、1528年、1529年、1530年、1539年、1582年、1596年、1606年、1635年、1640年

中牟县：1372年、1528年、1541年、1582年、1596年、1617年、1620年

尉氏县：1372年、1529年、1530年、1531年、1532年、1539年、1541年、1582年、1612年、1614年、1615年、1616年、1634年、1635年、1636年、1640年

洧川县：1541年、1635年、1636年、1637年、1638年、1639年

新郑县：1528年、1606年、1616年、1617年、1640年、1641年

密县：1616年、1617年、1634年、1635年、1638年、1639年、1640年、1641年

长葛县：1541年、1582年、1606年、1607年、1608年、1616年、1617年、1635年、1636年、1637年、1638年、1639年、1640年、1641年

襄城县：1369年、1616年、1617年、1639年、1640年、1641年

临颍县：1512年、1529年、1581年、1616年、1617年、1627年、1633年、1634年、1640年、1641年

郾城县：1507年、1520年、1536年、1582年、1597年、1616年、1618年、1627年、1633年、1635年、1636年、1640年

鄢陵县：1616 年、1617 年、1637 年、1638 年

扶沟县：1372 年、1513 年、1529 年、1581 年、1616 年、1617 年、1637 年

西华县：1616 年

商水县：1637 年、1638 年、1639 年

项城县：1440 年、1441 年、1442 年、1467 年、1508 年、1527 年、1529 年、1596 年、1617 年、1626 年、1637 年、1638 年、1639 年

沈丘县：1374 年、1440 年、1442 年、1467 年、1483 年、1508 年、1523 年、1527 年、1529 年、1602 年、1612 年、1616 年、1617 年、1626 年、1639 年

太康县：1512 年、1527 年、1617 年、1620 年、1637 年、1640 年

通许县：1450 年、1466 年、1482 年、1513 年、1528 年、1541 年、1620 年、1635 年、1636 年、1637 年、1638 年、1639 年、1640 年

杞县：1372 年、1524 年、1529 年、1530 年、1536 年、1539 年、1541 年、1582 年、1596 年、1612 年、1622 年、1627 年、1634 年、1638 年、1639 年

陈留县：1640 年、1641 年

归德府：1372 年、1434 年、1438 年、1440 年、1529 年、1532 年、1539 年、1560 年、1611 年、1640 年、1641 年

睢州：1638 年、1639 年、1640 年

商丘县：1441 年、1513 年、1527 年、1529 年、1542 年、1560 年、1596 年、1627 年

虞城县：1482 年、1513 年、1542 年、1582 年、1627 年、1638 年

宁陵县：1527 年、1539 年、1639 年

考城县：1512 年、1524 年、1528 年、1536 年、1616 年、1627 年、1638 年、1639 年

柘城县：1434 年、1483 年、1487 年、1529 年、1616 年、1638 年、1639 年

鹿邑县：1487 年、1529 年、1616 年、1633 年、1634 年、1637 年、1639 年、1640 年

夏邑县：1434 年、1441 年、1509 年、1513 年、1527 年、1528 年、1542 年、1582 年、1596 年、1612 年、1627 年、1637 年、1638 年、1639 年、1640 年

永城县：1434 年、1509 年、1513 年、1527 年、1531 年、1539 年、1582 年、1596 年、1612 年、1627 年、1637 年、1638 年、1639 年

卫辉府：1409 年、1434 年、1441 年、1467 年、1528 年、1538 年、1560 年、1596 年、1606 年、1618 年、1635 年、1638 年、1639 年、1640 年、1641 年、1642 年

汲县：1374 年、1409 年、1434 年、1446 年、1467 年、1501 年、1528 年、1538 年、1540 年、1541 年、1582 年、1596 年、1606 年、1617 年、1618 年、1635 年、1638 年、1639 年、1640 年、1641 年、1642 年

淇县：1436 年、1446 年、1524 年、1528 年、1529 年、1538 年、1540 年、1582 年、1637 年、1638 年、1639 年、1640 年、1641 年、1642 年

新乡县：1416 年、1434 年、1528 年、1555 年、1596 年、1602 年、1606 年、1612 年、1618 年、1638 年、1639 年、1640 年、1641 年

辉县：1434 年、1436 年、1528 年、1538 年、1540 年、1541 年、1582 年、1617 年、1635 年、1638 年、1639 年、1640 年、1641 年

获嘉县：1434 年、1589 年、1636 年、1637 年、1638 年、1639 年、1640 年

彰德府：1375 年、1416 年、1440 年、1441 年、1447 年、1467 年、1560 年、1616 年、1635 年、1641 年

磁州：1434 年、1529 年

安阳县：1403 年、1422 年、1426 年、1434 年、1583 年、1616 年

汤阴县：1375 年、1434 年、1441 年、1442 年、1529 年、1538 年、1560 年、1635 年、1641 年

临漳县：1426 年、1434 年、1436 年

林县：1529 年、1582 年

武安县：1439 年、1529 年、1536 年、1606 年、1638 年

涉县：1373 年、1404 年、1616 年、1617 年

怀庆府：1374 年、1405 年、1437 年、1441 年、1442 年、1483 年、1532 年、1544 年、1560 年、1586 年、1596 年、1604 年、1606 年、1616 年、1636 年、1637 年、1638 年、1639 年、1641 年

河内县：1374 年、1434 年、1441 年、1442 年、1529 年、1539 年、1580 年、1596 年、1616 年、1639 年、1640 年、1641 年

温县：1434 年、1483 年、1528 年、1529 年、1532 年、1542 年、1544 年、1638 年、1639 年、1640 年

武陟县：1373 年、1434 年、1528 年、1529 年、1543 年、1544 年、1638 年、1639 年、1641 年

修武县：1434 年、1528 年、1532 年、1579 年、1596 年、1614 年、1615 年、1637 年、1638 年、1641 年

孟县：1373 年、1374 年、1434 年、1442 年、1529 年、1555 年、1560 年、1565 年、1606 年、1616 年、1638 年、1639 年、1640 年

济源县：1434 年、1529 年、1580 年、1596 年、1616 年、1635 年、1638 年、1639 年、1641 年

河南府：1447 年

陕州：1527 年、1529 年、1530 年、1551 年、1565 年、1616 年、1617 年、1635 年、1636 年、1637 年、1638 年、1639 年、1640 年

洛阳县：1373 年、1403 年、1440 年、1442 年、1447 年、1483 年、1529 年、1613 年、1616 年、1638 年、1639 年、1640 年

孟津县：1472 年、1529 年、1613 年、1616 年、1617 年、1634 年、1638 年

巩县：1374 年、1529 年、1606 年、1639 年、1640 年

登封县：1538 年、1639 年、1640 年

宜阳县：1423 年、1433 年、1529 年、1538 年、1638 年、1639 年

嵩县：1487 年、1599 年、1638 年、1640 年

新安县：1447 年、1485 年、1486 年、1529 年、1592 年、1613 年、1614 年、1616 年、1617 年、1625 年、1635 年、1636 年、1637 年、1638 年、1639 年、1640 年

渑池县：1482 年、1616 年、1618 年、1638 年、1639 年

卢氏县：1567 年、1588 年、1617 年、1618 年、1636 年、1639 年、1640 年

灵宝县：1374 年、1403 年、1529 年、1551 年、1565 年、1616 年、1617 年、1635 年、1637 年、1638 年、1639 年、1640 年、1642 年

阌乡县：1374 年、1529 年、1530 年、1551 年、1565 年、1616 年、1617 年、1635 年、1636 年、1637 年、1638 年、1639 年、1640 年、1641 年、1642 年

汝州：1596 年、1638 年、1639 年、1640 年

伊阳县：1485 年、1486 年、1528 年、1539 年、1639 年

郏县：1596 年、1617 年、1639 年、1640 年、1641 年、1643 年

鲁山县：1528 年、1532 年、1539 年、1597 年、1638 年、1640 年

宝丰县：1528 年、1596 年、1640 年

裕州：1528 年、1531 年、1532 年、1533 年、1564 年、1565 年、1615 年、1616 年、1617 年、1618 年、1619 年、1620 年、1621 年、1641 年

邓州：1634 年、1635 年、1636 年

南阳县：1441 年、1512 年、1528 年、1615 年、1619 年、1637 年、1639 年

南召县：1441 年、1522 年、1528 年、1615 年、1619 年、1639 年

镇平县：1528 年、1538 年、1568 年、1619 年、1639 年

内乡县：1622 年、1623 年、1629 年、1634 年、1637 年、1638 年、1639 年、1640 年、1641 年、1642 年

淅川县：1617 年、1619 年、1622 年、1639 年

新野县：1513年、1528年、1532年、1536年、1543年、1581年、1616年、1617年、1618年、1619年、1620年、1621年、1622年、1623年、1627年、1637年、1638年

唐县：1622年

泌阳县：1374年、1437年、1528年、1617年、1621年、1638年、1639年、1640年、1641年

桐柏县：1639年、1640年

叶县：1528年

舞阳县：1520年、1528年、1535年、1539年、1546年、1617年、1635年、1640年、1641年

汝宁府：1557年、1611年、1607年、1640年

光州：1539年、1585年、1620年、1640年、1641年

汝阳县：1448年、1457年、1458年、1487年、1507年、1528年、1539年、1557年、1594年、1596年、1613年、1616年、1620年、1621年、1623年、1638年、1639年、1640年

遂平县：1539年、1640年

上蔡县：1457年、1529年、1539年、1557年、1596年、1616年、1620年、1622年

西平县：1537年、1540年、1640年

确山县：1529年、1539年、1547年、1557年、1589年、1606年、1616年、1620年

真阳县：1457年、1593年、1594年、1635年、1636年

罗山县：1545年、1555年、1556年、1616年、1617年、1620年、1621年、1622年、1639年、1640年

息县：1528年、1529年、1539年、1555年、1557年、1596年、1606年、1607年、1609年、1616年、1617年、1618年、1619年、1620年、1622年、1640年

光山县：1528年、1529年、1585年、1640年

商城县：1529年、1540年、1585年、1618年、1621年、1622年、1639年、1640年

固始县：1482年、1500年、1529年、1539年、1540年、1557年、1585年、1622年、1640年

新蔡县：1528年、1529年、1539年、1557年、1594年、1596年、1606年、1607年、1609年、1615年、1616年、1617年、1618年、1621年、1622年、1626年、1638年、1639年、1640年

淮阳县：1372年、1440年、1467年、1491年、1508年、1529年、1530年、1535年、1536年、1541年、1582年、1616年、1617年、1633年、1635年

洛宁县：1423年、1529年、1638年、1639年

柞城县：1434年

淮宁县：1439年、1440年、1508年、1617年、1634年

汝南县：1457年、1507年、1529年、1539年、1594年、1596年、1622年

沁阳县：1483年、1529年、1542年、1544年

台前县：1485年、1528年、1536年、1560年、1606年、1639年

民权县：1516年

伊川县：1528年

平兴县：1528年、1529年、1539年、1620年

西峡县：1637年

沁水县：1639年

【湖北】

武昌府：1539年、1580年、1642年

兴国州：1641年

江夏县：1572年、1640年

武昌县：1539年、1580年、1640年、1642年

咸宁县：1529年、1539年、1614年、1641年

蒲圻县：1641年

大冶县：1610年、1638年、1642年

崇阳县：1532年

通城县：1634年、1635年、1636年

承天府：1539年

荆门州：1541年、1617年、1619年、1641年

沔阳州：1539年、1541年、1641年

钟祥县：1541年、1616年、1636年、1637年、1641年

当阳县：1617年、1640年

京山县：1637年、1640年、1641年

潜江县：1641年

汉阳府：1532年、1617年、1618年、1641年

汉阳县：1532年、1617年、1618年、1641年

汉川县：1532年、1541年、1617年、1641年

黄州府：1642年

蕲州：1641 年

黄冈县：1618 年、1641 年

蕲水县：1540 年、1640 年

广济县：1541 年

罗田县：1614 年、1615 年、1617 年、1618 年、1638 年、1642 年

麻城县：1531 年、1541 年、1554 年、1565 年、1616 年、1636 年、1640 年

黄安县：1615 年、1616 年、1617 年、1618 年、1631 年、1640 年、1641 年

黄陂县：1530 年、1581 年

德安府：1529 年、1539 年

随州：1529 年、1616 年、1634 年

安陆县：1529 年、1539 年、1565 年、1614 年、1616 年、1641 年

应城县：1535 年、1614 年、1641 年

孝感县：1641 年

应山县：1529 年、1533 年

襄阳府：1532 年、1539 年、1540 年、1615 年、1616 年、1617 年、1641 年

均州：1512 年、1516 年、1528 年、1532 年

襄阳县：1532 年、1539 年、1540 年、1615 年、1616 年、1617 年、1641 年

枣阳县：1514 年、1528 年、1531 年、1534 年、1640 年

谷城县：1531 年、1534 年、1616 年、1617 年

光化县：1532 年、1616 年、1617 年

郧阳府：1539 年

荆州府：1560 年、1639 年

归州：1559 年

江陵县：1572 年、1574 年

公安县：1643 年

松滋县：1541 年、1572 年、1573 年

枝江县：1572 年、1573 年、1641 年

长阳县：1573 年、1641 年

宜都县：1573 年、1641 年

远安县：1528 年、1566 年、1619 年、1639 年、1640 年

兴山县：1559 年

巴东县：1559 年

衡州府：1539 年

衡阳县：1544 年

安仁县：1544 年

阳新县：1526 年、1580 年

天门县：1541 年、1617 年、1641 年

鄂州：1640 年

【湖南】

常德府：1531 年、1539 年

龙阳县：1532 年

沅江县：1531 年

辰州府：1516 年

沅陵县：1516 年

辰溪县：1516 年

溆浦县：1519 年

宝庆府：1523 年

新化县：1610 年

城步县：1593 年

长沙府：1507 年

长沙县：1507 年

浏阳县：1471 年、1641 年

安化县：1414 年、1636 年、1639 年

益阳县：1639 年

郴州：1544 年、1571 年

桂阳县：1571 年、1572 年

宜章县：1507 年、1538 年、1544 年、1587 年

岳州府：1539 年

澧州：1517 年、1639 年、1641 年

临湘县：1541 年

华容县：1639 年、1641 年

安乡县：1639 年、1641 年

石门县：1469 年、1472 年、1532 年、1569 年、1570 年、1641 年

慈利县：1570 年

安福县：1639 年

永州：1381 年、1616 年、1617 年、1619 年

宁乡县：1507 年、1508 年

靖州：1539 年、1573 年

汝城县：1586 年

永明县：1572 年

绥宁县：1572 年

祁阳县：1616 年

会同县：1616 年

【广东】

广州府：1441 年、1488 年

番禺县：1488 年

南海县：1441 年

增城县：1511 年、1513 年、1514 年

龙门县：1536 年、1637 年

顺德县：1488 年、1526 年、1530 年、1552 年、1558 年、1577 年

新会县：1462 年、1511 年

新宁县：1508 年、1587 年

香山县：1488 年、1577 年

惠州府：1512 年

归善县：1512 年

博罗县：1512 年、1531 年

河源县：1513 年、1514 年

兴宁县：1538 年、1540 年

潮州府：1517 年

海阳县：1517 年

潮阳县：1581 年

惠来县：1512 年、1573 年、1581 年

揭阳县：1540 年

大埔县：1540 年、1591 年

乐昌县：1530 年

乳源县：1530 年

英德县：1585 年

翁源县：1530 年、1542 年

肇庆府：1587 年

阳春县：1488 年

高州府：1544 年、1595 年

石城县：1611 年

海康县：1587 年、1588 年

遂溪县：1587 年

徐闻县：1587 年

东莞县：1488 年、1514 年

惠阳县：1513 年

埔阳：1540 年

南海：1488 年、1577 年

廉江：1611 年

吴川：1634 年

茂名：1644 年

【广西】

桂林府：1389 年

桂林县：1389 年

灌阳县：1488 年

平乐县：1488 年

郁林州：1404 年、1513 年

苍梧县：1488 年

北流县：1513 年

兴业县：1425 年、1513 年

来宾县：1488 年

庆远府：1574 年

宜山县：1469 年、1574 年

宣化县：1517 年

太平府：1402 年

合浦县：1610 年

邕宁：1517 年

蒙山县：1488 年

临桂县：1488 年

融县：1488 年

【海南】

万州：1529 年

儋州：1404 年、1409 年、1621 年

琼山县：1403 年、1404 年、1409 年、1530 年

文昌县：1587 年

临高县：1403 年、1409 年、1541 年、1543 年、1643 年

定安县：1620 年

【四川】

简州：1526 年

资阳县：1526 年

金堂县：1623 年、1628 年

遂宁县：1541 年

重庆府：1510 年

永川县：1510 年、1517 年

荣昌县：1510 年、1517 年

武隆县：1573 年、1577 年

丰都县：1573 年、1574 年

屏山县：1378 年、1480 年、1482 年

高县：1465 年

潼南县：1541 年

太平县：1402 年

【贵州】

都匀县：1514 年

清平县：1549 年

赤水：1378 年

播州：1378 年

绥阳县：1482 年

遵义：1482 年

贵州：1549 年

独山县：1619 年

黄平县：1627 年

【云南】

禄丰县：1465 年

富民县：1543 年、1553 年

南宁县：1505 年、1517 年

鹤庆府：1598 年

弥勒县：1587 年

【陕西】

西安府：1437 年、1445 年

华州：1373 年、1405 年、1635 年、1640 年、1641 年

同州：1442 年、1527 年、1529 年、1616 年

乾州：1403 年、1616 年

耀州：1616 年、1638 年

商州：1528 年、1589 年、1617 年、1623 年、1636 年、1638 年

长安县：1637 年、1638 年

咸宁县：1374 年

临潼县：1373 年、1529 年、1638 年、1639 年

高陵县：1373 年、1528 年、1529 年、1638 年、1639 年

渭南县：1373 年、1529 年

富平县：1527 年、1616 年

华阴县：1374 年、1527 年、1529 年、1635 年、1640 年

蒲城县：1616 年、1635 年、1640 年

合阳县：1635 年、1640 年

韩城县：1635 年、1639 年、1640 年

澄城县：1529 年、1635 年、1638 年、1639 年、1640 年

白水县：1474 年、1529 年、1533 年、1616 年、1635 年、1639 年、1640 年、1641 年

同官县：1586 年、1587 年、1616 年、1617 年、1629 年、1631 年、1634 年

泾阳县：1637 年

咸阳县：1373 年、1529 年、1634 年、1639 年

礼泉县：1617 年

永寿县：1528 年、1529 年、1616 年、1637 年、1638 年、1639 年

周至县：1616 年、1639 年、1640 年

户县：1616 年、1639 年、1640 年

蓝田县：1616 年

商南县：1528 年、1605 年、1636 年

洛南县：1528 年、1605 年、1622 年、1623 年、1637 年、1639 年

汉中府：1639 年

南郑县：1634 年、1636 年、1638 年、1639 年

城固县：1634 年、1638 年、1639 年

洋县：1636 年、1637 年

西乡县：1638 年

紫阳县：1565 年

洵阳县：1577 年

白河县：1527 年、1577 年

凤翔府：1529 年、1637 年、1638 年、1639 年

陇州：1529 年

凤翔县：1529 年、1637 年、1638 年、1639 年

岐山县：1639 年

扶风县：1638 年、1639 年、1640 年

眉县：1529 年、1617 年、1635 年

麟游县：1616 年、1638 年、1639 年、1640 年

延安府：1373 年、1405 年、1524 年、1529 年、1531 年、1532 年、1611 年、1616 年、1639 年

绥德州：1520 年、1536 年、1611 年、1639 年

洛川县：1531 年、1537 年、1634 年

中部县：1467 年、1529 年、1537 年、1616 年、1634 年、1637 年、1638 年

宜君县：1537 年

延长县：1524 年、1526 年

延川县：1633 年

安塞县：1531 年、1582 年、1633 年

保安县：1634 年

清涧县：1535 年、1611 年、1616 年

米脂县：1520 年、1536 年

府谷县：1537 年

鄜州：1537 年、1618 年

榆林卫：1532 年、1611 年、1616 年、1639 年

宁北：1484 年、1531 年

定边县：1489 年

潼关县：1529 年、1530 年、1551 年、1616 年、1635 年、1636 年、1637 年、1638 年、1639 年、1640 年

安康县：1562 年、1573 年、1577 年、1634 年、1636 年

子长县：1529 年、1619 年

旬阳县：1527 年

关中县：1529 年、1641 年

宁陕县：1634 年

大荔县：1635 年、1640 年

镇巴县：1638 年

靖边县：1640 年

【甘肃】

庆阳府：1532 年、1639 年、1640 年、1641 年

宁州：1640 年

安化县：1532 年

合水县：1640 年

环县：1528 年、1532 年、1638 年、1639 年、1640 年、1641 年

平凉府：1637 年、1640 年

静宁州：1640 年

平凉县：1637 年、1640 年

灵台县：1637 年、1638 年

隆德县：1529 年、1640 年

西安县：1437 年、1445 年

秦州：1437 年、1529 年、1639 年、1640 年

徽州：1639 年

阶州：1634 年

会宁县：1635 年

秦安县：1529 年

清水县：1529 年、1637 年、1640 年、1641 年

礼县：1529 年

临洮府：1529 年

伏羌县：1641 年

武威县：1638 年

华亭县：1378 年

酒泉县：1489 年、1490 年、1534 年、1553 年

肃州：1490 年

民勤县：1510 年

镇番县：1510 年、1638 年

庄浪县：1529 年、1638 年

天水县：1529 年、1640 年

正宁县：1532 年、1639 年、1640 年、1641 年

武都县：1634 年

康县：1634 年

永昌县：1538 年

【宁夏】

固原县：1529 年

宁夏县：1637 年

银川县：1637 年

永宁县：1433 年

根据上述对飞蝗蝗灾的记载，可知明朝时期飞蝗蝗灾向南已达海南，在福建、云南以及江西、湖南、贵州中部以南局部地区的飞蝗应为非洲飞蝗，非洲飞蝗蝗灾的分布中心的雏形已明显可见。而亚洲飞蝗蝗灾的分布中心范围很大，涉及的省市区有北京、天津、河北、山西、江苏、上海、浙江、安徽，陕西以及甘肃的部分地区，以及江西、湖南中北地区。

八、清代飞蝗蝗灾的分布

飞蝗蝗灾的发生地及时间：

【河北】

安州：1763 年、1824 年、1856 年

祁州：1700 年、1751 年、1752 年、1793 年、1857 年、1858 年

清苑县：1647 年、1656 年、1672 年、1700 年、1751 年、1752 年、1763 年、1764 年、

1802年、1825年、1856年、1857年、1858年

安肃县：1752年、1763年、1802年、1825年、1856年

定兴县：1647年、1648年、1656年、1763年、1764年、1799年、1802年、1824年、1825年、1836年、1854年、1855年、1857年、1858年、1864年

新城县：1672年、1736年、1752年、1799年、1802年、1804年、1805年、1824年、1825年、1836年、1853年、1854年、1855年、1856年、1857年、1858年、1869年、1892年、1896年、1908年

容城县：1648年、1752年、1802年、1804年、1824年、1856年、1857年、1892年

新安县：1647年、1671年、1674年、1691年、1721年、1862年、1910年

雄县：1656年、1736年、1752年、1856年

满城县：1647年、1736年、1804年

完县：1647年、1736年、1770年、1771年、1802年

唐县：1650年、1656年、1667年、1680年、1705年、1736年、1792年、1802年、1825年、1856年、1857年、1858年

望都县：1647年、1649年、1656年、1752年、1770年、1802年、1824年、1856年、1857年、1858年

高阳县：1736年、1856年

博野县：1647年、1687年、1736年、1744年、1752年

蠡县：1648年、1649年、1736年、1752年、1856年、1857年、1858年

束鹿县：1646年、1649年、1667年、1759年、1856年

顺天府：1697年、1739年、1744年、1752年、1753年

通州：1650年、1656年、1664年、1752年、1760年、1770年、1792年、1804年、1856年

蓟州：1699年、1738年、1759年、1763年、1770年、1792年、1801年、1802年、1803年、1825年、1856年

昌平州：1646年、1656年、1709年、1753年、1770年、1825年、1856年、1877年

涿州：1655年、1792年、1891年

霸州：1656年、1736年、1752年、1753年、1759年、1763年、1824年、1825年、1856年、1872年、1876年

大兴县：1753年、1770年、1774年、1796年、1804年、1824年

宛平县：1752年、1753年、1760年、1770年、1792年、1804年、1824年

三河县：1677年、1792年、1803年、1855年、1856年、1880年、1881年、1895年、

1896 年

怀柔县：1760 年、1770 年、1792 年

密云县：1656 年、1705 年、1723 年、1760 年、1770 年、1792 年、1855 年

良乡县：1648 年、1691 年、1792 年

香河县：1655 年、1752 年、1753 年、1825 年、1856 年

宝坻县：1655 年、1695 年、1752 年、1770 年、1856 年

宁河县：1753 年、1856 年

武清县：1684 年、1690 年、1695 年、1752 年、1753 年、1759 年、1768 年、1770 年、1804 年、1822 年、1854 年、1856 年、1877 年、1881 年

东安县：1657 年、1672 年、1684 年、1709 年、1760 年、1770 年、1822 年

永清县：1655 年、1752 年、1759 年、1763 年、1822 年、1856 年、1867 年

固安县：1712 年、1713 年、1736 年、1752 年、1759 年、1804 年、1854 年、1857 年

保定县：1655 年、1736 年、1792 年、1804 年

文安县：1653 年、1666 年、1672 年、1697 年、1699 年、1749 年、1752 年、1763 年、1822 年、1832 年、1856 年、1882 年、1906 年、1908 年、1909 年、1910 年

大城县：1672 年、1752 年、1757 年、1758 年、1759 年、1763 年、1770 年、1824 年、1856 年、1858 年、1875 年

平谷县：1802 年、1856 年、1857 年、1858 年

顺义县：1760 年、1792 年、1821 年、1825 年、1856 年、1857 年、1876 年

正定府：1656 年、1752 年

晋州：1647 年、1649 年、1672 年、1694 年、1699 年、1825 年、1854 年、1855 年、1856 年、1857 年

正定县：1646 年、1691 年、1792 年、1802 年、1804 年、1825 年、1826 年、1854 年、1855 年、1856 年、1857 年、1858 年

藁城县：1687 年、1802 年、1836 年、1858 年、1859 年、1860 年、1862 年

无极县：1647 年、1650 年、1686 年、1857 年

新乐县：1646 年、1655 年、1656 年、1705 年、1825 年、1855 年、1857 年

灵寿县：1655 年、1667 年、1752 年、1759 年、1769 年、1825 年、1835 年、1857 年、1860 年、1862 年

行唐县：1655 年、1672 年、1763 年、1764 年

阜平县：1826 年、1857 年

平山县：1648 年、1650 年、1667 年、1803 年、1825 年、1835 年、1856 年、1857 年、

1858 年、1862 年

井陉县：1646 年、1686 年、1704 年、1754 年、1803 年、1823 年、1825 年、1856 年、1857 年、1858 年

获鹿县：1735 年、1781 年、1875 年

栾城县：1646 年、1655 年、1759 年、1802 年、1813 年、1824 年、1856 年、1857 年、1858 年

元氏县：1646 年、1647 年、1697 年、1740 年、1752 年、1817 年、1818 年、1827 年、1847 年、1857 年、1858 年

赞皇县：1667 年、1691 年、1759 年、1857 年

景州：1744 年、1751 年、1752 年、1763 年、1792 年、1795 年、1799 年、1824 年、1856 年、1890 年

河间县：1647 年、1672 年、1736 年、1751 年、1752 年、1753 年、1792 年、1832 年

肃宁县：1647 年、1736 年

任丘县：1655 年、1672 年、1759 年、1804 年、1825 年、1856 年

献县：1647 年、1655 年、1672 年、1744 年、1751 年、1752 年、1759 年、1763 年、1824 年、1825 年、1856 年、1857 年、1858 年、1878 年、1884 年、1898 年

交河县：1647 年、1658 年、1659 年、1672 年、1751 年、1752 年、1759 年、1763 年、1791 年、1795 年

阜城县：1647 年、1710 年、1752 年

东光县：1647 年、1676 年、1679 年、1689 年、1735 年、1752 年、1763 年、1780 年、1786 年、1791 年、1795 年、1799 年、1800 年、1856 年、1858 年

故城县：1655 年、1856 年、1857 年

吴桥县：1752 年、1763 年、1856 年

宁津县：1679 年、1691 年、1741 年、1763 年、1791 年、1857 年、1891 年

沧州：1676 年、1679 年、1736 年、1752 年、1753 年、1759 年、1763 年、1821 年、1856 年、1872 年、1886 年、1890 年

天津县：1698 年、1739 年、1752 年、1753 年、1759 年、1770 年、1792 年、1821 年、1822 年、1832 年、1856 年、1872 年、1877 年

静海县：1752 年、1753 年、1763 年、1770 年、1783 年、1795 年、1804 年、1806 年、1821 年、1855 年、1856 年、1857 年、1858 年、1877 年

青县：1656 年、1672 年、1736 年、1752 年、1759 年、1763 年、1799 年、1802 年、1848 年、1856 年、1857 年、1900 年

南皮县：1677 年、1678 年、1679 年、1752 年、1753 年、1759 年、1763 年、1856 年、1861 年、1882 年、1886 年

盐山县：1647 年、1656 年、1664 年、1679 年、1752 年、1753 年、1759 年、1856 年

庆云县：1655 年、1672 年、1710 年、1753 年、1763 年、1768 年、1776 年、1777 年、1856 年

邢台县：1647 年、1658 年、1672 年、1707 年、1708 年、1724 年、1802 年、1803 年、1856 年、1881 年、1883 年

沙河县：1759 年、1802 年、1825 年、1856 年、1863 年

任县：1655 年、1665 年、1736 年、1752 年、1759 年、1802 年、1836 年、1857 年、1878 年

南和县：1647 年、1650 年、1726 年、1736 年、1752 年、1759 年、1856 年、1857 年

平乡县：1655 年、1707 年、1708 年、1726 年、1736 年、1752 年、1759 年、1856 年、1857 年、1858 年、1868 年、1886 年、1892 年

巨鹿县：1709 年、1724 年、1737 年、1738 年、1743 年、1752 年、1759 年、1857 年、1858 年

广宗县：1760 年、1802 年、1856 年、1857 年

唐山县：1686 年、1736 年、1752 年、1802 年、1824 年、1854 年、1856 年、1857 年

内丘县：1647 年、1656 年、1667 年、1677 年、1825 年、1831 年、1857 年

保安州：1647 年、1648 年、1649 年、1705 年、1759 年

延庆州：1759 年

尉州：1647 年、1648 年、1649 年、1705 年、1753 年、1759 年、1836 年

宣化县：1647 年、1648 年、1759 年

万全县：1647 年、1759 年、1849 年

龙门县：1759 年

赤城县：1647 年

怀来县：1759 年

西宁县：1651 年、1705 年、1759 年、1836 年、1837 年

怀安县：1644 年、1647 年、1648 年、1759 年、1805 年、1836 年、1837 年

滦州：1655 年、1656 年、1667 年、1709 年、1749 年、1753 年、1763 年、1802 年、1803 年、1824 年、1825 年、1826 年、1854 年、1856 年、1857 年、1858 年

卢龙县：1655 年、1656 年、1667 年、1677 年、1679 年、1691 年、1699 年、1700 年、1705 年、1709 年、1753 年、1763 年、1803 年、1824 年、1825 年、1826 年、1848 年、

1857年、1858年

昌黎县：1656年、1825年、1857年

乐亭县：1753年、1856年、1857年

迁安县：1655年、1677年、1679年、1709年、1803年、1826年、1857年

抚宁县：1700年、1701年、1759年、1803年、1823年、1824年、1825年、1826年、1857年、1858年

临榆县：1656年、1753年、1802年、1803年、1805年、1825年、1856年

广平府：1655年、1752年、1825年

磁州：1656年、1856年

永年县：1658年、1684年、1689年、1752年、1753年、1759年、1825年、1856年、1857年、1862年、1891年、1892年

邯郸县：1759年、1825年、1856年、1857年

成安县：1646年、1752年、1856年、1857年

肥乡县：1814年、1848年、1856年、1857年、1862年、1892年

广平县：1649年、1663年、1668年、1672年、1856年

曲周县：1655年、1739年、1759年、1826年、1856年、1857年

威县：1646年、1672年、1684年、1752年、1759年

清河县：1658年、1672年、1759年、1857年

鸡泽县：1646年、1658年、1736年、1752年、1759年、1839年、1848年、1856年、1857年、1865年

大名府：1752年、1836年

开州：1752年、1826年、1835年、1836年、1842年、1847年、1856年、1857年、1862年、1865年、1866年、1869年

大名县：1644年、1655年、1667年、1671年、1693年、1740年、1752年、1753年、1758年、1759年、1856年、1857年、1904年、1909年

元城县：1650年、1655年、1671年、1672年、1752年、1758年、1759年、1856年

南乐县：1672年、1752年、1856年、1901年

清丰县：1650年、1672年、1694年、1752年、1758年、1759年、1856年、1857年、1858年、1867年

东明县：1667年、1672年、1687年、1740年、1752年、1814年、1838年、1863年

长垣县：1690年、1752年、1836年

遵化州：1659年、1694年、1699年、1749年、1753年、1792年、1804年、1855年、

1856 年、1857 年、1883 年

玉田县：1655 年、1656 年、1753 年、1770 年、1783 年、1792 年、1803 年、1856 年、1881 年、1882 年

丰润县：1691 年、1709 年、1749 年、1753 年、1792 年、1803 年、1856 年

涞水县：1705 年、1804 年、1857 年、1858 年

广昌县：1647 年、1648 年

定州：1646 年、1705 年、1752 年、1797 年、1802 年、1824 年、1825 年、1856 年

曲阳县：1759 年、1762 年、1825 年、1856 年、1857 年

深泽县：1655 年、1825 年、1858 年

深州：1656 年、1679 年、1686 年、1739 年、1752 年、1759 年、1802 年

安平县：1647 年、1655 年

武强县：1655 年、1667 年、1759 年、1802 年、1856 年

饶阳县：1647 年、1686 年

冀州：1647 年、1655 年、1672 年、1752 年

武邑县：1647 年、1655 年、1672 年、1684 年、1693 年、1739 年、1759 年、1839 年、1856 年

枣强县：1647 年、1650 年、1697 年、1724 年、1752 年、1824 年、1853 年、1854 年、1856 年、1863 年、1868 年、1871 年、1873 年、1888 年

衡水县：1648 年、1655 年、1752 年、1759 年、1856 年

新河县：1647 年、1655 年、1710 年、1752 年、1759 年、1836 年、1856 年、1857 年、1886 年、1900 年

南宫县：1672 年、1759 年、1795 年、1856 年、1857 年

赵州：1647 年、1752 年、1856 年、1857 年、1858 年

宁晋县：1752 年、1759 年、1851 年、1857 年、1858 年、1869 年

高邑县：1647 年、1667 年、1817 年、1818 年、1857 年、1858 年

隆平县：1648 年、1655 年、1707 年、1732 年、1734 年、1735 年、1739 年、1752 年、1759 年

临城县：1686 年

柏乡县：1647 年、1671 年、1752 年

徐水县：1647 年

南安：1759 年

张家口：1759 年、1804 年

津军：1759 年

郑州：1763 年

任丘：1763 年

阳原县：1836 年

【山西】

太原府：1648 年

岢岚州：1647 年、1836 年

阳曲县：1649 年、1650 年、1825 年、1826 年

太原县：1858 年

榆次县：1647 年、1771 年、1897 年

徐沟县：1647 年

太古县：1647 年

祁县：1646 年、1647 年

交城县：1647 年、1857 年

文水县：1646 年、1647 年、1858 年、1897 年

岚县：1647 年

兴县：1647 年

永宁州：1647 年、1650 年

汾阳县：1836 年

平遥县：1647 年、1691 年

介休县：1644 年、1647 年、1650 年、1691 年

石楼县：1647 年

宁乡县：1647 年、1650 年

临县：1647 年

平阳府：1648 年、1691 年、1692 年、1694 年

吉州：1647 年、1691 年、1692 年、1897 年

临汾县：1647 年、1691 年、1692 年、1863 年

洪洞县：1646 年、1690 年、1691 年、1692 年

岳阳县：1645 年、1691 年、1836 年

浮山县：1650 年、1691 年、1692 年、1897 年

翼城县：1646 年、1691 年、1862 年

曲沃县：1655 年、1691 年、1837 年、1847 年、1862 年

太平县：1647年、1857年、1862年

襄陵县：1691年、1692年、1897年

乡宁县：1646年、1691年、1722年

汾西县：1647年

永济县：1647年、1746年、1837年、1857年、1861年、1879年、1901年

虞乡县：1836年、1862年

临晋县：1647年、1858年、1892年

猗氏县：1647年、1691年、1862年

荣河县：1856年、1858年、1872年、1901年

万全县：1647年、1759年、1849年

泽州府：1694年

凤台县：1691年、1858年

陵川县：1647年、1857年、1862年

高平县：1691年、1862年

阳城县：1648年、1837年、1856年、1862年

沁水县：1691年、1856年、1862年

潞安府：1648年

长治县：1646年、1647年、1672年、1691年、1856年、1858年、1862年

长子县：1647年、1691年

壶关县：1647年、1857年、1858年、1862年

潞城县：1647年、1672年、1857年、1858年

黎城县：1672年、1857年、1858年

屯留县：1672年、1673年

襄垣县：1646年、1650年

神池县：1832年

大同府：1647年、1648年、1649年

应州：1645年、1836年、1897年

浑源州：1646年、1836年

大同县：1647年、1836年、1897年

怀仁县：1647年、1836年

山阴县：1836年

灵丘县：1857年

广灵县：1647 年、1648 年、1649 年、1705 年、1753 年、1836 年

阳高县：1647 年、1649 年

天镇县：1648 年、1718 年、1832 年、1836 年

朔州：1647 年、1648 年、1836 年、1837 年

右玉县：1832 年

左云县：1647 年

宁远厅：1760 年、1764 年

代州：1647 年、1832 年

繁峙县：1740 年

崞县：1647 年

五台县：1647 年、1650 年、1836 年

保德州：1647 年

河曲县：1647 年、1836 年、1837 年

定襄县：1647 年、1648 年、1836 年

静乐县：1647 年、1858 年

平定州：1648 年、1701 年、1759 年、1824 年、1857 年、1858 年

寿阳县：1759 年

盂县：1648 年、1649 年、1825 年

辽州：1647 年、1648 年、1858 年

和顺县：1650 年、1656 年、1672 年、1703 年、1759 年、1857 年、1858 年

榆社县：1650 年、1858 年

沁州：1648 年、1691 年、1692 年、1694 年

武乡县：1647 年、1650 年、1651 年、1897 年

沁源县：1647 年、1691 年

霍州：1647 年、1842 年

灵石县：1647 年、1649 年

隰州：1647 年

永和县：1648 年、1857 年、1892 年

蒲县：1640 年、1690 年、1691 年

绛州：1691 年、1899 年、1901 年

稷山县：1692 年、1862 年

河津县：1691 年、1692 年

闻喜县：1691 年、1862 年

绛县：1691 年、1835 年、1862 年、1878 年

垣曲县：1662 年、1667 年、1691 年、1758 年、1786 年、1811 年、1836 年、1837 年、1857 年、1858 年、1859 年、1862 年

解州：1672 年、1691 年、1746 年、1861 年、1879 年

安邑县：1691 年、1862 年

夏县：1691 年、1732 年、1862 年

平陆县：1672 年、1673 年、1690 年、1837 年、1857 年、1858 年、1862 年、1864 年

芮城县：1647 年、1672 年、1837 年、1857 年、1861 年

清水河厅：1897 年

萨拉齐厅：1897 年

昔阳县：1701 年、1759 年、1773 年、1825 年、1857 年、1859 年

平顺县：1647 年

安泽县：1645 年、1691 年、1836 年

【内蒙古】

土默特蒙古：1760 年

善岱：1760 年

厄鲁特：1774 年

达拉特阿拉善旗：1879 年

大舍太古城：1879 年

大蛇台：1879 年

五原厅（包头市）：1906 年

【辽宁】

盖平县：1858 年

锦州府：1803 年

山海关：1803 年

庄河县：1858 年

绥中县：1656 年、1802 年、1803 年、1825 年、1858 年

北镇县：1774 年

【黑龙江】

齐齐哈尔：1733 年

呼兰府：1763 年

锡伯：1766年

索伦：1766年

达呼尔：1766年

【江苏】

江宁府：1877年、1878年、1892年

江宁县：1891年、1892年、1902年

上元县：1671年、1687年、1752年、1878年

江浦县：1667年、1718年、1723年、1724年、1752年、1803年、1835年、1856年、1877年、1878年、1891年

六合县：1667年、1686年、1723年、1803年、1856年、1869年、1870年、1877年

句容县：1752年、1837年、1856年、1857年、1863年、1877年、1878年、1892年

溧水县：1671年、1722年、1736年、1739年、1835年、1856年、1857年、1863年、1878年

高淳县：1667年、1723年、1737年、1803年、1835年、1856年、1857年、1865年、1877年、1891年

镇江府：1672年、1722年、1723年、1726年、1803年、1892年

丹徒县：1672年、1836年、1856年、1857年、1862年、1876年

丹阳县：1671年、1721年、1724年、1856年、1876年、1891年、1892年

金坛县：1672年、1722年、1723年、1725年、1856年、1895年

溧阳县：1739年、1856年、1877年、1892年

常州府：1672年、1803年

武进县：1672年、1877年

阳湖县：1877年

靖江县：1667年、1745年、1766年、1774年、1775年、1803年、1836年、1856年、1857年、1876年、1877年、1878年

江阴县：1661年、1672年、1723年、1738年、1774年、1775年、1836年、1857年

无锡县：1679年、1856年、1877年、1882年

宜兴县：1665年、1738年、1775年、1856年、1857年

苏州府：1672年、1679年、1724年、1754年、1755年、1758年、1785年、1824年、1856年、1857年、1862年、1877年

吴县：1672年、1679年、1754年、1755年、1853年、1862年、1877年

长洲县：1672年

吴江县：1672 年、1754 年、1755 年、1785 年、1814 年、1877 年

震泽县：1738 年

昆山县：1672 年、1679 年、1724 年、1856 年、1877 年

常熟县：1679 年、1724 年、1785 年、1856 年、1857 年、1892 年、1894 年

松江府：1672 年、1679 年、1724 年、1731 年、1735 年、1823 年、1856 年、1857 年、1858 年、1877 年

华亭县：1732 年、1755 年、1856 年、1857 年

娄县：1856 年、1877 年

金山县：1724 年、1731 年、1732 年、1856 年

青浦县：1679 年、1724 年、1731 年、1755、1856 年、1877 年、1897 年

上海县：1679 年、1856 年、1857 年、1858 年、1877 年

南汇县：1776 年、1857 年

奉贤县：1679 年、1755 年、1856 年、1857 年

川沙厅：1672 年、1724 年、1856 年、1857 年、1858 年、1902 年、1903 年

扬州府：1679 年、1759 年、1768 年、1803 年、1843 年、1892 年

泰州：1667 年、1679 年、1729 年、1744 年、1752 年、1775 年、1785 年、1789 年、1837 年、1856 年、1876 年、1878 年

高邮州：1679 年、1723 年、1759 年、1814 年、1835 年、1836 年、1856 年、1862 年、1876 年、1877 年、1878 年、1891 年、1892 年、1901 年、1902 年

江都县：1729 年、1775 年、1804 年、1856 年、1902

仪征县：1667 年、1671 年、1678 年、1687 年、1692 年、1723 年、1774 年、1775 年、1836 年

兴化县：1667 年、1679 年、1729 年、1744 年、1807 年、1809 年、1835 年、1843 年、1856 年、1877 年、1878 年、1891 年、1892 年、1902

宝应县：1652 年、1653 年、1671 年、1679 年、1690 年、1732 年、1733 年、1782 年、1785 年、1814 年、1835 年、1854 年、1856 年、1873 年、1874 年、1875 年、1876 年

东台县：1667 年、1672 年、1679 年、1693 年、1729 年、1744 年、1768 年、1775 年、1785 年、1789 年、1856 年

淮安府：1671 年、1672 年、1735 年、1736 年、1739 年、1740 年、1752 年、1759 年、1876 年、1892 年

山阳县：1732 年、1733 年、1735 年、1738 年、1739 年、1802 年、1892 年

清河县：1666 年、1667 年、1678 年、1680 年、1738 年、1876 年

桃源县：1666年、1678年、1679年、1687年、1732年、1752年

安东县：1650年、1662年、1678年、1679年、1686年、1688年、1689年、1711年、1718年、1739年、1753年、1757年、1823年、1836年、1837年、1847年、1856年、1857年、1886年

阜宁县：1732年、1735年、1739年、1752年、1782年、1785年、1835年、1836年、1856年、1858年、1877年、1900年

盐城县：1672年、1674年、1679年、1702年、1703年、1713年、1724年、1738年、1739年、1752年、1843年、1856年、1876年、1880年、1891年、1892年

徐州府：1661年、1668年、1679年、1686年、1740年、1752年

邳州：1667年、1716年、1728年、1752年、1758年、1759年、1803年

铜山县：1661年、1744年、1752年、1758年、1856年

萧县：1650年、1661年、1665年、1666年、1667年、1672年、1686年、1740年、1744年、1752年、1770年、1855年、1856年、1857年、1861年、1868年

丰县：1752年、1758年

沛县：1650年、1685年、1686年、1690年、1714年、1752年、1753年、1827年、1856年、1862年、1897年

砀山县：1661年、1679年、1740年、1752年、1770年

宿迁县：1687年、1690年、1706年、1716年、1769年、1784年、1787年、1803年、1835年、1856年、1860年、1862年、1876年、1894年、1909年

睢宁县：1716年、1787年、1855年、1856年、1858年、1876年、1877年

海州：1667年、1671年、1738年、1740年、1743年、1752年、1753年、1759年、1808年、1823年、1892年

赣榆县：1666年、1667年、1671年、1739年、1759年、1825年、1884年

沭阳县：1667年、1732年、1739年

通州：1672年、1679年、1699年、1724年、1728年、1729年、1744年、1759年、1856年、1892年

如皋县：1657年、1672年、1679年、1693年、1699年、1724年、1729年、1744年、1759年、1856年、1857年、1862年、1892年

泰兴县：1672年、1699年、1725年、1744年、1856年、1876年、1877年

太仓州：1877年

镇洋县：1672年、1723年、1724年、1856年、1862年

嘉定县：1679年、1856年、1857年、1877年

宝山县：1679 年、1723 年、1724 年、1856 年、1877 年

崇明县：1672 年、1679 年、1688 年、1698 年、1724 年、1856 年

海门厅：1877 年、1878 年、1900 年

徐州卫：1740 年

淮阴县：1679 年、1856 年、1857 年、1877 年、1880 年

安亭县：1877 年

黄渡县：1877 年

【浙江】

杭州府：1672 年

海宁州：1649 年、1666 年、1669 年

钱塘县：1709 年、1776 年、1856 年

仁和县：1776 年、1856 年

余杭县：1856 年

富阳县：1856 年、1857 年

新城县：1856 年

临安县：1856 年

于潜县：1856 年

昌化县：1856 年

湖州府：1671 年、1672 年、1677 年、1724 年

乌程县：1671 年、1738 年、1755 年、1785 年、1856 年、1877 年

归安县：1738 年、1856 年、1859 年

长兴县：1785 年、1786 年、1856 年、1857 年

安吉县：1856 年

孝丰县：1856 年

武康县：1856 年

德清县：1856 年

嘉兴府：1672 年、1877 年、1879 年

嘉兴县：1672 年、1856 年

秀水县：1856 年

嘉善县：1672 年、1705 年、1856 年、1877 年

平湖县：1856 年、1877 年

海盐县：1671 年、1856 年

桐乡县：1856 年、1877 年

石门县：1856 年、1858 年

绍兴府：1672 年

会稽县：1856 年

山阴县：1732 年、1836 年、1856 年

萧山县：1667 年、1856 年、1876 年、1877 年

余姚县：1856 年

上虞县：1856 年

嵊县：1856 年、1857 年

诸暨县：1828 年、1856 年

鄞县：1856 年

奉化县：1667 年、1681 年、1856 年

慈溪县：1856 年、1860 年

镇海县：1877 年

定海县：1856 年

台州府：1671 年

临海县：1856 年

天台县：1856 年

仙居县：1666 年、1671 年、1679 年、1844 年、1856 年

黄岩县：1856 年

太平县：1647 年、1856 年、1857 年、1862 年

宁海县：1856 年

金华县：1856 年

东阳县：1856 年

义乌县：1856 年

浦江县：1856 年

兰溪县：1856 年

汤溪县：1856 年

武义县：1856 年

永康县：1856 年

建德县：1856 年

桐庐县：1856 年

分水县：1724 年、1856 年

寿昌县：1660 年、1671 年、1856 年

淳安县：1682 年、1691 年、1856 年

遂安县：1671 年、1856 年

西安县：1856 年

龙游县：1856 年

江山县：1671 年、1856 年

常山县：1671 年、1856 年

开化县：1856 年

处州府：1679 年

丽水县：1671 年、1856 年

缙云县：1679 年、1681 年、1856 年

青田县：1856 年

景宁县：1772 年、1783 年、1856 年、1880 年、1900 年

云和县：1856 年

松阳县：1856 年

遂昌县：1688 年、1856 年

航严卫：1856 年

嘉湖卫：1856 年

台州卫：1856 年

【安徽】

安庆府：1672 年、1679 年

怀宁县：1667 年、1759 年、1798 年、1799 年、1892 年

桐城县：1667 年、1668 年、1672 年、1678 年、1714 年、1715 年、1835 年、1836 年、1857 年、1892 年

潜山县：1678 年、1835 年

太湖县：1858 年

宿松县：1775 年、1798 年、1827 年、1835 年、1836 年

贵池县：1775 年、1862 年

铜陵县：1723 年、1724 年、1745 年

徽州府：1672 年

绩溪县：1759 年

祁门县：1800 年、1835 年

休宁县：1672 年

宁国府：1737 年

宣城县：1668 年、1723 年、1737 年、1755 年、1804 年、1857 年、1858 年、1877 年

南陵县：1694 年、1778 年、1785 年、1856 年、1858 年

宁国县：1854 年、1855 年

泾县：1858 年

庐州府：1671 年、1672 年、1679 年、1711 年、1714 年、1740 年、1744 年、1856 年、1862 年、1877 年

无为州：1667 年、1668 年、1711 年、1723 年、1737 年、1740 年、1857 年

合肥县：1667 年、1671 年、1672 年、1711 年、1712 年、1714 年、1845 年、1856 年、1858 年、1862 年、1892 年

巢县：1667 年、1671 年、1687 年、1692 年、1693 年、1723 年、1826 年、1834 年、1835 年、1858 年、1892 年

舒城县：1679 年、1714 年、1723 年、1724 年、1756 年、1757 年、1759 年、1856 年、1859 年、1892 年

庐江县：1671 年、1711 年、1714 年、1835 年、1836 年、1856 年、1857 年、1877 年、1892 年

凤阳府：1679 年、1739 年、1740 年、1744 年、1758 年、1902 年

宿州：1647 年、1672 年、1680 年、1690 年、1691 年、1692 年、1699 年、1717 年、1723 年、1740 年、1744 年、1752 年、1758 年、1770 年、1785 年、1824 年、1856 年、1858 年、1862 年、1876 年、1877 年、1878 年、1886 年

寿州：1855 年、1858 年、1859 年、1860 年、1892 年

凤阳县：1651 年、1667 年、1671 年、1672 年、1752 年、1768 年、1770 年、1772 年、1774 年、1858 年

怀远县：1653 年、1667 年、1671 年、1768 年、1802 年、1858 年、1892 年

灵璧县：1671 年、1674 年、1686 年、1752 年、1753 年、1758 年、1858 年、1879 年

凤台县：1856 年、1858 年、1892 年

定远县：1770 年、1833 年、1837 年、1858 年、1862 年、1878 年、1892 年

颍州府：1662 年、1666 年、1667 年、1740 年、1744 年、1758 年、1856 年、1876 年、1902 年

亳州：1740 年、1744 年、1752 年、1770 年、1836 年、1857 年、1858 年、1863 年、

1891年、1892年

阜阳县：1667年、1731年、1744年、1858年

太和县：1684年、1691年、1692年、1723年、1744年、1856年、1857年、1876年、1891年、1899年

蒙城县：1671年、1672年、1673年、1674年、1858年、1876年

颍上县：1740年、1744年、1799年、1856年、1857年、1858年、1859年、1860年、1861年

霍邱县：1667年、1731年、1744年、1768年、1770年、1786年、1836年、1856年、1857年、1858年、1860年、1862年、1892年、1894年

六安州：1667年、1671年、1672年、1679年、1680年、1711年、1714年、1835年、1839年、1843年、1856年、1857年、1858年、1860年、1877年、1902年

霍山县：1714年、1786年、1835年、1839年、1858年、1891年、1892年

英山县：1672年

泗州：1661年、1667年、1668年、1671年、1678年、1679年、1686年、1687年、1739年、1740年、1744年、1752年、1753年、1851年、1858年、1877年、1885年、1902年

五河县：1666年、1679年、1758年、1768年、1774年、1818年、1822年、1835年、1858年、1877年

盱眙县：1667年、1668年、1671年、1672年、1678年、1679年、1686年、1687年、1690年、1693年、1709年、1711年、1725年、1726年、1739年、1744年、1814年、1835年、1854年、1858年、1892年

天长县：1671年、1723年、1724年、1768年、1783年、1856年、1858年、1892年

泗州卫：1770年

滁州：1671年、1672年、1674年、1678年、1679年、1739年、1740年、1744年、1752年、1753年

来安县：1671年、1674年、1679年、1710年、1714年、1753年、1770年、1858年、1892年

全椒县：1667年、1671年、1672年、1678年、1679年、1753年、1836年、1858年、1891年、1892年

和州：1671年、1672年、1679年、1744年、1759年、1862年、1876年、1890年、1891年

含山县：1664年、1671年、1679年、1690年、1711年、1723年、1760年、1851年、

1858年、1892年

  太平府：1858年、1877年

  当涂县：1737年、1745年、1856年、1877年、1892年

  芜湖县：1856年、1877年、1892年

  广德州：1856年、1857年、1877年

  建平县：1723年、1785年、1858年

  虹县：1752年

  石台县：1856年

  临淮县：1667年

【福建】

  闽县：1691年

  连江县：1685年、1687年、1787年、1909年

  罗源县：1691年

  浦城县：1833年

  崇安县：1731年、1812年、1856年

  沙县：1825年

  泰宁县：1833年

  长汀县：1899年

  宁化县：1899年

  漳州府：1677年

  长泰县：1702年

  漳浦县：1689年

【江西】

  南昌府：1835年、1857年

  义宁州：1857年

  南昌县：1835年

  新建县：1855年、1856年

  进贤县：1835年、1858年

  丰城县：1835年、1858年

  奉新县：1857年

  靖安县：1824年、1836年、1857年

  武宁县：1835年、1857年

南康府：1835 年、1857 年

星子县：1857 年

建昌县：1735 年、1835 年、1836 年

安义县：1835 年、1857 年、1858 年

九江府：1799 年、1857 年

德化县：1799 年、1835 年、1836 年、1858 年

湖口县：1799 年、1835 年、1857 年

彭泽县：1799 年、1834 年

瑞昌县：1698 年、1836 年、1857 年

德安县：1857 年

饶州府：1835 年

鄱阳县：1835 年、1836 年

乐平县：1835 年

余干县：1835 年、1836 年

万年县：1835 年

安仁县：1835 年

德兴县：1835 年

广丰县：1671 年、1723 年

弋阳县：1680 年、1835 年、1836 年

贵溪县：1835 年

南城县：1835 年

泸溪县：1671 年、1672 年、1679 年

新城县：1821 年、1834 年

抚州府：1835 年

临川县：1858 年

东乡县：1835 年、1858 年

金溪县：1835 年

崇仁县：1834 年

宜黄县：1835 年

临江府：1835 年、1858 年

清江县：1835 年、1858 年

高安县：1857 年

上高县：1835 年、1858 年

袁州府：1857 年

宜春县：1857 年、1858 年、1868 年

万载县：1857 年、1858 年

萍乡县：1671 年、1857 年

安福县：1857 年

万安县：1853 年

宁都州：1683 年

宜丰县：1882 年

永修县：1857 年

【山东】

济南府：1655 年、1672 年、1739 年、1752 年、1759 年、1774 年、1775 年、1802 年、1856 年

德州：1649 年、1667 年、1736 年、1758 年、1763 年、1782 年、1802 年、1804 年、1824 年

历城县：1672 年、1763 年、1793 年、1802 年、1829 年、1856 年、1892 年

长清县：1655 年、1672 年、1763 年、1802 年、1804 年、1825 年、1856 年、1870 年、1888 年、1889 年、1892 年、1896 年、1903 年

齐河县：1727 年、1763 年、1774 年、1784 年、1802 年、1829 年、1856 年

禹城县：1763 年、1802 年、1871 年

平原县：1759 年、1763 年、1775 年、1782 年、1784 年、1795 年、1802 年

陵县：1655 年、1802 年、1805 年、1814 年、1856 年、1857 年、1871 年

临邑县：1655 年、1671 年、1672 年、1690 年、1724 年、1752 年、1763 年、1793 年、1802 年、1869 年、1871 年、1877 年、1892 年

德平县：1686 年、1691 年、1693 年、1758 年、1776 年、1793 年、1802 年、1858 年、1886 年

济阳县：1655 年、1667 年、1670 年、1802 年、1835 年、1855 年

齐东县：1655 年、1667 年、1802 年

长山县：1715 年、1759 年

新城县：1686 年、1691 年、1772 年、1784 年、1805 年、1854 年、1855 年、1856 年、1857 年、1862 年、1892 年、1905 年、1906 年

淄川县：1655 年、1672 年、1686 年、1704 年、1727 年、1759 年、1764 年、1772 年、

1774年、1775年、1886年、1900年

邹平县：1655年、1681年、1691年、1694年、1736年、1802年、1803年、1886年、1890年、1891年、1892年、1900年、1906年

章丘县：1655年、1656年、1672年、1685年、1686年、1690年、1793年、1802年、1803年、1804年

武定府：1704年、1739年、1835年、1854年

滨州：1655年、1691年、1740年、1802年、1835年

惠民县：1672年、1752年、1753年、1802年、1845年、1853年、1854年、1855年、1886年、1900年

阳信县：1649年、1667年、1670年、1672年、1721年、1752年、1802年、1840年、1847年、1853年、1854年、1855年、1900年、1902年

乐陵县：1694年、1752年、1753年、1802年

海丰县：1667年、1802年

沾化县：1679年、1682年、1691年、1697年、1704年、1705年、1708年、1709年、1847年、1855年

利津县：1835年、1856年

蒲台县：1691年、1697年、1735年、1752年、1763年、1771年

青城县：1655年、1735年、1802年

商河县：1667年、1672年、1708年、1752年、1753年、1795年、1802年、1803年、1813年

东昌府：1690年、1739年、1752年、1759年、1763年、1764年、1802年、1856年

高唐州：1792年、1802年

聊城县：1655年、1690年、1752年、1759年、1763年、1764年、1768年、1770年、1771年、1792年、1802年

茌平县：1802年

博平县：1654年、1655年、1672年、1802年、1823年、1824年、1875年

清平县：1802年

恩县：1675年、1763年、1802年、1853年、1854年、1855年、1891年、1899年

堂邑县：1649年、1655年、1802年

馆陶县：1655年、1656年、1671年、1672年、1802年、1856年、1857年、1895年

冠县：1645年、1646年、1655年、1656年、1667年、1672年、1675年、1825年、1855年、1856年、1858年、1869年

莘县：1655年、1672年、1711年、1802年、1823年、1862年

濮州：1856年、1866年、1869年、1876年

菏泽县：1672年、1674年、1814年、1836年、1838年

观城县：1655年、1835年

朝城县：1672年、1752年、1858年

郓城县：1835年、1838年、1856年、1857年、1869年、1876年

巨野县：1835年、1837年、1838年、1856年、1869年

定陶县：1647年、1656年、1672年、1740年、1752年、1856年、1857年、1862年、1871年、1877年、1909年

曹县：1672年、1673年、1733年、1740年、1752年、1758年、1814年、1838年、1856年、1863年、1909年

单县：1740年、1837年、1853年

范县：1752年、1785年、1786年、1856年、1857年、1866年、1867年、1876年、1892年

兖州府：1739年、1752年、1856年

滋阳县：1744年、1752年、1765年、1802年、1856年、1857年、1885年

曲阜县：1709年、1802年、1857年、1898年

泗水县：1802年、1836年、1837年、1838年

邹县：1672年、1695年、1711年、1722年、1826年、1838年

滕县：1691年、1711年、1744年、1802年、1805年、1834年、1846年

峄县：1667年、1716年、1784年、1802年、1803年、1805年、1812年、1822年、1834年、1835年、1837年、1838年、1846年、1856年、1857年、1860年、1879年、1900年、1901年、1902年

宁阳县：1672年、1694年、1744年、1756年、1759年、1802年

汶上县：1686年、1690年、1691年、1694年、1710年、1747年、1750年、1753年、1803年、1856年、1891年、1893年

寿张县：1818年、1835年、1869年

阳谷县：1667年、1711年、1802年、1818年、1823年、1835年、1838年、1856年、1857年、1862年、1869年、1886年

泰安府：1739年、1802年

东平州：1665年、1744年、1802年、1824年、1825年、1835年、1837年、1856年

泰安县：1734年、1752年、1758年、1759年、1802年、1856年、1870年、1878年

莱芜县：1650 年、1659 年、1672 年、1721 年、1802 年、1858 年、1899 年、1906 年

新泰县：1650 年、1666 年、1689 年、1690 年、1721 年、1723 年、1802 年、1805 年、1806 年、1835 年、1836 年、1856 年、1857 年

肥城县：1736 年、1758 年、1759 年、1802 年、1835 年、1836 年、1837 年、1856 年

平阴县：1672 年、1802 年、1856 年、1892 年

沂州府：1665 年、1672 年、1723 年、1739 年、1752 年、1802 年、1803 年、1856 年、1857 年

莒州：1682 年、1691 年、1692 年、1696 年、1697 年、1722 年、1723 年、1724 年、1752 年、1856 年、1857 年、1860 年

兰山县：1736 年、1738 年、1748 年、1759 年、1802 年、1803 年、1808 年、1822 年、1880 年、1900 年

郯城县：1722 年、1736 年、1738 年、1748 年、1802 年、1803 年、1808 年、1823 年

日照县：1672 年、1738 年、1752 年、1785 年、1854 年、1856 年、1857 年

费县：1652 年、1672 年、1723 年、1736 年、1744 年、1748 年、1774 年、1784 年、1801 年、1802 年、1803 年、1833 年、1835 年、1837 年、1838 年、1855 年、1856 年、1857 年、1858 年、1862 年、1869 年、1877 年、1881 年

蒙阴县：1672 年、1748 年、1759 年、1760 年、1802 年

沂水县：1672 年、1723 年、1748 年、1760 年、1773 年、1774 年、1802 年

青州府：1673 年、1691 年、1709 年、1739 年、1856 年

益都县：1647 年、1672 年、1689 年、1691 年、1709 年、1764 年、1805 年

临淄县：1672 年

昌乐县：1672 年、1691 年、1805 年、1845 年、1855 年、1856 年、1857 年、1862 年、1864 年、1892 年、1895 年

寿光县：1672 年、1691 年、1709 年、1774 年、1804 年、1805 年、1857 年、1886 年、1887 年、1892 年、1895 年、1900 年

乐安县：1674 年、1694 年、1704 年、1708 年、1802 年、1899 年、1906 年

博兴县：1649 年、1655 年、1667 年、1697 年、1709 年、1718 年、1802 年、1805 年、1814 年、1818 年、1821 年、1822 年、1825 年、1835 年、1838 年、1886 年、1899 年、1906 年、1907 年

高苑县：1655 年、1672 年、1692 年、1693 年、1694 年

临朐县：1723 年、1724 年、1804 年、1856 年、1857 年、1862 年、1881 年、1892 年、1900 年

博山县：1656 年、1802 年、1857 年、1858 年、1872 年、1884 年、1887 年、1890 年、1895 年、1900 年、1906 年、1909 年

安丘县：1672 年、1689 年、1748 年、1764 年、1774 年、1785 年、1793 年、1805 年、1835 年、1856 年、1857 年、1862 年

诸城县：1748 年、1751 年、1759 年、1776 年、1802 年、1803 年、1805 年、1837 年、1838 年、1841 年、1856 年、1857 年、1859 年、1860 年、1862 年、1863 年、1864 年、1865 年、1867 年、1876 年、1878 年、1880 年

莱州府：1752 年

平度州：1672 年、1748 年、1788 年、1845 年、1857 年

胶州：1720 年、1748 年、1770 年、1822 年、1837 年、1840 年、1893 年、1899 年

掖县：1672 年、1691 年、1720 年、1724 年、1748 年、1750 年、1802 年、1803 年、1837 年、1857 年

昌邑县：1647 年、1661 年、1672 年、1691 年、1709 年、1724 年、1805 年、1806 年、1837 年、1862 年、1892 年

潍县：1672 年、1673 年、1691 年、1748 年、1764 年、1774 年、1785 年、1795 年、1805 年、1856 年、1862 年、1892 年

高密县：1748 年、1822 年、1842 年、1851 年、1855 年、1856 年、1857 年、1858 年、1860 年

即墨县：1672 年、1748 年、1764 年、1771 年、1785 年、1802 年、1822 年、1857 年、1858 年

登州府：1691 年、1803 年、1899 年

宁海州：1805 年、1848 年、1856 年

蓬莱县：1691 年、1704 年、1801 年、1856 年

黄县：1747 年、1753 年、1791 年、1792 年、1802 年、1803 年、1857 年

招远县：1775 年、1802 年

福山县：1665 年、1691 年、1748 年、1858 年、1859 年

栖霞县：1691 年、1723 年、1748 年、1804 年

莱阳县：1667 年、1672 年、1691 年、1748 年、1855 年、1862 年

海阳县：1667 年、1672 年、1691 年、1725 年、1856 年

文登县：1691 年、1748 年、1774 年、1795 年、1802 年、1821 年

荣成县：1748 年、1838 年

临清州：1672 年、1744 年、1785 年、1802 年、1811 年、1821 年、1857 年、1892 年

夏津县：1672 年、1733 年、1739 年、1740 年、1802 年、1857 年、1884 年、1896 年、1903 年

武城县：1655 年、1672 年、1693 年、1792 年、1802 年、1856 年、1857 年

邱县：1655 年、1656 年、1672 年、1685 年、1690 年、1802 年、1838 年、1891 年

济宁州：1733 年、1824 年、1825 年、1835 年、1837 年、1856 年

嘉祥县：1864 年、1865 年

金乡县：1802 年、1824 年、1837 年、1856 年

鱼台县：1691 年、1722 年、1733 年、1744 年、1753 年、1802 年、1856 年、1908 年

东阿县：1723 年、1727 年、1744 年、1752 年、1826 年、1853 年

济宁州：1731 年、1802 年

东昌卫：1802 年

德州卫：1802 年

无棣县：1667 年、1752 年、1840 年、1847 年、1853 年、1857 年、1858 年、1861 年、1892 年

广饶县：1694 年、1704 年、1857 年、1886 年、1887 年、1899 年、1906 年

【河南】

开封府：1691 年、1693 年、1694 年、1784 年、1786 年

郑州：1763 年、1803 年、1857 年、1874 年、1876 年

禹州：1648 年、1691 年、1696 年、1697 年、1708 年、1752 年、1856 年、1874 年、1900 年

祥符县：1786 年、1787 年、1803 年、1836 年、1874 年、1892 年

陈留县：1803 年、1866 年、1874 年、1900 年

兰考县：1744 年、1858 年、1859 年、1863 年、1900 年

杞县：1672 年、1723 年、1740 年、1758 年、1767 年、1786 年、1803 年、1863 年、1874 年、1875 年、1876 年

通许县：1691 年、1765 年、1856 年、1874 年、1908 年

尉氏县：1664 年、1667 年、1691 年、1694 年、1740 年、1786 年、1865 年、1874 年

鄢陵县：1692 年、1740 年、1786 年、1787 年、1796 年、1811 年、1836 年、1845 年、1857 年、1869 年、1874 年、1900 年

洧川县：1664 年、1667 年、1691 年、1740 年、1874 年

新乡县：1667 年、1680 年、1690 年、1691 年、1723 年、1740 年、1786 年、1803 年、1856 年、1869 年、1874 年、1875 年、1876 年、1879 年、1895 年、1896 年

中牟县：1693 年、1803 年、1836 年、1837 年、1852 年、1857 年、1858 年、1859 年、1860 年、1874 年、1877 年、1909 年

荥泽县：1803 年、1874 年

汜水县：1803 年、1836 年、1858 年、1874 年

荥阳县：1656 年、1694 年、1708 年、1803 年、1836 年、1852 年、1857 年、1858 年、1874 年

密县：1663 年、1672 年、1802 年、1832 年、1856 年

河南府：1691 年、1738 年

洛阳县：1674 年

孟津县：1691 年、1692 年、1693 年、1803 年、1874 年、1901 年

偃师县：1691 年、1803 年、1874 年、1898 年

巩县：1668 年、1672 年、1721 年、1786 年、1803 年、1856 年、1857 年、1858 年、1874 年

登封县：1691 年、1694 年、1803 年、1874 年

宜阳县：1668 年、1691 年、1803 年、1835 年、1836 年、1854 年、1855 年、1862 年、1874 年

新安县：1874 年

渑池县：1691 年、1862 年

永宁县：1668 年、1837 年、1857 年、1862 年、1863 年、1864 年、1874 年

嵩县：1803 年、1848 年、1862 年

怀庆府：1667 年、1691 年、1722 年、1723 年、1786 年、1856 年、1857 年、1864 年、1866 年、1871 年、1900 年

河内县：1667 年、1691 年、1722 年、1803 年、1874 年

温县：1690 年、1723 年、1738 年、1803 年、1857 年、1874 年

武陟县：1647 年、1664 年、1665 年、1690 年、1727 年、1803 年、1856 年、1874 年

修武县：1647 年、1665 年、1691 年、1803 年、1874 年、1893 年、1900 年

济源县：1672 年、1722 年、1786 年、1803 年、1874 年

孟县：1648 年、1656 年、1667 年、1690 年、1691 年、1723 年、1803 年、1825 年、1856 年、1857 年、1863 年、1871 年、1874 年、1901 年、1904 年、1909 年、1911 年

原武县：1664 年、1672 年、1683 年、1690 年、1691 年、1803 年、1874 年、1879 年

阳武县：1648 年、1656 年、1664 年、1672 年、1690 年、1691 年、1693 年、1694 年、1740 年、1803 年、1874 年

卫辉府：1656 年、1722 年、1876 年

汲县：1656 年、1667 年、1672 年、1691 年、1694 年、1721 年、1752 年、1771 年、1786 年、1803 年、1874 年

淇县：1657 年、1803 年、1874 年

浚县：1694 年、1752 年、1803 年、1804 年、1835 年、1850 年、1854 年、1856 年、1874 年、1877 年

滑县：1655 年、1667 年、1686 年、1691 年、1694 年、1740 年、1752 年、1803 年、1837 年、1869 年、1874 年、1901 年、1909 年

封丘县：1656 年、1691 年、1694 年、1786 年、1803 年、1874 年、1900 年、1901 年

延津县：1691 年、1694 年、1752 年、1803 年、1857 年、1874 年、1879 年、1901 年

新乡县：1667 年、1680 年、1690 年、1691 年、1723 年、1740 年、1786 年、1803 年、1856 年、1869 年、1874 年、1875 年、1876 年、1879 年、1895 年、1896 年

辉县：1667 年、1742 年、1751 年、1787 年、1803 年、1835 年、1874 年、1877 年

获嘉县：1656 年、1686 年、1690 年、1691 年、1693 年、1710 年、1733 年、1735 年、1738 年、1740 年、1744 年、1803 年、1874 年、1893 年、1900 年

考城县：1683 年、1690 年、1691 年、1752 年、1874 年、1901 年

彰德府：1656 年、1691 年

安阳县：1656 年、1691 年、1693 年、1694 年、1803 年、1857 年、1874 年

临漳县：1647 年、1684 年、1803 年、1874 年

内黄县：1667 年、1691 年、1692 年、1693 年、1752 年、1772 年、1803 年、1837 年、1856 年、1857 年、1858 年、1867 年、1874 年、1886 年、1890 年

汤阴县：1656 年、1657 年、1658 年、1784 年、1786 年、1803 年、1857 年、1874 年

林县：1691 年、1792 年、1803 年、1811 年

涉县：1647 年、1691 年、1803 年

武安县：1647 年、1667 年、1686 年、1691 年、1735 年、1803 年、1826 年、1874 年

归德府：1744 年、1786 年、1842 年、1857 年

睢州：1686 年、1691 年、1856 年、1857 年、1858 年

商丘县：1647 年、1722 年、1739 年、1803 年、1856 年、1874 年、1900 年、1911 年

虞城县：1650 年、1722 年、1803 年、1856 年、1874 年

夏邑县：1650 年、1744 年、1799 年、1836 年、1856 年、1874 年、1876 年、1890 年、1891 年、1892

永城县：1723 年、1744 年、1770 年、1786 年、1825 年、1856 年、1861 年、1862 年、

1863 年、1873 年、1874 年、1886 年、1900 年、1901 年、1908 年

宁陵县：1803 年、1856 年、1863 年、1874 年、1899 年

柘城县：1665 年、1687 年、1836 年、1856 年、1857 年、1860 年、1862 年、1874 年、1891 年、1892 年

鹿邑县：1672 年、1686 年、1687 年、1690 年、1723 年、1740 年、1836 年、1856 年、1857 年、1858 年、1861 年、1874 年、1877 年、1892 年、1899 年

陈州府：1667 年、1691 年、1694 年、1877 年

淮宁县：1740 年、1874 年

太康县：1647 年、1694 年、1695 年、1740 年、1744 年、1874 年、1876 年

扶沟县：1664 年、1667 年、1740 年、1786 年、1836 年、1857 年、1874 年、1876 年、1892 年、1893 年

西华县：1667 年、1694 年、1696 年、1723 年、1752 年、1874 年

商水县：1667 年、1689 年、1690 年、1836 年、1867 年、1874 年、1877 年、1889 年、1892 年、1910 年

项城县：1647 年、1667 年、1687 年、1690 年、1691 年、1740 年、1759 年、1836 年、1856 年、1857 年、1863 年、1874 年、1877 年、1889 年、1900 年

沈丘县：1663 年、1667 年、1688 年、1689 年、1690 年、1693 年、1740 年、1744 年、1836 年、1857 年、1863 年、1874 年、1876 年、1900 年

汝宁府：1691 年、1857 年

信阳州：1857 年、1877 年

汝阳县：1661 年、1665 年、1667 年、1691 年、1857 年、1858 年

遂平县：1887 年

西平县：1857 年、1874 年、1877 年

上蔡县：1686 年、1691 年、1857 年、1874 年

确山县：1661 年、1667 年、1672 年、1711 年、1856 年、1862 年

正阳县：1690 年、1693 年、1694 年、1786 年、1836 年、1856 年、1857 年、1867 年、1880 年、1891 年

新蔡县：1690 年、1691 年、1758 年、1788 年、1856 年、1857 年、1902 年

罗山县：1667 年、1672 年、1688 年、1691 年、1711 年、1745 年

南阳府：1691 年

裕州：1691 年、1711 年、1758 年、1813 年、1835 年、1856 年、1857 年、1860 年、1864 年、1874 年、1884 年

邓州：1692 年、1693 年、1874 年

南阳县：1786 年、1855 年、1857 年、1858 年、1862 年、1874 年、1899 年

南召县：1786 年、1857 年、1858 年、1862 年、1899 年

叶县：1691 年、1782 年、1836 年、1851 年、1856 年、1857 年、1858 年、1861 年、1862 年、1863 年、1874 年

舞阳县：1687 年、1691 年、1786 年、1874 年、1900 年

泌阳县：1646 年、1661 年、1711 年、1712 年、1786 年、1874 年

桐柏县：1874 年

唐县：1680 年、1874 年

新野县：1691 年、1786 年

镇平县：1647 年、1835 年、1836 年、1857 年、1874 年、1875 年

内乡县：1691 年、1692 年、1836 年、1857 年、1874 年

浙川县：1874 年

汝州：1647 年、1656 年、1667 年、1671 年、1691 年、1694 年、1740 年、1785 年

郏县：1786 年、1836 年、1856 年、1862 年、1892 年

宝丰县：1667 年、1687 年、1836 年、1852 年、1856 年

鲁山县：1667 年、1671 年、1687 年、1691 年、1693 年、1778 年、1836 年、1837 年、1838 年、1856 年、1857 年

伊阳县：1647 年、1667 年、1691 年、1694 年、1751 年、1758 年、1836 年

许州：1687 年、1691 年、1712 年、1723 年、1786 年、1796 年、1825 年、1836 年、1856 年、1892 年、1902 年

长葛县：1664 年、1665 年、1666 年、1686 年、1687 年、1691 年、1692 年、1874 年、1892 年、1900 年

临颍县：1656 年、1786 年、1796 年、1836 年、1856 年、1874 年、1877 年、1892 年、1900 年、1902 年

郾城县：1690 年、1694 年、1695 年、1723 年、1740 年、1750 年、1784 年、1785 年、1836 年、1876 年、1892 年、1900 年

襄城县：1874 年、1877 年

光州：1690 年、1691 年、1692 年、1714 年、1745 年、1758 年、1759 年、1855 年

光山县：1690 年、1786 年、1854 年、1856 年、1863 年、1874 年、1877 年

息县：1672 年、1690 年、1711 年、1745 年、1856 年、1874 年、1877 年

固始县：1667 年、1690 年、1714 年、1744 年、1760 年、1770 年、1784 年、1786 年

商城县：1645 年、1672 年、1690 年、1744 年、1863 年

陕州：1647 年、1652 年、1672 年、1690 年、1837 年、1838 年、1840 年、1847 年、1856 年、1857 年、1862 年

灵宝县：1647 年、1672 年、1673 年、1691 年、1692 年、1836 年、1837 年、1838 年、1842 年、1843 年、1856 年、1857 年、1862 年、1892 年

阌乡县：1646 年、1647 年、1673 年、1691 年、1692 年、1836 年、1837 年、1838 年、1843 年、1856 年、1857 年、1862 年、1875 年

卢氏县：1855 年、1856 年、1857 年、1862 年

兰仪县：1874 年

临汝县：1689 年

洛宁县：1691 年

台前县：1667 年、1818 年、1823 年、1835 年、1856 年、1857 年、1886 年

【湖北】

武昌府：1857 年

武昌县：1737 年、1856 年、1857 年

大冶县：1737 年、1857 年、1858 年

咸宁县：1857 年

嘉鱼县：1859 年

蒲圻县：1856 年、1857 年

通山县：1856 年、1857 年

黄州府：1856 年、1857 年

蕲州：1857 年、1858 年、1863 年

黄冈县：1712 年、1729 年、1730 年、1857 年、1911 年

蕲水县：1709 年、1857 年

罗田县：1672 年、1858 年、1860 年

麻城县：1857 年、1858 年、1859 年

黄安县：1857 年、1858 年

广济县：1660 年、1675 年

黄梅县：1858 年

沔阳州：1856 年、1857 年、1877 年

汉阳县：1857 年、1858 年

黄陂县：1869 年

孝感县：1691 年

汉川县：1859 年、1877 年

德安府：1856 年

随州：1857 年

应城县：1856 年、1857 年

应山县：1667 年、1687 年、1857 年、1858 年、1860 年

安陆府：1856 年

钟祥县：1856 年、1857 年、1858 年

京山县：1856 年

潜江县：1857 年

襄阳府：1856 年

均州：1858 年、1862 年

襄阳县：1691 年

枣阳县：1857 年

宜城县：1646 年、1672 年、1858 年、1859 年

南漳县：1863 年

谷城县：1858 年

光化县：1856 年、1864 年

郧县：1862 年、1878 年

郧西县：1856 年、1857 年、1862 年

竹溪县：1858 年

房县：1857 年、1858 年、1860 年、1862 年

保康县：1858 年

宜昌府：1856 年、1857 年

鹤峰州：1857 年

归州：1857 年、1858 年

东湖县：1856 年

长阳县：1858 年

兴山县：1858 年

荆州府：1660 年

江陵县：1856 年、1857 年

松滋县：1856 年、1857 年、1858 年、1859 年

枝江县：1857 年

宜都县：1857 年

监利县：1856 年

当阳县：1857 年

远安县：1860 年

武汉：1877 年

【湖南】

长沙府：1835 年、1868 年

长沙县：1857 年

善化县：1857 年、1858 年

浏阳县：1661 年、1835 年、1836 年

湘阴县：1835 年、1857 年

益阳县：1660 年、1746 年、1819 年、1857 年、1858 年、1876 年、1878 年、1879 年、1905 年

宁乡县：1835 年、1857 年、1858 年

安化县：1746 年

湘乡县：1842 年、1858 年

湘潭县：1660 年、1835 年、1857 年

醴陵县：1660 年、1665 年、1857 年

巴陵县：1778 年

平江县：1857 年、1858 年

临湘县：1835 年、1858 年

华容县：1835 年、1858 年

龙阳县：1857 年、1858 年

桃源县：1857 年、1858 年、1868 年、1869 年

沅陵县：1858 年

武冈州：1706 年、1859 年

邵阳县：1857 年

新化县：1857 年

新宁县：1832 年、1837 年

永州府：1676 年、1677 年

零陵县：1667 年、1732 年、1835 年、1857 年

祁阳县：1856 年、1857 年

永明县：1663 年、1664 年、1835 年

江华县：1835 年

衡山县：1788 年

安仁县：1858 年

耒阳县：1857 年

常宁县：1667 年、1671 年、1857 年、1858 年

酃县：1857 年

清泉县：1857 年

兴宁县：1857 年

桂阳县：1857 年

临武县：1679 年、1789 年

澧州：1836 年、1857 年、1858 年

安乡县：1835 年、1858 年

石门县：1654 年、1672 年、1858 年

永绥厅：1869 年

凤凰厅：1869 年

【广东】

广州府：1834 年、1835 年、1837 年

番禺县：1679 年、1835 年

南海县：1679 年、1835 年

增城县：1652 年

龙门县：1652 年、1801 年

清远县：1835 年、1862 年、1877 年

三水县：1834 年、1867 年

顺德县：1679 年、1835 年

新会县：1835 年

香山县：1835 年

新宁县：1652 年、1835 年

连平州：1870 年

归善县：1870 年

海丰县：1667 年

龙川县：1870年

潮州府：1776年

海阳县：1717年、1725年、1777年、1785年、1788年、1807年、1811年、1858年

澄海县：1717年

潮阳县：1703年、1717年、1777年、1785年、1788年、1806年、1811年

揭阳县：1717年、1725年

普宁县：1717年、1725年

丰顺县：1751年

仁化县：1870年、1900年、1902年

乐昌县：1899年

英德县：1891年

翁源县：1696年

庆德州：1741年、1835年、1844年、1849年

高要县：1835年

广宁县：1808年

开建县：1703年、1721年

封川县：1834年

四会县：1834年

高明县：1835年

开平县：1652年、1665年、1703年、1835年

新兴县：1712年

恩平县：1867年、1891年

阳江县：1856年

阳春县：1835年、1853年

高州府：1651年、1777年

化州：1744年、1851年、1853年

茂名县：1645年、1651年、1764年、1777年、1854年

信宜县：1777年、1849年、1853年、1854年

电白县：1778年、1830年、1831年、1852年

吴川县：1651年、1723年、1744年、1764年、1777年、1834年、1853年

石城县：1723年、1777年、1853年、1860年

钦州：1778年、1853年、1856年

合浦县：1686 年、1777 年、1778 年、1840 年、1852 年、1893 年、1894 年、1897 年、1910 年

灵山县：1807 年、1808 年、1833 年、1834 年、1835 年、1836 年、1842 年、1848 年、1849 年、1850 年、1853 年、1855 年、1859 年、1863 年

琼州府：1736 年、1824 年

琼山县：1824 年、1911 年

连州：1679 年、1680 年、1737 年

西宁县：1857 年

佛冈厅：1713 年

连山厅：1835 年

怀集县：1835 年

罗定县：1853 年

惠阳县：1870 年

赤溪县：1877 年

【广西】

全州：1834 年、1835 年、1850 年、1875 年

永宁州：1854 年

桂林县：1835 年、1836 年、1851 年、1853 年

义宁县：1854 年

兴安县：1719 年、1720 年

灌阳县：1835 年

永福县：1835 年、1854 年

阳朔县：1833 年、1836 年

柳州府：1835 年、1852 年、1853 年、1857 年

象州：1835 年、1851 年、1854 年

马平县：1683 年

柳城县：1845 年、1854 年、1864 年

罗城县：1682 年、1833 年、1834 年、1835 年、1856 年

融县：1682 年、1854 年

来宾县：1834 年、1835 年、1852 年、1853 年、1854 年

永安州：1684 年、1836 年、1854 年

平乐县：1823 年、1835 年、1853 年、1854 年

荔浦县：1832 年、1847 年、1848 年、1854 年

修仁县：1854 年

恭城县：1834 年、1854 年

富川县：1737 年、1835 年

昭平县：1854 年

梧州府：1834 年、1852 年

苍梧县：1834 年、1835 年

藤县：1833 年、1834 年、1835 年

容县：1705 年、1833 年、1835 年、1852 年、1853 年、1854 年

浔州府：1853 年

桂平县：1777 年、1833 年、1834 年、1835 年、1837 年、1852 年、1853 年、1854 年

平南县：1775 年、1833 年、1834 年、1835 年、1836 年、1852 年、1853 年、1854 年、1855 年

贵县：1777 年、1808 年、1833 年、1848 年、1852 年、1853 年、1854 年

武宣县：1835 年、1852 年、1853 年、1854 年、1874 年、1895 年

庆远府：1853 年

河池州：1682 年、1862 年

宜山县：1833 年、1834 年、1835 年、1852 年、1854 年

思恩县：1854 年

思恩府：1853 年、1854 年

宾州：1833 年、1834 年、1835 年、1848 年、1853 年

田州：1683 年

武缘县：1824 年、1833 年、1834 年、1835 年、1849 年、1854 年

上林县：1832 年、1833 年、1848 年、1853 年

迁江县：1832 年、1834 年、1852 年、1854 年

向武土州：1853 年

左州：1854 年

宁明州：1852 年、1854 年

养利州：1854 年

永康州：1854 年

万承土州：1854 年

茗盈土州：1854 年

全茗土州：1854年

结土州：1854年

佶伦土州：1854年

镇远土州：1854年

龙英土州：1854年

下石西土州：1854年

都结：1854年

上龙：1854年

凭祥：1854年

江州：1854年

罗白：1854年

龙州厅：1820年、1853年

崇善县：1853年、1854年、1897年

罗阳县：1854年

南宁府：1831年、1835年、1853年

横州：1807年、1831年、1849年、1854年

新宁州：1854年、1855年

上思州：1855年、1906年

宣化县：1853年、1854年

永淳县：1807年

隆安县：1853年

郁林州：1817年、1833年、1834年、1835年、1843年、1850年、1851年、1852年、1853年、1855年

兴业县：1777年、1808年、1852年

北流县：1833年、1834年、1835年、1837年、1843年、1850年、1851年、1852年、1853年、1854年、1855年、1882年

陆川县：1834年、1851年、1853年、1855年

博白县：1651年、1835年、1854年

扶缓县：1853年

融水县：1833年、1853年

临桂县：1835年、1836年、1851年、1853年

环江县：1835年、1899年

马山县：1808年、1853年

靖西县：1854年、1855年、1899年

三江县：1866年

田阳县：1683年

邕宁县：1807年

【海南】

崖州：1736年、1742年、1864年、1878年、1908年

文昌县：1824年

定安县：1824年

万宁县：1824年

【四川】

金堂县：1794年、1859年

安岳县：1830年

巫山县：1873年

重庆府：1841年

合州：1871年

南川县：1838年

綦江县：1827年、1841年

乐山县：1874年

峨边厅：1902年

屏山县：1841年

德阳县：1771年

【贵州】

黎平府：1835年、1854年、1855年

永宁州：1875年

余庆县：1900年

贵州：1661年

炉山：1895年

【云南】

马龙州：1878年

宣威州：1878年

定远县：1659年

武定州：1659 年

景东厅：1891 年

宁州：1670 年

【西藏】

古朗地区（朗县）：1828 年、1829 年

杰地（今郎县）：1829 年

萨拉地区：1844 年、1849 年

林周宗：1846 年、1853 年、1892 年

澎达地区（隆子县）：1847 年、1849 年

林宗（今属拉萨市）：1848 年

纽溪：1849 年

萨当地区：1849 年

卡孜（日喀则等）：1849 年、1911 年

澎波：1850 年、1851 年、1852 年

墨工溪堆（墨竹工卡）：1852 年、1892 年

达孜县：1852 年、1892 年

德庆：1852 年

江溪（曲水县）：1853 年、1855 年

尼木县：1855 年、1857 年

江孜：1856 年、1850—1859 年

白朗：1856 年

日喀则：1856 年

日喀则森孜地区：1901 年

乃东：1856 年

蔡溪：1850—1859 年

朗杰：1850—1859 年

柳吾溪：1850—1859 年、1892 年

锡金：1879 年

朗塘溪：1892 年

色溪堆：1892 年

拉布：1892 年

宗嘎（吉隆）：1894 年

【陕西】

西安府：1856年、1857年、1892年

耀州：1881年

长安县：1856年、1858年、1864年

咸宁县：1835年、1862年、1879年

咸阳县：1691年

泾阳县：1680年、1881年

高陵县：1881年

渭南县：1691年、1856年、1858年、1862年

蓝田县：1647年、1657年、1858年、1897年

三原县：1881年

富平县：1881年

同官县：1648年、1691年

礼泉县：1691年

周至县：1856年、1857年、1862年、1897年

户县：1657年、1864年

同州府：1691年、1902年

华州：1857年、1858年、1862年、1877年、1878年

大荔县：1665年、1836年、1857年、1902年

朝邑县：1691年

华阴县：1857年、1858年、1877年、1884年、1902年

蒲城县：1881年

澄城县：1647年

白水县：1647年、1691年

合阳县：1902年

韩城县：1650年、1691年

潼关厅：1647年、1843年、1857年、1877年、1902年

延安府：1646年、1647年

甘泉县：1647年

宜川县：1647年、1691年

延长县：1647年

延川县：1691年

安塞县：1646年、1647年

安定县：1646年

靖边县：1646年、1647年、1877年

定边县：1837年

葭州：1837年

榆林县：1646年、1647年、1649年

神木县：1858年

府谷县：1645年、1653年、1676年、1858年

凤翔县：1649年

岐山县：1859年、1861年、1862年

扶风县：1690年

眉县：1691年

宝鸡县：1647年、1691年、1704年、1857年

南郑县：1691年

城固县：1692年

洋县：1834年

勉县：1857年

定远厅：1830年、1841年、1843年

安康县：1868年

洵阳县：1856年

紫阳县：1868年

商州：1647年、1836年、1862年

山阳县：1647年

商南县：1835年、1847年、1857年

镇安县：1694年、1858年

洛南县：1647年

乾州：1681年、1691年、1862年

永寿县：1691年、1761年、1862年、1876年、1880年

武功县：1655年、1690年

洛川县：1646年

中部县：1691年、1692年

绥德州：1646年、1647年、1648年、1649年

米脂县：1646 年、1650 年、1858 年

清涧县：1647 年

铜川：1691 年

孝义厅：1868 年

子长县：1837 年

佳县：1837 年

志丹县：1837 年

柞水县：1868 年

麟游县：1862 年

华池：1877 年

渭南地区东部：1902 年

【甘肃】

兰州府：1880 年、1881 年

狄道州：1862 年

皋兰县：1863 年

金县：1837 年

宁远县：1865 年

伏羌县：1862 年

通渭县：1862 年

静宁州：1866 年

平凉县：1879 年

庆阳府：1646 年、1879 年

安化县：1877 年

合水县：1646 年

环县：1646 年

宁夏府：1880 年

宁夏县：1880 年

中卫县：1668 年、1881 年

灵武县：1877 年、1878 年

凉州府：1879 年

古浪县：1882 年

平番县：1647 年

镇番县：1877 年、1882 年

庄浪厅：1647 年、1688 年

甘州府：1649 年、1879 年

山丹县：1907 年

泰州：1821 年、1862 年、1865 年

清水县：1865 年

泾州：1647 年、1879 年

镇原县：1647 年

灵台县：1688 年、1830 年、1863 年、1870 年

阶州：1863 年

康县：1863 年

正宁县：1646 年

临泽县：1877 年

高台县：1877 年

【新疆】

哈密厅：1765 年

迪化府（乌鲁木齐市）：1795 年、1896 年、1897 年、1898 年、1899 年

疏勒府（喀什市）：1795 年、1896 年、1897 年

吐鲁番直隶厅：1795 年、1898 年、1899 年

镇西直隶厅（巴里坤县）：1795 年、1899 年

温宿府（阿克苏市）：1795 年、1899 年

拜城县：1795 年、1899 年

博尔塔拉：1875 年

车排子（乌苏）：1875 年、1893 年、1894 年

旧土尔扈特东西盟：1878 年

精河：1878 年

乌苏甘河子：1893 年

库尔喀喇乌苏直隶厅（乌苏县）：1894 年

甘河子：1894 年

玛纳斯河流域一带：1907 年

焉耆府：1771 年

喀拉沙尔：1771 年

乌沙克塔尔：1771 年

【台湾】

澎湖：1872 年

苗栗：1896 年

彰化：1809 年

根据上述对飞蝗蝗灾的记载，可知清朝时期飞蝗蝗灾除青海、吉林两地外，全国各地均有分布，有大、中、小三个分布中心：以北京、天津、河北、山西、江苏、上海、浙江、安徽、江西、湖南北部、山东、河南、湖北以及陕西、甘肃、宁夏为中心的亚洲飞蝗蝗灾分布中心，以广东、广西以及湖南、江西南部为中心的非洲飞蝗蝗灾分布中心，以西藏拉萨、林周为中心的西藏飞蝗蝗灾分布中心。

第二节　飞蝗蝗区和飞蝗亚种

我国古代对飞蝗蝗区的研究甚少，但明代徐光启对飞蝗蝗区的论述却很有价值。他在《除蝗疏》一文中指出：

> 蝗生之地。臣谨按：蝗之所生，必于大泽之涯，然而洞庭、彭蠡、具区之旁，终古无蝗也。必也骤盈骤涸之处，如幽涿以南、长淮以北、青兖以西、梁宋以东诸郡之地，湖漅广衍，漠溢无常，谓之涸泽，蝗则生之。历稽前代及耳目所睹记，大都若此。若他方被灾，皆所延及与其传生者耳。

徐光启的这段论述，除"洞庭、彭蠡、具区之旁，终古无蝗"不符事实外，其余论述均很精准，不仅准确划出亚洲飞蝗（传统分类为东亚飞蝗）蝗区的范围，而且还将其分为发生基地和扩散地两个等级。近代陈家祥、吴福祯等对飞蝗蝗区也有研究。陈家祥（1928）指出，我国飞蝗的发生地位于河南、河北、山东、安徽、江苏，排除了辽宁、四川、陕西、浙江、江西诸省作为发生地的可能性。吴福祯等（1933）提出我国飞蝗分布一般以江湖河海之滩地为中心，海拔 50 米以下之地最多，其具体区域划分为钱塘江区域、太湖区域、长江滩区域、洪泽湖区域、黄海滩区域、沿海滩区域和其他区域。其中钱塘江区域、太湖区域为蔓延区，洪泽湖区域为飞蝗永久产地，属其他区域的河北省则发生于碱地及洼地。以上论述虽未提蝗区这一概念，其实质均在论述蝗区。论述内容虽有欠妥之处，但总体还算正确。但有一

点必须说明,在所划蝗区内,并非均有飞蝗为害。王充在《论衡·感虚篇》明确指出:"蝗之集野,非能普博尽蔽地也,往往积聚多少有处。"

从以上论述可以清楚看出一个十分明显的现象,在黄淮海流域,飞蝗蝗灾的分布十分密集,形成一个很大的分布中心,涉及的省市有河北(包括北京、天津)、山东、河南、江苏(包括上海)、安徽、湖北、山西、陕西以及太湖、鄱阳湖、洞庭湖流域。

上述飞蝗蝗灾的分布中心也可称为飞蝗蝗区,此蝗区根据飞蝗的发生情况可分为不同的三类等级,即发生基地、一般发生地和临时发生地(又称扩散区)。发生基地又称常年发生地,具有飞蝗滋生繁殖的最适环境条件,平时也保留有密度较高的飞蝗种群,大发生时就由此向外扩散迁移。一般发生地即通常所指的适生区,平时仅有少数飞蝗活动,由于自然条件经常会有变动,各年蝗虫发生数量有增有减,但发生数量一般变动不大;只有当气候等自然条件适宜时,出现飞蝗死亡率低和生殖能力高的形势,飞蝗大发生频率远比发生基地低,并由于适合飞蝗滋生的自然地理条件经常存在,外地飞蝗迁入后即可就地繁殖。扩散区在正常情况下不适于飞蝗滋生,因为生活其间的飞蝗死亡率大,并缺乏适宜的发育与繁殖场所;然而在大的自然条件变动后(如严重的旱涝灾害相间发生后),则可临时成为飞蝗发生地,当正常情况恢复后,容易被迅速消灭。至于已完全在人力控制下的农田,由于耕作粗放,在小面积夹荒地内或田间空隙处残留有少数散居型飞蝗,则不能列为蝗区。(马世骏 1958)

此类型蝗区,我们认为应为亚洲飞蝗蝗区,亦即上面所述的黄淮海分布中心。此蝗区根据其形态结构及形成原因可分为四种亚型,即滨湖蝗区、沿海蝗区、河泛蝗区、内涝蝗区。(马世骏 1954)

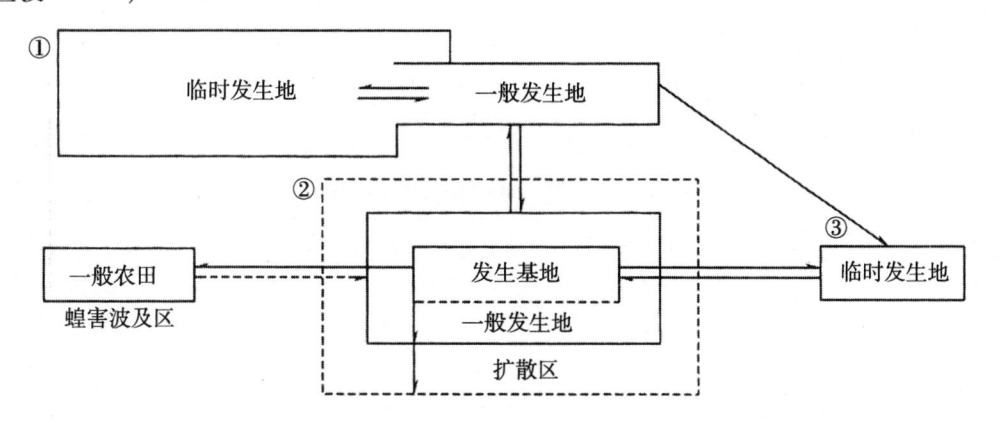

①②③代表三个不同结构的蝗区:①无发生基地、临时发生地与一般发生地的接连,为半镶嵌式;②具有发生基地、三类发生地的接连,为全镶嵌式;③只有临时发生地。

图3-1 东亚飞蝗三类发生地间的关系(据马世骏等 1965)

关于蝗区的结构问题,每种类型蝗区均有所不同,它们都包括性质不同的小蝗区,每个小蝗区内又各有不同生态适度的发生地。这些小蝗区虽共同属于一个大蝗区,基本上受共同主

导因素的影响，但它们的形态结构与飞蝗的发生规律均有所不同，这类蝗区即称为蝗区的次级结构。蝗区形态上的次级结构是普遍存在的，也是蝗区动态的正常现象，它反映蝗区发展或趋于消亡的阶段性。因此，区别次级结构的特点，有利于分析各类蝗区中的飞蝗发生规律。

每个蝗区中包括多少次级结构，各类蝗区不一，即使同类中也因地形而异，如洪泽湖与微山湖各有三个次级结构，即湖滩型、内涝型及河滩型，高宝湖与东平湖则仅有湖滩型及内涝型两个次级结构。沿海蝗区的结构一般比较复杂，如渤海湾蝗区即只有海滩、河泛（河流冲积地）、内涝与滨湖四个次级结构。河泛蝗区通常具有两个或三个次级结构，即河滩型与滨湖型，或河滩型、滨湖型与内涝型。内涝蝗区则比较简单，多以内涝型为主，具备一个初级的河泛型或湖滩型的次级结构。

根据马川、康乐等（2012）的研究，我们将马世骏所述的黄淮海流域的东亚飞蝗蝗区改为亚洲飞蝗蝗区，其蝗区类型仍为大沙河三角洲类型，此蝗区的主体则为亚洲飞蝗。郑哲民、范福来等对我国西北的亚洲飞蝗蝗区也进行了卓有成效的研究。

上述对飞蝗蝗区的研究，仅涉及Uvarov（1936）所提出的飞蝗发生地在世界上有两大类型之一的大沙河三角洲发生地。

马世骏等（1965）将广西、广东、台湾、海南的飞蝗蝗区列为东亚飞蝗蝗区；尤其儆等（1991）也将广西飞蝗蝗区归入东亚飞蝗蝗区；丁岩钦（1998）将海南岛飞蝗蝗区定性为热带稀树草原蝗区，但仍认为此蝗区的主体为东亚飞蝗。根据马川、康乐等（2012）的研究，我们认为此地域的飞蝗应为非洲飞蝗。根据清朝时期飞蝗蝗灾分布情况进行分析，广东、广西、江西、湖南南部以及福建大部分地区与黄淮海流域飞蝗蝗灾分布有着明显分界，此区域的飞蝗应为非洲飞蝗，此蝗区应为Uvarov（1936）所提出的另一类型蝗区，即热带稀树草原类型，这是由森林破坏而形成的发生地。丁岩钦对海南岛蝗区的研究正是Uvarov所提出的这类蝗区。现根据丁岩钦对海南岛蝗区的论述，将我国也是世界上两大类型蝗区比较如下：

表3-1 我国飞蝗两类蝗区的比较

蝗区所在地区	蝗区类型	蝗区的次生结构类型	蝗区形成的主导作用因素	蝗区形成的历史原因	蝗区形成的原因的作用属性
中国温带大陆蝗区	大沙河三角洲类型	滨湖蝗区	水的泛滥（包括湖水、海水、河水、雨水）	由历史上黄淮水系多次变迁而成	自然因素
		滨海蝗区			
		河泛蝗区			
		内涝蝗区			
中国海南岛热带蝗区	热带稀树草原类型	热带稀树草原蝗区	森林大面积的破坏	由历史上人口大量迁入本岛，伐林造田而成	人为因素

表3-2　不同类型蝗区的生态地理结构特征及飞蝗发生动态比较

蝗区所在地区	蝗区类型	蝗区的地理位置	蝗区的次生结构类型	次生类型蝗区的土壤（发生地）	次生类型蝗区的自然植物群落（发生地）	蝗区内的结构组分	飞蝗发生世代	飞蝗大发生的一般规律
温带大陆蝗区	大沙河三角洲类型	主要分布于北纬42°以南，长江以北的华北平原，即淮河、黄河、海河流域的中下游冲积滩地	滨湖蝗区	黏土	芦苇、稗草、茅草、两栖蓼、小旋花	1. 飞蝗发生基地 2. 一般发生区（飞蝗、土蝗混生区） 3. 临时扩散区、土蝗发生区	一年发生2代	先涝后旱蚂蚱成片
			滨海蝗区	黏土	茅草、芦苇、虾须草、盐蒿			
			河泛蝗区	冲积壤土	芦苇、莎草、稗草			
			内涝蝗区	黏土	稗草、芦苇、蟋蟀草、狗尾草			
海南岛热带蝗区	热带稀树草原类型	分布于海南岛西南部的台地、阶地和平原	热带稀树草原蝗区	燥红土或砖红壤土	木棉、扭黄茅、白茅、刺葵	1. 飞蝗、土蝗混生区 2. 临时扩散区	一年发生4代	干旱、撂荒同时严重发生

温带大陆蝗区的大沙河三角洲蝗区类型应为亚洲飞蝗，位于海南岛热带（包括广东、广西）蝗区的热带稀树草原蝗区类型应为非洲飞蝗。与这两个类型不同的还有位于西藏雅鲁藏布江流域的高寒草原蝗区类型。这一蝗区类型形成的主导作用因素不是水的泛滥，也不是大面积的森林破坏，而是高原的隆起；它形成的历史原因不是历史上水系的变迁，也不是移居，而是因印度板块与欧亚大陆碰撞；分布在此区域的应为西藏飞蝗。

鲁克亮（2005）对广西蝗灾研究后指出：清政府实行移民，耕地大量增加，森林植被减少，导致生态环境恶化，为蝗灾大发生提供了条件。此论述与丁岩钦对海南岛热带蝗区的研究结果完全一致。这为我们将广西列入热带稀树草原蝗区的研究提供了依据。

通过上述比较研究可以确定，Uvarov 提出的世界上两大蝗区类型在我国均同时存在。前者分布着亚洲飞蝗，后者分布着非洲飞蝗。还有另一分布在西藏雅鲁藏布江流域小而明显的分布中心，此中心明显不同于前两个中心，应为另一类型蝗区，这是前人从无提及的蝗区类型。现将此蝗区与 Uvarov（1936）所提出的两大蝗区类型比较如下：

表 3-3 我国飞蝗三类蝗区比较

蝗区所在地区	蝗区类型	蝗区的次生结构类型	蝗区形成的主导作用因素	蝗区形成的历史原因	形成原因的作用属性	飞蝗亚种
中国温带大陆蝗区	大沙河三角洲类型	滨湖蝗区 滨海蝗区 河泛蝗区 内涝蝗区	水的泛滥（包括湖水、海水、河水、雨水）	由历史上黄淮水系多次变迁而成	自然因素	亚洲飞蝗
中国海南岛热带蝗区	热带稀树草原类型	热带稀树草原蝗区	森林大面积的破坏	由历史上人口大量迁入本岛，伐林造田而成	人为因素	非洲飞蝗
中国西藏高寒地带蝗区	高寒草原类型	高寒草原蝗区	高原隆起	印度板块与欧亚大陆碰撞	自然因素	西藏飞蝗

我们所提出的这一新类型蝗区，论述得十分简单，希望同仁们对此进行更为深入的研究。

第三节 飞蝗亚种的探讨

一、飞蝗亚种研究概述

为了对飞蝗亚种进行探讨，首先必须对飞蝗亚种的研究概况有所了解。陈永林、马川、康乐等对此进行了全面系统的总结，现转述如下。

飞蝗隶属于昆虫纲 Insecta、直翅目 Orthoptera、蝗总科 Acridoidea、丝角蝗科 Oedipodidae、飞蝗亚科 Locustinae、飞蝗属 *Locusta* linnaeus。飞蝗属是一个单型属，只有一个有效物种，即飞蝗 *L. migratoria* L.，它于 1758 年被 Carolus linnaeus 命名。由于它具有极强的迁飞能力，广泛分布于东半球的温带和热带地区，其分布北界与欧亚大陆的针叶林地带的南缘大致相符，南界到新西兰南部的岛屿，西至大西洋的亚速尔岛，东达太平洋的斐济。飞蝗的垂直分布，最低海拔为 -154 米（新疆吐鲁番艾丁湖畔），最高海拔为 4600 米（西藏普兰鬼湖沿岸）。

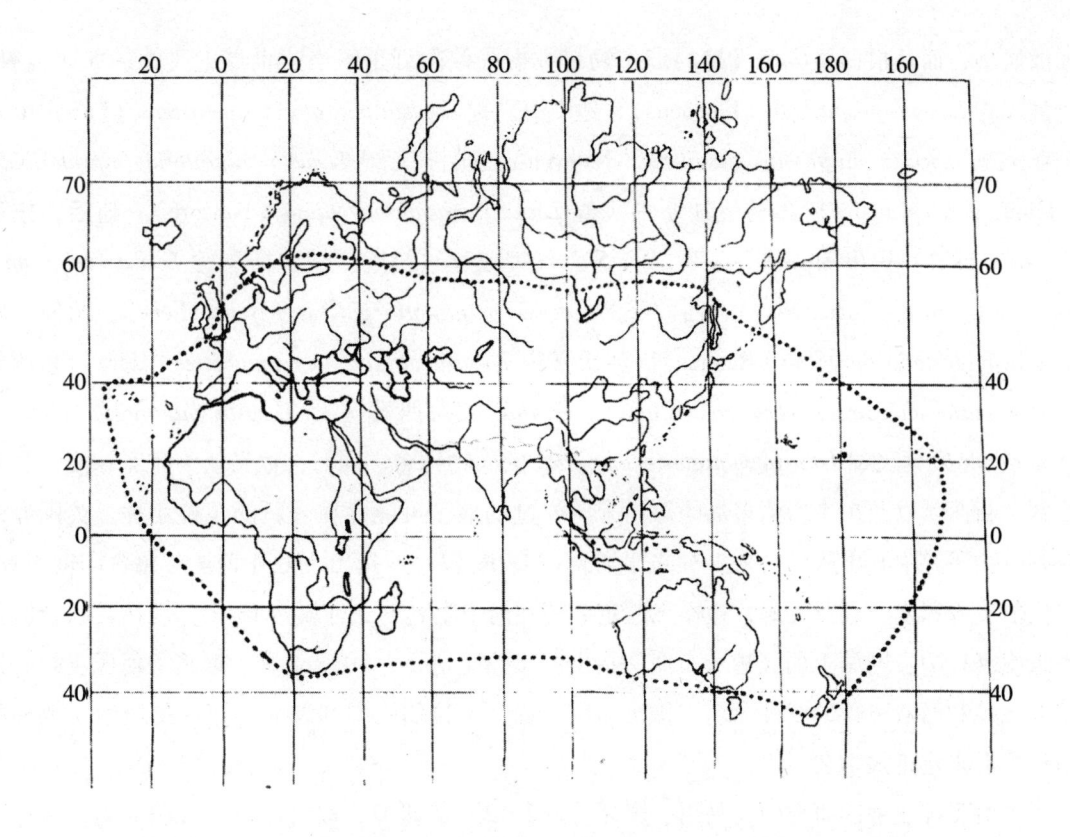

图3-2　飞蝗在世界上的分布范围（虚线内）（据陈永林　1988）

　　飞蝗具有明显的多型现象或多态现象（polymotphism），即在不同的种群密度和不同的环境条件下，表现出群居型（gregaria）和散居型（solitaria）两种不同的生态型。二者在形态特征（体色、体型）、生活习性、生态行为、生理机能等诸方面均呈现出极大的差异。俄国的 Keppen（1870）发现飞蝗有两种形态学上的不稳定形式，认为是同一种物种的变异并可相互转变。Uvarov（1921）等对飞蝗的变型问题进行了更为深入的研究，提出了型变（phase transition）理论，自此，人们对飞蝗的两型本质才有了正确的认识，确立了飞蝗属只有飞蝗 *L. migratoria* 一个物种。而群居型和散居型只是飞蝗的两个生态型（ecological from 或 phase），不是两个独立的物种。在这之前，飞蝗的群居型和散居型曾分别被定名为两个不同的物种：*L. migratoria* 和 *L. danica*。我国学者张景欧（1923）在《科学》上发表《蝗患》一文时，仍将飞蝗的两个生态型定名为两个独立的物种：赤足飞蝗 *Pachytylus danica* 和隆背飞蝗 *Pachytylus migratariodes*。蔡邦华（1929）也犯了同样的错误。

　　由于飞蝗分布的广泛性以及形态上普遍存在的地理变异特点，飞蝗的许多地理种群被命名为不同的亚种。Uvarov（1921）创立了用于区分飞蝗两型和不同亚种的一系列形态测量学（morphometrics）数据及其比例。应用此法，Uvarov（1921）不仅成功地区分开飞蝗的群居型

和散居型，而且根据群居型飞蝗的形态测量数据，首次订正了当时世界上飞蝗的5个亚种：亚洲飞蝗 *Loucsta migratoria* (Linnaeus)、地中海飞蝗 *Locusta migratoria cinerascens* (Fabricius)、东亚飞蝗 *Locusta migratoria manilensis* (Meyen)、非洲飞蝗 *Locusta migratoria migratorioides* (Reiche and Fairmaire) 和马达加斯加飞蝗 *Locusta migratoria capito* (Sansure)。随后，按照 Uvarov（1921）提出的方法，先后又有5个飞蝗亚种被描述：俄罗斯飞蝗 *Locusta migratoria rossica* (Uvarov&. Zolotarersky)、西欧飞蝗 *Locusta migratoria gallica* (Remaudiere)、缅甸飞蝗 *Locusta migratoria burorana* (Ramme)、何氏飞蝗 *Locusta migratoria remaudicrei* (Harc) 和西藏飞蝗 *Locusta migratoria tebetensis* (Chen)。Uvarov 认为西藏飞蝗 *Locusta migratoria tebetensis* (Chen) 是缅甸飞蝗 *Locusta migratoria burorana* 的同物异名。同时，他又认为印度、澳大利亚北部、新西兰以及东半球诸多岛屿等尚未研究过的地区可能存在着新的飞蝗亚种。英国海外有害生物研究中心出版的《农业蝗虫手册》（COPR. 1982）指出飞蝗亚种还应包含印度飞蝗、阿拉伯飞蝗和澳大利亚飞蝗，这样飞蝗定名的和尚未定名的亚种就达13个。现在，联合国粮农组织（FAD）网站上的飞蝗分布地图指出：飞蝗应划分为10个亚种，取消了何氏飞蝗、俄罗斯飞蝗和西藏飞蝗的亚种命名。指出印度飞蝗、阿拉伯飞蝗和澳大利亚飞蝗应给予亚种的地位，但未定正式学名。

在对飞蝗亚种的研究中，马川、康乐等（2012）的研究，取材广泛，方法新颖，结论更让人耳目一新。线粒体基因组研究结果表明：世界范围内的飞蝗可分为南、北两大支系（Linege）。其中北方种群主要分布于欧亚大陆的温带地区，南方种群主要分布于欧亚大陆的南部、非洲和大洋洲的热带地区，南北种群的分布区几乎没有重叠（法国南部、日本南部的个别种群除外）。通过正选择检测发现，飞蝗南北种群各有一个氨基酸位点受到了正选择，证明两个种群在不同环境条件下产生了适应性的进化。另一方面，分子变异分析（andlysis of molecular variance，AMOVA）显示，飞蝗种群中87.45%的遗传变异分布在南北种群之间，南方种群、北方种群内部不同地理种群间的遗传变异占4.96%，同一地理种群内部的遗传变异占7.59%。该结果说明飞蝗南北种群之间具有很高的分化程度，而这两个种群内部的分化程度较低。飞蝗南北种群的分化时间约为89.5万年前，南方种群的分化时间约为34.3万年前，而北方种群的分化约在11.3万年前。从上述结果看，世界范围内的飞蝗应划分为两个亚种：北方种群为亚洲飞蝗 *Locusta migratoria* (Linnaeus)、南方种群为非洲飞蝗 *Locusta migratoria migratorioides* (Reiche & Fairmaire)（如图3-3所示）。

以往文献中所提的西欧飞蝗 *Locusta migratoria gallica* (Remaudiere)、何氏飞蝗 *Locusta migratoria remaudierei* (Harz)、地中海飞蝗 *Locusta migratoria cineracens* (Fabricius)、俄罗斯飞蝗 *Locusta migratoria rossica* (Uvarov & Zolotarevsky) 都应属于亚洲飞蝗。亚洲热带地区的东亚飞蝗 *Locusta migratoria manilensis* (Meyen)、雅鲁藏布江流域的西藏飞蝗 *Locusta migratoria ti-*

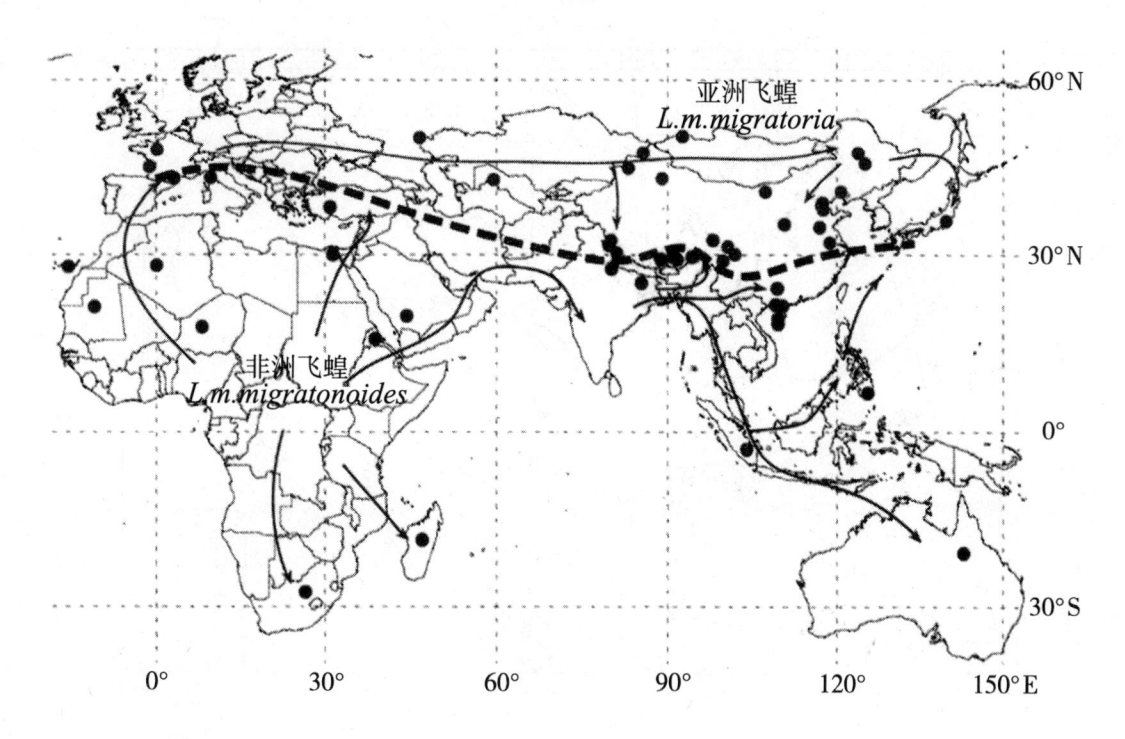

图3-3 亚洲飞蝗与非洲飞蝗的分布范围（修改自 Ma et al., 2012）
（据马川等 2012）

betensis（Chen）、缅甸飞蝗 *Locusta migratoria burmana*（Ramme）、马达加斯加飞蝗 *Locusta migratoria capito*（Saussure），以及澳大利亚、印度、阿拉伯飞蝗种群均应为非洲飞蝗。马川、康乐等（2012）的研究结果也揭示了飞蝗两亚种在中国的分布范围：非洲飞蝗分布在中国西藏东南部和中国南部热带地区；亚洲飞蝗分布在中国长江流域以北的广大地区。该研究还首次揭示了金沙江流域的飞蝗种群为亚洲飞蝗。

二、飞蝗亚种的探讨

我国飞蝗一词始于晋朝，晋朝张华撰《博物志》卷八《史补》一节有"天下飞蝗满埜"的记载。唐朝瞿昙悉达撰《唐开元占经》第一百二十卷《龙鱼虫蛇占·蝗生》中有"飞蝗穿地而生"之句。此后，蔡襄、苏轼等大家的著作中均频频出现飞蝗一词。上述飞蝗一词与当今飞蝗一词的所指完全一致。由于飞蝗蝗灾严重影响人民的生活和社会的稳定，历代特别是明清时期均有较为系统的记载，为分析飞蝗蝗灾分布图提供了坚实的基础。

传统分类观点认为飞蝗在我国应分三个亚种：亚洲飞蝗、东亚飞蝗和西藏飞蝗，其分布如图3-4所示：

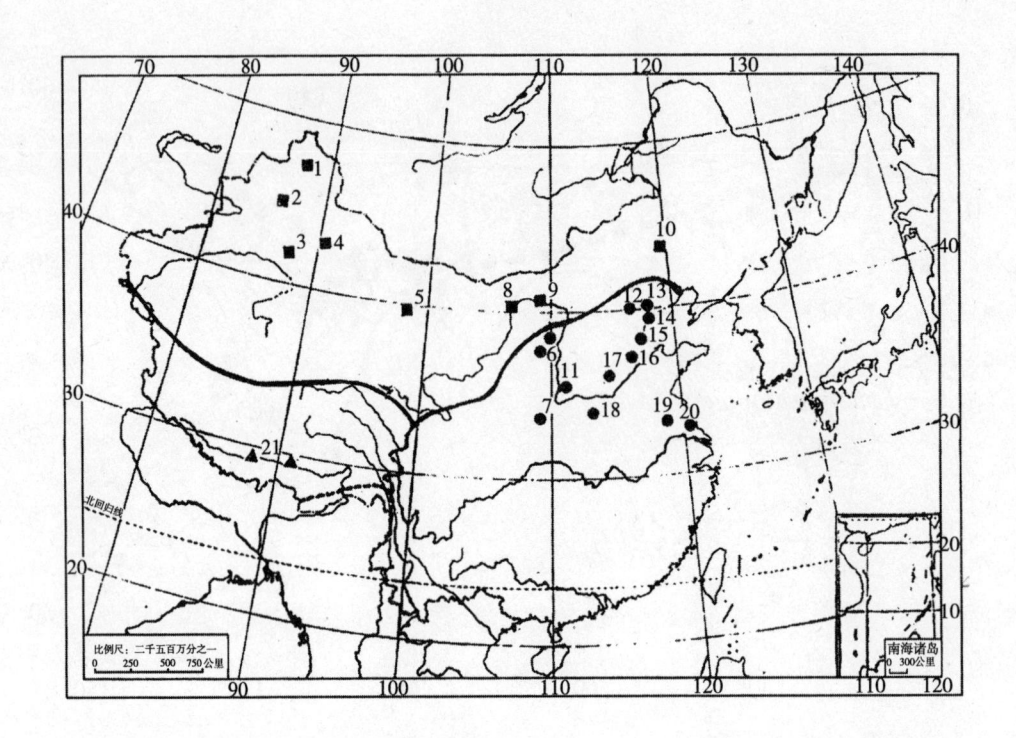

图3-4 中国的散居型飞蝗三个亚种和21个OUT地理分布及自然地理分界（据康乐等 1989）

马川、康乐等（2012）的研究结果表明，飞蝗仅有两个亚种：亚洲飞蝗和非洲飞蝗。其分界在南京（北纬30°）、乡城（北纬28°）南缘和柳州（北纬24°）、林周（北纬30°）北缘之间，画一线与普兰（北纬30°）相连接，在分界线北即为亚洲飞蝗的分布区，在分界线南即为非洲飞蝗分布区。

根据清朝时期对飞蝗蝗灾的记载，飞蝗蝗灾在中国有大小不同的三个分布中心：

①以山东、河北（包括北京、天津）、河南为核心，山西、陕西、湖北、安徽、江苏（包括上海）、浙江以及江西、湖南北部次之，此外还包括内蒙古、东北、甘肃、宁夏、新疆以及福建北部少部分地区，江西、湖南、贵州中北部，四川（包括重庆）等地区。在此区域内分布着亚洲飞蝗。

②以广西、广东为核心，包括贵州南部、湖南、江西南端，福建大部分地区以及台湾、海南等地区。在此区域内分布着非洲飞蝗。

③以西藏林周为核心的雅鲁藏布江流域的一小部地区，分布着西藏飞蝗。此点与马川、康乐（2012）的研究结果不同，与传统分类观点也不完全一样，因清朝时期西藏飞蝗仅分布在雅鲁藏布江流域，并不包括阿里地区和横断山地区。此问题还将进一步探讨。与马川、康乐（2012）的研究另一不同点是亚洲飞蝗与非洲飞蝗的分界线略向南移了一点。清朝时期飞

蝗蝗灾中的亚洲飞蝗和非洲飞蝗的分布分界线是在两亚种蝗灾核心分布区外缘的空隙间划出，但也参考了下列一些记载。1856年，同治《祁县志》卷二四《杂撰》："祁阳县，九月，蝗之为灾，甚于旱潦，祁邑素无此患。"又，1857年"祁阳县，九月，蝗自楚北而南，祁地皆是。"1857年，光绪《零陵县志》卷一二《祥异》："旱饥，秋蝗自北来。"1835年，同治《江华县志》卷一二《灾异》："五月，飞蝗由粤西入境，伤稼甚多。"1854年，道光《黎平府志》卷一《祥异》："黎郡向无此种，适因广西滋生，飞入境内。"马川、康乐取样如果能增加湖南、江西、浙江北部的样点，清朝时期飞蝗蝗灾分布图中的亚洲飞蝗和非洲飞蝗的分布分界线可能完全趋于一致。马川、康乐以先进方法所获成果，我们以古文献的记载给予了佐证。

传统分类观点认为亚洲飞蝗在中国仅分布在西北、东北大部分地区，以及内蒙古和陕西、河北（坝上）等一小部分地区，与东亚飞蝗没有明显的分界线。用传统分类方法鉴定二者，如不知标本来自何地，其鉴定结果常会错位，这绝非分类工作者之责，判定二者，以往最为权威的方法是依靠卵的滞育特性，即卵有滞育的一年发生一代的为亚洲飞蝗；卵无滞育的一年发生多代的为东亚飞蝗。但后发现亚洲飞蝗并非均一年发生一代。笔者曾于8月底，在新疆的若羌、哈密采集到末龄亚洲飞蝗蝗蝻。陈永林在编著的《中国主要蝗虫及蝗灾的生态学治理》一书中指出："亚洲飞蝗 *Locusta migratoria migratoria* (Linnaeus) 在我国一年发生一代，但不同年代的蝗卵孵化期与成虫的羽化期常可因气温和土壤温湿度的变化而有所改变。"此外，在新疆维吾尔自治区的吐鲁番和哈密地区的飞蝗一年可发生两代。在中国和日本，飞蝗卵的滞育率从南到北是连续变化的，而且飞蝗卵的抗寒性也是连续变化的，所以依据卵的滞育区分亚洲飞蝗和东亚飞蝗是不合理的。叶维萍等（2005）认为基于线粒体基因125rRNA和nad5基因序列构成的系统发生树表明山西和新疆的飞蝗存在着较近的亲缘关系。上述事实说明：分布在中国温带地区的飞蝗，应是同一亚种。东亚飞蝗已不存在，已被马川、康乐等（2012）一分为二；分布在中国温带地区的飞蝗是亚洲飞蝗，分布在热带地区的飞蝗为非洲飞蝗。亚洲飞蝗一年发生1—2代，所构成的蝗区应为大沙河三角洲蝗区；而非洲飞蝗一年发生3—4代，所构成的蝗区应为热带稀树草原蝗区。据此，也可将东亚飞蝗一分为二。清朝时期飞蝗蝗灾分布中，原东亚飞蝗也被一分为二，与马川、康乐等（2012）的观点一致。但有一点不同，西藏雅鲁藏布江流域另一独立的小的飞蝗蝗灾分布中心，尚需说明。

传统分类观点认为，西藏飞蝗应包括阿里地区飞蝗，横断山流域地区飞蝗和雅鲁藏布江流域地区的飞蝗，现仍持此观点的尚有陈永林、印象初、黄复生等。张德兴等（2003）与Zhang等（2009）认为西藏飞蝗包括西藏及邻近高海拔地区的飞蝗。但李美等（2008）通过分析线粒体基因组中的部分片断（主要包括5个蛋白编码基因cox2.、lox3.、atp6.、afp8.、nad3的部分序列）发现西藏、阿里地区与新疆、河北地区飞蝗间的亲缘关系明显近于与海南

非洲飞蝗间的关系。陈俐发现阿里地区的飞蝗多从印度迁飞而来。综上所述，阿里地区的飞蝗应为亚洲飞蝗。阿里地区的飞蝗有海拔6000米以上的冈底斯山相隔，不应为缅甸飞蝗的同物异名，但因其与山相隔而又与亚洲飞蝗的分布相近故定为亚洲飞蝗似应更妥。横断山地区的飞蝗因高山、深谷，与西藏高原上（即雅鲁藏布江流域）的飞蝗相隔，而与亚洲飞蝗的分布区相连，此区域的飞蝗为亚洲飞蝗是有其道理的。马川、康乐等（2012）认为雅鲁藏布江流域的飞蝗不能为一个独立的亚种，而应为非洲飞蝗的同物异名，但现还无与周边相通的证据，暂还保留其亚种的地位。缅甸飞蝗虽也分布于高山，与周边相隔，但笔者在新疆采集调查蝗虫的过程中发现，分布于山下的西伯利亚蝗偶尔在海拔3500米的高山上也能看到，但分布此处高山上的脊翅蝗在海拔低处是找不到的。由此笔者联想缅甸飞蝗为非洲飞蝗的同物异名，非洲飞蝗向上扩散到海拔3100多米的地方是有可能的，但数量很少。而分布于雅鲁藏布江流域的飞蝗，不仅数量大而且有群居型。非洲飞蝗并无迁飞到雅鲁藏布江流域的记载，是不可能有如此数量的飞蝗分布于雅鲁藏布江流域的。

第四章 飞蝗蝗灾的发生动态及其成因与对策

中国是一个有悠久历史的农业大国，深受蝗灾之害；中国又是一个具有悠久历史的文化国家，历代特别是明清时期对蝗灾有着较为系统的记载，这为我们研究蝗灾提供了极为有利的条件。

第一节 飞蝗蝗灾在不同历史阶段的发生动态

在我国历史长河中的不同时期，飞蝗蝗灾的发生以及对其的记载均不尽相同，下将分述之。

从有飞蝗蝗灾记载的春秋战国开始至清朝止，将飞蝗蝗灾的历史阶段划分为春秋战国（公元前770—前221年）、秦汉（公元前221—220年）、魏晋南北朝（220—581年）、隋唐五代（581—960年）、宋（包括辽、金）（960—1279年）、元（1279—1368年）、明（1368—1644年）、清（1644—1911年）八个阶段。

前六个历史阶段由于对飞蝗蝗灾的记载较为简单，难以用定量的方法定级蝗灾，拟参照章义和（2008）的蝗灾定级标准，即当年有飞蝗蝗灾发生，仅有一点发生或发生点分散，区域不大，将其定为一级蝗灾；两个发生区，但无扩散区，或没有给定区域和没有特别灾情说明，定为二级蝗灾；三个以上发生区内皆见为害，有扩散区，定为三级蝗灾（或称重大蝗灾）；全国各发生区多见为害，迁飞频繁，有扩散区，且具连续发生的趋势，将其定为四级蝗灾（或称特大蝗灾）。

明、清两个历史阶段由于对飞蝗蝗灾的记载较为详尽，拟用定量方式对飞蝗蝗灾进行定级，即：1—10个飞蝗蝗灾发生地定为一级蝗灾；11—50个飞蝗蝗灾发生地定为二级蝗灾；51—100个飞蝗蝗灾发生地并波及四个省区定为三级蝗灾（或称重大蝗灾）；101个以上飞蝗蝗灾发生地并波及7个省区定为四级蝗灾（或称特大蝗灾）。据此，制作飞蝗蝗灾发生动态图，并作分析研究。

一、春秋战国时期飞蝗蝗灾的发生动态

（一）发生动态记述

表 4-1　春秋战国时期飞蝗灾害发生动态表

时间	飞蝗蝗灾发生情况	飞蝗蝗灾等级
公元前 707 年	（鲁）秋，螽	一级
公元前 645 年	（鲁）秋八月，螽	一级
公元前 624 年	秋，雨螽于宋	三级
公元前 619 年	（鲁）十月，螽	一级
公元前 603 年	（鲁）秋八月，螽	一级
公元前 596 年	（鲁）秋，螽	一级
公元前 594 年	（鲁）秋，螽。冬，蝝生，饥	一级
公元前 566 年	（鲁）八月，螽	一级
公元前 483 年	（鲁）冬十有二月，螽	一级
公元前 482 年	（鲁）九月，螽。冬十有二月，螽	一级
公元前 243 年	（秦）七月，蝗虫从东方来，蔽天。天下疫	四级

（二）发生动态概述

在春秋战国的 550 来年中，共发生飞蝗蝗灾 11 年次，其中 9 年次发生在鲁国。因无具体发生状况的记载，飞蝗蝗灾不很严重，故均将其定为一级蝗灾。发生在宋国的飞蝗蝗灾，因用"雨螽于宋"记载当年那次蝗灾，可见规模一定不小。此记载虽很简单，但能说明几个问题：宋国都城商丘所发生的蝗灾由飞蝗造成，此飞蝗应为亚洲飞蝗，非传统所称的东亚飞蝗；商丘所发生的飞蝗蝗灾是由外地迁飞而来，商丘仅为飞蝗蝗灾的扩散地，而发生基地很可能为黄河的滩涂地带。因此，此次蝗灾是因迁飞而造成的，故将其定为三级蝗灾。发生在秦国咸阳的那次蝗灾，很可能是由河南或山东迁飞而来，此次飞蝗蝗灾又引起天下疫，灾情之严重非同一般，故将其定为四级蝗灾。

二、秦汉时期飞蝗蝗灾的发生动态

(一) 发生动态记述

表 4-2 秦汉时期飞蝗蝗灾发生动态表

时间	飞蝗蝗灾发生情况	飞蝗蝗灾等级
公元前 158 年	天下旱,蝗	三级
公元前 154 年	蝗	一级
公元前 153 年	蝗	一级
公元前 147 年	蝗	一级
公元前 146 年	大旱,蝗	二级
公元前 136 年	大旱,蝗	二级
公元前 135 年	大旱,蝗	二级
公元前 130 年	大蝗。沈丘蝗	三级
公元前 129 年	大旱,蝗	二级
公元前 112 年	蝗	一级
公元前 111 年	大旱,蝗	二级
公元前 105 年	大旱,蝗	二级
公元前 104 年	关东蝗大起,西飞至敦煌。灵宝蝗。西伐大宛,蝗大起	三级
公元前 103 年	蝗	一级
公元前 102 年	蝗	一级
公元前 90 年	鹿邑蝗	一级
公元前 89 年	蝗	一级
公元前 58 年	河南界中蝗	二级
公元前 53 年	开封蝗	一级
2 年	秋蝗遍天下,青州尤甚,民流亡	四级
4 年	长垣县蝗	一级
6 年	关东蝗	二级
11 年	缘河南北诸郡均发生蝗灾	三级

(续表)

时间	飞蝗蝗灾发生情况	飞蝗蝗灾等级
17 年	旱，蝗	二级
20 年	旱，蝗	二级
21 年	关东蝗，濒河郡蝗	三级
22 年	天下连岁灾蝗，寇盗锋起	四级
23 年	天下大旱，蝗蔽天	四级
26 年	是岁，天下旱蝗	三级
29 年	旱，蝗	二级
30 年	蝗	一级
46 年	京师、郡国十九蝗。阿勒泰旱蝗。青州蝗。胶州蝗	三级
47 年	京师、郡国十八大蝗。孟县大旱，蝗	三级
48 年	九江，飞蝗蔽野	二级
49 年	青州、平原飞蝗大发生	二级
51 年	北匈奴遣使诣武威，上书曰：……旱蝗赤地……不当中国一郡	二级
52 年	郡国八十蝗	三级
53 年	武威、酒泉、清河、京兆、魏郡、弘农蝗。开封、灵宝、陕县蝗	三级
54 年	郡国十二大蝗	三级
55 年	郡国蝗	二级
56 年	郡国十六大蝗。山阳、楚、沛蝗，飞至九江界	三级
61 年	酒泉大蝗，从塞外飞入	二级
65 年	河内、陈留、洛阳一带蝗	二级
66 年	新蔡蝗	一级
67 年	郡国十八蝗	二级
72 年	蝗起泰山，弥行兖、豫，多过陈留界	三级
75 年	豫章遭蝗	一级
76 年	南匈奴，蝗	一级
82 年	中牟蝗	一级

（续表）

时间	飞蝗蝗灾发生情况	飞蝗蝗灾等级
88 年	南匈奴，蝗	一级
91 年	兖州蝗	一级
92 年	郡国旱蝗。德安、武昌蝗	二级
96 年	河内、武陟、孟县、陈留、京师、长垣蝗	二级
97 年	旱蝗，飞过京师	三级
101 年	蝗	一级
106 年	司隶、豫、兖、徐、青、冀六州蝗	四级
109 年	鲁山、宝丰蝗	一级
110 年	司隶、豫、兖、徐、青、冀六州蝗	四级
111 年	九州蝗。并州大饥，人相食	四级
112 年	十州蝗	四级
113 年	旱蝗	二级
114 年	京师及郡国五旱蝗。汝州旱，蝗	三级
115 年	京师、河南及郡国十九蝗，群飞蔽天	三级
117 年	郡国蝗。兖、豫蝗	二级
121 年	兖、豫蝗螽滋生	二级
122 年	郡国蝗	二级
123 年	蝗	一级
124 年	京师蝗	一级
126 年	京师及郡国十二蝗	三级
129 年	六州大蝗，疫流行	四级
130 年	京师及郡国十二蝗。新安蝗	三级
136 年	开封、偃师蝗	一级
142 年	偃师蝗	一级
150 年	蝗	一级
153 年	郡国三十二蝗，冀州尤甚，淮阳、新蔡蝗飞蔽天	三级

（续表）

时间	飞蝗蝗灾发生情况	飞蝗蝗灾等级
154 年	京师蝗，南昌府蝗	二级
155 年	弘农（灵宝县）、新安蝗	一级
157 年	京师蝗	一级
158 年	京都蝗	一级
166 年	扬州六郡水、旱、蝗相连。淮阳蝗	二级
175 年	蝗	一级
177 年	七州蝗。周口地区蝗，沈丘蝗	四级
178 年	连年蝗	二级
179 年	蝗	一级
191 年	陕县蝗	一级
194 年	大蝗。濮阳蝗，鹿邑大蝗，滑县蝗	三级
195 年	是时蝗虫大起，灵宝、滑县蝗	三级
197 年	蝗。是岁饥，江淮间民相食	三级
203 年	旱，蝗	二级

（二）发生动态概述

在秦汉时期的441年中，共发生飞蝗蝗灾为89年次，其中四级蝗灾为9年次，三级蝗灾为22年次，二级蝗灾为28年次，一级蝗灾为30年次。四级蝗灾分别发生在2年、22年、23年、106年、110年、111年、112年、129年、177年。以上记载可以说明以下几个问题：汉时第一次记载飞蝗蝗灾的时间为公元前158年，它距上一次记载飞蝗的时间相隔竟达85年。如此长的时间没有记载飞蝗蝗灾，未发生蝗灾是绝不可能的，漏记应是唯一的答案。

106年和110年所记载的飞蝗蝗灾的发生地虽未记载具体的县名，但均记载了飞蝗蝗灾发生地的州名，即司隶、豫、兖、徐、青、冀六州。在汉朝的十三个州中，此六州飞蝗蝗灾最为严重，如果这六州同时发生蝗灾，其严重程度可想而知。111年、112年、129年、177年所记载的飞蝗蝗灾的发生地虽未有具体的州名，但均记载了发生飞蝗蝗灾的州的数量，而且发生飞蝗蝗灾的州的数量均不少于六个，其余发生四级蝗灾的年份均有翔实的记载。不论用何种方式记载，均能说明飞蝗蝗灾之严重程度，将其划为四级蝗灾应无问题。

三、魏晋南北朝时期飞蝗蝗灾的发生动态

（一）发生动态记述

表4-3 魏晋南北朝时期飞蝗蝗灾发生动态表

时间	飞蝗蝗灾发生情况	飞蝗蝗灾等级
220年	河北、河南旱蝗	二级
222年	冀州大蝗	三级
274年	大蝗	三级
277年	司州等大蝗	三级
278年	蝗起。封丘、开封、祥符、固始蝗	二级
301年	郡国六州大旱蝗	三级
305年	南昌蝗	一级
310年	幽、并、司、冀、秦、雍六州大蝗	四级
313年	河朔大蝗，中山、常山尤甚（河朔系指黄河以北广大地区，涉及河北、山西、北京、天津、河南、山东、内蒙古部分地区。虽非每县都有蝗灾，半计也有一百余县，故定为四级蝗灾）	四级
316年	并、司、冀、青、雍等州大蝗。河南府蝗	四级
317年	司州、冀州、青州、雍州大蝗。河南蝗	四级
318年	冀、青、徐三州蝗（涉及当今山东、河北、江苏等地）	三级
319年	淮陵、临淮、淮南、安丰、庐江等五郡蝗。山桑（亳州）、杭州、南昌、抚州、扬州蝗。河南蝗	四级
320年	徐州、扬州、司州、冀州、江西诸郡蝗	三级
332年	广阿（河北隆尧）有蝗	一级
338年	冀州八郡大蝗	二级
352年	龙城（朝阳）一带蝗虫大起	二级
354年	华泽至陇山，蝗虫大起	三级
355年	关中大蝗	二级
381年	九江飞蝗从南来	二级
382年	幽州蝗，广袤千里。发青、冀、幽，并百姓讨之	三级
383年	幽州蝗	二级
389年	兖州先水后蝗	二级
390年	兖州又蝗	二级

(续表)

时间	飞蝗蝗灾发生情况	飞蝗蝗灾等级
391年	飞蝗从南来,集堂邑界(聊城)。河朔大蝗。华阴至陇山大蝗	四级
426年	(宋)旱且蝗	二级
452年	营州(朝阳)蝗	一级
457年	州镇五蝗	二级
464年	蝗虫为害	一级
477年	八州郡水、旱、蝗相继。兖州蝗害稼	三级
478年	京师蝗	一级
481年	敦煌蝗	一级
482年	徐、东徐、兖、济、平、豫、光七州蝗。平原、枋头、广阿、临济四镇蝗	三级
483年	相州(安阳)、豫二州蝗。湘	二级
484年	济、光、幽、肆、雍、齐、平七州蝗	四级
492年	枹罕镇蝗	一级
503年	河州大蝗	二级
504年	夏州、司州蝗	二级
507年	泾州、河州、凉州、司州、恒农郡蝗。陕县蝗	二级
508年	凉州蝗	一级
512年	蝗	一级
535年	建康及江南旱,蝗	三级
549年	江南蝗	三级
550年	江南连年旱,蝗	三级
557年	河北六州,河南十三州,畿内八郡大蝗	三级
558年	山东又蝗。吴州、缙州旱,蝗	三级
559年	幽州大蝗。江南蝗	三级
560年	河南、定、冀、赵、瀛、沧、南胶、光、青等九州岛被水、蝗。河北、山西复蝗	四级
563年	绛州、曲沃蝗。并州、汾州、晋东、雍州、南汾五州蝗	三级
571年	蝗	一级
573年	关中大蝗	二级

（二）发生动态概述

在魏晋南北朝的362年中，共发生飞蝗蝗灾51年次，其中四级蝗灾为8年次，三级蝗灾为17年次，二级蝗灾为16年次，一级蝗灾为10年次。四级蝗灾分别发生在310年、313年、316年、317年、319年、391年、484年、560年。

四、隋唐五代时期飞蝗蝗灾的发生动态

（一）发生动态记述

表4-4　隋唐五代时期飞蝗蝗灾发生动态表

时间	飞蝗蝗灾发生情况	飞蝗蝗灾等级
582年	川枯蝗暴	二级
594年	太原蝗	一级
596年	并州大蝗	二级
614年	幽州大蝗	二级
623年	夏州蝗	一级
627年	河南、鲁山、宝丰蝗	二级
628年	京畿旱蝗，终南、武陟、河阳、灵宝、新野、泉州蝗	三级
629年	徐州、德、戴、廓等州蝗。新野蝗	三级
630年	观、兖、辽等州蝗	二级
638年	陕州蝗	一级
647年	渠、泉二州蝗。莱州蝗	二级
650年	夔、绛、雍、同等九州岛蝗。陈州、宛丘、项城、沈丘、淮阳蝗。河东旱，蝗	三级
651年	兰考蝗	一级
677—679年	河西蝗。宛丘、太康、沈丘、项城、淮阳蝗	二级
682年	关中、京畿、雍、岐、陇等州蝗	三级
692年	建宁府蝗	一级
693年	台、建等州蝗	二级
712年	山东诸州蝗。安阳蝗	二级
713年	宛丘、太康、扶沟、西华、沈丘、项城、开封、太康、淮阳、孟津蝗	二级
714年	河间、盐山、三河、宛丘、太康、扶沟、西华、沈丘、项城蝗。河北蝗	二级

(续表)

时间	飞蝗蝗灾发生情况	飞蝗蝗灾等级
715 年	山东诸州大蝗，河北蝗。兰考、尉氏、获嘉、济源、正阳、卫州、汲县、荥阳、辉县、长垣、怀州、武陟、浚县、沈丘、桐柏蝗	三级
716 年	山东诸州大蝗。河南、河北蝗虫大起，河阳、武陟、开封、宛丘、太康、扶沟、西华、沈丘、项城、陈州、淮阳蝗	三级
726 年	河北道蝗。怀州蝗。武陟、孟县蝗	二级
737 年	贝州蝗	一级
745 年	两歧蝗	一级
764 年	河北魏州，河南濮州蝗。关辅尤甚	三级
784 年	天下旱蝗，关中蝗。关辅大蝗，自关中至海大蝗，山东东昌、平原、长山、寿光、黄县、昌乐、安丘等蝗。宋亳（商丘）、淄青、泽潞、河东、恒、冀幽、易定、魏博等八节度蝗。武陟、怀州、孟州、沈丘、项城蝗	四级
785 年	陕西、陇东、陇南、陇中蝗尤甚。河北、山东、河南蝗飞蔽天。蝗自东海西尽河陇，群飞蔽天	四级
786 年	河北旱蝗，山东东阿等地及陕西河陇，蝗飞蔽天	三级
805 年	关东、陈州、淄州、青州、淮阳、扶沟、宛丘、太康、沈丘、西华、项城蝗。东自海西尽河陇，群飞蔽天	四级
806 年	河北镇定、冀州及夏州蝗	二级
809 年	河阳、孟县蝗	一级
810 年	曹州蝗	一级
819 年	蝗	一级
820 年	曹州蝗	一级
823 年	洪州（南昌）蝗	一级
824 年	淄、青蝗	一级
825 年	曹州、郓州，扬州蝗	二级
828 年	濮州诸州，河南府、范县蝗	二级
830 年	新安、洛宁、宜阳蝗	二级
831 年	沈丘、淮阳蝗	一级
832 年	永济县蝗	一级

(续表)

时间	飞蝗蝗灾发生情况	飞蝗蝗灾等级
836年	镇州、河中蝗。许州蝗	二级
837年	魏州、博州、泽州、潞州、淄州、青州、沧州、德州、兖州、海州、郓州、河南府等蝗。河南、河北旱,蝗害稼,京师尤甚。昭义、武陟、新蔡、汲县、尉氏、荥阳、浚县、孟津、汝南、扶沟、卫州、新乡、桐柏蝗	四级
838年	魏、博六州,河南、河北镇定等州,太康、西华、郑州、扶沟、宛丘、沈丘、项城、正阳、兰考、辉县、安阳、淮阳、新蔡、河南以及扬州府蝗	三级
839年	天平、魏、博、易、定、管内蝗,镇、冀四州蝗,河南、河北蝗,开封、郑州、滑州、兖、海、中都、新乡蝗	三级
840年	幽、魏、博、郓、曹、沧、齐、德、淄、青、兖、海、河阳、淮南、虢、濮、陈、许、汝等州蝗。登州、文登县至青州蝗起,河北、河南、淮南、浙东、福建蝗、疫,台前、淮阳、沈丘、许州、沙县、扬州、濮城、长垣、武陟、曹州蝗	四级
841年	陕南蝗,河南邓州、唐州、南阳蝗,关东地区大蝗。穰县、山南蝗	三级
846年	同、华、陕等州蝗	二级
854年	剑南、东川蝗	一级
861年	宛丘、沈丘、项城、鹿邑旱,蝗	二级
862年	淮南、河南、光山、洛阳、正阳、新安、固始蝗	二级
863年	虢、陕等州蝗	二级
865年	东都(洛阳)、同州、华州、陕州、虢州等州蝗	二级
866年	东都、同州、华州、陕州、虢州及京畿蝗	二级
868年	江淮、关内、东都、舒州、江夏旱,蝗	三级
869年	陕、虢等州蝗	二级
875年	蝗自东而西,所过赤地,蝗入京畿,山东飞蝗蔽天	三级
878年	连岁旱,蝗	一级
879年	蝗	一级
885年	蝗自东方来,群飞蔽天。淮南蝗自西来,入扬州	二级

（续表）

时间	飞蝗蝗灾发生情况	飞蝗蝗灾等级
886年	荆南、襄阳、固始、新野蝗。淮南、扬州蝗	三级
907年	许州、陈州、蔡（汝阳）、汝州、颍州五州螽生。汝南、上蔡、息县、确山、正阳蝗	二级
910年	陈、许、汝、蔡等州蝗	二级
920年	河南中牟蝗	一级
925年	青州蝗。镇州蝗	二级
928年	吴越大旱，蝗飞蔽日，江淮一带飞蝗蔽日	二级
932年	钟山之阳，积飞蝗尺余厚	二级
934年	天下飞蝗为害	三级
939年	山东、河南、关西诸郡蝗。沈丘、项城蝗	三级
940年	黄河南、北蝗。兰考蝗	二级
941年	镇州大旱，蝗	一级
942年	天下大蝗，天兴蝗，郓、曹、澶、博、相、洺诸州蝗。山东、河南、关西诸郡蝗，州郡十六处蝗。河中、河东、河西、徐、晋、商、汝等州蝗。蝗自淮北蔽空而至江南。舞阳旱、鲁山蝗	四级
943年	河南、河北、关西诸州旱，蝗，诸州郡大蝗，州郡二十七蝗，蝗大起，东自海壖，西距陇坻，南逾江淮，北抵幽蓟。开封、洛阳、中牟、封丘、阳武、杞县、鹿邑、长垣、陈州、台前、长垣、杞县、新蔡蝗	四级
944年	天下大蝗。周口地区蝗	三级
945年	天下旱，蝗	三级
946年	天下旱，蝗	三级
948年	天下旱蝗。青、郓、兖、齐、濮、沂、密、邢、曹螽生。阳武、雍丘、襄邑等县蝗，怀庆、原武蝗	三级
949年	宋、魏、博、宿，蝗抱草而死。滑、濮、澶、怀、相、卫、陈等州蝗。曹、博、兖、淄、青、齐、宿蝗。兖、郓、齐、博州螽生。扶沟、潢川蝗	四级
953年	旱，蝗，民饥，流入北境者相继	三级
954年	兰考蝗	一级

(二) 发生动态概述

在隋唐五代时期的 380 年中，共发生飞蝗蝗灾 81 年次，其中四级蝗灾 8 年次，三级蝗灾 21 年次，二级蝗灾 31 年次，一级蝗灾 21 年次。四级蝗灾分别发生在 784 年、785 年、805 年、837 年、840 年、942 年、943 年、949 年。

发生在 715 年、716 年的两次三级飞蝗蝗灾备受史学家和蝗灾史学者们的重视，之所以如此，是因为为此引发的一场大辩论。辩论的结果是主张对蝗灾应积极治理的姚崇取得了胜利。他不但辩论取得了胜利，而且还因采用挖沟、焚烧、填埋相结合的治蝗方法灭蝗，并且效果显著，而成为历史上治蝗的第一人。

五、宋朝时期飞蝗蝗灾的发生动态

(一) 发生动态记述

表 4-5　宋朝时期飞蝗蝗灾发生动态表

时间	飞蝗蝗灾发生情况	飞蝗蝗灾等级
960 年	澶州蝗，濮阳蝗，淄、青大蝗	二级
961 年	范县、鄄城、濮州蝗。成都蝗	二级
962 年	兖、济、德、磁、洺五州蝝生，陕西诸州蝗灾，京东诸州旱，蝗，深州螨	三级
963 年	澶、濮、曹、绛等州蝗。怀州蝗。新乡蝗成灾。濮阳、武陟蝗	二级
964 年	河北、河南、陕西诸州皆蝗	三级
965 年	荥阳、汜水蝗	一级
966 年	澶州、濮州、鹿邑蝗。曹县蝗	二级
969 年	冀、磁二州蝗。安阳蝗。幽州蝗	二级
970 年	冀州蝗	一级
972 年	大名府澶州蝗	一级
974 年	亳州蝗。滑州蝗	一级
975 年	浚县蝗灾	一级
977 年	卫州、辉县、汲阳、洛阳一级河北巨鹿蝗螨生	二级
981 年	河南府、宋州一带蝗。商丘、洛阳蝗灾	二级
982 年	河南、河北、山东、北京蝗	三级
983 年	河南浚县、滑州蝗螨生。河北卢龙旱，蝗。辽宁东京、平州旱，蝗	三级
984 年	泗州蝝	一级
985 年	天长军蝝	一级

（续表）

时间	飞蝗蝗灾发生情况	飞蝗蝗灾等级
986 年	濮州、鄄城蝗	一级
989 年	河南确山、正阳、汝南、新蔡、息县大旱，蝗	二级
990 年	河南、河北、山东、安徽大蝗	三级
991 年	河南、山东、河北大蝗	三级
992 年	河南、山东、河北大蝗	三级
995 年	东京平州旱，蝗。河南鹿邑蝗	一级
996 年	河南、安徽、山东蝗	三级
997 年	山东密州、单州蝻虫生	一级
999 年	楚丘、厌次蝗	一级
1001 年	河南兰考、开封、陈留蝗灾	一级
1004 年	陕州、滨州、棣州蝗	二级
1005 年	京东诸州蝻。棣州蝗。商河大蝗。郑州大旱，蝗	二级
1006 年	河北、山东、山西等省蝗群飞翳空	三级
1007 年	河南沈丘、宛丘、项城、荥阳县蝗。山东东阿、须城蝗	二级
1008 年	通许蝗	一级
1009 年	雄州蝗蝻。封丘、开封、陈留、杞县、宛丘蝗	二级
1010 年	河南开封府之通许、尉氏蝻。太平府之江左旱，蝗	二级
1011 年	开封府之祥符、通许、中牟、陈留、雍丘、封丘、新安、杞县、洛阳、尉氏蝗。山东胶州蝗	二级
1016 年	河南、江苏、山东、河北、山西等省蝗飞翳空	四级
1017 年	山西、河南、河北、陕西、江苏、湖北、浙江、山东、湖南等省蝗飞翳空	四级
1018 年	江阴军蝻虫生	一级
1020 年	洺州蝗	一级
1024 年	河南开封、辉县、汲县、卫州、延津旱，蝗	一级
1027 年	陕西旱蝗。河南考城大旱蝗。河北邢、洺、赵等州蝗。京兆府旱，蝗	三级
1028 年	山西、山东、河南、河北蝗	三级
1030 年	河南兰考飞蝗蔽天	一级
1032 年	濠州蝗	一级
1033 年	河南、河北、山西、陕西、山东、江淮蝗	四级

(续表)

时间	飞蝗蝗灾发生情况	飞蝗蝗灾等级
1034 年	开封府、淄州、尉氏、陈州、沈丘蝗	二级
1035 年	陈州、淮阳、范县、濮州、观城蝗	二级
1038 年	山东曹州、濮州、单州蝗。怀州大蝗	二级
1039 年	山东曹州、濮州、单州蝗。范县、濮州、开封蝗。扬州旱，蝗	三级
1040 年	京师一带蝗，淮南旱蝗	二级
1041 年	淮南、扬州旱蝗。京师飞蝗蔽天	二级
1044 年	京师飞蝗蔽天。淮南旱蝗。开封、尉氏、祥符大蝗	二级
1047 年	淮南蝗	一级
1048 年	河南汝南、正阳蝗	一级
1052 年	京师飞蝗蔽天	一级
1053 年	建康府蝗	一级
1054 年	华阴蝗	一级
1056 年	中京（辽）蝗蝻	一级
1058 年	宛平、永清蝗	一级
1067 年	（辽）南京旱，蝗	一级
1068 年	秀州一带蝗	一级
1070 年	两浙旱，蝗	一级
1072 年	黄河北怀州、武陟、河北蝗。京东西路诸路大蝗。辉县、汲县大蝗	二级
1073 年	河北及京西诸路蝗。江宁蝗。归义、涞水蝗。安庆府、全椒蝗	三级
1074 年	淮南西路蝗。河南、河北蝗	三级
1075 年	河南、河北、山东、陕西等省蝗	三级
1076 年	河南、河北、陕西等省蝗	三级
1077 年	两浙旱，蝗。（辽）玉田、安次蝼	二级
1078 年	秀州蝗	一级
1080 年	河北蝗	一级
1081 年	河北永清、武清、固安蝗。黄河以北诸郡蝗生。河南怀州、陈州、太康、沈丘、淮阳、扶沟蝗	二级
1082 年	开封府、沈丘蝗。黄河以北蝗	二级
1083 年	开封府蝗。山东沂州蝗	二级
1088 年	永清、宛平蝗	一级

（续表）

时间	飞蝗蝗灾发生情况	飞蝗蝗灾等级
1094 年	荥阳蝗	一级
1098 年	高邮军蝗	一级
1100 年	易州蝗	一级
1101 年	河北固安蝗。开封蝗。江淮、两浙、湖南、福建旱，蝗	三级
1102 年	河南、河北、淮南、江苏蝗	三级
1103 年	浙江河北、京东西诸路蝗。（辽）南京蝗	二级
1104 年	江苏、浙江、河南蝗。（辽）南京蝗	三级
1105 年	河北、山东、河南蝗。两浙路之长兴大蝗	三级
1112 年	河北新城等县蝗	一级
1113 年	河北新城等县蝗	一级
1114 年	河北新城、清州蝗	一级
1120 年	河东诸路（山西、陕西）蝗	一级
1121 年	山东、浙江、河南蝗	二级
1123 年	诸路蝗	二级
1124 年	曷懒路蝗	一级
1128 年	浙江、江苏、河南蝗。金国境内多蝗	三级
1129 年	浙江余姚蝗	一级
1130 年	旱，蝗	一级
1133 年	福州府蝗	一级
1135 年	浙江婺州旱，蝗	一级
1141 年	甘肃临洮府等蝗。金国境内蝗	二级
1142 年	北京、广宁府蝗	一级
1145 年	金境内大旱，飞蝗蔽日	二级
1149 年	浙江丽水蝗	一级
1156 年	江苏如皋蝗	一级
1157 年	河南、山西、山东蝗	二级
1158 年	蝗入京师	一级
1159 年	浙江旱蝗。盱眙军、楚州蝗	二级
1160 年	江、浙郡螟。河北南宫蝗	二级
1162 年	黄河南北蝗。江苏、浙江蝗。山东大蝗	四级

（续表）

时间	飞蝗蝗灾发生情况	飞蝗蝗灾等级
1163 年	河北、浙江、湖北、安徽蝗	三级
1164 年	河北、山西、河南、安徽、浙江等地蝗。南宋境内蝗	四级
1165 年	湖南、河南、浙江、江苏、安徽等地蝗	四级
1167 年	湖南、浙江、江苏、安徽等地蝗	三级
1170 年	济南府之齐河旱，蝗	一级
1173 年	金山东两路蝗	一级
1174 年	山东曹州、东平府蝗。安徽砀山蝗	二级
1175 年	两淮（江苏、安徽）蝗	二级
1176 年	河南、山东、宁夏、甘肃、山西、江苏、辽宁、陕西、河北等地蝗	四级
1177 年	山西、河北、山东、陕西、河南、辽东、安徽等地蝗	四级
1181 年	飞蝗为灾	一级
1182 年	河南、河北、江苏、安徽、浙江等省蝗	四级
1183 年	江苏、浙江等地蝗	二级
1187 年	浙江仁和县蝗	一级
1191 年	江苏高邮蝗。广西横州旱，蝗	二级
1194 年	楚州、和州蝗	一级
1195 年	江苏高邮蝗。广西横州旱，蝗	一级
1196 年	江苏高邮蝗	一级
1201 年	飞蝗入京畿。浙江大蝗	二级
1202 年	浙江、江苏大蝗	二级
1205 年	山东旱，蝗	一级
1206 年	山东旱，蝗。浙江临安、乌程蝗	二级
1207 年	浙江江阴、慈溪、湖州府大蝗。河南旱，蝗	二级
1208 年	安徽、浙江、江西、河南等省大蝗	三级
1209 年	浙江、安徽、江苏等地蝗	三级
1210 年	浙江临安府蝗	一级
1211 年	蝗	一级
1214 年	江苏常州大蝗。安徽池州旱，蝗。浙江郡县蝗	三级
1215 年	河南、浙江、湖北、江苏等地蝗	三级
1216 年	河南、陕西、安徽、浙江、湖北等地蝗	四级

（续表）

时间	飞蝗蝗灾发生情况	飞蝗蝗灾等级
1217 年	南宋境楚州蝗。湖北赣郡蝗	二级
1218 年	河南诸郡、孟津、陈州、尉氏蝗	二级
1226 年	河南开封旱，蝗	一级
1230 年	福建沙县蝗	一级
1234 年	安徽太平州、当涂县，蝗	一级
1235 年	河北藁县复旱，蝗	一级
1238 年	河南武陟、河阳旱，蝗	一级
1239 年	江苏、浙江、福建大旱，蝗	三级
1240 年	江西、浙江、福建大旱，蝗	三级
1241 年	南宋境内旱，蝗	二级
1242 年	两淮蝗	一级
1246 年	安徽霍邱蝗。江苏泰兴、如皋，飞蝗蔽天	二级
1260 年	河北真定蝗	一级
1262 年	河北真定、顺天、邢州蝗。两浙蝗	二级
1263 年	河北、山东蝗	二级
1264 年	河北、山东、安徽蝗	二级
1265 年	山东、北京、江苏、辽宁、浙江蝗	三级
1266 年	河北、山东、河南蝗	二级
1267 年	山东、河北、河南蝗	二级
1268 年	河北、山东、河南、安徽蝗	三级
1269 年	河北、河南、山东、北京、天津蝗	三级
1270 年	山东、河南蝗	二级
1271 年	河北、山东、河南、甘肃、山西蝗	四级
1272 年	河南许昌蝗	一级
1273 年	河北、山东、山西蝗	二级
1274 年	蝗	一级
1275 年	山东东明蝗	一级
1276 年	河北巨鹿蝗	一级
1277 年	大都等十六路蝗	二级
1278 年	河北、山西、山东、河南、江苏蝗	四级

（二）发生动态概述

在宋朝时期的 320 年中，共发生飞蝗蝗灾 165 年次，其中四级蝗灾 12 年次，三级蝗灾 32 年次，二级蝗灾 53 年次，一级蝗灾 68 年次。四级蝗灾分别发生在 1016 年、1017 年、1033 年、1162 年、1164 年、1165 年、1176 年、1177 年、1182 年、1216 年、1271 年、1278 年。

六、元朝时期飞蝗蝗灾的发生动态

（一）发生动态记述

表 4-6　元朝时期飞蝗蝗灾发生动态表

时间	飞蝗蝗灾发生情况	飞蝗蝗灾等级
1279 年	大都等十六路蝗	二级
1280 年	河北、河南、山西、江苏、安徽蝗	三级
1281 年	河北、山东、河南蝗	二级
1282 年	山东、河北、河南、山西、江苏大蝗	四级
1283 年	河北蝗	一级
1284 年	宁夏中卫蝗	一级
1285 年	河北、山东、河南蝗	二级
1286 年	河北、河南蝗	二级
1288 年	河北、河南蝗	二级
1289 年	山东、河北、河南蝗	三级
1290 年	河南、河北、山东、山西蝗	三级
1292 年	山东、河南蝗	二级
1293 年	河北、山东蝗	二级
1294 年	河北、山东蝗	二级
1295 年	河北、山东蝗	二级
1296 年	河北、江苏、湖南、湖北、山东、河南、安徽、江西蝗	四级
1297 年	河南、江苏、河北蝗	三级
1298 年	山东、河南、江苏、浙江、安徽、辽宁蝗	四级
1299 年	湖北、江苏、陕西、河南蝗	三级
1300 年	江苏、河南、山东蝗	二级

（续表）

时间	飞蝗蝗灾发生情况	飞蝗蝗灾等级
1301 年	河北、河南、江苏蝗	二级
1302 年	河北、江苏、山西、河南蝗	三级
1303 年	河北、山东、辽宁、江西蝗	三级
1304 年	山东、河北、广东、山西、河南蝗	三级
1305 年	河北、安徽、江苏、湖南、浙江、上海蝗	四级
1306 年	河北、河南、江西、安徽蝗	三级
1307 年	河北、山东、安徽、河南蝗	三级
1308 年	河南、河北、江苏、山东、安徽蝗	三级
1309 年	山东、河北、河南、安徽、江苏、陕西、山西、北京蝗	四级
1310 年	河北、山东、安徽、河南蝗	三级
1312 年	河南、山东蝗	二级
1313 年	河南、河北蝗	二级
1315 年	河南蝗	一级
1316 年	河北、河南蝗	一级
1317 年	河南怀庆蝗	一级
1320 年	河北、山东蝗	一级
1321 年	河北、河南、江苏、江西蝗	二级
1322 年	河北、河南、山东、安徽蝗	三级
1323 年	河北、江苏、河南蝗	二级
1324 年	河北、山东、河南、湖南蝗	三级
1325 年	山东、河南、河北蝗	二级
1326 年	河北、江苏、山西、河南、安徽、湖南蝗	四级
1327 年	河南、安徽、江苏、河北、山东、山西蝗	四级
1328 年	山东、河北、河南、陕西、浙江蝗	三级
1329 年	河南、山西、辽宁、安徽、山东、河北、江苏、陕西蝗	四级
1330 年	河北、河南、山东、山西、陕西、江苏、江西、安徽蝗	四级
1331 年	河北、河南、陕西、湖南、江西、山西、山东蝗	四级

(续表)

时间	飞蝗蝗灾发生情况	飞蝗蝗灾等级
1332 年	河北、河南蝗	二级
1333 年	山东、安徽蝗	二级
1334 年	河南、辽宁、广东、江西蝗	二级
1335 年	河北、山东、河南蝗	二级
1336 年	河南、河北、山东、安徽、浙江蝗	三级
1337 年	河南、河北、浙江、云南蝗	二级
1338 年	河北三河蝗	一级
1339 年	山东蝗	一级
1340 年	蝗	一级
1341 年	河北、河南蝗	二级
1342 年	河南、云南、江苏蝗	二级
1343 年	河南、河北、江苏蝗	二级
1344 年	河南、安徽、山东、山西、陕西蝗	三级
1345 年	山东、河南蝗	一级
1346 年	山西长子县蝗，河南蝗	二级
1348 年	河北、甘肃蝗	二级
1351 年	北京昌平大蝗	一级
1352 年	河北、河南蝗	二级
1354 年	河南蝗	一级
1357 年	山东、江苏蝗	二级
1358 年	河北、山西、山东、河南蝗	三级
1359 年	山东、陕西、山西、河南、江苏、河北、安徽蝗	四级
1360 年	山东、陕西、河北蝗	二级
1361 年	河南、河北蝗	一级
1362 年	河南蝗	一级
1363 年	河南蝗	一级
1365 年	陕西、江苏、安徽蝗	二级

（二）发生动态概述

在元朝时期的 90 年中，共发生飞蝗蝗灾 74 年次，其中四级蝗灾 11 年次，三级蝗灾 18 年次，二级蝗灾 30 年次，一级蝗灾 15 年次。四级蝗灾分别发生在 1282 年、1296 年、1298 年、1305 年、1309 年、1326 年、1327 年、1329 年、1330 年、1331 年、1359 年。

七、明朝时期飞蝗蝗灾的发生动态

（一）发生动态记述

表 4-7　明朝时期飞蝗蝗灾发生动态表

说明：表中飞蝗蝗灾发生地以现在的地方行政区划名表示

时间	飞蝗蝗灾发生情况	飞蝗蝗灾等级
1368 年	1 省 1 地	一级
1369 年	3 省 3 地	一级
1370 年	1 省 2 地	一级
1372 年	4 省 20 地	二级
1373 年	6 省市 17 地	二级
1374 年	7 省市 49 地	二级
1375 年	3 省市 14 地	二级
1377 年	1 省 1 地	一级
1378 年	3 省 4 地	一级
1381 年	1 省 1 地	一级
1382 年	1 市 3 地	一级
1383 年	1 市 1 地	一级
1386 年	1 省 1 地	一级
1387 年	1 省 1 地	一级
1388 年	1 省 1 地	一级
1389 年	1 区 1 地	一级
1391 年	2 省 2 地	一级
1392 年	1 省 2 地	一级
1397 年	1 省 1 地	一级
1398 年	2 省 4 地	一级
1399 年	2 省市 3 地	一级
1400 年	1 省 2 地	一级

(续表)

时间	飞蝗蝗灾发生情况	飞蝗蝗灾等级
1401 年	3 省 8 地	一级
1402 年	3 省 14 地	二级
1403 年	10 省 29 地	二级
1404 年	6 省区 8 地	一级
1405 年	3 省 5 地	一级
1406 年	1 省 3 地	一级
1407 年	1 省 1 地	一级
1408 年	1 省 3 地	一级
1409 年	5 省 9 地	一级
1411 年	1 省 1 地	一级
1412 年	2 省 5 地	一级
1413 年	2 省 3 地	一级
1414 年	2 省 2 地	一级
1416 年	4 省市 14 地	二级
1417 年	2 省 3 地	一级
1419 年	1 省 1 地	一级
1422 年	3 省 5 地	一级
1423 年	1 省 2 地	一级
1424 年	2 省 2 地	一级
1425 年	2 省区 5 地	一级
1426 年	3 省市 9 地	一级
1427 年	1 省 3 地	一级
1428 年	3 省市 3 地	一级
1429 年	3 省市 9 地	一级
1430 年	6 省市 15 地	二级
1431 年	1 省 5 地	一级
1432 年	1 省 1 地	一级
1433 年	5 省市区 11 地	二级

(续表)

时间	飞蝗蝗灾发生情况	飞蝗蝗灾等级
1434 年	7 省市 77 地	三级
1435 年	6 省市 28 地	二级
1436 年	7 省市 20 地	二级
1437 年	5 省 22 地	二级
1438 年	1 省 1 地	一级
1439 年	7 省 31 地	二级
1440 年	7 省市 51 地	三级
1441 年	11 省市 102 地	四级
1442 年	6 省市 27 地	二级
1443 年	5 省市 9 地	一级
1444 年	1 省 1 地	一级
1445 年	4 省 9 地	一级
1446 年	2 省 5 地	一级
1447 年	8 省 41 地	二级
1448 年	6 省市 17 地	二级
1449 年	5 省市 19 地	二级
1450 年	3 省 12 地	二级
1451 年	3 省 3 地	一级
1452 年	1 省 2 地	一级
1453 年	4 省市 4 地	一级
1454 年	3 省 6 地	一级
1455 年	6 省市 28 地	二级
1456 年	6 省 34 地	二级
1457 年	5 省 25 地	二级
1458 年	7 省市 36 地	二级
1460 年	1 省 1 地	一级
1461 年	3 省 3 地	一级
1462 年	4 省 10 地	一级

(续表)

时间	飞蝗蝗灾发生情况	飞蝗蝗灾等级
1463 年	1 省 1 地	一级
1464 年	1 省 1 地	一级
1465 年	3 省 3 地	一级
1466 年	1 省 1 地	一级
1467 年	3 省 9 地	一级
1468 年	1 省 2 地	一级
1469 年	2 省区 2 地	一级
1470 年	1 省 3 地	一级
1471 年	2 省 2 地	一级
1472 年	4 省 4 地	一级
1473 年	2 省 9 地	一级
1474 年	1 省 1 地	一级
1475 年	1 省 4 地	一级
1477 年	1 省 1 地	一级
1479 年	1 省 2 地	一级
1480 年	2 省 3 地	一级
1481 年	1 省 4 地	一级
1482 年	3 省 7 地	一级
1483 年	3 省 14 地	二级
1484 年	3 省 3 地	一级
1485 年	3 省 10 地	一级
1486 年	4 省 6 地	一级
1487 年	3 省 6 地	一级
1488 年	3 省区 15 地	二级
1489 年	5 省 5 地	一级
1490 年	6 省 6 地	一级
1491 年	4 省市 9 地	一级
1492 年	1 省 3 地	一级

(续表)

时间	飞蝗蝗灾发生情况	飞蝗蝗灾等级
1493 年	4 省市 13 地	二级
1494 年	4 省市 4 地	一级
1495 年	3 省 6 地	一级
1496 年	1 省 1 地	一级
1499 年	1 省 1 地	一级
1500 年	2 省 2 地	一级
1501 年	6 省 8 地	一级
1502 年	1 省 1 地	一级
1503 年	1 省 6 地	一级
1505 年	2 省区 8 地	一级
1506 年	4 省 4 地	一级
1507 年	6 省 12 地	二级
1508 年	6 省 13 地	二级
1509 年	5 省 15 地	二级
1510 年	2 省市 3 地	一级
1511 年	3 省 4 地	一级
1512 年	5 省 31 地	二级
1513 年	8 省市区 39 地	二级
1514 年	6 省 10 地	一级
1515 年	1 省 1 地	一级
1516 年	4 省 6 地	一级
1517 年	6 省市区 10 地	一级
1518 年	2 省 7 地	一级
1519 年	5 省 7 地	一级
1520 年	4 省 8 地	一级
1521 年	2 省 3 地	一级
1522 年	4 省 8 地	一级
1523 年	6 省市 9 地	一级

(续表)

时间	飞蝗蝗灾发生情况	飞蝗蝗灾等级
1524 年	10 省市 39 地	二级
1525 年	4 省 7 地	一级
1526 年	10 省 21 地	二级
1527 年	9 省市 37 地	二级
1528 年	10 省市 123 地	四级
1529 年	14 省 217 地	四级
1530 年	11 省 37 地	二级
1531 年	10 省 52 地	三级
1532 年	13 省 77 地	三级
1533 年	10 省市 41 地	二级
1534 年	7 省 18 地	二级
1535 年	8 省 60 地	三级
1536 年	9 省 70 地	三级
1537 年	6 省 22 地	二级
1538 年	7 省 19 地	二级
1539 年	9 省市 48 地	二级
1540 年	10 省市 65 地	三级
1541 年	10 省市 47 地	二级
1542 年	6 省 23 地	二级
1543 年	5 省 8 地	一级
1544 年	7 省 17 地	二级
1545 年	7 省 12 地	二级
1546 年	6 省 12 地	二级
1547 年	2 省 3 地	一级
1548 年	2 省 3 地	一级
1549 年	3 省 10 地	一级
1550 年	5 省 8 地	一级
1551 年	4 省 12 地	二级

(续表)

时间	飞蝗蝗灾发生情况	飞蝗蝗灾等级
1552 年	2 省 2 地	一级
1553 年	4 省 5 地	一级
1554 年	3 省 6 地	一级
1555 年	5 省 17 地	二级
1556 年	3 省 3 地	一级
1557 年	4 省市 11 地	二级
1558 年	5 省 7 地	一级
1559 年	5 省 12 地	二级
1560 年	10 省市 84 地	三级
1561 年	5 省市 17 地	二级
1562 年	3 省 9 地	一级
1563 年	1 省 1 地	一级
1564 年	2 省 5 地	一级
1565 年	6 省 17 地	二级
1566 年	6 省 10 地	一级
1567 年	2 省 3 地	一级
1568 年	4 省 9 地	一级
1569 年	3 省 26 地	二级
1570 年	2 省 3 地	一级
1571 年	2 省 6 地	一级
1572 年	3 省 8 地	一级
1573 年	6 省市 9 地	一级
1574 年	4 省市区 6 地	一级
1575 年	1 省 1 地	一级
1576 年	1 省 1 地	一级
1577 年	6 省市 10 地	一级
1578 年	2 省 2 地	一级
1579 年	6 省 7 地	一级

(续表)

时间	飞蝗蝗灾发生情况	飞蝗蝗灾等级
1580年	2省4地	一级
1581年	7省13地	二级
1582年	4省22地	二级
1583年	6省24地	二级
1584年	4省5地	一级
1585年	5省11地	二级
1586年	6省市7地	一级
1587年	12省市20地	二级
1588年	9省14地	二级
1589年	5省14地	二级
1590年	3省9地	一级
1591年	5省市37地	二级
1592年	2省4地	一级
1593年	3省3地	一级
1594年	2省7地	一级
1595年	1省1地	一级
1596年	3省35地	二级
1597年	2省4地	一级
1598年	4省6地	一级
1599年	3省7地	一级
1600年	1省8地	一级
1601年	1省1地	一级
1602年	3省8地	一级
1603年	2省2地	一级
1604年	1省1地	一级
1605年	5省20地	二级
1606年	6省市49地	二级
1607年	3省11地	二级

(续表)

时间	飞蝗蝗灾发生情况	飞蝗蝗灾等级
1608 年	3 省 6 地	一级
1609 年	6 省市约 100 以上地点	四级
1610 年	9 省区 28 地	二级
1611 年	9 省市 21 地	二级
1612 年	5 省 17 地	二级
1613 年	6 省 13 地	二级
1614 年	6 省 18 地	二级
1615 年	6 省 54 地	三级
1616 年	9 省 163 地	四级
1617 年	10 省 130 地	四级
1618 年	8 省 33 地	二级
1619 年	8 省 30 地	二级
1620 年	7 省 24 地	二级
1621 年	6 省 23 地	二级
1622 年	4 省 24 地	二级
1623 年	6 省 11 地	二级
1624 年	3 省 6 地	一级
1625 年	8 省市 25 地	二级
1626 年	6 省 46 地	二级
1627 年	6 省 30 地	二级
1628 年	5 省 6 地	一级
1629 年	4 省 50 以上地点	三级
1630 年	4 省 7 地	一级
1631 年	5 省 36 地	二级
1632 年	4 省 12 地	二级
1633 年	3 省 8 地	一级
1634 年	10 省 50 以上地点	三级
1635 年	10 省市 57 地	三级

(续表)

时间	飞蝗蝗灾发生情况	飞蝗蝗灾等级
1636 年	9 省 51 地	三级
1637 年	11 省 75 地	三级
1638 年	14 省市 179 地	四级
1639 年	14 省市 194 地	四级
1640 年	15 省市 236 地	四级
1641 年	15 省市 177 地	四级
1642 年	9 省市 44 地	二级
1643 年	6 省 9 地	一级
1644 年	2 省 2 地	一级

根据相关数据绘制图 4-1：

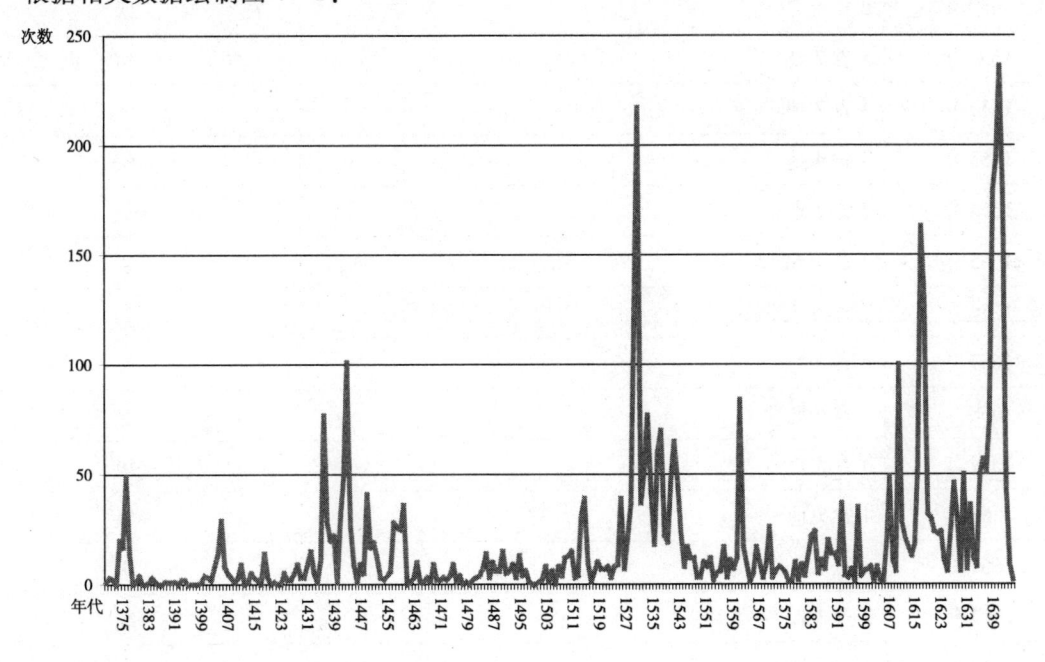

图 4-1 明朝时期飞蝗蝗灾发生动态图

（二）发生动态概述

在明朝时期的 277 年中，共发生飞蝗蝗灾 255 年次，其中四级蝗灾 10 年次，三级蝗灾 14 年次，二级蝗灾 80 年次，一级蝗灾 151 年次。四级蝗灾分别发生在 1441 年、1528 年、1529 年、1609 年、1616 年、1617 年、1638 年、1639 年、1640 年、1641 年。

八、清朝时期飞蝗蝗灾的发生动态

(一) 发生动态记述

表 4-8 清朝时期飞蝗蝗灾发生动态表

说明：表中飞蝗蝗灾发生地以现在的地方行政区划名表示

时间	飞蝗蝗灾发生情况	飞蝗蝗灾等级
1644 年	2 省 3 地	一级
1645 年	5 省 6 地	一级
1646 年	9 省市 36 地	二级
1647 年	8 省 132 地	四级
1648 年	5 省市 34 地	二级
1649 年	5 省 22 地	二级
1650 年	8 省市 29 地	二级
1651 年	5 省 7 地	一级
1652 年	4 省 7 地	一级
1653 年	4 省 4 地	一级
1654 年	2 省 2 地	一级
1655 年	7 省市 69 地	三级
1656 年	7 省市 55 地	三级
1657 年	4 省 6 地	一级
1658 年	2 省 6 地	一级
1659 年	3 省 5 地	一级
1660 年	4 省 7 地	一级
1661 年	6 省 12 地	二级
1662 年	3 省 3 地	一级
1663 年	3 省 4 地	一级
1664 年	5 省市 12 地	二级
1665 年	7 省 14 地	二级
1666 年	6 省 11 地	二级
1667 年	10 省市 106 地	四级
1668 年	5 省 12 地	二级

（续表）

时间	飞蝗蝗灾发生情况	飞蝗蝗灾等级
1669 年	1 省 1 地	一级
1670 年	2 省 4 地	一级
1671 年	8 省 108 地	四级
1672 年	12 省市 177 地	四级
1673 年	4 省 8 地	一级
1674 年	5 省 9 地	一级
1675 年	2 省 3 地	一级
1676 年	3 省 4 地	一级
1677 年	5 省 10 地	一级
1678 年	3 省 11 地	二级
1679 年	9 省市 58 地	三级
1680 年	6 省 8 地	一级
1681 年	3 省 4 地	一级
1682 年	4 省 7 地	一级
1683 年	3 省 9 地	一级
1684 年	4 省市 8 地	一级
1685 年	3 省 4 地	一级
1686 年	7 省市 28 地	二级
1687 年	7 省 20 地	二级
1688 年	5 省 7 地	一级
1689 年	5 省 11 地	二级
1690 年	8 省市 44 地	二级
1691 年	10 省市 143 地	四级
1692 年	6 省 27 地	二级
1693 年	5 省 20 地	二级
1694 年	6 省 34 地	二级
1695 年	3 省市 5 地	一级
1696 年	3 省 4 地	一级
1697 年	3 省 9 地	一级

（续表）

时间	飞蝗蝗灾发生情况	飞蝗蝗灾等级
1698 年	3 省市 3 地	一级
1699 年	4 省市 10 地	一级
1700 年	1 省 4 地	一级
1701 年	2 省 3 地	一级
1702 年	2 省 2 地	一级
1703 年	3 省 5 地	一级
1704 年	3 省 9 地	一级
1705 年	7 省市 15 地	二级
1706 年	3 省 3 地	一级
1707 年	1 省 4 地	一级
1708 年	3 省 9 地	一级
1709 年	6 省 17 地	二级
1710 年	5 省市 6 地	一级
1711 年	4 省 17 地	二级
1712 年	5 省 7 地	一级
1713 年	3 省 3 地	一级
1714 年	3 省 11 地	二级
1715 年	2 省 2 地	一级
1716 年	2 省 4 地	一级
1717 年	2 省 6 地	一级
1718 年	3 省 4 地	一级
1719 年	1 省 1 地	一级
1720 年	2 省 3 地	一级
1721 年	5 省 8 地	一级
1722 年	4 省 14 地	二级
1723 年	7 省市 43 地	二级
1724 年	6 省市 28 地	二级
1725 年	3 省 7 地	一级
1726 年	2 省 4 地	一级

（续表）

时间	飞蝗蝗灾发生情况	飞蝗蝗灾等级
1727 年	2 省 4 地	一级
1728 年	1 省 2 地	一级
1729 年	2 省 7 地	一级
1730 年	2 省 2 地	一级
1731 年	4 省 7 地	一级
1732 年	5 省市 10 地	一级
1733 年	5 省 9 地	一级
1734 年	2 省 2 地	一级
1735 年	6 省市 13 地	二级
1736 年	3 省 4 地	一级
1737 年	6 省 10 地	一级
1738 年	5 省市 81 地	三级
1739 年	6 省市 30 地	二级
1740 年	7 省 40 地	二级
1741 年	3 省 3 地	一级
1742 年	2 省 2 地	一级
1743 年	2 省 2 地	一级
1744 年	7 省市 48 地	二级
1745 年	4 省 12 地	二级
1746 年	2 省 4 地	一级
1747 年	1 省 2 地	一级
1748 年	1 省 18 地	二级
1749 年	1 省 4 地	一级
1750 年	2 省 3 地	一级
1751 年	4 省 12 地	二级
1752 年	7 省市 122 地	四级
1753 年	7 省市 132 地	四级
1754 年	1 省 1 地	一级
1755 年	4 省市 9 地	一级

（续表）

时间	飞蝗蝗灾发生情况	飞蝗蝗灾等级
1756 年	1 省 1 地	一级
1757 年	3 省 3 地	一级
1758 年	6 省 24 地	二级
1759 年	7 省市 41 地	二级
1760 年	7 省市 15 地	二级
1761 年	2 省 3 地	一级
1762 年	1 省 1 地	一级
1763 年	5 省 38 地	二级
1764 年	4 省 13 地	二级
1765 年	4 省 5 地	一级
1766 年	2 省 4 地	一级
1767 年	1 省 1 地	一级
1768 年	4 省市 10 地	一级
1769 年	2 省 2 地	一级
1770 年	7 省市 30 地	二级
1771 年	6 省 10 地	一级
1772 年	4 省 5 地	一级
1773 年	3 省 3 地	一级
1774 年	6 省 17 地	二级
1775 年	5 省 15 地	二级
1776 年	4 省 7 地	一级
1777 年	3 省 12 地	二级
1778 年	6 省 11 地	二级
1780 年	1 省 1 地	一级
1781 年	1 省 1 地	一级
1782 年	3 省 5 地	一级
1783 年	4 省市 4 地	一级
1784 年	3 省 9 地	一级
1785 年	6 省 23 地	二级

(续表)

时间	飞蝗蝗灾发生情况	飞蝗蝗灾等级
1786 年	6 省 39 地	二级
1787 年	4 省 12 地	二级
1788 年	4 省 5 地	一级
1789 年	2 省 3 地	一级
1791 年	2 省 4 地	一级
1792 年	5 省市 24 地	二级
1793 年	3 省市 7 地	一级
1794 年	1 省 1 地	一级
1795 年	3 省 15 地	二级
1796 年	3 省 6 地	一级
1797 年	2 省 3 地	一级
1798 年	1 省 2 地	一级
1799 年	5 省市 12 地	二级
1800 年	2 省 2 地	一级
1801 年	3 省市 4 地	一级
1802 年	8 省市 102 地	四级
1803 年	6 省市 87 地	三级
1804 年	7 省市 25 地	二级
1805 年	2 省 16 地	二级
1806 年	3 省 4 地	一级
1807 年	3 省区 6 地	一级
1808 年	4 省区 8 地	一级
1809 年	2 省 2 地	一级
1811 年	4 省 6 地	一级
1812 年	4 省市 4 地	一级
1813 年	3 省 3 地	一级
1814 年	3 省 10 地	一级
1817 年	2 省 3 地	一级
1818 年	4 省 7 地	一级

(续表)

时间	飞蝗蝗灾发生情况	飞蝗蝗灾等级
1819 年	1 省 1 地	一级
1820 年	1 省区 1 地	一级
1821 年	7 省市 10 地	一级
1822 年	4 省市 13 地	二级
1823 年	5 省 11 地	二级
1824 年	9 省市 34 地	二级
1825 年	10 省市 45 地	二级
1826 年	5 省 13 地	二级
1827 年	5 省 5 地	一级
1828 年	2 省区 2 地	一级
1829 年	2 省区 3 地	一级
1830 年	4 省 4 地	一级
1831 年	4 省 5 地	一级
1832 年	7 省市 15 地	二级
1833 年	6 省 24 地	二级
1834 年	8 省 35 地	二级
1835 年	13 省 160 地	四级
1836 年	12 省 101 地	四级
1837 年	12 省 78 地	三级
1838 年	4 省市 21 地	二级
1839 年	3 省 5 地	一级
1840 年	3 省区 5 地	一级
1841 年	4 省市 5 地	一级
1842 年	6 省市 8 地	一级
1843 年	6 省区 11 地	二级
1844 年	3 省区 3 地	一级
1845 年	5 省区 8 地	一级
1846 年	2 省区 3 地	一级
1847 年	9 省区 12 地	二级

(续表)

时间	飞蝗蝗灾发生情况	飞蝗蝗灾等级
1848 年	5 省区 14 地	二级
1849 年	3 省区 11 地	二级
1850 年	3 省区 6 地	一级
1851 年	7 省区 13 地	二级
1852 年	5 省区 23 地	二级
1853 年	8 省区 48 地	二级
1854 年	9 省市区 74 地	三级
1855 年	12 省市区 47 地	二级
1856 年	18 省市区 332 地	四级
1857 年	17 省市区 266 地	四级
1858 年	15 省市 163 地	四级
1859 年	11 省区 20 地	二级
1860 年	8 省 20 地	二级
1861 年	6 省 11 地	二级
1862 年	11 省区 88 地	三级
1863 年	9 省区 29 地	二级
1864 年	8 省区 14 地	二级
1865 年	5 省 10 地	一级
1866 年	4 省区 7 地	一级
1867 年	5 省 10 地	一级
1868 年	5 省 9 地	一级
1869 年	6 省 19 地	二级
1870 年	4 省 9 地	一级
1871 年	4 省市 8 地	一级
1872 年	5 省市 7 地	一级
1873 年	4 省 4 地	一级
1874 年	4 省区 82 地	三级
1875 年	7 省区 11 地	二级
1876 年	9 省 36 地	二级

（续表）

时间	飞蝗蝗灾发生情况	飞蝗蝗灾等级
1877 年	13 省 86 地	三级
1878 年	12 省区 27 地	二级
1879 年	9 省区 19 地	二级
1880 年	7 省 10 地	一级
1881 年	5 省市 15 地	二级
1882 年	5 省区 8 地	一级
1883 年	1 省 2 地	一级
1884 年	5 省 6 地	一级
1885 年	2 省 3 地	一级
1886 年	5 省 16 地	二级
1887 年	2 省 4 地	一级
1888 年	2 省 2 地	一级
1889 年	2 省 3 地	一级
1890 年	4 省 8 地	一级
1891 年	7 省 26 地	二级
1892 年	8 省区 77 地	三级
1893 年	4 省区 7 地	一级
1894 年	4 省区 5 地	一级
1895 年	6 省区 9 地	一级
1896 年	5 省区 8 地	一级
1897 年	7 省区 17 地	二级
1898 年	4 省区 5 地	一级
1899 年	8 省区 24 地	二级
1900 年	8 省 32 地	二级
1901 年	5 省区 15 地	二级
1902 年	8 省市 22 地	二级
1903 年	2 省市 3 地	一级
1904 年	2 省 2 地	一级
1905 年	2 省 2 地	一级

(续表)

时间	飞蝗蝗灾发生情况	飞蝗蝗灾等级
1906 年	5 省区 12 地	二级
1907 年	4 省区 4 地	一级
1908 年	4 省 6 地	一级
1909 年	5 省 10 地	一级
1910 年	3 省区 4 地	一级
1911 年	5 省区 6 地	一级

根据相关数据绘制图 4-2：

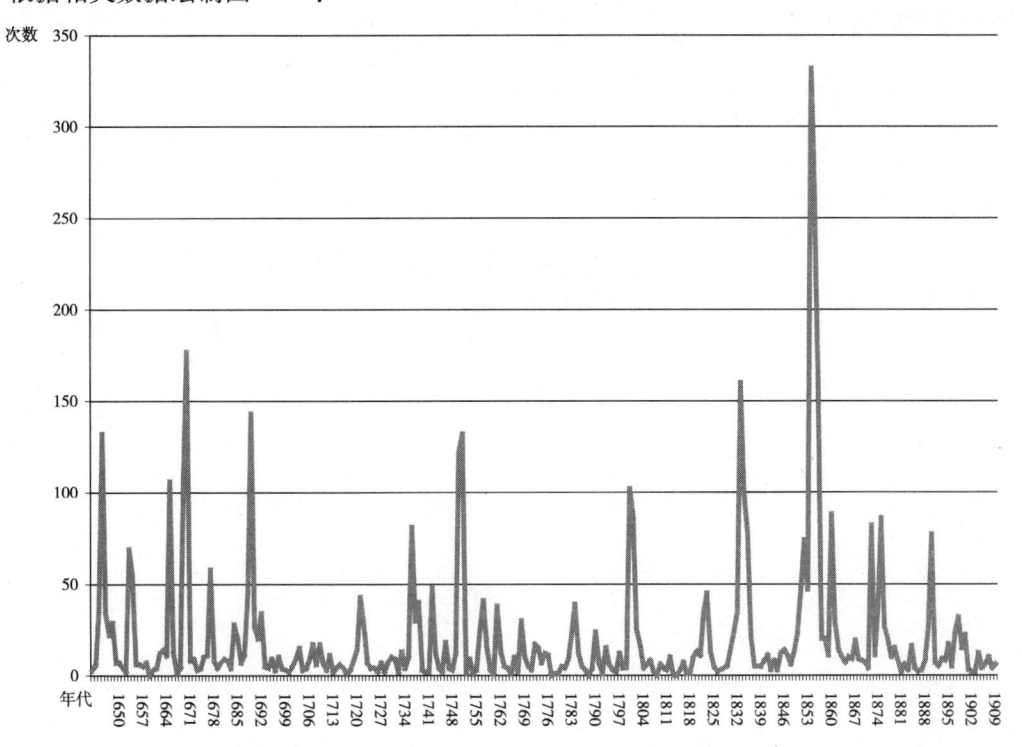

图 4-2 清朝时期飞蝗蝗灾发生动态图

（二）发生动态概述

在清朝时期的 268 年中，共发生飞蝗蝗灾 263 年次，其中四级蝗灾 13 年次，三级蝗灾 11 年次，二级蝗灾 85 年次，一级蝗灾 154 年次。四级蝗灾分别发生在 1647 年、1667 年、1671 年、1672 年、1691 年、1752 年、1753 年、1802 年、1835 年、1836 年、1856 年、1857 年、1858 年。

第二节 飞蝗蝗灾与明清小冰期的关系

在我国历史长河的不同阶段，飞蝗蝗灾的发生不尽相同，但也并非无规律可循。为阐明飞蝗蝗灾的发生规律，先从有飞蝗蝗灾记载的春秋战国开始至清朝止，将其分为八个阶段，即春秋战国、秦汉、魏晋南北朝、隋唐五代、宋（包括辽、金）、元、明、清，然后从各阶段飞蝗蝗灾的发生频次、蝗灾等级的对比以及一个特殊阶段即明、清小冰期入手，对飞蝗蝗灾的发生规律进行探讨。

一、飞蝗蝗灾的发生频次

根据上述八个历史阶段各自所记载的飞蝗蝗灾的发生年次，以百年频次数探求飞蝗蝗灾的发生规律。

表4-9 历代飞蝗蝗灾发生频次信息汇总

朝代	年代范围	时间长度/年	年次数	百年频次数
春秋战国	公元前770—公元前221年	550年	11	2
秦汉	公元前221—公元220年	441年	89	20
魏晋南北朝	220—581年	362年	51	14
隋唐五代	581—960年	380年	81	21
宋（包括辽、金）	960—1279年	320年	165	52
元朝	1279—1368年	90年	74	82
明朝	1368—1644年	277年	255	92
清朝	1644—1911年	268年	263	98

从上表可以看出：春秋战国时期飞蝗蝗灾的百年发生频次最低，原因除漏记外，秦始皇的焚书可能是重要原因之一，因除《史记》所记载的一次蝗灾外，其余绝大多数（十中之九）为《春秋》所记载发生于鲁国的蝗灾。春秋战国时期，众多诸侯国的蝗灾未有记录，这些资料可能在秦始皇焚书中丧失。

从上表还可看出：蝗灾的百年发生频次，随着历史进程的发展，蝗灾在逐渐随之增加（魏晋南北朝可能因长时间战乱，所记载的蝗灾数略低）。原因何在，尚待研究。

表4–10　历代飞蝗蝗灾各等级数及所占蝗灾比例

朝代	一级蝗灾数及所占蝗灾比例		二级蝗灾数及所占蝗灾比例		三级蝗灾数及所占蝗灾比例		四级蝗灾数及所占蝗灾比例		总蝗灾数
春秋战国	9	81.8%	0	0%	1	9.0%	1	9.0%	11
秦汉	30	33.7%	28	31.5%	22	24.7%	9	10.1%	89
魏晋南北朝	10	19.6%	16	31.4%	17	33.3%	8	15.7%	51
隋唐五代	21	25.9%	31	38.3%	21	25.9%	8	9.9%	81
宋（包括辽、金）	68	41.2%	53	32.1%	32	19.4%	12	7.3%	165
元	15	20.3%	30	40.5%	18	24.3%	11	14.9%	74
明	151	59.2%	80	31.4%	14	5.5%	10	3.9%	255
清	154	58.6%	85	32.3%	11	4.2%	13	4.9%	263

从上表可以看出：明清飞蝗蝗灾数量明显多于其他各朝代，这是因为一、二级蝗灾数量大的原因。一、二级蝗灾所造成的危害相对较小，而正史多记载特大、重大蝗灾，小等级的蝗灾多由地方志记载，而地方志又多在明清时期才大量出现，这是造成明清之前蝗灾数量少的重要原因，也是蝗灾数量随着历史进程而增多的原因。三、四级蝗灾的数量各朝代相差不大，如以百年频次计算，多数朝代的蝗灾数量还多于明清时期。

二、飞蝗蝗灾暴发与小冰期的关系

飞蝗蝗灾、小冰期均是当前的研究热点，但对它们之间的关系尚无专门的研究。对蝗灾的研究，已从多角度展开，成果均丰，对明清时期的蝗灾特别是重大、特大蝗灾研究最为深入，但唯独难见蝗灾与小冰期关系方面的论著。笔者仅看到张德二、陈永林在《由我国历史飞蝗北界记录得到的古气候推断》一文中所提到：小冰期中的18世纪60年代，我国东北地区气候回暖之结论，是因此时出现蝗灾而得出。小冰期首先由Matthes于1939年提出，很快被地理、地质、气候等方面的学者接受，成为当前一个研究热点。小冰期专指近数百年中出现的冷期，其温度比现在要低1℃—2℃，时间跨度约从1450年到1850年，处于中世纪的暖期（1000—1300年）与目前变暖时期之间。在历史进程中，其出现过冷暖期各四次，但仅对最后一次冷期即明清小冰期研究最为深入。现对小冰期时限多学科均在研究，由于所用方法不同，各地区又不可能完全一致。本书所采用的小冰期时限为1450—1900年。其理由为，此小冰期针对我国中原地区，此区域又正是我国飞蝗蝗灾的最重要地区。本书所用蝗灾资料均为明清时期重大、特大蝗灾资料，这些资料不仅详尽而且还可量化。此小冰期（1450—1900年）又分冷期（1450—1570年、1620—1700年、1810—1900年）和暖期（1570—1620年、1700—1810年）。冷期共290年，暖期共160年，合计450年。小冰期的低温还伴随着干旱。

下面将我国明清时期中原地区小冰期（1450—1900年）共450年中的特大蝗灾和重大蝗灾列出，并与此小冰期对照，探讨飞蝗蝗灾暴发与小冰期的关系。

表4-11 明清时期中原地区小冰期与飞蝗蝗灾的关系

说明：表中括弧内前面的数字代表蝗灾所涉省（市、区）数，后面数字代表蝗灾发生地数。蝗灾所涉地以现在的地方行政区划名表示

	时限	重大、特大飞蝗蝗灾发生年代、省（市、区）及发生地数	百年频次数	
冷期	1450—1570年	1528年（10，123）　1529年（14，217） 1531年（10，52）　1532年（13，77） 1535年（8，60）　1536年（9，70） 1540年（10，65）　1560年（10，84）	6.7	12.4
	1620—1700年	1629年（4，50以上）　1634年（10，50以上） 1635年（10，57）　1636年（9，51） 1637年（11，75）　1638年（14，179） 1639年（14，194）　1640年（15，236） 1641年（15，177）　1647年（8，132） 1655年（7，69）　1656年（7，55） 1667年（10，106）　1671年（8，108） 1672年（12，177）　1679年（9，58） 1691年（10，143）	21.3	
	1810—1900年	1835年（13，160）　1836年（12，101） 1837年（12，78）　1854年（9，74） 1856年（18，332）　1857年（17，266） 1858年（15，163）　1862年（11，88） 1874年（4，82）　1877年（13，86） 1892年（8，77）	12.2	
暖期	1570—1620年	1609年（6，100以上）　1615年（6，54） 1616年（9，163）　　　1617年（10，130）	8.0	5.6
	1700—1810年	1738年（5，81）　1752年（7，122） 1753年（7，132）　1802年（8，102） 1803年（6，87）	4.5	

在明清中原地区小冰期（1450—1900年）内，暴发蝗灾（特大蝗灾亦即四级蝗灾和重大蝗灾亦即三级蝗灾）共计45年次，其中冷期中共36年次，百年频次12.4，暖期中共9年次，百年频次5.6。如再细分，此小冰期1450—1570年阶段冷期蝗灾暴发的百年频次为6.7，略低于1570—1620年阶段暖期暴发蝗灾的百年频次8.0。

上述分析可以看出，低温十分有利于飞蝗蝗灾的暴发。之前虽未有学者专题研究过飞蝗蝗灾暴发与小冰期的关系，但蝗灾暴发与温度之间关系的研究甚多。张知彬认为低温有利于蝗灾的发生。英国皇家学会会报B辑《生物科学》于2010年刊登了《公元10—1900年周期性气候变冷导致自然灾害和战争》一文，在论述蝗灾时，从文学作品中摘录蝗灾的资料，也得出低温导致蝗灾发生的结论。李钢在《蝗灾·气候·社会》一书中也指出：低温有利于蝗灾的暴发。我国先秦时期的名著《礼记·月令》在论述物候与生物间关系时指出："孟夏……行春令，则蝗虫为灾。"其意可释为：夏季的第一个月，如像春天一样低温少雨，则有利于蝗灾的发生。上述论述与我们的观点一致。马世骏（1958）认为温度升高有利于蝗灾的暴发，于革等（2009、2010）认为年均温和10年均温较高的年份，以及干旱组合的年份，是蝗灾暴发的高发生年份；张德二等也持此观点。

低温造成蝗灾的暴发，可能是因为低温不利于牧草和农作物的生长。牧草退化，其含氮量减少，造成蝗灾暴发，康乐的研究已证明这一规律。而农作物的减产，含氮量减少，是否也会造成飞蝗蝗灾的暴发，尚待研究。

据李明启的研究（2005）显示中国小冰期气候偏旱，这也是小冰期内飞蝗蝗灾易暴发的重要原因之一。有关飞蝗蝗灾成因下节将详述。

明清小冰期除中原地区小冰期时限外，尚有其他一些版本，它们与飞蝗蝗灾暴发的关系是否也与中原地区小冰期的时限一样？下面将分述之。

李明启小冰期时限为1450—1890年。在此期间，有三次冷期和两次暖期，冷期发生在1450—1510年、1560—1690年、1790—1890年，其中第二次表现最甚，暖期发生在1510—1560年和1690—1790年。下面探讨它与飞蝗蝗灾暴发的关系。

表4-12 李明启小冰期与飞蝗蝗灾暴发的关系

时限		重大、特大飞蝗蝗灾发生年	百年频次数	
冷期	1450—1510年	0	0	11.4
	1560—1690年	1560年、1609年、1615年、1616年、1617年、1629年、1634年、1635年、1636年、1637年、1638年、1639年、1640年、1641年、1647年、1655年、1656年、1667年、1671年、1672年、1679年	16.2	
	1790—1890年	1802年、1803年、1835年、1836年、1837年、1854年、1856年、1857年、1858年、1862年、1874年、1877年	12.0	
暖期	1510—1560年	1528年、1529年、1531年、1532年、1535年、1536年、1540年	14.0	7.3
	1690—1790年	1691年、1738年、1752年、1753年	4.0	

从上表仍可得出低温有利于飞蝗蝗灾暴发的结论。

竺可桢小冰期时限为1470—1890年。在此期间有三次冷期和两次暖期，冷期发生在1470—1520年、1620—1720年、1840—1890年，暖期发生在1520—1620年、1720—1840年。下面探讨它与飞蝗蝗灾暴发的关系。

表4-13 竺可桢小冰期与飞蝗蝗灾暴发的关系

时限		重大、特大飞蝗蝗灾发生年	百年频次数	
冷期	1470—1520年	0	0	12.0
	1620—1720年	1629年、1634年、1635年、1636年、1637年、1638年、1639年、1640年、1641年、1647年、1655年、1656年、1667年、1671年、1672年、1679年、1691年	17.0	
	1840—1890年	1854年、1856年、1857年、1858年、1862年、1874年、1877年	14.0	
暖期	1520—1620年	1528年、1529年、1531年、1532年、1535年、1536年、1540年、1560年、1609年、1615年、1616年、1617年	12.0	9.1
	1720—1840年	1738年、1752年、1753年、1802年、1803年、1835年、1836年、1837年	6.7	

从上表仍可得出低温有利于飞蝗蝗灾暴发的结论。

在上述两个（李明启、竺可桢）小冰期中，飞蝗蝗灾暴发虽也与低温呈正相关，但明显低于第一个小冰期。这是因为它们不专指我国中原地区或在制定小冰期时限时，有人为因素。

由高亚洲地区各山区的树轮资料监理的年轮年表发现，西北时限为1430—1870年。冷期为1430—1540年、1647—1733年、1778—1870年，暖期为1540—1647年、1733—1778年。下面探讨它与飞蝗蝗灾暴发的关系。

表4-14　高亚洲山区小冰期与飞蝗蝗灾暴发的关系

	时限	重大、特大飞蝗蝗灾发生年		百年频次数
冷期	1430—1540年	1434年、1440年、1441年、1528年、1529年、1531年、1532年、1535年、1536年、1540年	9.1	9.4
	1647—1733年	1655年、1656年、1667年、1671年、1672年、1679年、1691年	8.1	
	1778—1870年	1802年、1803年、1835年、1836年、1837年、1854年、1856年、1857年、1858年、1862年	10.9	
暖期	1540—1647年	1560年、1609年、1615年、1616年、1617年、1629年、1634年、1635年、1636年、1637年、1638年、1639年、1640年、1641年、1847年	14.0	11.8
	1733—1778年	1738年、1752年、1753年	6.7	

从上表可得出飞蝗蝗灾在暖期的暴发百年频次要高于冷期，这与前三个小冰期中飞蝗蝗灾暴发频次冷期高于暖期的情况正好相反。原因何在？前三个小冰期所对应的飞蝗蝗灾均发生在中原或低海拔地区，这些地区正是飞蝗蝗灾的发生中心。而后者的小冰期的时限却只能针对西部飞蝗蝗灾，这也是此时限飞蝗蝗灾百年频次暖期高于冷期的原因。西部高亚洲山区的暖期的温度很可能与中原地区冷期温度一致。在西藏高亚洲山区小冰期的时限1430—1870年内，共发生蝗灾17年次，分别为1828年一地、1829年两地、1844年一地、1846年一地、1847年一地、1848年一地、1849年五地、1850年五地、1851年五地、1852年八地、1853年六地、1854年四地、1855年六地、1856年八地、1857年五地、1858年四地、1859年四地，这些蝗灾均发生在此时限的第三个冷期内。由此看来，飞蝗蝗灾的暴发与低温呈正相关这一结论应该是没有问题的。

第三节 飞蝗蝗灾的成因

我国古代所记载的蝗灾，主要是由分布在黄淮海流域的飞蝗所造成的，此飞蝗以往被认为是东亚飞蝗，马川、康乐等（2012）认为此飞蝗应为亚洲飞蝗，笔者赞同这一观点。下文所论述的蝗灾就是指亚洲飞蝗蝗灾。

飞蝗蝗灾的成因不外乎有内、外两种原因。内因即为飞蝗自身的一些生物学特性，外因又可分为自然和人为两种因素。飞蝗蝗灾之所以暴发，是这些原因综合作用的结果。笔者认为起主导作用的应是康乐等最近研究的新成果——草场退化、农作物减产，即植物含氮量的降低。所有外因均通过内因起作用。

一、飞蝗成灾的内因

蝗虫家族中能成灾的物种只占少数。世界上10000多种蝗虫中，成灾者仅有150余种。我国1000余种蝗虫中，能成灾的也仅有60多种。在蝗虫种群中，有的物种能造成危害，有的则不能；有的物种过去能成灾，而现在却不能，如土库曼蝗 *Ramburiella turcomana*（F. - W.），20世纪50年代在新疆维吾尔自治区曾被列为防治对象，现在却难见踪影；有的物种过去难见踪影，而现在却被列为防治对象，如伪星翅蝗 *Calliptamus coelesyriensis*（G. - T.），现在在新疆维吾尔自治区被列为防治对象。这均取决于蝗虫自身的生物学特性。现仅以亚洲飞蝗为例，探讨飞蝗灾害的成因。

亚洲飞蝗繁殖快，生殖力强，是其成灾的主要原因。在古代对此早有记载和论述。《诗经·周南·螽斯》篇曰："螽斯羽，诜诜兮。宜尔子孙，振振兮。螽斯羽，薨薨兮。宜尔子孙，绳绳兮。螽斯羽，揖揖兮。宜尔子孙，蛰蛰兮。"螽斯，蝗虫也，经考证应为亚洲飞蝗。此篇的中心意思就是多子多孙，为历代统治者所羡慕。明朝在故宫修建了螽斯门，专为后妃们通行，以求其子孙像亚洲飞蝗一样繁盛。《诗经》以文学的手笔描绘了亚洲飞蝗的旺盛生殖能力，也是首次论述亚洲飞蝗生殖力的文献。明代徐光启对亚洲飞蝗繁殖快、生殖力强作了十分精细的记述。他在《除蝗疏》中记载："臣闻之老农言，蝗初生如粟米，数日旋大如蝇，能跳跃群行，是名为蝻。又数日即群飞，是名为蝗。……又数日孕子于地矣。地下之子，十八日复为蝻，蝻复为蝗。如是传生，害之所以广也。"又曰："一蝗所下十余，形如豆粒，中止白汁，渐次充实，因而分颗。一粒即有细子百余，或云一生九十九子，不然也。"清代汪志尹纂《荒政辑要》曰："蝗最易滋息，二十日即生，生则交，交则复生。秋、冬遗种于

地，不值雪，则明年复起，故为害最烈。"清代李炜《捕除蝗蝻要法三种·搜挖蝗子章程》曰："蝗子孔窍，挖下寸许或数寸，皆有小窠，与土蜂泥窝相似。取出去泥，复有红白膜裹之，长约寸许，是为蝗卵。膜内如蛆如粳米者，少或五六十颗，多或百余颗，斜排向下，每颗约长二分许，破之皆黄汁，即蝗子也。"类似记载尚有许多，不再一一列举。

从上述记载看，亚洲飞蝗在黄淮海流域一年发生两代，一雌性飞蝗可产卵10块，每块卵有卵粒百余，这与当今的记载基本接近。据尤其儆等研究观察，飞蝗的生殖力最多可产卵12块，一般4—5块。秋蝗产卵块数略少于夏蝗，3—4块左右。夏蝗一生所产卵粒约在300—400粒之间，个别可达729粒。秋蝗一生所产卵粒数在200—300粒之间，个别可达525粒。如按此粗略计算，一头雌性飞蝗一年可繁殖后代约有10万头。当然这只是一个理论数值，但由此可看出，飞蝗生殖能力之强大。飞蝗有孤雌生殖的能力，而且所产生的后代又均为雌性。亚洲飞蝗产卵多为同时同地，如此势必造成同时为害一地，造成的灾害往往十分严重。

亚洲飞蝗食性杂，食量大，这是其成灾的又一重要内因。在古籍文献中对此多有记载。《后汉书·南匈奴传》记载：匈奴中，连年旱、蝗，赤地数千里，草木尽枯，人畜饥疫，死耗大半。《晋书》记载：永嘉四年，幽、并、司、冀、秦、雍等六州大蝗，食草木、牛马毛皆尽。明代徐光启《除蝗疏》记载："惟旱极而蝗，数千里间草木皆尽，或牛马毛幡帜皆尽……"又曰："是名为蝗，所止之处喙不停啮，故易林名为饥虫也。"上述记载，正是亚洲飞蝗食性杂、食量大的真实写照。在正常情况下，亚洲飞蝗对食物也有所选择，王祯《农书》指出：不喜食豆、麻及芋桑、菱芡外，几乎无所不食。除《农书》记录飞蝗喜食和不喜食植物外，《农政全书》、《捕蝗考》、《治蝗全法》等均记载了飞蝗的食性。飞蝗喜食作物：稻、麦、高粱、黍、稷、秭等；不喜食作物：大豆、豌豆、蚕豆、绿豆、豇豆、黑豆、落花生、荞麦、苦荞麦、山芋、芝麻、棉花、大麻、桑树、马铃薯、红兰花、菱芡、蔬菜等。当今尤其儆等对飞蝗的食性也作了详尽的研究：亚洲飞蝗一生取食玉米的总量为85.5克左右（鲜重）。如以此计算，飞蝗危害之大，难以估量。它飞则蔽天，落则遍野，地上的稼禾哪经得起它们为害，势必赤地千里。

亚洲飞蝗成灾的另一重要原因是迁飞，迁飞的结果是为害的扩大。人们一般认为迁飞的原因是寻找新的食物产地或产卵场所。清康熙帝颁布《捕飞令》指出："乃蝗且出而为灾，飞则蔽天，散则遍野，所至食禾黍苗尽，复移。茕茕小民，何以堪比？"亚洲飞蝗具有发达的双翅，是其迁飞的最有力的工具；亚洲飞蝗具有发达的胸肌，为长距离迁飞提供了足够的能源保障。迁飞在古籍文献中记载甚多，首次迁飞记载应是公元前624年的"雨螽于宋"。亚洲飞蝗最长迁飞距离是多少呢？《论衡》曰："蝗虫之飞，能至万里。"此说虽稍有夸张，但指出了飞蝗能长距离飞行之事实。Waloff（1904）曾准确指出飞蝗的迁飞能力极强，在其一个世代内可以聚集迁飞长达2575公里。迁飞使亚洲飞蝗食完一地之禾稼，转移到另一地继

续为害，害之所以广也。

飞蝗完善的自我保护能力，使其避开不利于它的环境条件，在最适合的条件下为害农作物。其将卵产于土中，不仅避开了冬季的严寒，而且也远离了一些天敌的加害。为了产卵，飞蝗具有发达坚硬的产卵瓣，腹部节与节间有伸缩的节间膜。产卵时，腹部可拉长，将卵深深产入土中。产于土中的卵还被泡沫状的物质所包裹，在上部形成很长的泡沫状物质柱，保护蝗卵安全越冬。在适合的条件下，蝗卵孵化出土，此时也正是农作物开始生长的时候。当蝗虫进入成虫期，与其所为害的农作物生长盛期正相吻合。明代徐光启《除蝗疏》曰："蝗灾之时……是最盛于夏秋之间，与百谷长养成熟之时正相值也，故为害最广。"清代汪志尹《荒政辑要》曰："蝗之所最盛，而昌炽之间，其百谷正将成熟，农家辛苦拮据，百费而至此，适与相当，不足供一啖之需，是可恨也。"

二、飞蝗成灾与自然因素的关系

在我国历史长河中，蝗灾与自然因素的关系，古籍文献中也多有记载。记载蝗灾与气候关系的著作，可考者应始于《礼记·月令》。《礼记·月令》记载："仲冬……行春令，则蝗虫为败。"其意为：冬天的第二个月，气温如春天一样（即暖冬），此时飞蝗产于土中的卵就发育孵化；随之天气变冷，孵化之卵被冻死，蝗卵孵化率则低，飞蝗则不易成灾。李钢（2014）指出：一般而言，如果上一年冬季出现低于 -10℃ 和 -15℃ 气温的天数分别多于15天和5天时，虫卵就有被冻死的可能，因此冷冬次年蝗灾暴发的可能性就会降低；反之，暖冬次年蝗灾暴发的可能性就会提高。此观点与《礼记·月令》的记载不完全一致。但李钢又指出：在126年冷冬次年里出现了89年蝗灾，在85年暖冬次年里出现了64年蝗灾。也就是说，冷、暖冬次年发生蝗灾的可能性都有。可见，上年冬季的冷暖状况不能对次年蝗灾的发生与否作准确的判断。此提法与前说刚好相背。在历史过程中，温度变化与蝗灾的关系，不同学者也有着完全不同的看法。马世骏认为：在历史过程中，温度的上升，有利于蝗灾的发生。张知彬认为：在历史过程中，温度的降低，有利于蝗灾的发生。于革认为：温度上升有利于蝗灾的暴发。我们通过对小冰期与飞蝗蝗灾关系的研究，得出低温有利于蝗灾发生的结论。《礼记·月令》曰："孟夏……行春令，则蝗虫为灾。"其意为：夏季的第一个月如像春天一样低温少雨，则利于飞蝗的生长繁殖。此时雨水多，会造成飞蝗的大量死亡。在飞蝗产卵前降水过多，飞蝗产卵场所缩小；飞蝗产卵后降水过多，卵则不能孵化，雨水过多飞蝗不易成灾。明代徐光启《除蝗疏》曰："夏日之子易成，八日内遇雨则烂坏，否则十八日生蝻矣。冬日之子难成，至春而后生蝻，故遇腊雪春雨，则烂坏不成。"清代汪志伊《荒政辑要》指出："四月中，淫雨浃旬，蝗逐烂尽，以此知久雨亦能杀蝗也。"而干旱易发生蝗灾。汉安帝刘祜的《旱蝗诏》中的记载，以及明代徐光启"旱极而蝗"、"旱蝗赤地"的记载，均概括

性论述了干旱与蝗灾的关系。但要真正弄清干旱与蝗灾的关系,则必须将蝗灾的发生时间、状况与气象记录对照,加以论证,这一工作繁重而必须。李钢(2014)在《蝗灾·气候·社会》一书中指出:封建社会以农为本,水、旱、蝗是明代最为突出的自然灾害。从明末1610到1644年间,发生水、旱、蝗灾害的县数的时间分布看,三大灾害有着以下时间分布特征:①灾害呈连年发生之态,无年不灾,又以旱灾和蝗灾为主,分别占总灾害县数的42.1%和37.7%;水灾相对较少发生,占20.2%。②受灾的县数在时间上有较大波动,存在两个明显的高发期,分别是1615—1617年气候处于向寒冷期过渡的阶段,以及1638—1641年气候进入寒冷期后,受灾范围后者明显大于前者,两个阶段对应的年受灾平均县数为128和261。③单个灾害受灾县次大于60个的多发年份有9个。除1613年有61个县受水灾影响,其他都集中在1615—1617年和1638—1641年的灾害高发期。其中受灾记录最多的是1638年106个县受蝗灾,1639年116个县蝗灾,1640年192个县旱灾。

这一时期的气候总体偏干,其中1637—1643年的极端干旱事件(又称崇祯大旱)波及全国23个省份。特别是华北地区,其间各年降水量较1956—1979年的降水量平均值少了11%—47%,而5—9月的降水量在1640年减少了53%(陈玉琼 1991)。据《明史》记载:"崇祯十年夏,京师及河东不雨。十一年,两京及山东、山西、陕西旱。十二年,畿南、山东、河南、山西旱。十三年,两京及登、青、莱三府旱。十四年,两京、山东、河南及宣、大边地旱。十六年五月,祈祷雨泽。"这一阶段的干旱一直持续到明朝灭亡才有少许缓解。

环境条件也是蝗灾发生的主要影响因素,而且还是最为主要的因素。古人对此也有清醒的认识。明代徐光启《除蝗疏》中指出:"蝗生之地,……必于大泽之涯,……必也骤盈骤涸之处。如幽涿以南,长淮以北,青兖以西,梁宋以东,诸郡之地,湖漅广衍,涝溢无常,谓之涸泽,蝗则生之。历稽前代,及耳目所睹记,大都若此。若他方被灾,皆所延及与其传生者耳。"上述生境,即为飞蝗的发生基地,如无此生境,飞蝗绝不可能大发生,也就无涸泽可言了。蝗生之地,关键是水,蝗区形成与演替,水起着关键的作用。滨湖、河泛、内涝、沿海蝗区的动态变化均由水位的变化而决定。水位的变化,对飞蝗蝗灾的发生起着十分重要的作用。飞蝗产卵一般多在河、湖岸边,水位高时,产卵场所被水淹没。即古籍文献所说的:水及故岸,卵则被水淹死,不能孵化,而不能成灾,并非古文献所说的蝗卵变成鱼虾。在干旱年份,水不波及产卵场所,卵则顺利孵化,渐次长大,便形成蝗灾,也并非古文献所说的鱼虾变成蝗虫。此外,飞蝗产卵对土壤的含水量也有着严格要求,土壤含水量低于10%或高于20%,飞蝗一般不产卵,这也说明土壤的干湿程度直接影响飞蝗产卵范围的大小,对蝗灾的发生程度也有着一定影响作用。降水的不均,对飞蝗成灾也有着不可忽视的作用。如先前降雨量过大,蝗区内的土地大面积被水淹没,致使土地大面积撂荒,杂草丛生,随后,又发生旱情,这些地方就为飞蝗大发生提供了极为有利的场所。"先涝后旱,飞蝗成片",这是劳

动人民对蝗灾成因具有科学性的经验总结。

三、飞蝗成灾与社会因素的关系

飞蝗蝗灾的发生，特别是大发生与社会因素也有着十分错综复杂的关系。一般情况下，特大飞蝗蝗灾多发生在政之失道之时。汉代许慎《说文字解》曰："吏乞贷则生蟥。"蟥，蝗的同物异名。两汉一些学者将虫灾的发生直接牵涉到人事者的说法比比皆是，他们认为《春秋》所载历代发生的一切自然灾害都归入于"国家将有失道之败，而天仍先出灾害以谴告之"。此论虽带有迷信色彩，但政之失道，定难有效治理蝗灾，在这种情况下，飞蝗蝗灾绝会多于政和之时。历代学者大都认为贪虐取民则蝗灾，战乱则生蝗。这是很有哲理的，现举例说明之。

在春秋战国的550年中，所记载的蝗灾仅有发生在公元前243年的1年次为特大蝗灾。所记载的飞蝗蝗灾发生地虽为秦国的首都咸阳（根据分析应为咸阳），但从蝗虫来自东方分析，咸阳应为此次蝗灾的扩散地，而真正的发生基地应在当今的河南或山东，即当时的魏国或齐国。那时，齐、魏两国由于战乱不断，已处于即将灭亡之时，可见战乱与蝗灾有关。

在西汉（包括王莽的新朝）时期的231年中，共记载特大蝗灾3年次，分别在2年、22年、23年。特大蝗灾的连续大发生，说明战乱对蝗灾的发生有影响，而蝗灾又对战乱起作用，它们之间应是一种互为因果的错综复杂的关系。

在东汉的196年中，共记载特大蝗灾6年次，分别发生在106年、110年、111年、112年、129年、177年。汉光武帝（刘秀）也深知蝗灾与战乱之间的关系，为了安抚农民，在他即位后不久便下诏："往岁水、旱、蝗虫为灾，谷价腾跃，人用困乏。朕惟百姓无以自赡，恻然愍之。其命郡国有谷者，给禀高年、鳏、寡、孤、独及笃癃、无家属、贫不能自存者，如《律》。二千石勉加循抚，无令失职。"此后的80余年中再无特大蝗灾发生。但106年又开始发生特大蝗灾。110年、111年、112年连续三年特大蝗灾的发生正处于东汉的盛期，与战乱无关，可见蝗灾的发生是多种因素造成的。此特大蝗灾的连续大发生，引起汉安帝（刘祜）的高度重视，他在元初二年（115年）发表了罪己诏，即《旱蝗诏》："朝廷不明，庶事失中，灾异不息，忧心惶耀。被蝗以来，七年于兹，而州郡隐匿，裁言顷亩。今群飞蔽天，为害广远，所言所见，宁相副邪？三司之职，内外是监，既不奏闻，又无举正。大灾至重，欺罔罪大，今方盛夏，且复假贷，以观厥后。其务消救灾眚，安辑黎元。"由于处理得当，战乱并未由此而再生。而西汉末年所发生的蝗灾，王莽不是安抚民众，而是四出用兵，大兴土木，蝗灾由小变大，王莽本人也走向了不归之路。

在唐朝（618—907年）的289年中，发生在开元三年、四年的蝗灾甚为严重，但由于处理得当，并未引起社会动乱。而发生在晚唐的蝗灾虽然没有开元三年、四年那样严重，却引起严重后果，暴发了农民起义。由此看来，蝗灾的发生与社会因素是有一定关系的。

明末农民起义推翻了明朝的统治，此时正处于中国历史上蝗灾最为严重的时刻，由此看来，农民起义与蝗灾应有密切的关系。但近来一些学者们认为明朝的灭亡是因此阶段处于小冰期，低温导致了草场退化，清朝为了生存才向南发展，致使明朝灭亡。此说虽有争议，但不能说没有一定的道理。李钢在《蝗灾·气候·社会》一书对明朝灭亡作了定量分析：

> 明朝灭亡既是天灾原因，也有人祸原因。从自然和人为相结合的角度对明朝灭亡的直接原因进行定量分析，依据灾害指数和战争指数的逐年累加，计算得出自然灾害因素占58%，其中旱、蝗、水的贡献率分别为21%、19%、18%；计算得出人为战乱因素占42%，其中内部叛乱、民族间战争、对外战争的贡献率分别为20%、18%、4%。

如图4-3所示：

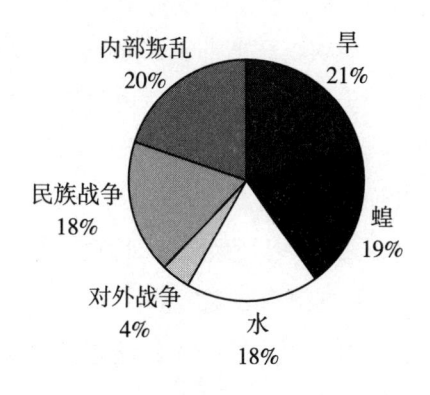

图4-3　导致明亡的直接因素的贡献率（仿李钢　2014年）

清咸丰年间的连续特大蝗灾与明朝末年的特大蝗灾有着极为类似的情况。

第四节　应对飞蝗蝗灾的对策

章义和在《中国蝗灾史》一书中指出："中国自古以来就是灾害频度繁、强度深、广度大的国度。在灾害面前，人们的救治方法无外乎两种：一种是遇灾治标，灾后补救以及在灾害认识的范围内积极预防；另一种便是巫禳，即卜问、祈天、祭祀、造神，以求得上天和神明的怜悯和帮助。"在历史进程中，这两种应对飞蝗蝗灾的对策，贯彻始终。

在殷代的甲骨文中，周尧所发现的"蝗"字，多与卜问有关，这说明早在殷商时应对蝗

灾的对策——巫禳已开始应用。从甲骨文"秋"字分析，在殷商时期，人们就已知用火防治蝗虫了。应对蝗灾的这两种性质完全不同的对策，很可能还出自同一人之手。这一点也不必奇怪，在清末这种局面仍普遍存在。《诗经·小雅·大田》最能说明这一问题。此诗云："去其螟螣，及其蟊贼，无害我田稚。田祖有神，秉畀炎火。"螣，蝗也。防治蝗虫，用火烧，但需仰仗神灵。在汉朝以前，应对蝗灾的这两种完全不同的对策难以绝对分开。

在汉朝，应对蝗灾的两种完全不同的对策明显分开了。在西汉初期，董仲舒提出的"天人感应"说认为灾害是天的谴告，蝗灾的暴发是由君王的失德和官吏的贪暴所造成的，只要统治者修德养性，上感于天，蝗灾就会自行消匿。失德、贪暴与蝗灾的发生是有一定的关系，但两种对策的分歧是蝗灾发生后，是治还是不治。"天人感应"说认为蝗灾不能防治，也无须防治，只要统治者修德养性，上感于天，蝗灾就会自行消匿。但事实并非如此。一些开明的统治者如汉光武帝就主张治蝗，他在公元30年发布诏书说："勉顺时政，劝督农桑，去彼蝗蜮，以及蟊贼，此并除蝗义也。"王充在《论衡》中不仅批判了蝗不入清官管辖界，而且还首次提出了挖沟灭蝗之法。到了唐朝，在前期德化仍盛行，在中期引发了德化与力主灭蝗的大论战。姚崇力主治蝗，他说蝗虫是可以捕打的，历代捕蝗效果不好，是因为没有掌握好捕蝗方法。姚崇将以火蝗蝗和挖沟治蝗的方法结合起来，提出利用蝗虫趋光性，于夜中设火，火边挖沟，将蝗虫赶入沟中，焚而埋之的办法，以此达到灭蝗的目的。但姚崇的主张却遭到倪若水、卢怀慎的反对，倪若水说："蝗是天灾，自宜修德。刘聪时，出既不得，为害更甚。"卢怀慎也说："蝗是天灾，岂可制以人事？外议咸以为非。又杀虫太多，有伤和气。"姚崇力排众议，据理力争，不仅说服了唐玄宗，而且使他的反对者也加入了治蝗的行列，并取得了很好的战绩。然而此争论并未完全消除人们畏惧蝗虫的心理。清初陆世仪《除蝗记》说："蝗之为灾，其害甚大。然所至之处，有食有不食，虽田在一处，而截然若有界限。是盖有神焉主之，非漫然而为灾也。然所为神者，非蝗之自为神也，又非有神焉，为蝗之长，而率之来率之往，或食或不食也。蝗之为物，虫焉耳。其种类多，其滋生速，其所过赤地而无余，则其为气盛，而其关系民生之利害也深，地方之灾祥也大。是故所至之处，必有神焉主之。是神也，非外来之神，即本处之山川、城隍、里社、历坛之鬼神也。神奉上帝之命守此土，则一方之吉凶、丰歉，神必主之。故夫蝗之去、蝗之来，蝗之食与不食，神皆有责焉。此方之民而为孝悌慈良，敦朴节俭，不应受气数之厄，则神必佑之，而蝗不为灾。而此方之民而为不孝不悌，不慈不良，不敦朴节俭，应受气数之厄，则神必不佑，则蝗以肆害。"所以，"世俗遇蝗而为祈禳祷拜，陈牲牢，设酒醴，此亦改过自新之一道也"。

清朝众多治蝗专书中，除介绍捕蝗之法，总不忘对蝗神的祷祈。可见，在治蝗对策中，两种应对蝗灾的对策仍是贯彻始终的。蝗神庙之分布与蝗灾的分布几乎趋于一致，这说明人们在治蝗的同时，仍不忘立庙祭祀。当然他们的治蝗成绩应予肯定。

第五章　蝗虫的形态结构及生物学

蝗虫为不完全变态昆虫，一生经过卵、蛹、成虫三个完全不同的发育阶段。卵一般位于土中，孵化后，才由地下转到地上而成为蛹。蛹再经过四次脱皮，羽化为成虫。

第一节　蝗虫的形态结构

蝗虫的卵、蛹、成虫的形态结构各不相同，现将它们分述如下：

一、卵

卵一般指一粒一粒独立存在的个体，所以卵也称卵粒、蝗卵。蝗卵除自身独立存在外，尚有一些保护性的结构。这些保护性的结构，常因蝗虫种类的不同而不同。在飞蝗中，这些保护性的结构有泡沫状卵囊壁和泡沫状物质柱，有时在泡沫状卵囊壁外尚粘有少许土粒。众多蝗卵（一般为60—100粒）和这些保护性结构共同构成卵囊，通常也称卵块。

（一）卵囊的形态结构

卵囊的形状与大小常因蝗虫的种类不同而异。其大小通常与蝗虫的体长成正比，而形状则常随蝗虫栖息地条件的变化而变化。栖息于潮湿环境中的蝗虫，其卵囊通常呈不规则椭圆形；而栖息于干旱环境中的蝗虫，其卵囊通常呈狭长形。此外，卵囊的结构与蝗虫的栖息地也有着十分密切的关系。

卵囊通常由卵囊盖、卵囊壁、泡沫状或海绵状物质、膜质横膈膜、卵室和卵粒等几部分组成。

这些组成部分中的某一些部分常因卵囊类型的不同而消失。结构最简单的卵囊只含有卵粒和同一性质的泡沫状物质及其泡沫状卵囊壁，而个别种蝗虫的卵囊则具有上述所有组成成分。除这些极端类型外，绝大多数蝗虫的卵囊均含有上述组成成分的四种以上。

卵囊盖　卵囊盖存在于网翅蝗科一些种类的卵囊中，如红胫戟纹蝗 *Dociostaurus* （S.） *kraussi kraussi*（Ingen.）和宽翅曲背蝗 *Pararcytera microptera meridionalis*（Ikonn.）等，它是雌

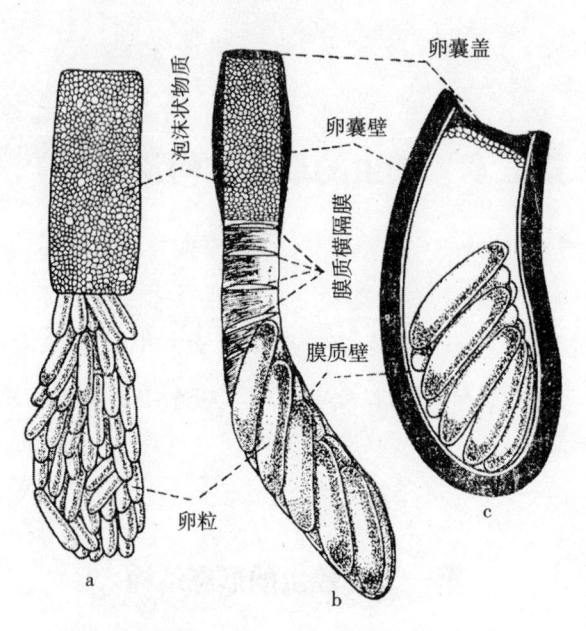

a. 棉蝗 *Chondracris rosea rosea* (De Geer)
b. 狭条戟纹蝗 *Dociostaurus* (s. Str.) *brevicollis* (Ev.) (仿Zimin)
c. 红胫戟纹蝗 *Dociostaurus* (S.) *kraussi kraussi* (Ingen.)。

图 5-1 卵囊的形态结构

性产卵过程中的产物，在其他科中极少见。根据构成材料看，卵囊盖有膜质和土质两种类型。它通常呈圆盘状，其表面有的平坦，有的双凹，有的凹凸，有的双凸等等。它的直径变化范围在 1.5—3.0 毫米，或更大。卵囊盖的边缘与卵囊壁紧密相接，但易与卵囊壁分离。大多数蝗虫的卵囊均没有卵囊盖，其替代物质则是卵囊壁向上的延续部分。有少数蝗虫，如西伯利亚蝗 *Gomphocerus sibiricus* (L.) 等的卵囊壁，其向上的延续部分与其余部分易分开，此部分卵囊壁便成为卵囊的帽状拟卵囊盖。

卵囊壁 蝗虫产卵时所排出的分泌物是形成卵囊壁的最基本条件，当分泌物的量不足时，其土质及膜质的卵囊壁便不能形成或仅部分地形成。根据分泌物的性质、数量以及产卵场所的条件等，其所形成的卵囊壁有土质壁、膜质壁和泡沫状壁等多种类型。土质壁最为常见，它是由雌性分泌物和被产卵器刮下的土相互作用而形成的。蝗虫产卵时，用产卵器把土刮下并打碎，分泌物浸透到土中，干后就成为卵囊的土质壁。土质壁的性质完全取决于分泌物的数量和性质。土质壁的厚度常因蝗虫种类的不同而异，其厚度一般变化在 1.0—3.0 毫米，有的甚至可达 10.0 毫米左右。有的土质壁十分坚硬，在用力时卵囊方能被折断，但大多数的土质壁均比较脆或松软，稍用力就破碎；有的土质壁却又十分柔韧，多呈革质状。土质壁通常比较暗，不透明。具有土质壁的卵囊常因所处的土壤环境条件的不同，其外表面的粗糙程度亦各不相同。如果卵囊所处的土壤没有碎沙石，其表面就比较光滑；如果土壤中混有较多的

沙石，其外表面就显得粗糙不平。在意大利蝗 *Calliptamus italicus italicus* (L.) 的卵囊中，这两种情况就兼而有之。膜质壁一般比较厚而脆，通常呈暗色。在大多数情况下，这样的壁或者完全不含有泡沫状物质，或者泡沫状物质呈粗孔状不透明。形成膜质壁的分泌物不粘土或只粘有少量土。泡沫状壁实际上是泡沫状物质的外表面，只不过其表面较光滑而已。沼泽蝗 *Mecostethus grossus* (L.) 的卵囊壁就是这种类型的典型代表。这种壁只能一小块一小块地剥下，而不能以整块的形式剥下。泡沫状壁可能柔软而富有弹性，也可能十分坚硬或很脆。由于具有泡沫状壁的卵囊所处环境条件不同，其泡沫状壁的外表面还会粘有不同的物质。如草地蝗属 *Stenobothrus* 中蝗虫卵囊的泡沫状壁，其外表面常粘有植物碎片或蝗虫本身的排泄物；短翅直背蝗 *Euthystira bracyptera* (Ocsk.) 的卵囊则常位于植物叶间或土壤中的枯枝落叶内；而绿洲蝗属 *Chrysochraon* 中的蝗虫，其卵囊通常位于植物茎内或树皮裂缝中。这样，植物的茎叶等物质都成为泡沫状壁的组成成分。某些蝗虫的卵囊壁不是由单一的某种壁所组成，而是由性质完全不同的两种类型的壁所组成。红胫戟纹蝗 *Dociostaurus* (S.) *Kraussi Kraussi* (Ingen.) 卵囊的卵囊壁，其外层是较厚的土质壁，内层则是比土质壁薄的膜质壁；蓝胫戟纹蝗 *Dociostaurus* (s. Str.) *tartarus* Uv. 和狭条戟纹蝗 *Dociostaurus* (s. Str.) *brevicollis* (Ev.) 卵囊的卵囊壁上部是土质壁，而中、下部为膜质壁。看来，它们之间的差别在于：前一种蝗虫的雌虫在产卵时基本上是同时排出两种性质完全不同的分泌物，一种分泌物具有较大的渗透能力，粘上土形成土质壁，而另一种分泌物较浓，形成卵囊的膜质壁，位于土质壁之内层。另外两种蝗虫，在产卵时开始排出的分泌物比较浓，形成卵囊中、下部的膜质壁，而在产卵结束前排出的分泌物则比较稀，与土形成卵囊上部的土质壁。有的蝗虫，其卵囊壁的上部是土质壁，而下部是泡沫状壁；或者卵囊的上部是泡沫状壁，而下部是土质壁。蝗虫卵囊的卵囊壁不仅因种类不同而不同，就是在同种蝗虫中也常因卵囊所处环境条件的不同而有着许多微妙的变化。

膜质横膈膜 膜质横膈膜仅在极少数蝗虫的卵囊中可见，它把卵囊的上、下部分分出若干个小室。不同种蝗虫，其卵囊的膜质横膈膜在卵囊中排列的位置也不完全一样，如狭条戟纹蝗 *Dociostaurus* (s. Str.) *brevicollis* (Ev.) 卵囊中的膜质横膈膜位于卵囊的中部，即位于泡沫状物质之下和卵室之上。在任何情况下，膜质横膈膜均不具有泡沫状结构。

泡沫状或海绵状物质 在雌性分泌物起泡的条件下，卵囊内部形成了泡沫状或海绵状物质。泡沫状物质像肥皂泡，呈小室状，小室间被极薄的膜相互隔开，透明或不透明。海绵状物质小室间的隔膜具有或大或小的通道，所有的小室通常都彼此沟通。海绵状物质的极端情况还可能发展到小室完全消失，而呈片状或线状交织成一团的现象。泡沫状物质小室的大小常因蝗虫种类的不同而有着明显的差异。小室的大小不仅取决于分泌物的理化性质，而且还取决于雌性产卵器的起泡作用。同种蝗虫卵囊内的泡沫状物质有时还会有大小不一的两种类

型，但其化学性质又没有什么差异。此外，泡沫状或海绵状物质在卵囊内的分布状况、数量的多寡和有无，以及它们的硬度、弹性、颜色、光泽程度等等，均可用来鉴别蝗卵。

卵室和卵粒在卵室内的排列 卵室即卵囊壁内部贮卵的空间。卵室的大小亦即卵室所占的卵囊空间的高度与整个卵囊长度的比值，常因蝗虫种类不同而异。有的蝗虫，其卵室仅占卵囊内部空间的一小部分；而有的蝗虫，其卵室几乎占有卵囊内部整个空间。在卵室内，卵的数量变化范围很大，从1粒可到150粒左右。这些变化主要取决于蝗虫种类上的差异。但是，在同种蝗虫中，卵室内的卵数也常有一个变化幅度，这是由蝗虫的种群密度、产卵时所处的季节、取食食物的种类、饥饿程度以及寄生物等多种因素影响而造成的。用来鉴别蝗卵的又一重要特征是卵粒在卵室中的排列情况。从背面（卵囊的上端部）或腹面（卵囊的下端部）观察时，卵粒在卵室中通常排成2—5列；从侧面观察时，卵粒多呈1排排列，有少数种类则呈2排排列，如中华稻蝗 *Oxya chinensis* (Thunb.)。也有一些种类呈不规则排列，即在卵室中呈无规则的堆积排列。卵粒在卵室中排列的紧密情况也常因蝗虫的种类不同而有其差异，有的在卵室内排列紧密，有的则较为松散。前者大都是泡沫状物质充满整个卵室的剩余空间，常使卵粒与泡沫状物质粘连十分紧密；在后一种情况下，卵粒多被海绵状物质所分隔。卵粒与海绵状物质一般不粘连，有时卵粒处于可移动的状态。除此以外，有些种类的卵囊壁在呈革质状的情况下，其卵粒间没有或极少有泡沫状或海绵状物质。卵粒在卵室内，与卵囊纵轴所成的角度也常用来鉴别蝗卵。大多数蝗虫的卵粒，在卵室内于卵囊纵轴呈倾斜状排列，而有的则呈平行状或垂直状排列。

（二）卵粒的形态结构

卵粒通常呈圆柱状，中部稍弯曲，较粗，向两端渐细，端部圆形。蝗虫卵粒的大小常因蝗虫种类的不同而不同，其长度一般在3.0—8.0毫米或更大一些，宽度通常在0.5—1.8毫米。同种蝗虫卵粒的大小有时也不完全一样，散居型蝗虫的卵粒通常比群居型蝗虫的卵粒要大一些。此外，卵粒在不同发育期，其大小也各不相同，卵吸水后则明显地比以前增大。蝗虫卵粒的长度与宽度的比值也常因蝗虫种类的不同而不同，如直背蝗属 *Euthystira* 蝗虫的卵粒比值通常为3—4，而剑角蝗属 *Acrida* 蝗虫的卵粒比值常为5.5—8，但大多数蝗虫卵粒的比值为3—5。

蝗虫卵粒的颜色是多种多样的，而最常见的颜色有黄白色、淡黄色、黄褐色、浅灰色、褐色和红褐色等。同种蝗虫的卵粒，其颜色一般是比较固定的，但也常因卵的发育而出现某些变化。卵粒的颜色深浅通常与卵壳的厚度有关，一般具有较厚卵壳的卵粒颜色较暗。在大多数情况下，癞蝗科、瘤锥蝗科、锥头蝗科、斑腿蝗科、剑角蝗科中的绝大部分种类和斑翅蝗科中的少部分种类的卵粒具有较厚的卵壳，而网翅蝗科、槌角蝗科中的绝大部分种类和斑翅蝗科中的大部分种类的卵壳则较薄。蝗卵表面覆盖物的结构十分复杂。它的形成从蝗虫卵

巢发育时就开始，到卵产出之后才结束。首先形成的是娇嫩的卵黄膜（vitelline membrane），同时或稍早卵巢的卵泡细胞分泌形成了卵壳（chorion）的内层。卵进入输卵管时，在那里获得了一层拟卵壳（extrachorion）。新产的卵有一明显的卵黄膜，一层坚固的卵壳和拟卵壳。卵黄膜很快就消失了。大约经过一周的时间，胚胎开始发育，新的浆膜出现了，它包围着卵黄和胚胎。然后，浆膜在它的外表面分泌形成了两层膜：很薄的黄表皮和厚而呈纤维状的白表皮。到孵化前，白表皮的厚度变薄，然后几乎消失，这时拟卵壳也可能因其破裂而脱落。卵壳的表面由于卵所处的发育阶段的不同而有着不同的外貌。所以，在研究和识别蝗卵时，对此必须给予充分的重视。

卵壳的最内层是内卵壳（endochorion），在飞蝗 Locusta 的卵中，它是由精美的纤维网组成的，在它们之间的空隙地方充满了空气和液体。在内卵壳的外面是薄的外卵壳（exochorion），它的表面显示出不明显的六边形图案，这种图案符合在每一个六边形内具有一个不明显的中央坑的卵泡细胞的形状。最外层则是拟卵壳，它含有颗粒。当卵在输卵管时，它收缩并使颗粒聚集在六边形的交接处和中央坑上。然后，它进一步收缩，使聚集的颗粒形成瘤，瘤可能被隆起的脊连成不很清楚的六边形图案。

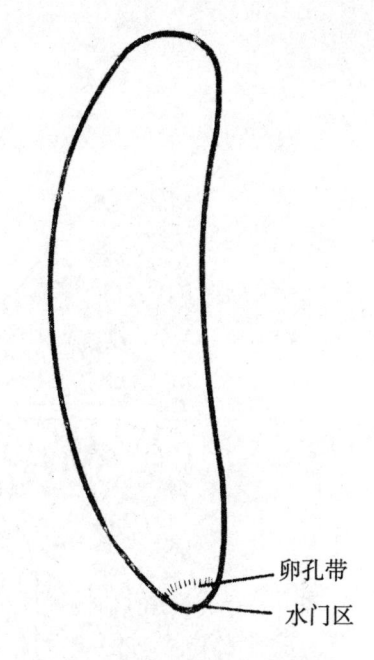

图 5-2 亚洲飞蝗 Locusta migratoria migratoria 的卵粒

通常我们所能看到的卵壳外表面实际上是拟卵壳的表面。拟卵壳的表面可能是平滑的，也可能是粗糙的。如果放大观察，则可看到各种各样的图案。此图案常因蝗虫种类的不同而有着明显的差异，所以常用此特征来鉴别蝗卵。拟卵壳表面常具有的图案为：表面平滑，但随着卵的发育常有纵裂情况的发生；不规则瘤状突起；网状花纹小室呈六边形、五边形或椭圆形，没有瘤状突起；网状花纹小室在隆脊交接处具有瘤状和棒状突起；网状花纹小室在隆脊交接处具有瘤状突起，在中央具有瘤状突起；网状花纹小室呈喇叭状等等。拟卵壳表面的图案有的很稳定，有的则随着卵的发育而变化，如黄胫小车蝗 Oedaleus infernalis Sauss. 卵的拟卵壳表面的花纹图案就随着卵的发育而有着不同的外貌。

上面所述的花纹图案均位于卵的主体部位，而在卵的下端还有两个特殊的结构：水门和卵孔。水门位于卵下端的端部，众多的水门组成一个圆形的区域即水门区。在此区内没有网状花纹，从背面看呈筛状。在此区域之下，黄白表皮均较薄。结构也有变化，浆膜细胞拉长并特化。在自然条件下，有时水门通道被某些特定的物质封闭，水分不能进入卵内，使卵处于滞育状态。

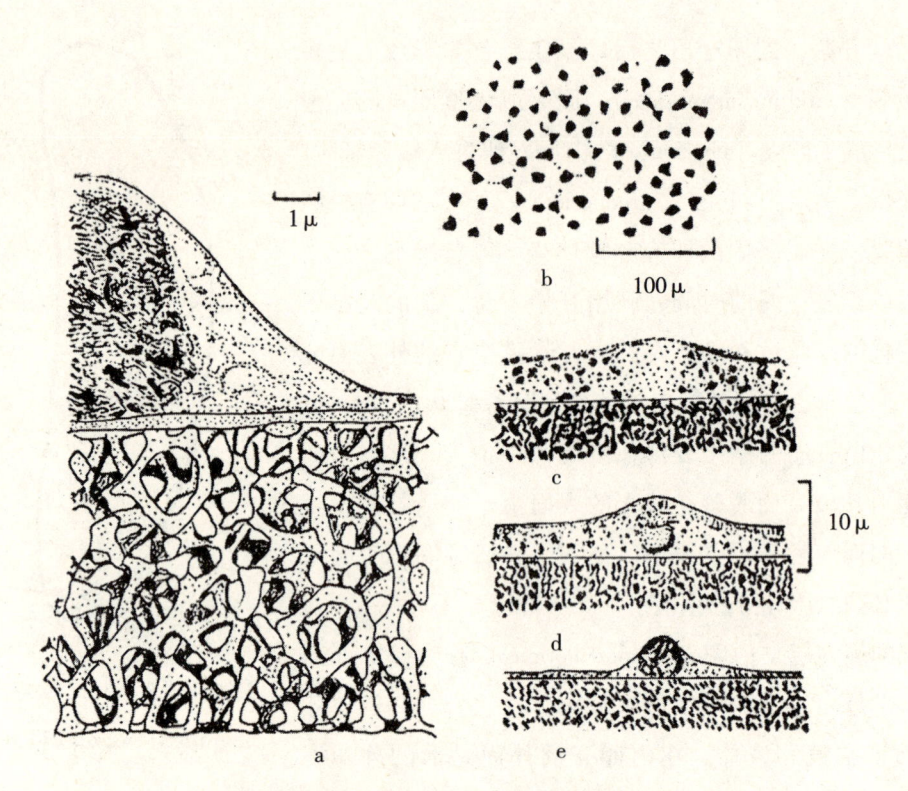

a. 内卵壳纤维结构放大剖面　b. 卵壳表面的花纹图案
c、d、e. 拟卵壳颗粒的聚集和瘤的形成

图 5-3　飞蝗 Locusta 卵的覆盖物（仿 Hartley）

卵孔位于水门区之上，由数目众多的卵孔组成卵孔带，在近卵的下端部排成一圈。卵孔是精子进入卵内的通道。在不同的蝗虫中，卵孔的数目有较大的变化，飞蝗 Locusta 有 36—43 个，而戟纹蝗 Dociostaurus 则有 50—60 个。卵孔通常开口于外卵壳的表面，一般呈漏斗状，向下倾斜延伸通过内、外卵壳。在瘤锥蝗科、锥头蝗科、斑腿蝗科、剑角蝗科、斑翅蝗科、网翅蝗科和槌角蝗科的种类中，卵壳的结构现在还没有发现本质上的不同，但在癞蝗科中的一些代表种类中，卵孔的开口位于突起物的端部中央，其开口旁尚有一鞭毛状突起物。

上述是当今对蝗虫卵粒和卵囊形态结构的概括性总结，我国古代对此也有论述。在古籍文献中，最早出现的则为"蝗子"一词，但董仲舒认为蝗子应指蝗蝻。《说文解字》"蝼，复陶也"，董仲舒说"蝗子也"，郭璞认为蝗子就是蝗蝻。《尔雅》曰："蝼，蝮蜪。"郭璞注："蝗子，未有翅者。"在此之后，古籍中所出现的蝗子均指蝗卵。在宋代，有关蝗卵名称的记载各不相同。《熙宁诏书》记载："蝗种一升，给粗色谷二升。"户部厘定的《捕蝗法》规定："每虫子一升，官（给）细色谷二升。"《淳熙敕》记载："诸官私荒田（牧地同）经飞蝗住落处，令佐应差募人取掘出子，而取不尽，致再发生者，杖一百。诸虫蝗生发飞落及遗子，而扑掘不尽，致再生发者，地主、耆保各杖一百。"宋朝文献中的这些记载，所涉及的蝗种、

738

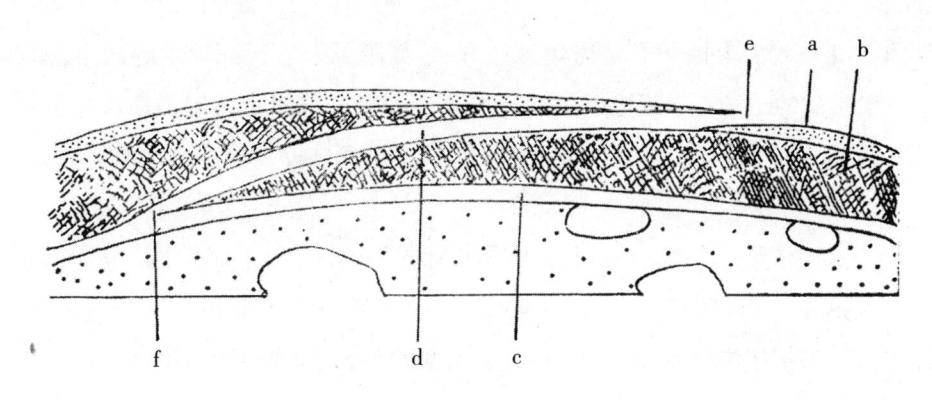

a. 外卵壳　　b. 内卵壳　　c. 卵黄膜　　d. 卵孔通道　　e. 卵孔外开口　　f. 卵孔内开口

图 5-4　飞蝗 *Locusta* 卵孔的纵切面（仿 Roonwal）

虫子、子及遗子，均应指蝗卵，但蝗种、虫子、子均指明是被挖掘出来的，而挖掘出来的一般均多为卵囊。古籍文献不能准确表达蝗卵和卵囊，是因其专业知识所限，而就是当今，非专业人士也未必分得清楚。元朝仁宗皇庆二年复申秋耕令中，有"蝗蝻遗种皆为日所曝死"的记载。蝗蝻不可能产卵，怎会有遗种，可能应为蝗虫遗种。明代徐光启在《除蝗疏》中对蝗卵和卵囊的概念阐述得还比较清晰，但用词尚有欠妥之处。现摘录其有关蝗卵和卵囊的记述，然后作一分析。《除蝗疏》记载："其下子必同时同地，势如蜂巢，易寻觅也。一蝗所下十余，形如豆粒，中止白汁，渐次充实，因而分颗，一粒中有细子百余。"蝗虫产卵后，在卵囊的上端部到地表留一孔窍，从地表看，"势如蜂巢"。"一蝗所生十余"，一雌性蝗虫一生产卵十多块，此指卵囊而言。"形如豆粒"，与"一蝗所生十余"相接，应指卵囊，但飞蝗的卵囊绝非形如豆粒。如与下文连起来看，"形如豆粒"应指位于卵囊卵室内的众多蝗卵。"中止白汁"，但随着蝗卵的发育，卵内的卵黄渐增，中止应为黄汁，然后随着卵的胚胎发育，卵粒明显增大。"因而分颗"，不符事实，分颗始于产卵时。"一粒中有细子百余"，细子即蝗卵也。现再摘录顾彦《治蝗全法》中有关蝗卵和卵囊的记述："生子十余，皆连缀而下，如一串牟尼珠，有线穿之。色白，微黄，如松子仁。初较脂麻加小，渐大如豆，又如小囊。中初止白汁，后渐凝结，遂分为细子百余。及至将出，外苞形如蚕，长寸余，中子形如大麦，色皆黄，出即为蝻百余。"这段描述与徐光启对蝗卵和卵囊的描述大体一致，不过不准确处也不少，对此不再评述。对蝗卵和卵囊描述最为准确的应是李炜的《捕除蝗蝻要法三种·搜挖蝗子章程》："蝗子孔窍，挖下寸许或数寸，皆有小巢，与土蜂窝相似。取出去泥，复有红、白膜裹之，长约寸许，是为蝗卵。膜内如蛆如粳米者，少则五六十颗，多或百余颗，斜排向下。每颗约长二分许，破之皆黄汁，即蝗子也。"如将此文中的蝗卵改为卵囊，将蝗子改为蝗卵，那就与当今对蝗卵和卵囊的描述完全一致了。蝗卵一词也是首次被李炜的《捕除蝗蝻要法三种·搜挖蝗子章程》所记载。蝗卵还被古籍文献记述为如稻粒而细或麦门冬状等。

1914年，王仁术向上提交了《捕蝗意见书》，其附录朱珩《捕蝗示谕》，对蝗卵的形态结构有着十分准确的记述："雌蝗以尾端穿地寸许而产黄色卵于其中，并渗白色黏液围卵，其液变为褐色，成海绵质壳焉。卵形圆而壳形长圆，一壳之卵恒为八十一颗，或云自七十颗至百颗。"

当今对蝗卵和卵囊的形态结构进行研究的有邱式邦、赵建铭、张学祖、蒋国芳、刘举鹏、席瑞华等。刘举鹏、席瑞华对蝗虫不同物种的蝗卵和卵壳形态结构的研究最为系统，其《中国蝗卵图鉴》一书记述的种类多达111种，是当今世界上记述蝗卵最多的专著。

二、蝻

蝻亦即蝗蝻，也称步蝻或跳蝻。在其他一些昆虫中，一般称若虫或幼虫。古籍文献中所称的螣、蝮蜪亦即当今之蝗蝻也。清代所编《动物学教科书》说："蝗虫幼虫，自孵化后，与母虫形相无大差异，惟长时有翅，少时无翅耳。"蝗蝻并非无翅，而是翅很短小，其翅只有纵脉而无横脉，大龄蝻的前翅位于后翅芽之下。早在1925年尤其伟就阐明了飞蝗龄期与翅芽翻转的关系。古籍文献对蝗蝻的形态特征也有记载。明代徐光启的《除蝗疏》曰："初生如粟米，数日旋大如蝇，能跳跃群行，是名为蝻。"《捕蝗要诀》曰："蝗初出土色黑如烟，如蚊如蚋，渐而如蚁如蝇，两三日渐大。……数日后，倒挂草根，退出黑皮，则变为红赤色。""蝻"字最早始于宋建隆三年（962年），"蝗蝻"一词也始见于宋朝，但稍晚，应始于宋熙宁八年（1075年）。清末的《动物学教科书》对飞蝗蝗蝻的变态图示如下：

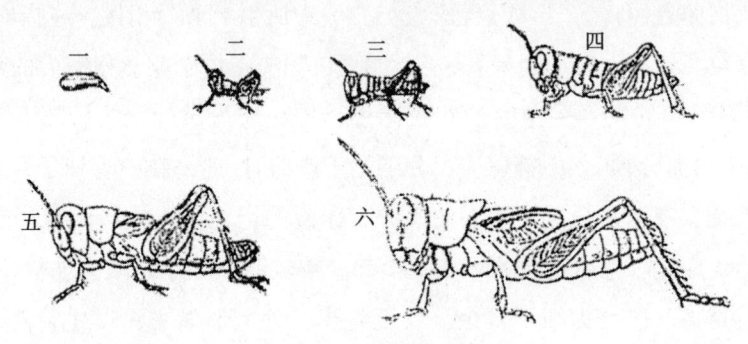

图5-5 飞蝗之变态

当今对蝗蝻形态结构研究最有成效的科学家应为虞佩玉、陆近仁。现将他们的研究成果转录如下：

飞蝗各龄外部形态的区别

1. 体长

各龄蝗蝻的体长是有区别的，但由于生活条件的不同，各龄的体长有着变化，因此各龄间没有严格的界限。一般来说，雄蝻的身体是比雌蝻为短，并且在孵化和

刚蜕皮后体长增加得比较快，往后就很慢。各龄的体长见下表：

飞蝗各龄的体长

龄期	体长	
	组距（毫米）	平均（毫米）
1	4.9—10.5	7.7
2	8.4—14.0	11.2
3	10.0—21.2	15.6
4	16.4—25.4	20.4
5	25.7—39.6	29.3

2. 触角

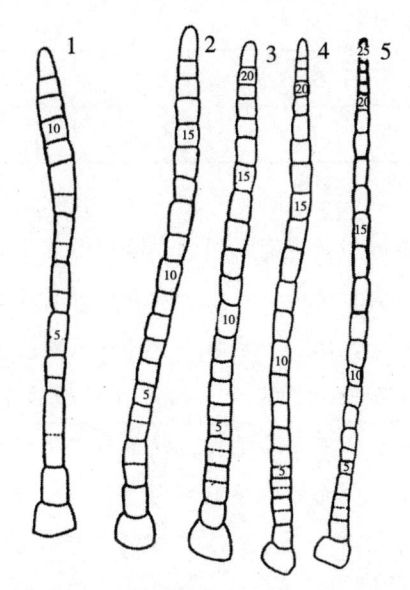

1. 第一龄　2. 第二龄　3. 第三龄　4. 第四龄
5. 第五龄。触角中数字代表节数。

亚洲飞蝗各龄蝗蝻的触角

触角的长度和节数，在各龄蝗蝻中有着很显著的差别。在第一龄触角的长度为1.9—3.1毫米，节数一般为13，在第三至第八节上有分节迹象。这些有分节迹象的节在第一次蜕皮后，分别发展，就形成了第二龄触角的节数。但有些蝗蝻的第三节特别长，并分成两节。这些蝗蝻的触角就有14节，第二龄触角的长度为2.9—4.0毫米，节数为19。在第三和第四节上也有分节的迹象，但有些个体的第五和第六节并不分开，因此就只有18节。第三、第四和第五龄的触角分别为21节、23

节和25节，第三龄和第四龄与第二龄一样，在第三和第四节上各有分节的迹象，而在第五龄，我们仅在第三节上观察到有分节的迹象，并且在第三、第四和第五龄，触角的第五和第六节也有不分开的，因此这三龄触角的节数都少一节，就成为20节和24节。这三龄的触角长度分别为4.2—5.3毫米、5.8—7.6毫米和8.8—11.2毫米。兹将各龄触角的长度和节数列表如下：

飞蝗各龄的触角长度和节数

龄期	长度 组距（毫米）	长度 平均（毫米）	节 数
1	1.9—3.1	2.6	13—14
2	2.9—4.0	3.4	18—19
3	4.2—5.3	4.7	20—21
4	5.8—7.6	6.6	22—23
5	8.8—11.2	9.8	24—25

3. 前胸背板

各龄蝗蝻的前胸背板的形状是有不同的，而以后缘形状的差别比较显著，主要的是背板的背部部分逐渐向后延伸。在第一龄背板的背面稍微向后拱出，第二龄背后拱出则较第一龄略为显著，但二者后缘多少还成直线。至第三龄时，背面部分明显地向后延伸，掩盖着中胸的背面部分，因此背板的后缘在背面和侧面都成钝角形。在第四和第五龄背板后缘更向后延伸，掩盖着中胸和后胸背面部分，后缘在背面所形成的角度更为减少，侧面的角度则不显著，几近直线。为了表达这些差别，我们把各龄的前胸背板背中央（上缘）和下缘的长度作了比较，列在下表里。

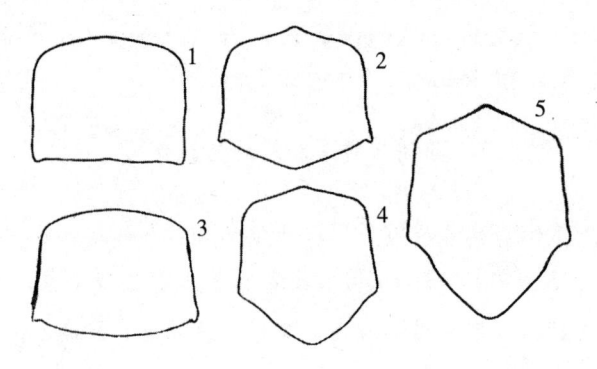

1. 第一龄 2. 第二龄 3. 第三龄 4. 第四龄 5. 第五龄

亚洲飞蝗各龄蝗蝻的前胸背板（背面观）

各龄飞蝗的前胸背板上缘和下缘长度的比较

龄期	上缘长度 组距（毫米）	平均（毫米）	下缘长度 组距（毫米）	平均（毫米）	上下缘比
1	0.9—1.7	1.2	0.8—1.4	1.0	1.2
2	1.4—2.4	2.0	1.1—1.9	1.5	1.3
3	2.7—4.2	3.5	1.8—2.5	2.2	1.6
4	4.5—6.7	5.7	2.5—3.1	2.8	2.0
5	5.9—9.6	8.2	3.1—4.5	3.7	2.2

从上表所列的数字中可以看出，第一和第二龄的前胸背板上缘仅较下缘稍长，而从第三龄以后，则上缘显著地比下缘为长，所以上下缘长度的比较是可以用来区分蝻龄的。

4. 翅芽

翅芽是随着龄期而发育的，在第一至第三龄时，前后翅芽与中胸和后胸的背板连接，并且向后下方伸展，发育较慢。自第四龄起，翅芽起着极显著的变化，不但翅芽的颜色较深，发育很快和具有成虫翅的雏形，而且向上翻折，后翅在外掩盖着前翅，前后翅的位置要到蜕皮后变为成虫的时候才改变过来，所以翅芽的上折是第三和第四龄最容易区别的一点。至于各龄间的区别可以分述如下：

第一龄的差异很小，很不明显，前翅芽较窄，位端部都向下和呈圆形。

第二龄的翅芽较显著，端部仍为圆形，但向后斜伸。

第三龄时，前翅芽较长，后翅芽略呈三角形，倾斜度较第二龄的小，翅脉渐明显。

第四龄的翅芽伸达第二腹节，前翅芽更为狭长，后翅芽为三角形，翅脉很清楚。

第五龄时翅芽很大，伸达第四、第五腹节，并且掩盖着腹听器的大部。

5. 腹听器

腹听器是位于第一腹节的两侧。在第一和第二龄时，这器官还未发达，肉眼不容易看到，第三龄后则较显著。现就气孔板、边圈和下听叶（参阅徐凤早等，1952）各部分的发育情形加以叙述。

（1）气孔板：在第一龄时很不明显，只是围绕气孔的一个圆形的深色部分。第二龄的气孔较大，且较第一龄的明显。至第三龄后则形成板状的三角形。

（2）边圈：在第一龄时为气孔上面的一条横带，后端略向下弯。第二龄的边圈厚化，成半环形。第三龄的边圈末端向下方延伸。第四龄时，边圈向气孔方向弯转，并与下听叶连接，把鼓膜包围。

第一龄　　　　　　　　　　　　第二龄

第三龄　　　　　　　　　　　　第四龄

第五龄

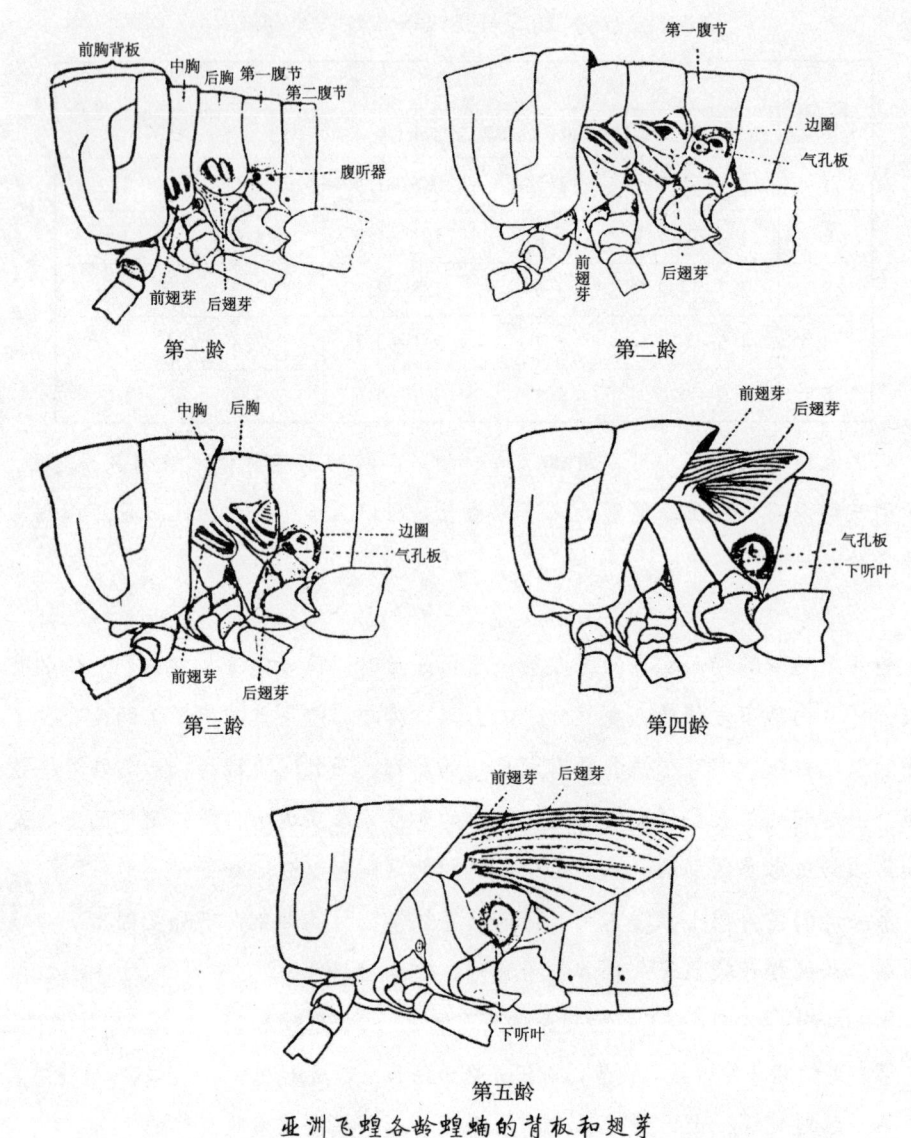

亚洲飞蝗各龄蝗蛹的背板和翅芽

（3）下听叶：在第四龄时才明显，至第五龄时形成一个突出的构造。

6. 外生殖器

外生殖器的发育在各蛹龄中有显著的不同。因为雌性和雄性的外生殖器不同，所以它们的发育情况需要分别叙述。

（1）雌性外生殖器：飞蝗的雌性外生殖器即产卵器，是由3对瓣形构造构成的。一对称腹瓣，是由第八腹节所发生。另外两对，分别称为背瓣和内瓣，则由第九腹节所发生，但内瓣并不发达。这三对瓣，尤其是腹瓣和背瓣，在各龄中的发育很不相同，可以用来辨认龄期。我们在下面所叙述的就是这三对瓣的发育情况。

在第一龄时，第八腹节腹板中央分裂，两侧各具一扁圆形的叶片。这一对叶片

将来演化成产卵器的腹瓣。第九腹节腹板上发生一对三角形的构造，伸到肛侧板下，这一对是背瓣。在第二龄时，第八腹节的腹瓣成三角形，后缘向前凹入，第九腹节的背瓣加大，内基部各具一小叶，这一对小叶就是内瓣。第三龄的腹瓣扩大，后缘成直线，瓣伸过第九腹板的一半；背瓣也扩大，更向后伸展；内瓣明显。至第四龄时，背瓣扩伸至肛侧板的端部，腹瓣则超过背瓣的一半；内瓣较第三龄的伸长，但是由于腹瓣延伸，将内瓣完全盖蔽，从外部不能见到。第五龄的背瓣和腹瓣都向后伸展，背瓣超过肛侧板，腹瓣仅较背瓣略短；内瓣在第五龄隐蔽在背瓣与腹瓣的基部，并没有显著伸长。由此可以看出，背瓣和腹瓣的大小和形状是区分雌性各龄的重要特征。

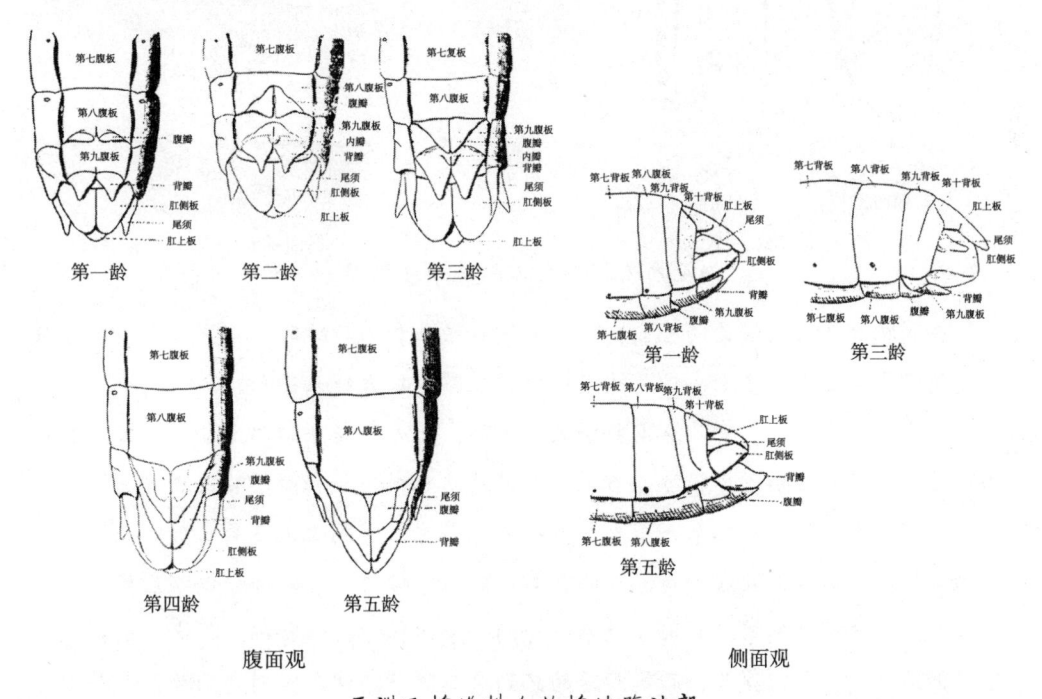

亚洲飞蝗雌性各龄蝗蝻腹端部

（2）雄性外生殖器：雄性外生殖器的发育，在外部形态上主要是第九腹节的腹板变化。这节的腹板逐渐发达成超过肛侧板的生殖下板。

生殖下板在第一龄时略伸出肛侧板基部，后缘窄而内凹，两侧成突起。第二龄的生殖下板显著增大，后缘内凹较浅，因此两侧突起就不显著。第三龄时，这板伸展到肛侧板的后部，后缘虽狭，但不内凹。第四龄时，生殖下板几达到肛侧板的顶部，后缘呈圆形。第五龄时，生殖下板超过肛侧板，端部上弯，背面为膜质。生殖下板的大小和形状可以用来区分雄性蝗蝻的各龄。

蝗蝻各龄在外部形态上的差别中，以触角节数、翅芽、外生殖器较为显著，所

亚洲飞蝗雄性各龄蝗蛹腹端部

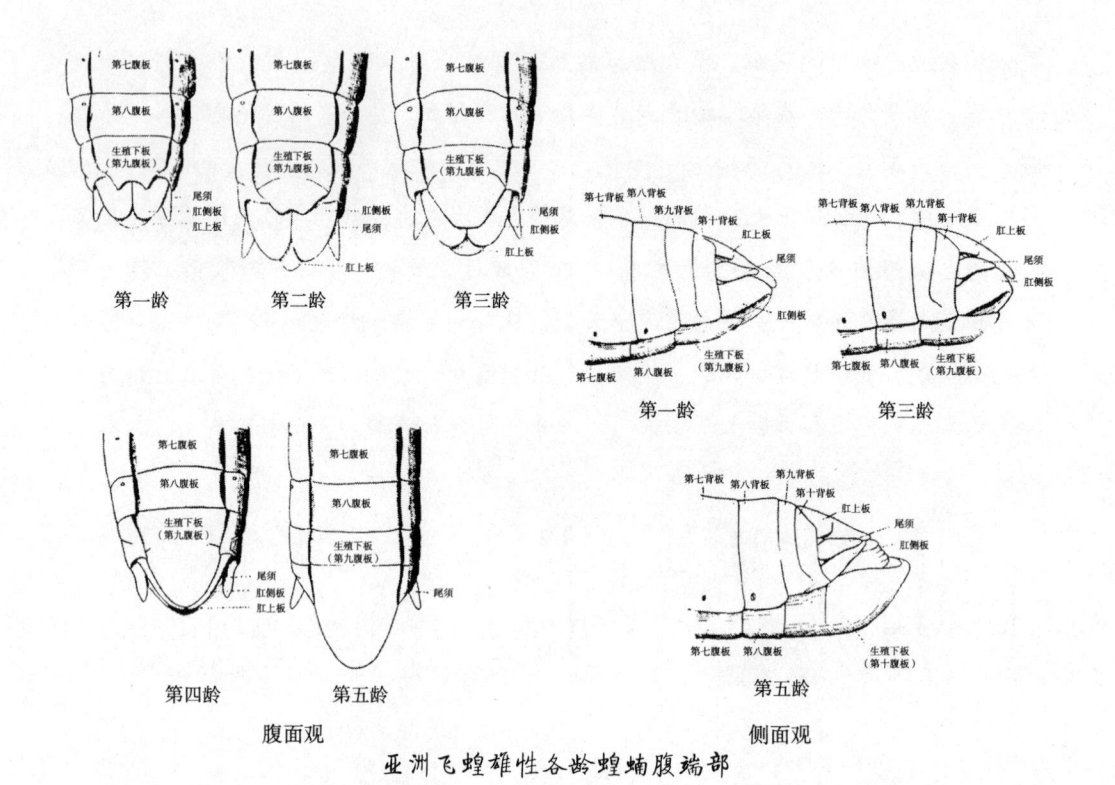

以这些额构造是辨别蛹龄的可靠特征。不过在第一和第二龄时，需用扩大镜才能分辨。腹听器虽然也有区别，但是构造过小，更需用扩大镜来鉴别。

在上述的区别中，有几点需要特别提出的：首先，翅芽的向上翻折是第三和第四龄的最显著的区别，肉眼可以看出。所以这是一个重要和简便的辨别方法。凡是翅芽没有上折的蝗蛹必属第三或更早的龄期。其次，前胸背板在第三龄时，背面部分向后延伸，后缘因此成三角形，而在第二或第一龄时，背面部分仅稍后拱，后缘几成直线。这是区别第三和第二或第一龄的一个比较方便的特征。再者，第五龄的翅芽伸达第四、第五腹节，而第四龄的只到第二腹节。这是区别这两龄最容易的方法。至于第一和第二龄间的不同，因为个体太小，必须用镜放大后才能区别；外生殖器是比较容易辨别的构造。

注：据康乐等研究，此处的东亚飞蝗均应为亚洲飞蝗。

三、成虫

徐光启《除蝗疏》记载："蝗初生如粟米……又数日即群飞，是名为蝗。所止之处，喙不停啮，故《易林》名为饥虫也。又数日孕子于地矣。"这就是飞蝗的成虫，它们的体色与栖居相准，栖绿丛而色绿，栖枯草而色若枯色。清末柯璜编译《博物学讲义》记述：蝗虫其体分为头部、胸部、腹部三部。头部有一对触角，一对复眼，三个单眼。头之下方有口。遮

蔽口部前方者为上唇。上唇之内有一对坚硬黑色者为大颚，次于大颚又一对为小颚，或为下唇。小颚下唇均为有细节之肢。总之，大小颚以及下唇无非为肢之变形。昆虫胸部必三环节，每环节生肢一对，故肢共三对，大多用为步行。在蝗虫类，最后生肢一对甚大，用为跳跃，与兔及袋鼠诸兽后肢异常发达同此一理。胸之脊面生翅二对，翅之狭而硬，不适飞翔者曰翅盖，亦曰前翅。翅之开合自如。形如扇者曰后翅，后翅为飞翔之用，前翅所以保护后翅者。腹部环节殊觉明了，大约十个迨其成长。腹部无肢，腹部之第一节侧面有大孔为听官。自第二节下，每节侧面有小孔，是气孔。空气从此入体内，分布各处，非仅为呼吸作用，且可入空气于气囊，减体比重，以适飞翔。分别雌雄，在腹部后端，雌者后端有产卵器，状如针，雄则无之。

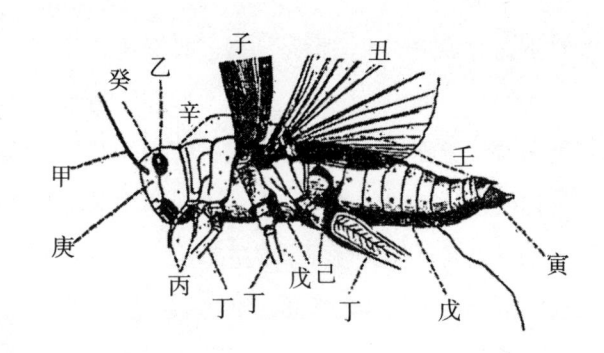

甲：感触肢　乙：复眼　丙：颚肢须　丁：步行肢
戊：气孔　己：听器　庚：头　辛：胸部　壬：腹部
癸：单眼　子：前翅　丑：后翅　寅：产卵器

图 5-6　蝗虫成虫的形态结构

《动物学教科书》记载：昆虫胸部成于三环节，各节下侧有脚一对，偏后二节各具翅一对于背侧。其内部结构如图 5-7 所示。腹部成于十环节，不具肢足。剖验腹部见其消化管中胃与肠之交界，簇生细管甚多，称曰妈卢砒贵管，为昆虫类特具之排泄器。如图 5-8 所示。

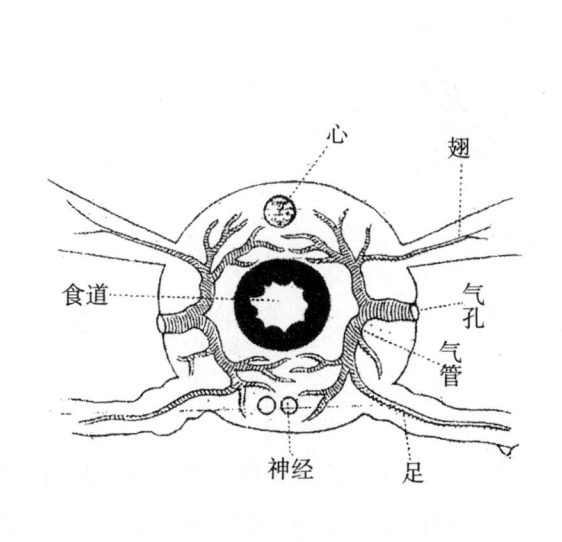

图 5-7　昆虫胸腔图

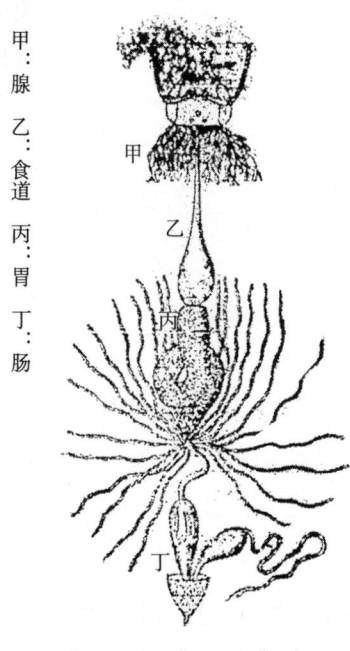

甲：腺　乙：食道　丙：胃　丁：肠

图 5-8　虫之消食管

下面对蝗虫成虫的形态结构进行概述。

头部 头部一般宽短，呈卵圆形或三角形，仅有少数种类呈圆锥形。头的正前面为颜面。从侧面看，颜面垂直或向后倾斜，中央具有纵形隆起的颜面隆起，它有时平坦，有时具有向下延伸到上唇基部的纵沟。在颜面两侧、触角基部外方具有呈细隆线状的颜面侧隆线。在复眼下端，具有延伸到颜面下缘的细沟——眼下沟，它是颜面和颊的分界线。头的背面、两复眼前的部分称为头顶。头顶之后为后头。头的背面平坦或低凹，有时在中央具有隆起的中隆线。从头部侧面看，头顶呈水平状或向前倾斜，与颜面组成钝角、直角或锐角。头顶侧缘一般较狭，有时略为宽平，在此情况下，常具有低陷的凹窝——头侧窝。头侧窝的形状变异颇多，其形状有三角形、四角形、卵圆形或不规则形等。有些种类，其头顶顶端具有到达颜面隆起纵沟的细沟——颜顶角沟。颜顶角沟的有无是鉴别蝗虫的一个重要特征。一般认为在较为原始的科（如癞蝗科、瘤锥蝗科和锥头蝗科）中，具有颜顶角沟，而在较进化的科中则无颜顶角沟。

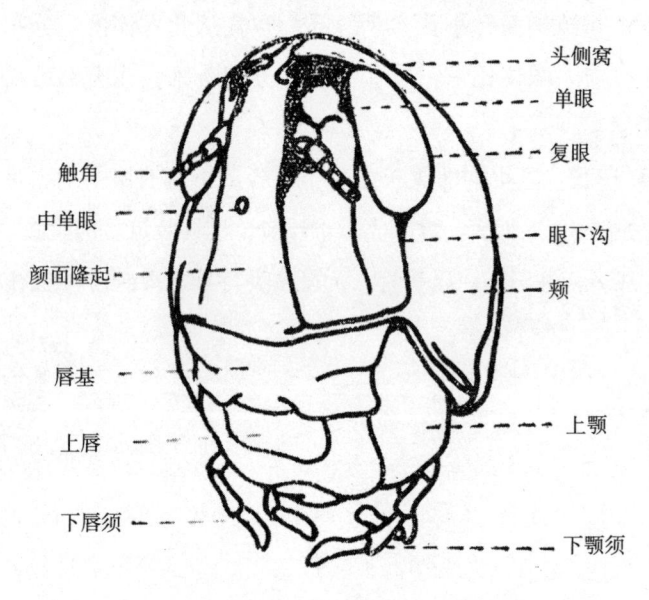

图 5-9 蝗虫的头部（仿 Chopard）

头部具有视觉器官复眼一对和单眼 3 个。复眼大而明显，位于头的两侧，呈卵圆形或长卵形。单眼很小，较不明显，其中之一位于颜面隆起的中部，称中单眼，其余一对则生在头顶侧缘，复眼前缘的前方。

头部的附属器官触角着生于复眼之间，其长度通常约等于头和前胸背板之和，只有少数种类极长或很短。触角分节明显，一般不超过 30 节，基部一节称柄节，基部第二节称梗节，其余所有的节通称鞭节。触角的形状变异颇大，通常有丝状触角、剑状触角和棒状触角三种。

有少数种类在触角上还有特殊构造（触角器）。

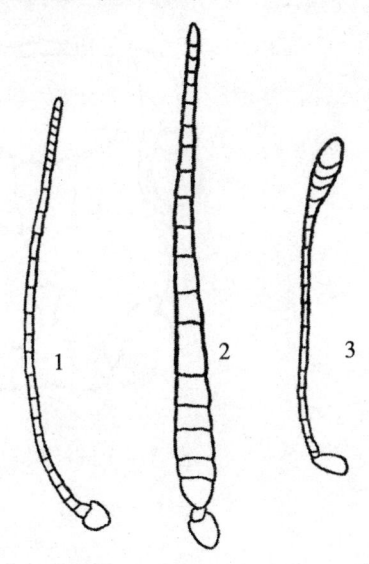

1. 丝状触角（飞蝗） 2. 剑状触角（剑角蝗） 3. 棒状触角（大足蝗）

图 5-10 蝗虫触角（仿夏凯龄）

头部的另一附属器官——口器，由上唇1片、上颚1对、下颚1对、下唇1片和舌等组成。上颚颇发达，顶端坚硬，常呈锯齿状，左右不对称。取食不同植物的蝗虫，其上颚齿面常有不同的形状和结构。下颚分节明显，在外侧有分成5节的下颚须。下唇也分节明显，其两侧各有分成3节的下唇须。

胸部　胸部位于头的后方，由前胸、中胸和后胸三部分组成。每一胸节又由若干骨片组成：背面的骨片称背板，组成胸部的背面部分；腹面的骨片称腹板，组成胸部的腹面部分；侧面的骨片称侧板，处于背板和腹板之间。

胸部的背板以前胸背板最发达。在一般种类中，它覆盖着整个胸部的上方，而在蚱总科的种类中，它向后延伸覆盖了整个腹部，有时甚至远远超过腹端。前胸背板通常具有纵形隆起的中隆线，它一般呈线状，有时则呈片状隆起或被横沟切割成齿状。侧隆线位于中隆线两侧，与中隆线平行或在中部向内弯曲，而在两端向外扩展。侧隆线有时不发达或仅呈现为淡色条纹。前胸背板除具有隆线外，还具有明显或不明显的3条横沟，其中以后横沟最为明显，它一般位于前胸背板的中部，后横沟之前的部分为沟前区，后横沟之后的部分则称为沟后区。前胸背板的侧片通常呈长方形，前缘垂直或向后倾斜，前下角（即前缘和底缘所组成的角）呈锐角或小三角突出，在蚱总科的一些种类中则呈锐刺状。

前胸腹板在两前足基部之间通常平坦或略微隆起，但在某些种类中则形成圆锥形或圆柱状等高大突起，即前胸腹板突。而在另一些种类中，其前胸腹板的前缘隆起呈薄片状，围绕

在口器的后方。

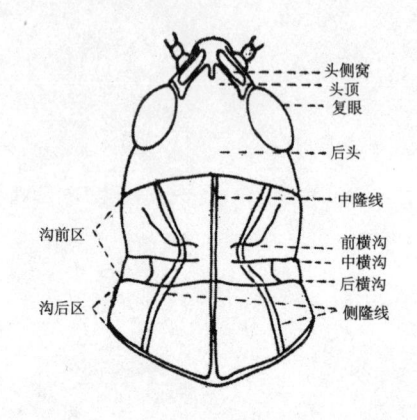

图 5-11 宽翅曲背蝗头和前胸背板（背面）（仿夏凯龄）

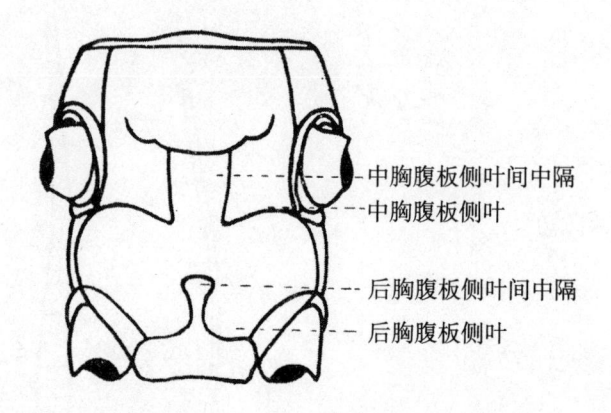

图 5-12 黄脊蝗的中胸和后胸（腹面）（仿夏凯龄）

中胸和后胸的背面，在有翅种类中通常被翅覆盖，不易看见，而在无翅种类中则裸露在外面，明显可见。中胸和后胸的侧面各具一对气门，中胸气门位于中胸的前缘，被前胸背板侧片所盖，不易看见；后胸气门位于中足基部的上方，明显可见。中胸和后胸的腹面为中胸腹板和后胸腹板。腹板的两侧称中胸腹板侧叶和后胸腹板侧叶；处于两侧叶间的部分称为中隔，即中胸腹板侧叶间的中隔（属于后胸腹板）和后胸腹板侧叶间的中隔（属于腹部第一节的腹板）。

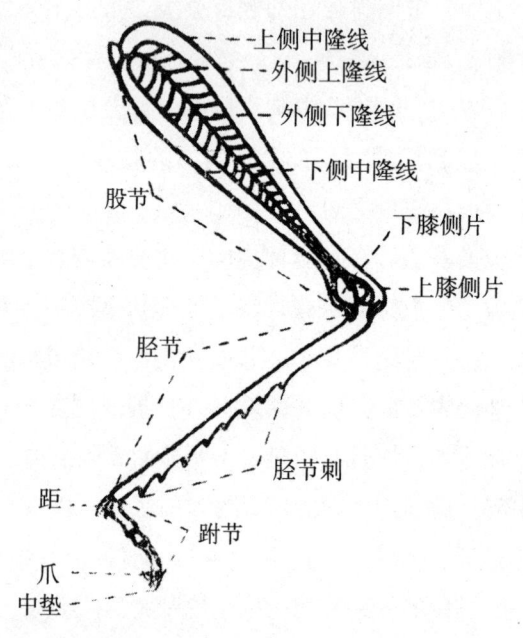

图 5-13 蝗虫的后足

足是蝗虫胸部的主要附属器官之一，每足均由基节、转节、股节、胫节和跗节组成。基节和转节很小，通常不易看见。股节粗大，跳跃用；胫节细长，行走用。跗节一般由3节组成，但在蚱总科中，前足和中足的跗节仅由2节组成。后足较发达，明显地长于前足和中足。股节通常侧扁，基部较粗，向顶端渐细，但在近端部却又膨大，构成膝部。膝部的内外两侧呈片状，称膝侧片。膝侧片的端部中央凹入，把膝侧片分成上膝侧片和下膝侧片两部分；膝侧片的形状因种类不同而异，有的顶端呈圆形，而有的则呈刺状等。股节基部中央也凹入，把股节基部分成上基片和下基片，上基片和下基片长度的差异是区分科和某些亚科的重要特征之一。股节上侧有狭锐的上侧中隆线，下侧有狭锐的下侧中隆线，上侧中隆线和下侧中隆线把股节分成为内、外两部分。股节外侧具有两条隆线，即外侧上隆线和外侧下隆线。在此，两隆线间通常具有平行的羽状隆线，但在某些种类中则呈不规则颗粒状或短棒状隆起。有些种类在后足股节内侧具有发音齿。胫节一般较细，其两侧各具一列小刺。前足和中足的胫节通常呈圆柱状，少数种类雄性前足胫节变为梨形膨大。后足胫节较长，一般与股节几乎等长或略短。其上侧具有内、外两列刺，每列刺通常有8—9个，多者甚至超过25个。其顶端的内、外两侧各具距一对，它较长，内侧一对尤长。跗节的第一节较长，而第二节最短，最后一节顶端具爪一对，爪间通常具有近于圆形的中垫。

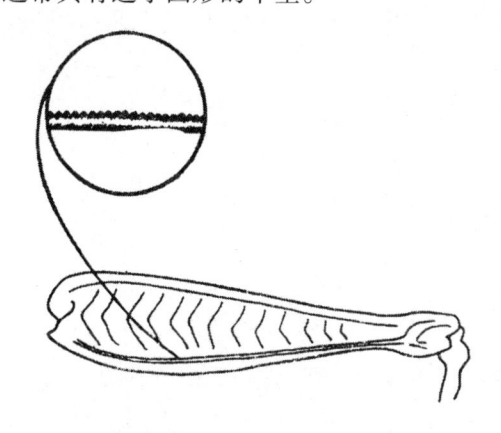

图 5-14 宽翅曲背蝗 *Pararcyptera microptera meridionalis* (IKonn) 后足股节内侧 (仿印象初)

翅也是胸部的重要附属器官之一，通常具翅两对，即前翅和后翅。前翅狭而结实，不折叠，半透明或不透明，革质状；后翅宽大较柔弱，膜质透明（常有鲜艳色彩），在静止时呈扇形折叠，隐藏在前翅之下。前翅和后翅均密布翅脉，即纵脉和横脉。纵脉的命名从翅的前缘起，有前缘脉、亚前缘脉、径脉、中脉、肘脉（肘脉分两支，即前肘脉和后肘脉）和臀脉（也分两支，即1A和2A），在后翅还常有轭脉。有些纵脉还可再行分支，如径分脉就是径脉向后的分支，有时向后可分出数支。在纵脉之间往往还有较短的纵脉，称闰脉，如前翅中脉

和前肘脉之间的闰脉称中闰脉。纵脉之间的区域称脉域，计有缘前脉域（仅见于前翅）、前缘脉域、亚前缘脉域、径脉域、中脉域、肘脉域和臀脉域，脉域的名称依据前面的纵脉而定。翅脉和脉域千变万化，常因蝗虫种类的不同而有着明显的差异，这在分类上颇为重要。

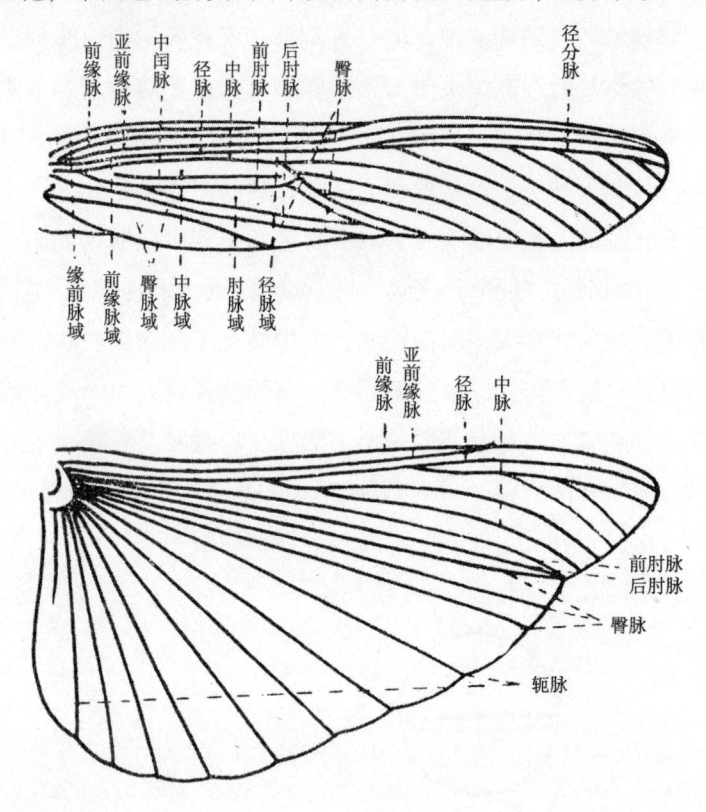

图 5-15 蝗虫的前翅和后翅、翅脉和脉域（仿 Ben-Buekon Mnmeuro）

蝗虫的前翅和后翅一般都很发达，覆盖于身体的背面。但是，有些种类的前翅和后翅明显缩短，呈卵圆形或椭圆形；有些种类的前翅和后翅竟完全消失；也有一些种类，其雄性的前翅和后翅十分发达，远较躯体为长，而雌性的前翅和后翅却显著缩短，甚至失去飞翔能力。有些种类的前翅和后翅则具有特化的发音结构。

腹部 腹部由 10 个环节组成，通常为圆筒形。每节由 3 片组成，在上面的称背板，在下面的称腹板。在两侧连接背板和腹板的称侧片。腹部各节之间有节间膜使各节彼此连接。每节背板下缘各有小孔 1 个——气门，它是蝗虫的呼吸器官。第一腹节背板两侧各有一个较大的孔，孔内有透明的膜，称鼓膜器；鼓膜器上有小鼓膜片，部分地覆盖着鼓膜孔。鼓膜孔的形状通常随着鼓膜片的大小而变化，有圆形、狭缝状或弯月形等。蚱总科和蜢总科的种类中均没有鼓膜器，而蝗总科中也有少数种类其鼓膜器因退化而消失。有些种类，在腹部第二节背板侧面的前下脚常具有摩擦板。腹部末端变化较大，结构亦较复杂。通常背板可见 10 节，

在雄性中可见9节腹板，而在雌性中仅可见8节腹板。腹部末端有一舌形片，盖在肛门的上面，称肛上板；在两侧的称肛侧板。在肛上板两侧和肛侧板的外面各具一个锥形体，称尾须，通常呈圆锥形，亦有呈片状的。有些种类的尾须顶端常分裂成齿状等。腹部末端的底侧是下生殖板，雄性下生殖板向后突出，或为锥形向上弯曲，或为圆锥形。雌性下生殖板的形状与雄性的完全不同，位于腹部的底面，顶端通常呈锐角状突出，有些种类的顶端具有凹口。雌性腹部末端具有两对短而较坚硬的产卵瓣，其形状常因种类的不同而有着较大的变化，端部之半通常呈钩状，或为细齿状等，前者产卵于土中，后者常产卵于植物茎内。

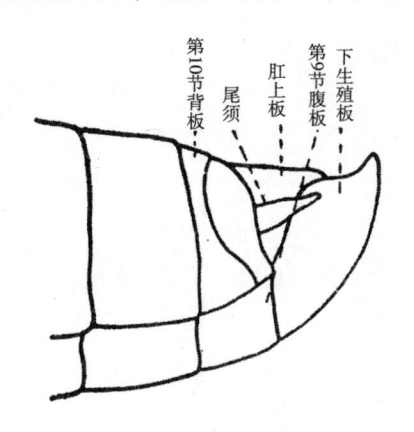

图 5-16　亚洲飞蝗腹部末端侧面（雄）　　图 5-17　亚洲飞蝗腹部末端侧面（雌）

外生殖器的形状和结构，特别是雄性阳具复合体的形状和结构，近来常被用于蝗虫的分类中，其中最常用的则是阳具基背片。阳具基背片的形状、结构常因蝗虫的种类不同而有较大的差异。阳具基背片常见的形状为桥状，此外还有花瓶状和壳片状等。它的基本结构如图 5-18 所示。

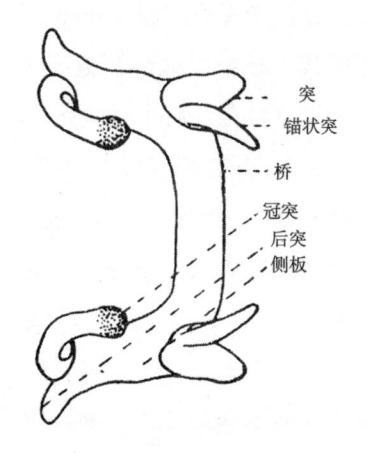

图 5-18　四川拟缺沟蝗（雄）阳具基背片

体色和体表 蝗虫的体色通常随着环境条件的变化而变化，因此很不稳定，但前胸背板有无淡色条纹，后足股节、后足胫节内侧，特别是后翅的斑纹及色彩等变化仍可作为区分种的重要特征。蝗虫的体表也有许多变异，尤其是前胸背板、头顶和颜面等处。其表面所呈现的颗粒状、刻点、皱纹等变化及其有无，以及绒毛的变化等，均为鉴定蝗虫提供了较为有用的形态特征。

第二节 飞蝗的生物学

对于蝗虫的生物学特性，我国古籍文献记载甚为丰富。我国历史上深受蝗灾的威胁，在与蝗灾作斗争的过程中掌握了它们的许多生物学特性，总结出许多防治方法。正如明代徐光启所说："详其所自生，与其所自灭，可得歼绝之法矣。"下面就我国古籍文献所记述的蝗虫生物学特性进行分述。

一、蝗虫的生活史

蝗虫一生要经过卵、蝻、成虫三个完全不同的发育阶段。卵一般位于土中，孵化后变为蝻，蝻再过四次脱皮，羽化为成虫，成虫再经过交配产卵而完成一个世代。不同物种的蝗虫，在一年内发生的世代是不同的。在飞蝗中，也因亚种的不同而有着不同的世代数。在我国，对飞蝗亚种的分类，不同学者有着不同的见解，一般在讨论飞蝗一年内发生世代问题时，暂不按亚种而按不同地区所发生世代数来讨论。分布于海南岛的飞蝗，一年发生四代；分布于广东、广西的飞蝗一年发生三代；分布于青藏高原、新疆、东北等地区的飞蝗一年发生一代；分布于中原地区的飞蝗一般发生两代。在中原地区，越冬卵一般在5月中旬孵化，6月中下旬羽化，称为夏蝗。夏蝗所产的卵经过孵化、羽化，称为秋蝗。秋蝗所产的卵在土中越冬。

在古代，由于蝗虫各虫态均有多个不同的名称，在研究古代所记述的蝗虫时，首先必须对古代所记述蝗虫各虫态的名称有清楚的了解，才能正确认识、研究古代所记述蝗虫的生活史。在蝗虫的生活史中，首先被认识的是成虫，即螽，它首先被《诗经》记载。根据进一步的研究，《诗经》中的螽斯、斯螽也指蝗虫，而且应为飞蝗。第二个被认识的是蝻，即蝝，它于公元前594年被《春秋》记载。最后被认识的是卵，即蝗子，但它被汉代董仲舒指认为蝻，而蝗卵一词首次为清代李炜在《捕除蝗蝻要法三种》中记载。而真正记载飞蝗生活史的论述应始于唐朝，瞿昙悉达《唐开元占经·蝗虫》记载："石勒十四年五月，飞蝗穿地而生，二十日化如蚕，七八日而卧，四日脱则飞。"在此，对此文略加解释："飞蝗穿地而生"，应

指飞蝗产卵于土中；"二十日化如蚕"，应指飞蝗卵在土中经过二十日便孵化为蝗蝻；"七八日而卧"，应指蝗蝻七八日脱皮一次；"四日脱则飞"，此处的"日"可能有误，如将日改成次，那便是蝗蝻经过四次脱皮，即羽化为成虫而飞了。从以上记述和分析可知，此飞蝗应为秋蝗，此记述完全符合当今飞蝗秋蝗的生活史，只是秋蝗产卵的时间略早。以后记载蝗虫生活史的文章就更多了。明代徐光启《除蝗疏》曰："蝗初生如粟米。数日旋大如蝇，能跳跃群行，是名为蝻。又数日即群飞，是名为蝗。……又数日孕子于地矣，地下之子，十八日复为蝻，蝻复为蝗。如此传生害之所以广也。"清代顾彦《治蝗全法》曰："母蝗下子入土，卵生者，初皆名蝻。小如蚁，又如蚕，色微黄。数日即大如蝇，色黑。群行能跳。又数日即有翅能飞，色黄，是名为蝗。性热，好淫，能飞即每午辄媾，媾即生子。夏日气热，十八日或二十日即又成蝻，蝻又成蝗。循环不穷，故蝗多而害大。"清代陈崇砥《治蝗疏》记载："未出为子，既出为蝻，长翅为蝗。"古籍文献中对蝗虫的世代数也有记载。《捕蝗要诀》明确记载："蝗生于夏者，本年既出；生于秋者，患延来年。"又曰："如久旱竟至三次。"古籍文献中对蝗虫生活史记述最为详尽的应为王仁术《捕蝗意见书》存附录朱珩《捕蝗示谕》一文，现摘录如下并略加分析。

> 蝗卵之孵化也，谓之蝻子。初为淡灰色，渐变暗色，次变灰黑色，体长二分余，举动活泼，一跃寸余，已能板草食叶。七日至十日后仍在原地蠕动，不敢远行。又六七日，全身益带暗色，潜身草际，且不欲食，是将脱皮时矣。其脱皮时也，以后脚倒悬草叶约数十分钟时，头背上部破裂，皮即脱焉。历十数小时而脱毕，其体长四分许，颈项作淡黄色、褐色，背两侧成黑色，翅壮益猖獗，食尽青草即群飞，向一定方位而迁。又七八日再脱皮如前，其色愈浓，其体长八分。又七八日三脱皮如前，体长一寸三分余，其色同前。此时食量最强，逐青而行，所过日为之蔽，土为之赤。又七八日四脱皮如前，上翅下翅皆全。其上翅狭长，面有灰色斑纹，下翅甚广而透明，能飞翔至十数里，惟日正午时即不甚飞。云又七日至十日即交合。其交合也，雄驾雌背以尾相接，恒至半日或一日始罢，此时更无食欲。又三四日，雌蝗以尾端穿地寸许而产黄色卵于其中。

此文对飞蝗生活史的记述甚为仔细，但不足之处是对二龄蝗蝻的脱皮没有观察到，记述三龄蝗蝻用了"群飞"二字，甚为不妥，此时尚为蝗蝻，绝不可能群飞。由五龄蝻羽化为成虫，此用"脱皮"稍有不妥。

二、蝗虫产卵以及对产卵地的选择

飞蝗交配后，约经一周，便开始产卵。飞蝗产卵对土壤的硬度、湿度等均有一定的要求。当雌性成虫钻洞完成后，即将卵粒产入卵室内，然后将腹部拔出，用后足扒土，将卵囊上部的孔窍封闭。蝗虫的这些习性，古籍文献多有记载。

记载蝗虫产卵的文献，晋代时已有。316年6月，"河朔大蝗，初穿地而生"（《晋书·石勒载记上》），即指蝗虫产卵于土中。唐代瞿昙悉达《唐开元占经》也有"飞蝗穿地而生"之句。明代徐光启《除蝗疏》对蝗虫产卵习性有着十分准确的记述："蝗之所生，必择大泽之涯。"又曰："蝗虫下子，必择坚垎黑土高亢之处，用尾锥入土中下子，深不及一寸，乃留孔窍，且同生而群飞群食，其下子必同时同地，势如蜂窝。"两种记述似有矛盾，其实不然。在这两种环境中，蝗虫均可产卵。前者为解释蝗灾大发生提供了很好的依据。蝗虫产卵于大泽之涯，如遇干旱，水不及故岸，蝗卵孵化，蝗灾形成；如遇多雨，水将产卵地淹没，蝗卵不能孵化，蝗灾不能形成。

清代的众多治蝗专著对蝗虫产卵以及产卵场地的选择均有一些记载。陈仅《捕蝗汇编》记载："蝗至生翅能飞，腹中子已盈满，不得不下。其性喜燥恶湿，下子多在山脚土岗坚垎黑土高亢之地，以尾锥入，深不及寸，一生九十九子。盖蝗性群飞群食，生子亦同时同地，故地上必有数孔窍如蜂房，易寻觅也。一说蝗至无高阜处间，于低洼湖滩之干，实土中生子。"顾彦《治蝗全法》记载："其生子也，必择坚硬黑土地方高燥之处，以尾锥入土中，深八九分，生子十余。……即将尾抽出，外仍留洞，形如蜂巢或土微高起。盖因蝗性好群，群飞群食，亦群生子，故其生子之地形如蜂巢。如遇物塞其洞，或人踏平其洞，则洞中之子有生气上升，故其土微高起，是以蝗如生之处，人皆易于寻觅。凡欲掘除蝗种者，法须齐集多人，分定地段，携带锄钯，四出巡视。凡见地上有无数小洞，形如蜂巢，及土微高起处，上年蝗集处，其土中皆有蝗种。（或深寸许，或深三四寸、五六寸不等。其土皆暖，炙手可热）"李炜《捕除蝗蝻要法三种·搜挖蝗子章程》记载："飞蝗多已孕子，故停落即生。其生子必以尾插入土中，深约寸许，上留孔窍。形类蜂窝，较蚁洞略小。凡蝗落之处，陇首地畔及左右空地俱有，最易寻觅。（古说必系高亢垆黑之地，亦不尽然）"又《除蝻八要》记载："如山地之有荒坡，原地之有陡坎，滩地之有马厂，坟地之有陵墓、义园、宦冢、祖茔，皆为蝻子渊薮。"

上述记载虽不能概括蝗虫产卵及其产卵场所的全部内容，但也可知其大概。古人有此记载，实属不易。

三、飞蝗的聚集、扩散与迁飞

(一) 飞蝗的聚集

飞蝗不仅蝻与成虫有聚集的习性,而且卵也有聚集的习性。蝗卵的聚集,当然不可能是由它们自身决定的,而是由产卵的成虫决定的,这在我国古籍文献中早有记载。徐光启《农政全书》指出:"能跳跃群行是名为蝻。又数日即群飞,是名为蝗。"又:"蝗虫下子……仍留孔窍,且同生而群飞群食,其下子必同时同地。"徐光启的上述论述,正是蝗虫成虫、蝻、卵均有聚集习性的概括性解释。记载蝗虫聚集习性的文献,在周朝时就已出现。《诗经·周南·螽斯》曰:"螽斯羽,诜诜兮,宜尔子孙,振振兮。螽斯羽,薨薨兮,宜尔子孙,绳绳兮。螽斯羽,揖揖兮,宜尔子孙,蛰蛰兮。"文中的螽斯应为飞蝗。诜诜,众多也,羽翼未成而比聚之貌;振振,舒翼欲飞;薨薨,羽成群飞声,言其飞之众;绳绳,不绝也;揖揖,敛羽下集貌,会聚也;蛰蛰,安息也。通过对上述诗文解释,我们可以看出,诗文描绘了飞蝗、蝻、成虫的聚集。至于成虫有无迁飞,从其描述看,成虫是在天上群飞,又在地上群聚,可以释为飞翔,也可释为迁飞。飞翔是指飞蝗成虫在羽化以后作规模较小、距离较短、在原生活区域的飞行活动;而迁飞则是指飞蝗从甲地飞到乙地,进行几十公里或几百公里的大规模成群飞翔。由此看来,上述飞行是飞翔还是迁飞难以肯定。记载蝗虫聚集的文献甚多。蝗虫聚集总与蝗灾相伴而行,与防治蝗虫相关的聚集记载也十分丰富。汉代王充《论衡》卷一五《顺鼓篇》:"蝗虫时至,或飞或集,所集之地,谷草枯索。吏卒部民堑道作坎,榜驱内于堑坎,杷蝗积聚以千斛数,正攻蝗之身,蝗犹不止。"在清代的众多治蝗专著中,根据蝗虫的聚集习性探讨蝗虫防治的论述甚多。下面摘录的是陈仅《捕蝗汇编·相时捕蝗法》的相关记述:

> 捕蝗每日惟有三时五更至黎明,蝗聚禾稍,露浸翅重,不能飞起,此时扑捕为上策。又午间交对不飞,日落时蝗聚不飞。捕之皆不可失时,否则无功。
>
> 蝗初生,翅尚软弱,不能奋飞。即翅硬之蝗,遇太阳高,亦多潜伏草根,此时正须急捕。一说蝗蝻夜间身翅沾露,必于卯辰二时群出大路或地头,向太阳晒翅,此时捕捉亦较易。
>
> 蝗蝻之性最喜向阳,辰东午南暮西,按向逐去,各顺其性,方易有功,否则乱行,多费人力,剿除无序,反致蔓延。
>
> 蝗性见火即扑,应于陇首隙地多掘深壕,三更后,壕内积薪举火,蝗俱扑入,趁势扫捕,可以尽歼。虽日间捕扑已净之地,恐有零星散匿,难搜寻,夜间再用此法,始可净绝根株。

（二）飞蝗的扩散、迁飞

蝗蝻的扩散多是以跳跃、爬行的方式完成，很少用结球渡水的形式进行。顾彦在《治蝗全法》中指出："蝗种在地，初出为蝻，形如蝼蚁，只能行动，不能跳跃。所生地面，不过如拳头大……至能跳跃，蔓延宽广，则难灭矣。"成虫的扩散多是以迁飞的方式进行的。关于飞蝗迁飞始于何时，陈永林、章义和认为：蝗虫的迁飞记载始于公元前243年，即《史记·秦始皇本纪》记载的始皇四年"十月庚寅，蝗虫从东方来，蔽天。天下疫。"笔者认为，关于蝗虫迁飞的记载，虽不能肯定始于西周时代，但肯定始于公元前624年，即《春秋》所记载的"雨螽于宋"的春秋时代。"雨螽于宋"是否就是飞蝗的迁飞？将其与《史记》对蝗迁飞的记载作一比较就可知道。前者"蝗"指飞蝗，后者"螽，蝗也"，也应指飞蝗。雨螽与蝗蔽天应同义，雨螽也应指飞蝗。前者从东方来，落于咸阳（或在咸阳看到），后者从不知名的地方来，降落于商丘，但绝不是从商丘起飞又降落于商丘，因商丘城绝不是适宜飞蝗繁殖之地。《史记》所载蝗从东方来是迁飞，而"雨螽于宋"为什么不能是迁飞呢？郭郛认为"雨螽于宋"应是关于飞蝗迁飞的记载。

我们将飞蝗成虫在羽化以后作规模较小、距离较短、在原来生活区域的飞行活动叫作飞翔，而将飞蝗从甲地飞到乙地，进行几十公里或几百公里的大规模成群飞翔叫作迁飞。迁飞实际是连续性长距离、长时间的飞翔。飞蝗迁飞主要寻找适宜的生活场所或产卵场所等。飞蝗飞翔主要以碳水化合物为能源，而迁飞主要以脂肪为能源。飞蝗的飞翔在产卵前后进行，而飞蝗迁飞在产卵之前，特别是在卵巢发育成熟之前进行。飞蝗飞翔和迁飞的异同比较见下表：

表5-1　飞蝗的飞翔和迁飞比较

比较项目	飞翔	迁飞
距离	几米或几百米	几十公里或几百公里
时间	几分钟	几小时
规模	小规模短暂飞行	大规模连续飞行
区域范围	在原来生活区域	离开原来生活区域向另外生活区域飞行
单个或合群	单个或几个个体	成群飞行
两性活动	一性或两性分开活动	两性同时、同方向飞行
与交配—产卵关系	交配前后，产卵前后	交配前、卵巢发育成熟前
能源	主要为碳水化合物	主要为脂肪
世代表现	每一世代每一成虫个体皆能飞翔	不一定每一世代每一成虫进行迁飞

《论衡·状留篇》对亚洲飞蝗的迁飞作了略有夸张的记述："蝗虫之飞，能至万里。"亚洲飞蝗能飞多远，现仍是一个研究课题。据尤其儆等研究，远者约有 40 公里；据章义和记载，每天可飞行 100—468 公里。亚洲飞蝗在迁飞过程中，能否在降落后再次起飞呢？如能在降落后再次起飞，那迁飞距离就会大大增加。古籍文献记载，西汉太初元年（公元前 104 年）秋八月，"蝗从东方飞至敦煌"。东方含义不清，如指山东，其迁飞距离约有 2000 公里；如指嘉峪关以东，其迁飞距离仅 300 余公里。东汉建武三十年（54 年），"蝗起泰山郡西南，过陈留、河南、遂入夷狄所集乡县"。从此记载看，此次蝗虫迁飞距离约为 1000 公里。由东向西迁飞，古籍文献所记载最西到达敦煌。Waloff（1940）记载，飞蝗一个世代可迁飞 2575 公里。由此看来，亚洲飞蝗"能至万里"是有些夸张，但迁飞距离达几千公里应是没有问题。《论衡》在论述亚洲飞蝗迁飞方面应是有所贡献的。

有关蝗虫迁飞的记载历代均有，春秋战国有"雨螽于宋"，秦有"蝗虫从东方来"，以后各代记载蝗虫迁飞的事例就更为丰富。下面举例说明。

公元前 104 年（西汉太初元年）：

八月……蝗从东方飞至敦煌。（《汉书·武帝纪》）

22 年（新莽地皇三年）：

关东灵宝，人相食，蝗自东向西飞，蔽天。（清顺治《阌乡县志》）

97 年（东汉永元九年）：

秋七月，蝗虫飞过京师。（《后汉书·和殇帝纪》）

391 年（晋太元十六年）：

五月，飞蝗从南来，集堂邑县界，害禾稼。（《晋书·五行志下》）

557 年（北齐天保八年）：

自夏至九月，河北六州，河南十二州，畿内八郡大蝗。是月飞至京师，蔽日，声如风雨。（《北齐书·文宣帝纪》）

784 年（唐兴元元年）：

秋，关辅大蝗，田稼食尽，百姓饥，捕蝗为食。（《旧唐书·五行志》）

785 年（唐贞元元年）：

夏蝗，东自海，西尽河陇，群飞蔽天，旬日不息，所至草木叶及畜毛，靡有孑遗，饿殍枕道。

928 年（五代后唐天成三年）：

夏六月，吴越大旱，有蝗蔽日而飞，尽为之黑，庭户衣帐悉充塞。（《十国春秋》）

942 年（五代后晋天福七年）：

六月，大蝗，自淮北蔽空而至。（《南唐书·列祖本纪》）

992年（北宋淳化三年）：

〔六月〕甲申，飞蝗自东北来，蔽天，经西南而去。是夕大雨，蝗尽死。……秋七月……许、汝、兖、单、沧、蔡、齐、贝八州蝗。（《宋史·太宗二》）

六月甲申，京师有蝗起东北趋至西南，蔽空，如云翳日。七月，真、许、沧、沂、蔡、汝、商、兖、单等州，淮阳军、平定、彭城军，蝗蛾抱草自死。（《宋史·五行志》）

1016年（北宋大中祥符九年）：

六月，京畿、京东西、河北路蝗蝻继生，弥覆郊野，食民田殆尽，入公私庐舍。七月辛亥，过京师，群飞翳空，延至江淮，南趋河东，及霜寒始死。（《宋史·五行志》）

1157年（金正隆二年）：

六月壬辰，蝗飞入京师。秋，中都、山东、河东蝗。（《金史·五行志》）

1216年（金贞祐四年）：

夏四月……河南、陕西蝗。〔五月〕甲寅，凤翔及华、汝等州蝗。……六月丁未，河南大蝗，伤稼，遣官分道捕之。……七月癸丑……飞蝗过京师。（《金史·宣宗上》）

1163年（南宋隆兴元年）：

七月，大蝗。八月壬申、癸酉，飞蝗过都，蔽天日。徽、宣、湖三州及浙东郡县，害稼。京东大蝗，襄、隋尤甚，民为乏食。（《宋史·五行志》）

1209年（南宋嘉定二年）：

浙西诸县大蝗，自丹阳入武进，若烟雾蔽天，其堕亘十余里，常之三县捕八千余石，湖之长兴捕百石。时浙东近郡亦蝗。（《宋史·五行志》）

1359年（元至正十九年）：

〔五月〕山东、河南、关中等处蝗飞蔽天，人马不能行，所落沟堑尽平。……八月乙卯，蝗自河北飞渡汴梁，食田禾一空。（《元史·顺帝八》）

1485年（明成化二十一年）：

大旱，飞蝗兼至，人皆相食。流亡者大半，时饥民啸聚山林。太平县蝗，群飞蔽天，禾穗树叶食之殆尽，民悉转壑。是年，垣曲县民流亡大半，啸聚山林。（明嘉靖《垣曲县志》）

1647年（清顺治四年）：

六月，益都、定陶旱，蝗，介休蝗，山阳、商州雹，蝗。七月，太谷、祁县、徐沟、岢岚蝗；静乐飞蝗蔽天，食禾殆尽；定襄蝗，坠地尺许；古州、武乡、陵州、辽州、大同蝗；广灵、潞安蝗；长治飞蝗蔽天，集树折枝；灵石飞蝗蔽天，杀稼殆尽。八月，宝鸡蝗，延安蝗，榆林蝗，泾州、庄浪等处蝗。九月，交河蝗，落地积尺许。（《清史稿·灾异志》）

1672年（清康熙十一年）：

五月，平度、益都飞蝗蔽天，行唐、南宫、冀州蝗。六月，长治、邹县、邢台、东安、

文安、广平蝗，定州、东平、南乐蝗。七月，黎城、芮城蝗，昌邑蝗飞蔽天。莘县、临清、解州、冠县、沂水、日照、定陶、菏泽蝗。(《清史稿·灾异志》)

四、飞蝗的食量与食性

蝗虫是暴食性昆虫，食量极大。徐光启《农政全书》曰："〔蝗〕所止之处，喙不停啮，故《易林》名为饥虫也。"蝗虫所过之处，常常"草木皆尽"，"赤地千里"。蝗虫取食植物，并非全部吃掉，常常是在摄取水分后，将其固体部分吐掉，并不全部吞入胃中。如此，蝗虫对农作物为害就更为严重了。

蝗虫又是杂食性昆虫，但对植物也有比较喜食和不喜食的区分。《后汉书·安帝纪》记载：永初七年八月，"蝗伤稼"。《晋书·五行志》记载：晋太兴元年，"蝗虫纵广三百里，害苗稼"；晋太和十六年，"飞蝗害禾稼"。《魏书·灵征志》记载："高祖太和五年七月，敦煌镇蝗，秋稼略尽。"《新唐书·五行志》记载："永淳元年三月，京畿蝗，无麦苗。"段成式《酉阳杂俎·广动植之一》记载："开元中，贝州蝗虫食禾。"《捕蝗要诀》记载：蝗"喜食高粱、谷、稗之类"。《治蝗全法》记载："蝗止于芦苇、五谷之处。"这都说明，蝗虫喜食麦、稻、高粱及黍、稗等禾本科植物。

蝗虫不喜食的作物，古籍文献也有记载。《晋书·石勒上》记载："百草，唯不食三豆及麻。"《农书》记载：蝗"独不食芋、桑及水中菱芡"。《农政全书·荒政》记载："或言不食菉豆、豌豆、豇豆、大麻、苘麻、芝麻、薯蓣。"《捕蝗要诀》记载："黑豆、芝麻等物或叶味苦涩，或甲厚有毛，皆不能食。"

五、飞蝗的孤雌生殖

飞蝗的孤雌生殖现象在非洲飞蝗、亚洲飞蝗中均有报道。在我国，郭郛经两年四次实验证明，东亚飞蝗（据康乐的研究应为亚洲飞蝗）有孤雌生殖现象，并于1956年在《昆虫学报》上发表。笔者在查阅古籍文献时发现王仁术《捕蝗意见书》附录朱珩《捕蝗示瑜》中也记述了飞蝗的孤雌生殖现象："又有名为胎生蝗者，春时由孵化，及其长大不交，而胎生多子。胎生子长大又不交，而胎生多子。至秋则雌虫生翅，始与雄交产卵。"此记载很简单，但较郭郛的报道早了半个多世纪。郭郛的报道虽晚，但甚为详尽。郭郛指出："孤雌生殖的雌性成虫虽然平均产卵率和平均孵化率均低，但孵化的蝗蝻皆为雌性，而且其生长发育、脱皮、羽化等均正常，幼蝻的体型、体色以及某些行为可随种群密度的不同而有所差异。雌性羽化并性成熟后，不仅可与雄性成虫交配并产卵，还可以继续进行孤雌生殖。"王仁术的治蝗活动都集中在中原地区。传统分类观点认为，此区域的飞蝗应为东亚飞蝗。王仁术所报道的飞蝗孤雌生殖现象的飞蝗显然也属东亚飞蝗。但如果按康乐对飞蝗分类的观点，他们所报

道的飞蝗均应为亚洲飞蝗。

六、飞蝗的型变

飞蝗有散居型、群居型和过渡型。俄国的 Keppen（1870）首先发现飞蝗有两种形态学上的不稳定形式，并认为可以相互转变。其后 Uvorov（1921）对飞蝗的变型问题进行过深入研究。飞蝗两型的体色明显不同，群居型成虫一般多呈黑褐色，散居型成虫一般为草绿色或黄褐色。飞蝗两型的体型、生活习性、生理特点等均有明显的差异。在 Uvorov（1921）提出蝗虫变型理论之前，飞蝗的群居型和散居型分别被其他学者鉴定为两个不同的蝗虫物种，即 *Locusta migratioria* 和 *Locusta danica*。由此可见，两型之间差异很大。在蝗虫密度发生变化时，这两种相型可以相互转变，这一现象被称之为型变。引起型变的因素有外界因素和内部因素，是内在因子在外界因子的刺激作用下发生的一系列生理变化的改变，使蝗蝻个体朝着不同的方向发展，从而形成不同的相型。影响蝗虫两型转变的外在因子主要有飞蝗的密度、温湿度、光照、食物等。在自然条件下，当蝗虫在高密度下，如10—50头/平方米，或者更高的密度下，易形成群居型；在1—3头/平方米，以下，蝗虫容易以散居型的形式存在。最近石旺鹏等发现微孢子可使飞蝗由群居型向散居型转变，这一发现为利用微孢子防治飞蝗奠定了理论基础。我国古代对飞蝗的体色也进行过一些观察和报道。王充《论衡》在批驳变复之家时，对亚洲飞蝗作了详尽的记述："变复之家，谓虫食谷者，部吏所致也。贪则侵渔，故虫食谷。身黑头赤，则谓武官；头黑身赤，则谓文官。使加罚于虫所象类之吏，则虫灭息，不复见矣。夫头赤则谓武吏，头黑则谓文吏所致也。时或头赤身白，头黑身黄，或头身皆黄，或头身皆青，或皆白若鱼肉之虫，应何官吏？……蝗时至，蔽天如雨，集地食物，不择谷草。察其头身，象类何吏？变复之家，谓蝗何应？"蝗虫上述种种体色，应为散居型或群居型的体色，遗憾的是本文未能将散居型和群居型的体色分清。"蝗时至……察其头身……"，意即仔细观察飞蝗两型的体色，看则明，即可知群居型和散居型的体色。遗憾的是无人这样做，错过了发现飞蝗两型的大好时机。不过，在东汉时，王充能做到这一点已属不易，其文官蝗、武官蝗的提法也多被后人引用。1914年，王仁术《捕蝗意见书》附录朱珩《捕蝗示谕》指出：三龄蝻时，蝻的颈项作淡黄色、褐色，背两侧成黑色，而四龄蝻时愈浓。这是典型的群居型蝗蝻，但朱珩的这一发现无人理睬。

当代郭郛（1952、1956）、马世骏（1958、1965）、高慰曾（1964）、陈永林（1979、1981）等对飞蝗两型也作过一些研究，但对飞蝗型变研究最深入、走在世界前列的应为当今的康乐。现将他的团队的研究成果作一简介。康乐在《飞蝗型变的生态基因组学研究》中介绍道：

我们实验室以飞蝗为研究的模式系统，通过多种研究手段的集合，从多个层次揭示了飞蝗两型转变的分子机理，为蝗灾的控制提供了重要的理论依据。我们首先构建了散居型和群居型飞蝗三个组织（脑、中肠、后足）和一个整体共计7个cDNA文库，测序获得45474个ESTs（exression sequences tags, 表达序列标签）和12161个Unigenes。发现532个与飞蝗型变相关的基因，其中包括肽酶、保幼激素绑定蛋白、携氧蛋白以及一些与生长发育相关的基因。这些分析表明应有多种调控途径参与了型的表型可塑性（Kang et al. 2004），同时建立了飞蝗第一个转录组关系型数据库（LocustDB）。数据库提供了飞蝗EST序列的功能注释信息和信号途径分析信息（Ma et al. 2006）。还提供了飞蝗的转录组数据与家蚕、蜜蜂、果蝇、按蚊以及线虫的全基因组序列比较分析信息（http：//locustdb. genomics. org. cn）。在此基础上，我们研制了飞蝗的寡核苷酸芯片（oligo-nucleitide micrroarray），为更广泛地研究蝗虫的基因转录和表达提供了实验平台。最近，我们又将飞蝗型变的研究拓展到转录组和表观遗传学领域。我们应用新一代高通量测序技术RNA-seq和De novo组装的转录组方法，首次获得了飞蝗有代表性的核心基因集合，实现了对昆虫保守基因和飞蝗基因组成的高度覆盖。我们系统比较了发育过程中群、散两型的转录组，首次发现了发育过程中两型的分化模式，筛选了242条两型标记基因。由于两型表达差异最大的发育阶段是第四龄期，结合四龄蝗深度测序，我们首次发现了分子水平上群居型和散居型生物投资的不同：群居型在感知、处理环境信号相关的通路上更为活跃，而散居型在代谢、生物合成等维持生存相关的通路上更为活跃。我们还构建了飞蝗两型的分子网络的框架，提出了飞蝗应对种群密度压力的机制；飞蝗通过调节神经递质的活性应对种群密度压力，以GPCR信号通路为中心的信号转到网络参与了这个过程（Chen et al. 2010）。飞蝗两型的转变也表现出明显的表观遗传特征，我们发现飞蝗两型间small RNA的转录差别很大，最大的差异是在27bp左右的small RNA的转录。一些保守的和特有的miRNA涉及飞蝗型变的调控（Wei et al. 2009），同时鉴定了大量飞蝗特有的small RNA。我们还发展了一种不依赖基因组数据的鉴定micro RNA和piRNA的方法，发现27bp左右的small RNA主要属于piRNA，说明两型飞蝗在small RNA的表达差异主要在piRNA，这可能为解释飞蝗两型生殖力差异提供了重要的线索（Wei et al. 2009；Zhang et al. 2011）。我们发展的不依赖基因组数据来鉴定非模式生物的microRNA和piRNA的新方法具有广泛的价值。

热激蛋白家族基因被认为是生物应对环境变化的分子伴侣，通过基因表达分析发现热激蛋白家族参与了型变的过程。在群居化条件下，热激蛋白家族总体上调，

在散居化条件下相反，这种变化可随种群密度的改变而发生改变。这项研究说明，群居型飞蝗处于一种种群胁迫状态，热激蛋白家族参与调控飞蝗的型变（Wang et al. 2007）。另外，我们还发现一类与环境适应和应激有关的逆转座酶基因，在飞蝗散居型和群居型之间也表现出差异表达。进一步的分析表明，这些基因属于I因子家族，而且两型之间的差异主要在神经系统中。这表明逆转座酶基因可能参与了飞蝗型变过程的神经可塑性调控表达（Wang et al. 2010）。我们利用自主研发的飞蝗寡核苷酸DNA芯片，检测了四龄蝗蝻在散居化和群居化时间过程的基因表达谱，筛选到900多条差异表达基因。经过进一步的生物信息学分析，富集到两类嗅觉相关的基因（CSP和takeout）在所有的基因类别中所占比重最大。RT-PCR实验证明，这些基因在蝗虫主要嗅觉器官——触角里表达量最高，并且和型变时间过程密切相关。最后，RNAi干扰实验表明，这两类基因参与了飞蝗散居型和群居型吸引和排斥行为转变的调控（Guom et al. 2011）。这一工作第一次阐明了调控飞蝗群聚行为的分子机制。最近，我们利用飞蝗寡核苷酸DNA芯片研究了飞蝗两型不同发育阶段的转录特点，发现两型四龄蝗蝻间转录差异最大。生物信息学分析证明，多巴胺代谢途径在飞蝗群居型中稳定地高表达。基因沉默技术（RNAi）和药物干扰证明，这个代谢途径中的henna, pale, ebony和vatl调控了飞蝗两型的转变和体色的改变。作为神经递质的多巴胺和五羟色胺在型变的过程中也起重要作用（Ma et al.）。而且，飞蝗从散居型向群居型转变的过程比较缓慢，这一特点与沙漠蝗和澳大利亚蝗明显不同。

近来，康乐团队对"飞蝗基因图谱"这一巨大工程的完成，为医药、农药的开发奠定了坚实的理论基础。

对飞蝗生物学，郭郛等作了系统的总结，有关内容见《中国飞蝗生物学》一书各有关章节。

第六章　蝗灾的治理

蝗虫是世界性的大害虫之一，它曾给人类带来过无数的灾难。为了应对它的危害，人们动用了各种方法，取得了一些不错的成果。

第一节　治蝗律令

治蝗律令应包括有关治蝗工作的命令和法规，前者一般是针对具体问题而发布的命令，后者应是有关治蝗工作的较为全面的规章制度。

在律令发布之前，蝗虫的防治工作早已开始，但实践证明，分散而小规模的治蝗，其效果并不佳。由于蝗灾的发生，轻则影响人民的生活，重则危害社会安定，所以历史上的一些统治者，出于对自身利益的维护，对蝗灾的治理有时也是比较重视的，还发布过一些命令，颁布过一些法规。

古籍文献中首次记载的治蝗律令，应出现于公元前243年。《史记·秦始皇本纪》记载：始皇四年"十月庚寅，蝗虫从东方来，蔽天，天下疫。百姓纳粟千石，拜爵一级。"此记载文简意赅，虽非专门论述治蝗的命令，但已明确提及奖励治理蝗灾的办法。类似的记载甚多，现按朝代顺序简介如下。

《汉书·平帝纪》记载：是年（公元2年）"郡国大旱，蝗，青州尤甚，民流亡。……遣使者捕蝗，民捕蝗诣吏，以石斗受钱"。又《王莽传下》记载：地皇二年（21年）秋，"陨霜杀菽，关东大饥，蝗。……〔三年〕夏，蝗从东方来，蜚蔽天，至长安，入未央宫，缘殿阁。莽发吏民设购赏捕击"。《后汉书·光武帝纪下》记载：汉光武帝建武六年（30年）"春正月辛酉，诏曰：'往岁水、旱、蝗虫为灾，谷价腾跃，人用困乏。朕惟百姓无以自赡，恻然愍之。其命郡国有谷者，给禀高年、鳏、寡、孤、独及笃癃、无家属、贫不能自存者，如《律》。二千石勉加循抚，无令失职。'"《新唐书·姚崇传》记载："汉光武帝诏曰：'勉顺时政，劝督农桑，去彼蝗蜮，以及蟊贼。'此并除蝗谊也。"《后汉书·和殇帝纪》记载：永元八年（96年）"九月，京师蝗，吏民言事者，多归责有司。诏曰：'蝗虫之异，殆不虚生。

万方有罪，在予一人。而言事者专咎自下，非助我者也。'"

《资治通鉴·晋纪》记载：孝武帝太元七年（382年），"幽州蝗生，广袤千里。秦王〔苻〕坚使散骑常侍彭城刘兰以幽、冀、青、并民扑除之"。《南史·范泰传》记载："其年秋，旱，蝗。又上表言：'有蝗之处，县官多课人捕之，无益于枯苗，有伤于杀害。'"《北齐书·文宣帝纪》记载：天保九年（558年），"山东大蝗，差人夫捕而坑之"。

唐相姚崇力主治蝗，取得胜利，于开元四年（716年）"敕委使者，详查州县勤惰者，各以名闻"。《旧唐书·文宗纪下》记载：开成二年（837年）七月"乙酉，以蝗、旱，诏诸司疏决系囚。乙丑，遣使下诸道巡复蝗虫"。

由于鸟类对蝗灾有一定的控制作用，统治者也曾下令予以保护。《新五代史·汉本纪》记载："鸲鹆食蝗，丙辰禁捕鸲鹆。"《旧五代史·五行志》记载："敕禁罗弋鸜鹆，以其有吞蝗之异也。"又："晋天福七年四月，山东、河南、关西诸郡，蝗害稼。至八年四月，天下诸州飞蝗害田，食草木叶皆尽，诏州县长吏捕蝗。华州节度使杨彦询、雍州节度使赵莹，命百姓捕蝗一斗，以禄粟一斗偿之。"次年夏四月，"供奉官张福率威顺军捕蝗于陈州。……癸亥，供奉官七人帅奉国军捕蝗于京畿。甲辰，供奉官李汉超帅奉军捕蝗于京畿。八月丁未朔，募民捕蝗，易以粟。"又《晋书·少帝纪一》记载：天福八年（943年）四月，"河南、河北、关西诸州旱，蝗，分命使臣捕之。……仍遣诸司使梁进超等七人分往开封府界捕之。"又《旧五代史·汉书·隐帝纪中》记载：乾祐二年（949年）六月，"开封府滑、曹等州蝗甚，遣使捕之"。《旧五代史·汉书·刘铢传》记载："乾祐中，淄、青大蝗，铢下令捕蝗，略无遗漏，田苗无害。"

真正的治蝗法规应始于宋朝。宋神宗熙宁八年（1075年）颁布的"捕蝗易谷诏"（即"熙宁诏书"）应是我国也是世界上第一部治蝗法规。李焘《续资治通鉴长编·神宗》对此部治蝗法规予以记载：

> 诏有蝗处，委县令佐亲部夫打扑。如地里广阔，分差通判，职官、监司、提举，仍募人得蝻五升或蝗一斗，给细色谷一升；蝗种一升，给粗色谷二升。给价钱者，依中等实直。仍委官视烧瘗，监司差官覆按以闻。即因穿掘打扑损苗种者，除其税，仍计价，官给地主钱数毋过一顷。

此诏书，宋代董煟《救荒活民书》中予以引录，但个别字稍有不同。

宋哲宗元符元年（1098年）十一月，户部所厘定的《捕蝗法》得到哲宗批准而颁布施行。此"捕蝗法"内容如下：

有蝗处地主〔报〕本耆，若在官田或山野滩岸之类者，地邻报本耆，尽时申县，令佐当日亲诸地头，差人打扑。邻县界至不明者，两县官同。如田段广阔者，募职官、通判分行提举，亦许募人捕取，当官交纳。每虫子一升，官〔给〕细色谷二升，蛹虫五升或飞蝗一斗，各给一升。蝗蛹子多易得处，各减半给。如给粗色谷，并依仓例细折，或给中等实值价钱，仍预先量数支钱斛，付随近寺观，或与有力户就便博易给散。令佐往来点检烧埋，候尽净，转运于别州，差官覆检讫奏。开封府界止差别县官。其蝗蛹稍多去处，即监司分定地分巡检，往来督责官吏，寅夜并手打扑尽净，仍躬亲视，闻奏讫，方得归司，更不差别州官覆检。即蝗初生，而本耆及地主邻人合告而同隐蔽不言者，各杖一百。许人告，每亩赏钱一贯，至五十贯止。

宋孝宗淳熙九年（1182年），临安等地大蝗，朝廷颁布"淳熙敕"。董煟在《救荒活民书·拾遗》中引录了这道敕令：

　　诸虫蝗初生，若飞落，地主邻人隐蔽不言、耆保不即时申举扑除者，各杖一百，许人告报。当职官承报不受理，及受理而不亲临扑除，或扑除未尽而妄申尽净者，各加二等。诸官私荒田（牧地同）经飞蝗往落处，令佐应差募人取掘虫子，而取不尽，因致次年发生者，杖一百。诸虫蝗生发飞落及遗子，而扑掘不尽，致再发生者，地主、耆保各杖一百。诸给散扑虫蝗谷而减克者，论如吏人乡书手揽纳税受乞财物法。诸系公人因扑掘虫蝗，乞取人户财物者，论如重禄公人因职受乞法。诸令佐遇有虫蝗生发，虽已差出而不离本界者，若缘虫蝗论罪，并依次在任法。

　　《康济录》及《续资治通鉴·宋纪》以"定诸州官捕蝗赏罚"为题引录，并有所补充："因穿掘打扑损苗种者，除其税，仍计价官给地主钱数毋过一顷。"
　　宋朝的这三部治蝗法规，以"熙宁诏"、"淳熙敕"为人所知，前者重奖励，后者重惩处，二法规如相互补充，应是一部十分完整的治蝗法规。陈永林认为，在"熙宁诏"前，还应有一部治蝗法规，其理由为：《欧阳文忠公文集》中《答朱寀捕蝗诗》（1042年）的诗句："官书立法空太峻，吏愚畏罚反自欺。盖藏十不敢申一，上心虽恻何由知？……官钱二十买一斗，示以明信民争驰"，所记载的应是一部治蝗法规的部分内容。早于陈永林25年，邹树文也有此论断，其依据同为《答朱寀捕蝗诗》。早于"熙宁诏"3年（1072年）的《续资治通鉴长编》有言："御史张高英，言判刑部王庭筠，立法应蝗蛹为害须捕尽。"由此推测，在"熙宁诏"前，确实还有一部治蝗法规。

在宋朝，除制定了上述治蝗法规外，还发布了一些有关治蝗的命令。《宋史·真宗纪三》记载：天禧元年五月，"诸路蝗食苗，诏遣内臣分捕，仍命使安抚"。又《仁宗本纪二》记载：景祐元年，"诏募民掘蝗种，给菽米"。又《神宗纪二》记载：熙宁七年七月，"癸亥，诏河北两路捕蝗。又诏开封、淮南提点、提举、司检覆蝗、旱。〔十年三月〕壬申，诏州县捕蝗"。又《神宗纪三》记载：元丰四年，"六月戊午，河北诸郡蝗生。癸未，命提点开封府界诸县公事杨景略、提举开封府界常平等事王得臣，督诸县捕蝗"。又《孝宗纪三》记载：淳熙"十年正月丁丑，以给事中施师点签书枢密院事。命州县掘蝗"。淳熙十四年七月"丙辰，命临安府捕蝗。……辛丑，申命州县捕蝗"。又《宁宗纪三》记载："夏四月乙丑，诏诸路监司督州县捕蝗。……辛丑，申命州县捕蝗。"又《食货志上六》记载："蝗为害，又募民扑捕，赐以钱粟，蝗子一升至易菽粟三升或五升。"清康熙《扬州府志》卷二二《灾异纪》记载："宋孝宗淳熙……九年七月，淮南大蝗，害稼，令所在捕除。十年夏，旱，旧蝗遗育害稼。是时，蝗在地者为秃鹙所食，飞者以翼击死。诏禁捕鹙。"清光绪《通州直隶州志》卷末《杂记·祥异》记载："高宗绍兴……二十六年，如皋蝗，有鹙食之尽，诏禁捕鹙。"

金朝在统治中国北部时，对蝗灾的治理还算比较重视。如《金史·世宗纪上》记载：大定三年"三月丙申，中都以南八路蝗，诏尚书省遣官捕之。〔大定七年〕九月己巳，右三部检法官韩赟以捕蝗受贿，除名"。又《宣宗纪上》记载：贞祐三年"四月丙申，河南路蝗，遣官分捕之。上谕宰臣曰：'朕在潜邸，闻捕蝗者止及道傍，使者不见处即不加意，当以此意戒之。'"贞祐四年"六月丁未，河南大蝗伤稼，遣官分道捕之"。又《宣宗纪中》记载：兴定元年"三月乙酉，上宫中见蝗，遣官分道督捕，仍戒其勿以苛暴扰民"。又《梁肃传》记载：大定三年，梁肃"坐捕蝗不如期，贬川州刺史，削官一阶，解职"。又《忠义传一》记载："蝗蝻遗子如何可绝？旧有蝗处，来岁宜菽麦，谕百姓使知之。"最为可贵之事是于泰和八年（1208 年）颁布《捕蝗图》，这应是治蝗史上的一大创举。遗憾的是，此图已不存在于世，但其所制定的"除飞蝗入境，虽不损苗稼亦坐罪法"由于过于苛刻，因而废止。泰和八年（1208 年）七月，庚子诏更定蝗虫发生坐罪法。

在元朝初期，南宋尚未灭亡之前，元世祖即指令御史台制定了《设立宪台格例》，其中第二十二条规定："蝗蝻生发、飞落，不即刻打扑、申报，及部内有灾伤，检视不实，委监并行纠察。"至元二十三年（1286 年）颁布的《农业十四条》的第十二条指出："若有虫蝗遗子去处，委各州县正官一员，于十日内专一巡视本管地面。"大德十一年（1307 年）正月，御史台咨奉中书省所奉圣旨内有"虫蝗发生申报"条款："遇有蝗虫坐落生子去处，委本路正官一员，州县正官一员，十月一日专一巡视本管地面。若在熟地，并力翻耕；荒地附近多积荒草，候春日首发，不分明夜，监视烧除，随即申报上司。本管官司停滞时日不报者，治罪降罚。已行合属，并力扑除。所据飞蝗住落生子去处，钦依已降圣旨，条画摘差各路正官

一员，厘勒合属正常，亲诣督责地方人户翻耕遗子。荒野田土如委力所不及，如法耕围，籍旧有荒草，禁约诸人，不得燃烧。来春若有虫蝗生发，就草随地烧除，毋致复为灾害。取本处官司重甘结罪文状，都省除外，仰照验施行，承此。"在此之前，大德二年（1298年），"复申秋耕令……蝗蝻遗种皆为日所曝死"。大德三年（1299年），扬州淮安，"蝗在地者为鹙啄食，飞者以翅击死。诏禁捕鹙"。由上述记载可见，元朝初期对治理蝗灾还是比较重视的。

明代，蝗灾也十分严重。永乐年间，朝廷也制定过一部治蝗法规。徐溥《明令典》有记载：永乐元年（1403年），"令吏部行文各处有司，初春差人巡视境内，遇有蝗虫初生，设法扑捕，务要尽绝。如或坐视，致使孽蔓为患者，罪之。若布、按二司官不行严督所属巡视打捕者，亦罪之。每年九月行文，至十月再令兵部行文军卫，永为定例。"除颁布治蝗法规指导治理蝗灾外，明朝廷还不时发布命令，及时处理所发生的各种问题。洪武二十一年（1388年），青州发生旱、蝗，官府未报，朝廷知晓后便法办了当地官员。永乐元年（1403年），"直隶、淮安等府蝗，上命户部遣人捕之"。宣德五年（1430年），"易州蝗蝻生，上谓右都御史顾佐曰：'今禾苗方生，宿麦渐茂，而蝗蝻为灾。若不早捕，民食无望，即选贤能御史往督有司，发民并力扑捕。初发扑之则易，若稍缓之，即为害不细。'""六月乙卯，遣官捕近畿蝗。宣德九年秋七月甲申，遣给事中、御史、锦衣卫官督捕两畿、山东、山西、河南蝗。宣德十年六月，畿南、山东、河南、应天府等州县蝗，少保兼户部尚书黄福，差官编督捕至是以闻。景泰八年（1457年）正月，户部奏，去年山东、河南并直隶等处虫蝻，今初春恐遗种复生，宜令各巡抚官仍委官巡视扑捕，从之。"

清朝的治蝗法规最为完善，《大清律例》和《户部则例》均有详细记载。《大清律例》规定：

> 凡部内有水、旱、霜、雹及蝗蝻为害，一应灾伤田粮，有司官吏应准告而不即受理申报检踏，及本管上司不与委官覆踏者，各杖八十。若初覆检踏官吏不行亲诣田所，及虽诣田所，不为用心从实检踏，止凭里长、甲首朦胧供报，中间以熟作荒，以荒作熟，增减分数，通同作弊，瞒官害民者，各杖一百，罢职役不叙。若致枉有所征免粮数，计赃重者从赃论。……凡有蝗蝻之处，文武大小官员率领多人公同及时捕捉，务期全净。其雇募人夫，每名计日酌给银数分，以为饭食之资，许其报明督抚，据实销算。果能立时扑灭，督抚具题，照例议叙。如蔓延为害，必根究蝗蝻起于何地及所到之处，该管地方官玩忽从事者，交部照例治罪，并将该督抚一并议处。……地方遇有蝗蝻，不早扑除，以致长翅飞腾，贻害苗稼者，该州县革职挐问，交部治罪。府州不行查报，革职，司道督抚不行查参，降三级，调用。若不

速催扑捕，道府降三级，布政司降二级，督抚降一级，并留任。所委协捕邻员，不实力协捕贻患者，革职。至州县捕蝗，需用兵役民夫，并易换收买蝻子费用，准其动公。若所需费无多，自行捐办。其已动公项，而仍致滋害伤稼者，奏请著赔。

《户部则例》规定：

滨临湖河低洼之处，向有蝗蝻之害者，责成地方官督率乡民随时体察，早为防范。一有蝻种萌动，即多拨兵役人夫及时扑捕，或掘地取种，或于水涸草枯之时纵火焚烧，设法消灭。如州县官不早扑除，以致长翅飞腾者，均革职拿问。……地方遇有蝗蝻，一面通报各上司，一面径移邻封州县，星驰协捕。其通报文内，即将有蝗村邻近某州县，业经移文协捕之处，逐一声明，仍将邻封官到境日期续报上司查核，若邻封官推诿迁延，严参议处。……地方遇有灾伤，该督抚先将被灾情形、日期、飞章题报。夏灾限六月中旬，秋灾限九月中旬（甘肃省地气较迟，夏灾不出七月半，秋灾不出十月半）。题后续被灾份，一例速奏。凡州县报灾到省，准其扣除程限。督抚司道府官以州县报到日为始，迅速详题。若迟延半月以内，递至三月以外者，按月日分别议处。上司属员一例处分，隐匿者严加议处。……换易收买蝗蝻，及捕蝗兵役人夫，酌给饭食，俱准动支公项，令同城教职佐杂等官，会同地方官给发开报，该管上司核实报销。其有所费无多，地方官自行给办。实能去害利稼者，该督抚据实奏请议叙。其已动公项，仍致滋害伤稼者，奏请著赔。直隶省捕蝗人夫，分别大口每名给钱十文、米一升，小口每名给钱五文、米五合。每钱一千，每米一石，俱作银一两。长芦所属盐场地方，雇夫扑捕，壮丁日给米一升，幼丁日给米五合。又，老幼男妇自行捕蝻一斗，给米五升。江苏省捕蝗雇募人夫，每名日给仓米一升，每处每日所集人夫不得过五百名。收买蝗蝻，每升给钱二十文；挖掘蝻种，每升给钱一十文。安徽省捕蝗雇募人夫，每夫一名日给米一升，每处每日最多者不过五百名。挖掘未出土蝻子，每斗给银五钱。已出土跳跃成形者，每升给钱二十文；长翅飞腾者，每斗给钱四十文。每草一束，价银五厘，每柴一束，价银一分，每日每处，柴不过一百束，草不过二百束。……地方遇有蝗蝻，州县官轻骑简从，督率佐杂等官，处处亲到，偕民扑捕。随地住宿寺庙，不得派民供应。州县报有蝗蝻，该上司躬亲督捕，夫马不得派自民间。如远例滋扰，跟役需索，籍端科派者，该管督抚严查，从重治罪。又，地方官扑蝗蝻需用民夫，不得委之胥役、地保，科派扰累。倘农民畏向他处扑捕，有妨农务，沟通地甲、胥役，嘱托卖放，及贫民希图捕蝗得价，私匿蝻种，听其滋生延害者，均按律严参治罪。

除《大清律例》和《户部则例》外，尚有其他一些律令："凡有蝗蝻地方，文武员弁，有能合力挖捕，应时扑灭者，该督抚确查具题，准其记录一次。嗣后捕蝗不力之地方官，并就现在飞蝗之处，予以处分，毋庸查究来踪，致生推诿"；"州县不亲身力捕，而委佐杂贻误者革职，留于该处捕除净尽，再行开复。前东平州办理有案"。鉴于有蝻之州县与现在生蝻之处壤境相错，或有漏报的情况，直隶总督方观承除行司立定规条，饬令道府督率各州县分别悬示赏格，俾使乡民有见即报，并直接派员下乡，分赴各处，遍历村庄，会同地方官实力巡查。

历史上各朝代所颁布的治蝗律令，其惩治对象均为臣民，不涉及皇帝本人，但有一些皇帝，如汉和帝刘肇等却以罪己诏的形式，将蝗灾的发生归罪于自己进行自责，承担治蝗不力的责任。清代徐乾学等编注的《古文渊鉴》中载有刘肇的《蝗灾罪己诏》（96年）。此外，还有汉安帝刘祜的《旱蝗诏》（115年）和唐德宗李适的《亢旱罪己诏》（784年）。唐太宗李世民以吞蝗对自己进行自责。这些虽不能算作治蝗律令，但对治理蝗灾还是有其积极意义的。古代的封建皇帝对治理蝗灾最为关心的要数雍正了。他以谕批的形式指导治蝗工作，在位13年中，其谕批就多达三十余次。这里仅举其中一例来说明。《世宗皇帝圣训》记载，雍正二年（1724年）五月初六日，山东巡抚臣陈世倌上奏雍正，报告了山东蝗灾的分布情况和治理举措。他说："东昌府一带蝗蝻，臣遣官查勘，据称清平、博平、茌平三县及高唐州并已捕尽，其余州县尚未覆到。闻大名府元城县亦有蝗蝻飞入山东邻近境内者，又闻平度、东平二州亦有蝗蝻发生，俱已严饬地方官竭力扑捕。至泰安州一带，臣昨赴济南时，绕至开山庙等处一看，飞蝗尚未尽绝，各员现在扑捕，如汤泡、火烧、掘壕诸法皆一一行过。实因泰安一带州县俱在山麓，去年蝗蝻发生甚迟，后俱聚于山上，蚕食草叶，因为遗种在山，扑灭较平地稍难，故德州、禹城、齐河在平地者并已捕尽，而山麓之州县实未尽绝。然各员畏催参处，亦皆实力捕扑，如长清令毛钧自四月十日出外扑捕，迄今五旬，尚未回署，给赏之钱费至一二千串，现又以米易蝗。此在大道之旁，耳目共见。将来果若成灾，自应照例参劾，但其中似应少为分别，临时臣当密为奏闻。"雍正在其奏文中谕批："前已有谕与直隶河南督抚，戒其藉口邻省互相推诿，凡此皆地方有司欲避扑捕不力之咎欺诳之词耳，岂可听信？务令竭力从事。览所奏光景，朕甚忧之，此系民瘼所关，丝毫不可懈弛。朕闻地方官奉行颇不尽力，何能尽绝耶？此言更属虚妄。若果啮食草叶，即早已自毙矣。不过掩饰尔一人之耳，目当立定主见，严饬捕捉，勿稍为所摇夺。此等作为，不过聊以塞责，岂可深信？若果尽力，何难灭净？趁其未生羽翼时，人力足以胜之。即今亦尚在可为，若过小暑十八天，恐难以措施矣。"

《昆虫与植病》第3卷第18期记载，1935年蒋介石下治蝗令："查我国害虫为患至巨，

比年以来，受害尤深。苏、浙、皖、冀、鲁、豫各省农作物受蝗患之损失，岁达千万元以上。现在又届夏蝻发生之期，若不先事预防，则滋长蔓延，为患不堪设想。各省防治事宜应由各主管机关责成各县县长积极办理，惟各县县长每多奉行不力，敷衍从事，遂至酿成灾害，挽救不及，言念于此，殊堪惕虑。兹为思患预患惩前毖后起见，着由各该省政府迅速酌量当地情形，拟具治蝗实施办法颁发，一面从严督饬所属县长，以后对于蝗卵、蝗蝻、飞蝗务须随时切实防治。临近各县亦应互相联络，同时并举，于必要时，可由各县随时征工办理，并准商请当地驻军或团队协助，总期迅速扑灭，俾不为灾。仍由各该省政府随时考核各县治蝗成绩，尚各县长仍蹈故辙，因循延误，致成灾害，应即分别轻重，加以惩处，以效儆戒。电到之日即将各该省从前蝗虫发生为患状况暨防治之经过情形先行具报考查，并饬各县嗣后应将有无蝗虫发生既如何防治各情形，限令逐月据实详报，各该省府专案呈本行营，以凭查核而资考成。"

1949年以后，中华人民共和国对治理蝗灾十分重视，成立了专门的治蝗机构，几乎每年均召开治蝗工作会议，并撰写治蝗会议纪要。国家最高行政机关国务院直接过问此项工作。例如：1986年2月6日，国务院发出通知，要求各地认真贯彻治蝗方针，及时解决治蝗经费问题，加强重点治蝗站建设，充实人员，配备必要的施药器械和交通工具，组织好治蝗队伍，狠治夏蝗，抑制秋蝗，防止蝗虫起飞，并逐步根除蝗害。

第二节　治蝗的组织与宣传

治蝗是一件十分复杂的系统工程，涉及范围极广，组织与宣传工作就包括其中。

在治蝗史上，对蝗灾的记述就是一种宣传，特别是对严重蝗灾的记述，使人历历在目。徐光启在《除蝗疏》中对蝗灾作了一个概括性的总结："凶饥之因有三：曰水，曰旱，曰蝗。地有高卑，雨泽有偏被，水、旱为灾，尚多幸免之处，惟旱极而蝗，数千里间草木皆尽，或牛马毛幡帜皆尽，其害尤惨，过于水、旱也。"面对蝗灾，选择之一就是防治。要防治，就得进行为什么要防治、如何防治的宣传工作。在治蝗史上，此项工作做得不尽如人意，但有三件事还是值得一提。第一件事为：金章宗泰和八年（1208年），诏颁《捕蝗图》于中外，舆论造到了国外。第二件事为：宋代董煟的《捕蝗法》问世。此法对治蝗的宣传工作作了一些论述："捕蝗不必差官下乡，非惟文具，且一行人从，未免蚕食里正，其里正又只取之民户。未见除蝗之利，百姓先被捕蝗之扰，不可不戒。附郭乡村，即印《捕蝗法》作手榜告示，每米一升换蝗一斗，不问妇人小儿，携到即时交支。如此，则回环数十里内者可尽矣。

五家为甲，姑且警众，使知不可不捕。其要法只在不惜常平义仓钱米，博换蝗虫。虽不驱之使捕，而四远自辐凑矣。然须是稽考钱米必支，倘或减尅邀勒，则捕者沮矣。国家贮积，本为斯民。今蝗害稼，民有饿莩之忧。譬之赈济，因以捕蝗，岂不胜于化为埃尘、耗于鼠雀乎？"第三件事为：《除蝗疏》的出版，对清代甚至当代都有着重大影响，清代众多治蝗专书几乎以其为蓝本。在这些治蝗专书或专篇中，有的就直接谈到治蝗中的宣传问题。汪志伊在《荒政辑要》中说："宜多些告示，张挂四境。不论男、妇、小儿，捕蝗一斗者，以米一斗易之；得蝻五升者、遗子二升者，皆以米三斗易之。盖蝻与遗子小而少，故也。如蝗来既多，量之不暇，遍秤称，三十斤作一石，亦古之制也，日可称千余斤矣。惟蝻与子不一例同称，当以朱文公之法为法也。"清代对治蝗的宣传大多如此，不外飞蝗入境，以米易蝗之类，知虫情，获实惠，对一般民众来说就足够了。

另一种宣传即祭祀则大张旗鼓地进行，但在不同历史阶段，其祭祀的对象有所不同。刘猛将军出现之前，人们认为人世间的一切灾害都是天帝的降罚，要免除灾害，只有祭祀于天帝。刘猛将军出现后，祭祀对象由天帝转向驱蝗神。章义和的这一论断有其学术价值，但也不是绝对的。刘猛将军出现之前，不是所有的人都相信天帝降罚之说；而刘猛将军出现之后，也不是所有的人都不信此说。钱炘和在《除蝻八要》的《加修省》一文中说："乡民称蝗为神虫，不敢捕，谬矣。"此文即为上述说法的注释。而在同书的《国朝崇祀》一文中，他则明确指出刘猛是驱蝗正神，为祭祀对象。其文曰："'刘猛将军上年复加徽号，欲使天下臣民怵然知有驱蝗正神。平时敬谨供奉，临事虔诚祷告，良以御灾捍患之中，仍寓福善祸淫之道。有司为民请命，必先反躬责己。值此蝻孽甫生，正可于踏勘所至。召集父老子弟，开导儆惕，使之生其改过迁善之念。果能遇灾而惧，官民一心，所以感格神明，消除沴气者，孰逾于是。此除蝻中正本清源之意也。'有的名曰祭祀，实则灭蝗。捕蝗之法于各乡有蝗处所祭神于坛，坛旁设坎，坎设燎火，火不厌盛，坎不厌多，令老壮妇孺操响器，扬旗幡，噪呼驱扑。蝗有赴火及聚坎旁者，是神之所拘也。所谓田祖有神，秉畀炎火者，则卷扫而瘗埋也。处处如此，既不能尽除，亦可渐灭苟。"从汪志伊《荒政辑要·除蝗记》的记述看，其所用的捕蝗方法应为姚崇的捕蝗法，即"蝗既解飞，夜必赴火，夜中设火，火边挖坑，且焚且瘗，除之可尽"，但加上了神灵的帮助。

在唐朝，姚崇为相时主张治蝗，遭到了倪若水、卢怀慎的反对。倪若水说："蝗是天灾，自宜修德，刘聪时除既不得，为害更甚。"卢怀慎说："蝗是天灾，岂可制以人事，外议咸以为非。又杀虫太多，有伤和气，今犹可复，请公思之。"姚崇以"刘聪伪主，德不胜妖；今日圣朝，妖不胜德"之论，使倪惧而服。但真正能驳倒倪、卢二人"蝗是天灾"观点的，应是"昔魏时山东有蝗伤稼，缘小忍不除，致使苗稼总尽，人至相食；后秦时有蝗，禾稼草木俱尽，牛马至相啖毛。今山东蝗虫所在流满，仍极繁息，实所稀闻。河北、河南无多贮积，

倘不收获，岂免流离？事系安危，不可胶柱。纵使除之不尽，犹胜养以成灾"。姚崇想的是社稷，关心的是民众。这也是一场宣传大战，是向皇帝等上层人物宣传蝗非神虫，蝗应治并可治的道理。

宋代之前仅见朝廷派为数不多的官员参与领导的治蝗，但未曾提及如何组织民众治蝗，就连盛唐也不例外。姚崇在治蝗与否的论战中取胜，但在如何组织民众治蝗上也未提及，仅提到设立治蝗专门官员——"捕蝗吏"。在白居易《捕蝗》诗中，人们看到的仅是捕蝗农民的辛劳和治蝗的沉重代价："捕蝗捕蝗谁家子？天热日长饥欲死。……河南长吏言忧农，课人日夜捕蝗虫。是时粟斗钱三百，蝗虫之价与粟同。"关于宋代以前治蝗的组织工作，只能将下述事例作一概括记述，从中可看出其不完整性。《汉书·平帝纪》记载："郡国大旱，蝗，遣使者捕蝗。"《晋书·刘聪载记》记载："河东大蝗……靳准率部人收而埋之。……后乃钻土飞出。"《资治通鉴·晋纪》记载："幽州蝗生……秦王〔苻〕坚使散骑常侍彭城刘兰以幽、冀、青、并民扑除之。"在唐朝，主张治蝗的姚崇获胜后，派遣他的政敌倪若水为捕蝗御史，分道杀蝗。《旧唐书·文宗纪下》记载："乙丑，遣使下诸道巡复蝗虫。"

在五代，《旧五代史·晋书·少帝纪一》记载："河南、河北、关西诸州旱，蝗，分命使臣捕之。……仍遣诸司使梁进超等七人分往开封界捕之。"又《汉书·隐帝纪中》记载："开封府、滑、曹等州蝗甚，遣使捕之。"又《五行志》记载："……供奉官张福率威顺军捕蝗于陈州。五月，泰宁军节度使安审信捕蝗于中都。……癸亥，供奉官七人帅奉国军捕蝗于京畿。甲辰，供奉官李汉超师奉国军捕蝗于京畿。"

宋朝仍沿用派遣官员参与领导治蝗的组织工作。《宋史·真宗纪三》记载："诸路蝗食苗，诏遣内臣分捕，仍命使安抚。"又《神宗纪二》记载："癸亥，诏河北两路捕蝗。又诏开封、淮南提点、提举司检覆蝗、旱。"又《神宗纪三》记载："癸未，命提点开封界诸县公事杨景略、提举开封界常平等事王得臣督诸县捕蝗。"由于宋朝已颁布了捕蝗法规，从捕蝗法规中可看到基层小吏和民众在捕蝗中的身影。民众、小吏、县官、上派官员共同捕蝗，这一组织措施若能很好坚持，定会取得好的治蝗效果。遗憾的是，宋代官府并没有经常性地开展这项工作，使得比较完整的组织工作近于流失。

元朝的治蝗组织工作近于常态化，建有专门的巡视制度，派遣官员巡视包括蝗灾在内的各灾区。《元史·食货志一》记载："每年十月，令州县正官一员巡视境内，有蝗虫遗子之地，多方设法除之。"除州县正官外，路的正官也要下到地方督察防蝗事宜。在基层还有专门的防治蝗灾的官员，直至民众。元朝的治蝗组织体系完整而先进，特别是巡视制度的建立，可最快发现蝗情，并能进行及时防治，而过去则是下面发现蝗情后向上报告，然后才派官员组织防治蝗虫。元朝在治蝗中虽也提到民众，甚至民众几万人的场面，但如何组织民众治蝗仍不见下文。

明朝基本沿用了元朝防治蝗虫的组织制度，不过较元朝更严。《康济录·贵重有司之例》记载："永乐九年，令史部行文各处有司，春初差人巡视境内，遇有蝗虫初生，设法捕扑，务要尽绝；如或坐视，致令孽蔓为患者，罪之；若布、按二司不行严督所属巡视打捕者，亦罪之。每年九月行文，至十月再令兵部行文军卫，永为定例。"当蝗虫大面积发生时，其做法与前朝无异，一般也是通过户部派官员前往蝗区督捕蝗虫，但也有遣给事中、御史、锦衣卫官督捕蝗虫之例。在明朝终于可见到捕蝗的主力即民众的捕蝗场景。

徐光启《除蝗疏》记载："已成蝻子，跳跃行动，便须开沟捕打。其法视蝻将到处，预挖长沟，深广各二尺，沟中相去丈许，即作一坑，以便埋掩。多集人众，不论老幼，悉要驱赴，沿沟摆列，或持帚，或持扑打器具，或持锹锸，每五十人用一人鸣锣其后。蝻闻金声，努力跳跃，或作或止，渐令近沟。临沟即大击不止，蝻虫惊入沟中，势如注水。众各致力，扫者自扫，扑者自扑，埋者自埋，至沟满而止。前村如此，后村复然，一邑如此，他邑复然，当净尽矣。"这是徐光启对明朝政府组织民众治蝗的经验总结，由此也可见民众在治蝗中的主力作用。关于明朝政府组织民众治蝗的事例，又如《康济录》记载："明万历四十四年，御史过庭训《山东赈饥疏》内有云：捕蝗男妇，皆饥饿之人，如一面捕蝗，一面归家吃饭，未免稽迟时候。遂向市上买面做饼，挑于有蝗去处，不论远近大小男女，但能捉得蝗虫与蝗子一升者，换饼三十个。又查得：崮山邻近两厂领粮饥民一千零二十名，令其报效朝廷。今后将彼地蝗虫或蝗子捕半升者，方给米面一升，以为五日之粮。如无，不准给予。"此文虽无紧张的捕蝗场面，但捕蝗的组织者不惜从小事做起，也值得提倡。

在清朝，治蝗的组织领导已经制度化了，蝗灾的防治体制实行皇帝监控，户部管理下的总督巡抚负责制。此负责制有利于协调各方力量，因蝗灾一般涉及很大区域，通常仍由户部统领治蝗事宜。此外，河道总督对辖区内的地方官和绿营官弁也可下达捕蝗命令，对巡抚有一定的影响力。综上所述，清朝在治蝗中组织严密，层层负责，是我国古代治蝗措施最完备的时代。在蝗灾的防治中，蝗灾地区的知县一般起着承上启下的作用，有一些知县还具有治蝗的专业知识，清代众多的治蝗专书有一些就是他们撰写的，如陈仅的《捕蝗汇编》和李炜的《捕除蝗蝻要法三种》等。清政府还特别重视治蝗基层组织负责人的任用和基层治蝗机构的建立。汪志伊在《荒政辑要》中提出："宜委官分任：责虽在于有司，倘地方广大，不能遍阅，应委佐贰学职等员，资其路费，分其地段，注明底册。每年于十月内，令彼多率民夫，给以工食，芟除水草于骤盈骤涸之处，及遗子地方，搜锄务尽。称职者申请擢用，遗恶者记过待罚。……宜稽查用人：社长、社副等有弊无弊，诚伪如何，用钟御史拾遗法以知之。公平者立赏，侵欺者立罚。周流环视同于粥厂，其弊自除。"关于基层治蝗机构，李炜所提劝民立捕蝗社即是："尝闻有备方能无患，成群可以立社。邑境蝻孽萌生，业经本县亲履田间，由各绅保派拨民夫，挑壕驱捕，且焚且瘗，刻期藏事，盖得力于十家牌法者居多。第思十家

牌法不专为捕蝗而设，故联村合捕，按牌起夫，其编排虽由平日，而驱遣究在临时，势非官为督率不可。今本县欲令民间相互接应，即就各廒分向有保障中，各立一捕蝗社或以一保障为一社，或合数保障为一社，而皆统于本廒为一总社。其法只就保甲规模另立名色，便可令人耳目一新，精神重振。绅董即社长也，廒约即社总也。保障总约即社正也，村约即社副也。每社各制大旗一面，将社内村庄名目牌甲若干写注旗上，并照依社内烟户册，预先酌定少壮丁男，造具花名底簿，归社总人等收掌。"

民夫是治蝗的主力，但由于人数众多，如无组织纪律的约束，治蝗工作难以顺利进行。对此，陈仅编《捕蝗汇编·捕蝗十法》的"编册齐天法"有清楚的论述："捕蝗须用民夫，若无约束，便难齐心。计每铺乡约所管地方大小不一，或分作二三处、四五处，每处或用牌甲各长或绅粮为首。乡约预与蝗虫未到之，先著令各甲长、牌头沿户派夫，视其种地广狭，酌量出夫多少，造一册簿，交存各首人处。俟蝗发时，无论在何户地中，本户飞报牌甲及掌册首人。即传炮为号，各牌甲速传齐册内人夫赶蝗发处，首人照册点名，有推诿不到者，于名下书不到二字。俟事毕，乡约禀官究惩，以肃人心。仍一面飞报，邻接各铺预集人夫，三面协力兜截，不使四窜。老幼妇女愿协捕者，听编作余夫一切照例。"

组织纪律是治蝗成功与否的重要保证，李钟份《捕蝗记》记载：

闻直隶、河间、天津属蝗蝻生发。

六月初一二间飞至乐陵，初六飞至商河、乐商二邑。羽檄关会，余飞诣济商交界境上。调吾邑四里乡地，预造民夫册，得八百名，委典史防守。班役家人二十余人，在境设厂守候，大书条约告示，宜谕曰：倘有飞蝗入境，厂中传炮为号，各乡地甲长鸣锣，齐集民夫到厂。每里设大旗一枝，锣一面，每甲设小旗一枝。乡约执大旗，地方执锣，甲长执小旗。各甲民夫随小旗，小旗随大旗，大旗随锣。东庄人齐立东边，西庄人齐立西边。各听传锣一声走一步，民夫按步徐行，低头捕扑，不可踹坏禾苗。东边人直捕至西尽处，再转而东；西边人直捕至东尽处，再转而西。如此回转扑灭。勤有赏，惰有罚。再每日东方微亮时发头炮，乡地传锣，催民夫尽起早饭。黎明发二炮，乡地甲长带领民夫，齐集被蝗处所。……各宜遵约而行。谕毕，余暂回看守城池仓库。至十一日申刻，飞马报称：本日飞蝗由北入境，自和里抵温里约长四里、宽四里。余即饬吏，具文通报，关会邻封，星驰六十里，二更到厂。查问据票如法施行，已除过半，黎明亲督捕扑，是日尽灭。遂犒赏民夫，据实申报。飞探北地，飞蝗未尽，余即在境堤防。至十五日巳刻，飞蝗又自北而来，……计长六里、宽四里，蔽天沿地，比前倍盛。余一面通报关会，一面着往北再探。速即亲到被蝗处所，发炮鸣锣，传集原夫，再传附近之谷生土三里乡地甲

长，带民夫四百名，共民夫千二百名，劝励协力大捕。自十五至十六晚，尽行扑灭无余，禾苗无损。探马亦飞报北面飞蝗已尽。又复报明各宪。余大加褒奖乡地民夫，每名捐赏百文，逐名唱给。册外尚有余夫数十名，亦一体发赏。乡地里民欢呼而散。次早，郡守程公亦至彼查看，问被蝗何处，民指其所。守见禾苗如常，丝毫无损，大讶。问故，余具以告守，亦赞异焉。

在治蝗史上，治蝗取胜经验之一即为以米易蝗，用钱买蝗。追溯历史，此项工作在汉朝即已进行，但设厂收买，仅见于清朝。汪志伊在《荒政辑要》中提出："宜二里一厂，为易蝗之所。令忠厚温饱社长、社副司之，执笔者一人，协力者三人，共襄其事，出入有簿，三日一报，以凭稽察。敢有冒破，从严处分，使捕蝗易米者无远涉之苦，无久待之嗟，无挤踏之患。"由此可见设厂买蝗之必要，这也是治蝗组织工作的重要一环。钱炘和对设厂收买有更详细的论述："设厂择附近适中之地，最宜庙宇。有蝗处少则立一厂，有蝗处多则立数厂，或同城教佐，或亲信戚友，搭盖席棚，明张告示，不拘男妇大小人等，于雇夫之外，捕得活者或五文一斤，或十文一斤，或二三十文一斤。蝗多则钱可少，蝗少则价宜多。男妇人等闻重价收买，则漏夜下田争趋捕捉，较之扑打，其功十倍。一面收买，一面设立大锅，将买下之蝗随手煮之，永无后患。亦可刨坑掩埋，但恐生死各半，仍可出土，不如锅煮为妙，但须随时稽察，恐捕得隔邻之蝗，争来易米，则邻邑转安坐不办，将买之不胜其买矣。"

1927年，浙江、广东等成立了昆虫学研究机构，首先开展了对飞蝗的研究。1949年，农业部设立了治蝗处。1953年，农业部在飞蝗蝗区内设立了23个蝗虫防治站：河北（6）、山东（6）、江苏（4）、安徽（3）、河南（3）、新疆（1）。此后，中国科学院昆虫研究所组织了研究蝗虫的专门队伍。

第三节 飞蝗灾害的调查与测报

为了有效防治蝗虫，首先要对蝗虫的发生状况进行取样调查，只有在此基础上进行预测预报，才能有针对性地对蝗虫进行防治。古代在这方面所做的工作虽然不多，但也有一些零星的记载。元朝建有专门巡视蝗虫发生状况的制度，每年十月令州县正官一员巡视所属境内，对蝗虫遗子之地进行调查，并设法除之。明朝基本沿用了元朝对蝗虫进行调查的制度，春初差人巡视境内，遇有蝗虫发生，设法捕除。到了清朝，治蝗专著中就有一些调查蝗虫发生的记载。如陈仅《捕蝗汇编》记载：令地主、佃户于锄地、割草之时，寻找蝗虫的产卵地点，

顺便挖掘。其他一些治蝗专著中也有这方面的记载。如钱炘和《捕蝗要诀·除蝻八要》中专有一要"责常侦"指出："查捕蝗事宜，有设立农长，以专责成之法。现捕挖蝗蝻，均由乡约督办，应即以乡约为农长，饬将有蝻地亩、坐落界畔及地主、佃户姓名，造具清册，送呈过殊，仍交该乡约检存。所有地段，均责成乡约早晚分投察看。倘经此次挖捕之后，再有蝻孽蠢动，无论在禾在地，即令种地之人自行捕除。"如根据上述调查，是不可能制订预测预报方案的。这些调查也只能起到类似"武装侦察"的效果。古代对蝗虫预测预报的记载似有两处：其一为《礼记·月令》"孟夏……行春令，则蝗虫为灾"，"仲冬……行春令，则蝗虫为败"，这是根据气候的变化预测蝗灾发生与否的记述。孟夏即夏季的第一个月，此月一般多雨，如此月像春季少雨干旱，则有利于蝗虫的发生，容易形成蝗灾。仲冬即冬季的第二个月，此时气温一般很低，土中的蝗卵一般不发育，如此月像春天一样温暖，利于卵发育，但随即低温来临，使发育的蝗卵冻死，不发生蝗灾。其二为《三国志·吴志·赵达传》记载赵达"治九宫一算之术"，探求其术的精微内涵，以至于计算飞蝗的数量。有人诘难赵达说：飞动的东西本就不可核对，谁又知道它真的有这么多，这恐怕是妄言。赵达请这个人拿来几斗小豆，撒在席子上，当即说出它们的粒数，核对后果然一致。赵达利用数学之法预测蝗虫的发生数量，这与当代利用数学模型预测预报蝗虫的发生数量不是一样吗？三国时代，赵达就能利用数学之法预测蝗虫发生数量，遗憾的是此法未能传承下来。

当今飞蝗生物学领域的研究成绩斐然，这为飞蝗的测报工作奠定了坚实的基础。1952年，邱式邦等首先提出侦查蝗虫的方法——查卵、查蝻、查成虫，并将其写成建议，发表在《农科通讯》上。1956年，邱式邦等又出版了《飞蝗及其预测预报》一书。1963年，马世骏等进一步提出"飞蝗的侦查与计算方法"，发表在《植物保护》上。1965年，马世骏等以洪泽湖蝗区为例，分析了东亚飞蝗（应为亚洲飞蝗）中长期数量预测方程的监理基础，提出三种预测方法，以"东亚飞蝗中长期数量预测的研究"为题，将其发表在《昆虫学报》上。在上述研究的基础上，此后的众多蝗虫专著多有涉及飞蝗预测预报的内容。下面转录《山西蝗虫》一书中有关飞蝗预测预报的方法的内容。

飞蝗预测预报方法

一、测报调查规范

（一）卵期调查

选择有代表性的蝗区，进行系统观察。在上年秋蝗产卵盛期、残蝗密度大的地方，每10天挖卵一次，每个蝗区每次挖卵5块，共查三次。将每次挖得的卵块，分蝗区把卵块破成卵粒检查。

1. 越冬蝗卵死亡率检查。

对每次挖得的卵粒，逐个观察，挑出死卵，分析死亡原因，计算越冬死亡率，计入表1。

2. 越冬蝗卵发育进度调查。

在检查越冬卵死亡率的同时，分蝗区分别取活卵50粒，用10%的漂白粉液浸泡2—3分钟，待卵壳溶后取出，清水洗净，用手电筒透视，检查卵的胚胎发育情况，参照蝗卵发育进度分期表（表2），分出卵粒的发育期，计入表3。

表1 蝗卵死亡率调查记载表

调查日期		地点	环境	卵块数	总卵粒数	死卵粒数	死亡率	死亡原因											备注
月	日							干瘪		霉烂		寄生		虫咬		其他		
								粒数	%	粒数	%	粒数	%	粒数	%	粒数	%	

表2 蝗卵胚胎发育进度分期表

发育期	形态特征
原头期	胚胎尚未发育，破壳后，用肉眼不易在卵浆中找到胚胎
胚转期	胚胎开始发育，破壳后，用肉眼可以看到有一芝麻粒大小的白色胚胎
显节期	胚胎已形成，个体较大，几乎充满整个卵，眼点、腹部及足很明显，后两者已分节
胚熟期	胚胎发育完成，体呈红褐色至褐色，待孵化

表3 蝗卵胚胎发育进度调查表

调查日期		地点	环境	检查活卵粒数	胚胎发育情况								备注
月	日				原头期		胚转期		显节期		胚熟期		
					粒数	%	粒数	%	粒数	%	粒数	%	

（二）蝻期调查

1. 蝗蝻出土始期调查。

在胚胎发育调查的基础上，根据推算的蝗蝻出土始期，提前1—2天到蝗虫集中产卵避风向阳高坡地，每天调查一次，查到第一头蝗蝻出土为止，为蝗虫出土始期，记入表4。

2. 蝗蝻龄期调查。

选择有代表性蝗区，在蝗蝻出土始期5天后开始定片系统调查，每5天调查一次，到羽化盛期止（羽化50%）。每个蝗区在片内随机取10点，每点10—20平方

米，捕获点内全部蝗虫，每区总样点蝗虫少于100头，适当增加样点数，使之达到100头。参照蝗蝻不同龄期主要特征比较表，分蝗区判别龄期，记入表4。

表4 蝗蝻龄比调查记载表

调查日期		蝗区名称	环境	代别	出土始期	蝗蝻总头数	1龄		2龄		3龄		4龄		5龄		成虫		备注
月	日						头数	%	头数	%	头数	%	头数	%	头数	%	头数	%	

3. 蝗蝻密度面积普查。

蝗蝻出土盛期后全面进行普查。蝗区面积大，条件一致的每10公顷取一点；蝗区面积小，害稼较复杂的每5公顷取一点；特殊环境每公顷取一点。采用平行等距取样法，每点10平方米（目测1米宽、10米长内蝗虫数量），观察点内蝗蝻数，将调查结果汇总记入表5。

表5 蝗虫发生情况调查汇总表

调查日期		蝗区名称	代别	取样点数	有蝗点数	有蝗点占样点%	蝗虫总头数	平均密度（m²）	发生面积（公顷）	密度（头/m²）					备注
月	日									0.2—0.4	0.5—1	1.1—3	3.1—6	6.1—10	10头以上最高密度	

（三）成虫期调查

1. 成虫雌雄比及雌虫产卵率调查。

自蝗蝻羽化盛期后10天开始，在查龄期的3个蝗区中继续进行系统调查。夏蝗成虫每5天调查一次，秋蝗成虫每旬调查一次。每一蝗区随机捕捉成虫100头，检查雌雄比及雌虫产卵率，记入表6。

表6 飞蝗雌雄比及产卵情况调查记载表

调查日期		蝗区名称	环境	代别	蝗虫总头数	雌雄比及产卵情况				备注
月	日					雌虫头数	雌虫率%	产卵头数	产卵率%	

2. 残蝗面积密度普查。

调查取点方法与蝗蝻密度普查相同，夏蝗产卵盛期查一次，秋蝗在产卵初、盛期各查一次。每样点面积为660平方米（目测2米宽、前进330米），目测点内飞

蝗数量，记入表7。

表7 残蝗情况普查统计表

调查日期		蝗区名称	代别	普查面积（公顷）	取样点数	有蝗点数	残蝗面积（公顷）	其中密度（头/公顷）				最高样点数	备注
月	日							90—149	150—450	451—1500	1500以上		

（四）蝗蝻及成虫天敌调查

结合夏、秋蝗蝻普查和秋残蝗产卵盛期普查同时进行，共查三次，每蝗区选五点。蜘蛛、蚂蚁、步甲、虎甲、抱草瘟每点1平方米；蛙类每点10平方米；鸟类每点667平方米。统计蝗虫密度和天敌种类、数量，记入表8。

表8 飞蝗天敌调查表

调查日期		蝗区名称	环境	调查面积（公顷）	捕食性天敌		寄生性天敌				蝗虫密度		备注
月	日						抱草瘟	卵寄生蝇	卵寄生蜂	卵寄生蚜	蝻	成虫	
					头/平方米	只/667平方米	寄生率（%）				头/平方米		

（五）影响蝗虫发生的水文、气象因子调查

从4—10月份，于每月中进行一次。调查蝗区的水文情况及水淹裸滩面积，记入表9。

表9 影响蝗虫发生面积的水文情况统计表

调查时间		河段地名	最大流量（米³/秒）	漫滩时间（月/日）	漫滩面积（公顷）	退水时间（月/日）	最大裸露面积（公顷）	备注
月	日							
4								
5								
6								
7								
8								
9								
10								

二、预测预报方法

（一）短期预测预报

1. 发生期预测预报。

（1）蝗蝻出土期预测预报。

a. 蝗卵胚胎发育分级法：根据不同蝗区蝗卵胚胎发育进度，参照蝗卵在变温气候条件下，不同胚胎发育期至出土所需天数和当时气候情况，预测蝗蝻出土期。

表10 蝗卵发育期至孵化所需天数

胚胎发育期	原头期	胚转期	显节期	胚熟期
在正常天气下（20℃—25℃）到夏蝗孵化所需天数	21—24	15—18	9—12	3—6
在正常天气下（27℃—30℃）到秋蝗孵化所需天数	10天以上	6—7	4—5	2—3

b. 历期法：夏蝗卵的发育历期一般情况下需15—20天，根据夏蝗产卵期预测秋蝗孵化期。

c. 积温法：根据胚胎发育期，结合后10天内当地5厘米深处的地温（若无地温记录，则按公式②、公式③算），同时参考胚胎在正常温度下，不同发育期所需天数，确定已发育天数，作出预测。

① 到孵化所需天数 $= \dfrac{210 - (15 \times 已完成发育天数)}{5 厘米旬平均地温 - 15}$

② 夏蝗孵化所需天数 $= \dfrac{210 - (15 \times 已完成发育天数)}{(旬平均气温 + 1.4) - 15}$

③ 秋蝗孵化所需天数 $= \dfrac{210 - (15 \times 已完成发育天数)}{(旬平均气温 + 1.8) - 15}$

式中：210指正常环境条件下蝗卵的有效发育积温。

分子中的15指有效发育温度。

分母中的15指蝗卵发育起点温度。

1.4和1.8分别指4月份、5月份和7月份旬平均气温与5厘米地温之差。

根据以上预测结果，在4月中旬、7月上旬，分别发出夏、秋蝗孵化期预报，指导各地开展蝗蝻调查，作好防治准备。

（2）3龄盛期预测预报。

a. 历期法：根据当地历年积累的资料和气候情况，由孵化盛期预测3龄盛期。

b. 积温法：蝗蝻孵化盛期后，可根据地面上30厘米旬平均草丛温度，利用蝗

蝻飞跃有效积温进行预测（无草丛温度的地区，可按旬平均气温+1.6度为草丛温度）。用下列算式求出：

$$孵化到达3龄所需天数 = \frac{130}{30厘米旬平均草温 - 18}$$

式中：130为飞蝗至3龄有效积温。

18为蝗蝻飞跃起点温度。

表11　1龄蝗蝻飞跃至3龄蝗蝻需要天数

代别	地点	蝗区类型	所需天数
夏蝗	山西永济	河泛	13
	山西河津	河泛	16
秋蝗	山西永济	河泛	10
	山西河津	河泛	12

表12　飞蝗各龄期有效积温表

项目	1—2龄	2—3龄	3—4龄	4—5龄	5龄—成虫	羽化—产卵	总计
30℃以下所需有效积温	68.7	61.5	56.9	80.5	137.5	262.7	667.8
35℃以下所需有效积温	58.6	74.5	70.1	88.9	117.0	201.9	611.0
一般变温（25℃—35℃）下有效积温	63.6	68.0	63.5	84.7	127.7	232.3	611.0

此外，亦可根据当地历年夏、秋蝗各龄发育所经过的天数，先算出各龄所经过的评价天数，然后再参考当时为害变化情况，估计3龄盛期的出现期。一般正常气候条件下，夏蝗1龄发育到3龄需要13—16天，7月、8月间温度高，早期秋蝗只需10—12天。

根据预测结果，在5月中旬、7月中旬分别发出夏、秋蝗3龄盛期预报，指导适期防治。

（3）成虫羽化期预测预报。

有效积温法：参考表12中所列各龄蝗蝻有效积温数，根据当时旬平均气温，即可用下式算出。

$$到达各龄所需天数 = \frac{所需有效积温数}{30厘米平均草丛温度 - 18}$$

本期预报应在6月上旬和8月上旬分别发出，以指导夏、秋蝗查残工作。

(4) 成虫产卵期预测预报。

分期法：在成虫交尾初期和盛期分别捕捉雌成虫50头，拉开腹部检查体内蝗卵发育程度，参考蝗卵发育分期表，找出各期所占比例，查对卵发育期至产卵期所需天数表，即可获得到达产卵期所需天数。

表13 蝗卵发育情况分期表

初期	卵块细长，呈白色，卵粒长度不超过0.2厘米
中期	卵块略粗，呈淡黄色，卵粒长0.3—0.4厘米
后期	卵块粗大，呈鲜黄，卵粒长达0.5厘米

表14 蝗卵发育期至产卵期所需天数

项目	初期	中期	后期
夏蝗产卵所需天数（25℃—30℃）	7—8	4—6	1—2
秋蝗产卵所需天数（28℃—32℃）	9—12	5—8	3—4

2. 发生量预测预报。

(1) 蝗蝻发生密度预测预报。根据普查的残蝗密度，雌虫比例、产卵率，每头雌虫产卵量及自然死亡率，天敌寄生率，利用下列公式计算下代发生密度，于4月下旬发出第一次预报。

下代蝗蝻密度＝残蝗密度×雌虫率×产卵雌虫率×每头雌虫产卵量×（1－自然死亡率）×（1－天敌寄生率）

蝗卵孵化进入盛期根据全面普查结果，视情况发出第二次发生密度预报。

注：预报蝗蝻密度还应考虑天敌情况、土壤含水量及气候等因素。

(2) 蝗蝻发生面积预测预报。根据残蝗面积、分布范围，并结合水淹、翻耕、开荒等情况综合分析，预测发生面积。

蝗蝻发生面积密度预报，夏、秋各预报一次。

(二) 中期预测预报

1. 发生期预测预报。

(1) 夏蝗发生期预测预报。根据本地历年夏蝗发生期资料，在当年春季到来之前，参考本地区上半年气象预报资料，以及积水、河水流量与冬季耕作情况，对本年夏蝗各虫态的发生期作出预测，并发布中期预报。

(2) 秋蝗发生期预测预报。在当年夏蝗3龄到达后，参考本地下半年气象预报、河流量、淹滩及耕作情况，对当年秋蝗发生期作出预测，发出预报。

2. 发生密度及面积预报。

根据秋季残蝗密度、面积、范围、雌雄比例及雌蝗生殖力，参考上半年气象资料及耕种计划，在年前冬季对来年夏蝗发生密度、面积、范围作出中期预报。

（三）长期预测预报

1. 发生期预测预报。

根据多年连续积累的蝗虫发生期资料和蝗区生态变动情况，参考长期气象预报资料，在一年前发出来年夏、秋蝗发生期预报。

2. 发生量预测预报。

参考多年来对飞蝗生殖力的观察和蝗卵死亡率、蝗蝻成活率调查，结合长期气象预报及水利与耕作规划、河流水位变动情况，根据残蝗密度、面积的调查结果，对来年夏、秋蝗的发生密度、面积作出预测，并发出预报。

第四节　治理蝗灾的方法

治理蝗灾的方法概括起来不外乎捕蝗、去蝻、掘子和除根四法。清代顾彦在总结别人的论述后，提出捕蝗不如去蝻、去蝻不如掘子、掘子不如除根的观点。在治理蝗灾中，捕蝗、去蝻、掘子应为治标之法，而除根才算治理蝗灾之根本。除根主要为改变蝗虫的生境，掘子主要对象是蝗卵，去蝻主要对象为蝗蝻，捕蝗主要对象为蝗虫的成虫。由于蝗卵的孵化时间前后相差甚远，而蝗蝻各龄期又不整齐，所以在去蝻时，有时会夹杂一定数量的成虫，而在捕蝗时也会夹杂一定数量的蝗蝻。下面就治理蝗灾之法进行分述。

一、治蝗时间起始考

以火防治蝗虫应是最先使用的方法。过去认为应用此法防治蝗虫始于公元前 11 世纪的周代，其依据为《诗经》中反映周王祭祀田祖以祈年的《大田》的诗句："去其螟螣，及其蟊贼，无害我田稚。田祖有神，秉畀炎火。"螣，蝗也。清代李嘉端为李炜《捕除蝗蝻要法三种》一书所写的跋明确指出："蝗之名始见于《月令》，去蝗之术，则《大田》之诗已先矣。"我们认为，以火防治蝗虫应始于公元前 16 世纪至公元前 11 世纪的殷商时期。为此，必须对甲骨文的"秋"字进行分析。周尧在甲骨文中首次发现了大量的"蝗"字和"螽"字，而此前都将这些字释为"秋"字。对此，许多学者提出不同意见，也有一些学者提出折中看法。彭邦炯认为，甲骨文中 、 、 诸形之字，释为"秋"并没有错，然其中确与蝗虫有

着紧密关系。夏渌认为，甲骨文之"秋"实为"蝗"，而代表秋天。徐中舒主编的《甲骨文字典》收录有"秋"字，其解释为：卜辞亦借🦗、🦗为秋……此即《说文》秋字籀文所本。或谓🦗、🦗等形象蝗形，为蝗之初文，于卜辞例亦可顺释。按其说可参。《说文》："秋，禾谷熟也。从禾，龜省声。穐，籀文不省。""秋"字的释义有：一、记时名词，春秋之秋。二、帝秋、告秋、𢧵秋，皆有关秋时之祭祀，或谓为有关蝗神之祀。三、疑为地名。四、疑为蝗灾。上述解释过于复杂。我们认为，🦗就是"秋"字。从此"秋"字可以看出以火灭蝗的意思。后来，"秋"字又演变为🦗。由此不难看出，"秋"字由三部分组成：代表农作物的禾；代表蝗虫的🦗；代表火的🔥。其意为：在秋天，蝗虫吃禾本科作物，用火防治蝗虫。由此也不难看出，"蝗"字与"秋"字的构成有关，但"蝗"字表示的就是蝗虫，仅此而已。当今的"秋"字，就是将甲骨文🦗字中的蝗虫形去掉，而成为"秋"字的另一种写法，成为当今"秋"字的先驱，即🦗。如将"禾"下边的🔥作为火，从禾下移到禾右，不就是当今的"秋"字吗？从甲骨文"秋"字的构成、演替可以看出，古代劳动人民对蝗虫怀有一方面祈祷、一方面又要防治的复杂心情。此种心情一直延续到清代。清代的众多治蝗专书在讲了许多防治方法后，总要提到祈祷。钱炘和在《捕蝗要诀·捕蝗要说二十则》的第十八则就讲到"祈祷必诚"："乡民谓蝗为神虫，言其来去无定，且此疆彼界，或食或不食，如有神然。有蝗之始，宜虔诚致祭于八蜡神前，默为祷祝，令民共见共闻。如不出境，则集夫搜捕，务使净绝根株，亦以尽守土之职尔。"

以火灭蝗起始于殷商，这仅是我们的一家之言。邹树文在《中国昆虫学史》中认为，以火灭蝗的时间难以定论。他说："诗说出了'出'，并没有说出怎样的'去'法。下文有'田祖有神，秉畀炎火'两句，虽然后来唐朝姚崇治蝗即用此两句以抵抗他的政敌，以火灭蝗是当时的伟绩，但不可能用姚崇的情况概括一切害虫。……另一方面，亦不必相信郑玄的注：今明君为政，田祖之神不受此害，持之付与炎火，使自消亡。……炎火二字应该结合我们自古以来的习惯，冬天要用火烧田，清除杂草、残株，同时进行冬天的狩猎，因而收攻治越冬的害虫之效来作理解。至于当时在农作物生长时期究竟有没有除去这四类害虫的方法，还要另求补充解答。"清代许多治蝗专书均以清除、焚烧杂草作为防治蝗虫的重要方法，顾彦还以此作为根除蝗害的手段。章义和曾在《中国蝗灾史》第一章"中国历代蝗灾的发生情况"中指出甲骨文"秋"字原意为用火驱杀蝗虫，但在第七章"历史上的治蝗实践"中又否定了这一观点。根据历年出土的甲骨文记载可知，商代武丁前后，我国已有相当发达的农业。……依理度之，其在治蝗上应有一定的办法，只是目前我们无从稽考。为此，我们仍坚持己见，认为以火灭蝗应始于殷商时期，以火灭蝗也应是治蝗方法的先祖。

二、根除蝗害法

根除蝗害亦即清代一些人士所称的"除根"。此法就是改造蝗虫的发生基地，也就是改造蝗区，使蝗灾不再发生，以达一劳永逸之目的。在明朝末年以前，亦即徐光启撰成《除蝗疏》前，人们仅对蝗灾的发生时间、地点进行记载，对成灾的原因及其对策进行过一些研究，但从未涉及蝗区的概念，更不可能提出根除蝗害的方法。对蝗虫进行研究，对蝗灾进行治理，最有成绩的也仅有徐光启。他在《除蝗疏》中指出："蝗之所生，必于大泽之涯。然而洞庭、彭蠡具区之旁，终古无蝗也（此句有误，此地不仅有蝗，而且还发生过蝗灾——笔者注），必也骤盈骤涸之处，如幽涿以南、长淮以北、青兖以西、梁宋以东诸郡之地，湖漅广衍，瞑溢无常，谓之涸泽，蝗则生之。历稽前代及耳目所睹记，大都若此。若地方被灾，皆所延及与其传生者耳。"寥寥数语，就将我国古代的蝗区划定下来，而且与现代的蝗区范围基本一致。同时，他还就元代蝗灾史再作统计，以其七年中六次见蝗灾的经历，分出主要发生基地和间或蔓延地方，并拟在发生基地施行根除蝗害之法，亦即"涸泽者，蝗之原本也，欲除蝗，图之此其地矣"。当代治理蝗灾的战略战术思想，在徐光启的《除蝗疏》中已露端倪。在清代，根除之法已偏离了徐光启的原意，而将他的"先事消弭之法"作为根除的手段。"即知蝗生之缘，即当于原本处计划，宜令山东、河南、南北直隶有司、衙门，凡地方有湖荡、淀洼积水之处，遇霜降水落之后，即亲临勘视，本年潦水所至到，今水涯有水草存积即多，集夫众侵水芟刈，敛置高处。"水草既去，附草之虾子也就无可生发了。

"涸泽者，蝗之原本也，欲除蝗，图之此其地矣。"这是徐光启根除蝗害的指导思想，其意十分清楚，改变蝗区面貌才是治蝗之本，而非清除、焚烧杂草。清代人背离徐光启原意的做法，可能有下述两个原因：

（一）化生说的影响

清代众多治蝗专书均以徐光启的《除蝗疏》为蓝本，陈子龙篡改《除蝗疏》是清代治蝗专书背离徐光启根除蝗害论的重要原因之一。邹树文认为，陈子龙在校刊《农政全书》时，伪托玄扈先生之名在《除蝗疏》中窜入许多不科学不合理的内容。陈子龙将原《屯盐疏》除蝗第三中的第一条改为前言，而将第四条改为第三条，并于"亦水涯也"句下插入"则蝗为水种，无足疑矣。或言是鱼子所化，而臣独断以为虾子，何也？"随即举出四条强词夺理的佐证。《除蝗疏》中的"蝗"字又被陈子龙大多改为"虾子"。《除蝗疏》经陈子龙篡改，虾变蝗就被清代众多治蝗专书所接受。但鱼子或虾子化为蝗的论说并非始于陈子龙，此说在春秋时就已出现。宋代陆佃《埤雅》说："蝗即鱼卵所化。《列子》曰鱼卵之为虫，盖为是也。俗云：春鱼遗子如粟，埋入泥中，明年水及故岸，则皆化为鱼；如遇旱干，水缩不及故岸，则其子久搁为日所暴，乃生飞蝗。"鱼虾变蝗纯属天方夜谭。而实际情形是秋蝗产卵于岸边

的土中，来年雨水多，产卵场所被水淹，卵不能孵化而死；如来年干旱，产卵场所不被水淹，产于土中的卵则发育成飞蝗。由于化生说的影响，清代众多治蝗专书就依《除蝗疏》中的"先事消弭法"亦即清除、焚烧杂草为治理蝗灾的首要任务。

陈仅《捕蝗汇编》一书深受化生说的影响。他在论化生之始时，对鱼、虾遗子变蝗大加渲染，说：

〔蝗〕系鱼虾遗子所化，凡水涯泽畔骤盈骤涸之处，鱼虾遗卵留集草丛湿土，黄色者系鱼子，青色者系虾子。次年春水涨及其处，则为鱼为虾，游泳而去；若水浸不及，湿热郁蒸，即变为蝻子……又，任昉《述异记》云：江中鱼化为蝗而食五谷。段成式《酉阳杂俎》云：蝗虫首有王字不可晓，或言鱼子变。近之，陆佃《埤雅》云：蝗，鱼卵所化。《列子》鱼卵之为虫是也。《太平御览》云：丰年蝗变为虾。罗愿《尔雅翼》言：虾好跃，蝻亦好跃。一僧云：蝗有二须，虾化者须在目上；蝗子入土孳生者，须在目下，以此可别。谨按：鱼卵最为难化，虽烹熟食之，随粪而出，终不腐烂，惟经火不能复生耳。故产鱼之邑，宜示民食鱼者，必并卵食之，不可弃之于地。

陈仅对鱼虾变蝗深信不疑，而对清除、焚烧杂草治蝗也十分相信。他在《捕蝗汇编》中说："每年十月农隙，谕各乡保查地方有湖荡水涯、沮洳卑湿、曾经受水之处，水草积于其中者，据实造册报官，集人夫，给工食，悉行挖刈。其丛草晒干作薪，如不可用，就地连根翻掘，纵火焚烧，使草根遗子悉成灰烬，永绝萌芽。"

顾彦受化生说的影响更深，他首次明确提出清除、焚烧杂草便是消除蝗根法。他在《治蝗全法·土民治蝗全法》中说：

虾鱼生子水边，及水中草上。如水常大，浸草于水中，则虾仍为虾，鱼仍为鱼。若水不大，及虽大而忽大忽小，及虽有水而极浅，不能常浸草于水中，则草上之虾鱼子日晒熏蒸，渐变为蝻（蝗初生无翅为蝻，蝻渐大有翅为蝗。蝗不外化生，卵生两端，此即所谓化生者），不数日生翅即为蝗。是以大河、大湖、大荡水边有草处，如水不常大盈满，则生蝻。小河、小港、沟槽、浜底有草处，水不常满，忽大忽小，忽有忽无，则生蝻。芦稞滩荡，及一切低潮有草处，水虽常有，浅而不深，日晒易暖，则生蝻。（此等情形，皆指江南水乡而言，若北方陆地，则其河渠盈则四溢，草随水上，及其既涸，则草留涯际，虾鱼子之附于草者，既不得水，又难日晒，熏蒸皆变为蝻矣）故欲治蝗于无蝗之先者，必须于此等生蝻处所将草尽

行剧去，则蝗根即可消除。而将草携回，更可作垭田烧火之用，农人何乐而不为耶？如不将草垭田烧火，则必曝干纵火烧之，方绝蝗患，否则犹恐生蝻，切记切记。

顾彦将上述治蝗法总结为除蝗根法，亦即根除蝗害法。

陈崇砥在《治蝗书》中虽未提及"除蝗根法"四字，但清除、焚烧杂草不但重提，而且还附有插图，可见化生说对清代治蝗专书影响之深远。

> 水潦之后，鱼虾遗子多依草附木。每在洼下芜秽之区，春末夏初，遇旱则发。宜先时于水退处所，刈草删木，取为薪蒸，必芟柞净尽。再用竹耙细细梳剔一过，使瓦砾沙石悉行翻动，即用火焚烧草根。若旁边有水，并将瓦砾等物弃之于水，则子无所附，自然澌灭矣。

图 6-1　治化生蝻子图

（二）徐光启自身的原因

石汉声认为，说蝗是虾子变成，原疏所无，谅系刻书时整理所增。但下段"在水为虾，在陆为蝗"之说，原疏中确实存在。因此，不能说徐光启不相信虾变蝗，石汉声的分析确实在理。徐光启过于重视蝗子附草而生的看法。清代众多治蝗专书将其清除、焚烧杂草作为治蝗之本，不能说与徐光启无关。众所周知，蝗虫一般产卵于土中，在杂草上产卵仅偶尔为之，就是将卵产在植物上也难以孵化。如此看来，清除、焚烧杂草不仅不是治理蝗灾的首要任务，就是作为一般的治理蝗灾的方法，其效果也不会明显。徐光启所提出的根除蝗害的指导思想"涸泽者，蝗之原本也，欲除蝗，图之此其地矣"，这是先进、正确的，但在当时的社会条件

下，要完全实现却是不可能的。根除蝗害就是要彻底改变蝗区的面貌，首先应从兴修水利入手。这在徐光启所处的时代，彻底实现难，但局部改造还是有可能的。徐光启主张旱田改水田，应是改造蝗区的措施之一。他在《农政全书·荒政》中引傅子的话说："陆田命悬于天，人力虽修，苟水旱不时，一年之功弃也。水田之制由人力，人力苟修，则地利可尽也。且虫灾之害，又少于陆，水田既熟，其利兼倍，与陆田不侔矣。"种植蝗虫不喜食的作物，也应是改造蝗区的又一措施。此法虽不是徐光启首次提出，但他将其系统化，作为治蝗方法之一加以推广，应无疑问。徐光启引王祯《农书》说："蝗不食芋桑与水中菱芡，或言不食菉豆、豌豆、豇豆、大麻、苘麻、芝麻、薯蓣。凡此诸种，农家宜兼种，以备不虞。"种植蝗虫不喜食的作物，《吕氏春秋》就已知晓，其中提到了蝗虫不食大麻的现象。《后汉书》、《晋书》等均提到蝗虫不喜食的作物。吴遵路劝农民种植豌豆，收到了很好的效果。钱炘和《捕蝗要诀·除蝻八要》中记载蝗虫不喜食的作物有：黄豆、菉豆、黑豆、豇豆、芝麻、大麻、苘麻、棉花、荞麦、苦荞、芋头、洋芋、红薯等。钱炘和认为，蝗虫不食这些植物，或因叶味苦涩，或因甲厚有毛。在蝗区内种植这些作物，既可使农家在蝗灾之年有些收成，又可减轻蝗区的嚣孽。

三、掘子治蝗法

掘子治蝗法大致可分为耨土弭蝗法和挖掘蝗卵法两种。

（一）耨土弭蝗法

耨土弭蝗法早在战国时期就已应用。《吕氏春秋·不屈》记载："蝗螟，农夫而杀之。奚故？为其害稼也。"又《任地》指出："五耕五耨，必审以尽；其深殖之度，阴土必得，大草不生，又无螟蜮；今兹美禾，来兹美麦。"此段话中虽未有蝗字，但蝗产卵土中，经五耕五耨，蝗卵必被翻出，经曝晒而死，达到防治蝗虫的效果。

《元史·食货志一》记载："仁宗皇帝二年（1313年），复申秋耕之令，惟大都等五路许耕其半。盖秋耕之利，掩阳气于土中，蝗蝻遗种皆为日所曝死。次年所种，必胜于常禾也。"在此之后，清代一些学者在其所撰治蝗专书中也经常提及耨土弭蝗法。清康熙帝在康熙三十二年（1693年）还专门下达过《命河南等省耨土弭蝗谕》："朕闻山东省今年秋成之后，九月间曾有蝗起，其遗种必已在地。今年雨水较多，若来春稍早，则蝗虫复生亦未可定，不可不预为之计。宜及蚤将田土悉行耕耨，俾蝗虫覆土所压烂，则势不能复孳，纵使稍有遗种，明岁复生，地方官即行设法驱捕，不致烦多，亦大有裨益。着交与户部作速行知直隶、山东、河南、山西、陕西巡抚，通行晓谕。所属地方将田土于今冬来春务亟耕耨，以弭蝗患。如有不能遍耕之田，蝗虫复生，亦必速行驱捕，勿致为灾。"此谕对耨土弭蝗法作了客观的评价：将田耕耨，蝗不能复孳，纵稍有遗种，明年复生，地方官设法驱捕，不致烦多，亦大有裨益。

清乾隆时，江苏淮阴太守李源在其《捕蝗图册》中记载："蝗蝻扑灭之后，荒地亟须翻耕，盖蝗虫遗子多在板荒地内。不行翻耕，来年势必复出。应令州县于捕毕之后，遍查未耕荒田，广为出示，劝谕农民尽力翻耕，则土中蝻子一经泄气，不能再生。而翻出之子仍许交官收买，则无不乐为之矣。春融之后，又得播种，实为一举两得。"此文虽短，但对耪土弭蝗的方方面面均有所阐述，并附有插图。其不足之处是文中个别用词欠妥，如"土中蝻子"之类。

清代陈仪《捕蝗汇编·捕蝗十法》中的"除蝻断种法"对耪土弭蝗也有所论述："北地农夫，于近山滨水土田瘠薄之区，每种二三年，即停犁一年，以畜地脉。其停犁之岁，莳草丛生，不异野坡，每易生蝻。应于二三月，土膏既动，农务未忙，责成地主将该土一律犁转，则蝻自可消灭。至飞蝗遗子在田内者，亦复不少，宜饬各业佃加工翻犁，深耕倍耪，务令孽种深埋，出土较难。既培地利，并弭灾患，切勿大意贻误。"

清代李炜《捕除蝗蝻要法三种·搜挖蝗子章程》对耪土弭蝗也有记载："蝗子在地，初只寸许，渐至入地数寸。此次犁地，必较常年深至数寸，始能绝其根株。农田每种二三年即停犁一年，以畜地力。其停犁之岁，置同野块，难免蝗孽滋生。此次有蝗附近地亩，无论是否再种，均依法搜挖后，再行加工翻犁。"

综上所述，各家所用耪土弭蝗的方法均为耕翻田地，但其结论各异。土地经翻耕后，《元史》的结论为：蝗虫遗种皆为日所曝死；康熙帝"耪土弭蝗谕"的结论为：蝗虫为覆土所压烂；《捕蝗图册》的结论为：蝻子泄气不能再生；《捕蝗汇编》的结论为：孽种深埋，出土较难；《捕除蝗蝻要法三种》是先挖蝗卵，而后再行翻犁，未提结论。我们认为《元史》的结论符合客观事实。

耪土弭蝗法不失为一个行之有效的治蝗办法，至今仍在应用。

（二）挖掘蝗卵法

此法首先在宋代使用，《熙宁诏》和《淳熙敕》均记载了挖掘蝗卵的史实，但这两部法规均未涉及挖掘蝗卵的具体方法。

元代首次提出先用侦察方法，然后有针对性地挖掘蝗卵，以达到防治蝗虫的目的。《元史·食货志》记载："每年十月，令州县正官一员巡视境内，有蝗虫遗子之地，多方设法除之。"徐光启在《除蝗疏》中指出："臣见傍湖官民，言蝗初生时最宜扑治。宿昔变异，便成蝻子，散漫跳跃，势不可遏矣。法当令居民里老时加察视，但见土脉坟起，即便报官，集众扑灭。此时措手，力省功倍。"此意十分明白，对蝗虫的产卵场所即土脉坟起处，要时加侦察，尔后不是挖掘蝗卵，而是待蝗卵孵化后立即集众扑灭。此法甚好，但难度太大。《除蝗疏》又指出："臣按：蝗虫下子，必择坚垎黑土高亢之处，用尾栽入土中下子，深不及一寸，仍留孔窍。且同生而群飞群食，其下子必同时同地，势如蜂巢，易寻觅也。一蝗所下十余，形如豆粒，中止白汁，渐次充实，因而分颗，一粒中即有细子百余。或云一生九十九子，不

然也。夏月之子易成，八日内遇雨则烂坏，否则至十八日生蝻矣。冬日生子难成，至春后生蝻，故遇腊雪春雨则烂坏不成，亦非能入地千尺也。此种传生一石可至千石，故冬月掘除，尤为急务。且农力方闲，可以从容搜索。官司即以数石粟易一石子，犹不足惜。第得子有难易，受粟有等差，且念其冲冒严寒，尤应厚给，使民乐趋其事，可矣。臣按以上诸事，皆须集合众力，无论一身一家一邑一郡，不能独成其功，即百举一隳，犹足偾事。"徐光启的上述论述，指出应在何时何地挖掘蝗卵，并在通过有序组织给予合理报酬、掌握产卵习性的情况下，进行挖掘蝗卵的工作。同时，徐光启还指出了挖掘蝗卵的重要意义。

清康熙帝对治理蝗灾十分重视，在其《捕蝗说》中对挖掘蝗卵也有十分清晰的认识。文中写道："古人欲弭其灾，爰有捕蝗之法。朕轸食民食，宵旰不忘。每于岁冬，即布令民间，令于陇亩之际，先掘蝗种，盖是物也，除之于遗种之时则易，除之于生息之后则难……当冬而预掘蝗种，所谓去恶务绝其本也。"作为一个皇帝，康熙帝能有如此深刻的认识，实属不易。

陈仅在《捕蝗汇编·捕蝗十法》的"除蝻断种法"中对挖掘蝗卵有着较为详尽的论述，可概括为下列几点：①"飞蝗下子之地，形既高亢，土覆垆黑，又有孔窍可寻。宜于冬令未经雨雪之时，饬乡保地主居民细行寻挖。入土尺余，挖得形如累黍，贯串成球，中有白汁者便是。将其挪破，或呈官领赏。于挖尽处，仍用干草将地土焚烧，插标立记。交春后，该乡保率地主居民再加细看，见有松浮土堆，找寻小穴，立复刨挖，勿留遗孽。春间看过无子，初夏再看，以防续生。"②"本年有蝗处所，责令地主佃户锄地耕草之便时加寻觅。见到蝻孔即便挖净，不可稍迟。将子到官易粟听赏。"③"曾经飞蝗停集之地，无论荒熟，本人地土，责成本人搜查。无人管业者，责成连界业佃。河堤湖滩，责成乡保及附近用水地主。人迹罕见之区及官地，责成乡保官。地有租户者，责成租户。各自周流搜挖。倘敢玩视，交春一经出土，查明责惩，并罚搜捕。"④"飞蝗停落处所，乡保逐一标记，并先将村庄保长业佃姓氏，造册报官。遇便下乡，按册查验，有无虫孔，曾否搜挖，分别赏罚，以示劝惩。"⑤"收买蝗蝻，民瘼攸关。地方官不可自分畛域，以误人自误。如有邻县接壤居住人民挖出蝻孽，就近来县呈缴者，亦一体给价买收，切勿吝费推诿。"《捕蝗汇编》关于挖掘蝗卵的论述方法正确，制度可行，责任明确，奖惩分明，是一篇行之有效的挖掘蝗卵的论说。

钱炘和在《捕蝗要诀·除蝻八要》中，对挖掘荒地上的蝗卵特别重视："上年搜挖蝗子，凡经蝗落地段，均已寻觅虫孔，刨取殆尽。适种麦时，又各加工翻犁，宜其无复遗孽。然其中有搜挖不到者，如山地之有荒坡，原地之有陡坎，滩地之有马厂，坟地之有陵墓。义园、官冢、祖茔，皆为蝻子渊薮。是宜多派民夫，同各地主、坟主复寻虫孔及虫子蠕动处，一律刨挖，约连草根去浮土三寸许，添以柴薪、草秆，磊堆焚烧。"

李炜《捕除蝗蝻要法三种·搜挖蝗子章程》将前人在挖掘蝗卵方面的论述作了全面的总结。现将全文录于下，并略加分析。

搜挖蝗子章程

飞蝗多已孕子，故停落即生。其生子必以尾插入土中，深约寸许，上留孔窍，形类蜂窝，较蚁洞略小。凡蝗落之处，陇首地畔，及左右空地俱有，最易寻觅。（古说必系高亢垆黑之地，亦不尽然）

蝗子孔窍，挖下寸许或数寸，皆有小巢，与土蜂泥窝相似。取出去泥，复有红白膜裹之，长约寸许，是为蝗卵。膜内如蛆如粳米者，少或五六十颗，多或百余颗，斜排向下。每颗约长二分许，破之皆黄汁，即蝗子也。（一生九十九子之说亦举大数而言）如寻获孔窍，必由旁边挖入，方可取其全巢。（只以小刀挑取，极为简便）

蝗畏风雨，如遇骤雨疾风，必潜避于草根、石罅、树兜、土坑。故挖取蝗子，不可一处疏漏。其禾地甫经收割，即须拔草搜寻，见有虫孔，速行刨取。

蝗子孔窍或为浮土掩盖，或因捕蝗踏烂，其子在下，盘旋蠢动，久之必有松土坟起，如虫蓁然，可以寻挖。即翻犁播种后，亦必时常审视。

蝗子在地，初只寸许，渐至入地数寸。此次犁地必较常年深至数寸，始能绝其根株。

农田每种二三年即停犁一年，以畜地力。其停犁之岁，置同野块，难免蝗孽滋生。此次有蝗附近地亩无论是否再种，均着依法搜挖后再行加工翻犁。（苜蓿地亦必搜挖）

时交寒露，百虫咸伏，蝗子在地，但能直下，不能旁行，入土尺余，则伏而不动。如刨挖尚浅，不得以未见蝗子混行搪塞。（现在寒露以前，入土不过寸许）

蝗自四月至八月能生发数次。现查有蝗落不及十日之处，挖获连巢蝗子，渐次成形，动若曲蟮，取向太阳晒之，少顷便露小爪。可见蝗十八日即生之说信而有征。不得以飞蝗已过，秋禾已收，便生怠玩。（上年直隶河南，麦苗初生即被蝗食）

挖蝗子本应责成地主、佃户保护己田，但恐力难遍及，反致迟缓蔓生。现议由官重价买收，应令不分地界，仍听绅约督办。

蝗首皆有二须。由鱼虾子化生者，须在目上；由蝗子孽生者，须在目下。现查捕获之蝗，须在目下者十有八九。其为孽生，不可数计。倘此次刨挖未净，转盼又将生蛹，乡保及地主、佃户何能当此重咎。应令冬春之交，各将地亩深锄一二次，以期永杜蛹患。

蝗性畏雪，雪深一尺，则蝗入土一丈。嗣后有蝗处所，冬春遇雪，即速拥入地内，以土掩之，勿使从风吹去，不惟除蛹，兼可培益麦根。

蝗子遗于地畔土坎者多，刨挖所不能周，亦翻犁所不能及。应令地主、佃户，各将见有孔之土概行挖去数寸，连草根、禾兜拥堆烧过，捶成细土，再行洒入地内，蛹害既去，地亦加肥。

《搜挖蝗子章程》共十二条，其中"蝗子在地，初只寸许，渐至入土数寸"和"农田每

种二三年即停犁一年，以畜地力"两条已被耨土弭蝗法选用。"飞蝗多已孕子"、"蝗畏风雨"、"蝗子孔窍"、"蝗子遗于地畔土坎者多"诸条均谈论产卵场所，论述十分详尽而准确。"蝗子孔窍，挖下寸许或数寸"一条中首次将蝗卵（即卵囊）和蝗子（即卵粒）这两个名称的概念阐释清楚。在此之前，这两个名称的概念混乱，用词不准。徐光启虽认识到二者的不同，但未给出相应的名称。《搜挖蝗子章程》并非完美无缺，有的错误实属不该。如"蝗子在地，但能直下，不能旁行"、"雪深一尺，则蝗入土一丈"，稍有常识的人都认为这种说法纯属无稽之谈，李炜之所以有此认识，其原因肯定是他没有作过实地调查。"蝗首皆有二须"条下之说则是为化生说提供佐证。总之，李炜的《搜挖蝗子章程》在治蝗史上是有贡献的。

陈崇砥《治蝗书》的《治卵生蛹子说》篇对挖掘蝗卵有所创新，还附有插图，将挖卵的景象呈现出来。文中说道：

> 凡飞蝗遗子，必高埂坚硬之地，深约及尺，有筒裹之如麦门冬。虽有孔可寻，而刨挖甚属费手，不如浇之以毒水，封之以灰水，则数小儿之力便可制其死命。其法用百部草煎成浓汁，加极浓碱水，极酸陈醋，如无好醋，则用盐卤，匀贮壶内。用壮丁二三人，携带童子数人，拿壶提铁丝赴蝗子处所，指点子孔。命童子先用铁丝如火箸大，长尺有五寸，磨成锋芒，务要尖利，按孔重戳数下，验明锋尖有湿，则子筒戳破矣。随用壶内之药浇入，以满为度，随戳随浇，必遍而后已，毋令遗漏。次日再用石灰调水，按孔重戳重浇一遍，则遗种自烂，永不复出矣。如遇雨后，其孔为泥水封满，亦可令童辈详验痕迹，如法照办。

图 6-2 治卵生蛹子图

四、驱打蝗蝻法

蝗卵刚孵化，幼龄蝻十分集中，密度很大，易于防治。随着龄期的增加，防治难度也随之加大。防治蝗蝻的方法很多，有些方法既可用于防治蝗蝻，又可用于防治蝗虫的成虫。

（一）以火灭蝗蝻法

此法已在"治蝗时间起始考"部分中论述，此不再重复。

（二）挖沟治蝗法

此法亦可用于防治蝗虫的成虫，但主要用于防治蝗蝻。挖沟治蝗始于东汉，王充在《论衡·顺鼓篇》中记载了此法："蝗虫时至，或飞或集。所集之地，谷草枯索。吏卒部民，堑道作坎，榜驱内于堑坎，杷蝗积聚以千斛数。正攻蝗之身，蝗犹不止。"此记载未说清楚将蝗虫驱于沟内后是埋是焚，但明确指出蝻与成虫均在其中。

宋代董煟《救荒补遗书·捕蝗法》中有两条内容涉及挖沟治蝗方法，从其记载的文字看，主要对象应为蝗蝻。

> 蝗有在光地者，宜掘坑于前，长阔为佳，两傍用板及门扇接连八字铺摆列，集众用木枝发喊，赶逐入坑。又于对坑用扫帚十数把，俟有跳跃而上者复扫下，覆以干草，发火焚之。然其下终是不死，须以土压之，过一宿乃可。（一法，先燃火于坑，然后赶入）

> 烧蝗法：掘一坑，深阔均约五尺，长倍之。下用干柴茅草发火正炎，将袋中蝗虫倾下坑中，一经火气，无能跳跃……瘗埋后即不复出。

董煟的"捕蝗法"也非他自己的经验总结，这从附记中可发现一些端倪："右件虽不仁之术，倘不屏除，则遗种昌炽，诚何以堪。"

明代徐光启的《除蝗疏》将挖沟治蝗法又向前推进了一大步，但未提火攻之术，其法尚欠完整。其文曰：

> 已成蝻子，跳跃行动，便须开沟捕打。其法视蝻将到处，预掘长沟，深广各二尺。沟中相去丈许，即作一坑，以便埋掩。多集人众，不论老弱，悉要趋赴，沿沟摆列，或持帚，或持扑打器具，或持锹锸，每五十人用一人鸣锣其后。蝻闻金声，努力跳跃，或作或止，渐令近沟。临沟即大击不止，蝻虫惊入沟中，势如注水。众各致力，扫者自扫，扑者自扑，埋者自埋，至沟坑俱满而止。前村如此，后村复然，一邑如此，他邑复然，当净尽矣。

清代众多治蝗专书多涉及挖沟治蝗之法，并各有特色。陈仅在《捕蝗汇编》对此从多个方面进行了阐述。有关内容摘录如下：

平地捕蝗法

蝗在平地，先须掘陡沟、深坑于前，长数丈，深广各三四尺。掘起之土，堆沟对面为外御，沟底徧铺柴草，两旁用布墙、布篷，或用木板片、门扇，或用芦席、渔网沿沟排墙沟外。人夫各持捕扑器具一字摆定，众夫尾蝗后呐喊鸣金，持械围、扑、赶、打，逼至沟边，锣钹轰击不止。蝗蝻惊跳，众人趁势用力扫入沟内，急覆柴草烈火焚烧。如恐坑底蝗多不即死，或先于沟内燃火，始行驱入对沟，人夫遇蝗跳跃过沟，尽行扫纳焚烧，毋使逃窜。若有旁逸于谷麦地内者，须顺谷麦之畛，俯身就地，随捆随逐，赶入沟内，焚过之后，将坑沟填土筑实，插标为记。隔一二日再行复看，其零星错落不成片段，即随地掘坑，驱而纳之，亦属省便。切忌但用土筑掩活埋，隔宿气苏，穴地而出，仍然为害。凡捕蝗人夫，勿令拥挤，须间二尺或三尺站立一名，则踞地宽而收效广，既易于农力，亦不致虚縻人工。

山地捕蝗法

凡捕山地蝗虫，先宜相度地势，其宽衍者宜四面围打，狭长者宜上下对打，横阔者宜左右对打，若在斜坡之地宜于下坡掘坎置火，由上驱下。倘蝗行不顺，随宜酌定。如在深谷回坡草多地少之区，则四面围烧，一炬可尽，不必惜价小费也。

蝗蝻之性最喜向阳，辰东、午南、暮西，按向逐去，各顺其性，方易有功，否则乱行，多费人力，剿除无序，反致蔓延。

蝗性见火即扑，应于陇首隙地多掘深壕，三更后壕内积薪举火，蝗俱扑入，趁势扫捕，可以尽歼。虽日间捕扑已净之地，恐有零星散匿，难于搜寻，夜间再用此法，始可净绝根株。

顾彦《捕蝗全法》根据具体情况，制订了各种不同的挖沟治蝗方法，甚为全面。其文录于下：

蝻初生大约在芦稞荡及麦田之间。在芦稞荡者，法应植竹为栅，四面围之，砍去其芦，以链枷更番击之，可以即尽。然此但指小蝻尚未能跳者言也。若既稍大能跳，则应分地为队，队用少壮五十人，分布在芦稞荡之三面守之。后于前一面掘一沟，长三四丈，上阔一尺七寸，下阔二尺五寸，深一尺。沟底每距三尺余掘一坎，

然后砍去其芦，自后达至沟。乃呼三面守者合力驱之，并鸣锣以惊之。蝻跃至沟即坠，俟全坠即以土掩之，蝻即尽矣。然此但指芦稞荡之小者言也，若宽大则应于芦稞荡之适中掘一长大之沟为濠（沟大而有水为濠，蝻见水久则烂）。先从濠之左一面或右一面驱尽，然后再驱一面，以土掩之。（凡芦塘之宽大者，如掘一沟则去远，掘两沟则工费，故于塘之中间掘一沟为濠最妙）其驱之也宜徐，不可急，急则旁出。沟所不可立人，立人则蝻见惊避。又，蝻出十六七日，生半翅时，其行如水之流，将食稻麦矣。法应以竹为栅，堵其两旁，而于两旁之中埋一大缸，向其来路。蝻行自入缸中，不能复出，可即以大袋收之，曝干作虾米食（蝻可食），或和菜煮食，或饲猪鸭，俱易肥壮。至于分队之法，每队少壮五十人，领以老成能事者四五人，先探明芦中何处有蝻，立一长竿布旗以表之，谓之一围。他处亦然。次第表毕，即令五十人如上法驱捕。一日令其捕十围，纵不能尽，所余亦不过十之一二，即为害亦不大矣。又日间扑之，如或散去，至夜仍聚一处（蝻性好群也），次日再扑之，即尽矣。（此捕芦中蝻法，见马源《捕蝗记》）蝻既稍大如蝇，群行能跳，在空地上者，则应于可开沟处先开一丈许长沟，深四五尺，阔三四尺。其开出之土，即堆于对面沟边，以为后来填压之用。次集多人，无论老幼，皆手执扫帚，或竹枝、柳枝，三面围喊。又每五十人或三十人鸣一锣，蝻闻人声、金声必即惊跃欲遁。人即乘势将蝻驱至沟边，执帚者扫，执枝者扑，执锣者将锣大击不止。蝻必全入沟中，形如注水，应即用干柴燃火投入沟中烧之。下恐尚有活者，须再以前开出之土填入压之，过一宿方妥。（此治空地上蝻于如蝇时之法，见乾隆二十四年户部条例及陈芳生《捕蝗法》、陆曾禹《捕蝗八所》）若在田横陇畔，不能开掘长沟之处，则应每田一区，先用数人将蝻驱至空阔无稻麦处，后用多人四面逐之，令其攒聚一处，以长栈条圈之，再以土壅栈条外脚，使无罅漏可以钻出，只留一极狭小门可以出入一人，即于此小门口斜埋一大缸于地中，其向栈条门口处之缸沿须与地适平，然后使人入栈条内，驱蝻入缸。顷刻满，不能复出，装入车袋，以水煮之。

　　蝻性向阳，辰东、午南、暮西，凡开沟捕蝻及田中捕蝻，俱须按时刻顺蝻所向驱之，方易为力，否则不顺必至旁出，蔓延他所。是此法宜用旗三五面，令人执立蝻所向之方，大家将蝻俱赶向有旗一方去，庶不至错乱，而成功易。（旗应用五色，看蝻何处多则树赤者，何处少则树白者，次青、次黄、次黑，以别缓急，以次捕治，则旷野中一目了然，审向端而成功易矣）

　　蝻性又向火（蝗性亦然）。凡开沟捕蝻者，最宜夜间用柴烧火沟边，蝻见火光，必俱来赴，人即从后逐入沟内，以火焚之，最易为力。田中捕蝻者，亦宜夜间用柴烧火田畔，俟蝻来赴，从后逐之，亦易为力。切勿因日间辛苦，夜间要睡，懒

而不为，亦勿因购买柴草须费钱文，吝而不为，致贻后悔。

钱炘和《捕蝗要诀·除蝻八要》对挖沟治蝗与前面的做法大致相同，但也有改进之处。相关内容录于下：

开濠沟：蝻未生翅，只能跳跃，高约四五寸，远约七八寸。若就地挖沟，长与地齐，深二尺，面宽一尺，底宽一尺五寸，两边俱用铁锹铲光。蝻至沟边必自落下，不得复出。是宜相定地势，山地则就下坡为沟，平地则先审蝻所向处为沟。蝻势散乱，则沿地畔为四面沟，又或地长则开三四横沟，地阔则更可作十字沟、井字沟。蝻性好跃，每于巳、午、未三时，用长竹竿插入麦丛，左右摇动，其驱而纳之者必多，如其在地不跳，亦有沟以限之，可以设法捕除，且免贻害邻地。（予在马厂治蝻，开挖长壕二百余道，复于壕内多挖圆洞，蝻自投入。凡挖沟所起之土，宜置地角上下，不得堆塞沟边。如蝻已落沟，即用草秆焚烧，覆以原土）

又《捕蝗要说二十则》有关挖沟治蝗的内容摘录如下：

捕初生蝻子：蝻子初生，形如蚊蚁，总因惰农不治，以致滋蔓难图。应乘其初出时，用笤帚急扫，以口袋装之。如多，则急刨沟入之，无不扑灭净尽。

捕半大蝗蝻：蝻子渐大，必须扑捕。雇夫既齐，五鼓时鸣金集众，每十人以一役领之，鱼贯而行。至厂，于蝗集甚厚处所，或百人一围，或数百人一围，视蝗之宽广以为准。每人将手中所持扑击之物彼此相持，接连不断，布而成围，则人夫均匀，不至疏密不齐。即齐之后，席地而坐，举手扑打，由远而近，由缓而急，此处既净，再往彼处。一处毕事，稍休息以养民力，自可奋勇趋事。

布围之法：蝗蝻来时骤如风雨，必须迎风先下布围，如无布围则取鱼苇箔代之。但苇箔稍疏，有乘隙而过者，宜用人立于箔后，手执柳枝，视蝗集箔上，即随手扫之。围圈既立，网开一面，以迎蝻子来路。如在正北下围，则东西面用人围之。正南则空之以待其来，来则顺风趋箔，进入沟坑之中。

刨坑之法：蝻子色变黄赤时，跳跃甚速，宜多挖壕坑，先察看蝻子头向何处，即于何处挖壕，但不可太近，以近则易惊蝻子之头。彼即改道而去，且恐壕未成，而蝻子已来，则将过壕而逸也。其壕约以一尺宽为率，长则数丈不等。两边宜用铁锹铲光，上窄而下宽，则入壕者不能复出。壕深以三尺为率，一壕之中再挖子壕，或三四个、四五个不等。其形长方，较大壕再深尺余。或于子壕中埋一瓦瓮，凡入

壕蝻子皆趋于子壕，滚结成球，即不收捉，亦不能出。

人穿式
蝗性迎人。用幼童在围中迎面奔走，则蝗扑人跳跃。如此数次，则悉入坑内。

扑半大蝻子箔围式
两面围箔，后掘大坑，中用子壕，前用夫围打。空一面，迎风以待其来，则蝗皆入围。

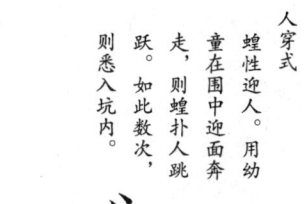

图6-3 人穿式图

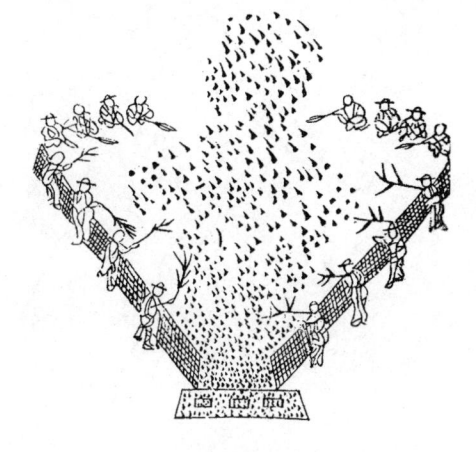

图6-4 扑半大蝻子箔围式图

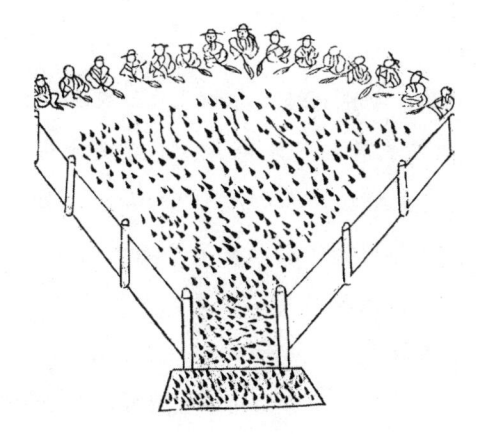

扑半大蝻子布围式
此用布围与箔同。蝻子来路已净，则空面亦合围扑之。

坑埋式
蝻子捕入口袋，则掘大坑埋之。倾入一袋蝻子，则以水拌石灰洒入一层，永不复出。或用大锅，就地作灶煮之。

图6-5 扑半大蝻子布围式图

图6-6 坑埋式图

扫蝻子初生式

蝻子初生，不能飞走，只须用人执笤帚扫入壕内。每一壕约计宽一尺，长或数丈不等，两边用铁锹铲光，上窄下宽。

此系子壕在大壕之中，每个相隔数步。内或再埋坛瓮之类，则滑溜不能跳出。

图6-7 扫蝻子初生式图

陈崇砥《治蝗书》对挖沟治蝗独有新意，除文字描述外，尚配图说。

捕蝻孽说一

化生蝻孽，出有先后，故大小不一；卵生蝻孽，初生如蝇，各堆孔口，又如蚁封，出则并出。捕之之法均以开壕为先。其初生三五日内不能为害，不可视为易除。遽行扑打，盖一扑即散，藏于草根土隙，不可收拾矣。惟趁此时速行开壕，围之壕成，则此物亦渐长，行必结队，所向群往，便易驱捕。凡开壕不可逼近蝻孽，若相连太近，壕未成，已他徙矣。故必视蝻孽处所，就其所向，相离数十步开之。视蝻孽之多寡，定壕之长短，大约左右前面均相离数十步，后面不开。亦可壕宽四尺，深三尺，壕底每间三尺开一子坑，方约尺余，深一尺。壕之两旁宜直竖，不宜斜坡，用细土磨撒，使跃入不能复出。所开之土悉堆外向，内向宜平，便顺势跃入，无所阻挡矣。

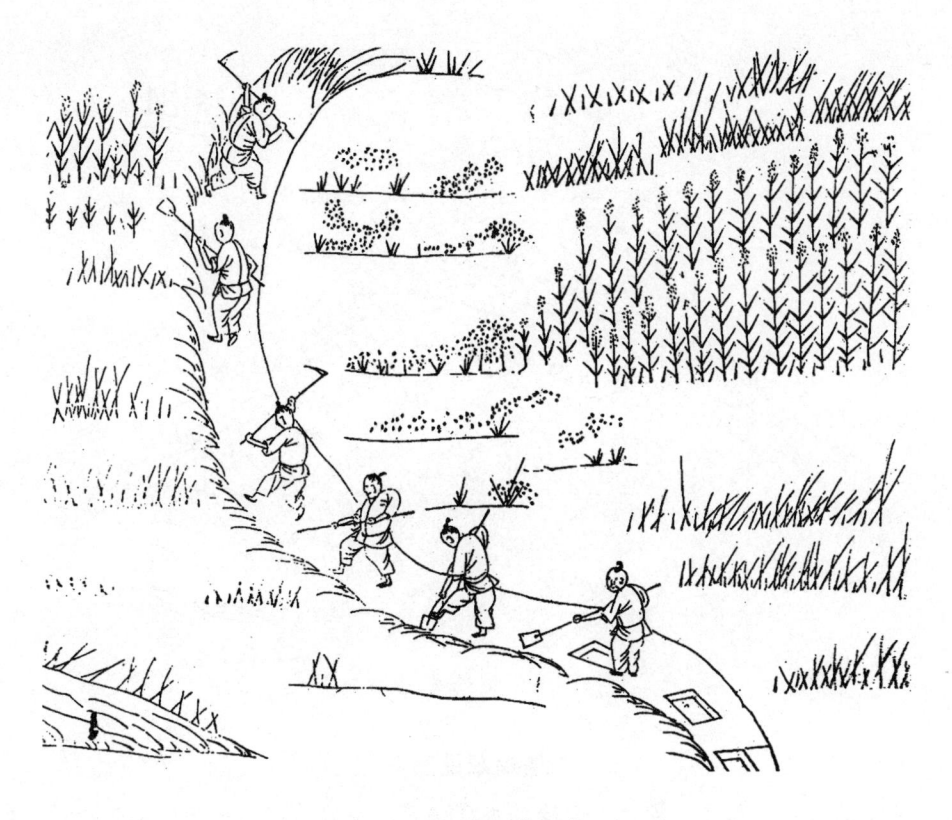

图 6-8 捕蝻孽图第一

捕蝻孽说二

壕成之后合力驱除，视蝻孽之多寡定人数之多寡，大约两陇用一人，一字排列。前后分为两队，一人在旁鸣锣。第一队由后面离蝻孽数步排齐，其宽阔须过于蝻，以便两旁包抄。每人携木棍二根，长约三尺，下系敝屣各一，弯身徐步驱逐，每鸣锣一声，齐举一步，务要整齐，切勿疾行，切勿扑打，盖疾行必迈越而过，遗漏者多，扑打则惊跃乱奔，分头四散。离壕愈近，则所积愈厚，锣更缓鸣，行亦加缓，两旁之人渐渐包抄，可以尽驱入壕，间有未尽，二队续之。第二队离前队约十余步，排列一如前队，惟所执各用柳枝，背负空口袋，随扑随逐。既至壕边，顺用柳枝扫入壕内。壕外不可立人，盖此物最黠，一见有人，便相率回头，不肯入壕。前队及壕先行潜伏壕外矣，后队到齐，一半跃入壕内装入口袋，一半守壕不使复出。前队分布壕外，往来搬运口袋。如地内尚未净尽，多则绕至后面，如法再逐。少则略歇半日，待其复聚，再如前法治之。

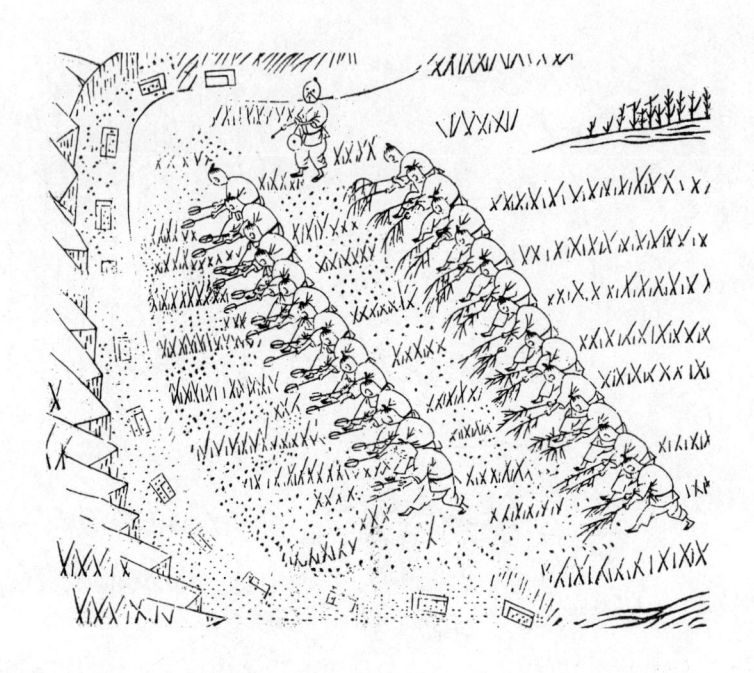

图 6-9　捕蝻孽图第二

捕蝻孽说三

驱捕蝻孽须先备大锅数口，于壕外掘灶安置，一面驱捕，一面浇沸汤以待。既经捕获，用口袋倒入锅内，死即漉出，随倒虽漉。净尽之后，即用筐挑入壕内，用原土填埋。壕既填平，复免臭秽，且可粪田，亦一举两得之一法也。

图 6-10　捕蝻孽图第三

图 6-11 埋蝻孽图

治骤来蝻孽说

如蝻孽骤来,势如风雨,则如钱香士方伯所辑《捕获要诀》内载用苇箔法。当蝻骤来时,迎风先插鱼苇箔,或用布围,或用门板,分布两面,以迎蝻子来路,并于前面赶掘短壕,以阻其去路。如在正北来,则东西面用人守,布箔围之正南,

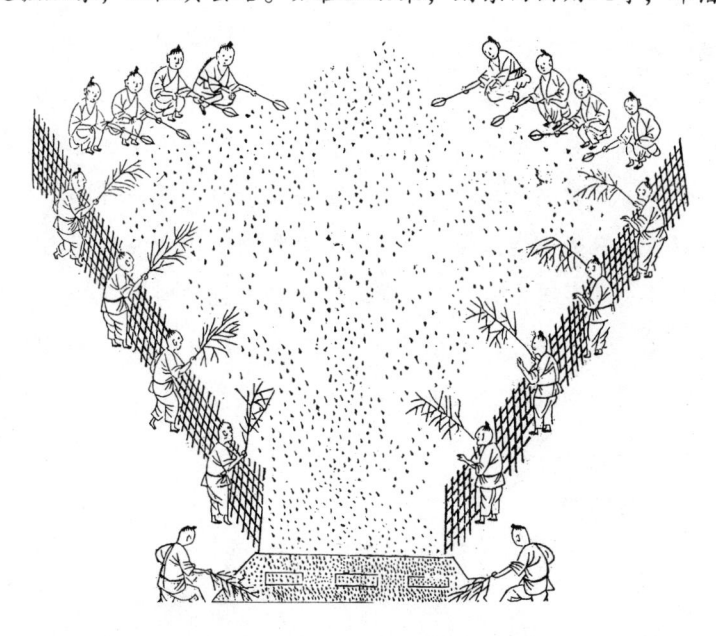

图 6-12 治骤来蝻孽图

开短壕以待其来，则顺风趋箔，尽入壕中。如有乘隙而过，则箔后之人，视蝻集箔上，用柳枝扫之。然此系骤来急治之法，少则可用，若不能净，及遍地而来，仍以赶开长壕为得法。

（三）扑打治蝗蝻法

宋代前均未提到扑打治蝗蝻之法。此法应始于宋代董煟《捕蝗法》："蝗最难死。初生如蚁之时，用竹作搭。非惟击之不杀，且易损坏，莫若只用旧皮鞋底，或草鞋、旧鞋之类，蹲地捆搭，应手而毙，且狭小不损伤苗稼。一张牛皮，或裁数十枚，散与甲头，复收之。北人闻亦用此法。"

明代徐光启《除蝗疏》虽未专论扑打治蝗蝻法，但从"臣见傍湖官民，言蝗初生时最易扑治"这句话，可知在明代也用扑打治蝗法防治蝗蝻。

清代陈芳生在《捕蝗考》中抄录了董煟的《捕蝗法》，仅对其中的文字略作修改。陆曾禹对扑打治蝗蝻法也有相似的记载。顾彦在《治蝗全法》记载了扑打治蝗蝻法："蝻初生如蚁，在稻田、麦田中者，俱应用旧鞋底皮或用新旧牛皮作鞋底，钉于木棍之上，蹲地打之，可以应手而毙，且狭小不损伤稻麦。若用他物，则击蝻不毙，且易坏并伤稻麦。故外国亦用此法。（此治田中蝻于如蚁时之法，见陆曾禹《治蝗八所》，及乾隆二十四年户部条例）"钱炘和《捕蝗要诀·除蝻八要》对扑打治蝗蝻法较前人有所不同，并将其命名为"勤脚踏"，此外还配有插图，甚有创意。

> 治蝻成法，如用布墙插地以拦之，皮掌击杆以捆之，又或圈以苇箔罩以网罾，扫以柳枝笤帚。此皆可施于空地，而不可施于禾田；可施于孳生遍野之时，而不可施于散漫零星之际。陆曾禹论捕蝗，有用皮鞋底及旧鞋、草鞋蹲地扑打一节，其法最为简便。但以手持鞋底击诸松浮土上及禾兜草根均不得力，且蹲地扑打运动亦必不灵，不若即令民夫均穿布底鞋，勤用脚踏，一踏未毙，则必再踏。虽蝻所至，捷如影响，故可更番摩擦，亦可四面合围。（此在禾稼地内可以循畛用脚踏去，若于空旷处所，用合围法仍须挑壕。此杨周臣大令所议，便捷莫过于是，其言曰踏时要眼力、脚力俱到，最为得窍）

扑打庄稼地内蝗蝻式

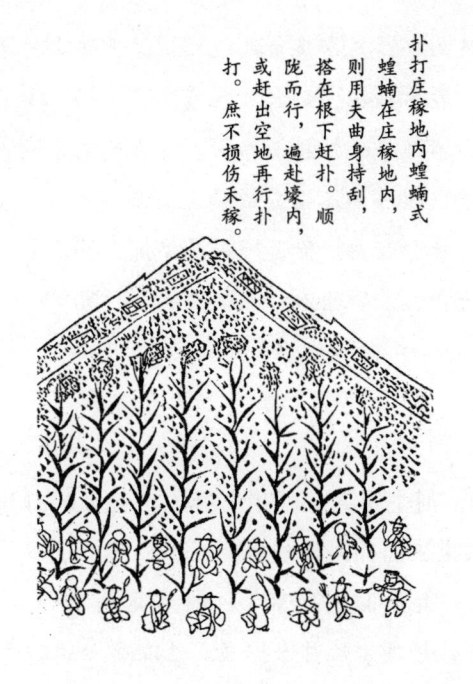

蝗蝻在庄稼地内，则用夫曲身持刮，搭在根下赶扑。顺陇而行，遍赴垄内，或赶出空地再行扑打。庶不损伤禾稼。

图6-13 扑打庄稼地内蝗蝻式图

（四）捕蝻杂法

"搜捕遗蝗法"是陈仅所采用如下的一种捕蝻法。不管采用何种方式捕蝻，但持续不断的捕蝻直至斩绝，是本法的要点。其法如下：

> 蝗蝻萌动，先后不一时，一州一邑之内，或有数处，难保处处扑净。今日捕完，亦难保明后日不再续生，即果一孽不留，此心亦未敢遽放。况夫役等积十日半月之劳，率多倦怠，兼之厂员勤惰不齐，农长乡保人夫奸良不等，地方官督察偶疏易堕，捏报奸术，故凡境内遇有蝗蝻，不特挖捕时，应上紧赶办。即扑尽之后，仍须委员督率乡保人等不时巡逻查看，有一二遗孽即行斩绝，不可大意。印官仍当逐处亲探，万勿以公事已竣，遽亏此一篑之功也。

置抄袋是钱炘和所采用的遗种捕蝗法。此法多用于捕麦地的蝗蝻，既捕蝻又不伤麦。其法如下：

> 置抄袋：麦地之蝻早晚多抱麦穗，零星散布，亦有停聚一处者，惜麦则留蝻，捕蝻则伤麦，一时实难下手，因仿捕蝗要诀所载抄袋一法试之，颇觉有效。其法以白布缝成尖底口袋，谓之菱角袋，上用箴圈为口，围圆二尺一寸，长一尺二寸。袋

口系以竹竿，约长八尺为柄，与捞鱼虫之袋相似。捕蝻者持竿向陇分畛潜行，不必入地，只相定有蝻处，左右抄掠，蝻自装入袋内，其惊落地面者，待其复起抄之。先取密处，后向稀处，不过早晚抄掠三四次，可期地无遗蝻，亦不损麦。如在二麦扬花时，此法便不可用，然终不能惜麦留蝻也。蝻质轻弱，日晒则伏，必于早晨、下午始赴稍吸露，此时捕取较易。徐芝圃司马令民于蝻附麦穗时，各持竹笼潜行入地，手搅麦穗向笼边一击，蝻皆坠入，诚捷法也，于蝻多处尤宜。

五、捕扑蝗虫治蝗法

"蝻苟捕除不速或不尽，则生翅为蝗，相率群飞，蔽日翳日。所集之地，寸草不留，一至田中，稻麦立尽，为害最大，而扑灭最难矣。然不过难焉已耳，非不可灭也。"远在殷商，人们已懂得以火灭蝗，这在《治蝗时间起始考》中已谈及。王充在《论衡·顺鼓篇》中提到挖沟治蝗，但将蝗驱入沟内，是埋是焚并未提及。《晋书·刘聪载记》记载了当时的一件捕蝗史实："河东大蝗，惟不食黍豆，靳淮率部人收而埋之，哭声闻于十余里，后乃钻土飞出，复食黍豆。"埋而不焚，效果不佳也。在唐代，对是否治蝗，曾有一场大论战。姚崇的态度最为坚决，认定蝗虫应治、可治，并将以火灭蝗、挖沟治蝗二法结合起来，提出"蝗既解飞，夜必赴火，夜中设火，火边挖坑，切焚且瘗，除之可尽"的治蝗方针。此后，多种多样的挖沟治蝗方法，均是在此基础上加以补充、修改后提出的。挖沟治蝗主要是针对蝗蝻，但从上边的叙述看，其对象应为蝗虫的成虫。下面就挖沟治蝗的方法及其他方法分别进行介绍。

（一）挖沟治蝗法

清代众多治蝗专书均谈挖沟治蝗。顾彦《治蝗全法》谈及此问题时说：

> 蝗在空地上，则须于可开坑处先开一极深且长且阔之坑，次用板门、板榱、板壁、舂碓之类接联如八字，摆列坑之两旁，再用干柴置火坑内，后用多人手执木板高声呐喊，驱蝗入坑。坑已有火，则翅被火烧不能飞出，然犹有能跳出者，则用扫帚数十把扫入之，再用柴薪盖而烧之。下恐尚有活者，须再用土埋压一夜方妥。切忌用土埋不以火烧，明日蝗能穴地而出。……将蝗纳入坑后，须再以火烧之乃死。若但以土埋而不用火烧，则明日必能穴地而出。（蝗能穴地，又能渡水。此言坑蝗必须以火烧之）又坑中必先以柴置火，然后入蝗，蝗始不能飞出。（此言坑蝗必先置火坑内）又烧之后，下必尚有活者，须再以土埋压一宿，方尽死。不然则下之活者仍能穴地出也。……蝗性向火（与蝻性同），凡田中有蝗者，宜置柴十余田边空处；地上有蝗者，宜置柴十余堆于所开坑处。俱俟太阳落山，天色暗透后，以火

烧柴，蝗即俱来扑火，翅被火烧不能飞起，顷刻可捉无数，切勿因日间辛苦，夜间要睡懒而不为。购买柴草须费钱文，吝而不为，以致后悔。

陈崇砥《治蝗书》根据飞蝗的飞行方向挖沟，并配有插图，图文并茂，对难以防治的飞蝗提供了一个较好的方法。其《焚飞蝗说》摘录如下：

> 飞蝗食禾，顷刻之间已尽数亩，夜间尤甚。必须夜以继日，极力捕除，令其速灭。然白昼、月夜尚可捕捉，如遇黑夜，则惟火攻一法。其法于飞蝗所向之地，如自东飞来则所向在西，自北飞来则所向在南，大抵西南向为多，间亦有自东北至者。相隔百余步，视蝗多寡刨数大坑，每坑约相隔二十余步，围圆六七丈，周围深五六尺，中间宽一二丈，深三四尺。用极干柴草堆积中间，一齐点烧明亮。随集数十百人，多带响器、鞭炮潜至蝗停后面，一时齐响，驱令前飞。一见飞扬，众响俱寂，惟用柳条拂扫禾间，令其尽起。此物飞起，见火即投，火烈烧翅，便坠坑内。坑旁用人执柳条扑打，不令跃出，聚而歼旃不难矣。惟响声不宜太过，尤不可近坑，恐其闻声不敢扑火，复延害他处也。

图 6-14　焚飞蝗图

（二）相时捕蝗法

蝗虫成虫在一天时间内有着不同的活动规律，根据一天内不同的活动规律制订防治施行

办法即为相时捕蝗法。

宋代董煟首先在《捕蝗法》中记载:"蝗在麦苗禾稼深草中者,每日侵晨,尽聚草稍食露,体重不能飞跃,宜用筲箕、栲栳之类左右抄掠,倾入布袋,或蒸或焙,或浇以沸汤,或掘坑焚火,倾入其中。若只瘗埋,隔宿多能穴地而出,不可不知。"清代汪志伊除发现"每日侵晨蝗不能飞跃"外,他还发现"日午蝗交不飞,日暮蝗聚不飞"。此发现记载于《荒政辑要》中:"早晨蝗沾露不飞,如法捕扑。至大饭时,飞蝗难捕,民夫散歇。日午蝗交不飞,再捕。未时后蝗飞复歇。日暮蝗聚又捕,夜昏散回。一日止有此三时可捕飞蝗,民夫亦得休息之,候明日听号复然。"利用这三段时间捕蝗,效果甚佳。

陈仅在《捕蝗汇编》一书中将相时捕蝗法阐述得更清楚,在上述基础上又增加了几条,使相时捕蝗法更加完善。现将相关内容摘录如下:

> 捕蝗每日惟有三时:五更至黎明,蝗聚禾稍,露浸翅重,不能飞起,此时扑捕为上策。又午间交对不飞,日落时蝗聚不飞。捕之皆不可失时,否则无功。
>
> 蝗初生,翅尚软弱,不能奋飞。即翅硬之蝗,遇太阳高亦多潜伏草根,此时正须急捕。一说蝗蝻夜间身翅沾露,必于卯晨二时群出,大路或地头向太阳晒翅,此时捕捉亦较易。
>
> 蝗从远处飞来,其力已衰,乘其初落,蜂聚未散,不能遽飞,或用栲栳、筲箕摭取,或急用渔网罩定,速行合扑,较平时散开方打者事半功倍。

顾彦《治蝗全法》对相时防治法也作了较为全面的论述,道理阐述得更为清晰。其文如下:

> 蝗早晨沾露不飞(五更尤甚),日午交媾不飞,日暮群聚不飞,每日此三时最可捕蝗,人当于此三时竭力捕之。若晨巳时、未申时,皆是蝗飞难捕之时,人可于此数时休息养力。……入夜,则以柴纵火,诱而捕之。(此言蝗宜早晨、日午、日暮、夜间,再加以五更,共五时捕。蝗之难捕,以其飞也,故必于其沾露、交媾、群聚不能飞之时捕之,则唾手可得,易于为力矣)又,天气下雨,蝗翅潮湿,不能高飞,此时捕之亦易为力断,宜冒雨争先力捉,不得畏湿衣服避匿因循致失机会。又蝗喜干畏湿,喜日畏雨,如有蝗时,能淫雨连旬,则蝗必烂尽,盖雨能杀蝗也。

钱炘和《捕蝗要诀》一书将蝗虫翅嫩不能高飞、翅沾露未干不能飞,用合网式、抄袋式、捕捉飞蝗式图解方式阐述相时捕蝗之法。

捕捉飞蝗式
蝗沾露未飞,多集黍稷之顶。用人背口袋捕捉,百不失一。

抄袋式
有翅之蝗,露尚未干,虽不能飞,捉则纵去者,用小鱼斗及菱角小口袋抄之。

合网式
蝗长翅尚嫩,不能高飞,但能飞至数步者,两人对面执网奔扑,则缯网罾之。则俱入网内。

图 6-15 合网式、抄袋式、捕捉飞蝗式图

李炜《捕除蝗蝻要法三种·治飞蝗捷法》对相时捕蝗法也有所论述,并对因风捕法作了阐述:

捕蝗每日惟有三时,五更至黎明,蝗聚禾稍,露浸翅重,不能飞起,此时扑捕为上策。又,午间交对不能飞,日落时蝗聚不能飞。捕之皆不可失时,否则无功。又,蝗于卯晨二时,群向太阳晒翅,此时捉亦较易。

五更至黎明,蝗附禾上,以手攫取,百不失一。日出晒翅,多在禾颠及地头大路或空地内。亦有交者,触之即飞,午间群交,触之且相负而飞。日落时,蝗乍停息,翅未沾露,触之亦仍飞。三者均不过十获二三,故捕于夜者易,捕于昼者难。

天雨之际,蝗翅淋湿,捕之甚易为力。

蝗每遇大风,则紧黏禾上,随之摇曳,一捉便得。遇西北风起,则畏寒而僵,往往结球滚地,落土堆中。又,或群避深坑及高坎下,捕之与雨天同功。

(三) 驱赶治蝗法

蝗虫在迁飞过程中,只许其经过,不许其降落,在地面之蝗设法让其飞去。这种方法称为驱赶治蝗法。徐光启在《除蝗疏》中就提到此法:

飞蝗见树木成行，多翔而不下见，旌旗森列亦翔而不下。农家多用长竿挂衣裙之红白色，光彩映日者，群逐之，亦不下也。又畏金声、炮声，闻之远举，总不如用鸟铳入铁砂或稻米击其前行，前行惊奋，后者随之去矣。

汪志尹在《荒政辑要》中也提到此法，只是略加补充：

蝗所畏惧。飞蝗见树木成行或旌旗森列，每翔而不下。农家若多用长竿挂红白衣裙，群然而逐，亦不下也。又畏金声、炮声，闻之远举。鸟铳入铁砂或稻米，击其前行，前行惊奋，后者随之而去矣。以类而推，爆竹、流星皆其所惧，红绿纸旗亦可用也。

顾彦《治蝗全书》对驱赶治蝗法作了进一步阐述，内容与前大致相同。其文如下：

蝗见树木成林或旌旗森列，则每翔而不集。故农家或用红白衣裙、门帘、被单、褥单、遮阳、天幔之类，结于长竿，聚集多人，成群结队执而驱之，蝗亦不下。（如有神庙旗伞、龙船旗帜，用之更妙。此以衣物驱蝗法）又蝗畏人易驱，见《唐·姚崇传》。蝗畏金声，亦畏炮声，农人如能用鸟枪、铁铳装入火药，加以铁砂或稻谷米麦之类，击其前行，则随后者亦畏而他去矣。（推而广之，铜盆、铜脚炉恭亦可敲击，多即声大。此以铜器火器驱蝗法）

李炜《捕除蝗蝻要法三种·治飞蝗捷法》中对驱赶治蝗法作了系统总结，将此法分为前队驱法、群飞驱法、随风驱法、向阳驱法、护禾驱法和合围驱法等六种。其文如下：

前队驱法：
蝗自远处飞来，宜用鸟枪装铁砂子或绿豆、稻米击其前队，群蝗自退。（凡蝗群飞必有老虫最大色黄者领之，是为前队。若前队已过，不可从中横击，恐惊落四散，贻患更广）

群飞驱法：
群蝗高飞，宜率众齐至陇首，施放铳爆，敲击响器，摇挥旗帜，并同声呼喊，以仰驱之，蝗不敢下。（乡间三眼铳及大小纸爆均可施放。鸟枪亦不轻入砂子等物，蝗无来势，不必扰之也。五色裙衫、各样布幅均可击长竿以代旗。红绿纸旗亦可用，以多为贵。以排列成行，循畛奔呼为妙）

随风驱法：

蝗性顺风，必前后村彼此关会，随风驱向一面。若彼向前驱，此向后驱，则蝗散落，彼此受害。（临邑毗连地面亦如此）

向阳驱法：

蝗性向阳，辰东、午南、暮西，按向逐去，方易为功。此无风时则然。大要只看蝗飞方向何方，即向何方驱之，故驱蝗先贵审势。（或曰：如此驱逐，应听其落于何处。余曰：落于空地则不驱，落于晚间则不驱。总之，白日不使停落食禾，至晚便设法捕之）

护禾驱法：

蝗飞禾地，必合四面地邻依法喊逐，仍令地户自行持竿入地，轻轻挥动，不致惊使乱飞，尤能爱惜禾苗。（幼孩亦可用。此法宜以众人分为两班，一班防其回绕，直待驱至空地，攒聚一处。众人始皆驻足，响声齐息，仍在旁伺其动静，飞则再驱，不飞则待捕）

合围驱法：

蝗向前飞，宜用枪爆旗帜尾其后路，并左右夹护，禁其旁飞（即持鸟枪以虚之）。一面飞告前途，择地势稍旷，可以施力之处，迎头拦截，四面合围，使其前队惊落，群蝗随之俱下，即可依法扑灭。（此法宜于日落时行之。如因众人合捕致损一人禾稼，即由官酌量赏给钱文）

以上皆就未落之蝗言，故用驱之之法。（查驱逐飞蝗迹近以邻为壑，非善法也。但一经停落则禾稼顿空，农民相率而驱，势难禁止。不若先授以方，免其仓皇踩杂，且可以驱为捕）

驱赶治蝗法也有改进之处，不是只驱赶不许降落，而是在驱赶后仍有降落时，再用其他方法消灭之。陈仅在《捕蝗汇编》中就采用了这种方法。其文如下：

拦剿飞蝗法：

外来飞蝗在空中高低不等，人力难施，惟有多带捕蝗器具，一面枪炮齐发，长竿缀缝布幅或红绿纸等，向空摇动，尾其后路，声金呐喊追逐，仍左右夹护，禁其旁飞。急分拨人夫或知会前铺，择地势稍旷可以施力之处，迎头拦截飞蝗去路，亦用枪炮、锣钹，摇旗呼噪，四面合截。前队惊落，则群蝗随之俱下，即照前法扑打扫焚，即仓猝不及掘沟，但督率人夫或合扑或散扑。看其所向何方，挨步前进，沿路搜寻，不准间断一处，切勿纵令远去，自谓得计，以致滋毒。

其与邻境交界之处，彼处有蝗，每易窜入本境，须于交界有蝗处所一律开挖深沟设立窝堡，拨夫守望。堡外插旗，写堵捕窜蝗字样，如有蝗过界，一面随时堵捕，一面飞报厂员率夫迎剿。

水田捕蝗法：

蝗落稻田，倘遇不便捕打之时，惟鸣金放炮，多执布缀长竿，呐喊绕逐。如集于稻穗禾巅，须俯身循畛，或用柳枝笤帚扫之，或用旧鞋底掴之，呼噪逐扑，蝗必惊飞，即如法兜赶，使至旱地停落，乃可合力捕打。如正当三时不飞之际，即用筲箕、栲栳之类左右抄掠，倾入布囊，或蒸或煮，或捣或焙，或石灰淹贮，或掘坑焚烧。其有跳落水畛者，仍用木棍钉鞋底逐步掴杀，为力较易。大抵水田难于麦地，捕蝗难于除蝻，秆灰、石灰、麻油，筛晒之法必不可少。先使其不伤禾苗，然后可相机捕打，苟非豫事谋求临期必致贻误。

（四）光引诱法

钱炘和《捕蝗要诀》记载：

火攻之法：
飞蝗见火则争趋投扑，往往落地后见月色则飞起空中。须迎面刨坑，堆积芦苇，举火其中。彼见火则投，多有就灭者，然无月时，则投扑方多。

李炜《捕除蝗蝻要法三种·治飞蝗捷法》记载了以光引诱捕蝗法：

执火捕法：
蝗性见火即扑。应于陇首隙地，多掘深濠，每夜于濠内积薪举火，蝗俱扑入，趁势扫捕，可以尽歼。一说不必挑濠，即用柴分十余堆，于田畔执作烈焰。蝗即扑火而来，翅被焚烧，须臾可得数十作。（此法只宜于晴天黑夜。若雨后，露沾蝗翅，便不飞扑，有月则火光不显。又宜用柴薪，燃烧时久，热气熏蒸，蝗始知觉。或使人于停落处以竹竿驱之，即不扑火，亦必聚集火旁，易于捕捉。其捉获火旁之蝗与已烧之蝗，均许送局，照数给价。柴薪仍由官捐。若然草秆焰多，蝗见即避。又夜间捕捉不尽，日间仍用护禾驱法）

执灯捕法：
蝗零星散落，则不能以一火招集，宜用执灯合捕之法。以五人为一班，一人持灯笼，一人携口袋，三人随灯捕捉。灯光所照，四面蝗集，分段兜捕，事半功倍。

（古法由五更捉至黎明，此法可由二更捉至黎明。其灯烛均由官捐，蝗仍照数价买）

向月捕法：

蝗见月光则多飞。若在雨后露重，及秋分后露气沾濡之时，即可乘月而捕。（夜捕时，对月则见，背月则不见，犹有遗蝗也。其法宜分两起：一起在前，向月捕之；一起在后，执灯捕之。乃搜捕加一倍法）

以上皆就已落之蝗言，故用捕之之法。（捕，擒捉也，并无扑打一解。飞蝗善动，只能捉不能打，治蝗者宜知之）

（五）捕蝗杂法

围捕法：

钱炘和在《捕蝗要诀》中记载有"捕长翅飞蝗法"：

蝗至成翅能飞，则尤为难治，惟入夜则露水沾濡不能奋飞，宜漏夜黎明率众捕捉。及天明日出，则露干翅硬，见人则起。宜看其停落宽厚处所，用夫四面圈围扑击，此起彼落，此重彼轻，不可太骤，不可太响，则彼向中跳跃，渐次收拢、逼紧，一人喝声，则万夫齐力，乘其未起，奋勇扑之，则十可歼八，否则惊飞群起，百不得一矣。交午则雌雄相配，尽上大道，此时亦易扑打，宜散夫寻扑，不必用围。

人穿之法：

围落立后，争趋落中，但其行或速或缓，亦有于围中滚结，或围不复飞跳者，则宜用人夫，由北飞奔往南。彼见人则直赶往北。人夫至南，则沿箔绕至北面，再由北飞奔往南，如此十数次或数十次，则咸入瓮中矣。

其中还记载有"围扑飞蝗式"：

日出则蝗易飞，四面轻轻围扑，以渐收笼多趋中央，将次合笼，则齐声用力，即有飞去，亦可得半。至飞蝗在天，恐其停落，即施放火枪及鸣锣赶逐，则不复落。

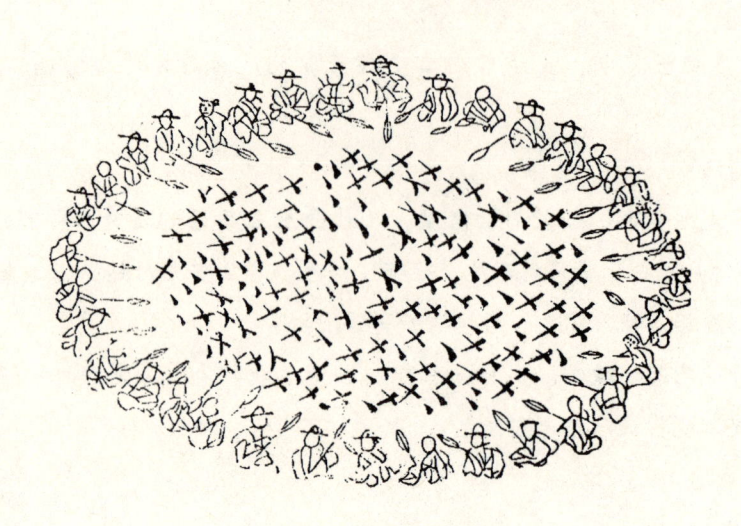

图 6-16　围扑飞蝗式

顾彦《治蝗全书》记载有"海兜捕蝗法"：

> 在空中飞腾，则应于绰鱼之海兜，或缝布圈竹，做成海兜，装一长柄，从空中兜之，装入车袋，煮之，烧之。

其中还详细记载了捕飞蝗的方法：

> 飞蝗之害较蝻孽为烈，捕捉之法亦较蝻孽为难，且突如其来，为时则又甚仓猝。尝见飞蝗停落之处，多有掀土驱逐，究之所飞不远，害不终除。且细土撒入苗心，亦恐受伤。按《尔雅翼》载，农家下种，以原蚕矢杂禾种之，或煮马骨和蚕矢溲之，可以避蝗。又任纯如《观察捕蝗撮要》云：用秆草灰、石灰等分为末，洒于禾稻之上，蝗亦不食。以上诸法或有不便，则惟有率众捉捕为得计。捕之之法，或早间趁其露翅未干，或午时乘其配合成对，究不如先将桐油煎成粘胶，各用笎篱或栲栳、籢箩等类，将油匀铺里面，系以长柄，多割谷莠、柳枝相随，或就地上，或就穗上，取势一罩，则两翅粘连其中，即随手拔出，串入谷莠，随串随罩，比之早午两时空手捉捕，所获不啻倍蓰。若停落高粱之上，即将笎篱斜缚竿上，亦可照用，仍须烧锅煮之。若蝻长翅尚嫩，但能飞至数步，如《捕蝗要诀》内载用两人各执缯网，对面奔扑法亦可，然仍须涂以桐油，方能粘翅。

图 6-17　捕飞蝗图

第五节　蝗虫的天敌及其利用

古籍文献所记载的蝗虫天敌种类甚多，从低等的微生物到高等的脊椎动物均有。古人对蝗虫天敌的习性还进行过观察和研究，并将一些天敌应用于蝗虫的防治中。我们对这些古籍文献所记载的天敌尽可能予以考证，力求与当代科学论述接轨。

一、微生物

在古籍文献的记载中，微生物是蝗虫天敌中的一大类。从记载看，它又分细菌和真菌两类。

第一，细菌作为蝗虫的天敌，古籍文献的记载，仅在地方志中发现两篇。其一，明正德《长垣县志》卷八《灾祥》中记载："长垣县蝗生，无间遐迩，长垣尤多，既而抱草死，臭不可近。"其二，清康熙《东明县志》卷七《灾祥》中记载："东明县大蝗，既而抱草死，臭不可近。"从上述记载看，蝗虫定是被细菌感染后而患了软化病，以致腐烂而发出臭不可闻的气味。记载此史实的文献虽分属明、清两个不同的朝代，但其记载的史实即上述两县（即今

山东省东明县和河南省长垣县）蝗虫被细菌感染的时间均为1458年。

第二，真菌作为蝗虫的天敌，古籍文献中记载较多。根据古籍文献对蝗虫抱草而僵死或以相似症状而死的记载，蝗虫定是被真菌感染致死，其名曰"抱草瘟"或"蝗霉病"。由于致蝗虫僵死的真菌种类甚多，而又分属于不同的属，故难以进一步鉴别，但有学者认为是 *Gsticola juncidis*。这些说法虽不能说不对，但也只是以偏概全的一种认识。

当代学者陈永林在其编著的《中国主要蝗虫及蝗灾的生态学治理》一书中指出：蝗虫患"抱草瘟"，其记载始于949年。其依据为《旧五代史·五行志》的记载："汉乾祐二年五月，博州奏有蝝生。……宋州奏蝗一夕抱草而死。"但同属《旧五代史》的《晋书·少帝纪一》记载："天福八年（943年）……宿州奏飞蝗抱草干死。"而更早的记载应出自宋代司马光《资治通鉴·唐纪》：唐乾符二年"秋七月，蝗自东而西，蔽日，所过赤地。京兆尹杨知至奏：'蝗入京畿，不食稼，皆抱荆棘而死'"。此事发生在875年。由此可知，记载蝗虫患"抱草瘟"而死的时间应始于875年，而非949年。

当代学者曹冀在《历代有关蝗灾记载之分析》一文中指出，关于疫病致蝗死亡共计18次，但未详述。现将我们所收集的疫病即患"抱草瘟"致蝗死亡的古籍文献汇总列于下表。

表6-1 历代记载"抱草瘟"致蝗死亡的古籍文献汇总表

时间	纪年	地点	记录	出处
875年	唐乾符二年	京畿	秋七月，蝗自东而西，蔽日，所过赤地。京兆尹扬知至奏："蝗入京畿，不食稼，皆抱荆棘而死。"宰相皆贺。	《资治通鉴·唐纪》
943年	五代后晋天福八年	宿州、开封	〔六月〕乙卯……宿州奏飞蝗抱草干死。戊午……开封府界飞蝗自死。	《旧五代史·晋书·少帝纪一》
949年	五代后汉乾祐二年	宋州、魏州、博州、宿州	〔五月〕丁卯，宋州奏蝗抱草而死。六月，兖州奏捕蝗二万斛，魏、博、宿三州蝗抱草而死。	《旧五代史·汉书·隐帝纪》
986年	宋雍熙三年	山东鄄城	七月，鄄城县有蛾蝗自死。	《宋史·五行志》
992年	宋淳化三年	山东	七月，真、许、沧、沂、蔡、汝、商、兖、单等州，淮阳军、平定、彭城军，蝗蛾抱草自死。	《宋史·五行志》

（续表）

时间	纪年	地点	记录	出处
996年	宋至道二年	许州、宿州、齐州	〔秋七月〕汴水决，谷熟，许、宿、齐三州蝗抱草而死。	《宋史·太宗二》
1016年	宋大中祥符九年	河南开封府祥符县	秋七月，丙辰，开封府祥符县蝗附草死者数里。	《宋史·真宗三》
1017年	宋天禧元年	山西、江淮	〔六月〕陕西、江淮南蝗，并言自死。	《宋史·真宗三》
			六月，江淮大风，多吹蝗入江海，或抱草木僵死。	《宋史·五行志》
1098年	宋元符元年	江苏高邮	八月，高邮军蝗抱草而死。	《宋史·五行志》
1165年	宋乾道元年	江苏淮南	〔六月〕壬辰，淮南转运判官姚岳言：境内飞蝗自死，夺一官罢之。	《宋史·孝宗一》
			六月壬辰，淮南运判姚岳奏：蝗自淮北飞度，皆抱草木自死。	《续资治通鉴·宋纪》
1196年	宋庆元二年	江苏高邮	秋七月，高邮旱，飞蝗自凌塘至城，皆抱草死。	清康熙《扬州府志》
1296年	元元贞二年	浙江诸暨	浙江诸暨，蝗及境，皆报竹死。	清乾隆《绍兴府志》
1672年	清康熙十一年	上海松江府	自七月，飞蝗蔽天，自北而南，所过但食竹叶、苇芦穗，无食禾者。知府鲁超自苏州归，见蝗皆抱穗死。	明嘉靖《松江府志》
1680年	清康熙十九年	安徽六安	春三月，蝗蝻渐生，至夏大盛。忽降霖雨，数日间皆抱枝死，无遗类。	清康熙《六安州志》

（续表）

时间	纪年	地点	记录	出处
1701年	清康熙四十年	山西平定、昔阳	秋，大旱，蝗飞至松子岭，俱抱树死。	清乾隆《平定州志》、民国《昔阳县志》
1716年	清康熙五十五年	江苏徐州	徐州邻县蝗入州界，不食禾，皆抱草自死。	清乾隆《江南通志》
1732年	清雍正十年	江苏泗阳县西乡	夏，西乡柴林湖毛家集周遭四五十里，蝗蛹遍地，厚数寸，官民惶惧，旋尽抱草僵死。	清乾隆《重修桃源县志》
1740年	清乾隆五年	河北三河县	飞蝗来境，抱禾稼枝叶而毙，不为灾。	清乾隆《三河县志》
1787年	清乾隆五十二年	湖北郧阳县	春二月，郧阳县蛹起，至四月皆依草附木而枯。秋大熟。	清嘉庆《郧阳县志》
1848年	清道光二十八年	广西南宁上林	上林县飞蝗入境，为害早禾。未几，西风大作，蝗抱草木尽死。	民国《上林县志》
1868年	清同治七年	安徽萧县	五月，里智四乡蛹子生，扑之经旬。已而蝗飞遍野，忽一夜尽悬抱芦苇、禾稼上以死，累累如自缢然者，纵横二三十里。或拔取传观，经行百余里。死蝗一不坠落，见者以为奇。	清同治《续萧县志》
1877年	清光绪三年	江苏阜宁	阜宁县旱，蝗。五月大风雨，蝗抱草毙。	清光绪《阜宁县志》

二、线虫

线虫作为蝗虫的天敌，古籍文献的记载，仅在地方志中发现一篇。清康熙《兰阳县志》卷一〇《灾祥》记载："兰考县，夏四月，蝼生。浃年虽有蝗灾，蝼皆八九月生，至冬至经霜已尽。惟十二年秋，有蝗，入土生子，八月二十五日陨霜，未出。至十四年夏四月麦将熟，蝼生，麦将尽咬。其细如线，入枒腹待蔽。幸有藜藿可采，以待秋禾。"由此记载可以知，蝼（蝗蝻）在取食麦苗时，细如线的一种生物（即线虫）进入其体内，致其死亡。此记载与两栖线虫属 Amphimermis sp. 的生物学特性极为相似。它们产卵于土中，孵化后爬到植物上，进入蝗蝻体内，致其死亡。这种吻合，使我们有理由认为《兰阳县志》记载的细如线的生物应为两栖线虫属中的一种，也可能为小麦线虫。

三、昆虫

在蝗虫的天敌中，昆虫纲 Insecta 中的蝗虫天敌占有很大的比例，主要分布在膜翅目 Hymenoptera、双翅目 Diptera、鞘翅目 Coleoptera 和直翅目 Orthoptera 中。从天敌对蝗虫的作用方式来看，它们可分为寄生性和捕食性两大类群。古籍文献记载的蝗虫天敌，迄今发现的分属于鞘翅目 Coleoptera、膜翅目 Hymenoptera 和双翅目 Diptera。现对其论述如下。

（一）鞘翅目 Coleoptera 中的蝗虫天敌

清咸丰年间，钱炘和在《捕蝗要诀·捕蝗要说二十则》中记载了飞蝗的生活习性："又蝗蝻正盛时，忽有红、黑色小虫来往阡陌"，"飞游甚速，见蝗则啮，啮则立毙。土人相庆，呼为气不愤。不数日内则蝗皆绝迹矣"。经考证，此虫可能属于甲虫类的地蚕虎 *Calosoma chinensis*。

（二）膜翅目 Hymenoptera 中的蝗虫天敌

膜翅目 Hymenoptera 作为蝗虫的天敌，其记载应始于晋代。张华《博物志·物性》记载："细腰无雌，蜂类也。无雌，则负别虫于空木中，七日而化。盖取桑蚕即阜螽子，咒而成子。《诗》云'螟蛉有子，蜾蠃负之'是也。"这里所说的蜾蠃应属蜾蠃科的物种。以现在的观点看，此记载三处错误需要纠正：①细腰蜂无雌，非也；②桑蚕非阜螽；③别虫不可能被咒成己子。宋代陆佃《埤雅·释虫》虽也引《博物志》，但有所不同。其文曰："蜾蠃亦取阜螽子，咒而成己子。"此文虽有改进，但仍有原则性错误。陶弘景对此进行了细致观察，并进行了科学的论证：蜾蠃取别虫，并非咒成己子，而是将己之卵产于所取之虫，待己之卵孵化，则将所取之虫作为食物，使自己生长发育为成体。张华《博物志》虽有错误，但将膜翅目 Hymenoptera（或整个昆虫纲 Insecta）作为蝗虫天敌进行记载却从此开始。

从上述记载看，蜾蠃应属蝗虫的寄生性天敌，因阜螽为蝗虫。记载蝗虫寄生性天敌的古

籍文献不多，现发现的有两篇。清光绪《赣榆县志》卷一七《祥异》记载："赣榆县，四月，风雹杀人畜，蝗子化为黑蜂，与螽并出，食螽尽。乡民取螽覆釜中，次日启视，化蜂飞去。"据此记载，应将上述之蜂判定为飞蝗黑卵蜂 Scelio uvarovi。其理由为：此黑蜂寄生于蝗子（蝗虫卵粒）；寄生率高，易被人发现；此蜂分布于我国中原地区的河北、河南、山东、安徽、江苏、江西等飞蝗区内。"与螽并出"，应理解为：飞蝗黑卵蜂寄生于卵囊内的一部分卵粒中，而另一部分未被寄生，所以飞蝗黑卵蜂与螽同出。这是可以解释通的。至于乡民的试验，被寄生的螽化蜂飞去，则不应属于飞蝗黑卵蜂，倒像是螺蠃科的物种。清康熙《新乡县续志》卷二《灾祥》："新乡县，蝗复生，食麦。忽有群蜂飞逐之，啮其背。穴土掩之，俞日而蜂自蝗腹出，转转生化。旬余，满郊原蝗遂绝。"此记载的群蜂，也可能是螺蠃科的物种。

记载捕食性蝗虫天敌的古籍文献较多，如：《辽史·道宗本纪三》：辽咸雍九年"丙寅，南京奏：归义、涞水两县，蝗飞入宋境，余为蜂所食"。明正德《莘县志》卷六《杂志》："倏尔，东北民人孙文琬地内黑蜂遍野，仰咬蝗颈，当时蝗死盖地。"《江苏省通志稿》：明嘉靖九年"五月，山东飞蝗自兖郡来，所过无遗稼，北至莘，黑蜂满野，啮蝗尽死，田禾不至损伤"。清顺治《卫辉府志》卷一九《灾祥》："汲县，蝗食麦苗，有黑头〔蜂〕蔽空而下，食蝗，蝗随灭。"清康熙《博平县志》卷一《祇祥》："茌平县，飞蝗遍野，蜂啮蝗死。"清康熙《开州志》卷四《灾祥》："濮阳县，秋，蝗生蝻，有黑虫状如蜂，食蝻殆尽。"清光绪《曹县志》卷一八《灾祥》："曹县，春，大旱。夏，飞蝗遍野，蜂螫蝗死，禾不受害。"清光绪《菏泽县志》卷一九《灾祥》："菏泽县宝镇都，夏月，飞蝗满地，蜂螫蝗死，禾不受害。"清康熙《曹州治》卷一九《灾祥》：明怀宗崇祯十五年"四月……蝗蝻复生，随有黑蜂群起，嘬其脑而毙之，弗为害。秋八月大有，秋果实倍常"。民国《大名县志》卷二六《祥异》："大名县，秋，蝻生。旋有黑虫状如蜂，食蝻殆尽。"上述记载的食蝗蜂，根据其行为习性、分布以及与飞蝗蝗区的吻合情况，可推断此种蜂应为飞蝗泥蜂 Sphex subfuscatus。

（三）双翅目 Diptera 中的蝗虫天敌

双翅目 Diptera 中的一些物种，特别是寄蝇科的一些种类，作为蝗虫天敌，在古籍文献中仅发现一篇有记载，即清代陈梦雷等编《古今图书集成·禽虫典·蝗虫汇考》："《高邮州志》：宋宁宗庆元二年秋七月，飞蝗戴蛆死。……每一蝗有一蛆食其脑。陈造呈郡守陈伯固诗：'使君手有垂云帚，虐魃妖螟扫不余。十顷飞蝗戴蛆死，已濡银笔为君书。'"这里所说的蛆即今之寄蝇。从陈造的诗中可知，寄蝇在控制蝗害中的作用非常显著。

四、两栖类

作为蝗虫天敌的两栖类很多，较为重要的种类有中华大蟾蜍 Bufo bufo gregarizans 和黑斑侧褶蛙 Pelophylax nigromaculatus 等，它们对控制蝗灾均有一定的作用。为此，清政府还颁布

过禁捕令，在《抚吴公牍》一书中，沈葆桢在其《饬禁捕天鸡》里有清楚的记载。

现将古籍文献的有关记载记述如下：清康熙《宿迁县志》卷一二《祥异》："宿迁县，蝗蝻遍野，虾蟆食之，不为灾。"清康熙《邳州志》卷一《祥异》："邳县，蝗蝻盈野，旬日出蛙亿万，吞食之，秋禾无恙。"清嘉庆《长垣县志》卷九《祥异》："长垣县，夏六月，大水，蝝遍地，食稼。有虾蟆亦遍野，食蝝尽。"清嘉庆《霍山县志》卷末《祥异》："霍山县，春，蝗蝻大作，缀树塞途，逾捕愈多，忽田黑鹊，地出青蛙，噬之殆尽。"清光绪《日照县志》卷七《祥异》："日照邑境蝻生，县令杨士雄率民捕之，且有蛤蟆成群，食蝻尽。"清光绪《赣榆县志》卷一七《祥异》："赣榆县，冬，县北生蝝，有虾蟆数千，食之尽。"清光绪《曹县志》卷一八《灾祥》："曹县，飞蝗过境，蝻生遍野。大雨后，虾蟆食之，禾未受害。"又："同治二年夏，曹县蝗生遍野，忽出无数小蛤蟆，皆自北向南，见蝗便吞食之，不日而尽，其患始息。"清光绪《菏泽县志》卷一九《灾祥》："菏泽县，飞蝗过境，蝻生遍野。大雨后，虾蟆食之，禾未受害。"清乾隆《解州安邑县志》卷一一《祥异》："顺治四年，大雨水，多虾蟆，蝗不为灾，有年。"清光绪《凤阳府志》卷四下《纪事表下》："道光四年，夏六月，宿州旱，蝗，有群鸦及虾蟆争食之殆尽，禾苗获全。"上述记载中的虾蟆是两栖类的泛称，难以确定其科属种；蛙是蛙科 Ranidae 的物种，是何物种难以确定。而《霍山县志》中所记载的青蛙可能是黑斑侧褶蛙 *Pelophylax nigromaculatus*，理由是：此区域有此物种分布，优势种在此区域为常见，活动于地面，食蝗虫，对蝗灾有一定的控制作用。

五、鸟类

鸟类是蝗虫最为重要的天敌，古今众多学者对此十分重视。从掌握的资料看，最早记载鸟类食蝗的应是唐代的李延寿。约在640年，他在《南史·梁宗室下》一文中记载："范洪胄有田一顷，将秋遇蝗，修躬至田所，深自咎责。功曹史琅邪王廉劝修捕之。修曰：此由刺史无德所致，捕之何补？言卒，忽有飞鸟千群蔽日而至，瞬息之间，食虫逐尽而去，莫知何鸟。"另《宋史·太宗纪一》记载：宋太平兴国"七年四月，北阳县蝻虫生，有飞鸟食之尽"。此鸟是何种鸟，隶属于何科，仅据此记载，难以考证。但这并不重要，重要的是，古籍文献自此开始了鸟类食蝗的记载。

由于鸟类在控制蝗灾中具有一定的积极作用，历史上一些统治者还颁布过禁捕鸟类的命令。第一道禁捕鸟类的命令于948年发布。《旧五代史·五行志·蝗》："汉乾祐元年七月，青、郓、兖、齐、汉、沂、密、邢、曹皆言蝝生。开封府奏：阳武、雍丘、襄邑等县蝗。开封尹侯益遣人以酒肴致祭，寻为鹨鸰食之皆尽。敕禁罗戈鹨鸰，以其有吞蝗之异也。"在此之后，记载禁捕食蝗鸟命令的文献有：清康熙《扬州府志》卷二二《灾异纪》："宋孝宗淳熙九年七月，淮南大蝗，害稼，令所在捕除。十年夏，旧蝗遗育害稼。是时蝗灾，地者为秃鹙

所食，飞者以翅击死。诏禁捕鹭。"清光绪《通州直隶州志》卷末《杂纪·祥异》：宋绍兴二十六年"秋，如皋，蝗，有鹭食之尽。诏禁捕鹭"。元杨瑀《山居新话》：元大德三年"七月十八日，中书省奏准禁捕秃鹭。盖因扬州、淮安管内蝗虫为害，忽有秃鹭五千余，恬不惧人，以翅打落蝗虫，争而食之。既饱，吐而再食，遂致消弭。迄今著于禁令，载之《至正条格》"。明代杨慎《升庵集》、宋濂等《元史》、胡粹中《元史续编》也记载了此禁捕令，但文字稍有不同。现尚未发现清朝禁捕食蝗鸟的命令，但清朝对保护鸟类也是十分重视的。《清世宗宪皇帝朱批谕旨》："顷闻四府蝗蝻于五月间，忽有无数山雀飞来啄食殆尽等语，果有此事乎？今日高其位奏称松江地方忽见大阵蝗虫飞集，随被乌鸦千万成群，一时食尽无遗云云，真属奇事。据伊此奏，比类而观则尔东省山雀啄蝗之说，容或有之。尔其确询，据实奏闻，不可传会，赐尔御书扇一柄，只须折奏，不必具本谢恩。"一个日理万机的皇帝，对食蝗鸟如此挂怀，实属难能可贵。清朝重视食蝗鸟类的另一个重要标志，是将食蝗鸟类用于防治蝗虫中，这相当于现在所说的生物防治。汪志伊辑《荒政辑要·除蝗记》："镇江一郡，凡蝗所过处，悉生小蝗，即《春秋》所谓螽也。凡禾稻经其缘啮，虽秀出者亦坏。然尚未解飞鸭能食之。鸭群数百入稻畦中，螽顷刻尽，亦江南捕螽一法也。"又："蝻未能飞时，鸭能食之，如置鸭数百于田中，顷刻可尽。"前者所捕之螽应指稻蝗，后者所捕之蝻应指飞蝗。陈芳生《捕蝗考》："陈龙正曰：蝗可和野菜煮食，见于范仲淹疏。又曝干可代虾米。尽力捕之，既除害又佐食，何惮不为。然西北人肯食，东南人不肯食，亦以水区被蝗时少，不习见闻故耳。崇祯辛巳，嘉湖旱，蝗，乡民捕蝗饲鸭，鸭极易肥大。又山中人畜猪，不能买食，试以蝗饲之，其猪初重二十斤，旬日肥大至五十余斤。可见世间物性，宜于鸟兽食者，人食之为必宜；若人可食者，鸟兽无反不可食之理。蝗可供猪鸭无怪也。推之恐不止此，特表而出之。"陆曾禹等《康济录·捕蝗必览》引用《捕蝗考》后说："蝗性热，积久而后用，更佳。禽鸟可用于治蝗，又可化害为益。"上述所说的鸭应为绿头鸭 Anas platyrhynchos 的家养品种。国外也有养食蝗鸟捕食蝗虫之法，此法为傅兰雅辑《格致汇编·免蝗灾之法》中有记载："美国数处，每年多有蝗灾，故有美国人将免此灾之各要法，集成十款：一、多养吃蝗虫之禽鸟，使食所有之蝗虫……"

上述有关鸟类食蝗的记载，其史实均有人为的因素，即保护、利用鸟类，以达到消除蝗灾的目的。但在历史长河中，大多数鸟类食蝗的史实均是一种自然选择，古籍文献对鸟类食蝗的记载多属于这种情况。

古籍文献记载较多而又能考证的食蝗鸟是鹳鸰，除《旧五代史》对其记载外，尚有下述记载：《宋史·五行志》："熙宁元年，秀州蝗。五年，河北大蝗。六年四月，河北诸路蝗。是岁，江宁府飞蝗自江北来。七年夏，开封府界及河北路蝗；七月，咸平县鹳鸰食蝗。"元代王辉《秋涧集·鹳鸰食蝗》："秋七月，螟生，牧野南无几。有鹳鸰自西北逾山来，方六七

里间，林木皆满。遂下啄螟，食且尽，乃作阵飞去。予考《汉·五行志》，食人尸禄，犹螟害谷，故感而生蝗。夫鹳鸰，北方之鸟也。其嘴距有博啄之利，又数多，如是意在位者不肖，将有因贪抵法而败者，不然何食之既邪？纪之验他日之异。时至元五年岁戊辰也。"清代李光地等《月令辑要》也记载了此史实，但文字有所不同。其文曰："鹳鸰食蝗。〔增〕《辉县志》：元至元五年秋七月，鹳鸰食蝗。时蝗生牧野，鹳鸰自西北飞来，方六七里，林木皆满，遂将蝗食且尽，作阵飞去。"明嘉靖《常德府志》卷一《祥异》："嘉靖……十一年夏六月，蝗至，适有鹳鸰食之尽，飞去。"清嘉庆《常德府志》和嘉庆《常德府志》也记载了此史实。明隆庆《临江府志》卷一二《列传》："陈永年，新淦人，洪武末给事中出知惠安县。螟蝻生。永年祷于城隍，有顷，鹳鸰蔽天下，群啄食之，岁乃获。"清嘉庆《沅江县志》卷二二《祥异》："沅江县，六月蝗，适有鸲鸰食之，飞去。""鸲"同"鹳"，"鸲鸰"即"鹳鸰"。我们认为，鹳鸰应为椋鸟科 Sturnidae 中的灰椋鸟 *Sturnus cineraceus*。其理由为：①此鸟的数量很大，是取食蝗虫的最主要鸟类，对蝗灾具有一定的控制作用，为此还曾颁布过禁捕令。②此鸟的分布区域与上述鹳鸰分布的地点相吻合。清光绪十九年（1893 年），乌苏甘河子、车排子等处发生蝗灾，派兵勇捕杀，鸟飞啄食之立尽。我们认为此种食蝗鸟应为粉红椋鸟 *Sturnus roseus*，因此种鸟是新疆最为主要的取食蝗虫的鸟类。而腾越厅的鹩哥也应是粉红椋鸟，因腾越厅虽无此鸟分布，但它是粉红椋鸟迁飞必经之地。《元史·英宗本纪》记载："十二月辛卯，汴梁、顺德、河间、保定、济宁、濮州、益都诸属县及清卫屯田，蝗。汴梁、祥符先蝗，有群鸟食蝗，既而复吐，积如丘垤。"陈永林据此认定这是此科鸟的一大生物学特性。我们认为陈永林对此种鸟的认定是有道理的。元代杨瑀《山居新话》有"秃鹙以翅打落蝗虫，争而食之，既饱，吐而再食"的记载。《元史·五行志一》有"群鹜食蝗，既而复吐，积如丘垤"的记载。陈永林认定为椋鸟的那篇文献，其用词为"鸟"，而上述两篇文献用词为"秃鹙"或"鹜"，但它们的取食习性却完全一致，而这种取食习性又是椋鸟科的一大生物学特性，是否应就此认定它们均是椋鸟科的种类呢？除上述文献外，记载鹜的文献还有：《元史·五行志一》："三旬五月，淮安属县蝗，有鹜食之。"清康熙《扬州府志》卷二二《灾异纪》："万历……十一年闰二月二十八日，泰州、宝应雨雹如鸡子，杀飞鸟无数。是年夏旱，大蝗，有秃鹜、海鸥飞而食之。"除海鸥应隶属于鸥科 Laridae 外，鹜或秃鹜是否属于椋鸟科呢？从现在对"鹜"字的解释看，鹜应属鹳科 Ciconiidae，但此科的种类个体大，数量少，对控制蝗灾不会有大的作用。据此，我们怀疑禁捕令中的"鹜"指的是当今所说的"鹜"，它应当是指现在所说的椋鸟吧？

鹜或秃鹜，以及相似种类，它们个体均极高大。有关它们的记载有：明万历《如皋县志》卷二《五行志》："如皋县，蝗为鹜所食。"明崇祯《淮安府实录备草》卷一八《祥异》："七月十六日，赣榆县飞蝗遍野，残食禾苗，百姓束手无策。突有鹜鸟数千食之，不数日蝗

皆尽矣。"清康熙《沁阳县志》卷一《灾祥》："沁阳县，夏六月，大蝗自东来，有秃鹫食之，蝗尽灭。"清光绪《凤阳府志》卷四下《纪事表下》："顺治八年，临淮有鸟，高二尺许，状如秃鹫，飞食蝗。是岁大有年。"它们是否应属于当今之秃鹫 Aegypius monachus，这还有待研究。

关于大型食蝗鸟，古籍文献的记载尚有：《元史·顺帝本纪》："七月庚戌，河南武陟县禾将熟，有蝗自东来。县尹张宽仰天祝曰：'宁杀县尹，毋伤百姓。'俄有鱼鹰群飞啄食之。"清代姚之骃《元明事类钞·虫豸门·蝗虫》："鹰啄蝗。《玉堂纲鉴》：'元至元时，武陟县有蝗，俄有黑鹰群飞，啄食之。'详见鹰。"这两篇记载的应是同一史实。清顺治《禹州志》卷九《礼祥》："禹县，六月，蝗自南来，已及州境，忽有鸟如鹰，百十为群，喜唉蝗。每鸟唉蝗一升许，遂不为害。"清同治《当阳县志》卷二《祥异》："当阳县，夏旱，蝗食禾苗殆尽。惟治北黄鹄滩有鹰数百啄蝗空中，蝗避去，不为禾苗害。"上述食蝗鸟类，似应为鹰科 Accipitridae 中的一些种类。

前文《清世宗宪皇帝朱批谕旨》记载山雀啄食蝗虫之事，但山雀不一定为山雀科 Pavidae 的种类，因类似山雀的种类很多，而又分属于不同的科，如下列一些文献所记述的种类。清雍正《河南通史》卷五《祥异》："宝丰县，蝗自东北来……雀啄食殆尽。"清乾隆《黄冈县志》卷一九《祥异》："黄冈县，春，东乡蝗，有雀千万食之。………是岁大熟。"清同治《灵寿县志》卷三《灾祥》："灵寿县，秋，蝗，异雀啄之，禾无害。"

有的文献记载的鸟类还是可以考证的。如清代松筠《西陲总统事略·黑雀》："螽蝗害稼捕良难，有鸟群飞竞啄残。斑点赤睛鹫鹫尔（此鸟疑即鹫鹫尔，阿文成公镇伊犁时所献者），横空来去倏无端。"据此记载，我们认为此鸟应为黑卷尾 Dirurus macrocercus。清同治《平乡县志》卷一《灾祥附》："平乡县，六月，蝗螂集城南柴口村外，宽十余亩，旋有黑雀群集食尽。"此记载的鸟名为黑雀，此黑雀是否也是上文记载的种类？

《清世宗宪皇帝朱批谕旨》记载的乌鸦成群食蝗之乌鸦，可能为寒鸦 Corvus monedula。清光绪《惠民县志》补遗《祥异》："惠民县，八月初，沙河两岸麦苗为蝗所食，莫不更番另种。苗出后，农皆惴惴，忽来山鸦成群，将蝗虫一一啄尽。"此山鸦应是寒鸦。《清世宗宪皇帝朱批谕旨》中所指的乌鸦也可能是秃鼻乌鸦 Corvus frugilegus。下列记载的乌鸦可能应为此种。清康熙《沁阳县志》卷一《灾祥》："沁阳县，盘古山一带蝗生，有乌鸦数千啄蝗食之尽，民以为异。"清光绪《壶关县续志》卷上《纪事》："壶关县，四月，蝗生，有乌鸦无数，自西飞集，啄食及半。"下文记载之乌鸟是否秃鼻乌鸦难以肯定，但同属鸦科 Corvidae 则应无疑。《元史·五行志》："泰定……四年五月，洛阳县有蝗五亩，群鸟尽食之。越数日蝗又集，又食之。"清代姚之骃《元明事类钞》对此也有记载。清康熙《安庆府志》卷一四《祥异》："是年桐城生蝗蝻，忽有群鸦来，啄之始尽。"《清世宗实录》卷二二："七月……甲辰，大学

士等奏：松江提督高其位摺奏，飞鸦食蝗，秋禾丰茂。"清乾隆《通许县志》卷一《祥异》："蝗起临邑，将入许，有群鸦啄之，遂不得入境。"清道光《宿州志》卷四一《祥异》："宿州，旱，蝗，且焚且瘗，寻有群鸦及虾蟆食之殆尽，禾不受害。"清咸丰《大名府志》卷四《年纪》："大名县，旱。时山东、河南蝗，大名与二省接壤处有鸦数万迎食之，蝗遂不入境。"清光绪《保定府志稿》卷七《名宦》："博野县，蝗，忽有乌鸟千余，遍地食蝗，夜遁无迹。"清光绪《惠民县志》卷一七《祥异》："惠民县，春，蝻子，鸦鸟食之净。"清道光《宝庆府志》卷九九《五行略》："康熙四十五年武冈虫蝽食稼，知州刘之琨为八蜡神位祷之。越二日，鸟万余，莫测其来，遍啄食之。"清同治《韶州府志》卷一一《祥异》："同治九年八月，仁化湖坑洞，蝗虫遍野，忽有鸦数百飞集食之，数日俱尽。是年，晚稻歉收。"清代褚仁逊《见闻录》："秋，天津南乡飞蝗成灾，有大鸟如乌，千百成群，集田陇，啄虫殆尽，始飞去。是年尚丰。"清雍正《怀远县志》卷八《灾异》："怀远县，沘河南、北蝗起，有野鹳及群鸦万余，食之殆尽。"上述记载，除大鸟如乌可能不属鸦科、野鹳属鹳科外，其余均应属鸦科的一些种类。

清乾隆《夏津县志》卷九《灾祥》："夏，郑保屯东北蝻子萌生，知县方学成督民夫扑捕，忽有山鹊数千飞集，啄食殆尽，人咸异之。"清同治《叶县志》卷一《舆地》："叶县，九月，蝗自东而来，沿沣河数十里不绝，食麦苗。忽有群鹊如鹞飞来，以爪去蝗首而食之。昼盈野，夜集村树，人或驱之，亦不畏。十余日蝗尽，始飞去。"根据此记载，此类鸟似应为灰喜鹊 Cyanopica cyana 或喜鹊 Pica pica。《辽史·能吏列传》："又蝗，议捕除之。文曰：蝗，天灾，捕之何益？但反躬自责，蝗尽飞去，遗者亦不食苗，散在草莽，为乌鹊所食。"清嘉庆《霍山县志》卷末《祥异》："霍山县，春，蝗蝻大作，缀树塞途，愈扑愈多。忽天黑鹊，地出青蛙，啮之殆尽。"这里记述的乌鹊、黑鹊，虽不能确定它们是何种鸟类，但说它们属于鸦科应无问题。

清光绪《腾越厅志》卷一《祥异》："乾隆三十九年夏，螣食苗叶，有白鹭盈千啄之。"此鸟应属鹭科 Ardeidae，但属此科何种有待考证。

《新唐书·五行志》："开元二十五年，贝州蝗，有白鸟数千万，群飞食之，一夕而尽，禾稼不伤。"陈永林认为此白鸟可能系白翅浮鸥 Chlidonias leucoptera，我们则认为此白鸟更有可能是普通燕鸥 Sterna hirundo。清同治《建昌县志》卷一二《祥异》："永修县，乙未夏，旱，蝗，丙申蝗更甚。邑侯钮公士元谕民捕治。六月，忽有黑翼白腹之鸟翔集成群，啄而食之，蝗渐消灭。"同治《南康府志》对此也有记述。此鸟是否也是普通燕鸥，有待考证。

下列文献所记载的食蝗鸟难以考证，故只摘录其所载文献。《旧五代史·五行志·蝗》："梁开平元年六月，许、陈、汝、蔡、颍五州螣生，有野禽群飞蔽空，食之皆尽。"《宋史·五行志》："太平兴国二年七月，卫州蝻虫生。六年七月，河南府宋州蝗。七年四月，北阳县

蝻虫生，有飞鸟食之尽。"《元史·泰定帝二》记载：泰定四年五月，"河南路洛阳县有蝗可五亩，群鸟食之既。数日，蝗再集，又食之"。《辽史·道宗五》："道宗大定四年……八月庚辰，有司奏宛平、永清蝗，为飞鸟所食。"《明通鉴·成祖纪》："永乐二十二年五月，大名府、濬县蝗蝻生，知县王士廉以失政自责，率僚属齐戒，祷于八蜡祠。越三日，有鸟数万，食蝗尽。"明嘉靖《延平府志》卷二三《拾遗志》："叶宜，正统间由进士任卫辉府知府。一日，蝗为民患，宜斋祷于城隍祠。后数日，忽有群鸟飞而食之，蝗尽而鸟死。"清康熙《博平县志》卷一《礼祥》记载：明隆庆三年"秋，山东博平有白头雀群飞于田野，蝗不为灾"。清咸丰《大名府志》卷四《年纪》记载：明万历四十年"三月，山东、河南蝗，大名与二省接壤处有鸦数万迎食之，蝗遂不入境"。清乾隆《元氏县志》卷一《灾异》记载：顺治三年，"河北元氏县，蝗未至，先有大鸟类鹤，蔽空而来，各吐蝗数升"。清光绪《保定府志稿》卷七《名宦》记载：康熙二十六年河北省"博野县，忽有乌鸟千余，遍地食蝗，夜遁无迹"。清雍正《河南通志》卷五《祥异》记载：康熙二十六年，河南省"宝丰县，蝗自北来，鹳雀啄食殆尽"。清雍正《续唐县志略·杂志》："四月……越三日，有鸟千百从北来，搜食蝻数皆尽。"清乾隆《河间府志》卷一七《纪事》："飞蝗集郡境，捕不能尽，有鸟数千自西南来，啄食之。"清乾隆《献县志》对此史实也作了记载。清乾隆《泰安县志》卷末《祥异》："六月，蝗，有群鸟食之，不为灾。"清同治《郧县志》："郧县，秋七月，蝗自西北来，飞鸟驱食之，旋尽。"

清同治《灵寿县志》卷三《灾祥》："咸丰十年，灵寿县，秋蝗，异雀啄之，禾无害。"清同治《平乡县志》卷一《灾祥》："七年六月，河北平乡县，蝗螂集城南柴口村外，宽十余亩，旋有黑雀群集食尽。"清同治《武冈州志》卷三二《五行志》："武冈县，虫蝝食稼。知州刘之琨为八蜡神位前祷之。越三日，群鸟万余，莫测其来，遍啄食之。"清光绪《玉田县志》卷一五《祥眚》："玉田县，春，城北蝻生。县令夏子鎏大集民夫掩捕，数十日始尽。时城西亦有蠕动，忽来群鸟啄食，一宿而殄。"

利用蝗虫天敌防治蝗虫为害，古代虽已开始，但有许多关键问题尚需解决。当今也能将部分蝗虫天敌用于防治蝗虫中，如微孢子治蝗、牧鸡治蝗等。利用蝗虫天敌治蝗的起步工作之一，就是查清蝗虫天敌种类。龙庆成对此做了不少工作。现将他的调查结果略加补充，列表如下：

表6-2 飞蝗天敌名录及其取食方式

	名称	取食方式
一、菌类	1. 杀蝗菌 *Empusa grili*	寄生蝗蝻、成虫，死时抱草，通称抱草瘟
	2. 小杀蝗菌 *Siporotrichaum globii*	寄生蝗蝻
	3. 球蝗菌 *Coccobacillus acridoprum*	寄生蝗蝻、成虫、卵
二、线虫	4. 线虫 *Gordius* sp.	寄生蝻、成虫体内
三、螨类	5. 绒螨 *Eutrombidium debilipes*	寄生蝻、成虫体表
	6. 格氏灰足线螨 *Podapolipus grassei*	寄生蝻、成虫体表
四、昆虫类	7. 针蟋 *Nemobius fasciaens*	取食蝗卵
	8. 鸣螽 *Gampsaocleis* spp.	捕食蝗虫
	9. 螽斯 *Gampsaocleis sratiosa*	捕食成虫、蝻
	10. 中华螳螂 *Paratenodera sinensis*	捕食蝗虫，以低龄蝻为主
	11. 螳螂 *Mantis* sp.	取食蝗蝻
	12. 锯角豆芫菁 *Epicouta gorhami*	幼虫取食蝗卵
	13. 暗头豆芫菁 *E. obscutocephala*	幼虫取食蝗卵
	14. 毛角豆芫菁 *E. hirticornis*	幼虫取食蝗卵
	15. 苹斑芫菁 *Mylabris calida*	幼虫取食蝗卵
	16. 眼斑芫菁 *M. cichorii*	幼虫取食蝗卵
	17. 大斑芫菁 *M. phalerata*	幼虫取食蝗卵
	18. 多型虎甲 *Cicindela hybrida*	成、幼虫取食蝗蝻
	19. 中国虎甲 *C. chinensis*	成、幼虫取食蝗蝻
	20. 毛青步甲 *Chlaenius pallipes*	成、幼虫取食蝗蝻
	21. 中华广肩步甲 *Calosoma chinensis*	成、幼虫捕食蝗虫，以1—4龄蝗蝻为主
	22. 华马蜂 *Pdistes chinensis*	成虫取食幼蝻
	23. 食蝗蚁 *Myrmecocystus viaticus*	成虫取食蝗卵、幼蝻
	24. 蝗卵蚁 *Aphaenogaster subterraneus*	成虫取食蝗卵、幼蝻

（续表）

	名称	取食方式
四、昆虫类	25. 飞蝗泥蜂 *Sphex subfuscalus*	成虫取食蝗蝻
	26. 蝗黑卵蜂 *Scelio ovi*	幼虫寄生蝗卵内
	27. 飞蝗黑卵蜂 *Scelio uvarovi*	幼虫寄生蝗卵内
	28. 尼黑卵蜂 *Sc. nikdski*	幼虫寄生蝗卵内
	29. 盗蝇 *Priononyx strata*	成虫捕食蝗蝻
	30. 巴颜污蝇 *Wohlfahrtia balassogloi*	幼虫寄生蝻、成虫体内
	31. 宽额麻蝇 *Sarcophaga latifrons*	幼虫寄生蝻、成虫体内
	32. 菲氏麻蝇 *Sarcophaga filipievi*	幼虫寄生蝻、成虫体内
	33. 线纹折麻蝇 *Blaesoxipha lineata*（拟麻蝇）	幼虫寄生蝻、成虫体内
	34. 角折麻蝇 *B. latrcornis*	幼虫寄生蝻、成虫体内
	35. 雏蜂虻 *Anastoechus chinensis*	幼虫取食蝗卵
	36. 蝗蜂虻 *Systoechus vulgaris*	幼虫取食蝗卵
五、蜘蛛类	37. 草间小蜘蛛 *Erigonidum graminicolum*	取食幼蝻
	38. 八斑球腹蛛 *Theridiam octomaculdtum*	取食幼蝻
	39. 横纹金蛛 *Argiope bruennichii*	取食幼蝻
	40. 拟环纹狼蛛 *Lycosa pseudoannulata*	取食蝗蝻
	41. 沟渠豹蛛 *Pardosa laura*	取食蝗蝻
	42. 纹狼蛛 *Pardosa T-insignita*	取食中华稻蝗蝻
	43. 四点亮腹蛛 *Singa pygmaea*	取食蝗蝻
	44. 斜纹猫蛛 *Oxyopes sertaus*	取食蝗蝻
	45. 狭条蛟蛛 *Qulomedes hereales*	取食蝗蝻
六、两栖类	46. 蟾蜍 *Bufo bufo gargarizans*	取食蝗蝻
	47. 泽蛙 *Rana limnocharis*	取食蝗蝻
	48. 黑斑蛙 *R. nigromaculata*	取食蝗蝻
七、爬行类	49. 蜥蜴 *Lecertidae*（蜥蜴科）	取食蝻、成虫

（续表）

	名称	取食方式
八、鸟类	50. 小䴙䴘 *Podiceps ruficollis*（通称水葫芦）	取食蝗蛹、成虫
	51. 草鹭 *Ardea purpurea manilensis*	取食蛹、成虫
	52. 池鹭 *Ardeola bacchus*	取食蛹、成虫
	53. 牛背鹭 *Bubulcus ibis coromandus*（通称黄头鹭）	取食蛹、成虫
	54. 大麻鳽 *Botaurus stellaris stellaris*	取食飞蝗
	55. 游隼 *Falco peregrinus*	取食飞蝗
	56. 红脚隼 *F. vespertinus amurensis*（通称青燕子）	取食飞蝗
	57. 小杓鹬 *Numenius bored lis*	取食蛹、成虫
	58. 燕鸻 *Glareola maldivarum*（通称土燕子）	取食蛹、成虫
	59. 白翅浮鸥 *Chlidonias leucoptera*	取食飞蝗
	60. 短耳鸮 *Asio flammeus flammeus*	取食飞蝗
	61. 喜鹊 *Pica pica sericea*	取食蛹、成虫
	62. 灰喜鹊 *Cyanpica cyana interposita*	取食蛹、成虫
	63. 秃鼻乌鸦 *Corvus frugilegus*	取食蛹、成虫
	64. 白颈鸦 *C. torquatus*	取食蛹、成虫
	65. 斑鸫 *Turdus naumanni eunomus*	取食蛹、成虫
	66. 红尾伯劳 *Lanius cristatus lucionensis*	取食蛹、成虫
	67. 田鹨 *Anthus novaeseelankdiae*	取食蛹、成虫
	68. 鸡 *Gallus gallus*	取食蛹、成虫
	69. 鸭 *Anas domestica*	取食蛹、成虫
	70. 粉红椋鸟 *Sturnus toseus*	取食蛹、成虫
	71. 漠鹏 *Oenanthe deserti*	取食蛹、成虫
	72. 红嘴山鸦 *Pyrrhocorax pyrrhocorax*	取食蛹、成虫
	73. 八哥 *Acridotheres cristatellus*（鸲鹆）	取食蛹
	74. 稻田苇莺 *Acrocephalus agricola*	捕食稻蝗蛹和成虫
	75. 棕扇苇莺 *Cisticola juncidis*	捕食各种蝗卵

第六节 当今治蝗成就简述

20世纪50年代前后,防治蝗虫的方法主要还是以人工捕打为主,但一些有识之士已开展了药剂治蝗的研究。1948年,邱式邦等开展了新兴药剂粉治蝗的研究;1950年,钟启谦开展了杀虫剂对飞蝗胃毒及触杀的研究;1950年,曹骥等开展了六六六粉对飞蝗蝻熏蒸作用的研究。这些研究为制定"以药剂防治为主,人工捕打为辅"的治蝗方针奠定了基础。1957年,我国首次用飞机喷撒六六六粉治蝗。随着飞蝗研究的逐步深入,1959年,我国提出了"猛攻巧打,积极改造蝗区自然环境,采取各种方式,迅速根除蝗害"(简称"改治并举")的治蝗方针。1973年12月,农林部邀请津、冀、鲁、豫、苏、皖六省、市农业局负责治蝗工作的干部和中国科学院动物研究所、中国农业科学院植物保护研究所、河北省植保土肥所等单位的科技人员座谈,交流治蝗经验。大家认为,河北省提出的"依靠群众,勤俭治蝗,改治并举,根除蝗害"的治蝗方针是符合当前治蝗要求的,建议各省、市、自治区认真学习贯彻。其后至今,这一方针均作为我国的治蝗方针。

蝗虫防治方法及一些生物学基础工作的研究成果,为治蝗方针的制定奠定了基础,治蝗方针的制定又促进了对蝗虫的更为深入的研究。马世骏、陈永林、尤其儆、钦俊德、郭郛主持的课题"东亚飞蝗生态生理学理论研究及其在根治蝗害中的意义"获得国家自然科学二等奖,正是这种辩证关系的客观反映。当今在治蝗工作中取得的重要成果还有:① 李允东主持,陈永林、黄春梅、刘举鹏等参加完成的"取代六六六粉剂防治蝗虫飞机超低容量制剂的研究"获农业部科技进步二等奖,此项研究成果降低了对环境的污染,提高了防治害虫效果。② 孙立邦创导的草原牧鸡治蝗工作。③ 康乐团队发现过度放牧引起草场退化,含氮量降低,导致蝗灾暴发。这一发现不仅有重大理论意义,而且对治理蝗灾也有指导意义。④ 在张龙主持的微孢子治蝗研究中,石旺鹏发现了蝗虫微孢子可使飞蝗由群居型向散居型转变。这一发现奠定了微孢子治蝗的理论基础,引起国内外高度重视。⑤ 康乐团队所完成的飞蝗基因图谱,使研制新型靶向农药成为可能。

陈永林在1991年出版的《中国飞蝗生物学》一书中写道:

> 回顾我国几千年的治蝗史实,在中华人民共和国建立40年里,东亚飞蝗的危害终于被控制住了,是人类与蝗虫争夺食物和生存空间的胜利。我们确实已经找到了根治蝗害的关键,亦即消灭飞蝗发生基地。也就是说,我国的治蝗策略是"改

治结合"，根除蝗害是目的。由于飞蝗具有异地迁飞、集中和选择产卵地的行为，并需有其适宜繁殖猖獗的发生基地，因此，仅采用药剂等防治方法，是不能根除其危害的，而必须治标与治本兼施，通过"改治结合"的策略来实现。"改"是因地制宜改造飞蝗发生基地的自然面貌，以消灭适合蝗虫发生繁殖的生态条件；"治"是在蝗虫发生时采取各种有效防治方法及时消灭蝗虫，控制蝗害。"改"与"治"是相辅相成的，要根据各类型蝗区的蝗情及改造环境的条件灵活运用。显然，在飞蝗大发生时，首先是必须消灭高密度的蝗群，制止迁飞危害，因此，"治"是主要的。在这种情况下，如果强调"改"的途径与措施，而忽视"治"的手段，则不仅达不到及时防止作物受害，也不能显示"改"的作用。试验已经证明，在高密度蝗卵的出现阶段，进行机耕或其他预防措施，由于处理后幸存的绝对数量依然很高，也只能起到压低虫口数量的作用。由于我国历史上遗留下来的飞蝗适生面积较大和几大水系的治理存在着长期性与复杂性，彻底改造蝗区面往往需要一定的时间过程，根据洪泽湖、微山湖蝗区改造的实践与经验，需要15—18年的时间。因此，在蝗区改造前和改造过程中，都要把化学防治放在比较重要的地位，即使在蝗区改造基本完成后，也仍需继续进行侦查监测蝗情及其生境的动态变化，必要时仍需进行小面积的化学防治；同时，进行创造各种天敌的适生环境与保护工作，有利于加速和巩固"改"的效果。正由于蝗区的改造与飞蝗的防治是长期的，必须全面规划、依靠群众，有计划有步骤地分期实施，以达到根除蝗害的目的。

第七章 蝗虫在自然生态系统中的地位与作用

一说蝗虫，人们首先想到的就是它们制造的蝗灾，蝗虫与蝗灾似乎难以分开。蝗虫能成灾，但也并非一无是处。2005年3月，康乐在《人与生物圈》发表《认识蝗虫与蝗灾》一文，对蝗虫与蝗灾作了崭新的评价："蝗虫是自然生态系统中的重要组成部分，是一类典型的初级消费者。它们的存在，使植物固定的太阳能和物质得以循环转化和分解，从而维持了生态系统的稳定。因此，将蝗虫简单地视为害虫的认识是片面的。"他又指出："认识蝗灾必须首先了解蝗虫种群发生的自然规律。在一个自然生态系统中，蝗虫种群因其自身的生物学特性以及环境因子的影响，种群数量常常发生波动，一旦种群密度达到很高时，即可暴发蝗灾。因此，蝗灾也是一种天灾。蝗虫种群的大暴发，在自然生态系统中是经常发生的。另外，随着人类活动的日益加剧，特别是土地利用的改变以及对资源的过度利用，也可引起一些蝗虫种群的大暴发。在某种意义上说，这类蝗灾也是'人祸'的结果。"在蝗虫的家族中，能制造蝗灾的物种也只是少数。据印象初和陈永林的初步统计，在世界上1万多种蝗虫中，有害物种有150余种；在我国1000余种蝗虫中，有害物种也仅有60余种。在我国和其他一些国家与地区，飞蝗 *Locusta migratoria* 是最为严重的害虫之一。飞蝗大发生时，飞则蔽天，落则遍野，过则赤地，甚至人皆相食，这种悲惨景象让人触目惊心。对这种蝗虫，不同的地区有着不同的处理方式。在大发生地区，当然必须防治，而在数量极少的地区还必须保护，如俄罗斯远东地区就是把它作为保护对象列入红色名录的。在我国已知的1000多种蝗虫中，除有害的60余种外，大部分不仅无害，而且有相当多的物种还应列入保护对象，特别是近几十年来所发现的新种，以及后来再也没有发现其踪迹的一些物种。蝗虫作为生物学和医学研究领域的模式，其功也不可磨灭。有害者未尝不可间或有益，对有害者也可化害为益。我国古代在这方面早有记载，具体阐述如下。为论证蝗虫在自然生态系统中的地位与作用，我们增添了一些可用的素材。

一、药用蝗虫

蝗虫入药应始于唐朝。唐代陈藏器《本草拾遗》对蝗虫入药进行了记载：其一，"蚱蜢。石蟹注陶云：石蟹如蚱蜢，形长小，两股如石蟹，在草头能飞，阜螽之类，无别功。与蚯蚓交，在土中得之，堪为媚药。入《拾遗记》"。此处的阜螽应指蝗虫，系指蝗总科；蚱蜢也不

具体指何种蝗虫，应指蝗总科中非迁飞性蝗虫。从文中可以看出，石蟹应指负蝗中的短额负蝗。其二，"阜螽、蚯蚓二物，异类同穴为雄雌，令人相爱。五月五日收取，夫妻带之。阜螽如蝗虫，东人呼为蚱蜢，有毒。有黑斑者，候交时取之"。阜螽首先出现在《诗经》中。从《诗经》的记述看，它应指笨蝗。但此处所指的阜螽绝非笨蝗。上述两条中所记述的"与蚯蚓交"、"令人相爱"等并不科学。

宋代唐慎微《证类本草》对上述两条的内容作了相同的记载。

元代李杲辑《食物本草》（后经李时珍参订、姚可成补辑）对蝗虫入药的记载有："阜螽一名蚱蜢，其形如蝗，大小不一，长角修股，善跳，有青、黑、斑数色，亦能害稼。五月动股作声，至冬入土穴中。芒部夷人食之。蔡邕《月令》云：'其类乳于土中，深埋其卵，至夏始出。'陆佃云：'草虫鸣于上风，蚯蚓鸣于下风，因风而化。'性不忌而一母百子，故《诗》云：'趯趯阜螽。'蝗亦螽类，大而方首，首有王字，沴气所生，蔽天而飞，性畏金声。北人炒食之。一生八十一子。冬有大雪，则入土而死。"从上述记述看，此处的阜螽应指飞蝗。又："阜螽，味辛，有毒。五月五日候交时收取，夫妻佩之，令相爱媚。附方：治三日疟百方不效者，以端午日收阜螽，阴干研末，临发日，于五更时酒服方寸匕。极凶者不过三次，瘥。"从上述记载看，此处的阜螽也应指短额负蝗。

明代李时珍《本草纲目》对蝗虫进行了概括性的记述。其文如下：

阜螽。（音负终。《拾遗》）

【校正】并入《拾遗》蚱蜢。

【释名】负蠜（音烦）、蚱蜢。时珍曰：此有数种，阜螽总名也。江东呼为蚱蜢，谓其瘦长善跳、窄而猛也。螽亦作蝼。

【集解】藏器曰："阜螽状如蝗虫，有异斑者与蚯蚓异类，同穴为雌雄，得之可入媚药。"时珍曰：阜螽在草上者曰草螽，在土中者曰土螽，似草螽而大者曰螽斯，似螽斯而细长者曰蟿螽。《尔雅》云："阜螽，蠜也。草螽，负蠜也。斯螽，蚣蝑也。蟿螽，螇蚸也。土螽，蠰蟪也。"数种皆类蝗而大小不一，长角修股，善跳，有青、黑、斑数色，亦能害稼。五月动股作声，至冬入土穴中。芒部夷人食之。蔡邕《月令》云："其类乳于土中，深埋其卵，至夏始出。"陆佃云："草虫鸣于上风，蚯蚓鸣于下风，因风而化。"性不忌而一母百子，故《诗》云："喓喓草虫，趯趯阜螽。"蝗亦螽类，大而方首，首有王字，沴气所生，蔽天而飞，性畏金声。北人炒食之。一生八十一子。冬有大雪，则入土而死。

李时珍对医药的贡献无人可及，但对药用蝗虫的记述并不比前人高明，他将阜螽当作蝗

虫的总名，这也没有什么不妥，但对草螽、螽斯、蟿螽的解释则难以让人理解，恐怕连他自己也未弄清楚草螽等具体应指何物种。根据李时珍本文最后的记载分析，此应指飞蝗。

清代赵学敏辑《本草纲目拾遗·虫部》对蝗虫入药的记述比较准确。其文如下：

> 蚱蜢。
>
> 《纲目》"阜螽"仅引《拾遗》配药一条，并无主治。
>
> 按：蚱蜢初夏大火始有，得秋金之气而繁，性窜烈，能开关透窍。一种灰色而小者名士碟，不入药用。大而青黄色者入药，有尖头、方头二种。《救生苦海》五虎丹中用之，治暴疾气闭，大抵取其窜捷之功为引也。
>
> 味辛平，微毒，性窜而不守，治咳嗽、惊风、破伤，疗折损、冻疮、斑疹不出。
>
> 治鸬鹚瘟。《王氏效方》：鸬鹚瘟，其症咳嗽不已，连作数十声，类哮非哮，似喘非喘，小儿多患此。取谷田内蚱蜢十个煎汤服，三剂愈。《百草镜》云：鸬鹚郁，小儿有之，其症如物哽咽，欲吐难出之状，久之出痰少许，日久必死。治以干蚱蜢煎汤服。
>
> 破伤风。《救生苦海》：治破伤风，用霜降后稻田内收方头灰色蚱蜢，同谷装入布袋内，晒干，勿令受湿，致生虫蛀坏，常晒为要。遇此症，用十数个瓦上煅存性，酒下，立愈。
>
> 痧胀。《养素园集验方》：用蚱蜢五六个，煎汤服用。
>
> 冻疮。《养素园待验方》：用方头黄色蚱蜢风干，煅研，香油和搽掺亦可。
>
> 小儿惊风。《李氏表方》：用蚱蜢，不拘多少，煅存性，砂糖和服，立愈。一方：治急慢惊，量大小人多寡用之煎服。《王立人易简方》：用蚂蚱焙干末，姜汤调服少许，立愈。
>
> 急慢惊风。《百草镜》：霜降后，稻田中取方头黄身蚱蜢，不拘多少，与谷共入布袋内风干，常晒，勿令受湿虫蛀。遇此症，用十个或七个，加钓藤钩、薄荷叶各一撮，煎汤灌下，渣再煎服，重者三剂愈。李东来常施此药。据云山东王虫尤妙，每服只须二个。
>
> 《王站柱良方》：急慢惊风，先用白凤仙花根汁半盏服下，即用方头蚱蜢焙干研末，滚水调下，即愈。
>
> 产后冒风。《王良生救急方》：蚱蜢十个，瓦上煅存性，好酒调服。

从上述记载看，稻田中的方头蚱蜢应为中华稻蝗，尖头者似应为中华剑角蝗。

近来，康乐的研究团队完成了飞蝗基因图谱，为新药的研发开辟了一条宽广的途径。

二、食用蝗虫

蝗虫作为高蛋白食品，早已登上大雅之堂。笔者曾以"蝗虫——值得开发的生物资源"和"昆虫——餐桌上的佳肴"为题，分别发表在《科学报》和《北京科技报》上，论述蝗虫的食用价值。现在已大量饲养飞蝗以供食用。蝗虫作为人类的食品，不是从现在开始，早在三国时，人们已经食用了。《艺文类聚》引《吴书》说："袁术在寿春，谷石百余万，载金钱之市求籴，市无米而弃钱去。百姓饥穷，以桑葚蝗虫为干饭。"三国吴韦昭为《国语·鲁语》作注说："蠡，复蜪也，可食。"宋代范仲淹《疏》说："蝗可和菜蒸煮。"明代徐光启在《除蝗疏》中记载："一曰食蝗。唐贞元元年夏，蝗，民蒸蝗曝扬，去翅足而食之。"徐光启又根据自己的所见所闻，在《除蝗疏》中将食蝗之事记载下来："食蝗之事，载藉所书不过二三。唐太宗吞蝗，以为民受患，传述千古矣。乃今东省畿南，用为常食，登之盘飧。臣常治田天津，适遇此灾。田间小民，不论蝗、蛹，悉将煮食。市城之内，用相馈遗。亦有熟而干之，鬻于市者，则数文钱可易一斗。啖食之余，家户囤积，以为冬储，质味与干虾无异。其朝哺不允，恒食此者，亦至今无恙也。而同时所见山陕之民犹惑于祭拜，以伤触为戒，谓为可食，即复骇然，盖妄信流传所化，是以疑神疑鬼，甘受戕害。东南畿省，既明知虾子一物，在水为虾，在陆为蝗，即终岁食蝗，与食虾无异，不复疑虑矣。"在清代，陈正龙、陆曾禹、陈芳生、顾彦等对蝗虫可食之事均进行过一些论述。陈正龙认为："蝗可和野菜煮食，见范仲淹《疏》。又曝干，可代虾米。苟力捕蝗，则既可除害，又可佐食，何惮不为？然西北人肯食，东南人不肯食者，则以东南水区被害时少，人皆不习见闻故，岂蝗不可食哉？"顾彦也认为："若东南水区，则被蝗时少，民不习见，故有疑神疑鬼，则闻蝗而骇然者。岂知西北之人皆云蝗如豆大者尚不可食，如长寸以上，则不奋盛囊括，负载而归，咸以供食。蝗何不可食之有哉？"上述对食蝗与不食蝗的地区有不同的记载，笔者认为范仲淹、顾彦的论述是正确的。

三、蝗可饲畜

关于蝗用于饲畜，清代陈正龙、陆曾禹、陈芳生、顾彦等均有这方面的论述。现将陈芳生的论述抄录如下：

> 明崇祯十四年辛巳，浙江嘉湖旱，蝗（是年，锡金亦蝗），乡民捕以饲鸭，极易肥大。又山中有人畜猪，无资买食，试以蝗饲之，猪初重二十斤，食蝗旬日，遽重五十余斤。可见世间物性，畜可食者，人食之未必皆宜，若人可食者，则禽兽无

不可食之理，蝗可饲猪鸭无怪也。推之恐犹不止此，故特表而出之。

四、蝗可肥田

清乾隆三十五年（1770年）庚寅，窦光鼐《条陈捕蝗酌归简易疏》说："蝗烂地面，长发苗麦，甚于粪壤。"当代蝗虫学家陈永林对此不仅有所论述，还将其上升为理论："蝗虫在食物链中，也有重要作用。它吃的是植物，可以把植物变成碎屑、断秆，变成粪便，分解成无机元素，加入到物质的循环之中。"

1914年，王仁术呈报《捕蝗意见书》附录朱珩《捕蝗示谕》，对蝗虫的功用作了概括性的总结：

> 蝗之功用：一可以制肥料，二可以供饲料，三可以作食料。制肥料、供饲料之理，吾民多能信之；佐食料之说，吾民必未知也。天下无无用之物，蝗能损稼，善用之则反能益稼。蝗之损稼，能害人，善用之则反能利人。人人谓蝗有毒，而李时珍《本草纲目》小注有北人炒食之说。查南人多嗜禾虫、龙虱，远近争购，价亦不廉，业水田者不惟未蒙其害，反得其利。龙虱即水蛭之类，禾虫即蝗蝅之类，配置得法，未闻有食之中毒者。今将所捕蝗蝅加以洗涤，择其上者为食料，次者为饲料，残破秽污者为肥料。如是则惟恨蝗少，岂患蝗多？此又其功用之未可忽略者也。

王仁术《捕蝗意见书》附录朱珩《捕蝗示谕》在对蝗虫的功用概述中未曾提及蝗虫入药，陈藏器、李时珍等对此虽有论述，但也仅局限于经验之谈，对其发展趋势未曾提及也不可能涉及，但我们从中可以得到启示。1988年，笔者发表在《科学报》上的《蝗虫——值得开发的生物资源》一文曾提到蝗虫有极为发达的胸肌，其内含有多种生物活性物质，如能将其提取，很有可能成为一个极有发展前景的事业。如将其综合利用，它在自然生态系统中将会获得应有的、不同于当今的地位，其作用也会获得极大的提升。

第八章 蝗虫与文学

我国地处亚洲东部,地貌奇特,气候多变。东部和南部有宽广的海域和星罗棋布的岛屿。整个陆地由东及西逐渐抬升,形成阶梯式的地貌特征。整个东部有宽广的滩涂、平原和丘陵,气候温暖潮湿。许多地方适宜蝗虫繁衍生息。我国又是一个农业大国,深受蝗虫之害,蝗灾给我国人民带来诸多苦难。远古时,人们多以渔猎为生,农业种植处于萌动时期,耕地十分有限,蝗害尚不明显。随着时间推移,滩涂荒地的开垦和茂密森林的砍伐,大量耕地出现了,蝗灾直接威胁着农业生产,给劳动人民带来无穷灾难。为此,人们进行过无数次的斗争,虽然也取得了一定效果,但蝗灾仍严重地影响着人们的生活与生产,甚至影响着社会的安定与发展。我国古籍文献对此作了详尽的记载,许多文人墨客以诗歌的形式描绘着人类与蝗虫斗争的画面,十分惨烈,也十分动人。

第一节 先秦时期有关蝗虫的诗篇

最早以诗歌的形式记述蝗虫的生活习性和特点的当推《诗经》,但《诗经》并未以蝗虫的名称记载,而是以蝗虫的异名形式出现,如螽、斯螽、草虫等。在《诗经》中,涉及蝗虫的诗有四篇:

其一,《螽斯》:

螽斯羽,诜诜兮。宜尔子孙,振振兮。
螽斯羽,薨薨兮。宜尔子孙,绳绳兮。
螽斯羽,揖揖兮。宜尔子孙,蛰蛰兮。

诗中的"螽斯"并非当今所指的螽斯,根据此诗所用的词汇分析,这里的"螽斯"应为当今的飞蝗。

其二，《七月》：

> 五月斯螽动股，六月莎鸡振羽。
> 七月在野，八月在宇，九月在户，十月蟋蟀入我床下。
> 穹窒熏鼠，塞向墐户。
> 嗟我妇子，曰为改岁，入此室处。

诗中的"斯螽"即当今的飞蝗，"莎鸡"即当今的纺织娘，"蟋蟀"即当今的蟋蟀。

其三，《草虫》：

> 喓喓草虫，趯趯阜螽。
> 未见君子，忧心忡忡。
> 亦既见止，亦既觏止，我心则降。

诗中的"草虫"即当今的大硕螽，"阜螽"即当今的笨蝗。

其四，《大田》：

> 既方既皂，既坚既好，不稂不莠。
> 去其螟螣，及其蟊贼，无害我田稚。
> 田祖有神，秉畀炎火。

朱熹《诗集传》说："食心曰螟，食叶曰螣，食根曰蟊，食节曰贼。"陆玑《毛诗草木鸟兽虫鱼疏》说："螣，蝗也。"此诗中的"螣"，应指蝗虫。此诗篇首先将有害的昆虫分为四大类，并提出了以火治蝗的方法，开创了人类人工治蝗、治虫的先河，也成为日后说服人们治蝗的依据。

以上四篇诗均涉及蝗虫，前三篇的螽斯、斯螽、草虫及阜螽等，经考证，主要为飞蝗，此外也混杂了其他某些蝗虫，但据诗的叙述，诗人都没有把飞蝗或其他蝗虫当作害虫，而是把飞蝗旺盛的生活机能和巨大的繁殖能力作为某种情感的寄托和理想的寓意而加以赞赏颂扬。《大田》中的"螣"，经考证应含有蝗虫，但螣乃泛指食叶害虫，包括了多类的其他食叶害虫。整首诗似乎在叙述当时的一个农耕过程，也可以看作是一种刀耕火种的农事方式，所以上古时期也没有单独把蝗虫认定为灾害的祸根。

第二节　唐代有关蝗虫的诗篇

唐代是我国诗歌的全盛时期，但记载蝗虫的诗篇却为数不多。不知是我们收集时有遗漏，还是本来就不多。虽仅有数篇，但它们对于后世的影响颇深。

吴兢《贞观政要》记载："贞观二年，京师旱，蝗虫大起。太宗入苑视禾，见蝗虫，掇数枚而咒曰：'人以谷为命，而汝食之，是害于百姓。百姓有过，在予一人，尔其有灵，但当蚀我心，无害百姓。'将吞之。左右遽谏曰：'恐成疾，不可。'太宗曰：'所冀移灾朕躬，何疾之避？'遂吞之。自是蝗不复为灾。"这段记载不是诗歌，也不是赋，记载的是唐贞观二年（628年）蝗灾暴发后，唐太宗和几位大臣入苑视察灾情的场面。当时朝野有人认为这是天灾，是苍天惩罚人类，是所谓"因果报应"，是不可违的。唐太宗见到蝗虫之猖獗、灾情之危急、百姓之苦难、人心之混乱，作为一国之君不仅要体恤百姓之疾苦，还要有战胜灾难的正确思维和方法。他不顾个人的安危就地生吞了危害肆虐的蝗虫，从而掀起治理蝗灾的高潮，上上下下齐心灭蝗，消除了蝗灾，自此蝗不复为灾。唐太宗为民舍我的精神和吴兢的真实记载深刻地影响了后代的蝗灾治理，同时也影响了后世文人的诗文创作，许多诗文均提到此事，宣扬这种伟大情怀。因此有必要将其记录在此。

戴叔伦《屯田词》：

> 春来耕田遍沙碛，老稚欣欣种禾麦。
> 麦苗渐长天苦晴，土干确确锄不得。
> 新禾未熟飞蝗至，青苗食尽余枯茎。
> 捕蝗归来守空屋，囊无寸帛瓶无粟。
> 十月移屯来向城[①]，官教去伐南山木。
> 驱牛驾车入山去，霜重草枯牛冻死。
> 艰辛历尽谁得知，望断天南泪如雨。

注：①向城，今河南省南召县皇路店镇。

这首诗通篇充满了对劳动人民的同情。原来生活就不富裕的农民，再遭受蝗灾侵害，走投无路，只好逃难外迁，伐木求生，历尽艰辛，望断天南泪如雨。诗歌描绘了一幅灾民的悲惨景象。

白居易《捕蝗——刺长吏也》：

捕蝗捕蝗谁家子？天热日长饥欲死。
兴元兵后伤阴阳，和气蠹蠹化为蝗。
始自两河及三辅，荐食如蚕飞似雨。
雨飞蚕食千里间，不见青苗空赤土。
河南长吏言忧农，课人昼夜捕蝗虫。
是时粟斗钱三百，蝗虫之价与粟同。
捕蝗捕蝗竟何利？徒使饥人重劳费。
一虫虽死百虫来，岂将人力定天灾。
我闻古之良吏有善政，以政驱蝗蝗出境。
又闻贞观之初道欲昌，文皇仰天吞一蝗。
一人有庆兆民赖，是岁虽蝗不为害。

白居易是唐代伟大诗人，对蝗灾有一定认识。他生动、细致地描述了蝗虫的行为、习性，以及成灾情况、人们捕蝗的艰辛等，并指出只要官府善政，统治者重视，定可战胜祸灾。诗中的蝗应为飞蝗。此诗抒发了诗人的伟大情怀，他同情广大劳动人民捕蝗的艰辛，面对蝗灾又显得无奈和困惑。

第三节　宋代有关蝗虫的诗篇

宋代涉及蝗虫的诗篇较多，我们收集到的有十余篇。
郑獬《捕蝗》：

翁妪妇子相催行，官遣捕蝗赤日里。
蝗满田中不见田，穗头梆梆如排指。
凿坑篝火齐声驱，腹饱翅短飞不起。
囊提籝负输入官，换官仓粟能得几。
虽然捕得一斗蝗，又生百斗新蝗子。
只应食尽田中禾，饥杀农夫方始死。

此诗虽然不长，但对捕蝗的情况、捕蝗的方法以及蝗灾的严重性均作了描述。从此描述看，所记蝗虫应为亚洲飞蝗。

王令《原蝗》：

蝗生于野谁所为，秋一母死遗百儿。
埋藏地下不腐烂，疑有鬼党相收持。
寒禽冬饥啄地食，拾掇谷种无余遗。
吻惟掠卵不加破，意似留与人为饥。
去年冬温腊雪少，土脉不冻无冰澌。
春气蒸炊出地面，戢戢密若在釜糜。
老农顽愚不识事，小不扑灭大莫追。
遂令相聚成气势，来若大水无垠涯。
蓬蒿满眼幸无用，尔纵嚼尽谁尔讥。
而何存留不咀嚼，反向禾黍加伤夷。
鸱鸦啄衔各取饱，充实肠腹如撑支。
儿童跳跃仰面笑，却爱甚密嫌疏稀。
吾思万物造作始，一一尽可天理推。
四其行蹄翼不假，上既载角齿乃亏。
夫何此独出群类，既使跃跳仍令飞。
麒麟千载或一见，仁足不忍踏草萎。
凤凰偶出即为瑞，亦曰竹食梧桐栖。
彼何甚少此何众，况又口腹害不訾。
遂令思虑不可及，万目仰面号天私。
天公被诬莫自辩，惨惨白日阴无辉。
而余昏狂不自度，欲尽物理穷毫丝。
要祛众惑运独见，中夜力为穷研思。
如知在人不在天，譬之蚤虱生裳衣。
扪搜剔拔要归尽，是岂人者尚好之。
然而身尚不绝种，岂复垢旧招致斯。
鱼朽生虫肉腐蠹，理有常尔无可疑。
谁为忧国太息者，应喜我有《原蝗》诗。

又《梦蝗》：

　　　　　至和改元之一年，有蝗不知自何来。
　　　　　朝飞蔽天不见日，若以万布筛尘灰。
　　　　　暮行啮地赤千顷，积叠数尺交相埋。
　　　　　树皮竹颠尽剥枯，况又草谷之根荄。
　　　　　一蝗百儿月两孕，渐恐高厚塞九垓。
　　　　　嘉禾美草不敢惜，却恐压地陷入海。
　　　　　万生未死饥饿间，支骸遂转蛟龙醢。
　　　　　群农聚哭天，血滴地烂皮。
　　　　　苍苍冥冥远复远，天闻不闻不可知。
　　　　　我时心知悲，堕泪注两目。
　　　　　发为疾蝗诗，愤扫百笔秃。
　　　　　一吟青天白日昏，两诵九原万鬼哭。
　　　　　私心直冀冀耳闻，半夜起立三千读。
　　　　　上天未闻间，忽作遇蝗梦。
　　　　　梦蝗千万来我前，口似嚅嗫色似冤。
　　　　　初时吻角犹唧哝，终遂大论如人间。
　　　　　问我子何愚，乃有疾我诗。
　　　　　我尔各生不相预，子何诗我盍陈之。
　　　　　我时愤且惊，噪舌生条枝。
　　　　　谓此腐秽余，敢来为人讥。
　　　　　尔虽族党多，我谋久已就。
　　　　　方将诉天公，借我巨灵手。
　　　　　尽拔东南竹柏松，屈铁缠缚都为帚。
　　　　　扫尔纳海压以山，使尔万噍同一朽。
　　　　　尚敢托人言，议我诗可否？
　　　　　群蝗顾我嗟，不谓相望多。
　　　　　我欲为子言，幸子未易呶。
　　　　　我虽身为蝗，心颇通尔人。
　　　　　尔人相召呼，饮啜为主宾。

宾饮啜醑百豆爵，主不加诟翻欢欣。
此竟果有否？子盍来我陈。
余应之曰然，此固人间礼。
傧价迎召来，饮食固可喜。
蝗曰子言然，予食何愧哉！
我岂能自生，人自召我来啜食。
借使我过甚，从而加诟尔亦乖。
尝闻尔人中，贵贱等第殊。
雍雍材能官，雅雅仁义儒。
脱剥虎豹皮，假借尧舜趋。
齿牙隐针锥，腹肠包虫蛆。
开口有福威，颐指专赏诛。
四海应呼吸，千里随卷舒。
割剥赤子身，饮血肥皮肤。
噬啖善人党，嚼口不肯吐。
连床列竽笙，别屋闲嫔姝。
一身万椽家，一口千仓储。
儿童袭公卿，奴婢联簪裾。
犬豢美膏粱，马厩余绣涂。
其次尔人间，兵皂倡优徒。
子不父而父，妻不夫而夫。
臣不君尔事，民不家尔居。
目不识牛桑，手不亲犁锄。
平时不把兵，皮革包矛殳。
开口坐待食，万廪倾所须。
家世不藏机，绘绣锦衣襦。
高堂倾美酒，脔肉脍百鱼。
良材琢梓楠，重屋擎空虚。
贫者无室庐，父子一席居。
贱者饿无食，妻子相对吁。
贵贱虽云异，其类同一初。
此固人食人，尔责反舍诸。

我类蝗名目，所食况有余。
吴饥可食越，齐饿食鲁邾。
吾害尚可逃，尔害死不除。
而作疾我诗，子语得无迂。

王令《梦蝗》是一首长短句相结合的长诗。诗人对蝗虫的一些生物学特性作了系统的观察与研究，对蝗虫的繁殖力、产卵等现象进行详细记载，如"一蝗百儿月两孕"，说明蝗虫有着巨大的繁殖能力，并且还有顽强的生命力。他主张防治应在蝗儿时，蝗大了则不利于防治。对蝗虫天敌的抑制作用也有所描述。《梦蝗》篇不仅记述了蝗灾的严重景象、诗人的痛苦心情，还痛斥了比蝗灾更为严重的社会现象。

范纯仁《和耿宪秘校喜雨》：

愆阳六月气仍骄，多士身劳思亦焦。
膏泽俄随恩诏溥，螟蝗半逐野云飘。
岁时敢望家聊给，赋敛能供政有条。
凿井耕田忘帝力，何当鼓腹播民谣。

这首诗描述了干旱生蝗的景象，以及诗人无奈的心情。

王梦得《捕蝗》二首：

相逢每叹俱飘流，尊酒作意同新秋。
蝗虫日来复满野，府帖夜下还呼舟。
江天尚黑客骑马，草露未晞人牧牛。
路长遥想兀残梦，家在风烟兰杜洲。

江头晓日方瞳瞳，仆夫喘汗天无风。
茅檐汲井洗尘土，野寺煮饼烧油葱。
平生忧国寸心赤，在处哦诗双鬓蓬。
村民喜识长官面，树荫可坐毋匆匆。

章甫《分蝗食》：

> 田园政尔无多子，连岁旱荒饥欲死。
> 今年何幸风雨时，岂意蝗虫乃如此。
> 麦秋飞从淮北过，遗子满野何其多。
> 扑灭焚瘗能几何，羽翼已长如飞蛾。
> 天公生尔为民害，尔如不食焉逃罪。
> 老夫寒饿悲恼缠，分而食之天或怜。

这首诗是《自鸣集》中有关蝗虫的三首诗中的一首，描述蝗灾生成的景象，以及诗人对蝗灾的切齿痛恨。

周紫芝《秋蝗叹》：

> 驱车入秋原，蒙蒙尽禾黍。
> 田父刈且歌，笑言杂儿女。
> 路傍骑马翁，下与田父语。
> 问言田家劳，云何乐如许。
> 父老仰天叹，恳款话心膂。
> 今年遭岁凶，夏旱连秋暑。
> 谁知勤饷妇，社瓮乌绿醑。
> 君看西来蝗，落地辄盖土。
> 入境不入田，食草不食柜。
> 老农亦何幸，此乐讵天与。
> 为言相君贤，为惠寔在汝。
> 群凶满江淮，杀气自消阻。
> 微虫初何知，仁者亦复与。
> 知公意在民，有谷宁忍咀。
> 劝尔但自欢，蝗来不须御。

这首诗描述了蝗灾的景象。蝗虫迁飞落地后，"入境不入田，食草不食柜"，这是事实，也是真实的记载，但这仅仅是偶然现象，并且农田四周很可能有更广大的杂草荒地吸引了蝗虫，人们难得"自欢"，不过诗中记述的蝗灾仍需警惕。

何选《雍丘驱蝗诗》：

  米元章为雍丘令。适旱，蝗大起，而邻尉司焚瘗，后遂致滋蔓，即责里正并力捕除。或言尽缘雍丘驱逐过此。尉亦轻脱，即移文载里正之语，致牒雍丘，请各务打扑收埋本处地分，勿以邻国为壑者。时元章方与客饭，视牒大笑，取笔大批其后付之云：

    蝗虫元是空飞物，天遣来为百姓灾。
    本县若还驱得去，贵司却请打回来。

  据邹树文考证（1980年）：大书法家米芾，字元章，在河南任雍丘县令时，境内大蝗。其邻县尤甚，以为是雍丘县驱赶过来的，于是移文书到雍丘县令米芾处，要求其停止向邻县驱赶蝗虫。米芾见文书后哈哈大笑，提笔在纸尾写了一首诗，便是上面所录的诗。

  关于雍丘县驱蝗一事，过去评论家多认为确有此事，常予以批驳，认为是治蝗中的一个反面例证，互相推诿或者将蝗虫驱入近邻地区。此事可能被误解了。上述诗中"本县若还驱得去，贵司却请打回来"一语用一种调侃语气回敬来者，表明驱蝗一事根本不可能存在，同时激励、劝导人们大敌当前，不要相互猜疑，相互推诿，应该共同努力，消除祸灾。

  清代陆曾禹《康济录》中有一则有关宋代"江左大蝗"的记载，其中提到了一首诗：

  宋王荆公罢相镇金陵，是秋江左大蝗。有无名子题诗赏心亭曰：
    青苗免役两妨农，天下嗷嗷怨相公。
    惟有蝗虫感盛德，又随钧斾过江东。
  荆公一日饯客至亭上，览之不悦，命左右物色之，竟莫能得。

  此则记载中题诗的人十分了解荆公的境遇和行程，事先在赏心亭题写此诗：青苗受到蝗灾的危害，官方却没有组织应有的扑灭与治理，为此，天下人都在埋怨相公，唯独蝗虫在感恩戴德，蝗群吃完这片青苗，又随钧斾过了江东。诗人以诗文讽刺当权者，笔锋直指不作为官员。荆公阅之当然不爽，但又无可奈何。

  欧阳修《答朱寀捕蝗诗》：

    捕蝗之术世所非，欲究此语兴于谁。
    或云丰凶岁有数，天孽未可人力支。
    或言蝗多不易捕，驱民入野践其畦。

因之奸吏恣贪扰，户到头敛无一遗。
蝗灾食苗民自苦，吏虐民苗皆被之。
吾嗟此语只知一，不究其本论其皮。
驱虽不尽胜养患，昔人固已决不疑。
秉畀投火况旧法，古之去恶犹如斯。
既多而捕诚未易，其失安在常由迟。
诜诜最说子孙众，为腹所孕多蜫蚳。
始生朝亩暮已顷，化一为百无根涯。
口含锋刃疾风雨，毒肠不满疑常饥。
高原下湿不知数，进退整若随金鼙。
嗟兹羽孽物共恶，不知造化其谁尸。
大凡万事悉如此，祸当早绝防其微。
蝇头出土不急捕，羽翼已就功难施。
只惊群飞自天下，不究生子由山陂。
官书立法空太峻，吏愚畏罚反自欺。
盖藏十不敢申一，上心虽恻何由知。
不如宽法择良令，告蝗不隐捕以时。
今苗因捕虽践死，明岁犹免为螟灾。
吾尝捕蝗见其事，较以利害曾深思。
官钱二十买一斗，示以明信民争驰。
敛微成众在人力，顷刻露积如京坻。
乃知孽虫虽甚众，嫉恶苟锐无难为。
往时姚崇用此议，诚哉贤相得所宜。
因吟君赠广其说，为我持之告宰司。

邹树文摘录了此诗（1982）并注释："宋代治蝗通常是责成官吏督捕的，此可于欧阳修《答朱寀捕蝗诗》见之。欧阳修写此诗于庆历二年（1042年），'年谱'称他于明道元年（1032年）'尝行县视旱、蝗'，所以他对于捕蝗是有过实际经验的。此诗首先指出当时统治阶级不肯治蝗的托词与谬说：（一）蝗乃天灾；（二）捕蝗空费民力而有损禾稼；（三）官吏督捕扰民甚或敛钱贪污。这是除了迷信之外的贪污扰害，虽不能没有，而其最大原因乃是借端推诿不肯领导治蝗。欧诗对此都加驳斥，认为治蝗要治早治小，不要惊恐蝗飞自天而下。要知其生子山陂孵化而出，今年不治则明年危害更大。这几句话的提法在当时还是有创见性

的。欧阳修盼望农民不要有蝗不报,官吏不要畏罚自欺而不肯领导群众治蝗,更拿他自己的经验来说明治蝗不是难事。诗说到'官书立法空太峻',可见在此诗之前已有治蝗法规而《宋史》没有记下来。"

刘敞《褒信、新蔡两令言飞蝗所过,有大鸟如鹳数千为群,啄食皆尽,幕府从事往按视如言,因作短歌记其实》:

广州奇禽鸿鹄群,劲羽长翼飞蔽云。
啸俦命侣自其职,饮水栖林余不闻。
今年飞蝗起东国,所过田畴畏蚕食。
神假之手天诱衷,此鸟乃能去螟贼。
数十百千如合围,搜原剔薮无孑遗。
历寻古记未曾有,细察物理尤应稀。
忆昔虞舜德动天,象为耕地鸟耘田。
圣时多瑞亦宜尔,请学春秋书有年。

这首诗记载了天敌大鸟对蝗灾的抑制作用。"数十百千如合围,搜原剔薮无孑遗",说明此鸟可以彻底消灭蝗虫,诗人流露出喜悦赞叹之情。

清陈梦雷等编《古今图书集成·禽虫典·蝗虫汇考》记载有宋宁宗时陈造呈高邮郡守陈伯固反映"飞蝗戴蛆"的诗:

《高邮州志》:宋宁宗庆元二年秋七月,飞蝗戴蛆死。是夏旱,飞蝗自凌塘忽
入城,人皆忧叹,继皆抱草死,每一蝗有一蛆食其脑。陈造呈郡守陈伯固诗:
使君手有垂云帚,虐魅妖螟扫不余。
千顷飞蝗戴蛆死,已濡银笔为君书。

这首诗是描述蝗虫天敌的难得之作。从此诗的描述看,飞蝗是被双翅目昆虫的一种寄蝇所寄生,所谓"千顷飞蝗戴蛆死"。

第四节　元代有关蝗虫的诗篇

元代有关蝗虫的诗，我们共收集到五篇：
戴表元《蝗来》：

> 不晓苍苍者，生渠意若何。
> 移踪青穗尽，眩眼黑花多。
> 害惨阴机蜮，殃迹蛊毒蛾。
> 秋霖幸痛快，一卷向沧波。

这首诗中虽然连蝗字都没有用到，但其对蝗灾危害的惨景却有着深刻了解，并予以描述。
王辉《除蝗》：

> 千丈呼声急，人怀忾敌看。
> 日长旗尾困，围促鼓声干。
> 人与蝗交战，天将雨助残。
> 东林茅屋底，客枕夜来安。

这首诗对人们捕蝗的情景描绘得十分生动。
胡祗遹《天宁寺雨》：

七月九日申时，雨作，终夜不止。十日，又未止，至午方息。
> 周岁雨泽有定数，春少秋多相倍偿。
> 今年春夏极干旱，滋养妖孽成螟蝗。
> 中使捕蝗星火急，一日便欲除灾殃。
> 入秋以来大宜雨，片云尺泽何淋浪。
> 垅亩透陷不可入，晚禾坐视成芜荒。
> 深沟巨壑水溢满，官路白浪流汤汤。
> 当闻骤雨不终日，胡为此雨特异常。

飘风驱云九州晦，雷霆霹雳飞电光。
须臾庭阶水三尺，檐溜射日垂银枪。
连宵继昼尚未止，时闻砰轰摧坏墙。
妖蝗得雨愈不死，跃跃似欲忻新凉。
役夫无术可扑灭，四体雨立尘沾裳。
安得西风敛云霓，死与蝗斗无憾伤！

这首诗描写了在蝗灾暴虐、气候反常的条件下，役夫仍冒雨全力扑灭蝗虫的情景，表达了人们誓死与蝗虫斗争到底的决心，抒发了诗人对劳动人民的钦佩与赞扬之情。

又《捕蝗行》：

至元六年，北自幽蓟，南抵淮汉，右太行，左东海，皆蝗。朝廷遣使，四出掩捕扑。奉命来济南，前后凡百日而绝，故作是诗。

老农蹙额相告语，不惮捕蝗受辛苦。
但恐妖虫入田中，绿云秋禾一扫空。
敢言数口悬饥肠，无秋何以实官仓。
奚待里胥来督迫，长壕百里半夜撅。
村村沟堑互相接，重围曲陷仍横截。
女看席障男荷锸，如敌强贼须尽杀。
鼓声摧扑声不绝，暍死岂容时暂歇。
枯肠无水烟生舌，赤日烧空火云裂。
汗土成泥尘满睫，上下杵声如捣帛。
一母百子何滋繁，聚如群蚁行惊湍。
嘉谷一叶忽中毒，芃芃枝干皆枯干。
无乃民劳吏无德，可能百郡俱贪残。
庙堂调燮亦有道，胡为凶蠚来相干。
圣躬爱民夜坐起，遣使日驰三百里。
太宗吞蝗那可比，愿随时雨俱为水。
谁怜粒食诚艰食，螟螣蟊贼口中得。
土战勤劳血战忧，田家一饱岂易求。
今冬斗粟直三钱，力回凶岁成丰年。
公私仓廪两充盈，大车小车输边兵。

850

这首诗首先在序中记载了元至元六年（1269年）飞蝗的发生区域，此区域也正是我们论证的亚洲飞蝗发生严重的区域。在诗中，诗人描述了蝗虫的繁殖和蝗灾的严重，并着重描绘了治蝗的场景，以及无德官吏的贪残。

又《后捕蝗行》：

> 飞蝗扑绝子复生，脱卵出土顽且灵。
> 有如巨贼提群朋，群止即止行则行。
> 过坎涉水不少停，若奔朝会趋远程。
> 开林越山忘险平，倍道夜走寂无声。
> 累累禾穗近秋成，利吻一过留枯茎。
> 生机杀机谁控衡，强梁捕取理亦明。
> 深堑百里中有坑，投躯一落不可升。
> 亿万锸杵敌汝勍，肝脑涂地如丘陵。
> 行人两月增臭腥，咄哉妖虫竟何能？
> 火云赤日劳群氓……

在这首诗中，诗人首先记述了飞蝗顽强的生命力，成虫虽然被扑灭，但蝗子可复生。初生蝗蝻可开林越山，寻找食物，绿油油的禾苗，利吻一过，也仅留下枯茎。为此，诗人激励人们只有尽早治蝗，才能赢得胜利，才能出现"行人两月增臭腥，咄哉妖虫竟何能"的景象。在治蝗中，人们虽受火云赤日之劳苦，但最终定会有可喜的收获。此诗结尾是否还有一句"喜见禾谷堆满仓"，因时代久远，已无从考证。

第五节 明代有关蝗虫的诗赋

我们收集到的明代关于蝗虫的诗有六篇，赋有一篇。

郭敦《飞蝗》：

> 飞蝗蔽空日无色，野老田中泪垂血。
> 牵衣顿足捕不能，大叶全空小枝折。

去年拖欠鬻男女，今岁科征向谁说。
官曹醉卧闻不闻，叹息回头望京阙。

朱瞻基《捕蝗诗示尚书郭敦》：

蝗虫虽微物，为患良不细。
其生实蕃滋，殄灭端匪易。
方秋禾黍茂，芃芃各生遂。
所欣岁将登，奄忽蝗已至。
害苗及根节，而况叶与穗。
伤哉陇亩植，民命之所系。
一旦尽于斯，何以卒年岁？
上帝仁下民，讵非人所致。
修省勿敢怠，民患可坐视。
去螟古有诗，捕蝗亦有使。
除患与养患，昔人论已备。
拯民于水火，勖哉勿玩愒。

明朝大臣郭敦《飞蝗》一诗记述了蝗灾的严重性和农民的无奈心情，以及官吏的麻木不仁。诗人代笔将农民的希望寄托于京城的最高统治者。明宣宗朱瞻基以《捕蝗诗示尚书郭敦》一诗回答了诗人代民请命的呼吁。朱瞻基在诗中不仅描述了蝗虫发生的情况，以及对农作物的危害，还表达了消除蝗灾的决心，还算得上是一个有所作为的皇帝。

杨士奇《恤旱》五首：

夏热不可触，飞蝗遍原野。
县官有程期，愁杀捕蝗者。

亢阳三月余，诏下宽刑狱。
囹圄半空虚，甘霖稍沾足。

台章论致旱，概斥政事臣。
泾渭无分别，包容荷帝仁。

　　　　　　　圣主勤恤民，贪夫昧罪已。
　　　　　　　天听岂不近，骎骎未知止。

　　　　　　　官廪之所储，农力苦不易。
　　　　　　　燮理无寸能，素餐重忧愧。

这组诗描述了蝗灾的严重，以及农民的悲愁。
赵完璧《感蝗》：

　　　　　　　六月飞蝗过目频，奇灾何事苦斯民。
　　　　　　　天空不断回风雪，陇际还惊蔽日尘。
　　　　　　　倏作青蛾摧绿野，旋看赤土泣苍旻。
　　　　　　　谁将无食悲生计，只有催租愁杀人。

这首诗同样表现蝗灾的暴虐和农民生活的悲愁。
顾潜《飞蝗纪异》：

　　　　　　　泽国从来见未曾，蔽天东下昼薨薨。
　　　　　　　香登比屋祈枌社，钲鼓连村护稻塍。
　　　　　　　捕使不闻乘驿骑，耕农犹望致鱼鹰。
　　　　　　　沦胥入海非难事，感格今无马武陵。

这首诗记述了飞蝗发生的场景，以及官吏的不作为，农民只好将灭蝗的希望寄托于蝗虫的天敌——鱼鹰。由此可见鱼鹰在治蝗中的作用。
崔铣《谕螽》：

嗟尔蝗胡不思？天既生尔，夺民之食，谓尔蠢蠢。
昔者贤君吞之而尔息，辟循吏而远其境，又若异于蝇蚋之冥。
然吾村皆窭民，连岁秋潦没禾，牟种不入，吏升此为上田增赋与役。
今春毒雾疸，麦亩入才数升，此遗穗稚苗又遭尔之暴。
吾村千口，胡以卒岁？今村民抱子携妻，焚楮吁天祝，遣尔于丰草美蓁之区。

尔其疾徙，毋遗种于兹，以为后灾。凡我田祖先穑，必哀我人而阴相之。

尔螽其谕此意，毋固恶。

这是一篇关于蝗虫的祭文，记载了天灾人祸，却把希望寄托于圣君良吏，希望通过祭祀，让蝗虫"毋遗种于兹，以为后灾"。此文反映出百姓面对蝗灾的无奈。

程大约《螽斯羽赋》：

岁序迎秋，万汇回薄，览华莳育，茂对荣落。梁王游于兔园，观螽斯之羽，诜诜和集而欣有托。于是敞初筵，命广乐，进友生，嫡吟嚛。邹阳、枚乘之属，袂联而靡步却，相如后至，揖客若若。王乃歌国风于周南，纪春秋于鲁绎，授简于司马大夫，曰：夫螽之不经见者多矣。而螽斯之羽，卜诗兴咏，虹经特书，故者以为蝗属。螟螣蟊贼，食殆无余，何祥何异，而宣圣为之标揭，公宫为笑唹也。奇僻子搜，丽藻子摅，肖形象德，试为寡人赋，而解诸相如。于是猎缨而起，逡巡徐徐，曰：夫寓形县宇，寄动黄壤，有生皆适，无微不彰。彼螽斯之积羽，群毛介之蚩扬。环动则丛出于大陆，肖翘则表沴于恒旸。峙角修股，绿衣黄裳，栖迟畎亩，唼喋稻粱，一生而九十九子，百尔嘉祥。此萦樛木于南山，采卷耳于周行。周姬之诵文母，颂声迄今犹洋洋也。若乃德施政平，化行比屋，厚泽丰仁，鲜保茕独蚩负而不灾，覆濡而不谷。供凤凰以为餐，化鱼虾而应祝，何茅茨之能尽，岂叔季之驱逐？公宫之颂，以和而不以乖；春秋之事，虞灾而不虞福。合德取义，谢訾去谬。矢流徽于风雅，亶标奇于简牍。肃行羽于天田，愿观生于亭毒。邹阳闻之，怡然思服，有怀周雅，敬扬清曲，于是乃作而赋薨薨之歌。歌曰：何薨薨兮群飞，繁缤纷兮于翚。蔽云天兮拱日晖，宜绳绳兮愿不违。又续而为揖揖之歌。歌曰：何揖揖兮敛羽，回萦积兮群聚，鸣长风兮吸宝云，宜蛰蛰兮丽不数。歌竟，王遽首肯，乃顾枚叔起而为乱乱。曰：螽斯羽兮麟之趾，美振振兮诸公子。宜万姓兮传千祀，绥福禄兮歌乐只。王亟称善，乃属侍人献寿羞璧，谱诸子墨，复之无斁。

这首诗是我们收集到的以赋的形式描述蝗虫的作品，赋中的"螽斯"并非当今所说的螽斯。根据赋中所用词语多引自《诗经·周南·螽斯》的情况，我们推断文中的螽斯应为当今所说的飞蝗。

第六节　清代有关蝗虫的诗篇

我们收集到的清代有关蝗虫的诗有十三篇，其中皇帝写的有两篇。

爱新觉罗·弘历《金丝草蚱蜢》：

> 田祖有神秉畀将，跳踉草上尚无妨。
> 恶他头黑身还赤，杂俎曾经纪酉阳。

乾隆的这首七绝，诗题中虽用了"蚱蜢"一词，如果它在草上跳跃不危害禾苗者"尚无妨"，但它"头黑身还赤"，应是群居型飞蝗，那就十分危险。飞蝗可成灾毁田，这早有记载，诗中提醒人们对此要防患于未然。

又《捕蝗·刺长吏也》：

> 毫末弗扎寻斧柯，涓涓弗绝成江河。
> 由来去害在始萌，尾大不掉将如何？
> 一蝗能生九十九，物类繁衍惟此为最多。
> 其甫出也，去之犹觉易。
> 及其长翅，飞如骤雨，
> 捕之难尽，必致伤黍禾。
> 所以每岁春夏之间，设遇缺雨先慎此。
> 五申三令不厌为谁谯诃[①]。
>
> 幸而年来未致害，岂非绸缪以豫。
> 有司畏法，因此勤搜罗。
> 兴元年间蝗为灾，夺民之食诚哀哉！
> 捕蝗独有河南吏，以钱买蝗出无计。
> 想其受价仍利民，何乃为之重劳费[②]。
>
> 较之坐视终为差，异哉白傅乃为刺。

若然将终不捕乎？是非殊觉斯倒置。
况乎"秉畀炎火"《小雅》云，姚崇遣使曾殷勤。
若云善政能驱蝗，吾惟半信半谓其荒唐。
及至吞蝗感以诚，吾惟尽力除害于其始。
一之为甚而不能，再为矫情之沽名。

注：①捕蝗法今綦严，或当春夏缺雨，恐蝻蘖潜滋，必屡饬督抚董属搜捕，毋使窃发。有司皆畏法，预除。数年来幸无蝗患。 ②二语反居易诗意。

这首诗所记述的治蝗的指导思想是正确的。乾隆作为一个皇帝，能知晓如此多的蝗虫生物学特性，强调尽力除害于其始，实属不易。从描述看，诗中所指蝗虫应为亚洲飞蝗。

陈廷敬《问蝗行》：

六月八日蝗暮飞，纷如接翅昏鸦归。
忽欺斜日夕影乱，渐掩列宿寒芒稀。
汝曹琐琐行丑恶，能令天宇沉晶辉。
昨者朝宁下明诏，忧旱问蝗何因依。
公卿不语面平视，或举五事及细微。
某也昂首矫奋臆，上言主圣臣职违。
下言小民吾根本，三时勤苦终岁饥。
长官鞭笞吏卒怒，但向公府供轻肥。
夏秋税粮分应尔，缓之数月谷庶几。
自知无有大裨补，传闻此语是耶非。
天心至仁谅无他，凉云吹雨蠲烦苛，
倾注四野苏黍禾。
蝗欲下来愁奈何，吾言不中理则那。

这首诗描述了蝗虫成灾的景象以及农民的无奈心情，记述了政令不通以及官吏腐败无能的现象。

汤右曾《野步》：

散步聊乘兴，斜阳独自来。
鸟鸣松径寂，风过竹扇开。

　　　　　　　种菜先除蝗，烧田尚锉灰。
　　　　　　　村童讶客至，三两互惊猜。

这首诗不是单为蝗虫而作，对蝗虫只是一笔带过，但记述了蝗害之普遍，表达了治理之重要。

又《来安道中闵蝗诗》：

　　　　　　　我闻政成蝗不灾，天意潜自冥冥回。
　　　　　　　推原人事理可信，不尔淮徐之民何有哉？
　　　　　　　去年秋田苦蟊螣，吁嗟有谷人得食。
　　　　　　　冬来大雪三尺疆，犹剩遗蝗蔽天黑。
　　　　　　　密不能使举网齐遮邀，炽不能使纵火俱燔烧。
　　　　　　　农夫释耒各叹息，胼手胝足徒为劳。
　　　　　　　藉传此物旱之征，澍雨一洗如秋蝇。
　　　　　　　只今山川不神龙，溺职上帝悯尔应。
　　　　　　　遣油云蒸翔今农，功初良苗甫郁郁。
　　　　　　　收获及西成，尚可五六月。
　　　　　　　腹心虽烦忧，物理有衰歇。
　　　　　　　两年遭旱复遭蝗，此是何人任其阙？
　　　　　　　劝农努力耕尔田，清平官府才且贤。

汤右曾在《野步》篇中写蝗诗意未尽，又写了这首《来安道中闵蝗诗》，描述了蝗虫成灾的情景，以及农夫的无奈，对因旱致蝗虫成灾也进行了记述。

纪昀《乌鲁木齐杂诗》之一：

　　　　　　　绿到天边不计程，苇塘从古断人行。
　　　　　　　年来苦问驱蝗法，野老流传竟未明[①]。
　　　注：①境内之水皆北流，汇于苇塘如尾闾，然东西亘数百里，北去则古无人纵，不知所极。相传蝗生其中，故岁烧之，或曰蝗子在泥而烧其上，是与蝗无害。且蝗食苇叶则不出，无食转出矣，故或烧或不烧，自戊子至今无蝗事，无左验，莫得而明。

从描述看，这首诗中所指的蝗应为亚洲飞蝗。同时，该诗也流露出诗人对治蝗的迫切

心情。

松筠《黑雀》：

蚕蝗害稼捕良难，有鸟群飞竞啄残[1]。
斑点赤睛鹜鹜尔[2]，横空来去倏无端。

注：[1]雀如燕而大，色黑有斑点，啄蝗立毙，然不食也。土人目为神雀。 [2]此雀疑即鹜鹜尔，阿文成公镇伊犁时所献者。

这是一首专门记述鸟类捕蝗的诗篇，由于描述生动，再加以准确的注释，即可断定此鸟为当今所说的黑卷尾。

任昌期《捕蝗》：

鄘邑[1]荒旱苦连年，鄘邑疮痍岂得痊。
全岁无麦望有秋，倏忽遍地生蝗螟。
三春雨滴贵如金，六月将尽始作霖。
植禾播种已愆期，晚苗炽茂恃于今。
黍稷芃芃栖陇亩，方幸无饥活八口。
谁料天心不可知，顿令五谷成乌有。
共说生来无此变，疾首攒眚泪盈面。
下隰高原尽咀嚼，东原阡陌仍留恋。
太行南麓连营起，势同流水谁能止？
明知分数命安排，宁辞纵捕为民累。
纵捕劳民遍四野，民少螟多何益者。
违令曾经用孟青，挑沟掘堑徒苟且。
况不崇朝螟变蝗，遮天蔽日叫呼忙。
赤壤干顿顷刻间，毒肠不饱空彷徨。
蝗螟之害不可云，此事朝廷那得闻。
绘图赖有贤明宰，为民请命如救焚。
从来有人此有土，无人安得田有主。
即令且莫虑征输，将恐逃亡费招抚。

注：[1]鄘邑，旧国名，在今河南新乡西南。

858

刘青藜《敹蝗子》：

蝗虫一产九十九，穴深三寸形如臼。
上有白虫当其口，十八日出子随后。
老蝗来，谷苗秃。
老蝗去，蕃尔族。
敹盈斛，聊作粥。
尔食谷，我食肉。

王应珮《虫歌》：

丙午夏，许有虫患。七月朔日，祀刘猛将军庙。是夜大雨，虫灭，神之灵也，爰作歌以纪之。

南宋名帅称刘公，张韩岳氏将无同。
公副留守京之东，平生报国血一腔。
慷慨深毅儒将风，顺昌迎敌方汹汹。
弃家梵寺积薪封，败则举火死相从。
天助夜雨电光红，大斫敌营歼厥凶。
水草毒中士马慵，庐泗二洲陷敌中。
会战恢复方略雄，金人谁敢当前锋。
疾中激烈气横空，愧彼儒生成大功。
氾也一败怒冠冲，愿为厉鬼呕血薨。
至今灵爽凭苍穹，富国富民皆余忠。
护持我稼匡先农，屏去螟螣驱昆虫。
中原吏民俎豆供，春秋祈赛年屡丰。
我许六月嗟蕴隆，虫患偶作忧田翁。
病我黍稷如疲癃，宰官不德灾肯逢。
远闻邻境心忡忡，言归斋宿致恪共。
手书祝版贲神宫，牡牸肥腯樽罍醲。
歌台丝竹喧优童，四民泥首抒丹衷。
响应不啻呼吸通，日沉风静阴云浓。
金蛇闪烁鸣灵霆，虫兮乘夜潜来攻。

忽然灵雨倾岷江，片时洗刷灭其踪。
禾苗被野青龙葱，奋观秉穗歌枏墉。
将军之灵若神龙，陟降变化殊横纵。
俨然存日张军容，顺昌旗帜惊聩聋。
许人色喜何融融，咫尺昭格神明聪。
鉴汝黔黎祀事崇，敢云感召自我躬。
永借神力除田螽，聿新端貌重鸠工。
深如河洛高如嵩，报功食德无终穷。

宋之范《蝗不入境》：

自古祝有年，愿言去螽贼。
以社复以方，保护兹稼穑。
浩浩惟昊天，运行固不忒。
丰凶洵有由，感召非无术。
甲子仲夏后，良苗方郁勃。
飞蝗自北来，蔽天天几黑。
妇子陇上嗟，辍耕长太息。
俄而远飏去，如鹰得饱食。
自是我稼同，转移在晷刻。
兰地迄中牟，前后似合辙。
始信循良传，古今殊可及。
试质昔姚崇，省却捕获力。
寄言贻后人，虎渡非卓绝。

吴屯侯《愁蝗》：

江北常苦旱，江南常苦水。
旱久多生蝗，水邦幸无此。
异哉天地心，水旱近偏诡。
去年齐魏间，淫雨废耕耔。
吴越今又旱，黍禾槁将死。

沟塘起飞埃，草木渐焦毁。
斗粟珍璠与，束薪贵兰芷。
丞黎痛欲呼，烀烽出脂髓。
昊天叩虽远，仁泽被蝼蚁。
生民尚几何，祸害亦应已。
胡为降异物，流毒遍千里。
渡江先润州，渐及莫可纪。
来如风雨声，少集盈丈起。
野田无遗留，根叶尽翦毁。
猛健类禽鸟，飞虫岂堪比。
所至不畏人，纷纷扑头耳。
世无姚元崇，敛手谁敢指。
生平闻蝗名，形体未尝视。
见之怖欲狂，舌咋不能止。
拟将诉上官，诸郡皆复尔。
哀词迭如山，弃置等故纸。
皇皇计何施，号泣更长跪。
再拜告汝蝗，凶残不可恃。
东南财赋区，上下相赖倚。
连年岁不登，闾巷半离徙。
届兹秋成期，州邑无停棰。
请君观所存，岂足供汝齿。
下民虽有愆，当体圣天子。

这首诗是从清光绪《宝山县志》中收集到的一首有关蝗虫的诗，诗作者情况不详，估按清代人处理。此诗写得生动具体，对蝗虫的一些生物学特性有着科学的记述。

鉴请辑《心酸的蝗虫经》：

  河南新乡不雨，蝗灾奇重。人民无知，敲钟念蝗虫经，经的内容一言一语，令人卒读。兹录之一二，以作当局及治蝗工作者警醒。
    蝗虫爷爷行行好，莫把谷子都吃了。
    众生苦了大半年，衣未暖身食未饱。

光头赤足背太阳，汗下如珠爷应晓。
青黄不接禾尽伤，大秋无收如何好。
蝗虫爷爷行行好，莫把谷子都吃了。

蝗虫爷爷行行善，莫把庄稼太看贱。
爷爷飞天降地时，应把众生辛苦念。
家家饿肚太难当，尚有差官无情面。
杂税苛捐滚滚转，土豪劣绅脚上镣。
蝗虫爷爷行行善，莫把庄稼太看贱。

【附录】

古代农耕发展与蝗灾意识演变的探讨

  飞蝗是世界性大害虫,具有分布广、数量多、繁殖快、食性杂、适应能力强,又可远程迁飞,又能集群转移等特点,还具有暴食现象,所以飞蝗所到之处可使绿油油的一片沃土顿时变成了寸草不留的千里赤地。此时田间茁壮成长的庄稼怎能幸免,又怎能逃脱蝗口的毁灭。正在吐穗扬花、灌浆结实的谷穗都将毁于蝗害,农民的辛勤劳动瞬间付诸东流,由此不断引发民间断粮少衣、卖儿卖女、盗匪横行等现象,继而造成严重的社会动荡。因此,飞蝗的危害对于人民生活是一个巨大的灾难。我国地处东半球陆地东部的大部分地域,南北纬度超过50度,众多江河湖海的滩涂苇地,许多丘陵地带森林被砍伐后的杂草地,均成为飞蝗的孳生地。我国又是一个农业大国,所以蝗灾尤为严重,历史上有关记载也最为系统详细。但不同时期,农业生产的水平不同,飞蝗取食的对象差别很大,诗人的情怀也随之改变。最早关于蝗灾的记载,始于公元前700多年(春秋时期)。在此更早时期,飞蝗多孳生在荒坡野地或湖海滩涂,取食芦苇或沟渠野滩杂草,人们没有直接受到蝗灾的伤害,也就意识不到蝗灾的危险性,因此早期的蝗灾未被重视,也没有被记载。但随后人们却屡屡直接遭受蝗灾的袭扰和侵害。所以,不同时期人们对蝗灾的认识有很大差别。伴随着人口的增长、农业的发展、开垦面积的扩大,飞蝗危害也随之更加直接,且日趋严峻,直接威胁到百姓的安居乐业和社会的安定发展,为此也逐步地引起历代文人的关注。我国历代文人对飞蝗习性及其强盛的繁殖能力十分了解。

  思维敏捷,情感丰富,乐于钻研,善于诗文,这是文人墨客的共性。他们依靠这些共性深入生活,观察自然,了解景物,体验社会,获得种种信息,再经过研究、思索、联想,最后以诗文的形式讴歌赞扬自然界和人世间美好的情与景,同时也以同样的形式鞭笞抨击灾祸和社会中丑陋、邪恶的人和事。诗人的伟大在于以简单优雅的诗文反映自然和社会的真实现象,借以抒发感情,传播思想,激励自己,鼓舞民众。

  我国古人对飞蝗有着深入的观察与研究,十分了解飞蝗的发生状况与生活习性。历代文人为此吟诗作赋,以不同的韵律描绘飞蝗的生活动态。飞蝗繁殖之迅

速、数量之繁多、危害之严重、影响之深远，以及历代不同阶层对治理蝗灾的态度、律令、法规、方法和经过，一一为世人提供了众多可贵素材，吟出了时代强音；诗文歌颂了百姓扑蝗的艰辛生活，揭露了昏官谋私的丑恶心态。我们研读摘录诗文之后，尽力对所录诗文予以说明解释。不同时期的文人对蝗虫发生规律、生活习性的反应与情感有很大的差别。这种差别反映了不同时期的文人对不同现实的不同心态与情怀。我们认为不同时期的文人的不同心态、不同情怀直接表明了我国历史上蝗灾演变的过程。我们将依次探索我国不同时期蝗灾演变的原因。

远古时期，社会处于原始状态，人们过着以部落为中心、以狩猎为主导的生活，那时地域辽阔，人烟稀少，有限的人口伴随半耕半牧的生活，农业处于十分原始的状态，真正的耕地仍处于萌芽时期，非常稀少。华北中原一带，广大黄淮地区，以及长江下游的河滩多为芦苇等禾本科植物所占据。这些地方由于食物充足，生态环境适宜，便成了飞蝗的良好孳生地，飞蝗繁殖速度之快捷、生活能力之强盛得到充分展示。此时飞蝗仅活动于河滩野地，取食的对象也只是芦苇、杂草等。此时飞蝗的危害与人类尚无直接关联。为此，人们对飞蝗的认识仅限于它巨大的繁殖能力、特殊的生活习性和顽强的生命力，即所谓"一母可产九十九子"、"迁飞可蔽日遮天"等。人们为延续后代，壮大自己的部落，增强自身的生存能力，希望获得飞蝗的种种特殊习性，快速扩大自己的族群，战胜逆境，延续生命，像飞蝗一样威力之大无与伦比，这种背景给诗人以深刻的影响。

我国先秦时期比原始时期虽有很大进步，但人们的生活方式处于过渡时期，狩猎仍占显著地位，整个中原地带地广人稀，农耕仍处于萌动时期，耕地十分有限，飞蝗对作物的危害尚不明显，人们并没有感受到飞蝗危害的直接威胁。此时最有代表性的诗作即《诗经》，曾以吟诵的姿态，歌咏了飞蝗的强盛活力和巨大的繁殖习性。如：

    螽斯羽，诜诜兮。宜尔子孙，振振兮。
    螽斯羽，薨薨兮。宜尔子孙，绳绳兮。
    螽斯羽，揖揖兮。宜尔子孙，蛰蛰兮。

此诗通篇描述飞蝗的强盛活力，进而追求人丁兴旺，族群昌盛，不断地喊出"宜而子孙，振振兮"、"宜而子孙，绳绳兮"、"宜而子孙，蛰蛰兮"。这种思想对后世的影响很大，特别是对历代统治者的影响更深。到了明清时期，这种观念更为突出，在皇宫内直接修建"螽斯门"，供皇后、嫔妃日常通过，祈求多得皇子皇孙，以利皇族昌盛。先秦时期飞蝗在古人的心目中不是害虫，而是象征着一种力量与昌盛，象征着族群的兴旺与发达，所以当时飞蝗成为诗人歌颂的对象，飞蝗的种

种特性、强大的生活能力和快速的繁殖习性成为人们追求的目标。

随着历史、社会的进步，生活水平的提高，人口急剧增长，人们的生活逐步从以狩猎为主的游牧生活向以农耕为主的定居生活转变。人们开展刀耕火种，开垦山林，许多河漫滩被改造为良田，农业不断得到发展，飞蝗取食河漫滩野草，同时也危害农作物。人们开始对飞蝗的生活习性有了新的认识。

到了唐宋时期，社会稳定，生产力得到了很大发展，人们的生活水平有了很大提高，人口急剧增长，诗文创作也达到一个鼎盛时期。此时农业有了更大的发展，耕地面积急速扩大，许多良田替代了原有的广袤野地，粮食作物替代了原有的芦苇和杂草，飞蝗直接取食农作物并造成巨大损失，人们深受蝗灾的困扰。飞蝗由于繁殖快，数量多，对农作物破坏极大，在很短的时间里就可吞食千万亩庄稼。此时此刻人们不再歌颂飞蝗的多子多孙，而是从飞蝗的多子多孙中感受到了飞蝗的特殊习性，及其给人类带来的巨大灾难。唐代诗人白居易在《捕蝗》诗中这样描写蝗灾的浩劫：

捕蝗捕蝗谁家子，天热日长饥欲死。
兴元兵后伤阴阳，和气蛊蠹化为蝗。
始自两河及三辅，荐食如蚕飞似雨。
雨飞蚕食千里间，不见青苗空赤土。
河南长吏言忧农，课人昼夜捕蝗虫。
是时粟斗钱三百，蝗虫之价与粟同。
捕蝗扑蝗竟何利，徒使饥人重劳费。
一虫虽死百虫来，岂将人力定天灾？

宋代郑獬《捕蝗》诗也集中表达了人们的心声：

翁妪妇子相催行，官遣捕蝗赤日里。
蝗满田中不见田，穗头栉栉如排指。
凿坑篝火齐声驱，腹饱翅短飞不起。
囊提籝负输入官，换官仓粟能得几？
虽然捕得一斗蝗，又生百斗新蝗子。
只应食尽田中禾，饥杀农夫方始死。

随着时间的推移，朝代的变更，各民族的交融，推动了社会的进步，人口又有了急速增长，耕地面积也有了进一步的扩大，飞蝗的危害也更加显著，更加直接，更加严重。到了明清时期，飞蝗的灾害达到了顶峰。这个时期是历史上蝗灾记载最为频繁的时期。为此，蝗灾被列为社会灾害之首，人们对飞蝗的危害深恶痛绝，但

又束手无策。明代郭敦《飞蝗》诗充分表明了这一点：

> 飞蝗蔽空日无色，野老田中泪垂血。
> 牵衣顿足捕不能，大叶全空小枝折。
> 去年拖欠鬻男女，今岁科征向谁说。
> 官曹醉卧闻不闻，叹息回头望京阙。

对于蝗灾的袭击，人们虽然感到十分的无奈和困惑，但为了战胜灾害，广大民众开展了轰轰烈烈的捕杀蝗虫的活动，或徒手捕杀，或以火围攻。人们对飞蝗的危害有着切肤之痛、切齿之恨，甚至将飞蝗分而食之。宋代王梦得《分蝗食》诗，表明了灭除蝗灾的愿望和决心：

> 田园政尔无多子，连岁旱荒饥欲死。
> 今年何幸风雨时，岂意蝗虫乃如此？
> 麦秋飞虫淮北过，遗子满野何其多。
> 扑灭焚瘗能几何，羽翼已长如飞蛾。
> 天公生尔为民害，尔如不食焉逃罪？
> 老夫寒饿悲恼缠，分而食之天或怜。

唐代有人认为蝗灾即天灾，是上天对人世间的惩罚，是不可违的，不能扑蝗，更不能杀蝗，人们只能忍受蝗灾的蹂躏，只能烧香拜神，祈求上天的饶恕。唐太宗为扭转朝野的错误认识，消除天灾不可违的疑虑，作出了出人意料的举动，生吞害人虫。唐太宗为民舍我的举动激起了扑蝗灭蝗的热潮，很快消除了飞蝗的危害，使之不复为灾。这种举动深刻影响了后世治理蝗灾的开展，也得到了后人诗文的称赞。

随着社会的不断发展，人口急速增加，农业生产有了很大的提高，耕地极大扩张，蝗灾也随之更加猖獗起来。人们对飞蝗的认识有了很大转变，对飞蝗巨大的繁殖力和强盛的生活能力，由称赞、歌颂转变为仇恨、愤怒，这种转变和诗人情感的激化，其根本原因在于飞蝗孳生地和取食危害对象发生了变化。飞蝗原来多孳生于江河湖海的滩涂地带，取食芦苇及其他禾本科杂草，当时认为这是与人无关的杂草危害，因此未被认为是害虫，而当它转移到危害农作物时，人们直接受其残害，逐渐意识到蝗灾的严重性及其对社会的危害性。这种危害性随着社会发展、耕地扩大和人口增长，也日趋加剧，逐步加深，诗人的情感也随之改变。人们为了生存，为了社会的稳定与发展，不同时期对蝗灾采取各种治理的方针、方法和法律，火攻、掩埋、引鸟啄食、诱菌寄生等等。这在文人的诗词中得到了充分的表达，从另一个侧面描绘着不同朝代对于治理蝗灾的认识，给后人留下了无限遐思。

第九章 涉蝗人物小传

中国蝗灾的治理可以追溯到远古时期，这一点在殷墟甲骨卜辞中已得到确认。彭邦炯认为蠡就是今天通称的蝗虫，有时也叫飞蝗。蠡对农业生产的危害并不在水、旱天灾之下，尤其是禾本科植物，要是遇上蝗虫，便被一扫而光。历史上曾有"蝗虫大起，赤地数千里"的可怕记载。我国现存的第一部官方编年史《春秋》，对发生的蝗灾进行了记载。根据记载，自鲁隐公五年（公元前718年）始，至鲁哀公十五年终，共发生虫灾15次，其中10次是蝗灾。据《汉书》、《后汉书》、《资治通鉴》等史书的记载，秦汉时期400余年间，共发生蝗灾89次。大量的甲骨文材料为我们提供了不少有关蝗灾的信息。商代的人特别迷信鬼神，任何事都要向鬼神卜问，有关灾祥祸福的占卜更为频繁。作为占卜记录的甲骨文，记载了通过祈祷神灵和火烤的办法来消除蝗灾。在中国漫长的治蝗进程中，历朝历代都曾涌现出一批对治蝗有贡献的人物。至近现代，由于科学技术的发达，蝗灾治理既有继承又有发展。20世纪上中叶，我国的蝗灾治理在理论与实践方面都取得了令世人瞩目的成就。本书将古今涉蝗人物，分为古代（先秦至1911年，共23名）和近现代（1911至今，共23名）两部分，并按人物出生的时间顺序介绍如下：

一、古代部分（共23名）

司马迁（公元前145/135—？） 字子长，西汉夏阳（今陕西朝城，一说山西河津）人。他是中国古代伟大的史学家、文学家，被后人尊称为"史圣"。他最大的贡献是撰写了中国第一部纪传体通史《史记》。在《秦始皇本纪》中，他用十分精练的文字，对蝗虫的迁飞途径、为害的严重情景以及奖励治蝗的律令作了生动的记载："〔始皇〕四年，拔畼、有诡。三月，军罢。秦质子归自赵，赵太子出归国。十月庚寅，蝗虫从东方来，蔽天。天下疫。百姓内粟千石，拜爵一级。"后人依据他的记载，将此蝗虫考证为亚洲飞蝗 Locusta migratoria migratoria。

王充（27—约97） 字仲任，会稽上虞（今浙江上虞）人。他识博言犀，善辩，具有朴素的唯物主义思想，是中国古代著名的哲学家。30岁后辞吏家居，潜心著述。主要著作有《讥俗》、《节义》、《论衡》、《养性》等，其中以《论衡》最为著名。在《论衡·商虫篇》中，他对蝗虫有独到的见解。如："蝗时至，蔽天如雨，集地食物，不择谷草。"又如："建

武三十一年，蝗起太山郡，西南过陈留、河南，遂入夷狄。所集乡县，以千百数。当时乡县之吏，未皆履亩，蝗食谷草，连日老极，或蜚徙去，或止枯死。"根据记载分析，文中的蝗虫应是飞蝗，确切地说应是亚洲飞蝗。其危害之广、之烈，各类史书多有所记述。王充对治蝗也有重大贡献。如在《论衡·顺鼓篇》中，他首次提出挖沟治蝗的方法。《论衡·状留篇》记述了"蝗虫之飞，能至万里"，其言辞虽有些夸张，但也客观地说明飞蝗能长途迁飞的事实。此外，在《论衡·感虚篇》中，他据理批驳了所谓"蝗虫不入贤人界"的荒诞之说。

刘肇（79—105） 东汉的第四位皇帝，即汉和帝。据史书记载，刘肇在位期间，能体恤民众疾苦，曾多次诏令理冤狱，恤鳏寡，矜孤弱，薄赋敛，告诫上下官吏认真思考造成天灾人祸的自身原因，而他也常以此自责。永元八年（96年），京城洛阳地区发生蝗灾，他下"罪己诏"，首先自责道："蝗虫之异，殆不虚生，万方有罪，在予一人，而言事者专咎自下，非助我者也。朕寤寐恫矜，思弭忧衅。昔楚严无灾而惧，成王出郊而反风。将何以匡朕不逮，以塞灾变？百僚师尹，勉修厥职，刺史、二千石详刑辟，理冤虐，恤鳏寡，矜孤弱，思惟致灾兴蝗之咎。"（《后汉书·和帝纪》）蝗虫成灾虽与官吏贪婪有关，但主要原因是连年干旱。作为一个千年前的封建皇帝，刘肇能自我反省，承担天灾所造成的后果，实属可敬。

此外，汉代还有一些学者对蝗虫作过一些记载与考证，如扬雄《方言》："今人谓蝗子为蟓子，兖州人谓之螣。"他们对蝗虫的一些同物异名进行过记载，如认为蝗就是螽即为一例。

陆玑（生卒年不详） 字元恪，吴郡（今江苏苏州）人。三国吴著名学者，仕太子中庶子、乌程令。著有《毛诗草木鸟兽虫鱼疏》二卷，专释《毛诗》所记载动物、植物名称，对古今异名者详加考证，是中国古代较早研究动植物的著作之一。唐代孔颖达《毛诗正义》、清代陈启源《毛诗稽古编》等，多采此书之说。卷末附论四家诗源流，于《毛诗》尤详。全书共记载草本植物80种、木本植物34种、鸟类23种、兽类9种、鱼类10种、虫类18种，动植物共计174种。对每种动物或植物，不仅详考其名称（包括各地方的异名），而且描述其形状、生态和使用价值。他在《毛诗草木鸟兽虫鱼疏》卷下中指出："今人谓蝗子为蟓子，兖州人谓之螣"；"螟似蚱蜢而头不赤。螣，蝗也"。在距今约1800年前，陆玑已将"螣"注释为当今之蝗。此外，他对螟、螣、蟊、贼也作了注释，指出"犍为文学曰此四种虫皆蝗也，实不同，故分释之"。陆玑所记动植物的分布地域遍及全国，甚至涉及现在的朝鲜和越南，可见其视野之广阔。《毛诗草木鸟兽虫鱼疏》对后人研究《诗经》中的动植物有很大的启发，对后来本草学的发展也有深刻的影响。陆玑虽然在学术上作出了重要贡献，但后世对其人却罕有记载。宋代郑樵《通志·昆虫草木略·序》评述道："陆玑者，江左之骚人也。深为此患，为《毛诗》作《鸟兽草木虫鱼疏》。然玑本无此学，但加采访，其所传者多是支离。自陆玑之后，未有以此明《诗》者，惟《尔雅》一种为名物之宗，然孙炎、郭璞所得既希，张揖、孙宪所记徒广。大抵儒生家多不识田野之物，农圃人又不识《诗》、《书》之旨，

二者无由参合，遂使鸟兽草木之学不传，惟《本草》一家人命所系，凡学之者务在识真，不比他书只求说也。"

郭璞（276—324） 字景纯，河东闻喜（山西闻喜）人，西晋建平太守郭瑗之子，东晋著名学者。在中国文化史上，郭璞是一位不可忽视的重要人物。他知识渊博，多才多艺，是当时无人能及的博学奇才。他不仅为游仙诗、山水赋的创作作出了重大贡献，而且在训诂学、神仙学上也取得了突出成就。他集历代风水学之大成，撰写了充满古代自然科学思想的《葬书》，奠定了中国风水环境学的理论基础，被尊为中国风水鼻祖。此外，郭璞花了18年的时间研究和注解《尔雅》，以当时通行的方言名称解释古老的动植物名称，并注音、作图，使《尔雅》成为历代研究本草的重要参考书。而郭璞开创的动植物图示分类法，也为唐代以后的所有大型本草著作所沿用。《尔雅》："蝝，蝮蜪。"郭璞注："蝗子，未有翅者。"按照郭璞的注释，蝝、蝮蜪均为蝗的幼虫，今称为蝗蝻。郭璞在《尔雅音图》中记载了蝗虫的同物异名，并附有蝗虫的插图，可惜这些插图并不是实物的描绘，故与现今的蝗虫种类难以对应。

顾野王（519—582） 字希冯，原名体伦，吴郡吴县（今江苏苏州）人。居亭林（今属上海金山），人称顾亭林。他是中国古代著名的文字训诂学家、史学家，博通经史，擅长丹青。历任梁武帝大同四年太学博士、陈国子博士、黄门侍郎、光禄大夫。任梁太学博士时，奉命编撰字书，"总会众篇，校雠群篇"，搜罗考证汉、魏、齐、梁以来古今文字形体、训诂的异同，编撰成"一家之制"的《玉篇》30卷。当时他年方25岁。此书为继东汉许慎《说文解字》后又一部重要字典，也是我国现存最早的楷书字典。《玉篇》历经战乱而散佚，后人只能从《重修玉篇》知其所载内容。该书对蝗虫的同物异名多有记载，如"蝗，胡光切。《礼记》：虫蝗为灾"、"蝝，之戎切。蝗也。亦作螽"。顾野王一生著作丰富，内容涉及文学、文字学、方志、史学等多方面。

李世民（598—649） 祖籍陇西成纪（今甘肃天水）。他是唐高祖李渊和窦皇后的次子，唐朝第二位皇帝，即唐太宗。李世民的文治武功，自古就为人所津津乐道，颂扬备至。学界对他的雄才伟略和他对中国历史所作出的重大贡献都给予积极的肯定。他也是一位体恤民间疾苦的君主。贞观时期时有蝗灾发生。据《贞观政要·务农》记载："贞观二年，京师旱，蝗虫大起。太宗入苑视禾，见蝗虫，掇数枚而咒曰：'人以谷为命，而汝食之，是害于百姓。百姓有过，在予一人。尔其有灵，但当蚀我心，无害百姓。'将吞之，左右遽谏曰：'恐成疾，不可！'太宗曰：所冀移灾朕躬，何疾之避？'遂吞之，自是蝗不复为灾。"李世民吞蝗之事已成历史美谈，为日后治蝗起了积极的作用。唐代涌现了历史上少有的"治蝗"宰相——姚崇。此后各朝各代统治者往往会在蝗灾肆虐时颁布"罪己诏"以安抚民心，鼓励官吏严律治蝗，以减轻蝗灾所造成的惨重损失。

姚崇（650—721） 字符之，本名元崇，因避唐玄宗"开元"年号之讳，改名姚崇，陕

州硖石（今河南陕县硖石乡）人。历任三朝宰相，成绩卓著，对"开元之治"贡献尤多。唐玄宗时，天灾频发，旱、蝗相继，灾民流离，并危及京师。据《旧唐书·姚崇列传》记载，姚崇在严重的蝗灾面前，既要面对广大愚昧无知的灾民，又要面对朝廷内部强烈反对"治蝗"的压力，不顾个人安危得失，在皇帝面前力陈捕蝗的必要，据理批驳了一些高官的无稽之谈，又以无可置疑的事实说服了"反对派"，一致采用科学有效的办法，取得了治蝗的巨大胜利。这一历史事实充分表明，姚崇不仅是一位历史上罕见的"治蝗宰相"，而且具有卓越的领导才能。那些反对治蝗的高官，在他的影响下，也变成他治蝗政策的积极拥护者和执行者，并取得很好的治蝗效果。此外，姚崇勤于探讨自古以来的治蝗理论和方法，他将《诗经》中以火灭蝗的方法和汉代王充提出的挖沟灭蝗的方法结合起来，提出了火边掘坑，且焚且瘗的灭蝗方法。此后的多种灭蝗方法均是在此基础上逐步完善而形成的。他还认为除蝗宜早，只有这样才易于除灭蝗虫。姚崇成为中国古代治蝗的一代楷模，为后人所敬仰。《旧唐书·姚崇列传》关于姚崇治蝗的记载如下：

> 开元四年，山东蝗虫大起。崇奏曰："《毛诗》云：'秉彼蟊贼，以付炎火。'又汉光武诏曰：'勉顺时政，劝督农桑，去彼蝗蜮，以及蟊贼。'此并除蝗之义也。虫既解畏人，易为驱逐，又苗稼皆有地主救护，必不辞劳。蝗既解飞，夜必赴火，夜中设火，火边掘坑，且焚且瘗，除之可尽。时山东百姓皆烧香礼拜，设祭祈恩，眼看食苗，手不敢近。自古有讨除不得者，只是人不用命，但使齐心戮力，必是可除。'乃遣御吏分道杀蝗。汴州刺史倪若水执奏曰：'蝗是天灾，自宜修德。刘聪时除既不得，为害更深。'仍拒御史，不肯应命。崇大怒，牒报若水曰：'刘聪伪主，德不胜妖；今日圣朝，妖不胜德。古之良守，蝗虫避境。若其修德可免，彼岂无德致然！今坐看食苗，何忍不救，因以饥馑，将何自安？幸勿迟回，自招悔吝。'若水乃行焚瘗之法，获蝗一十四万石，投汴渠流下者不可胜纪。时朝廷喧议，皆以驱蝗为不便。上闻之，复以问崇。崇曰：'庸儒执文，不识通变。凡事有违经而合道者，亦有反道而适权者。昔魏时山东有蝗伤稼，缘小忍不除，致使苗稼总尽，人至相食；后秦时有蝗，禾稼及草木俱尽，牛马至相啖毛。今山东蝗虫所在流满，仍极繁息，实所稀闻。河北、河南无多贮积，倘不收获，岂免流离？事系安危，不可胶柱。纵使除之不尽，犹胜养以成灾。陛下好生恶杀，此事请不烦出敕，乞容臣出牒处分。若除不得，臣在身官爵并请削除。'上许之。黄门监卢怀慎谓崇曰：'蝗是天灾，岂可制以人事？外议咸以为非。又杀虫太多，有伤和气。今犹可复，请公思之。'崇曰：'楚王吞蛭，厥疾用瘳；叔敖杀蛇，其福乃降。赵宣至贤也，恨用其犬；孔丘将圣也，不爱其羊。皆志在安人，思不失礼。今蝗虫极盛，驱

除可得。若其纵食，所在皆空。山东百姓，岂宜饿杀？此事崇已面经奏定讫，请公勿复为言。若救人杀虫，因缘致祸，崇请独受，义不仰关。'怀慎既庶事曲从，竟亦不敢逆崇之意。蝗因此亦渐止息。"

徐锴（920—974）　扬州广陵（今江苏扬州）人。五代南唐文字训诂学家。平生著述甚多，今仅存《说文系传》40卷、《说文解字篆韵谱》10卷。《说文系传》是现存最早的系统地为《说文解字》作注并进行全面研究的著作，对蝗虫的一些同物异名有所记载。

司马光（1019—1086年）　字君实，号迂叟，陕州夏县（今属山西）涑水乡人，世称涑水先生。北宋政治家、史学家、文学家。历仕仁宗、英宗、神宗、哲宗四朝，卒赠太师、温国公，谥文正。宋仁宗时进士，英宗时进龙图阁直学士。王安石变法以后，司马光离开朝廷15年，主持编纂了中国历史上第一部编年体通史《资治通鉴》。此书内容极为丰富，对蝗灾的发生及防治也作了客观记述。他所撰写的另一部著作《类篇》对蝗虫的各种名称作了较为详尽的记载与注释，为考证蝗虫名称的变迁提供了便利。

董煟（生卒年不详）　字季兴，号南隐，鄱阳（今江西波阳）人。绍熙四年（1193年）中进士，曾任温州府瑞安县知县。撰《救荒活命书拾遗》，附"除蝗条令"，内含《淳熙敕》、《捕蝗法》等，使整个捕蝗工作有法可依，在条律的框架下有序运作。董煟擅长救荒，对蝗灾的治理有深入的研究。他主张利用蝗虫清晨尽聚草稍食露，体重不能飞跃之时，用筲箕、栲栳等工具，捕蝗入布袋，将其处死，若将其瘗埋，隔宿多能穴地而出；在蝗虫初生之时，即蝻期，用旧鞋底之类工具，蹲地掴搭，将蝻击毙，此法成为日后消灭蝗蝻的主要方法。他还发展了姚崇的治蝗方法，即在光地有蝗处，于前挖坑，两旁用木板呈八字形铺摆，然后将蝗赶入坑中焚之，并用土压过宿。此外，他还十分重视治蝗工作的组织与宣传，并提倡奖励。《救荒活命书拾遗》，内含宋孝宗《淳熙敕》，使宋代治蝗责成之严厉甚于前代，这种"问责制"为后代治蝗起了榜样的作用。鉴于董煟在救荒、治蝗上所作出的重要贡献，宋宁宗赵扩召见并嘉奖他，称他"忠惟报国，诚在爱民"，赏赐绢帛，升为通议郎，称赞其书为"南宋第一书"，诏令刊印，发行到各郡县。清乾隆年间（1736—1795年）纂修四库全书，乾隆帝称董煟《救荒活民书》"实有经济，与同时空谈性学者殊"，诏命重新刊行。

戴侗（1200—1285）　字仲达，浙江永嘉人。宋理宗淳祐元年（1241年）中进士。著作颇丰，所著《六书故》对蝗虫及其幼虫的一些同物异名作了记载。

杨桓（1234—1299）　字武子，山东兖州人。由诸生补济州教授，后召为太吏院校书郎。著作颇丰，所著《六书统》记载了蝗虫的一些同物异名。

马端临（1254—1323）　字贵舆，饶州乐平（今江西乐平）人。宋元之际著名历史学家。著作颇丰，所著《文献通考》对宋嘉祐前的蝗灾作了比较系统的记载，为整理蝗灾史料

提供了方便。同时还记载了不同时代人们对蝗灾成因的认识。如："春秋桓公五年，螽。"刘歆认为引起蝗灾的原因是"贪虐取民，则螽"。"文公三年，秋雨，螽于宋。"刘向以为先是宋杀大夫而无罪，有暴虐赋敛之应。马端临还认为蝗灾的发生与穷兵黩武有关。"武帝元光六年秋，蝗，先是五将军众五十万伏马邑，欲袭单于也。是岁四将军征匈奴。……太初三年秋，复蝗，元年贰师将军征大宛，天下奉其役连年。"马端临认为，蝗灾的发生与政乱有关。"平帝元始二年秋，蝗遍天下，时王莽秉政。"

徐光启（1562—1633） 字子先，号玄扈。松江府上海人。万历三十二年（1604年）中进士。中国历史上著名科学家。官至礼部尚书，文渊阁大学士。著述颇丰，所著《农政全书》对蝗虫治理有着划时代的意义，为日后蝗虫的研究和蝗灾的防治奠定了坚实的基础。他对蝗虫研究的主要贡献可概括为以下几方面：①他认为，蝗灾甚重，居水、旱之首，而除之则易，但必须合众力共除之。他的这一观点对治蝗具有战术上重视、战略上藐视的指导意义。②记述了蝗虫（即亚洲飞蝗）一年为两个世代，其生活史为卵（初生如粟米）、蝻、蝗（成虫）。③记述了蝗灾发生基地即蝗区，认为"蝗之所生，必于大泽之涯，然而洞庭彭蠡具区之旁，终古无蝗也"，所以蝗灾发生区域必定有一些特有的自然条件，"必也骤盈骤涸之处，如幽涿以南、长淮以北、青兖以西、梁宋以东诸郡之地，湖漅广衍，暵溢无常，谓之涸泽，蝗则生之"。④运用历史统计方法，得出蝗类最盛于夏秋之间的正确结论，并根据统计资料基本划定中国的蝗区，提出了根治蝗灾必先消灭蝗虫孳生基地的正确主张。他总结元、明时期蝗的发生地区，指出"故涸泽者，蝗之本原也，欲除蝗，图之此其地矣"。

张自烈（1597—1673） 字尔公，号芑山，又号谁庐居士，袁州北厢上水关（今江西宜春秀江街）人。崇祯末为南京国子监生，博物洽闻。明末清初著名文字学家。著述颇丰，尤以《正字通》影响最著。《正字通》是一部字书，共收录3.3万余字，涉及蝗成虫、幼虫及同物异名称的注释。

爱新觉罗·胤禛（1678—1735） 清朝第五位皇帝，即雍正。在位时蝗灾频发，各地官员向朝廷上呈奏章甚多，雍正必亲览各地的奏章并朱批，敕令地方官员迅速扑灭，不得有误。其览阅及朱批有关蝗灾的奏章之多，批评之严厉，指导之具体，在历代君主中实属罕见。

陈芳生（生卒年不详） 子漱六，仁和人。撰《捕蝗考》一卷。《四库全书总目提要》记载："此书取史册所载事迹议论，汇为一编，首备蝗事宜十条，次前代捕蝗法，而明末徐光启奏疏最为详核，则全录其文，附以陈龙正语及芳生自识二条，大旨在先事则预为消弭，临时则竭力剪除，而责成于地方有司之实心经理，条分缕析，颇为详备，虽卷帙寥寥，然颇有裨于实用也。"作者的主要贡献是摒弃蝗为"神虫"、不可捕杀的陈腐观念，力主捕杀蝗虫，消灭蝗灾。他在书中说："蝗未作修德以弭之，既作必捕杀以殄之。虽为事不同，而道则无二。"又说："捕蝗之令必严其法以督之。"全书分两部分："备蝗事宜"和"前代捕蝗

法",系统总结和继承了历史上的捕蝗经验,并提出捕蝗十项注意事宜,对清代治蝗起了重要的指导和普及作用。在此需要说明的是,后人往往误以陈芳生《捕蝗考》是我国保存下来的最早一部捕蝗专著。据邹树文考证:"陈芳生的《捕蝗考》抄袭董煟《救荒活民书》而没有举其名,我们本不必代董煟向陈芳生主张其版权所有,惟不愿因误认董煟为陈芳生,而将捕蝗详细措施之最早记载压迟四五个世纪,是不能不辩正的。"(引自邹树文《中国昆虫学史》)

陈仅（1787—?）　字余山,号涣山,浙江鄞县人。清嘉庆十八年（1813年）中举,做过陕西宁陕厅同知。在陕西做地方官时著有《捕蝗汇编》四卷。第一卷为"捕蝗八论",含生化之论、孳生之形、潜匿之地、最盛之时、不食之物、所畏之器、应祷之神、捕获之利；第二卷为"捕蝗十宜",含宜广张告示、分派委员、多设厂局、厚给工食、明定赏罚、预颁图法、齐备器具、急偿损坏、足发买价、不分畛域；第三卷为"捕蝗十法",含编册齐夫、临阵捕蝗、平地捕蝗、山地捕蝗、水田捕蝗、相时捕蝗、拦剿飞蝗、搜捕遗蝗、除蝻断种、正本清源各法；第四卷为"史事四证"和"成法四证",分别含蝗避善政、修德化灾、责重有司、厚给众力和马源《捕蝗记》、陆世仪《除蝗记》、李钟份《捕蝗法》和任宏业《布墙捕蝗法》。全书内容主要是前人著述的辑录,夹杂着陈仅的按语。成书约在道光十六年（1836年）。此外,"八论"中的"不食之物"条引《群芳谱》蝗蝻不食番薯的说法。

顾彦（生卒年不详）　江苏无锡人。所著《治蝗全法》成书于清咸丰八年（1858年）,分"土民治蝗法"、"官司治蝗法"、"前人称说"和"救荒事宜"四部分。该书虽然是辑录前人成说,但也加了一些夹注和眉批,是篇幅最长、内容最全的一部治蝗专书。顾彦在该书序中称,咸丰六年（1856年）八月,锡金（今江苏无锡）发生了216年以来首次蝗灾,为此辑录了有关除根、掘子、去蝻、捕蝗诸法等33条内容,汇成一编,印4587本,发给农民学习使用,后又几经修改、增补,才编定《治蝗全法》4卷。该书的主要贡献有三:一是在书眉上批注"布告乡里,劝民捕治"的字样,宣传治蝗。由于该书通俗易懂,对当时普及治蝗知识,推动治蝗工作,起了重要的作用。二是该书对蝗虫习性与出没规律比前人有更进一步的认识,认为"蝻有向阳、向火的特点","蝗虫一日有三个时间不飞:早晨沾露之时,中午交配之时,日落群聚之时","蝗虫喜干,喜日而畏湿、畏雨"。三是灭虫手段多样化,除人工捕杀外,提出"灭杂草以除生蝻之所"和生物防治的正确主张。顾彦和汪志伊都提倡用鸭子来治飞蝗:"蝻未能飞时,鸭能食之。如置鸭数百于田中,顷刻可尽。"并举出具体实例来证明其功效:"咸丰七年四月,无锡军山、章山山上之蝻,亦以鸭七八百捕,顷刻即尽。"

俞森（生卒年不详）　号存斋,浙江钱塘人。由贡生历官至湖广布政司参议。所著《荒政丛书》成书于康熙二十八年（1690年）,辑古人救荒之法,于宋取董煟,于明以来取林希元、屠隆周、孔教、钟化民、刘世教、魏禧等七家之言,又自作常平义仓、社仓,三考溯其

源，使知所法，复究其弊，使知所戒，末附郧襄赈济事宜及捕蝗集要。俞森在《荒政丛书·原序》中一再强调治蝗必须在蝗灾发生前做好各项准备工作。他说："古称救荒无奇策，非无奇策也，预为之。虽寻常行事，自有神明莫测之妙。临时仓卒为之，虽古人已见之效亦只具文而已，于生民曾何与焉？所以荒政不可不详。欲求其详，不得不预为之备。森尝观古今救荒事宜若干卷，无不纲举目张，施行井井久矣。"《荒政丛书》附录《捕蝗集要》共14条，前十条全抄《捕蝗考》中的"备蝗事宜"，后四条则为删节其前代捕蝗法而成，详述治蝗的方法。

陆曾禹（生卒年不详）　浙江钱塘人。仁和监生，是《康济录》一书的原始撰稿人。清代初年，朝廷为了完善各种荒政措施和荒政制度，钱塘监生陆曾禹收集了自周至明史籍中有关灾荒和荒政的典故，汇编成《救荒谱》，但该书直至陆曾禹去世也未能刻印。陆曾禹的同乡，时任吏科给事的倪国琏，认为该书稿颇有价值，于乾隆四年（1739年）十月全国蝗灾肆虐之时，将《救荒谱》进呈乾隆帝。乾隆见此书，认为"有裨于实用"，随即"着南书房翰林详加校对，略为删润"，并交武英殿刊刻颁发，并赐名《康济录》。该书对蝗灾的成因有独到的论述，如：卷之二"齐鲁之间一望赤地，蝗螟四起，草谷俱尽，东西南北横五千里，天灾流行，此皆沟渠不修之故也"，指出水利失修导致蝗灾的弊端；卷四下一再强调"必藉国家之功令，必须百郡邑之协心，必须千万人之同力，一身一家无独力自免之理，此又与水、旱异者也。总而论之，蝗灾甚重，除之则易，必合众力共除之，然后易耳"；卷四下之三专设《捕蝗必览》，分段详述"一蝗之所自起、二蝗之所由生、三蝗之所最盛、四蝗之所不食、五蝗之所自避、六蝗之所宜祷、七蝗之所畏惧、八蝗之所可用、九蝗之所由除、十蝗之所可灭"，令蝗区官民按照执行，蝗灾必除；此外还附录《宋淳熙敕》以及各种奖惩措施，致使大规模的治蝗行动有法可依，以保障灭蝗的成功。

陈崇砥（生卒年不详）　字亦香，福建侯官人，道光二十五年（1845年）举人，官至河间知府。在任期间，除了兴修水利外，他对河北蝗灾治理也作出了重要贡献，为后人所称道。所著《治蝗书》（又名《治化生蝻子图》），有"治蝗论"三篇，治化生或卵生蝻子、捕蝻、捕蝗诸图及说，又附捕黏虫说及图。计为文及说13篇、为图12帧。书中首次介绍用百部草煎成浓汁，加极浓碱水，再加极酸之醋，用此毒水除蝗卵，"则遗种自烂，永不复出矣"。陈崇砥为清代颇具创见的官吏，可惜他也未能摆脱古代"化生说"及陈子龙篡改徐光启《农政全书·治蝗疏》第四条"虾子变蝗"的影响，殊为可惜。

明清时期涌现治蝗专著较多，但由于史料欠缺，许多作者的生平已无从查考。下面列出编撰者姓名与书名或相关信息，有待后人补充。

明代陈经纶《治蝗笔记》，成书于万历二十五年（1597年），书中关于放鸭除蝗的记载为中国最早。

清代彭涛山（江苏泰州人）《留云阁捕蝗记》。

清代陈世元《治蝗传习录》。

清代王勋《扑蝻凡例》。

清代李炜《捕除蝗蝻要法三种》。

清代李源《捕蝗图册》。

清代佚名《捕蝗要诀》。

二、近现代部分（共23名）

邹树文（1884—1980） 1907年毕业于京师大学堂师范馆；1908年赴美国康奈尔大学农学院求学，攻读经济昆虫学（应用昆虫学），获农学学士学位；1911年参加全美科学联合会，并宣读研究论文，是近代中国学生在美国宣读昆虫学论文的第一人，被选为美国科学荣誉会会员，获西格玛赛（Sigma Xi）金钥匙奖；1912年在美国伊利诺大学获科学硕士学位；1913年在美国芝加哥大学研究院从事研究工作。

1915年回国后，历任南京金陵大学教授、国立北京农业专门学校教授兼农场主任（场长）；1922年任国立东南大学农科教授兼江苏省昆虫局技师，后代理该局局长；1928年转任浙江省昆虫局局长。浙江省昆虫局原设在嘉兴县，业务范围仅限于嘉兴县周边各县的治螟。改归省办后，局址迁至杭州。在他的主持下，昆虫局的工作有了较大的扩展——局内设昆虫生活史、昆虫分类、蚊蝇、寄生虫等研究室，并在其他地区成立稻虫研究所、桑虫研究所、棉虫研究所和果虫研究所。从此，浙江省昆虫局的体制建立，规模初具，为日后的发展奠定了基础。

1930年调任江苏省农民银行设计部主任；1932—1942年间被聘为国立中央大学农学院院长；后曾历任国民政府教育部农业教育委员会常务委员、国民政府农林部专门委员、国民政府贸易委员会蚕丝研究所所长、国立西北农学院院长等职。

中华人民共和国成立后，历任中山陵园管理委员会委员、江苏省文史研究馆馆员、中国农业遗产研究室顾问等职。晚年从事农业遗产研究工作，曾校勘《农政全书》，撰写农史论文多篇。1981年，科学出版社出版了他的遗著《中国昆虫学史》，其第六章详细介绍了明、清两代治蝗及有关捕蝗措施的文献，是研究我国古代蝗虫为害及防治的重要参考文献之一。

张巨伯（1892—1951） 原名钜伯，又名归农。1892年10月10日出生于广东高鹤（今鹤山市）一个佃农家庭。其父辈长年务农，后出国做劳工。12岁时随堂兄到日本上学，1907年又同去墨西哥。1908年随父张业良至美国读中学。1912年进入美国俄亥俄州立大学农学院学习经济昆虫学，1916年毕业，获农学士学位。1917年获昆虫学硕士学位。

1917年他学成归国时，国内昆虫科学事业尚处于萌芽状态。为了培养昆虫学人才，他投

身于经济昆虫学教育事业。先后在岭南大学、南京高等师范学堂、中山大学、金陵大学等任教，讲授普通昆虫学、经济昆虫学、昆虫分类学等多门课程，为我国培养了一批高级专业人才，如老一代著名昆虫学家吴福桢、邹钟琳、尤其伟、杨惟义等。

1922年江苏昆虫局成立，聘请张巨伯担任技师，主持研究、推广害虫防治技术。1928年任江苏省昆虫局局长，兼中央大学、金陵大学农学院教授、昆虫学组主任。1932年受浙江省政府之托，主持浙江昆虫局工作。在此期间，他建立了当时我国最大的昆虫标本室，创建了我国第一份植保期刊《昆虫与植病》。1936年任中山大学教授，并在广东省农林局兼职。1949年，他喜迎广州解放和中华人民共和国成立。1951年5月2日因患癌症不幸去世，终年59岁。

张巨伯是中国最早从事经济昆虫学教育的学者之一。他注重把昆虫学的研究与解决生产上的问题紧密地结合起来。1928年，江苏省飞蝗大发生，铺天盖地，情况万分危急。张巨伯带领学生、助手吴福桢、吴宏吉、陈家祥等深入蝗虫滋生地，亲自组织指导治蝗。他采取挖沟、围捕蝗蝻、试用毒饵等方法，终于扑灭了蝗灾。他在主持江苏省昆虫局工作期间，在虫害发生地区成立了多个害虫研究所，如在灌云县设立蝗虫研究所，在昆山县夏驾桥设立稻虫研究所，在无锡县设立桑树害虫研究所。1932年，江苏省昆虫局因经费不足撤销后，他到了浙江省昆虫局，在任局长期间成立了植物病理研究室、蚊蝇研究室。同时，扩建了许多基层实验站，如在海宁县七堡设立棉虫研究所，在嘉兴县南堰设立稻虫研究所，在杭州拱宸桥设立桑虫研究所，在黄岩设立果虫研究所。他也很重视害虫的天敌作用，因而设立了赤眼蜂保护利用研究室。

他对昆虫标本的收集、制作、保存十分重视。经常派专人到市郊采集，还不定期地组织人员到天目山、雁荡山、黄山等地采捕，积累了大量标本。对某些重要害虫，经过饲养制作成套的生活史标本，建立起相当规模的标本室，供局内外人员研究与参考。该局昆虫标本之多，居当时全国各农业单位之首。

1924年，张巨伯在南京发起组织"六足学会"。这是我国最早的昆虫学术团体。"六足学会"成立后，每周举行一次例会，或作学术报告，或交流经验，或谈读书心得，十分活跃，深受同行欢迎。1927年改称"中国昆虫学会"，张巨伯被推选为会长。

1933年，张巨伯创办了我国第一份植物保护学术期刊——《昆虫与植保》，并任主编。期刊内容有研究论文、综合报道、病虫防治情报、通讯、书刊介绍等，蜚声中外，不少文章在英国《Review of Applied Entomology》上摘要转载。1937年因故停刊，共发行4卷6期。张巨伯还编印了10余种病虫防治浅说、图册，发行到农村；还为中国科学画报社编写了《昆虫纵谈》、《植病纵谈》、《医学昆虫》等三套丛书。

张巨伯一心为昆虫学事业、为农业生产服务，矢志不渝。多年来，大家一致认为，江苏、

浙江、广东等省病虫害防治工作所建立的基础，是和张巨伯毕生在昆虫事业上辛勤耕耘、奋力拼搏分不开的。

戴芳澜（1893—1973） 字观亭，湖北江陵人。1893年5月4日出生在一个诗书世家，排行第二。他童年文静好学，17岁到上海震旦中学学习。1913年考入清华大学留美预备班，1914年赴美国威斯康星大学农学院学习，后转到康奈尔大学农学院，获学士学位。其后到哥伦比亚大学研究生院攻读植物病理学和真菌学，1919年获硕士学位。

1920年回国后，在广东省立农业专门学校任教，不仅教植物病理学，还兼教其他课程。后到南京国立东南大学讲授植物病理学。1927年被聘为金陵大学教授兼植物病理系主任。

1934年，清华大学成立农业科学研究所，聘戴芳澜担任该所植物病理研究室主任。戴芳澜离开金陵大学，先去美国纽约植物园和康奈尔大学研究院做了一年研究工作后，才到清华大学上任。经过他的艰苦筹建，到1937年，清华大学农业科学研究所的植物病理研究室开始启动研究工作。这时，日本侵华战争全面爆发，清华大学先迁湖南长沙，后转迁昆明，与北京大学、南开大学组成西南联合大学。当时，农业科学研究所改为农学院，戴芳澜改任该院植物病理学系主任。1943年，他被选为中央研究院院士。

中华人民共和国成立后，1952年成立北京农业大学，戴芳澜任北京农业大学植物病理学系教授，1953年兼任中国科学院植物研究所真菌病害研究室主任，1956年任中国科学院应用真菌学研究所所长。从1959年起，他专任中国科学院微生物研究所所长兼真菌研究室主任，直至1973年1月3日去世。

戴芳澜是中国真菌学的创始人、中国植物病理学的主要创建人之一。早年对水稻、果树等作物病害及其防治进行了研究。20世纪初，他曾涉足蝗灾研究，对蝗虫形态、结构和行为特点进行了比较细致的论述。他在中国科学社主办的著名学术刊物《科学》上发表的《说蝗》一文，成为我国近代蝗灾史研究的重要文献之一。20世纪30年代以后，他从事真菌分类学、形态学、遗传学及植物病理学研究，特别是在霜霉菌、白粉菌、鹿角菌、锈菌、鸟巢菌、尾孢菌等菌的分类方面，以及竹鞘寄生菌的形态学和脉孢菌的细胞遗传学方面进行了系统的研究，有关论文迄今仍为国内外同行广泛引用。1955年选聘为中国科学院院士（学部委员），同年被德意志民主共和国农业科学院授予通讯院士荣誉称号。1953年被选为中国植物病理学会新一届理事长。1962年他被选为中国植物保护学会理事长。

张景欧（1897—1952） 字海珊，1897年3月3日出生于江苏省金坛县。中国早期昆虫学者之一。1912年考取江苏省苏州农校。1916年求学于金陵大学农科。1920年赴美国加利福尼亚州立大学深造，于1922年获昆虫学硕士学位。回国后担任东南大学教授兼江苏省昆虫局技师，指导江南地区治蝗工作。在此期间，他与尤其伟等在蝗灾地区实地调查蝗灾的成因及危害状况，撰写了《飞蝗之研究》、《蝗患》、《中国蝗虫志》等论著，是反映我国20世纪

20 年代关于蝗虫为害与防治的重要文献之一。

在美国求学期间，他了解到美国历史上的几次重大病虫灾害多是由国外病虫害传入引起的，如从英国传入的马铃薯癌肿病、从日本传入的甲虫等，都给美国农业生产造成了巨大损失。同样，美国的葡萄根瘤蚜传入欧洲，也给法国造成了严重灾害。美国农业部于 1912 年颁布了国家检疫法令，以防止植物病虫害的国际传播。张景欧回国后，目睹国内作物病虫猖獗，产量歉收，深感植物检疫工作之必要。他认为，对进出口植物实施病虫害检验，既可防止国外病虫害传入，以保国家农业生产，又可防止国内病虫害传出，避免国际传播。1929 年，他受国民政府农矿部委托到广州筹建农产物检查所，这是中国第一个植物检疫机构。1932 年应邹秉文、蔡无忌之邀到上海商品检验局筹办植物病虫害检验处。在此期间，他结合检疫工作，草拟了许多法规、规程等文件，报国民政府实业部公布施行。1937 年抗日战争全面爆发后，商检局被撤销，张景欧调浙江省农业改进所工作，组织研究植物病虫害防治。1945 年抗日战争胜利后，上海商检局恢复，他又回该局继续主持植物检疫工作。中华人民共和国成立后，人民政府农业部请他到京负责全国病虫害防治工作。后因病回上海，在复旦大学任教。1952 年病逝于上海。

邹钟琳（1897—1983）　　1897 年 8 月 16 日出生于江苏无锡。1913 年考入常州第五中学。1917 年考入南京两江高等师范学校农科。1920 年，他将在南京郊区采集到的 15 种植物真菌病标本进行研究，写成《中国菌病见闻录》一文，发表在《科学》杂志上。是年毕业后留校当助教。同年 12 月，南京成立东南大学，他转入东南大学农科执教。后调入江苏省在东南大学农科内建立的昆虫局，开始进行螟、蝗虫的防治研究。他经常在水稻田边观察螟虫产卵、孵化、生长和发育情况，摸清了螟虫的生长规律和一年的繁殖代数，从而采取相应的防治措施，使江苏地区的螟虫防治工作取得了突破性进展。

1929 年秋，他由江苏省昆虫局资助赴美国明尼苏达大学昆虫系深造。1931 年获硕士学位，后再入康奈尔大学深造。1932 年回国，任中央大学农学院副教授兼江苏省昆虫局技术训练主任。在华北蝗虫灾区调查中，他曾发现东亚飞蝗因种群密度不同而发生变形现象，掌握了蝗虫的生态特点，提出了预防蝗害的有效方法。他十分重视中国飞蝗的分布与气候地理及发生地环境的关系，于 1935 年在《中央农业实验所研究报告》第 8 期发表了《中国飞蝗之分布与气候地理之关系及其发生地环境》一文，这种将蝗虫与其环境相结合的研究思路，在当时十分难能可贵，也为他日后撰写《昆虫生态学》奠定了基础。此后，他又进一步研究螟虫、白背飞虱等水稻害虫的生长规律和防治方法，发表了不少有见地的论文，为防治水稻虫害作出了较大贡献。1933 年，他任中央大学农学院教授，亲自搜集资料，编写了《农业病虫害防治法》、《普通昆虫学》、《经济昆虫学》、《昆虫生态学》、《中国果树害虫学》等教材。这些教材后来为其他高等农业院校所采用。抗日战争全面爆发后，中央大学农学院内迁重庆。

在川东农村，他发现螟害和水稻品种、栽种时间关系密切，在国内首先提出改良水稻品种、合理安排栽培时间、避开螟害高峰的理论。1945年春，他担任西北农学院代理院长。1946年夏，中央大学迁回南京，他任二部主任，负责农学院、医学院和新生院的工作。在此期间，他将防治蝗害的研究成果撰写成《中国最近十年（1937—1947）间迁移蝗的发生状况及防治结果》一文并发表。他在20世纪30—40年代撰写的有关飞蝗的论著已成为反映这一历史时期中国飞蝗发生与防治的重要文献之一。1948年中央大学二部撤销，他专任农学院院长。

中华人民共和国成立后，1952年，邹钟琳调任南京农学院植保系教授兼昆虫教研室主任。每年暑假，他都奔赴各地农村进行实地考察。1956年写成的《太湖流域水稻三化螟防治的理论基础和实施方法》一文，对30多年来防治螟虫害作了科学总结，具有十分重要的指导意义。其后又从事李实蜂、小地老虎、土居天牛、大小地蚕等虫害的防治，积极推广研究成果。"文化大革命"中他被下放到江浦农场劳动，但依然利用一切机会观察昆虫，采集标本。粉碎"四人帮"后，他回校工作，指导学生科研，并潜心修改《昆虫生态学》。该书于1980年出版。1983年7月31日病逝，终年86岁。

吴福祯（1898—1995） 1898年7月18日出生于江苏武进。1921年毕业于东南大学。1925—1927年在美国伊里诺伊大学求学，获科学硕士学位和美国科学荣誉会纪念章。回国后曾任东南大学、中山大学、金陵大学教授，浙江省病虫防治所所长，中央农业实验所技正、副所长等职。中华人民共和国成立后历任华东农林部病虫防治所所长、中国农业科学院筹备组植保学组组长、宁夏回族自治区科协主席、中国农业科学院植物保护研究所学术委员会主任等。他是中国昆虫学和植物保护学科的创始人之一，中国最早的昆虫学术团体"六足学会"（1920年）的委员，主持筹建中华昆虫学会，并任第一、二届理事长。他还开办了中国第一个病虫药械制造实验厂，1935年指导试制成功中国第一批防治病虫用的喷雾器和农用药剂；最早研究了中国棉花害虫的习性、防治方法和飞蝗防治技术。1957年主持编写了中国第一部《中国农作物病虫图谱》，深入研究了枸杞实蝇，解决了生产中的技术问题。撰有《棉铃害虫金刚钻研究报告》（1926年）、《地老虎研究》（1926年）、《中国的飞蝗》（1951年）等文。

尤其伟（1899—1966） 字逸农，1899年2月11日出生于江苏南通一个书香世家。1920年7月考入南京高等师范农业专修科。1922年南京高师改为国立东南大学后，由专习生物而转学昆虫。1924年毕业后留校任助教，同时补读大学病虫害系课程。1922年，江苏省昆虫局在东南大学农科扶持下成立，尤其伟被指定在该局兼任技术员，从事飞蝗研究。在此期间，他与张景欧等研究了蝗虫的一些生理特征，并在《江苏省昆虫局研究报告（第一号）》及《南京农学杂志》等刊物上发表《飞蝗之研究》、《飞蝗》等论文，是我国在20世纪20年代有关飞蝗及蝗灾形成与防治的重要文献之一。1926年和1928年，苏北两次蝗害猖獗，他

分赴南京郊区及海州、宝应、高邮、南通一带指导治蝗。他先后在刊物上发表了《化生辨》、《昆虫一生之变化及其古代谬误之纠正》、《蝗神考》等一系列文章，还通过散发通俗小册子、举办昆虫展览等方式，不遗余力地普及昆虫知识。1929年底，他在南昌办虫展时写过一副对联："或防除，或培养，采来无数昆虫，分门别类，潜心研究；开展览，开讲习，唤起一般民众，殚精竭虑，努力宣传。"这既说明了自己的观点，又表达了进行启蒙教育、普及昆虫知识的决心。1928年暑假，东南大学改为中央大学，尤其伟升任讲师，开设棉作害虫课，同时兼任江苏省昆虫局技师。同年3月，他公费赴日本考察昆虫学，收获颇丰。1929年1月，尤其伟应杨惟义之约，前往南昌筹备江西省昆虫局，任技正，从事仓库害虫研究，培训业务骨干，组织采集标本，举办昆虫展览，为该局打下了一定的基础。

1930年8月，尤其伟经张景欧介绍受聘于广东中山大学，先后任该校农学院昆虫学助教、副教授和指导教授，兼任广东省农林局昆虫研究所特约研究员，主编昆虫学术刊物《虫》。除教课和指导学生研究外，还从事水稻剃枝虫（即黏虫）和地蟞的研究。1933年8月，在江苏南通学院任教授。在教学之余，他结合生产需要，进行棉作害虫、小麦害虫的生物学和防治研究，进行杀虫药剂的试验推广工作，同时在致用大学等院校兼课。1942年，兼任南通学院农科科长及附设高级农业职业学校主任。抗日战争胜利后，兼任上海市社会局农林科科长和上海商品检验局技正。

1949年2月2日南通解放，尤其伟被推举为南通学院临时院务委员会主任委员。1950年8月，作为苏北代表出席了中华全国自然科学工作者代表会议。1952年，被调往扬州筹建苏北农学院。10月接中央高教部和林业部调令，重返阔别20年的广州，参加组建华南热带林业科学研究所（即华南热带作物科学研究院前身），以极大的热情主持并参与了我国热带作物虫害的研究。

尤其伟晚年兼任华南热带作物学院教授。除教学外，他在等翅目区系划分和分类研究方面倾注了大量心血，取得了一系列成果。"文化大革命"中，他因患病得不到应有的治疗，于1968年10月18日去世，终年70岁。

陈家祥（1899—1983） 字子瑞，浙江奉化莼湖人。1924年毕业于南京高等师范病虫害专修科，继读于东南大学病虫害系。毕业后任南通代用师范教员、江苏省昆虫局技师。历任浙江省昆虫局技师、嘉兴稻虫研究所主任、四川省植物病虫害防治所技师、浙江大学农学院副教授、江西省立农专教授、中央农村部农推会技正等职。中华人民共和国成立后，任中央农业部植保局副总技师、治蝗处副处长。1961年调至安徽农学院任教授兼农学系植保专业主任、院学术委员会副主任。主要著作有《跳蚤与苍蝇》、《臭虫与蚊虫》、《中国蝗虫初步调查报告》。

李凤荪（1902—1966） 字力耕，1902年8月25日出生于湖南临湘一个农村家庭。全

家靠父亲经营茶叶和执教私塾为生。李凤荪上小学时，父亲经营破产，不久离开人世。虽家境十分清贫，但他求知欲甚强，考进岳阳湖滨教会中学。他每天上午上课，下午到农场做工，以半工半读支撑学习。

在大学期间，他仍旧靠工读和学校提供的奖学金维持学业。每年一到暑假，他便奔赴苏北粮棉产区调查虫害，采集标本，参加治虫。在大学4年里，他踏遍了江苏省40余县的山山水水，积累了丰富的资料，发表了《江苏省蝗虫之分布》、《捕蝗古法》两篇学术论文，得到江苏昆虫局局长张巨伯和中央农业实验所吴福桢主任的赏识。1930年1月毕业后，先后在江苏省昆虫局和浙江省昆虫局任技士兼主任，从事棉花害虫和蚊蝇防治研究。1935年8月在亲友资助下，赴美国明尼苏达大学昆虫系学习。在学习期间，他承担了实验室制作蚊虫生殖器标本工作，并受南京中央棉产改进所之托，在美国棉产区考察棉花害虫及防治。1936年毕业，获硕士学位，被选为Sigma-Xi荣誉学会会员。

1936年回国后，在南京中央棉产改进所棉虫股任技正。1938年回湖南，闭户3月，收集整理自己历年的研究资料，写出了50万字的著作《中国经济昆虫学》，出版后影响甚大。

1938年后，先后在湖南农林改进所、湖南农业专科学校、浙江大学农学院、福建农学院、湖北农学院、湖北医学院、武汉大学农学院从事科研和教学工作。

中华人民共和国成立后，经湖南大学社会学院院长肖杰伍推荐，返湘出任湖南大学农学院院长。1951年任湖南农学院昆虫学教授和植保系主任。1959年湖南林学院成立，奉调任该院森林保护教研室主任。1964年调中南林学院。1965年7月，湖南衡阳地区蝗虫猖獗，严重威胁着农业生产。他收到救援电报后，日夜兼程奔赴现场，视察灾情。1966年8月1日他因胃癌晚期医治无效而去世。

蔡邦华（1902—1983）　江苏溧阳人。1924年毕业于日本鹿儿岛大学昆虫学系。回国后任北京农业大学生物系教授。1927年赴日本东京帝国大学农学部进行蝗虫研究，撰写了《中国蝗科三新种》一文。1928年回国，任浙江省昆虫局高级技师、浙江大学农学院教授并兼任院长。1930年被派往德国进修，先后在柏林德意志昆虫研究所和柏林动物博物馆研究昆虫学，并在农林生物科学研究院学习昆虫生态学。曾到欧洲9国考察，并在德国慕尼黑应用昆虫研究院随森林昆虫学家爱雪利西教授进行实验生态学研究。1932年回国后继续在浙江大学任教，后因不满当时国民政府在学校推行党化教育，与几十位教授离开学校，转入南京中央实验所，从事螟虫生态和防治研究，发表专著和论文10余件。其中《螟虫研究与防治现状》被当时教育部指定为农学院参考教材。1937年任浙江省昆虫局局长。1938年在浙江大学任教，1940年任浙大农学院院长，长达13年。在抗日战争时期，学校几经搬迁，但蔡邦华仍争取一切可能机会开展科研工作，出版了《病虫知识》期刊。1945年秋，抗战胜利后，浙大迁回杭州。蔡邦华受当局派遣，曾赴台湾参加接收台湾大学工作。

1949年杭州解放后，蔡邦华被推选为浙大校委会临时主席，代行校长职务。1953年调任中国科学院昆虫研究所研究员和副所长。1962年，昆虫所、动物所合并，他继续任研究员、副所长，还担任国家科委林业组成员、国务院科学技术规划委员会农业组组员、中华人民共和国科学技术委员会植保农药药械组成员、农业部科学技术委员会委员、中国昆虫学会副理事长、中国植物保护学会副理事长等职。1955年当选为中国科学院学部（生物地学部）委员。

蔡邦华在近60年的昆虫学教学和研究中作出了重大贡献：①昆虫生态学：1930年发表论文《螟虫对气候抵抗性之调查并防治方法之研究》。在德国时，研究谷蠹发育与温湿度的关系，并根据实验结果，提出致谷蠹为害严重的主导因素是"繁殖最多"的观点。他还研究防治与气候的关系，1930—1936年连续发表论文10余篇，如《三化螟与气候》、《害虫研究上温湿度之调节方法》、《螟蛾预测及气候观察之办法》等。他研究了蝗虫生态，发表了《中国蝗患之预测》等文章。20世纪50年代，他投入大量精力研究松毛虫的发生规律，并根据使用农药引起抗药性提高和天敌减少的情况，提出应加强经营管理、改造环境等措施，发表了《关于防治松毛虫的研究》等10余篇论文。②昆虫分类学。对直翅目、鳞翅目、鞘翅目等均进行研究，为昆虫分类增加新属、亚属等超过150个。还研究白蚁的生活习性等，发表论文数十篇，如《中国白蚁分类和区系问题》，编写《中国白蚁》等书。在小蠹分类研究中，确定了100多个新种。③害虫综合防治。呼吁政府有关部门要严格控制农药使用，控制环境污染，保护生态平衡，加强综合治理，得到有关部门的重视。

马骏超（1910—1992）　　字君采，上海浦东人。1910年11月14日出生于一个农民家庭。1929年毕业于上海私立南洋中学，曾短期在上海震旦博物馆工作。1932年考入浙江省杭州治虫人员养成所。1933年毕业，由于学习成绩优异，被派至浙江省昆虫局任技术员。求学期间，他对英文颇下功夫，读字典，详究每词根源及其变化，为此颇受张巨伯器重，让他编辑当时颇负盛名的《昆虫与植病》和《浙江省昆虫局年刊》。1937年初被派往印度加尔各答皇家理学院进修，学习昆虫分类学。1938年发表印度产木蜂科Xylocopidae分类论文，在昆虫分类学界崭露头角。1938年5月回国。浙江省昆虫局因抗日战争而撤销，他遂至湖南省浦市，与友人兴办一所初级中学，任校长一年。1939年转到福建省农事试验场崇安赤石（武夷山）茶叶改良场，进行茶树害虫调查研究。1940年调回总场任技正，负责闽南及闽西南水稻害虫调查。1941年到邵武县，设立福建省农事试验场邵武工作站，并应聘当时内迁邵武的福建协和大学生物系讲授昆虫学课程。他在邵武5年，从事试验研究、采集调查，还负责编辑《福建农业》昆虫专辑。1945年抗战胜利，邵武工作站迁回福州，参加筹备新成立的农事试验场。1946年3月辞职，前往台湾省农业试验所应用动物系任技正，并主持昆虫分类研究室工作。1947年兼任系主任，1950年辞去兼职系主任。1951年2月辞职，在家中用他那老旧

的双筒显微镜进行昆虫分类研究。1953年受聘担任基隆商品检验分局技正，参加商品进出口检疫工作。此前有一愿望，即完成《台湾昆虫目录》。1952—1956年，到台湾大学及其他研究机构查阅资料，编写卡片。1956年发表《台湾昆虫相的一瞥》，记录台湾昆虫14000余种。1958年受夏威夷老友J. L. 嘉理斯博士的邀请，前往B. P. 毕夏普博物馆任职，参加J. L. 嘉理斯主持的"太平洋昆虫相研究计划"，在太平洋一带采集昆虫标本3年，然后在室内进行分类研究。1960—1975年间曾返回台湾，聘助手2人，处理所采标本及完成绘图。1975年自毕夏普博物馆退休，住台中，任东海大学生物系教授，指导硕士研究生。他商借得一间研究室，存放标本和文献，专心从事双翅目蛹蝇派分类研究。他将自己收集的文献资料全部捐赠给生物系。他曾受聘担任《昆虫分类学报》编委。1988年4月，他和夫人迁往美国，住女儿家医治白内障，但视力始终无法恢复，不得不提早停止研究。1992年4月27日因脑溢血去世，享年82岁。

邱式邦（1911—2010）　1911年10月1日出生于浙江吴兴（今浙江湖州）。1925年考取沪江大学附属中学，1931年考入沪江大学生物系，1936年以优异成绩毕业。在校期间，从美国康奈尔大学留学回国的刘延蔚开启了他对生物科学研究的浓厚兴趣，对他毕生投身昆虫学研究产生了决定性的影响。1936年进入南京中央农业实验所，担任病虫害系技佐。当时正值抗日战争全面爆发前夕，实验所被迫向西南地区搬迁，他被分配到该所广西柳州沙塘工作站，直到抗战胜利后的1946年才随中央农业实验所回到了南京。在那段颠沛流离、研究工作条件极差的烽火岁月里，他努力钻研求索，先后从事过松毛虫、玉米螟、大豆害虫、甘蔗棉蚜、飞蝗、土蝗等重要农林害虫的生物学、发生规律、防治方法及天敌昆虫资源种类调查等方面的研究，积累、掌握了宝贵的第一手实验数据资料，以第一作者身份发表了16篇颇有见地的学术论文。

抗战初期，黄河花园口被炸开决堤后，黄泛区内田地荒芜，民不聊生，造成历史上空前严重的蝗灾。到1944年，仅河南省飞蝗发生面积就达到5800多万亩，治蝗成为解决国计民生的大难题。在此危难之际，邱式邦走上了治蝗之路。当时，饥民遍野，满目疮痍，黄泛区老百姓仍然采用老一套的人工扑打方法治蝗，这对铺天盖地的蝗虫来说几乎不起任何作用。1947年英国卜内门公司治蝗新药——六六六问世，邱式邦立即将其引入中国，开展田间试验研究。他因地制宜，将六六六拌上填充物改进成便于施用的粉剂，在蝗区开展试验研究，使蝗虫死亡率达到90%以上。1948年，他根据最新的研究结果，撰写了国内第一篇使用六六六粉剂治蝗的技术报告，发表在《中华农学报》上。1948年，他取得英国文化委员会奖学金，翌年进入英国剑桥大学动物系，在V. B. Wrigglesworth教授的指导下研究蝗虫生理，并与英国治蝗研究中心的B. P. Uvarov博士建立起密切联系，系统学习国际先进的治蝗理论和经验。1949年10月1日，中华人民共和国成立，这一让人难忘的日子恰巧是他38周岁的生日，身

在异国读书求学的邱式邦心中充满了对未来的憧憬。一天，他在剑桥大学图书馆阅报室看到《人民日报》刊登了一条消息：中国采用飞机喷撒六六六在黄骅开展治蝗。这样的事情发生在一穷二白、百废待兴的新中国，是多么的了不起！那短短的一条消息，对深怀报国之心的邱式邦触动很大。他毅然决定提早结束剑桥大学的学习生活，回国报效，为建设新中国开始追求新的科学事业。

1951年9月底，邱式邦回到了阔别数年的祖国。面对国家药剂有限、喷药器械不足的诸多困难，邱式邦提出在有条件的地区尽可能采用他发明的毒饵治蝗技术。这种方法比直接喷粉省药、经济，简单易行，使用等量的六六六药剂防治蝗虫的面积可扩大10倍。新的毒饵治蝗技术被迅速推广应用，1952年应用80万亩，1953年应用100万亩，消灭蝗虫旗开得胜。为了能够根治蝗虫，邱式邦进一步提出在蝗区建立侦察蝗虫的基层组织，蝗虫侦察制度包括查卵、查蝻、查成虫三个关键环节，即"三查制度"。他带领助手李光博（1995年当选为中国工程院院士）等在山东惠民、垦利、沾化、利津等县忙碌了近半年，详细绘制出蝗区常见的各类蝗虫图例，教会没文化的农民识图、画圈，比如每平方米有5个蝗虫就画1个圈，有10个就画2个圈。这种调查办法化繁为简，化难为易，简单易学，普通农民也能掌握。同时，为了更充分地调动老百姓侦察蝗虫的积极性，他又建议地方主管领导为承担虫情侦察的人员家的土地搞"代耕"，彻底解决了他们的后顾之忧。1953年，全国投入治蝗的劳动力比1951年减少了80%，为国家节省了大量的人力、物力和财力。推广蝗虫"三查制度"，为新中国开展害虫预测预报工作迈出了坚实的一步。

他在半个多世纪前开创的治蝗科学理论、技术方法，至今仍然发挥着指导作用，他被誉为"新中国治蝗英雄"是当之无愧的。

从化学防治到生物防治观念的变化，是邱式邦植物保护研究思想的重大飞跃。在他的积极倡导下，1980年1月中国农业科学院成立生物防治研究室（1990年8月更名为生物防治研究所），承担建立农业部第一个国外天敌引种检疫实验室的任务，负责全国的归口技术管理，与30多个国家和地区开展了天敌引种交换业务。1985年，他主持创办《生物防治通报》（1995年更名为《中国生物防治》），担任主编23年，将刊物办成了全国农林学术期刊的优秀核心刊物。这些科研平台，对推动中国生物防治科学技术事业发展、开展国内外学术沟通交流作出了重要的贡献。

2010年12月29日，邱式邦在北京去世，享年100岁。

周尧（1912—2008） 1912年出生于浙江鄞县上周村。1934年9月在上海读完中学后，考入江苏南通大学农学院。1936年，因成绩优异，获时任南通大学校长的张謇的资助，赴意大利那波利大学，进入当时世界昆虫分类学权威西尔维斯特利教授的昆虫博士研究生班学习。一年后，周尧成绩斐然，被公认为西尔维斯特利教授品学兼优的高徒。1939年，周尧怀着

"科学救国"的理想,来到西北农学院,成为该校最年轻的两位教授之一。1949年,西北农学院迎来解放,周尧看到了祖国的光明前途,决心研究中国昆虫学史,要让中国昆虫学研究在国际上占有一席之地。他阅读了大量古籍文献,研究中国各地考古发掘资料,于1957年写成《中国早期昆虫学研究》,创立了中国昆虫史的新学科,并为之奠定了基础。1980年,在前期研究的基础上又改写成《中国昆虫学史》,经考证认为在益虫饲养、害虫防治、形态学研究、天敌与化学药剂利用等昆虫学诸领域,中国都较欧美国家早几个世纪。尤其是该书辟专门章节讨论蝗虫问题,梳理了从先秦至明清长达3000余年蝗虫为害与防治的漫长历史,考证了甲骨文中有关蝗虫的记载,汇集、评价了历朝历代有关蝗灾的重要文献,使长期尘封、不为世人所了解的中国古人治蝗的重大贡献逐渐为世人所了解和承认。该书内容现已被国内外昆虫学学者广泛引用,1990年获中国优秀科技史图书一等奖,现有中文、英文、世界语、意大利文、德文等5种版本。

马世骏(1915—1991) 山东滋阳人。1937年毕业于北平大学农学院生物系。1948年赴美国犹他州立大学攻读昆虫生态学并获硕士学位,1951年获明尼苏达大学研究院哲学博士学位。曾在明尼苏达州从事研究工作,被推选为美国科学院荣誉协会正式会员,并被授予金钥匙奖。1951年12月辗转回国,任中国科学院实验生物研究所昆虫研究室副研究员、昆虫研究所研究员及昆虫生态学研究室首届主任,中国科学院西北高原生物研究所研究员兼业务副所长,中国科学院动物研究所研究员、副所长、学位委员会主任。在反细菌战期间,他曾到东北对美军空投的毒虫作首次调查,为调查委员会提供了美国进行细菌战的确凿证据,并出席国际科学委员会作证。1980年当选为中国科学院学部委员。他曾任中国科学院生态研究中心主任、生态环境研究中心名誉主任、自然灾害研究委员会委员、中国科学院生物学部副主任等职。还担任中国生态学会理事长和名誉理事长,中国环境学会副理事长,国务院环境保护委员会顾问,中国人与生物圈国家委员会委员,中国环境战略研究中心副主席,中国科学技术协会第三、四届委员会委员,国际生物科学联合会中国委员会主席,国际环境科学问题委员会中国委员会主席,国际地圈—生物圈计划中国委员会副主席,英国皇家昆虫学会会员,欧洲生态科学院通讯院士等。

马世骏在发展生态学以及建立生态学分支学科方面作出了重要贡献。他在中国科学院动物研究所建立了我国第一个昆虫生态学研究室,对昆虫生态地理学、数学生态学、物理生态学、化学生态学等领域的发展付出了心血,对经济生态学、城市生态学、生态工程等交叉学科的研究和发展给予了热情支持。他亲自组织和创建了中国生态环境研究中心和中国生态学会,并创办《生态学学报》,担任主编。他引导我国生态学工作者学习国际生态领域中的新理论、新概念和新观点,并撰写《边际效应与边际生态学》,主编《现代生态学透视》,对我国生态学的发展起到了极大的推动作用。

他先后发表论文 150 余篇，出版专著 7 部。他在学术上的贡献有以下三个方面：①东亚飞蝗防治及黏虫迁飞规律的研究。通过系统的考察与实验，提出"改治结合，根除蝗害"的理论、方案和措施，经过实施，取得明显效果。在黏虫的生理生态学研究中也取得明显成绩，研究成果分别于 1978 年、1982 年获国家自然科学奖。他还重视理论上的总结和提高，发表了一系列论著，如《中国昆虫生态地理概述》、《中国农业害虫的动态分析及控制途径》等，提出了一些新的概念和理论，将生态学原理应用于植物保护，对我国综合害虫防治理论的发展与实际应用起到了重要作用。②生态系统方面的研究，重点研究生态系统在环境保护和工农业建设中的应用，强调生态工程是生态学原理在资源管理、环境保护和工农业生产中的应用。他还十分重视生态系统定位站的建设，亲自参加论证和评估，并为中国科学院生态系统台站网络建设出谋划策。③20 世纪 80 年代后，他将生态系统的重心从纯自然生态系统扩展到以人类为中心的人工生态系统，提出了在国内外有重要影响的"社会—经济—自然复合生态系统"，在引导全国生态学发展方面起到了学术带头人的作用，为我国农业的持续发展、城市建设与区域治理以及恢复和重建失调的农、林、牧业生态系统指明了方向。他主持的重点研究项目"京津地区生态系统特征与污染防治的研究"于 1987 年获中国科学院科技进步奖一等奖，"棉虫种群生态及综合防治的研究"于 1988 年获国家科技进步奖三等奖。他本人于 1989 年荣获全国环境保护先进工作者称号，1993 年中华绿色科技奖评选委员会授予他特别荣誉奖证书和奖牌，表彰他为我国环境科学事业所作的突出贡献。

钦俊德（1916—2000） 浙江安吉人。1940 年毕业于上海东吴大学生物系，获理学学士学位。1941 年在北平燕京大学研究院攻读昆虫生理学。1941 年 1 月至 1947 年 6 月，先后在上海浸礼会联合中学、安徽屯溪江苏临时中学、成都燕京大学生物系、昆明西南联大农科所、北平清华大学农学院执教。1947 年 9 月至 1951 年 2 月在荷兰阿姆斯特丹大学研究院攻读动物学和昆虫生理学，获理科博士学位。后转入美国明尼苏达大学任荣誉研究员，在美国著名昆虫生理学家 A. G. Richards 教授指导下研究欧洲玉米螟与抗虫甜玉米的关系以及美洲蜚蠊肌肉 ATP 酶的温度系数。1952 年 2 月，他与首批归国的科学家一起冲破重重阻力，回到祖国。他历任中国科学院昆虫研究所副研究员、研究员、博士生导师、昆虫生理研究室主任，中国科学院动物研究所研究员和学位评定委员会主任，中国昆虫学会理事长，《昆虫学报》副主编、主编，*Entomologia Sinica* 主编，美国 *Annual Review of Entomology* 国际通讯员。1991 年当选为中国科学院学部委员。

早在 20 世纪 40 年代，钦俊德就在国际上首先对昆虫在寄主植物的选择上提出了连锁理论（catenary theory），认为昆虫对植物的反应是从感觉识别开始，经取食、消化、营养和有毒物质（次生物质）的适应等步骤，如链环相连，最后在某种植物上建立种群。钦俊德是我国昆虫生理学的主要奠基者。从 1951 年起，他创办了我国第一个昆虫生理学研究室，主持该

室科研工作 30 余年。20 世纪 50 年代，他与马世骏等昆虫学家合作，研究了东亚飞蝗卵的耐旱能力、浸水对蝗卵胚胎发育和死亡的影响、飞蝗的食料植物和食物利用、飞翔能力等，为阐明飞蝗发生数量消长、时间变化以及改造蝗区、根治蝗害提供了理论依据。他和马世骏等在 1954—1955 年两次向农业部提出根治蝗害的具体建议，这方面的研究成果"东亚飞蝗的生态生理学的理论研究及其在根治蝗害中的意义"于 1982 年获国家科委自然科学奖二等奖。60 年代，从事棉铃虫和黏虫的食性和营养研究，揭示了棉铃虫的感觉辨别能力、营养特点和选食规律。70 年代，为适应害虫综合防治的需要，从事害虫天敌生理研究。当时国内利用七星瓢虫防治棉蚜效果好，但亟须解决其人工饲料和大量繁殖的问题。他带领昆虫生理研究室的科研人员，成功地研制出不含昆虫物质、配方简单的成虫和幼虫人工饲料，并初步阐明七星瓢虫营养、代谢、生殖的特点及相互关系。其研究成果于 1984 年获中国科学院重大科技成果奖二等奖。80—90 年代，钦俊德在理论上不断提出新观点。他在专著《昆虫与植物的关系：论昆虫与植物的相互作用及其演化》中指出，昆虫和植物都是独立的生命系统，它们之间相互作用，形成协同进化，并论述了植食性昆虫种类繁多的原因。他还在推动学科建设和培养人才方面作出了重要贡献，为我国昆虫生理学领域培养了一批教学和科研骨干力量。发表学术论文 80 余篇，出版专著、编著 10 余部。科研成果分别获国家自然科学奖二等奖、四等奖，中科院自然科学奖二等奖，科技进步奖二等奖。

夏凯龄（1916—2013） 1916 年出生于安徽当涂。1943 年毕业于中央大学生物系，后在该校任教。新中国成立后，历任中国科学院动物研究所助理研究员，上海昆虫研究所副研究员、研究员。对蝗科分类进行了长期研究。20 世纪 50 年代出版《中国蝗科分类概要》一书，不仅为我国治蝗工作提供了基本资料，对我国蝗虫分类研究的发展也起了重要的奠基作用。他曾与郑哲民、印象初、李鸿昌、陈永林等合作，进行直翅目和蝗总科的分类研究，出版了《中国动物志·蝗总科志》共 4 册。

郭郛（1922— ） 江苏泰州人。1946 年南京大学生物系毕业，同年入上海中央研究院动物研究所，师从陈世骧学习昆虫学，后为中国科学院动物研究所研究员、研究室副主任、研究组长、硕士研究生导师。先后从事双翅目分类和环腺解剖。1951 年后，参加蝗虫治理研究工作，在洪泽湖、微山湖蝗区工作 3 年，进行蝗虫生物学、蝗卵浸水、蝗虫食物与不喜食作物、蝗虫生殖能力、寄生麻蝇等研究。1955 年在北京实验室内找到飞蝗咽侧体，进行内分泌器官与飞蝗生殖的关系等研究，证实咽侧体是调控生殖腺的主要因子。发现飞蝗前胸腺在 5 龄蝗蝻中活跃，在成虫退化，说明前胸腺对脱皮起作用。用剔除 5 龄外生殖器官芽技术，发现成蝗抱持作用对卵巢发育起促进作用，后在雄蝗睾丸内找到间隙细胞是内分泌中心，是飞蝗性色的来源，用涂抹技术证实它是促进卵巢发育的睾丸激素，化学分析类似于甾酮。1973 年开展蝗虫等激素和类激素以及细胞学的研究。1979 年起开展以双链霉素颉抗调节机理

来说明昆虫激素的作用以及东亚飞蝗生态、生理学理论等研究。1982年获国家自然科学奖二等奖（第五完成人），研究成果"昆虫脑激素的纯化及其作用"获1986年中国科学院科技进步三等奖（第一完成人）。发表论文70篇，出版专著8部。

李光博（1922—1996） 1947年毕业于北京大学农学院昆虫系，同年进入中央农业实验所北平农事试验场病虫害系任技佐，从事蔬菜害虫防治技术研究。中华人民共和国成立后，北平农事试验场改组为华北农业科学研究所，李光博在该所病虫害系任技术员，从事蔬菜害虫和粟灰螟的防治研究。1950年至1953年，到河北宁河，河南安阳、汤阴、濮阳，山东和内蒙古等地蝗区考察，在宁河县茶淀一带系统观察了秋蝗活动产卵的习性与规律，并长期在山东渤海蝗区沾化县驻点，协助山东惠民专区建立了千人蝗情侦察网。他研究提高了蝗情侦察技术，提出飞蝗与各种土蝗各虫态的识别方法，使广大蝗情侦察员和治蝗技术人员掌握了查卵、查蝻和查成虫的"三查"测报技术，并在全国推广。

1950年，他协助曹骥研究六六六麦麸毒饵治蝗技术，后来又研究提出了青草毒饵治蝗技术，用青鲜杂草取代麦麸。他先后到河北、河南等蝗区调查，研究毒饵治蝗技术。此项技术在1954年由农业部通报全国各蝗区采用，当年就节省麦麸40余万千克。1952年至1953年，协助邱式邦从事治蝗研究，深入到沿海、内蒙古和滨湖等蝗区进行调查研究，并到山东渤海蝗区沾化县富国镇驻点，研究渤海蝗区飞蝗及土蝗的发生规律与防治技术。以后又多次深入主要蝗区，涉水查蝗，作出准确测报，考察"改治并举"的治蝗情况与经验。

土蝗在华北地区沿海和平原地区夏季为害玉米、高粱、谷子、大豆等作物的幼苗，秋季为害麦苗非常严重。李光博和组内人员一道在山东基本摸清了华北地区的土蝗种类以及优势为害种的生物学特性与为害规律，提出6月中、下旬至7月上旬为防治多种土蝗的有利时机，防治一次即可控制在2—3年内不致为害，并提出在冬小麦秋播时期施用毒饵保护麦苗的配套技术，及消灭夹荒、连片种麦、长期控制为害的策略。

1957年，中国农业科学院成立，李光博先后在植物保护研究所任助理研究员、副研究员，并担任病虫动态测报研究室和农业害虫研究室副主任，开始从事黏虫研究。主持研究的"中国东部、西部黏虫越冬迁飞规律及异地测报技术"居世界领先地位。在组织多部门多学科协作研究后，他突破了长期未能解决的"黏虫越冬迁飞规律与各地主要为害世代的虫源"问题，创造性地设计出黏虫异地测报办法。从植保所下放到河南新乡后，在当时十分困难的条件下，他从未间断业务工作。

1960年，任中国农业科学院植物保护研究所副研究员、病虫动态测报研究室与农业害虫研究室副主任。

1973年，受农林部的委托，又承担了蝗虫、黏虫等主要病虫害的测报工作。在承担农作物病虫预测预报工作后，深入到中国主要蝗区进行考察。在总结"改治并举"治蝗经验的基

础上，他建议农林部召开了"文化大革命"以来的第一次全国治蝗座谈会。在会上，他建议将治蝗方针修订为"依靠群众，勤俭治蝗，改治并举，根治蝗害"，这一建议经与会代表讨论通过。

1975年，在李光博主持和组织下，全国黏虫科研协作组恢复工作，建立了全国黏虫异地测报网，对全国黏虫防治工作起到了重要的指导作用。

1978—1985年，先后主持农林部重点科技项目"褐稻虱、稻纵卷叶螟、黏虫的迁飞规律及根治途径的探索研究"和"黏虫迁飞机制及综合防治研究"。

1979年，中国农科院植保所从河南新乡迁回北京，建立了迁飞害虫研究室，任主任、研究员。

1982—1996年，任中国农业科学院植物保护研究所研究员、迁飞害虫研究室主任、学术委员会主任。

1986—1990年，主持"七五"国家科技攻关专题"小麦主要病虫害综合防治技术研究"。

1990年10月，受农业部委派，应邀率团前往美国考察访问，并作学术交流。他的学术报告受到国外同行专家的高度评价。

1991年后，先后任"八五"国家科技攻关项目"农作物病虫害综合防治技术研究"技术总负责人、国家自然科学基金重点项目"黏虫、褐稻虱迁飞行为机制研究"主持人、国家攀登计划"粮棉作物五大病虫害灾变规律及控制技术的基础研究"项目专家委员会首席科学家和项目主持人。

1995年，当选为中国工程院院士。同时还担任第一届农业部科学技术委员会委员，第二、三届中国农业科学院学术委员会委员，中国农业科学院研究生院学位评审委员会委员，中国农业科学院植物保护研究所学术委员会主任。

曾任中国昆虫学会第二、三、四、五届理事及农业昆虫专业委员会主任，中国植物保护学会第三至第六届常务理事，《植物保护学报》、《自然科学进展》等刊物编委，《植物保护》副主编、主编，中国昆虫学会第二届理事，中国植物保护学会第三届常务理事。1996年7月20日因病医治无效去世。

陈永林（1928— ）　北京人。1950年毕业于中法大学生物系。1951年至今在中国科学院动物研究所工作。1957年至1960年在苏联科学院地理研究所生物地理系研究室进修。历任中国科学院动物研究所研究员、中国生态学会常务理事、中国昆虫学会理事。长期从事蝗虫学和昆虫生态学研究，在蝗虫分类学和生态学及蝗害根除等方面作出了重要贡献。他与马世骏等合作的东亚飞蝗生态、生理学等的理论研究及其在根治蝗害中的意义的研究项目均取得重要进展和研究成果。发表论文100余篇，出版专著14部。其代表性作品有《侦察蝗情办法》、《中国飞蝗生物学》、《中国主要蝗虫及蝗灾的生态学治理》、《新疆蝗虫地理的研

究》、《改治结合，根除蝗害的关键因子是"水"》等。由于在治蝗研究方面成绩突出，他曾多次获得省部级、国家级的成果奖励，1982年获国家自然科学奖二等奖。20世纪60年代参加并主持部分黏虫越冬迁飞规律研究，1982年获国家自然科学奖三等奖。1980年与中国农业科学院植物保护研究所等单位协作，进行飞机超低容量制剂取代六六六粉剂治蝗研究，首次在国内获得成功并得到推广，获农业部农牧业技术改进二等奖，1985年获国家科委、国家农委科技成果推广三等奖。《中国飞蝗生物学》（第二完成人）1992年被评为中国图书一等奖，《草原蝗虫生态学研究》（第三完成人）获1997年中国科学院自然科学一等奖、1999年国家自然科学三等奖。1992年获国务院政府津贴。

丁岩钦（1928— ）　山西文水人。1953年毕业于西北农学院植保系，1961年于中国科学院昆虫生态专业研究生毕业，同年到中国科学院动物研究所工作。1986年任研究员。其科研业绩涉及蝗虫方面的主要有：20世纪50—60年代，除从事东亚飞蝗在我国"大沙河类型蝗区"的"改治并举、根除蝗害"的研究外，他最早在我国使用电子计算机分析飞蝗种群发生动态，组建中长期预测模型，进行中长期数量预测研究；90年代在海南省通过系统考察分析，首次发现了我国东亚飞蝗的新类型蝗区，并定名为"海南热带稀树草原蝗区"，根据该蝗区的特征、成因以及蝗区变迁与改造经验，提出了该蝗区的"治理蝗区、控制蝗害"的生态工程措施，不仅发展了蝗区理论，填补了蝗区空白，而且对同类型蝗区的蝗害治理有世界性指导意义。1982年获国家自然科学奖二等奖，1995年获海南省科技进步奖一等奖。共发表论文97篇，出版专著3部，合著《中国东亚飞蝗蝗区的研究》、《海南岛的蝗虫研究》两部。1992年获国务院政府特殊津贴。

郑哲民（1932— ）　1932年2月7日出生，广东新会人。1955年毕业于华东师大生物系。历任陕西师范大学生命科学学院院长、教授，博士生导师，中国昆虫学会分类区系专业委员会主席，美国纽约科学院国际会员。现任陕西师范大学生命科学学院名誉院长。被国务院授予国家级有突出贡献的专家。

郑哲民从事生物学的研究和教学工作40多年，发表论文400多篇，出版专著《甘肃省蝗虫图志》、《云贵川陕宁地区的蝗虫》、《蝗虫分类学》等11部，教材2部，主编了《中国动物志·昆虫纲》第十卷"直翅目蝗总科"、第十二卷"直翅目蚱总科"。多年来，他在昆虫分类、蝗虫的综合分类、蝗虫的综合防治等方面做了大量工作，在传统分类方面发现了我国和非洲卢旺达直翅目蝗总科昆虫新属42个、新种320个，蜢总科新属1个、新种4个，蚱总科新属10个、新种67个，螽斯总科新种5个，半翅目蜡象新种3个，比较系统地记述了我国西南和西北地区蝗总科昆虫8科、31亚科、140属、400余种，编有科、属、种系统分类检索表，对陕西、甘肃、宁夏三省区蝗虫的地理区系进行了划分，并首次对卢旺达蝗虫作了调查和系统报道。对蚱总科的研究填补了我国在这方面的空白，将我国蚱总科的分类研究推进

到一个新阶段。目前在分子系统学及同工酶和 RAPD 分析等方面进行了蝗总科、蜢总科、蚱总科、蜻蜓目、螵科、鳞翅目、夜蛾科、蝶类等的研究；染色体分类从 C 带核型进入 G 带、Q 带、R 带，对蝗总科、螽斯总科进行了研究；生理分类以蝗虫心电图结合时间序列分析进行了蝗总科 8 个科的分类研究；数值分类进行了锥头蝗科、癞蝗科和斑翅蝗科的研究。在上述领域发表的论文属国内蝗虫研究中的首次，而应用心电图的 ARMA 谱分析技术于分类中在国际上尚属首创，为昆虫综合分类学在我国的发展作出了贡献，得到国内外同行的好评。

印象初（1934— ）　江苏海门人。1934 年 7 月出生。1958 年 7 月毕业于山东农学院植物保护系（现山东农业大学植物保护学院）。历任中国科学院西北高原生物研究所动物研究室主任、副研究员、副所长、研究员，中国昆虫学会第三届、四届、五届、六届理事会理事，中国科协四届全国委员会委员，青海省科协常委、副主席。

印象初长期从事蝗虫分类工作，30 多年来发现蝗虫新属 37 个、新种 103 个。1975 年发表《白边痂蝗在青藏高原上的地理变异》一文，揭示了一个物种由于海拔升高，其形态特征出现梯度变异为种内（亚种内）变异；提出了蝗虫类在高原上的适应性、演化途径和高原缺翅型等新见解；阐明了高原上风大不适于蝗虫飞行导致翅的退化，翅是蝗虫的发音器官构造之一，翅的退化导致发音器的退化，发音器的退化和消失又导致听觉器官的退化和消失，在高海拔地区生存的缺翅、缺发音器、缺听器的种类是最进化的种类，也是青藏高原的特有种类。

1984 年出版的《青藏高原的蝗虫》为该地区蝗虫的研究和防治提供了重要参考资料。1982 年建立了"中国蝗总科新分类系统"，后被誉为"印象初分类系统"。1990 年发表了《北美洲镌瓣亚目（蝗亚目）的分类》一文，两者之间的区系组成和主要危害种类完全不同，提出了必须防止相互传播的建议。1995 年 10 月，当选为中国科学院院士。1996 年出版了《世界蝗虫及其近缘种类分布目录》，全书 200 多万字，英文，记录了 1758—1990 年所有已知的蝗虫类 10136 种。《青藏高原的蝗虫》1986 年获青海省科技进步一等奖，1997 年获第八届全国优秀科技图书一等奖。《中国蝗总科分类系统的研究》和《青藏高原的蝗虫》获中国科学院科技进步二等奖、国家自然科学四等奖。

康乐（1959— ）　河北唐县人。1959 年 4 月出生于内蒙古呼和浩特。1982 年毕业于内蒙古农业大学，获学士学位。1987 年获中国农业大学硕士学位。1990 年于中国科学院动物研究所获博士学位。国家杰出青年基金获得者。长期从事昆虫生态基因组学研究，将分子生物学与生态学相结合，系统研究了昆虫适应性和表型可塑性。在蝗虫两型转变的行为遗传学、抗寒性、化学生态学等方面取得系统性创新成果。首次发现嗅觉感受蛋白和多巴胺代谢途径对飞蝗型变的启动和维持机制以及型变的表观遗传规律。阐明地理种群变异和抗冻物质、热激蛋白等对抗寒性的作用，揭示植物、昆虫、天敌的化学联系以及植物防御对策的平衡关系。

1997年、1999年先后获中国科学院自然科学一等奖、国家自然科学奖三等奖。2011年12月,当选为中国科学院院士。2012年7月,任中国科学院动物研究所所长。2012年9月,当选发展中国家科学院(TWAS)院士。现主要从事直翅目昆虫的研究,兼任农业虫害鼠害综合治理国家重点实验室主任,是国际直翅类学者学会会员、国际应用蝗虫学协会区域协调人、*Insect Science* 主编、*Journal of Insect Physiology* 编委、国家"973"项目首席科学家、国家基金委创新团队学术带头人。

康乐的研究成果曾以论文形式,分别在 *Science*、*PNAS*、*Annual Review of Entomology*、*Philosophical Transactions of Royal Society*(*B*)、*Genome Biology*、*Global Change Biology* 等国际重要学术刊物上发表。其主要代表性成果为:利用最新科学技术手段,将飞蝗13个亚种成功地合并为两个亚种;提出蝗灾暴发的原因:过度放牧、草场退化、牧草含氮量下降等;完成飞蝗基因图谱,为新医药、新农药的开发奠定了基础;蝗虫因温度的升高而分布北移。

康乐是现代蝗虫学研究的主要开创者和奠基人之一,是国际上生态基因学研究的领衔科学家。

参考文献

1. （汉）司马迁：《史记》，景印文渊阁"四库全书"本，台湾商务印书馆 1986 年版。
2. （汉）王充：《论衡》，景印文渊阁"四库全书"本，台湾商务印书馆 1986 年版。
3. （汉）许慎：《说文解字》，景印文渊阁"四库全书"本，台湾商务印书馆 1986 年版。
4. （汉）扬雄撰，（晋）郭璞注：《方言》，景印文渊阁"四库全书"本，台湾商务印书馆 1986 年版。
5. （三国吴）陆玑：《毛诗草木鸟兽虫鱼疏》，景印文渊阁"四库全书"本，台湾商务印书馆 1986 年版。
6. 《尔雅》，（晋）郭璞注，"续修四库全书"本，据宋刻本影印，上海古籍出版社。
7. （晋）郭璞：《葬书》，华龄出版社 2010 年版。
8. （晋）郭璞注、（唐）陆德明音意、（宋）邢昺疏：《尔雅注疏》，景印文渊阁"四库全书"本，台湾商务印书馆 1986 年版。
9. （晋）郭璞：《尔雅音图》，据光绪十年上海同文书局本影印，北京中国书店 1985 年版。
10. （后晋）刘昫：《旧唐书》，景印文渊阁"四库全书"本，台湾商务印书馆 1986 年版。
11. （南朝梁）顾野王：《玉篇》，景印文渊阁"四库全书"本，台湾商务印书馆 1986 年版；《大广益会玉篇》，（宋）陈彭年等重修，中华书局 1987 年版。
12. （南唐）徐锴：《说文解字篆韵谱》，"丛书集成初编"本，中华书局 1985 年版。
13. （南唐）徐锴：《说文系传》，景印文渊阁"四库全书"本，台湾商务印书馆 1986 年版。
14. （南朝宋）范晔：《后汉书》，景印文渊阁"四库全书"本，台湾商务印书馆 1986 年版。
15. （宋）蔡卞：《毛诗名物解》，景印文渊阁"四库全书"本，台湾商务印书馆 1986 年版。
16. （宋）董煟：《救荒活民书》，"丛书集成初编"本，据墨海印行本排印，商务印书馆 1936 年版。

17. （宋）陆佃：《埤雅》，景印文渊阁"四库全书"本，台湾商务印书馆1986年版。

18. （宋）罗愿：《尔雅翼》，景印文渊阁"四库全书"本，台湾商务印书馆1986年版。

19. （宋）李焘：《资治通鉴长编》，景印文渊阁"四库全书"本，台湾商务印书馆1986年版。

20. （宋）司马光：《资治通鉴》，景印文渊阁"四库全书"本，台湾商务印书馆1986年版。

21. （宋）司马光：《类篇》，景印文渊阁"四库全书"本，台湾商务印书馆1986年版。

22. （宋）郑樵：《通志》，景印文渊阁"四库全书"本，台湾商务印书馆1986年版。

23. （元）戴侗：《六书故》，景印文渊阁"四库全书"本，台湾商务印书馆1986年版。

24. （元）马端临：《文献通考》，景印文渊阁"四库全书"本，台湾商务印书馆1986年版。

25. （元）杨桓：《六书统》，景印文渊阁"四库全书"本，台湾商务印书馆1986年版。

26. （明）陈经纶：《治蝗笔记》。

27. （明）徐光启：《农政全书》，景印文渊阁"四库全书"，台湾商务印书馆1986年版。

28. （明）张自烈撰、（清）廖文英续：《正字通》，"续修四库全书"本，据清康熙二十四年清畏堂刻本影印，上海古籍出版社。

29. （清）陈大章：《毛诗传名物集览》，景印文渊阁"四库全书"本，台湾商务印书馆1986年版。

30. （清）陈仅：《捕蝗汇编》，四明继雅堂藏版。

31. （清）陈启源：《毛诗稽古编》，景印文渊阁"四库全书"本，台湾商务印书馆1986年版。

32. （清）陈芳生：《捕蝗考》，景印文渊阁"四库全书"本，台湾商务印书馆1986年版。

33. （清）陈崇砥：《治蝗书》，清同治十三年季刊莲花书局藏版。

34. （清）陈梦雷等编：《古今图书集成·方舆汇编·职方典》，鼎文书局1977年版。

35. （清）段玉裁：《说文解字注》，"续修四库全书"本，据清嘉庆二十年经韵楼刻本影印，上海古籍出版社。

36. （清）顾彦：《治蝗全法》，清光绪十四年刊刻。

37. （清）陆曾禹：《康济录》，景印文渊阁"四库全书"本，台湾商务印书馆1986年版。

38. （清）李炜：《捕除蝗螟要法三种》，据清咸丰八年刻本点校，致雅堂本。

39. （清）彭涛山：《留云阁捕蝗记》，载《中国农学书录》，中华书局2006年6月。

40. （清）钱炘和：《捕蝗要诀》，清同治八年楚北崇文书局开雕。

41. （清）王勋：《扑蝻凡例》，据清雍正十年刻本点校。

42. （清）徐鼎：《毛诗名物图说》，"续修四库全书"本，据清乾隆三六年刻本影印，上海古籍出版社。

43. （清）俞森：《荒政丛书》附录下《捕蝗集要》。

44. （清）杨子通：《捕蝗扑蝻掘子章程》，清光绪十八年刻本。

45. （清）张玉书、陈廷敬等：《康熙字典》，景印文渊阁"四库全书"本，台湾商务印书馆1986年版。

46. （清）赵学敏：《本草纲目拾遗》，"续修四库全书"本，据清同治十年吉心堂刻本影印，上海古籍出版社。

47. 蔡邦华：《历代有关蝗灾记载之分析》，载《中国农业研究》1950年第1卷第1期。

48. 曹骥、李光博：《六六六对于飞蝗蝻期的熏蒸作用》，载《中国昆虫学报》1950年第1卷第2期。

49. 曹骥：《历代有关蝗灾记载之分析》，载《中国农业研究》1950年第1卷第1期。

50. 陈家祥：《中国历代蝗灾之记录》，载《浙江昆虫局年刊》1935年第5期。

51. 陈永林：《飞蝗新亚种——西藏飞蝗》（*Locusta migratoria tibetensis* subsp. n.），载《昆虫学报》1963年第12卷第4期。

52. 陈永林：《我国是怎样控制蝗害的》，载《中国科技史料》1982年第2期。

53. 陈永林：《中国蝗虫灾害》，载孙广忠等：《中国自然灾害》，学术出版社1990年版。

54. 陈永林：《中国东亚飞蝗防治成就》，载《中国昆虫学会研讨会论文摘要集》1990年。

55. 陈永林：《蝗虫和蝗灾》，载《生物学通报》1991年第11期。

56. 陈永林、张德二：《西藏飞蝗发生动态的历史例证及其猖獗的预测》（英文），*Entomologia Sinica*. 1999（2）。

57. 陈永林：《蝗虫灾害的特点、成因和生态学治理》，载《生物学通报》2000年第35卷第7期。

58. 陈永林：《蝗虫再猖獗的特点和原因及其生态学治理》，载《中国科学院院刊》2000年第5期。

59. 《陈永林足迹》编辑组：《陈永林足迹》，知识产权出版社2013年版。

60. 丁岩钦：《中国东亚飞蝗新蝗区——海南热带稀树草原蝗区》，载《昆虫知识》1994年第31卷第2期。

61. 戴芳澜：《说蝗》，载《科学》1916年第2卷第9期。

62. 范毓周：《殷代的蝗灾》，载《农业考古》1983 年第 2 卷。

63. 广东省文史馆编：《广东自然灾害史料》（增订本），广东科技出版社 1963 年版。

64. 郭郛：《中国古代的蝗虫研究成就》，载《昆虫学报》1955 年第 5 卷第 2 期。

65. 《郭郛自传》，内部资料，2014 年印。

66. 康乐：《草原放牧活动对蝗虫群落的影响》，中国科学院动物研究所 1990 年博士论文。

67. 李凤荪：《江苏省蝗虫之分布》，载《金陵月刊》1929 年。

68. 李钢：《历史时期中国蝗灾记录特征及其环境意义集成研究》，兰州大学 2008 年博士论文。

69. 李明启等：《小冰期气候的研究进展》，载《中国沙漠》2005 年第 25 卷第 5 期。

70. 李允东、黄九根、闫纪红等：《用飞机喷洒有机磷超低容量制剂防治蝗虫》，载《昆虫学报》1982 年第 25 卷第 3 期。

71. 刘举鹏：《昆虫——餐桌上的佳肴》，载《北京科技报》1990 年。

72. 刘举鹏：《蝗虫——值得开发的生物资源》，载《科学报》（国内科技）1988 年。

73. 刘如仲：《我国现存最早的李源〈捕蝗图册〉》，载《中国农史》1986 年第 3 期。

74. 鲁克亮：《清代广西蝗灾研究》，载《广西民族研究》2005 年第 1 期。

75. 马骏超：《江苏省清代旱蝗灾害关系之推论》，载《昆虫与植病》1936 年第 4 卷第 18 期。

76. 马骏超：《根除飞蝗灾害》，载《科学通报》1956 年。

77. 马世骏：《东亚飞蝗在中国发生动态》，载《昆虫学报》1958 年第 8 卷第 1 期。

78. 马世骏：《东亚飞蝗发生地的形成与改造》，载《中国农业科学》1960 年第 4 期。

79. 马世骏：《东亚飞蝗蝗区的结构与转化》，载《昆虫学报》1962 年第 11 卷第 1 期。

80. 马世骏：《中国东亚飞蝗蝗区的研究》，科学出版社 1965 年版。

81. 马川、康乐：《飞蝗的种群遗传学与亚种地位》，载《应用昆虫学报》2013 年第 50 卷第 1 期。

82. 莫容：《六足学会始末》，载《中国科学技术史料》1988 年第 9 卷第 1 期。

83. 倪根金：《清民国时期西藏蝗灾及治蝗述论——以西藏地方历史档案资料研究为中心》，见"中国生物学史暨农学史学术讨论会"材料，2003 年。

84. 彭邦炯：《商人卜螽说——兼说甲骨文的秋子》，载《农业考古》1983 年第 2 期。

85. 彭世奖：《中国历史上的治蝗斗争》，载《农史研究》1984 年第 3 期。

86. 潘承湘：《我国东亚飞蝗的研究与防治简史》，载《自然科学史研究》1985 年第 4 卷第 1 期。

87. 潘承湘：《我国害虫综合防治的发展》，载《自然科学史研究》1990年第9卷第4期。

88. 邱式邦：《飞蝗》，载《农业科学通讯》1956年第3期。

89. 孙新梅、王记录：《〈钦定康济录〉研究》，研究生论文。

90. 席瑞华、刘举鹏：《内蒙古锡林河域六种常见蝗虫鸣声的研究》，载《动物学集刊》1991年第8期。

91. 于革、沈华东：《气候变化对中国历史上蝗灾爆发影响研究》，载《中国科学院院刊》2010年第25卷第2期。

92. 印象初：《中国蝗总科Acridoidea分类系统的研究》，载《高原生物学集刊》1982年第1期。

93. 印象初：《回顾蝗虫分类的历程》，载《生物学通报》1999年第34卷第2期。

94. 虞佩玉等：《稻蝗蝻期各龄外部结构上的变化》，载《北京农业大学学报》1956年第2卷第1期。

95. 尤其儆等：《广西东亚飞蝗蝗区研究》，载《广西科学院学报》1991年第2期。

96. 阎守诚：《唐代的蝗灾》，载《首都师范大学学报》（社会科学版）2003年第7卷第2期。

97. 叶维萍等：《基于线粒体12SrRNA和DNA5基因序列的中国飞蝗属3亚种系统发育关系研究》，载《昆虫分类学报》2005年第27卷第1期。

98. 张德二、陈永林：《由我国历史飞蝗北界记录得到的古气候推断》，载《第四纪研究》1998年第1期。

99. 张德兴、闫路娜、康乐、吉亚杰：《对中国飞蝗、种下阶元划分和历史演化过程的几点看法》，载《动物学报》2003年第49卷第5期。

100. 张景欧、尤其伟：《飞蝗之研究》，载《农学》1925年第2卷第6期。

101. 张景欧：《蝗患》，载《科学》1923年第9卷第8期。

102. 赵艳萍：《中国历代蝗灾与治蝗研究述评》，载《中国史研究动态》2005年第2期。

103. 郑云飞：《中国历史上的蝗灾分析》，载《中国农史》1990年第4期。

104. 周尧：《中国早期昆虫学研究史》，科学出版社1957年版。

105. 周尧：《中国昆虫学史》，载《昆虫分类学报》1960年。

106. 竺可桢：《中国近五千年来气候变迁的初步研究》，载《考古学报》1972年第1期。

107. 竺可桢：《中国近五千年来气候变迁的初步研究》，载《中国科学》1973年第2期。

108. 邹钟琳：《中国飞蝗之分布与气候地理之关系以及发生地之环境》，载《中央农业实验所研究报告》1935年第8号。

109. 陈永林：《中国主要蝗虫及蝗灾的生态学治理》，科学出版社 2007 年版。

110. 邓云特：《中国救荒史》，商务印书馆 1937 年版。

111. 郭郛等：《中国飞蝗生物学》，山东科学技术出版社 1991 年版。

112. 李钢：《蝗灾·气候·社会》，中国环境出版社 2014 年版。

113. 李文海、夏明方、朱浒主编：《中国荒政书集成》，天津古籍出版社 2010 年版。

114. 黄复生：《蔡邦华院士传略》，载《蔡邦华院士诞生 110 周年纪念文集》，浙江大学出版社 2012 年版。

115. 黄可训主编：《中国科学技术专家传略·农学篇·植物保护卷一》，中国科学技术出版社 1992 年版。

116. 刘举鹏、席瑞华、李炳文等：《中国蝗卵图鉴》，天则出版社 1990 年版。

117. 刘举鹏：《中国蝗虫鉴定手册》，天则出版社 1990 年版。

118. 刘举鹏主编：《海南岛的蝗虫研究》，天则出版社 1995 年版。

119. 刘举鹏、胡振宇：《中国蝗虫名称变迁》，载中国社会科学院历史研究室编：《形象史学研究（2011）》，人民出版社 2012 年版。

120. 马世骏：《改造东亚飞蝗发生地》，载中国农业科学院编：《中国植物保护科学》，科学出版社 1961 年版。

121. 邱式邦、李光博：《飞蝗及其预测预报》，财政经济出版社 1956 年版。

122. 《邱式邦文选》编委会编：《邱式邦文选》，中国农业出版社 1996 年版。

123. 石声汉：《〈农政全书〉校注》，上海古籍出版社 1981 年版。

124. 西藏历史档案馆、西藏社会科学院、西藏农牧科学院、中国科学院地理研究所编译：《灾异志——雹霜虫灾篇》，西藏地方历史档案丛书，中国藏学出版社 1990 年版。

125. 徐中舒主编：《甲骨文字典》，四川辞书出版社 1988 年版。

126. 夏凯龄：《中国蝗科分类概要》，科学出版社 1958 年版。

127. 张德二主编：《中国三千年气象记录总集》，江苏教育出版社 2004 年版。

128. 张经元等：《山西昆虫》，山西科学技术出版社 1995 年版。

129. 张明庚、张明聚：《中国历代行政区划（公元前 221 年—公元 1911 年）》，中国华侨出版社 1996 年版。

130. 章义和：《中国蝗灾史》，安徽人民出版社 2008 年版。

131. 周尧：《中国昆虫学史》，天则出版社 1988 年版。

132. 朱恩林：《中国东亚飞蝗发生与治理》，中国农业出版社 1998 年版。

133. 中国科学院动物研究所所史编撰委员会编：《中国科学院动物研究所简史·附录：中国科学院院士及著名科学家简介》，科学出版社 2006 年版。

134. 中国科学院动物研究所所史编撰委员会编：《中国科学院动物研究所简史·人物志》，内部资料，2007年编印。

135. 中国科学院生态环境研究中心系统生态开放实验室等编：《马世骏文集》，中国环境科学出版社1995年版。

136. 邹树文：《中国昆虫学史》，科学出版社1982年版。

137. 邹树文：《北京大学最早期的回忆》，载陈平原、夏晓红：《北大旧事》，生活·读书·新知三联书店2009年版。

138. 邹钟琳：《昆虫生态学》，上海科技出版社1980年版。

139. Cheung F. Climate change: Looming locusts Nature 2009, 461 (7264): 573. doi: 10.1038/461573a/Research Highlights.

140. Ma C, Yang P, Jiang F, Chapuis MP, Shali Y, Sword GA, Kang L, 2012. Mitochondrial genomes reveal the global phylogeography and dispersal routes of the migratory locust. *Mol. Ecol.* 21 (17): 4344~4358.

141. Ma S C. Prrocess dynamics of the Oriental migratory locust (Locustamigratoria manilensis) in China (in Chinese). Acta Entomoogica Sinica, 1958, 8: 1~40.

142. Qiu J. Global warming may worsen locust swarmsancient records link a hotter climate to more damaging infestations. Nature, 2009. doi: 10.1038/news.2009, 978.

143. Uvarov BP, 1921. A revision of the genus *Locusta*, L. (=*pachytylus*, Fieb.), with a new theory as to the periodicity and migrations of locusts. *Bull. Entomol. Res.*, 12 (2): 135~163.

144. Uvarov BP, 1966. Grasshoppers and locusts, Vol. 1 Cambridge University Pest Research, London. 1~481.

145. Uvarov BP, 1977. Grasshoppers and locusts, Vol. 2 Centre for Overseas Pest Research, London. 1~475.

146. Wu F Z. Ma S J, Zhu H F. Encyclopedia of Agriculture in China (Hexapod Book) (in Chinese), Eds, China Agriculture Press, Beijing, 1990, 73~78.

147. Yu G, Shen H, Liu J. Impacts of climate change on historical locust outbreaks in China. Journal of Geophysics Research, 2009, 114, D18104 (2009). doi: 10.1029/2009JD011833.